中国畜牧业发展与科技创新

● 李金祥　主编 ●

中国农业科学技术出版社

图书在版编目（CIP）数据

中国畜牧业发展与科技创新／李金祥主编．—北京：中国农业科学技术出版社，2019.3

ISBN 978-7-5116-3703-1

Ⅰ.①中…　Ⅱ.①李…　Ⅲ.①畜牧业-发展-中国②畜牧业-农业生产-技术革新-中国　Ⅳ.①S8

中国版本图书馆 CIP 数据核字（2018）第 104863 号

责任编辑　李冠桥
责任校对　贾海霞

出 版 者　中国农业科学技术出版社
北京市中关村南大街 12 号　邮编：100081
电　　话　（010）82109705（编辑室）　（010）82109702（发行部）
（010）82109709（读者服务部）
传　　真　（010）82106625
网　　址　http://www.castp.cn
经 销 者　各地新华书店
印 刷 者　北京科信印刷有限公司
开　　本　880mm×1 230mm　1/16
印　　张　38.5
字　　数　1057 千字
版　　次　2019 年 3 月第 1 版　2019 年 3 月第 1 次印刷
定　　价　298.00 元

《中国畜牧业发展与科技创新》
编　委　会

主　编：李金祥

副主编：王济民　王加启　文　杰　吴文学

编　委（按姓氏拼音排序）：

陈继兰　董红敏　顾宪红　侯绍华
侯向阳　黄　锋　李光玉　李俊雅
齐广海　秦玉昌　苏晓鸥　王凤忠
王立贤　吴　杰　阎　萍　杨博辉
张　莉

策　划：李金祥　林聚家　闫庆健　李冠桥

序

改革开放40年来，我国畜牧业发展取得了历史性成就。据国家统计局2017年数据显示，我国肉、蛋、奶等主要畜产品产量居世界前列，其中，肉类总产量8 588.11万吨；禽蛋产量3 069.95万吨；牛奶产量3 545.26万吨，基本实现了畜产品的数量安全和质量安全。

畜牧业快速发展得益于我国科技创新能力的不断提高，科技进步为畜牧产业发展提供了强有力的支撑。据科技部公布，2017年我国科技进步贡献率已达57.5%，主要创新指标进入世界前列。目前，我国规模养殖比重已经占到56%，畜禽养殖的设施装备、环境控制、营养卫生条件显著改善，畜禽养殖与资源环境承载能力匹配性增强，产业的集中度、融合度逐步提高，互联网、物联网等新技术得到广泛应用。

当前，中国特色社会主义进入新时代。实施乡村振兴战略，推进供给侧结构性改革，推动农业绿色发展，深化精准扶贫，提高广大农民生活水平，对畜牧业发展提出了新的要求，但畜牧业发展仍然存在很多问题和技术短板，亟须通过科技创新来加以解决。

一是畜禽良种化方面。我国畜禽遗传育种研究基础薄弱，育种核心群规模小、持续育种能力弱，主导品种质量与国外相比还有较大差距，核心种源80%依赖国外进口。

二是养殖设施化方面。传统的养殖方式劳动生产率低，饲料浪费量大。养殖设施化可以做到养殖场选址布局科学合理，畜禽圈舍、饲养和环境控制等生产设施设备满足标准化生产需要，极大地优于我国传统的养殖方式。

三是生产规范化方面。我国的繁殖和饲养技术与发达国家相比差距较大。这需要我们制订并实施科学规范的畜禽饲养管理规程，配备与饲养规模相适应的畜牧兽医技术人员，严格遵守饲料、饲料添加剂和兽药使用有关规定，缩短与发达国家在养殖技术水平上的差距。

四是防疫制度化方面。随着畜禽养殖规模及畜禽产品流通半径的不断扩大，我国动物疫病的发生越来越频繁。防疫设施完善，防疫制度健全，科学实施畜禽疫病综合防控措施，对病死畜禽实行无害化处理，可有效控制动物疫病传播。

五是粪污无害化方面。我国是畜牧业生产大国，由此产生的大量畜禽粪便如若处理不当，会造成严重的环境污染。尽管近年来各地涌现出多种针对不同畜种、不同养殖规模的粪污处理模式，形式多样，但真正大面积推广的经济高效的处理模式不多。

在畜牧业发展快速转型升级的关键时期，全国畜牧科技工作者必须迅速行动起来、联合起来，深入实施创新驱动战略，加大畜牧科技创新力度，充分依靠科技创新，大力推进畜牧业提质增效，不断提升产业国际竞争力，确保畜产品有效供给和食品安全、生态安全及公共卫生安全，为我国实施乡村振兴战略、加快推进农业农村现代化做出新的更大的贡献。

在我国改革开放40周年之际，中国农业科学院组织全国畜牧科技领域一批高水平的一线科技工作者，编撰出版《中国畜牧业发展与科技创新》一书，具有重要理论价值和现实意义。该书系统总结了我国畜牧业发展的成功经验，全面梳理了畜牧科技各领域的最新研究成果，科学研判了畜牧业发展的未来趋势及对畜牧科技的需求，提出了畜牧业各领域的创新方向、重点任务和具体对策，对指导畜牧科技创新、畜牧业高质量发展和畜牧业现代化，必将产生积极的引领和推动作用。

中国农业科学院院长　中国工程院院士

2018 年 12 月

目　录

第一章　我国畜牧业发展与科技创新

摘要：在过去的十年中，世界畜牧业结构发生较大变化，在肉类产品结构中，世界禽肉比例显著上升，牛羊肉占比明显下降，亚洲地区的乳制品消费需求明显上升。世界各国畜牧业发展实践表明，科学技术进步在畜牧业发展中的作用越来越大，已成为推动畜牧业发展的主导因素。发达国家畜牧业科技贡献率普遍在60%以上。近年来，我国的畜牧业也得到长足发展，生产经营方式由“小规模饲养、粗放型经营”向“规模化养殖、产业化经营”转变，多元主体、企业主导的现代产业形态正逐步成熟，畜牧业的科技发展水平也有了明显的进步，在育种、疫病防控、饲养方式等方面都取得了巨大的成就。但是，与国际先进水平相比，在生产效率、一体化水平、社会化服务、科技支撑能力等方面还存在差距。未来我国畜牧业发展动力主要依靠科技。针对我国畜牧业面临的问题，以“高效、安全、环保”为目标，以提高良种自主培育能力与水平为先导，畜牧业发展要通过饲（草）料资源高效利用和新产品创制、重大疫病有效控制、养殖设施装备智能、废弃物低排放高质利用、畜产品加工增值等环节科技创新，优化资源配置，实现“良种化、规模化、自动化、信息化”，整体提升核心竞争力，为畜牧业转型升级提供技术支撑。

第一节　国外畜牧业发展与科技创新

一、国外畜牧业发展现状

（一）世界畜牧业发展概述

1. 世界畜牧业的生产情况

（1）主要畜禽存栏情况。近十年，世界主要畜禽存栏数量保持稳定，呈缓慢增长状态。据FAO统计数据，2016年世界牛存栏数量为14.75亿头，生猪存栏9.82亿头，羊存栏21.75亿只，禽存栏248.25亿只（表1-1）。

表1-1　2005—2016年世界主要畜禽存栏情况

年份	牛（亿头）	猪（亿头）	山羊（亿只）	绵羊（亿只）	禽（亿只）
2005	13.88	8.84	8.83	11.16	193.41
2006	14.09	9.03	8.93	11.23	197.87
2007	14.28	9.19	9.27	11.37	205.81
2008	14.41	9.25	9.43	11.25	212.07
2009	14.49	9.41	9.52	11.15	219.29
2010	14.54	9.75	9.55	11.17	224.84
2011	14.51	9.69	9.59	11.39	222.14
2012	14.63	9.71	9.75	11.59	228.19
2013	14.65	9.77	9.91	11.83	236.87
2014	14.75	9.86	10.11	11.96	237.74

（续表）

年份	牛（亿头）	猪（亿头）	山羊（亿只）	绵羊（亿只）	禽（亿只）
2015	14.52	9.91	9.79	11.60	241.95
2016	14.75	9.82	10.02	11.73	248.25

资料来源；FAOSTAT

（2）肉类生产情况。近十年，世界主要肉类生产量保持稳定增长态势。2016 年，禽肉（包括鸡、鸭、兔、火鸡）产量达 12 030.17 万吨，10 年增长了 40.05%，是肉类中增长速度最快的；其次是猪肉和羊肉，10 年分别增长了 22.22%和 14.23%；牛肉生产 10 年仅增长了 9.17%（表 1-2）。

表 1-2　2005—2016 年世界主要肉类产量情况

年份	牛肉（万吨）	羊肉（万吨）	猪肉（万吨）	禽肉（万吨）
2005	5 924.58	1 267.95	9 435.20	7 986.56
2006	6 092.57	1 281.58	9 704.90	8 220.44
2007	6 240.80	1 321.52	9 985.15	8 727.69
2008	6 248.64	1 328.98	10 280.35	9 165.30
2009	6 249.72	1 334.19	10 482.02	9 407.68
2010	6 310.40	1 338.01	10 744.32	9 834.20
2011	6 267.34	1 347.43	10 801.01	10 231.91
2012	6 324.98	1 371.37	11 149.23	10 567.79
2013	6 428.61	1 405.48	11 328.91	10 914.19
2014	6 468.11	1 448.44	11 531.37	11 185.52
2015	6 495.81	1 478.78	11 787.68	11 641.19
2016	6 597.38	1 493.19	11 816.87	12 030.17

资料来源；FAOSTAT

（3）原料乳及乳制品生产情况。从原料乳生产来看，近十年，世界原料乳生产保持稳定增长。从表 1-3 可以看出，牛奶是原料乳的主要来源，2016 年，世界牛奶产量 77 015.19 万吨，比 2005 年增长了 22.16%。2016 年，全球牛奶产量前十位的国家分别为美国、印度、中国（大陆地区）、巴西、德国、俄罗斯、法国、新西兰、土耳其和英国。前十位的国家牛奶总产量约占世界牛奶总产量的 50%。根据 FAO 的统计报告，近年来全球的牛奶产量增长主要来自亚洲的增长（表 1-4）。

表 1-3　2005—2016 年世界主要鲜奶生产情况

年份	牛奶（万吨）	羊奶（万吨）	驼奶（万吨）
2005	62 222.18	2 419.93	179.70
2006	64 138.53	2 463.30	187.41
2007	65 652.74	2 552.91	242.66
2008	67 040.41	2 565.40	285.35
2009	67 751.11	2 638.68	279.27
2010	69 117.40	2 732.83	296.73
2011	70 846.54	2 759.31	290.00
2012	72 616.45	2 771.49	270.53
2013	73 426.83	2 789.19	290.42
2014	76 011.63	2 876.92	290.70
2015	77 625.48	2 770.81	273.75
2016	77 015.09	2 562.91	269.63

资料来源：FAOSTAT

表 1-4　2016 年世界牛奶产量前十名国家（地区）一览表

排名	国家	产量（万吨）
1	美国	9 638.50
2	印度	6 642.35
3	中国（大陆地区）	4 155.94
4	巴西	3 387.78
5	德国	3 270.03
6	俄罗斯	3 075.21
7	法国	2 537.85
8	新西兰	2 167.15
9	土耳其	1 811.60
10	英国	1 494.60
合计		38 181.01

资料来源；FAOSTAT

从世界乳制品生产情况来看，2016 年，全球液态奶产量为 12 983.92 万吨，奶酪 2 265.16 万吨，黄油 613.22 万吨，全脂奶粉 359.70 万吨，脱脂奶粉 364.5 万吨。从世界乳制品生产区域来看，欧美发达国家是主要生产区域，其次是亚洲的中国、印度等新兴国家。新西兰是乳制品生产量最大的国家，2016 年，全脂奶粉产量达 120.5 万吨，约占全球全脂奶粉的 33.5%。

（4）禽蛋生产情况。近年来，全球禽蛋产量呈现缓慢增长态势。据 FAO 统计，2016 年，世界禽蛋产量共计 8 075.36 万吨，比 2005 年增长了 23.44%。鸡蛋产量占总产量的 92.4%。中国是世界禽蛋最大的生产国，鸡蛋产量占世界产量的 35.23%，其次是美国、印度、墨西哥以及日本等国（表 1-5）。

表 1-5　2005—2016 年世界禽蛋生产情况

年度	鸡蛋（万吨）	其他禽蛋（万吨）	合计（万吨）
2005	5 663.38	454.69	6 118.06
2006	5 793.02	455.00	6 248.03
2007	5 956.39	474.46	6 430.84
2008	6 177.64	503.22	6 680.86
2009	6 292.36	519.97	6 812.33
2010	6 420.60	528.37	6 948.96
2011	6 537.87	538.99	7 076.87
2012	6 692.74	551.15	7 243.89
2013	6 839.26	559.87	7 399.13
2014	6 979.08	573.36	7 552.44
2015	7 194.57	589.83	7 784.41
2016	7 388.99	686.37	8 075.36

资料来源；FAOSTAT

2. 世界畜牧业的主要发展模式

由于土地、资本、劳动力等生产要素不同，世界各国畜牧业的发展模式不同。根据生产要素投入的比例不同、强度不同以及组合的方式不同，世界畜牧业大体呈现以下几种发展模式。

（1）规模化经营发展模式。该模式以规模化、机械化生产为主要特征，在生产过程中需投入大量的资金、技术、设备。土地资源丰富、资金和技术实力雄厚、劳动力相对不足的国家一般采用该模式，典型国家是美国、加拿大。以美国为例，养殖规模为 1 000 头以上的奶牛场占全国所有奶牛场的 1/3 以上，机械化对其畜牧业的效率贡献十分明显，是美国成为全球最重要畜产品出口国的主要支撑。

（2）适度规模化经营模式。该模式以适度规模、种养循环为主要特征。经济较发达、人口规模适度、劳动力相对不足的国家多采用该发展模式。欧洲大多数国家采用适度规模化畜牧业发展模式，典型代表包括德国、法国、意大利等国家。以奶牛养殖为例，欧盟主要奶农都是各国的奶业合作社社员，奶农养殖规模为 100~200 头。产业化发展模式主要是“龙头企业+专业合作社+家庭农场”的形式，专业合作社在奶农与龙头企业之间起了重要的桥梁作用。

（3）集约化经营模式。该模式以资金和技术集约为主要特征。土地资源稀缺，经济、科技发展水平较高，草场资源缺乏的国家和地区一般采用集约化养殖。典型代表包括日本、韩国及我国台湾地区等。以日本为例，依托其资金、科技优势，不断加大畜牧养殖业的科研投入，培育了大量畜禽新品种和畜牧养殖技术人员，基本实现了农场的自动化管理，规模效益较为明显。

（4）现代草原模式。该模式以天然放牧、粗放式管理为主要特征，走资源环境友好型的道路。经济较为发达、草地资源丰富、生产环境优越的国家和地区一般采取现代草原畜牧模式。典型代表包括澳大利亚、新西兰、阿根廷和乌拉圭等，其产业化发展模式主要是“家庭牧场+专业合作社+专业合作社企业”，专业协会服务较为完善。以澳大利亚为例，以天然草地为基础，主要采取围栏放牧的方式，根据草地的承载力调整放牧强度，在发展畜牧业的同时保持生态平衡。

（二）主要发达国家畜牧业的主要做法

由于资源、环境、资金、技术等要素不同，世界主要发达国家畜牧业的发展模式不同，做法也不尽相同。但是，国外发达国家有许多普遍做法是值得我们借鉴的。

1. 高度重视畜牧科技的研发与转化

发达国家普遍重视畜牧科技。一方面，不断加大科研投入力度，畜牧基础研究、养殖设施装备。另一方面，不断创新一系列的畜牧科技推广机制和推广网络，不断提高畜牧科技的转化率。例如，德国等许多国家在全国范围实施联合育种，实施统一遗传评估，建立统一育种信息共享发布机制；美国、德国等发达国家利用其跨国育种公司在全球范围内整合资源，开展联合育种，不仅整合了畜牧相关高校和科研机构的技术力量，而且也把相关公司和生产者等市场主体也吸纳进来，建立了以市场为导向的产学研利益联结机制。另一方面，十分重视畜牧科技推广队伍和推广体系建设。以美国为例，完善的农业推广体系使其农业科技成果推广率高达 80%以上。

2. 大力推进规模化、标准化、集约化饲养

规模化、标准化、集约化是畜牧业发展的主要趋势之一，是发达国家畜牧业转型升级的主要手段。例如，20 世纪 80 年代开始，美国政府就极力推进畜禽养殖规模化和集约化，美国畜牧业养殖规模和养殖方式在很短的时间就发生了很大变化。据统计，美国奶牛场的养殖规模一般都在 100 头以上，从拌料、投料、挤奶、牛舍冲洗等全过程几乎都是采用机械化、自动化方式。又如，德国在生猪等畜牧养殖上，不断推动标准化、规范化养殖进程，并在充分利用信息技术，不断提高饲喂自动化和智能化水平。

3. 不断完善政府对畜牧业的支持体系

对畜牧业发展进行支持是发达国家和地区的通常做法。一方面，为了保障畜产品的生产，调动生产者积极性，许多发达国家都建立了较为完善的补贴制度，以不同的方式向生产者补贴。例如，美国政府实施过补贴方式就包括营销贷款差额补贴、生产灵活性支付、农业灾害补贴、固定直接补贴以及反周期支付等多种补贴方式。另一方面，通过关税配额、出口补贴、出口信贷等贸易支持政

策鼓励畜牧业发展。例如，欧盟为了保护地区内畜牧产业，实施了包括关税政策、技术性贸易壁垒等限制进口的多种措施；为鼓励地区内畜牧产品出口实施了出口补贴和出口信贷政策。

4. 不断完善相关法律

发达国家都制定了较为完善的法律支持畜牧产业发展。20 世纪 30 年代，美国就制定了《农业调整法》，到 2015 年，美国已经出台了十几部农业法案，并形成了以 100 多部重要法律组成的农业法律体系。使美国畜牧业在生产、加工，储藏，消费等全产业链都有章可循，有法可依。

5. 充分发挥合作社的组织作用

发达国家十分重视合作组织在生产、加工、销售和服务等方面的作用，将合作组织的建设作为促进畜牧业发展的主要措施之一。例如，澳大利亚牛奶总产量中近 75%由农场主拥有的合作社加工，最大的 3 家合作社加工所生产牛奶的 60%。荷兰奶制品行业两家主要的合作社加工荷兰 80%的牛奶。

（三）世界畜牧业贸易现状

随着世界经济的不断发展，人民生活水平的不断提高，世界畜牧业贸易总体呈增长趋势。

1. 肉类及肉制品贸易

根据 FAO 统计数据，2004—2013 年，全球肉类及肉制品贸易总金额从 1 275. 32 亿美元增长到 2 791. 81亿美元，10 年间增长了 119%。从贸易的结构来看，禽肉贸易量最大，其次是猪肉、牛肉、羊肉等。从贸易地区和国家来看，美国、欧盟以及中国大陆是肉类产品贸易的主要国家和地区（表 1-6，表 1-7）。

表 1-6　世界主要肉类及肉制品进出口量前十名国家（地区）一览表

排名	禽肉		牛肉		猪肉		绵羊肉	
	出口	进口	出口	进口	出口	进口	出口	进口
1	巴西	中国香港	波兰	意大利	德国	德国	澳大利亚	中国
2	美国	越南	法国	荷兰	丹麦	意大利	新西兰	法国
3	荷兰	沙特阿拉伯	德国	德国	西班牙	波兰	英国	英国
4	中国香港	墨西哥	荷兰	法国	比利时	墨西哥	爱尔兰	美国
5	法国	日本	白俄罗斯	中国	荷兰	中国	西班牙	沙特阿拉伯
6	比利时	中国大陆	美国	韩国	美国	中国香港	荷兰	阿拉伯联合酋长国
7	波兰	俄罗斯	西班牙	俄罗斯	法国	英国	印度	德国
8	德国	伊拉克	奥地利	希腊	波兰	荷兰	乌拉圭	荷兰
9	阿根廷	英国	比利时	中国大陆	加拿大	法国	纳米比亚	马来西亚
10	土耳其	荷兰	澳大利亚	美国	英国		比利时	

资料来源；FAOSTAT

表 1-7　2013 年世界主要肉类及肉制品出口情况

主要类别	出口量（万吨）	出口额（亿美元）	备注
禽肉	1 407. 54	267. 29	包括鸡、鸭、兔子、火鸡
牛肉	177. 71	85. 47	
猪肉	555. 14	141. 8	
羊肉	120. 72	64. 58	包括绵羊和山羊

资料来源；FAOSTAT

2. *活动物贸易*

据 FAO 统计，2004—2013 年，全球活动物贸易金额从 184.77 亿美元增长到 376.02 亿美元，10 年间增长了 103.51%。从表 1-8 可以看出，10 年间，出口贸易量增长最快的是活禽，增长率达 87.70%；其次是生猪、牛，增长率分别为 70.13%和 34.7%；羊（包括绵羊和山羊）的贸易量基本保持稳定（表 1-8）。

表 1-8　2004—2013 年世界主要活动物贸易情况

年份	生猪（万头）		羊（万只）		牛（万头）		禽（万只）	
	进口	出口	进口	出口	进口	出口	进口	出口
2004	2 184.56	2 267.46	1 962.16	2 007.85	777.02	803.15	91 373.10	88 970.20
2005	2 391.40	2 427.03	2 079.45	2 121.57	812.04	831.63	96 789.70	97 909.10
2006	2 681.41	2 706.79	2 221.42	2 211.93	915.74	961.35	90 931.50	97 711.00
2007	3 062.81	3 078.79	2 180.34	2 189.60	913.71	923.40	105 561.80	102861.30
2008	3 161.01	3 212.19	2 127.22	2 175.35	876.30	907.36	107 271.80	111 694.50
2009	3 288.41	3 436.54	1 918.10	1 911.91	957.24	957.65	121 287.50	128 420.70
2010	3 365.95	3 512.20	2 029.53	2 045.09	1 069.43	1 093.08	133 368.30	147 348.80
2011	3 482.69	3 534.62	2 107.95	2 111.34	1 032.47	1 040.93	141 894.40	153 595.80
2012	3 720.14	3 715.48	2 134.48	2 127.35	1 013.96	1 022.83	153 965.00	160 948.80
2013	3 686.76	3 857.73	1 990.10	2 086.68	1 102.27	1 081.83	154 060.50	166 994.50

资料来源；FAOSTAT

3. *乳品贸易*

全球乳制品贸易受全球不同地区乳产量、乳制品需求量、贸易政策以及经济发展等多种因素制约，存在较大波动。从 2004—2013 年的统计数据来看，10 年间世界乳制品贸易量总体保持一定数量的增长。其中，鲜奶出口量由 2004 年的 536.07 万吨增长到 2013 年的 893.18 万吨，增长了 66.62%；脱脂奶粉出口量由 2004 年的 172.10 万吨增长到 2013 年的 250.22 万吨，增长了 45.39%。全脂奶粉出口量由 2004 年的 215.78 万吨增长到 2013 年的 277.92 万吨，增长了 28.8%（表 1-9）。

表 1-9　2004—2013 年世界主要奶制品贸易情况

年度	全脂奶粉		脱脂奶粉		鲜奶	
	出口量（万吨）	出口额（亿美元）	出口量（万吨）	出口额（亿美元）	出口量（万吨）	出口额（亿美元）
2004	215.78	49.68	172.10	35.93	536.07	24.75
2005	211.36	52.09	164.87	36.80	581.35	25.78
2006	216.68	52.55	168.17	37.50	674.19	29.60
2007	209.78	69.51	168.71	59.18	685.10	38.30
2008	231.04	95.01	169.97	58.02	759.00	47.82
2009	228.20	60.58	183.51	40.50	818.95	39.52
2010	244.55	83.05	204.01	58.60	812.99	42.52
2011	218.19	88.47	213.47	71.66	878.93	51.56
2012	265.14	96.43	238.30	73.28	930.68	51.27
2013	277.92	121.59	250.22	95.92	893.18	57.81

资料来源；FAOSTAT

从乳制品贸易的区域来看，乳制品出口国家和地区主要集中在欧盟和新西兰，而进口国家和地区主要在中国和中东地区。新西兰在乳制品贸易市场上稳居首位，而欧盟则位居第二。从贸易价格来看，2004年以来，其国际贸易价格持续快速上涨，2014年以后增速放缓，并呈稳中有降的趋势。

（四）畜牧业的贡献

畜牧业是世界农业的重要组成部分，是各国重要的基础产业之一。当前，世界畜牧业产值约占农业总产值的40%，经济发达的国家畜牧业产值占农业总产值50%以上，部分国家甚至达70%~80%。畜产品是人类能量和蛋白质供给的最主要来源，保障着约10亿人的粮食安全；动物的毛皮、绒、羽、血液等副产物也是轻工业、制药业的重要原料；同时，畜牧业也是休闲农业、乡村旅游、体验农业等三产业的重要载体。

二、国外畜牧业科技创新现状

（一）世界畜牧业科技创新概述

世界各国畜牧业发展实践表明，科学技术进步在畜牧业发展中的作用越来越大，已成为推动畜牧业发展的主导因素。发达国家畜牧业科技贡献率普遍在60%以上，美国等国家已达到80%以上。近几十年，全球畜牧科技创新取得了显著成绩。国外畜牧业发达国家的畜禽良种普及率均在95%以上，禽规模化养殖比例达到80%~90%，养殖场机械化率70%~80%，规模养殖场畜禽全程病死率为8%~10%，养殖废弃物综合利用率90%以上。当前，世界畜牧业科技创新主要体现在以下几个方面：畜禽种业的创新；畜禽繁育技术的创新；畜禽养殖设施设备的创新；动物营养和饲料科技的创新；疫病防控和生物兽药的创新；屠宰、加工等产业链条的创新。

（二）国外畜牧业科技创新成果

畜禽遗传育种方面，随着基因组学、转录物组学、蛋白质组学和代谢物组学等技术的综合发展，以及大规模性能测定技术的应用，畜禽育种已经进入大数据时代。较为突出的成果包括锌指核酸酶、TALE核酸酶及CRISPR/Cas系统等基因组定点编辑技术，通过控制DNA的修复途径实现对基因组的定点编辑。

畜禽繁殖方面，美国等发达国家研究了由喷雾控制单元和喷雾管线构成的家禽孵化中的可变阶段湿度控制技术；研究了药物自动化注射系统，可通过无线射频识别技术发送指令来控制药物注射的剂量和时间。

动物疫病防治方面，欧美发达国家对于重大动物疫病的病原生态学、重大动物源性人畜共患病跨种传播机制、重大动物疫病的致病与免疫机制等领域开展了持续深入的研究。凭借持续深入地基础研究、重大关键技术的突破及高效的科技成果转化，发达国家的动物疫病防控新产品孕育而生，并通过英特威、勃林格、辉瑞等跨国公司向世界各国输出，占领全球市场60%以上的份额。例如，美国研制禽马莱克氏病的新型病毒疫苗、用于新城疫防治的病毒疫苗、针对口蹄疫病毒的具有抗病毒活性的Ⅲ型干扰素。

动物营养和饲料科技方面，借助于快速发展的现代生物技术、信息技术和制造技术，美国等发达国家在饲料养分高效精准利用的前沿基础理论研究和技术体系上成果显著，研发了一批市场竞争力强劲的微生物制剂、植物提取物、生物活性肽等饲料抗生素替代产品，研制了一批饲料加智能化装备。例如，德国在青贮作物生产中添加二苯基复合物和储藏中添加多元酚氧化酶来降低青贮饲料的蛋白水解效应。

养殖设施方面，新型养殖工艺模式与配套养殖装备系统的研究开发与应用成为欧美国家研究的热点，并不断出现产业化成果。例如，智能化群养母猪系统等福利养猪技术与装备，多种替代蛋鸡传统笼养的栖架散养福利养殖技术体系与装备。

畜产品加工方面，国际上越来越重视鲜肉品质的分子基础研究。例如，丹麦肉类研究所（DMRI）开发的自动化屠宰线、自动化分割和自动化剔骨设备及信息通信技术系统、胴体分级在线测量系统、在线追溯体系及在线加工控制系统；德国研制的西式肉制品的主要成套设备；西班牙和意大利研制的智能化控制成套新装备和新产品。

养殖废弃物处理方面，西方发达国家在畜禽养殖粪污减量化、无害化和资源化利用方面开展了广泛的研究。美国加拿大研究开发了畜禽粪便条垛堆肥技术及其配套翻抛机、粪水覆膜式氧化塘、液体粪便农田利用配套养分平衡软件、液体粪便运输系统及其配套施肥设施设备。欧洲国家在厌氧发酵、循环利用和污水深度处理等方面已经形成一系列成熟的技术和模式。

（三）主要发达国家科技创新成果的推广应用

美国建立的农业技术推广服务网络由联邦、州、县多层次人员组成。主体为农业部、州县、院校和企业、协会，均在美国农业技术推广体系中发挥着至关重要的作用。美国农业技术推广的职能部门由联邦政府农业部所属的国家食品与农业研究所（NIFA）负责，主要从事的是农业技术的研究、农民教育和农业技术的推广，并且为州县提供项目和资金的支持，同时采用多种传播技术手段对农民进行相关项目的教育和技术推广。

澳大利亚受国家政策影响，建立公私并存的多元化农业技术推广体系，发展趋势最终是以私有咨询公司、农业企业为主体的农业技术推广体系。其推广主题主体有联邦和州级政府资助的技术推广人员、农产品供应商雇用的技术推广人员、各类农业私营咨询顾问以及销售网络的工作人员，并且还包括银行经济顾问等。

“新西兰农业”作为新西兰政府专有的农技推广机构，将许多民间组织、个体专家手纳入农业技术推广工作中，包括农业管理科学院、家畜改良公司、农场发展俱乐部、大学、私人和集体公司、农渔业部技术司、毛利事务委员会等。推广形式也多种多样，大多以市场为依托，推广活动一般在农业协会或俱乐部活动中进行。

德国农业推广的主体多元，包括农会、州农业办公室、私有推广咨询体系等，推广对象不单单是农民，还有组织的农民群体。农民群体组织不但促进了政府推广机构的改革也促进了推广效率的提高，并进一步改变了农民群体对推广服务需求的模式，取代或补充个人对推广服务的需求。

韩国通过成立农村振兴厅做到对全国农业科研的统一管理，对全国科研的教育的指导，对农业科技的推广。每年农村振兴厅下属研究所均要上报科研课题，以免课题重复。由韩国农村振兴厅来统一负责全国农业科技研究和农业科技成果的推广工作，同时还一定程度上承担了农村生活指导以及农场主的培养和农业公务员的培训等，统一管理性较强。

（四）世界畜牧业科技创新发展的方向

1. 分子细胞育种技术的深入研究

性别控制、体外胚胎生产、体细胞核移植、转基因等技术将快速发展和实用化，分子细胞育种技术应用越来越广泛；性能测定体系逐步完善，遗传评估准确性不断增加。

2. 畜禽养殖环境领域的深入研究

废弃物转化与污染迁移、气体污染物监测评价及减排控制以及低排放农田施用设备等关键技术研究将取得重大突破。

3. 营养、食品安全和质量的深入研究

食肉与肠道微生物、大脑结构和行为的关系研究，加工工程中肉制品蛋白质的分子结构变化及其对营养价值的影响研究、重大疫病防治以及智慧化屠宰加工技术研究等。

4. 智能养殖设施和技术的深入研究

未来，世界各国，特别是发达国家将更加重视畜禽养殖的健康和福利问题，因此，围绕动物的健康生长开展福利化养殖工艺与系列设施设备的研发将成为该领域的重要方向。

三、国外畜牧种业科技创新经验及对我国的启示

（一）国外畜牧种业科技创新经验

1. 建立系统的国家畜牧育种体系

畜牧种业是一个系统工程，涉及政府管理部门、行业协会、技术推广机构、育种企业、科研单位等多个层面。畜牧业发达国家通过建立系统的国家育种体系，从宏观层面上进行政策导向，注重现有品种选育提高、育种基础数据收集和利用和统一组织生产性能测定。

2. 注重企业的育种主体地位

通过长期的实践，发达国家逐渐形成了以专业育种公司和育种协会两个育种主体为主导的品种培育组织模式，特别是专门化的育种企业成为种业科技创新的主体。如 PIC、ABS、ALTA、Semex Alliance、TOPIGS、HYPOR 等种业公司已经发展成为在国际种业市场上举足轻重的跨国种业公司。

3. 政府重视并大力扶持农业科技成果的转化

世界发达国家政府从多个方面支持并鼓励转化农业科技成果，制定农业科技成果转化的宏观政策，包括稳定的资金政策等。美国颁布的莫尔法案支持科技成果转化体系的建立；法国、荷兰制定的法律条文确定了畜牧业科技的发展方向，避免了大的产业波动的出现，实现了畜牧种业的可持续、稳定发展。

4. 建立了符合本国经济发展的畜牧种业科技成果的转化体系

农业科研单位和推广机构在布局上合理明确，分工明确，运转高效，并且经费的投入主体明确，运行方式科学，与生产实践紧密结合，转化率高。

5. 产学研的密切结合

世界主要发达国家将生产、研究和教育相结合，以市场经济为基础，结合市场需求，实现畜牧业生产，当生产满足市场需求时，用研究创新来完善生产中发现的关键环节与节点，并注重实用技术教育，主要发达国家通过教育体系向生产领域传播科技成果，建立并完善了全新的消费、生产、研究、创新与教育的产学研紧密结合的科技创新体系。

（二）对我国的启示

1. 加强组织领导和宏观协调，逐步完善国家畜牧育种体系

应加强国家科技、农业、卫生、食品药品监督等多个相关部门的修条，明确分工、通力合作，做好跨部门联动与统筹协调，共同做好协同创新。做好顶层设计，在制定国家畜禽种业发展规划，组织与协调全国畜禽遗传改良计划的实施等方面要充分发挥各级主管部门、技术支撑部门、行业协会的职能，系统开展畜禽品种生产性能测定、品种标准制定、品种登记等工作，保障我国畜禽种业健康可持续发展。

2. 探索建立以企业为载体的产学研创新体系，加快构建商业化育种体系

针对我国畜禽种业企业小而散、科技创新能力偏弱，而高校科研院所研发实力较强的现状，急

需探索建立适合我国当前种业发展阶段的技术创新体系，出台政策鼓励科技人员在种业企业兼职和拥有股权，搭建以企业为载体的产学研技术创新体系。建立现代种业发展基金，加强畜禽种业科技创新联盟建设，构建产学研用一体化产业链条，重点支持“育繁推一体化”种业企业开展商业化育种。充分发挥政府监管职能，大幅提高育种企业制度性准入“门槛”，引导育种企业通过正常市场竞争兼并重组，做大做强畜禽种业企业，提高国际竞争力。

3. 创新畜禽种业科技投入机制，拓宽资金渠道和方式

发挥政府在畜禽种业科技投入中的主导作用，利用好国家科技体制改革和中央财政资金科技计划改革的契机，加大各类科技计划向畜禽种业科技的倾斜力度，大幅度增加畜禽种业科技投入，建立投入稳定增长的长效机制。还要扩大种业科技投入渠道，综合运用财政拨款、基金、贴息、担保等多种方式吸引社会资金投入，利用银行、风投等金融杠杆和贴现、免税等金融政策，建立和完善多元化、多渠道的畜禽种业科技投入体系。最后建成以企业为主体，政府、社会等多方参与的多元化投资渠道，促进种业科技成果的研发和快速转化，形成科技发展与畜禽育种产业发展共同进步的局面。

4. 建立新型科技成果转化体系

借鉴国外发达国家成熟的科技成果转化模式，建立以市场、企业、生产者三位一体的农业科技成果转化的科学体系，支持专业行业协会、龙头企业、农业科研单位等多元主体参与技术推广服务，加快推广优质饲草生产、品种改良、疫病防控、产品加工等先进适用技术，改善养殖户生产能力，提高养殖技术水平。

第二节　我国畜牧业发展概况

一、我国畜牧业发展现状

（一）“十二五”畜牧业发展成就

1. 生产取得长足进步

一是综合生产能力明显增强。2015 年，全国肉类、禽蛋总产量为 8 625万吨和 2 999万吨，比 2010 年的 7 926万吨和 2 763万吨分别增长 8.82%和 8.55%，稳居世界第一位，禽蛋总产量再创历史新高，肉类、禽蛋总产量年均增长率分别达到 1.71%和 1.65%；其中，羊肉和禽肉增长更快，年均增长率分别达到 2.03%和 1.97%。受一系列不利事件的影响，近几年奶类总产量增幅较缓，2015 年全国奶类总产量 3 870万吨，比 2010 年的 3 748万吨仅增长 3.26%，但仍稳居世界第三位，年均增长率 0.64%（表 1-10）。

表 1-10　2010 年以来全国畜禽产品总产量（单位：万吨）

年份	肉类总产量	猪肉	牛肉	羊肉	禽肉	禽蛋	奶类
2010	7 925.8	5 071.2	653.1	398.9	1 656.1	2 762.7	3 748.0
2011	7 957.8	5 053.1	647.5	393.1	1 708.8	2 811.4	3 810.7
2012	8 387.2	5 342.7	662.3	401.0	1 822.6	2 861.2	3 868.6
2013	8 535.0	5 493.0	673.2	408.1	1 798.4	2 876.1	3 650.0
2014	8 706.7	5 671.4	689.2	428.2	1 750.7	2 893.9	3 841.2
2015	8 625.0	5 487.0	700.0	441.0	1 826.0	2 999.0	3 870.0

资料来源：《中国畜牧业统计资料汇编》

二是产业素质稳步提升。畜牧业标准化规模养殖加快推进，2014 年生猪、蛋鸡、肉牛、奶牛和肉羊规模养殖比例分别为 70.8%、81.0%、45.4%、59.9%和 59.7%，分别比 2010 年提高 6.3 个、2.2 个、3.8 个、13.4 个和 10.9 个百分点，肉鸡规模化养殖比例保持在 85%以上。生鲜乳机械化挤奶率达到 90%，前 50 家饲料企业集团的饲料产量占比达 56%。总体看，畜牧的产业素质得到进一步提升。

三是畜牧良种繁育体系逐步健全。经过多年的发展，目前已经初步建成了以原种场和资源场为核心，扩繁场和改良站为主体，种畜牧质量检测中心为保障的畜牧良种繁育体系。同时，政府扶持强度不断增强，种畜牧产业发展的政策环境不断优化，畜牧良种繁育体系创新能力进一步增强，逐步形成主体多元化、民营化和产业化发展的新格局。到 2014 年年末（数据待更新），全国有种畜牧场 1.38 万多个，其中种猪场 7 042 个，种禽场 3 830 个，种羊场 1 730 个，种牛场 577 个。

2. 产业地位继续巩固

2015 年，全国畜牧总产值达到 2.98 万亿元，比“十一五”末期的 2010 年增加 0.90 万亿元，增幅达 43.27%。畜牧产品成为城乡居民日常生活消费的必需品，对上下游产业的带动作用更加明显，产业化组织程度在农业中继续发挥引领作用。2015 年肉蛋奶人均占有量分别达到 62.74 千克、21.82 千克、28.15 千克，城乡居民“菜篮子”产品消费需求得以保障，居民膳食结构和营养水平得到显著改善，有力保障了国家食物安全。

3. 成功经验奠定发展基础

党的十八届三中全会审议通过的《中共中央关于全面深化改革若干重大问题的决定》指出，“经济体制改革是全面深化改革的重点，核心问题是处理好政府和市场的关系，使市场在资源配置中起决定性作用和更好发挥政府作用”。鉴于此，畜牧业部门坚持政策扶持和发挥市场机制决定作用相结合，为资源在畜牧中的合理配置提供了良好的环境。同时，坚持以推进良种繁育体系建设和标准化规模养殖发展为抓手，力促畜牧的转型升级；坚持强化科技创新应用增强支撑保障能力，提高畜牧科技进步贡献率；坚持生产生态有机结合、种植养殖农牧结合，促进可持续发展。

（二）畜牧业发展的新特征

当前，我国畜牧业养殖规模不断扩大，现代化水平不断提升，呈现出一些阶段性、转折性、标志性的新特征。

一是畜产品供求从“总体平衡、丰年有余”向“阶段性过剩、结构性偏紧”转变，保障主要畜产品有效供给形势日趋复杂。进入 21 世纪以来，受农畜产品需求急剧增长的带动和政策的鼓励引导，我国畜产品产量保持高速增长。以肉类为例，2015 年，全国肉类总产量达 8 625万吨，连续 26 年稳居世界第一位，人均占有量超过 60 千克，高于世界平均水平。生猪和家禽行业近几年产能总体处于过剩状态，具体表现在价格周期波动加剧，市场力量对比以买方市场为主，消费一有风吹草动市场价格就会出现较大波动。特别是 2014 年上半年我国经济下行压力加大，畜产品消费需求持续下滑，导致生猪价格连续下跌，虽然 2015 年生猪市场行情出现回暖，但仍很难弥补前期的损失。白羽肉鸡产能过剩情况较严重，即使在家禽行业因 H7N9 流感遭受重大损失的 2013 年，祖代种鸡进口数量仍比 2012 年增长 30 万套。总体看，我国主要畜产品供给已经由原来的“总量平衡、丰年有余”转变为目前的“阶段性过剩、结构性短缺”，而且这种局面在未来一个时期内将长期存在。

二是生产经营方式由“小规模饲养、粗放型经营”向“规模化养殖、产业化经营”转变，多元主体、企业主导的现代产业型态正逐步成熟。随着工业化和城镇化快速发展，农村大量劳动力进城务工经商，既对传统畜牧的生产经营方式造成巨大冲击，又为提高畜牧业集中度提供了发展空间。此外，近年来中央和地方各级政府不断出台有关政策措施，积极引导标准化规模养殖，加之市场波动的轮番洗牌，导致小规模分散养殖户大量退出，标准化规模养殖快速发展，已逐渐成为我国畜牧的主要生产方式。从经营规模看，2014 年（数据待更新），全国年出栏 500 头以上生猪、存栏 2 000只以上蛋鸡、出栏 10 000 只以上肉鸡、存栏 100 头以上奶牛规模养殖比重分别达到 41.8%、68.3%、71.9%、41.1%，比 2007 年分别提高 19 个、20 个、17 个、25 个百分点。从经营主体看，大型龙头企业数量快速增长，已成为未来现代畜牧发展的引领者和主导者；专业合作社、家庭农场等新型经营主体蓬勃发展，经营水平不断提高；小规模分散养殖在较长时间内还将具有一定规模，并逐步向龙头企业生产单元角色转化。总体看，我国畜牧多元主体、规模经营的产业结构已经初步形成，为下一步全面转型升级奠定了扎实基础。

三是畜牧投入与成本结构发生深刻变化，从“低投入、低成本”向“高投入、高成本”转变，畜牧规模养殖准入“门槛”已自然形成。近年来，随着土地租金不断上涨、劳动成本大幅提高、饲料价格持续攀升，畜牧生产成本高企。“用工成本高、雇工难”逼迫养殖场户改进养殖技术和管理，提高精细化自动化生产管理水平，客观上形成了技术准入“门槛”。一些工商资本进入畜牧后，由于对市场和技术的认识不足，实际经营效益远远低于市场平均效益甚至亏损。除了日常运营成本，发展畜牧前期投入也越来越大，要建 1 个万头猪场前期投入在 1 000万元以上，建设年出栏 300~500 头育肥猪的适度规模养殖养殖场，前期投入也在 50 万元以上。这种高投入高产出的模式，决定了现在的畜牧再也不是原先的农村“副业”，而是要有一定资金实力和技术力量基础的专业化规模化产业，没钱没技术养不了猪，至少是养不好猪，在客观上形成了规模养殖的资金准入“门槛”。从未来发展趋势看，规模养殖对资金和技术的要求将越来越高。

四是畜牧生产主体对环境约束的认识发生深刻变化，从“被动适应、简单处理”向“主动创新、力求效益”转变，推进产业可持续发展已成行业共识。近年来，我国畜牧快速发展，有力保障了畜产品的有效供给，但大量畜牧排泄物的集中排放也对环境造成较大影响。畜牧排泄物本身是种植业生产的可利用资源，但受目前种养脱节、承载超量等原因影响，畜牧排泄物处理始终是个老大难问题，严重阻碍现代畜牧健康发展。随着环保压力持续加大，众多大型养殖企业积极转变观念，纷纷采取各种方式推进畜牧业排泄物无害化处理和资源化利用。

二、我国畜牧业与发达国家的差距

近年来，世界肉蛋奶总产量以年均 2% 的速度持续增长。2016 年，全球肉蛋奶总产量分别达到 31 937万吨、8 075万吨和 80 165万吨。畜产品提供的动物蛋白达到人均 26.73 克/天。养殖业发达国家畜禽规模化养殖比例达到 80%~90%，养殖场机械化率 70%~80%，规模养殖场畜禽全程病死率为 8%~10%，养殖废弃物综合利用率 90%以上。欧盟非常规饲料资源饲用化率 80%以上，总体养分利用效率达到 70%。与此相比，我国畜牧业与发达国家还存在较大差距。

（一）生产效率存在较大差距

我国畜禽产品总产量居世界前列，肉类总产量连续多年稳居世界第一位，但畜牧业生产效率却与发达国家存在明显差距。以单位产品产量为例，如表 1-11 所示，2014 年我国平均每只蛋鸡年产鸡蛋总量为 9.11 千克，而加拿大达到 17.35 千克，比我国高 90.49%；我国平均每只肉鸡产肉量为 1.40 千克，而美国达到 2.04 千克，比我国高 45.52%；我国平均每头生猪产肉量为 74.10 千克，而美国达到 96.90 千克，比我国高 30.77%；我国平均每头奶牛年产奶量仅为 2.98 吨，而美国达到

10.15 吨，是我国的 3.41 倍；我国平均每头肉牛产肉量为 142.90 千克，而美国达到 371.20 千克，是我国的 2.75 倍。

表 1-11　2014 年不同国家主要畜禽单产水平比较

	蛋鸡（千克/只）	肉鸡（千克/只）	生猪（千克/头）	奶牛（吨/头）	肉牛（千克/头）
澳大利亚	15.11	1.90	75.30	5.79	261.30
加拿大	17.35	1.65	96.10	8.81	392.70
中国（大陆地区）	9.11	1.40	74.10	2.98	142.90
荷兰	15.59	1.66	93.90	7.75	192.10
美国	16.12	2.04	96.90	10.15	371.20

资料来源：FAOSTAT

（二）饲养管理存在较大差距

在发达国家，畜牧业规模化、机械化程度很高，且根据畜禽不同生长发育阶段的营养需要给以对应饲料，并辅以科学管理，以充分挖掘其生产潜力。如美国辛普洛养牛公司，每个养牛场年出栏育肥牛 10 万头，管理人员仅有 30~50 人，且达到了规范化、工厂化生产。而我国多为一家一户的分散饲养，或小规模的集中育肥，很多还处于“有什么喂什么”的粗放饲养管理状态，生产周期长，经济效益差。

（三）一体化水平存在较大差距

从组织形式看，发达国家通过市场竞争和兼并重组，提高产业集中度，延伸、整合上下游产业链，完善利益联接机制，提高产业综合效益。据统计，1994 年全美仅 6.4%的加工企业直接从事生猪养殖，现在已突破 50%。目前，畜牧业发达国家养殖、饲草料加工环节已实现一体化，养殖、屠宰加工环节逐渐整合，育种企业向下游的养殖、加工环节延伸整合，诞生了 TOPIGS、Hypor、JJ 种猪公司等集养、繁、育、屠宰加工为一体的全产业链经营国际企业。在一体化方面，我国畜牧业整体发展水平相对较低，仍以“各自为战”。

（四）社会化服务体系存在较大差距

在发达国家，畜牧业生产的社会化程度很高，服务体系健全，饲料供应，疫病防治，检疫运输，一直到加工销售，都能得到配套服务。这样，发现问题解决问题及时，可减少生产中的一些后顾之忧。目前我国的畜牧业社会化服务体系仍然存在着体制不顺、管理混乱、资金投入不足、服务内容和需求脱节等问题，销售、信息、科技、资金、法律等方面的服务远远不能满足需要，服务项目、质量、数量不能适应畜牧业生产、农村经济发展的需求。

（五）科技支撑能力存在较大差距

国内外农业发展的实践表明，科学技术进步在畜牧业生产中起着越来越大的作用，并已成为推动各国畜牧业发展的主导因素。据统计，发达国家科技进步对畜牧业增产的贡献率普遍在 60%以上，有些国家已达到 70%~80%。多年来，我国畜牧业科技总体水平相对较低，加上科技投入和物质投入水平不高，畜牧业科技进步对我国畜牧业生产的贡献份额与发达国家相比尚存在明显的差距。据专家测算，我国畜牧业科技进步对畜牧业总产出的贡献率从“六五”时期（1981—1985年）的34%增加到“八五”“九五”时期的45%左右，“十一五”时期超过50%，“十二五”期间我国畜牧业科技进步贡献率也只有55%。

三、我国畜牧业存在的主要问题及对策

（一）存在的问题

目前畜牧发展所存在的突出问题和挑战，概括起来可以称为“四难四高”。

所谓“四难”，指的是用地难、用工难、融资难、粪污处理难。这四难，既是长期存在的老问题，当前又有了新的延伸。

用地难——受城镇化加快推进影响，土地使用优先满足城市建设需要，养殖用地需求得不到保证，规模养殖场大面积租赁土地的难度很大，租赁价格也节节攀升，导致不少地区畜牧业不得不向深山大沟发展，楼上养猪、地下养鸡等模式也屡见不鲜。

用工难——由于畜牧业又脏又累，从业人员地位不高，同等甚至更高工资条件下，年轻人愿意外出打工，劳动力缺乏可能会导致行业发展后劲不足。目前高水平的技术和管理人才极为紧缺，既懂市场经营又懂养殖技术的复合型人才，即便是高额年薪都招聘不到。

融资难——畜牧业用地、圈舍、活畜牧等无法抵押，向金融机构贷款难。虽然部分地区通过采取成立担保公司等手段来帮助解决贷款难的问题，但从总体上看远远不能满足需求，同时融资成本也有所提升。由于养殖用地不属于建设用地，地上建筑物没有永久性产权，无法质押贷款，目前融资贷款主要都是通过将非农部门的资产作为抵押获得。同时畜牧融资成本也居高不下，融资利息成本超过20%。

粪污处理难——由于种养结构和区域布局不尽合理，通过大规模流转土地以农牧结合方式消纳畜牧粪污难以实现。而畜牧业粪污通过工业化处理实现达标排放的成本偏高，还不具备大范围推广条件。周边没有配套土地消纳粪污的大规模养殖企业和高密度养殖区域，不得不采取了一些工业化措施手段来开展粪污处理利用，这种前期投入和运行成本很高。

所谓“四高”，指的是风险高、成本高、质量要求高、舆论关注度高。

风险高——家财万贯，带毛的不算，畜牧业面临双重风险，一旦风险暴发就会给养殖场户带来巨大损失。一方面疫病风险影响巨大，去年以来H7N9流感使家禽行业遭遇无妄之灾，行业遭受重大打击，众多养殖企业破产倒闭。今年以来小反刍兽疫在20多个省区内发生，给肉羊生产造成极为不利影响，部分地区养殖场户损失较大；另一方面市场风险也不容小视，生猪价格波动频繁，规律难以把握，去年年底以来的生猪价格持续走低导致大量生猪场户亏损严重甚至倒闭。

成本高——土地、劳动力等各种生产要素价格快速上涨，玉米、豆粕、苜蓿等饲料原料价格也水涨船高，导致畜牧业饲养成本不断提升，极大地压缩了畜牧业赢利空间。据统计，2008年年底至2013年年底，育肥猪、肉鸡、蛋鸡配合饲料价格分别上涨了35.5%、28.4%和31.2%；2010—2012年，每出栏一头生猪总成本上涨39.1%，其中人工成本上涨幅度约为66%。

质量要求高——近年来，城乡居民对畜产品质量安全重视程度空前提高，质量安全只要一出问题都会对行业造成重大影响，婴幼儿奶粉事件对我国奶业的影响到现在都没有完全消除，“瘦肉精”监管也面临严峻形势，一旦放松就会有反弹的风险。由于消费者对国内乳制品尤其是婴幼儿奶粉的质量信心不足，造成了近年来我国乳制品进口量持续增加，2008—2015年乳制品进口数量由35.1万吨剧增到161.1万吨，增长了3.59倍。

舆论关注度高——肉蛋奶消费关系到广大群众的切身利益，各类媒体对畜产品信息高度关注，

市场价格一有上涨就大肆宣扬，质量安全一有纰漏就密集报道，负面效应很容易就被成倍放大。近年来，“火箭蛋”“牛魔王”“羊贵妃”等新有名词层出不穷，“皮革奶”“速生鸡”等不实宣传报道也越来越多，对畜产品生产消费都带来不利影响。

（二）对策建议

1. 完善财政投入稳定增长机制

立足畜牧业发展关键环节，聚焦市场薄弱节点，以提升畜牧业核心竞争力为取向，建立稳定增长的财政资金投入扶持机制。深入实施草原生态保护补助奖励政策，通过禁牧补助、草畜平衡奖励、生产性补贴和绩效考核奖励等方式，保护草原生态，推进草原畜牧业发展，促进牧民增收。继续实施畜牧良种补贴政策，加大补贴力度，扩大补贴范围，加快畜禽良种化进程。稳步增加标准化养殖扶持政策投入，推进标准化规模养殖。加大畜禽规模养殖排泄物综合治理和资源化利用扶持。加大对畜禽优势产区的支持力度，扩大生猪调出大县奖励资金规模和范围。围绕畜牧业质量安全监管、草原防灾减灾、畜牧业先进技术试验推广、信息监测预警等重点工作，予以稳定的财政资金保障，确保日常工作的有序开展。

2. 强化金融保险政策支持

加强政策引导，拓宽畜牧业融资渠道。利用财政贴息、政府担保等多种方式，引导各类金融机构增加对畜牧业生产、加工、流通的贷款规模和授信额度，鼓励有条件的地方和机构创新金融担保机制，为养殖、加工龙头企业、养殖场户融资提供服务。优化发展环境，鼓励民间资本以多种形式进入畜牧行业。稳步扩大政策性农业保险试点范围，探索建立适合我国国情的畜牧业政策性保险体系，提高畜牧业抗风险能力和市场竞争力。

3. 深化畜牧业监测预警与宏观调控

加大财政资金投入力度，完善信息发布服务和预警机制，引导养殖户合理安排生产，防范市场风险。建设国家级畜牧业公共信息监测预警平台和中央数据库系统，实施监测点数据采集终端更新升级；以能繁母猪、生鲜乳收购站等为切入口，探索运用物联网等先进技术的自动化监测方式。逐步扩大监测预警范围，探索建立有效顺畅的面向生产单位的信息交流机制和服务方式。通过必要的政策手段实施生产干预，积极应对市场周期性波动，更好的稳定畜禽生产和市场供应，保障农民的合理收益。

4. 引导产业化经营模式创新

充分发挥市场导向作用，由政府出台财税优惠政策和专项扶持资金，鼓励探索建立科学合理的全产业链利益联结机制，引导形成“龙头企业带动、合作社和养殖场户参与”的产业化经营模式，扶持一批畜牧龙头企业、农民合作社和规模养殖场进入健康发展的轨道，加快提升标准化规模养殖水平，既有效降低养殖者的市场风险，又大幅降低龙头企业的生产投入成本，推动畜牧养殖业逐步发展成集群优势明显的现代产业模式。

5. 加强畜禽规模养殖用地管理利用

在坚持耕地保护制度的基础上，认真贯彻落实国家关于规模化畜禽养殖的有关用地政策，将畜禽规模养殖用地纳入当地土地利用总体规划。合理安排畜禽养殖设施用地，坚持农地农用和集约节约的原则，加强设施农用地用途管制。合理开发利用土地资源，鼓励养殖场户在符合土地规划的前提下，积极利用荒山、荒地、丘陵、滩涂发展畜禽养殖。

第三节　我国畜牧业科技创新

“十二五”以来，我国畜牧业生产经营进入加快转型升级的关键时期。要实现畜牧业持续、健康、快速地发展，必须坚持依靠先进的畜牧业科学技术，加快畜牧科技的创新步伐，强化畜牧科技的驱动作用，促进畜牧业发展方式的转变。

一、我国畜牧业科技创新发展现状

随着我国畜牧生产的快速发展，畜牧业科技创新能力显著提升。我国畜牧业科技创新发展已取得了多项成果。

（一）国家项目

“十二五”以来，我国通过“973”“863”、科技支撑等科技计划，累计设立了80多个科技专项。自2011年以来，科技支撑计划先后启动了现代奶业发展科技工程、草业及草原可持续发展关键技术研究与示范、安全高效饲料产业发展关键技术研究与示范等一批重大项目；公益性（农业）行业科研专项先后启动了24个畜牧业项目，畜牧业领域在研项目数量达到34个。畜牧科技领域建立国家重点实验室、国家工程技术研究中心等各级各类研发平台70余个，涌现出广东温氏研究院等产学研结合紧密的企业技术创新平台。五年累计取得畜禽新品种（系）64个、国家一类新兽药注册证书3项、新饲料和新饲料添加剂证书9项；获得国家技术发明奖、国家科学技术进步奖30项。据不完全统计，畜牧兽医领域获得国家级科技奖励的成果57项。其中，自然科学二等奖1项，技术发明二等奖10项，科技进步一等奖1项、二等奖45项。我国自主培育的“京红1号”和“京粉1号”蛋鸡新品种，市场占有率超过40%；饲料用酶技术研发与应用使饲料利用率比“十一五”末提高8个百分点，年节约饲料粮1 000万吨，氮磷排放降低25%。

（二）创新领域

畜牧业是生命工程技术创新的集聚地。近年来，我国畜牧业科技创新取得一系列突破性成果。“十二五”以来，我国在畜禽品种选育、种畜繁殖、畜禽饲养方式、配合饲料及添加剂的研究和推广应用、疫苗和药物开发、草原建设和生态保护等方面取得了一批重大科技成果，在生产实践中实现配套集成应用，大幅度提高了畜禽生产效率，改善了畜产品质量。我国畜牧业科技进步贡献率已达到了58%，比同期农业56%的贡献率高2个百分点。可以说科技进步为推动我国畜牧业繁荣发展发挥了至关重要的作用。

1. 畜禽良种选育所取得的成就

近年来，我国通过应用畜禽良种繁育技术，特别是胚胎移植、克隆等高新技术，加快了畜禽制种速度和供种力度，同时将DNA重组技术、动物基因鉴定与分子标记辅助选择技术等大量应用于动物育种工作中，大大加快了育种进程。针对主要畜禽品种资源遗传特性、产品品质和生产性能等典型复杂经济性状的形成和调控分子遗传机理，以及多基因聚合和基因转移操作技术等方面筛选获得了一系列分子遗传标记，鉴定了一批与重要经济性状相关的功能基因，为开展畜禽品种选育工作打下了良好基础。选育了一批具有较高生产应用价值的畜禽牧草新品种（配套系），近两年就有“苏淮猪”等18个畜禽新品种（配套系）和“中苜4号”等17个牧草新品种通过国家审定。初步建立了我国牛羊幼畜超排技术体系，繁殖率相当于自然繁殖的60倍，可以使繁育成本下降60%。

2. 研制开发出各类重大疫病诊疗技术和疫苗产品

初步建设了动物疫病防治体系，有效控制了畜禽重大疾病。近年我国研制的猪瘟兔化弱毒疫苗、马传染性贫血弱毒疫苗以及其他多种疫苗不但在国内取得了很好的应用效果，在世界上也处于领先水平。

3. 饲料与饲料添加剂方面的科技成就

已研制出20多个饲料添加剂新品种；完成畜禽鱼类营养需要量参数140个；研究出优化饲料配方软件4套，知识库模块硬件1套；开发出优化配方饲料30万吨，浓缩料5万吨，制定了饲料及饲料添加剂生物学综合评定技术规程35套。研究制定了系列饲养标准和饲料营养成分数据库，集成推广了现代畜禽饲养与管理技术和工艺，培育了一批优质饲料作物和饲草品种，不断完善了我国畜禽饲养标准体系。同时，赖氨酸、维生素A等饲料添加剂产业化生产技术取得重大突破。

4. 牧草品种选育及草地改良

开展牧草品种选育，退化、沙化、碱化、草地改良，草地生态系统以及人工草地草畜配套技术的研究均取得重大成果。其中遥感技术在草地资源调查中的应用以及对牧区雪灾和草地资源动态监测的试验研究，缩短了中国与草地畜牧业发达国家的差距。

二、我国畜牧业科技创新与发达国家之间的差距

发达国家畜牧业生产中的科技贡献率和科技成果转化率一般可达到70%以上。我国畜牧业科技与发达国家相比还存在一定的差距，总体上要落后10~15年。我国畜牧业科技创新成果在功能基因组研究、奶牛基因组选择分子细胞育种技术、幼畜禽营养代谢基础理论、饲料营养价值基础数据研究、植酸酶工程技术、流感病毒的跨种传播机制和重要蛋白的结构与功能等部分领域先进于发达国家的地位，但整体上还与之存在较大差距，需要针对畜禽品种选育、精准遗传评估、配子胚胎调控、饲料资源高效利用与精准饲养、重大疫病的致病与免疫、草畜资源区域性优化配置与高效均衡调控、养殖环境控制与粪污风险评估、设施设备的自动化与智能化等重大科学问题展开研究，支撑我国畜牧科技跨越式发展。

（一）畜禽遗传育种基础研究和应用研究上的差距

畜禽品种选育方法落后于发达国家，我国目前基本上采用常规的选育方法，对各主要畜禽品种的种质特性缺少基因图谱、位点和遗传标记方面的深层次研究，导致影响品种性能、育种速度和种畜质量；良种数量少和个体产量较低，在品种培育上还存在空白点；品系繁育与杂种优势利用相脱离；良种繁育体系不健全，尚未形成发达国家层次分明的繁育体系；畜禽遗传工程研究薄弱，目前我国还停留在细胞水平的遗传操作上，进展也比较缓慢。

（二）饲料资源开发利用和畜禽营养研制方面的差距

具体表现在对青粗饲料的加工利用手段落后，缺乏适宜的加工设备。同时，对饲料添加剂、尿素类非蛋白氮饲料和单细胞蛋白饲料等三大类工业饲料的研制、生产和利用方面的研究项目少、成果不足。

（三）畜禽繁殖技术研究方面的差距

首先在人工授精技术上缺乏先进的冷冻精液设备，科学技术上达不到国际标准；其次在胚胎移植技术上，仍处在试验研究阶段，尚未形成生产力；最后，对与胚胎移植有关的家畜胚胎分割、胚胎性别鉴定、冷冻保存、体外受精技术、精子分离技术和克隆技术的基础研究和应用研究方面目前还未达到实用化水准。

（四）畜禽病综合防治技术研究方面的差距

我国目前对畜禽发病和免疫机理的研究方面基本上还处于细胞水平，尚未进入发达国家的分子

水平。病理学和免疫学诊断方法的研究以及诊断试剂商品化、新技术应用与国外先进水平还有较大差距。同时，在兽药研制上，由于我国仍处于以传统剂型为主的初级研发阶段，导致大量的生物制品依然依赖于进口。

（五）畜产品加工技术研究方面的差距

我国畜产品加工技术研究方面的起步较晚，与国际先进水平相比，落后10~20年，主要表现为加工技术落后、加工品种单一、加工包装设备差、缺乏质量监测手段等。另外，畜禽环境工程与配套设施研究方面也相对薄弱，导致随着集约化畜牧业生产的兴起，畜禽粪便污染等公害问题日益严重。

三、我国畜牧业科技创新存在的问题及对策

（一）我国畜牧业科技创新存在的问题

1. 不确定性和高风险性

畜牧业科技创新的风险来自自然风险、市场风险、政策风险等多方面。畜牧业科技创新投入大，周期长，加上科技创新的复杂性和科技创新扩散中的不确定因素等致使畜牧业创新风险增大。比如，畜牧业科技创新中新品种的培育，就需要投入较长时间和较多要素，甚至需要十几年或更长的时间来完成一个新品种的培育，这其中就存在不可知的风险性。

2. 投资收益滞后性

畜牧业新知识和新技术的产生、扩散和应用涉及学科广、受制约因素多，因此畜牧业技术研发的周期长，这使畜牧业的技术投资收益具有明显的滞后性。

3. 区域局限性

畜牧业创新科技的适用性会受到气候、地理位置等自然因素变化的影响，比如，一项在甲地推广成功的畜牧业技术可能在乙地就无法正常复制，畜禽经过长期的进化适应了当地的环境，当自然条件发生变化时，畜牧业技术的适用性也将发生改变。因此，畜牧业科技必须经过当地适应性的改良研究，试验成功后才能推广应用，增加了创新研发的复杂性。

4. 农牧户经营规模和素质的制约

目前我国畜牧业虽然发展总量大，但是企业总体规模小，多数是以农户家庭为经营单位，在创新的扩散中，要受农户习惯、素质和经营规模等诸多因素影响。因此，农牧民自身素质直接决定着畜牧科技采用的效果，并且，分散的小农牧户势必增加技术推广的难度和成本。

5. 畜牧业科技成果转化率低。畜牧科研单位管理体制不合理，科技信息交流沟通滞后，畜牧业科技推广功能弱，畜牧科技成果转化受市场冲击大，推广机构缺乏必要的试验、示范基地和培训设施，导致科技创新能力得不到充分发挥。

（二）对策

1. 理论支撑

现代畜牧业的创新发展应置于大农业系统下，在整个社会系统的范畴内去分析、研究，制定出促进整个系统最优的发展创新模式，推动畜牧业长远发展。在我国地域广阔、环境各异的现实条件下，各地区的现代畜牧业发展必须因地制宜，以区域为系统统筹经济与生态的协同创新发展，因此必须充分应用系统论、控制论、信息论科学来促进畜牧业的创新产业发展。

2. 技术创新

（1）生物技术创新。一是畜禽品种的培育与改良。我国需要加强以分子育种为重点的畜禽良种选育技术研究，如全基因组选择、转基因、胚胎工程、动物克隆、DNA 标记辅助、RAPD、基因芯片等技术，充分利用我国地方品种的优良性状，积极引进国外优良品种资源和先进生产技术，与世界优良品种进行优势杂交，加快培育具有知识产权的畜禽新品种、新品系，提升我国畜禽良种核心竞争力。鼓励国内种畜禽场与国外种畜禽生产企业、育种公司通过合资等方式建立种畜禽生产场和开展育种技术合作，促进我国畜禽产业与国际接轨。二是动物疫病防治与控制技术。加强 DNA 诊断技术、ELISA 技术等动物疫病诊断技术研究，开展 DNA 克隆重组、基因工程等技术在动物疫苗研制中的应用研究，并推进兽用生物制药研究，减少兽药残留，降低防治成本。三是畜禽粪污处理。畜禽养殖废弃物是放错了地方的资源，加强畜禽养殖废弃物的处理和资源化利用已经成为社会各界的普遍共识，但是当前缺乏成熟的可应用性技术，要加强微生物发酵技术在畜禽粪污资源化、能源化的应用研究和生物处理技术设备的创新研发。

（2）信息技术创新。目前信息技术正以前所未有的深度、广度改变着人们的生产生活方式，信息技术的创新也为促进畜牧业发展提供了全新的方式。一是畜牧物联网技术。推进畜牧业生产、经营、管理和服务领域的物联网技术应用研究，开展畜产品质量安全领域的可追溯技术研究，重点开展小型化、低成本化的畜牧物联网专用设备研发。二是畜牧大数据技术。利用数据清洗和融合等技术，广泛采集历史资料数据、实时监测数据，构建畜牧业大数据中心；利用数据挖掘和模型等技术，分析畜牧生产、流通和消费数据之间的相关关系；开展大数据应用技术研究，提供畜牧业发展大数据解决方案。三是畜牧云计算技术。云计算是实现信息技术市场化应用的关键，要积极开展畜牧业云设施、云存储、云服务技术研究，开展可配置的计算资源共享池优化技术研究，研究构建畜牧业云服务技术平台，满足畜牧市场主体对信息网络、存储、服务的即得性、便捷性、精准性需求。四是畜牧智能装备技术。设施装备是基础，要充分利用畜禽饲养管理、疫病防控、质量安全、资源利用、加工工艺等领域的现代信息技术创新研究成果，重点开展智能仪器设备研发，形成智能产品、实现闭环控制。

（3）畜牧科技集成创新。目前集成创新是充分发挥各类创新技术，提升科技创新能力的重要手段。当下畜牧业亟须将实用、成熟、效果显著的单项技术进行组合配套、优化提升。一是“良种+良法”集成创新。针对不同品种、不同气候条件、不同养殖设施，开展多样化、差异化、标准化养殖方法的探索研究，形成“良种+良法”实用技术的“组合拳”，提升良种覆盖率、良法覆盖面。二是“农艺+农机”集成创新。加强以机械适应性为导向的畜禽育种、饲草料栽培和养殖方式等的农艺技术研究，重点开展农机农艺结合紧密机型、动物资源品种和种植养殖方式研究；加强饲草料收获、青贮氨化、动物运输等装备设施的农机技术研究，重点开展动物健康养殖、畜禽产品精深加工以及储运保鲜等环节的设备研制；加强农机农艺融合技术研究，重点开展技术融合路线、融合模式、融合规范研究。

3. 科技转化

畜牧业科技转化的完全可以更好更快地实现畜牧业科技的创新发展。要提高畜牧业科技成果转化率。首先，要加强畜牧业科研管理，建立政、科、技三位一体的管理机构。多渠道筹备资金，扩大畜牧业技术成果转化规模，并对畜牧业技术成果采用提供保险，降低应用的风险等措施。其次，大力发展畜牧业科技推广服务机构，完善科技成果转化推广服务体系。畜牧业科技推广服务机构可以促进科技成果的转化，加速知识、技术、信息、人才和资本的快速流动，提高科技创新的效率。再次，畜牧业科技服务机构直接面对涉农企业和分散的农牧民，扩散知识技能的同时，可以真实地掌握实际生产的第一手材料，以市场为导向、以增加农牧民收入为目标，及时向科技服务的决策层和知识供给系统反馈，实现科技创新与市场的紧密结合，提升技术的转化率。畜牧业科技推广体系在推进畜牧业科技进步与创新，强化科技支撑能力，科技成果转化应用，加快建设现代畜牧业等方面发挥了重要作用。

4. *市场驱动*

畜牧业科技创新与科技成果商品化必须以市场需求为导向，以满足人们实现生产、生活需要为目的。市场驱动的原动力就来自市场需求，创新主体多为面向市场、面向生产实际的畜牧业科技企业或农牧场，受市场超额利润的诱导而进行技术研发与创新，并就技术成果转化为现实生产力，因其目的在于追求经济效益，所以市场需求或潜在需求信号才是科技创新研发的方向。它可以充分调动参与者的积极创造性，最大限度地发挥创新者潜能，并因市场的调节功能而实现资源的最佳配置，进而实现效率最优。首先，涉农企业只有在市场机制的激励下去从事创新，在商品属性的涉农领域居于科技创新主体位置，切实促进科技创新的实现与转化，才能满足农户的实际需求。其次，依靠市场驱动促进畜牧业科技创新，就有必要搞好技术交易市场建设。积极发展畜牧业科技中介服务组织，加强技术市场体系建设。技术交易市场等中介组织因具备一定市场跟踪能力，能及时搜集、发布创新科技成果需求、供给需求信息，能够建立起高效、方便的信息库，提供科技创新成果的交易场所等方面的服务活动。最后，大学、研究机构及企业借助技术交易市场，经过选择、磋商，以协议方式明确各自权责，完成科技成果创新与转化活动。

5. *政府引导*

推进畜牧业科技创新与发展，还要以政府为主导，要加大畜牧业科技支持的投入力度，积极引导多元化的畜牧业科技创新投入。首先，政府可通过对畜牧业高科技产品减免税收的方式实现对畜牧业科技创新的支持。设立专门的扶持基金，对科技含量高、市场前景好但相对风险较大的畜牧业科技类项目行使融资、贷款优先权的措施，用于解决生产中急需的科技攻关与转化应用。不断扩大财政投入的增量，积极探索 PPP 投资模式、“一带一路” 合作模式等新机制，引导和聚集社会工商资本投入，不断增强财政资金的带动能力。还可以依靠政府采购，政府通过购买公益性、外部性较强的畜牧业科技类产品，实现对畜牧业科技创新的一种支持。其次，政府应重视畜牧业重大科技创新活动的组织、实施，加快国有科研机构社会化改革，增强重大关键技术、实用技术开发能力，优化、调整区域性工程技术开发中心建设。最后，政府要重点扶持高新技术和实用技术研发应用。政策扶持既要瞄准前沿高新技术，也要着眼当前实用技术，推进农科教、产学研大联合、大协作。并积极促进国际畜牧业科研合作开发项目，吸引外资的注入，充分利用外资，以便更好、更快地将科技创新成果转化为现实生产力。

第四节　我国科技创新对畜牧产业发展的贡献

一、我国畜牧业科技创新重大成果

“十二五” 以来，我国通过 “973”“863”、科技支撑等科技计划，累计设立了 80 多个科技专项。畜牧科技领域建立国家重点实验室、国家工程技术研究中心等各级各类研发平台 70 余个，涌现出一批产学研结合紧密的企业技术创新平台。初步形成了以院士、中青年科技创新领军人才等为代表的人才梯队。五年累计取得畜禽新品种（系）64 个、国家一类新兽药注册证书 3 项、新饲料和新饲料添加剂证书 9 项；获得国家技术发明奖、国家科学技术进步奖 30 项。

良种是畜禽生产发展的物质基础。“十二五” 以来，我国畜牧科研单位和企业研究建立了一系列先进实用的畜禽种业技术，自主培育出一批生产性能优良、适应市场需求的新品种和配套系，逐步减小对国外品种的依赖程度，保障国家畜禽种业安全。自主培育的“京红 1 号”和“京粉 1 号”蛋鸡新品种，市场占有率超过 40%，华农温氏 1 号猪配套系近五年累计已出栏纯种猪 26.5 万头、父母代种猪 147 万头，生产四系配套商品猪 4 424 万头。

饲料为现代养殖业提供物质保障。“十二五”期间，国家对动物营养和饲料科学研究的投入大幅增加，推动动物营养需要和饲料原料营养价值动态预测、饲用酶技术体系创新及重点产品创制、微生态制剂高密度发酵等领域取得大量科技成果。大型企业普遍增加科技投入，通过产学研联盟等方式创建了十多个国家级企业研发中心，新技术、新工艺和新产品集成应用能力明显提高。饲料用酶技术研发与应用使饲料利用率比“十一五”末提高 8 个百分点，年节约饲料粮 1 000 万吨，氮磷排放降低 25%。在饲料资源开发利用方面，在低温脱毒杂粕生产优质蛋白饲料、酒糟等食品加工副产物固态发酵生产蛋白质与能量的关键技术上取得了一定突破。

动物疫病防控与兽用生物药物是绿色养殖业和食品安全的重要保障。“十二五”以来，随着国家对畜禽疫病防控的日益重视和科研投入的不断增长，我国畜禽疫病防控的科技创新能力正不断夯实。在禽流感、牛结核、蓝耳病等人畜共患病与动物重大疫病的流行病学、传播机制、致病与免疫机制等基础研究领域取得了重要进展，在猪瘟等重大畜禽疫病的综合防控中取得了阶段性成效。有效防范了非洲猪瘟等外来病的传入风险，小反刍兽疫等突发疫情得到及时有效控制，高致病性禽流感、口蹄疫等重大动物疫病流行强度逐年下降，全国连续多年未发生亚洲 I 型口蹄疫疫情，动物疫病防控工作取得显著成效。

草牧业科技水平大幅提升，在一些研究领域处在国际“领跑”前沿地位，如草地农业生态系统理论研究等，这些理论研究成果对推进我国草牧业的科学发展起到了积极的作用。在草原生态系统生态生产功能的维持机理与退化机制方面，我国学者通过多年的努力和赶超，研究成果已经处于与国际“并跑”的水平。

我国养殖废弃物处理利用的研究虽然起步较晚，但在国家支撑计划、“863”和行业科技等项目支撑下，废弃物处理利用技术取得了很大进展。在固体粪便堆肥处理、畜禽粪便沼气发酵、养殖污水处理、人工湿地等单项技术方面取得了很好的研究进展，提出了不同畜种、不同养殖规模的粪污处理模式，在畜禽养殖废弃物和死畜禽处理与利用领域科技成果取得重大突破。

畜产品加工是现代畜牧业产业链的重要组成部分。“十二五”期间，我国畜产品加工科技明显提升，肉品和乳品加工工艺技术总体水平显著提升，机械设备和成套生产线国产化率不断提高，产生了冷却肉品质控制关键技术及装备研发与应用、干酪制造与副产物综合利用技术集成创新与产业化应用等一批科研成果。

二、畜牧业科技成果的产业转化

“十二五”以来，我国畜牧业技术推广应用成效显著。大大提高了养殖效率，满足了我国日益增长的优质畜产品需要，保障了国家粮食安全。

大力推广种业科技成果，持续推进畜禽遗传改良计划。96 家国家生猪核心育种场育种群存栏达 15 万头，供种能力可以达到全国种猪需求量的 80%；生猪良种补贴项目县的人工授精普及率达 85%，配种受胎率达 90%，商品猪出栏日龄提前 5～10 天，每头能繁母猪平均每年多出栏育肥猪 1.5 头。奶牛生产技术水平明显提高，2015 年全国泌乳牛平均单产达 6 吨，比 2010 年分别提高了 15.4%。

饲料科技和产业结合日益紧密，饲料质量和转化效率不断提高。饲料营养价值基础数据库建设日益完善，为饲料行业大数据平台建设和精准饲料配方的实施奠定了基础。开发了一些包括益生菌、酶制剂、核苷酸和卵黄抗体等抗生素替代品，且在饲用酶制剂等方面达到国际先进水平。饲料资源开发利用逐步深入，利用小麦、高粱、大麦等原料替代玉米，加快开发发酵豆粕等新型优质蛋白，能量饲料原料多元化和鱼粉替代取得明显进步。饲料生产和加工技术大幅度提高，规模以上企业基本实现了产品系列化、生产自动化和智能化，建设了饲用微生物工程国家重点实验室、国家饲料机械工程技术研究中心等企业研发平台 10 个。“十二五”期间，全国饲料质量明显提升，抽检合格率稳定在 95%以上，2015 年达到 96.2%，比 2010 年提高 2.3 个百分点。

大力开展动物疫病成果转化，提高动物疫病防治的科学化水平。兽医研究机构、高等院校和企业资源集成融合，重点解决制约动物疫病防治工作的关键技术问题，开展新疫苗和兽医药品研发平台建设，推进诊断检测技术和试剂的标准化。口蹄疫、高致病性禽流感等 16 种优先防治的国内动物疫病得到有效控制，动物发病率、死亡率和公共卫生风险显著降低。兽药产品质量抽检合格率稳步提升，“十二五”末合格率达到 94.8%，同比提高 3.7 个百分点。

草牧业产业链条延伸完善，饲草料产业体系初步建立。草牧业基本形成了集育种、繁育、屠宰、加工、销售为一体的产业化发展模式。夏南牛、云岭牛、高山美利奴羊、察哈尔羊、康大肉兔等系列草食动物新品种相继培育成功，全混合日粮饲喂、机械化自动化养殖、苜蓿高产节水节肥生产和优质牧草青贮等技术加快普及，截至 2015 年，以草食畜牧业为主营业务的农业产业化国家重点龙头企业 105 家，占畜牧业龙头企业比重为 18% 。全国牧草种植面积稳定增加，粮改饲试点步伐加快，优质高产苜蓿示范基地建设成效显著，饲草料收储加工专业化服务组织发展迅速，粮经饲三元种植结构逐步建立，2015 年全国优质苜蓿种植面积 300 万亩（15 亩 = 1 公顷。全书同），比 2010 年增加 5 倍，产量 180 万吨，秸秆饲料化利用量达 2.2 亿吨，占秸秆资源总量的 24.7%，为草食畜牧业发展奠定良好基础。

三、我国畜牧业科技创新的产业贡献

“十二五”以来，我国在畜禽牧草品种选育、工业饲料生产及安全检测、主要畜禽营养及饲养管理、产品标准和检验方法、草原建设和生态保护等方面也取得了一批重大科技成果，在生产实践中实现配套集成应用，大幅度提高了畜禽生产效率，改善了畜产品质量。据测算，目前我国畜牧业科技进步贡献率已达到了 58%，科技进步为推动我国畜牧业繁荣发展发挥了至关重要的作用。

1. 畜产品产量稳定增长

“十二五”期间，生猪生产总体保持稳定增长，生猪存栏量、出栏量和猪肉产量稳居世界第一位，有力保障了城乡居民猪肉消费需求。猪肉产量 5 487 万吨，较 2010 年增长了 8.2%，占肉类总产量的比重 64%左右，始终是肉类供给的主体。2015 年禽肉产量 1 826 万吨，禽蛋产量 2 999 万吨，分别较 2010 年增长 7.5%和 7.1%。2015 年草食畜产品奶类、牛肉、羊肉、产量分别为 3 870 万吨、700 万吨、441 万吨，分别比 2010 年增加 3.3%、7.2%和 10.5%，市场供应能力逐步增强。提供的优质动物蛋白总量比 2010 年增加 6.6 个百分点，改善了居民膳食营养结构。2015 年，全国工业饲料总产量 2 亿吨，比 2010 年增长 23.5%，保持世界第一。

2. 标准化规模养殖稳步推进

生猪标准化规模养殖发展步伐加快基础设施条件明显改善，自动饲喂、环境控制等现代化设施设备广泛应用，2015 年，年出栏 500 头以上的规模养殖比重为 44%，比“十一五”末提高了 9.5 个百分点，已成为猪肉市场平稳供给的重要支撑。白羽肉鸡年出栏 5 万只以上、黄羽肉鸡年出栏 3 万只以上、蛋鸡存栏 5 000 只以上的养殖场户已经成为我国肉鸡、蛋鸡的生产主体，逐步成为规模化界定的新标准。2015 年奶牛存栏 100 头以上、肉牛出栏 50 头以上、肉羊出栏 100 只以上的规模养殖比重达 45.2%、27.5%、36.5%，分别比 2010 年提高 17.2%、4.3%、13.6%。国家级草食畜禽标准化示范场数量达到 1 063 家，占畜禽标准化示范场创建总数的 27.1%，对推进草食畜禽标准化规模养殖发挥了重要引领作用。

3. 生产水平明显提高

生猪出栏率142%增长到155%，每头能繁母猪可提供商品猪数量由13.7头增长到14.8头，生猪出栏日龄由175天减少到170天。2015年肉牛和肉羊平均胴体重分别达140千克、15千克，比2010年分别提高了0.6%和1.7%。全国饲料产品抽检合格率2015年比2010年提高2.3个百分点，各级畜牧兽医部门组织开展专项整治，“瘦肉精”等违禁添加行为得到有效遏制，铜、锌等微量元素类饲料添加剂超量使用情况受到严格管控。

四、科技创新支撑畜牧业发展面临的困难与对策

畜牧科技创新为我国现代畜牧业发展提供了良好的支撑，但我国畜牧业生产既面临国内资源环境的制约，又承受国际市场竞争的压力，在产量高起点上实现突破难度加大，可持续发展面临巨大挑战，畜牧科技面临了新的困难和挑战。

（一）主要面临的困难

1. 环境压力加大

养殖废弃物排放与区域性环境承载力不匹配，局部地区畜禽粪便氮负荷高出种植业需氮量1倍，养殖废弃物综合利用率不足60%，环境制约问题越来越突出，特别是南方水网地区等环境敏感区环境保护压力加大，生猪和奶牛生产绿色发展面临严峻挑战。据测算，我国畜禽粪污综合利用率不足50%。近年来，农业面源污染防治力度不断加大，《畜禽规模养殖污染防治条例》《水污染防治行动计划》等法律法规相继出台，如何加快科技创新，促进畜禽粪污的资源利用任务艰巨。

2. 资源约束趋紧

饲料粮供需矛盾突出，非常规饲料资源饲用化率仅约50%，总体养分利用率55%左右。养殖用地需求不断增加，我国提出坚持最严格的节约用地制度，土地资源短缺将成为畜牧业规模养殖发展的重大制约。此外，我国蛋白饲料原料对外依存度高，进口量不断增加，大豆70%以上需要进口。据海关统计，2015年，我国大豆进口量增加到8 169万吨，占世界贸易总量的60%以上。加快适度规模养殖的技术集成示范，开发替代性低成本蛋白饲料，促进土地节约型畜牧业发展，亟待畜牧科技创新。

3. 疫病风险犹存

我国动物疫病流行状况总体十分复杂，病种多，病原复杂，流行范围广，防控形势仍然严峻。高致病性禽流感、口蹄疫、猪瘟等重大疫病仍有零星发生，国际动物和动物产品贸易活跃，边境地区动物和动物产品走私屡禁不止，小反刍兽疫、非洲猪瘟等外来动物疫病传入风险依然存在。活畜禽长途调运、现宰现食等养殖、流通和消费方式严重制约动物疫病防治水平的提升。重大动物疫病、外来病、常见病、多发病的防控都需要科技支撑。

4. 进口冲击加剧

我国主要畜产品的价格明显高于发达国家，猪肉养殖成本比美国高40%左右，进口奶粉到岸价约为国内生产成本的50%，随着经济全球化、贸易自由化的发展，我国市场开放程度不断提高，猪肉、牛肉和奶制品进口将持续增加，给国内畜牧生产发展带来一定压力，加快畜产品加工科技研发。

5. 生产效率不高

畜禽良种缺乏，自主培育的猪、鸡新品种市场占有率只有20%和50%，饲料利用效率和生产效率与先进国家还有加大差距，生猪每千克增重比欧盟多消耗饲料0.5千克左右，母猪年提供商品

猪比国外先进水平少 8~10 头。

（二）科技创新发展的对策

未来一段时间，我国畜牧科技要加快科技创新，探索“科技+政策”双轮驱动供给侧结构性改革的实现路径，支撑产业发展。针对我国畜牧业面临的“种源依赖进口、饲料和优质饲草资源短缺、养殖效率低下、疫病问题突出、环境污染严重、设施设备落后”等问题，以“高效、安全、环保”为目标，以提高良种自主培育能力与水平为源头，通过饲料（草）资源高效利用和新产品创制、重大疫病有效控制、养殖设施装备智能、废弃物低排放高质利用、畜产品加工增值等环节科技创新，优化资源配置，实现养殖业“良种化、规模化、自动化、信息化”，整体提升核心竞争力，为养殖业转型升级提供技术支撑，确保我国畜产品安全、生态环境安全和公共卫生安全。

1. 重点开展支撑现代畜牧业发展的基础研究

解析鉴定优质、抗病等具有重要育种价值的功能基因，筛选分离一批与主要经济性状显著相关的分子标记，提升畜禽分子育种水平；研究饲料养分的营养代谢与调控，动物营养生理与消化道微生物互作机理，揭示畜禽饲料养分高效利用的分子机制；开展动物疫病监测与流行病学调查、疫病传播途径、传播规律研究，阐明畜禽重大疫病病原与宿主互作途径；研究草畜资源区域性优化配置与高效均衡调控机理、高效种养结合温室气体减排机制，阐明种养结合高效利用转化机理与途径。

2. 加大国际畜牧科技前沿技术的跟踪研发

深入开发基因编辑、干细胞与基因治疗技术，加速基因组选择技术应用；建立饲料资源高效利用大数据平台；开展重大疫病病原高通量筛选、新型生物载体疫苗技术与新型佐剂研发；研发畜禽高效、节能环境调控工程技术。

3. 稳步构建高效、生态、安全养殖的关键技术体系

建立全基因组选择等分子育种技术与常规选择技术相结合的高效育种技术体系；构建饲料精准配制与新型日粮生产技术体系，非粮饲料资源提质增效技术体系；建立畜禽重大疾病诊断监测与免疫防控新技术体系；研发养殖废弃物减排、处理和综合利用等共性关键技术体系；建立规模化畜禽场环境控制技术体系；研发畜产品加工过程与质量安全控制技术体系。

4. 加快制约我所畜牧业发展关键产品和设备的创制

利用我国特色遗传资源，自主培养主要畜禽新品种；制饲用抗生素替代产品，开发新型非粮饲料资源；研发动物生理参数与环境信息智能采集装备，设施养殖环境智能控制装备，养殖场大数据智能管理技术与物联网传感装备；研发禽流感、口蹄疫等重大疫病高效多联通用新型疫苗及佐剂；研发高效厌氧发酵、沼气脱硫脱硝装备，沼渣好氧发酵处理一体化智能装备。

第五节　我国畜牧业未来发展与科技需求

一、我国畜牧业未来的发展趋势

（一）我国畜牧业发展目标预测

纵观国际畜牧业发展，从增长方式看，发达国家注重效率提升内涵式发展，通过循环经济手段较好地解决了畜牧业发展面临的各种矛盾，推动资源、环境和效益协调发展。如美国在 1989—2011 年期间，采用先进繁育技术，使全国奶牛单产年平均提高 150 千克，尽管存栏量减少了 8.4%，但牛奶总产量增加 36.4%，并缓解了资源环境压力。从组织形式看，发达国家通过市场竞

争和兼并重组，提高产业集中度，延伸、整合上下游产业链，完善利益联接机制，提高产业综合效益。据统计，1994年全美仅6.4%的加工企业直接从事生猪养殖，现在已突破50%。目前，畜牧业发达国家养殖、饲草料加工环节已实现一体化，养殖、屠宰加工环节逐渐整合，育种企业向下游的养殖、加工环节延伸整合，诞生了TOPIGS、Hypor、JJ种猪公司等集养、繁、育、屠宰加工为一体的全产业链经营国际企业。从科技发展看，发达国家大力推进生物技术产业化，强化物联网、大数据等信息技术应用，持续提升养殖设施装备智能化水平，科技对畜牧业发展的贡献率不断提高。如传统挤奶方式每人每小时能挤40~60头牛，而一台机器人每天可完成70~80头奶牛挤奶。目前，挪威已有20%~30%牧场使用机器人挤奶，加拿大和日本等也在逐步推广机器人挤奶。

随着经济发展和人口的增长，畜产品需求的刚性增长必将加剧全球的资源与环境矛盾，通过优异种质培育、先进的设施设备、精细饲养管理、良好的兽医防疫制度等，积极推动畜牧业向内涵式质量增长方式转变，是未来世界畜牧业发展的必然选择。

重点突破对我国现代牧业发展具有支撑引领作用的重大畜禽品种培育、饲料资源开发利用、重大疫病防控、废弃物资源化利用、畜产品质量安全等共性关键技术和现代养殖装备。基本形成以市场为导向、企业为主体、产学研相结合的畜牧产业科技创新局面，大幅提升我国畜牧业核心竞争力。

（二）我国畜牧业发展重点预测

1. 短期目标

国家近期陆续出台的宏观经济政策为解决畜牧业发展中存在的问题指明了方向。《中华人民共和国国民经济和社会发展“十三五”规划纲要》要求走产出高效、产品安全、资源节约、环境友好的农业现代化道路，构建创新能力强、品质服务优、协作紧密、环境友好的现代产业新体系。全国农业现代化发展规划（2016—2020年）全面贯彻落实“创新、协调、绿色、开放、共享”的发展理念，以提高农业生产效率为核心，以农业供给侧结构改革为主线，系统部署了“十三五”推进农业现代化的重点任务。

在整体经济增长放缓，经济发展进入新常态的背景下，我国畜牧业发展面临畜产品需求持续增长和资源与环境约束趋紧的矛盾，以及国际竞争力不足的严峻挑战。为破解双重压力，未来5~10年我国畜牧业发展要按照“产出高效、产品安全、资源节约、环境友好”的总体要求，以提高质量效益和产品竞争力为重点，立足推进养殖规模化、标准化带动增长方式转变，优化产业结构和区域布局破解发展“瓶颈”，加快科学技术转化应用提升发展效率，建立完善的现代畜牧业生产体系、经营体系和产业体系。力争在畜牧业发展的重要领域和关键环节取得原创性突破，实现畜牧业跨越式发展。

“十三五”期间我畜牧业发展要以国家有关农业和畜牧发展的政策精神为指导，有效应对畜牧业发展中存在的矛盾和挑战，依靠科技创新促进畜牧业提质增效、不断提升产业国际竞争力，确保畜产品有效供给和食品安全、生态安全及公共卫生安全，保障我国现代畜牧业健康可持续发展。

依据《国家创新驱动战略纲要》关于到2020年进入创新性国家行列、基本建成中国特色创新体系的发展目标，以及《“十三五”国家科技创新规划》关于农业科技发展的总体布局，从基础研究原始创新到关键技术创新、技术推广和产业化，对畜牧科技发展进行全链条设计，重点突破对我国现代畜牧业发展具有支撑引领作用的主要畜禽品种培育、饲料资源开发利用、重大疫病防控、废弃物资源化利用、畜产品质量安全等共性关键技术和现代养殖装备。

到2020年，我们国家的劳动密集型产品，畜产品、水产品等，我们估计大概有5%~10%要出口（黄季焜，2012），畜产品每年以5%~6%的速度增长，估计这个速度还会保持很长的时间。既然畜产品每年以5%~6%的水平增长，那么饲料粮也得以4%~5%的速度增长。根据中国目前的耕地情况，饲料粮的生产以4%~5%的速度增长绝对是不可能的，增长速度能达到1%~2%就不错了。若是放开饲料粮，到2020年，我们可能有1/3左右饲料粮需要进口。

到2020年，自主培育猪、鸡等畜禽新品种市场占有率提高10%~20%；全国标准化规模养殖示范场畜禽病死率下降8%~10%；非常规饲料资源饲用化率提高15%；畜禽标准化规模养殖比例提高到60%以上；养殖废弃物综合利用率提高到75%以上；养殖场机械化率提高到45%，动物福利明显改善。基本形成以市场为导向、企业为主体、产学研相结合的畜牧产业科技创新局面，大幅提升我国畜牧业核心竞争力。到2020年，科技进步贡献率提高到60%以上，有力支撑我国进入养殖强国行列。

2. 中期目标

根据陈永福、中国农业展望、中国农业产业发展报告等的预测，到2030年，猪肉产量预计将达到6 000万吨左右，国内需求量最高将在2020—2030年达到6 200万吨左右。鸡肉产量到2030年将接近2 000万吨，需求量将超过2 000万吨。牛肉产量将从2010年的359.2万吨扩大到2030年的900万吨，需求量将从360.9万吨增加至1 000万吨左右。2010—2030年，我国羊肉产量将有一定程度的增加，从现有的469万吨增至624万吨，羊肉的需求量将先从基期的490万吨增长至650万吨。禽蛋产量将从2010年的1 397万吨增至2030年的3 757万吨，需求量将保持增加的趋势，2030年将达到3 741万吨。

到2030年，我国羊、禽蛋的市场占有率仍会持续提高，为20%~25%；全国标准化规模养殖示范场畜禽病死率下降至20%；非常规饲料资源饲用化率提高20%；畜禽标准化规模养殖比例提高到60%以上；养殖废弃物综合利用率提高到80%以上；养殖场机械化率提高到60%，动物福利明显改善，大幅提升我国畜牧业核心竞争力。到2030年，科技进步贡献率提高到70%以上，有力支撑我国进入养殖强国行列。

3. 长期目标

到2050年，我国猪肉、牛肉和奶制品均存在供求缺口；禽肉、羊肉基本实现紧平衡，禽蛋肯定能实现自给有余。2050年猪肉国内供给缺口预计为516万吨，比2015年增加了约440万吨。从贸易历史的角度看，未来中国进口猪肉增加不足为奇。自从2008年我国由猪肉净出口国转为净进口国，猪肉进口呈递增态势。从国际因素来看，中国与西方发达国家，如美国、加拿大、澳大利亚以及墨西哥、巴西等签订的猪肉贸易方面的协议，市场开放力度加大，导致猪肉进口关税较低，猪肉进口激增。从国内因素看，生产成本差异导致国内外猪肉价格差较大，国内猪肉不具有国际竞争优势是猪肉进口增加的主要因素，再加上环境因素的制约，也在一定程度上限制了国内猪肉产量的增加。

到2050年，我国标准化规模养殖示范场畜禽病死率预期下降30%；非常规饲料资源饲用化率提高40%；畜禽标准化规模养殖比例提高到90%以上；养殖废弃物综合利用率提高到90%以上；养殖场机械化率提高到90%以上，动物福利明显改善，大幅提升我国畜牧业核心竞争力。到2050年，科技进步贡献率提高到90%以上，有力支撑我国进入养殖强国行列。

二、我国畜牧业科技需求

国家近期陆续出台的宏观经济政策为解决畜牧业发展中存在的问题指明了方向。《中华人民共和国国民经济和社会发展“十三五”规划纲要》要求走产出高效、产品安全、资源节约、环境友好的农业现代化道路，构建创新能力强、品质服务优、协作紧密、环境友好的现代产业新体系。全国农业现代化发展规划（2016—2020年）全面贯彻落实“创新、协调、绿色、开放、共享”的发展理念，以提高农业生产效率为核心，以农业供给侧结构改革为主线，系统部署了“十三五”推进农业现代化的重点任务。《国家创新驱动发展战略纲要》指出，“到2020年进入创新型国家行列，基本建成中国特色国家创新体系，有力支撑全面建成小康社会目标的实现”。

在整体经济增长放缓，经济发展进入新常态的背景下，我国畜牧业发展面临畜产品需求持续增长和资源与环境约束趋紧的矛盾，以及国际竞争力不足的严峻挑战。为破解双重压力，未来5~10年我国畜牧业发展要按照“产出高效、产品安全、资源节约、环境友好”的总体要求，以提高质量效益和产品竞争力为重点，立足推进养殖规模化、标准化带动增长方式转变，优化产业结构和区域布局破解发展“瓶颈”，加快科学技术转化应用提升发展效率，建立完善的现代畜牧业生产体系、经营体系和产业体系。力争在畜牧业发展的重要领域和关键环节取得原创性突破，实现畜牧业跨越式发展。

“十三五”期间我畜牧业发展要以国家有关农业和畜牧发展的政策精神为指导，有效应对畜牧业发展中存在的矛盾和挑战，依靠科技创新促进畜牧业提质增效、不断提升产业国际竞争力，确保畜产品有效供给和食品安全、生态安全及公共卫生安全，保障我国现代畜牧业健康可持续发展。

我国畜牧业科技与世界先进水平相比，迈进“三跑并存”阶段。在功能基因组研究、奶牛基因组选择分子细胞育种技术、幼畜禽营养代谢基础理论、饲料营养价值基础数据研究、植酸酶工程技术、流感病毒的跨种传播机制和重要蛋白的结构与功能等部分领域，实现了点突破，处于“领跑”或“并跑”地位。但整体上还存在较大差距，处于“跟跑”地位，需要针对精准遗传评估、配子胚胎调控、饲料资源高效利用与精准饲养、重大疫病的致病与免疫、畜产品品质形成及调控、草畜资源区域性优化配置与高效均衡调控、养殖环境控制与粪污风险评估、设施设备的自动化与智能化等重大科学问题展开研究，支撑我国畜牧科技跨越式发展。

三、我国畜牧业科技创新重点

（一）我国畜牧业科技创新发展趋势

1. 创新发展目标

针对我国畜牧业面临的“种源依赖进口、饲料和优质饲草资源短缺、养殖效率低下、疫病问题突出、环境污染严重、设施设备落后”等问题，以“高效、安全、环保”为目标，以提高良种自主培育能力与水平为先导，通过饲料（草）资源高效利用和新产品创制、重大疫病有效控制、养殖设施装备智能、废弃物低排放高质利用、畜产品加工增值等环节科技创新，优化资源配置，实现养殖业“良种化、规模化、自动化、信息化”，整体提升核心竞争力，为畜牧业转型升级提供技术支撑。

2. 创新发展领域

加快推进主要畜禽品种培育。现代畜牧生产所采用的良种生产效率非常高，比如科宝、爱拔益加、哈巴德等白羽肉鸡35日左右即可长到2千克；杜洛克、大约克及长白猪等生猪5月龄可长到100千克以上；海赛克斯白、京白、星杂等蛋鸡一个产蛋周期的产蛋量可达20千克以上；赫斯坦奶牛一个产奶周期的平均单产可达 1.00×10^4 以上。这些数据说明我们对动物生产潜力的挖掘已经接近极限。以后的育种趋势为应该由主攻主要生产经济性状朝以下几个方向转变。第一是提高适应性，培养抗逆境品种，如随着全球气候变暖，热应激加剧的环境背景下耐热品种的培育是一个重要方向；第二是抗病育种，在疫病复杂，老病不除，新病又生的形势下，靠疫苗和药物从根本上解决不了问题，必须培育出抗病能力强的品种才能应对危机。比如英国罗斯林研究所研究人员2013年利用“基因编辑”技术生产出一头对非洲猪瘟具有免疫力的转基因猪；第三是培育环境友好型动物新品种，培育出对饲料利用率高和低排放的畜禽新品种是发展低碳畜牧业的物质基础，比如加拿大和美国2010年宣布培育了可以在体内表达植酸酶和纤维素分解酶的转基因猪，这样的猪可以大大增强对饲料中粗纤维和植酸磷的利用率，从而减少粪便中有机物和磷的排放。

加速推进适度规模的现代化畜牧业。说到现代化，我们马上就联想到规模化。好像规模不大不足以现代化。这里必须明确一个概念，畜牧业现代化并不等于规模化。现代化首先体现在生产水平上，生产水平高，效益好，环保生态才可以称之为现代化。基于我国人口密度大，可耕地资源缺乏的基本国情，从地方生态、经济、文化出发，不追求政绩性的规模化，发展适度规模、提高单产的生态畜牧业，才是我国畜牧业未来的一个发展趋势。尤其是利用现代畜牧科技和现代企业经营理念发展起来的小微畜牧企业和家庭牧场将在我国畜牧业发展中占据重要的地位。

加大饲料资源开发利用。由于草地资源的无序和过度利用，我国广袤的草地资源生产力非常低，草地退化沙化很严重，部分地区已经酿成生态危机。国家为恢复草地生态，很多地方现在执行退耕还林、封草禁牧的政策，逼迫原来以羊和牛为主的草地畜牧业朝规模化舍饲方向发展。舍饲之后的草食动物生产仍然需要大量的饲草作为保障。因此草产业以后会有大的发展。目前随着舍饲养羊、肉牛集中育肥和奶牛养殖量的扩大，粗饲料资源已经显示出短缺的局面。据统计，2013年我国苜蓿的进口量占到需要量的60%，优质进口的美国苜蓿每吨价位高达3 200元。专用于青贮的玉米也会大量种植以专门用于牛羊养殖所需要的粗饲料资源。因此未来草产业会有很大的发展前景。

动物福利越来越受到重视。未来的畜牧业发展会越来越注重动物福利。不管是由于人道的原因，还是出于生物安全的考虑，动物福利在畜牧业生产中会受到越来越广泛的重视。尤其是国际畜产品贸易中动物福利必将成为一个重要的壁垒。因此以国际市场为对象的畜牧生产企业在畜牧生产中必须参考出口国对于动物福利方面的特殊要求，在设施装备以及饲养方式的选择上必须符合出口国动物福利法的要求，才能越过贸易壁垒，参与国际竞争。

低碳畜牧业是未来畜牧业的必然选择。我国畜牧业生产对环境的压力是非常大的。同时我国通过畜牧业将粮食转化为畜产品效率低下，浪费惊人。在我国环保呼声越来越高、粮食资源日益紧张的形势下，大力发展环境友好型的低碳畜牧业是未来的趋势之一。

畜牧业发展模式多元化。我国地域广阔，每个区域的资源特点、人文环境、经济状况等差异很大，千篇一律采用一种模式发展畜牧业肯定不适合我国国情。因此未来的畜牧业发展将立足区域特点，采取适合本地区的发展模式，比如东部可主要发展“外向型”现代化畜牧业；中部可主要发展“农牧有机结合型”现代畜牧业；而西部则发展“特色型”现代畜牧业。

同时随着生活水平的提高，一些个性化创意化的畜牧业生产方式可能会受到购买力较高的部分城市居民群体的垂青。比如为满足一些消费者的猎奇心理，可以在饲养前让这些消费者认领自己的猪，标识后在猪舍饲养，同时在猪舍安装摄像头，上网后在任何地方，只要有网络，认养者可以通过远程方式看到自己的猪的生活情况，到适宜出栏时屠宰后卖给认领者，这可满足这部分消费者的猎奇心理。当然认领价格会很高，养猪者效益也会很可观。

（二）优先发展领域

1. 基础研究方面

构建现代科技创新体系。培育以人才为核心、企业为主导的创新主体，发挥国家科研机构的骨干、引领作用和高等学校的基础和生力军作用，以国家科技创新战略联盟为重要载体，促进各类创新主体协同互动、创新要素顺畅流动高效配置，推进体制机制创新，构建高效协同、支撑有力的国家畜牧业科技创新体系。

突破产业关键共性问题。加大基础研究力度，解决重大科学问题，提升源头创新能力；加速颠覆性技术研发替代传统产业技术，布局新兴产业前沿技术研发，掌握全球科技前沿竞争先机；构建养殖技术体系，突破重大产业共性技术；创制新产品和重大装备，满足市场供给和畜牧业跨越式发展需求。

构筑创新研发平台。系统布局国家重点实验室、国家工程技术研究中心等平台，探索建设畜牧业科技创新中心，形成功能完备、相互衔接的科学与工程、技术创新与成果转化、科技基础支撑与条件保障等的科研创新基地体系。

推动成果应用转化。部署全产业链科技创新，形成高技术发展集群，完善技术转移、成果转化、企业培育机制，创新商业模式，强化对科技创新成果的保护，推动科技创新成果的产业化应用。

推进人才培育与梯队建设。结合国家和部门各类人才政策，通过自身培育与外部引进，造就一批中青年科学家、科技领军人才和创新型实业家，努力培养造就规模宏大、结构合理、素质优良的创新型科技人才队伍。

2. 应用研究方面

畜禽良种自主培育与产业化。重要经济性状遗传解析与配子胚胎发育机理研究；育种、繁殖大数据集成分析与应用；基因组选择与编辑等分子育种技术平台构建，繁殖调控及配子胚胎快速扩繁技术和设备研发；高产、优质商用品种或配套系培育；以企业为主体的育繁推一体化商业育种工程体系构建。

饲料资源高效利用与新产品创制。饲料养分高效利用的营养代谢与分子机制；饲料基础数据研发与大数据平台构建；饲养标准与动态营养供给；库存粮食饲料资源化利用、非粮饲料资源提质增效、生物饲料添加剂研发；饲用抗生素替代产品创制；饲料原料多元化综合利用技术、营养精准供给技术。

畜禽重大疫病防控。病原生态学、流行病学与耐药性大数据平台建设及分析应用；病原遗传变异的分子和结构基础；宿主病原互作免疫效应因子与限制因子的挖掘、功能解析和网络调控；畜禽重大疫病防减新技术、新产品的研制开发和产业化共性关键技术；畜禽重大疫病人工和自然防控净化理论与技术的集成创新与示范。

草牧业提质增效关键技术。放牧草地生态生产功能退化及其调控机制；饲草优质高产抗逆遗传解析及分子机理；草畜耦合高效利用转化机理；退化草地快速修复与可持续利用、重要饲草本土良种繁育、饲草栽培与加工利用关键技术；草牧业机械装备研发；北方干旱半干旱区、青藏高寒区、东北华北湿润半湿润区和南方区等草牧业配套技术集成与示范。

畜禽养殖废弃物处理与综合利用。畜禽废弃物生物降解转化机制；新型污染物降解机理与环境安全风险评估研究；养殖过程废弃物减量化技术；畜禽废弃物高效处理与综合利用技术；不同畜禽废弃物资源化转化模式集成与示范；畜禽废弃物农田利用成套技术与装备。

现代设施养殖工程装备创制与示范。畜禽养殖环境应激调控机理；畜禽舍高效通风技术与装备；养殖场区空气环境安全净化与消毒新技术；设施环境节能调控新技术；畜禽福利化健康高效养殖新工艺及标准化设施装备；畜禽饲料高效加工及智能化装备；多元化全价草产品创制与高效低损机械设备。

畜产品现代化加工技术研究与产业化示范。畜产品食用品质形成机理及加工过程中的营养组分变化规律；畜产品加工过程中有害生成物和致病微生物形成、消长、控制的理论基础；肉制品绿色制造关键技术、装备研究与产业化示范；蛋制品绿色加工关键技术；乳品加工关键技术及新产品开发；畜产品加工智能化技术与装备。

表 1-12　未来中国畜牧业科技创先路线图

科技任务	2020 年近期目标	2030 年中期目标	2050 年长期目标
畜禽育种与种质资源	自主培育猪、鸡等畜禽新品种市场占有率提高 10%～20%	自主培育猪、鸡等畜禽新品种市场占有率提高 20%～30%	自主培育猪、鸡等畜禽新品种市场占有率提高 50%～60%
畜禽饲料与动物营养	非常规饲料资源饲用化率提高 15%；动物福利明显改善	非常规饲料资源饲用化率提高 25%；动物福利明显改善	非常规饲料资源饲用化率提高 50%；动物福利明显改善
畜禽疫病防控	全国标准化规模养殖示范场畜禽病死率下降 8%～10%	全国标准化规模养殖示范场畜禽病死率下降 15%～20%	全国标准化规模养殖示范场畜禽病死率下降 30%～35%
畜禽养殖技术	养殖场机械化率提高到 45%	养殖场机械化率提高到 60%，动物福利明显改善	养殖场机械化率提高到 90%，动物福利明显改善
畜禽环境管理与生态安全	养殖废弃物综合利用率提高到 75%以上	养殖废弃物综合利用率提高到 85%以上	养殖废弃物综合利用率提高到 95%以上
畜禽产品加工与治理安全控制	畜禽标准化规模养殖比例提高到 60%以上	畜禽标准化规模养殖比例提高到 75%以上	畜禽标准化规模养殖比例提高到 95%以上

第六节　我国畜牧业科技发展对策措施

一、产业保障措施

畜牧业发展的根本出路在于供给侧结构性改革。要坚持以畜牧业供给侧结构性改革为主线，以绿色发展为导向，优化产业产品结构，提升标准化规模养殖水平和产品质量安全水平，为畜牧业的健康可持续发展提供产业保障。

（一）优化产业产品结构

1. 优化畜禽养殖结构

稳定生猪生产，优化生猪养殖区域布局，引导产能向环境容量大的地区和玉米主产区转移。稳定蛋鸡生产，继续促进饲料转化率高、产品价格优势明显的肉鸡产业发展。以奶牛、肉牛、肉羊为重点，加快草食畜牧业发展，不断提高草食畜牧业综合生产能力和市场竞争能力。

2. 大力发展优质特色畜牧业

顺应消费需求变化，积极推进具有区域特色的畜禽品种资源开发利用及相关产业的提档升级，因地制宜发展兔、鹅、鸭、绒毛用羊、马、驴、骆驼、蜜蜂等特色畜禽产业，满足肉用、毛用、药用、休闲旅游等多用途特色需求，把特色畜禽养殖产业做成带动农民增收的大产业。

（二）提升畜牧产业整体水平

1. 提升标准化规模养殖水平

持续深入开展畜禽养殖标准化示范创建活动，充分发挥示范场的辐射带动作用，加大适度规模养殖发展扶持力度，支持符合条件的畜禽规模养殖场开展标准化改造。完善生猪、肉鸡、蛋鸡规模养殖标准，提高规模养殖场自动化装备水平、标准化生产水平和现代化管理水平。扩大肉牛、肉羊标准化规模养殖项目实施范围，推动牛羊由散养向适度规模养殖转变。加大对适度规模奶牛标准化规模养殖场改造升级，促进小区向牧场转变。支持各地对发展特色畜禽标准化规模养殖进行探索创新。鼓励和支持企业收购、自建养殖场，延长产业链，带动合作社、专业大户、家庭（农牧场）等经营主体，推进“龙头企业+合作社”或“龙头企业+家庭农（牧）场”的经营模式，发挥龙头企业在标准化规模养殖方面的示范带动作用。

2. 提升产品质量安全水平

加强质量安全全过程控制，强化技术检测手段，加大监督执法力度。强化饲料质量安全监管和饲料质量安全风险监测，有效防止和惩治非法添加违禁物质问题。加强兽药等投入品生产销售管理，并强化安全用药指导服务，推广健康养殖技术，有效控制残留超标，消除风险隐患。加大畜禽疾病防控力度，加强养殖场综合防疫管理，切实落实免疫、监测、检疫监管、无害处理各项防控措施。加快推进种畜禽场主要垂直传播疫病监测净化，从源头控制动物疾病风险。

3. 提升产品加工和营销水平

以集中屠宰、品牌经营、冷链流通、冷鲜上市为主攻方向，提高生猪、牛、羊、肉鸡等标准化、现代化屠宰水平，优化肉产品结构，加快推进肉产品分类分级，扩大冷鲜肉和分割肉市场份额。鼓励发展畜禽产品精深加工业和品牌建设，提高产品竞争力，挖掘和满足我国消费转型升级所带来的巨大市场潜力与市场需求。推动“互联网+”与畜禽产品生产经营主体深度融合，加强产销衔接，构建多元化的产品流通网络和营销方式。高度重视和加强舆论宣传工作，及时解答消费者关注的热点、疑点问题，普及畜禽产品健康知识，提振消费者信心。

4. 提升行业精准管理水平

加强产业监测预警，强化产业信息的收集、核查、公开和发布，适时发布预警信息，推进监测数据发布常态化、动态化，提高服务生产和引导生产的能力。加强行业数据管理和共享工作的力度，实现相关行业管理数据库互联互通，推进中央与地方、政府与企业数据交换共享。加强产业发展跟踪研究，围绕畜禽业区域养殖环境承载力、农场循环模式、现代草牧业发展、金融服务畜牧业、“互联网+”畜牧业等突出问题提出可行有效的解决方案，积极推动研究成果转化。

（三）坚持绿色可持续发展

1. 科学制定绿色发展规划

各级政府应统筹考虑畜牧业发展和环境水平承载能力双重因素，科学编制符合绿色发展理念的畜牧业发展规划，合理布局畜牧养殖的品种、规模和总量，畜牧业发展规划要与畜禽养殖污染防治规划相衔接，且确保落实。

2. 深入开展畜牧业绿色发展示范县创建活动

农业部自2006年启动的畜牧业绿色发展示范县创建活动，对于我国畜牧业绿色发展具有探索创新、积累经验、树立典型的重大意义。应及时总结创建活动的经验教训，高标准地完成“十三五”期间累计创建200个畜牧业绿色发展示范县的规划，为全国畜牧业绿色发展起到积极的示范带动作用。

3. 着力抓好畜禽粪污处理的资源化利用

坚持政府支持、企业主体、市场化运作的方针，加强资金整合，以畜禽养殖大县为重点，集中开展畜禽粪污处理和资源化利用。支持规模养殖场配套建设节水、清粪、存储、利用等设施设备，并大力发展与之相关的社会化服务。

4. 大力推广种养结合循环发展模式

各地方政府特别是生猪、奶牛、肉鸡、蛋鸡等养殖大县，应按照“就地消纳、能量循环、综合利用”的原则，积极推进粮经饲统筹、种养循环发展，实现畜禽养殖污染治理和畜牧业生产发展“双促进”，种养业效益“双提升”。

二、科技创新措施

畜牧业做强做大的关键在于提高科技支撑能力。要聚集现代农业产业技术体系、科研院所和创新型企业力量，围绕畜牧业供给侧结构性改革的关键科学问题，以加快提升畜牧业科技创新能力为目标，进行联合攻关和研发，突破关键领域的技术瓶颈，并切实强化科技推广服务工作，为畜牧业健康可持续发展提供强有力的科技保障。

（一）提升畜禽种业的科技支撑能力

扎实推进畜禽良种繁育体系建设，深入实施遗传改良计划，大力支持生猪、奶牛、肉牛、肉羊、蛋鸡、肉鸡及其他特色畜禽国家核心育种场建设，规划开展生产性能测定和遗传评估工作，扎实有序推进杂交改良，加快推进主要畜禽育种进程。加快推进联合育种，支持和鼓励以企业为主导，联合高校、科研机构等成立畜禽联合育种组织，支持建设区域性联合育种站，增强良种繁育能力，加大良种推广力度，提高畜禽良种化水平。

（二）提升饲草料生产的科技支撑能力

推进草种保育扩繁推广一体化发展，加强野生饲草种质资源的收集保存，培育适应性强的优良牧草新品种。加强牧草种子繁育基地建设，不断提升牧草良种覆盖率和自育草种市场占有率。要充分运用现代科技提高人工饲草料的培育、种植、加工、利用水平。加快人工饲草料专用品种的研发和培育，支持鼓励农技人员进村入户，现场指导青贮技术，普及适宜技术。推进研制适应不同区域特点、不同生产品种、不同生产规模的饲草生产加工机械，提高饲草料生产的现代装备支撑能力，更好地适应草牧业发展的需要。

（三）提升饲料兽药产业的科技支撑能力

加快发展酶制剂、微生物制剂、植物提取物等新型饲料添加剂，促进药物饲料添加剂减量使用，开发低氮、低磷和低矿物质等环保型饲料产品，更好地从源头上保障畜禽产品质量安全。按照精细饲养的要求，推广饲料精细加工工艺和精确配方技术，提高饲料利用效率。培育一批研发能力强、生产技术先进和营销网络完善的兽药产业集团，提升兽药企业集约化发展水平。增强具有自主知识产权兽药生产的研发能力，开展兽药检验检测新技术研发，提升兽药质量和产业竞争能力。

（四）提升产品质量安全的科技支撑能力

运用现代信息技术，加快建立完善畜禽产品质量安全可追溯体系。整合畜牧兽医信息资源，建立大数据库信息平台，以全国动物电子检疫证网络管理系统、兽药产品追溯系统、畜禽屠宰统计监测系统、动物及动物产品追溯系统为重点，构建从养殖到屠宰全链条信息化管理体系，逐步形成“来源可追溯、去向可跟踪”的现代化动物源性食品安全监管网络，为畜禽产品质量安全打造可靠的科技保障体系。

（五）提升畜禽养殖废弃物污染治理的科技支撑能力

以彻底治理畜禽养殖污染、全面实现养殖废弃物资源化利用为目标，鼓励科研单位、企业、技术推广部门等多元主体开展多种形式的联合和协作，加快推进畜禽养殖废弃物能源利用和肥料利用关键技术研究开发与集成示范，创新适合不同区域、不同规模的养殖废弃物资源化利用模式，全面提升畜禽养殖废弃物资源化处理的技术水平，促进生产生态的协调发展和生态文明建设。

三、体制机制创新对策

畜牧业的健康可持续发展，离不开体制机制的有效保障。要坚持以创新的精神，建立和完善产业链融合机制、绿色发展机制、质量安全保障机制、科技创新激励机制、金融服务机制等与畜牧业相关的各项体制机制，切实保障畜牧业的健康可持续发展。

（一）建立完善畜牧产业链融合机制

强化畜禽养殖和加工企业联农、带农激励机制，与饲草料种植和养殖农牧民建立合理的利益联合机制，发展订单农业，支持农牧民更多分享二三产业发展的收益。支持企业、合作社等主体通过兼并重组等方式延伸产业链条，优化资源配置，提高生产效益。支持“互联网+”畜牧业等新业态发展，支持智慧农场、休闲观光牧场建设，拓展畜牧业的多功能性。

（二）建立完善绿色发展机制

坚持问题导向，创新政策顶层设计，围绕调整布局、清洁生产、疫病防控、无害化处理、有机肥还田使用等关键环节，对畜禽养殖污染防治给予财税和政策支持，支持规模畜禽养殖场配套建设废弃物综合利用设施。各级地方政府要建立农业、环保、畜牧兽医、发改、财政、土地等多部门协调联动机制，形成工作合力，共同推进畜牧业绿色发展。

（三）建立完善质量安全保障机制

各级政府应建立由政府、部门、企业和社会“四位一体”的责任体系，层层把畜产品质量安全责任落到实处，并建立完善奖惩机制，把畜产品质量安全纳入政府和部门绩效考核。严格执行饲料质量安全、兽药质量安全、养殖安全、畜产品质量安全监测监督和风险预警制度，健全上下联动、区域联动、部门联动的案件查处机制。

（四）建立完善科技创新激励机制

鼓励和支持科研机构和企业面向市场进行畜牧科技研发和成果转化，完善符合畜牧科技创新规律的基础研究支持方式。加快落实科技成果转化收益、科技人员兼职取酬等制度规定。创新公益性科技推广服务方式，推行政府购买服务，支持各类社会化力量广泛参与科技推广。支持多元主体建立产学研一体化畜牧业科技推广联盟，支持农技推广人员与家庭农（牧）场、农民合作社、龙头企业开展技术合作。

（五）建立完善金融服务畜牧业机制

强化激励约束机制，确保涉牧贷款投放持续增长。创新财政资金使用方式，推广政府和社会资本合作，实行以奖代补和贴息，支持建立担保机制，建立风险补偿基金，撬动金融和社会资本更多投向畜牧业。持续推动农业保险扩面、增品、提标，开发满足畜牧业发展需要的保险产品。积极开展畜牧产品价格指数保险试点，探索建立畜产品收入保险制度。

（王济民、周慧、浦华、辛翔飞、王祖力、刘强、鄂昱州）

主 要 参 考 文 献

陈永福，韩昕儒，朱铁辉，等 . 2016. 中国食物供求分析及预测：基于贸易历史、国际比较和模型模拟分析的视角［J］. 中国农业资源与区划（7）：14-20.

黄季焜，杨军，仇焕广 . 2012. 新时期国家粮食安全战略和政策的思考［J］. 农业经济问题（3）：4-8.

汤洋，李翠霞 . 2013. 基于美国、澳大利亚、日本畜牧业发展模式和经验分析河南省畜牧业的发展［J］. 区域经济（3）：41-43.

王毅，杜秋颖 . 2012. 世界发达国家畜牧业现代化对中国黑龙江少数民族地区经济发展的启示［J］. 世界农业（9）：118-120.

现代畜牧业课题组 . 2006. 国外建设现代畜牧业的基本做法及我国现代畜牧业的模式设计［J］. 畜牧经济（20）：24-28.

杨森，陈静，程广燕，等 . 2017. 美国畜牧业生产体系特征及对我国启示［J］. 中国食物与营养（23）：20-24.

朱继东 . 2015. 主要发达国家和地区的畜牧业支持政策及其借鉴［J］. 世界农业（6）：70-75.

第二章　我国畜牧种业发展与科技创新

摘要：种业是畜牧产业基础，对世界畜牧产业发展发挥了引领带动作用。通过种业科技创新，自动化性能测定、基因组选择、高效繁殖调控、性别控制等一批繁育新技术成功研发，并育种应用，荷斯坦奶牛、杜长大猪、樱桃谷鸭等一批优势品种（配套系）生产性能不断提高并推广应用，使畜牧业发达国家实现了由数量型增长向质量效益型增长方式转变，促进了世界畜牧业经济生产发展。发达国家通过自由竞争和兼并重组，遗传种质、资金、人才、科技等优质资源逐渐向优势企业流动，使少数种业企业不断发展壮大，科技创新能力不断增强，市场份额不断增加，逐渐成为种业科技创新主体，并成长为对世界畜牧业具有重要影响的跨国种业集团，对世界种业形成了瓜分垄断之势，既对我国畜牧业产生积极影响，也激烈地冲击着我国畜禽种业发展，使我国种业面临严峻考验。我国政府也高度重视畜禽种业科技创新，通过各类科技计划推动畜禽种业科技创新，使基因组选择、体外胚生产、iPS 诱导等部分领域达到国际先进水平，甚至达到国际领先水平，并培育了京粉京红系列蛋鸡、温氏 1 号猪、Z 型北京鸭等新品种，种业市场份额不断提升，但整体与发达国家还存在较大差距。为此，我国应该借鉴发达国家的成功经验，制定中长期发展目标和发展规划，分阶段、有重点地从理论、技术、品种、产品等环节进行种业全链条创新布局。积极营造自由竞争的市场环境，充分发挥市场对资源的优化配置作用，鼓励种业企业通过自由竞争兼并重组，发展壮大，并成为科技创新的前沿主战场和创新主体。制定相应的政策措施，为企业科技创新、科研院所与企业有机结合、多元化投资机制建立，提供良好的政策环境，促进种业科技创新水平和能力不断提升，培育具有国际竞争力的优势种业企业，确保我国畜禽种业安全、食品安全和生态安全。

第一节　国外畜牧种业发展与科技创新

一、国外畜牧种业发展现状

（一）世界畜牧种业发展概述

畜牧种业在全球高度重视下迅速发展，正在带动世界畜牧业走向质量效益型稳步增长轨道。FAO 统计数据表明，近十年，全球畜牧业持续增长，但是，不同国家增长模式不同，以欧美等为代表的发达国家，以家畜存栏稳中有降，单产水平不断提高为特征，呈现出质量效益型增长模式；以非洲国家为代表的欠发达国家和地区，则表现出单产水平较低，主要以养殖数量持续提高为特点的数量增长模式；而印度、中国等为代表的发展中国家，单产水平逐渐提高，正处于从数量增长向质量效益型增长方式转变的过程中，呈现出以单产水平和养殖数量双重提高为特点的增长模式。在世界畜牧业发展面临土地、饲草料等资源及环境压力越来越大的情况下，发达国家大力发展种业为世界畜牧业发展指明了方向。

通过市场竞争不断兼并重组，发达国家种业企业正逐渐走向全球垄断。因为畜牧种业是养殖业中利润最高的部分，对养殖业发展具有重要引领带动作用，成了国际竞争最为激烈的领域。发达国家通过推动种业企业发展，逐渐在育种科技、人才队伍、核心产品、销售网络、资本实力、管理经验等方面取得明显优势，凭借其培育品种的生产性能优势快速抢占国际市场。近年来，全球畜禽种业市场竞争不断加剧，集团并购不断升级，种业垄断不断强化。如荷兰 Hendrix 遗传育种公司先后兼并了 Hybro、Hybrid 和 Hypor 三家动物育种公司，成为全球最大的褐壳蛋鸡育种公司，美国 Genus 公司先后兼并了世界最大的牛育种公司 ABS 和猪育种公司 PIC，成为全球最大的猪、牛育种公司。据统计，目前，国际蛋种鸡育种主要集中在德国 EW 集团旗下的罗曼集团和荷兰汉德克动物育种集团旗下的伊莎家禽育种公司，世界蛋鸡市场的竞争也主要是这两个公司之间的竞争，各约占市场份额的 47%，克里莫旗下的 Novogen 育种公司占 4%，匈牙利的 Tetra 蛋鸡育种公司占 1%，其他小公司合计占 1%。猪牛种业也分别主要由 5 个跨国种业集团所垄断（《动物种业科技创新战略研究报告》）。这些跨国种业集团逐步形成了种质资源、育种科技和全球营运的垄断态势，虽然对世界畜牧业发展产生了积极影响，但也为各国畜禽种业发展带来了巨大冲击。

（二）主要发达国家在畜牧良种繁育等方面的主要做法

为抢占动物种业先机，发达国家不断加大科技创新的财政投入力度。继 1991 年，美国、欧盟相继启动了涵盖猪、牛、鸡等物种的动物基因组研究计划（NAGAP）、动物基因定位计划（PigMaP，BovMaP，ChickMaP）、PigBioDiv、QulityGene、ENDGENE 等计划后，又于 21 世纪初，将基因组选择技术研发作为新的投资焦点，美国农业部投资 1 000 万美元用于基因组选择技术研发，2011 年，加拿大政府通过农业创新计划投资 5 000万加元加速农业创新。其中，2013 年拨 57.5 万加元支持加拿大 Delta 基因组学中心推动基因组选择技术研发。几乎与基因组选择同时，干细胞技术以其重大的医学和动物育种价值成为另一个投资热点，2008 年美国干细胞研究经费投入高达 9.38 亿美元，并于 2013 年 3 月取消了胚胎干细胞研究的资助限制，后来干细胞支持额度提高至 100 亿美元。日本文部科学省于 2008 年投入 22 亿日元，选定京都大学、庆应大学、东京大学和理化研究所作为诱导多功能性干细胞研究主要机构，近年来共投入 100 亿日元。欧盟的投入力度也在加大，其第六、七框架计划分别对生命科学、基因组和生物技术研究投入 22.55 亿欧元和 24.55 亿欧元，并将动物基因组及其相关技术列为 7 个优先研究领域之一，其中“可持续动物基因组育种研究计划”（ASBRE 计划）囊括了英国剑桥大学、法国国家农科院等 33 个著名研究机构和育种企业。韩国在这场争夺战中不断加大中央财政投入，同时积极鼓励企业投资。从 1994 年到 2006 年，韩国政府对生物技术投资几乎和企业自身投资相同；2000—2007 年，政府投资超过 5.2 万亿韩元，2006—2016 年累计约 143 亿美元。

跨国种业集团作为创新主体纷纷投入巨资，开展动物种业科技创新。PIC 公司每年研发投入超过 2 000 万美元，其中一半来自自有资金，另一半则来自各类研究项目。重点进行基因组选择、性别控制、超级公猪的生殖细胞移植及基因编辑等技术研发。ABS 公司每年研发投入超过 1 000万英镑，主要用于基因组学、基因标记、小公牛培育、遗传评价和性控技术开发。各主要跨国种业集团 2012 年的研发投入情况请见表 2-1。

表 2-1　2012 年各主要跨国种业集团的研发投入比较

公司	研发投入	研发重点
PIC（猪）	0.2 亿美元	基因组选择、性控、精原干细胞、基因编辑等
ABS（牛）	0.1 亿英镑	基因组选择、基因标记、小公牛培育、遗传评价、冻精加工和性控技术开发
科宝（肉鸡）	0.42 亿美元	基因组选择、分子细胞育种技术

（续表）

公司	研发投入	研发重点
安伟捷（肉鸡）	0.5亿美元	基因组选择、分子细胞育种技术
托佩克	0.06亿~0.6亿欧元	基因组选择、分子细胞育种技术
罗曼集团（蛋鸡）	0.56亿美元	基因组选择、分子细胞育种技术

注：引自《动物种业科技创新战略研究报告》

跨国种业集团的研发投入不尽相同，有的占销售收入的8%以上，有的占10%以上，而汉德克斯、科宝、安伟捷等几个主要家禽育种公司已占销售收入的15%。美国科学基金会国家科学与工程统计中心2016年9月15日公布统计数据显示，2014年美国研发经费执行总计达4 777亿美元，2015年研发支出预计将达4 993亿美元，连续三年增长超200亿美元，企业是美国研发的最大执行者，并且长期是占绝对优势，1994—2014年的20年间占比均保持在68%~74%。2014年，企业研发国内执行总计为3 407亿美元（占总计71%）。

（三）世界畜牧种业贸易现状

种业创新不但提高了世界畜牧业发展质量，而且改变了世界畜牧种业贸易方式。传统畜牧业发展形势下，畜禽繁育采用种畜禽本交方式，这就决定了种畜禽贸易以种用动物为主，活体动物的选择、运输、检疫等均不很方便，但是，优异种质贸易解决了畜禽良种遗传影响的远距离传递和扩散问题，形成了最初的种质贸易方式。20世纪50年代，作为第一代细胞育种技术，精液冷冻保存及人工输精技术使动物育种实现了一次革命。该项技术可使一头种公牛一年获得上万甚至几万个后代，大大提高了优秀种公畜的利用效率，且使种公畜的利用突破了时间和国界限制。其巨大的商业价值催生了美国ABS、精选冻精、加速遗传等公司和加拿大哥伦比亚人工输精中心等的成立，并使种畜贸易由活畜向冷冻精液方向发展，大幅降低贸易成本，提高了贸易水平与数量，也奠定了这些公司向跨国种业集团发展的技术基础。此后，胚胎冷冻保存和移植技术再一次使动物育种实现了革命性变革，利用重复超排和胚胎移植技术，肉牛、奶牛等长繁殖周期单胎母畜，每年可获得几头甚至十几头后代，而活体采卵和体外胚生产技术，又使优秀种母畜的遗传种质利用效率提高几十倍甚至上百倍，大幅加快了遗传进展。近年来，美国和加拿大每年公布的优秀种公牛中，80%以上都是胚胎移植后代，胚胎生物技术推动了种质的迅速升级，并开辟了卵母细胞、胚胎等种质贸易新途径。现在，如果需要，可以采用一个液氮罐，就能完成成千上万头种用公、母牛遗传物质的贸易活动。并且精液、胚胎、细胞正取代活种畜禽贸易，成为世界种业贸易主要形式。

（四）畜牧种业发展对畜牧业发展的贡献

畜牧产业链最上游的种业，奠定了后续养殖生产的遗传基础，对下游的饲养管理、产品生产及产业经济等均有重要影响。一方面，种用畜禽个体的种质水平，决定了终端产品的生产能力和产品质量，甚至决定了终端产品的市场竞争力和养殖者的经济效益。通过几代人的不断努力，各个畜禽品种的种质水平虽然仍存在一定差异，但整体都在不断提高，欧美发达国家的奶牛平均单产已接近10 000千克水平；蛋鸡料蛋比和72周产蛋量已分别达2.0：1和322枚；肉鸡上市日龄持续减少，42~56天，体重可达2.0~2.5千克，肉料比约为1：1.9，生猪饲料转化率和100千克体重日龄分别接近2.32：1和130天（《动物种业科技创新战略研究报告》）。通过育种技术提高畜禽单产水平，不但满足了不断增长的动物产品刚性需求，也大大缓解了因动物产品生产造成的资源、环境压力。以奶牛为例，据测算，美国在1989—2011年，采用先进繁育技术，全国奶牛单产年平均提高

151.5 千克，不但使牛奶总产量增加 36.4%，奶牛抗病性能和产品质量也不断提高，而且使存栏量减少 8.4%（动物种业战略研究报告，2015）。通过品种培育提高畜禽单产水平，可最大限度提高生产效率，提高经济效益；同时，大幅削减家畜饲养数量，减少了资源消耗和废弃物的排放。既满足了产品的数量和质量需求，又缓解了资源与环境压力，推动了世界畜牧业向健康可持续方向发展。

动物繁育技术水平不断提高，使传统养殖产业发生了深刻变革。人工输精技术的诞生，不但使种公畜饲养量大幅减少，节约了养殖成本，而且，使优秀种公畜的遗传影响力大幅提升，遗传育种速度显著提升，并且使精液生产与销售从家畜养殖中分离出来，成为独立的精液生产与销售企业，畜禽种质的遗传影响力首次突破了时空界限，使畜牧产业实现了一次变革。而胚胎生物技术的出现，使良种母畜的遗传影响力显著提升，以牛为例，一头优秀种母牛的年繁殖力可以提高几十倍甚至上百倍，并且催生出 Trans Ova 等一批胚胎生产与技术服务专业企业，产生了卵母细胞、胚胎等种质生产与贸易新形式，再一次使畜牧业发展发生革命性变化，畜牧业产量、品质等种质水平改良速度显著提升。近年来的基因组选择技术，代表了分子育种技术发展的新突破，不但降低了选育成本，而且将选育时限提前到个体出生时，甚至到胚胎阶段，大幅降低了选育的世代间隔，选育效率达到了历史性新高度。层出不穷的繁育新技术，为畜牧业高产、高效、高品质生产奠定了坚实的种质与技术基础。

二、国外畜牧种业科技创新现状

（一）世界畜牧种业科技创新概述

畜禽种业已经成为畜牧业科技创新的焦点和热点，正在由传统大群水平深入到分子、细胞、胚胎水平，并且呈现出许多新特点。基于生物技术，诞生了全基因组选择、基因组编辑、体外胚胎生产与移植、性别控制等新技术，极大地提高了育种和扩繁效率，根据人类需要进行目标新品种定制的分子设计时代正在来临，按照需要生产人类药物蛋白、营养保健品、移植用器官成为可能。基于组学信息技术，诞生了基因组最佳线性无偏预测（GBLUP）等遗传评估技术，实现了表型数据的无纸化自动收集、海量数据的远距离集中和实时管理，建立了多性状、大数据的遗传评估方法，极大地提高了选种准确性。此外，超声波、无线射频、智能化等技术与畜牧业的渗透融合，背膘厚、眼肌面积、肌内脂肪含量等重要经济性状的活体测定和饲料转化率等个体测定，正在成为现实。基于生物信息、机电传感等重大技术突破，动物种业科技创新正在构建多专业交叉、多学科相互渗透的工程技术体系，在促进传统技术不断升级、新技术不断涌现基础上，向种质产品生产的全链条各个环节渗透，并推进着动物种业不断实现跨越式发展。目前，动物种业科技创新正在成为世界各国、各大种业集团的战略必争高地，国际竞争异常激烈。

（二）国外畜牧种业科技创新成果

近十年，世界动物种业科技创新取得了较快进展，技术创新不断涌现，科技成果层出不穷，主要体现在分子、细胞和性能测定等几方面。

1. 分子育种技术不断取得进步，分子设计育种时代已经到来

针对猪 PSE 基因、鸡矮小 dw 基因、鸡显性白羽基因等极少数遗传效应较大的单分子标记，建立了标记辅助育种技术，加快了相关性状的遗传进展；同时针对受微效多基因影响的数量性状，开发了多基因聚合标记辅助育种技术，通过多个标记组合信息，改善了数量性状育种效果；而今，基于全基因组标记的基因组选择育种新技术已经建立，并催生了基因组选择基因芯片生产与应用技

术。为提高基因组选择效果，分子育种专用基因芯片经历了由 30k、40k 等低密度到现今高密度（如鸡 60k 芯片、牛 70k 芯片）等发展过程，为基因组选择技术应用奠定了坚实基础。因为部分物种育种芯片开发较为滞后，所以，2011 年建立的 GBS（Genotyping By Sequencing）技术，为 SNP 育种芯片缺失物种的全基因组选择找到了解决方案，并大幅降低选育成本，推动了基因组选择技术大规模应用。在基因组编辑方面，基于 ZFN 基因编辑技术可对多个基因进行基因组定点修饰优点，针对其成本高，设计难度高，脱靶率高的问题，研发了 TALEN 高效定点修饰新技术。英国罗斯林研究所利用基因编辑（ZFN 和 TALEN）技术，“生产”出具有非洲猪瘟免疫力的转基因猪崽——“猪 26”，展示了基因编辑的诱人前景。而今，因为 TALEN 蛋白过大，不便于分子操作，美国加州大学建立了 CRISPR/Cas9 技术，并实现了对外源 DNA 靶序列的精确切割，并被应用于斑马鱼、人细胞、小鼠及猪；美国印第安纳大学利用该技术，同时突变了猪肝细胞 GGTA1 和 CMAH 基因，并通过体细胞核移植获得了突变后代，随后该技术研究在各动物物种上逐渐展开，标志着基因编辑技术研究又迈出了重要步伐。

2. 动物配子资源利用技术推陈出新

动物配子资源利用技术是以提高家畜繁殖效率为目的的一系列生物技术的集成，包括配子与胚胎保存、体外胚胎生产、性别控制技术等。其中“精子库”“卵子库”或“胚胎库”的建立，实现了优良畜禽种质资源的长期保存，为避免畜禽品种资源迅速递减提供了技术支撑，也为种质资源创新利用开辟了新途径。牛精液冷冻保存与人工输精使畜牧业实现了第一次技术革命，催生了种牛精液生产与贸易产业，而 PIC 公司通过技术优化攻克了猪精液冷冻保存技术，使其成为大规模跨区域联合育种的重要技术支撑。近来，OPU 结合体外胚胎生产（IVP）逐渐成为良种牛、羊快速扩繁主要技术，并诞生了更为高效的幼畜体外胚胎生产技术（JIVET），可使牛、羊世代间隔缩短 1/4~1/3，专业从事牛体外胚生产的 TRANS OVA 公司，已经将 IVP 与 OPU 技术集成并工程化应用于奶牛育种，使胚胎移植在美洲已经向人工输精一样普遍高效。X、Y 精子流式分离技术解决了畜牧生产性别控制难题，已在全世界推广应用，其分离速度从 3 000 个/秒提高到 5 000~6 000 个/秒，并与 IVP 技术结合加快了良种奶牛快速繁育。

3. 自动化性能测定使传统育种更加精准高效

性能测定技术是性状育种值遗传评估及种畜选育的基础，然而，传统手工测定费时费力，而且测定结果不准确，不全面，选种效果很差。对于群养群饲特点的养殖业，个体重、个体采食量等指标的采集更是难以突破的技术瓶颈。为此，罗曼、海兰等国外大型家禽育种企业纷纷自主研发性能自动测定系统，实现了鸡个体体重、个体采食量的自动测定，使饲料转化率、日增重等个体指标的精确计算成为可能；PIC、ABS 等专业猪牛育种公司也纷纷研发自动化个体称重及采食量测定系统，使饲料转化率等指标的选育准确性不断提高；此外，日历公司等研发肌肉 IMF 测定系统，实现了猪、牛肌内脂肪的自动化活体测量，加快了肉质性状的选育进展。同时，SCR、阿菲金等国外大型公司还集成机电传感和生物信息技术，研发了奶牛自动化发情鉴定系统，使奶牛发情鉴定实现了技术革命，大幅降低劳动强度，并使夜间发情（约占总发情数的 50%）得以顺利揭发。机械化、自动化、智能化正在成为动物繁育技术的发展方向，并使动物选育和良种扩繁精准高效。

（三）主要发达国家科技创新成果的推广应用

目前，在分子与细胞工程育种及畜禽繁殖调控技术方面，发达国家已形成了若干科技创新成果，并在全世界推广应用，这些科技成果的率先突破和推广应用，促使跨国种业集团形成了对国际种业市场的垄断局势。

基因组选择策略几乎已在所有发达国家大规模应用，给世界畜禽育种带来了革命性变化。2009

年 1 月和 4 月，美国和加拿大分别发布了包含基因组信息的奶牛种公牛合并育种值，率先将基因组选择技术应用于动物育种。随后，TOPIG、PIC 等种猪公司及克里莫、海兰、罗曼等家禽育种公司也都应用基因组选择技术进行品种选育，TOPIG 公司研究表明，将基因组选择应用于种猪育种，早期选种育种值的可靠性可由 16%提高到 44%。进一步利用 GBS 估计基因组育种值，准确性比已有分型芯片提高 10%~20%。所以，目前几乎主要畜禽物种都在积极进行基因组选择技术研发和育种应用。

配子胚胎工程技术已规模化应用于畜牧业生产，使种质创新和贸易形式发生了深刻变革。良种家畜活体采卵、体内外胚胎生产、冷冻保存、胚胎移植等胚胎工程技术的全产业链创新与工程化组装应用，使繁殖周期较长的牛、羊等单胎动物可供选择的全同胞、半同胞数量数十倍，甚至成百上千倍地增加，该技术结合分子标记辅助技术，可将初选时限提前至胚胎时期，使选择效率实现突破性进展，已经成为牛羊品种选育与良种扩繁的必备技术。目前，全美排名前 100 名的荷斯坦种公牛，80%以上是通过胚胎移植生产的。专业从事体外胚生产的美国 Trans Ova 公司已成长为世界最大的胚胎生物工程公司，在全美拥有 35 个实验室，近千个活体采卵点，年产牛体外胚胎近 30 万枚，占世界胚胎移植总数 1/3，其优质体外胚胎已销往全世界数十个国家，2016 年 11 月 14 日，Trans Ova 公司与安泊胚胎生物技术中心签订中美合作项目协议，预计投资 3 750万美元，利用 5 年时间，引进北美优秀奶、肉牛遗传物质、动物生物工程技术（牛活体采卵、体外授精、性别控制和基因编辑等），进行我国奶、肉牛核心牛场建设及人员培训，全面提升我国奶、肉牛种质基础和技术水平。

基于生理规律的家畜繁殖同步调控技术，正使畜牧业生产发生深刻变革。个体性周期的随机散在分布，使每种繁殖状态在全年任何时间都会出现，且不分白天黑夜，“发情—配种—妊娠—分娩—发情”循环往复的工作流程，使规模养殖面临技术进步和管理水平提升双重压力。为突破繁殖技术瓶颈，减少管理压力，欧美发达国家针对母畜个体繁殖规律，对群体母牛进行卵泡发育、排卵、授精同步调控，使母畜繁殖生产高度同步，构建了同期排卵定时输精技术，并逐渐推广应用，该项技术使畜牧业实现了批次化生产养殖工艺和工业化流程管理，使养殖业告别了劳动密集、生产无法预知、工作安排不可控等高耗低效经营管理状态，流程化生产和批次化管理，使养殖业突破了病原微生物长期滞留，产业发展不可持续的技术与管理瓶颈。技术与管理水平的双重改进与提高，不但兼顾了动物福利，也因大幅提高劳动效率，使养殖业技术与管理人员得到自由与解放，养殖业的产业形态也在悄然发生着深刻变化。

（四）世界畜牧种业科技创新发展的方向

科技创新成为跨国种业集团快速成长的重要法器，并推动跨国种业集团对世界种业市场形成垄断瓜分之势，为巩固其对世界种业的垄断地位，各发达国家都在加紧进行种业科技创新，并且体现在全产业链的各个环节，由人工性能测定到自动化性能测定，由传统育种技术到分子与细胞工程育种技术，由群体繁殖调控深入到胚胎、配子以及分子水平等各个层面。首先在基因资源方面，努力构建规模化功能基因资源挖掘技术，积极进行重要性状的遗传解析及功能基因及标记的挖掘鉴定，为基因组选择及基因编辑技术奠定基因资源基础。其次，在分子生物技术方面，加紧进行各物种高密度育种芯片及高效基因分型技术研发，推动基因组选择技术向更加精准、高效、低成本方向发展；同时，为快速突破抗病、优质等育种目标，简单高效的基因编辑技术正在成为研发重点。在细胞育种方面，OPU、IVP 及胚胎移植等技术的工程化组装与应用，正在成为科技研发重点；高效、无损精子分离技术已成为跨国种业集团的研发重点，并且向猪、羊等其他物种发展；优良种畜高效克隆和生殖干细胞移植技术也为良种家畜快速扩繁指明了方向。在群体繁殖调控方面，通过对群体母畜卵泡发育、排卵、输精、分娩等环节的调控，进行母畜生产同步化技术研发，可提高管理水平和生产效率，降低病原微生物滞留风险，跨越了发情鉴定技术环节，正成为欧美主要研发方向；而集成母畜各项生理指标进行自动化发情鉴定和妊娠诊断，可使繁殖员从繁重的繁殖工作中解放出来，更精准鉴定母牛发情与返情，预警长期乏情牛，正在成为技术研发焦点。在性能测定方面，集成机电传感、生物信息等技术方法，以机械测定取代人工测定的智能化发展方向，不但可解放人力，提高测定效率，而且使测定结果避免人为因素的干扰，数据代表性更强，更科学可靠，选育更精准。

三、国外畜牧种业科技创新经验及对我国的启示

畜牧种业科技创新，推动了跨国种业集团的成长，带动了畜牧产业整体水平的迅速提升，为我国提供了宝贵的经验。首先，从科技创新投资主体上看，发达国家是多元化的投资主体，除了国家投入创新基金外，种业企业也投入大量资金进行科技创新，同时带动大量社会资本进入种业科技创新，国家资金发挥了四两拨千斤的作用。其次，从组织形式上看，发达国家都是以企业作为科技创新的主体，由企业以项目研发和技术合作的方式，吸引各大著名科研院校的科研人员进行联合创新研发，成为科技创新的主战场和创新前沿，创新结果，直接解决了产业中急需解决的科技问题，并实现技术与产业的工程化组装，无须专门的技术推广环节。最后，欧美等发达国家针对不同物种建立了育种协会，通过协会将各个种业企业联合起来，建立专门的育种常设机构，共同进行性能测定、育种值遗传评估、种畜调教、种质产品生产和销售等，使各育种场安心于养殖生产，育种协会作为一个育种组织与协调机构，使养殖场的性能测定、育种部门的育种值遗传评估、优秀遗传种质的专门化生产，都在分工负责、协调有序中稳步开展。另外，种业企业成为科技创新和成果推广的一体化组织，既能解决成果的落地实施，还能为成果推广提供更精细周到的技术服务，为我国科技研发与产业发展两张皮现象的解决，提供了重要参考。

第二节　我国畜牧种业发展概况

一、我国畜牧种业发展现状

（一）我国畜牧良种繁育的发展情况

经过国际科技计划资助，我国畜牧良种繁育取得较快进展。奶牛、猪、肉牛、蛋鸡、肉鸡等畜种纷纷制订了全国遗传改良计划，研究建立了一系列分子与细胞育种技术。其中以奶牛为代表建立了全基因组选择技术。根据中国种公牛测定数据不足现状，创造性地建立了核心母牛选育参考群，并建立了 TABLUP、BayesT 等系列新方法，优化了基因组选择育种值估计分析平台，提高了 GEBV 估计准确性，扩大了 GEBV 估计的适用范围。2012 年年初，该方法被农业部作为青年荷斯坦种公牛良种补贴重要依据。后来，建立了猪全基因组选择技术，并应用于育种实践。与此同时，鸡、鸭、猪等自动化性能测定技术也相继建立并应用，提高了良种选育准确性；奶牛超数排卵与胚胎移植（MOET）、性别控制、自动化发情鉴定等技术相继建立并应用于良种扩繁。在这些技术支持下，品种选育与扩繁速度迅速提升，自主培育出一批基本性能良好、个别性能突出、适应市场需求的新品种（配套系），现已有华农温氏 1 号猪配套系、京星黄鸡、京红蛋鸡、夏南牛、辽育白牛百余个畜禽新品种（配套系）通过国家审定。自主培育品种的市场占有率逐步提高，如国产蛋鸡品种已占国内蛋种鸡市场份额 50%以上，黄羽肉种鸡市场份额已占肉种鸡市场的 50%，华农温氏 1 号猪

配套系种猪年推广量已达1 200万头，“Z型北京鸭”的培育开创了我国“院企联合育种”之先河，使国产北京鸭品种占全国市场份额突破16%，牛、羊等其他物种的种业市场份额也在逐渐提高。由于良种市场竞争力的逐渐提高，北京峪口禽业、广东温氏集团等一批大型企业集团逐渐成长壮大起来，成为我国畜禽种业科技创新的主体，并成为我国动物种业同世界种业集团角逐的主力军。

（二）我国畜牧良种保护情况

建立了完善的品种资源保护技术体系，资源保护效果良好。1996年，农业部批准成立了国家畜禽遗传资源委员会，协助行政管理部门总体负责畜禽遗传资源管理工作，负责畜禽遗传资源鉴定、评估、新品种（配套系）的审定和进出口及对外合作研究的技术评审，承担遗传资源保护和利用规划、技术咨询等工作。迄今为止，共在全国范围内开展了2次家畜家禽品种资源调查，分别出版了《中国畜禽遗传资源志》；于2006年修订出版了《国家畜禽遗传资源保护名录》，对138个国家级保护品种实施重点保护；于2008年、2011年分两批验收并公布了137个国家级畜禽保护场、保护区和基因库；2007年中国农业科学院北京畜牧兽医研究所，建成了具有国际先进水平、世界上最大规模的畜禽遗传资源体细胞库，开辟了畜禽种质资源收集、整理、保存和利用的新途径；自2006年起，我国设立了畜禽良种工程项目，每年定期遴选一批原良种场和品种资源保护场进行改扩建。这些工作有力地支撑了我国品种资源保护，使地方品种高繁、优质、抗逆等优良性状得以保存，有效扭转了地方品种资源濒危局面，为满足将来多元化市场需求的特色品种种质创制，奠定了多样化的资源基础。

（三）我国畜牧新品种开发情况

我国培育了大量新品种，部分新品种为提升产业竞争力做出了重要贡献。高产、优质品种是畜牧生产的基础，拥有了什么样的品种就决定了畜产品的档次和经济效益，也就决定了产品的竞争力。猪、牛、鸡、鸭等国外高产畜禽良种对世界畜牧业发展产生了积极作用，但也对我国民族种业产生了巨大冲击，使我国自主培育品种的市场占有率大幅降低，2009年以前，白羽肉鸡100%是进口品种，90%以上肉鸭良种、70%以上蛋种鸡祖代来自国外，猪、牛、羊等自主品种的市场占有率也非常少。经过多年努力，品种培育取得显著进展，民族种业的市场份额不断提升。在蛋鸡方面，培育了“京红Ⅰ号”和“京粉Ⅰ号”蛋鸡配套系，由于其优秀的生产性能，表现出了较强的市场竞争力，使国产品种蛋种鸡市场占有率逐年增加，到目前已经达到50%以上的种业市场份额，并且使峪口禽业成长为世界第三大蛋鸡种业企业；在肉鸭方面，在中国农业科学院北京畜牧兽医研究所等育种单位的不懈努力下，近年来培养了20多个北京鸭专门化品种（系），其中2个瘦肉型新品种饲养期均缩短了21天，体重分别增加466克和836克；料重比分别降低35.4%~40.5%和29.1%~34.7%，与国外北京鸭比较，瘦肉型北京鸭新品种的生长速度、饲料转化效率、胸肉率、肉质性状等指标具有更强的市场竞争力和发展潜力。为促进北京鸭育种，将北京鸭新品种转让给国内2家大型企业，建立了“产、学、研”联合育种模式，使自主培育品种的市场份额逐渐增加，并达到了目前25%的市场份额；在优质肉鸡培育方面，中国农业科学院北京畜牧兽医研究所、安徽农业大学等单位，联合培育出了京星一系列节粮优质抗病专门化新品种（系），其中在2010—2015年期间，黄鸡100和京星黄鸡102连续6年被农业部作为肉鸡主导品种向全国推介，优质黄羽肉种鸡已占我国肉种鸡市场的50%。在猪方面，培育了湖北白猪、华农温氏1号猪配套系等一系列新品种（配套系），其中华农温氏1号猪配套系已达到了1 200万头的年推广量。另外还培育了新吉细毛羊、陕北白绒山羊等新品种，其中夏南牛、辽育白牛品种填补了我国肉牛专用品种领域空白。这些畜禽新品种在生产中都表现出了优良的生产性能，有效提升了我国畜牧养殖生产水平，取得了很好的经济效益和社会效益，为我国种业安全、动物食品安全做出了重要贡献。

二、我国畜牧种业与发达国家的差距

近年来，我国畜牧种业取得了较大成绩，有力地促进了畜牧业科技创新与发展，并为动物食品安全、生态安全做出了应有贡献。但与发达国家相比，在行业集中度、对科技创新和人才的重视与利用、种业企业发展状况等方面，还存在一定差距。

1. 发达国家种业行业高度集中，我国还主要处于小而散的初级发展阶段

种业发达国家，由于长期的市场竞争和资源优化配置，种业企业不断并购重组，种业行业已经形成了寡头垄断格局，少数几家大的种业集团垄断了世界种业行业的大部分市场。据统计，目前，全球蛋肉种鸡市场分别由 2 个和 4 个跨国种业集团所垄断，仅罗曼公司就控制了全球蛋种鸡市场的 56%，安伟捷和科宝两家公司占全球肉种鸡市场的份额高达 90%。猪牛种业市场约 90% 的份额也分别由 5 个跨国种业集团所控制。行业的集中一方面有利于实现资源优化配置、产品优势互补和提高经济效益；另一方面有利于充分发挥种业集团公司的规模优势，扩大种群遗传变异度，提高选育强度。而我国畜禽种业则仍然处于小而散的初级发展阶段，据 2014 年年底畜牧兽医年鉴统计，全国共有种畜禽场 13 841 家，其中种牛场 577 家、种猪场 7 042 家、种羊场 1 730 家、种马场 28 家。几乎每个省都设有种公牛站、种公猪站及良种牛、猪、羊场，甚至还有地市、县级场站，过度的重复建设，使种质资源、资金、技术过于分散，同时，由于长期受计划经济影响，弱化了市场对资金、人才、技术、种质等资源的配置作用，种业企业规模普遍较小，对国家财政资金的依赖性较大，创新能力和核心竞争力不强，类似于温氏集团、峪口禽业、北京奶牛中心等具有一定种质资源规模和创新能力、正在成为种业科技创新主体的种业企业凤毛麟角。

2. 发达国家种业竞争的焦点是科技和人才，而我国科技与产业的有机结合才初现端倪

随着知识经济的发展，科技对于种业发展的作用越来越凸显，跨国种业公司之所以能在竞争中立于不败之地，主要得益于其拥有强大的技术优势。目前，世界种业集团已从传统的常规育种技术进入依靠生物技术育种阶段，基因组选择、胚胎工程、性别控制、同期排卵定时输精等育种技术正在规模化应用于良种培育和快速扩繁，加快了种质培育速度及选种准确性。国际种业集团正在呈现出科技与人才双轮驱动特征，并展开了对科学技术和人才激烈竞争。为此 PIC、TOPIG、ABS 等分别加紧立项，进行基因组选择、性别控制、基因编辑、干细胞技术等分子与细胞育种技术研发，并吸引世界著名科研院所及育种专家合作进行技术研发，例如，PIC 就曾多年聘请 Max F Rothschild 等国际著名猪育种专家，担任其育种专项技术负责人，还与中国农业科学院、中国农业大学、江西农业大学等单位开展了密切合作。种业企业通过聘请大批育种专业技术人才，将科技物化为生产力，提高了种业企业科技创新能力，增强了发展后劲。同时，也提高了种业企业的管理能力和水平，使企业技术与管理双重提高。而我国种业企业中重视科技和人才的不是很多，重视程度也不大，只有峪口禽业、温氏集团等少数几个企业与科研单位建立了稳固的合作研究与技术合作关系，研发成果不接地气、成果推广不通畅的科研与产业“两张皮”现象，仍然是目前我国种业企业和科研院校面临的尴尬局面。

3. 跨国种业企业正向集团化、国际化发展，而我国种业企业国际竞争力尚需提升

在自由竞争的市场引导下，国际种业企业不断并购重组，向规模化、集团化、国际化方向发展，其发展已跨域了国界和地区。为使其能长期占领更广泛的种业市场，攫取更高额的种业利润，正在以资源本地化、产品品牌化、服务国际化为指导，在目标种业市场国家建立育种场，并招募当地的育种技术人员，针对当地种业市场进行专门化的畜禽育种工作，这已经成为当今世界种业企业

的发展方向。比如加拿大亚达艾格威、美国 ABS、英国 PIC 等跨国种业集团均在我国建立育种场，并招募了一批我国育种技术人员，基于我国的种质资源及他们成熟的育种技术体系，专业从事目标品种的育种和技术推广工作。这种定制化的育种技术服务进一步加剧了其对我国种业市场的垄断和冲击，针对这种市场冲击，我国种业企业也在加紧资源整合和种质创新，然而，短时间内能和跨国种业集团抗衡的也只有蛋鸡、肉鸭、黄羽肉鸡等少数几个种业的少数企业，大部分企业的产业竞争力提高尚需时日。

三、我国畜牧种业存在的主要问题及对策

1. 育种企业尚未成为科技创新主体，应加紧引导企业走上创新发展之路

家畜种业发达国家，为实现家畜养殖业利润的最大化及从源头对产业垄断，很多企业积极进军对产业具有带动作用的育种环节，在竞争中，少数专业育种公司不断整合资金、人才、技术、市场等资源，进行种业科技创新，提高种业核心竞争力，并通过兼并重组不断发展壮大，如 PIC、ABS、ALTA、Semex Alliance、TOPIGS、HYPOR 等种业公司，这些公司通过扎实的品种培育，形成了优秀的种畜、精液、胚胎等种质产品，并通过专业化的市场营销，在全球种业市场推广其种质产品，逐渐抢占了国际种业市场，甚至发展成为在国际种业市场上举足轻重的跨国种业公司。而我国的种业企业多如牛毛，每个企业的资源占有量、育种技术人员、科技研发内容都很少，无论是种群可供选择的遗传变异，还是企业的技术力量都明显不足，有些企业甚至没有建立起品种登记、性能测定、遗传评估等育种技术体系，所以，我国应加紧引导企业，积极搭建科技创新平台，并努力成为种业科技创新的主体，走上创新发展之路。

2. 协会尚未发挥育种技术支撑重要职能，应加强种业协会建设确保种业产业健康发展

欧美国家，在资金、技术、规模实力较弱的种业发展初期，为达到育种目标，中小养殖业者自发联合组建育种协会，协会成立专门的育种机构进行品种登记、性能测定、遗传评估等选育工作，并代表养殖者与政府进行政策协商、进行市场销售谈判。如美国荷斯坦牛协会（Holstein Association，USA）、欧洲的皮埃蒙特牛育种协会（ANABORAPI）等。育种协会从各个育种技术环节上，为种业发达国家种质培育及种质产品贸易提供了强有力的技术支撑，甚至成为跨国种业集团育种的重要技术补充，有效地推动了种业发达国家的品种培育工作。而我国尚未针对各畜禽品种建立专门化的育种协会，小而散的种业企业很难完成品种登记、性能测定、遗传评估等全产业链专业化选育工作，没有有效的专业组织，育种工作不可能取得实质性进展，所以，我国应根据各个畜禽品种的种业发展现状，对于那些种业企业小而散的物种和品种，动员养殖业者联合起来，成立育种协会，并设立专门机构，有组织地开展专业化的品种登记、性能测定、遗传评估等选育工作，以确保种业产业走上健康可持续发展的轨道。

3. 投入不足影响了种业创新，应拓宽投资渠道、加大投资力度，提高种业核心竞争力

效法发达国家，建立多渠道研发投资格局。美国农业部国家农业研究、推广、教育及经济调查委员会（National Agricultural Research，Extension，Education and Economic Advisory Board，NAREEE）2011 年研究调查显示，2006 年全美国农业研发投入 100.3 亿美元，其中联邦政府占 29%，州政府 13%，私人占 58%，这表明私人投资，尤其是跨国集团已经成为发达国家种业科技创新的投资主体。而发展中国家私人投资平均只占研发总投入的 6%（动物种业科技创新战略研究报告，2015）。我国种业企业规模普遍较小，创新意识淡薄，几乎很少利用自有资金或吸引社会闲散资金，进行科技创新投入，主要以国家科技计划投资为主，且国家对种业企业的扶持没有重点，尚未形成市场为主导的资源配置和竞争态势，资助效果较差。我国应拓宽投资渠道，建立以企业为主体的多元化投资方式，引导企业自主创新。

加大种业投资，引导企业成为创新主体。如全球最大的种猪及种牛公司 Genus，每年的研发投入约为 3 400 万美元，其中约 600 万美元用于基础研究，2 800万美元用于应用研究（傅衍，2013）。这些经费，绝大多数来源于公司自有资金，国家和地方财政经费只占较少一部分。而我国种业科技创新经费大多数来源于国家财政经费，国家科技部、农业农村部和自然科学基金委从基础理论研究（“973”、自然科学基金）、高技术研发（“863”、转基因重大专项）、技术集成创新（科技支撑和公益性行业科研专项、产业技术体系）等多个层面投资科技创新研发。据不完全统计，近 10 年，国家农业农村部、科技部共投入经费 11.2 亿元（不含转基因重大专项和自然基金）资助动物种业技术研发，每年投入经费仅约为 Genus 种业集团的一半多一点。另外，我国只有温氏集团、峪口禽业等少数种业企业投入经费进行科技创新，大多数企业投入均很少，或基本没有创新投入。我国在拓宽种业创新投资渠道的同时，也要积极倡导种业企业加大科技创新投入，引导企业成为创新主体。

第三节　我国畜牧种业科技创新

一、我国畜牧种业科技创新发展现状

（一）国家项目

为加快科技创新，推动我国畜牧种业发展，“十二五”期间，国家科技部通过各类国家科技计划对畜禽种业进行了科技创新资助。在“973”计划中，设立了“猪繁殖力的生理学及相关遗传调控机理”“家畜重要品质性状形成的遗传和生理学研究”“农业动物繁殖力和优良生产性状遗传机理研究”“提高农业动物繁殖率的生理学及相关遗传调控研究”等科技项目，重点对畜禽生产性状、产品品质及繁殖力性状进行了遗传解析，并对重要功能基因资源进行了挖掘鉴定；在“863”计划中，设立了“动植物生物反应器”“动物分子与细胞工程育种”“主要农业动物功能基因组研究与应用”等重点专项，利用分子标记辅助选择、品种分子设计、胚胎及配子工程、体细胞克隆等分子与细胞工程技术，对畜禽重要经济性状进行精准选择，并实施快速扩繁，培育新品种（系）；在科技支撑计划中，设立了“动物快繁关键技术研究与示范”“主要畜禽新品种选育与关键技术研究”“现代奶业发展科技工程”等项目，针对各个物种的品种选育关键技术进行技术研发，并集成进行品种培育，同时研发种畜快繁关键技术，对良种家畜个体进行快速扩繁。同时，我国农业农村部也对种业进行了创新资助，其中设立了畜禽良种工程项目，每年遴选出一批种畜禽场，资助其进行改扩建等基础设施建设；设立了良种补贴项目，进行了养殖与繁育补贴；在产业技术体系中专门设立了繁育功能室，进行主要养殖动物品种的良种培育与扩繁技术指导与技术推广。此外，国家基金委每年也设立面上项目及重大项目，进行主要畜禽重要经济性状解析与重要基因资源挖掘鉴定，资助畜禽种业进行源头创新。

（二）创新领域

经过多部委多年的科技创新资助，我国畜牧种业科技创新取得了较快进展，具备了从基础研究、技术创新、应用研究到成果推广等全链条创新能力，建立了较完善的动物种质资源保护与利用体系，种业基础研究逐步夯实，育种技术不断进步，品种培育与产业化技术成效显著，为解决我国种业安全、动物食品安全和生态安全做出了重要贡献。

种业基础研究逐步夯实。种质资源是种业发展的核心。我国进行了种质资源鉴定与评价，

并将138个地方品种列入《国家畜禽遗传资源保护名录》，设立了137个国家级畜禽保种场、保护区和基因库，为重要性状鉴定评价和种质创新，提供了雄厚的工作基础和材料支撑。我国以鸭、猪、牦牛和山羊等畜禽为代表的基因组测序取得重大突破，挖掘鉴定了大量优异基因资源。dw矮小基因、FSHb繁殖力基因等已经用于猪、鸡育种实践。2009年以后，利用高通量测序技术，获得了影响鸡羽毛性状、绿壳、冠型、猪耳朵尺寸等功能基因，重要功能基因克隆与功能鉴定速度显著加快，与国际先进水平的差距逐渐缩短，逐步打破了发达国家对基因专利的垄断。

部分技术创新已达国际先进水平。在分子育种技术方面，研究建立了猪PSE基因、鸡矮小dw基因、鸡显性白羽基因、绿壳蛋基因等一系列标记辅助育种技术，加快了品种培育速度。同时，针对绝大部分数量性状受微效多基因影响，单个标记无法实现理想育种效果的品种培育现实，积极研发多基因聚合等标记组合利用技术，并逐渐建立了基因组选择技术，利用全基因组范围内的标记信息估计育种值，进行育种。2012年1月19日，农业农村部畜牧业司正式发文，将全基因组选择育种值作为国家奶牛良种补贴重要参考，使我国奶牛育种技术跻身世界先进行列。在性别控制技术方面，中国农业科学院北京畜牧兽医研究所和赛科星公司分别研发了简单快速的PCR胚胎性别鉴定、异种精子推流等专利技术，精子分离效率提高了一倍，成为当今流式细胞分离最重要的辅助技术手段，为性控技术的推广应用奠定了坚实的技术基础。在体外胚胎生产技术方面，中国农业大学在国际上率先揭示了体外受精胚胎性别失衡机制，研究指出，体外受精雌性胚胎在发育过程中，两条X染色体随机失活不足，导致部分雌性胚胎死亡，而雄性胚胎不受此影响，导致了IVF胚胎性别失衡，并且，通过表观修饰矫正技术，矫正了性别失衡现象，建立了IVF胚胎生产表观矫正技术，引领了人类试管婴儿以及动物体外胚胎生产技术发展。在iPS技术方面，我国科学家周琪和高绍荣首次证明了iPS的全能型，随后，邓宏魁首次建立小分子诱导iPS技术，并提出了跷跷板模型，为iPS技术发展指明了方向，引领了细胞工程育种技术研发。

品种培育成效显著。改革开放以来，通过新品种培育和本品种持续选育提高，我国畜禽品种生产性能迅速提升。据农业部官方发布消息统计，国家共审定通过了122个畜禽新品种（配套系），良种在增产中的贡献率超过30%，良种培育为确保我国动物食品稳定供给和民族种业安全做出了重要贡献。现在，以京粉、京红和农大3号等为代表的蛋鸡自主培育品种（配套系）已占我国蛋种鸡市场份额的50%；以中国农业科学院北京畜牧兽医研究所培育的“Z型北京鸭”新品种（配套系）为代表的瘦肉型北京鸭，目前在国内两家大型肉鸭企业推广应用，并已占领全国市场份额的16.3%；以华农温氏1号猪配套系为代表的自主培育品种（配套系）已达到了1 200万头的年推广数量。这些新品种及原有品种的持续选育提高，逐渐提高了我国畜牧种业的国际竞争力，基本满足了畜牧业生产对良种的需求。

一批育繁推一体化种业企业逐渐形成。由于种业科技不断进步、种业企业科技创新意识不断增强，我国种业企业的科技创新能力取得了长足进步，我国逐渐形成了一批具备较强科技创新能力的育繁推一体化领军企业，具备了较为完善的全产业链商业化创新能力。领军企业的研发投入开始逐年快速增加，以峪口禽业、广东温氏等为代表的种业龙头企业，均成立种业创新研发平台，不但广泛招募种业科技人才，还与中国农业大学、中国农业科学院、华南农业大学等科研院校建立了稳定的科企合作关系，解决了其科技创新人才资源。这些企业已经形成了从科技创新、品种培育到后续品种推广的一体化经营和全产业链创新局面。现阶段峪口禽业、广东温氏等部分龙头企业年研发投入已接近2亿元，形成了较为完善的研发资金保障，企业创新能力得到快速发展。并且，以这些企业为主培育的新品种使我国良种的自给率迅速提高，其中蛋鸡突破了50%，肉鸡也突破了50%，肉鸭突破了16.3%，其他品种也在逐渐提升。企业的迅速成长，标志着我国畜牧种业产业国际竞争力的显著提升。

（三）国际影响

在国家各类科技计划资助下，我国科技创新能力与水平不断提升，国际影响力也在逐渐增加。《动物种业科技创新战略研究报告》（2015）表明，近年来，我国动物遗传育种领域SCI论文发文量迅速上升，2013年已跃居世界第七位；我国的专利数量仅次于美国，占全球总量的23%，虽然我国专利以本国申请为主，国际化程度远不及欧美及日本等发达国家和地区，但畜牧种业科技创新的国际影响力整体迅速提升，并且个别领域产生了具有世界影响的科研成果。比如，基因组选择方面，继2009年1月和4月，美国和加拿大分别发布了包含基因组信息的奶牛、种公牛合并育种值后，我国于2012年1月，正式将全基因组选择应用于奶牛育种，使我国奶牛育种技术跻身于世界先进行列。在干细胞研究方面，我国科学家关于iPS多能性的验证、多能性诱导技术的建立以及具有一定理论指导意义的跷跷板模型的提出，在世界动物遗传育种领域产生了强烈反响，甚至引领了iPS技术的发展方向，《Nature》《Cell》等领域顶级期刊专门配文，肯定研究成果对领域的推动作用。在体外胚生产方面，我国关于体外受精胚胎性别失衡机制的揭示，引起了动物种业、人类生殖生理、试管婴儿等多个领域的震动，美国《科学家》杂志（《The Scientist》）和《STAT》等杂志在PNAS发表当日即对上述工作进行深入的采访报道。著名生殖内分泌学家加州大学Paulo Rinaudo教授在接受《The Scientist》采访时认为，这项工作是该领域机理研究的重大突破，肯定了该研究的引领地位。

二、我国畜牧种业科技创新与发达国家之间的差距

近年来，我国畜牧种业科技创新能力与水平迅速提升，但与发达国家尚存较大差距。首先，市场主导下的自由竞争与兼并重组机制尚未成熟，科研人员尚未与种业企业形成稳定的利益共同体，未能成为企业科技创新主力军，导致基础研究与育种应用脱节的现象较为严重，重要经济性状遗传机理解析不足、可供育种应用的基因资源较少，影响了基因编辑、基因组选择、细胞与胚胎工程、性别控制、繁殖调控等技术研发；而企业兼并重组的局面也未形成，使资金、技术、人才等资源不能有效整合，无法形成种群、资金、技术、人才等优势，并最终形成品种、品牌优势，严重影响了科技创新能力和水平的提升；其次，关注某个环节的科技创新较多，针对各个环节的工程组装与应用研究较少，很多成果无法落地，使成果的可用性、适用性大打折扣；育繁推一体化商业化育种体系尚未完全建立，育种与推广缺乏有机衔接。另外，我国通过学科交叉同其他领域深度融合，推动种业科技创新的研究较少，机械化、自动化、智能化水平较低，影响了性能测定、发情妊娠监测等技术研发，也不能利用更多的数据进行精细化、精准化选育与良种扩繁。上述差异直接影响了技术和产品的研发与应用，并最终导致了种业企业和产业的竞争力低下。

三、我国畜牧种业科技创新存在的问题及对策

（一）理论创新

坚持问题导向，反对跟风研究，发展民族种业。由于我国畜牧种业起步较晚，很多工作都是通过学习西方的先进经验，而逐渐开展起来的，长期的惯性思维使我们养成了从文章中找出路、向西方看发展的一边倒思维习惯，导致了大量的跟风研究、低水平重复研究，而站在产业发展角度考虑产业实际需要的从实践中来到实践中去的思想却被偏废了，从根本上忽视了种业科技创新的内涵、外延和目标，严重影响了思维的创造性，使理论创新的深度和广度都大打折扣，大大削弱了对实践

的指导意义。应尽快扭转学风和文风，坚持从实践中来到实践中去的实事求是的思想，明确种业科技创新目标与任务，增强科技工作者的历史使命感和责任感，坚决促进民族种业的繁荣发展。

（二）技术创新

坚持全链条设计、工程化组装，确保技术创新平稳落地。由于科技与产业分离的问题长期没有得到有效解决，使我国虽然研发了大量科研成果，而能够被产业应用的却寥寥无几，其主要原因就是科技创新只关注了产业的某一个环节，而没有考虑该成果形成后的实用性、适用对象以及应用过程中可能的现场与环境条件，结果，虽然形成成果花费了大量的人力、物力与财力，但应用时可能还需要花费更大、更多的人力、物力与财力，使成果应用得不偿失，同时，针对进口技术、产品的简单改头换面，也会增加后续应用的时效和成本。应遵循“全产业链设计，一体化实施”的创新思想，坚持问题导向和工程化组装系统理念，确保技术创新能够实用，并且平稳落地。

（三）科技转化

构筑商业化育种体系，协调科研与产业的利益风险关系，实施创新驱动发展战略。我国长期以来科研与产业“两张皮”的现象未得到有效解决，一方面，我国有大量的科研人员在进行科技创新，形成了大量科技成果，但不能得到推广应用；另一方面，我国种业产业严重缺乏科技成果的有效支撑，使产业发展驱动乏力。为加快成果推广，国家专门成立相关部门进行成果统计、管理与推广工作，推高了科技成果推广的成本，增加了推广工作量。而发达国家很少设立成果推广部门，所有的科技创新都是为了产业问题的有效解决，在实施科技创新的同时，就统筹考虑了成果后续应用面临的问题，并且为了成果落地，专门组织队伍进行技术服务工作，缩短了成果转化流程，降低了成本，加快了转化速度。所以，我国应尽快出台产业政策，使科研人员与种业企业建立起利益共同体，以产业问题为导向，以科技创新驱动产业健康快速发展。

（四）市场驱动

充分发挥市场驱动作用，通过自由竞争，促进企业优化重组，提高企业科技创新能力与水平。长期以来，我国种业企业小而散，资金、技术、人才等资源在企业间的流动性较差，市场未能充分发挥其资源优化配置作用，致使企业科技创新能力不足的问题一直无法得到解决。为此，政府应该积极制定市场自由竞争技术规则，使种业涉及的各类资源流动起来，通过市场导向，使更多优质资源逐渐流向优势企业。同时，鼓励企业在自由竞争、平等竞争条件下进行兼并与重组，通过遗传资源、资金、技术、人才等资源的优化配置，提高企业科技创新能力和水平，使企业发展壮大，最终带动产业竞争力不断提升。

第四节　我国科技创新对畜牧种业发展的贡献

一、我国畜牧种业科技创新重大成果

通过畜牧种业科技创新，我国获得了一系列对产业具有重要推动作用的重大成果。其中品种资源调查及品种志的编写使我们摸清了我国品种资源的整体情况，为后续资源鉴定与评价、种质创新、品种培育奠定了资源基础；牛、猪、鸡、鸭等畜禽新品种的成功培育，为我国畜牧生产奠定了坚实的种源基础，而杂种优势利用、双胎诱导、重要经济性状分子标记的挖掘，则为良种个体的高效利用提供了强有力的科技支撑。荷斯坦奶牛 MOET 育种技术体系的建立，不但使我国建立了高

效的奶牛品种选育技术体系，同时，也实现了良种母牛的高效扩繁，自此，我国奶牛繁育踏上了AI和MOET两项育种技术引领的快速繁育轨道，使优秀种母牛与种公牛的优良遗传基础都得到了最大化的挖掘与利用。中国农业大学和中国农业科学院等很多科研单位、生产单位为此做出了巨大贡献。据统计，自2000年至今，我国在畜牧种业创新中取得了20多项国家科技奖（表2-2），为我国畜牧业创新发展和产业升级提供了重要科技支撑。

表2-2　2000年以来我国取得的畜牧种业领域国家科技奖

序号	名　称	第一完成单位	获奖年	获奖等级
1	猪产肉性状相关重要基因发掘、分子标记开发及其育种应用	中国农业科学院北京畜牧兽医研究所	2012	技术发明二等奖
2	仔猪断奶前腹泻抗病基因育种技术的创建及应用	江西农业大学	2011	技术发明二等奖
3	荣昌猪品种资源保护与开发利用	重庆市畜牧科学院	2015	技术进步二等奖
4	牛和猪体细胞克隆研究及应用	中国农业大学	2010	技术进步二等奖
5	鲁农Ⅰ号猪配套系、鲁烟白猪新品种培育与应用	山东省农业科学院畜牧兽医研究所	2010	技术进步二等奖
6	瘦肉型猪新品种（系）及配套技术的创新研究与开发	华中农业大学	2006	技术进步二等奖
7	南阳牛种质创新与夏南牛新品种培育及其产业化	河南省畜禽改良站	2013	技术进步二等奖
8	牛和猪体细胞克隆研究及应用	中国农业大学	2010	技术进步二等奖
9	“大通牦牛”新品种及培育技术	中国农业科学院兰州畜牧与兽药研究所	2007	技术进步二等奖
10	中国荷斯坦牛基因组选择分子育种技术体系的建立与应用	中国农业大学	2016	技术进步二等奖
11	良种牛羊高效克隆技术	西北农林科技大学	2016	技术发明二等奖
12	巴美肉羊新品种培育及关键技术研究与示范	内蒙古自治区农牧业科学院	2013	技术进步二等奖
13	绵羊遗传育种新技术——中国美利奴肉用、超细毛、多胎肉用新品系的培育	新疆农垦科学院	2007	技术进步二等奖
14	鸡分子标记技术的发展及其育种应用	中国农业大学	2009	技术发明二等奖
15	中国地方鸡种质资源优异性状发掘创新与应用	河南农业大学	2008	技术发明二等奖
16	“农大3号”小型蛋鸡配套系培育与应用	中国农业大学	2015	技术进步二等奖
17	大恒肉鸡培育与育种技术体系建立及应用	四川省畜牧科学研究院	2014	技术进步二等奖
18	节粮优质抗病黄羽肉鸡新品种培育与应用	中国农业科学院北京畜牧兽医研究所	2016	技术进步二等奖
19	北京鸭新品种培育与养殖技术研究应用	中国农业科学院北京畜牧兽医研究所	2013	技术发明二等奖
20	中国西门塔尔牛新品种选育	中国农业科学院北京畜牧研究所	2003	技术进步二等奖
21	中国荷斯坦奶牛MOET育种体系的建立与实施	中国农业大学	2000	技术进步二等奖

二、畜牧种业科技成果的行业转化

种业科技成果对种业发展发挥了重要推动作用。为促进科技成果转化为生产力，我国颁布了《中华人民共和国促进科技成果转化法》，通过大众传播、技术市场、中试基地、农业推广机构等建立成果转化体系，加快了科技成果的行业转化。然而，种业科技成果行业转化受到产业经营形式、产业规模、产业成熟度等多种因素影响。在21世纪以前，我国的市场经济刚刚开始，企业规模较小，产业成熟度较小，我国虽然形成了猪、鸡、牛、羊等一批高产品种以及杂种优势利用、双胎诱导、高繁殖力机理解析等一批重大科技成果，但是，由于产业规模较小，成果需求较弱，成果推广不足，使成果转化速度慢，转化范围也很局限。21世纪以来，我国畜牧产业迅速发展，企业不断发展壮大，成果需求增加，成果推广力度不断加大，向大企业进行技术和成果转让，成为成果转化的重要形式，并加快了转化速度，扩大了成果转化范围。例如，奶牛MOET技术体系现已成为各大奶牛育种场必备的育种技术手段；北京鸭新品种于2012年转让给内蒙古塞飞亚和山东六和2家大型企业，建立了“产、学、研”联合育种模式，近3年推广种鸭313.6万只，出栏肉鸭1978万只；北京油鸡于2013年转化给首农集团的北京百年栗园生态农业有限公司，成果影响迅速扩大；黄羽肉鸡新品种辐射到全国20多个省市自治区，推广父母代种鸡1 100万套，商品鸡15.5亿只。随着商业化育种体系的逐渐建立，以及种业企业的不断成长壮大，我国畜牧种业科技成果的行业转化速度正在不断加快。

三、我国畜牧种业科技创新的行业贡献

种业科技创新有力地支撑了我国畜牧业的健康快速发展，为满足我国人民肉蛋奶需求做出了重要贡献。据国家统计局最新统计结果，2015年，我国肉蛋奶总产量分别达到8 625万吨、2 999万吨和3 755万吨，解决了我国13.75亿人动物食品的基本需求，种业科技创新为此做出了重要贡献。

首先，育种技术体系的建立健全，使选种准确性不断提高、选育速度不断加快，以基因组选择为代表的分子育种技术，可使选择时限提前到胚胎阶段，世代间隔大幅缩短，胚胎生物技术增加了可供选择个体的全同胞和半同胞数量，可供选择的变异更多，选择更精准、快速，而自动化性能测定使数据来源更科学可靠，所以，自MOET、基因组选择、性别控制等育种技术建立以来，种质创新和品种选育的速度和水平都发生了跨越性变化，促进了养殖业的提质增效。以奶牛为例，我国由1978年的47.5万头，增加到2016年的1 460多万头，产奶量也由当时的3 000千克翻了一番，增长到5 500千克。其次，品种培育形成的高产优良种质，不但确保了我国动物食品供应，而且减少了饲料资源浪费，缓解了养殖废弃物排放和草原生态压力。以奶牛为例，2016年年底我国存栏泌乳母牛约700万头，如果在奶牛单产为4 000千克的2004年前后，获得同样多产奶量，则需要养殖938万头奶牛，多养殖250多万头奶牛；但是，如果我国奶牛实现了目前美国奶牛平均单产，生产同样数量的牛奶，则仅需要饲养380万头奶牛，比现在少养300多万头，饲料和环境压力将大幅减小。不仅如此，科技创新也使猪、羊、鸡等物种种质水平大幅提高，优异的种质不但满足了不断增长的动物食品刚性需求，而且降低了畜禽养殖量，节约了饲料消耗，减少了养殖废弃物排放，为畜牧业的可持续健康发展提供了重要技术支撑。另外，各养殖品种良种生产性能的大幅提高，提升了我国畜牧产业的国际竞争力，虽然我国在优质、高繁殖力和适应性等方面形成了许多珍稀品种，比如世界产仔之冠梅山猪、产蛋之冠豁眼鹅，以及专门化烤鸭品种北京鸭等，为很多世界著名品种培育做出了重要贡献，但却因为未坚持持续选育和创新利用，曾遭受到吸收其优良基因的外来品种的巨大冲击，种业市场损失殆尽。近年来，通过畜牧种业科技创新，我国培育品种的市场在逐年增长，目前，国产蛋鸡、肉鸡品种的国内种鸡市场份额均已超过50%，国产北京鸭品种也突破16%，科技创新推动了种质水平的持续提高，使我国畜牧产业国际竞争力逐渐增强。

四、科技创新支撑种业发展面临的困难与对策

自主培育品种市场份额逐年增加，有力地说明了科技创新对种业发展的重要支撑作用，然而，

我国目前只是部分种业取得突破，整个畜牧种业尚未取得大的改善。科技创新支撑种业发展还面临以下几方面困难。①代表产业的种业企业实力较弱小。整个产业呈现出很多企业的同质化、低水平重复经营，资源分散，特色不明显，创新能力弱，创新效果差。②产业和科技对接效率不高。一方面，科研院校产出大量科技成果，找不到转化的门路，另一方面，产业发展极度需要科技成果支撑，却找不到需要的科技成果。③种业科技创新投入周期长、风险大。简单的引种与繁种能短期内规避投资风险，所以，大多数企业都在引种扩繁，真正科技创新的太少，企业短期风险减少了，但是，种业企业及整个产业却面临了长期的更大的种业安全风险。④种业企业与科技人员间尚未建立起利益共享、风险共担、共同发展的稳定合作机制，科技尚不能完全发挥其支撑种业发展的重要作用。

为充分发挥科技创新支撑种业发展的重要作用，我国科技主管部门应积极着手制定有效的政策措施。首先，应顺应市场经济发展规律，积极探索制定有利于种业企业自由竞争、兼并重组的游戏规则和管理办法，支持、鼓励种业企业平等竞争、自由重组，使种业发展赖以的种质资源、资金、技术、人才能够在市场的引导下优化配置，使优势种业企业尽快发展壮大。其次，鼓励企业做大做强，成为种业科技创新的主体，充分发挥其在科技创新中的组织作用、平台作用和工程化技术组装作用。最后，积极探索促进种业企业与科技人员间合作的科学政策，为两者搭建起利益共享、风险共担、共同发展的政策环境，确保科技对种业发展发挥出应有的支撑作用。

第五节　我国畜牧种业未来发展与科技需求

一、我国畜牧种业未来的发展趋势

（一）我国畜牧种业发展目标预测

成功构建商业化育种技术体系，突破品种培育与良种扩繁的技术瓶颈及组织机制瓶颈，满足供给侧结构性改革对优质、高效、抗病、节粮等多元化品种的需求，大幅提高畜牧良种的国际竞争力，主要品种良种自给率突破70%。打造一批具备自主创新能力的领军企业，全面建成具有全球竞争力的商业化育种体系，构筑技术和产品的国际领先优势。种业科技贡献率达到发达国家先进水平，有力支撑养殖业产业发展，大幅度提高我国主要动物产品安全供给保障水平，2050年种业产业整体水平达到世界先进水平。

（二）我国畜牧种业发展重点预测

1. 短期目标（至2020年）

通过种业科技创新，畜禽品种（系）生产性能提升7%~10%。领军企业具备自主科技创新能力，平均研发投入占销售收入比例超过8%，研发人员占比超过15%，形成一批国际化、高水平领军人才团队。建成规模化商业化育种体系和高水平条件平台。领军企业育种能力快速提升，自主知识产权品种占销售收入比例平均达到50%以上。种业科技贡献率和国产化率有效提升，畜牧良种在养殖中的贡献率达到35%，国内市场占有率提升10%~15%。

2. 中期目标（至2030年）

畜禽品种（系）生产性能提升20%~30%，累计推广畜牧良种30亿头（只）以上。领军企业平均研发投入占销售收入的比例接近10%，具备一流的国际化研发团队和条件能力平台，研发人员占比稳定在20%，研发条件平台水平达到国际先进水平，产出能力快速提升，企业自主知识产权品种占销售收入比例达到60%以上。种业产业设施与装备水平基本实现自动化、智能化；畜牧良种在养殖中的贡献率达到45%，国内市场占有率提升30%~40%；产业集中度快速提升。

3. 长期目标（至2050年）

累计培育畜禽新品种（配套系）30个，累计推广畜牧良种60亿头（只）以上。打造一批具备自主科技创新能力、较强国际竞争力的领军企业，形成具有较强国际竞争力的企业集群，进入各自领域的国际先进企业前列。领军企业研发投入占销售收入比例超过10%。良种在畜牧业增产中的贡献率达到55%以上，国内市场占有率提升50%以上。种业技术创新能力达到国际先进水平，我国拥有的全球种业自主知识产权技术和成果的数量大幅攀升，产业自主创新能力位居国际前列，形成一批中国种源的国际化品牌，各物种良种基本满足畜牧生产需要，有效保障我国动物源食品有效供给。

二、我国畜牧种业科技需求

世界畜牧种业发展历史证明，科技创新推动了发达国家种业的快速成长，我国也应借鉴发达国家经验，响应国家号召，实施创新驱动发展战略，积极进行畜牧种业创新，并且将创新发展理念体现在全产业链的各个环节、各个层面。

在种质资源方面，应积极进行各物种种质资源调查、鉴定、评价、管理和创新利用的全链条设计与系统实施；积极进行主要物种高产、高效、优质、抗逆等重要性状形成及调控关系的遗传解析，并积极构建规模化功能基因资源挖掘、鉴定与验证技术，对重要经济性状、特色性状进行功能基因及分子标记的挖掘鉴定，揭示重要基因表达调控关系对性状形成的重要作用；为基因组选择及基因编辑技术奠定基因资源基础；同时，进行配子、胚胎发育阶段特点及基因表达调控研究，揭示配子、胚胎发育及其与内、外环境的反馈调控机制。

在分子育种方面，加紧进行各物种高密度育种芯片及高效基因分型技术研发，进行相应的算法研究，并进行基因组选择育种技术的工程化组装，推动基因组选择技术向更加精准、高效、低成本方向发展，并应用于各物种的品种培育；以基因资源鉴定结果为指导，积极研发简单高效的基因编辑技术，加快突破抗病、优质等育种目标。

在细胞育种方面，积极进行胚胎生物技术研发，尤其是进行OPU、IVP及胚胎移植等技术研发与完善，并进行工程化组装与应用；积极进行各物种精液、卵母细胞、胚胎的高效冷冻保存与创新利用技术研发；积极研发高效、无损精子分离技术，提高性别控制技术效率，并突破猪、羊等其他物种的性别控制技术瓶颈；积极研发优良种畜高效克隆和生殖干细胞移植技术，加快良种家畜扩繁速度。

在群体繁殖调控方面，通过对群体母畜卵泡发育、排卵、输精等调控，研发以母畜生产同步化为核心的高效批次化生产技术，跨越了发情鉴定技术环节，提高管理水平和生产效率，降低病原微生物滞留风险；集成机电传感、生物信息等技术手段，研发母畜自动化发情鉴定和妊娠诊断技术，提高育种场精细化繁殖管理技术水平；并积极探索种公畜自动化人工采精技术。

在性能测定方面，集成机电传感、生物信息等技术方法，进行体重、采食量、产奶量、肌内脂肪含量、活动量、体温等指标的自动检测、采集、传输与分析，研发专门化的技术及设施设备，并设计研发相应的操作与管理软件，构建育种、管理、健康监控大数据平台。不但可解放人力，提高测定效率，而且使测定结果避免人为因素的干扰，数据代表性更强，更科学可靠，选育、繁殖管理更精准。

三、我国畜牧种业科技创新重点

（一）我国畜牧良种科技创新发展趋势

1. 创新发展目标

通过种业科技创新，深入解析主要家畜重要性状的表达与调控机制，并挖掘鉴定一大批功能基因及分子标记，将种质资源转变为基因资源；建立一批高效基因组选择、基因编辑技术，加快种质创新，提高选育精准性；通过配子、胚胎发育调控机理研究，建立一批高效细胞工程与胚胎工程技术，加快良种个体扩繁速度；基于同步繁殖调控技术建立大群母畜批次化生产技术，提高繁育效率和产业效益；建立一批自动化性能测定、繁殖监控技术，使育种的工程化、自动化、智能化水平不断提高。成功构建育种、繁殖大数据平台。

2. 创新发展领域

（1）关键技术开发与示范。性能自动化测定技术。根据畜禽品种选育与繁殖要求，针对饲料采食、生长、肌间脂肪、发情、妊娠等性状，进行与性状相关的生理指标检测分析及性状表达规律研究，并开发相应的自动检测技术及设备，以实现性能测定的机械化、自动化、智能化。提高测定效率和精准度。

关键经济性状遗传解析。针对畜禽高繁殖力、肉质风味、肌肉生长等重要经济性状进行遗传解析，并分离鉴定主要功能基因及分子标记，为基因编辑技术提供更多的基因资源，同时开发相应的标记辅助育种技术，并应用于动物育种，加快选育性状的遗传进展。

基因组育种技术。针对主要畜禽品种，开展高密度 SNP 芯片及 GBS（Genotyping By Sequencing）技术研究；建立基因组育种值算法优化、重要育种价值 SNP 分子标记优化组合选择、低密度 SNP 芯片设计等基因组选择技术平台。进行基因编辑技术研发，为从动物基因组修饰层面进行种质创新和生物反应器研发奠定基础。

体外胚生产及繁殖调控技术。开展活体采卵、体外胚胎生产、移植、卵子及胚胎保存技术研究，整体提高体外胚生产技术效率。根据农业动物发情、附植、妊娠等重要繁殖环节的生理特点，进行高效发情诱导及发情鉴定技术研发，提高发情诱导效率及发情鉴定效率；开发雌性动物定时输精、高效附植调控和妊娠诊断技术及相应器械，以提高雌性动物妊娠效率，建立主要动物精原干细胞培养与移植关键技术。

精子分离与长效保存、利用技术。进行主要农业动物 X/Y 精子差异表达检测分析及高效分离分选新技术研发，大幅提高分离效率，以满足猪等高输精量动物性别控制需求；研发高效精子冷冻保存技术，使猪、羊、马等动物精液突破冷冻保存技术瓶颈，并推广应用；同时进行高效输精技术及相关器械研发。

畜禽分子与细胞工程育种。对核心前沿分子、细胞育种技术进行系统研发，并进一步集成为高效分子与细胞工程育种技术，大幅提高种质培育与创新能力，提高选育与繁殖效率。

畜禽品种选育。将传统育种技术与分子细胞育种技术集成组装，针对市场多样化品种需求制订选育目标和育种规划，进行猪、鸡、牛、羊等畜禽主要品种选育提高、特色性状品种（配套系）培育和特色种质创制。

（2）体制机制创新。进行体制创新，建立完善的畜禽育种组织体系。完善的育种组织体系是成功育种的重要保证。育种体系涉及政府管理部门、行业协会、技术推广机构、育种企业、科研单位等多个组织，需要全国统一规划，探索高效的运行机制。应针对猪、牛、羊、鸡等物种的主要品种，建立健全专业育种协会、专门化的性能测定部门、遗传评估部门，并使之正常运行，以确保数据真实、可靠和测定的广泛程度，提高遗传评估准确性，提高育种效率。

建立以企业为创新主体的商业化育种组织体系。畜禽品种培育的种质资源载体主要由企业所有，育种活动也主要在企业内部发生，所以，应积极引导育种企业通过正常的市场竞争进行资源整合，做大做强，并通过促进其与科研院校合作，增强创新能力，培育一批具有较强创新实力的猪、牛、羊、鸡等畜禽育种企业。

（3）平台基地建设。针对主要畜禽育种场种群数量不足现象，根据各畜禽种业种群现状和种业发展目标，加强猪、牛、羊、鸡等主要畜禽繁育场建设，为种业发展提供高水平的基地、机构和充足数量的基础种群；针对我国尚无畜禽种业国家重点实验室、工程技术中心较少现象，以科研院校和实力雄厚的育种企业为依托，在畜禽种业基础研究领域构建2~3个国家级重点实验室，在育种技术研发领域，在原有生猪、奶牛胚胎工程技术中心基础上，构建5~10个育种技术工程中心，提高畜禽种业科技创新水平和能力。

（4）人才培养。高素质的人才队伍是畜禽种业科技创新的重要因素，应加强动物育种与繁殖学科建设，增强人才培养力度，同时，依托科研院校和大型龙头企业，及国家重大科研、国际学术交流合作项目等，在基础研究、技术研发、品种培育领域引进、培养一批具有国际领先水平的学科带头人、科研骨干，打造满足不同畜禽种业科技发展需求的高水平人才队伍。另外，还要制定优厚的待遇政策，以确保从事畜禽种业一线人才的积极性。

（二）畜牧种业优先发展领域

1. 基础研究方面

（1）主要动物种质资源评价鉴定研究。开展猪、鸡、牛、羊、水禽、马属动物等主要畜禽重要经济性状性能测定、评价、鉴定和创新利用；针对地方特色品种进行品质、适应性、繁殖力、抗逆性状等性能测定研究，对种质资源进行评价、鉴定、保存和创新利用；构建重要优异种质资源基因库、细胞库和精子库；进行优质、抗逆等重要性状功能基因组研究。

（2）主要畜禽特色性状功能基因研究及配子胚胎发育调控机制研究。进行主要畜禽高产、高效、优质、抗逆等重要性状表达机制研究，并利用组学手段挖掘鉴定其重要功能基因，揭示重要基因表达调控关系对性状形成的重要作用；进行配子胚胎发育阶段特点及基因表达调控研究，揭示配子、胚胎发育及其与内、外环境的反馈调控机制。

2. 应用研究方面

（1）畜禽育种关键技术创新与应用。进行重要经济性状遗传基础解析及标记辅助选择、多性状 BLUP 选择、全基因组选择、基因组编辑等技术创新，并工程化组装；构建表型、基因型联合高效遗传评估方法；研究分子设计育种理论和方法，集成常规育种技术，构建高效精准分子育种技术体系。

（2）畜禽繁殖关键技术创新与应用。开展配子胚胎发育、妊娠调控等机制研究，创新配子胚胎高效生产、发情诱导、妊娠调控及监测等技术，并进行工程组装；进行性别分化、体细胞重编程等机理研究，创新性别控制、干细胞、克隆等技术，并进行工程组装；创新人工授精与繁殖障碍综合防控技术，并进行工程组装。

（3）重大繁育设施设备研发与规模化应用。集成生物信息学、物联网、机电传感等技术，进行畜禽体重、采食量、活动量等性状表型值自动采集技术及设备研发；研发自动化发情鉴定、妊娠诊断、大规模数据收集等技术设备；研发精液自动化高效生产及 X、Y 精子分离设施设备；研制主要畜禽高通量 SNP 分子育种芯片、自动分型等基因组选择设备。综合市场、表型、基因型等信息，构建大数据采集、存储、分析、预警、决策信息平台。

（4）主要畜禽种质创新与重大品种培育。收集主要养殖动物优秀品种资源和育种素材，构建核心种群；针对主选性状长期、系统地进行性能测定和育种基础数据收集、检测和遗传评估；集成应用分子与细胞工程育种技术与传统育种技术，对目标种群进行长期、定向、高效、持续选育，培育具有重大影响力的品种；开展专门化品系杂交利用，培育高产、高效、优质、抗逆的商用品种或配套系。

第六节　我国畜牧种业科技发展对策措施

一、产业保障措施

加快编制各畜禽种业产业发展规划，加强总体协调。根据未来经济建设和社会发展需要，进行主要畜禽品种资源调查和种业发展现状分析，并根据各物种的经济、社会重要性，加快制订家畜、家禽等农业动物种业产业发展目标和发展规划，进一步提高和明确种业产业在养殖业发展中的战略地位；加强种业科技工作的总体部署和统筹协调，以促进各畜禽种业实现跨越式发展，加强中央和地方、部门间的统筹协调，在基础研究、技术创新与示范、品种选育等层面，对主要畜禽种业科技发展进行总体战略部署和规划设计，并从基础研究、前沿高技术、技术集成与示范推广等环节进行全产业链条设计，一体化实施，系统进行种业科技创新。

正确处理行政与市场的关系，充分发挥市场的资源配置优势和政府的监管职能。充分发挥政府的行政职能，在产品质量、产品安全、技术标准、技术规范等方面制定法律法规，并严格执行，确保市场竞争的有序、规范、公平、公正。并充分发挥市场在资金、项目、技术、人才、种质等方面的资源配置作用。鼓励企业兼并重组，促进全国范围内形成以市场导向为主、政府政策调控为辅的种业科技商业竞争氛围，促进种业企业成为科技创新的主体，提升企业的自主创新能力，并逐渐发展壮大。

加快种养结合模式，推动畜禽种业健康可持续发展。养殖产生的生态环境问题越来越限制种业发展，国家在现有土地流转政策基础上，应尽快出台政策促进养殖业与种植业的结合，使我国养殖业健康可持续发展，包括养殖用地规划、饲料地的匹配、畜禽废弃物处理的制度化标准化及其监管的常态化等，以解决养殖用地与耕地、养殖与环境污染的矛盾。

二、科技创新措施

加大科技创新的投资力度与深度，完善多元化、长期、稳定投入机制。畜禽繁殖周期长，致使技术研发及选育周期均较长；牛、马（驴）、驼等畜种每头（匹）家畜个体价值较高，种群培育维持费用较高，选育投资较大；登记、性能测定、遗传评估、后裔测定等选育技术环节，涉及种用公、母畜核心场、扩繁场等多个经营主体，需要强有力的组织衔接。应进一步加大国家财政对种业科技工作的投入力度，完善以政府投入为主，工商、保险、民间与外资企业积极参与的利益共享、风险共担的种业科技投资融资体系。优化投入结构，鼓励企业和民间资本投资种业科技研发；在5年计划基础上，建立更长期的稳定的种业资助计划，合理安排种业公益科研机构日常运转、科研条件建设、修缮购置等资金，确保种畜登记、性能测定、遗传评估、后裔测定等基础性繁育工作正常进行。

加强基地、人才统筹，推动畜禽种业科技创新支撑能力建设再上新台阶。在现有选育基地、重点实验室、工程（技术）中心、畜禽资源与信息平台基础上，与国家科技计划项目实施相结合，规划建设一批国家畜禽种业科技创新平台、试验平台与服务共享平台；与种业产业技术创新战略联盟和育种行业组织结合，规划建设一批现代畜禽种业企业国家创新中心。择优引进与自主培养相结合，加大各类领军人才、骨干人才的培养和引进，健全完善种业科技创新团队管理运行机制和人才梯次配置。

完善种业法律法规保障体系，加强知识产权保护。我国畜禽种业法律法规和管理体系尚不完善，种业科技及新品种知识产权保护有待加强。应抓紧建立种业企业市场准入标准、种业产业从业人员文化与技术标准、种用畜禽（精液、胚胎）生产、流通质量标准技术体系，制定种质、种业科技转让交易管理办法。加快建立商业化种业产业发展机制，通过实施良种知识产权保护，提高育种企业研发积极性，促进商业化育种的发展。通过种业法律法规，鼓励科技人员与种业企业合作，并通过政策措施，确保合作企业依据科技成果、贡献给予科技人员合理报酬，并使市场发挥出其对资金、人才、技术等资源的优化配置作用。

加强国际合作与交流，提升我国畜禽种业科技创新水平与能力。依托部门、欧盟、IAEA 等下设的畜禽种业重大科技项目和产业化工程，引进种业发达国家先进技术和资源，进行利用和再创新。通过与畜禽种业发达国家、重要国际组织间的国际合作研究和国际会议等，促进畜禽种质资源、科技和人才交流，造就一批中青年首席科学家、科技领军人才和创新型实业家。积极参与国际公约、国际标准等的制定，并积极推动我国种业的国际化进程，切实提升我国畜禽种业的科技创新水平与能力，进而提升我国民族种业国际影响力和竞争力。

三、体制机制创新对策

强化畜禽种业科技体制机制创新，完善科技创新体系。选育投资大、周期长，产出数量较少，涉及利益主体较多，对养殖业具有重要的拉动作用，公益性和组织协调性较强；但我国畜禽种业产业从业者文化水平及专业技术水平均较低。应效法发达国家，根据各主要农业动物经济重要性和社会需求确定合适的选育性状和育种目标，建立健全品种育种协会等行业组织，并组织建立相应的品种登记、性能测定、遗传评估等职能机构和技术队伍，具体负责该品种（畜种）的选育技术环节，并为从业者提供技术支撑和信息服务。国家拨付一定的经费支持其正常运行，使其通过市场的资源配置作用，逐渐与育种企业建立正常的商业化运行机制，推动各畜禽种业的育种工作顺利进行。

加快畜禽种业产业创新战略联盟建设，促进产学研紧密结合。积极支持现代种业企业与相关种业科研院所、高校按照互利互惠、利益风险共担的原则，建立多种形式的动物种业产业技术创新联盟，共同承担国家项目，或企业自主设立研发项目联合研发。鼓励大中型种业企业建立研发中心，与科研院校在知识流动、人才培养、行业信息和科技资源共享等方面，创新合作并形成互动机制，逐步形成企业与科研院校、产业与科技互为驱动的良性循环。

（王栋）

主 要 参 考 文 献

傅衍 . 2013. 育种企业的技术创新与实践——Genus 集团的案例［J］. 海洋与渔业（水产前沿）（7）：62.

高红彬，张沅，张勤 . 2005. 奶牛生产性能测定发展历程［J］. 中国奶牛，3：25-29.

黄瑞森，李焕烈 . 2012. 现代化养猪设备在猪场中的应用［J］. 养猪，4：75-78.

贾敬敦，蒋丹平，田见晖，等 . 2015. 动物种业科技创新战略研究报告［M］. 北京：科学出版社.

刘小红，李加琪，张勤，等 . 2014. 规模化种猪育种与生产数字化管理体系建设及案例分析（Ⅰ）：现状与问题［J］. 中国畜牧杂志，50（8）：57-64.

汤波，李宁 . 2014. 2014 我国猪种业市场分析与预测 [J]. 中国畜牧杂志，50（8）：11-15.

负旭江，宋毅 . 2016. 中国畜牧业年鉴 2016 [M]. 北京：中国农业出版社.

负旭江，宋毅 . 2017. 中国畜牧业年鉴 2017 [M]. 北京：中国农业出版社.

Abell CE，Dekkers JCM，Rothschild MF，et al. 2014. Total cost estimation for implementing genome-enabled selection in a multi-level swine production system [J]. Genetics Selection Evolution，46：322.

An L，Pang Y，Gao H，et al. 2012. Heterologous expression of C. elegans fat-1 decreases the n-6/n-3 fatty acid ratio and inhibits adipogenesis in 3T3-L1 cells. Biochem Bioph Res Co，428：405-410.

Hai T，Teng F，Guo R F，et al. 2014. One-step generation of knockout pigs by zygote injection of CRISPR/Cas system [J]. Cell Research，3：372-375.

Hasler J F. 2014. Forty years of embryo transfer in cattle：A review focusing on the journal Theriogenology，the growth of the industry in North America，and personal reminisces [J]. Theriogenology，81：152-169.

Kou Hongxiang，Zhao Yiqiang，Chen Xiaoli，et al. 2017. The study on automatic measurement of the surface temperature of cattle and its fitting with rectal temperature [J]. PLoS ONE，12（4）：e0175377.

Lillehammer M，Meuwissen THE and Sonesson AK. 2011. Genomic selection for maternal traits in pigs [J]. Journal of animal science，89：3908-3916.

Qin Yusheng，Liu Ling，He Yanan，et al. 2016. Testicular injection of busulfan for recipient preparation in transplantation of spermatogonial stem cells in mice [J]，Reproduction，Fertility and Development，28：1916-1925.

Sui L，An L，Tan K，et al. 2014. Dynamic proteomic profiles of in vivo- and in vitro-produced mouse postimplantation extraembryonic tissues and placentas. Biol Reprod，91：155.

Tan K，An L，Miao K，et al. 2016. Impaired imprinted X chromosome inactivation is responsible for the skewed sex ratio following in vitro fertilization. Proc Natl Acad Sci U S A，113：3197-3202.

Tan K，Wang X，Zhang Z，et al. 2016. Downregulation of miR-199a-5p Disrupts the Developmental Potential of In Vitro-Fertilized Mouse Blastocysts. Biol Reprod，95.

Tan K，Wang Z，Zhang Z，et al. 2016. IVF affects embryonic development in a sex-biased manner in mice. Reproduction，151：443-453.

Tan K，Zhang Z，Miao K，et al. 2016. Dynamic integrated analysis of DNA methylation and gene expression profiles in in vivo and in vitro fertilized mouse post-implantation extraembryonic and placental tissues. Mol Hum Reprod，22：485-498.

Wu F，Tao L，Gao S，et al. 2017. miR-6539 is a novel mediator of somatic cell reprogramming that represses the translation of Dnmt3b [J]. Reprod Dev，63：415-423.

Zhu Huabin，Lin Bo，Chen Jun，et al. 2012. Study of a simple and rapid PCR sex identification of bovine embryo [J]. Journal of Animal and Veterinary Advances，11（11）：1847-1852.

第三章　我国饲料产业发展与科技创新

摘要：饲料产业是我国国民经济的支柱产业之一，也是畜牧产业的重要组成部分。本章分六节对我国饲料产业发展与科技创新的现状、态势、发展趋势，以及饲料产业科技发展的对策和措施提出了建议。第一节归纳总结了全世界特别是欧美发达国家饲料产业发展现状和促进饲料产业发展的主要措施、产业科技创新取得的成果和技术推广模式，预测了未来世界饲料产业科技创新发展方向，并总结了国外饲料产业科技创新的经验教训。第二节介绍了我国饲料产业、产业科技创新的发展现状，总结了与发达国家的主要差距，分析了存在的主要问题，并提出了对策建议。第三节归纳了我国饲料产业科技创新发展现状和成就，分析了与发达国家的主要差距，从理论创新、技术创新、科技转化和市场驱动等方面对我国饲料产业科技创新存在的问题进行剖析，并提出对策建议。第四节总结了我国科技创新对饲料产业发展的贡献，梳理了我国饲料科技创新的重大成果，分析了创新成果产业转化的典型实例，总结了科技创新对我国饲料产业的巨大贡献。第五节在预测我国饲料产业未来发展目标、方向和重点领域基础上，分析了我国饲料产业未来的科技需求，提出未来饲料科技创新的发展目标、领域，并深入解析基础研究和应用研究的优先发展领域，为今后我国饲料科技发展指明了方向。第六节从产业保障、科技创新、机制体制创新 3 个方面提出了促进饲料产业科技发展的对策和措施。

第一节　国外饲料产业发展与科技创新概况

一、国外饲料产业发展现状

（一）世界饲料产业发展概述

饲料产业引领着全球食品工业发展的重要产业，是人类获得廉价动物蛋白质的基本保障。饲料作为大宗和重要的食品生产原料，是生产和供应安全、经济的动物蛋白食物的关键所在。随着全球对动物性蛋白质需求的持续增长，世界饲料产业发展势头不减。据 IFIF（国际饲料工业联盟）最新统计，全球配合饲料年产量已经接近 10 亿吨，产值 4 000亿美元，工业饲料产品销往全球 130 多个国家和地区，从业人员超过 25 万人。另据美国 Alltech 公司统计，2016 年，全球饲料总产量达 9.956 亿吨，较 2015 年增长 2%，过去 5 年来，全球饲料产量增长了 14%。世界饲料的大部分产量集中在粮食、肉类生产大国和人口大国，总产量排名前 4 的国家或组织占有全球饲料总产量的 59%，其中中国占 19%，美国占 17%，欧盟占 16%、巴西占 7%。总体而言，世界饲料产业的重要发展趋势主要表现为：一是饲料总产量增长趋缓，增长速度不能满足养殖业快速发展的需要。自 2008 年至今，世界饲料产量年均增长率基本保持在 1%～2%。饲料产量增长主要发生在发展中国家，而发达国家产量基本保持稳定。据联合国粮农组织估计，截至 2050 年，全球食物需求将增长 60%，在 2010 年至 2050 年的 40 年间，动物蛋白质产量年增长率将达到 1.7%，肉产量增长将近 70%，水产产量增长 90%，奶产量增长 55%。IFIF（国际饲料工业联盟）据此测算的饲料需求量年增长率不低于1.9%~3.1%，明显高于当前的增长速度。二是全球消费市场对饲料安全的重视程度不断提高。在过去的10年间，动物性食品安全事件已引发各国消费者的关注并导致国际贸易争端，发端于欧盟的抗生素等高风险饲料添加剂禁用已成业内共识，安全绿色饲料产品市场预期向好。三是全球饲料平均价格长期呈增长趋势，饲料企业成本压力持续增加。以美国为例，其饲料价格自1992年以来已经上涨了130%左右。为了应对高企的成本压力和复杂的市场局势，全球优势发达国家的饲料产业正日益向规模化、集团化、国际化方向迈进，并对我国饲料产业产生了深刻的影响。

（二）主要发达国家发展饲料产业的主要做法

美国是名副其实的全球饲料产业大国和强国。一般认为，美国是现代饲料产业的发源地，早在20世纪80年代末就形成了集饲料原料贸易、饲料添加剂生产、饲料机械制造、饲料加工和技术支撑服务于一体的饲料工业体系，其饲料总产量在2009年之前雄踞全球之首，2010年被中国超越，迄今蝉联全球第二大饲料生产国。

美国饲料产业的成功客观上得益于其丰富的农业资源和从事畜牧业的传统。美国种植业发达，其主要饲用大宗原料玉米和大豆的产量稳居世界之首，其中玉米产量2016—2017年度预计达3.788亿吨，占全球产量近37%，大豆产量2016—2017年度预计达1.074亿吨，占全球产量的1/3。其他优质农副产品原料如玉米酒糟（DDGS）、饲用油脂也来源充足，其中DDGS年产量高达4 200万吨，已超过其小麦总产量。丰富的原料供应也降低了美国本土饲料原料成本，据最新测算，美国的饲料成本约为亚太区域（含我国）的44%，为全球最低水平。美国得天独厚的自然资源优势和中西部“牛仔”文化也造就了美国高度发达的畜牧业。据FAO统计，早在1961年，美国肉、蛋、奶产量就分别占到全球的23%、25%和17%，尽管其后随着发展中国家产量的增加而下降，但迄今也仍然占到13%、8%和11%。规模庞大的畜牧业对饲料产业的发展起到了重要的市场拉动效应。

更重要的是，美国在饲料产业发展过程中成功的做法确保了饲料产业的稳定健康发展。首先，美国饲料产业注重科技进步。美国自20世纪50年代以来在化工、生物、机械制造等领域的成就促进了饲料科技的发展，进而推动其饲料添加剂工业、饲料机械制造的快速发展，助推美国饲料产业实现现代化。计算机配方、氨基酸平衡饲料和饲用维生素应用并称现代饲料工业的三大基石，美国20世纪在这三个技术领域都处于领先地位。

其次，行业协会发挥了重要的领导作用。美国饲料产业是在充分市场竞争的基础上发展起来的，期间行业协会功不可没。美国早在1909年就成立了美国饲料工业协会（AFIA），代表美国饲料工业相关公司、立法和监管三方的利益，迄今有超过600个会员单位，包括美国本土和国际商业公司以及美国国立、州立和区域性协会等。成员公司则包括饲料和宠物食品生产商、系统整合商、制药公司、原料供应商、饲料设备制造商以及为饲料生产公司提供其他产品、服务和支持的公司。其会员公司的饲料产量占全美总产量的78%。AFIA的主要作用就是代表饲料产业就关心的问题与政府交涉，涉及部门包括美国国会、农业部、食品药物管理局（FDA）以及环保总署以及各州的相关机构、协会等，代表全体会员在食品安全现代化法案、饲料成分准入审批流程、贸易政策以及向公立学校推广素食政策等诸多方面参与、交涉和发声。

再次，构建了完善的饲料安全监管体系。美国的饲料是受到食品安全法规监管的。1938年制定的《联邦食品药物和化妆品法案》是授权FDA监管饲料的基础法律，FDA依法识别饲料有害成分及其来源，防治和消除可能的饲料安全风险，如药物残留、疯牛病和沙门氏菌污染等的防控。FDA法案修正案迄今已经发布了10版。联邦法规第21部分（CFR 21）是《联邦食品药物和化妆品法案》的配套法规。

2016年美国FDA发布了《动物饲料安全系统框架》，其中该计划目标是确保饲料安全生产和销售，保护人和动物健康。动物饲料安全系统（AFSS）覆盖了整个FDA全部活动，从饲料添加剂的准入到有害成分限量的制定、教育和培训、科学研究、检查以及保证法规执行的一致性。此外还包括商品饲料和自配料的生产和使用过程的监督。美国不断完善的饲料安全监管体系保证了动物食品生产过程的透明度，对于树立本土食品的消费信心和提高畜产品国际竞争力提供了可靠的保障。

欧盟是另一个饲料产业发达的经济体。2016年，欧盟28国养殖动物工业配合饲料的产量为1.534亿吨，占全球总产量的16%，拥有29家年产量超过100万吨的大型饲料企业，其数量占到全球将近30%，在世界饲料产业中具有重要地位。当前欧盟饲料产业最鲜明的特点就是其严格的饲料安全质量控制。特别是在20世纪90年代疯牛病、二噁英等食品安全事件暴发后，欧盟开始着手构建统一的食品安全体系。2000年发布了食品安全白皮书，成立欧洲食品安全局（EFSA），以协调各成员方立场，建立欧盟食品法规。2002年欧盟正式发布《食品安全法》[（EC）178/2002号]，标志着欧盟新的食品安全法规体系的正式建立，法规强调了生产者承担食品安全责任、食品安全可追溯性原则、风险预警、评估与管理等先进的食品和饲料安全监管理念。在食品安全法的基础上，欧盟理事会、欧盟委员会和欧洲议会推动起草了《饲料添加剂管理条例》《饲料流通条例》《饲料卫生条例》《饲料原料目录》和《官方控制条例》等条例和法规，构成了基于饲料相关法律、法规的欧盟饲料安全监管体系。欧盟饲料安全监管体系全方位涵盖了饲料生产、流通、饲喂的各个环节，对饲料生产商、各国官方机构和质量控制实验室都有具体要求和规定，饲料投入品（饲料原料和饲料添加剂）的定义、使用方法，饲料投入品审评、市场准入和退出的程序，饲料有害成分限量，第三国进口饲料监管程序，并对动物源性副产品、加药饲料和转基因饲料进行了专门的监管要求。欧盟饲料安全监管体系是全球公认的完备体系，成为各后进国家的标杆和借鉴的榜样。欧盟饲料安全风险采取“零容忍”，不但将几代“瘦肉精”拒之门外，而且最早提出并执行了饲料中禁用抗生素的政策，对全球饲料安全做出了巨大的贡献。

（三）饲料产业发展对畜牧业发展的贡献

饲料产业是联结种植业和养殖业的重要产业，为现代畜牧业发展提供了重要的物质支撑。尽管从饲料产业发展历史来看，饲料产业的发展是与现代畜牧业的发展交织在一起的，但饲料产业始终是畜牧业现代的前提和基础，没有饲料产业就没有现代畜牧业。饲料产业发展对畜牧业发展的贡献主要体现在以下几个方面：一是饲料产业发展提高了能量和物质转化的效能，促进了原始畜牧业向现代畜牧业的进化。原始畜牧业完全依赖天然的饲料原料进行放牧，饲养方式落后，也无法考虑营养平衡，导致饲料能量和养分转化利用效率低进而导致畜牧生产效率低下，生产主要目标是成活。基本上，19世纪至20世纪之前的畜牧业都是原始生产方式。19世纪后，随着糖、脂肪、蛋白质的发现，营养学理论逐渐成形，直到20世纪50年代，对营养物质的发现才基本完成。与之相平行，自1810年德国科学家提出“干草等价”后，历经“干物质单位”“淀粉价”“饲料单位”“总可消化养分”等概念的更迭，逐步形成饲料营养物质的科学评定方法。对能量的评定则晚到20世纪初，大约1969年才形成代谢能体系。在营养理论和饲料营养价值评价方法的共同催化下，1951年最低成本奶牛饲料研制成功，标志着现代意义上的“饲料”的开端。与之相应地，畜牧业从游牧过渡到人工补饲，养殖业者开始追求生产效率和效益，现代畜牧业初具雏形。二是饲料产业发展提高了畜牧生产力和劳动生产率。饲料科技进步的标志之一就是肉蛋奶等饲料转化率的提高，饲料转化率的提高则直接促进畜产品生产效率的提高，将传统畜牧业的年生产周期缩短到半年、数月甚至数周，畜产品年产量大幅增长，从业人员劳动生产率大幅提高。三是饲料产业发展推动畜牧产业突破季节、产地的时空限制，进一步提升了畜牧业发展潜力。传统的畜牧业发展在季节、地理上均有很大的局限，在过去很长的一段时间里都是以地方特色产业存在。比如依赖于草原的养牛、养羊业长期以来逐水、草而牧，依赖于糠、麸、青草的农区养猪业，都受到地理和季节的严格限制，产业规模不可能得到发展。饲料产业的发展则使畜牧业突破季节（时间）、地理（空间）的限制，可以几乎不受时间、地点的限制获取养殖动物必需的养分，按社会资源、市场需求的分布规律组织生产活动，形成依附于城市的郊区畜牧业、都市畜牧业等多种业态，拓宽畜牧产业发展空间，促进现代畜牧业的形成与发展。可以认为，饲料产业直接催生了现代畜牧业，促进了畜牧业的现代化进程，未来也必将继续为现代畜牧业的持续发展提供坚实的基础和支撑。

二、国外饲料产业科技创新现状

（一）世界饲料产业科技创新概述

纵览饲料发展史可以看出，饲料产业发展史就是饲料科技创新的历史。从碳水化合物到最后一种维生素的发现，从“热姆”单位的提出到净能体系的建立、抗生素和酶制剂的应用，饲料产业就是在营养学和饲料学理论创新的历程中不断发展起来的。21 世纪前，欧美发达国家在饲料科技领域处于领先地位，先后开发了计算机配方、饲料添加剂、饲用抗生素等革命性的技术成果，极大地推动了世界饲料产业的发展。而以我国为代表的发展中国家则一直处于“跟跑”阶段，通过引进技术和产品发展自身的饲料产业，逐渐形成了“美国模式”主导的饲料产业形态。21 世纪伊始，全球饲料产业从快速增长期逐渐进入稳定发展期，各国饲料科技水平的差距渐渐缩小，特别是我国在饲料添加剂等支撑产业已经形成自主优势，从饲料添加剂进口大国成为饲料添加剂生产和出口大国，实现了绝大部分饲料添加剂的国产化，产量高达 1 000万吨，赖氨酸和维生素类饲料添加剂主导国际市场。在饲料装备制造方面，我国不但实现了时产 10 吨以上设备的国产化，而且形成以牧羊集团为代表的跨国饲料装备制造企业，建成全球最大的饲料机械产研基地。近年来，随着全球气候变化、食品安全理念变革和全球化政策调整等重大变化，全球饲料产业面临转型升级，对饲料科技创新提出了新的要求。而现代生物技术、人工智能、互联网等高新技术的发展也为饲料科技创新奠定了基础。这就为以我国为代表的发展中国家饲料产业科技局部领域提供了“弯道超车”的历史性机遇。

（二）国外饲料产业科技创新成果

饲料产业在发达国家畜牧业生产中占据重要地位，也是现代化农业的主要组成部分。美国的现代饲料产业起始于 20 世纪初，到 20 世纪 80 年代，已建立起强大的精准营养技术体系和饲料产业体系，并向全世界输出产品和装备。10 年来，借助于快速发展的现代生物技术、信息技术和现代制造技术，在饲料安全、动物营养基础理论、饲料精准配制技术、饲料加工工艺技术和装备制造等方面全面引领了世界饲料产业的飞速发展。其重要产业科技创新成果包括以下十个方面。

（1）建立了较为完善的饲料质量安全保障技术体系，提出饲料安全即食品安全的先进理念，并开发了利用现代分析技术和信息技术进行饲料质量安全监控与风险评估的技术。饲料质量安全关系到动物性食品安全和人类健康，一直是饲料领域关注的焦点。饲料质量安全监控与风险评估的主要物质包括抗生素、重金属、霉菌毒素、非法添加物等。液质联用、气质联用、酶联免疫等分析技术的进步使饲料质量安全筛查技术的覆盖面越来越广，快速检测技术的特异性不断改进。各种传感器技术、无线电子标签技术、无线通信技术、远程监控、质量追踪回溯技术等信息技术的应用，使饲料质量安全风险评估的科学性和严谨性不断提高。

（2）在饲料安全领域，欧盟率先分阶段禁用了饲用抗生素，提出并实践了无抗生素饲料配制技术体系，促进了抗生素替代技术的发展。借助微生物组学、生物质谱学、基因工程等技术，欧盟以及北美等发达国家都聚焦于新型添加剂产品和资源的高通量筛选、基于基因组编辑和蛋白质工程等技术的功能提升改造，以及基于微生物工程技术的低成本生产等技术。生物代谢工程与生物合成的研究和技术促进了利用微生物生产氨基酸等添加剂。借助于人类肠道生物组学的研究进展，动物肠道微生物与各种添加剂产品的关系研究得到加强。生物添加剂的应用技术日趋成熟，可有效提高饲料的消化率并减少排放和环境污染。生物制剂的快速发展也促进了饲料原料提质和非粮资源的饲料化利用。其应用不仅能够降解抗营养因子，促进营养成分的消化和吸收，而且通过微生物及其代谢产物的作用改善动物肠道平衡，提高机体免疫力，使粗饲料、杂粕等难以利用的饲料原料得到大量使用，大大缓解饲料资源短缺问题，降低饲料成本，促进养殖业持续稳定发展。

（3）提出基于肠道健康的营养调控理论技术体系。通过饲料营养技术调控养殖动物健康、改善动物福利。养殖动物的健康关系到养殖业的兴衰成败。当前，国际动物营养与饲料界已经对营养饲料改善畜禽、生产动物的机体和肠道健康进行了大量研究。已阐明了多种营养素、植物天然产物和饲料结构对于主要养殖动物免疫机能和抗各类应激的机理，并开发出多种实用的饲料添加剂产品，部分已得到广泛应用。目前，动物肠道菌群功能的研究已成为全球营养学的热点领域。国际上对肠道菌群与宿主健康相互依存的关系已经达成共识，利用外源益生菌、益生元、功能性微生物和膳食纤维调节畜禽水产动物肠道健康的理论和技术研究极为活跃，相应的产品研发已进入快速发展期。国际多家大型公司已经开发出酵母类、芽孢杆菌类、乳酸菌类、功能性纤维等一系列的微生物制品，其养殖效果已得到基本确认。

（4）提出利用营养调控技术改善动物产品品质的技术路线并取得重要进展。营养饲料与养殖动物的产品品质同样是国际动物营养与饲料界最为关心的领域之一。目前，在美国、挪威、丹麦、荷兰、德国、法国等畜牧水产强国，已经广泛利用饲料配方调整、营养素组合和功能性饲料添加剂对养殖动物的肌肉脂肪含量、风味物质含量、肉质、肉色、奶品质等进行改善。同时，这些国家也针对动物体内的高价值营养物质（如 ω-3 高度不饱和脂肪酸、维生素 E 等）开展了大量研究，掌握了饲料营养组分调节高价值营养物质在动物体内的沉积规律，为利用饲料营养技术调控畜禽水产动物产品品质奠定了基础。

（5）建立了基于精准营养理论的饲料配方技术体系。降低畜牧业成本，减少动物排泄物中碳、氮和矿物质微量元素的含量，始终是动物营养与饲料科学的主要任务。20 世纪 80 年代初，美国科学家提出“理想蛋白质”和理想蛋白质氨基酸平衡模式标志着精准营养概念的形成和在生产中应用的开端。近年来，基于测序技术的不断更新，使基因组、功能基因组和表观组迅猛发展，各种养殖动物包括猪、牛、羊、鸡、鸭和鱼等基因组测序的完成，促进了包括转录组、非编码 RNA 组和甲基化组的进一步发展。生物质谱相关技术的进步也加速了动物代谢组学的发展。各种生物组学的综合应用有利于深入解析各种动物产品的形成机理和投入品的作用机制，在影响饲料养分利用的遗传机制、营养需要与代谢调控、营养与免疫、营养与环境互作等前沿基础理论研究取得进展，为不同饲料原料、添加剂等产品精细化高效率的应用奠定坚实基础。另外，自 1810 年德国动物营养学家 Thaer 创建世界上第一个饲养标准以来，欧美等发达国家政府不断投入资金，相继建立了体现各国国情的主要养殖动物营养需要量标准，如英国的 ARC（农业研究委员会）标准、美国的 NRC（国家研究委员会）标准、法国的 AEC（农业经济委员会）标准、日本的 JRC（日本研究委员会）标准，并不断进行更新。如美国 NRC《猪营养需要量标准》平均每 5～15 年即更新一次，该国于 2012 年发布的第 11 版《猪营养需要量标准》本着节约资源、降低排泄物污染等原则，纳入了净能、低蛋白质日粮等新的概念和基础数据。动物营养需要数据库的建立为西方发达国家饲料产业实现“精准化配方”、实现较高的饲料转化率、实现初步的生态化养殖奠定了坚实的基础。

（6）建立了完善的饲料营养价值数据库及有效养分的评价技术体系。准确的饲料营养价值数据是实现精准营养和“精准化配方”的基本依据，是现代饲料产业的核心技术之一。自20世纪50年代以来，西方发达国家根据自己的国情均建立了相对完善的饲料营养价值数据库。有WPSA（世界家禽科学协会）欧洲饲料氨基酸表、法国RPAN（罗纳普朗克公司）饲料配方指南、法国INRA（农业科学研究院）饲料成分及营养价值表、澳大利亚昆士兰州基础工业部饲料成分表、澳大利亚CSIRO（联邦研究院）家畜饲料成分表、德国Degussa（德固赛公司）氨基酸表、美国BioKyowa公司小肠末端可消化赖氨酸表、法国ITCF（谷物组织）小肠末端可消化赖氨酸表、AUSPIG饲料成分数据库，以及其他跨国大型企业内部的数据库。近十年，基于近红外技术的营养价值评定技术在欧美发达国家日趋成熟，已经进入实用阶段，广泛应用于饲料营养价值的快速评定和产品质量控制，进一步提升了饲料评价体系和品控体系的工作效率和可靠性。

（7）利用现代生物技术开发新型饲料资源。农业副产物、食品工业副产物是重要的饲料资源，利用现代生物技术提高其饲用价值一直是饲料科技创新的主要领域。近十年，随着微生物高通量筛选技术、各种诱变技术和定向育种技术的日趋成熟和实际应用，以制糖、味精、酒精等发酵工业废弃物制备酵母饲料，以血粉、羽毛粉等屠宰动物废弃物经固态发酵制备动物蛋白类饲料，以及食品加工副产物饲料化利用技术、秸秆生物饲料制备技术、青贮饲料制备技术也得到了极大发展。农业副产物、食品工业副产物的饲料资源化不仅很大程度上解决了环境污染问题，还延伸了农业和食品加工业产业链，成为发达国家尤其欧盟解决饲料资源短缺问题的主要技术途径。

（8）实现饲料资源的高效多元综合利用。为改善动物福利，提高养殖业生产效率，特别是2001年欧盟养猪业发达国家禁止在饲料中使用抗生素促生长剂以来，以欧盟为代表的半固体饲料和液体饲料生产技术发展迅猛。欧盟的研究表明，与饲喂固体饲料相比，微生物发酵半固体饲料和液体饲料可将猪的生长速度提高10%～15%。目前，丹麦、荷兰、德国、英国饲养生猪的20%～60%采用半固体和液体发酵饲料。

（9）建立多元化饲粮配方技术体系。利用饲料养分平衡技术，提高养殖动物对饲料养分的利用效率，实现饲料配方结构的多元化是解决饲料资源结构性矛盾的主要手段。由美国谷物协会牵头，利用其大规模生产生物乙醇的下脚料DDGS进行饲料化开发，并大力资助相关研究，研发基于DDGS的饲料配制技术。美国作为世界最大的高粱种植国，在高粱饲用方面开展了大量的研究，开发了以高粱为主要原料的配方技术体系，目前高粱在美国已经广泛用于猪和肉鸡饲料配制，大大丰富了饲料原料的选择和饲料产品多元化。近年来，以欧盟为典型代表的缺乏豆粕、鱼粉的发达国家也对多元化饲粮配方进行了大量的研究。除了利用传统的生长评价方法评价不同蛋白源、碳水化合物源和脂肪源对于养殖动物的影响之外，更利用基因组学、转录组学、蛋白组学和代谢组学等现代科学技术，从基因—蛋白—代谢不同层面，全面评估养殖动物在摄入不同饲料原料后对其摄食、消化、感知和代谢生理产生的影响，在此基础上，开发原料组成多元化的饲料配方。

（10）发达国家在饲料加工工艺和装备制造技术创新上取得重要进展。饲料加工质量和原料生产技术决定了饲料的营养学特性和最终的生物学价值。在美国、荷兰等饲料生产强国，将动物营养和饲料加工工艺紧密结合，研究开发与其相适应装备，在粉碎、制粒、挤压、膨化、膨胀、液体添加、原料清筛、饲料配送等加工工艺技术和装备方面一直引领着世界的发展，并将饲料加工成套装备向全世界输出。近十年，随着营养技术、信息技术的发展，推进了营养素的定点释放、饲料加工关键过程的智能化控制、饲料原料体外预消化等饲料加工工艺技术的发展，部分技术和装备已得到有效应用。

（三）主要发达国家饲料科技创新成果的推广应用

饲料产业的特点决定了饲料产业科技创新包括生物工程、发酵工程、化工、机械、信息等多个工业领域技术创新和农艺、作物育种等农业领域的创新。欧美国家对不同技术领域创新成果的推广应用机制有所不同。对于饲料添加剂，完全是以企业主导的方式进行市场推广，政府则更多地在政策和法律层面为产品的安全性提供保障，欧盟则通过企业在饲料添加剂产品评审过程中提供有效性评价报告的方式为用户提供应用效果上的保障。在饲料机械设备领域也主要是由设备制造商负责推广，以向客户提供产品和技术支持的方式推广饲料机械和工艺领域的技术创新成果。在饲料原料推广方面，代表美国原料生产者和供应商的行业协会则起着应用技术推广的主导作用，例如，美国谷物协会（US Grains Council）主导推广 DDGS 和高粱的配方技术等，通过委托学术研究、赞助地区和国际会议、拜访大客户等手段扩大市场影响力和知名度，并将原料和技术通过出口贸易一并向全世界推广。美国大豆协会（American Soybean Association）、美国动物蛋白及油脂提炼者协会（NRA）也从事类似的工作。在饲料资源种植相关领域和养殖场层面的技术推广，除了企业和协会外，美国的合作农业推广机制则发挥了主要的作用。美国的农业推广体系包括联邦、州和县三个级别，其中联邦农业推广局负责宏观管理和组织协调，主要任务是确保在全国范围内建立一个有效的农业推广体系，并以先进的知识、良好的教育和实际的项目满足农民的需要，从而体现联邦政府的利益和政策。州农业推广站是美国农业推广体系的核心，主要依托各州的州立大学开展技术推广工作，每个州立大学农业相关学院设立农业推广站，负责全州的农业推广工作，实现教学、科研和推广三者的紧密结合。推广人员由各相关学科的教授组成，具体负责农业科技成果的推广和应用。美国农业推广体系的终端是县农业推广站作为州农业推广站的派出机构，推广人员由州推广站聘任，其中绝大多数为农业大学毕业的硕士，其任务是走访农场、农户，向农民提供技术信息，开展技术咨询服务。在饲料质量控制领域的技术推广则主要由半官方的美国饲料工业协会（AFIA）和美国饲料控制官员协会（AAFCO）牵头，通过标准制定和培训等方式进行技术推广。

相对而言，欧洲大部分饲料技术创新成果推广模式与美国相似，尤其是饲料添加剂、饲料加工设备和工艺技术推广一般都由生产企业主导。但在饲料原料种植和养殖层面的应用技术则与美国以协会和三层次的推广体系有所区别。欧盟主要是通过欧盟框架研发计划实施农业技术平台计划、联合项目计划等建立包括农民和涉农企业在内的利益共同体，以此主导技术的推广和创新成果转化。其中与饲料技术最为相关的是欧洲食品技术平台，该平台是欧盟饲料技术转移和成果转化的主要途径，为包括饲料在内的食品全产业链提供技术支撑，为用户提供最新创新技术成果、技术发明和技术指南。欧洲食品技术平台建立了中小企业专项工作组和技术推广与转移创新专项工作组，前者的任务是为中小企业的技术转移、研发成果的孵化和产品创新提出建议，提高中小企业竞争力和创新能力，主要活动包括为创新活动提供措施建议，与成员方合作制订创新资助计划等。后者的主要任务是面向欧盟中小食品企业推广技术成果，促进技术交流及开发，加快成果转化速度，其工作内容包括为各利益攸关方提供信息，利用宣传渠道加强技术成果的推介，对成果转移和开发提供支持。此外，欧盟也通过农业可持续发展创新伙伴计划和欧盟联合项目计划加强饲料技术的创新、转移和推广，鼓励不同机构、各成员方和产业领域，以及包括农民、农业企业、科研人员、咨询机构、环境组织和消费者等不同创新主体之间建立密切伙伴关系，加强利益攸关各方在技术领域的合作。

（四）世界饲料产业科技创新发展的方向

纵观世界饲料产业发展的历史及其贡献，以及饲料产业发展面临的世界性难题，预期未来世界饲料产业科技创新发展的总体方向是开发新资源，降低饲料成本，依托新技术提高饲料安全和品质保障水平，提高饲料劳动生产率。

在新资源开发方面，重点是开展生物质资源的饲料化加工技术创新。针对全球饲料资源短缺的现实，充分利用农业生物质资源，挖掘饲料原料新资源是饲料产业科技创新的主要方向之一。在对潜在资源数量和质量进行摸底的基础上，基于生物技术的综合应用，研究针对不同资源包括农业及加工业废弃物的个性化、低成本加工技术，开发一系列新型饲料原料，拓宽原材料供应渠道，降低饲料产业对传统原料尤其粮食资源的依赖。

在饲料安全和品质方面，重点方向是继续研制、开发绿色安全和功能性饲料添加剂，应对后抗生素时代的到来。根据未来市场预期，一方面，以饲用抗生素为代表的一类高风险饲料添加剂将逐渐淡出，如果届时不能推出可市场化的替代性饲料添加剂产品，下游的养殖业将面临巨大的困难，尤其对于发展中国家的畜牧业将产生灾难性的后果。另一方面，基于新的功能性饲料添加剂的开发将会形成新的系列饲料产品，延伸出新的养殖产品，满足特殊消费人群的需求，可以提高饲料添加剂产业和养殖业的盈利能力和市场空间。在具体的方向上，首先要重点开发替代抗生素的绿色安全饲料添加剂，其次还要注重针对特殊的消费市场主体，开发新型功能性饲料添加剂和优质饲料产品。

在饲料配方和配制技术方面，重点是针对不同的饲料资源和养殖生产方式进行多元化的饲料产品创新。由于不同国家饲料资源的种类、质量差异较大，养殖的品种、生产方式和生产目标也有较大不同，导致对饲料产品的需求也呈多样化和个性化趋势。相应地，一方面要加强经典营养学和营养调控技术研究，建立高效低成本的饲料原料营养价值评价技术，开发真正反映动物动态营养需要特点的营养模型和参数，从而提高饲料配方的精准度和综合利用效率，最大限度发挥养殖动物品种的生产潜力，降低畜牧业生产的饲料成本，并减少温室气体和氮、磷等环境有害元素的排放。

在饲料生产装备和加工工艺方面，随着产业集中度的增加、劳动力成本的高企以及对饲料安全监管的需要，基于智能化的“自动化饲料生产线”和“无人饲料工厂”将成为未来饲料企业的标准，智能化加工设备将成为生产线标配，从而大幅度提高劳动生产率，降低生产管理成本，提高产业链下游产品的利润。另一方面，基于新型传感器技术的在线饲料质量控制技术也将成为饲料生产线的标配，对饲料质量的检测和控制将贯穿饲料生产的各个环节。

三、国外饲料产业科技创新经验及对我国的启示

世界饲料产业发展历史告诉我们，欧美发达国家饲料产业科技创新与其在营养学领域的成就密不可分，其在生物技术和化工技术上的先发优势造就了其在饲料产业科技上的先发优势。另外，欧美发达国家的饲料科技创新一般都是企业主导的，因此也造就了一大批直接或间接从事饲料行业的跨国集团，企业主导的科技创新决定了其成果推广的主体和受益者也是相关企业，这也决定了其成果转化的高效率。此外，值得注意的是，欧美发达国家饲料产业的发展也不是一帆风顺的，其间也走过弯路、遭遇过波折，比如饲用抗生素、瘦肉精等早年力推的科技成果被禁用，都是我们的前车之鉴。

未来我国饲料产业科技创新必须吸取历史经验和教训。一方面，要进一步夯实饲料行业相关学科的基础理论，加强动物营养学、饲料学及其他交叉学科的理论创新，为饲料产业科技创新奠定基础。另一方面，要制定鼓励和支持企业开展饲料科技创新的政策，从政策、投资环境等方面加强对企业技术创新的支持力度，营造“创新资金取之于企业，科技成果用之于企业”的产业创新氛围，加强知识产权保护力度，保护企业创新成果。此外，根据国情、“行情”，做好顶层设计和战略规划，不能照抄照搬他国发展经验，防止再发生盲目引进“瘦肉精”、推广饲用抗生素的历史性错误，贻误饲料产业科技“弯道超车”的历史机遇。

第二节　我国饲料产业发展概况

一、我国饲料产业发展现状

发端于20世纪70年代末的中国现代饲料工业发展至今，已经跻身世界饲料生产第一大国。2016年全国商品饲料总产量达2.09亿吨，占全世界总产量的20%以上。全国饲料工业总产值达8 014亿元，比2009年增长78%。现已拥有饲料企业1.16万家，直接从业人口达47.6万人，形成了一个涵盖饲料原料工业、饲料添加剂工业、饲料加工工业、饲料装备制造工业和支撑服务体系"五位一体"、结构完善的独立产业，并对种植业、养殖业、食品工业、化学工业和运输业产生了较强的辐射带动效应，在我国国民经济中占有极其重要的地位。

当前我国饲料产业发展呈现几个鲜明特点：一是产业集中度逐渐增加。据统计，2009年我国有饲料企业1.8万家，单厂平均产量为0.75万吨，2016年饲料企业减少到不到1.2万家，单厂平均产量则提高到1.74万吨，并涌现出一大批上市企业，规模优势逐渐形成。二是饲料机械化程度持续增加，饲料机械设备产量保持增长势头。与2009年相比，2016年在饲料企业数量下降30%以上的同时，产量大于10吨/小时的大型设备产量增加将近50%。三是产品结构不断优化，配合饲料所占比重逐渐提高，浓缩料所占比重下降。近10年，配合饲料延续了比重持续提高的势头，相对而言，自配料的比重逐渐降低。2009年配合饲料比重为77.9%，2016年提高到87.9%，浓缩饲料则从18.1%下降到8.76%。四是饲料添加剂生产能力大幅增加，产值增长明显。2016年饲料添加剂总产值654亿元，比2009年的319.9亿元翻一番，出口饲料添加剂134万吨，表明我国饲料添加剂产业正在做大做强。

二、我国饲料产业与发达国家的差距

我国饲料产业自20世纪80年代起步，在短短30年内取得了巨大的进步，不但建立了完善的饲料工业体系，而且总产量达到世界第一，跻身世界饲料生产大国行列。但与欧美发达国家相比较，我国饲料产业还存在一些差距，主要体现在以下三个方面。

1. 饲料原料品种单一，大宗原料进口依赖度偏高

美国饲料产业结构和形态对我国饲料产业的发展有着深刻的影响。在大量引进美国产品和技术的同时，我国的饲料产品设计也继承了美国的产品模式——基于玉米、大豆为主原料的配方体系。随着我国饲料产业规模的快速扩张，其与我国种植业结构之间的矛盾日益突出，形成目前大宗原料优势豆粕高度依赖进口的局面，已经成为制约我国饲料产业可持续发展的瓶颈。

2. 饲料产业集中度低，单厂产能低，企业效益不高

我国目前拥有饲料厂1万多家，美国仅有5 000家左右。据2015年统计，我国年产量超过1 000万吨的饲料企业有2家，美国有3家，而在全球102家超100万吨级的企业中我国仅有15家，而欧盟则有29家。2016年我国平均单厂产能为1.74万吨，远低于2013年亚洲2.88万吨的单产水平。我国产业集中度较低和单产规模偏低，难以取得规模效益，影响企业总体盈利水平。

3. 饲料科技投入不足，缺乏技术体系的原始创新

由于饲料行业较低的盈利水平、较低的产业集中度和特殊的企业经营文化，我国饲料企业投入研发经费普遍不足，饲料科技投入主要依赖政府公共资金的投入，技术创新领域盛行"拿来主义"，导致企业缺乏核心竞争力。而欧美发达国家饲料企业重视技术储备，大型饲料企业投资研发企业级饲料数据库，大型饲料原料供应商投资研发原料应用技术，这些投入为企业提供了最核心的

发展驱动力，也提升了所在国家的饲料产业科技水平。

三、我国饲料产业存在的主要问题及对策

我国饲料工业经过几十年的发展，取得的成就是巨大的，但同时也应该看到，我国饲料行业的发展仍然存在许多亟待解决的重大问题，需要花大力气加以解决。

1. 饲料原料保障的压力持续增加

随着我国畜牧业和饲料产业的持续发展，我国饲料原料的供需矛盾日益突出。目前我国年消费蛋白质饲料（饼粕）5 100万吨，其中豆粕占约75%，而我国大豆产量有限，对进口的依赖度已经超过90%，进口量接近8 391万吨（折合豆粕6 500万吨）。在过去的十年间，能量饲料也呈现出越来越短缺的趋势。据统计，2016年我国饲料行业消费玉米10 497万吨，已占到同期玉米总产量21 960万吨的50%；消费小麦1101万吨，也占到小麦总产量的12 890万吨的8.5%以上。随着食物结构的改变和畜牧业规模化比例提高，到2020年，以满足16亿人对畜禽产品需求为目标，饲料粮需求将可能增加到4亿吨，将占粮食消费需求总量45%以上（任济周，2014）。这对于耕地和水资源短缺的我国将是一个巨大的挑战，预计未来饲料产业与人争粮的矛盾将愈演愈烈。

针对这一问题，需从“开源”和“节流”两个方面提高饲料原料保障能力。在“开源”方面，一要进一步提高非粮饲料资源的开发力度，促进农业副产品和废弃物资源的饲料化利用。按照能用尽用、高效利用的原则，充分挖掘农副资源饲料化利用潜力，积极开发马铃薯、甘薯、木薯、甜菜、苎麻、桑叶等作物以及蔬菜秸秆、果渣、糟渣、基料等农产品加工副产物的发酵、脱水等加工工艺技术，使其转化为动物饲料。二要加强玉米替代技术储备，从技术上保证饲料企业能够有能力随时根据市场供应和价格情况选用小麦、早籼稻、大麦、高粱、薯类等其他谷物替代玉米，降低饲料企业对玉米的依赖度。三要持续推进秸秆饲料化利用，推动建立健全秸秆收储用体系，支持反刍动物养殖场、户改善贮存利用设施，购置处理机械，增加秸秆饲料化利用量，大力推广秸秆青贮、微贮、气爆、压块等处理技术，发展以秸秆为基础原料的全混合日粮，支持专业化的秸秆饲料化利用的企业发展，减少反刍动物养殖对饲料粮和其他常规饲料原料的依赖。四要建设现代饲草料生产体系，在“镰刀弯”地区和黄淮海玉米主产区推广粮改饲，按照以养带种、因地制宜的原则，引导发展全株青贮玉米、燕麦、甜高粱、苜蓿等优质饲草料生产。加强北方牧区饲草料储备，提高防灾减灾能力。加大南方草山草坡开发利用力度，推行节水高效人工种草，推广冬闲田种草和草田轮作。加强优质饲草料加工调制技术装备研发和营养价值评价，推广草料结合的全混合日粮和商品饲料产品。五要促进蛋白饲料原料进口品种和来源地多元化，适度增加油菜籽等其他品种进口，积极开拓加拿大、南亚、东欧、俄罗斯等地的供应潜力。加强蛋白饲料原料供需形势监测分析，建立权威专业的信息发布机制，增加对蛋白饲料原料国际贸易价格的影响力。在“节流”方面，一要集成饲料高效生产技术，进一步提高饲料转化效率，减少单位畜产品生产所需的饲料消耗。二要加强对已有饲料资源的利用效率，通过生物发酵、物理脱毒等加工、酶制剂应用等手段，降低油籽饼粕类蛋白质饲料资源的抗营养物质含量，提高饲用品质和蛋白质利用效率。三要研究能量饲料物理加工（膨化、压片、蒸煮等）和生物预处理（发酵、酶消化等）工艺技术，提高原料淀粉消化率和能量利用效率。四要加强动物营养学研究成果的推广应用，用精准营养理论指导饲料配方设计，例如用合成氨基酸新品种平衡营养从而减少蛋白原料添加比例，利用基于可消化氨基酸平衡的配方提高饲料蛋白利用效率。

2. 饲料产业安全隐患依然存在

确保饲料产品安全是保障畜产品安全的前提。一方面，尽管当前我国饲料产品合格率处于较高水平，但抗生素、合成抑菌药物的广泛使用仍是影响饲料安全的潜在隐患，影响饲料行业的可持续

发展。另一方面，消费者对食品安全日益关注，即使是偶发性的违禁物质违法使用也有可能被炒作成大范围的饲料安全事件，并给饲料行业带来灾难性的冲击。强化饲料产品质量安全的监管、消除饲料抗生素药残隐忧，是饲料行业可持续发展的重要战略性命题。针对这一问题，需采用“疏”“堵”并重的方法，一方面在技术上要指导饲料生产企业合法生产，并提供更多替代抗生素的选项，另一方面要从制度上画出“红线”和“禁区”，防止饲料企业主动违法违规。在“疏”的方面，一要加快发展新型饲料添加剂，特别是具有替代抗生素潜力的添加剂新品种，包括生物抗氧化剂、抗应激添加剂、免疫增强剂、绿色促生长剂、霉菌毒素降解和吸附剂、益生菌制剂、饲用多糖和寡糖以及具有特殊功能的新型酶制剂。二要继续改善现有饲料添加剂的性能，稳定提高现有饲料添加剂生产水平，降低生产成本和市场价格，例如改善酶制剂生产水平、开发具有耐酸、耐热等特点的微生物制剂，以及满足不同动物种类、不同生长阶段差异化需求的微生物制剂。三要加强植物有效成分功能的挖掘，鼓励提取工艺稳定、功能成分清楚、应用效果明确的产品申报新饲料添加剂。四要加强饲料添加剂应用技术研究，加快研发集成氨基酸、酶制剂、微生物制剂、植物提取物等的添加剂配伍应用技术，开发改善动物整体健康水平的新型饲料产品，应对“后抗生素时代”对动物饲料的挑战。五要推动微生物发酵技术在饲料产品中的应用，开发全发酵配合饲料产品。在“堵”的方面，一要健全规范和标准，适时修订《饲料卫生标准》《饲料原料目录》《饲料添加剂品种目录》《饲料添加剂安全使用规范》和饲料添加剂产品标准，逐步停止在饲料中添加抗生素，严格控制高风险饲料添加剂的使用、禁止非法添加物进入饲料。二要针对非法添加物、霉菌毒素、病原微生物、重金属污染等突出问题，强化饲料安全风险预警和评估机制。三要提高饲料安全检测技术水平，开发快速、实时、低成本、高灵敏度的检测技术，针对隐患排查和风险预警中发现的问题，及时组织制定检测标准。四要健全监管体系，改善执法条件，加强对饲料生产经营企业的日常监管。

3. 饲料工业生产方式总体上粗放、落后

尽管近年来随着饲料工业进入成熟期，产业集中度有所增加，但仍然存在着大量的小规模饲料企业。由于利润微薄，产量有限，难以形成规模效益，因而缺乏资金和人才实力，大部分小企业存在设备落后、规范化和自动化生产程度不高、配方技术水平低下、品控虚设、从业人员文化素质低、管理粗放等问题。这些落后产能的大量存在，不但会造成饲料资源的浪费，而且容易形成监管漏洞，也是质量安全隐患的多发地带。针对此问题，一要逐步提高饲料行业准入“门槛”，督促小型饲料企业进行技术升级和生产条件改进，淘汰落后产能，同时鼓励饲料企业间的并购、重组和产业整合，鼓励有条件的企业向饲料产业的上下游延伸产业链，利用规模化和全产业链经营模式降低成本，提升效益。二要提升饲料加工装备水平，大幅度提高劳动生产率，以专业化、大型化、自动化、智能化、高效低耗、绿色环保、安全卫生为导向，在有条件的大型企业推动饲料加工装备升级，提高原料接收、粉碎、调质、膨化、膨胀、冷却、干燥、筛分、包装、码垛等关键设备的可靠性、使用寿命、智能化和自清洁水平，在饲料企业推广码垛装备等智能机械装备，提高饲料加工装备及其控制系统的通用化、系列化、模块化水平。

4. 饲料产业企业研发力量仍较薄弱，投入不足

我国饲料工业尤其下游的饲料加工业属于微利行业，平均利润仅5%左右，因此限于低下的企业盈利水平和生存压力，大部分的中小企业根本不具备产品研发条件和能力，导致产品品种单一，产品性能落后，产品的同质化严重，以低价作为竞争的主要手段，其后果是进一步降低产品质量和行业平均利润率，形成恶性循环。即使是大型的上市饲料企业，研发投入水平也较低。按2016年报告统计，我国前5大上市饲料企业研发投入总额6.25亿元，研发投入占总销售收入的平均比例仅为0.86%，远低于发达国家一般为2.5%~4%的水平。全行业的研发投入不足必然会影响饲料产

业的整体技术升级，制约产业的可持续发展。对此应大力推动创新驱动发展，一要从资金和政策上支持饲料企业建立技术研发机构和试验基地，积极参与国家重大科技项目实施，与科研机构建立战略合作关系，改善企业开展科技创新的条件。二要鼓励饲料企业申报新饲料和饲料添加剂产品，并加强饲料科技创新知识产权保护力度，保护企业自主创新的热情和动力。三要从税收政策层面上鼓励饲料企业自筹资金开展科技创新活动，对于研发投入大的企业进行减税、退税等奖励。四要在饲料行业营造科技创新文化氛围，形成以创新为荣、以抄袭为耻的风尚。

5. 饲料行业关键共性技术研发不能满足行业发展需要

近年来我国饲料行业总体实力不断增强，但也产生了很多基础性、系统性、普遍性的技术难题，如饲料资源利用、环保饲料研发等，都需要从国家和行业层面立项加以解决。而目前国家财政资金在饲料行业关键共性技术项目上的投入年均不到2 000万元，相对于8 000多亿的饲料行业年产值而言严重不足，严重制约了我国饲料行业科技水平的提升。

为此，应进一步加大各级财政资金对饲料技术创新的支持力度，通过农业科技创新能力建设规划等项目实施，推动改善饲料科技创新条件，形成一批基础性、工程性研究平台和试验基地；通过国家自然科学基金、国家科技重大专项、重点研发计划、技术创新引导专项、基地和人才专项等科技计划以及现代农业产业技术体系，加大对饲料科技创新的支持力度，推动在饲料基础数据完善、新型饲料添加剂研发、饲料资源开发利用、饲料加工装备智能化等重点共性技术领域取得重大突破，大力培育行业科技成果转化中介组织和产学研协同创新团队，推动饲料科技成果快速转化。

第三节　我国饲料产业科技创新

一、我国饲料产业科技创新发展现状

（一）国家项目

“十二五”期间，国家在饲料产业科技创新领域共支持了八个重大项目，资金总额约 1 亿元，在饲料资源开发方向的立项包括“饲料资源开发与高效利用关键技术研发与集成示范”和“果渣生物发酵与营养平衡的研究与应用”，在饲料添加剂开发方向的立项包括“农用微生物制剂及酶产品的创制”和“安全高效饲料添加剂研发与产业化示范”，在饲料产品开发方面的立项有“生态环保饲料生产关键技术研发与集成示范”，在饲料装备方向的立项包括“新型饲料智能收获和精益制备技术与装备研究”和“安全优质饲料生产关键技术研发与集成示范”。在基础研究方向的立项有“饲料营养价值与畜禽饲料标准研究与应用”。

（二）创新领域

我国对动物营养研究起始于改革开放初期，经过 30 多年的发展，饲料科技创新取得重大进展。与 2010 年相比，畜禽饲料转化效率平均提高 8%以上，畜禽水产营养与饲料科技对饲料业和养殖业的科技贡献率分别达 55%和 40%，技术应用率超过 70%，成果斐然。

1. 动物营养与饲料科学基础研究水平迅速提高

近些年，在国家自然科学基金、973 计划的支持下，我国动物营养代谢和营养需要基础研究取得了长足的进步。阐述了猪、家禽、反刍动物对饲料中能量、蛋白质氨基酸的代谢转化规律，研究建立了理想蛋白质氨基酸平衡模式，实现了以可消化氨基酸为基础配制猪和家禽日粮；反刍动物饲

养标准开始采用蛋白质新体系；营养物质动态代谢规律已成为揭示饲料养分转化过程量变规律的重要手段，初步建立了中国主要畜禽水产动物动态营养需要量的理论框架，为动态营养需要量的建立提供了理论指导。营养与免疫、营养与动物生产内外环境、营养与畜产品品质、营养与遗传等领域的研究已突破了传统营养学的范畴，揭示了饲料中免疫原性物质影响动物营养代谢的机理和主要营养物质对免疫调节的分子机制。研究提出了集约化生产条件下营养物质代谢与调控的分子机制、环境应激的早期预警系统及营养调节理论。同时，随着分子生物学理论与实验技术向生命科学各个领域的渗透和应用，动物营养学的研究范围也在逐渐向围观深入，从分子水平上研究了动物对养分需要的表征新方法，为精准营养的研究与应用奠定了良好基础。

2. 积累了一批饲料营养价值的重要基础数据，为精准饲料配方的实现奠定了基础

20 世纪 90 年代，在农业部、科技部与原商业部的支持下，我国开始了饲料养分含量的测定工作，成立了中国饲料数据库中心，建立了主要养殖动物的《饲料营养成分表》，为我国饲料工业和草业发展奠定了基础。进入 21 世纪，随着饲料营养物质生物学效价研究的日益深入，通过创新饲料生物学效价评定方法和参数，建立了猪、家禽、反刍动物、水产动物生物学效价评定新体系。在国家科技支撑计划、农业行业公益性专项的支持下，评定了 9 类 36 个饲料的营养成分，及其对猪、肉鸡、蛋鸡、肉牛、奶牛、肉羊、水禽、肉羊、毛羊、兔、蜂的有效能和氨基酸消化率；研究了 20 余种主要饲料原料对 10 种主要水产养殖动物的营养价值，结束了我国几乎没有主要水产养殖动物饲料原料营养价值数据的历史；建立了玉米、豆粕、棉籽粕、菜籽粕、小麦、小麦麸、次粉、玉米 DDGS、大麦等主要饲料原料对猪的消化能、代谢能、氨基酸消化率的回归方程；研究建立仿生酶法测定饲料和饲料原料能量、氨基酸消化率的方法；研究了反刍动物和猪的基础代谢和绝食代谢，建立了反刍动物和猪的净能测定装置，初步测定了玉米、豆粕、棉籽粕、菜籽粕、小麦、小麦麸、次粉、玉米 DDGS、大麦等主要饲料原料的净能含量；探索了主要饲料原料主要养分含量和有效能、氨基酸消化率的近红外定标方程，有力推动了精准配方的研究和应用。

3. 饲料添加剂研发取得重要突破，部分技术已达国际领先水平

2000 年以前，除了硫酸亚铁、硫酸铜、硫酸锌、维生素 A 等少数几种微量元素和维生素添加剂外，大多数添加剂基本靠进口。在国家 863 计划、科技支撑计划、948 计划等科技计划的支持下，我国饲料添加剂的研发取得重大进展，氨基酸、维生素不仅基本实现国产化，2015 年，赖氨酸、苏氨酸、维生素 A、维生素 D、维生素 E 等的出口额超过 15 亿美元，赖氨酸和苏氨酸工程菌的产酸率已超过国外，长春大成集团成为全世界最大的赖氨酸生产商。饲用维生素和氨基酸在国际市场处于整体优势地位。饲用酶制剂、微生物制剂、生物活性肽技术研发和水平居世界领先地位，酶制剂和微生物制剂市场快速发展。与 2010 年相比，2015 年我国饲用酶制剂和微生态制剂销售额已分别达到 20 亿元和 15 亿元，增长一倍以上。

4. 非粮饲料资源利用水平明显提高

由于生物技术在农副产品饲用化开发中的应用，加快开发了豆粕、杂粕等新型优质蛋白，有效应对了鱼粉等传统优质蛋白资源量缺价高的难题。秸秆养畜项目带动了秸秆等农副资源的饲料化利用，2014 年饲用秸秆利用量达 2.2 亿吨，占秸秆资源总量的 30%。其中，约 50%经过青贮、微贮、氨化等方式处理后饲用。

5. 饲料加工工艺技术和装备研发取得阶段性突破

我国的饲料加工工艺技术和装备经历了从无到有的过程。“十一五”以来，在国家科技支撑计划、公益性行业（农业）专项、863 计划、948 项目等国家科技计划的支持下，在饲料原料加工工艺技术、饲料加工调制工艺技术、优质草产品加工调制技术及装备研制方面取得了一系列技术突破。目前已在饲料原料清筛、粉碎、制粒、膨化膨胀、液体添加、饲料加工质量在线控制、苜蓿青

贮稳定贮藏技术、玉米青贮二次发酵抑制技术、天然饲草青贮技术、发酵 TMR 调控技术、能源草厌氧制备生物燃气技术等方面取得了显著研究进展。在饲料加工机械方面，2010 年以来，通过技术引进吸收和再创新，我国在大型粉碎成套设备、微粉碎和超微粉碎等高端饲料品种粉碎设备、年产 50 万吨以上大型饲料制造成套设备、大型膨化成套设备、针对集约化养殖的饲料配送系统等装备技术研发和应用方面取得了巨大的进步，完全实现了饲料制造设备的国产化。在饲草加工机械方面，我国在饲草刈割机械、搂草机、翻晒机、打捆机、拉伸膜裹包青贮机等饲草收获加工关键设备方面取得了阶段性进展，研发出了一系列适用于不同地理条件和作业场地的机型，为我国现代饲草产业体系的构建奠定了基础。

6. 饲料质量安全控制和风险评估取得了主要成果

在过去 20 多年，我国在饲料质量安全方面也取得了显著的进步。农业部等政府主管部门组织、实施了“八五”“九五”和“十五”饲料质量安全攻关项目、“十一五”和“十二五”科技支撑计划和“十二五”公益性行业科技（农业）项目等，缩短了我国饲料质量安全科技方面与发达国家之间的差距，在检测技术装备研制、风险评估、应急管理等方面的能力建设取得了跨越式的发展；在关键检测技术、风险评估技术、监控预警技术等方面的自主创新能力有了较大的提高；示范区的示范和科技引领作用得到了充分发挥，安全状况逐年好转，强力的支撑了我国饲料行业和畜禽产业的发展，保障了消费者健康。

7. 已形成较为完善的饲料产业体系

经过改革开放 40 年的发展，特别是“十一五”以来的发展，我国已形成包括饲料加工业、饲料添加剂工业、饲料机械工业、饲料服务业在内的完整的饲料产业体系，饲料产业成为农业领域最大最强、产业集中程度最高的板块。在饲料加工业方面，2015 年，32 个年产 100 万吨以上的饲料企业集团的产量占全国饲料总产量的 51%，比 2010 年分别增加 15 个百分点。饲料添加剂工业的年总产值已超过 500 亿元，饲料机械工业已能生产出满足饲料加工各个环节、各种类型的加工装备，饲料原料工业亦呈快速发展的态势。2000 年以来，我国草产业迅速崛起，并初步形成了饲草种子繁育、饲草种植、产品加工、贮运销售等一个相对完整的产业链条。目前，全国草产品加工企业 300 余家，其中年加工 5 万吨以上的有 33 家。全国饲草种植面积达 1 800多万亩，2015 年全国商品草产量超过 800 万吨，产品种类包括苜蓿、羊草、黑麦草、青贮玉米等。2015 年全国为奶牛提供的苜蓿干草 100 多万吨，比 2008 年增加了 6 倍，羊草和燕麦草的市场销售量分别达 100 余万吨和 40 万吨，为我国奶产发展提供了优质粗饲料基础保障。

8. 形成了一批优秀团队与研究基地

随着我国饲料产业的发展，科技力量不断壮大，科技创新能力和水平得到显著提升。“十五”至“十二五”期间，国家各类科学研究计划对动物营养与饲料科学研究的投入大幅增加，形成了一支高水平的人才队伍。经过多年发展，我国畜禽水产营养与饲料领域人才队伍不断壮大，先后产生了 4 位院士、一批长江学者、杰青等领军人才，形成了多个创新研究群体，建立了一批高水平研究基地，先后建立了 5 个国家重点（工程）实验室、2 个国家工程技术研究中心及一批省部级重点实验室、工程技术中心、工程实验室，建设了 7 个国家产业技术体系。成长了一批具有带动作用的优秀企业和企业家群体。大型企业普遍建立了自己的研发中心，通过产学研联盟等方式创建了以企业为主导的十多个国家级企业研发中心。这些科研团队和研究基地的建立，有效地凝聚了我国动物营养与饲料领域的科技力量，显著提升了我国饲料产业的整体发展水平，为我国饲料产业发展的基础研究、关键共性技术研究和成果转化搭建了良好技术平台，科技创新能力不断加强，形成了一批重大科研成果。“十二五”期间获得发明专利 500 多件，推动动物营养需要和饲料原料营养价值动态预测、饲料用酶技术体系创新及重点产品创制、植物功能成分高效提取、微生态制剂高密度发酵等领域取得大量科技成果，累计获得7项国家科学技术奖励。

二、我国饲料产业科技创新与发达国家之间的差距

近十年，尤其是“十二五”期间，我国饲料产业逐渐从快速增长期进入稳定发展期，在分子营养学基础研究、生物饲料添加剂研发等少数领域在国际上处于“领跑”水平，但产业整体技术水平与发达国家相比还有较大差距，一些核心关键技术和产品在国际上还处于“跟跑”阶段，主要体现在以下方面。

1. 饲料质量安全控制技术体系不健全

近十多年，尤其是“十二五”期间我国在饲料有毒有害物质的检测技术方面取得了长足进步，但在饲料质量安全的全链条控制、风险评估和预警等方面与国外差距甚远，主要表现在以下几个方面：一是对饲料质量安全影响食品安全的认识不足，导致在线监控、加工成分变化与有害物转化等全链条质量安全控制技术缺少数据支撑。质量安全检测技术主要以免疫分析为主，分析通量不高，智能化和自动化不足，且对持久性有机污染物（POPs）等重要有毒有害物质无相应的检测技术。二是在饲料质量安全定量风险评估方面缺少毒理学研究和系统的安全性评价资料，在风险评估、限量标准和科学评价方面仍然主要参考欧盟和美国数据。三是饲料质量安全标准制定与国际接轨程度很低，国际采标率不到10%，特别是一些关键性的限量标准缺乏，造成严重的国际贸易技术壁垒。

2. 我国饲料养分精准利用水平亟待提高

尽管我国在动物饲料精准高效利用的理论研究方面取得了重要突破，尤其在营养代谢相关关键因子及其分子通路、主要饲料有效养分的动态估测、影响猪肉肌内脂肪沉积的遗传学表征及其营养调控机制等方面处于国际“领跑”水平，但饲料精准高效利用的整体水平还落后于发达国家，突出表现在：

第一，缺乏系统的基础研究和原创性科学发现。营养素与畜禽水产动物肠道健康、机体免疫功能、产品品质的关系极为复杂，肠道微生物组成、母仔一体化、环境条件等对饲料资源中的养分利用影响很大。发达国家用基因组学、代谢组学、营养组学等手段进行了大量研究，一些研究结果完全可以借鉴。但我国是养殖业大国，环境条件复杂，多种养殖模式并存，因此，能量、蛋白质氨基酸、碳水化合物在动物体内的代谢转化规律、动物精准高效利用饲料养分的分子机制、饲用抗生素替代物改善动物健康和产品品质的作用机制等重大基础科学问题仍待持续深入研究。

第二，主要养殖动物饲料营养价值的基础数据很不完善。我国物种资源多样、地理地质、气象气候复杂，这一特征决定了饲料资源的多样性和营养特征的复杂性，加之我国粮油加工业、食品工业的生产水平差异较大，使我国饲料资源的利用更加复杂。我国主要养殖动物饲料营养价值的基础数据的不完善已成为制约我国饲料精准配制和饲料高效利用的最大瓶颈之一。尽管我国“十二五”对主要饲料原料的营养价值进行了评定，但大量的工作仍然需要开展，一是缺乏营养限制因子、离子平衡、加工工艺参数等重要基础数据，许多小品种的饲料原料也没有数据；二是我国水产养殖动物有100多个品种，目前只评定了主要饲料原料对10个主要养殖品种营养价值数据；三是已评定的畜禽和少量水产动物品种主要集中在幼龄阶段，但不同种类、同一品种不同生长阶段的动物由于消化生理和代谢存在较大差异，分品种、分阶段评定饲料营养价值迫在眉睫；四是除猪以外的其他动物品种对饲料有效养分的动态模型尚未建立；五是以净能和近红外评定饲料有效能为标志的现代营养技术在发达国家已广泛应用，而我国则刚刚开始。

第三，主要养殖动物营养需要量基础数据严重缺乏。发达国家拥有的各种养殖动物营养需要量数据是其饲料产业发展的技术基础，也是其产品输出的核心技术。如美国不仅建立了猪、肉鸡、蛋鸡、肉牛、奶牛、羊、鸭、火鸡等主要养殖动物的饲养标准，还建立了鹅、鹌鹑、兔、银狐等经济

动物的饲养标准。同时，上述发达国家根据养殖动物品种的改进、养殖条件的变化、消费者的喜好、基础营养研究的进步等不断更新这些标准。尽管“十二五”期间我国开展了大量工作，但不同动物种类、不同生长阶段、不同生产目标和不同生产环境下的动物营养需要亟待持续的深入研究。

3. 饲料资源开发和综合利用技术仍然不强

尽管我国在解决饲料资源严重短缺方面开展了大量研发工作，但缺口仍然很大，技术水平还很低，主要表现为：

第一，非粮饲料资源利用率和附加值仍然很低。我国农业副产品、食品加工副产品数量庞大，饲料资源化是其利用的主要途径。尽管“十二五”期间在利用生物技术提高这些副产品的饲料资源化利用方面开展了大量研发工作，但利用率和附加值仍然很低。棉籽饼粕、菜籽饼粕等大宗蛋白质原料的消化利用率只有50%~70%，米糠、麦麸等农副产品的利用率不到50%，醋渣、酒糟等食品工业副产物的利用率不足10%。我国每年秸秆产量近4亿吨，利用率不足30%。开发非粮饲料资源高值化利用技术是解决我国饲料资源短缺的有效途径。

第二，现有日粮体系过度依赖进口的优质蛋白原料。2015年，我国进口大豆8 169万吨、鱼粉145万吨，分别占我国大豆和鱼粉消费总量的90%和50%以上。大部分畜禽饲料严重依赖大豆及其加工副产品，水产饲料过度依赖鱼粉和鱼油。采用现代生物技术开发优质蛋白资源，建立具有我国特色的动物日粮技术体系，摆脱我国饲料产业过度依赖大豆和鱼粉等进口蛋白原料的必需技术途径。

4. 饲料添加剂中存在的薄弱环节和结构性矛盾亟待解决

近年来，我国饲料添加剂技术水平和产业发展迅速，产值已超过650亿元，饲用氨基酸、维生素、酶制剂等技术和产业水平已达国际领先，但仍然存在结构性问题和薄弱环节，主要表现如下：

第一，随着精氨酸、缬氨酸、辅酶Q10等氨基酸和维生素及其衍生物新功能的发现，以及畜禽低氮排放日粮技术体系的建立，亟待研发这些产品的产业化关键技术及其配套应用技术。

第二，尽管我国在以植酸酶和非淀粉多糖酶为代表的酶制剂技术研发和产业发展上已处于世界领先水平，但a-半乳糖苷酶、纤维素酶、脂肪酶等新型酶制剂的生产技术仍与瑞士、德国等发达国家差距很大。

第三，虽然“十二五”以来我国在微生物制剂、生物活性多肽、活性寡糖和多糖、植物提取物等饲料抗生素替代产品的研发方面取得了长足进步，但与国外同类技术相比，在微生物制剂产品的安全性和抗逆性、生物活性多肽的产量和抗菌活性、活性多糖和寡糖的产量与结构确证、生物活性多肽和多糖的分离纯化、植物提取物有效成分的稳定性等技术研发和应用方面还存在很大差距。

第四，饲料添加剂质量标准研究严重滞后。目前我国农业部允许使用的饲料添加剂有153种，但产品标准只有不到50项。特别是微生物制剂、生物活性多肽、活性寡糖和多糖、植物提取物等新型饲料添加剂标准更是缺乏，比如我国农业部允许使用的微生物菌种已达36种，目前只有枯草芽孢杆菌、酿酒酵母和地衣芽孢杆菌三个标准。

5. 饲料加工工艺和装备关键技术原始创新严重不足

我国饲料加工工艺和装备技术研究起步较晚，虽然牧羊集团、正昌集团等企业在部分产品上有一定优势，但总体上与国外还有很大差距，主要表现如下：

第一，饲料原料加工性能基础特性数据缺乏，加工领域的基础性研究基本缺失，造成饲料企业加工工艺参数没有系统科学依据。

第二，饲料加工设备关键结构参数的基础理论和研究手段缺乏，使设备在物料适应性、效率、可靠性、结构参数可调整性等方面与欧美差距较大，造成我国饲料加工设备以模仿为主，具有独立知识产权的自主设备很少，原始创新能力缺乏。

6. 饲料安全与提质增效的科技要素集成应用不够

虽然我国饲料产业是农业中产业化程度和集中度最高的领域，但涉及饲料原料生产、饲料添加剂生产、饲料加工及装备、饲料储运及配送、质量安全控制等诸多环节，都会影响饲料的质量安全与提质增效，进而影响养殖业的生产效率和养殖产品质量安全。因此，迫切需要建立协同研发机制，进行各个环节科技要素的集成创新，研发综合利用技术，形成技术体系，建立示范基地，完善产业体系，推进我国饲料产业从“中国制造”向“中国创造”的转型升级。

三、我国饲料产业科技创新存在的问题及对策

（一）理论创新

我国饲料产业科技在理论创新方面存在的主要问题是原始创新不足，跟踪性、模仿性研究多，原创性研究少。其主要原因一方面在于饲料产业的基础学科起步晚，在生物学、生物化学、生理学领域的研究基础薄弱。另一方面则是由于我国各领域存在创新人才不足的通病。上述两方面共同导致我国在动物营养学和饲料学基础理论研究方面总体上处于“跟跑”状态。未来国家应该继续加大对理论创新性研究的支持力度，增加经费投入，引进和培养具有创新思维的科技人才，并在开展基础理论研究的软硬件条件上给予保障。

（二）技术创新

近年来我国饲料技术创新领域取得了一些成绩，在生物饲料添加剂局部领域达到国际领先水平，但总体而言还存在一些问题。一是技术创新前瞻性不够，大部分技术创新属于低水平的跟踪性或改进性研究，研发技术内容雷同、技术路线重复。二是企业参与技术创新不足，产业技术创新的主体仍然是政府支持的教学科研单位，而专职科研人员受其绩效评价机制的制约，很难将精力放到市场急需的实用技术研发方面，导致技术创新选题和市场实际需求关联度不大。三是技术创新效率不高，不同研发团队之间过于强调竞争，缺乏适当的合作机制，导致技术创新周期过长，不能适应瞬息万变的市场需求。针对上述问题，一要将政府技术创新经费支持向有条件的企业倾斜，采用后补助、后奖励等手段支持企业自筹进行技术创新，逐步成为技术创新的主体。二要支持企业投入资金建立研发平台和研发机构，从税收和财政政策上给予资金支持。三要鼓励团队之间的合作，创新合作技术研发的利益分享机制，并可由技术中介和技术评估机构在立项之初尽早介入，在技术创新选题、技术创新队伍构建和利益分配方面协助研发方做好顶层设计，避免低水平的重复研发和无序竞争，促成合作，提高创新效率。

（三）科技转化

科技转化率低下始终是我国饲料产业科技创新的痼疾。一方面，大部分饲料企业自己没有研发能力也不愿意花钱购买专利技术，知识产权意识薄弱，基本奉行“拿来主义”，相互抄袭，反过来也打击了企业开展科技创新的意愿和动力。另一方面，大部分企业由于技术力量有限因而无从判断某项专利技术的价值，因经济实力不强也无法承受引进新技术的成本和风险，也是造成科技转化困难的主要愿意。此外也有科研成果质量不高，与市场脱节等问题。为了解决这一问题，一要建立权威公正的科技成果转化交易平台，对专利、技术秘密等成果进行第三方估价，为买方分析引进某项

技术的成本和风险，并为交易双方提供担保。二要从政策上鼓励企业引进技术成果，并从税收上给予优惠和奖励。三要提高技术创新能力和成果质量，特别要加强以市场为导向的实用创新。

（四）市场驱动

与其他领域相似，我国饲料产业科技创新的市场驱动作用仍然没有充分发挥，尽管新饲料添加剂生产许可保护期的规定在饲料添加剂创新领域发挥了很强的市场驱动示范作用，但在整个饲料行业所占比例有限。另外，由于饲料企业普遍注重短期效益而忽视长期效益，市场的驱动作用表现得更加短效，企业创新投入更倾心于“挣快钱”的“拷贝式”技术开发，而对未来甚至十年后的趋势都不做考虑，对短期内看不到效益的环保、新原料、智能等技术缺乏前瞻性研发和技术储备，这也是我国饲料科技创新市场驱动滞后、驱动力难以持久的原因之一。解决这一问题的根本措施在于要给企业提供宽松的市场环境和预期向好的发展空间，让企业有做“百年老字号”的愿望和信心，也才能更有前瞻性思维和进行技术储备的动因。

第四节　我国科技创新对饲料产业发展的贡献

一、我国饲料科技创新重大成果

“十二五”期间，我国饲料科技创新成果斐然，共获得发明专利500多件，推动动物营养需要和饲料原料营养价值动态预测、饲料用酶技术体系创新及重点产品创制、植物功能成分高效提取、微生态制剂高密度发酵等领域取得大量科技成果，累计获得7项国家科学技术奖励，获得对饲料行业影响较大的科技创新成果多项。

（1）全面制定和更新了主要养殖动物的饲养标准。初步建立了中国主要畜禽水产动物动态营养需要量的理论框架，在反刍动物饲养标准中采用蛋白质新体系，在鸡和猪饲养标准中引入了可消化氨基酸，在猪和反刍动物饲养标准中引入净能。

（2）建立了中国饲料数据体系。研究建立饲料生物学效价新方法，建立仿生酶法测定饲料和饲料原料能量、氨基酸消化率的方法，建立近红外和回归方程快速预测消化能、代谢能、氨基酸消化率的方法，评定一大批饲料原料的营养价值，并填补水产饲料原料营养价值数据空白。

（3）开发并全面推广低蛋白饲料。通过理想蛋白质氨基酸平衡模式和饲料级氨基酸的应用，开发了以可消化氨基酸为基础的低蛋白饲料配方技术体系，将单胃动物饲料中蛋白质水平降低2~4个百分点，显著降低了饲料成本和饲料氮的环境排放。

（4）饲料添加剂研发取得重要突破。我国饲料添加剂领域的部分技术已达国际领先水平。其中植酸酶等饲用酶产品生产技术达到国际领先，赖氨酸和苏氨酸工程菌的产酸率远超发达国家，长春大成集团成为全世界最大的赖氨酸生产商，饲用维生素和氨基酸在国际市场处于整体优势地位。

（5）饲用抗生素替代品和替代技术储备雄厚。随着我国在抗菌肽高表达和纯化技术、益生菌高密度发酵技术和天然有效成分高效提取技术的突破，极大地丰富了我国在抗生素替代品及其应用领域的技术储备，为我国全面禁用饲用抗生素政策的贯彻铺平了道路。

（6）饲料资源开发利用水平明显提高。饲料资源高效利用技术取得重大突破，成功开发了豆粕发酵技术、棉粕脱毒和蛋白浓缩技术、鱼粉替代技术、秸秆利用技术等，降低了饲料配方对豆粕、鱼粉等常规饲料的依赖，提高秸秆资源的利用率，显著降低饲料成本。

（7）实现饲料制造高端设备和大型成套设备的国产化。通过技术引进吸收和再创新，我国在大型粉碎成套设备、微粉碎和超微粉碎等高端饲料品种粉碎设备以及年产50万吨以上大型饲料制造成套设备、大型膨化成套设备、针对集约化养殖的饲料配送系统等装备技术研发方面取得了巨大的进步，完全实现了国产化。

（8）分子生物学与动物营养学的交叉融合研究取得重要进展。随着分子生物学理论与实验技术向动物营养学领域的渗透和应用，我国在猪肉和牛奶风味品质形成的机理、饲料中免疫原性物质影响动物营养代谢的机理和主要营养物质对免疫调节的分子机制、营养与表观遗传等领域的研究取得了重要进展，并从分子水平上表征了动物对养分的需要，为营养调控的研究与应用奠定了基础理论和方法学的基础。

二、饲料科技创新成果的产业转化

饲料产业是农业领域技术密集程度最高的产业，因而科技创新成果的产业转化率也相对较高。我国饲料行业近十年来成功产业化了一大批极具市场推广价值的重要成果，为产业发展做出了贡献。在饲料添加剂领域，长春大成集团研发的赖氨酸硫酸盐生产技术国际领先，产业化后使我国从赖氨酸进口大国一举成为世界最大的赖氨酸生产国，完全主导了饲用赖氨酸国际市场。我国饲用维生素生产企业全面突破维生素生产技术，为全球最大的维生素出口国。植酸酶等饲料酶生产技术的产业化催生了我国饲料酶制剂产业，大幅度降低了酶制剂添加成本，为饲料配方技术带来了巨大变革。国家饲料工程技术中心开发的天蚕素抗菌肽生产技术居于世界领先水平，并作为全世界第一个产业化的饲用抗菌肽产品进行商业应用推广。在饲料制造装备领域，国产时产20吨的大型饲料生产成套设备已经广泛应用于大型饲料企业，码垛机器人和自动红外线分析仪也已经在湖南、河南、江苏、山东等多个地区大中型饲料企业得到应用，代表饲料制造智能化的发展方向。在饲料配方和原料开发领域，发酵豆粕生产技术、脱毒棉籽蛋白生产技术、鱼粉替代技术、低蛋白饲料配制技术、抗生素替代技术、氨基酸平衡配方技术也都已经进行产业转化，具有较高的市场占有率。在其他技术领域，近红外快速分析技术、体外酶法仿真分析技术等的产业转化已经开始并具有良好的发展势头。

三、我国饲料科技创新的产业贡献

作为最具活力的科技创新领域，我国饲料科技创新对饲料产业、畜牧业等相关产业的发展做出了巨大的贡献。我国的饲料产业起步于国外技术的引进，从进口饲料添加剂到引进计算机配方软件，从进口预混料到进口饲料机械，都体现了技术密集度高的产业特点，而我国饲料产业高速发展的30年也是我国饲料科技创新活动最为活跃的30年，因此科技创新对我国饲料产业的发展做出了巨大的贡献。对于畜牧产业，饲料科技进步大幅度提高了畜牧生产效率。其中对动物营养需要和饲料原料营养价值数据的创新应用可直接提高饲料转化效率，降低了养殖成本和污染物排放。饲料添加剂的应用则有利于改善动物营养状况，提高动物健康水平，预防肠道疾病的发生，从而改善畜牧业养殖效益。饲料加工工艺和设备的创新则提高了饲料生产效率，使规模化养殖成为可能，并提供适用于各种养殖方式的饲料产品。对于种植业，饲料科技创新提高了饲料粮利用效率，广辟饲料原料来源，大规模利用农副产品，从而减少了畜牧生产对粮食作物的依赖，解决了人畜争粮的矛盾，在我国粮食增产幅度有限的条件下大幅度提高了畜产品产量。对于化工发酵等行业，饲料科技进步推动饲料添加剂的应用，提高了对化工发酵等饲料添加剂制造相关产业的市场需求，拉动了包括抗生素产业在内的制造业快速发展。

第五节　我国饲料产业未来发展与科技需求

一、我国饲料产业未来发展趋势

（一）产业发展方向和重点

我国饲料产业技术的发展主要围绕饲料资源的开发和高效利用、高效安全饲料添加剂创制、生态环境保护、养殖产品品质与安全 4 个方面来进行，也已经成为全世界的饲料研发与产业化的焦点，代表着饲料产业未来的发展方向和重点。

（1）饲料资源开发与高效利用关键技术研究已成为饲料科学研究的热点问题，通过与其他学科特别是生物工程技术的交叉融合，该领域已取得了一定成果。由于消费者对养殖产品的数量、质量和安全的重视程度越来越高，以及饲料资源紧缺的全球化趋向，推动饲料资源开发与高效利用，已成为饲料科学研究的热点。薯类及其副产物、糟渣饲料、新型优质蛋白饲料原料等饲料资源开发与高效利用技术以及区域特异性饲料资源配套利用关键技术，已经成为我国饲料工业发展的趋势。

（2）安全高效饲料添加剂创制已经成为饲料添加剂研发的前沿热点。以生物技术、信息技术为代表的高新技术在饲料工业技术进步中所起的作用越来越大。饲料添加剂加速迈向无公害化和绿色化，酶制剂、益生素和天然活性饲料添加剂等多种生物饲料添加剂得到迅猛发展。国际知名医药和添加剂企业已成功研制出多种采用生物技术的饲料添加剂，占据了全球绝大部分市场。饲用抗菌肽、新型饲料用酶、生态型饲料添加剂、微生态制剂等已逐渐成为主流产品。饲料添加剂的研究与开发将呈现高技术化、系列化、环保化、高效化、功能化和方便化等特点。

（3）生态环保饲料生产关键技术研究已经成为饲料产品研发的热点。围绕畜禽、水产养殖业和饲料产业发展面临的“安全”和“环保”两大挑战，研究开发新型安全饲料添加剂及其应用技术、生态环保饲料添加剂及其应用技术、安全环保配合饲料生产关键技术。当前的研究热点主要集中于肉鸡、蛋鸡、猪、反刍动物和水禽等主要养殖动物的低排放饲料配制关键技术的集成创新。

（4）安全优质饲料生产关键技术研究是保障饲料产品使用效果的重要环节，也是我国饲料科学研究的薄弱环节。加工工艺对饲料中营养素的利用影响较大，国外开展的研究较多，国内处于起步阶段；优质动物产品开发国内外研究均较多；检测技术开发等各个领域，高新技术都得到了充分应用。此外，在药物残留检测技术方面，国外已生产出检测激素和抗生素残留的 ELISA 试剂盒，并在我国销售。当前研究热点主要集中于饲料加工过程质量安全防控、新型饲料熟化工艺、优质动物产品生产饲料配制、饲料原料及添加剂无损检测和饲料质量安全快速检测等技术的集成创新。

（二）我国饲料产业发展目标预测

全面满足我国畜牧业对饲料产品质量和数量的需求，能量和蛋白原料基本自给，饲料添加剂实现安全高效、无残留，全面提升饲料业科技水平、饲料产品质量和饲料企业经济效益，饲料产业整体水平和饲料企业综合素质达到国际先进水平，实现世界饲料大国向世界饲料强国的跨越。

（三）我国饲料产业发展重点预测

1. 短期目标

总体上饲料产量稳中有增，质量稳定向好，利用效率稳步提高，安全高效环保产品快速推广，饲料企业综合素质明显提高，国际竞争力明显增强。饲料工业基本实现由大到强的转变，为养殖业提质增效促环保提供坚实的物质基础。具体为：工业饲料总产量达到2.2亿吨，饲料添加剂产量基本满足需求，酶制剂和微生物制剂主要品种生产技术达到国际先进水平。饲料产品合格率达96%以上，非法添加风险得到有效控制，确保不发生区域性系统性重大质量安全事件。猪生长育肥阶段饲料转化率平均达到2.7∶1，商品白羽肉鸡饲料转化率达到1.6∶1，蛋鸡产蛋阶段饲料转化率达2.0∶1，淡水鱼饵料系数达到1.5∶1，海水及肉食性鱼饵料系数达到1.2∶1。年产100万吨以上的饲料企业集团达到40个，其饲料产量占全国总产量的比例达到60%以上。饲料企业与养殖业融合发展程度明显提高，散装饲料使用比例达到30%。

2. 中期目标

饲料产量和质量基本保持稳定，利用效率进一步提高，安全高效环保产品全面普及，饲料企业综合素质和国际竞争力达到国际先进水平。饲料工业实现由大到强的转变。工业饲料总产量预计达到2.2亿吨，饲料添加剂产量满足需求并对外出口，主要饲料添加剂生产技术达到国际先进水平。饲料产品合格率达98%以上，饲用抗生素全面禁用。猪生长育肥阶段饲料转化率平均达到2.5∶1，商品白羽肉鸡饲料转化率达到1.5∶1，蛋鸡产蛋阶段饲料转化率达1.8∶1，淡水鱼饵料系数达到1.4∶1，海水及肉食性鱼饵料系数达到1.1∶1。年产100万吨以上的饲料企业集团达到100个，其饲料产量占全国总产量的比例达到80%以上，散装饲料和自配料使用比例达到40%。

3. 长期目标

饲料产量和质量稳定，利用效率进一步提高，饲料企业综合素质和国际竞争力达到国际领先水平，奠定饲料产业第一强国的地位。工业饲料总产量预计达到2.4亿吨，饲料添加剂产量达世界第一，主要饲料添加剂生产技术达到国际领先水平。饲料产品合格率达99%以上。猪生长育肥阶段饲料转化率平均达到2.3∶1，商品白羽肉鸡饲料转化率达到1.4∶1，蛋鸡产蛋阶段饲料转化率达1.7∶1，淡水鱼饵料系数达到1.3∶1，海水及肉食性鱼饵料系数达到1∶1。年产100万吨以上的饲料企业集团达到200个，其饲料产量占全国总产量的比例达到90%以上，散装饲料和自配料使用比例达到60%。

二、我国饲料产业科技需求

（1）饲料资源挖掘和高质化利用关键技术研究。研究常规饲料原料加工处理技术；研究农产品加工副产物生物转化增值技术，提高其饲用价值；开发新饲料资源。

（2）安全高效饲料添加剂创制。研发安全高效饲用酶和有机矿物等，提高饲料养分利用效率，降低环境排放；创制抗菌蛋白、益生素、寡糖、天然活性成分等绿色饲料添加剂，替代饲用抗生素，保障养殖产品安全。

（3）畜禽饲料营养代谢调控与加工关键技术研究。针对主要养殖动物，开展营养代谢调控技术、饲料配制技术与加工工艺技术研究，提高饲料转化效率，保障饲料品质与安全。

（4）饲料安全监测关键技术研究。针对饲料投入品和成品，开展饲料安全评价技术、饲料中有毒有害成分高效检测技术、潜在危险物质监测与预警技术、饲料原料溯源和确认技术等研究，提高饲料安全监测技术水平。

三、我国饲料产业科技创新重点

（一）我国饲料产业科技创新发展趋势

1. 创新发展目标

在饲料产业关键技术领域取得重大突破，显著提升我国饲料资源保障和质量安全水平，促进我国饲料产业的全面转型升级，支撑我国建成饲料产业强国。

2. 创新发展领域

针对我国饲料产业面临的“饲料资源短缺、养殖效益低下、环境污染严重、设施工艺滞后”等突出问题，以“节粮、无抗、环保、增效”为目标，开展饲料产业科技创新和集成示范，实现饲料资源的非粮、多元化供给和高效利用，降低对进口饲料粮的依存度，构建中国特色的饲用日粮技术体系，缓解粮食安全压力；实现饲料“绿色”“无抗”和“零风险”，显著提高养殖产品品质，保障食品安全；实现饲料“精准”、高效，低碳环保，减少养殖业污染排放水平；实现工业饲料“智能化、自动化、信息化”生产。

根据饲料产业链各个环节的科技需求总结饲料科技创新的发展领域如图 3-1 所示。

（二）饲料产业科技创新优先发展领域

1. 基础研究方面

（1）饲料养分高效利用的营养代谢与调控机制。猪禽水产动物蛋白质沉积与高效转化的营养代谢基础与调控；猪禽水产动物供能代谢的调控机制；提高猪禽和水产动物繁殖力的营养代谢基础与调控；猪禽水产动物营养与表观遗传的互作及调控；猪禽水产动物采食量调节的分子机制。

（2）饲料养分调控动物共生微生物的分子机制。动物消化道微生物代谢研究；共生微生物调控养殖动物营养代谢的分子机制；共生微生物调控养殖动物免疫及健康的分子机制；共生微生物调控养殖动物主要经济性状的分子机制；猪禽水产动物消化道微生态与营养素高效利用的互作机制。

（3）优质畜产品品质形成机理与营养调控机制。畜产品品质科学指标评估体系的构建；畜产品品质形成的分子机制；饲料结构与组分与畜禽水产品品质安全的调控机制；养殖模式与畜产品品质的调控机制；环境污染物与药物影响畜产品安全的机制与调控。

（4）饲料加工与贮藏的物理、化学和生物学基础研究。基于配方、原料加工特性的颗粒饲料牧草模型研究；研究不同类型饲料产品冷却干燥过程和质量稳定控制模型；饲料产品熟化度和产品质量指标体系建立及评价模型；热加工条件与饲料理化品质及其生物学效价的关系；饲料劣变和霉变过程的代谢动力学；纳米级和超细粉碎对饲料的理化和生物学效应。

2. 应用研究方面

（1）农副资源的饲料化加工。针对我国饲料资源短缺的现实，充分利用我国丰富的农业生物质资源，挖掘新资源饲料原料是饲料产业技术创新的主要方向之一。在对潜在资源数量和质量进行摸底的基础上，基于生物技术的综合应用，研究针对不同资源如蔬菜加工废弃物、木本植物、厨余废弃物、煎炸植物油等的个性化、低成本加工技术，开发一系列新型饲料原料，拓宽原材料供应渠道，降低产业对传统原料的依赖，提高产业链附加值。

（2）饲料资源的增值加工。目前由于技术手段的欠缺，现有的大部分资源加工方式粗放，大都通过简单的脱水、烘干等物理方法进行加工，所得到的产品品质不高、附加值低，也浪费了宝贵的资源。针对这些问题，未来要重点研究糟渣类原料的生物发酵加工技术，高蛋白低毒油籽粕加工技术，发酵副产品脱毒（霉菌毒素）加工技术，植物蛋白（如叶蛋白）富集提取加工技术以及原料预消化加工技术等，提高饲料产业链的中游产品的附加值。

（3）绿色安全和功能性饲料添加剂创制。根据未来市场预期，一方面，以饲用抗生素为代表的一类高风险饲料添加剂将逐渐淡出，如果届时不能推出可市场化的替代性饲料添加剂产品，饲料产业链将有发生断裂的危险。另一方面，基于新的功能性饲料添加剂的开发将会形成新的系列饲料产品，延伸出新的养殖产品，满足特殊消费人群的需求，从而拓宽整个价值链。在具体的发展方向上，首先要重点研发替代抗生素的绿色安全饲料添加剂，其次还要注重针对“优质”“健康”等消

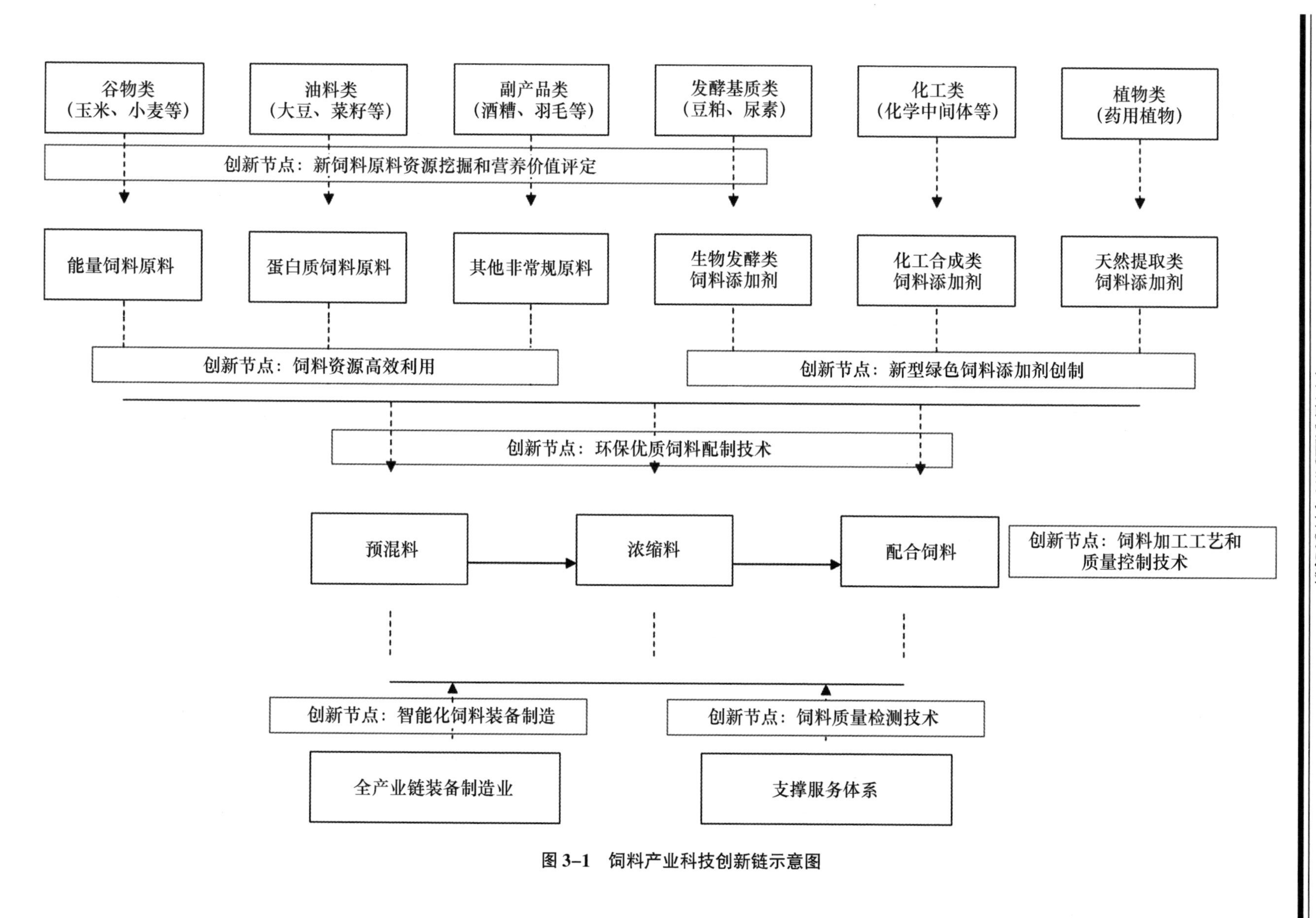

图 3-1　饲料产业科技创新链示意图

费市场主题，开发新型功能性饲料添加剂。

（4）饲料资源高效利用技术。我国幅员辽阔，不同地域饲料资源的种类、质量差异较大，而且由于饲料原料生产技术落后导致质量稳定性差，影响了饲料资源的有效利用。为了克服这一问题，在饲料资源的应用领域开展技术创新，研究饲料原料的营养特性，研究建立快速、低成本的饲料原料营养价值评价技术体系，整合数据资源，建立基于“大数据”的饲料公共数据库，指导饲料资源的高效利用。

（5）高效环保饲料配方技术。近年来，我国对养殖业的环保立法倒逼养殖业向生态环保转型，饲料产业为了适应养殖业新的发展方向，也必须将“低碳、减排”作为技术创新的发展方向，以动物营养学和饲料学理论为指导，提高饲料养分的利用转化效率，减少温室气体和氮、磷等元素的环境排放。

（6）智能化饲料加工装备研制。随着产业集中度的增加、劳动力成本的高企以及对饲料安全监管的需要，“自动化生产线”和“无人工厂”将成为未来饲料企业的标准，智能化加工设备将成为生产线标配，从而大幅度提高劳动生产率，降低生产管理成本，提高产业链下游产品的利润。

（7）基于养殖生产方式多样化的饲料产品创新。一方面，随着养殖业生产方式的多样化发展，其对饲料产品的需求也呈多样化趋势。例如液体饲喂、半干饲喂或者发酵后饲喂的模式对饲料产品提出了新的要求。其主要特点就是对饲料原料水分控制要求不高，因而可兼容多种农副资源如青绿饲料、糟渣等，节约物料干燥所耗费的能源，降低饲料成本。另一方面，消费者对优质畜产品如富硒肉、低胆固醇鸡蛋的需求增长，也由此对饲料产品提出了新的要求。针对液态饲喂、发酵饲喂等新的饲喂方式，以及专用功能性饲料市场需求，开发配套的饲料加工设备和饲喂设备，研制新的饲料产品体系和标准体系，拓宽饲料产业链，也是饲料产业技术创新的主要方向之一。

第六节　我国饲料产业科技发展对策措施

一、产业保障措施

在饲料产业规划上，要进一步完善饲料产业链的布局，通过政策的支持和引导，提高饲料原料加工能力和技术水平，继续大力支持饲料添加剂的技术创新和产业化，提高产业链上游和中游的附加值。在产业链下游，应养殖市场变化，创新饲料产品生态，拓宽饲料产业链，提高饲料产品的技术含量和附加值。鼓励企业采购应用智能化、自动化饲料加工设备，提高饲料产业装备水平。

二、科技创新措施

（1）建立常态化的产业技术创新重大项目组织机制。常态化地支持重大项目的预研、凝练、推荐、实施、验收等环节发挥作用，采取非竞争性的行业推荐项目的组织模式，作为目前实施的项目库征集方式的一种补充。

（2）加强创新平台建设。以公益性科研机构为依托，整合社会资源，构建饲料新产品、新技术研发平台。依托生产企业，构建饲料新产品、新装备、新技术推广示范平台。创新资源和利益共享机制，形成以工程技术研究中心、产业技术创新战略联盟等平台为核心的产业技术创新资源整合模式。

（3）加快创新型人才培养：饲料产业链上游连接种植业及农副产品加工业，下游连接养殖业和食品加工业，涉及专业领域广泛，因此要进一步加强饲料产业人才队伍建设，完善不同层次人才的培养、培训体系。高等教育机构要面向产业需要，重点培养一专多能的复合型人才，在饲料营养专业加强种植业、养殖业相关知识的课程学习和生产实习。中等专业学校、技工学校、职业中学教育要面向饲料产业未来发展趋势，培养高素质产业工人和技能型人才，满足今后饲料产业升级对人力资源的新要求。

（4）引入科技评价标准化手段，确定不同层级的投入主体。目前影响技术转移的一个重要原因是学术语言与市场语言交流的障碍，应建立标准语言，并将技术成果进行分级管理（如美国航空航天局于 1995 年就提出九级技术就绪水平“TRL”工具，描述技术从“思想火花”到“货架商品”），再根据不同层级的特点，由不同主体进行投入。

三、体制机制创新对策

（1）在基础研究创新领域，持续加大政府投资，充分利用现有科技创新的平台和人才资源，提高基础研究创新水平。

（2）在应用技术创新领域，创新体制机制，提高饲料企业积极参与科技创新。大力推动采用后补助、后奖励的机制支持饲料企业开展科技创新。通过饲料行业协会的影响，对会员企业提出科技投入占营收比例的要求，力促企业提高科技投入，盘活饲料企业科技创新资源。政府各级部门也应设立机制，对科技投入高的饲料企业提高信用等级，以减税、退税、免税等税收优惠手段进行奖励。

（3）在科技成果推广方面，也可以设计后奖励的机制，对技术成果交易双方给予适当的激励机制，一方面降低企业采购技术成果的成本，另一方面提高技术研发方的收益。

（4）鼓励采取众筹模式建立产业孵化基金。建议产业孵化基金为 433 的资金结构，即企业占 40%，政府占 30%，风险投资机构占 30%。资金筹措时，由大型饲料企业领投，风险投资机构、行业中小型企业和政府跟投，基金股东控制在 200 个以内。资金主要用于成熟技术的商业化过程的投入。同时，在产业孵化基金的配合，以及行业产学研用专家团队的支撑下，建立一整套完善的重大项目发现、培育、落地的运行机制。

（齐广海、刘国华）

主 要 参 考 文 献

解沛 . 2009. 中外饲料质量安全管理比较研究［D］. 中国农业科学院 .

林海丹 . 2008. 他山之石 可以攻玉——美国饲料工业考察报告［J］. 广东饲料（2）：7.

秦玉昌，杨振海，马莹，等 . 2006. 欧美饲料安全管理和法规体系走向及启示［J］. 农业经济问题（7）：9.

全国饲料工业十三五发展规划 农牧发〔2016〕13 号.

全国畜牧总站，中国饲料工业协会信息中心 . 2017. 2016 年全国饲料工业统计简况［J］. 中国饲料（13）：1-2.

王黎文，杜伟 . 2013. 欧盟饲料法规体系概述［J］. 中国畜牧业（13）：60-63.

张利庠 . 2007. 产业组织、产业链整合与产业可持续发展——基于我国饲料产业“千百十调研工程”与个案企业的分析［J］. 管理世界（4）：34-45.

周海川 . 2015. 美国饲料产业发展及其对中国的启示［J］. 农业展望（7）：3-4.

第四章　我国草原资源、草产业发展与科技创新

摘要：中国草业已进入新的历史机遇期，中国的草产业将有大发展，随着国家越来越重视生态环境和食品安全，我国农业正在发生从耕地农业到草地农业的变革。2015—2017 年中央一号文件连续 3 年要求大力推进和加快草牧业发展，为我国草产业发展与科技创新提出了新的要求，规划了新的蓝图。草原作为我国面积最大的陆地生态系统，丰富生物多样性对我国的生态环境保护和经济发展具有重要战略意义。草产业主要包括生产、加工、销售和消费全链条的草业体系，梳理和对比研究我国草地资源和草产业发展与国外草产业发展的优劣势，为我国草业未来发展和结构调整提供参考。本章分为 6 节，第一节系统总结了国外草原资源状况，在草产业发展方面的做法，以及草产业贸易及其对畜牧业发展的贡献，并着重从草产业科技创新、成果以及主要发达国家的草产业科技创新成果应用等方面进行了深入的阐释，提出了国外草产业科技创新发展方向以及对我国草产业发展的启示。第二节系统总结了我国草原资源、草产业发展的现状，分析了我国草产业与发达国家的差距，并提出我国草产业存在的问题与对策。第三节总结了我国草原资源、草产业科技创新发展现状，分析了我国与发达国家之间的差距，存在的问题及对策。第四节总结了“十二五”期间我国草产业科技创新的重大成果及产业转化，以及科技创新对草产业的贡献、面临的困难与，并提出发展对策。第五节分析了我国草产业发展的趋势，预测了我国草原资源、草产业未来发展的科技需求，提出下一步科技创新的重点。第六节从产业保障措施、科技创新措施和体制机制创新等方面阐述了保障我国草原资源、草产业科技发展的对策与措施。

第一节　国外草原资源、草产业发展与科技创新

一、国外草原资源、草产业发展现状

（一）世界草原资源、草产业发展概述

在欧亚大陆，草原植被西自欧洲多瑙河下游起，呈连续的带状往东延伸，经罗马尼亚、苏联、蒙古国，直达我国境内，形成世界最宽广的草原带。在北美洲，自北方，由南罗斯咯撤河开始，沿经度方向，直达雷达河畔，形成南北走向的草原带。在南半球，因为海洋面积大，陆地面积小，草原面积不及北半球大，而且比较零星，带状分布不明显。在南美洲，主要分布在阿根廷及乌拉圭境内；在非洲，主要分布在南部，但面积很小。

世界上许多国家在农业总体发展中种植业和畜牧业是并重的，而发达国家的畜牧业产值一般都超过了种植业，这些国家都做到了农业是以畜牧业为主的产业结构，而且草食动物畜牧业在其中起着重要作用。如欧洲许多国家的畜牧业产值占农业总产值的比重都较高，其中英国和德国都在 60%~70%，丹麦、瑞典则占到 90%，在这些国家草地畜牧业对整个农业经济做出了巨大贡献。这全都得益于先进的草产业生产技术和管理经验。目前发达国家在草地管理和建设方面不断向科学化、现代化方向发展。

（二）主要发达国家在草原资源、草产业方面的主要做法

法国草地面积占国土面积的1/3，而且已建成永久性高产改良人工草场，因此人工草场面积大、质量好、四季常青。该国非常重视人工草地建设，并控制载畜量。法国除利用良好的人工草场放牧外，还同步发展牛羊饲草料工业。在牧草生产旺季将青草收割并晒成干草，或用地窖进行牧草和饲料作物的青贮，也有将牧草打捆进行塑料膜青贮，所有这些都保证了牛羊在冬季的饲草供给。

加拿大位于北美洲北半部，由于气候寒冷，土壤条件较差，在20世纪80年初，农田仅占土地面积的7%，这其中耕地只占2/3，其余1/3为永久的放牧地。加拿大为农牧业并重国家，草产业较发达。在80年代初青贮玉米及牧草播种面积占耕地面积的1/5还多，为牲畜提供草场和越冬饲草料，同时为耕地提供绿肥和肥料并增加覆盖物，以保护土壤，控制风害和水蚀。

美国位于北美洲南部，草地资源丰富，在自然气候方面适于牧草生长的暖季短而冬春寒冷枯草期长，因此在草地畜牧业中存在着饲草的季节性不平衡问题。但由于草原建设工作开展较早、草原保护制度健全、草地管理水平高，因此草地畜牧业较发达。种植业在一定程度上是从属于畜牧业的，因为种植业的主要任务是保证畜牧业部门有可靠的饲料基地。尽管美国谷物饲料充足，但为保护生态环境，增加土壤肥力，从20世纪50年代起就在草原牧区提倡人工种草，不断提高优质牧草（特别是苜蓿）的播种面积比重，因为苜蓿就其蛋白质质量和吸收率来说超过其他草类，而且土壤保护作用也最好，由此看出美国农牧生产结合紧密，草业发展很快。

澳大利亚地处南太平洋，国土面积760万平方千米，有天然草地41.2亿公顷，占国土面积一半以上，因此土地的主要利用方式是草地畜牧业。在中雨和多雨地区建立高产、优质人工草地，面积已达3 000万公顷，主要种植黑麦草、三叶草等。人工草地全部使用围栏，集约化程度高，牧场规模虽不大，但单位面积的生产率很高。在澳大利亚，家庭牧场是主要经营形式。

新西兰位于太平洋西南部，西与澳大利亚隔海相望。该国四面环水，气候温和，冬无严寒，夏无酷暑，适宜的气候对牧草生长非常有利。新西兰一向重视自然生态保护，并大力发展人工种草，有“一块绿毯”之称。新西兰由于牧草四季常青，主要靠四季放牧，发展畜牧业，畜牧业产值在农业总产值中占到90%以上，畜产品出口也占到出口总值的90%以上。

（三）世界草原资源、草产业贸易现状

牧草属于作物生产的重要组成部分，在国际牧草生产发达国家农业生产中占据重要地位。以美国为例，在20世纪50年代就将紫花苜蓿列入战略物资名录。美国牧草年产值约110亿美元，仅次于玉米和大豆。草产业已成为美国农业中的重要支柱产业，为发展健康农业、有机农业、循环农业、改良中低产田和发展节粮型畜牧业方面做出了巨大贡献。

美国、加拿大、澳大利亚、新西兰等国是牧草生产的主要国家，2009年，美国牧草种植面积为2 435.4万公顷，产量1.52亿吨；青贮玉米面积为241.4万公顷，产量1.12亿吨；加拿大牧草种植面积为737.9万公顷，产量3 043.2万吨；澳大利亚各类干草产量超过650万吨，青贮饲料干物质产量约220万吨。

根据牧草原料的不同，草产品分为紫花苜蓿、猫尾草、燕麦、黑麦草、高羊茅、苏丹草、狗牙根，以及豆科和禾本科混合干草等产品。全球生产加工的草产品主要包括干草（hay）、青贮饲料（silage）、草块与草颗粒（cubes）、草粉（meal）、秸秆（straw）和叶蛋白（leaf protein concentrate）等六大类。

国际牧草贸易主要有苜蓿草粉及颗粒（19.4%）、苜蓿干草（9.9%）、秸秆及壳（12.8%）、非豆科干草（8.2%）等。2008年，国际牧草产品贸易量为694.40万吨，贸易额（22.89亿美元）

比 1962 年增加了近 87 倍。参与牧草产品贸易的国家也由 1962 年的 60 个增加到 2008 年的 180 个，牧草产品国际市场日趋活跃。

（四）草原资源、草产业发展对畜牧业发展的贡献

任何一种资源开发型经济活动都离不开特定的自然资源条件，而草原畜牧业依附自然资源的属性尤为突出。几千年来，草原牧业之所以没有被耕作农业取代，是因为气候、水资源、土壤结构、植被群落及相关的自然因素不适宜耕作农业的发展。也就是说，在气候干旱寒冷、水源匮乏、土壤沙质化的地区只有选择草原畜牧业，才能获得较高的、稳定的经济收益。

近年来，大面积的天然草地退化导致草畜供求矛盾日显严重和突出，牲畜常年严重缺草，已成为制约畜牧业可持续发展和群众增收的主要因素。国内外草地畜牧业生产经验表明，现代畜牧业生产，单纯依靠天然草地是难以实现畜牧业高产、优质、高效、持续发展，必须建设稳固的饲草饲料生产基地，提供优质饲草料才能实现饲草供给和保证季节营养需求的平衡，获得草地生产的最佳经济效益。

草产业作为一种新兴产业在我国西部地区迅速崛起，并在畜牧业中逐渐发挥其重要作用。草产业的第一性生产——牧草和饲料种植业是生产优质牧草和木本饲料的产业，它具有既可饲养草食家畜，又可通过精细烘干加工代替 30%~50%饲料粮饲特点和功能。草产业的第二性生产即草食家畜养殖业是将高产优质牧草饲料转化为畜产品的产业。充足的牧草饲料可实现草畜平衡，保证畜禽品种改良、畜群结构优化、快速育肥出栏、疫病防治增效。

二、国外草原资源、草产业科技创新现状

（一）世界草原资源、草产业科技创新概述

草业是农业现代化的重要标志，在美国、加拿大、法国、荷兰、澳大利亚、新西兰等农业发达国家，草业是其农业的主体，草业经济产值占其农业总产值的 60%~70%，牧草种植面积占其耕地面积的 60%以上。从世界范围来看，草业是农业领域中最大的产业，其经济产值和用地面积均超过粮食种植业。其中，美国国土面积的 55%是草地。

目前国际市场草产品年交易量在 500 万吨左右。美国、加拿大、澳大利亚等是主要的牧草出口国，日本、韩国、中国台湾地区以及东南亚国家是主要的草产品进口国和地区，年需求量在 300 万吨左右。据《经济信息咨询》介绍，亚洲优质蛋白质饲料作物的市场潜力可达 1 000万吨，日本市场潜力为 400 多万吨，韩国为 200 多万吨。北美洲需要缺口 200 万吨，欧共体缺口 100 万吨以上。国际市场草产品竞争激烈，在日本、韩国等主要国际市场上，约 200 万吨的草产品由美国和加拿大等国家占领，我国在亚洲市场的草产品份额不足 1%。美国优质牧草种植面积约 1 000万公顷，接近世界种植面积 3 300万公顷的 1/3，年产值超过 100 亿美元，拉动相关产业（收获、加工、养殖等）的总产值逾 1 000亿美元，已成为种植业中重要的支柱产业，是国际草产品市场的主要竞争者。

国际牧草产品贸易具有明显的地域性，出口国主要集中在北美洲的美国、加拿大，欧洲的西班牙、法国以及大洋洲的澳大利亚等，进口国主要集中在亚洲的日本、韩国、巴勒斯坦、中国及阿拉伯联合酋长国等；目前，国际草产品市场上，发达国家的贸易规模占主导地位，发展中国家的贸易规模正在逐步扩大。我国距日本、韩国等东南亚国家距离很近，具有地域和竞争优势，初步估计，预计未来几年，我国可与美国、加拿大平分秋色。美国 2011 年苜蓿干草产值达 106.4 亿美元，其他牧草干草总产值为 71.1 亿元。中国 2011 年苜蓿产量为 2 400万吨，但商品草仅为 107 万吨，产

值为21亿元人民币。

欧美国家在牧草收获技术、干草调制技术（干燥、切碎、压扁等）、牧草发酵技术、叶蛋白加工技术、检测技术和储运技术等领域有显著进展，研发出多种行之有效的饲草产品加工技术，并开发了多种类型的饲草配套加工机械，从牧草收获、加工、包装入库等各个环节都实现了机械化和自动化。草产业发达国家（德国、美国、法国、俄罗斯等）通过对先进牧草收获加工机械的研制，显著提高了加工效率和饲草产品品质。例如，德国克拉斯生产的JAGUAR900系列青贮收获机械、美国约翰迪尔生产的7050系列和纽荷兰FR系列自走式青贮收获机械质量好、油耗低、收获效率高。从青贮工艺来看，国外青贮工艺主要研究灌装式青贮袋青贮工艺、拉伸膜裹包青贮工艺、联合拉伸膜裹包青贮工艺、切碎打捆裹包青贮工艺、高效率裹包青贮工艺等。

（二）国外草原资源、草产业科技创新成果

全球草原面积5250万公顷，占全球土地面积的41%。其中最辽阔和著名的是欧亚斯太普草原、北美普列里草原、南美潘帕斯草原、非洲萨王纳稀树草原。但从现代草业角度看，世界草业发达国家却基本集中在北美洲、欧洲和澳洲。这3个地区的草业生产模式各具特色，代表了当今世界草业生产的最高水平。

在北美洲以美国为代表的北美草业生产属于典型的高投入、高产出的集约化生产模式，饲草生产和草地建植在美国农业生产当中是必不可少的部分，肉牛和奶牛高效养殖是美国草地畜牧业的突出特色。根据2010—2012年美国农业部发布的数据，牧草（不包括青贮玉米）在美国是仅次于玉米和大豆的第3大类作物，年产量1.52亿吨，年产值132.4亿美元。每年牛肉及以牛肉为原料的食品生产和消费量为1 200万吨，年产值451.8亿美元。牛奶产量9 056万吨，各种奶制品年产值397.4亿美元。美国每年草业及下游相关产业产值达到981.6亿美元，约占农产品总产值的32.2%。

在欧洲，英国和爱尔兰的永久性草地面积比例最高，分别占国土面积的46%和51%，支撑着两国发达的草业产业。英国具有悠久的草业历史，堪称欧洲草地畜牧业的典范。湿润的温带气候有利于牧草生长，草地面积是所有农作物种植面积的3倍，所有的草地都经过了不同程度的人工改良或建成高质量的人工草地。英国的草地按生产能力可以分为3类。第一类是粗放管理的放牧地，第二类是永久性草地，第三类草地是轮牧草地。欧盟总体上每年用于饲喂奶牛及肉牛的饲草料为4 045.2万吨。牛肉总产量约为766.7万吨，产值283.2亿欧元，占农业总产值的8.3%。牛奶及奶制品产量4 571万吨，产值477.9亿欧元，占农业总产值的13.8%。

在澳洲，以澳大利亚和新西兰为代表，草地在农业生产中占据主导地位。澳大利亚土地面积为768万平方千米，以平原为主，孕育了广阔的天然草地和人工草地，草地占国土面积的70%以上，其中灌溉草地面积达100万公顷。在澳大利亚大约有9万人和14.5万个生产实体从事草业生产，主要以家庭经营的农场为主。澳大利亚牛奶及奶制品产量989万吨，产值39.3亿美元。牛肉和羊肉产量300.8万吨，产值99.6亿美元。另外牛和羊活畜出口产值约10.1亿美元。羊毛产量42.9万吨，产值32.8亿美元。以上草食家畜年产值合计181.8亿美元，占当年澳大利亚农业总产值的53.4%。新西兰国土面积为26.6万平方千米，国土面积的一半以上为草地，其中改良草地面积为950万公顷，天然草原面积约567万公顷。2006年，新西兰实现了国家对农业产业完全不补贴的模式，在这样一个无补贴和开放性的农业经济体系当中，产品的竞争优势是决定新西兰农业产业构成的先决条件。利用人工草地和全年放牧模式，新西兰造就了世界上生产成本最低、市场竞争力最强的草地农业生产系统。草地提供了95%的奶牛饲草料需求，而绵羊和肉牛饲草料则100%来自草地。新西兰饲养奶牛591.6万头，奶制品产值66.1亿美元；肉牛394.9万头，牛肉产量63.5万

吨，产值 20.7 亿美元；绵羊 3 256.3 万只，羔羊肉 35.5 万吨，羊肉 10.9 万吨，羊毛 19.5 万吨，羊肉及羊毛产值 25.6 亿美元。此外，鹿也是新西兰主要的畜种，饲养量达 112.3 万头。草地畜牧业产值占新西兰农业总产值的 64.2%。

我国是世界上草原资源最丰富的国家之一，草原总面积将近 4 亿公顷，占全国陆地总面积的 41%，仅次于澳大利亚，居世界第二位。但是我国的草地生产力水平却很滞后，草地平均每公顷仅生产 7 个畜产品单位，相当于世界平均水平的 30%，而由草原牧区提供的畜产品仅占全国总量不足 10%，这充分说明我国的草地资源远未得到高效、合理的开发与利用，蕴藏着巨大的生产潜势。对草地资源进行科学利用，是我们亟待解决的课题。

（三）主要发达国家科技创新成果的推广应用

草产业在国际上已经是一个独立的技术密集型大产业，是一个大而复杂的生产经营体系，具有很强的拉动效应。世界农业经济发展证明，草业不仅具有很高的经济效益，而且具有巨大的生态效益和社会效益，是各国农业经济发展的必由之路，是现代农业发展的方向。苜蓿堪称“牧草之王”，是世界上栽培面积最广、最主要的豆科牧草之一。美国苜蓿草的直接年收入达 100 亿美元，加上养殖、加工等相关产业年产值超过 1 000 亿美元。全世界苜蓿种植面积约 4 000 万公顷，我国苜蓿种植面积目前约有 100 万公顷。根据美国 USDA 的 2014 年的数据，美国苜蓿收获面积为 2 284 万公顷，总产量达 12 582 万吨，产值为 108 亿美元，干草产业产值 189 亿美元（不包括青贮和半干青贮产值），即牧草产业名副其实的是美国第三大农作物。美国牧草产业干草占整个产业产品的 87.2%，其中苜蓿干草占 51.9%，其他干草占 35.3%。

美国和加拿大等发达国家，不断培育出抗逆性更强的优质饲草品种，饲草的产量、品质、抗逆特性等方面有了极大的提高，同时开发了高效的牧草-粮食作物-经济作物三元种植结构。美国加州是紫花苜蓿的主要种植区域，紫花苜蓿收获 18 茬后轮作其他作物，形成了紫花苜蓿-作物“2+2”轮作栽培模式［即 2 年苜蓿（刈割 18 茬）+2 年作物］，既保证了紫花苜蓿高产，也有效提高了农田土壤质量，增加土地的经济效益，这种先进的栽培模式非常适宜我国南方推广，实行紫花苜蓿-水稻轮作栽培，即半年苜蓿（4 茬）+半年水稻或 1.5 年苜蓿（12 茬）+半年水稻的轮作模式，既生产南方紧缺的紫花苜蓿草，又可对南方大面积中低产田进行土壤改良，保障粮食生产。

美国、荷兰、新西兰等国的人工牧草种植面积占到整个耕地面积的 60%以上，通过种草养畜，建立起发达的养殖业。荷兰在没有任何天然草原的条件下，建立起强大的草牧业经济，草地畜牧业成为农业的主体，产值占农业总产值的 55%以上。新西兰的草牧业以高效著称，每吨牛奶的成本仅为英国的 1/4~1/3，西欧的 1/8~1/6。我国具有丰富的草地资源和各具特色的牧草资源，水热条件和生产潜力并不亚于国外同类草地，通过合理和科学有效的开发，完全可以建成一批高效的草牧业生产基地，从而优化农业生产结构，提高农业发展水平。

饲草青贮调制技术是支撑草食家畜健康养殖的核心技术。北欧及美国在全株玉米和苜蓿青贮及饲喂利用技术方面处于世界领先水平，在对原料结构、含糖量、附着微生物等深入研究的基础上因地制宜地开发推广了地面堆贮、窖贮、壕贮、塔贮、塑料袋灌肠青贮和拉伸膜裹包青贮等生产工艺，研制应用了可促进饲草青贮初期发酵和防止饲草青贮二次发酵的化学制剂、菌制剂和酶制剂，研发了系列联合收获机械、装填压实机械、搬运装卸机械、打捆裹包机械以及自动取喂机械，保障了优质青贮的成功加工、贮藏和利用。日本在青贮微生物和发酵调控技术方面处于世界领先水平，尤其是利用饲料稻、农副产品以及食品副产物调制的青贮饲料及全混合日粮发酵饲料。英国和澳大利亚在饲草捆裹青贮及贮存过程中的营养成分分析、青贮质量评价、对动物生产性能的影响及经济效益分析等方面进行了深入的比较和研究，这些国家在青贮饲料质量评价及安全控制方面均建立了完善的监管体系。

（四）世界草原资源、草产业科技创新发展的方向

建立国际草产品数据平台，及时掌握、分析和预测未来草产业的发展动态，积极参与国际竞争。从影响我国牧草产业发展最大的国家——美国来看，美国牧草种植面积和产量均呈现降低的趋势，从1972年2 830万英亩下降到2012年1 920万英亩，下降了33%，从第三大作物变为第四。牧草出口占美国牧草总产量的比例也在提高，已经导致了美国当地牧草价格的升高。虽然中国不是美国牧草最大的进口国，但近几年中国进口美国牧草特别是苜蓿的量逐年增加，引起了是否仍然继续增加苜蓿出口到中国的争议和政府的关注。对于我国而言，我国进口牧草的价格也在不断升高（2013年下降约5%），无疑增加了牧草下游产业的饲料成本。

从全球来看，牧草与玉米的价格与牛奶的价格密切相关，直接影响着居民的消费水平和生活质量。由于饲料短缺和价格持续上涨，2013年我国牛奶产量开始呈现下降的态势。如何提供更多更好的牧草仍然是牧草产业急需解决的产业发展问题。从技术来讲，拓展苜蓿在新领域的应用技术研究是破解产业发展“瓶颈”、丰富产业内涵和提升产业质量的关键突破口。

在草地退化所派生的一系列生态问题的压力下，世界各国开始注重发展生态畜牧业，提出了保护性利用草地的理念，常见的有生态畜牧业和综合性适度开发两种途径，其中生态畜牧业发展模式主要有四种，分别为美国和加拿大的农牧结合型生态畜牧业发展模式，特征为集约化；澳大利亚和新西兰的草原生态畜牧业发展模式，特征为草畜平衡；日本的生态畜牧业模式，特征为农户小规模饲养；英国、德国的自然畜牧业，特征为绿色、无污染天然畜产品。非洲、西亚、南美洲等发展中国家和地区的天然草地利用轨迹基本趋同于发达国家，经历了原始被动索取阶段的逐水草而居后，目前正处于主动开发阶段，草地被过度利用，大面积退化。

另外世界草原资源、草产业科技创新发展主要集中于草牧业机械装备业，随着一些发达国家追求规模效益，调整农业生产结构，从而使农场（农户）的经营规模不断扩大，带动牧草机械进一步向大功率、大型化、高效率方向发展，发动机功率越来越高。同时草产业种植机械向多功能、复式作业发展；向控制智能化、操作自动化、驾驶舒适化发展；向采用GPS定位、激光制导、产量传感器等高新技术方向发展。

三、国外草原资源、草产业科技创新经验及对我国的启示

（一）高度重视科研-培训-推广为一体的草原管理体系

国外对草原资源和草产业给予了高度的重视，在实现草原畜牧生产机械化的前提下，组织草原的合理利用，进行草原灌溉、施肥，建设围栏与供水系统，在天然草地上补播牧草，大力开展草原保护。许多国家设立专门的土地管理机构，澳大利亚的皇家土地调查部，英国的土地资源部，美国的土地管理局，森林委员会等，根据在对草地资源全面调查的基础上制定发展规划。通过科学研究将草原划分为不同的功能定位，建立了科研—培训—推广为一体的草原管理体系，将破坏生态环境纳入了侵权行为法的救济范围之内。

（二）重视资源和育种繁育技术

草种是现代草牧业发展的基础。截至2015年年底，我国审定登记的草品种仅有475个，除144个引进品种外，我国具有自主知识产权的国产草品种仅331个，紫花苜蓿仅有80个品种。美国仅苜蓿品种就有1 000多个，而且品种选育速度仍在以每年20%的速度递增。我国草品种无论从数量

还是性能方面看，均与国际水平存在较大差距。同时我国草种子生产能力低、严重依赖进口。美国、加拿大苜蓿种子单产40~60千克/亩，我国苜蓿种子仅为15~40千克/亩，比国外低40%以上。我国每年进口约18万吨草种，占国内需求量的60%，尤其是紫花苜蓿等重要草种90%以上种子依赖进口。

（三）技术产业化薄弱

草产业在发达国家（如美国、加拿大等）已将苜蓿等饲草产业化和生产程度作为考量一个国家或地区草业现代化的重要标志，且国外草产业具有稳定的草业生产、市场和贸易，完善的质量管理制度和管理机构，完善的科技成果转化和产业化咨询服务体系，技术产业化程度高。我国经过近10年的不断完善和发展，产业化程度也在不断提升，形成了集草类种子业、饲草业、草原生态业等支柱产业，但仍都存在一定的问题，与发达国家相比，其技术产业化仍然相对薄弱。

（四）草产业生产机械装备集约化程度弱

受我国农业生产基本特征和重农轻草思想影响，我国草产业生产比较粗放，群众性小规模分散种植和手工采收一直是我国草产业生产的主要形式，草业生产中机械化程度很低，国产机械装备少，质量差，关键生产设备依赖进口。发达国家的牧草商品化、规模化生产是由发达的机械化支撑的。我国在牧草加工机械方面，通过引进消化及自行研制取得了一定进展，但总体而言，存在产量低、能耗高、质量标准低等问题。目前使用比较普遍的收获、打捆等机械设备仍主要依赖进口。应鉴借国外生产经验，根据我国牧草生产实际情况，采用灵活多样的机械装备，发展草产业的集约化和专业化。

（五）人工草地精细管理技术水平薄弱

与天然草地相比，人工草地是集约型草地，是在单位面积草地上投入必要的资金、技术，栽培饲草作物，用于家畜青饲、青贮，调制干草或放牧利用。随着不断改进发展，国外在人工草地精细管理知识、技术和资金密集度呈不断提高趋势。而我国受传统二元生产结构的影响严重，人工草地生产还处于起步阶段，布局仍存在不合理，缺乏整体规划，总量不能满足市场需求，且区域分布不平衡，加剧了饲草的供需矛盾。

第二节　我国草原资源、草产业发展概况

一、我国草原资源、草产业发展现状

（一）我国草原资源保护和利用情况

草原是我国面积最大的陆地生态系统。我国现有天然草地近4亿公顷，其中可利用面积3.10×10^{8}公顷，占全国国土面积的41.7%，相当于耕地面积的4倍，森林面积的3.6倍。根据中国草地资源调查分类原则，将我国草原划分为18个大类，其中高寒草甸类、温性荒漠类、高寒草原类和温性草原类面积最大，四类合计占全国草原的48.78%；草原以温带和青藏高原分布集中，温带以温性类草原为主，共计占据全国草原的33.17%，青藏高原为主的高寒类次之，占31.16%，二者合计占全国草原的64.33%之多。

自20世纪80年代以来，由于长期过度放牧利用，全国90%以上草原发生不同程度退化，主要

表现为植物矮小化（高度降低50%~60%），并引发生产力大幅降低（显著降低40%~75%）和草原生态系统功能劣变。草原生产力衰减，每年造成直接牧草损失达2 157.5亿元，间接生态价值损失达6 130.7亿元。草原生态恶化引发沙尘暴、水土流失等生态环境灾害频发，对我国北方人民生活以及工农业生产均造成巨大影响。

草原是有机安全畜产品的重要生产基地。我国42.61%的羊肉、19.01%的牛肉、29.56%的牛奶、48%的绒毛均产自草原。随着现代人民生活水平的不断提高，草原牧区绿色的、高蛋白的肉奶食品，越来越受到重视和欢迎，在膳食结构比例中不断攀升，因此，草原畜牧业生产成为我国食物安全战略的重要组成部分。

（二）我国草品种选育及推广应用情况

迄今，我国共审定登记498个新草品种，其中育成品种184个，引进品种153个，地方品种55个，野生栽培品种104个。涉及禾本科、豆科等14个科92个属178个种，其中禾本科和豆科共审定登记452个品种，占审定登记品种总数的90.76%。禾本科牧草典型代表黑麦草属共审定登记30个品种，其中引进品种24个，育成品种5个，地方品种1个；豆科牧草典型代表苜蓿属共审定登记80个品种，其中育成品种37个，引进品种18个，地方品种20个，野生栽培驯化品种5个。育成品种主要集中在苜蓿属、高粱属、玉蜀黍属、黄芪属、木薯属、野豌豆属、赖草属、狼尾草属、小黑麦属，占63.24%，其他35个属品种占36.76%；引进品种主要是黑麦草属、苜蓿属、柱花草属、鸭茅属、燕麦属、羊茅属、苋属居多，占52.94%，其余36个属品种占47.06%；野生栽培品种主要是披碱草属、狗牙根属、雀麦属、苜蓿属、胡枝子属居多，占30.48%，其余分布在45个属内；地方品种主要是苜蓿属，占36.36%，其余分布在26个属内。

（三）我国饲草产业发展情况

我国饲草产业来源于天然草原、人工草地，其中天然草原主要用于草原畜牧业放牧利用，商品化程度不高，因此，我国饲草产业的主要构成部分来自人工草地。目前，我国的人工草地面积达1.6亿公顷，主要为苜蓿、燕麦、沙打旺、老芒麦、羊草、黑麦草、象草等。长期以来，我国草产业发展缓慢，自20世纪90年代中后期以后，牧草产业渐渐兴起，尤其是进入21世纪以来，随着草食畜牧业的迅速发展，以及国家对食品安全的高度重视，饲草产业得到较快发展，但总体来看，我国草产业规模较小，远远不能满足草食畜牧业快速发展的极大需求。草产业发展中的优异牧草品种资源不足，截至2015年审定登记的草品种475个，紫花苜蓿仅有80个，而美国仅苜蓿就有1 000多个；美国、加拿大苜蓿种子单产40~60千克/亩，而我国仅15~40千克/亩，我国每年进口18万吨草种，占国内需求的60%，紫花苜蓿等重要草种90%以上依赖进口。国产苜蓿干草质量偏低，市场价格仅为美国进口苜蓿的60%，大型奶牛场对进口苜蓿需求逐年增长，2015年已达100多万吨。

以苜蓿干草为例，1994—2008年，我国苜蓿干草进口水平极低，在0.01万~1.96万吨，苜蓿干草出口均大于进口，在1994—2000年，苜蓿干草出口与进口之差年平均为11.99万吨。2008年以后，伴随我国奶业发展对优质苜蓿需求的增长，我国苜蓿干草贸易发展迅速，进口增长尤其明显，苜蓿干草进口量从2006年的0.03万吨迅速增加到2014年的88.4万吨，增长了约2 946倍。而苜蓿干草出口量逐年减少，从2006年的2.75万吨减少到2014年的0.17万吨。到2014年，苜蓿干草进口与出口之差高达88.23万吨。可见，在苜蓿草国际贸易中，中国处于极其明显的逆差地位。

二、我国草原资源、草产业与发达国家的差距

我国草原资源、草产业与发达国家尚存在不小的差距，在畜牧业生产发达国家，牧草属于作物生产的重要组成部分，在农业生产中占据重要地位。美国在20世纪50年代就将紫花苜蓿列入战略物资名录，草产业已成为美国农业中的重要支柱产业，为发展健康农业、有机农业、循环农业、改良中低产田和发展节粮型畜牧业方面做出了巨大贡献。然而，我国由于长期受农耕文化的影响，牧草产业一直没有真正发展起来。只是在20世纪90年代末，在牧草国际市场需求旺盛和国内农业产业结构战略性调整的大背景下，牧草产业才出现了短暂的兴盛。当前，我国牧草产业还非常落后，生产规模小，市场机制还不健全，所生产的大部分豆科牧草产品质量较低，缺乏在国际市场上的竞争能力。我国的草产品品种主要是紫花苜蓿和羊草，其中紫花苜蓿占90%以上。产品结构中，77%为草捆，2%为草块，8%为草颗粒，7%为草粉，6%为其他草产品，80%以上的苜蓿草产品粗蛋白含量14%~16%。在国际草产品市场上，美国是最大的草产品出口国，日本是最大的草产品进口国。2008年我国草产品出口18.05万吨，只占世界贸易量的2.9%；进口量1.98万吨，占世界贸易量的0.37%。

三、我国草原资源、草产业存在的主要问题及对策

近年来，尽管我国草原资源保护、牧草产业发展取得了可喜进展，但在全产业链发展关系的整体提升等方面，仍存在不少的问题，需要通过科技创新、市场培育、政策引导等诸多方面，有针对性地对之逐步加以解决。

（一）天然草原退化严重的现象仍未得到完全遏制

占国土面积约40%的天然草原，是我国面积最大的生态安全屏障。草原生态环境质量有没有改善，是判断绿色发展水平是否提升的重要标志之一，是实现未来五年“生态环境质量总体改善”目标的关键性指标。进入21世纪以来，为加强对“三化”草原治理，修复草原生态，国家先后在草原地区实施了退牧还草、京津风沙源治理、草原生态移民、草原生态奖补等重大工程及政策。2000年至今，国家对草原保护建设的投入1 300亿元，其中，“十二五”期间1 018亿元。在政策及项目的推动下，2015年全国禁牧休牧轮牧草原面积1.62亿公顷，约占全国草原面积的41.3%；草原综合植被盖度达到54%，较2011年提高3个百分点。总的来讲，近年来，尽管在退牧还草工程、草原生态保护补助奖励机制等诸多政策的影响下，草原退化的现象得到了一定程度的遏制，草原生态出现好转趋势，但与20世纪80年代相比，草原生产力仍有较大差距，显而易见，天然草原仍有较大的恢复与增产潜力。

（二）改进牧草登记品种和种子生产

草种是改良天然草地、建立人工草地、进行城乡绿化和生态环境建设的重要生产资料。随着我国生态环境建设、草牧业发展和草原生态文明的提出，社会对草种需求量逐年上升，但不少品种审定登记后在生产中并没有发挥作用，种子生产工作并未有效实施。据统计，2013年全国生产的草种类别主要涉及44个种，排名前5种的有披碱草、紫花苜蓿、柠条、老芒麦和羊草；截至2015年，披碱草审定登记5个野生栽培品种；苜蓿审定登记80个品种，其中育成品种36个；柠条锦鸡儿审定登记野生栽培品种1个；老芒麦审定登记8个品种，其中4个育成品种；羊草审定登记7个品种，其中6个育成品种。除苜蓿审定登记品种较多，其余品种数量较少，难以满足优良牧草的生产需求。种子生产环节和品种审定登记脱节，育成品种较少，缺乏良种可繁。

（三）促进牧草产业化发展

产业化的本质，就是通过利益联结机制，实现产业链上企业与农户的双赢，通过产业化发展来提升产品经济附加值是增加产品竞争优势的关键。一方面，牧草企业应加强与牧草种植者的合作，发展订单牧草业，科学引导农民进行规模化、集约化地生产保质保量的牧草，对散户和小企业给予牧草生产设备的支持。另一方面，不断发挥龙头牧草企业的示范推广作用，与上下游企业建立合作机制，生产高经济附加值的牧草产品。

第三节　我国草原资源、草产业科技创新

一、我国草原资源、草产业科技创新发展现状

（一）国家项目

“十二五”以来，国家进一步加大优质牧草种质资源开发利用、牧草丰产与加工、草地生态恢复重建、草畜平衡、草业信息化、草原防灾减灾及草食畜牧业等方面研究的支持力度。通过国家科技支撑计划、863 计划、973 计划、国家牧草产业技术体系、公益性行业研究专项、948 项目及农业科技成果转化等科技项目，累计投入国拨经费近 4 亿元。经过攻关研究，取得了一系列重要研究成果。

这些研究在理论上分别从草地与农牧交错带生态系统重建机理及优化生态—生产范式，北方草地与农牧交错带生态系统维持与适应管理的科学基础，中国西部牧草、乡土草遗传及选育的基础研究，重要牧草、乡土草抗逆优质高产的生物学基础，天然草原生产力调控的机制与途径以及人工草地生产力形成机理与调控途径等维度开展深入的探索，重点阐释了草地生态系统的维持与退化机理、乡土草选育与抗逆的生物学基础以及天然草原和人工草地的生产力调控机制，从理论上初步厘清了我国天然草原生态保护与生产发中的基本科学问题，为全面系统开展更具指导价值的理论研究奠定了良好基础。在技术层面，在青藏高原、温性草原区等典型区域围绕草原牧区生态、生产、生活等维度，重点开展了退化草地的修复与治理、受损生态系统的重建、草原牧区生态生产生活保障技术、草地复式作业关键装备研发、病虫鼠害和毒害草防治与非生物灾害的应急管理、家庭牧场资源优化配置、天然打草场培育与利用技术等研究。目前，退化草地复壮技术、草地补播改良技术、毒杂草翻除技术、草地防风固沙技术等已经较为成熟，在主要草地类型区已经形成了比较完善的放牧调控技术，以退耕（牧）还林还草、草原生态保护补助奖励机制为代表的草原保护利用工程与政策也在不断探索中稳步推进，并初显成效。

在区域尺度上，确定了我国不同草原类型适宜载畜率，研制了适合我国不同区域的草地草畜营养平衡技术，建立了不同区域家畜周年草畜平衡模式，构建了适合我国不同区域草原放牧与可持续利用技术集成，通过效益测算畜草比价模型提出了不同草原类型区家畜配置方向；在家庭牧场尺度上，结合小尺度的遥感影像对不同牧区进行了草地利用单元划分，利用地理信息系统及实地调查，建立了家庭牧场草地、家畜、水源、劳力和资金等的信息数据库，构建了家庭牧场的信息化管理系统平台，优化了经营管理模式，实现草地植被恢复和家畜生产高效以及牧民收入增加的共赢；在放牧管理机理研究方面，通过控制放牧实验，比较研究了不同放牧方式对草地生态系统结构与功能的作用规律及内在机制，探讨了放牧与草地生态系统功能关系。推动和促进了我国现代草原畜牧业产业结构转型升级，为我国草原的适应性放牧管理奠定了科学基础。

通过这些项目的实施，极大地推进了我国草原资源及草产业科技创新的进程，提高了科技在草产业发展中的贡献率。

（二）创新领域

“十二五”期间，我国在草原资源、草产业各个领域科技创新方面取得了可观的成就。

（1）培育了一批优质抗逆性强的牧草新品种。例如，中苜3号、公农1号、龙牧803、甘农3号、草原1号苜蓿以其抗寒、抗旱、抗病和高产等特性在奶业苜蓿行动中广泛种植。吉生1号羊草、吉生2号羊草、川草2号老芒麦、长江2号多花黑麦草、吉农朝鲜碱茅、青牧1号老芒麦、热研系列柱花草、达乌里胡枝子等品种，在我国高产人工草地建设和草地生态建设中起到重要支撑作用。“十二五”期间育成的中苜4号、草原4号、甘农7号紫花苜蓿，公农4号杂花苜蓿，中苜5号紫花苜蓿，晋牧1号高粱苏丹草等品种有望在“十三五”期间大面积推广应用。

（2）在牧草资源与育种领域，不仅重视种质资源保存、种质材料交换、特殊种质材料创制等传统研究，还着重加强生物技术包括基因组学、基因工程、分子标记辅助育种技术研发。我国先后在牧草种质资源收集、鉴定、保存、评价等方面开展了大量研究工作，摸清了我国饲草资源的种类、数量、分布和饲用价值，查明我国共有可利用饲用植物246科6 704种，其中优质饲草295种，加上我国从国外引进大批饲草资源204种，我国共有各类饲草资源6 908种。形成了基因库、资源圃及自然保护区为核心的国家牧草种质资源保种、繁种与供种体系，目前我国共保存牧草种质资源1420中26 015份。经过鉴定、评价，共筛选出有育种价值的材料400余份，截至2012年，共培育牧草新品种453个。与此同时，还在牧草种子超低温保存技术、牧草种质资源数据库及全自动检索技术、抗逆生理生化鉴定评价技术、不同种群生态遗传多样性、选择育种技术、杂种优势利用、远缘杂交技术、诱变育种及分子标记辅助育种技术等方面取得显著成果。

（3）在草地生态保护与放牧利用方面，基于大量的试验和理论研究，揭示了放牧利用及气候变化对草地生态系统分布格局、功能与结构的影响，结合我国区域特色，提出了季节性禁牧、休牧，围封恢复、划区轮牧等退化草地恢复与可持续利用等相关理论与方法，对我国草原管理和放牧利用提供了理论指导和技术支撑。

（4）在饲草生产加工与利用方面，提升饲草生产与供给能力是有效缓解草畜矛盾，发展草牧业的关键环节。目前，我国饲草生产产业化程度低、产值不显著、生产加工技术、政策与服务体系不健全是当前制约我国饲草生产的关键瓶颈。针对这一需求，依托国家牧草产业技术体系，我国先后开展了优质饲草生产关键技术、青干草加工关键技术、饲草产品安全监测技术、饲草青干贮技术等相关理论与技术研究，取得一批技术成果，对我国饲草产业的发展提供了重要支撑。然而，当前饲草生产与加工相关研究仍处于起步阶段，研究手段单一，机理机制深入不够，技术粗放，针对性不强，产品技术密度低等问题，有待进一步加强。

（5）在草地灾害监测与防控方面，我国是草地自然灾害最为严重的国家之一。草地极易受到火灾、旱灾、雪灾等影响和破坏，我国先后开展了草原自然灾害成灾规律、监测预警、风险评估及防灾减灾等相关理论及技术方法研究，为我国草原重大自然灾害监测、预警及防灾减灾工作提供了重要支撑，然而，对草原生态系统发生灾变的生物学、动力学、灾害学研究不足，对重大草原灾害发生与发展规律和灾害防御基础研究不足，先进成果少，防灾减灾方法手段简单等问题。

（6）在草地病虫害防治方面，近些年，随着气候变化及草原退化的影响，草地病虫鼠害呈高发趋势，2013年我国草地鼠虫害危害面积为5 525万公顷，约占全国草原总面积的13%，每年造成牧草直接经济损失3.2亿元。鼠虫害中以高原鼠兔、蝗虫为害最为严重。为此，我国开展了大量研究，揭示了我国主要鼠虫害的种类、基本特征、种群动态及为害发生规律，并针对性的形成了综合防控技术，取得了显著成效。然而，还存在基础研究深入不足，对有害生物发生预测能力差，防治方法落后等问题，有待进一步突破。

（7）在重大政策评估方面，近些年，我国高度重视草原保护、草牧业发展及牧区发展工作，先后组织实施了天然草原植被恢复建设与保护项目和牧草种子繁育基地建设项目、退耕还林还草工程、京津风沙源治理工程、退牧还草等工程项目，2000—2010 年累计投资近 300 亿元；在 2011 年党中央、国务院对草原生态恶化、草原畜牧业发展艰难、牧民生计困难等问题开始给予高度重视，提出“生产生态有机结合、生态优先”的战略方针，建立并实行了草原生态保护补助奖励机制，出台了《关于促进牧区又好又快发展的若干意见》（国发〔2011〕17 号），召开了全国牧区工作会议。国家对草原保护建设的支持力度达到空前，每年投入达 200 亿元以上。我国先后开展了草原生态奖补机制、我国北方草原区气候变化适应性管理等相关研究，形成了一批理论和技术成果，对我国制定相关政策提供了支撑。

二、我国草原资源、草产业科技创新与发达国家之间的差距

过去一段时间，我国草原资源和草产业科技创新已有一些基础理论和技术，但是与发达国家相比仍存在较大的差距。具体表现如下。

草产业整体科技水平较低，与市场脱节，科技成果转化和推广应用不及时，导致人工草场和天然草原单产水平低，产品质量参差不齐，缺乏市场竞争力。

我国牧草育成品种仍然较少，尤其是优良多抗高产品种少，导致牧草种子依赖进口，进口种子占国内需求量的 60%，尤其是紫花苜蓿等重要草种 90%以上依赖进口。

我国草产业关键装备的核心制造技术仍没有完全攻克，国产装备作业性能与国外同类产品存在较大差距，导致国产机械市场占有率低。

三、我国草原资源、草产业科技创新存在的问题及对策

（一）顶层设计，重大问题

草原资源和草产业科技创新涉及面广、产业链长、难度大，急需科学规划、统筹布局。应从国家需求和社会经济发展的大局出发，以加快推进草牧业现代化、保障国家生态安全、食物安全和农牧民增收为目标，开展科技规划和顶层设计，从基础前沿、共性关键技术、突破性国产新品种、新产品、新装备创制、应用关键技术和集成、示范与产业化进行全链条系统部署，为我国草牧业提质增效升级提供一体化的解决途径，支撑我国草牧业走出产出高效、产品安全、资源节约、生态友好的现代化道路。

（二）关键技术创新与技术集成

我国草原资源、草产业科技创新领域存在研究分散、缺乏理论和技术集成等问题，难以形成聚力。因此，应围绕草业发展的各个环节，全面系统和深入的理论研究与新技术和产品的综合集成，并基于区域资源禀赋和特点，开展针对蒙新干旱半干旱草原区、青藏高原草原区、农牧交错区、南方草山草坡区以及粮食主产区等的一系列的技术集成与模式示范。

（三）科技转化

充分发挥内蒙古、新疆、青海、西藏等草牧业大省地方主管部门、知名骨干企业的积极性，建立若干个草牧业科技示范园（区），筛选一批成熟的技术和产品，加快草原生态治理与修复、草地

畜牧业、牧草良种繁育、饲草生产加工、草地病虫害绿色防控、草地机械装备等方面的科技成果的转化与示范，推动科技成果落地。

第四节　我国科技创新对草原资源、草产业发展的贡献

近年来，中国草业产业虽然发展迅速，但作为畜牧业的上游产业，仍然处在“总量有缺口，质量有短板”的初级形态中，优质牧草、尤其是豆科牧草长期依赖进口，国产苜蓿无论在数量上还是质量上均无法满足畜牧生产的需要。任继周院士在国家草产业科技创新联盟成立大会上指出，我国草产业已初具规模，但是按照现代草业标准来要求，还有一定差距。和西方发达国家相比，我国的草产业产能和质量还有很大的距离，数量和质量还不足，草业理论和技术还需要很大的提升。草产业科技创新的原则，是针对草产业发展过程中亟待解决的前瞻性、关键性技术，以草业科技进步为目标，以契约关系为核心和纽带，推进资源共享和创新要素优化组合，围绕草产业关键问题进行系统创新。提高草业科技对产业发展的贡献度和草业发展水平，是中国农业转型升级不可忽视的产业政策。

一、我国草原资源、草产业科技创新重大成果

近几十年，通过几代科学家的努力，我国草原草牧业科技创新能力显著提升，国家培育和引进了一大批优秀人才，先后支持了一大批科研项目，在理论研究和技术创新方面取得了丰硕成果；为科技创新与推广应用提供了条件保障；为推进“十三五”草牧业科技的发展奠定了坚实的基础。

“十二五”期间，在草牧业科技领域，形成了一批重要的国家及省部级成果，具体见表4-1。

表4-1　草牧业科技创新的重大成果

成果名称	奖励类别	获奖时间	获奖单位
奶牛优质饲草生产技术研究与示范	中华农业科技奖科研类成果二等奖	2011	中国农业科学院草原研究所
中苜3号耐盐苜蓿新品种选育及其推广应用	北京市科技进步三等奖	2011	中国农业科学院北京畜牧兽医研究所
荒漠草原典型盐生植物适应逆境的机理研究	甘肃省自然科学一等奖	2011	兰州大学
草畜界面生物学转化增效技术研究	省科技进步二等奖	2012	中国农业大学
甘肃省旱生牧草种质资源整理整合及利用研究	甘肃省科技进步奖二等奖	2012	中国农业科学院兰州畜牧与兽药研究所
草原植被及其水热生态条件遥感监测理论方法与应用	北京市科学技术奖三等奖	2012	中国农业科学院农业资源与农业区划研究所
优质草产品生产加工与高效利用关键技术	内蒙古自治区科技进步奖二等奖	2012	中国农业科学院草原研究所
呼伦贝尔生态草业技术模式研究及应用	中华农业科技奖二等奖	2013	农业部环境保护科研监测所
藏北那曲地区草地退化遥感监测与生态功能区划	西藏自治区科技进步奖三等奖	2013	中国农业科学院农业环境与可持续发展研究所
北方草原合理利用技术体系创建于应用	教育部科技进步一等奖	2014	中国农业大学
针茅芒刺及有毒有害草生物防治技术的研究与应用	内蒙古自治区科技进步奖二等奖	2015	中国农业科学院草原研究所

二、我国草原资源、草产业科技成果的产业转化

目前我国草业发展受传统思想观念、科研模式与考评体系的影响，以及科研缺乏稳定的投入机制等因素的制约，科技成果转化率不高，市场竞争力不强，草牧业发展矛盾凸显，农牧民增收难度加大，影响社会主义新农村、新牧区建设。“十二五”规划以来，对草牧业科技的需求比以往任何时候都更加迫切。因此，要积极创新草牧业科研外部环境和内部运行机制，加快科技成果转化为现实生产力，提高综合生产能力。

要促进草业科技成果转化，具体说来要做到三点：首先是更新观念，就是在创新思想的指导下，真正认识到草牧业发展正由传统草牧业向集约化高效生态的现代草牧业转变，由“资源依存型”向“科技依存型”转变。其次是要有好的机制，要在创新思想的指导下，制定出利于科研成果转化和进入市场的相关政策。最后是抓住机遇，利用国家实施生态环境建设的契机，配合地方政府努力推进苜蓿、燕麦等新草业产品的普及。

我们也应该看到，目前国内外草业科研成果丰硕，我国在草业科技领域成果转化的潜力十分巨大，有一大批国内外科研成果和科技文献亟待产业转移转化。例如，我国 1909—2016 年累计发表牧业类相关论文 33 797篇。进入 21 世纪以来，全球每年草业相关领域的研究发表成果达到 1 000篇左右，2011—2015 年论文发表数量分别达到 1 532篇、1 639篇、1 712篇、1 802篇和 1 815篇。尤其是对于以草地退化相关的文献结果中，我国以 735 篇的总数列各国首位；在以草地资源保护为关键词的检索中，以我国和美国学者发表的论文数量最多，分别占到论文总数的 20. 4%和 22. 0%。由此可见，国内外在草原科技和科研方面已经取得了巨大的成果。草业科技成果的转化具有丰富的科技资源和巨大的发展潜力。

为了充分挖掘我国在草业科技成果转化方面的巨大潜力，我们应当针对草牧业科研成果丰富，但是转化率不高，部分成果无法直接应用到生产实践等问题，不断创新转化应用机制，促进形成产、学、研、用一体化的技术创新体系。具体来说，应当成立草牧业资源技术研究与成果转化中心，由研究所、大学筹备共建，紧密结合草牧业发展的科技需求，发挥校院双方优势，加强协同创新，共同构建科技创新与转化平台；以绿色化、集成化、产业化为方向，加快科技成果与应用示范，促进国家和区域创新体系和技术创新体系建设。

三、我国草原资源、草产业科技创新的产业贡献

据估算，我国草地生态系统每年可提供生态服务价值可达上万亿元。加快发展草牧业，促进家畜与草地的良性互动，对于恢复和提高草地生态屏障功能，维护我国国家生态安全具有极为重要的意义。如今我国草业资源和草业科技已经在产业发展中逐步显现出重要的作用。主要表现在以下三个方面。

首先，草原资源和草产业科技创新可以对传统的牧业系统进行彻底而深入的优化。当我国从商品紧缺时期逐渐过渡到商品丰富时期，草业产品的质量要求已经逐步超过了数量要求。在市场竞争的推动下，草原资源的优化利用必然向高效率高效益高技术的方向发展，而这一发展模式已经并将进一步依赖于草业科技创新的推动。

其次，草地资源的合理利用和草业科技的创新对于我国草牧业的可持续发展和资源保护具有深远的意义。牧草是可再生资源，合理利用和有效保护是实现我国草业资源可持续发展的重要课题。其中科技创新的作用不言而喻。例如，通过大力推广苜蓿、燕麦、饲用玉米等人工品种的种植，可以大大提高草场的承载能力和再生能力。这些优良牧草根系发达，主要分布于土壤表层 30 厘米内，

能够形成致密的生草层，可以有效防止水土流失。

最后，在草产业发展中，科技创新能够提供精准的预测和定量的指导。草原资源的开发利用和产业化进程面临着各种各样的问题，例如，投入要素对产值增长的促进作用有多大？技术的贡献作用是多少？只有进行定量的分析，才能明确掌握草产业的发展方向。只有理论上的创新研究，才能实现先进的计量经济模型，从而对草业生产的成本收益数据进行分析，精确测度我国草业资源产业化的总体布局和发展方向，并提出针对性的政策建议。

我国未来要在充分利用占国土面积 41%的草原的基础上，继续大力开展草业科学研究，预计到 2020 年，在草业科学的推动下，我国畜牧业将为我国进入粮食稳定自给、并有余粮和饲料出口的新时代贡献更多资源。要想实现这个宏伟目标，我们必须全面利用草原资源，把发展草食畜牧业的着力点聚焦在草业上，以添绿、兴牧、富民为主攻方向，着力打造生态友好、农牧结合、优质安全、集成创新、强牧富民和传承文化为特征的现代草业。

四、科技创新支撑草原资源、草产业发展面临的困难与对策

近年来，我国草牧业科技水平大幅提升，在一些研究领域处在国际“领跑”前沿地位，如草地农业生态系统理论研究等，这些理论研究成果对推进我国草牧业的科学发展起到了积极的作用。在草原生态系统生态生产功能的维持机理与退化机制方面，我国学者通过多年的努力和赶超，研究成果已经处于与国际“并跑”的水平。但是，我们也应该认识到，在很多领域，国内的科技创新水平还处于“跟跑”国际前沿水平。生态畜牧业的发展我们还没有探索出一条绿色节本、提质增效的新路子，这成为限制我国草牧业发展的重大科技攻关命题。

在优质牧草育种方面，我国草业产品存在生产水平低，国产草种质量差，良种推广和覆盖面积较小，牧草育种理论基础薄弱等问题，随着国家草原生态建设等项目的启动，草种和草产品需求量大并呈现快速增长趋势，我国亟待培育出适合不同生态区域、不同生产和生态恢复功能的优异牧草新品种，保障基础草业的发展根基。

在牧草栽培与饲草加工方面，国内栽培技术落后，生产出的牧草品质较发达国家还有很大差距，饲草加工粗放，以青干草为主，缺乏饲草深加工的技术，影响着我国饲草的储存和运输，重视饲草加工环节，加强饲草加工技术创制已经刻不容缓。

在草牧业机械设备现代化方面，牧业机械的制造材料不过硬、技术不过关，国产设备故障率高，成为阻碍我国草牧业朝着机械化发展的最大障碍。除此之外，草牧业信息化的发展刚刚起步，“互联网+”的提出和在草牧业产业当中的应用具有十分广阔的前景，国内一些大型企业开始着手研究和探索性应用已有的信息资源为产业发展服务。

第五节 我国草原资源、草产业未来发展与科技需求

“十二五”以来，国家不断重视草牧业创新研究工作。在草牧业支撑技术方面，研发了一系列针对牧草栽培与加工、天然草原放牧优化管理、退化草原生态系统恢复的技术体系；在草牧业模式与技术推广示范方面，已经建立了多个项目示范区及示范站点，有效提升了牧草产业化科技水平。目前农业部在北方干旱半干旱区和农牧交错区率先开展“粮改饲”发展草食畜牧业试点示范，通过旱作栽培技术示范、优异牧草品种推广、草畜结合等方式，提高了现代草牧业发展效益及水平。现在，需要在科学发展观指引下，实现我国草产业发展的历史性转变和实现跨越式发展，凝聚技术创新目标解决草产品的数量和质量稳定生产的问题；解决良种繁育和草种现代化生产问题；解决适合中国本土化不同地区的机械设备问题。

我国草产业历经了半个多世纪的发展，目前在国家经济、社会及生态领域中的地位得到了初步肯定。国家从战略高度重视草产业的发展。针对我国发展草产业的对策与建议有以下几点：①加强草学学科建设水平。草学学科以国家草牧业发展的重大战略需求为指南，以建立可持续发展的草地农业生态系统为主要目标，在国家草地农业发展的重要领域，制定行业技术标准与规范，指导草业产品开发和科技成果工程化。推动多学科交叉，国内外优势科研力量协同攻关，引进、消化和吸收国外先进技术，并加以集成创新和工程化；②积极开展国际合作交流。借鉴国外先进的教育理念和经验，引进优质教育资源，建立合作平台，培养和吸引国际化人才；③建立和完善我国草产业的科技支撑和人才储备体系。加强创新人才团队建设，是现代草牧业科技发展的需要，同时也是科技创新的重要任务。依托平台建设，加大学科带头人的培养力度，积极推进创新团队建设。注重发现和培养一批草业战略科学家和管理专家；④加快科技成果转化应用。积极创新草牧业科研外部环境和内部运行机制，以加快科技成果转化为现实生产力，提高综合生产能力。针对草牧业科研成果转化率不高，部分成果无法直接应用到生产实践等问题，不断创新转化应用机制，促进形成产、学、研、用一体化的技术创新体系。

一、我国草原资源、草产业未来的发展趋势

（一）我国草原资源、草产业发展目标预测

我国天然草原生态退化得到全面遏制，并出现全面好转。天然草原生产力基本恢复；紫花苜蓿、羊草、饲用燕麦等优质饲草良种种子、草产品进口依赖度大幅降低，基本实现国产化；国产中小型草地机械技术国内市场占有率显著提高；建设一批现代草业关键技术示范区，辐射带动我国草产业转型升级，产业发展规模和效益显著增加；家畜饲草转化效率显著提升，减畜增效经济、社会、生态效益显著。

（二）我国草原资源、草产业发展重点预测

1. 短期目标（至 2020 年）

我国草原生态退化得到基本遏制，局部生态显著改善。天然草原平均生产力提高 3%，国产牧草良种种子产量提高 5%，紫花苜蓿等优质饲草产量提高 5%，国产小型草地机械装备国内市场占有率提高 10%，家畜饲草转化效率提高 5%。建立现代草业示范区 10~12 个，示范面积 300 万~500 万亩。

2. 中期目标（至 2030 年）

草原生态退化得到全面遏制，局部生态显著改善。天然草原平均生产力提高 5%，国产牧草良种种子产量提高 10%，紫花苜蓿等优质饲草产量提高 10%，国产小型草地机械装备国内市场占有率提高 20%，家畜饲草转化效率提高 5%。建立现代草业示范区 20~25 个，示范面积 800 万~1 000 万亩。

3. 长期目标（至 2050 年）

我国草原生态环境总体好转。天然草原平均生产力提高 5%，国产牧草良种种子产量提高 15%，紫花苜蓿等优质饲草产量提高 15%，国产中小型草地机械装备国内市场占有率达到 50%，家畜饲草转化效率提高 5%。建立现代草业示范区 40~50 个，示范面积 3 000 万~5 000 万亩。

二、我国草原资源、草产业科技需求

天然草原是我国重要的自然资源，其不仅发挥着重要的生态功能，而且生产潜能巨大，在我国

农业生产中占有重要地位，对保障国家粮食安全和食品安全具有不可替代的作用。过去 30 年间，由于不合理的草地利用致使大面积草原退化，近年来我国大力推行草原保护政策，通过围封禁牧等措施，不断促进退化草原的恢复，草原生态环境有所好转。但是，有大量研究表明，草原资源不利用或长期围封禁牧不但造成资源浪费，其生态系统的服务功能也难以实现最大化，合理的利用有利于草原生态系统的功能维持。因此，针对大面积可利用草原，如何通过合理利用来实现永续发展，是当前亟待解决的重大科学命题。

基于我国草地畜牧业发展的现状以及国家宏观发展的战略，草地畜牧业发展需要转变观念、技术创新和科学管理。转变观念方面主要包括：从单一资源导向型畜牧业向商品资源结合型畜牧业转变，从粗放型畜牧业向节粮节草与多层次利用型畜牧业发展，从传统生产型畜牧业向规模经营与传统生产结合型畜牧业转变。科学管理方面，统筹考虑资源约束、原材料供给、生产、加工和销售等各个关键节点。技术创新方面，要充分考虑资源的多次和再次利用，避免资源的浪费；利用食疗保障家畜的健康，避免药物治疗给食物安全带来的隐患；培育性状优良的新品种，提高生态畜牧业自身的生产力；普及标准化和规范化的养殖技术，提高畜产品的质量；研究区域内粮—经—饲配置模式，提高单位面积土地资源的产值；优化区域内草畜耦合模式，实现草、牧、肥、粮的良性循环。

我国牧草育种工作已取得了很大成就，但牧草育种的总体水平还较低，远远不能满足草地畜牧业发展的需要，随着国家草原生态建设等项目的启动和牧区惠农政策的实施及畜牧养殖业的快速发展，草种和草产品需求量大并呈现快速增长趋势，但是我国草业产品存在生产水平低，国产草种质量差（主要是发芽率低、杂草种子多、含检疫对象比例高），良种推广和覆盖面积较小，中国牧草育种理论基础薄弱，尤其是中国特有草种的性状遗传、群体遗传和无融合生殖等领域的研究远远落后于生产实践，育种方法和育种手段有待进一步提高。由于牧草良种繁育体系不健全，隔离条件差，加工设备简陋，因此时常发生生物学混杂和机械混杂现象，加速了优良牧草品种的退化，缩短了优良牧草品种的使用年限。我国苜蓿创新成果、创新技术和创新产品也不能满足产业快速发展的需要，缺乏产业升级的突破性成果和关键性技术，苜蓿产业仍处在低水平上发展。主要表现在突破性优良品种较少，特别是高产、优质、多抗和广适的优良品种相对缺乏，与国外一些优势品种相比，国内大部分的苜蓿品种丰产性与优质性较差（根茎枝条少、再生速度慢、叶片小、叶片少、粗蛋白质含量较低），密植性和机械作业性较差。目前，进口种子占我国草种的 80%～90%，而我国干旱、寒冷、多风的草原环境对这些昂贵的进口草种基本不适应，不仅没有给农牧民带来预期的高收益，更阻碍了当地草业的发展。

我国的饲草加工业近年来得到了飞速的发展。目前国内主要应用的是青贮加工技术，青干草及草粉、草捆加工为主。苜蓿等人工草地种植面积逐步增加，种植趋向规模化、机械化；加工企业不断涌出，草产品供给能力，草产品质量逐步提高；青贮玉米与苜蓿干草等草产品普遍应用；饲草种植与养殖结合越来越紧密，集苜蓿种植—加工—奶牛饲养为一体的企业已开始在国内出现。由于我国经济快速增长及居民生活水平提高，对肉奶产品需求激增，草产品供需矛盾压力持续增加，无论在数量上还是在质量上，均无法满足畜牧业生产的消费需要，仅 2012 年进口苜蓿已飙升到 44.2 万吨。在耕地如此紧缺的形势下，牧草加工利用面临如下问题：①牧草种植区多为干旱、土地质量低区域，资源压力尤其是水资源缺乏是限制产业发展主要因素。②苜蓿地域与家畜地域的耦合，特别是与奶牛地域的耦合也日渐成为我国牧草产业发展的主要影响因素。突出表现为产苜蓿的地方不养奶牛或养奶牛较少，集中养奶牛的地方又不产苜蓿，这样大量的苜蓿就得异地消化，造成运输成本的增加和苜蓿营养物质的损失，引起苜蓿成本和奶牛养殖成本的增加，使苜蓿生产者和使用者的利润空间变小。③加工机械主要以小型为主，价格贵，不适应产业发展需求。④青贮过程中霉变、二次发酵普遍存在。

草牧业机械设备现代化是加快推进牧业机械化，改善牧区生产条件、降低牧民劳动强度、提高草牧业生产效率的重要基础。我国目前在草牧业机械化领域存在一系列的问题，例如，牧区自然条件不利于机械化，牧草机械化技术供给水平低，牧草生产区域的社会经济水平相对落后以及农机作业成本上升等。针对这些困难，未来在草牧业机械设备科技创新方面的需求主要包括秸秆废弃物资源的利用、天然草场的改良以及牧草机械生产和操作的智能化。与之相对应，在牧草机械开发和生产方面，未来面临的主要需求主要有四个方面：①“粮改饲”关键技术的研究；②优质草产品规模化高产高效生产关键技术的研究；③牧草机械智能化的开发；④牧草机械制造的自动化。

数字草业是现阶段提高我国草业经营效率、长远地保持草地畜牧业可持续发展的技术保障。今后我国数字草业技术发展的战略目标是充分利用后发优势，以数字草业信息标准及基础数据库、草地生物-环境信息获取与解析技术、草业过程数字模型与系统仿真技术、人工草地数字化设计技术、草业数字化管理技术、草业数字化控制技术等内容为突破口，力争在数字草业重大技术、重大系统、重大产品上取得突破，逐步建立我国数字草业技术体系、应用体系和运行管理体系，全面推进我国现代草业信息化进程。通过数字草业技术推动现代草业建设，实现经济与生态双赢的草地可持续生产，发挥草地作为绿色屏障的生态功能，体现草地作为后备食物资源的生产功能，促进东部、中部、西部协调发展，促进西部地区生态和生产协调发展，是把我国西部广大草原区建设成为社会、自然、经济协调发展的、适合人的生存环境的关键。

三、我国草原资源、草产业科技创新重点

（一）我国草原资源、草产业科技创新发展趋势

1. 创新发展目标

针对我国“草原生态退化严重、放牧经营管理粗放、生产效率低下、优质饲草供给不足、草畜矛盾突出、技术装备落后、进口依赖度高”等重大问题，以“生态、高效、可持续”为目标，通过退化草地生态修复机制与关键技术、天然草原减畜增效关键技术等方面的科技创新，有效缓解天然草原草畜矛盾，实现草原生态的根本好转。通过国产饲草当家品种培育，优质饲草高效生产、饲草科学加工与高效利用、草地机械装备国产化等关键环节的科技创新，全面提升草产业领域的科技和装备水平，推动相关产业转型升级，实现草产业“良种化、专业化、机械化、信息化”，大幅增强优质饲草生产和供给保障能力，降低草产业对进口产品的依赖度，为我国草原生态保护、草产业健康可持续发展提供强有力的科技支撑。

2. 创新发展领域

草原资源与草产业的创新发展主要包括草地生态与可持续利用、草种质资源与育种、饲草栽培、加工与高效利用、草地机械装备、数字草原与信息化五个领域。

在草地生态与可持续利用领域，明确天然草原生产力形成的基础与支撑因子，研究支撑草原生产力的各生态要素之间的均衡关系与互补效应，解析土壤-植被的耦合与相悖效应；研究天然草原退化的驱动力与演变过程；研究挖掘天然草原生产潜力、提高投入效率的原理。开展退化草地快速修复与可持续利用、基于水资源高效利用、植物生长调节、土壤保育、放牧管理优化等要素的天然草原生产力综合调控等关键技术研究，加快退化草地生态治理，恢复和提高草原生产力。

在草种质资源与育种领域，研究主要乡土牧草的重要性状精准鉴定与基因型鉴定，构建核心种质资源；精细定位其高产、优质、抗逆、抗病虫、营养高效利用等重要性状 QTLs 基因，发掘其优异等位基因；开展产量、品质、抗性等复杂性状关键功能基因与互作调控网络研究。重点基于全基因组测序，开展羊草等重要牧草全基因组选择理论与方法研究；开展牧草、乡土草分子聚合育种理

论和方法研究；围绕“一带一路”，加强与蒙古国、俄罗斯等国家和地区开展种质资源引进与利用。开展重要饲草本土优良品种培育、优良品种种子标准化生产、种子质量分级与评价、新品种适应性评价与区划等方面的技术和方法研究，大幅提升国产饲草品种种子的质量和供给能力。

在饲草栽培、加工与高效利用领域，揭示重要饲草发酵过程及其调控机制，以提高饲草青贮加工营养品质；研究饲草在草食家畜体内高效转化的机理，以提高饲草转化效率。突破高品质发酵饲草加工核心关键技术，全面提升饲草产业核心竞争力。自主研发高效饲草产品加工专用系列添加剂，确保饲草产品的质量和安全；实现大、中型饲草加工机械和工艺的自主创新，大幅度降低饲草生产成本；开展饲草加工产品与草食家畜高效营养转化利用模式和关键技术研究，推进草畜一体化，提高饲草转化效率和草食家畜单产水平。

在草地机械装备领域，围绕草牧业产业的关键环节，集成研究人工草地施肥、播种（补播）等机械化生产工艺模式，研发适宜苜蓿等微粒种子精密播种的牧草种子排种器、排肥机构等核心部件，并进行集成配套，开展多功能复式作业；结合生产实际需要，开发小规模机械化生产技术模式，以提高牧草种植机械效率、实现牧草产业机械化现代化为目标，进行牧草机械智能化研究。重点研究针对复杂地貌的牧草机械化生产技术及装备；研制集种植、天然草地改良、牧草收获、加工、储运等环节于一体的复合机械装备。

在数字草原与信息化领域，重点建设草地生态系统信息监测网络与信息服务平台；对草地生产-环境-经济复合体系进行草业系统安全运行决策与风险评估；开发各种记录放牧家畜采食行为和生产特征的仪器设备；针对实用草地生产管理问题开发多种比较完善的草业管理信息系统（MIS）、专家系统（ES）和决策支持系统（DSS），对基本生产单元多个环节进行决策支持。

（二）草原资源、草产业优先发展领域

1. 基础研究方面

重点支持开展草原生态生产功能提升机制与精准调控、重要牧草优质高产抗逆遗传学基础与分子育种理论、栽培草地高产优质稳定生产机理以及草畜耦合高效利用转化机理等基础前沿研究。

（1）草原生态生产功能提升机制与精准调控。以揭示草原生态生产功能维持与提升的机理为目标，围绕草原生态系统主要要素特征、变化规律及协同关系，重点研究土壤水分循环过程、平衡机制与高效利用的机理；研究主要土壤养分肥力维持与增效机制；研究草原植物功能多样性与可持续生产力的维持机制；研究草畜互惠维持和优化生态系统功能的机理；研究草原微生物-土壤-植物-动物的关联特征及其维持生态系统功能中的互作机制；研究草原主要生态生产功能主要参数的测度与协同优化机制；研究提升草原生态生产功能的精准调控机制；研究草原牧区水资源高效利用与碳增汇机制；研究气候变化对草地初级生产力的影响与适应性调控机制。

（2）牧草、乡土草优质高产抗逆的遗传学基础及分子设计育种理论。以苜蓿、羊草、黑麦草、柱花草等牧草、乡土草资源为材料，研究其重要性状精准鉴定与基因型鉴定，构建核心种质资源；精细定位其高产、优质、抗逆、抗病虫、营养高效利用等重要性状 QTLs 基因，发掘其优异等位基因；开展产量、品质、抗性等复杂性状关键功能基因与互作调控网络研究；基于全基因组测序，开展羊草等重要牧草全基因组选择理论与方法研究；开展牧草、乡土草分子聚合育种理论和方法研究；围绕“一带一路”，加强与蒙古国、俄罗斯等国家和地区开展种质资源引进与利用。

（3）栽培草地高产优质稳定机理。研究主要栽培草地的退化规律与成因；研究牧草高产栽培与高效利用的生理生态学基础；研究栽培草地生产力形成、稳定维持和可持续利用机制；研究混播草地土壤营养循环通道和调控途径；研究主要栽培草地碳储量及碳固持机制；研究主要栽培草地病虫害、杂草种群生物学与发生规律；研究牧草-作物系统水肥资源耦合的生化生物学基础及作用机

理；研究牧草-作物复合生产系统植物种间耦合与补偿机理；研究牧草-作物复合生产系统的环境影响及其循环经济综合效益评价。

（4）种养结合高效利用转化机理与途径。研究混播饲草营养协同形成机制及其在加工利用过程中的消长变化规律；研究牧草、农副产品、非常规饲草等优质饲草料资源高效适配利用原理；研究草畜资源区域性优化配置与高效均衡调控机理；开展饲草微生物种群与草食家畜瘤胃微生物区系协同进化机制；研究饲草营养组在草食动物机体内代谢及其向畜产品高效转化的生物学机制和关键调控途径；开展饲草营养、饲养制度对草食家畜免疫机能的表观组研究及调控途径；研究高效种养结合温室气体减排机制。

2. 应用研究方面

重点支持开展草原保护、生态修复与可持续利用、牧草良种选育与种子生产、饲草栽培管理与高效利用、优质高效养畜关键技术与配套产品开发、草牧业机械装备研发及关键技术、草牧业数据与信息化等关键技术研发，为我国草牧业发展提供一体化的解决途径，支撑我国草牧业走出一条“绿色节本、提质增效”的可持续发展道路。

（1）草原保护、恢复与高效利用的关键技术。围绕我国草原退化严重，草原恢复、保护及高效持续利用缺乏技术支撑等问题，以提高生产效率、提升草原生态和生产功能为目标，重点研究退化草原土壤水分、养分修复的精准调控技术；提高水分利用率、土壤肥力的微肥与包衣技术；退化沙化草原植被重建与快速恢复技术；封育草地的生态功能评估技术与合理封育-解禁利用模式；草地刈割制度与刈割草地水肥保持技术；湿地、湖泊和盐碱滩地的保护与利用模式及关键技术；草原牧草与家畜质量的快速检测技术；草原生态补偿机制的效益分析与制度优化。

（2）牧草、乡土草优良新品种选育与种子生产关键技术研发。开展北方多年生、南方一年生等优异牧草种质资源收集评价；结合常规育种和生物技术，培育紫花苜蓿、青贮玉米、羊草、燕麦、黑麦草、柱花草等主要牧草当家新品种；培育适合北方退化草原、南方草山草坡等不同生态类型区补播改良的乡土草新品种；开展良种种子高效生产与质量控制关键技术研究；研究适合不同区域特色的种子包衣等处理加工技术；研究牧草种子质量评价与快速检测关键技术。

（3）优质高效饲草栽培、管理与高效利用关键技术研发。建立优良饲草品种资源生产力评价技术体系；研究优质饲草高效栽培提质精准管理技术；研发优质饲草收获加工调制关键技术与深加工产品；建立优质饲草高效均衡供给关键技术和模式；创建饲草料质量与安全快速评估技术方法；挖掘新型植物饲料资源、植物源产品及其应用模式；构建区域性饲草-粮食-经济作物耦合耕作制度；研究栽培草地放牧、刈割承载力，建立不同区域可持续利用模式；研发栽培牧草—作物系统病害防控关键技术与产品。

（4）优质高效养畜关键技术及配套产品研发。围绕现代绿色、低碳、优质畜牧业的要求，改良草食家畜品种，创新肉牛肉羊高效育肥技术，构建区域性种养结合循环养殖模式；研发优质牧草、作物秸秆、农副产品与草食家畜营养高效转化关键技术与产品；研究提高舍饲半舍饲牛羊肉品质和风味技术；研究区域性草食家畜补饲模式和关键技术，建立基于营养平衡的多畜种补饲模型；建立畜产品溯源系统和技术，逐步实现我国草原畜牧业畜产品的可溯源；研究草食家畜营养减排关键调控技术及标准化饲养技术规范；建立畜牧业生产技术规范与技术流程，制定优质畜产品质量安全标准；建立草畜耦合生产系统效益评价技术体系。

（5）高效低损草牧业机械化生产技术研究及配套装备研发。研发高效、精量、通用性强的牧草播种、施肥一体化装备；研发适合区域特色的割草、多功能搂摊草、智能化捡拾压捆装备；研发优质牧草粉碎、压块、裹包、青贮一体化装备；研发适合小型家庭牧场的多功能饲草料搅拌、喷洒等加工装备；研发草牧区特殊生产需求及新能源干燥装备；研究智能化养殖技术及装备；研究退化天然草场促壮复生、补播相关装备；研究机械化毒杂草防除、防风固沙技术及装备。

(6) 草牧业数字与信息化关键技术研究。研制低成本的牧区空间信息集成服务技术；研究适用于牧区常见人畜共患疾病的智能移动辅助诊断专家系统；研究适用于业务化运行的空间草地植被生产力监测模型及可业务化运行的区域性牧场管理互动服务平台；研究适用于草原牧区环境的不间断供电系统、微处理器终端，温湿度、风速、音频、视频等传感器及室内主控硬件设备的耦合集成方法；研究草原畜牧业商情综合信息服务平台，构建畜产品行业信息采集网络体系，进行畜牧业产品种养加、产供销和贸工牧一体化工程的信息化技术研究；研制适宜于牧区畜牧业经济宏观决策与微观指导相结合的信息服务网络体系。

第六节　我国草原资源、草产业科技发展对策措施

一、产业保障措施

（一）建立经费多元投入机制，稳定草原科技创新经费投入

建立经费多元投入机制，充分发挥产业的市场配置作用，激励产业和企业资金加大科技研发经费投入，补充研发经费的不足，提高资金利用效率，稳定草原科技创新经费的投入，推进草原科技创新工作不断向前发展。

（二）建立以产业需求为导向的创新机制，提高成果实用性

产业是科技创新成果的终端用户，也是科技创新成果价值的最终体现。建立以产业需求为导向的科技创新机制，充分发挥产业的优势，围绕草产业全产业链的重大科技需求，凝练重大科学课题，开展科技创新工作，提高科技成果的实用性和可转化性。

（三）建立产学研联合创新机制，促进成果转化

依托草产业和知名企业，进一步建立和完善产学研联合创新机制，提升其在科技成果集成、示范和转化工作的作用，促进科技成果快速实用化、商业化和产业化，提高科技贡献率。

二、科技创新措施

（一）加强智库建设和战略研究，引领草学科技创新方向

进一步加强和完善草原资源和草产业领域的高水平专家智库建设，并利用各种渠道设立一系列战略研究项目和课题，支持智库专家，继续深入开展草原资源和草产业科技创新发展战略研究，瞄准国际前沿领域和方向，结合我国草原资源和草产业发展的实际情况，编制中长期科技发展规划和蓝图，凝练出一批重大科技问题，形成一批重点研发计划专项建议，引领我国草业科技创新方向和重点。

（二）加强青年科技人才培养，打造国际一流创新团队

高层次科技人才，尤其科技领军人才的缺乏是当前制约草业科技创新的关键要素。因此，要加强高层次科技人才，尤其是青年科技人才的培养。组织实施一批重大人才培养计划，由过去的重引进向引进与培育并重的转变，一方面通过全球招聘等方式，从国外引进一批高水平顶尖人才，提升研究水平和国际影响力，在一些重点方向和优势学科上实现领跑；另一方面注重从现有科研人员中

遴选出一批青年拔尖人才，从研发经费、个人成长等方面给予相关人才全方位的支持，鼓励其快速成长，通过5~10年的努力，为我国培养出一批科技领军人才、一批高水平的科技创新骨干、多支国内一流的科技创新团队，实现科技创新能力的跨越式发展。

（三）加强科技协同创新，促进产学研结合

科技力量和资源分散、组织协调不足，难以解决重大科技问题是当前制约草原资源和草产业科技创新的重要制约因素。因此，应进一步加强我国草原和草产业领域的协同创新，围绕制约草原资源保护利用和草产业提质增效的重大科技问题，组织国内外优势单位和研究力量，开展协同攻关，在重大关键技术、技术装备研发等方面形成重大突破。鼓励有实力的企业参与科技创新，促进产学研有机结合，促进科技成果的应用和转化。

三、体制机制创新对策

（一）进一步建立健全人才分类考核评价机制

人才是推动科技创新的第一要素。加强高层次人才培养，是推动科技创新，支撑现代草牧业发展的需要。进一步落实国家相关政策，建立健全人才分类评价考核评价机制，破除科学研究中的论资排辈和急功近利现象，抓紧培养造就一批中青年科技创新人才、科技发展战略专家和科技管理人才。进一步优化现有人才引进和培养制度，加大力度吸引优秀留学人才回国工作和为国服务计划，重点吸引学科高层次领军人才。

（二）进一步建立健全科技成果转化体制

以《促进科技成果转化法》等相关政策法规为基础，鼓励相关涉草科研院所，结合自身实际情况，建立起有利于科技成果转化的绩效评价考核体系，将科技成果转化工作成效作为单位及相关人员考核、评价的重要依据。进一步完善科技成果转化激励制度，明确转化收益分配比例，保证成果研发人员的利益，鼓励相关科研人员通过转让、授权许可、参与股权等方式，向企业或者其他终端用户转让科技成果，提高成果转化率，支撑产业发展。

加强成果转化主体建设。针对草牧业科研成果转化率不高，部分成果无法直接应用到生产实践等问题，需要不断创新转化应用机制，促进形成产、学、研、用一体化的技术创新体系。加大资金投入和支持力度，成立草牧业资源技术研究与成果转化中心，加快科技成果与应用示范，建立科技成果转化示范区，促进国家和区域创新体系和技术创新体系建设。

（三）进一步建立健全知识产权保护机制

知识产权制度是迄今人类社会“发明”的一项重要制度，是激发科研人员科技创新动力，捍卫研发人员成果收益的重要保障。严厉的知识产权保护制度有利于将技术优势转化为经济利益，极大地促进科技知识的传播、科技成果转化和应用，推动产业技术转型升级，推动产业跨越式发展。草产业科技领域的知识产权保护处于落后水平，相关体制机制尚不健全，难以为相关科技人员提供有力保障。因此，要进一步加强草原和草产业领域的知识产权保护体制建设，建立相关的知识产权保护机构和平台，开展草牧业知识产权的代理、诉讼、转让、中介许可、信息服务以及知识产权资产评估等相关工作，推动草产业科技创新和成果转化。

（李元恒、吴尧、李平、李西良、李芳、任卫波、侯向阳）

主要参考文献

段瑞春 . 2008. 产学研合作创新：机遇与挑战［J］. 中国科技产业（a 4）：3-5.
哈斯巴特尔，郭玲玲，丁利芳，等 . 2016. 内蒙古草产业现状及发展对策［J］. 草原与草业，28（3），7-10.
韩天虎，张榕 . 2016. 创新发展机制转变发展方式提升发展水平［J］. 第四届中国草业大会论文集，339-343.
胡冬雪，陈强 . 2013. 促进我国产学研合作的法律对策研究［J］. 中国软科学（2）：154-174.
黄晶金 . 2009. 浅析农业科技成果转化中的知识产权保护［J］. 湖南农业科学（12）：102-104，107.
李焕中 . 2013. 加强科技成果转化中的知识产权保护对策［J］. 法制博览（7）：263.
刘力 . 2006. 美国产学研合作模式及成功经验［J］. 教育发展研究（4）：16-22.
刘玮，李燕凌 . 2014. 科技创新成果转化与产业链发展［J］. 科学管理研究，32（1）：15-18.
骆大伟 . 2009. 国外产学研合作模式及对我国的借鉴意义分析［J］. 今日科苑（24）：28-29.
琼达 . 2010. 西藏草业发展的制约因素及建议［J］. 中国牧业通讯（3）：25.
任继周，马志愤，梁天刚，等 . 2017. 构建草地农业智库系统，助力中国农业结构转型［J］. 草业学报，26（3）：191-198.
昝林森，成功，闫文杰，等 . 2016. 中国西部地区草牧业发展的现状、问题及对策［J］. 科技导报，34（17）：79-88.
张薇，董瑜，赵亚娟，等 . 2008. 产学研结合的国际比较科学观察，3（2）：5-11.
张武军，翟艳红 . 2012. 协同创新中的知识产权保护问题研究［J］. 科技进步与对策，29（22）：132-133.

第五章　我国畜禽疫病预防、控制与科技创新

摘要：当今世界，科技进步已经成为推进国家经济和社会发展以及提高综合国力和国际竞争能力的关键因素。新技术、新知识更新周期不断加快、应用范围不断拓展，对各行各业产生着深远的影响。生物科学、信息科学、材料科学等学科与兽医学科的交叉研究，促进了畜禽疫病防控理论研究不断深入、技术研究不断进步。基因测序、基因编辑、蛋白测序、蛋白表达等技术让我们能从分子水平上更准确地掌握病原遗传进化规律、病原流行和传播规律、病原致病机制和免疫机制等，为畜禽疫病防控奠定了理论基础。但随着社会、经济和科技水平的不断发展，畜禽疫病防控面临着畜禽饲养规模进一步扩大、国内外畜禽及产品贸易流通频繁、生态环境保护和人们对产品质量安全要求提高等新形势，需要我们站在全球的角度，紧密围绕“防风险、保安全、促发展”目标任务，认真总结畜禽疫病防控与科技创新发展情况和经验，分析研究制约畜禽疫病防控工作与科技创新发展的问题，科学谋划下一阶段畜禽疫病防控工作方向与科技创新发展重点领域，为推进畜禽疫病防控工作与科技创新相互融合、共同发展提供有力支撑。

第一节　国外畜禽疫病预防、控制与科技创新

一、国外畜禽疫病预防、控制现状

随着社会、经济和科技水平的不断发展，畜禽饲养规模进一步扩大，集约化程度日益提高，畜禽产品国际贸易渐趋频繁，畜禽产品供给丰富多样，人们充分享受到了现代畜牧业的发展成果。而养殖模式的改变、人类活动范围的扩大、生态环境的破坏以及畜禽、畜禽产品的高效流通，让畜禽疫病流行态势发生了显著改变，主要表现为新畜禽疫病种类不断涌现、疫病跨界传播更加迅速、人兽共患病危害日益加深、畜禽食品安全事件时有发生、畜禽养殖污染问题凸显。因此，畜禽疫病预防、控制工作的意义和作用早已经不再局限于保护畜牧生产、拘泥于某个地域的疫病防控，而上升到关乎养殖业生产安全、动物源性食品安全、公共卫生安全和生态安全的高度，甚至成为国家层面的战略和计划。国际社会普遍关注畜禽疫病预防、控制工作，“同一个世界，同一个健康”（One world，One health）和“良好兽医管理”（Good Governance of Veterinary Services）等新理念逐渐得到大多数国家的广泛认可，成为全球畜禽疫病防控（特别是跨界动物疫病防控）的主要理念。

（一）国外畜禽疫病预防、控制概述

随着世界各国，尤其是畜牧业发达国家和地区对动物疫病防控工作认识程度的不断提高和投入力度的不断加大，一些重大畜禽疫病在一定范围内得到有效控制，甚至是消灭。在世界动物卫生组织（OIE）和联合国粮食及农业组织（FAO）等国际组织的大力推动下，区域控制、渐进性控制和官方控制等控制口蹄疫策略在全球得以有效推进，截至2016年5月，第84届OIE代表大会上已有71个OIE成员被认可为无口蹄疫国家，13个成员被认可为无口蹄疫区域。根据OIE的199个成员或地区的动物疫情报告，2010年后有40个国家的高致病性禽流感疫情得到有效控制，但在东南亚

地区多个国家仍有流行，对公共卫生安全存在较大威胁。根据 OIE 官网数据，2016 年以来，22%的成员体及领土（43/198）报告发生非洲猪瘟疫情，非洲、欧洲、美洲、亚洲的疫情扩散传播已对全球的生猪产业以及国际贸易造成极大的影响，由于至今还没有研制出专门针对非洲猪瘟病毒的疫苗，非洲猪瘟疫情的防控主要依靠严格的生物安全措施，西班牙、巴西等国家已经通过实施科学严谨的根除计划成功根除了非洲猪瘟。小反刍兽疫已经引起世界各国的高度重视，美国、韩国、印度等国家都在积极进行相关方面的研究工作。猪瘟疫情近年总体平稳，欧盟大多数成员方、巴西、墨西哥、日本已有效控制，美国、加拿大、英国等 30 余个国家已经 OIE 公布为无猪瘟的国家，但在东南亚多数国家（新加坡、文莱和柬埔寨除外）还呈周期性流行。非洲猪瘟疫情在非洲和欧洲仍持续不断，在多个国家呈现缓慢蔓延的趋势，短期内难阻止扩散。猪繁殖与呼吸综合征（PRRSV）主要在北美、欧洲和亚洲等地区呈地方流行性，北美和东欧的疫情较为复杂，商品化猪场发病率居高不下，养猪业发达国家的种猪场（原种场、祖代场）基本都是实现净化，无疫国家主要有澳大利亚、新西兰、瑞典、瑞士、芬兰和挪威。布鲁氏菌病在亚洲流行严重，仅瑞典、丹麦、加拿大、芬兰、澳大利亚等少数发达国家和地区经过数十年努力已实现净化。

综合分析近年来国际上动物疫情的发生和流行状况，国外畜禽疫病的预防和控制形势呈现出三个“新特点”。

1. 新发病或旧病复发不断

新发畜禽疫病因其不确定性、难以预测性而使人们无法及时做出正确的决策和采取有效的措施，一旦暴发会造成很高的病死率，严重影响畜牧生产、社会稳定和经济发展，有些疫病甚至成为世界性的重大公共卫生问题。

受人类探索范围扩大、生态环境恶化和养殖模式改变等多重因素影响，病原菌进入新的环境、感染新的宿主和广泛传播的概率明显升高。一些虫媒和野生动物疾病，借助局部恶劣的气候和卫生条件，如干旱、洪水、持续高温和人口密度过大等，给不少国家的养殖业造成了巨大的损失，如登革热、艾滋病和近年来在欧洲蔓延的新发病毒性传染病施马伦贝格病等。此外，由于畜禽体内不同种病原和/或不同血清型病原同时存在，以及过度疫苗免疫等原因，病原重组变异频率加快，导致原来已经得到控制的一些疫病又重新暴发和流行。例如，近年来禽流感、口蹄疫和链球菌病的暴发，均是因病原变异导致。引起 21 世纪的第一次流感大流行的甲型 H1N1 流感病毒，就是由人流感病毒、禽流感和猪流感病毒经过重配后形成的新病毒，它不仅感染人，而且能在人群流行之后很快再回传至猪群，与猪流感病毒进一步发生重配。

2. 疫病传播速度加快

全球经济体系的融合，一体化发展的走向，使得国与国之间动物及动物产品贸易往来频繁，人员和物品的流通速度加快、范围更广，无形中加快了畜禽疫病的传播速度和传播范围。例如，高致病性禽流感、小反刍兽疫、口蹄疫、非洲猪瘟等疫病已突破原有区域，向其他地区迅速传播。根据世界动物卫生组织（OIE）官方数据统计，自 2003 年韩国首次暴发高致病性禽流感开始，截至 2016 年，全球已有 67 个国家和地区发生了不同程度的疫情。疫区主要集中于亚洲、欧洲和非洲，病原主要有 H5N1、H5N2、H5N3、H5N5、H5N6、H5N8、H5N9、H7N3、H7N7、H7N8 等 10 种亚型。小反刍兽疫在 1979 年以前主要分布在加纳、贝宁和尼日利亚及其周边国家，1999 年扩散至土耳其，2006 年在我国周边国家和地区包括孟加拉国、印度、巴基斯坦、哈萨克斯坦、尼泊尔、坦萨克斯坦和蒙古等国先后暴发，随后自尼日利亚向南扩散至坦桑尼亚、赞比亚，向东扩散至不丹，向北扩散至阿尔及利亚。截至 2013 年，全球共有 26 个非洲国家、16 个亚洲国家以及地处欧亚交界的土耳其等 43 个国家发生了小反刍兽疫。1909 年科尼亚首次发现非洲猪瘟，随后在非洲东部、南部、中部等地区相继出现。1957 年非洲猪瘟病毒从西非传到欧洲，并于 1971 年从欧洲传入南美洲、拉丁美洲等国家。20 世纪 90 年代后，非洲猪瘟不仅在非洲再次发生大规模的传播，而且随着交通运输业的快速发展，在全球不断迅速传播，并于 2007 年从东非传入欧亚接壤的格鲁吉亚，且在俄罗斯南部地区迅速扩散。我国于 2018 年 8 月 3 日在辽宁省沈阳市首次确认非洲猪瘟疫情。

3. 人兽共患病危害日益加深

目前，全世界有记载的动物传染病有 300 余种，其中近 250 余种为人兽共患病，危害较大的有近 90 种。历史上每一次人兽共患传染病的发生和流行，都给人类社会造成了严重的损失，其后果不亚于一场战争。例如，近年发生的埃博拉出血热就是由野生动物传播给人并在人际间流行的一种烈性人兽共患病。人类与黑猩猩、大猩猩、猴子、果蝠、森林羚羊和豪猪接触过程中，因接触感染动物的血液、分泌物、器官或直接接触埃博拉病人的血液、体液或其污染的环境与物品时，导致感染。2009 年科学家首次在家畜（猪）体内分离到埃博拉病毒。2013—2014 年，西非首次暴发史上最严重的埃博拉疫情，这也是该病毒第一次入侵人口密集的城市，疫情规模空前，延续时间特别长，危害巨大。据世界卫生组织（WHO）统计，2013—2015 年 4 月，各国已经累计发现和报告病例 26 079人，死亡 10 823人，远超过去 36 年间总的埃博拉病例数和总的死亡人数。

当前，国外畜禽疫病预防和控制形势依然严峻。在畜牧业发达国家，禽流感、口蹄疫等重大畜禽疫病反复暴发的可能性仍然存在，但疫情持续时间、影响范围和造成的经济损失可能趋于减小。在发展中国家，畜牧业发展速度迅猛，养殖量和养殖密度增长较快，但疫病防控能力和技术水平相对落后，疫情暴发风险会长期存在，甚至有所增长。

（二）主要发达国家畜禽疫病预防、控制的主要做法

畜牧业发达国家在畜禽疫病预防、控制方面有很多成功的经验，如美国、欧盟、澳大利亚、日本和韩国等，在畜禽疫病防控法律法规体系、兽医管理体制、风险管理机制、防控监测计划和区域化管理等方面形成了许多有效的做法。

1. 建立严谨的法律法规体系

依据 OIE 制定的标准、准则和建议，多数国家制定了覆盖全面、协调统一、权责明确的法律、法规和标准体系。不仅涵盖了畜禽疫病防控、行政管理体制、兽医管理，还延伸到动物源性食品安全、动物保护和动物福利、兽药（饲料）管理等方面。这种通过立法将畜禽疫病预防、控制各环节的工作固化的方式，能够很好地保障兽医对动物产品生产全过程的监督和管理，有助于把畜禽疫病和动物源性食品安全的风险降到最低。例如，美国涉及畜禽防疫方面的法律法规就有 15 部、行政规章达 134 部。但这并不意味着求大求全，对所有病种都立法，而是对重要的和列入扑灭或控制计划的病种，制定详细具体、操作性强的法规，明确各方法律职责，保障扑灭或控制计划的实施，形成基本法总揽全局、各个单项规章有的放矢的法律法规体系。

2. 建立健全的兽医管理体制

世界上大多数国家均采用官方兽医制度，根据 OIE 对 143 个成员的调查，65%的国家采取垂直管理，另外还有 7%是省或州内的垂直管理。其中，欧洲和非洲的多数国家实行典型的垂直管理官方兽医制度，美国和加拿大等国实行的是联邦垂直管理和各州共管的兽医官制度，澳大利亚和新西兰等国实行的是州垂直管理的兽医管理制度。垂直管理制度通过自上而下的监测体系开展全过程监督，有助于对畜禽疫病的有效防控和快速反应，及时对烈性病原感染或染疫畜禽实施扑杀，获得最佳的病原消灭和控制效果。另外，这种管理制度将兽医技术和行政融于一体，实行兽医权力与责任共存，避免了政出多门、相互扯皮的矛盾，使各级动物疫病管理部门和技术支持部门在防治技术研究、技术培训和推广以及疫情报告、统计、分析、预警预报等方面实现资源整合、优势互补、高效运转，既有效增强了动物防疫的统一性，消除了地方保护主义的影响，又促进了统筹结合、分工协

作，提高了工作质量，减少了人才、技术、设施重复设置的资源浪费。

3. 建立科学的风险管理机制

应用风险分析技术，可使动物卫生管理决策更具科学性、透明性和可防御性。1991 年，风险分析作为新内容加入到 OIE《陆生动物卫生法典》第一卷通用标准中，各国在制定动物卫生管理决策和动物疫情应急反应时，都将风险分析作为科学决策的基础之一。欧盟、加拿大、美国和澳大利亚等畜牧业发达的国家和地区都结合自身的实际情况，对动物卫生风险分析各环节中涉及的重要因素进行细化研究，制定了一系列风险分析和风险管理的规则和办法，在动物卫生评估和食品安全性评价中，运用风险分析方法，将生物学因素、国家因素及商品因素纳入风险评估中，并通过立法建立动物卫生风险管理机制。为了保障风险评估工作的独立性和科学性，欧盟及其成员还成立了专门机构，如欧盟食品安全局（EFSA）和德国风险评估研究所（BFR）等，依靠不同领域的科学家，对动物疫情等各种风险进行评估，为动物及动物产品的进出口、动物防疫工作等提供科学的决策依据。

4. 建立完善的防控监测计划

系统的畜禽疫病防控监测网络，有利于及早地发现疫情，将其消灭在起始阶段，并有利于全面掌握疫病的发生、流行和控制等情况，为疫病防控提供技术信息支持。许多国家都构建了完善的畜禽疫病防控监测和报告体系，并根据本国畜禽疫病危害程度确定了防控计划病种和优先顺序，分步骤、分阶段地提出和实施防控监测计划，对免疫、扑杀清群和区域化管理等措施进行不断地评估和修正。例如，美国联邦政府农业部、州政府农业部门、高校兽医学院和生物技术公司等不同类型的畜禽疫病诊断检测实验室，虽然层级隶属、职能定位、规模大小、研究重点均不同，但却建立了良好的合作伙伴关系。其中多数实验室都加入了国家动物健康实验室网络（The National Animal Health Laboratory Network，NAHLN），遵守管理约定，接受统一调派，完成下达的监测任务，通过 NAHLN 的网络系统上传检测数据，根据检测结果及时反映各州各种动物疫病的控制、发生与流行分布情况。这种严密的诊断和监测网络实现了实验室间的相互协作、资源共享和优势互补，有利于疫情的早发现、早消灭，最大限度地降低疫病暴发导致的经济损失。

5. 实施区域化管理

动物疫病区域化管理是有效控制动物疫病、保护动物卫生水平、促进动物产品国际贸易的重要措施。许多国家都通过自然屏障或者人工屏障，将畜禽疫病的管理依据区域特点进行划分，实现区域内的无疫状态，成功地缩小了畜禽疫情公共危机发生的范围，减少了疫情造成的损失，最终达到了疫情控制或消灭的目的。例如，美国农业部鼓励各州和相关农业组织采用区域化管理措施来逐步消灭动物疫病、处理暴发的外来动物疫病和突发动物疫病。制订了从无疫场扩展到无疫区，再到无疫州，最后到无疫国的动物疫病防控、净化计划，通过联邦、州和企业联合防控的方式严格控制州内或跨州动物移动，成功消灭了口蹄疫、古典猪瘟等重大动物疫病。巴西通过实施口蹄疫区域化管理，16 个州被 OIE 认定为免疫无疫区，1 个州被认定为非免疫无疫区，无疫区的面积达到其国土面积的 59%，无疫区饲养的牛和猪达到了全国牛和猪饲养总量的 91%和 88%。此外，荷兰、泰国扑灭高致病性禽流感疫情、德国消灭古典猪瘟、墨西哥古典猪瘟和新城疫控制计划以及爱沙尼亚、哥伦比亚和南非的口蹄疫控制行动均采用了地区区划的理念，通过逐群、逐场净化，进而实现全区或全国范围内消灭疫病的目标。

（三）畜禽疫病预防、控制对畜牧业发展的贡献

畜禽疫病预防、控制工作在不少国家推进畜禽养殖的规模化和工厂化进程中发挥了重要作用，为保障畜牧业健康发展、提高畜牧业的产值和畜禽产品稳定安全供给提供了有力的保障。

1. 促进了畜牧业健康发展

畜牧业比较发达的国家都高度重视畜禽疫病预防、控制工作，通过建立完善的法规制度、健全的管理体制和社会化的服务体系，保障畜禽疫病预防、控制措施落实到位，促进畜牧业向工业化、专业化和集约化发展。例如，美国自 20 世纪 50 年代开始就陆续实施疫病净化措施，先后发布并实施了牛布鲁氏菌病消灭方案（1954—2001 年）、伪狂犬病消灭方案（1977—1992 年）、经典猪瘟消灭方案等，开展国家禽改良计划（National Poultry Improvement Plan，NPIP）、猪繁殖与呼吸障碍综合征净化计划等，逐步消灭和控制了多种严重影响畜牧业生产和公共卫生安全的重大动物疫病。虽然生猪养殖场由 20 世纪 80 年代的 65 万余家减少到现阶段的 7 万家左右，但整体产能提高近 22%，生猪年总出栏量增加 35%，场均存栏量增长近 10 倍，平均每头母猪每年所能提供的断奶仔猪头数增长 95%。

2. 提高了畜牧业的产值

畜禽疫病不仅危害动物和人类的健康安全，还会造成较大的经济损失，降低畜牧业的收益。Paarlberg 等采用流行病经济学模型模拟口蹄疫暴发后 16 个季度内对主要农产品的影响，发现家畜相关企业的总损失是 27. 73 亿~40. 62 亿美元，在 7 个季度之后，所有农产品生产能力才能恢复到疫情发生前的水平。

3. 保障了畜禽产品的供给

经济合作与发展组织（OECD）和 FAO 在《Agricultural Outlook 2013—2022》一书中提到：2004—2013 年全球肉类生产年均增长率为 2. 3%，预测未来 8 年肉类生产平均增长率为 1. 6%左右。肉类产量的持续增长，正是得益于有效的畜禽疫病预防和控制。据联合国预测，到 2050 年全世界对动物蛋白的需求量将会增加一倍。因此，做好畜禽疫病预防、控制工作，将更加重要。

二、国外畜禽疫病预防、控制科技创新现状

随着社会对动物医学的重视程度不断提高以及科学技术在动物医学领域的广泛应用，畜禽疫病预防、控制技术取得显著进步，畜禽疫病预防、控制领域已成为现代科技创新应用最广阔、最活跃、最富有挑战性的领域之一。

（一）国外畜禽疫病预防、控制科技创新概述

21 世纪以来，生物科学、信息科学、材料科学等学科迅猛发展，促进了畜禽疫病防控理论研究不断深入、技术研究不断进步。基因测序技术、基因编辑技术、蛋白测序技术、蛋白表达技术等不仅使我们获得了病原基因组、蛋白组学信息，还能够从分子水平上更准确地掌握病原遗传进化规律、病原流行和传播规律、病原致病机制和免疫机制等，为疫病防控奠定了理论基础。

同时，分子生物学技术也为抗病畜禽育种、防治用疫苗和化学兽药、诊断技术和产品等方面的研究提供了更加有效的方法，大幅提高了畜禽育种、新药研发能力，加快了畜禽育种、新药研发速度。计算机和网络信息技术已广泛应用于畜禽产品追溯、畜禽疫病流行、风险评估和远程诊断等工作当中，极大提高了疫病防控工作效率。基于病原、宿主基因组和蛋白组大数据的生物信息技术日益成熟，在挖掘功能基因、功能蛋白方面显示出极大优势。纳米材料、芯片、石墨烯等新材料的应用显著提高了防治用药和诊断制品的效能，提升了畜禽疫病预防、控制水平。

（二）国外畜禽疫病预防、控制科技创新成果

1. 疫病防控理论研究成果

截至 2017 年 6 月，美国国家生物技术信息中心（NCBI）数据库已经收载了 7 299株细菌和

7 317株病毒的全基因组序列，对畜禽有较大危害的细菌和病毒均已含在其中，另外还有10万多的基因或基因片段序列。针对这些巨量数据信息，已经开发出多种数据库和分析程序。通过病原的分子遗传变异分析，掌握了禽流感病毒、口蹄疫病毒、猪瘟病毒等大多数重要畜禽病原的流行规律，并用于病原传播路线调查和疫源追踪，为疫病防控提供了科学依据。例如，OIE根据地域和流行毒的分子特征，把全球口蹄疫流行区域划分为7个流行循环圈，利用流行毒的拓扑型和谱系可以进行疫源追踪。另外，利用现代生物学技术，通过功能基因和蛋白的挖掘，以及病原与宿主的相互作用等研究，揭示了许多重要畜禽病原的致病机制、免疫逃避机制等，使畜禽疫病防控理论不断丰富和完善。

2. 疫病防控技术研究成果

据统计，2006—2016年美国共批准138个新兽用化药品种，其中畜禽用药105个，犬和/或猫等宠物用药37个，畜禽与宠物兼用药4个；批准疫苗产品423个，其中畜禽用313个，犬和/或猫等宠物用110个。欧洲药物评审组织（EMEA）共批准70个兽用化药品种，其中畜禽用药19个，犬和/或猫等宠物用药55个，畜禽与宠物兼用药4个；共批准68个新疫苗，其中畜禽用疫苗50个，犬和/或猫等宠物用疫苗16个，鱼用疫苗2个。其中，加米霉素、泰地罗新（Tildipirosin）、非罗考昔、美洛昔康、糠酸莫米松（Monepantel）、卡麦角林（Cabergoline）、聚乙二醇化非格司亭（Pegbovigrastim）、哈洛夫酮（Halofuginone）等均为新研制成功的化学兽药。猪流行性腹泻病毒（PEDV）的RNA疫苗、马立克病和新城疫二联马立克活载体疫苗、禽流感杆状病毒载体灭活疫苗、狂犬病浣熊痘病毒活载体疫苗、猪圆环病毒杆状病毒载体+猪肺炎支原体二联灭活疫苗、重组PCV-2病毒灭活疫苗、西尼罗重组金丝雀病毒疫苗、牛传鼻标记活疫苗、猪瘟标记疫苗、禽基因缺失大肠杆菌减毒活疫苗、口蹄疫腺病毒活载体疫苗、新城疫痘病毒活载体疫苗、鸡毒支原体痘病毒活载体疫苗等以基因重组为主要技术的第二、三代疫苗不断批准上市，与传统疫苗相比，免疫效力、持久性、安全性等均有较大提升。通过对核酸扩增、胶体金试纸、生物传感器、生物芯片等技术不断改进，发展出实时荧光共振能量传递PCR（FRET-PCR）、纳米磁性免疫层析技术、上转换纳米材料发光层析技术、荧光标记层析技术、量子点层析技术、重组酶-聚合酶扩增-侧流试纸检测技术（RPA-LFD）等多种新技术，为疫病诊断提供了更好的技术支持。

（三）主要发达国家科技创新成果的推广应用

畜牧业发达国家和地区通过科技成果的推广应用，积极致力于畜禽疫病的防控和净化，并取得了显著成效。2010年后有40个国家的高致病性禽流感疫情得到有效控制，以巴西为代表的南美几个国家利用口蹄疫疫苗免疫控制策略取得了口蹄疫无疫区地位，美国、加拿大、英国等30个国家已经宣布无猪瘟疫情，欧盟大多数成员方、巴西、墨西哥和日本等国已有效控制了猪瘟疫情，少数发达国家和地区如瑞典、丹麦、加拿大、芬兰、澳大利亚等国家已净化了布病。在疫苗生产工艺方面，细胞悬浮培养技术目前在美国广泛应用，与传统转瓶培养技术相比，生产效率及产品质量显著提高且生产成本有效降低。多重基因扩增、荧光定量以及高通量基因芯片、宏基因组测序等技术在国际上已广泛应用于疫病病原的诊断和新发病的检测。

（四）世界畜禽疫病预防、控制科技创新发展的方向

1. 畜禽疫病预防、控制理论创新发展方向

宏观理论的创新发展方向：畜禽传染病的传播和流行规律、畜禽传染病的预测预警系统理论、畜禽传染病的风险管理理论；人兽共患病的跨种传播理论；耐药菌的传播规律、耐药性的风险管理理论；中兽医中兽药核心理论的科学内涵研究等。

微观理论的创新发展方向：畜禽病原的感染与致病机制、畜禽病原的免疫逃避机制、畜禽病原的遗传变异规律和机制；宿主的天然免疫、体液免疫、细胞免疫和黏膜免疫机制；畜禽重要疫病发生的病理学与生理学基础；病原持续感染机制；畜禽重要病原共感染与协同致病机制研究；病原或共生微生物与宿主的互作机制；微生物组与畜牧生产和环境等的物质和信息交流机制；天然活性化合物的作用机制；药物定量构效关系、药物代谢模拟系统和计算机辅助设计系统；畜禽药物的代谢转归和耐药性形成机制等。

2. 畜禽疫病预防、控制技术创新发展方向

畜禽生物安全及综合防控技术是畜禽疫病预防、控制技术创新发展的重要方向，其中畜禽疫病监测技术、诊断技术和产品是所有防控措施实施的基础，也是畜禽疫病预防、控制技术创新发展的重点领域，其主要包括：适用于动物安全生产监测的重要病原微生物及其致病因子等新型高通量检测技术、临床辅助鉴别诊断快速检测技术、分子溯源技术及其配套试剂与设备；动物疫病大数据分析与挖掘技术；重要病原微生物感染、致病、流行风险评估关键技术；跨境、跨区传播动物疫病监测、阻断及防控技术；重要畜禽疫病区域化管理技术、净化技术；新型、安全高效的疫苗；疫苗佐剂、免疫增强剂；细胞纯悬浮培养、细菌高密度发酵等疫苗生产新工艺；治疗抗体、免疫防御肽、功能性氨基酸和植物提取物等安全高效防病抗病生物活性因子的创制；高效、低毒、低残留化学药物的创制；新型制剂的创制；临床合理用药新技术；基于组学等现代生物技术的中兽药辩证分型新技术和新方法；中兽药效应物质识别获取及药效提升关键技术；防治畜禽呼吸、消化、免疫系统疫病的现代中兽药产品创制；基于中兽药的绿色养殖技术；养殖场生物安全与综合防治技术等发展方向。

第二节　我国畜禽疫病预防、控制概况

一、我国畜禽疫病预防、控制现状

我国是畜牧业大国，生猪和家禽的饲养量居世界首位，快速发展的畜牧业在提高人们生活水平的同时，造成畜禽养殖基数的不断增加和散养与规模化养殖并存的现实问题，更加大了重大动物疫病的防控难度。每年动物疾病造成畜牧业直接经济损失近 1 000亿元，仅动物发病死亡造成的直接损失就近 400 亿元，相当于养殖业总产值增量的 60% 左右。根据《国家中长期动物疫病防治规划（2012—2020 年）》（以下简称《规划》），我国疫病防控工作的要求是控制、净化、消灭对畜牧业和公共卫生安全危害大的重点病种，但目前，我们还处于以“控制”为主的第一阶段，“净化”只是在局部能够实现，大部分还做不到，对外宣布已“消灭”的只有牛瘟、牛肺疫两种疫病，大部分重大动物疫病还处于从有效控制向逐步净化消灭的过渡期，尚不能完全消除或消灭，畜禽疫病预防、控制整体呈现如下特点：

（一）一类疫病流行趋势总体平稳

《规划》列入优先防治的一类动物疫病共有 5 种，分别为口蹄疫（A 型、亚洲 I 型、O 型）、高致病性禽流感、高致病性猪蓝耳病、猪瘟、新城疫。

在口蹄疫防控方面，国家层面以推进无疫区建设为抓手，陆续出台了《无规定动物疫病区管理技术规范》《无规定动物疫病区评估管理办法》《无规定动物疫病区评估要素释义》，从区域区划、疫病状况、基础体系、预防监测、检疫监管和疫情管理等方面加强口蹄疫的综合防控，陆续建成了辽宁省免疫无疫区、吉林永吉免疫无疫区和胶东半岛免疫无疫区，并印发《关于推进大东北

地区免疫无口蹄疫区建设的指导意见》，推进大东北地区免疫无疫区建设。根据农业部官方网站发布的疫情信息数据，2011—2016 年，共发生口蹄疫疫情 46 起，除 2013 年在新疆、青海和西藏等牧区发生较多外，其他年份仅在局部地区散发，病毒血清型为 O 型和 A 型，无 Asia1 型疫情（2009 年 6 月之后再无疫情），全国疫情呈稳定控制状态。

根据《兽医公报》数据，2011—2015 年我国每年均暴发禽流感疫情，累计至少公布了 24 起疫情，病毒血清型为 H5N1、H5N2 和 H5N6。据统计，仅 2013—2014 年，人感染 H7N9 流感就造成 1 500亿元的经济损失。近两年，禽流感疫情防控形势愈加严峻。2016 年，农业部公布了 9 起禽流感疫情；国家卫生计生委官方网站定期发布的“全国法定传染病疫情概况”显示，2016 年全年人感染 H7N9 流感人数为 264 人，死亡 73 人。2017 以来，福建、云南、湖南、湖北、浙江、北京等多地出现人感染 H7N9 流感病例，仅第一季度，感染人数便达到 448 人，死亡 187 人，禽流感对家禽产业和公共卫生安全构成了严重威胁。农业部始终高度重视禽流感的防控，陆续出台了《全国家禽 H7N9 流感剔除计划》等规范性文件，从加强家禽中疫情监测、转变传统养殖和消费模式、制定和优化应急处理预案和扑灭技术方案、大力支持禽流感诊断试剂和疫苗技术研发、储备等方面入手，部署加强家禽 H7N9 流感防控工作，加强防控力度。一些有条件的省份，如北京、上海、浙江、广东等地，已经实施区域性的活禽禁止上市政策，从一定程度上降低了禽流感传播的风险，但每年的冬春季节，流感的防控仍是兽医和卫生部门需要高度警惕和共同关注的难题。

2011 年以来，我国未出现大面积的由高致病性猪蓝耳病病毒（PRRSV）引起的临床疫情，流行已趋平稳。为此，农业部已将 PPRS 从一类动物疫病下调为二类动物疫病。PRRS 防控的最大的问题在于大多数猪场对高致病性 PRRSV 减毒活疫苗使用缺乏科学的认识，过分依赖疫苗进行普免、高频度免疫和长时间免疫，导致免疫母猪（不应用于妊娠母猪）的散发性流产、产死胎和弱仔增多。此外，近年来传入我国的类 NADC30 毒株仍广泛流行，造成很多感染、发病的病例，而且该毒株与我国的高致病性毒株和疫苗毒株均发生了重组，产生新的毒株，进一步增加了我国 PRRSV 毒株的多样性和 PRRS 的临床复杂性。

从《兽医公报》的数据来看，近 5 年猪瘟疫情得到了有效控制，发生数明显下降。全国范围内以散发为主，临床发病病例以散养和中小猪场多见，大型规模化猪场主要以非典型猪瘟（母猪死胎增多）为主，没有出现大范围的流行性疫情，少数规模化猪场出现较严重的疫情，表现为哺乳仔猪和保育猪发病严重，呈现高死亡率（50%～60%），可能与疫苗质量问题或免疫程序不合理引发的免疫失败有关。鉴于近年来高致病性猪蓝耳病和猪瘟的防控成效，农业部于 2017 年 3 月发布了《国家高致病性猪蓝耳病防治指导意见（2017—2020 年）》和《国家猪瘟防治指导意见（2017—2020 年）》，进一步巩固两种重大疫病的防控成效。

从统计数据和监测结果看，新城疫在全国范围内疫情明显减少，表面看起来威胁有所减小。但是，这并不意味着对该病的防控力度要降低。相反，应时刻保持高度警惕，防止因出现新城疫病毒变异株引发大的疫情。

（二）二类疫病种类多，发病范围广

《规划》列入优先防治的二类动物疫病共有 11 种，分别为布鲁氏菌病、奶牛结核病、狂犬病、血吸虫病、包虫病、马鼻疽、马传染性贫血、沙门氏菌病、禽白血病、猪伪狂犬病、猪繁殖与呼吸综合征（经典猪蓝耳病）。其中，布鲁氏菌病、奶牛结核病、狂犬病和包虫病等人兽共患病呈上升趋势，局部地区甚至出现暴发流行。

2000 年以后，畜间布鲁氏菌病逐步向全国蔓延，疫情范围涉及 28 个省份的 946 个县。2011 年，动物布鲁氏杆菌病发病数达到最高峰，同比增加了 158. 35%，人间报告病例 38 151例，与 20

世纪 90 年代中期相比，病例数上升了 170 多倍，为 59 年来历史最高。近几年，由于农业部采取措施，畜间布鲁氏菌病发病数量和新发疫点有所减少，2014 年和 2015 年全国发病次数较 2011 年分别下降了 57.1%和 36.2%，疫情得到有效控制。目前，主要分布于畜牧业较为发达的北方地区，严重程度依次是：华北地区、西北地区、东北地区，传播依然呈现与繁殖季节相关的特点。近年来，该病逐渐向农区及南方省份扩散，从群内感染率数据来看，南方新发疫点个体阳性率高于北方老疫区，体现无免疫（包括感染免疫）基底的畜群更易于群内病原的传播。一些历史上无布病流行的地区出现暴发点，表明活畜调运仍然是我国布病扩散传播的主要原因。

奶牛数量的快速增加，加上对阳性牛的扑杀不及时，使奶牛结核病疫情呈上升趋势，并呈现常年散发特点。从《兽医公报》的数据看，2012 年 2—7 月在内蒙古自治区共发生 100 余起狂犬病疫情，扑杀阳性犬 300 余只，2013—2015 年狂犬病发病情况较为稳定，未出现大规模的疫情。但是，由于狂犬病疫情上报不完善，缺少犬群的精确数量、犬群的分布密度等信息，因此狂犬病的真实流行情况有可能被低估。

我国是包虫病最严重的国家之一，以细粒棘球绦虫感染最为严重，主要流行于新疆维吾尔自治区（以下简称新疆）、青海、甘肃、宁夏回族自治区（以下简称宁夏）、西藏自治区（以下简称西藏）、内蒙古自治区（以下简称内蒙古）和四川 7 省（自治区）的牧区以及半农半牧区。绵羊、山羊、牦牛、黄羊、水牛、骆驼、马、驴、骡以及猪共 10 种家畜均可感染。其中，绵羊的囊型包虫病感染率最高，分布在新疆、青海、四川、西藏及宁夏等地，新疆、甘肃部分地区感染率可达 100%。山羊感染主要分布在青海和四川，牦牛感染主要分布在青海、甘肃和四川，牛感染主要分布在新疆和宁夏，猪感染主要分布在青海和西藏，骆驼感染主要分布在内蒙古和宁夏。从 2011 年开始，农业部在四川、青海、甘肃、新疆等 4 个省（自治区）和新疆生产建设兵团选择部分重疫区开展“包虫病综合防治技术集成与示范项目”试点，根据不同区域包虫病流行特点研究推动包虫病综合防治技术，探索建立针对性防治模式并，取得了显著成效，试点地区包虫病流行得到了很大程度的控制，牛、羊和犬的感染率明显下降。

除了上述重点防控的人兽共患病外，其他疫病的防控工作也积极推进。马鼻疽、马传染性贫血已在全国范围得到有效控制，马鼻疽原疫区省均通过农业部马鼻疽消灭考核验收。农业部于 2015 年 10 月 20 日发布了《马传染性贫血消灭工作实施方案》，将全国划分为历史无疫区、达标区、未达标区三类区域，对重点防控省份进行督促和考核。鸡白痢在国内养鸡场流行广泛，根据全国动物疫病监测分析报告显示，鸡白痢与鸡球虫病已连续九年位列禽病的前两位，近三年来鸡白痢发病数量占禽发病总数的 30.58%，32.08%和 30.35%。禽白血病在我国主要流行为 A、B、J 亚群，均是由于从国外引进种用雏鸡时带入了病毒，主要养鸡地区均有发病报道，且在蛋鸡、肉鸡、地方品系鸡群中均有病例报告，其中以 ALV-J 感染最为严重。通过净化种鸡场，A、B 亚群从 2013 年起基本无疫情。猪伪狂犬病已扩散到国内几乎所有养猪地区，2011—2013 年从华北到华东、从华南到华中的多个地区陆续暴发了新的猪伪狂犬病疫情，此次疫情较以往更加严重，流行也出现新的特点，部分疫苗免疫猪群发病、成年猪和仔猪病死率升高，给我国养猪业造成了巨大损失。猪繁殖与呼吸综合征（经典猪蓝耳病）在猪群中疫情总体比较平稳，猪群呈现 PRRSV 持续性感染、隐性感染和带毒，仅在一些场呈零星散发。

（三）外来动物疫病防控压力较大

《规划》列入重点防范的外来动物疫病共 13 种，其中包括 9 种一类动物疫病（牛海绵状脑病、非洲猪瘟、绵羊痒病、小反刍兽疫、牛传染性胸膜肺炎、口蹄疫（C 型、SAT1 型、SAT2 型、SAT3 型）、猪水泡病、非洲马瘟、H7 亚型禽流感）和未纳入病种分类名录、但传入风险增加的 4

种动物疫病（水泡性口炎、尼帕病、西尼罗河热、裂谷热）。全球动物疫情日趋复杂，国际间动物和动物产品贸易活跃，边境地区动物和动物产品走私屡禁不止，加快了疫病在世界范围内的传播。例如，2007 年我国西藏暴发小反刍兽疫疫情，流行病学调查结果表明西藏 PPR 毒株可能从印度传入，截至 2015 年我国共有 23 个省、区、市发生小反刍兽疫疫情。通过采取扑杀、大规模免疫、检疫和移动控制、野生动物控制等综合防控措施，2015 年起疫情逐步得到控制，由全国范围暴发转为区域内点状散发。此外，国内许多学者在不同省份均已检测到蓝舌病病原或抗体，虽然由于传播媒介依赖性和流行株毒力较弱等原因尚未引起暴发和流行，但仍需密切关注。非洲猪瘟在我国周边国家长期存在，自 2018 年 8 月开始，我国部分省份发生疫情，截至 2019 年 1 月 14 日，已有 24 个省份发生过家猪和野猪疫情，累计扑杀生猪 91.6 万头，给我国养猪业带来严重损失。O 型口蹄疫、A 型口蹄疫和高致病性禽流感新毒株所致的疫情也不断暴发，这些外来动物疫病对我国威胁巨大，给防控工作带来极大压力。

二、我国畜禽疫病预防、控制与发达国家的差距

经过多年努力，我国动物疫病防治工作法律法规不断完善，动物疫病防控方针不断细化，科研实力不断增强，国际地位大幅提升，有效防控了口蹄疫、高致病性禽流感等重大动物疫病，保护了畜牧业的健康发展，为促进农业农村经济平稳较快发展、提高人民群众生活水平、保障社会和谐稳定做出了重要贡献。但是，与发达国家相比，仍有不小的差距，主要表现在规模养殖比重较小、疫病控制和消灭进展较慢、基层兽医防控能力较弱。

（一）养殖规模化程度不高

我国规模化养殖相对于国外畜牧业发达国家起步较晚，目前仍以中小型养殖场户为主体。普遍存在配套设施落后、防控条件不达标、防疫意识淡薄和缺乏综合防控观念等问题，少数养殖场户为了不影响生产效率、怕麻烦，不执行或打折执行国家的强制免疫政策，不免或随意减少免疫疫苗的用量，甚至在出现疫情时瞒报疫情、随意处理或出售染疫死亡的动物。中小型养殖场已成为动物疫病隐匿的“避风港”和暴发的“导火索”，阻碍了动物疫病预防、控制计划和方案的整体推进，严重影响了区域性甚至全国的动物疫病防控工作。

（二）疫病控制和消灭进展较慢

疫病防控取得良好成效的发达国家，大都针对某种疫病制订了战略性的防控计划。不少发达国家已经消灭和控制了一类、二类重大动物疫病，正着手实施三类或四类动物疫病的扑灭计划。然而，我国对外宣布消灭的仅有牛瘟和牛肺疫两种重大动物疫病，动物疫病预防控制工作主要精力还局限于一类、二类动物疫病的控制、扑灭，仅在少数区域实现了一类、二类动物疫病的消灭和控制，《全国家禽 H7N9 流感剔除计划》《全国小反刍兽疫消灭计划（2016—2020 年）》和《国家布鲁氏菌病防治计划（2016—2020 年）》等战略性规划，也是近年才颁布和启动的。

（三）基层兽医防控能力较弱

2004 年兽医体制改革以来，我国高度重视兽医队伍的建设，并于 2009 年开始实施执业兽医考试制度。在动物疫病预防控制工作的不同领域，执业兽医师已经成为监管部门的得力助手。但是与发达国家相比，我国基层兽医防控能力仍然较弱。主要表现为，我国执业兽医数量不足、分布极不均衡。据统计，截至 2015 年年底，全国经注册和备案的执业兽医师 14 766人，主要集中在动物医院和动物门诊，占比达到 82.07%，养殖场占比 5.57%。大多数具有高等院校专业背景的执业兽医

都选择了留在大城市，从事报酬丰厚的动物诊疗行业，极少选择去位置偏远、工作环境差的养殖场或基层动物疫病预防控制机构。另外，大多数养殖场和基层动物疫病预防控制机构都面临着人员老化、专业人才匮乏、队伍不稳的局面，导致动物疫情报告、疫病防控措施落实常常不到位，难以对基层动物疫病预防控制工作形成有力支撑。

三、我国畜禽疫病预防、控制存在的主要问题及对策

受底子薄、起步晚等历史原因和国情复杂等现实原因的制约，我国畜禽疫病预防、控制工作尚不能很好地满足新时期畜牧业、公共卫生事业的发展要求，尤其是以下几方面的问题，迫切需要研究解决。

（一）管理体制边界不清晰

我国动物疫病预防、控制工作实行的是分段式管理和立法，即所谓的“块块”管理模式。动物疫病防控工作任务分散到多个部门，常常出现职责不清、职能重叠的情况，导致管理效率低下，资源严重浪费，不利于国家层面有关疫病防控战略的部署实施。例如，依据《中华人民共和国动物防疫法》农业部门负责养殖、屠宰、流通、市场和贮存等环节动物防疫工作，在全国大多数地区养殖、屠宰环节的监管都由农业部门承担。但是，流通和市场等环节的监管主体则各有不同，不利于动物疫病防控工作系统地推进。因此，应当参考发达国家建立自上而下的动物疫病预防、控制管理体制和机构，承担境内外动物疫病防控和动物源性产品质量安全的全过程监管，以适应动物疫病防控全球一体化的变化和满足应急处理“早、快、严、小”的要求。

（二）法律法规不完善

现行的《中华人民共和国动物防疫法》是我国动物疫病预防控制工作开展的主要依据，已实施近 10 年。随着动物及动物产品生产、流通等模式的改变，现行的法律及配套规章制度已经难以适应实际生产需求，甚至出现了一些法律法规的空白。例如，现有的动物检疫规程对一些经济动物、宠物缺少相应疫病风险的分析和检疫手段；尚未出台动物运载工具、垫料、包装物、容器的防疫规定等。另外，我国动物防疫法律法规及配套规章还普遍存在强制性不足、约束力不够的问题，因落实不到位而导致疫情扩散传播的情况时有发生。例如，疫苗免疫不规范、消毒不按制度执行等现象屡禁不止。因此，应该借鉴发达国家重点加强相关配套规章的制订和及时修订，保障各项疫病防控措施紧贴生产实际和有效落实；加大责任追究和处罚力度，保障执行力度和对违法行为的打击，逐步建成统一、完善、科学、合理的动物疫病防控法律体系。

（三）综合防控机制不健全

经过多年动物疫病防控工作经验的积累，我国对不少动物疫病已经实现了有效防控，但常常只局限于少数有限措施的综合运用，如强制免疫、抗体监测等，而对一些疫病的综合防控机制尤其是日常的防控机制研究尚不深入、成果较少、推广应用不广泛，与国外相比差距明显。首先，缺乏完善的风险管理机制。风险评估的程序、风险评估结果的公示及风险评估结果的法律效力和地位尚未规定，动物疫病风险分析工作存在不系统、不连贯、不规范、应用面窄和实用性不强等问题。其次，区域控制尚未成为动物疫病防控工作的主导方针。我国虽然在 1998 年启动无规定疫病区建设并在海南、吉林、辽宁、广州从化和山东六和集团等地建立了成功的案例，但仍处于摸索阶段，尚未全面铺开。最后，动物疫情监测工作有待加强。针对奶牛结核病等重要病种，国家层面上尚缺乏流行病学监测和调查的数据，对野生动物疫源疫病的监测工作起步较晚，尚未开展自然疫源性生态

调查和重要病原体的遗传变异及其多样性的系统研究，无法预测新病原可能引发的新疫情。

（四）社会共治的氛围未建立

为了保障动物疫病预防控制的效果和力度，一直由政府和各级监管部门主导该项工作，养殖场（户）及相关从业者处于被动接受或配合状态，没有完全承担相应的主体责任。另外，合理的市场准入和市场激励核心机制尚未建立，动物及动物产品无法实现优质优价，无规定疫病区与疫情发生或未经认可区域的动物及动物产品在价格上没有差异。责任落实不到位、价格上没有差异，导致了相关利益方疫病防控的积极性无法被充分调动起来。个别养殖场（户）、从业者为了追求更大利益，抱着侥幸心理滥用药物、违法运输病死或死因不明动物、不申报检疫，给动物疫病防控工作带来很大的阻碍。所以，还需要从法律法规的制定、防控义务的宣传和养殖主体责任的落实等方面，学习发达国家的一些好的经验和做法，建立良好的社会共治氛围。

（五）专业化兽医服务供给不足

随着动物疫病防控形势的变化和动物源性食品安全要求的提高，现有的执业兽医在数量和质量上都远远无法满足动物疫病防控工作的需要。要提升基层疫病防控能力，必须进一步完善执业兽医资格考试制度和拓展执业兽医从业渠道。第一，对一部分有一定专业技术水平的乡村兽医，可以免费为其进行动物疫病预防、诊断、治疗及动物保健等方面的培训，认定或鼓励参加执业兽医考试，获得相应资格。第二，通过项目支持、资金扶持等方式，加大对执业兽医服务养殖场以及乡村兽医的支持力度，调动执业兽医、乡村兽医扎根和服务基层的积极性，满足基层对动物疫病预防控制能力提高的需求。第三，建立执业兽医考核制度，解决执业兽医“偏科”问题，引导执业兽医为不同类型对象服务，提升不同领域、不同畜禽种类的诊疗能力，为基层动物疫病预防控制工作储备人才，为国家动物疫病防控规划顺利实施提供技术保障。第四，针对现阶段养殖规模状况，积极鼓励、引导社会力量成立专业化诊断和防治技术服务机构，通过市场机制解决基层和养殖场对专业化兽医服务的需求。

（六）生物安全意识淡薄

在2003年OIE提出生物安全隔离区划概念后，农业部便持续跟踪关注国际上关于生物安全隔离区划及研究进展，并陆续制定发布了《无规定动物疫病区评估管理办法》《肉禽生物安全隔离区建设通用规范（试行）》等生物安全管理制度。但在实际执行过程中，生物安全措施执行的情况并不理想，养殖场生物安全问题没有得到应有重视，中小规模养殖场户普遍缺乏生物安全意识。为了改变养殖场不重视生物安全措施、过度依赖疫苗和药物防控的现状，第一，要加强生物安全措施的宣传和培训，使负责人和相关管理人员充分认识到生物安全对养殖场长期经济效益及发展的重要性。第二，结合国家相关法律法规、技术标准等要求，指导养殖场户制定严格的卫生、消毒、生产、人员及车辆等生物安全管理制度并严格执行。第三，加大基础设施建设、财政补贴、金融等政策扶持力度，完善场区、生产区、圈舍的消毒设施，完善场区防鼠、防鸟、防虫设施，减少外来病原的侵入和场区内病原微生物交叉传播的机会。第四，监管部门应该加强监测和监督，对养殖场户的生物安全措施开展抽检，确保达到养殖环境卫生控制目标，净化养殖环境。

第三节　我国畜禽疫病预防、控制科技创新

随着知识经济的不断发展，人们逐渐认识到知识创新是科技发展的动力，是社会进步的源泉。三次科技革命极大地推进了工业进程的发展，促进了人类社会的进步；放眼全球，许多国家把强化

科技创新作为国家战略，把科技投入作为战略性投资。我国也已把提高自主创新能力作为调整经济结构、转变经济增长方式、提高国家竞争力的中心环节，把建设创新型国家作为一项基本国策。“十二五”以来，畜禽疫病预防、控制领域的科技创新围绕着“农业科技创新”的统一部署，取得了长足的进步，助推疫病防控科研水平达到了新的高度。

一、我国畜禽疫病预防、控制科技创新发展现状

（一）科技创新投入

“十一五”以来，兽医科技方面的投入强度逐年增加，国家层面设有973重大基础研究专项、863研究专项、国家科技支撑计划、公益性行业科研专项、现代农业产业体系和国家自然科学基金等多种类型的科研项目，各省市从自身兽医科技需求出发也设置了多种科研项目。据统计，2014年全国各级各类兽医实验室共承担科研项目673项，课题经费总计约2.85亿元。其中，动物防疫监督系统内各级兽医实验室共承担科研项目239项，课题经费总计5 772万元；科研系统内兽医实验室共承担科研项目214项，课题经费13 840万元；教育系统内兽医实验室共承担科研项目206项，课题经费总计7 773万元。

国家自然科学基金委在“十二五”期间（即2011—2015年）“兽医学”学科共资助项目1 429项，其中重点项目立项18项，平均年立项数为285.8项。2016年，国家自然科学基金共资助288项，经费1.378亿元。2015年后，国家深化中央财政科技计划（专项、基金等）管理改革，建立了公开统一的国家科技管理平台，于2016年和2017年分别批准14个和19个涉及畜禽疫病防控的项目，总经费分别为6.033亿元和3.6383亿元。

此外，兽药企业也逐渐重视科技创新，纷纷设立专门研究机构，研发资金投入逐年增加。据统计，2010年和2015年兽药企业研发资金投入分别为14.78亿元和32.45亿元，增长了一倍多。

（二）科技创新领域

近十年来，我国在畜禽重要疫病病原（病毒、细菌、寄生虫等）致病机制研究、免疫机理研究、与宿主免疫系统相互作用研究、防制技术研究、重大动物传染病诊断技术研究、重大外来动物疫病诊断及监测技术研究、新发畜禽传染病诊断与防治技术研究、新型疫苗技术研究及产品创制、新型兽用化药研制、兽医流行病学监测与分析技术研究、兽用生物制品质量监测技术研究、动物源食品安全检测与控制技术研究、兽用抗菌药安全评价技术研究、兽用中药资源与中兽药创制、动物抗病营养及其机制研究、特种动物生物制剂创制等领域成就显著，在禽流感、口蹄疫等重大畜禽传染病基础研究方面和猪、禽用疫苗研制技术方面均已经居于国际领先水平。

（三）科技创新水平

近十年，我国学者在国际顶级期刊《Science》《Nature》上发表关于禽流感病毒的研究论文7篇。鸭瘟、禽流感二联疫苗解决了水禽作为流感病毒储备库的世界难题，为我国南方和东南亚国家的流感防控发挥了巨大作用，《Science》杂志专门发表文章评论此成果。陈化兰入选2013年《Nature》十大科学人物，作为亚洲代表被联合国教科文组织评为2015年世界杰出女科学家。中兽医防疫技术已被世界多个国家和地区所接受，成为支撑动物福利事业发展的主要候选技术。国家禽流感参考实验室、国家口蹄疫参考实验室、农业科学院哈尔滨兽医研究所马传染性贫血

实验室、中国动物疫病预防与控制中心猪繁殖与呼吸综合征参考实验室、中国水科院黄海水产研究所对虾白斑病实验室和传染性皮下与造血组织坏死症实验室、深圳出入境检验检疫局鲤春病毒血症实验室、中国动物卫生与流行病学中心国家外来动物疫病诊断中心新城疫参考实验室、中国农业科学院长春兽医研究所狂犬病参考实验室、中国农业科学院兰州兽医研究所家畜寄生虫病实验室、南京农业大学猪链球菌诊断实验室、中国动物卫生与流行病学中心国家外来动物疫病诊断中心小反刍兽疫参考实验室等 12 家兽医实验室先后被 OIE 认定为参考实验室，中国农业科学院哈尔滨兽医研究所、吉林大学人兽共患病研究所、中国动物卫生与流行病学中心等 3 家单位被 OIE 认定为协作中心。

二、我国畜禽疫病预防、控制科技创新进展

（一）致病机制研究

通过重大动物疫病致病机制的系统性研究，揭示了一批重要病原的感染、传播和致病机制。例如，发现了一系列与致病性相关的基因和功能蛋白，阐明了禽流感病毒进化、跨种感染及传播的分子机制；对口蹄疫病毒分子遗传演化关系、基因组及编码蛋白的结构和功能进行了较为系统的研究，在细胞、个体和群体水平上阐明了 FMDV 持续感染机理；揭示了猪瘟病毒、猪流行性腹泻病毒等与宿主相互作用及对病毒复制的调控作用和分子机制；发现了 RNA 病毒毒力致弱的新途径、禽白血病致病增强的分子机制等。这些基础研究成果，为疫病预防控制提供了新思路、新策略。

（二）免疫机制研究

从体液免疫、细胞免疫、黏膜免疫等方面提示了一批重要畜禽病原诱导宿主免疫应答的网络、信号通路和调控机制。例如，布鲁氏菌逃逸宿主的抗感染免疫机制、冷适应弱毒疫苗能够在鸡体内诱导对异亚型 H5N2 亚型流感病毒的交叉免疫保护作用机制、高致病力禽流感 H5N1 亚型病毒逃避宿主细胞免疫应答的机制、口蹄疫病毒突破宿主细胞天然免疫应答的机制、天然免疫限制因子对慢病毒感染的限制因素等。这些基础研究成果，为疫苗研制奠定了理论基础。

（三）流行病学监测技术研究

针对多种动物疫病建立了分子流行病学分析系统和分子变异研究平台，掌握了病原遗传变异程度及其遗传多样性分布，及时准确地分析流行毒株的流行态势和变异趋势。例如，将猪瘟流行病学信息数据与数据库技术、GIS 技术、生物信息学技术相结合，创建了猪瘟流行病学信息系统，成为全球继德国之后第二个有这种数据库的国家，在猪瘟疫情防控工作中发挥了重要作用。此外，厘清了我国当前流行的 H5 和 H9 亚型流感病毒之间的遗传衍化关系，全面阐明了中国禽流感病毒的遗传变异及遗传多样性的现状，揭示了我国禽流感较为复杂的流行态势。

（四）诊断技术研究

在病原核酸检测方面，利用荧光定量 RT-PCR、纳米 PCR、实时荧光共振能量传递 PCR（FRET-PCR）、PCR-RFLP、环介导等温扩增、核酸序列依赖性扩增、重组酶聚合酶扩增等方法建立了畜禽疫病的检测技术，并且不断地向多重或高通量发展；已将 PCR-RFLP、焦磷酸测序技术、可变数目串联重复（MLVA）、可视化基因芯片、恒温扩增微流控芯片等检测技术用于不同血清型和不同菌、毒株的鉴别诊断。

在抗原抗体检测方面，对胶体金试纸检测技术不断改良，发展出磁性纳米检测试纸条、重组酶

聚合酶扩增-侧流试纸条、核酸适配体试纸条等；建立了多种疫病的ELISA、cELISA、iELISA、icELISA、CF-ELISA检测方法，以及酶联适体检测方法（ELAA）；发现了类酶活性纳米微粒，并将其用于疫病的诊断；镧系（DELFIA）、荧光偏振免疫分析法等在畜禽疫病方面的应用也取得了一定进展。

（五）新型疫苗研究

2010—2016年，我国共批准139个兽用疫苗，其中利用现代基因工程技术研制的疫苗有15个。从整体水平看，我国猪、鸡疫苗研制在世界上处于领先水平，多例疫苗属于国际首创，克服了一些世界普遍存在的免疫难题，形成了一系列自主知识产权产品。例如，禽流感DNA疫苗、鸭瘟+禽流感二联疫苗、布病标记疫苗、口蹄疫合成肽疫苗、口蹄疫基因工程空衣壳疫苗、猪圆环病毒2型杆状病毒载体灭活疫苗、猪圆环病毒2型基因工程亚单位疫苗、重组新城疫病毒灭活疫苗等，均达到了国际先进水平。口蹄疫、禽流感疫苗等细胞悬浮培养工艺等也取得明显进步，疫苗质量得到显著提升。但牛、羊用疫苗研究相对滞后，品种较少。

（六）新兽用化药研究

由于基础研究薄弱，我国原始创新能力明显落后，近十年自主研制的原始创新产品仅有3种，现有产品多为仿制药，面临国际知识产权保护和国外新兽药竞争压力巨大。近年来，定量构效关系（QSAR）、药物代谢模拟系统和计算机辅助设计系统等理论和方法不断发展，生物技术不断进步，为新结构化学实体药物和抗生素的研究提供了先进手段，也为我国加快推进兽药原始创新研究提供了契机。

（七）中兽药研究

中兽药在传统理论基础上采用现代科技理论、方法开展药学和临床研究，重点研究具有“清热解毒、补中益气、健脾开胃”功能的药材和中兽药制剂，先后在防治湿热泻痢、奶牛乳房炎，治疗奶牛卵巢疾病、仔猪和犊牛腹泻、育肥猪发热、鸡球虫病以及免疫增强剂、抗内毒素等方面取得成效。超临界萃取、微波提取等中药提取新技术，超微粉碎、固体分散等制剂研制新技术的兴起，传统制剂更多地被“口服液”“颗粒剂”“注射液”“灌注剂”等现代制剂所取代，还研制出“超微粉”“可溶性粉”“透皮吸收剂”等新制剂，有效提升了预防治疗效果。

三、我国畜禽疫病预防、控制科技创新与发达国家之间的差距

以美国、欧洲为代表的发达国家或地区，畜禽疫病预防、控制科技创新管理体系已较为成熟，产生了丰富的科技成果，为畜牧业生产提供了有效的技术支撑。与发达国家相比，我国畜禽疫病预防、控制科技创新还存在体系不健全、人才培养机制薄弱和研究偏科严重等一系列现实问题，急需解决。

（一）科技创新体系不健全

不论是美国、欧洲，还是近邻日本，在农业科技创新管理方面都有各具特色的做法，形成了科学的农业科技创新模式与完善的农业科研体系。美国的农业科研体系由政府主导的公共科研机构和私人企业共同构成，公共科研机构由美国农业部下属农业研究局的四大研究中心和56个州的公立农业学院及农业实验研究站构成，主要承担一些理论性强且外部效应突出的基础性研究；私人科研机构一般也拥有自己的农业科研机构和实验站，基于利益导向，多从事一些颇

具应用价值且经济效益较高的农业科研项目。在日本，农林水产省直属的农林水产技术会是国家级农业科研机构，拥有直接领导和协调农业科研机构的权力，在整个农业科研系统中居于主导地位。法国的农业科研体系与美、日相似，由公立部门和私立部门构成，政府主导的国立农业研究院（INRA）与企业研究机构均属于较为重要的农业科技创新主体，但政府主导的科研机构创新主体地位更加突出。

我国畜禽疫病预防、控制科技创新力量和资源主要集中于省、市级以上的政府或科研院校，而且分散在不同部门和机构之间，企业或个人很少有参与的机会。由于在科技创新中出发点不同或缺乏沟通交流，常常导致科技创新的方向与实际需求出现偏差，科技成果与实际生产结合不紧密，出现不适宜推广、难以应用的尴尬局面。为此，应当借鉴发达国家的经验，逐步调整畜禽科技创新体制。政府应重点加强科技创新管理，通过资金扶持、优惠政策等措施引导企业或个人加入科技创新活动。科研院所应加强与企业的合作交流、做好企业科技创新过程中的理论和智力支持，建立多元化、有活力、接地气的科技创新机制。

（二）科技创新人才培养机制薄弱

畜禽疫病预防、控制水平和科技创新能力很大程度上依赖于良好的兽医专业教育和人才培养机制。欧美等发达国家高度重视兽医的社会职能和教育，兽医专业是非常热门抢手的专业，兽医培养体制及模式比较健全，兽医行业和兽医科技工作人员的社会地位也很高。例如，在美国只有念完4年生物学相关专业，方可申请攻读兽医专业本科，学制为4年，学习过程中若有一门课程成绩为D就会被退学。兽医学院均建有附属的小动物及牛、马医院，学生临床实践锻炼较多；美国DVM培养模式每年为美国本土及全球培养一大批对兽医知识融会贯通、有较强创新能力、技术精炼娴熟的兽医临床医师。

在我国，兽医学的作用与地位长期没有得到足够的重视，教学形式单一，临床实践教学少，学生动手能力、独立分析和解决问题的能力不足。在科技创新人才培养机制的建设上，应当向发达国家看齐，从兽医学科的设置入手，改变现有的传统教学模式，按照职业发展需求，合理、科学和灵活地设置课程，尤其要将实践锻炼、专业技能和科学创新能力的投入和机制建设作为重点，加强畜禽疫病预防、控制科技创新人才的培养。

（三）科技创新研究偏科严重

我国畜禽疫病预防、控制科技创新研究严重不平衡，以兽医应用研究和应用基础研究为主，对重大动物疫病关注较多，对疫病科技创新整体立项战略规划和布局研究较少，常规技术研发较多，产品创新性、特色性不足。具体表现为：一是以经济效益见效快的疫苗、试剂等常规技术研究为主，科研成果快速进行商品转化，产品同质化严重，诊断类方法真正应用于生产的不多。二是基础性研究投入不足、应急性投入多，常常是发生重大动物疫病或应急事件时，临时性地给予政策或财政支持，一旦疫情消灭或控制后，就减少或停止持续支持和研究。对高致病性禽流感、口蹄疫、高致病性蓝耳病等疫病相关研究投入较多，对严重影响生产性能的非烈性传染病研究投入较少。三是空间分析、疫病建模等新技术在畜禽疫病预防、控制科技创新中应用较少，对该类技术的应用和研究尚处于起步阶段，没有开展广泛、深入的研究、推广和应用。在国外地理信息系统技术（GIS）、疫病建模等技术已经较为成熟地应用于畜禽疫病预防、控制领域。新西兰构建了国家级的主要动物疫病控制系统EpiMAN，主要由文本数据、空间数据和FMD流行病学的知识（包括内部FMD模型和专家系统）组成若干数据库，通过输出彩色地图和相关分析结果报告完成了对众多环境因素影响的疾病空间分布进行描述。2001年，Madelaine Norstrøm将GIS应用在挪威国家兽医研究所动物疾流行病学的监控中，用于记录流行病学的信息和报告、紧急疫情、聚类分析、建模疾病蔓延以及规划控制策略等。

四、我国畜禽疫病预防、控制科技创新存在的问题及对策

我国畜禽疫病预防、控制科技创新整体水平取得举世瞩目的进步，一大批畜禽疫病预防、控制科技成果得以研发、推广和应用，与国外先进水平的差距不断缩小，并逐渐形成了自己的特色，但也存在着一些问题，需要科学地解决，才能更好地促进科技创新。

（一）在理论研究创新方面

基础数据和材料储备不足。除禽流感、口蹄疫等少数重大传染病以外，我国对绝大多数动物传染病的流行、病原的变异和型别分布、耐药现状与趋势以及宿主感染状况等基础数据有限，“家底不清”，流行病学研究不系统。针对此问题，研究单位应和临床以及防疫机构建立长期的三方协作机制，开展新发与突发传染病的流行病学调查和队列研究，设立合理分布的采样点，从事分子流行病学研究，建立持续、规范、有限公开的数据库；系统地开展畜禽、相关野生动物的病原生态学与流行病学调查，建立病原体实物库、诊断、疫苗和药物靶标实物库、病原溯源用基因组多态性数据库、重要毒力和保护性抗原储备库、生物信息数据库和地理信息数据库等；收集、整理国际和国内传染病研究和防治最新成果和数据，建立具有中国特色并与国际传染病数据库联网的生物信息平台，为建立我国动物传染病的检测和预警体系等提供基础支撑。

理论创新的技术力量薄弱，重大理论研究成果少。由于国家在兽医学科基础研究方面长期投入不足，大多数基础理论研究工作得不到持续的经费保障，基础研究力量整体较弱。例如，在目前288个国家自然科学基金创新研究群体中，兽医学只有2个。没有长期持续积累，病原致病机制和免疫机理等领域的研究不深入、不系统，理论创新水平不高。对此，国家应当加大基础研究的经费支持力度，积极鼓励探索性研究，加强学术交流和合作。

（二）在应用研究创新方面

由于基础研究匮乏，应用技术研究缺少理论支撑，难以取得重大技术进步。国家知识产权局发布的《中国有效专利年度报告》显示，有效发明专利中，国内维持时间10年以上的仅有5.5%，而国外维持时间10年以上的有26.1%；从数量上来看，国外在华维持10年以上的有效发明专利数量达到10.5万件，是国内数量的近4倍。这也从某种意义上反映出国内应用研究成果以“短平快”为主，总体技术水平不高。另外，目前多数科研项目都集中在重大动物疫病，针对常见病的科研项目很少，导致目前常见病的防控技术方面存在诸多空白。

（三）在科技创新成果转化方面

在兽医科技成果中，只有少部分兽药、疫苗和重要动物疫病诊断试剂实现了产业化，多数成果未能真正实现转化，其主要原因是成果总体质量不高，成熟度不够。另外，现阶段的高等院校和科研院所的绩效考核过度依赖于论文指标，不重视实用技术和成果，造成科研与生产相脱离，科研成果无法满足生产现实需要。

随着信息技术的发展和创新形态的演变，政府在开放创新平台搭建和政策引导中的作用，以及用户在创新进程中的主体地位进一步凸显，兽药行业应致力于深化“产学研”模式为“政产学研用”模式，将临床应用反馈与产品研发紧密结合，探索产品定制的可行性。同时，积极探索建立适合不同机构、不同类型科技人员的分类科技评价机制。在现有评价体制中，针对面向产业化应用

的科研项目，应充分发挥科技成果用户、兽医基层部门在科技评价中的作用，综合考虑科技成果实际应用、贡献和持续发展，切实解决重论文轻发明、重数量轻质量、重成果轻应用的问题。为鼓励研究机构、高等院校、企业等创新主体及科技人员转移转化科技成果，我国在2015年修订《中华人民共和国促进科技成果转化法》的基础上，在2016年又颁布了《实施〈促进科技成果转化法〉若干规定》和《促进科技成果转移转化行动方案》。随着这些政策的逐步贯彻落实，必将深度推动兽药科技成果的转化。

（四）在市场驱动方面

近年来，一部分有实力的兽药生产企业相继成立了专门的兽药研究院、所或中心，自主开展新药研发，逐步成为兽药研发生力军。由于兽药企业直接面向市场，科研选题和成果评价均由市场来主导，是践行“科技是第一生产力”的排头兵。但是，自主研发起步晚，科研积累少，导致研发深度有限，成果较少。对此，国家应当制订积极的税收和知识产权保护等政策，鼓励企业在科研方面的长期投入，鼓励应用型科研人员与企业联合开展技术研究和产品研发。既要鼓励原始创新，也要鼓励消化吸收再创新，把仿制药的质量和疗效提高。

在养殖环节，小规模养殖场对新技术的热情不高，对综合防治技术重视程度和资金投入不足，不利于新技术的推广应用和疫病的防控。对此，除了加强防疫、检疫监督外，还应当通过市场经济手段，促进发展适度规模经营，推动高效健康养殖技术的应用。

第四节　我国科技创新对畜禽疫病预防、控制发展的贡献

一、我国畜禽疫病预防、控制科技创新重大成果

2004年兽医体制改革以来，我国高度重视兽医科学技术研究领域专家人才培养和团队的建设，人才成长与事业发展相辅相成，一些具有较强影响力和凝聚力的领军人才脱颖而出，带动形成了一批有特色的创新科研团队，推动我国动物疫病防控和食品安全保障工作逐步与国际接轨。借助于创新团队的建设，我国动物疫病防控科技发展势头迅猛，自主创新能力不断提高，取得了一批具有自主知识产权的成果。2010—2016年，在动物疫病防控领域共有18项成果荣获国家科学技术奖励，其中科技进步奖一等奖1项、科技进步奖二等奖9项、自然科学二等奖2项，技术发明奖二等奖6项。

（一）重大畜禽疫病致病和传播机制研究

通过系统性研究，揭示了重大动物疫病病原传播、感染的原理和过程，为预防、控制相关动物疫病提供了新思路、新策略。在流感病毒的致病和传播机制研究方面，已证实H5N1亚型禽流感病毒PB2蛋白D701N、HA蛋白裂解位点P6位的丝氨酸以及NS1蛋白P42S均与病毒对哺乳动物的致病力增强有关，阐明了禽流感病毒进化、跨种感染及传播的分子机制，证明了我国流行的H5N1亚型禽流感病毒毒株的生物学特性之间的明显差异、在部分地区出现了抗原变异株、病毒对水禽的致病力逐渐提高。在世界首次发现病毒在其流行过程中逐渐获得了对小鼠的感染能力，并能引起小鼠死亡，该成果对于全球的流感监测体系具有深远的意义。系统地研究了口蹄疫病毒分子遗传演化关系、基因组及其编码蛋白的结构和功能，验证了口蹄疫病毒持续感染现象的存在，建立了口蹄疫病毒持续感染的动物模型，在细胞、个体和群体水平上阐明了口蹄疫病毒持续感染机理，并绘制出口蹄疫流行恶性循环链锁图，为该病的防控提供了新的理论指导和技术措施。通过10多年来的流

行病学研究，发现猪瘟病毒基因组比较稳定，变异频率较低，且病毒只有 1 个血清型，病毒宿主也较单一，猪瘟病原分子诊断技术已经达到国际水平，建立了抗体阻断 ELISA 和抗体间接 ELISA 方法。阐明了猪流行性腹泻病毒感染抑制细胞干扰素信号通路的作用机制，明确了对传统冠状病毒抵御机体免疫应答的认识。

（二）诊断和检测技术研究

我国在分子诊断技术研究方面发展迅猛，先后建立了 OIE 推荐的全部诊断检测技术，包括 LBP-ELISA、3ABC-ELISA、多重 PCR 和定型 PCR 等，开发了一批简便、快速和灵敏的诊断检测技术和方法，如金标试纸条、实时定量 PCR、恒温介导 PCR、固相竞争 ELISA 等，相继研制成功几十种动物常见病和重大疫病的诊断试剂和试剂盒。建立了 H5、H7、H9 亚型禽流感病毒荧光RT-PCR 国家检测标准，建立了 H1、H3、H6 等亚型流感病毒的 RT-PCR 诊断方法、禽流感病毒检测试纸条，LAMP-PCR 等改进的 PCR 方法也被应用于禽流感的检测，应用寡核苷酸芯片技术对 AIV 亚型的检测进行了初探，准确检测 H5、H7 亚型病毒。完成了口蹄疫 O、A 及 Asia1 型抗原定型（单抗）双抗夹心 ELISA 方法研究。研制成功了检测口蹄疫非结构蛋白 3ABC 抗体的单抗阻断 ELISA 试剂盒，已经通过国家口蹄疫参考实验室和省级兽医实验室的检测评估，检测性能稳定可靠，达到或超过了国外同类优质试剂盒的标准。研制的口蹄疫病毒荧光定量分型 RT-PCR 试剂盒可用于口蹄疫病原的快速分型（A 型、O 型、Asia1 型），已向省级兽医实验室推广应用。在布鲁氏菌病诊断方面，cELISA、iELISA 试剂盒已获新兽药证书，胶体金试纸条和 CF-ELISA 试剂盒也已研究成功。猪瘟的诊断技术研究取得突破性进展，病原分子诊断技术已经达到国际水平，成功建立了抗体阻断 ELISA、抗体间接 ELISA 方法，猪瘟免疫荧光间接免疫荧光检测方法较多抗标记法更特异和准确。另外，猪流感病毒（H1 亚型）ELISA 抗体检测试剂盒、狂犬病病毒巢式 RT-PCR 检测试剂盒和竞争 ELISA 抗体检测试剂盒、牛分枝杆菌 ELISA 抗体检测试剂盒、蓝舌病病毒核酸荧光 RT-PCR 检测试剂盒和核酸 RT-PCR 检测试剂盒等均获得国家新兽药证书。小反刍兽疫阻断 ELISA 抗体检测试剂盒，敏感性高、特异性强，已广泛用于我国各级疫控中心诊断和监测工作。这些诊断试纸条或诊断试剂盒便于携带，易于操作，比起传统的疾病诊断更为准确，同时克服了传统技术用时长、工作量大和操作规范难统一等问题，为动物疫病防控提供了坚实的产品保障。

（三）新型疫苗研究

整体看来，我国疫苗研制在世界上处于领先水平，多例疫苗属于国际首创，克服了一些世界性的难题，形成了一系列自主知识产权产品。以基因工程疫苗为例，在我国获得注册并取得产品批准文号的兽用基因工程疫苗有近 50 个品种。重组禽流感病毒（H5 亚型）三价灭活疫苗（细胞源，Re-6 株+Re-7 株+Re-8 株）、牛口蹄疫 O 型、亚洲 1 型二价合成肽疫苗（多肽 0501+0601）、猪口蹄疫 O 型合成肽疫苗（多肽 TC98+7309+TC07）、口蹄疫基因工程空衣壳疫苗、重组新城疫病毒灭活疫苗（A-Ⅶ株）、猪圆环病毒 2 型基因工程亚单位疫苗、猪圆环病毒 2 型杆状病毒载体灭活疫苗、兔出血症病毒杆状病毒载体灭活疫苗、猪流感病毒 H1N1 亚型灭活疫苗等一批动物疫苗，均达到了国际先进水平。其他类型分子疫苗如基因工程表位肽疫苗、病毒活载体重组疫苗等的研发取得了重要进展。此外，细胞悬浮培养工艺等取得明显进步，已应用于口蹄疫、禽流感、高致病性猪繁殖与呼吸综合征等疫苗生产，疫苗质量得到显著提升。

（四）防治技术标准研究

我国及时总结、梳理疫病预防控制的工作经验，先后研究和制订了猪链球菌病、高致病性猪蓝耳病、高致病性禽流感、口蹄疫、马传染性贫血、马鼻疽、布鲁氏菌病、牛结核病、猪伪狂犬病、猪瘟、新城疫、传染性法氏囊病、马立克氏病、绵羊痘、炭疽、J亚群禽白血病、狂犬病、非洲猪瘟等18种动物疫情的防治技术规范，统一规定了这些疫病的疫情确认、疫情处置、疫情监测、免疫、检疫监督的操作程序、技术标准及保障措施，为科学、规范地开展畜禽疫病预防、控制工作提供了有力支撑。

二、我国畜禽疫病预防、控制科技创新的产业贡献

（一）畜禽疫病预防、控制科技创新对我国兽药产业发展做出了巨大的贡献

据中国兽药协会等部门统计，截至2017年7月12日，我国有效兽药标准共2 511个，其中化药975个（原料331个，制剂644个），中药1 142个（药材及提取物665个，制剂487个），生物制品394个（疫苗373个，诊断制剂21个）；兽药生产企业共有有效批准文号90 538个，其中化药中药88 712个，生物制品1 826个；中化药类生产线10 074条，生物制品类生产线498条，悬浮培养工艺取得快速发展，悬浮培养生产线已达22条。2016年全国1 666家兽药生产企业（生物制品企业89家，化学药品企业1 577家，其中129家原料药企业、1 186家制剂企业、166家中药企业）完成生产总值501.64亿元，销售额464.5亿元（2010年为304.38亿元），毛利160.68亿元，平均毛利率34.59%，资产总额1 515亿元，资产利润率10.6%，固定资产614.64亿元，从业人员16.78万人。89家生药企业生产总值146.52亿元，销售额131.13亿元，毛利82.56亿元，平均毛利率62.96%，资产总额307.48亿元，资产利润率26.85%，固定资产87.64亿元，从业人员2.11万人。1 577家化药企业生产总值355.12亿元，销售额333.37亿元，毛利78.12亿元，平均毛利率23.43%，资产总额1 207.52亿元，资产利润率6.47%，固定资产527亿元，从业人员14.67万人。2016年全国出口兽药销售额31.49亿元，其中出口原料药17.28亿元，出口化药制剂13.67亿元，生物制品出口5 300万元。口蹄疫疫苗已在除台湾和香港外的全国31个省市区推广应用，实现产值20多亿元。

（二）畜禽疫病预防、控制科技创新为我国畜牧业发展做出了巨大的贡献

畜禽疫病预防、控制科技创新成果的转化、推广和应用，有效地减少了我国畜禽疫病的发生。已上市的兽用基因工程疫苗在禽流感、口蹄疫、猪伪狂犬病、猪圆环病毒病、禽法氏囊病等的防控中广泛使用并发挥了重要作用，成为传统疫苗的有效补充甚至替代品。两种H5亚型禽流感灭活疫苗在我国禽流感的防控过程中发挥了关键作用，WHO、OIE、FAO等有关国际组织和国家，对中国禽流感疫苗在防控中发挥的作用给予了高度评价。近年来，我国在不同地区建立了禽流感、新城疫、口蹄疫、猪瘟与猪伪狂犬病等综合防控技术集成与示范基地，培训了大量基层技术人员，解决了养殖场疫病诊断、疫苗免疫、综合防制、饲养管理等多项关键技术问题，提出了动物疫病的综合防制技术规范，在多数示范基地成功实施了疫病的净化，产生了明显的经济效益。例如，2015年123个祖代以上种鸡场中有85.4%已展净化工作，其中63.4%的鸡场成效显著，生产性能得到提高。猪瘟经10年防治，监测省份的平均阳性率已降至0.16%，疫情呈逐年下降趋势。正是由于这些科学、有效的畜禽疫病预防、控制，我国畜牧业才得以快速发展。据国家统计局统计，2016年我国猪肉产量5 299万吨，约占全球48.5%，居世界第一；肉鸡产量1 270.0万吨，占全球14.18%，居世界第三；鸡蛋产量2 450万吨，占全球40%左右；全国牛、羊存栏量分别达到1亿多头和3亿多只，位居世界前列。

（三）畜禽疫病预防、控制科技创新为我国公共卫生事业发展做出了巨大的贡献

大约70%的动物疫病可以传染给人类，75%的人类新发传染病来源于动物或动物源性食品，动物疫病如不加强防治，将会严重危害公共卫生安全。《规划》列入优先防治的16种动物疫病中，就有口蹄疫、高致病性禽流感、布鲁氏菌病、奶牛结核病、狂犬病、血吸虫病、包虫病7种人兽共患病。为了加强兽药残留监控，保障动物源性食品安全，农业部每年组织力量开展动物及动物产品兽药残留监控计划。另外，由于人耐药菌感染大约20%来源于食品动物，农业部积极贯彻落实《遏制细菌耐药国家行动计划（2016—2020年）》，开展全国兽药（抗菌药）综合治理五年行动，深入治理滥用兽用抗菌药及生产经营使用非法兽药问题，加强药物饲料添加剂管理，减少亚治疗浓度的预防性用药，禁止人用重要抗菌药在养殖业中的使用，实施兽用处方药与非处方药分类管理制度、兽药安全使用规定及休药期制度。

三、科技创新支撑畜禽疫病预防、控制面临的困难与对策

随着科技进步的加快，畜禽疫病预防、控制技术研究不断深入，新的科技成果在疫病预防、控制领域广泛应用，一些重大动物疫病得到有效控制，发病率和死亡率显著下降，因疫病导致畜牧业损失和公共卫生安全事件明显减少，疫病防控能力不断提升，但科研机构管理体制不顺、科研成果转化率不高和科研产品核心竞争力不强的问题依然突出。

（一）科研机构管理体制不顺

我国已形成了以禽流感、口蹄疫、疯牛病等国家参考实验室为龙头、各农业院校和省级农科院兽医研究机构为主体的科技支撑体系，基础设施建设不断加强，科研队伍不断壮大。但由于科研布局不尽合理，发展不够平衡，导致兽医科技整体支撑能力不强。兽医科研院所是我国兽医科技创新的主力，既要着力于兽医前沿科技研究，占领科技制高点，又要承载解决兽医实践需求的任务，也就是说既要顶天，又要立地。但长期以来，受我国科研管理体制的影响，一方面，大部分科研院所为了适应考核标准，重基础研究、轻应用研究，造成服务兽医实践的应用研究不足。另一方面，作为兽医科技支撑体系的必要补充，各级政府机构所属的疫病预防控制机构大部分时间和精力都在放在常规疫病监测等工作，在疫病病原调查、追踪溯源、预警等技术领域，没有更多的人力物力投入，很难发挥在兽医科技研究方面应有的作用。最后，我国农业科研机构隶属不同级政府，条块分割，除了一般的业务来往外，没有统一的组织协调和业务指导，管理机构、学科专业、研究方向等方面都基本相似，科研目标、研究方向和内容上，也多有重复，这种重复设置和无序管理，造成了竞争型成果多、研究力量分散、科研资源浪费等问题。

因此，改革科研机构的管理体制，是提高科技创新支撑力的基本前提。发达国家的经验表明，建立专门的管理机构、稳定的科技创新管理队伍是关键。政府除了制定相关政策外，还应在宏观调控管理方面，发挥指导和协调作用。应根据疫病流行趋势和防控工作需要对各级科研机构科研方向、课题申报进行适应性的改革和调整，最大限度满足生产对科技的需求；根据知识产权保护的需要和支撑科技创新的需求，对法律法规进行完善，统筹规划与协调各地方、各部门、各行业的科技政策，加强日常监管，保证全局性科技创新有力推进；根据各级研究机构的特点和专长，充分调动积极性，使其既能发挥各自的优势，又能进行有效的合作，共同推进科技创新的进展。

（二）科研成果转化率不高

虽然我国每年有农业科技成果6 000多项，但转化为现实生产力的只有30%~40%，而发达国

家的农业科技成果转化率达到65%~85%。造成这种现状的主要原因，是我国的科技成果评价机制有一定的片面性，过度重视论文指标而轻视科技成果的社会效益和经济效益。目前，我国许多高校和研究院所的资源分配（项目经费、研究生招生名额、实验室空间等）主要取决于SCI论文的发表，几乎所有的二流大学都对学校员工发表在SCI收录期刊的论文实行奖励制度，在这样的考核机制下，国内很多做应用研究的学者无法致力于解决实际问题，而必须要靠跻身到一些热点领域，才会有更好的SCI论文发表，才能通过考核，获得资源。这种制度严重异化了科研本来目的，在一定程度上影响了我国的畜禽疫病预防、控制科技创新，甚至阻碍了重大科学成果的出现。另外，许多科研成果在国外用英文发表，一方面国内同行不能在第一时间受益，另一方面也增加了技术研究者和需求者之间的交流障碍，科研与市场脱节现象十分明显。

因此，为了让科技创新充分支撑畜禽疫病预防、控制工作发展，不能仅仅聚焦于前沿科学研究上，更要以生产需求为导向、以产业化为导向，优化调整现行评价体系、经费分配和科技成果推广等管理和保障制度，健全科技创新政策支持体系，大力培育科技创新主体，围绕养殖业生产安全、动物源性食品安全、公共卫生安全和生态安全部署畜禽疫病预防、科技领域科技创新链条，不断强化科技创新的前瞻性、目的性和实用性。

（三）科技产品核心竞争力不强

我国畜禽疫病预防、控制领域的自主研发能力总体不强，多数产品的核心竞争力较弱。据统计，1987—2016年研制成功并获得批准用于疫病诊断、预防、治疗的新兽药达到1 058种。其中，一类新兽药40种（生物制品27种，化学药品9种，中药4种），二类和三类新兽药共521种，四类和五类药共497种。由此可见，我国自主研发的一类新兽药很少，低水平产品研发同质化严重。例如，仅新城疫-传染性支气管炎-禽流感疫苗就有13个新制品。另外，发酵工艺、抗原的纯化、浓缩，佐剂、保护剂的生产、应用等技术一直是制约我国兽用生物制品发展的瓶颈，与发达国家相比差距较大，以至于某些国产产品在稳定性、疗效等方面与相同品种的进口产品之间存在明显差异。2015年和2016年我国进口生物制品分别达到9.95亿元和6.98亿元，分别占国内兽用生物制品市场销售额的9.29%和5.32%，而出口额则仅有5 000万元左右。尤其是我国宠物用生物制品研发滞后，品种偏少，质量偏低，大多数宠物疫苗需要从国外进口。同时，我国化药的制剂工艺也很落后，目前仍以粉剂、预混剂等简单剂型为主，新剂型品种较少。2015年和2016年，化药原料药出口额分别为18.82亿元和17.28亿元，化药制剂出口额分别为11.67亿元和13.67亿元，化药制剂进口额分别为6.9亿元和7.26亿元。

由此可见，尽管我国兽药产能严重过剩，但是由于产品科技含量低，与国外产品比较没有竞争优势，严重阻碍了我国兽药产业的发展。因此，国家应有效地整合人才、资金等资源，集中加大对新兽药开发前期基础研究的直接资助力度，搭建设备先进、技术力量强大、运转高效的新兽药基础研究平台。加强宏观调控，发挥市场在资源配置中的决定性作用，激发各类市场主体在兽药产业发展中的活力，鼓励企业采用联合、兼并、重组等手段积极做大、做强，增强竞争力。从财政、税收政策等方面积极引导企业加大在新兽药研发方面的投入，引导企业在科技创新中发挥主体作用，鼓励有条件的企业建立研发机构或平台，增强具有自主知识产权产品的研发能力，开展前瞻性研究，在新兽药研发、特别是工艺研究等方面实现新发展。健全完善兽药科技创新体制和机制，鼓励科研人员开展科技创新，支持科研人员创建、联合组建、加盟参股或控股公司等方式参与到企业科技创新第一线，加快兽药产品和生产工艺的升级换代，促进产学研的紧密、高效协作。

第五节　我国畜禽疫病预防、控制未来发展与科技需求

我国畜禽疫病预防、控制未来发展必须以推动兽医事业科学健康发展为目标，以“防风险、保安全、促发展”为主线，推动形成更加成熟的制度体系、更加健全的机构队伍、更加完善的财政保障机制，更好地利用国内国际两个市场、两种资源，强化从养殖到屠宰全链条兽医卫生风险管理，防范外来动物疫病传入风险，提高动物疫病和对人群健康危害较大的主要人畜共患病的防治能力，为保障养殖业生产安全、动物产品质量安全、公共卫生安全和生态安全，促进农业农村经济平稳较快发展做出新贡献。

一、我国畜禽疫病预防、控制未来的发展趋势

未来一段时间内，我国畜牧业养殖规模化程度较低的情况仍将存在，活畜禽跨境、跨省长途调运、现场宰杀交易依旧频繁，而基层的疫病防控队伍正处于机构改革“阵痛”期，执业兽医、乡村兽医无论是质量上还是数量上短时间内难以满足疫病防控工作的需要，可以说动物疫病防控形势不容乐观。

（一）我国畜禽疫病预防、控制目标预测

畜禽疫病预防、控制未来的发展，应当坚持围绕《规划》，短期应对控制净化的重点病种进行调整和补充，中期对已控制净化的病种进行巩固和加强未达标的病种的控制净化，长期是总结经验、推广示范，从而提高畜禽疫病综合防控能力和水平，实现畜禽疫病预防、控制工作水平与发达国家接轨。

（二）我国畜禽疫病预防、控制重点预测

1. 短期目标

根据《规划》，到2020年，力争基础设施和机构队伍更加健全，法律法规标准规范体系更加完善，兽医公共财政投入机制更加稳定，兽医领域国际交流合作更加深入，科技支撑能力和兽医社会化服务水平显著提高。16种优先防治的国内动物疫病达到《规划》提出的考核标准。13种重点防范的外来动物疫病传入和扩散风险有效降低，外来动物疫病以及对人群健康危害较大的人畜共患病防范和处置能力明显提高，动物发病率、死亡率和公共卫生风险显著降低。活畜禽长距离大范围调运逐步规范。病死畜禽无害化处理机制不断完善。畜禽产品兽药残留检测合格率超过97%，动物源主要耐药菌增长率得到有效控制。屠宰行业基本实现分级分类管理，产业集中度进一步提高，动物源性食品安全保障能力大幅提升。兽药产业集中度和竞争力进一步提升，中型以上生产企业占比超过70%，产能利用率提高10%以上。“十三五”末兽药产品质量抽检合格率稳定在95%以上。规模以上生猪屠宰企业屠宰量占比超过80%，生猪代宰率下降10%以上，生猪屠宰场点“小、散、乱”状况得到基本改善。

2. 中期目标

在对畜禽动物疫病预防、控制能力具有重要影响的关键领域和方向上抢占制高点，初步建成布局合理、运转顺畅的科研管理机构和机制，畜禽疫病预防、控制关键核心技术及集成优化技术有效突破并广泛应用。构筑动物疫病防控的生物安全体系和风险评估体系，完善综合防控和净化体系，重大动物疫病无疫区建设得到普及，优先防治和重点防范的重要动物疫病在国内或区域内得到有效防控或根除，兽医卫生与公共卫生安全保护能力显著提升。

3. 长期目标

建成以动物疫病预防、控制为核心，行政管理、兽医管理、动物源性食品安全、动物保护和动物福利、兽药（饲料）管理等为支撑的动物卫生法律体系；动物疫病防控的生物安全体系和风险评估体系广泛运用到各类动物卫生管理决策和动物疫情应急反应中，固化形成一系列风险分析和风险管理的规则和办法，动物疫病预防、控制工作规范化、标准化程度达到国际先进水平；构建完善的畜禽疫情防控监测和报告体系，充分整合和发挥各系统、各层级疫病预防、控制机构间的相互协作、资源共享和优势互补，快速、准确地掌握疫病发生情况并做出反应；重大动物疫病和主要人兽共患病在全国范围内得到有效控制，在大部分区域内已经净化和消灭，动物疫病预防、控制的主要目标锁定在外来动物疫病和三类动物疫病的综合防治。

二、我国畜禽疫病预防、控制科技需求

如果说科技创新是畜禽疫病预防、控制工作的“引擎”，那么科技管理就是这个“引擎”的“燃料源”“燃料源”的质量不仅决定“新引擎”的快慢，而且还决定着“新引擎”的稳定性和持久性。建立充满活力的科技管理和运行机制，为畜禽疫病预防、控制科技创新营造良好的环境，满足科技需求，是推进畜禽疫病预防、控制工作的关键。

（一）科技创新管理方面的需求

一是科研立项与过程管理需求。科研立项应面向兽医科学的各个领域，这要求科研管理部门及工作人员应当对兽医学科、动物疫病防控实践和相关政策有全面、深入的了解，知轻重、知缓急，能够合理地分配项目。同时，在科研过程管理中，还要充分发挥“纽带”作用，沟通相关项目之间的关系，协调成果转化应用，做好项目跟踪管理，监督项目执行进度。二是成果评价需求。建立多种评价体系，针对不同类型成果，采用不同的评价体系，切实扭转以论文数量和影响因子等作为评价指标的现状，使成果评价标准更好地发挥导向、激励和约束的作用。三是成果转化和推广需求。鼓励科研成果转化与推广，建立成果转化收益的分配激励机制，积极贯彻落实《财政部税务总局科技部关于科技人员取得职务科技成果转化现金奖励有关个人所得税政策的通知》精神，提高科技人员创新、转化的积极性。四是应鼓励兽医科研院所、动物疫控系统和相关兽医企业建立联合研究平台，特别是针对基层需要的新技术、新产品研发与推广应用开展联合攻关。加强政策引导，构建平台，建立机制。对于产学研共建平台，在项目上给予倾斜，在力度上给予侧重。同时加快兽医科技信息平台建设，促进信息交流、实现资源共享。

（二）畜禽疫病防控的科技需求

一是快速诊断手段急需拓宽。基层动物疫病防控机构直接面对生产，迫切需要性价比高、结果可靠的快速诊断方法和技术，尤其缺乏辅助临床诊断的快速高通量鉴别检验方法；免疫用疫苗多为传统的灭活苗和弱毒疫苗，缺少区分免疫和非免疫的诊断技术和试剂。二是实验用标准物质供应亟待加强。国内标准化物质生产单位少，标准物种类不全，经常买不到标准试剂，而进口的标准物质存在价格高、引进程序复杂等，在单个实验室用量少，使用成本偏高，影响科研工作开展。三是疫病诊断相关技术标准需要更新。兽医科技发展日新月异，新技术、新方法广泛应用在兽医实践中，但是目前我国许多诊断技术、处置规范等防控标准还是十几年前制定的，没有及时修订，还有许多疫病没有相关诊断和防控标准，影响动物疫病防控的科学性和有效性。四是动物疫病防控技术理论需要进一步深入研究。随着现代农业的推进，我国畜禽养殖方式已发生了较大变化，规模化养殖比例逐步提高、动物疫病的种类不断增加、商品流通跨度增大、人们的消费习惯发生了很大变化。因

此，需要重新审视动物疫病防控工作面临的“新问题”，加快研究和应用符合“新时代”要求的动物疫病防控技术和理论，遵循“同一健康”理念，建立科学、有效的生物安全技术体系。

三、我国畜禽疫病预防、控制科技创新重点

（一）我国畜禽疫病预防、控制科技创新发展趋势

1. 创新发展目标

解决重要畜禽疫病防控基础理论问题和关键技术问题，提高我国畜禽疫病预防、控制能力和水平。

2. 创新发展领域

（1）疫病防控理论创新。主要包括病原流行规律及传播机制、病原遗传变异规律及其分子机制、病原入侵及持续感染机制、病原与宿主互作及宿主的保护性免疫应答机制、免疫效应因子的生物学功能及其免疫学作用机制、食源性病原微生物流行规律及传播机制、病原微生物的耐药性产生机制、药物在分子、细胞与整体调节水平上的作用机理、中兽医和中兽药理论等领域。（胡景杰等，2014）。

（2）疫病防控技术创新。主要包括畜禽传染病流行病学监测与预警技术、传染病风险评估技术、养殖场生物安全与综合防控技术、传染病区域净化与根除技术、新型高效消毒剂和快速消毒技术、药物靶标发现技术、新型免疫佐剂、新型诊断技术及诊断产品、新型疫苗的创制及免疫技术、新型化学兽药的创制及合理用药技术、跨境传播传染病监测与防控技术、危险传播媒介鉴别与防治技术、畜禽常见病综合防治技术等领域。

（二）畜禽疫病预防、控制优先发展领域

1. 畜禽疫病流行病学

深入开展病原生态学与流行病学系统调查，建立重要畜禽传染病病原体库、生物信息库和基因信息库，建立生物信息技术平台，利用重要畜禽疫病流行病学大数据为新发与突发传染病的预测、预警和防控提供基础支撑。拓展新发与突发传染病基础研究的国际交流与合作，建立疾病监测与预警的全球化系统。积极开展多种形式的传染病基础研究的国际合作，建立具有中国特色并与国际传染病数据库联网的生物信息技术平台及全球化的疾病监测与预警系统。

2. 畜禽疫病诊断技术

重点开展具有辅助临床诊断指导意义的高通量快速鉴别检验技术研究，满足临床诊断和监测工作需要。加强高通量筛查新技术研究，对传染病的诊断和新发传染病病原的发现具有重要意义。要充分应用地理信息系统、生物芯片、生物传感器、微流光电技术和计算机等技术，创建快速、可靠、适应于传染病现场检测和病原体快速检测的新技术，提高对传染病的预警和快速反应能力。加大兽医诊断制品规模化、标准化和产业化生产技术研发力度，重点强化稳定性和可重复性等生产工艺的研究。

3. 新型疫苗研制

重点突破免疫佐剂的研制与作用机制、疫苗的递送系统及效应和机制研究；疫苗分子设计、抗原表达系统及其工艺、生物合成技术及抗原制备技术、工程细胞构建、大规模悬浮培养技术、细菌发酵培养技术、规模化抗原浓缩与纯化技术、效果评价等关键技术和瓶颈技术，加快新型疫苗的研发。

4. 药物设计及新药研发

基于现代生命科学发现的潜在药物作用靶标，结合新一代计算机与人工智能技术以及结构生物学研究成果，开展药物分子计算机辅助设计技术研究，开发基于新结构、新靶点的创新药物。加快发展宠物、牛羊、蜂蚕以及水产养殖用动物专用药、微生态制剂及低毒环保消毒剂。

5. 中兽医兽药研究

为降低耐药性风险，降低抗生素残留造成的危害，世界各国纷纷在食品动物饲养过程中实行“禁抗”“限抗”政策。中兽药及中药饲料添加剂具有“替抗”作用优势，应加强中兽医中兽药治疗传染病机制的研究，加强中兽药的经典名方、优势中兽药复方与活性成分的研究和开发，尤其是饲用抗生素替代产品的创制。

6. 生物安全与综合防控技术研究

研究建立养殖场生物安全技术和标准，集成生物安全技术、诊断技术、免疫和防治药物，在“同一健康”方针指导下建立不同养殖区域、养殖模式的综合防控技术体系。

7. 病原感染和致病机制研究

研究畜禽病原入侵、复制、致病等分子机制，鉴定病原与宿主的互作因子，解析其分子结构与功能，提示病原诱导宿主应答的网络、信号通路和调控机制；开展跨种感染能力和传播途径，提示跨种感染和传播机制；鉴定病原抑制或逃避宿主免疫的关键效应分子，解析其调控模式，阐明病原免疫抑制与逃避机制、持续感染形成和维持的分子机制。

8. 畜禽免疫机理研究

研究宿主免疫调节细胞、免疫调节分子；宿主免疫识别、活化及效应机制，尤其是抗原加工和递呈的分子机制；黏膜免疫的分子与细胞作用机制 ，以及组织器官的局部免疫特性及调控机制。

9. 微生物组技术

开展禽畜益生菌剂与肠道微生物组研究及产品开发；开发高通量和高精度的处理微生物组数据的计算方法和生物信息学技术，建立相关数据中心和技术平台，进行大规模微生物组数据整合及挖掘，加快组学技术与生物信息技术在疾病防控、生物制造、品种创制、新药开发等领域的应用。

四、我国畜禽疫病预防、控制科技发展保障措施

（一）产业保障措施

发挥科技创新在支撑发展方式转变、经济结构调整中的重要作用，加快动物疫病防控领域重大成果的转移转化，提升各类机构的科技成果转化能力，培育专业化科技转化人才队伍，推动兽医兽药产业向价值链中高端跃升。把握世界科技革命和产业变革新趋势，围绕我国兽医兽药产业国际竞争力提升的紧迫需求，强化重点领域关键环节的重大技术开发，突破产业转型升级和新兴产业培育的技术瓶颈，构建结构合理、先进管用、开放兼容、自主可控的技术体系，为我国兽医兽药产业迈向全球价值链中高端提供有力支撑。

（二）科技创新措施

坚持面向国家重大需求和世界科学前沿，坚持鼓励自由探索和目标导向相结合，加强重大科学问题研究，完善基础研究体制机制，补好基础研究短板，增强创新驱动源头供给，显著提升我国的科学地位和国际影响力。

1. 加强自由探索与学科体系建设

面向基础前沿，遵循科学规律，进一步加大对好奇心驱动基础研究的支持力度，引导科学家将学术兴趣与国家目标相结合，鼓励科学家面向重大科学研究方向，勇于攻克最前沿的科学难题，提出更多原创理论，做出更多原创发现。切实加大对非共识、变革性创新研究的支持力度，鼓励质疑传统、挑战权威，重视可能重塑重要科学或工程概念、催生新范式或新学科新领域的研究。

2. 强化目标导向的基础研究和前沿技术研究

面向我国兽医事业发展中的关键科学问题、国际科学研究发展前沿领域以及未来可能产生变革性技术的科学基础，超前投入、强化部署目标导向的基础研究和前沿技术研究。凝练高效健康养殖领域的关键科学问题，促进基础研究与畜禽疫病预防、控制需求紧密结合，为创新驱动发展提供源头供给。

3. 提升科研条件保障能力

以提升原始创新能力和支撑重大科技突破为目标，加强大型科学仪器设备、实验动物、科研试剂、创新方法等保障研究开发的科研条件建设，夯实科技创新的物质和条件基础，提升科研条件保障能力。强化国家质量技术基础研究，支持计量、标准、检验检测、认证认可等技术研发，加强技术性贸易措施研究；加强实验动物品种培育、模型创制及相关设备的研发，全面推进实验动物标准化和质量控制体系建设；加强国产科研用试剂研发、应用与示范，研发一批填补国际空白、具有自主知识产权的原创性科研用试剂，不断满足我国科学技术研究和高端检测领域的需求；开展科技文献信息数字化保存、信息挖掘、语义揭示、知识计算等方面关键共性技术研发。

（三）体制机制创新对策

完善技术转移机制建设，健全市场化的技术交易服务体系，加强科技成果权益管理改革，激发科研人员创新创业活力，推动科技型创新创业，通过科技创新与成果快速转化培育生物产业发展新动力。

加强规划任务与科技资源配置的有效衔接，建立多元化科技投入体系。结合生物技术创新特点，创新科技资金投入方式，充分发挥财政资金的杠杆作用，调动地方财政投入积极性，引导社会资本进入。加大资金投入力度，重点支持产业亟须的重大技术研究、产业关键和共性技术研究，以及鼓励技术创新成果的产业化。

（吴文学、张宁宁、李旭妮）

主要参考文献

才学鹏. 2014. 我国人畜共患病流行现状与对策［J］. 兽医导刊，10：24-26.

才学鹏. 2015. 我国兽用生物制品产业发展现状与趋势［J］. 兽医导刊（10）：29-30.

蔡丽娟，肖肖，王永玲，等. 2017. 动物疫病防控科技支撑体系研究［J］. 中国动物检疫，31（3）：5-8.

陈佳. 2016. 美国生猪养殖规模化进程三步走我们到了哪一步［J］. 北方牧业，4.

杜金沛. 2011. 农业科技创新主体的国际比较及其发展的主流趋势［J］. 科技进步与对策，28（11）：19-22.

冯烨. 2015. 中国狂犬病流行病学研究［D］. 内蒙古：军事医学科学院军事兽医研究所.

戈胜强，孙成友，吴晓东，等 . 2016. 西班牙非洲猪瘟根除计划的经验与借鉴［J］. 中国兽医学报，36（7）：1256-1258.
戈胜强，吴晓东，李金明，等 . 2017. 巴西非洲猪瘟根除计划的经验与借鉴［J］. 中国兽医学报，37（5）：961-964.
顾进华 . 2016. 兽药科技创新发展趋势和对策研究［J］. 畜牧兽医科技信息，50（8）：57-61.
胡景杰，郭鑫，李人卫，等 . 2014. 畜禽重要病原的致病机理研究——国家自然科学基金重大项目介绍［J］. 畜牧兽医学报，45（12）：2088-2090.
胡艳丽 . 2012. 新疆扶贫开发中的农业科技创新问题研究［D］. 乌鲁木齐：新疆大学 .
黄泽颖，王济民 . 2015. 我国禽流感相关防控政策演变与展望［J］. 中国畜牧杂志，51（4）：9-19.
李光普 . 2006. 农业科研机构科技成果转化中存在的问题及对策［J］. 中国农学通报（6）：514-517.
廖明 . 2012. 禽病防控的关键问题探讨［J］. 中国家禽，34（7）：36-38.
刘俊辉，张衍海，范钦磊，等 . 2012. 国内外生物安全隔离区建设概况［J］. 动物医学进展（33）：178-182.
刘平，李金花，李印，等 . 2016. 包虫病病原在我国的流行现状及成因分析［J］. 中国动物检疫，33（1）：48-51.
刘湘涛 . 2008. 口蹄疫防控及科技发展现状［R］. 兽医科技高层论坛——专题报告 . 青岛 .
刘兴国，任禾，冯学俊，等 . 2016. 我国执业兽医资格考试进展状况与成效分析［J］. 中国动物检疫，33（8）：59-62.
刘学忠，李建基，王志强，等 . 2016. 如何提高兽医专业学生动物医院见习的质量［J］. 当代牧业（8）：53-55.
陆昌华，李秉柏，胡肄农，等 . 2005. 基于 GIS 的中国畜禽重大疫病防治数字化监控体系研究：中国数字农业与农村信息化学术研究研讨会论文集［C］. 北京：中国农业出版社.
农业部关于印发《国家高致病性猪蓝耳病防治指导意见（2017—2020 年）》《国家猪瘟防治指导意见（2017—2020 年）》的通知 .
石守定 . 2016. 中国畜牧业规模生产和消费情况［J］. 中国畜牧业，16：45-47.
宋建德，滕翔雁，王栋，等 . 2014. 重大动物疫病防控国际规则［J］. 中国动物检疫，31（1）：5-11.
唐慧英，严牡丹，张爱霞 . 2010. 国外兽医管理体制现状［J］. 养殖与饲料，6（31）：68-71.
王栋，范钦磊，刘倩 . 2014. 欧盟动物卫生风险分析体系概况及对我国的启示［J］. 中国动物检疫，31（1）：21-26.
王建明 . 2009. 国外农业科研投资管理制度及对我国的启示［J］. 科技进步与对策，26（6）：75-79.
王琴 . 2011. 猪瘟研究进展：中国畜牧兽医学会学术年会论文集［C］. 成都：75-79.
王秀荣，邓国华，于康震，等 . 2005. 在 DNA 芯片平台上探测 AIV 不同亚型 cDNA［J］. 中国农业科学（2）：184-188.
王中力 . 2014. 我国动物疫病区域化管理模式的应用与分析［D］. 北京：中国农业大学 .
杨汉春 . 2015. PRRS 病毒重组加剧应慎用活苗实施净化［J］. 兽医导刊，10：49-50.
余招锋，张晓勇，吴淑英，等 . 2017. 我国主要贸易伙伴动物产品检疫法规体系［J］. 动物医学进展，38（1）：99-103.
翟新验，刘兴国，李志军 . 2016. 美国动物疫病监测诊断工作概述［J］. 中国兽医杂志，52（6）：118-122.
张策 . 2006. 农业科技成果转化率低下的原因分析［EB/OL］.（2006-05-01）. http：//www. paper. edu. cn/indes. phpldefault/re-leasepaper/content/200605-6.
赵柏林，孔冬妮，孙雨，等 . 2017. 我国小反刍兽疫流行情况及防控措施［J］. 畜牧与兽医，49（3）：108-110.
Animal Health and Veterinary Laboratory Agency（AHVLA）. 2012. 30March-Schmallenberg virus：Further update to GB testing results［EB/OL］. London，UK：AHVLA，（2012-03-30）［2012-04-01］http：//www. defra. gov. uk/ahvla/tag/Schmallenberg.
Ariel P，Javier C，Quiroga MA，et al. 2010. Pandemic（H1N1）2009 outbreak on pig farm，Argentina［J］. Emerg Infect Dis，16（2）：304-307. DOI：10. 3201/EID 1602. 091230.

Barrette RW, Metwally SA, Rowland J M, et al. 2009. Discovery of swine as a host for the Reston ebolavirus [J]. Science, 325 (5937): 204-206.

Beltrán-Alcrudo, D., Arias, M., Gallardo, C., Kramer, S. & Penrith, M. L. 2018. 非洲猪瘟：发现与诊断——兽医指导手册 [M]. 罗马：联合国粮食及农业组织（FAO）.

Department for Environment Food and Rural Affairs (DEFRA). 2012. Update No. 1 - 7 on Schmallenberg Virus in Northern Europe [EB/OL]. London, UK: Defra, (2012-03-26) [2012-04-1] http://www.defra.gov.uk/animal-diseases/monitoring.

Feldmann H, Geisbert TW. 2011. Ebola haemorrhagic fever [J]. Lancet, 377 (9768): 849-862.

Friedrich Loeffler Institute. 2012. Update from the Friedrich Loeffler Institute on Schmallenberg virus [EB/OL]. Greifswald-insel Riems, Germany: FLI, (2012-03-30) [2012-04-02] http://www.fli.bund.de/no-cache/de/startseite/aktuelles/tierseuchengeschehen/schmallenberg-virus.

Garten RJ, Davis CT, Russell CA, et al. 2009. Antigenic and genetic characteristics of swine-origin 2009A (H1N1) influenza viruses circulating in humans [J]. Science, 325 (5937): 197-201. DOI: 10.1126/science.1176225.

Howden KJ, Brockhoff EJ, Caya FD, et al. 2009. An investigation into human pandemic influenza virus (H1N1) 2009 on an Alberta swine farm [J]. Canada Vet J La Revue Veterinaire Canadienne, 50 (11): 1153-1161.

Kwiatek O, Minet C, Grillet C, et al. 2007. Peste des Petits Ruminants (PPR) Outbreak in Tajikistan [J]. J Comp Pathol, 136 (2-3): 111-119.

Madelaine Norstrm. 2001. Geographical Information System (GIS) as a Tool in Surveillance and Monitoring of Animal Diseases [J]. Acta vet. scand. Suppl. 94: 79-85.

Paarlberg P L, Seitzinger A H, Lee Jo G, et al. 2008. Economic impacts of foreign animal disease [R]. Washington.

Shaila M S, Purushothaman V, Bhavasar D, et al. 1989. Peste des petits ruminants of sheep in India [J]. Vet Rec, 125 (24): 602.

Smith GJD, Dhanasekaran V, Justin B, et al. 2009. Origins and evolutionary genomics of the 2009 swine-origin H1N1 influenza A epidemic [J]. Nature, 459 (7250): 1122-1125.

Wang Z, J Bao, X Wu, et al. 2009. Peste des petits ruminats virus in Tibet, China [J]. Emerg Infect Dis, 15: 299-301.

Weingartl HM, Yohannes B, Tamiko H, et al. 2009. Genetic and pathobiologic characterization of pandemic H1N1 2009 influenza viruses from a naturally infected swine herd [J]. J Virol, 84 (5): 2245-2256.

WHO. 1978. Ebola haemorrhagic feverin Sudan [J]. Bull World Health Organ, 56: 247-70.

Zhang Y, Sun Y, Sun H, et al. 2012. A single amino acid at the hemagglutinin cleavage site contributes to the pathogenicity and neurovirulence of H5N1 influenza virus in mice [J]. Journal of Virology, 86 (12): 6924-6931.

第六章　我国畜产品加工业发展与科技创新

摘要：现代肉类加工涵盖畜禽养殖、屠宰分割、肉制品加工、副产物综合利用、冷藏储运、物流配送、批发零售等行业，发展快速。发达国家在装备水平、经营模式、肉品质量标准、养殖加工、安全品质控制等环节中，以信息技术、生物技术、纳米技术、新材料等为代表的高新技术融合应用发展迅速；以我国为代表的发展中国家成为未来肉品生产与消费增长的主要动力。自"十二五"以来，通过国家重大科技项目和产业政策的扶持，我国畜产品加工业通过理论创新、技术创新、科技转化、市场驱动等，在屠宰与加工关键技术、肉与肉制品研发与产业化、全程食品安全保障、肉类加工装备制造等方面取得了一系列重大成果和突破，不断缩小与发达国家的差距，推动产业数量增长向提质增效全面转变，为产业的发展做出了突出的贡献。未来我国肉类加工业的发展，将通过提高规模化、集约化、标准化、工业化程度，在动物源、供应链、屠宰加工、冷链运输、食品安全与公众健康等环节上，通过推动营养组学、食品安全、分子生物学等相关基础研究和信息化、自动化、智能化、一体化等关键应用研究等学科的交叉融合与集成，科技引领、企业主导、政府和协会保障等措施，促进科技创新与升级，增强产业核心竞争力，实现肉类加工业的现代化。

第一节　国外肉类加工业发展与科技创新

一、国外肉类加工业发展现状

（一）世界肉类加工业发展概述

目前，世界肉类产业已基本建立起以现代肉类加工为核心，涵盖畜禽养殖、屠宰分割、肉制品加工、副产物综合利用、冷藏储运、物流配送、批发零售及相关配套行业的完整产业链条。在全球经济一体化的背景下，全球食品格局发生了广泛而深刻的变革，肉类加工业在世界范围内快速发展。在肉制品加工现代化程度相对较高的发达国家，如美国、欧盟、日本等发达国家和地区，肉类加工技术与装备水平普遍较为先进、经营模式一体化水平程度较高、肉品质量标准体系相对完善、养殖加工等环节安全品质控制技术较为发达，高新技术应用程度较好，肉类加工业正向优质、营养、安全与功能性等方向发展。

世界肉类生产日益受到人们饮食习惯与消费模式转变的驱动，中国、美国、俄罗斯、墨西哥等世界肉类生产大国仍保持较高的肉类生产增长速度，发展中国家增速更是快于发达国家。从肉制品产品结构来看，全球对冷鲜肉、低温肉制品、发酵肉制品、调理肉制品等产品需求持续增长，其中发展中国家成为未来肉品生产与消费增长的主要动力。

我国肉类加工业在世界占有重要地位。自1990年起我国肉类总产量已经连续20年占据世界首位，肉类人均占有量逐年递增，肉类产量的稳步增长为肉类加工业的发展奠定了良好基础，肉制品产量逐年提高，产品结构日益丰富，质量安全水平稳步提升，为我国居民日常消费提供了大量优质蛋白，有效提高了国民营养健康水平（表6-1，表6-2）。

表 6-1　世界 10 大肉类生产国 2010—2013 年肉类总产量　　单位：万吨

国家＼年份	2010	2011	2012	2013
中国	7 925.8	7 965.1	8 387.2	8 535.0
美国	4 217.0	4 246.3	4 254.8	4 264.2
巴西	2 133.3	2 389.0	2 496.1	2 601.1
德国	822.0	835.9	819.4	854.4
俄罗斯	690.5	756.6	813.7	820.1
印度	627.0	622.8	629.2	621.5
法国	583.9	569.5	569.0	556.0
墨西哥	582.8	600.1	607.9	612.2
意大利	428.5	417.8	425.0	405.3
日本	321.5	315.8	326.8	327.6

表 6-2　世界 10 大肉类生产国 2010—2013 年肉类人均占有量　　单位：千克/人

国家＼年份	2010	2011	2012	2013
美国	136.63	136.51	135.79	135.14
巴西	108.40	120.24	124.46	128.51
德国	101.61	103.28	101.08	105.14
法国	92.64	89.91	89.41	86.98
意大利	71.74	69.91	71.15	67.93
中国	58.29	58.25	60.99	61.72
墨西哥	49.68	50.39	50.31	49.96
俄罗斯	48.23	52.81	56.74	57.11
日本	25.01	24.57	25.45	25.53
印度	5.09	4.99	4.98	4.86

注：以 2010 年各国总产量和人均占有量进行排序。
资料来源：国家统计局、世界粮农组织 FAOSTAT 网站

（二）主要发达国家在肉类加工业方面的主要做法

从全球范围来看，无论对于美国、欧盟，还是对亚洲的日本等发达国家和地区，其肉类加工业的发展经验特点均值得借鉴。

从生产养殖环节来看，养殖业集中度高，养殖技术先进，产业抗风险能力较强。肉类产业生产发展更加重视畜禽生产与相关产业链的生产联动，包括饲料作物供应环节可能对畜产品造成的供需影响等。伴随着全球肉类产品市场需求的增长，以美国为例的肉类生产向大规模经营与专业化、集约化生产趋势发展，新技术与设施投入相对增加，养殖场数量相对减少。通过建立多方（国家、合作社和私人企业或组织等）共同承担的、完善的畜牧业社会化服务体系，从良种引进、品种选育、疾病防治、环境控制、产品保险等方面服务畜禽养殖与规模化生产过程，有效支撑了畜牧业一体化经营。

从屠宰加工环节来看，屠宰加工业集中度增强，肉类生产工业化程度和产业集中度高。屠宰加工厂数量呈现长期减少趋势。在养殖场规模化发展的同时，美国屠宰加工企业纵向一体化程度加

深，屠宰加工业集中度逐渐增强。2012年，年屠宰量超过100万头的屠宰加工厂屠宰量占比达到90%以上，行业集中度的提高造就了史密斯菲尔德、泰森等优秀的大型肉制品屠宰加工企业。在欧美、日本等地区肉类加工技术和装备水平先进，现代化运行能力强。

从肉类加工技术、工艺与装备水平来看，屠宰分割、精深加工及综合利用技术发达。如胴体计算机视觉在线分级技术，实现了胴体自动、精确分级；掏脏、劈半、挂杆等自动化技术及计算机远程控制等智能化技术，有效提高了劳动效率；非热杀菌、冷链等加工和物流技术，丰富了精深加工工艺和产品形态；酶工程、分离纯化等生物技术提高了副产物综合利用率。

从产品质量标准体系来看，如美国、欧盟、澳大利亚、新西兰等发达国家和地区拥有完善的保障肉品安全的法规标准与执法体系，是世界肉品卫生控制程度较高的国家和地区。

从社会化服务体系来看，美国、欧盟、澳大利亚、新西兰等发达国家和地区肉类生产加工的社会化服务体系相对比较完善，从畜禽品种选育到疾病防治、检疫监测及其产品保鲜、物流供应等方面都有相关的科研单位、非营利性协会、服务组织机构等进行指导。这些国家的科研服务机构以国际市场为导向，由多单位、多部门协同合作，形成了科学研究、农业生产、食品工业、市场营销为一体的社会化服务体系。先进的科研服务体系和健全的推广体系使这些国家的畜牧业和畜产品加工业居世界领先水平。

（三）世界肉类加工业贸易现状

2010年以来，世界猪肉总产量和消费量基本呈增长趋势。2014年全球猪肉产量为1.16125亿吨，同比增长1.4%，产量增加主要来自亚洲，猪肉消费量达1.15830亿吨，同比增1.4%，猪肉进口量达725.4万吨，同比增长1.7%，出口量达754.8万吨，同比增长2.1%（表6-3，表6-4）。

牛羊肉进、出口量也呈逐渐增加态势。2013年牛肉总进口量达548.2万吨，同比增长9.6%。美国是最大的牛肉进口国，占世界总进口量的12.1%以上。世界牛肉总出口量为541.0万吨，同比增长6.8%。巴西是最大的牛肉出口国。黄牛肉、去骨牛肉和小牛肉是进出口国际贸易的主要产品。2013年世界羊肉产量达1 393.9万吨，产量同比增长3.0%。2013年羊肉总进口量达114.3万吨，同比增长19.4%。我国是2013年世界上最大的羊肉进口国，羊肉进口量达28.8万吨，占世界羊肉总进口量的25.2%。2013年羊肉总出口量达120.7万吨，同比增长16.7%。澳大利亚是2013年最大的羊肉出口国。绵羊肉和山羊肉是国际贸易的主要产品（表6-5至表6-8）。

禽肉进出口量也同样呈增加态势。总进口量由2010年1 393.5万吨增长到2013年的1 523.3万吨。禽肉进口前三位的国家和地区分别是中国香港、日本和英国。禽肉出口量由2010年的1 539.7吨增长到2013年的1 712.9万吨。禽肉出口前三位的国家是巴西、美国和荷兰，世界禽肉进出口国家和地区较为集中，且集中度呈现略微下降趋势（表6-9，表6-10）。

表6-3　2010—2015年世界主要国家和地区猪肉进口情况　　单位：万吨

国别/地区	2010年	2011年	2012年	2013年	2014年	2015年
日本	114.3	119.6	120.6	116.9	82.9	79.1
德国	116.6	118.1	115.7	112.6	99.5	92.5
中国	78.9	115.6	107.9	124.1	56.4	77.8
意大利	106.0	106.9	99.9	103.4	102.2	102.1
英国	95.5	97.6	94.4	92.9	35.8	37.1
俄罗斯	75.6	80.0	91.1	79.5	37.2	30.5
波兰	57.5	64.2	63.3	64.4	60.2	65.9

（续表）

国别/地区	2010 年	2011 年	2012 年	2013 年	2014 年	2015 年
墨西哥	58. 3	50. 9	60. 1	66. 7	60. 1	72. 3
世界总计	1 239. 6	1 330. 5	1 334. 7	1 344. 0	—	—

资料来源：2010—2013 年源自 FAO 统计数据；2014—2015 年源自联合国进出口数据

表 6-4　2010—2015 年世界主要国家和地区猪肉出口情况　　单位：万吨

国别/地区	2010 年	2011 年	2012 年	2013 年	2014 年	2015 年
德国	202. 9	222. 6	216. 5	221. 3	175. 8	177. 9
美国	178. 1	216. 2	221. 7	206. 7	147. 7	152. 8
丹麦	151. 6	159. 5	138. 8	135. 6	109. 1	113. 1
西班牙	110. 1	121. 4	122. 4	120. 2	107. 6	125. 4
加拿大	104. 5	108. 8	113. 1	113. 1	88. 1	89. 5
荷兰	105. 3	107. 3	95. 8	93. 2	88. 9	94. 0
比利时	81. 6	81. 4	79. 3	82. 7	69. 7	72. 3
波兰	39. 2	48. 0	55. 2	62. 8	37. 4	39. 4
巴西	64. 1	61. 1	67. 0	61. 2	41. 8	47. 3
法国	60. 8	62. 1	57. 4	57. 6	45. 5	43. 7
中国	45. 2	41. 9	34. 3	40. 4	9. 2	7. 1
世界总计	1 316. 4	1 421. 8	1 402. 5	1 398. 3	—	—

资料来源：2010—2013 年源自 FAO 统计数据；2014—2015 年源自联合国进出口数据

表 6-5　2010—2015 年世界主要国家和地区牛肉进口情况　　单位：万吨

国别/地区	2010 年	2011 年	2012 年	2013 年	2014 年	2015 年
美国	68. 1	60. 7	65. 9	66. 2	95. 7	107. 9
中国	23. 2	23. 2	29. 6	61. 5	29. 8	47. 4
俄罗斯	46. 8	42. 5	60. 2	56. 5	63. 3	43. 5
日本	49. 8	51. 6	51. 2	53. 3	51. 9	49. 4
欧盟（初始 12 国）	24. 5	24. 0	24. 3	27. 4	20. 4	20. 3
世界总计	506. 8	487. 9	500. 1	548. 2	—	—
美国、俄罗斯、日本占世界的百分比（%）	32. 5	31. 7	35. 5	32. 1	—	—

资料来源：2010—2013 年源自 FAO 统计数据；2014—2015 年源自联合国进出口数据

表 6-6　2010—2015 年世界主要国家和地区牛肉出口情况　　单位：万吨

国别/地区	2010 年	2011 年	2012 年	2013 年	2014 年	2015 年
巴西	94. 8	81. 6	93. 8	117. 4	122. 8	107. 9
澳大利亚	91. 2	85. 4	93. 6	108. 0	135. 5	135. 8
美国	63. 0	77. 3	67. 4	70. 1	81. 6	71. 9
新西兰	34. 6	26. 1	32. 3	33. 0	41. 4	45. 7
加拿大	32. 5	27. 0	20. 8	20. 8	26. 7	28. 0
世界总计	528. 6	502. 8	506. 4	541. 0	—	—
巴西、澳大利亚、美国占世界的百分比（%）	47. 1	48. 6	50. 3	54. 6	—	—

资料来源：2010—2013 年源自 FAO 统计数据；2014—2015 年源自联合国进出口数据

表 6-7　2010—2015 年世界主要国家和地区羊肉进口情况　　单位：万吨

国别/地区	2010 年	2011 年	2012 年	2013 年	2014 年	2015 年
中国	9.8	11.9	15.3	28.8	28.3	22.3
欧盟（27 国）	19.5	18.0	15.3	16.3	15.7	16.6
法国	11.6	10.8	10.6	10.3	10.2	9.5
世界总计	95.7	92.4	95.7	114.3	—	—
中国、欧盟（27 国）、法国占世界的百分比（%）	42.8	44.0	43.0	48.5	—	—

资料来源：2010—2013 年源自 FAO 统计数据；2014—2015 年源自联合国进出口数据

表 6-8　2010—2015 年世界主要国家和地区羊肉出口情况　　单位：万吨

国别/地区	2010 年	2011 年	2012 年	2013 年	2014 年	2015 年
澳大利亚	26.8	23.5	31.2	41.3	49.9	45.8
新西兰	37.3	27.2	34.9	39.8	41.6	41.8
英国	8.9	9.6	9.5	10.3	10.2	8.0
爱尔兰	3.5	3.9	4.3	4.3	4.0	4.2
西班牙	2.7	2.8	3.1	3.3	3.4	3.2
世界总计	101.9	87.8	103.4	120.7	—	—
新西兰、澳大利亚、英国占世界的百分比（%）	71.6	68.7	73.0	75.7	—	—

资料来源：2010—2013 年源自 FAO 统计数据；2014—2015 年源自联合国进出口数据

表 6-9　2010—2015 年世界主要国家和地区禽肉进口情况　　单位：万吨

国别/地区	2010 年	2011 年	2012 年	2013 年	2014 年	2015 年
中国香港	120.1	144.5	103.0	94.7	95.1	78.5
日本	96.5	109.8	109.2	106.6	48.2	53.6
英国	73.5	81.0	81.9	81.8	42.3	45.3
德国	75.6	79.8	82.8	79.2	60.1	62.6
沙特阿拉伯	68.8	78.9	80.4	88.0	79.7	93.0
墨西哥	70.9	73.9	78.4	84.8	86.1	90.4
荷兰	64.0	68.4	67.7	60.9	57.6	50.6
俄罗斯联邦	65.9	43.5	54.3	53.0	45.5	25.3
中国大陆	54.2	42.1	52.2	58.4	—	—
世界总计	1 393.5	1 519.9	1 551.0	1 523.3	—	—
中国香港、日本、英国占世界的百分比（%）	20.8	22.1	19.0	18.6	—	—

资料来源：2010—2013 年源自 FAO 统计数据；2014—2015 年源自联合国进出口数据

表 6-10　2010—2015 年世界主要国家和地区禽肉出口情况　　单位：万吨

国别/地区	2010 年	2011 年	2012 年	2013 年	2014 年	2015 年
巴西	390.4	400.4	402.9	398.1	373.0	397.4
美国	373.7	393.1	410.7	415.0	387.0	318.3
荷兰	117.5	131.3	120.2	117.9	137.7	131.4
中国香港	72.4	85.5	63.6	62.2	65.7	57.9

（续表）

国别/地区	2010 年	2011 年	2012 年	2013 年	2014 年	2015 年
泰国	65.9	69.5	77.0	73.4	15.2	18.0
德国	59.6	64.6	71.5	68.0	54.3	50.9
法国	57.2	61.5	59.1	59.0	70.0	47.8
中国大陆	72.4	85.5	61.1	62.2	—	—
比利时	46.5	49.3	53.1	50.8	54.3	51.2
波兰	43.8	47.9	58.4	64.1	70.0	82.7
世界总计	1 539.7	1 653.7	1 690.9	1 712.9	—	—
巴西、美国、荷兰占世界的百分比（%）	57.3	55.9	55.2	54.4	—	—

资料来源：2010—2013 年源自 FAO 统计数据；2014—2015 年源自联合国进出口数据

（四）肉类加工业对畜牧业发展的贡献

1. 肉类加工业带动畜牧业可持续发展

肉类加工业作为畜产品全产业链中的重要一环，其加工产品的品类、结构和销售成为畜牧业联结市场所依赖的主要途径，有效带动了畜牧业的发展。目前，全球形成了以冷鲜肉、低温肉制品、特色肉制品、调理肉制品等高品质、绿色健康肉品为主导的市场格局，丰富的包装形式有效延长了肉品保质期和流通半径，带动肉类加工业发展的同时，有效化解了相对过剩的畜产品产量，推动了畜牧业的可持续发展。全球范围形成一批特色鲜明的畜产品加工产业带，促进了畜产品优势区域的隆起。中国和丹麦生猪产业，澳大利亚和新西兰牛羊肉产业，以美国、巴西和阿根廷为代表的美洲牛肉产业都各具特色，共同构成了世界肉类加工业和畜牧业版图。

2. 肉类加工业推动畜牧业结构调整

畜牧业与肉类加工业的融合发展伴随着畜牧业产业结构、区域结构和劳动力结构的调整变化，对现代畜牧业产生重要影响。肉类加工业发展能够持续地增加对畜产品数量和质量的需求，刺激现代畜牧业增长和生产结构优化。肉类加工业化还能增加对劳动的需求，加速农村富余劳动力转移，促进规模化和集约化经营，提高现代畜牧业的生产率。此外，肉类加工业所带来的规模化、集约化发展模式和理念，植根于现代畜牧业之中，诱导畜牧业生产方式发生根本性变革，使产前、产中、产后各个环节相互联结形成畜牧业产业体系，提高其综合效益。

3. 肉类加工业优化畜牧业和下游产业的利益联结机制

肉类加工业和畜牧业的有效融合，加速了社会化服务组织的出现，推动了肉类加工业和畜牧业的协调发展。规模化企业往往采取养殖、屠宰分割、加工等一体化组织模式，中小型企业则通过非营利性行业协会、社会化服务组织来联结畜牧业和加工、销售、贸易等环节，通过有效的组织架构、利益联结模式，有效集聚了资本、劳动和科技等各类生产要素，推动了畜牧业和肉类加工业的发展。

二、国外肉类加工业科技创新现状

（一）世界肉类加工业科技创新概述

世界肉类加工科技不断进步，肉类可持续生产、肉品质量与营养、肉类加工与包装、肉类食品安全、肉类生产与环境保护、肉类消费与人类健康等方面拥有日益扎实的研究基础。以信息技术、生物技术、纳米技术、新材料等为代表的高新技术发展迅速，高新技术与肉类工业科技交叉融合，不断转化为肉类生产新技术，如物联网技术、生物催化、生物转化等技术已开始应用于从肉品原料生产、加工到消费的各个环节中，推动传统产业向自动化、信息化方向转型升级，催生了生鲜电子商务、新型保健与功能性食品产业、新资源食品产业等新业态的出现。

（二）国外肉类加工业科技创新成果

1. 屠宰分割关键技术成果

屠宰与加工关键技术。美国、欧盟、澳大利亚、新西兰等发达国家和地区已建立了完善的动物福利制度，部分欧美国家要求供货方必须提供畜禽或水产品在饲养、运输、宰杀过程中没有受到虐待的证明才准许进口。欧盟最早的条例 EC No 1099/2009 规定了屠宰场从待宰、屠宰到分割过程中对畜禽动物各方面的保护措施，并通过在宰前管理与运输、待宰静养、宰杀通道与宰杀方式等方面制定严格的技术规程，大大减少了屠宰加工过程中 PSE、DFD 肉等劣质肉的产生。

宰后胴体减菌、分级技术。胴体减菌技术是冷却肉生产中的关键技术之一，它能降低胴体的初始菌数从而延长产品的货架期。国外展开研究和应用的减菌技术有热水喷淋减菌、蒸汽清洗减菌、化学物质喷淋减菌、辐照除菌、肉类表面超高温巴氏杀菌、超高温巴氏杀菌结合电子束辐射杀菌技术灭菌以及多措施结合应用的复合除菌等；畜禽屠宰胴体分级技术也已十分成熟，除传统的探针分级技术外，计算机断层扫描技术、图像分析技术、人工神经网络技术、近红外光谱分析技术等，广泛应用于屠宰加工行业，实现胴体图像分析和计算机虚拟分割。

屠宰加工副产物综合利用技术。自 20 世纪 80 年代以来，畜禽骨的开发利用就受到世界各国的重视。丹麦、瑞典、美国、英国等发达国家最先成功研制出畜骨加工机械及骨泥、骨粉等产品；日本也成立“骨有效利用委员会”等相关组织，采用超微粉碎技术研发骨味素、骨味汁和骨味蛋白肉等系列食品。在欧洲和日本等国家和地区，猪血主要被用来开发肽类试剂、药物以及功能性食品添加剂，其利用率已达 50% 以上。对畜皮的利用主要是通过酸、碱、酶的作用对畜皮进行水解，可以得到不同分子质量的产物，包括胶原、明胶、水溶性明胶、多肽、短肽和氨基酸。由于禽血具有一定的抗癌作用，近年来西方国家对禽血的加工利用有了新的发展，如比利时、荷兰等国将禽血掺入红肠制品；日本已利用禽血液加工生产血香肠、血饼干、血罐头等休闲保健食品；法国则利用动物血液制成新的食品微量元素添加剂。

屠宰加工全程清洁生产技术。欧美发达国家的屠宰行业在清洁生产方面积累了丰富的技术经验。如待宰圈和运输车辆粪便回收后加工成有机肥；采用 CO_2 击晕，减少肌肉淤血和血斑现象，提高资源能源利用率；推行真空刀放血法，提高血液回收利用率、降低排放废水中有机污染负荷；采用气动劈半刀避免交叉感染，同时几乎不会产生碎肉和碎骨，减少原料损失等。

2. 肉制品加工关键技术成果

加工品质改良技术。通过遗传育种、营养干预、环境条件控制等措施使猪肉的产肉性能得以大幅度提高，但畜肉在品质和安全性在一定程度上受到影响，尤其是猪 PSE 肉、DFD 肉等异常肉多发及药物残留严重。国外普遍采用嫩化技术提高肉类产品的嫩度，如采用低温吊挂自动排酸成熟法、机械嫩化法、电刺激嫩化法、超高压嫩化法、超声波嫩化法、外源酶嫩化法、内源蛋白酶嫩化法和基因工程嫩化方法提高牛羊肉的嫩度，大幅提高畜禽加工性能，有效改善猪肉品质和安全水平。蛋白质组学技术在畜禽品质改良中也得到一些应用。

加工过程有毒有害物控制技术。食品加工过程中有毒有害物质主要包括：晚期糖基化终末产物（ACEs）、杂环胺（HAAs）、丙烯酰胺（AM）和反式脂肪酸（TFA）。AGEs 是美拉德反应产生的一类化合物，目前已发现 20 多种 AGEs。杂环胺 HAAs 是蛋白质类食品在高温烹调加工中产生的一类具有致突变、致癌作用的物质。AM是一种中等毒性的亲神经毒物，具有积聚性，是人类潜在的致癌物。TFA是含有反式构型双键的一类不饱和脂肪酸的总称，它是油脂类食品中常见的一类危害物成分。这些化学物质一般均具有积聚性，被摄入人体后，会产生潜在的食品安全隐患，危害人类健康。正是出于对这些物质危害性的认识，国外正加大食品加工过程中有毒有害物质的控制的研究。相关技术的成熟与应用将有效提高加工环节食品安全控制水平。

超高压处理技术为代表的非热加工技术。通过高压处理能够有效的延长肉类的货架期，能够改变钙激活酶活性，抑制微生物，改善凝胶特性，提高嫩度等，研究高压对鲜肉的嫩化机理，高压对凝胶保水性、乳化性的影响，高压对不同肉制品风味的影响，高压对肉及肉制品各成分的影响以及高压处理的影响因子和工艺参数等。其他食品非热加工技术，如高压脉冲电场、高压二氧化碳、电离辐射、脉冲磁场等方法，在肉类食品的杀菌与钝酶方面，与热力杀菌相比，对食品的色、香、味、功能性及营养成分等具有很好的保护作用，能够在很大程度上保证产品原有的新鲜度、确保产品的质量。

传统肉制品研发与产业化。20世纪60年代，发达国家先后对干腌火腿、发酵肉制品等本国传统肉制品的传统工艺和品质进行了较为系统的研究，在此基础上完成了传统工艺的现代化改造，基本实现了机械化生产，大大提高了生产规模和效率。在基本保留肉制品传统风味特色的同时，使其更加适应现代食品低盐、低脂、营养、美味方便的消费理念。西班牙Serrano和Iberian干腌火腿传统和现代工艺产品已得到消费者的高度认同，并得到欧盟原产地命名保护许可。混合型微生物构成的各种成品发酵剂已经充分商业化，涌现出很多具有独立的知识产权的著名品牌。同时，发酵剂的培养和制备技术，如微胶囊化、特定菌株发酵底物、筛选方法、发酵剂浓缩技术，菌种保藏和抗冻技术都已相当成熟。

3. 全程质量安全控制关键技术成果

冷链物流与物联技术。发达国家冷链技术的发展已相当成熟，自动温度检测设备和自动温度控制设备已普遍运用到冷链运输过程中，实现了对运输过程中食品温度变化的实时监控，从而保证了食品的质量。据联合国贸易发展会议的统计数据，2005年全球食品冷藏能力达到10亿立方英尺，其中冷藏集装箱能力超过60%。随着电子商务平台的出现，国外生鲜电商，比如美国的Amazon Fresh，英国的Ocado等，普遍采用轻量化电商运作模式，充分利用自己的电商平台和上下游供应链紧密地结合，优势互补，形成完整的产业链闭合，这就极大依赖于上下游的冷链物流体系，因此要保证冷链的高效运作，除了先进的冷藏设施和技术外，还需要有先进的冷链信息系统来进行有效的管理。信息系统中应用较多的技术有电子数据交换（EDI）和全球定位系统（GPS）等。美国是运用信息技术最发达的国家之一。美国的肉类产品冷链系统较早就开始运用信息技术来进行统一管理。日本汲取美国的成功经验与成熟技术，充分利用其互联网的优势在各大型肉类批发市场、肉类生产厂家以及与各销售商之间均建立起网络连接，及时进行信息交换，提升冷链系统的信息化程度。

微生物预报技术和货架期预测技术。畜禽贮藏过程的腐败微生物的消长是产品货架期的重要指标，随着社会对食品安全以及食品企业对自身产品品质问题的关注，腐败菌的研究也逐渐发展起来，并且对这些细菌进行建模。近年来美国、英国、澳大利亚、丹麦等国更是致力于微生物预测软件开发，旨在对食品货架期进行有效的预测，并对致病菌进行风险评估。如美国农业部开发的病原菌模型程序、澳大利亚开发的FSP模型、加拿大开发的微生物动态专家系统。美国农业部将上述几种模型数据库进行整合，开发了Combase微生物预测数据库。该数据库信息容量大，对微生物预测具有很高的参考价值。

快速在线（无损）检测和高通量检测技术。近些年，国外农、兽药残留、化学污染物快速检测技术，病原微生物与腐败微生物快速检测技术，畜禽品质快速检测技术发展迅速，成为畜禽产品安全过程控制定性检测的重要手段。如采用色谱技术、免疫学技术，建立农药、兽药抗体高效制备技术平台和标准化的抗体库，研发农药、兽药与饲料添加剂残留检测试剂（盒）；采用分子生物学技术和免疫学技术，建立致病菌和腐败菌的快速检测技术；采用分子生物学技术、超声波技术、生物传感器技术、免疫学技术、高效毛细管电泳分析技术、近红外光谱、核磁共振、计算机视觉等技术及相关设备对食品质量进行快速定级和掺假鉴别。丹麦和德国等已开发出商业化的近红外光谱在线检测生产线。另外，针对农兽药残留、基因测序、动物疫病等高通量检测技术在国外得到快速发展，高通量检测技术是指一次可检测多个样品或对同一样品进行多种检测的技术，包括酶联免疫吸附测定技术、多重 PCR 技术、基因芯片检测技术等。高通量技术的应用大大降低了检出时间，提高了检测效率。

食品风险评估和预警技术。欧盟、美国等国家建立起以风险分析为基础的食品安全控制体系，保障食品安全。采取导向性预防措施，以最大限度地防止危害发生。食品法典委员会（CAC）于 1998 年和 1999 年拟定了《微生物风险评估的原则和指导方针草案》与《微生物危险性评估的原则和指导方针》，欧盟也建立了食品快速预警系统（RASFF）。风险分析主要包括风险评估、风险管理和风险信息交流，已经成为世界各国建立食品安全控制体系、协调食品国际贸易、解决食品安全事件的基本模式。针对致病性微生物及其毒素预防控制、农药兽药、重金属残留检测与控制及转基因肉类产品的风险评估等成为全程质量安全控制、风险分析与预警的重点。

肉品溯源和可追溯系统。食品可追溯系统作为食品安全控制体系的重要组成部分，在多数发达国家已经应用和推广，取得显著的成效。可追溯系统是建立于食用农产品生产、加工、贮运、销售和消费过程的信息记录和信息追溯体系，即从农田到餐桌的过程跟踪或从餐桌到农田的危害物源头追溯技术；污染物溯源技术是指以调查危害物来源或取证为目的的追溯技术。当前畜禽可追溯个体识别方法可以分为物理方法（标签溯源技术，如条形码、电子标签等）、化学方法（包括同位素溯源技术、矿物元素指纹溯源技术、有机物溯源技术等）和生物方法（虹膜特征技术和 DNA 溯源技术）。

4. 肉类加工关键装备制造成果

世界各国纷纷加强食品装备技术创新力度，成为新一轮技术跨越的重要措施和手段，融合自动化和信息化技术的各类肉类加工机械装备不断升级，各项肉类加工技术装备向自动化、连续化、信息化和智能化方向发展。屠宰方面，击晕、烫毛、剥皮、胴体劈半、分级、冲淋、污染物检测等关键环节已部分实现自动化和智能化；肉制品深加工方面，斩拌、滚揉、灌装、烟熏、煮制、包装、打码、贴标等环节已实现程序化控制。在劈半、在线分装、包装、码放等关键环节大量应用工业机器人替代人工，不仅大大降低人工成本，提高生产效率，而且减少了人为污染，保障了产品质量安全。

（三）主要发达国家肉类加工业科技创新成果的推广应用

智能制造、绿色制造双翼齐振，关键环节机器人的应用为肉类加工业增添了新的亮点。在机械化屠宰加工装备方面，国外自动取内脏联合作业系统已较为成熟。目前英国也已开发出机器人厨房系统，通过自动机器手臂可以参与预设菜谱的标准化烹饪、使用洗碗机进行餐盘清洗、处理生肉等操作。

通过物联、计算机远程控制、数据挖掘等技术，实现肉类加工厂的准无人操作，已成为人力资源成本高企下多数企业的必然选择。智慧工厂助推食品企业实现从农场到餐桌的智慧升级，集成智慧资源，减少了传统劳动力投入，提高加工生产效率，降低不必要的能源消耗，提高加工产品品质。

食品包装模式创新逐渐向安全和可持续方向发展，技术进步的同时酝酿着新的发展机会。气调包装与新型包装材料，可以提高保质期，减少食物浪费，同时满足便捷度、可持续性（无须额外的包装或标签），降成本等需求。

（四）世界肉类加工业科技创新发展的方向

肉类生产方面。人口增长、城市化和收入增加继续提高全球对肉类生产的需求，牲畜生产所导致的水污染源、抗生素耐药性和营养物质等人类健康问题日益严峻，尤其是环境污染问题。据联合国环境规划署，肉类生产排放的温室气体占全球排放总量的18%~25%，甚至高于全球交通行业的排放量，减少肉类消费量相对较高地区的肉类消费可以带来一系列的环境收益。随着组织培养技术的不断进步，采用干细胞培养食用肉以减少的排放量成为肉类生产加工一个研究方向，比利时学者已经提出了大规模培养细胞的技术体系，但目前仍然停留在实验室培养阶段。

肉类精深加工方面。目前，非热加工技术可应用于食品功能成分的提取、食品大分子的改性等方面，超高压、高压二氧化碳等非热加工技术在美国、日本、法国等发达国家已经得到了产业应用。肉与肉制品产品研发与产业化方面，加热即食（Ready to Eat）、即烹食品（Ready to Cook）、速冻食品（Frozen Prepared Food）等调理食品种类，由于适应快捷的生活节奏而得到迅速发展。

副产物综合利用方面。随着生物工程技术的发展，酶解法以其资源利用率高、节能、成本低、效益显著等优势，成为屠宰加工副产物综合利用技术畜禽骨开发利用发展的新方向。另外，通过超声、微波等技术，采用生化分离提取技术，从畜禽副产物原料中直接提取功能因子，如SOD、弹性蛋白酶、谷胱甘肽、降血压肽、免疫球蛋白、磷脂、血红素、胶原蛋白等，做成各种生物制品，达到原料资源充分综合利用与效益最大化，在副产物综合利用技术创新方面仍有巨大的研究开发潜力。蛋白质组学技术在畜禽品质改良中得到日益增多的应用。利用现代生物技术和经典育种、营养调控手段改良畜禽肉类品质也成为热点。

冷链物流与包装技术方面。目前，国外冷冻设备近年来发展迅速，各种制冷机和速冻设备齐全，冷藏运输以冷藏集装箱多式联运为主要发展方向。包装技术趋势方面，新型高阻隔环保型的畜禽包装材料的研发，以及包材在各种加工贮藏条件下内在成分的迁移及安全性研究，成为食品包装领域亟待解决的问题。肉类加工关键装备制造方面，定量灌制、成型、共挤等环节高度自动化，连续式一体化加工装备正逐步取代单体式加工装备。

三、国外肉类加工业科技创新经验及对我国的启示

1. 政府高度重视基础研究，产学研结合紧密

世界发达国家如美国、德国、丹麦、澳大利亚、瑞典的大学与研究机构、企业、政府非常重视全球化的市场需求和相应的科技发展趋势，高比例的科研投入模式与来自协会和企业的持续、充足的研究经费，促进技术创新和成果转化速度和效率提升，紧紧围绕如动物福利、畜产品安全与健康、环境友好与能源节约、资源利用与增值、信息与自动化等热点开展研究，超前开发相应高新技术和装备，或者及时应用于产业，或者作为下一代的技术贮备。此外，加工企业也均拥有强大的研发机构或研发团队，便于开展信息搜集、会议和博览会交流、技术研发、工程设计、项目合作、教育培训、市场预测等工作，形成了高效的研发组织和机制。

美国的种养殖模式与肉类加工业立足于特色鲜明的科技、信息支撑体系。紧紧立足于产业发展需求确定研究领域，科研立项一般由科学家、企业、公共机构共同提出需求，统一规划确定重点研

究项目，并且通过外部评价系统和国家项目主管机构对项目的目标、机制进行评价。美国企业在肉制品加工应用研究、技术开发和成果转化等方面发挥着主导作用。科研机构、高等院校与协会和企业建立了稳定的合作关系，分别平均有30%和70%的科研经费来自协会和企业，科研成果直接应用于生产，科研投入产出比达到1∶20。如美国爱荷华州立大学和明尼苏达州州立大学长年为政府和企业开展肉制品标准化生产、质量安全追溯体系建设等研究，与相关企业共建了生猪、肉牛和奶牛等养殖试验基地和中试车间。

2. 以肉类加工业为龙头，一二三产融合发展

树立“大食物、大农业、大资源、大生态”的理念，大力推进肉品精深加工和综合利用，实现以肉品加工业为核心的农产品循环利用、全值利用和梯次利用。充分考虑产业发展过程中的农民利益，以肉制品加工业推进农牧结合循环农业发展，在玉米主产区推进种养一体化发展模式，建设肉制品加工业原料基地建设，促进过渡转化，使加工企业与农民紧密联合起来，形成命运和利益共同体。

3. 以市场为导向，社会化技术服务体系完善

发达国家赋予农业和农村发展更为深刻的科学认识与提供食物以外的更加宽泛的功能，诸如保护自然资源，如德国通过对全国的农业社会保障制度进行改革，实现了为农民的妻子设立独立的社会保障体系，在地区实行农民退休养老金制度等社会化服务。美国农业产业价值的实现在于以规模经营的家庭农场为主体，以完善的市场体系为导向，实行产加销一体化，发展农业产业集群。肉品加工业为主的各类经营主体依靠市场的引领实现了规模化、机械化、专业化、工厂化，主动延长产业链、价值链，实现与上下游产业的有效衔接，促进肉品加工业的产加销一体化发展，充分发挥了肉品加工业在构建现代农业产业体系、生产体系和经营体系中的重要作用，促进农产品价值增值与农业产业价值的最大化。肉品加工业成为推进美国现代农业发展方式加快转变、促进农业提质增效和转型升级的重要力量。

第二节　我国肉类加工业发展概况

一、我国肉类加工业发展现状

（一）肉类总产量

我国从肉类短缺走向充裕，起始于20世纪80年代中期。经过“七五”到“十二五”近三十年的快速增长，我国肉类总产量已经连续20多年稳居世界第一，是世界上有影响力的肉类生产大国。如今，我国肉类产业对促进农牧业生产、发展农村经济、增加农民收入、繁荣城乡市场、保障消费者身体健康和扩大外贸出口增长发挥着日益重要的作用，成为关系国计民生的重要产业。

肉类总产量稳中略降，生产结构逐步优化。“十二五”以来，我国肉类生产持续稳步发展，2013年肉类总产量突破8 500万吨，提前实现“十二五”规划目标，2015年肉类总产量8 625万吨，较2014年减少82万吨。2012年以来，我国肉类人均占有量保持在60千克以上。从肉类结构看，2015年猪肉产量5 487万吨，禽肉产量1 826万吨，牛肉产量700万吨，羊肉产量441万吨，杂畜肉171万吨，猪肉产量较2014年有所减少，其他肉类产量小幅增加。2015年，猪肉、禽肉、牛肉、羊肉和杂畜肉比重为63.6∶21.2∶8.1∶5.1∶2.0，该比重既符合“坚持猪肉业稳定发展，禽业积极发展，牛羊业加快发展”的政策方针，也反映了当下公众多元化的肉类消费需求，同世界肉类品种总体结构的变化趋势也有一定契合度（2013年世界肉类品种结构中，猪肉、禽肉、牛

肉、羊肉、杂畜肉分别为36.4：35：20.6：4.5：3.5）（表6-11）。

表6-11　2011—2015年全国肉类产量变化

年份	肉类总产量（万吨）	人均占有量（千克）	猪肉（万吨）	禽肉（万吨）	牛肉（万吨）	羊肉（万吨）	杂畜肉（万吨）
2011	7 957	59.1	5 053	1 709	648	393	155
2012	8 384	61.9	5 335	1 823	662	401	163
2013	8 536	62.7	5 493	1 798	673	408	164
2014	8 707	63.7	5 671	1 751	689	428	168
2015	8 625	62.7	5 487	1 826	700	441	171

资料来源：国家统计局

肉类贸易逆差加大，供应仍处于紧平衡状态。“十二五”以来，我国肉类产业发展受到人口、资源、环境等因素的严重制约，不能完全满足国内市场对肉类食品日益增长的需求。2015年我国肉类出口45.8万吨，较2011—2014年相比降幅接近50%，进口268.4万吨，肉类贸易逆差222.6万吨，为5年来的最高值。一系列数据表明我国仍存在肉类供应偏紧的局面。据业内专家估计，仅牛羊肉每年缺口在230万吨左右。随着我国人口总量尤其是城市人口的持续增加、非农产业的发展和城乡居民收入的增长，消费者对肉类的需求正在加速上升。目前我国畜禽养殖业的发展除受饲料资源制约外，在动物疫病、质量安全、生态环境、科技服务体系和组织管理体制等方面存在着不少亟待解决的突出问题，加上工业化、城镇化和新农村建设的加快推进，农村散养户快速退出养殖业，导致养殖总量下降，肉类供应面临长期挑战（表6-12）。

表6-12　2011—2015肉类进出口贸易逆差概览

年份	肉类出口（万吨）	肉类进口（万吨）	贸易逆差（万吨）	逆差增减（%）
2011	89.4	190.5	101.1	52.0
2012	88.4	207.9	119.5	18.3
2013	89.8	256.3	166.5	39.3
2014	93.5	244.2	150.7	-9.5
2015	45.8	268.4	222.6	47.7

资料来源：国家海关总署

（二）区域布局

改革开放以来，我国养殖业和肉类加工产业迅猛发展，先后经历三个阶段：一是20世纪80年代商品化、专业化、企业化发展阶段：以农户家庭养殖为主，专业户不断涌现，涉足养殖业的企业出现；二是20世纪90年代规模化、企业化、产业化发展阶段：大型肉类企业不断涌现，产业化经营迅猛发展，以“公司+农户”为主要经营形式的产业化组织得到了快速的发展，肉类加工龙头企业大量涌现；三是2000年后区域化、规模化、标准化发展阶段：肉类生产逐渐向主产区和主销区集聚，区域化布局初步形成，规模化养殖持续增加，标准化生产力度加大。

畜禽生产带初步形成。随着经济发展、消费结构和市场供求的变化，国内肉类生产布局逐渐形成明显的区域性特点。每一省份都生产猪、牛、羊、禽等肉类品种，但明显呈现出品种区域集中的特点。生猪生产全国有八大重点产区（川、湘、豫、鲁、冀、苏、皖、鄂），牛羊生产有五大农区（豫、冀、鲁、川、吉）和五大牧区（内蒙古、新疆、青海、甘肃、宁夏），禽肉八个重点产区

（鲁、粤、苏、桂、辽、豫、皖、吉）。目前，我国畜禽生产区域化布局已初步形成以长江中下游为中心产区并向南北两侧逐步扩散的生猪生产带，以中原肉牛带和东北肉牛带为主的肉牛生产带，以西北牧区及中原和西南地区为主的羊肉生产带，以东部省份为主的肉禽生产带。

肉类产业集中度显著提升。大型龙头企业的带动作用日益显现，呈现出梯队态势。以规模效益企业利润额计，第一梯队主要包括鲁、豫、川、苏、辽、蒙、冀、皖、浙、闽；第二梯队主要包括吉、湘、鄂、黑、桂、渝、赣、粤、沪、晋，第三梯队主要包括津、陕、贵、云、甘、新、藏、青、宁。目前我国屠宰加工和肉制品生产企业的主要分布在以下六大区域。①河南区域：主要代表企业有双汇、众品、华英、大用、伊赛等。②山东区域：主要代表企业有金锣、新希望六和、得利斯、喜旺、凤祥、维尔康、德州扒鸡、九联、万福、诸城外贸、龙大、中澳、蓝山、康大、新昌、江泉等。③江苏区域：主要代表企业有南京雨润、江苏长寿、苏食等。④四川区域，主要代表企业有美好新希望、四川高金等。⑤东北区域：主要代表企业有长春皓月、大庄园、塞飞亚、科尔沁、吉林德大、哈尔滨义利、佳木斯希波、蒙羊、中天、恒阳、天顺源、蒙都、雪龙黑牛等。⑥京津唐地区：主要代表企业有宝迪、鹏程、大红门、华都、荷美尔、大发正大、大三环等。

区域布局渐趋合理。肉类生产区域布局不断优化，生产要素向优势区域聚集，市场供求和养殖业效益拉动使肉类生产加工布局得到明显改善。2013 年，山东、河南、辽宁、四川、江苏 5 省集中了全国肉类工业企业将近 57%的工业资产，比 2012 年增加了约 1 个百分点。分行业看，屠宰企业主要集中在河南、山东、四川、辽宁、北京、内蒙古、吉林、黑龙江、江苏、安徽，这 10 省市区合计占 73.3%；禽类屠宰企业主要集中在山东、河南、辽宁、福建、吉林等 5 省，其工业资产合计占 79.4%；肉制品及副产品加工企业主要分布在河南、山东、四川、江苏、安徽、辽宁、湖南、内蒙古、黑龙江 9 省区，其工业资产合计占 70.5%。肉类集散地日益规模化。围绕肉类主产区和主销区，我国已经形成初具规模的大型肉类集散地，包括山东、河南、北京、天津、上海、广东、湖南、四川、江苏、黑龙江等。这些集散地作为生产性服务业为肉类产业发展提供了服务支撑。

（三）规模以上企业情况

规模企业稳步发展。“十二五”以来，我国规模以上屠宰及肉类加工企业工业资产、主营业务收入、企业利润和上缴税金稳步增加，肉类产业投资规模显著扩大，销售收入稳步增加。2014 年，全国规模以上屠宰及肉类加工企业 3 786家，比 2011 年增加 509 家。企业工业资产 6 245亿元，比 2011 年增加 2 572亿元；主营业务收入 12 874亿元，较 2011 年增幅 38.4%；企业利润总额 643.63 亿元，较 2013 年减少 4.5%（表 6-13）。

部分企业盈利能力下滑。2014 年，全国 3 786家规模以上屠宰及肉类加工企业中，共有亏损企业 351 家，占 9.3%。其中，牲畜屠宰业有 137 家亏损企业，同比增长 12.3%；禽类屠宰业有 94 家亏损企业，同比增长 18.9%；肉制品及副产品加工业有 120 家亏损企业，同比下降 2.4%。从亏损额看，牲畜屠宰企业亏损额 13.47 亿元，同比增长 70%；禽类屠宰企业亏损 11.05 亿元，同比下降 10%；肉制品及副产品加工企业亏损额 9 亿元，同比上升 24.8%。从盈利能力和亏损情况看，我国肉类产业已经进入提质增效的转型期，迫切需要依靠科技创新、“四化”协同实现转型升级。

表 6-13　2011—2015 年全国规模以上屠宰及肉类加工企业概况

指标	2011 年	2012 年	2013 年	2014 年	2015 年
企业总数（个）	3 277	3 415	3 693	3 786	4 036*
工业资产（亿元）	3 673	4 355	5 357	6 245	—
主营收入（亿元）	9 304	10 319	12 013	12 874	12 200*

（续表）

指标	2011 年	2012 年	2013 年	2014 年	2015 年
企业利润（亿元）	492	559	673.76	643.63	587.14*
上缴税金及附加（亿元）	46	50	57.57	60.98	—

注：* 指为 2015 年 1—11 月的统计数据

（四）产品结构

肉品消费市场日趋多元化、优质化。肉制品市场供应品种丰富，规格档次齐全，产品细分程度加深，深加工产品比例上升，新产品不断涌现，基本满足了消费者对食品营养、健康、方便的需求。高温肉制品市场份额逐步缩减，形成了以冷鲜肉、低温肉制品、调理肉制品和中温肉制品为主体的肉类消费市场，中式、西式肉制品市场占比接近相同。从畜禽种类来看，近些年牛羊肉消费比重逐步上升，牛羊肉逐步由季节消费向全年消费、由区域性消费向全国消费转变。南方肉制品消费以腌腊肉制品、发酵肉制品为主、北方以酱卤肉制品为主，调理肉制品、熏烧烤肉制品消费具有全国普遍性。

产品结构有待优化。冷鲜肉和小包装分割肉市场发展缓慢；安全、健康、营养的肉制品供应不足，与城乡居民的消费需求不相适应；2014 年肉制品产量只占肉类总产量的 16.6%，与发达国家肉制品占肉类总产量比重 50%的水平相比，仍有较大差距；直接进入人们一日三餐的方便食品比重很低；肉类产品冷链流通比例约 15%，冷链物流各环节缺乏系统化、规范化、连贯性的运作；西式肉制品多，中式肉制品少；肉类产品同质化问题仍较为突出，产品创新能力不足；畜禽副产品综合利用产品种类较少、附加值低（表 6-14）。

表 6-14　2011—2015 年全国肉类产品结构分析

肉类产品结构	2011 年	2012 年	2013 年	2014 年	2015 年
肉类总产量	7 957	8 384	8 536	8 707	8 625
其中：生鲜肉（万吨）	6 740	7 059	7 162	7 262	7 090
占比（%）	84.7	84.2	83.9	83.4	82.2
肉制品（万吨）	1 217	1 325	1 374	1 445	1 535
占比（%）	15.3	15.8	16.1	16.6	17.8

（五）食品安全水平

肉品合格率保持较高水平。随着国家食品药品监督管理总局的成立和食品安全监管体制改革的深入，以及一系列食品安全标准的出台，肉类食品安全监管得到加强，企业生产经营行为得到进一步规范，生产条件和经营环境更加符合食品安全和卫生要求。2010 年、2011 年和 2012 年肉制品国家监督抽查合格率分别为 94.7%、96.4%、97.5%。2014 年和 2015 年，国家食品药品监督管理总局分别监督抽查肉与肉制品 9 288批次和 18 344批次，合格率为 96.9%和 96.6%。2011—2015 年，农业部农产品质量安全例行监测中畜禽产品合格率均保持在 99%以上。

肉类食品安全形势依然严峻。肉类食品产业链长、风险因素多、安全监管难，我国 80%左右的肉类企业为小微企业，技术装备水平较低，缺乏必要的产品检测能力，仍存在诸多影响肉类质量安全的隐患。微生物污染、品质指标不达标、超量超范围使用食品添加剂、重金属和兽药残留是肉制品不合格的主要原因。经济利益驱动的肉类食品掺假行为（注水肉、畜种掺假、牛羊肉瘦肉精）

仍时有发生。此外，据业内调查，近两年肉类走私规模达200万吨以上，接近海关进口的规模，这部分走私肉未经检疫检验，存在极大的食品安全风险。

二、我国肉类加工业与发达国家的差距

肉类加工业是典型的劳动密集型和资源高耗型产业，受原料、劳动力和资本等生产要素成本影响显著。“十二五”以来，由于环境承载压力增大，肉类原料价格波动，劳动力成本上涨，加之行业资本投入放缓，市场需求增长乏力，多种因素压缩了肉类加工业的发展空间，肉类加工业可持续发展受到挑战，创新驱动成为产业可持续发展的必然途径。而我国肉类加工业与发达国家相比尚存在一定差距，主要表现在以下方面。

（1）产业集中度和规模化程度较低，生产要素优势得不到显现。企业组织结构不合理，兼并重组力度不够，“小、散、低”的格局没有得到根本改变。部分行业生产能力过快增长，导致产能严重过剩。与此同时，落后产能仍然占有较大比重。企业组织结构和布局亟须优化。

（2）产业发展方式较为粗放，以数量扩张为主的粗放型发展方式仍然未得到改变，加工程度浅，半成品多，制成品少，副产物综合利用效率低下，造成资源浪费和环境污染，产业链条缺乏有效延伸，产品附加值较低，企业在价值链分配中所占比例较小。

（3）产业链建设尚需加强。肉类加工业与上、下游产业链衔接不够紧密，产业链有效衔接不足，原料保障、食品加工、产品营销存在一定程度的脱节。绝大多数食品加工企业缺乏配套的原料生产基地，原料生产与加工需求不适应，价格和质量不稳定。

（4）产品结构仍较单一，直接进入人们一日三餐的方便食品比重很低。冷鲜肉和小包装分割肉各自仅占10%，肉制品产量只占肉类总产量的16%～17%，与发达国家肉类冷链流通率100%、肉制品占肉类总产量比重50%的水平相比差距很大，不能适应城乡居民肉食消费结构升级的要求。猪肉为主导的肉类食品市场格局没有明显改观，“十二五”期间牛羊肉需求量的增长，对牛羊肉产量提出了更高要求。

（5）食品安全仍然面临威胁，监管机制、风险监测等改革尚不到位，影响现有资源发挥合力，食品标准架构和整合工作尚需加强。

（6）科技支撑能力亟待加强。2013年我国食品科技投入强度约为0.4%，不仅低于发达国家2%以上的水平，也低于新兴工业化国家1.5%的水平。食品科技创新基础薄弱，产学研用结合不紧密，关键装备长期依赖进口，传统食品加工装备自动化、连续化和智能化程度较低；国产装备存在能耗较高、可靠性和安全性不足、自动化程度低、关键零部件使用寿命短、成套性差等问题。

三、我国肉类加工业存在的主要问题及对策

（一）我国肉类加工业存在的主要问题

1. 产业基础薄弱，发展方式粗放

据农业农村部预测，2020年我国肉食需求总量将达到1亿吨，但肉类总产量只能达到9 000万吨左右，大约有1 000万吨的供求缺口要靠进口来弥补。随着资源承载和环境保护压力增大，肉类产品供应保障能力不足，可持续发展受到挑战。同时，我国小、微企业和小作坊仍然占食品行业的70%以上，规模化效益低。“十三五”期间，预计发达国家和部分发展中国家的生产商、加工商将扩大对中国的肉类产品出口。总体来看，当前我国肉类加工业总体增速放缓，进入提质增效新阶段。2011年全国食品工业规模以上企业增加值同比增长15.0%，之后增加值呈逐年降低趋势，到

2016年则仅为3.3%，未来较长一段时间内可能仍会保持低速增长的态势。

2. 低端供给过剩，产品结构性失衡

肉类深加工比例仍然处于较低的水平。肉制品加工率不断提升，2015年我国肉制品约占肉类产量的17.8%，大约维持在10%，与发达国家的50%~60%相差甚远。预计“十三五”期间，肉类加工产业结构调整的难度将有所增大。无论是扩大冷鲜肉、小包装分割肉和肉制品的生产比重，改变白条肉、热鲜肉为主的供给结构，还是落实节能减排措施，提高畜禽皮、毛、骨、血等资源综合利用水平，都将比“十二五”期间更困难。

3. 食品安全形势严峻，难以满足营养健康需求

肉类产品仍面临突出的食品安全风险。从2014—2016年食药总局的监督抽检数据来看，畜禽肉及副产品不合格的主要原因是兽药残留（含禁用兽药）、金属元素污染物超标。瘦肉精问题持续存在，硝基呋喃类等禁用兽药检出率相对较高，恩诺沙星等兽药残留不合格率有所提升。随着消费结构日益升级，我国居民对高品质、绿色的营养健康食品消费需求日益增加，而肉类加工业的发展仍难以满足此需求。

（二）解决我国肉类加工业问题的主要对策

1. 加速产业链延伸，推动产业融合发展

肉类产业逐步向上下游渗透，产业链逐步完善。2017年中央一号文件强调：要大力推进农业现代化，推动“粮经饲统筹、农林牧渔结合、种养加一体、一二三产业融合发展”。肉类加工业一方面直面下游的消费市场，另一方面也链接着上游的种植业和养殖业。未来，“一二三产协调发展”将成为新的趋势，以畜产加工为龙头，延长产业链、价值链，形成以消费市场为导向，种植、养殖跟进的上下游产业有效衔接。一二三产业融合发展，将有助于充分考虑产业发展过程中的农民利益，促进农业增效、农民增收；同时也有助于调整不均衡发展的产业结构。

2. 适应消费升级需求，推动供给侧结构性改革

我国肉类产量不断增长，生产结构不断优化，猪肉、禽肉、牛肉、羊肉的比例从2011年的64.8：21.9：8.3：5.0变为2016年的63.4：22.6：8.6：5.5。随着我国屠宰及肉类加工产业进入提质增效的转型期，2013年、2014年肉类加工行业利润下滑，亏损企业有所上升，到2016年，猪肉价格同比上涨16.9%，许多企业实现扭亏增盈。随着居民收入上升，居民对于食品的消费从粮食、蔬菜等价格较为低廉的、较易满足生存需求的食品转向消费肉类、乳品等价格较高、能够提供更高满足度的食品，由“必需食品”转向营养安全质量更高的食品，为肉类加工产业发展提供巨大的空间。目前，我国的肉类加工业正处在新的转型期，资本结构、技术装备、产品结构、产品质量、企业规模都在快速提升。我国肉类食品产业可持续发展面临重大挑战，创新驱动成为产业发展必由之路，产业的智能化和绿色化、产品的细分化和高端化是供给侧改革突破的方向和关键。

3. 实施“走出去”战略，加速融入世界肉类产业发展格局

面对我国相对过剩的肉类加工业产能，实施“走出去”的发展战略，主动融入全球肉类产业发展格局中，有利于利用全球肉类资源，转移过剩产能，推动自身产业升级和可持续发展。“一带一路”沿线以新兴经济体和发展中国家为主体，拥有丰富的自然与人力资源，畜产加工业凭借在资金、技术、管理和人才等方面的优势与沿线国家进行要素互补，有利于畜产品原料来源的多元化以及过剩产能的转移，给产业带来新的出口市场和投资市场。

4. 强化科技支撑力量，提升行业核心竞争力

随着“十二五”期间电子商务的飞速发展，电商优势日益显现，大批食品企业纷纷布局食品

电商，对企业业务进行流程再造，也将肉类加工产业这一传统产业推向新兴产业的快车道。2015年10月新的《食品安全法》开始实施，将为“十三五”时期的食品生产经营的转型升级提供更加有力的法治保障。随着我国迈向科技创新强国步伐的加快和经济实力的不断增强，推动肉类加工科技发展的财政保障力度将进一步加强。加速强化科技支撑力量，提升行业核心竞争力，将有效推动我国肉类加工业的快速健康发展。

第三节　我国肉类加工科技创新

一、我国肉类加工业科技创新发展现状

“十二五”期间，我国对食品科技研发的支持力度明显增强，食品产业科学技术研究领域投入力度巨大，取得重大科技成果，制定了一批新标准，建设了一批创新基地，组建了一批产业技术创新联盟，食品装备行业整体技术水平显著提高，食品安全保障能力稳步提升，有力支撑了食品产业持续健康发展。

产业自主创新能力明显增强。通过国家科技支撑项目的实施，并建设一批产业技术创新战略联盟、企业博士后工作站和研发中心，形成了一支高水平的创新队伍，显著增强了食品产业的科技创新能力。在工业化非热加工、低能耗组合干燥等食品绿色制造技术装备上取得了重大突破；解决了一批食品生物工程领域的前沿关键技术问题，开发了具有自主知识产权的高效发酵剂与益生菌等；关系国计民生、量大面广的肉制品种类的产业化开发，大幅度提高了肉类加工转化率和附加值。

产业科技水平大幅提升。我国肉品科技研发实力不断增强，基础研究水平显著提高，高新技术领域的研究开发能力与世界先进水平的整体差距明显缩小；在超高压杀菌、自动化屠宰、在线品质监控和可降解食品包装材料等方面研究取得重大突破，开发了一批具有自主知识产权的核心技术与先进装备，科技支撑产业发展能力明显增强；在快速预冷保鲜、气调包装保藏、适温冷链配送等方面取得了显著成效，有效支撑了新兴物流产业的快速发展。

食品安全水平总体向好。肉类食品安全形势总体稳定并保持向好趋势，2010年食品质量抽查合格率94.6%，2015年合格率96.8%。其中，肉制品合格率为，总体合格率稳步提升。我国城乡居民食品安全问题的认识有了显著提高，为肉类加工产业向中高端升级提供了广泛的社会基础。

（一）国家项目

1. 国家重点基础研究发展计划（“973”计划）

国家重点基础研究发展计划（“973”计划）旨在解决国家战略需求中的重大科学问题，以及对人类认识世界将会起到重要作用的科学前沿问题。“十二五”期间，与肉类加工业相关的国家“973”计划科技项目主要资助项目见表6-15。

表6-15　“十二五”期间肉类加工业国家“973”计划科技项目统计（部分）

编号	项目名称	项目承担人	承担单位	立项年
1	猪肌纤维发育与肌内脂肪沉积的机制与营养调控研究	李德发	中国农业大学	2013

（续表）

编号	项 目 名 称	项目承担人	承担单位	立项年
2	食品加工过程晚期糖基化末端产物生成机理的研究	李琳等	华南理工大学	2012

2. 国家高技术研究发展计划（863 计划）

国家高技术研究发展计划（863 计划）是中华人民共和国的一项高技术发展计划。这个计划是以政府为主导，以一些有限的领域为研究目标的一个基础研究的国家性计划。“十二五”期间主要从降低肉制品中有害物质含量，提升产品品质以及肉制品和新技术方面给予资助，具体资助项目见表 6-16。

表 6-16 “十二五”期间肉类加工业国家 863 计划项目统计（部分）

编号	项 目 名 称	项目承担人	承担单位	立项年
1	低温冷鲜动物源性食品生物危害物消减与控制技术	王红军	天津市畜牧业发展服务中心	2012
2	发酵肉制品与玉米及膳食纤维工程化加工新技术研究	陈文华	中国肉类食品综合研究中心	2011
3	有机肉制品专用发酵剂关键技术研究与开发	陈晓红	南京农业大学	2010

3. 国家科技支撑计划

国家科技支撑计划（以下简称“支撑计划”）是面向国民经济和社会发展的重大科技需求，落实《纲要》重点领域及优先主题的任务部署，以重大工艺技术及产业共性技术研究开发与产业化应用示范为重点，主要解决综合性、跨行业、跨地区的重大科技问题，突破技术瓶颈制约，提升产业竞争力。“十二五”期间从肉制品的绿色加工、储运流通、工业化生产及相关装备开发、产品食用品质提升等方面给予资助。具体资助项目见表 6-17。

表 6-17 “十二五”期间肉类加工业国家科技支撑计划项目统计（部分）

编号	项 目 名 称	项目承担人	承担单位	立项年
1	物流水产品和肉类绿色防腐与安全保鲜技术综合示范研究	苏移山	山东福瑞达医药集团公司	2015
2	生鲜肉类冷藏过程中微生物菌相变化的研究及腐败微生物的分离纯化	杨超	南开大学	2015
3	生鲜农产品绿色防腐保鲜技术集成与应用	陈于陇	广东省农业科学院蚕业与农产品加工研究所	2015
4	猪肉安全生产技术集成与示范	张志刚	厦门银祥集团有限公司	2014
5	北方特色酱卤熏菜肴加工关键技术及产业化	郭光平	烟台市喜旺食品有限公司	2014
6	中式菜肴与预制调理食品加工关键装备及生产线研发	马季威	中国农业机械化科学研究院	2014
7	中式菜肴原料质量安全检测关键技术及装备研发	乔晓玲	中国肉类食品综合研究中心	2014
8	中式菜肴调理香精和调味料生产技术及产业化应用	陈海涛	北京工商大学	2014
9	中式菜肴与预制调理食品质量标准与安全生产技术研发	杜欣军	天津科技大学	2014

（续表）

编号	项 目 名 称	项目承担人	承担单位	立项年
10	牛肉安全生产技术集成与示范	文勇立	西南民族大学	2014
11	冷却肉品质宰前控制、宰后雾化喷淋及保鲜技术集成与示范	周光宏	南京农业大学	2014
12	禽肉安全生产技术集成与示范	焦新安	扬州大学	2014
13	中式菜肴与预制调理食品加工共性关键技术研发	陈健初	浙江大学	2014
14	生鲜农产品现代物流保鲜技术研究	张平	国家农产品保鲜工程技术研究中心（天津）	2013
15	冷鲜肉物流过程品质维持和质量控制技术研究	李景军	江苏雨润肉类产业集团有限公司	2013
16	全产业链动物源食品加工质量安全控制体系	陈志刚	中粮集团有限公司	2012
17	商品牛羊营养调控、肉品质改善技术的研究	唐淑珍	新疆维吾尔自治区畜牧科学院	2012
18	动物源食品加工过程中质量安全控制技术研究	孔保华	东北农业大学	2012
19	动物源食品加工共性关键技术研究	章建浩	南京农业大学	2012
20	生鲜调理肉品加工技术研发	高峰	南京农业大学国家肉品质量安全控制工程技术研究中心	2012
21	肉制品加工技术研发与应用	李景军	江苏雨润肉类产业集团有限公司	2012
22	生猪及肉品追溯监管关键技术研究与典型应用示范	李正波	中商流通生产力促进中心有限公司	2012
23	清真牛羊肉生产运销过程中危害物及穆斯林禁忌物控制、溯源关键技术研究及示范	罗瑞明	宁夏大学	2012
24	中国新疆传统风干牛肉加工及贮存过程中挥发性风味物质和脂肪氧化的变化研究	沙坤	中国农业科学院北京畜牧兽医研究所	2011
25	中国新疆传统红柳烤牛肉理化指标及特殊香气成分研究	郑祖林	中国农业科学院北京畜牧兽医研究所	2011

4. 国家科学技术奖励项目

根据《国家科学技术奖励条例》，国务院设立国家科学技术奖，主要包括国家最高科学技术奖、国家自然科学奖、国家技术发明奖、国家科学技术进步奖、中华人民共和国国际科学技术合作奖（表6-18）。

国家最高科学技术奖授予在当代科学技术前沿取得重大突破或者在科学技术发展中有卓越建树，或在科学技术创新、科学技术成果转化和高技术产业化中，创造巨大经济效益或者社会效益的科学技术工作者。

国家自然科学奖授予在基础研究和应用基础研究中阐明自然现象、特征和规律，做出重大科学发现的公民。

国家技术发明奖授予运用科学技术知识做出产品、工艺、材料及其系统等重大技术发明的公民。

国家科学技术进步奖授予在应用推广先进科学技术成果，完成重大科学技术工程、计划、项目等方面，做出突出贡献的下列公民、组织。

国际科学技术合作奖授予对中国科学技术事业做出重要贡献的下列外国人或者外国组织。

表 6-18 “十二五”期间肉类加工业国家科学技术奖励项目科技报告统计

编号	项 目 名 称	奖项级别	项目承担人	项目承担单位	立项年
1	冷却肉品质控制关键技术及装备创新与应用	国家科技进步二等奖	周光宏等	南京农业大学	2013

5. 国家自然科学基金

国家自然科学基金支持基础研究，主要作用在于推动我国自然科学基础研究的发展，促进基础学科建设，发现、培养优秀科技人才等方面。“十二五”期间，国家自然基金项目主要从各影响肉制品品质因素如风味物质、有害物质、质构特性等方面的形成机制、机理，变化规律等方面进行了资助，具体资助项目见表 6-19。

表 6-19 “十二五”期间肉类加工业国家自然科学基金项目科技项目统计（部分）

	编号	报 告 名 称	作者	第一作者单位	立项年
地区科学基金项目	1	延边黄牛肉质相关功能基因研究	金鑫	延边大学	2012
	2	新疆熏马肠中生物胺产生和累积机理的研究	卢士玲	石河子大学	2012
	3	苏尼特羊肉肌纤维特性与肉品质的关系及分子基础的研究	靳烨	内蒙古农业大学	2010
	4	AMPK 活性对宰后羊肉能量代谢及羊肉品质影响的研究	靳烨	内蒙古农业大学	2012
青年科学基金项目	1	电子束辐射即食肉制品产生异味的机理及控制方法研究	靳国锋	华中农业大学	2013
	2	食品防腐环境下食源细菌应激进入活的非可培养态的机制研究	王丽	华南农业大学	2011
	3	猪肉腌制过程中水分迁移和分布状态演化规律及其对相关食用品质的影响	刘登勇	南京农业大学	2011
	4	Ryanodine 受体的氧化还原调控及对猪肉品质影响的研究	王稳航	天津科技大学	2011
面上项目	1	发酵牛肉金黄色葡萄球菌食物中毒缺失机制研究	孙宝忠	中国农业科学院 北京畜牧兽医研究所	2010
	2	猪肌肉 MyHC 基因表达的遗传多样性及其与肉质形成的分子关联研究	徐子伟	浙江省农业科学院	2012
	3	运输应激猪热休克蛋白表达规律及应对应激损伤的分子机制	鲍恩东	南京农业大学	2010
	4	基于分形和机器视觉的牛肉质量自动分级方法研究	陈坤杰	南京农业大学	2011
	5	宰后初期调节肌肉生化过程中 Caspases 作用机理研究	俞龙浩	黑龙江八一农垦大学	2012
	6	基于肽的美拉德反应中关键肉香味化合物的形成机理研究	宋焕禄	北京工商大学	2011
	7	肽对美拉德反应产生肉香味化合物的影响及形成机理研究	宋焕禄	北京工商大学	2012
	8	“氧化脂肪-氨基酸-还原糖”反应体系肉香风味形成机制研究	谢建春	北京工商大学	2012
	9	猪宰后肌肉骨架蛋白质变化与持水性的关系	陈韬	云南农业大学	2011

（续表）

	编号	报 告 名 称	作者	第一作者单位	立项年
面上项目	10	宰后肌肉蛋白质氧化对肉成熟的影响机制研究	黄明	南京农大	2011
	11	低钠条件下肌球蛋白热凝胶形成机制的研究	徐幸莲	南京农大	2011
	12	冷却猪肉货架期预报模型构建	李苗云	河南农业大学	2011
	13	板鸭加工中肌内磷脂的酶解机制研究	徐为民	江苏省农业科学院	2011
	14	鸡肉肌原纤维蛋白与脂肪替代品混合胶凝机理研究	杨玉玲	南京财经大学	2011
	15	冷却肉中主要致病菌的微生物预测模型建立	江芸	南京师范大学	2011
	16	肉品品质的电子鼻检测机理研究	王俊	浙江大学	2011
	17	用 GC-O/GC×GC-HR TOF 研究传统烹饪条件下鸡肉食品特征香成分及其变化规律	郑福平	北京工商大学	2011
	18	肉制品加工过程中蛋白和脂肪氧化与 N-亚硝胺形成的关系研究	马俪珍	天津农学院	2011

（二）创新领域

“十二五”期间，我国在屠宰与加工关键技术与肉制品加工关键技术方面取得了一系列重大技术突破。

屠宰与加工关键技术领域。采用冷却肉生产工艺技术（初始菌落控制技术）、冷却肉护色技术、冷却肉汁液流失控制技术、冷却肉保鲜技术、包装技术等，使冷却肉初始菌数控制在 10^{-3}～10^{-4}CFU/克，汁液流失控制在1%以下，颜色稳定期和产品货架期达到20天（0～4℃）。在发酵肉制品研究方面，开展了菌种选育、发酵剂产业化及发酵肉产品化研究及应用基础。对畜禽副产物综合利用研究的支持力度增大，积累了大量科技创新成果。2013年畜禽屠宰加工副产物产量总计5 620万吨，综合利用率畜类为29.9%、禽类为59.4%，较以往有了显著提升。当前，我国利用畜禽副产物已经能够生产400多种产品，主要包括用于饲料工业的肉骨粉、羽毛粉、血粉等；用于食品及保健品原料的氨基酸、血浆蛋白粉、血红蛋白粉、血肽、明胶、骨粉、骨泥、骨素等；用于医药原料的胃膜素、硫酸软骨素、胰岛素、肝素、人工牛黄等；用于农作物种植业的有机肥等。在现代分离技术、自动化实时监控生产技术和产品检测技术等高新技术的支撑下，畜禽副产物综合利用水平不断提高，取得了较高的社会经济效益。

肉制品加工关键技术领域。国内科研工作开展了新型解冻技术的研究，如低频或高频解冻、微波解冻、高压静电场解冻等电解冻方法，以及超声波解冻、喷射声空化场解冻、射频解冻、高压脉冲解冻等新型解冻方法能在一定程度上保持肉品品质，降低解冻损失和蒸煮损失，并研制了低温高温变温解冻库。在肉嫩度改良方面，以酶解为核心的生物技术在改善肉品品质方面有较多应用研究。TG酶（谷氨酰胺转氨酶）在碎肉重组提高原料利用率、提高产品出品率、改善肉制品质构、拓宽原料来源等方面发挥了重要作用。采用低温吊挂自动排酸成熟法、机械嫩化法、电刺激嫩化法、超高压嫩化法、超声波嫩化法、外源酶嫩化法、内源蛋白酶嫩化法和基因工程嫩化方法提高牛羊肉的嫩度，改善其食用品质。

烟熏肉制品加工中液熏技术建立在传统烟熏方法的基础之上，烟熏液以山楂核等天然植物为原料，经干馏、提纯精制而成，具有和气体烟几乎一样的风味成分，如酚类、羰基类化合物、有机酸等，同时经过滤提纯除去了聚集在焦油液滴中的多环芳烃等有害物质。

“十二五”期间，我国以超高压处理技术为代表的非热加工具有杀菌温度低、保持食品原有品质好、对环境污染少、加工能耗与排放少等优点，已经成为食品领域最受关注的一类技术。超高压处理技术、高压脉冲杀菌技术、高密度二氧化碳杀菌技术、超声波杀菌技术等都取得了长足进展。目前我国超高压在肉类加工中应用研究主要集中在两个方面：一是改善制品嫩度，高密度 CO_2 处理还可使肉糜形成更加致密的凝胶结构，二是在保持制品品质的基础上延长制品的贮藏期。

肉与肉制品研发与产业化领域。自“十二五”以来，我国针对低温肉制品加工关键技术、传统肉制品的工业化及标准化生产和西式发酵肉制品加工关键技术开展了深入研究，形成了一系列加工关键技术和共性技术，提高了低温肉制品、传统肉制品和西式发酵肉制品产品品质和质量安全水平。一系列肉类加工新技术，如栅栏技术、快速腌制技术、嫩化技术、凝胶技术、乳化技术、发酵技术、风味控制技术、颜色控制技术、腐败菌靶向抑制技术、有害生成物控制技术、非热加工技术以及清洁生产技术等，逐渐推广应用，已经在肉类食品的安全、卫生、方便、降低成本和保护环境等方面已经产生巨大效益。

在传统肉制品现代化改造方面，我国传统肉制品加工工艺已初步实现现代化，但有关的科学和技术问题亟待解决。目前，已系统研究并初步阐明了传统肉制品风味形成机制，在此基础上，研发了自动滚揉腌制、控温控湿干燥成熟等工艺及装备，在金华火腿、板鸭、风鹅等传统肉制品工艺技术方面取得了显著成效。中式传统肉制品逐步向现代工厂化生产迈进，在保鲜、保质、包装、储运等方面获得突破。

全程食品安全保障领域。我国溯源技术、真伪鉴别技术、在线快速检测技术、微生物预报和货架期预测技术、食品安全风险评估技术、食品安全检测预警技术、食品质量全程控制技术以及食品安全标准体系等的研究与应用，极大地提高了肉类食品质量和安全水平。

肉类加工装备制造方面。“十二五”以来，政府加大了对畜禽屠宰加工行业装备制造业研发支持力度，开发了大批国产化屠宰加工技术和装备，如真空采血装置、自动控温（生猪）蒸汽烫毛隧道、高效脱毛技术及设备、履带式 U 形打毛机、自动定位精确劈半机、全自动及手动可调式电刺激仪、肉品全自动定量灌装机、自动打卡机、畜禽肉高效节能冷却设备和冷库恒温控制装置等。这些技术与装备实现了对引进技术与装备的消化与吸收，提高了屠宰生产的自动化与现代化程度和国产化率，一定程度上摆脱了国外技术垄断与制约。在传统肉制品加工设备研发方面，研制了高效脱毛技术及装备，腌腊肉制品自动滚揉腌制、控温控湿干燥成熟等工艺及装备。

（三）国际影响

“十二五”期间，国内高校、科研单位在肉品加工技术领域开展了大量研究，并在多个方面取得了重大突破，获得了一定的国际影响。其中影响力较大的有：①实现了酱卤肉制品的定量化加工，这一技术不仅实现了酱卤肉制品的标准化、工业化生产，同时提高了原辅料的利用率和产品的产出率，同时降低了产品中有害物的含量并减少了污染物的产生，该技术在世界范围内属于首创；②开发了畜胴体减损技术，能够有效地降低畜类胴体在加工储运过程中的损失，提高了资源的利用率；③开发了传统腌腊肉制品加工关键技术与配套装备，实现了我国传统腌腊肉制品的工业化生产，在国际范围内具有领先地位。除此之外，我国在超高压灭菌、杂畜类产品标准、发酵肉制品加工技术等领域也均有所突破。

二、我国肉类加工业科技创新与发达国家之间的差距

（一）屠宰与加工关键技术

宰前动物福利制度。目前，我国在畜禽宰前运输、待宰、屠宰期间能量补给、装卸、驱赶、静

养、宰杀方式、驱赶通道等管理和技术手段方面，与国外存在较大差距。如欧盟要求动物在宰前处于舒适、清洁、充分散热、防滑的环境，而我国的动物福利制度仅对宰前断食休息做出规定；击晕方式方面，欧盟规定有6种击晕方法，包括电击晕法、气体致晕法等，而我国仅规定电击法一种；无线传感网络、红外热成像技术等普遍用于动物健康监控，而我国在该领域基本处于空白；另外在设备和人员管理上也差距明显。

宰后胴体减菌、分级、减损与保鲜技术。通过技术的提升，我国冷鲜肉市场占有率稳步提升，但与发达国家冷却肉市场90%的市场占比相比，我国还存在巨大差距。在胴体减损方面，占全国畜禽屠宰加工企业95%以上的都是中小企业，畜禽宰后胴体在预冷和冷却阶段由于失水造成胴体减损高达5%~8%，而发达国家基本可以控制在1%以内。在产品质量分级方面，分级标准不明确，缺乏快速、有效地分级技术和手段。在保鲜方面、质量安全控制和评价体系上，缺乏技术、标准和完善的安全评价标准和体系。微生物快速检测技术、分割肉护色技术、冷链物流监控技术及异质肉的控制技术等还需加强研究和推广应用。

屠宰加工全程清洁生产技术。我国清洁生产起步较其他发达国家偏晚，不仅在工艺设置方面不够合理，而且屠宰业整体技术装备发展水平也较为落后。屠宰设备制造水平也对屠宰业清洁生产发展有较大影响，如隧道蒸汽烫毛设备、胴体劈半、连续自动去毛（羽）、高湿雾化冷却排酸等设备还需要大量从国外进口，国产产品不够成熟，也是制约我国屠宰业清洁生产发展水平较低的部分因素。与发达国家相比，我国屠宰加工的清洁生产水平仍存在一定差距，只有部分国内先进的屠宰企业属于国际先进水平。国外清洁生产技术除了按照生产过程分工段分析外，还对整个工厂和生产流程进行考虑。如采取去除废弃物的湿法转移，以减少水的消耗；在加湿或清洗之前对设备和生产区实施干式预清洗；分离冷却水、工艺水和废水，并循环冷却水等技术。

（二）肉制品加工关键技术

加工品质改良技术。我国对肉品改良的研究重点一直放在遗传控制和营养调控等方面，近几年来才逐步重视并开展相关理论的应用研究，目前，这些技术的应用基本停留在实验室小规模试验的水平上，与产业化应用还有较大差距。在PSE和DFD肉的品质改良方面，国外多通过添加胶原蛋白、角叉藻聚糖、大豆蛋白、木薯淀粉等功能性成分、不同比例混合原料肉、盐水注射、应用新型设备等提高PSE肉保水性、凝胶特性，而我国在提高类PSE和DFD肉加工品质方面尚未引起足够重视。

加工过程有毒有害物控制技术。肉制品加工过程中常常产生有毒有害物质，如经热处理的高蛋白肉制品产生杂环胺化合物，腌腊肉制品为达到发色、抑菌、抗老化和增加风味而在腌制中添加的亚硝酸盐会形成致癌物质亚硝基化合物（多为亚硝胺），烟熏肉制品由于烟熏可能会产生致癌物质多环芳烃类化合物，如苯并芘。

国外对杂环胺各方面开展了深入而细致的研究，包括杂环胺的分离富集和定性定量分析、影响因素和控制方法、形成机理和控制手段。针对原料肉种类、加工方式、加工时间和温度、关键前体物等对杂环胺形成的影响，比如加入氨基酸会增加杂环胺的含量，随加工温度升高、时间延长，杂环胺含量增加，油煎、烧烤较蒸煮和微波等形成的杂环胺更多。通过采用合理的烹调方式、降低加热温度和时间、添加香辛料，添加人工或合成抗氧化剂和添加植物提取物等来抑制肉制品中杂环胺的形成。对比我国，由于加工方法的差异，肉制品中产生的杂环胺的种类、数量以及形成机理可能存在很大不同，国外抑制杂环胺的香辛料在我国并不常见，而目前我国对肉制品中杂环胺形成和影响因素研究较少，多为提取检测方法的研究，结合我国常见的香辛料和天然抗氧化剂来研究其对杂环胺的抑制效果还有待进一步深化。此外，我国烟熏技术使用的烟熏液多为进口，且易使产品受到甲醛污染，国产烟熏液在保持烟熏产品特有口感、色泽和提高产品食用安全等方面仍有待研究。

高压处理技术为代表的非热加工技术。我国高压处理对肉类各种成分的影响随处理温度、压力值、时间、肌肉种类和所处状态等而存在很大差异，超高压处理对肉类组分（肌肉蛋白和酶）的影响及其与肉类品质变化的关系有待进一步研究。超高压技术的关键之一是新型加压设备，其造价偏高，且高压食品包装材料的选择和高压设备国产化程度均受不同程度的限制，在超高压食品开发的基础研究、非热加工核心装备开发和创制能力方面与国外仍有较大差距。

肉与肉制品研发与产业化。我国低温肉制品、中温肉制品、发酵肉制品和调理肉制品方兴未艾，但加工技术有待完善。加工过程中的质量控制技术、色泽和风味品质保持、保鲜技术等仍需进一步完善。尤其是发酵肉制品、调理肉制品核心技术的突破和产业化尚处于初级阶段。而对于供求相对紧缺的清真牛羊肉，与清真食品发展较好的东南亚地区存在一定差距。目前，我国尚未建立统一的清真食品认证体系，也没有统一的全国性行业标准。

（三）肉品流通关键技术

我国肉制品冷链储运普及率为50%，远低于发达国家80%~90%的水平。目前，城市区域基本实现“冷链”化，采用配送、连锁超市、肉类专卖店等现代化方式经营。广大农村区域，冷链体系有待进一步发展，肉类以热鲜肉、冷冻肉，以及高温肉制品为主。总体上看，我国冷链物流基础建设不足，流通环节多，冷链中断现象严重，很难保证冷链的完整性，导致很大食品安全隐患，我国冷链物流的技术和装备水平亟待提高。

（四）全程质量安全控制技术

快速在线（无损）检测和高通量检测技术。我国在快速在线（无损）检测方面的研究相对较晚，但在冷却肉在线分级、肉与肉制品成分快速测定、腐败菌和致病菌快速鉴定等方面，也取得了一些阶段性的研究进展。但这些研究大部分还只停留在实验开发阶段，没有大规模用于工业生产。为满足工业生产无损检测的要求，未来需要将多种检测技术、检测手段进行融合和集成，利用多种信息对肉品品质安全进行无损检测，开发出用于工业生产的在线无损检测系统。在高通量检测技术领域，我国科研工作者在农兽药残留的高通量检测技术方面取得了长足的进步，通过气相色谱、液相色谱、质谱等高端仪器的联用，实现了多种农兽药残留的同步检测。但由于农兽药残留种类繁多，滥用情况较多，食品安全风险大，因此需持续开展农兽药残留的高通量检测方法研究。

食品风险评估和预警技术。与国外相比，我国食品风险评估和预警技术研究的深度与广度仍有较大差距。在风险评估信息化技术平台建设方面，缺少食品安全预警系统和风险预警的模型，不能从致病菌生物特性、污染物特征、食源性疾病特征等角度开展风险的定量评估。风险评估技术手段上，风险评估还停留在人工浏览和统计的基础上，缺少自动或半自动化的风险评估分析处理工具。

食品可追溯系统。国内畜产品可追溯系统尚处于应用推广的初级阶段。目前国内普遍采用射频识别（RFID）技术进行个体识别，通常将个体信息储存于RFID耳标内，当胴体分割后，通过读取RFID耳标内的信息来批量生成新的一维条码标识，并与所属畜体的基本信息产生关联，最后将条码标识附着在肉品的外包装上。国内部分企业基于RFID和运输过程中的GPS定位系统建立起可追溯系统，为畜产品全程安全控制增添了技术保障。发达国家普遍建立了基于网络技术、软件技术的生产链信息溯源体系与后台监管数据库，使食品可追溯系统有效了进行生产信息跟踪、溯源与监管。我国在后台监管数据库建设层面尚存在明显不足。

（五）肉类加工关键装备制造

我国畜禽加工技术设备的开发研制已经取得较大的进步，但在设备的自动化、连续化和智能化等方面，还存在较大差距。尤其在畜禽加工自动化智能分级、连续化加工、自动化在线或定位检测设备领域，尚处于空白。在传统肉制品加工关键共性装备上也存在极大短板，与传统肉制品加工工艺和加工特性的结合不够紧密，连续化水平较差，产品品质难以控制。因此，亟待提高我国畜禽产品加工关键设备的自主开发和自给率，以弥补畜禽工业发展的短板，推动行业整体进步。

三、我国肉类加工业科技创新存在的问题及对策

（一）理论创新

“十二五”以来，我国在研究和开发经费投入及科研成果市场化方面，投入力度围绕肉类加工产业发展新趋势和新需求，重点在畜禽屠宰加工、肉制品加工、肉类加工关键装备制造、质量安全、冷链物流、营养健康等主要领域，凝练具体项目和任务，实现了理论创新和突破。但与发达国家相比，我国肉类食品科学基础性研究相对薄弱。

肉品品质改良领域。我国对肉品改良机理的研究重点一直放在遗传控制和营养调控等方面，近几年来才逐步重视并开展相关理论的应用研究。目前，这些技术的应用基本停留在实验室小规模试验的水平上，与产业化应用还有较大差距。

天然防腐保鲜剂领域。目前，肉制品中亚硝基化合物的形成机理基本明确，阻断亚硝基化合物形成近年来研究最为深入，植物果蔬的提取物富含维生素 C、维生素 E、黄酮等还原性物质，能有效阻断亚硝化反应，柚皮浸提液效果最佳。香辛料也有很好的抑制作用，丁香和八角抑制效果随提取液加入量的增加而增强。当前，我国重点开展的亚硝酸盐替代物（体系）研究尚无法兼备亚硝酸盐的全部功能，使用时会影响制品品质，无法保证其色泽、风味等特性。采用辐照法来降低亚硝胺含量在国外已成为主流，我国对于已形成的亚硝胺的危害控制和降解机理研究还有待深入。另外，利用天然提取物或者微生物发酵来抑制或降解亚硝基化合物在肉制品安全保证、微生物安全保证等方面的研究也有待重视，在加强硝酸盐还原系统、规范天然替代物使用量和提高抑菌剂效果减低用量等方面还有待深入研究。

肉类食用品质和风味评定领域。肉类风味的关键化合物研究、物种专一性风味研究、各种特色肉制品的整体性风味特征和食用综合品质研究都有待于突破，尤其是每种化合物对于风味的确切贡献还不清楚。应着重开展模拟风味化合物反应及风味化合物反应模型的研究，制定以关键风味化合物为评判指标的肉类风味评定标准，开展质构、颜色、风味等食用品质指标的综合评价，实现养殖、屠宰、加工等因素对肉类风味等食用品质的有效调控。

（二）技术创新

我国产业核心技术与装备尚处于“跟跑”和“并跑”阶段，主要以引进、跟进的技术创新为主，自主创新成果较少。

冷却肉加工领域。我国宰后胴体减菌、分级、减损与保鲜技术缺乏创新，在产品质量分级方面，分级标准不明确，缺乏快速、有效地分级技术和手段创新。在保鲜方面，新鲜度保持困难，在物流等过程中，冷鲜肉的新鲜度下降较快，缺乏有效的保鲜技术。质量安全控制和评价体系缺失，没有完善的冷鲜肉质量安全评价标准和体系。另外，在微生物快速检测技术、零售分割肉的护色技术、冷链物流过程中的监控技术及 PSE 肉等异质肉的控制技术等方面还需要加强技术创新研究和

推广应用。在包装技术方面，气调包装和小包装生鲜肉由于成本原因，一直未能取得突破。亟待冷却肉自动定级、劣质肉控制、贮藏保鲜等技术领域加大科技创新力度。

畜禽副产物综合利用领域。我国畜禽副产物综合利用技术创新水平低水平，缺少先进成熟的工程化技术。尚未掌握成套的副产物综合利用技术，特别是缺少拥有自主知识产权的离子交换、超滤纳滤膜、柱层析等先进的生物分离技术、参数及设备。工程化技术缺乏创新，特别是可用于食品及饲料添加剂、医药等天然活性物质的骨胶原蛋白肽、凝血酶、胰蛋白酶、膨化牛血饲料、血氨基酸、超氧化物歧化酶、血红素等技术成果以单项的居多，不仅集成程度低，更未很好地实现工程化。离子交换、层析、膜技术等高新技术应用中出现设备性能低、设计水平和制造水平低、自动化程度低、市场适应能力低等问题。

传统肉制品加工领域。我国传统肉制品风味调控、标准化加工、新型杀菌等技术问题亟待解决。与西式肉制品加工相比，传统肉制品生产工艺不连续、机械化水平低、产品保质期短成为中式肉制品发展的技术瓶颈。应着重加大传统肉制品工业化、标准化加工关键技术装备研发，推动传统肉制品工业化改造，提升传统肉制品市场竞争力。

（三）科技转化

我国肉品科学发展存在体制机制障碍，科技成果转化率不高，产学研结合不够紧密，科研与产业脱节，导致创新资源分散、创新效率不高、创新成果碎片化、难以形成有效的现实生产力等问题。亟须加强科技要素驱动下科技成果的转化。主动加强企业、科研院所和高校互联互通，加强企业技术改造，推动从研发、设计、工程、投运到运营全过程的协同共进，形成科技成果产业化，提升实体经济的竞争力。

（四）市场驱动

2015 年我国恩格尔系数降至 30.6%，按照联合国对生活水平的划分标准，我国已经达到相对富裕水平。按照当前发展趋势，未来我国居民对食品安全和营养健康的食品需求也将随之提高。面对肉类食品产业供给侧结构性改革的新需求，企业自主研发和创新能力明显不足，产品低值化和同质化问题严重，国际竞争力仍然较弱，肉类加工产品多元化能力仍有待提升。

传统肉制品市场份额将逐步扩大。传统肉制品大都具有悠久的历史和较大的消费群体，但多为传统的作坊式生产，不利于工业化生产与现代化管理。过去几年，我国在金华火腿、南京盐水鸭等传统制品的工业化研究与技术推广方面取得了可喜成绩，但总体上来说我国传统肉制品现代化技术改造的任务仍然很重，在研究酱卤肉制品、烧烤肉制品质量品质评价技术，新型解冻、投放、连续蒸煮等一体化生产技术和装备等方面还有巨大的技术、设备开发潜力。

高档低温肉制品市场份额增大。低温肉制品是目前国际上肉制品的发展趋势，更符合消费者对食品营养健康的新追求。低温肉制品因其加工技术先进，科技含量高，营养价值损失少，产品风味独特，色泽鲜亮，早已风靡欧美市场。我国低温肉制品起步较晚，与国外发达国家相比，技术和流通环节还存在一定的差距。从目前来看，我国高温肉制品的市场份额大大高于低温肉制品，但从长远来看，随着人们认识和生活水平的提高，高档发酵低温肉制品将会成为我国肉制品未来发展的主要趋势。低温肉制品加工过程中原辅料加工性能及其控制技术，快速腌制技术，快速嫩化技术，高效乳化技术等技术装备集成技术将成为研究开发的热点。随着生活节奏的加快和家庭规模变小，即烹、即食、即热的方便食品将发展迅速，成为新的经济增长点。

特殊膳食肉制品悄然崛起。随着食品行业进入健康与营养升级转型加速期，我国肉类产品消费市场将呈多元化、差异性和个性化发展趋势，针对婴幼儿、青少年、女性、老人、患者等特定消费者需求的畜产加工制品有巨大的市场潜力，营养丰富，低脂肪、低钠、低胆固醇、低糖类产品将得到消费者的青睐。近几年来，国内消费者越来越追求具有特殊营养功能的肉制品。“三低一高”即低脂肪、低盐、低糖、高蛋白特殊膳食肉制品的开发，已引起社会各界的重视，并纳入《国家食品营养发展纲要》进行引导和规范。

畜禽副产物加工品前景广阔。随着我国畜产加工技术的不断提升，未来我国肉类加工比例还将继续提升，同时畜禽副产物如皮、毛、骨、血、内脏、乳清等畜副产品将进一步向生物制药、保健品、食品添加剂、化妆品等方向进行更深、更广的加工，综合利用附加值进一步提高。

国产机械走向国际市场。中国肉类工业科技的不断发展促进了中国肉类加工机械制造业快速发展。中国的肉类加工机械已从大批量进口转变为大批量出口，甚至进入了肉类机械最先进的德国市场。中国肉类协会提供的资料显示，我国肉类机械的出口量每年都在持续递增，且增量至少在25%以上，可以推断，中国制造的肉类机械将被国际市场完全接受。为了达到这个目标，在现代肉类加工设备的设计中，除了机械性能、安全、材质外，国内研发人员还应吸收欧美的肉类加工机械制造企业的设计理念，将一个人操作一台设备的传统理念深入到一个人操作一条生产线，将机械的自动化、零件的使用寿命及对产品是否产生危害性等诸多方面都纳入考虑范畴。

节能减排共性技术将成为产业发展热点。随着肉类加工产业升级以及节约型社会构建的日益推进，对节能减排、综合利用共性技术的需求日趋凸显，未来几年，我国科技工作者将通过开展高效节能降耗技术与装备、污染物减排技术和副产物精深加工技术的研究与产业化示范，提升企业资源能源利用效率、减少污染物排放，提高副产物的附加值和利用率，降低企业的生产成本，增强企业的市场竞争力，为企业参与国际市场竞争奠定技术基础，促进行业循环经济的发展。

第四节　我国科技创新对肉类加工业发展的贡献

一、我国肉类加工业科技创新重大成果

“十二五”期间，我国加快实施肉类加工科技创新驱动发展战略，推进科技创新与产业需求相结合，促进科技成果产业化，解决制约产业发展的技术瓶颈问题，提高我国肉类加工业整体技术水平，获得重大科技创新成果“冷却肉品质控制关键技术及装备”“羊肉加工增值关键技术”“猪肉主要品质安全指标无损在线检测关键技术装备”等。

肉类机械装备制造业作为“中国制造 2025”重点发展的十个领域之一，通过推动数字化、智能化技术与肉类装备的深度融合，实现以肉类生产的自动化、智能化、专业化为目标，发展先进适用、低污染、高能效、高效率的肉类机械产品，促进肉类装备产业升级，推动我国向肉类机械装备制造强国迈进。

二、肉类加工业科技成果的产业转化

肉类加工工艺和屠宰加工装备国产化。针对传统肉制品存在着工业化程度低、生产周期长、季节限制严重、作坊生产等问题，科研工作者开展了其工业化及标准化生产关键技术的研究，完成了传统酱牛肉、金华火腿、宣威火腿等的工业化改造，研发了传统技艺与现代工艺相结合的现代新工艺技术，主要包括传统肉制品风味、色泽调控与固化技术、关键芳香化合物鉴定和风味指纹图谱技术等；在西式肉制品方面，通过合作交流、自行研发等方式开展深入研究，取得了一系列适用于我国肉类产业国情的西式肉制品自主知识产权，提高了产品品质和质量安全水平，主要包括复合气体变压促渗透技术、肉品高活性发酵剂制造关键技术等。在增强自主创新能力基础上，大批国产化屠

宰加工技术装备应运而生，极大地提高了屠宰生产的自动化与现代化程度和国产化率，在一定程度上摆脱了国外技术垄断。

肉类食品质量安全控制技术信息化。食品安全问题是关系国计民生的重大问题。基于畜禽疫病和诸多不安全因素的客观存在性，确保肉类食品安全成为产业调控与管理的首要任务。在肉类食品质量安全控制技术方面，我国加快肉类食品标准的制修订步伐，提高标准的有效性，建立比较完善的肉类食品安全控制和管理体系，包括建立了肉类良好生产规范（GMP）、卫生标准操作程序（SSOP）、危害分析及关键控制点（HACCP）体系。目前，我国已在成都市试点开展一年多的生猪产品可追溯体系，成效显著，实现了对肉类食品养殖、运输、屠宰、分割、销售全程的跟踪与溯源，为促进现代科学技术服务于经济发展和社会管理实践做出了有益探索，提升了城市管理水平和城市文明形象，带动了优势产业、高端产业的发展壮大。

清洁生产和环境保护技术研究常态化。随着国家资源节约型环境友好型社会建设的不断推进，我国开始重视动物源性食品从源头到销售全过程的清洁生产和环境保护技术与设备的研发，重点研究畜禽废弃物资源化循环利用，节能减排控制技术与清洁生产评价体系，建立清洁生产和环境保护示范工程。实现节能、降耗、减排，减少动物源性食品生产全过程中污染物对环境造成的不利影响，实施污染物治理技术与设施转化，全面提升我国肉类企业污染治理、清洁生产水平。为给企业创建清洁生产先进企业提供主要依据，推行清洁生产提供技术指导，工信部委托中国肉类食品综合研究中心编写《肉类加工工业清洁生产评价指标体系》，从多个环节大力度推进污水处理、节能减排等清洁生产技术的创新研究，强化整体产业链，开展低碳循环经济的意识。

三、我国肉类加工业科技创新的产业贡献

目前，我国肉类工业正处于由劳动密集型产业向技术密集型产业转变的进程中，呈现科学技术与产业示范化、生产现代化交叉发展的势态，特别是在一些规模化企业中，具有国际先进水平的生产装备和工艺技术得到应用，极大地促进了企业素质的提高和产品结构的调整。这些先进生产装备的引进，再加上消化吸收了一些国际前沿技术，例如，腌制技术、乳化技术、栅栏技术及危害分析关键点控制管理体系等，使我国肉类加工技术水平上了一个大台阶。

四、科技创新支撑肉类加工业发展面临的困难与对策

肉类加工制造转型升级迫切需要科技创新。我国肉类食品加工制造在资源利用、高效转化、智能控制、工程优化、清洁生产和技术标准等方面相对落后，特别是在食品加工制造过程中的能耗、水耗、物耗、排放及环境污染等问题尤为突出。深入研究与集成开发肉类食品绿色加工与低碳制造技术，提升产业整体技术水平，推动食品生产方式的根本转变，实现转型升级和可持续发展迫切需要科技创新。

机械装备更新换代迫切需要自主研发。我国肉类机械装备制造技术创新能力明显不足，国产设备的智能化、规模化和连续化能力相对较低，成套装备长期依赖高价进口和维护，肉类工程装备的设计水平、稳定可靠性及加工设备的质量等与发达国家相比存在较大差距。全面提升我国肉类机械装备制造的整体技术水平，打破国外的技术垄断，实现肉类机械装备的更新换代迫切需要提升自主研发能力。

质量安全综合监控迫切需要技术保障。食品安全是关乎国计民生和国际声誉的热点问题。我国在肉类生产源头和加工与物流的过程管控、市场监控、质量安全检测与品质识别鉴伪以及产品技术标准等方面尚存在明显不足，食品安全风险评估与预警以及食品“从农田到餐桌”全产业链监控与溯源等工作刚刚起步，进一步增强食品质量安全的全产业链综合监控能力迫切需要新技术保障。

冷链物流品质保障迫切需要技术支撑。我国冷链物流产业环节多，肉品物流过程产品品质劣变和腐败损耗严重，物流能耗偏高，标准化和可溯化程度低等问题突出。特别是面对“互联网+”等新业态下的技术研发滞后，智能控制技术与装备不完善，物流成本大幅度提高。全面推进食品物流产业向绿色低碳、安全高效、标准化、智能化和可溯化方向发展迫切需要新技术支撑。

营养健康全面改善迫切需要科技引领。我国在公众营养健康上面临着营养过剩和营养缺乏双重问题，特别是体重超标与肥胖症、糖尿病、高血压、高血脂等代谢综合征类问题凸显。积极推进公众营养健康的全面改善，不断增强健康食品精准制造技术水平与开发能力，在营养均衡靶向设计与健康干预定向调控以及功能保健型营养健康食品等方面迫切需要科技引领。

第五节　我国肉类加工业未来发展与科技需求

一、我国肉类加工业未来的发展趋势

（一）我国肉类加工业发展目标预测

我国肉类食品科技自主创新能力和产业支撑能力显著提高，肉类食品生物工程、肉类加工与绿色制造、肉类食品安全保障等领域科技水平进入世界前列，取得一批具有自主知识产权的重大成果，科技对食品产业发展的贡献率全面提升。依靠科技进步，实现规模以上食品企业主营业务收入较大突破，工业食品的消费比重全面提升，形成一批具有较强国家竞争力的知名品牌、跨国公司和产业集群，推动食品产业从注重数量增长向提质增效全面转变。

（二）我国肉类加工业发展重点预测

1. 短期目标（至 2020 年）

产业集中度和规模化程度方面，到 2020 年，全国屠宰及肉品加工业集中度（CR4）达到 47. 6%。工业化屠宰方面，到 2020 年，畜禽综合化屠宰率达到 73. 5%。产品结构方面，提高畜产品深加工率，到 2020 年，原料肉深加工率达到 27. 7%和 40. 6%，副产物深加工率分别达到 13. 5%和 22. 8%。保护公众健康方面，到 2020 年，基本建立动物源食品安全保障体系，有效防控动物源食品安全事件的发生。科技创新方面，到 2020 年，肉类加工业和动物源食品安全控制科技创新与推广体系初步完善，科技成果转化率显著提高，科技进步贡献率达到 62. 2%。

2. 中期目标（至 2030 年）

产业集中度和规模化程度方面，到 2030 年，全国屠宰及肉品加工业集中度（CR4）达到 69. 8%。工业化屠宰方面，到 2030 年，畜禽综合化屠宰率达到 100. 0%。产品结构方面，提高畜产品深加工率，到 2030 年，原料肉深加工率达到 40. 6%，畜禽副产物深加工率达到 22. 8%。保护公众健康方面，到 2030 年，食品安全水平总体达到中等发达国家水平，满足全面建设小康社会的需求。科技创新方面，到 2030 年，科技成果转化率大幅提高，科技进步贡献率达 83. 5%。肉类加工与动物源食品安全控制重大关键技术取得突破，科技支撑作用显著增强。

3. 长期目标（至 2050 年）

保障肉类加工食品长期稳定供给，通过支持企业重组或兼并，大大提高肉类及工业规模化、集约化和标准化程度，加快向新兴工业化道路转型，保障肉类加工业内需市场和参与国际竞争创造条件，缩小肉类加工业整体发展水平与世界肉类加工业强国的差距。保护动物源食品安全与公众健康，确保食品供应链每个环节足够安全，以满足消费者未来对食品安全和营养健康的需求。增强产

业核心竞争力，加强产学研结合，通过科技引领、企业主导、政府和协会保障等措施，围绕肉类加工、动物福利、肉类食品安全与健康、环境友好与能源节约、资源利用与增值、信息与自动化等关键技术开展研究，促进科技创新与升级，开发相应高新技术和设备，注重产品质量、结构和效益，完善产品质量安全控制和保障体系。

二、我国肉类加工业科技需求

“十三五”是全面建设小康社会的关键时期，是在工业化、城镇化深入发展中同步推进农业现代化的攻坚阶段，协调肉类加工产业与资源、环境、人口、技术间的发展任务更加艰巨，必须加快推进肉类加工产业科技创新，增强肉类加工产业科技支撑能力。

促进肉类加工产业发展方式转变，迫切需要提高肉类加工产业科技创新能力。肉类工业是典型的劳动密集型和资源高耗型产业，受原料、劳动力和资本等生产要素成本影响显著。随着工业化、城镇化的快速推进，肉类产品总量需求刚性增长，质量安全要求不断提高，耕地、淡水等资源的刚性约束日益加剧，养殖环境承载压力和生态环境保护的压力不断加大。肉类原料价格波动，劳动力成本上涨，加之行业资本投入放缓，市场需求增长乏力，多种因素压缩了肉类工业的发展空间，肉类工业可持续发展受到挑战。为此，迫切需要加快肉类加工产业科技创新步伐，强化肉类加工产业科技的支撑作用，大幅度提高资源利用率和劳动生产率。

适应肉类企业等经营主体的新变化，迫切需要增强肉类加工产业科技服务能力。作为全球最大的肉类生产国，我国肉类行业加工技术水平较低，深加工、高档优质产品少，产品附加值低，冷链物流滞后。随着劳动力成本和原料价格的上升，企业对科技含量高、自主研发的高附加值创新产品需求不断增大。随着肉类加工产业生产规模化、集约化程度的不断提高，以及信息技术革命的加速，现代化屠宰加工企业和电子商务平台逐步成为肉类加工产业生产经营的新主体，对关键生产环节的技术服务产生巨大需求。为此，迫切需要加强肉类加工产业科技创新体系建设，增强肉类加工产业科技专业化、社会化服务能力，提高科技服务的质量和水平。

适应消费结构升级，迫切需要增强肉类加工产业科技保障能力。随着消费者对肉类食品营养、健康和安全要求的提升，传统制品、低温和中温肉制品、发酵肉制品、清真牛羊肉制品、休闲肉制品，以及方便、快捷的调理肉制品将成为市场需求的热点和肉类行业未来发展的重要经济增长点。为此，迫切需要围绕这些产品种类提高企业创新能力，丰富产品种类，升级产品工艺、技术和装备，提高质量安全控制水平，建立质量安全保障体系，进一步强化肉类科技保障能力建设。

三、我国肉类加工业科技创新重点

（一）我国肉类加工业科技创新发展趋势

1. 创新发展目标

借鉴国外肉类加工业科技创新经验，我国应以肉品加工业为龙头，推进一二三产融合发展。加工业即直面消费市场又链接种植业和养殖业，以加工为龙头，就可以形成以消费市场为导向，种植、养殖跟进，一二三产协调发展的良好格局。

我国应实施牛肉加工重点推进战略。鉴于农产品加工业已成为现代农业建设和世界农业竞争的核心环节，我国《关于促进农产品加工业发展的意见》（国办发〔2002〕62号）出台后形势发生了很大变化，建议尽快制定新的综合性政策文件，明确当前和今后一个时期肉类产品加工业发展的形势要求和重点任务及政策措施。鉴于较长时间以来，我国生猪生产及猪肉加工波动相对较大，牛羊肉及加工品供需矛盾相对突出，特别是未来一个时期随着人民生活水平的提高和中澳等自贸区协议的签订，我国牛肉产业发展将面临新的更大挑战，建议建立“国家肉类产业发展战略咨询委员会”，研究制定我国肉类产业发展战略规划，统筹肉类产业与种养业等协调发展，并借鉴美国做法将肉类产业作为战略产业予以系统和稳定的重点扶持，促进持续健康发展，为农业增值增效和农民增收及保障供给做出更大贡献。

2. 创新发展领域

改善食品营养与民众健康水平。推动食品相关学科交叉与融合，实现营养组学、分子生物学等不同学科理论与技术的交融与集成；围绕肉品营养成分、风味、色泽、质构等在加工及储运过程中的变化机理与规律，设计全程可控的肉与肉制品制造过程；围绕有毒有害物、腐败菌、致病菌等食品安全风险点，开展有毒有害物生成与控制、腐败微生物预测、食源性致病菌鉴定控制研究，提升食品安全水平；重点通过传统肉制品、清真牛羊肉、调理肉制品、发酵肉制品等基础科学和工艺问题的研究，实现现代化加工方式，满足多元化食品消费需求。

推动肉类工业节能降耗。重点推进自动化、智能化、一体化肉与肉制品精深加工生产线的示范应用；整合品牌、市场、技术等资源，构建原料采集-加工-安全检测-贮存运输“一条龙”式的肉品生产模式，推动肉类工业集约化、规模化发展，培育骨干企业，整合优势资源，建立产业化示范基地，在资源优势、物流和消费集中区，建立产业示范集群，攻克重大关键技术和清洁生产、节能减排新工艺。

促进肉类工业高效增值利用。围绕可持续发展和环境保护的基本点，推进肉品的精深加工，依托地方资源优势，加快深加工和副产品综合利用系列产品开发，实现肉品的转化增值。重点围绕规模化肉品加工单元设备与成套设备的开发，提高我国肉品装备制造能力和自主化水平；深度研究副产品综合利用生物加工技术，突破高效分离、定向重组等关键技术，促进可持续发展的产业体系构建，培育多功能、高效益、高科技依托型的肉品营养与健康产业。

保障肉类食品质量和安全。从源头抓起，建立肉品全产业链各个环节有害物产生的有效阻断途径，开展已知和潜在的多源性危害物的毒理学评价、危害因子的交互作用及风险分析；完成性能稳定、重现性好、高通量的快速、实时检测分析系统建设，完善自动化、智能化的食品安全检测与监控信息网络系统；建立全程可追溯系统，完成产业链过程中危害因子的来源追溯。

（二）肉类加工业优先发展领域

1. 基础研究方面

围绕快节奏、营养化、多样性的国民健康饮食消费需求新变化与新兴产业发展新需求，针对我国食品产业整体上仍处于能耗和水耗高、资源利用率低、食品加工制造技术相对落后、加工副产物综合利用相对不足、加工前沿性基础研究相对薄弱等紧迫问题，在食品加工过程组分结构变化、风味品质修饰、加工适应性与品质调控、肉类摄入与人群健康效应评价等方面开展前沿性基础研究，实现肉类加工制造理论的新突破。

2. 应用研究方面

重点开展中华传统食品工业化加工、方便调理食品制造、食品配料绿色制造、营养型健康食品创新开发与低碳制造等一批核心关键技术开发研究，实现加工制造过程的智能高效利用与清洁生产；系统开展肉类精深加工和高值利用等一批核心关键技术开发研究及产业化应用，全面提升产业科技创新能力和核心竞争力。在标准化加工、智能化控制、低碳化制造、全程化保障等技术领域实现跨越式发展。

第六节　我国肉类加工业科技发展对策措施

一、产业保障措施

强化责任主体作用，建立多元投入机制。发挥政府在政策制定、环境营造方面的引导作用，围绕产业链部署创新链、围绕创新链完善资金链。完善多渠道、多层次的投融资机制和经费筹措方式，建立多元化的创新要素投入机制。充分发挥产业企业的技术创新决策、要素投入和成果转化主体作用，并完善科研信用体系建设。

立足市场机制，发挥行业院所、行业协会的组织协调功能。切实发挥行业院所、行业协会在联结企业、农户与政府之间的桥梁和纽带作用，增强院所、协会的社会服务功能，如信息咨询、技术培训、科技研发、市场调研、国际商务联络等服务，根据肉类行业生产技术特点参与制定和组织实施行业质量安全与生产标准。增强院所、协会的政府服务功能，开展行业信息统计、政策分析与经济研究，为政府制定产业政策和发展规划提供建议，协助开展肉制品的双边或多边贸易谈判，提升行业竞争力。

二、科技创新措施

强化科技示范，推进社会共治。突出解决我国肉类加工业重点区域和传统优势产业的实际问题，系统加强国内外肉类食品安全先进技术和标准的引进转化和集成，从产业发展和监管支撑两个维度提出肉类加工业食品安全应用解决方案，开展全链条科技综合示范，引领推动社会共治，全面提升食品安全科技保障水平。

强化科技成果转化服务。积极落实《中华人民共和国科技成果转化法》，构建产品开发与中试孵化、技术转移转化、技术发布与交易平台，推动科研院所、高校和企业产学研用的紧密结合，强化科技成果转化队伍建设，加速肉类食品科技成果产出与转化。建立科技成果转移服务中心和科技成果托管中心，完善企业创新能力和技术转移转化能力评价体系，发布技术成熟度高、推广价值大、市场需求迫切的技术成果，促进科技与产业、经济发展的深度融合。

鼓励中小食品企业建立产业创新技术推广应用联盟、技术推广应用协会，加速适用、实用技术的推广应用。加强技术协作，提高成果的扩散速度，充分发挥科研单位的服务优势，深入挖掘科研创新潜力，推动成果的产业化。

加快成果转化与技术转移。围绕肉类工业体系中的共性关键技术、高新技术装备、重大产品研发、产品质量与安全控制、物流配送和信息化服务开展科技攻关，建立从原料到终端消费各环节在内的全产业链，以市场为引导，聚集包括技术在内的多种创新要素，促进政府、大学、科研机构、企业、中介机构等在创新链和价值链上的融合，建立起“产学研”相结合的长效机制，有效推动科技成果转化和技术转移，促进科技成果产业化。

三、体制机制创新对策

创新科技体制，推进产学研有机融合。强化政府在肉类加工重大基础科研领域的投入主体地位，充分发挥国家级肉类加工研发平台的作用，推动各类平台加工应用研究、技术开发和成果转化。引导科研机构、高等院校和企业构建更加紧密的“产学研用”有机科技创新体系，推进联合创新、协同创新和产业链上下游之间互动创新，不断提高创新效率和成果转化率。充分整合肉类行业科技和产业技术体系领域的专家力量与科技资源，深入推进重大共性关键技术攻关，建设一批肉制品加工技术集成基地，建立具有中试能力的工程化研究平台及产业化应用平台，开展工程化研究和核心装备创制，加快解决一批影响产业发展的技术难题，促进基础研究、中试和推广应用的紧密结合。

完善组织管理制度，落实科技创新政策。健全决策咨询机制，发挥地方科技管理部门、肉类协会、院所和企业、智库专家等的作用，形成适应科技体制与科技计划改革的管理机制。

构建动态管理模式，加强创新规划实施。强化创新规划实施，建立规划实施监测评估与调整机制，对规划任务部署、实施进度和措施落实等情况进行监测评估，及时掌握规划实施情况。充分发挥同行专家和第三方评估机构的作用，建立科学合理的动态评估制度，实行动态管理与运行方式。在监测评估的基础上，依据肉类食品科技创新发展新形势、科技发展新需求和新变化，对规划指标和任务部署适时进行科学调整。

（王凤忠、单吉浩）

主 要 参 考 文 献

单守良 . 2007. 浅议国内外肉类加工设备的现状与发展 [J]. 冷藏技术，(1)：5-6.

冯宪超，徐幸莲，周光宏 . 2009. 蛋白质组学在肉品学中的应用 [J]. 食品科学，30 (5)：277-280.

郭波莉，魏益民，潘家荣 . 2006. 同位素溯源技术在食品安全中的应用 [J]. 核农学报，20 (2)：148-153.

国家科技成果信息服务平台 . 2016. [DB/OL]. 科学技术部 . http：//service. most. gov. cn/.

何世宝 . 2007. 饲料安全问题和生产技术控制措施 [J]. 牧草饲料，4：91-92.

贾涛 . 2009. 饲料质量安全中存在的问题及解决方法 [J]. 饲料研究，12：76-80.

焦翔，穆建华，刘强 . 2009. 美国有机农业发展现状及启示 [J]. 农业质量标准，(3)：48-50.

解华东，布丽君，徐顺来，等 . 2012. 猪肉加工产业相关技术的国内外差距分析 [J]. 农产品加工（创新版），(1)：54-58.

金征宇 . 2011. 我国方便食品的现状与发展趋势 [J]. 食品工业科技，32 (4)：53-56.

孔保华 . 2013. 西式低温肉制品加工技术 [M]. 北京：中国农业出版社 .

李爱珍，邵秀芝，陈阳楼 . 2009. 生鲜肉保鲜技术的发展与应用现状 [J]. 肉类研究，(1)：29-32.

李家鹏，田寒友，周彤，等 . 2015. 2015 年上半年畜禽屠宰和肉制品加工行业运行分析 [J]. 农业工程技术，(29)：30-31.

李琳，李冰，胡松青，等 . 2012. 食品加工过程中的有害化学物质形成及安全控制技术研究进展 [J]. 食品科学，33：41-45.

廖菁 . 2012. 丹麦生猪养殖环境治理的经验及启示 [J]. 猪业科学，8：24-26.

卢杰，陈韬 . 2009. 冷却肉生产中胴体减菌技术的研究进展 [J]. 食品研究与开发，30 (2)：145-149.

孙京新，黄明 . 2015. 我国猪肉加工产业现状、存在的问题及可持续发展建议 [J]. 养猪，(3)：62-64.

孙京新，徐幸莲，黄明，等 . 2016. 禽产品加工、安全控制现状与趋势 [J]. 家禽科学，(5)：19-20.

王晶晶，陈永福 . 2014. 美国生猪产业发展：合约生产和纵向一体化 [J]. 世界农业，(1)：119-123.

王俊武，孟俊祥，张丹，等 . 2013. 国内外肉制品加工业的现状及发展趋势 [J]. 肉类工业，(9)：52-54.

王守伟 . 2009. 中国肉类工业科技现状及发展趋势 [C]. 青岛：世界肉类组织世界猪肉大会 .

王莹 . 2016. 我国畜产品加工业的技术现状与不足 [J]. 现代食品，(22)：42-43.

卫飞，赵海伊，余文书 . 2011. 新加工技术在我国传统肉制品中的应用 [J]. 肉类工业，(5)：52-55.

吴潇，潘玉春，唐雪明 . 2009. 肉制品的 DNA 溯源技术 [J]. 猪业科学，(3)：105-106.

辛翔飞，王祖力，王济民 . 2011. 肉鸡产业化经营模式的国际经验及借鉴 [J]. 农业展望，7 (10)：31-35.

伊林 . 2009. 我国肉类加工业发展现状和趋势 [J]. 农业工程技术（农产品加工业），(5)：26-28.

于福满 . 2010. 畜禽副产品加工现状和应用前景［J］. 肉类工业，(2)：1-5.
臧明伍，莫英杰，王硕，等 . 2018. 中国食品安全科技创新现状及展望［J］. 食品与机械，(3)：1-5，53.
张长贵，董加宝，王祯旭 . 2006. 畜禽副产物的开发利用［J］. 肉类研究，(3)：40-43.
张春江，任琳，赵冰，等 . 2012. 我国、CAC 和 ISO 畜产品标准现状与分析［J］. 食品工业科技，33（9）：350-353.
张坤生 . 2006. ［J］欧洲肉类加工的技术发展与安全保证 . 肉类工业，(3)：43-44.
张丽萍，李开雄 . 2009. 畜禽副产物综合利用技术［M］. 北京：中国轻工业出版社 .
张院萍 . 2016. 打造肉类产业发展新高地——2016 中国国际肉类产业周暨第十四届中国国际肉类工业展览会在北京举办［J］. 中国畜牧业，(20)：14-17.
张哲奇，李丹，张凯华，等 . 2015. 国外肉品品质改良研究进展［J］. 肉类研究，29（11）：28-33.
赵晓丹 . 2016. 我国动物产品贸易现状及其“一带一路”战略下的贸易政策探析［J］. 中国动物检疫，33（6）：47-51.
中华人民共和国国家统计 . 2011. 中国统计年鉴［EB/OL］. 国家统计局 . http：//www. stats. gov. cn/tjsj/ndsj/2011/indexch. htm.
中华人民共和国国家统计 . 2012. 中国统计年鉴［EB/OL］. 国家统计局 . http：//www. stats. gov. cn/tjsj/ndsj/2012/indexch. htm.
中华人民共和国国家统计 . 2013. 中国统计年鉴［EB/OL］. 国家统计局 . http：//www. stats. gov. cn/tjsj/ndsj/2013/indexch. htm.
中华人民共和国国家统计 . 2014. 中国统计年鉴［EB/OL］. 国家统计局 . http：//www. stats. gov. cn/tjsj/ndsj/2014/indexch. htm.
中华人民共和国国家统计 . 2015. 中国统计年鉴［EB/OL］. 国家统计局 . http：//www. stats. gov. cn/tjsj/ndsj/2015/indexch. htm.
中华人民共和国国家统计 . 2016. 中国统计年鉴［EB/OL］. 国家统计局 . http：//www. stats. gov. cn/tjsj/ndsj/2016/indexch. htm.
周光宏 . 2011. 畜产品加工现状与趋势［J］. 中国食品学报，11（9）：231-240.

第七章　我国动物福利与科技创新

摘要： 动物福利已成为人们越来越关注的话题。动物福利核心理念就是要从满足动物的基本生理、心理需要的角度科学合理地饲养动物和对待动物，保障动物的健康和快乐，减少动物的痛苦，使动物和人类和谐共处。发展到现阶段，动物福利已成为一门由多学科渗透、交叉形成的综合性新兴学科，不但与畜牧学、兽医学、环境科学等自然科学有关，而且与伦理学、法学等社会科学也有密切关系。从动物福利的起源及发展来看，动物福利工作开展得比较早的畜牧业发达国家基本完成了从单一的反对虐待动物到全面地提高动物生存质量的变化历程。对于各种用途的养殖动物，目前最受关注的是农场动物。较国外动物福利发展状况来看，我国的动物福利起步晚、发展相对缓慢。但近年来，畜牧业中出现的动物福利问题越来越突出，引起了专家学者、学术团体、非盈利性组织、行业协会乃至各级政府的高度关注。为了应对畜牧业供应侧提质增效的改革需要，深入开展畜禽的行为和生理需要、舒适环境参数及其影响因素、生产环境精准调控技术和高效生产优化管理研究，体现了我国畜牧业绿色发展今后很长一段时间内的重大产业需求，也是养出健康动物、改善动物福利、提高畜产品质量和安全的基本保障，还体现了动物福利在畜禽生产全产业链的发展趋势。当然要做到这些，必须正确宣传和正面引导，提高全社会对动物福利的科学认识，扩大高质量畜禽产品的需求，全面营造推动动物福利科研工作持续发展的良好氛围，大幅度加大动物福利研发经费，成立动物福利研究中心，组建国家级动物福利研究团队。

第一节　国外动物福利发展与科技创新

动物福利（animal welfare）已成为人们越来越关注的话题。动物福利核心理念就是要从满足动物的基本生理、心理需要的角度科学合理地饲养动物和对待动物，保障动物的健康和快乐，减少动物的痛苦，使动物和人类和谐共处。动物福利与动物权利有着本质的区别，它强调在利用过程中对动物个体的保护，与动物伦理、动物需求、动物健康、动物应激有着密切的联系。发展到现阶段，动物福利已成为一门由多学科渗透、交叉形成的综合性新兴学科，不但与畜牧学、兽医学、环境科学等自然科学有关，而且与伦理学、法学等社会科学也有密切关系。从动物福利的起源及发展来看，动物福利工作开展得比较早的畜牧业发达国家基本完成了从单一的反对虐待动物到全面地提高动物生存质量的变化历程。对于各种用途的养殖动物，最受关注的是农场动物。动物福利主张的是人与动物协调发展，因此在利用动物的过程中，实施良好的动物福利具有广泛的经济、社会和生态效益。

一、国外动物福利发展现状

（一）世界动物福利发展概述

动物福利越来越成为人们的关注热点与畜牧业生产目前广泛采用了集约化生产方式有直接的关系。集约化畜牧业的发展为满足人类对肉、蛋、奶的需求做出了巨大贡献，但在其成功提高劳动生产效率和畜牧业生产力的同时，逐渐凸显出一系列动物福利问题，如动物没有活动空间、养殖场内外环境质量不断恶化、动物体质和抗病力大幅下降、各种疫病和高产代谢病时有发生，不但给动物带来痛苦，而且直接影响动物源食品质量安全，给畜牧业的可持续发展投下了阴影。这引起了社会广泛的关注，尤其是发达国家及其动物保护组织更是如此，呼吁人类在使用动物为人类提供动物性产品的同时，应该考虑动物的福利，即善待动物，改进严格限制动物或使动物身心受到损害的饲养管理方式，以期解决集约化畜牧业生产存在的大量福利问题。

为了顺应这种潮流，2004 年，世界动物卫生组织（World Organization for Animal Health，OIE）将动物福利指导原则纳入世界动物卫生组织陆生法典中，并不断完善。在其第 7.1 章《动物福利规则导言》中明确指出，动物福利是指动物的状态，即动物适应其所处环境的状态。良好的动物福利就是要让动物生活健康、舒适、营养良好、安全、能表达固有行为，免受痛苦和恐惧，并能得到疾病预防和适当的兽医处理、庇护、管理、营养、人道处置以及人道屠宰或宰杀，涵盖动物保健、饲养和人道处理等各个环节。

由此直至 2016 年，在世界动物卫生组织等国际组织积极推动下，陆陆续续地又将动物陆路运输、动物海上运输、动物空中运输、供人食用的动物屠宰、为控制疾病的动物宰杀、流浪狗的控制、研究和教育方面的动物使用、动物福利和肉牛生产系统、动物福利和肉鸡生产系统、动物福利和奶牛生产系统、工作马福利共 11 个动物福利标准纳入陆生动物卫生标准法典；将养殖鱼类福利指导原则、养殖鱼类在运输过程中的福利、供人食用的养殖鱼类致晕和宰杀福利、为控制疾病的养殖鱼类宰杀 4 个动物福利标准纳入水生动物卫生标准法典。这些标准为相关产业的良好实践或特定动物的良好管理提供指导原则，也为 180 个成员体及其他国家动物福利政策、动物福利标准制定提供了统一的技术框架，有效地促进各国养殖者将动物福利要求落实到动物生产或管理的各个环节，以期在全球范围内改善陆生、水生动物健康和福利以及兽医公共卫生。可见，必须与生产实践紧密结合正是十多年来世界范围内动物福利发展的主要共识，必将为动物健康、动物福利产品生产发挥更大的作用。

（二）主要发达国家在动物福利方面的主要做法

1. 动物福利的科学概念更加趋于统一

以生命科学新知识 、新理论阐述动物福利概念逐渐取代从伦理、哲学等社会科学角度对动物福利内涵的无休止争论，从而使动物福利概念更加明确、统一和客观。由英国农场动物福利委员会（Farm Animal Welfare Council，FAWC）最早提出的动物福利的五项基本原则（the Five Freedoms）从动物的生理、环境、卫生、心理和行为 5 个方面明确了动物的生物学需求，已得到全世界科学界和企业界广泛认同。在实践中，人们更多地以基于动物的表现来评价其福利的好坏，从而使评价的结果更有可比性，也更容易达成共识。

2. 多学科交叉联合研究

国外动物福利研究继续呈现多学科交叉联合研究状态，主要涉及动物行为学、动物生理学、免疫学、神经生物学、遗传学、动物生产学、兽医学、畜牧学等自然学科以及伦理学、经济学等社会学科，研究方向广、角度多。研究对象涉及不同的畜禽品种、不同的生理阶段、不同的生产模式、不同的环境条件，更多的国家和地区各种专业的专家参与其中，研究更加深入、全面，为指导动物福利在畜牧生产的应用提供科学依据。

3. 多种动物福利评价并存

目前，发达国家的农场对发展和执行福利评估的兴趣与日俱增。欧美发达国家从基于资源（或环境）的测量评价动物福利逐渐过渡到基于动物（或结果）的测量或综合二者的测量来评价动物福利，建立了多种动物福利评价体系，如 TGI-35 和 TGI-200 动物需求指数评价体系、基于临床观察及生产指标的因素分析评价体系、畜禽舍饲基础设施及系统评价体系、危害分析与关键控制点评价体系、欧盟“福利质量”评价体系等，呈现出各种评价体系并存的局面。但如何快速地、非侵入性获得生产条件下群养动物的测量数据已成为现场评估动物福利的优先发展热点。

4. 动物福利立法完善，实施有力

英国、美国、德国、加拿大等发达国家的动物福利立法体系非常完善，动物福利条款的操作性和针对性很强，涵盖范围较广，且具有很强的法律威慑力。动物福利基本上都可以做到有法可依，而且设立了一些专门的社会或政府机构来执行该类法律。同时，非官方组织参与动物福利保护的力度很强，无论是美国、德国还是英国、加拿大，都积极鼓励和支持非官方组织参与到动物福利保护的活动中来，如英国是由皇家反对虐待动物协会来负责实施动物保护法。它们甚至还授予非官方组织一定的执法权，使其对于动物福利保护的活动更具可操作性。

（三）动物福利对畜牧业发展的贡献

在完善的动物福利立法推动下，欧美国家开展了大量基于生物学需要的动物福利研究，开发出一系列高福利的养殖模式，如可替代现行限位栏养殖系统的母猪群养猪舍系统、替代水泥硬地面系统的厚垫料圈舍系统、替代蛋鸡层架式笼养系统的富集型笼养系统等。此外，对动物生长或生产环境、饲料、运输、宰杀等环节进行严格的控制，减少动物的应激，提高动物的健康和福利水平，确保获得优质畜产品，不但没有提高动物的养殖成本，而且还可取得良好的养殖效益，形成动物、养殖者和消费者都得益的可持续发展局面，并筑起了一道动物福利壁垒，限制福利水平低下的养殖方式发展。

二、国外动物福利科技创新现状

（一）世界动物福利科技创新概述

在动物福利领域，研究人员的科研成果往往与实际应用严重脱节，这种现象在发达国家也很突出。尤其是行为学研究未能走出实验室，在许多发达国家，动物福利领域的科研人员通常都是大学与科研机构的专职研究人员，他们不是兽医和养殖管理者。如此设计出来的科研项目使得一些研究过于专业，与实践相脱节。新知识和新技术从大学转化到生产应用往往需要耗费比起初的纯理论研究更多的工作。近年来，人们已认识到，应该开发农场主辨别容易、应用容易以及评估快速的工具，而且要用动物行为学原理引导畜禽舍环境设施的设计与使用，解决生产中的动物福利问题，而不是采用以前的强制手段。

（二）国外动物福利科技创新成果

1. 使用畜禽身份识别和追溯系统

在多数发达国家，畜禽需要有个体识别编号或者其来源农场的证明。畜禽有了身份识别系统，怎么养的、用过什么药、接种过什么疫苗、如何运输和屠宰等相关信息很容易查询，也可以追溯其来自哪个农场，这样可以让顾客了解他们购买的畜禽产品来自哪里。这种追溯也很容易认定饲养、运输、屠宰各环节损失产生的责任，从而确保实施良好的动物福利实践。

2. 大型畜禽产品销售企业审核动物性产品的动物福利

大型畜产品销售企业对动物福利的审核，大大推动了农场动物肉类生产诸多环节采用动物福利的改进措施，让动物福利从一个与公共关系和法律部门相对抽象的概念变为现实。让饲养者和运输者对运输过程中动物产生的瘀伤、肉质问题、瘫痪和死亡等损失承担经济责任。运输者将因动物身体瘀伤而被罚时，动物的身体瘀伤就会明显减少。当饲养者因猪疲劳而受到20美元/头的罚款时，猪因过度疲劳而不能从卡车上走下来或者移动到致晕间的情况在很大程度上得到减少。

3. 私人公司和基金会投资动物福利项目，设立学生奖学金

对于动物福利项目，私人公司和基金会提供的资金是很好的来源。这些公司或机构愿意长时间资助某个项目，这将有助于该项目的启动和运行。私人资金更愿意支持可持续发展的农业和当地粮食生产的一些项目。例如，洛佩斯社区土地信托是一个非营利组织，他资助的可移动屠宰设备使得当地小型牛羊生产商通过了美国农业部（USDA）屠宰厂的检查，并且他们的肉产品销售也不再受到限制。这个移动设备提高了动物福利，因为它使在农场进行屠宰成为可能。为了使这项工程成功运行，必须提供资金雇用称职的人员来操作这一设备。如果取消了对操作费用的资助，那么这项工程很可能会失败。

对支持兽医和那些投身动物福利事业的毕业生，私人资金的资助也非常有效。如果有足够的奖学金和项目经费，他们会很快进入动物福利领域工作或学习。

（三）主要发达国家动物福利科技创新成果的推广应用

1. 通过立法推广应用高福利养殖方式

蛋鸡层架式鸡笼、妊娠母猪限位栏和肉用犊牛板条箱已经从欧盟养殖生产中退出，取而代之的是符合动物福利的新生产方式，主要体现为群饲，减少了对动物的严格限制。欧盟、新西兰和澳大利亚禁止母猪妊娠栏；8个国家立法采用家禽人道屠宰，9个国家禁止母猪拴系、肉用犊牛栏、肉羊犊牛拴系以及层架式鸡笼，2个国家规定采用带有富集设施的鸡笼，3个国家已经取消了仔鸡断喙，2个国家禁止无麻醉去势。美国的一些州立法禁止妊娠母猪栏、小牛栏以及产蛋母鸡层架式鸡笼。应对各种禁令，许多国家开发出符合新的动物福利法规的新的生产模式及设施。

2. 培育高福利动物性产品品牌，在产品出售时带有动物福利标识

培育高福利动物性产品品牌，在产品出售时带有动物福利标识，使消费者能直接确认高福利动物性产品，从而有利于确保高福利动物性产品获得高价格，从事高福利动物性产品生产的企业获得高回报，这会大大推动动物福利科技创新。比如“品牌”标签或贴有保证计划的标签及其信息可促进有利的市场效应。较高福利水平的动物产品，贴有保证计划的标签，通常作为“有质量保证”或“最好”“最优”的产品卖给消费者，因而具有较高的价格。

美国联合鸡蛋生产商（United Egg Producers，UEP）开发了包括减少笼养鸡饲养密度的蛋鸡福利推荐规范，供UEP成员使用，并建立了第三方审核计划，经过审核允许生产商在自己的蛋品包装盒上标示一个UEP认证标签，显著改变了畜牧生产实践。

（四）世界动物福利科技创新发展的方向

1. 动物福利研究转向动物生命本质及其合理利用的自然科学研究

动物与人的关系是什么？人类如何利用和对待动物？动物的权利是什么？在无休止、漫长的社会伦理科学争论中，出现了契约论、功利主义、动物权利观、情境观和尊重自然观等动物福利诸多观点，分不出对错，人们无所适从。幸好，以探索生命本质的生物科学越来越多的研究证据表明，动物具有感知能力，能感知到痛苦和快乐，能感知到冷、热、饥、渴、疼痛、恐惧、愤怒、喜好及厌恶，适宜的环境中动物更健康、更有活力。以此为契机，动物福利研究转向动物生命本质及其合理利用的自然科学研究，强调动物生物学的需要，并以此作为评价动物福利水平高低的依据。

2. *动物福利研究重点已转向农场动物福利*

根据饲养目的不同，动物一般可分为农场动物、实验动物、伴侣动物、工作动物、娱乐动物和野生动物六类，其中农场动物越来越受到动物福利研究者的关注，特别是畜禽。首先，畜禽在数量上占有绝对多数，每年约有600亿只动物因食用而被宰杀；其次，养殖畜禽的目的是为人类提供必需的肉食品、毛皮等，对人类的食品安全和生存环境影响较大；最后，在畜禽的饲养、运输、屠宰过程中存在着许多明显不人道、过度追求经济效益的生产方式，对动物造成极大的痛苦，也使畜牧生产难以为继。因此，人们把目光转移到农场动物福利，即聚焦如何把畜禽养得健康、如何减少运输应激、如何减少宰杀前动物的痛苦。

3. *动物福利研究与良好的生产实践结合越来越紧密*

现行集约化动物生产存在的问题是全球性的，如蛋鸡啄羽、仔猪咬尾、奶牛乳房炎等。在集约化养殖工艺下，畜禽所处的环境大体相同，即高密度、贫瘠环境、恶化的空气、狭小的空间、受到限制的本能活动等。这种环境与集约化养殖方式并存，长期而持续，就会导致动物个体无法适应。也就是现代养殖技术及工艺体系给畜禽个体带来严重的不适，无法满足其良好生活和生存的需要，生物学功能无法得到有效发挥。深入研究发现，这是集约化养殖方式本身造成畜禽福利低下的表现，是必然要发生的，因此改善集约化养殖条件下的饲养环境、或者开发高福利的替代养殖方式已成为畜禽生产专业专家学者、行业协会甚至畜禽生产者的关注和研究重点。

三、国外动物福利科技创新经验及对我国的启示

（一）动物福利立法或动物福利标准制定前，应广泛开展符合我国实际的动物福利研究

动物福利立法、动物福利标准要符合我国的实际情况，不要全面照搬国外，因此必须做好功课，广泛开展动物福利对我国畜牧生产、养殖模式、食品安全的影响研究，调研公众对动物福利的认知。一旦动物福利立法或标准完成后，应给企业采用符合动物福利法规或标准的生产系统留出足够的过渡期，一方面有利于法规取得实效，另一方面最大限度减少改变生产系统所带来的损失。动物福利法律的制定需要通过改变公众人文道德来完成，尤其减少虐待动物和限制动物遭受不必要的痛苦方面。采取温和的方式改进动物福利，而不是革新的方式正在被许多国家所接受。社会团体关注动物福利对公众也有很好的正面引导。

（二）增加动物福利科研资金投入

相对于发展中国家，发达国家动物福利研究开展早，无论国家层面，还是企业、广大消费者对动物福利的理念认识比较早，投入动物福利研究的科研经费多，能支持更多的人从事动物福利研究与推广工作。相比基础研究，应用研究资金投入不足将会损害人和动物的福利，政府财政机构应给实际应用方面的研究投入更多的资金。国家还应通过财政投入鼓励和支持公共团体、相关企业采取提高动物福利的措施，激发其内在的动机，这对于长期改善动物福利非常重要。

在美国和其他一些国家，政府的财政机构给基础研究提供大量的资金，但实际应用研究得到的资助却很少。这种偏见使大学的管理层雇用更多做基础研究的教授，而不是做实际应用研究的教授。与做基础研究的人员相比，实际应用方面的研究者在退休后更有可能找不到接班人，影响到动物福利的实践应用。

（三）科研人员与企业合作

许多科技创新来源于实践，科技人员到企业第一线，发现问题，运用动物福利理论知识，将科

学研究成果创造性地应用于实践，容易产生实用的生产新工艺，既符合动物福利，又便于操作，且成本低，推广效果好。

（四）大力宣传动物福利，让消费者愿意购买高福利的动物性产品，促进动物福利研究与应用良性循环

采用各种方式广泛宣传动物福利可以解决集约化养殖生产带来的动物性产品安全隐患，将公众的视野转移到关注集约化农场引起的一系列动物福利问题，使消费者愿意购买高福利的动物性产品。此外，公众对动物福利关注也能促进动物福利研究。

在发达国家，人们越来越关注食物的来源。许多消费者不愿意购买来自长途运输的动物或者被虐待动物的肉。一旦消费者接受过教育，他们将会购买更有社会责任的产品。这种方法对富裕的消费者更加有效。在美国和欧洲，运用更高福利标准的当地奶酪生产者和其他肉类、奶类和蛋类的供应商的市场正在扩大。

第二节　我国动物福利发展概况

一、我国动物福利发展现状

较国外动物福利发展状况来看，我国的动物福利起步晚、发展相对缓慢。但近年来，畜牧业中出现的动物福利问题越来越突出，引起了专家学者、学术团体、非营利性组织、行业协会乃至各级政府的高度关注，同时也在积极推动动物福利事业的发展。

（一）动物福利机构设立情况

2014 年，国家标准化管理委员会批准将全国动物防疫标准化技术委员会更名为全国动物卫生标准化技术委员会，并成立了新一届委员会，工作范围增加了动物福利领域国家标准制修订工作。该委员会五年计划明确规定，立足国内实际，广泛开展动物福利标准制修订工作的调研，提出工作建议，表明中国政府越来越重视动物福利标准化工作，专门成立相应机构来全面推进。此外，全国性动物福利相关非营利机构中国兽医协会动物卫生服务与福利分会、中国农业国际合作促进会动物福利国际合作委员会、中国畜牧兽医学会动物福利与健康养殖分会分别于 2010 年、2013 年、2015 年成立，标志着我国也有自己的专业性机构来专门专职推动动物福利事业发展。

（二）农场动物福利标准发布实施情况

中国农业国际合作促进会动物福利国际合作委员会与方圆标志认证集团联合起草完成的《农场动物福利要求 猪》（CAS 235—2014）、《农场动物福利要求 肉牛》（CAS 238—2014）分别于 2014 年 5 月 9 日、2014 年 12 月 17 日由中国标准化协会发布，《农场动物福利要求 肉羊》《农场动物福利要求 蛋鸡》《农场动物福利要求 肉鸡》等也在抓紧发布或制定中。这部推荐性系列标准适用于农场动物的养殖、运输、屠宰及加工全过程的动物福利管理，明确了可量化的动物福利技术指标和参数，有利于养殖场和企业的实施与使用，填补了国内动物福利标准空白。

（三）动物福利通用教材出版及高校开设动物福利课程情况

2014 年，中国兽医协会组织十余名专家编写了全国高等农林院校“十三五”规划教材《动物福利概论》。由中国农业出版社出版发行的这本教材被指定为我国高等农业院校兽医专业本科生的

必修课程。自此，我国兽医专业本科生第一次有了全面介绍动物福利基础知识的通用教材。据不完全统计，目前中国农业大学、上海交通大学、广西大学、西北政法大学等20余所高校开设了动物保护概论、动物行为与保护学、环境与动物福利法等动物福利相关课程，有的还面向全校公开选修，这对普及动物福利知识、提高我国兽医专业未来从业人员乃至广大民众动物福利意识具有很好的推动作用。经中国动物疫病预防控制中心执业兽医事务处组织的广泛讨论，动物福利学科内容已于2015年纳入执业兽医资格考试内容中。

二、我国动物福利与发达国家的差距

（一）广大民众对动物福利认识淡薄，并存在误区

首先，很多人把动物福利和人类福利的概念混为一谈，其实它们之间有明显的区别。人类福利是指高于人类基本生活保障如工资等以外的奖励或好处，而动物福利是指满足动物个体健乐需要的基本生存条件。其次，大多数人认为，放养的动物福利好于圈养动物福利，其实不一定，只有在气候适宜、植被良好、地势平坦开阔、空气水土壤没有污染的条件下进行科学的适度放养，动物福利才有保障，相反则会时刻威胁着动物的健康和生命。最后，认为高投入才能实现动物福利，也不尽然，如果没有动物科学知识，即使投入很高，建起高大、宽敞的现代化畜舍，却不根据动物的需要进行精准的环境控制、适当的操作处置和科学的生产管理，也会给动物福利打折。

（二）畜牧业从业人员动物福利知识欠缺

从事畜牧业的专业技术人员一般来自农业高等院校畜牧、兽医专业的毕业生，他们在校时大多没有接受过动物福利知识及其实践操作的系统培训，从事饲喂、免疫、抓捕、装卸、运输等与动物直接接触的员工对动物福利的知识了解更少，踢、打、骂、伤害动物等行为时有发生，造成人一出现动物就害怕、躲避的现象还比较普遍，不知不觉使动物处于慢性应激状态。这种消极的人畜关系是没有善待动物的一个重要方面，是缺乏动物福利知识的表现。

（三）不注意细节，生产管理粗放

随着集约化养殖模式的发展，养殖场主，特别是养殖业的外来投资者，舍得投资建造气派的大门、漂亮的场区环境、高大和宽敞的畜禽舍，但在如何控制好畜禽舍内环境方面比较粗放，不能着眼于动物真正的需要进行精准控制，日常管理也不注重细节，不能随时观察动物状态的变化，以及时快速地采取措施，保障动物的健康、活力和福利。

三、我国动物福利发展存在的主要问题及对策

我国是人口大国，对畜禽产品需求量很大，加之土地资源紧张，这就决定了我国畜牧业需要向规模化、集约化养殖模式的方向发展。但在集约化养殖生产、运输和屠宰等过程中都存在很多动物福利问题。

（一）养殖环节中的动物福利问题

集约化、规模化养殖场为节约空间成本，追求更高的经济效益，往往提高动物的饲养密度。但因饲养密度过高而带来的动物福利健康问题已经不容忽略。高密度饲养方式的圈舍内畜禽排泄量增加，导致空气质量变差，尘埃、有害微生物数量升高，直接威胁畜禽健康。此外，为便于饲喂和管理，我国大多数集约化猪场仍采用限位栏的方式饲养妊娠母猪及哺乳母猪，鸡场采用传统笼养方式

饲养蛋鸡。这些养殖方式严格限制动物的活动，甚至让它们无法转身，长此以往，动物体质变差、跛残率和应激水平升高。在养殖过程中，对仔猪剪牙、断尾、去势，雏鸡断喙，水禽强制填饲，反刍动物去角等处置，给动物生理和心理造成极大的伤害和痛苦。这些普遍存在的情况是集约化高密度养殖亟待解决的主要福利问题。

（二）装卸、运输环节中的动物福利问题

装卸时，工具或设施设计不合理，装卸坡道大，装卸工人驱赶不正确，驱赶和装卸动物群体过大。运输时，密度过大，运输距离和时间长，路况差，停留时间长，运输车内冷热不适。所有这些因素过于强烈时，都会引起动物产生急性生理或心理应激，甚至造成动物损伤，严重时不但损害动物福利，影响到肉品质量，而且可能还会导致动物的死亡，损害经济效益。

（三）屠宰环节中的动物福利问题

在屠宰环节，存在待宰圈设计不合理，待宰时间长短变化大，宰前不击晕或击晕方式多样，致晕参数设定没有充分考虑动物的知觉恢复，没有击晕效果评估等动物福利问题，不但给动物带来不必要的痛苦，还会影响屠宰效率、屠宰员工安全和胴体品质。

（四）解决养殖、运输、屠宰环节动物福利问题的对策

根据动物的生长阶段和种类设计合理的饲养密度和规模，改变严格限制动物自由的养殖方式，增加动物的活动空间；严控饲料、饮水卫生质量关，防止霉菌毒素、农药、重金属超标的饲料以及大肠杆菌污染或水质不符合标准要求的饮水饲喂给畜禽；创造热、冷适宜的环境，并确保微生物负荷、有害气体浓度、粉尘含量控制在标准范围之内；增加养殖环境的丰富度，满足动物表达正常行为的需要；改善饲养管理，逐渐减少或禁止对动物断牙、断尾、断喙、断角等有伤害的操作；通过提高动物对环境的适应性改善动物的健康状况，建立积极的疾病预防体系，对病患动物进行及时快速诊治或人道处死。运输环节中，使用的装卸设施要设计合理，用正确的方法友善驱赶动物，运输前要根据所运输的动物的种类、大小、年龄、数量及健康状况等因素合理制订运输计划，运输车辆、运输条件、运输人员都要符合要求。屠宰环节要注重待宰圈的合理设计、动物的有效致晕方式的筛选及其参数的设立、屠宰技术规范的完善等，减少动物的宰前应激，减少动物死亡时的痛苦。

以上这些养殖、运输、屠宰环节动物福利问题的改善对策虽然很容易罗列出来，但真正要做到，非常不容易。除了从管理上加强过程控制外，很多涉及技术参数的合理设定还需要通过大量的研究数据来支撑。因此，动物福利科技研究任重而道远。

第三节　我国动物福利科技创新

在广大民众动物福利意识普遍比较淡薄、畜牧业发展更多地注重数量增加的大背景下，动物福利，特别是农场动物福利的研究在我国还处于初始阶段，远远落后于世界发达国家。为了应对畜牧业供应侧提质增效的改革需要，动物福利科技创新刚刚起步。

一、我国动物福利科技创新发展现状

下面从国家启动和实施的科研项目、创新领域及国际影响三个方面作一简单概述。

（一）国家项目

在动物福利相关研究方面，“十二五”期间，国家已经先后设立及实施了国家公益性行业专项“畜禽福利养殖关键技术体系研究与示范”（2010）和“家畜生产运输过程中环境应激响应及调控技术研究”（2010）、“十二五”国家科技支撑计划课题“畜禽健康养殖环境控制关键技术研究与集成”（2012）以及973计划课题“应激影响猪肉品质的机制”（2012）、国家自然科学基金项目“福利型产蛋鸡笼设计参数的研究”（2012）、“冷刺激对育雏期林甸鸡福利状况影响的研究”（2014）、“母猪瞳孔反射延迟的脑形态学及生理机制的研究”（2015）等科研项目，涉及应用基础或应用研究，也涉及基础研究，共计投入经费不到6 000万元，与畜牧业供应侧提质增效改革巨大的需求不符。

（二）创新领域

我国动物福利科技创新工作随着畜牧业供应侧结构性调整的需要刚刚起步，成果显著的创新领域还没有形成，但趋势却越来越明显，主要表现在畜禽抗逆品种选育、畜禽行为与福利、动物应激与福利、动物福利与畜禽产品品质、畜禽舍环境控制与健康养殖等方面。动物福利科学涉及的学科很广，其创新领域众多，基础研究领域包括动物认知与行为动机、动物应激与环境适应等，应用研究领域包括动物福利评价、舒适环境限值范围确定、福利生产标准技术参数设定等。无论基础研究领域，还是应用研究领域，要真正实现我国畜牧业去产能、转方式、提质增效的改革目标，这些涉及动物福利科技的创新领域都非常重要，因为这些领域的创新成果可以为这一轮畜牧业供应侧改革、实现福利化畜禽生产提供理论依据和技术参数。

（三）国际影响

1. 在OIE陆生动物卫生标准、水生动物卫生标准修订工作中发挥作用

自动物福利标准纳入OIE陆生动物卫生法典、水生动物卫生法典以来，作为成员体，我国农业农村部畜牧兽医局代表我国政府组织畜牧、水产行业动物福利相关专家对已纳入或新纳入法典的OIE陆生、水生动物卫生标准进行每年一至二次评议，对动物福利条款提出具体的修改意见，最后汇总形成我国政府的修改文本提交给OIE，为国际动物福利标准对接我国实际情况发出了中国声音，扩大了中国的影响。

2. 国际福利奖项评选获奖展示中国养殖业的正面形象

自2014年开始，由中国农业国际合作促进会动物福利国际合作委员会与世界排名前列的非政府组织——世界农场动物福利协会（CIWF）合作，负责组织中国养猪企业参评CIWF设立的国际性奖项“金猪奖”。为了更适应我国的情况，在评奖通用标准基础上，制定了我国的评选基础条件和星级标准，并取名为“福利养殖金猪奖”，现已连续评审4年，共有55家养猪企业获此殊荣，向世界展示了我国福利养猪的良好实践，树立了我国养殖业的正面形象，推动中国养殖企业发展福利养殖，提高畜产品质量，增强市场竞争力。2017年又启动了“福利养殖金鸡奖”和“福利养殖金蛋奖”，各有7家企业获奖。

3. 动物福利国内外交流日渐增多

中国兽医协会自2010年成立动物卫生服务与福利分会以来，在协会每年的年会期间，都组织动物福利论坛。中国农业国际合作促进会动物福利国际合作委员会自2013年以来，连续3年组织了中国动物福利与畜禽产品质量安全论坛。这些会议涉及的主题广泛，包括动物福利立法研讨、动物福利概念研究、农场动物福利评估、兽医促进动物福利的作用、动物福利教育与实践、动物福利

与肉品安全、动物福利与畜牧业可持续发展等，越来越多的专家受到邀请，他们来自国内外动物福利教学、动物福利研究、福利型养殖模式及设备研发等各个领域。这类以动物福利为议题的会议，架起了一座座沟通桥梁，直接促进了国内外动物福利研究者、养殖者以及行业领导之间越来越多的交流。

二、我国动物福利科技创新与发达国家之间的差距

（一）动物福利科学评价还没有引起重视

动物福利好坏直接关系到畜禽和消费者的健康，因此有必要对畜禽的饲养、运输、屠宰等环节动物的健康状况、福利水平进行客观的评价。动物福利评价经历了由基于资源（环境）的评价向基于动物（结果）或基于资源（环境）和动物（结果）联合评价的方向发展。动物的养殖方式或条件千差万别，但动物生物学需要在相同的生长、生产阶段却是相似的。满足动物维持生命、健康和舒适需要的程度越高，则其福利水平越高。如何筛选确定评价动物福利生命、健康和舒适的指标一直是该领域存在的难点。近年来，国外已开发出各种方法或系统来评价动物福利水平的高低，但我国这方面基本上还是个空白，只有一些零星的研究报道。应用行为学和生理学指标评价动物适应饲养环境的能力应该引起我们的重视。

（二）动物福利专业人才培养薄弱

我国一些农业院校在本科生、硕士生和博士生开设了农场动物福利相关课程，一些大学和科研单位招收农场动物福利方向的硕士生和博士生，但覆盖人数有限，特别是能从事动物福利研究的高层次人才人数更少。畜牧业发达国家规定，所有的畜牧科技专业、兽医专业的学生必须学习动物福利概论基础课程、动物福利实践操作高级课程，目前我国还没有完全做到。

（三）动物福利研究投入和成果较少

国家各级部门对动物福利相关科研课题投入非常少，专门从事动物福利研究的科技人员少之又少，从事动物福利研究的新生力量匮乏。由于投入动物福利研究的人力、物力和财力较少，加之社会民众对动物福利的认识存在很多误区，导致我国动物福利相关科研成果较少。只有一些高校、研究机构或企业利用自然资源优势，发挥地方品种和瘦肉型或高产品种的杂交优势，开发出高福利配套生产系统，生产高品质、高福利、环境友好型、安全放心猪肉、鸡蛋等。也有对集约化养殖系统进行环境富集化开发。但这些远远不能满足我国集约化畜牧业现阶段供应侧改革对动物福利的需要。

三、我国动物福利科技创新存在的问题及对策

（一）理论创新

近年来，“973”课题以及国家自然科学基金项目虽然对动物福利相关基础理论探索，如应激与畜产品品质、畜禽行为与认知的研究，有所资助，但涉及面很窄，研究碎片化、零星化，与探索动物福利生命本质的客观需求存在巨大的差距。目前，我国对动物生物学需要、动物行为动机与偏爱、动物认知与动物情感、动物应激与环境适应等涉及动物福利本质原理的基础研究还在于起步阶段，还无法从生命体存活质量的本质需求角度回答我国广大民众、行业领导甚至政府官员为什么在养殖、运输、屠宰过程中需要提高动物福利的问题。因此，迫切需要在重大基础研发计划、国家自

然科学基金等涉及基础研究类型的项目中，增加动物福利理论研究基础内容的项目数量及经费的资助强度，不断揭示动物福利的科学本质，为进一步促进动物福利技术创新、提高人们对动物福利理论知识的认识积累科学依据。

（二）技术创新

在养殖、运输、屠宰动物的环节中，如何科学地处置动物，如何以较少成本创造出适宜的环境条件，如何满足动物的生理和行为需要，真正达到善待动物的目的，都需要我们在充分了解动物生物学需求的基础上，结合畜禽育种与繁殖、畜禽营养与饲养、牧场规划与畜禽舍建筑工艺设计、畜禽生产和管理、疾病预防与诊治等诸多学科知识，持续、系统地进行基于动物需求的一系列配套技术创新，建立健康养殖模式和生产管理流程，提高动物对饲养人员和环境的适应能力、与养殖系统的匹配度，实现人、动物和环境的良性互作，最终提升动物的健康和福利水平、畜产品品质和牧场的经营效益。

但是，“十二五”期间，国家层面实施福利养殖技术开发与集成示范的项目主要以农业行业科技或支撑计划课题的形式进行资助，资助强度不能满足畜禽产业供应侧质量改革的需要，且一个项目一批新人，没有连贯性，稳定性差，项目一结束，研发团队就解散，持续性差，有些研发内容与生产企业的实际需要结合不够紧密。此外，由于我国畜禽业处于产能、效益巨大的调整波动过程中，企业用于促进养殖业可持续健康发展的福利型生产技术创新的投入和意愿严重不足，极大地限制了我国畜牧业技术创新升级换代的步伐。为此，在加强产、学、研、推密切联系和配合的基础上，应加大国家、省市、企业研发经费的持续投入，组织稳定的技术协同创新队伍，联合攻关，以福利养殖技术为突破口，实现我国畜牧业从养殖、运输到屠宰全产业链技术创新和质量、效益提升。

（三）科技转化

科技转化是科技成果转化为企业生产力的关键一步，但在“十三五”以前，科技转化政策还不够明确，动物福利技术由研发单位向生产企业转化极少。自 2015 年修订的《中华人民共和国促进科技成果转化法》施行以来，为加快实施创新驱动的国家发展战略，打通科技与经济结合的通道，促进大众创业、万众创新，鼓励研究开发机构、高等院校、企业等创新主体及科技人员转移转化科技成果，推进经济提质增效升级，国务院出台了一系列促进科技成果转化、利好科研主体的政策和规定，营造了科技成果转移转化的良好社会环境。对于拥有动物福利研究成果的研究开发机构、高等院校应当建立健全技术转移工作体系和机制，其持有的科技成果，可以自主决定转让、许可或者作价投资，向企业或者其他组织转移。研究开发机构、高等院校应建立奖励办法激励科技人员创新创业，多出成果，多向企业转化成果。

（四）市场驱动

随着我国人民生活水平的提高，对畜禽产品品质和质量的需求已等同甚至超过对畜禽产品数量的需求。动物福利产品是指满足了动物五项福利条件的基础上产生出来的畜禽产品，比一般的动物产品具有更高的质量和安全性，并融入了人类对动物生命的尊敬和关爱。英国等畜禽福利养殖发展比较早的国家已经将不同养殖生产模式下生产的畜禽产品贴上不同的标识，标示它们的福利水平的高低，并拉开出售价格，供消费者选择购买。一般情况下，动物福利水平越高的产品，其价格越高，有的甚至高于一般畜禽产品价格的一倍之上，真正做到优质优价。

目前，我国从养殖、运输、屠宰环节全程严格按福利标准生产出来的动物福利产品非常少，价格却因高端消费者的追捧得到更大的提升，达到了优质优价，这是真正实现畜牧业动物福利化生产的内在动力，也是畜禽产品供应侧改革转型的必然需要。因此，充分利用消费市场对高质量畜禽福利产品的需求驱动，推动畜牧业转型升级将是今后很长一段时间内确保我国畜牧业可持续健康发展的动力源泉。

第四节　我国科技创新对动物福利发展的贡献

一、我国科技创新对动物福利发展的贡献

我国畜牧业正处在由数量型粗放增长向质量型内涵式精细化发展的关键阶段，科技创新在畜禽良种化、养殖设施化、生产规范化、防疫制度化和粪污无害化过程中发挥着越来越重要的作用。对提高动物福利有直接推动作用的科技创新主要包括动物应激及其环境无干扰精准评价、畜禽舍环境控制和自动化精准饲喂等设备及配套技术。

（一）基于动物的非侵入性手段推动动物福利水平的精准评价

随着能精准测定动物各种活动、动物深部和体表温度以及各种环境参数（环境温湿度、风速、辐照、有害气体、粉尘、气压）的传感器（3D重力加速度震动传感器、温度传感器、各环境因子传感器等）、智能纠错的缓存技术与蓝牙传输、无线传输、移动互联网的联通融合，活动耳环、记步器、智能手环、智能脚环、可穿戴设备、高精体温测量采集系统、动物生理和行为自动测量系统、环境指标远程遥测系统更多地运用到动物行为、活动、体温及其所处的环境参数测定中，不但可以精确获得大量、连续的数据，而且对测试动物或环境没有任何干扰，完全能避免试验抓捕对动物生理、行为数据采集的影响，确保获得的数据真实可靠，并能全程了解试验期间动物或环境各种测定指标的动态变化过程，便于全面分析多因素多变量之间的相关性，从而对动物福利水平实现精准评价。下面举例说明我国研究人员采用先进的非侵入性手段开展动物福利研究的情况。

红外热成像技术（Infrared Thermography，IRT）利用红外探测器吸收物体以红外辐射形式发出的热量的原理来测量物体表面的温度变化。最新一代焦平面非制冷微量红外热探测器，具有镜头自动识别、自动或手动调焦功能，能自动追踪全视场或定义区域内最高或最低温度点并显示温度值，随着科技的进步，热灵敏度可准确到0.05℃，即便细微温差亦可准确分辨，生成色彩鲜明、清晰的长波红外图像，不受环境光线强弱影响，结合红外和可见光图像融合功能、强大的在线操控和数据采集分析功能，现已广泛用于动物体表温度场的采集、检测和分析以及特定部位的炎症或皮下损伤的监测，是无干扰、非侵入性研究各种条件下畜禽的体热平衡调节机制及体表病变形成规律、评价动物应激和福利状况的良好技术手段之一，具有监测方便、快速、非接触等优点。

（二）环境控制技术科技创新，促进福利养殖技术发展

畜禽业的生产力取决于饲养工艺、生产品种、营养调控、疾病防治和环境调控等因素，在规模化集约化养殖中环境控制工程所起的作用越来越重要。因为，集约化养殖模型下，在空间有限的畜禽舍中，饲养着成千上万头只的畜禽，密度非常大，如何安排好它们的吃、喝、排泄、休息、走动等所有活动，又能确保动物所处环境清洁卫生、温热适宜、空气质量良好，对环境工程设施及控制技术的要求非常高。畜禽养殖的环境因素包括温度、湿度、光照、噪声、微生物、粉尘、气体成分等。合理的环境控制技术能使动物周围获得适宜的温度、湿度，避免热应激和冷应激的出现，并及时排出有害气体、灰尘和微生物，改善畜禽舍的空气质量，有效预防疫病的发生和流行，提高畜禽

的健康福利和生产水平。基于各种传感器可以采集到环境信息如温度、湿度、气体浓度、光照等信息，并传送到中央控制处理器，控制程序按预先设定的控制目标参数，如温湿度、气体浓度、光照度等的控制值，自动调控环境调节系统，如通风、降温、加热、消毒设备，达到畜禽舍环境的自动控制。如果协调多因素、多设备进行联动控制，则可实现环境系统的智能化运行；如果将该环境系统联结到物联网、移动终端，则可实现畜禽环境远程智能化控制。畜禽应激状态能实时准确地反映动物所处的环境是否舒适，对反映动物应激的生理指标和行为参数如体温、呼吸频率和采食量进行监测，建立体温、呼吸频率和采食量与环境参数的关系模型，并整合进畜禽舍环境控制系统，使控制结果更加符合动物的需求，更加精准，必将是重要的科技发展趋势。

尽管我国畜禽舍环境控制设备和技术与发达国家如美国、荷兰还有相当大的差距，但近一二十年来，畜禽舍燃煤热风炉、燃油热风炉、燃气热风炉、集中热水供暖系统、电热地板、喷淋喷水降温、冷风机、超低量雾化降温系统、畜禽舍空气电净化自动防疫设备等环境控制设备均得到较广泛的应用，结合各种环境参数及动物生理、行为数据，开发了动物健康养殖饲养管理系统，并开辟了数字养殖业、动物福利及应激监测等新的研究方向，助力形成健康养殖先进的技术体系，促进福利养殖技术发展，实现养殖业安全、优质、高效、无公害健康生产。

例如，中国农业大学开发完成的“蛋鸡健康养殖饲养管理系统”，该系统集蛋鸡舍环境因素多信息综合监测技术和远程视频图像传输控制技术于一体，采用工业互联网的传输方式，开发了基于嵌入式 WEB 服务器的数据采集板，通过 TCP/IP 协议的裁剪，可以在单片机上运行，满足数据网络传输的功能，针对鸡舍内缺少直观的监控设备，采用基于虚拟专用网络（VPN）功能的路由设备，建立养殖场与公司总部的虚拟局域网，结合蛋鸡健康养殖管理软件系统实现养殖场信息与总部的共享。

中国农业科学院北京畜牧兽医研究所开发了基于 ARM M3 单片机智能化畜禽舍环境控制系统。该系统将畜禽舍内温度、相对湿度、光照强度、氨气和硫化氢数据进行实时采集，通过 socket 方式实现对服务器的实时监控，实现多传感器的集成应用。当采集的数据超过系统预设值时，系统自动开启调控装备，如实现降温、通风等。用户可通过手机对畜禽舍内各种环境数据进行实时监测、对比分析，并可通过移动手机端 APP 软件远程修改环境参数预设值，实现畜禽舍环境智能化管理。本系统在畜禽场进行了应用，取得了预期的效果。

（三）研发的自动化养殖设备实现精准饲喂，促进动物福利的提升

近几年来，我国规模化养殖设备研发、生产发展很快，养殖设备的发展促使养殖生产者完成从家庭散养型向规模化、集约化工厂型的巨大转变，使养殖成为一个独立行业的生产链条上的重要一环。养殖生产过程中，饲料成本已占到生产总成本的 70%左右。如何根据畜禽不同的生理和生产阶段、不同的体况及采食行为特点实现自动化精准饲喂对提高畜禽的生产性能及其养殖场的经济效益至关重要。精准饲喂主要功能涉及：①饲喂量应随畜禽的生理和生产阶段的不同而变化，避免因群体地位造成采食不均；②减少采食争斗致伤；③减少人工饲喂时引起全栋动物的吵闹和跳动，避免由之引起的流产、蹄损伤等；④配套的群养模式能促进断奶母畜发情，提高繁殖性能。目前，与牛羊业、家禽业相比，养猪生产上自动化养殖设备应用得比较广泛，几乎涵盖了不同阶段的所有猪群，如“格式塔”智能化繁殖母猪饲养管理系统（可用于限位栏中）、妊娠母猪智能化群养饲喂系统、哺乳母猪智能化饲喂系统、待配母猪智能饲喂管理系统、育成育肥猪智能饲喂管理系统等。饲喂自动化设备的使用不但可以节省劳力，而且能够提高生产效率和维护饲养员的身体健康，还能根据动物的生长发育规律和行为习性的需要设定饲喂参数，提高动物福利。目前我国自动化养殖设备正向配套化、标准化、系统化、节能化、动物福利化方向发展。

例如，中国农业科学院北京畜牧兽医研究所基于哺乳母猪少吃多餐且随哺乳日龄变化采食量动态增加的饲喂控制需求，将机电系统、无线网络技术、Android 技术、SQL Lite 网络数据库、电子数据交换与哺乳母猪的营养供给模型集成起来，设计了哺乳母猪智能化饲喂系统。组成该哺乳母猪智能化饲喂系统的主要部件包括供料线、缓冲料仓、料位控制筒、料位调控杆、下料控制线管、螺旋输送机、中央控制箱、下料触发器、料槽及下料管道等，而且通过在系统的微处理器内存预设的采食量模型与雨刷电机精确旋转的电子控制技术相结合，实现了对预设饲喂量的准确投料；还通过储料仓的料位控制机构及设置的人工观察孔，可控制缓冲料仓的合理贮料量；预设的采食量的动态投料控制量基本符合哺乳母猪实际采食变化规律，且实际采食量的变化轨迹收敛于对数曲线。基于智能自动饲喂系统中采食量模型计算出不同泌乳日期的预测采食量，按 4 次/天的饲喂频率及变化的投料比例（30%，25%，25%及 20%）进行定时与定量投喂，与人工饲喂对比，能显著促进哺乳仔猪采食量的增加，以及极显著提高哺乳仔猪的平均体重、日增重。目前，根据试验应用效果，该哺乳母猪电子自动饲喂系统适合在中国中、小型的种猪繁育场的哺乳舍推广应用。

二、我国科技创新对动物福利发展支撑存在的问题及对策

（一）支撑动物福利发展存在的问题

1. 人们对动物福利的认识存在误区，影响动物福利研究经费的投入

动物福利核心理念就是要从满足动物的基本生理、心理需要的角度科学合理地饲养动物和对待动物，保障动物的健康和快乐，减少动物的痛苦，使动物和人类和谐共处。发展到现阶段，动物福利已成为一门由多学科渗透、交叉形成的综合性新兴学科，不但与畜牧学、兽医学、环境科学等自然科学有关，而且与伦理学、法学等社会科学也有密切联系。但是，我国许多普通老百姓甚至一些知识分子、领导干部却认为，人的福利还没解决，没有必要奢谈动物福利。在这样的民意背景下，开展动物福利研究、研发福利型饲养、运输和屠宰工艺和设施往往被认为超前，与现状不符。因此，动物福利科研项目立项一直非常困难，“十二五”期间，获得资助的项目很少，而且偏重于应用研究，尽管国家自然科学基金面上项目支持了一些有关动物福利自主选题的基础研究，关于动物认知与疼痛、动物行为与福利评价、动物应激与动物健康等与畜牧产业福利化生产实践密切相关的基础理论研究却十分薄弱。

2. 消费者对优质畜产品需要旺盛，而对优质畜产品必来源于高健康和福利水平的畜禽认识不足

动物福利不仅仅是为了动物的福利而福利，还直接与动物的健康和畜产品的质量密切相关。国外大量的研究表明，营养供应、饲养环境与模式、生产处置、疾病防控与诊治等方面能顺应畜禽的需求，让动物在舒适而放松的状态下快乐、健康地生长和生产，不但可以减少动物的应激、痛苦和病患，提高动物的福利水平和生产效率，还能生产出健康水平高的动物及产品，这是消费者获得优质畜产品的基础，因为动物处在应激状态，不健康了，后续我们无论如何加工，也无法获得优质的畜产品及加工制品。相反，动物越健康，福利水平越高，畜产品就越优质。因此，基于国内的养殖现状，开展各种养殖模式下畜禽健康、福利水平和产品品质的比较研究，筛选研发符合我国国情的福利养殖模式，生产出优质畜产品，占领越来越大的消费市场，是养殖业供应侧结构改革的主方向，也是引领消费者崇尚优质优价、实现高品质生活的必由之路。

3. 我国的福利养殖主体上必须是规模化集约化生产，放养即福利是一种偏见

动物福利五项基本原则要求为动物提供保持其健康和活力所需的清洁饮水和食物、适当的环境、良好的疾病预防和及时诊治、足够的空间及适当的设施和同伴、避免精神痛苦的条件和处置方

式。可以看出，如果采用放养的方式，要满足动物福利这五个方面的基本原则，实现福利养殖很难，而且必须是气候适宜、植被良好、地势平坦开阔、空气水土壤没有污染的地区，而我国夏季炎热、冬季严寒的地区很大，干旱缺水、沙漠化的地区很大，丘陵、山区多，真正适宜放牧的地区很少。同时为了动物与环境的可持续发展，放养密度不能破坏植被，不能造成粪尿污染，必须考虑环境的承载力。故良好放牧条件下生产获得的畜禽产品数量是有限的，只能供给部分高端消费人群，远远不能满足更广泛的消费者对优质畜产品的需求。目前，针对畜牧业供应侧结构优化、产品优质化改革的要求，在规模化、集约化养殖模式下，深入研究现代高产品种对环境的适宜需要量，基于动物生理、行为的变化与其健康水平的关系，探明福利饲养参数，发展智能化精准环境控制技术、精细化生产管理技术，才能产生出大量、性价比高（价廉物美）的动物产品更好地供应广大的消费市场。因此，我国的福利养殖主体上必须是规模化集约化生产。

（二）科技创新支撑动物福利发展的对策

1. 广泛宣传正确的动物福利概念，提高动物福利的社会认知，促进动物福利科学的发展

在我国，动物福利还是一个比较新的概念。国外的许多有关动物福利的立法还鲜为人知，甚至不被人们所接受。但是，注重动物福利是畜牧业发展的一个趋势，应当引起高度重视。为了提高公众的动物福利意识，一方面国家有关部门机构要加强立法工作，建立符合我国国情的动物福利标准，以及完善的法律法规体系，通过立法来切实保障动物的福利，对那些严重虐待和迫害动物以及采用违法方式生产动物产品的行为进行揭露和惩罚；另一方面要加强有关动物福利的宣传和教育工作，利用新闻媒体、社交网络等平台广泛宣传正确的动物福利概念，让更多的人认识到动物福利的意义和重要性。例如，广泛地宣传，提倡畜禽福利，就是要在兼顾经济效益的情况下，为畜禽创造适宜的环境条件，满足畜禽的生物学需要，减少动物的应激和恐惧，促进动物的健康，减少用药，提升畜牧业生产水平和畜产品质量，实现人、畜共赢。进而，整个社会对动物福利认知的普遍提高必将促进我国动物福利科学的发展。

2. 成立动物福利研究中心，组建国家级动物福利研究团队

顺应我国畜牧业供应侧提质增效的改革需求，挂靠国家级农业科学研究机构，成立农场动物福利研究中心，凝聚从事动物福利和健康养殖研究的科研力量，为有效实现我国农场动物福利科技创新组建科研一线高层次的国家级人才队伍，以锁定畜牧生产饲养、运输、屠宰全产业链，开展动物福利科学基础理论、应用技术研究，促进畜牧业提质增效和可持续发展，减少动物源食品安全风险。

3. 全面推动动物福利科研工作发展

集约化畜牧业生产中实行流水线式的工厂化管理，将畜禽当作“生产机器”，严格限制它们的自由和种属内正常行为的表达，导致生产中经常出现严重的应激问题。完全避免畜禽的应激几乎不可能，但通过各种营养、环境、管理措施来最大限度地减少畜禽应激，提高畜禽福利和生产效率非常必要。但是，饲养环节中，哪些是符合我国国情的福利型养殖模式？舒适的环境参数是多少？如何做到环境条件的精准控制？运输环节中，哪些是良好的处置方式？如何避免运输应激？屠宰环节中，待宰时间多长既能缓减畜禽宰前应激，又能保持良好的肉品质和经济效益？致晕方式如何选择？等等。这些问题都与动物福利密切有关，更准确地说与动物福利科学有关，由于我国所处的社会经济发展阶段，决定我国与畜牧业密切相关的动物福利研究，相比畜牧业发展国家，还处于非常落后的状态。因此，从畜牧兽医行业主管领导、畜牧业生产企业、畜牧兽医领域的学会或协会以及专家学者都应积极行动起来，利用各种机会和场合，推动国家、省市科技项目立项时纳入动物福利研究内容，加大动物福利研究经费的支持强度，企业也要自筹经费开展动物福利应用技术的研发，

促进动物福利科研全面快速发展。

第五节　我国动物福利未来发展与科技需求

一、我国动物福利未来发展趋势及目标预测

目前，我国畜牧业进入了一个产量稳定、质量稳步提升以及规模化程度不断提高、综合生产能力不断增强的新阶段，然而资源、生态、环境、重大疫病和食品安全对畜牧业可持续发展提出了更大挑战。面对这些挑战，必须抓住主要矛盾。在畜牧生产中，养出健康的动物正是兼顾质量和效率的第一要素。一方面，健康的动物抗病力强，可以减少药物的使用和重大疫病的暴发，降低动物源食品安全风险，提高畜产品品质；另一方面，健康的动物可将食入的更多营养物质和能量用于增重和繁殖，减少粪尿排出及其对环境的污染，提高资源的利用效率，获得更好的生产效益。因此这个主要矛盾就是要避免养出不健康的动物，这也是我国动物福利未来发展的着眼点，即必须养出健康的动物。

（一）我国动物福利未来发展趋势

如何养出健康的动物？2013年，北京市农业局组织的对影响畜禽健康、可持续发展和养殖效益的大型产业调研显示，无论生猪、奶牛还是家禽，环境和饲养管理对动物健康的影响贡献率均排第一，平均达48%，分列贡献率第二至第四的分别为饲养与营养、疾病防治、品种与选育，相应数值为22%、19%、11%。深入解读这一调研结果，可以看出，畜禽所处的环境是否适宜、生产管理是否友好和高效对动物的健康影响极大。这印证了我国规模化畜禽生产上存在的两大问题造成动物健康水平低下的现实：一是设备设施水平与国外发达国家相比较为落后，家畜舍内环境控制能力不能满足高密度、大规模饲养的需要，造成家畜所处环境恶劣，空气质量恶化，热冷应激频发；二是家畜生产从业人员的饲养管理技术水平和友好型智能化饲养设备研发及装备水平较低，与规模化饲养进程中饲养密度不断增加、设备工艺水平不断提高的现状不相适应，且日渐突出。此外，运输、屠宰环节没有根据动物生物学需要而进行的非人道操作处置不但给动物造成极大的痛苦和恐惧，而且导致产品品质下降、生产安全隐患多、生产效率低等问题。可见，针对生产上目前存在的环境和管理问题，深入开展畜禽的行为和生理需要、舒适环境参数及其影响因素、生产环境精准调控技术和高效生产优化管理研究，体现了我国畜牧业今后很长一段时间内的重大产业需求，也是养出健康动物、改善动物福利、提高畜产品品质的基本保障，还体现了动物福利在畜禽生产全产业链的发展趋势。

（二）我国动物福利发展目标预测

随着人们生活水平的不断改善，高效地生产出安全的、优质的畜禽产品已成为我国行业管理部门、养殖企业、畜牧专家等业界人士不懈追求的共同目标，这也是我国畜牧业供应侧改革、提质增效的必然要求。深入研究动物的生理和行为等方面的生物学需要，探明畜禽抗逆性能的发育机制，阐明畜禽饲养、运输和屠宰全过程中的环境和管理应激因素对畜禽健康和产品品质的影响规律，建立畜禽应激、福利及其生产系统的评价体系，提出畜禽生产、运输和屠宰全过程环境质量控制技术标准及其生产管理规程，同时研制畜禽抗应激添加剂，改善机体的内环境，才能全面提高动物的抗应激能力、免疫力、抗病力和健康福利水平，减小疫病和药残，生产出优质的畜禽产品，从而提高我国畜禽产品在国际市场上的竞争力，促进我国畜牧业的可持续健康发展，实现畜牧业生产由数量

型向数量和质量并重型的转化。

1. 短期目标

立足于国家对食品安全、畜牧业可持续发展的重大需要，贯彻“创新、协调、绿色、开放、共享”的发展理念，健全畜禽福利养殖理论并广泛形成社会共识，加强畜禽福利科学及关键技术研发，提升畜禽福利基础研究、技术研究及推广应用水平，力争到2020年以集约化规模化养殖方式为基础，建成主要畜禽可供大规模推广的福利化养殖模式及示范基地，达到人、动物、环境综合效应显著提升。

2. 中期目标

建立健全畜禽应激、福利及其生产系统的评价体系，畜禽福利研究与应用深入畜牧、兽医科学所有领域，福利化畜禽产品生产占比达到20%。

3. 长期目标

福利化畜禽养殖、运输、屠宰水平大幅提升，主要畜禽福利化生产比例达到50%以上。

二、我国动物福利未来发展的科技需求

顺应我国广大人民对优质、安全、高效的肉、奶、蛋动物源性食品日益增加的需求，动物福利基础研究及福利化技术应用表现在畜禽饲养、运输、屠宰全产业链中将有以下需求。

（一）应对高产畜禽品种和现代集约化养殖模式，深入研究畜禽行为、生理需求的改变及其机制，促进畜禽福利的科学评价更加必要

畜禽行为、生理的变化不仅可以为评价其福利状况提供科学依据，而且可以鉴别畜禽生产系统中那些能直接或间接地通过其行为、生理的变化危害动物健康的环境及管理因素。目前，畜禽行为、生理研究出现的一个明显趋势是从宏观描述走向微观分析，在生理、生化及基因水平上研究种属行为发生的机理以及集约化条件下异常行为发生的原因及应激生物学意义，试图更深刻地理解动物行为、生理的变化对生存环境的适应机制，研究遗传差异可能导致的不同行为活动和生理状态，并将先天的本能行为适应和后天的学习行为适应结合起来进行研究，以期解析集约化条件下畜禽对环境的适应生理和应激反应。

另一个明显趋势是，经济学思想和方法、数学和控制理论日益渗透到动物行为、应激生理研究中。经济学最常用的投资—收益分析现已广泛地用于动物的行为、应激生理研究中。例如，繁殖行为、社群位次行为、争斗行为、食物选择行为和各种风险权衡行为以及生理应激反应代价，都已引入经济学思想和研究方法。

畜禽行为、生理研究属于应用基础研究，与畜牧生产关系密切，如与畜禽经济性状有关的摄食行为、抗病的生理机制等研究，因此研究取得的成果以论文或专著发表或出版出来，对畜牧生产具有良好的指导作用，不但可以用来评价动物健康和福利水平及其相关的饲养环境、管理因素，还可为环境控制参数的设计和管理措施的制定提供科学依据，提高畜禽养殖的科技含量和生产水平，促进畜牧业的健康可持续发展。

（二）饲养环境直接影响畜禽的身心状态和高效生产，研究明确畜禽环境需要量、舒适环境阈值及影响因素，对确定畜禽舍精准的环境控制参数更加迫切

饲养环境及其控制是畜禽集约化养殖生产的基本条件，直接影响畜禽健康和畜禽产品的高效、安全生产。饲养环境包括温热、有害气体、空气微粒及微生物、单元密度与群体结构、大小等物理、化学、生物、情感多维度的复杂因子，各因素间的互作、制约关系非常复杂，耦合优化不仅需

要解决各因子间存在的矛盾问题，更会受到控制设备、能耗成本制约。为此，欧美发达国家非常重视畜禽环境生理及饲养环境优化控制研究，以保障集约化养殖业的健康、高效发展。自20世纪60年代以来，研究了温度、热辐射、湿度、风速等对畜禽采食、产热和性能的影响，建立了畜禽环境生理参数体系，提出了蛋鸡有效温度，奶牛温湿指数、猪风冷指数和等效标准环境温度等养殖环境评价体系，并在生产中广泛应用。近年来，欧盟以动物福利理念为指导，在畜禽行为与认知、生理与代谢、环境参数与装备设施等领域开展了大量研究，提出了饲养密度、空间与群体需求参数与阈值，建立了基于良好饲养条件与设施、良好健康状态和恰当行为模式为内容的畜禽福利养殖评价指标与参数体系，并应用于畜禽福利养殖生产和装备研发。

我国自“九五”以来逐渐重视环境对畜禽健康与生产的影响，在应激影响猪、鸡、奶牛营养代谢、养分分配、肉质性状形成的途径与机制等方面取得了一定的进展，初步探明了应激影响畜禽健康与生产机制，探索了畜禽福利需求的生理学基础。但在支撑集约化畜禽生产的五大相关学科——品种选育和繁殖、畜禽舍及配套设施设计与环境控制、营养需要与饲料配制、饲养管理与健康诊断、疾病防治中，涉及畜禽环境方面的基础研究最为短板，造成畜禽健康和福利水平低下，导致动物易发病、生产效率低的被动局面。为此，利用现代生物技术和畜禽生理学对环境与畜禽健康、代谢关系不断解析，从单个环境因子的研究转向以健康生产为核心的基于现代生物技术的整合生理学评价，建立更系统的畜禽健康养殖环境需要量及其阈值标准，并针对畜禽品种遗传性能的不断改进，丰富、完善舒适环境参数基础数据更加迫切。

（三）畜禽福利化养殖与环境精准控制的需要旺盛，促进养殖设施不断改造升级

与国外发达国家相比，我国的畜禽养殖业生产水平还比较落后，畜禽养殖设施、舍内外环境控制问题是导致这一现状的重要因素。目前，我国畜禽环境设施和环境控制技术主要仿制欧美等畜牧业发达国家20世纪80—90年代的工厂化生产技术模式和技术装备，而这些国家则已转向研究推广以畜禽健康为本的福利养殖模式。基于经济、贸易全球化的发展和我国供应侧改革的需要，这种以满足动物基本生物学需要的福利养殖模式必将成为我国现代畜牧业发展的主要趋势。一方面，开发我国畜禽新型福利养殖技术，研究我国特色的畜禽福利化养殖工艺与技术，研发福利性配套设施与装备，可以从根本上提高畜禽养殖机械化、自动化水平，并逐步向智能化方向，改善畜禽健康和福利水平，提升生产效率与产品质量，推动畜牧业产业提质增效和升级换代，提升国际竞争力。

另一方面，我国养殖的主要畜禽品种已基本与国际接轨，动物遗传性能、营养水平得以大幅度提升，且以追求单纯的生产性能为主要目标。然而高产的现代畜禽品种对环境应激更加敏感，环境适应性大幅降低，因此更需要提供良好的饲养环境条件，才能保证遗传潜力的发挥。但我国畜牧业生产多位于典型的大陆性季风气候带，与同纬度的其他国家或地区相比，冬季更加寒冷，夏季更加炎热，气温年较差平均偏大10℃以上，故我国畜禽生产环境调控的难度更大，调控代价更高。开展畜禽舍建筑类型和外围护保温隔热效能、畜禽生活区局部环境调控、畜禽冷热应激调控技术、畜禽空气质量环境调控与减排技术研究，结合自动化、智能化、远程化控制手段，开发基于动物舒适环境需要的精准环境控制技术，实现畜禽福利化养殖，才能确保畜禽遗传潜力的充分发挥。

（四）长途活体运输半径增加和大量畜禽集中屠宰的普遍越来越需要相关动物福利化良好实践的设备、技术参数和规范的支撑

城镇化进程的迅速发展和环保意识的提高迫使大型养殖场从大城市迁移到相对偏僻的边远郊区。同时，我国消费者，特别是南方的消费者，喜欢一直保持着对即宰动物温鲜肉的偏爱。故造成畜禽活体长途运输半径和数量大幅增加，中大型屠宰场数量及其集中屠宰的畜禽数量越来越多，但

运输和屠宰人员专业素质低下，运输设施简陋，运输密度过大，运输前后对动物的操作处置、宰前处置常常出现打、踢、骂等虐待动物的情况，宰前不致晕或致晕方式不当，这些都会引起动物惊恐，发生严重的应激反应，影响动物的福利、运输和屠宰效率及产出的肉品质，远远不能满足现阶段广大消费者对优质肉产品的需求，也不能有效应对发达国家设置的“动物福利壁垒”。

集约化畜禽生产涉及的宰前运输及待宰环节，虽然在动物整个生命周期中占时很短，但动物要集中经历禁食、驱赶、混群、装载、运输、卸载、待宰、固定、致晕等因素的影响，遭受噪声、陌生气味、禁食、禁水、车体摇晃或行进速度变化大以及不合适的温度、湿度、混群、拥挤等应激原的综合刺激，极易产生严重的应激反应，引起畜禽健康、福利及肉品质量的下降，甚至会造成大量死亡。从文献查阅看，运输及待宰环节中这些关键因素控制到多少比较适宜莫衷一是，例如待宰时间有的认为不得超过 12 小时，有的认为应待宰 12~24 小时，还有的认为待宰 2 小时即可。因此系统地研究运输、屠宰环节各种应激因素及其组合对畜禽生理、行为、健康、福利以及肉品质的影响及其机制，明确适应的运输、屠宰耦合参数，研发缓解运输、屠宰应激影响的营养和环境调控技术，为研发畜禽福利化运输和屠宰设备提供良好实践技术参数和规范，非常必要。

三、我国动物福利科技创新重点

我国的养殖量居世界首位，但大而不强，多而不优，竞争力不强。在未来的科技创新过程中，动物福利科技创新发展目标应围绕基础研究、前沿技术、集成示范、产品开发四个方面进行合理布局，抓住重点，集中力量，为实现现代畜牧业顺利转型升级固本发力，建立福利化畜禽养殖、运输和屠宰全产业链。

（一）我国动物福利科技创新发展领域

1. 加大畜禽福利科学基础研究力度，提升源头创新能力

预判畜牧领域未来发展趋势，迫切需要从供应侧科技需求中解决如何减少畜禽应激，高效获得优质畜产品的问题，布局基础研究任务。利用基因组选择技术，将应激敏感性、乳房炎、肢蹄病等涉及提高抗逆性、减少代谢性病痛的相关性状纳入遗传选育指标体系，进行抗应激品种选育，从源头上提升畜禽对环境的适应能力，保障其健康和福利；开展畜禽环境应激生理研究，揭示环境与动物“对话”的互作途径；研究畜禽行为谱表达规律，解析其行为需求机制和偏好，将是基础研究优先发展领域。

2. 拓展我国福利养殖、运输、屠宰技术创新途径，掌握全球科技前沿竞争先机

借鉴和整合生命科学、信息科学、人工智能等领域的技术手段、创新思路，拓展动物福利领域前沿技术的研发途径。利用表遗传理论和分子生物学高通量分析技术，深挖畜禽生命早期体温调定点、体热平衡调节的分子机制，提高后期暴露于热应激环境的耐受性；研发基于畜禽饲养、运输、屠宰环节友好实践的智能化控制技术，提升畜禽生产全过程福利化技术手段；采用高通量技术，筛选畜禽环境敏感指标，系统研究畜禽环境需要量及适宜范围，为舒适环境调控提供技术参数，将是前沿技术优先发展领域。

3. 研究现代集约化条件下畜禽养殖、运输、屠宰环节环境应激的影响因素及其调控技术集成，提高基于改善健康和福利水平的畜禽单产水平和整体效率

按照不同畜禽品种产业链结构，构建环环相扣的技术研发路线。充分利用畜禽的生物学特点，实现畜禽环境生理学、畜禽行为学、动物遗传学、动物营养与饲养学、畜牧学、兽医学、现代分子生物学以及各种组学的深度交叉整合，研究环境因素与畜禽异常生理、行为发生之间的量化关系及其影响阈值，探明异常生理、行为的发生在畜禽缓解环境压力、保持机体内环境

平衡中的作用；集成规模化生产条件下畜禽精准环境控制技术、智能化饲喂技术、福利化养殖模式、良好运输处置技术、人道屠宰技术，确保我国畜牧业高效、健康和可持续发展，将是集成示范优先发展领域。

4. 研发畜禽福利型养殖、运输和屠宰技术，满足供应侧高品质畜产品需求和经济发展

行为先声，基于畜禽行为研发福利养殖、运输和屠宰技术。研究畜禽的自我保健行为发生、发展规律以及影响因素和途径，通过增加环境的丰富度来强化这些保健行为的表达，以较低的成本代价获得最大的经济利益；研究畜禽文化行为特点及传承规律，可以比遗传过程更快地引起行为进化，使动物行为能够在比较短的时间内获得对变化了的环境的适应；研究环境丰富度对畜禽应激水平、行为表达及畜产品品质影响，有利于开发针对性强的环境丰富技术及实用设备，将是产品开发优先发展领域。

（二）我国动物福利科技创新优先发展重点

1. 建立畜禽生产全过程（包括饲养、运输和屠宰环节）主要应激因素与其福利水平和产品品质之间的内在关系

尽管国内外许多研究已表明，诸多应激因素对畜禽的福利水平以及产品品质有不良影响，但是在生产上这些应激因素是同时存在的，哪些因素占主导地位以及它们的影响机制是什么尚不明了，因此造成有关应激控制技术无法做到有的放矢。通过对这一关键问题的研究，可以明确主要应激因素影响畜禽福利和产品质量的机制和方式，建立相应的机理模型，从而为建立有效的应激控制技术体系奠定基础。

2. 建立畜禽应激和福利的评价体系及分级标准

建立畜禽福利的科学评价体系是研究畜禽的福利饲养方式或福利设施的前提。这一评价体系既涉及动物内在的生理学基础（内分泌、代谢状态、免疫功能），又包括动物外在的行为学变化；既与动物的生产性能有关，又与畜禽产品的品质密切相关；既与畜禽饲养、运输、屠宰环节福利型设备及使用效果有关，又与其设备的造价和能源消耗的有效性（结合我国国情）有关，因此涉及的指标繁多和复杂，选用何种数学模型和数值方法进行该评价体系中福利指标的选择和权重的分配是确保该评价体系公正性、客观性、权威性和实用性的基础。这一具有自主知识产权的畜禽福利评价体系建立将是发展适合我国国情新型工业化畜禽福利型生产模式的重大技术支撑。

3. 畜禽福利型饲养工艺与成套设备的研制

畜禽福利型饲养工艺与成套设备的科学研制和示范应用是确保改善畜禽生存状况、进行福利养殖的物质条件，如何针对不同畜禽生理特点、行为习性研究开发改善其福利和生产环境的关键饲养设备，并从工程设施和设备的角度，参与动物福利的评价方法和评价指标体系的构建，将是真正实现福利养殖的关键。为此，需要研究工程设施设备的改善与动物福利之间的相关关系、饲养管理模式和技术的改善与动物福利水平的关系，同时又要考虑符合中国国情，降低生产成本。

4. 宰前应激及其评价指标和测定方法研究

宰前应激包括很多方面，涉及运输环节的因素包括出栏前的抓捕、混群、装载、卸载、运输工具、运输密度、路程长短、运输温度、运输时间等。此外，宰前休息时间长、屠宰方式等的选择均可以构成屠宰前应激因素，因此筛选出合理、可行、方便的宰前条件对良好预期的实现十分重要；同时要考虑群体规模以及其遗传背景是否符合生产实践，个体间差异是否控制在可允许的范围内。另外，应激可以导致动物在屠宰前出现心理、生理以及行为上一系列的变化，在屠宰后通过生理、生化指标的变化表现出来。如何选择科学、灵敏、可量化、方便的屠宰应激指标及测定方法对监测

畜禽在屠宰中应激水平也很重要。因此，选用科学的测定指标及测定方法研究畜禽宰前应激对福利状况和肉品品质的影响意义重大。

5. 构建畜禽活体和体外应激模型，研究畜禽应激机制，筛选和构建畜禽抗应激添加剂的构效和量效关系

医学领域研究动物应激常以啮齿类动物为模式动物，这与畜禽之间具有明显的种属差异性。集约化畜牧生产上存在着许多应激因素，不但会引起畜禽的氧化损伤，还会造成其他生理性变化。因此，构建畜禽活体和体外各种应激模型，研究畜禽非特异性和特异性应激机制，筛选和验证畜禽通用或专用应激添加剂构效和量效关系，才能科学地应用到畜牧生产上，有效降低应激对畜禽的影响，达到改善畜禽健康状况和福利水平的目的。

（三）创新技术路线图

未来三十多年是我国畜牧业发展的关键时期。一方面新技术、新业态加速涌现；另一方面起点高、竞争强、任务重，机遇和挑战并存。动物福利科学切合当前以及以后很长一段时期我国畜牧业供应侧提质增效的重大战略需求，因此明确动物福利科技创新在世界科技前沿、经济主战场中的重要意义，规划动物福利科技创新发展的宏观蓝图，重点开展基础科学问题研究，系统集成应用配套技术，全面提升技术装备水平，从而发挥科学技术对畜牧产业的支撑作用。

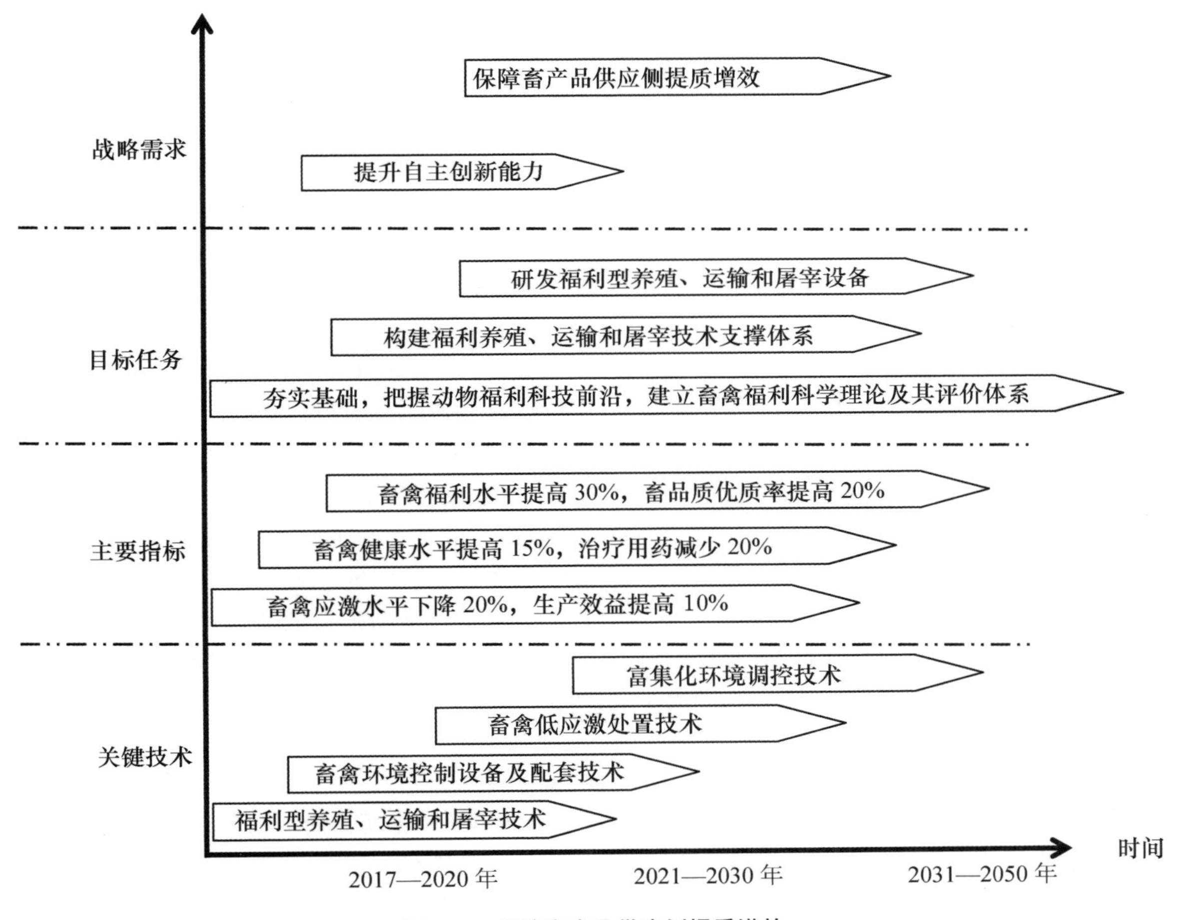

图 7-1　保障畜产品供应侧提质增效

第六节 我国动物福利科技发展对策措施

一、产业保障措施

（一）成立动物福利咨询专家委员会

依托全国动物卫生标准化技术委员会、中国畜牧兽医学会动物福利与健康养殖分会、中国兽医协会动物卫生服务与福利分会、中国农业国际合作促进会动物福利国际合作委员会等新近成立的专门专职推动动物福利研究与应用工作的行业组织，推荐国内长期从事动物福利研究的知名专家成立动物福利咨询专家委员会，负责立足国内实际，广泛开展动物福利重大研究项目需求、动物福利标准制修订工作的调研，向农业农村部动物福利与科技创新领导协调小组提出动物福利工作建议和畜牧业产业化福利技术方案，为科技部、农业农村部等有关部门最终设立畜禽动物福利研究项目解决畜牧产业生产实际问题提供基础研究、应用研究思路，架起产业与科学研究之间的联系桥梁。

（二）成果激励转化机制

鼓励政府相关管理部门，建立有利于促进动物福利科技成果转化的绩效考核评价体系，将其科技成果转化效果作为对相关单位及人员评价、科研资金支持的重要内容和依据之一，并加大资金支持强度。激励企业与科研院校联合开展动物福利关键技术研究，积极推进成果的高效转化与应用，并通过技术与产品的产业化带来的经济效益进一步促进新技术、新产品的开发，实现良性循环。

二、科技创新措施

动物福利科学聚焦所有能促进动物健康的营养配制、环境设施控制、生产处置和健康管理、疾病防疫等动物与环境互作理论以及现代集约化高效生产技术，集基础性研究与应用性研究于一体，对促进我国畜牧业健康可持续发展具有重要作用。国家科技主管部门应将动物福利列为促进我国畜牧业健康可持续发展的支柱学科领域，在各类国家科技计划中编制项目指南时纳入优先发展和资助的范围；在动物福利研究条件能力建设方面加大坚持力度，如建立动物福利研究中心；在资助动物福利研究项目的数量和强度方面都应给予倾斜，无论基础性研究项目还是应用性研究项目都应有机会获得资助；在人才队伍建设方面应设立首席科学家、固定岗位科学家、特邀岗位科学家制度，为科研一线的骨干提供必要的、能长期从事动物福利领域研究的基本科研经费，争取在科研工作实战中多出人才、多出成果；建立国际合作机制，通过与畜牧业发达国家、重要国际组织间的合作研究、学术交流、动物福利生产基地参观访问等全方位交流学习活动，促进动物福利人才和技术交流，并开展合作研究，造就一批中青年首席科学家、科技领军人才和创新型实业家，积极参与动物福利国际通用法典、国际标准、国际准则的制定，切实提升我国畜牧业的国际影响力和竞争力。

三、体制机制创新措施

畜牧业占农业的比例越来越大，也与人们的日常生活越来越密切，而动物健康和福利直接关系到畜牧业能否提质高效、可持续地发展。因此，成立农业农村部动物福利与科技创新领导协调小组，由农业农村部畜牧兽医局、中国畜牧业协会、中国兽医协会、中国畜牧兽医学会相关分会领导、专家组成，立足于国家对食品安全和生态安全的重大需求，按照创新驱动发展战略要求，统筹全局，负责我国动物福利未来中长期与畜禽生产相关的重大基础性工作、前沿技术、集成示范、产品开发等方面科技创新战略规划的设计、科研项目立项和实施的组织协调、计划落实与推进、检查督促等工作，将促进我国的动物福利科技资源的整合，推动动物福利科技工作创新发展。

（顾宪红）

主 要 参 考 文 献

彼得・辛格，汤姆・雷根 . 2010. 动物权利与人类义务［M］. 第 2 版 . 曾建平，代峰，译 . 北京：北京大学出版社.

彼得・辛格 . 2004. 动物解放［M］. 祖述宪，译 . 山东：青岛出版社.

柴同杰 . 2008. 动物保护及福利［M］. 北京：中国农业出版社.

常纪文 . 2006. 动物福利法：中国与欧盟之比较［M］. 北京：中国环境科学出版社.

常纪文 . 2008. 动物福利法治：焦点与难点［M］. 北京：法律出版社.

戴斯・贾丁斯 . 2002. 环境伦理学：环境哲学导论［M］. 第 3 版 . 林官明，杨爱民，译 . 北京：北京大学出版社.

顾宪红 . 2005. 畜禽福利与畜产品品质安全［M］. 北京：中国农业科技出版社.

顾宪红 . 2007. 实行畜禽福利饲养是有机畜牧业的基本要求［J］. 中国农业科技导报，9（5）：63-67.

顾宪红 . 2011. 概谈动物福利和畜禽健康养殖［J］. 家畜生态学报，32（6）：1-5.

贺争鸣 . 2011. 实验动物福利与动物实验科学［M］. 北京：科学出版社.

贾幼陵 . 2017. 动物福利概论［M］. 第 2 版 . 北京：中国农业出版社.

李卫华 . 2009. 农场动物福利规范［M］. 北京：中国农业科学技术出版社.

陆承平 . 2009. 动物保护概论［M］. 北京：高等教育出版社.

罗伯特・布莱尔 . 2013. 有机禽营养与饲养［M］. 顾宪红，宋志刚，邓胜齐，译 . 北京：中国农业大学出版社 .

M. C. 亚普雷拜，V. 库森，L. 加尔塞斯，等 . 2010. 长途运输与农场动物福利［M］. 顾宪红，译 . 北京：中国农业科学技术出版社.

N. G. 格雷戈里 . 2008. 动物福利与肉类生产［M］. 顾宪红，时建忠，译 . 北京：中国农业出版社.

汤姆・雷根 . 2010. 动物权利研究［M］. 李曦，译 . 北京：北京大学出版社.

唐普尔・格兰丁 . 2014. 提高动物福利：有效的实践方法［M］. 顾宪红，译 . 北京：中国农业大学出版社.

滕小华 . 2008. 动物福利科学体系框架的构建［D］. 哈尔滨：东北农业大学.

余谋昌 . 2004. 环境伦理学［M］. 北京：高等教育出版社.

翟虎渠，沈贵银，王培知，等 . 2014. 农场动物福利要求　猪（CAS 235—2014）［S］. 北京：中国标准出版社.

翟虎渠，许尚忠，沈贵银，等 . 2014. 农场动物福利要求 肉牛（CAS 238—2014）［S］. 北京：中国标准出版社.

赵兴波 . 2011. 动物保护学［M］. 北京：中国农业大学出版社.

第八章　我国畜产品质量安全与科技创新

摘要： 畜产品质量安全不仅是食品安全的重要组成部分，而且还成为当前影响畜牧业及相关配套产业发展的最大风险因素。我国是世界上最大的畜产品生产和消费国，而且对畜产品的需求仍持续增长，保障畜产品质量安全是一项重大国家需求。经过多方努力，我国畜产品质量安全已经处于较高水平。但是，畜产品质量安全危害因素复杂、来源广泛、防控困难的基本面没有得到根本转变，特别是源于天然和环境污染的风险日益凸显，畜产品质量安全的隐患将会长期存在。科技创新是保障畜产品质量安全的重要途径，与发达国家相比，我国畜产品质量安全整体上还处于“跟跑”向“并跑”迈进的阶段。我国畜产品科技创新应以保护消费者安全、维护生产者利益、促进国际贸易为目标，重点围绕畜产品质量安全检测技术、风险评估、过程控制、质量溯源、标准体系等领域，基础研究与应用研究并重，提高原创性科技创新能力，加强科技成果应用。针对我国畜产品质量安全科技创新提出如下建议：①产业保障措施，以需求为导向完善产学研融合的创新体制，加大重点领域的科研立项力度，加强国际交流与合作，完善多学科复合型人才保障体系。②科技创新措施，加强基础研究投入，加强基础数据库构建，加强关键技术研发，加强风险监测与评估技术应用，加强跨学科交叉合作。③体制机制措施，建立促进合作研究和人才培养的评估体系，建立与科技发展相配套的监管体系，建立国际接轨的质量安全标准体系，加强科普宣传教育，提高社会对畜产品质量安全的理性认识。

畜产品质量安全是指畜产品质量符合保障人的健康、安全的要求，不应含有可能损害或威胁人体健康的因素，不应导致消费者急性或慢性毒害或感染疾病，或产生危及消费者及其后代健康的隐患，是质量和安全的组合。质量是指畜产品的外观和内在品质，如营养成分、色香味和口感、加工性能等；安全是指畜产品中的危害因素，如农药残留、兽药残留、重金属污染等对人、动植物和环境存在的危害和潜在危害。本章重点关注畜产品质量安全主要是指畜产品对人的健康的安全，其主要风险因素包括食源性疾病（如禽流感、大肠杆菌 O157 等）、环境污染物（如二噁英、重金属、农药等）、违禁添加物（如瘦肉精、三聚氰胺）、药物残留（如抗生素）、生物毒素（如霉菌毒素）、掺假（如欧洲马肉冒充牛肉事件）和过敏源等。畜产品生产链条长，各个环节都可能影响其质量安全，包括农作物种植→农作物加工→饲料加工→动物养殖→屠宰→畜产品加工、流通、消费等。

畜产品质量安全科技创新的内涵是指利用新科学理论和新应用技术加强畜产品质量安全监管与控制，包括硬科学和软科学两大方面。硬科学方面主要包括畜产品质量安全检测技术、安全评价技术、风险评估技术、质量追溯技术、产品加工技术等；软科学方面主要包括了法律法规、管理制度、标准体系、认证认可、风险预警等。

第一节　国外畜产品质量安全发展与科技创新

一、国外畜产品质量安全发展现状

随着经济增长与人口增加，世界各国尤其是发展中国家对畜产品的需求快速增长。据 FAO 预测，到 2050 年全球对动物蛋白如肉、蛋、奶的需求将增加 70%。但是，由于受到环境资源约束、全球气候变化、新技术应用、大规模农产品国际贸易等因素的影响，畜产品质量安全也正经受着前所未有的挑战。20 世纪 80 年代英国暴发的“疯牛病”事件拉开了全球重大畜产品质量安全事件的序幕，随后欧洲多国暴发“瘦肉精”中毒，比利时、德国、爱尔兰等国家肉食品污染二噁英，日本雪印牛奶中毒，直到近年来波及美洲和亚洲多国的禽流感，美国全国性鸡蛋沙门氏菌污染、欧洲马肉风波等引起全球关注的重大畜产品质量安全事件此起彼伏，层出不穷。因此，畜产品质量安全受到了前所未有的关注。2015 年世界卫生日的主题即是食品安全。为应对畜产品质量安全的挑战，世界各国纷纷建立起有关畜产品质量安全检测、研究和管理的组织机构，制定、完善有关畜产品质量安全的法规与标准，加强畜产品质量安全的全链条控制。世界卫生组织（WHO）、联合国粮农组织（FAO）和世界动物卫生组织（OIE）等国际组织也采取措施，加强了全球范围内畜产品质量安全方面的合作。

（一）世界畜产品质量安全发展概述

从全球角度来看，畜产品质量安全与一个国家和地区经济社会发展水平密切相关。比如，非洲、亚洲一些经济不发达国家还面临着严重的畜产品卫生问题，一些发展中国家如墨西哥畜产品生产中非法添加化学药物的问题还比较突出。相对而言，发达国家畜产品质量安全发展对我国更加具有借鉴意义。纵览欧洲、美国等西方发达国家包括畜产品在内的食品安全演进历程，可以概括为 3 个发展阶段。第一，掺杂使假是资本主义发展早期面临的主要食品安全问题。在资本主义市场经济发展早期，一方面，自由放任的经济理念排斥政府干预，没有给食品安全监管留下空间，导致食品市场出现的乱象缺乏必要的约束机制和矫正机制；另一方面，由于经济发展水平低，消费者购买力有限，食品加工业利欲熏心，导致掺杂使假成为英美等国的主要食品安全问题。第二，技术性食品安全风险是经济发展到一定阶段不得不面对的难题。20 世纪化学工业得到迅猛发展，农药、化肥、兽药、饲料和食品添加剂等新兴化学品在农畜产品生产中大规模应用，甚至是滥用，也包括工业生产带来的大量污染物进入环境并在食物链中富集，严重威胁到了人类的健康和生存。第三，突发性事件是当今世界食品安全面临的主要挑战。进入 21 世纪以后，突发性致病菌污染、畜禽疫病流行和生物恐怖主义的威胁等构成当前发达国家食品安全领域的最大挑战。

就目前而言，世界畜产品质量安全事件仍然时有发生，其原因主要包括食源性致病菌感染、药物残留、掺假、违禁添加物、环境污染物和突发灾害（如日本福岛核电站泄漏）等。据 WHO-FAO 国际食品安全局管理（WHO-FAO International Food Safety Authorities Network，INFOSAN）2014/2015 年报显示：目前，生物危害尤其是沙门氏菌是导致食品安全突发事件最常见的危害，主要发生在肉类和肉制品，其次是鱼类和其他海产品。同时，畜产品质量安全领域面临着食源性疾病负担重、食源性致病菌存在耐药性等新挑战。据 WHO 2015 年发布的全球食源性疾病负担报告（WHO ESTIMATES OF THE GLOBAL BURDEN OF FOODBORNE DISEASES）显示：全球主要有 31 种食源性危害，导致 32 种疾病。这 31 种危害物包括 11 种导致腹泻的致病菌（1 种病毒、7 种细菌、3 种原生动物）、7 种侵入性传染病致病菌（1 种病毒、5 种细菌、1 种原生动物）、10 种蠕虫和 3 种化合物，导致 2010 年全球 6 亿例食源性疾病，致 42 万人死亡，产生的疾病负担达 3 300万伤残调整生命年（DALYs）。最常见的食源性致病菌是诺如病毒、空肠弯曲菌和非伤寒沙门氏菌（non-typhoidal Salmonella，NTS），其他导致死亡的致病菌包括猪带绦虫、甲型肝炎病毒和黄曲霉毒素。

（二）主要发达国家在畜产品质量安全方面的主要做法

世界主要发达国家由于在畜产品生产和消费方面有着各自不同的国情，在科学指导的基础上，本着保护本国消费者健康和追求本国经济利益最大化的原则，采取了各自不同的措施以保障畜产品质量安全。总的来讲，包括完善的法律法规、严格的监管体系、有效的认证制度、早期预警和应急机制和强大的科技支撑能力。下面就主要发达国家在畜产品质量安全方面的主要做法进行分别阐述。

1. 美国

美国是世界畜产品生产、消费和出口大国。美国畜产品占其国内农产品总产值的一半以上，提供了全球膳食中13%的能量和28%的蛋白质。美国饲料资源丰富，土地广袤，畜产品生产规模化和集约化水平高。美国的畜产品质量安全保障措施特别注重立法和关注生产的角度，帮助其国内相关企业树立良好的国际贸易形象和占据国际食品贸易壁垒话语权。

（1）构建了完善的法律体系。美国具有完整的畜产品质量安全法律法规体系，并且法律的内容详细、可操作性强的。美国的相关法律主要包括《联邦肉类检验法》《禽肉制品检验法》《蛋制品检验法》《联邦进口牛奶法》《食品质量保护法》《食品安全现代化法》等，这些法律始终处于不断修改、完善中。《食品安全现代化法》于2011年开始实施，是美国最新的一部食品安全领域的法案，提出了预防为核心的食品安全控制思路，扩大了美国食品和药物管理局（FDA）的监管权力和职责，并要求食品企业承担更多责任。包括四部分内容：提高防御食品安全问题的能力；提高检测和应对食品安全问题的能力；提高进出口的安全性；其他相关规定。除去联邦立法外，各州也都有各自的法律体系对畜产品安全进行控制，且惩罚力度很大，充分发挥了警戒作用。

（2）形成合理的监管体系。美国食品安全控制的最高机构是总统食品安全委员会，负责建立国家食品安全计划和战略，对食品安全领域投资、研究工作及安全检查进行宏观指导和协调。具体负责食品安全的监管机构主要有5个，这些机构职能界定清晰，各司其职：①美国农业部（USDA）负责在联邦注册的屠宰场内、进出口及跨州交易的肉类（猪、马、牛、山羊、绵羊含量>3%）、禽类（鸡、鸭、鹅、火鸡、野禽含量>2%）及蛋类产品残留监测；②食品药品监督管理局（FDA）负责肉类、禽类产品外的所有食品安全，并制定兽药、食品添加剂和环境污染物允许水平；③农业部食品安全检验署（FSIS）监督联邦畜产品安全法规的执行情况，确保肉、禽和蛋制品的安全和卫生；④美国环境保护署（EPA）负责制定农药、环境化学物的残留限量和有关法规，如2012年，EPA制定部分食品中氟唑菌酰胺的限量，牛肥肉0.05毫克/千克、牛瘦肉0.01毫克/千克、牛瘦肉副产品0.03毫克/千克；⑤动植物卫生检验署（APHIS）主要职能是监督和防止家畜疾病。除了联邦畜产品监测体系外，各州还有自己的监测体系、各行业协会质量监测体系以及各家庭农场主质量自检，从而形成了完善的食品安全监测体系，保证食品安全法律法规的实施。

（3）提高食品安全风险分析能力。美国食品安全管理的重点是事前管理，即进行食品安全风险分析。食品安全风险分析是通过对食品中有害人体健康的因素进行评估，根据风险程度确定其相应的风险管理措施，降低食品安全风险；从原料生产开始到最终产品的运输各环节的食源性危害均列入风险分析的评估内容。在此过程中，要保证参与各方之间及时的信息的沟通和交流。美国的食品安全风险分析实行共同监管的方式，监管机构涉及卫生部食品药品管理局、农业部、环境保护署等多个部门。风险分析可以在食用畜产品之前发现风险所在，评估其发生的概率，并做好控制措施。

（4）实施HACCP制度。HACCP制度即危险分析和关键控制点分析制度，是美国食品管理部门对企业进行监管一种重要的制度，也适用于企业自身提高安全质量，更加注重食品生产过程中的质量监管。1996年7月，美国农业部食品安全检验署第一次对畜产品屠宰和加工企业建立HACCP的要求进行了详细规定。HACCP制度可有效地识别和预防生产过程中的食源性危害，有助于监督和责任追踪。这一制度在全球得到了广泛的应用和发展，加拿大、澳大利亚、新西兰、巴西等国也强制实施 HACCP，收到了良好的效果。

2. 欧盟及其成员方

欧洲畜牧业历史悠久，技术先进，畜产品生产、消费和出口量都很大，但受到资源环境的限制，也大量进口动物饲料等相关产品。由于欧盟特殊的组织架构，特别重视畜产品的溯源和质量安全信息交流。

（1）构建覆盖全程的监管体系。20 世纪末的疯牛病等事件，使欧盟开始改进其畜产品安全监管，完善其法律体系。1997 年发布了欧盟食品法律基本原理的绿皮书，2000 年发布了《食品安全白皮书》，2002 年制定了《基本食品法》。随后，欧盟基于白皮书和食品法制定了大量的食品卫生管理法规及指令，其中许多涉及畜产品质量安全监管，如 2002 年发布 2002/99/EC 号指令规定了供人类食用的动物源性产品的生产、加工、销售及引入的动物健康规范，854/2004 号法规“供人类食用的动物源性食品的官方监控安排的具体规定”等。此外，欧洲还有一整套有关食品安全的技术标准，使法律法规更易操作。并且，这些法律法规根据现实需要，经常进行修订和完善。

（2）建立了职责清晰的欧盟-成员方二级管理机构。欧盟的食品质量控制和监管机构包括欧盟及其成员方 2 个层面。欧盟层面的食品质量控制和监管机构主要是欧盟理事会，负责食品安全基本政策的制定；欧盟委员会及其常务委员会则负责向欧盟理事会提供各种立法建议和议案；欧盟食品安全管理局负责向欧盟委员会提供有关食品安全风险评估的数据，可提出与食品相关的科学建议，并向社会公众提供食品安全的信息，相对于其他机构而独立运行。这样实现了决策、管理和风险分析相分离，独立运作，保障政策及数据的科学性。为了实施欧盟食品安全政策和规定，成员方结合本国具体国情建立起相应的食品安全管理机构，成员方食品安全管理机构在欧盟委员的协调下开展食品安全监管工作。

（3）建立食品安全可追溯制度。欧盟最早建立了食品安全可追溯制度。早在 1997 年，欧盟为预防疯牛病事件再次发生，初步建立了食品可追溯制度，到 2002 年，可追溯体系已覆盖了各个食品领域。《基本食品法》明确要求凡是在欧盟国家销售的食品必须具备可追溯性，否则不允许上市，这虽然不能绝对避免问题食品流通上市，但是可以保证在出现问题食品时可以最快速度追查责任。欧盟不遗余力推广和加强可追溯制度，投入了大量的科研成果，比如利用 DNA 技术进行动物性食品的追溯，这对于欧盟食品行业自我约束和食品安全与有着非同寻常的意义。

（4）建立快速早期预警系统。欧盟建立了快速早期预警系统（RASFF），重点关注食品原料（包括畜产品）是否含有违禁物或高风险物质含量过高，如兽药或致癌着色剂残留量过高等。该系统一旦发现食品安全威胁，将在全欧盟启动警报，封锁有问题的产品批次，甚至停止农场与工厂生产、入境口岸的运输，必要的话，召回仓库和商店中的问题产品。

（5）成员方各具特色的质量认证制度。成员方层面，除了前面提到的建立成员方食品安全管理机构外，各成员方还加强构建各自的质量认证制度。认证制度是指强制性的要求企业的产品必须达到或符合某些技术或标准的程序。例如，英国 20 世纪末已形成众多的质量安全认证体系，包括英国肉类保证体系（ABM）、国家奶牛场质量保证体系（NDFAS）、英国猪肉保证体系（ABP）等。为了统一管理，英国于 2000 年建立了统一的英国农业标准体系（BFS），涵盖了牛羊肉、猪肉、鸡肉、奶制品等在内的六大类农产品，只有达到了 BFS 的标准才可以使用小红拖拉机标志。法国主要有原产地保护标志、红色标签（表示该产品与同类产品相比具有更好的品质）、产品合格证三种认证标志。德国在 2001 年建立了质量与安全体系（QS），涵盖了食品生产、加工和销售的全部环节，包括自行检查、外部机构检查、管理部门控制 3 个监测系统，QS 标签成为传统食品的认证标签。

3. 澳大利亚

澳大利亚是世界重要畜产品生产国和出口国之一，畜产品出口量占本国总产量的60% 左右。为保障其畜产品质量安全，澳大利亚建立了以强制性全国供应商申报书（National Vendor Declaration，NVD）制度为基础、其他质量保证制度为补充的质量安全控制制度。NDV 制度由澳大利亚国家立法通过，要求畜产品企业必须实施，是澳大利亚最基本的畜产品市场准入标准。NDV 要求生产者公告畜产品状况，销售者要声明其产品不含化学残留品，公布其激素和杀虫剂的使用情况，否则要承担风险责任。NDV 由澳大利亚国家肉食品安全委员会负责组织实施和管理，施行强制、随机稽查和对高风险地区重点稽查的原则。目前，澳大利亚已建立电子 NDV 管理系统。此外，澳大利亚主要出于促进畜产品出口的目的，制定了一些畜产品供应者可自愿参加的质量保证制度或认证制度，例如，主要针对欧洲市场而设置的国家畜产品认证计划、牛羊特别质量保证计划、畜产品生产质量保证计划、奶业质量保证、欧盟标准、供应链联合质量保证等，这些制度或计划都有专门的机构负责管理，遵循着严格的程序。

4. 日本

日本是农产品进口大国，进口量占世界总进口量的 10%左右。日本也是世界上畜产品质量安全标准最为严格的国家，一方面处于保护国内消费者健康的考虑，另一方面也出于提高本国畜产品竞争力和设置贸易壁垒的需要。首先，日本畜产品法律法规体系完善。基本法律有《Food Safety Basic Law》《Food Sanitation Law》等，相关具体法律包括与生产/制造、流通过程相关的有饲料安全法、毒物及剧毒物取缔法、屠宰场法、鸡肉处理法、家畜传染病处理法、BSE 特别处置法、牛肉追踪监视法、防止流通食品混入毒物法等，与产品标示相关的有食品标示法、日本农业标准（JAS）法、健康增进法、赠品标示法等，与消费者权益保护相关的有消费者基本法、消费者安全法、制造物责任法。二是构建畜产品可追溯系统。日本 1997 年开始逐步建立畜产品可追溯制度，要求所有食用农产品和农产品成分具有可追溯性，农产品供应链上的所有企业要记录、公开和保管产品的履历信息。当消费者购买产品时，可以在计算机或手机上输入识别号码，查询到所购买产品在生产、加工、流通、销售各个环节的相关资料，而当发生安全事故时，亦可通过逆向方式，迅速查明责任源头。三是制定畜产品标准。日本 2002 年开始实施由日本农林水产省制定的《日本农业标准》（JAS），对通过 JAS 标准且检查合格的农产品、水产品和畜产品进行认证和标识管理。JAS 标识分为：①一般标志。色、香、味、水分、强度等达到 JAS 一般标准的食品、农产品。②有机制品。没有使用农药、化肥栽培的农产品。③生产情报公开制品。生产者、生产地、生产方法等情报向消费者公开的食品。日本为加强食品中农业化学品（包括农药、兽药和饲料添加剂）残留管理而制定了“食品中残留农业化学品肯定列表制度”，涉及的农业化学品残留限量包括“沿用原限量标准而未重新制定暂定限量标准”“暂定标准”“禁用物质”“豁免物质”“一律标准”五大类型。其中，“沿用原限量标准而未重新制定暂定限量标准”涉及农业化学品 63 种，农产品食品 175 种，残留限量标准 2 470条；“暂定标准”涉及农业化学品 734 种、农产品食品 264 种，暂定限量标准 51 392条；“禁用物质”为 15 种；“豁免物质”68 种；其他的均为“一律标准”，即食品中农业化学品最大残留限量不得超过 0.01 毫克/千克。④特定制品。使用特殊方法生产的食品。只有 JAS 认证的畜产品，贴付 JAS 标识，才能在日本市场销售。四是建立了农畜产品安全应急体制。根据《食品安全基本法》，日本成立了由 7 名科学家和专家组成的食品安全委员会，与食品安全监管机构合作，处理食品安全事件应急处理，有效实现了政府机构之间、政府与公众之间的协调，强化了农产品安全应急管理。

（三）畜产品质量安全发展对畜牧业发展的贡献

现代化农业的重要标志之一是畜牧业总产值占农业总产值的比重相对较高，发达国家畜牧业产值占农业总产值比重普遍在50%以上。当前，畜产品质量安全问题已经成为影响发达国家畜牧业及相关配套产业发展的最大风险因素。例如，1999年比利时二噁英鸡肉污染事件中，世界多国禁止了比利时以至欧盟的鸡肉等畜产品进口，造成直接损失3.55亿欧元，间接损失超过10亿欧元，对比利时出口的长远影响估值高达200亿欧元；迫于国内外的压力，比利时卫生部和农业部部长相继被迫辞职，并最终导致内阁的集体辞职。保证畜产品质量安全对一个国家和地区畜产品生产和国际贸易起着至关重要的作用。

1. 促进畜产品消费，拉动上游产业发展

畜产品是畜牧业与人类食品的接口，畜产品质量安全水平的提高有利于提振消费者信心，拉动畜禽养殖业和饲料加工等上游产业的发展。发达国家对食品和畜产品的要求早已超越了数量满足的阶段，更重要的是关注其质量、安全和健康的特性。发达国家在对食品卫生安全管理中，提出了“从农场到餐桌”、源头抓起、全程监管的理念，以消费者至上为原则，以科学方法进行风险评估，实现食品全程质量监控。以美国肉牛产业为例，美国是世界上最大的牛肉生产国和第四大出口国，肉牛产值占农业产值达18%，且技术发展成熟，行业集中度高，普遍实现规模化养殖，产品质量安全水平高，产品出口到世界各个国家。2017年美国牛肉产量预计将大幅增长5%至1 200万吨的水平，达到近9年的高点。而与之对应的是英国，作为一个传统的牛肉出口国，英国在1986年报道发生“疯牛病”后，扑杀疫区肉牛超过1 100万头，直接经济损失300亿美元，不但重创了英国肉牛产业，而且由于牛肉贸易问题导致了欧盟成员方之间摩擦不断。

2. 提升本国竞争力，促进国际畜产品贸易

发达国家畜产品的竞争力不仅仅体现在数量优势上，更重要的是体现在其质量安全水平上。尽管发达国家的畜产品安全事件也时有发生，甚至造成全球性重大负面影响。但是，由于畜产品生产链条长、环节多，其质量安全水平受到经济、社会、生态环境等各个方面的影响，保障畜产品质量安全需要一个强大的国家综合实力进行支撑。总体而言，发达国家因其经济发达、科技强大、监管严格、环境优越等方面的因素，社会大众普遍对发达国家生产的畜产品持有较高的消费信心。并且，发达国家还通过绿色贸易壁垒、提高畜产品质量安全标准等方式维护其在国际畜产品贸易中的优势地位。据统计，发达国家作为一个整体占世界牲畜和畜产品贸易的3/4以上，发展中国家作为一个整体为畜产品净进口国，乳制品为数量最大的单一进口商品。我国在这方面有着惨痛的教训，2008年“三聚氰胺奶粉事件”以来，我国消费者通过各种渠道大量购买甚至抢购发达国家奶粉，严重损害了我国的国际形象。

3. 发挥引领作用，推动畜牧科技发展

畜产品质量安全发展对于畜牧业起到了不可替代的引领作用，有力推动了畜牧业科技的创新。过去，畜牧业科技创新主要围绕增加畜产品产量、提高畜牧业经济效益为核心，忽视了畜产品质量安全和对消费者健康影响的特性。随着社会对畜产品质量安全意识的提高，发达国家围绕畜产品质量安全逐渐发展起来一大批新兴的科学技术，如特殊饲料原料脱毒技术、抗生素替代技术、畜产品安全评价技术等，并且已经渗透到畜牧育种、营养、防疫、饲料和畜产加工等畜牧生产的各个领域。

二、国外畜产品质量安全科技创新现状

（一）世界畜产品质量安全科技创新概述

近年来，世界各国纷纷认识到科技创新是保障畜产品质量安全的主要途径，针对于畜产品质量安全关键科学问题，开展了多方面的科研工作。其中，美国农业部、食品药品监督管理局资助的畜产品质量安全项目，重点关注了以下5个方面：①畜产品食源性疾病控制，主要是沙门氏菌、弯曲菌、肠球菌等致病菌感染，相关致病的菌的耐药性问题；②畜产品中的药物残留问题，例如，奶牛乳腺炎治疗后的乳、肉中的兽药残留量及残留持续时间等；③养殖过程中致病菌污染问题，例如，蛋鸡鸡舍系统中控制沙门氏菌及其他致病菌以降低对鸡蛋的污染；④畜产品安全高效快速检测技术，例如，基于等离子热纳米生物传感的微流体芯片实验室（Lab-on-a-chip）装置用于快速检测鸡肉中的沙门氏菌；⑤探讨肉类加工过程中的安全性，例如，沙门氏菌感染风险等。表8-1列举了近些年美国农业部资助的畜产品质量安全研究项目。

欧盟通过框架计划资助了多项畜产品质量安全项目，第七框架计划农业领域的优先合作方向之一是食品安全。第七框架计划和“地平线2020”资助覆盖多个领域，重点是：①改进猪肉、牛肉生产，提供高质量产品；②减少蛋品生产污染；③通过畜牧业综合管理，提高牛奶、肉和蛋的质量与性能；④开发智能包装，提高肉品的保鲜、保质期等相关质量；⑤减少弯曲杆菌、猪链球菌等致病菌的危害；⑥制定蜂产品质量标准，加强蜜蜂病原体检测。表8-2列举了欧盟框架计划资助的畜产品质量安全项目。

澳大利亚联邦科学与产业研究组织（CSIRO）2017年7月发布实施了《食品与农业路线图：为澳大利亚提供高附加值增长机会》（*Food and Agribusiness Roadmap: unlocking value-adding growth opportunities for Australia*），其重要主题包括可追溯性、食品安全与安保、市场信息与可获得性等。澳大利亚国际农业研究中心针对畜牧生产系统资助开展了饲料投喂与管理、加强供应链管理和食品安全与质量控制方面的畜产品质量安全项目，并开展了动物生产品的人畜共患病、跨境疾病等影响动物生产与上市的动物卫生项目。澳大利亚行业组织“Meat & Livestock Australia”针对畜产品整个生产链实施安全项目/行动措施，包括：①农场的畜牧生产保证；②饲养场的国家饲养场认证方案；③运输环节的质量安全保障；④加工过程中的微生物监测、国家残留物调查和食品安全项目等；⑤针对整个供应链的国家畜产品认证系统和澳大利亚肉类标准（AUS-MEAT）等 。

日本农林水产省出台了《国际农林水产研究战略》（*International Research Strategies for Agriculture, Forestry and Fisheries*），提出要与发展中国家与地区合作，促进技术开发，确保食品安全，应对全球范围的问题，解决新兴与发展中国家的问题；关注动物安全，促进日本、中国与韩国的跨境动物疾病传播的三方合作，加强国际合作，提高跨境害虫与疾病管理 。

表8-1　近年来美国农业部资助的畜产品质量安全研究项目列举

项目题名	主要内容	承担机构	实施时间
新英格兰畜禽产品品牌化课题	研究新型生产方法，提高蛋、牛肉、羊肉和猪肉的质量，提高知名度	塔夫斯大学	2004—2018年
畜产品中肉质成分与质量控制	旨在确定不同动物种类的最优饲养与管理系统，以生产出满足市场需求的肉质产品	加州大学戴维斯分校	2009—2017年
发展抗生素替代策略，提高畜禽生产效率	开发抗生素替代物和可持续生产策略，以降低畜禽中的致病菌定植，提高生产效率	美国农业部农业研究服务局	2012—2017年

（续表）

项目题名	主要内容	承担机构	实施时间
收获（harvest）前后加工策略，提高肉和禽产品质量与安全性	确定、发展和检测收获前后处理策略的有效性，以提高肉类和家禽质量和安全的	得克萨斯农工大学	2013—2018年
肉类加工过程的验证与安全性探讨	为了研究不同加工参数和不同加工环境下病原体和腐败菌如何反应，以生产安全的肉和家禽产品。衡量肉类加工行业可用的新技术的应用情况，以及它们如何与生产的肉类制品安全性相关联	宾夕法尼亚州立大学	2014—2019年
禽肉与蛋白加工及深加工中的过程改进与食品安全	禽肉安全：通过细菌干预策略生产、加工和包装禽肉的安全性。禽肉品质：应用技术和工艺提高肉品品质。鸡蛋质量和安全：确定改进和保持蛋壳蛋制品质量和安全的方法和程序	得克萨斯农工大学	2014—2019年
评价乳腺炎有机治疗后乳、肉中的残留量	—	北卡罗来纳州立大学	2014—2017年
利用先进的肉类加工技术改善肉品质量、安全和营养价值	—	密歇根州立大学	2015—2019年
优化即食肉产品的加工过程的方法	优化包装、真空处理过程等，消除病原体孢子等潜在的食品安全危害物	俄亥俄州立大学	2014—2019年
收获前的食品安全（Preharvest Food Safety）：确定海德堡型沙门氏菌系统污染鸡肉的潜在风险肉类	海德堡沙门氏菌已导致严重的家禽产品食源性疾病暴发，主要通过肉鸡携带或粪便污染鸡肉等方式。本项目的目的是确定海德堡沙门氏菌是否可以通过肉鸡口服途径污染肉类	明尼苏达大学	2014—2017年
提高肉类与禽类产品的质量与安全性	确定鲜肉品质的生理途径和生化决定因素。发展新方法来预测鲜牛肉与猪肉品质与安全性	俄亥俄州立大学	2015—2020年
蛋鸡及鸡舍系统管理评价，以控制沙门氏菌及其他致病性感染	—	美国农业部农业研究服务局	2016—2021年
华盛顿州的公共卫生实验室、零售肉监测项目	—	华盛顿州卫生部	2016—2021年
南达科他州和北达科他州零售肉制品的抗生素耐药性监测		南达科他州立大学	2016—2021年
基于等离子热纳米生物传感的微流体芯片实验室（Lab-on-a-chip）装置用于快速检测鸡肉中的沙门氏菌	Nanoimmunotech（NIT）公司独自开发的独特的超灵敏生物传感器纳米技术，称为HEATSENS。由于创新性地使用金纳米三棱结构，能够更快速、廉价、简单地检测出低水平的检测分析物。该项目旨在将其发展、商业化	纳米免疫技术公司（Nanoimmunotech）	2016—2018年
控制家禽和家禽产品中沙门氏菌和弯曲杆菌的抗生素替代品	研究使用非抗生素化合物作为潜在的干预/控制策略，以减少家禽中食源性致病菌沙门氏菌和弯曲杆菌的定植	美国阿肯色大学	2014—2019年
控制家禽和家禽产品中沙门氏菌和弯曲杆菌的抗生素替代品	研究使用非抗生素化合物作为潜在的干预/控制策略，以减少家禽中食源性致病菌沙门氏菌和弯曲杆菌的定植	明尼苏达大学	2014—2019年

（续表）

项目题名	主要内容	承担机构	实施时间
推进肠外致病性大肠杆菌（ExPEC）的人畜共患病理解和疫苗评估，以控制家禽生产中的这些污染物	提出推进家禽产品中 ExPEC 导致的人畜共患风险的理解，以进一步了解 ExPEC 生物学与传播；项目提出评价一种安全的、易用的沙门氏菌疫苗，以防止鸡感染 ExPEC，减少或消除家禽产品的污染风险	爱荷华州立大学	2015—2017 年
开发抗生素替代品以减少收获前家禽食源性致病菌	—	美国阿肯色大学	2012—2017 年
BirdEase：在家禽养殖场细菌检测的集成诊断系统	—	Campden BRI 公司	2017—2018 年
利用基因组学开发自体疫苗控制家禽弯曲菌	—	巴斯大学	2017—2021 年
钙蛋白酶系统、胶原网络与肉品嫩度	—	堪萨斯州立大学	2013—2018 年

表 8-2　近年来欧盟框架计划资助的畜产品质量安全研究项目列举

项目名称	主要内容	实施时间	欧盟资助金额（欧元）	备注
降低欧洲禽类生产中禽蛋污染易感性	旨在通过以下方式减少食品安全风险：“通过记录有关鸡蛋污染的定量数据，最大限度地减少替代系统的风险因素，优化布置好的笼子和鸟舍设计以及鸡蛋收集方法”	2006—2009 年	1 999 811	FP6
为消费者改善猪肉和猪肉产品的质量：发展能满足消费者需求的创新、综合和可持续的优质猪肉产品生产链	在不同的生产系统中，对不同阶段的猪肉和猪肉产品的质量进行识别、鉴定、预测、控制、开发和测试先进的多学科方法	2007—2012 年	1 450 万	FP6
提高生产加工中消费者的牛肉和牛肉产品的安全性	该项目的总体目标是减少牛肉和牛肉产品中的微生物和化学物质，提高质量	2007—2012 年	10 874 234	FP6
用于肉类安全和眼神保质期的新型包装系统	开发基于非热等离子体（NTP）的肉类的连续包装内去污和保质期延长系统，无须使用化学消毒剂即可提供抗菌效果，且无侵害性，无零残留，不会残留不利影响产品质量	2013—2015 年	1 153 478	FP7
亚致死热损伤对肠炎沙门氏菌的存活和再生长的影响及其在鸡蛋产品中的应用	模拟温和热处理后肠炎沙门氏菌的存活和再生长，并基于肉汤实验开发数学模型，将其应用于蛋制品	2010—2012 年	180 603	FP7
LOWINPUTBREEDS-发展综合畜牧养殖和管理战略	旨在开发综合的畜牧业饲养和管理战略，以提高欧洲有机“低投入”牛奶，肉和鸡蛋生产中的动物健康、产品质量和性能	2009—2014 年	5 999 995	FP7
欧洲饲料和食品的质量和安全	致力于提供和生产更高质量和更安全的动物饲料。提供更好地防止污染和欺诈的方法，识别和评估新的风险，并提供微生物和化学污染物从饲料转移到食物的风险的科学证据	2011—2014 年	2 988 466	FP7
用于检测鲜肉质量和保质期预测的创新包装	为新鲜牛肉产品开发智能包装解决方案，主要集中在解决欧洲牛肉行业的问题。通过提供非破坏性，准确和经济有效的方法来确定包装肉的完整性并预测其保质期	2013—2016 年	1 537 463	FP7
建立灵活的可持续的智能包装技术平台，以提高新鲜食品生产的保质期、质量和安全	旨在为包装新鲜食品开发灵活的可持续、智能的技术平台，以延长保质期和质量，增强安全性，减少食品和包装废物	2012—2014 年	2 999 946	FP7

（续表）

项目名称	主要内容	实施时间	欧盟资助金额（欧元）	备注
用于创新、安全包装的天然抗生素	旨在开发新颖的包装技术，可以避免/减少和检测感兴趣的易腐食品中的病原体和腐败微生物的生长和损害微生物：新鲜鱼，鲜鸡和微量加工蔬菜（MPV）。新技术将提高食品质量，延长这些新鲜食品的寿命	2008—2011 年	2 971 360	FP7
改善熟肉真空冷却的新方法	应用和验证浸没式真空冷却（IVC）的新型组合式蒸煮冷却技术，并对 IVC 系统后期项目商业规模及其随后的市场准入进行规划，从而提高欧洲中小企业的竞争力熟肉行业	2010—2012 年	1 158 538	FP7
弯曲杆菌控制——初级家禽生产中的新方法	旨在改善欧洲各地初级家禽生产中弯曲杆菌的控制，从而能够生产“低风险的肉鸡”	2010—2015 年	2 999 940	FP7
制定蜂花粉和蜂王浆的欧洲标准：质量，安全性和真实性	旨在制定蜂花粉和蜂王浆的欧洲标准，制定花粉和蜂王浆的健康相关标准，制定一种确定花粉和蜂蜜来源的真实性的方法	2010—2013 年	1 674 127	FP7
检测威胁欧洲蜜蜂的病原体	旨在开发帮助养蜂者检测病原体的方法以控制其传播，从而减少病原体对养蜂行业的巨大经济影响	2008—2012 年	2 462 612	FP7
通过免疫应答加强动物生产和健康	旨在开发针对导致畜牧业高度经济损失的地方性病原体的疫苗策略，以加强食品动物系统的盈利能力，改善动物福利，将为市场提供新型疫苗策略	2015—2019 年	8 999 996	H2020
用于连续监测包装鸡肉的质量和安全性的彩色标签	独特针对全球新鲜食品包装市场的智能包装解决方案，该方案从鲜鸡肉市场开始实施。该创新使用专利的溶剂型柔性油墨，其形成反应性指示化合物，使得可以跟随产品新鲜度的逐渐改变	2007—2017 年	1 056 582	H2020
创新全球预防猪链球菌计划	旨在提高消费者的猪肉和猪肉产品质量，开发符合消费者需求的高品质猪肉产品	2017—2021 年	4 998 103	H2020

（二）国外畜产品质量安全科技创新成果

近年来，世界畜产品质量安全科技创新领域主要在畜产品质量安全检测、监测与风险评估、畜产品危害因子的作用机制及安全性评价、畜产品加工程中的风险因素及其机制、畜产品中过敏源的过敏机制、畜产品质量安全溯源、预警与控制方面获得重要进展，主要科技创新成果表现在以下几个方面。

1. 畜产品质量安全检测技术方面

检测技术是畜产品质量安全的必要手段，随着生物化学、材料科学以及现代质谱等高新技术的发展和应用，不同学科领域技术的交叉融合和集成，畜产品质量安全检测技术在检测通量、速度、灵敏度和准确性等关键技术指标方面均有大幅度提高。功能化石墨烯、金属有机骨架（MOFs）、碳纳米管、分子印迹聚合物（MIP）、微孔有机聚合物（MOP）、磁性纳米材料等新型材料的应用，有效解决畜产品复杂体系痕量分析特定目标物样品前处理的“瓶颈”问题。核酸适配体、受体、重组抗体等识别材料和荧光、纳米等标记技术的发展，催生了一大批畜产品质量安全快速检测技术和产品。融合多种类型的质量分析器如四极杆、轨道阱（Orbitrap）及线性离子阱（LIT）等集成质谱，为实现复杂畜产品基质的确证检测提供了平台基础。集成质谱、波谱及成像技术，提高了对畜产品中未知风险化合物结构的定性推断和确认能力。

2. 畜产品质量安全风险评估方面

风险评估技术的理论研究和实践快速发展，前沿科学技术的应用、大数据发掘技术的发展和不同数学模型软件的开发，促进了风险评估技术的系统化与精细化。纳米技术、组学技术、计算分子生物学等前沿技术在化学物质暴露评估中的应用，有效提高了风险评估的精准性；生物标志物监测技术的应用增强了风险评估过程中的敏感性和准确性；逻辑回归模型、随机森林模型、贝叶斯方法模型、神经网络模型等机器学习，丰富了畜产品质量安全评估的理论依据和研究方法。

3. 畜产品质量安全过程控制方面

基于危害分析的临界控制点（HACCP）理论，结合污染物代谢、迁移和消解等行为，防止污染物防控二次污染；通过解决关键控制点与风险预警阈值，预测模型和评价模型，有效生物的选用等关键技术，应用于畜产品生产、运输、加工、流通等过程控制中，建立起比较完善的“从农田到餐桌”质量安全全程控制技术体系。

4. 畜产品质量安全溯源技术方面

畜产品质量安全溯源技术主要分为信息追溯技术及真实性识别溯源技术研究两个方面。在以生产档案记录为基础的信息追踪与溯源技术方面，可追溯系统应用研究成为热点，主要依托传感网及数据处理、电子标签（RFID）及无线应用、数据库与并行计算等技术的建立，实现对每一个过程的流通做到来源可溯，去向可查。以产品表征分析为基础的身份识别与溯源技术方面，基于DNA指纹分析建立的鉴别技术由于分析精度高，已成为农产品品种鉴别的一项关键技术。同位素质谱技术发展迅速，除常用的碳、氮稳定同位素外，氢、氧、硫、硼和锶同位素技术的应用有效性也日益凸显，通过分析不同地域畜产品中同位素组成特征、差异，建立溯源数据库或绘制溯源地图，可以实现对不同农产品的产地溯源。

（三）主要发达国家畜产品质量安全科技创新成果的推广应用

以需求为导向，注重成果应用是发达国家畜产品质量安全科技创新的特点之一。美国、欧盟、澳大利亚等发达国家和地区，都积极地将科技成果应用于畜产品质量安全控制实践中，直接为促进产业发展和保护消费者健康服务。例如，针对于日本福岛核电站泄漏造成潜在辐射污染情况，欧盟迅速开展了相关风险评估和检测技术研发等工作，发布委员会条例（EU）2016/6，强化对日本食品与饲料的辐射检查，并对饲料中铯-134和铯-137总和做出了规定：马牛饲料100Bq/千克，猪饲料80Bq/千克，禽饲料160Bq/千克，鱼饲料40Bq/千克。美国近年发生多起畜产品沙门氏菌污染事件，针对于这一突出问题，美国农业部资助Campden BRI公司开发了BirdEase家禽养殖场细菌检测集成诊断系统，将声光传感器技术整合进实时测量仪器中，用于农场可持续监测农场的有害致病菌。欧盟注重各项科研成果和监测数据的整合利用，推出食品和饲料中化学危害物毒理学数据库（OpenFoodTox），包含440种化学物质的人体健康、动物健康以及毒理学风险评估内容，数据库提供的化学品毒理学信息包括：化学品特征描述（名称、分子式、CAS号、EU编号等）、欧洲食品安全管理局的研究报告和背景法规（提供相应的书目、在线链接等）、关键的毒理学研究信息（试验设计、人体健康参考点、动物健康和生态评价终点等）、化学品的遗传毒性和致突变研究结论、毒理学数据的参考值和不确定度（包括ADI、TDI、NOECs等）。

（四）世界畜产品质量安全科技创新发展的方向

畜产品质量安全研究已经成为当前畜牧业科技发展的战略高地，通过对近年来全球畜产品质量安全领域高被引论文分析，得出畜产品质量安全领域的研究前沿主要包括以下几个方面。①新型检测技术开发：各种检测食源性致病菌、环境污染物、违禁添加物、药物残留、生物毒素的新型检测技术和工具，目标是灵敏度更高、特异性更强、检测时间更快、检测通量更大等。②畜产品质量安全污染物研究：包括霉菌毒素等天然污染物和二噁英等环境污染物对畜产品质量安全的影响将长期存在，天然毒素主要集中在隐性霉菌毒素毒理、霉菌毒素毒性通路、新型解毒剂开发等方面，环境污染物主要集中在畜产品持久性有机污染模型建立和评估、二噁英蓄积和食物链传递风险评估等方面。③药物残留和抗生素替代研究：畜牧业大量使用抗生素等药物造成的药物残留和细菌耐药性成为畜产品质量安全造成的重大健康风险和生态安全问题，细菌耐药性监测和绿色抗生素替代品开发是当前的研究热点。④畜产品病原菌防控研究：微生物污染是当前世界食源性疾病的首要病因，人畜共患的病原菌是造成全球性和区域性重大畜产品质量安全事件的重要隐患，全球主要的科学研究和管理机构无不加强了畜产品病原菌预防、诊断和控制技术研究，以及国家间和区域间的联合共治。⑤食物过敏源研究：食物过敏是一个发展中国家忽略，但发达国家极为重视的一个食品安全问题，如牛奶过敏、食物过敏的流行病学、发病机制诊断与治疗等。⑥畜产品质量监测与风险评估：临界效应的剂量-反应关系、生理模型的药代动力学和药效动力学（PBPK/PD）、暴露边界（MOE）法、神经网络、大数据等方法的各种模型软件的建立，和对新型风险物质的系统性风险评估。⑦食品加工过程中的质量安全：如加工肉蛋白质氧化的机理及对人体健康的潜在影响，肉类加工环境中食源性细菌的附着和生物膜形成机制，开发新型抗菌包装材料等。⑧溯源技术开发与应用：基于 DNA 条形码的畜产品溯源技术，基于物联网的智能控制无线监控畜产品生产系统，生态型畜产品质量安全与溯源方法等。⑨公共安全领域的食品安全问题：如核辐射、生物恐怖主义等新兴公共安全领域引起的食品安全问题等。

三、国外畜产品质量安全科技创新经验及对我国的启示

从各国资助重点、研究热点等角度看，国外畜产品质量安全科技创新领域的特点包括关注“从农场到餐桌”整个链条中各个关键节点的安全，研究领域广泛，同时又重点关注食源性致病菌研究与监测，将研究重点前移到食品安全相关的风险评估与分析，发展各类评估与分析技术；政府研究机构与企业协同创新，前者负责相关的理论研究、部分应用研究和技术开发，而后者负责具体的技术与产品研发，科研成果转化率高，科研水平高。此外，国际组织和其他各国都非常重视各类新型技术在畜产品质量安全中的应用。

1. 关注“从农场到餐桌”整个链条的安全，研究领域广泛

美国、欧盟等资助的项目涉及畜产品质量安全的各个领域，如食源性致病菌控制及其耐药性问题、药物残留和环境污染、畜产品加工中的质量控制与安全性，研究领域广泛，澳大利亚开展了饲料投喂与管理、优化供应链管理等方面的研究。WHO 重点关注食源性致病菌、食品化合物、杀虫剂残留及可能存在的违禁添加物等各个方面。

2. 重视食源性致病菌的研究与监测

国际组织与发达国家的共同特点之一是将食源性疾病作为食品（包括畜产品）安全研究的重要领域，重视食源性致病菌的监测、食源性疾病的控制、食源性致病菌的耐药性问题。WHO 建立了覆盖全球的食源性疾病数据库，并定期发布食源性疾病全球负担相关报告。美国和欧盟都加强食源性致病菌研究，重点是沙门氏菌、弯曲杆菌等的致病危害研究，加强食源性致病菌的耐药性监测，开发新型的抗生素替代品。

3. 重视风险监测、评估与分析，加强事前预防

国际食品安全科技创新的另一重要特点是重视风险评估与分析，加强事前预防，尽量减少畜产

品质量安全事件发生，降低因此带来的危害与损失。近年来，美国、欧盟和日本都通过优化管理、加强研究资助等方式，加强食品安全风险评估分析能力，加强食品安全相关风险因素监测。

4. 政府研究机构、大学与企业协同创新，科研成果转化效率高

国外畜产品质量安全科技创新体系中，政府机构和大学开展相关基础研究、应用研究和关键技术研发的前期研究，企业开展后期研发，或者一开始就让企业参与合作研究，形成了政府研究机构、大学与企业协同创新的创新系统，科研成果转化率高。美国、欧盟资助的畜产品质量安全项目，其承担的机构有国立机构（如美国农业部农业研究服务局）、大学和企业等各类机构，而澳大利亚产学研结合得更紧密，除了联邦科学与产业研究组织（CSIRO）和国际农业研究中心外，其“Meat & Livestock Australia”也开展研究、开发与市场服务，它是由5万多个畜牧生产商参加的、以企业为运营模式的非政府组织，与澳大利亚政府机构开展广泛的合作，其项目直接由企业实施，研发成果直接应用于生产、产业实践。

5. 重视新技术的应用

国际组织和各国都非常重视将各类新技术应用于畜产品质量安全创新中。例如，WHO、FAO和OIE联合关注全基因组技术、纳米技术的应用。美国密歇根州立大学开发利用先进的肉类加工技术改善肉品质量与安全，纳米免疫技术公司（Nanoimmunotech）开发基于等离子热纳米生物传感的微流体芯片实验室（Lab-on-a-chip）装置用于快速检测鸡肉中的沙门氏菌、Campden BRI公司开发家禽养殖场细菌检测的集成诊断系统。

第二节　我国畜产品质量安全发展概况

一、我国畜产品质量安全发展现状

“十二五”期间，我国畜产品质量安全水平逐步提升。2015年全国畜禽和水产品例行监测合格率为99.4%和95.5%，分别比“十一五”末提高0.3个和4.2个百分点；5年间没有发生重大畜产品质量安全中毒事件。畜产品质量安全形势总体平稳向好，为农业农村经济实现稳中有进、稳中提质、稳中增效做出了贡献。

（一）法律法规和制度机制逐步完善

“十二五”期间，国家修订了《食品安全法》以及饲料管理条例等法律法规，启动了《农产品质量安全法》及农药、转基因管理条例的修订工作。高法高检出台了食品安全刑事案件适用法律的司法解释，把生产销售使用禁用农兽药、收购贩卖病死猪、私设生猪屠宰场等行为纳入了刑罚范围。农业农村部制修订了饲料、兽药、绿色食品、农产品监测管理办法等10多个部门规章，印发全程监管的意见等规范性文件，出台了8项监管措施和6项奶源监管措施。以国家法律法规为主体、地方法规为补充、部门规章相配套的法律法规体系不断完善。国家调整了农产品质量安全监管体制和职能分工，国办印发了加强农产品质量安全监管的通知，农业部与食品药品监管总局签订了监管合作协议，形成全过程监管链条。各地、各行业聚焦薄弱环节，建立了高毒农药定点经营实名购买、生产档案记录、监测抽查、检打联动等一系列行之有效的管理制度。

（二）质量安全专项整治卓有成效

畜牧业重点开展“瘦肉精”、抗菌药、畜禽屠宰以及生鲜乳专项整治，全面推进病死畜禽无害化处理。渔业重点实施孔雀石绿、硝基呋喃等违禁药物整治，加大水产品监督抽查力度，严厉打击

养殖及育苗过程违法违规行为。5 年来，专项整治共出动执法人员 1 989万人次，检查生产企业 1 370万家次，查处问题 23. 8 万起，清理关闭生猪屠宰场 1 107个，为农民挽回经济损失 38. 3 亿元。经过努力，三聚氰胺连续 6 年监测全部合格；“瘦肉精”监测合格率处于历史最好水平，基本打掉地下生产经营链条；高毒农药和禁用兽药得到较好控制；一些区域性、行业性的问题有效遏制。国家例行监测范围扩大到 151 个大中城市、117 个品种、94 项指标，基本涵盖主要城市、产区、品种和参数。各地例行监测工作全面启动，监督抽查和专项监测依法开展。

（三）标准化生产深入推进

农业标准化是解决农产品质量安全问题的治本之策。“十二五”期间我国按照“产管并举”要求，将农畜产品质量安全工作融入农业产业发展，强化生产过程质量控制，大力推进标准化示范创建，控制源头上水平。共制定农药残留限量标准4 140项、兽药残留限量标准 1 584项、农业国家标准行业标准 1 800余项，清理了 413 项农残检测方法标准。各地因地制宜制定 1. 8 万项农业生产技术规范和操作规程，加大农业标准化宣传培训和应用指导，农业生产经营主体安全意识和质控能力明显提高。在标准化示范创建上，投入 100 亿元专项资金支持开展农牧渔业标准化创建工作，创建“三园两场”9 674个，创建标准化示范县 185 个。按照稳数量、保质量、强监管的要求，新认证“三品一标”产品 2. 8 万个，累计认证产品总数达 10. 7 万个，“三品一标”监测合格率稳定在 98%以上。

（四）监测预警和应急处置能力稳步提升

“十二五”期间，我国着力构建农畜产品“预警及时、反应快速、处置有力、科普到位”的风险防控体系。例行监测方面，将部级监测范围扩大到 152 个大中城市、117 个品种、94 项指标，深入实施农药、兽药、饲料、水产药残 4 个专项监控计划，建立起覆盖主要城市、产区和品种、参数的监测网络。各地也不断扩大监测范围，2015 年定量检测样品达 87. 6 万个。通过监测，及时发现并督促整改了一大批不合格问题。风险评估方面，组织认定 100 家风险评估实验室和 145 家风险评估实验站，评估体系从无到有、评估能力由弱变强。对蔬菜、粮油、畜禽、奶产品等重点食用农产品进行风险评估，获取有效数据 60 万条，初步摸清风险隐患及分布范围、产生原因。应急处置方面，组建了农产品质量安全专家组，加大了舆情监测力度，建立起上下联动、区域协同、联防联控的应急机制。各地采取多种措施，有的加强了应急培训，有的开展了应急演练，有的配备了应急装备，明显提升了应急能力，先后处置了“病死猪”“速生鸡”等突发问题，将负面影响降到最低。举办宣传周活动，积极开展科普宣传，编印农畜产品质量安全生产消费指南等科普书籍，印发宣传资料 9 000多万份，组织专家解读热点敏感问题，普及农产品质量安全知识。

（五）监管队伍基本构建

全国所有省（区、市）、86%的地市、75%的县（区、市）、97%的乡镇建立了农产品（含畜产品）质量安全监管机构，落实监管人员 11. 7 万人。30 个省（区、市）、276 个地市和 2 332个县（区、市）开展了农业综合执法。农业部组织开展全国农产品检测技术比武练兵活动，畜产品质量安全执法检测的能力和水平不断提高。通过实施全国农产品质量安全检验检测体系建设规划，支持建设部、省、地、县四级农产品质检机构 3 332个，落实检测人员 3. 5 万人，每年承担政府委托检测样品量 1 260万个。

但是，畜产品质量安全仍然是政府关心、社会关注的焦点，畜产品质量安全水平与人民群众的期待尚有一定差距，畜产品质量安全危害因素复杂、来源广泛、防控困难的基本面没有得到根本转变，引发畜产品质量安全事件的隐患依然存在，农兽药残留超标和产地环境污染问题在个别地区、品种和时段还比较突出。2011 年“3·15”曝光“健美猪事件”、2011 年 12 月“牛奶黄曲霉毒素超标事件”、2013 年 3 月上海“黄浦江死猪事件”、2016 年供港“大闸蟹二噁英污染事件”等，均受到社会的广泛关注。公众对农产品的要求已从过去只求吃饱变成吃好、吃得安全放心和营养健康，畜产品质量安全已成为全面建成小康社会、推进农业现代化需要着力解决的重大问题。

二、我国畜产品质量安全与发达国家的差距

畜产品质量安全受到动物种类、养殖模式、地域环境、管理水平、消费习惯、经济社会发展水平等多种因素的影响。目前，我国几乎在主要畜产品种类生产规模上都排在世界前列，但我国畜牧业现代化水平仍然不高，产业总体素质较低，畜产品质量安全保障能力建设与发达国家还有很大差距。

（一）相关科学技术支撑能力不足的问题

畜产品质量安全涉及分析检测、毒理评价、风险评估、质量追溯、过程控制、信息管理等众多技术领域，无一不需要强大的科技创新和技术能力作为支撑。与国外发达国家相比，我国畜产品质量安全科技发展水平仍比较落后，支撑产业发展的动力不足，原创性重大科技成果不多，除个别研究领域达到并跑水平外，大部分还处在跟跑阶段。我们对 2007—2017 年全球畜产品质量安全领域研究论文发表数量排名前十的国家分析发现，我国在该领域发表论文的数量居世界第二，但从总被引频次和篇均被引频次对研究论文质量分析来看，我国排名落后，表明科学研究的质量与其他国家有较大差距（表 8-3）。

表 8-3　2007—2017 年畜产品质量安全领域论文量排名前十国家及其被引情况

国家	论文量（篇）	总被引（次）	篇均被引频次（次/篇）
美国	8 594	112 299	13.07
中国	4 150	29 309	7.06
巴西	3 468	16 439	4.74
西班牙	3 113	38 420	12.34
意大利	2 761	30 663	11.11
英国	2 235	37 549	16.80
德国	2 185	26 745	12.24
法国	2 031	28 338	13.95
韩国	1 933	11 282	5.84
加拿大	1 929	25 792	13.37

（二）相关法律法规存在可操作性不强的问题

经过多年的建设和完善，我国畜产品相关的法律法规已经比较健全。但是，由于我国畜产品生产种类多、体量大、链条长、区域广、发展快，畜产品质量安全法律法规建设面临的具体问题非常复杂，加之我国在管理体制和机制方面正处于变革期，相关法律法规与实际生产还存在一些不匹配、落实不到位，不同法规之间存在衔接性差等问题。另外，我国在畜产品质量安全方面的法律、法规多属部门性质的，标准不统一，执行难度大。目前，随着《农产品质量安全法》的修订并颁布，以及《“十三五”全国农业产品质量安全提升规划》的实施，未来这一现象有望获得改观。

（三）畜产品安全监管体系存在权责不清的问题

由于畜产品质量安全管理涉及农业、卫生、质检、工商、环保、司法、公安等多个部门，加之不同部门内部管理改革的不断深化，我国畜产品安全监管难以避免地存在权责不清的问题。目前，畜产品质量安全上层监管机构大都进行了整合，但地方监管部门之间依然存在分段管理，各部门的职责分工在某些具体问题上可能存在不是很明确，遇到问题相互推诿等，导致我国畜产品质量监管权威性和协调性不强，效率较低，权责难以分清，执法不到位现象的存在。

（四）畜产品质量安全可追溯制度不完善的问题

可追溯制度是发达国家保障畜产品质量安全的一个重要措施，但我们国家在畜产品质量安全可追溯制度建设方面还存在很多问题。一是可追溯系统实施范围小，主要是规模比较大的企业及农场，而为数更多的中小规模企业和散户未覆盖。二是技术标准不统一，各个系统都执行自己内部的标准，例如，农垦农产品质量追溯系统在农垦系统内应用，肉类产品追溯系统也只存在于规模较大的养殖加工厂。三是可追溯系统只覆盖供应链的部分环节，大多只在某一个或几个环节上实现信息追溯，未覆盖整个供应链。四是科技含量低，使用的技术主要是条形码，存在标签内容无法修改、条码标签必须清洁无磨损、阅读器读条码时应保持适当角度、阅读器和条形码之间必须可视等一些限制性问题。

（五）市场准入制度不健全的问题

目前，我国食用农产品合格证制度、食用农产品产地准入制度刚建立，正处于试点中，中国绿色食品、有机产品认证等则由国家认监委负责管理，但是获得认证的企业数量不多。市场准入门槛相对比较低，导致饲料加工企业、畜牧养殖场户、屠宰加工企业数量众多，但大多规模很小，规模以上企业很少，产业集中度低。规模过小的企业难以实现标准化的养殖和生产，技术水平低；同时企业数量众多，大大增加了政府的监管难度。

三、我国畜产品质量安全存在的主要问题及对策

（一）我国畜产品质量安全存在的主要问题

畜产品是一类营养丰富的食品，畜产品在食品中的占比往往体现了一个国家的经济发展水平，我国目前面临着食品营养缺乏和营养过剩的双重挑战。就畜产品质量安全而言，我国当前主要存在四类问题。

1. 非法添加违禁物质是我国现阶段突出的畜产品质量安全问题

此类问题以“瘦肉精”、三聚氰胺、苏丹红等最为典型，2001—2013年中央电视台曝光的重大食品安全事件中，25%由非法添加物造成。以“瘦肉精”为例，虽然经过10多年的专项整治工作，饲料和养殖环节“瘦肉精”问题已经得到根本性遏制，近年来监测合格率在99%以上，也未发生中毒事件。但是，饲料畜产品质量安全监管中却发现“瘦肉精”非法使用的新情况，比如牛羊饲养中非法添加“瘦肉精”、使用同类药物替代品或化学结构类似物等。

2. 兽药滥用是当前畜产品质量安全源头污染的主要来源

兽药畜产品生产重要生产资料，兽药对畜产品质量安全影响至关重要，为畜牧业生产和畜产品数量的增长发挥了积极作用的同时，也给动物性食品安全带来了隐患。超量、超范围或非法使用抗生素等兽药，使畜产品中兽药残留超标，造成了餐桌污染和引发中毒、过敏事件时有发生；而且畜

产品生产中药物使用带来的细菌耐药性问题也越来越受到关注。近年来，我国发生的“速生鸡”、黄浦江死猪、“3·15”曝光养殖业滥用抗生素等事件都与兽药滥用相关。

3. 动物疫病是影响畜产品质量安全的重大隐患

我国因地域广大，动物品种繁多，农牧业生产较为分散，集约化程度相对较低，动物产品流通渠道增多且频繁，动物疫病难以预防和妥善管理。据统计，目前已证实的人畜共患病约有200种，其中较重要的有89种（细菌病20种、病毒病27种、立克次体病10种、原虫病和真菌病5种、寄生虫病22种、其他疾病5种）。例如，禽流感有多个亚群，由禽传播，可致家禽和人感染、死亡。据我国卫计委统计，2017年1月，全国共有16个省份报告人感染H7N9禽流感病例192例，死亡79例。

4. 微生物污染是影响畜产品质量安全的主要原因

除活体动物能够感染和传播疾病外，畜产品因其营养丰富，在屠宰、加工、流通等环节由于卫生条件不达标，操作不规范导致的病原微生物二次污染也较严重。统计资料表明，微生物是导致食品（含畜产品）中毒的首要原因。我国在畜产品微生物污染的监测资料比较缺乏，但美国暴发的全国性鸡蛋沙门氏菌污染事件为我国畜产品质量安全防范敲响了警钟。

5. 真菌毒素、重金属、二噁英等污染物构成畜产品质量安全的长远隐患

由于气候变化、农作物收获方式改变、大量农副加工品在饲料中的应用等因素，真菌毒素对动物饲料的污染加剧，给畜禽水产养殖业造成巨大的经济损失。特别是一些高风险霉菌毒素如黄曲霉毒素、赭曲霉毒素能够在畜产品中残留，给消费者健康带来长期的慢性毒性和致癌性风险。由于工业化进程和环境污染，造成我国某些畜产品生产产地环境中重金属、二噁英等污染物超标，通过饲料饲养等途径在动物体内蓄积，给畜产品质量安全造成长远威胁。

（二）对策建议

借鉴国外畜产品质量安全领域的经验及我国的发展现状与差距，对改进我国畜产品质量安全现状提出如下对策建议。

1. 建立和完善与时俱进的法律法规和标准体系

立法工作必须与时俱进，通过强化产地环境和农业化学投入品立法，协调《食品安全法》和《农产品质量安全法》的法律地位，完善“从农田到餐桌”的食物链法律法规体系，界定和明晰监管部门/单位的职责和关心，实现畜产品和食品的协调监管，逐步实现风险监测、评估、风险管理和交流职能的协调统一。以科学合理的畜产品标准体系指导和规范畜产品生产，实施《加快完善农兽药残留标准体系行动方案》，加快制定农兽药残留、畜禽屠宰、饲料安全等国家标准，完善促进畜牧业产业发展和依法行政的行业标准，实现畜产品生产有标可依、产品有标可检、执法有标可判。积极参与或主导制定国际食品法典等国际标准，开展技术性贸易措施官方评议，加快推进畜产品质量安全标准和认证标识国际互认。

2. 建立和完善基于风险分析的科学决策体系

加强畜产品风险监测预警和风险评估等基础性和能力建设，加强信息化平台建设和资源共享，发挥风险分析在畜产品质量安全治理工作的决策作用。深化农产品质量安全例行监测和监督抽查，深入实施农兽药残留、水产品药物残留、饲料及饲料添加剂监控计划，增加监测样本量，保证监测工作的代表性、连续性和系统性。深入实施农产品质量安全风险评估计划，摸清畜产品风险因子种类、危害程度、产生原因，跟进实施科学研究和技术攻关，提出全程管控的关键点及技术规范和标准制修订建议。建立稳定有效的风险交流机制，畅通政府、企业、公众、媒体和专家之间的风险交流渠道。

3. 建立和完善畜产品质量安全高效监管体系

围绕农业产业链条，抓住畜牧投入品、产地环境、养殖、贩运、畜禽屠宰等关键节点，制定相应的制度规范，提出管理要求，形成一整套制度体系，用管用的制度来规范生产经营主体行为，提升监管水平。聚焦非法添加、违禁使用、制假售假、私屠滥宰等突出问题，开展畜产品质量安全专项治理行动，保持高压态势，严厉打击违法违规行为，切实解决面上存在的风险隐患。加强行政执法与刑事司法衔接，按照有关法律规定和司法解释严惩重处违法犯罪行为。严格生猪定点屠宰和奶站管理，全面落实畜禽屠宰企业、奶站质量安全主体职责，落实屠宰进场检查登记、肉品检验、“瘦肉精”自检等制度。健全病死畜禽水产品无害化处理制度，落实畜禽无害化处理措施。

4. 建立和完善畜产品质量安全追溯体系

实施国家畜产品质量安全追溯管理信息平台建设项目，完善追溯管理核心功能。按照“互联网+畜产品质量安全”理念，拓宽追溯信息平台应用，扩充监测、执法、舆情、应急、标准、诚信体系和投入品监管等业务模块，建设高度开放、覆盖全国、共享共用、通查通识的智能化监管服务信息平台。加快实施追溯管理，实现畜产品源头可追溯、流向可跟踪、信息可查询、责任可追究。

5. 加强监管队伍能力建设

建立健全畜产品质量安全监管机构，推进基层乡镇农畜产品质量安全监管服务机构标准化建设，统一明确乡镇监管站（所）的机构职能、人员配备、设施能力、管理制度和工作开展等要求，通过“特岗计划”等方式为乡镇充实一批专业技术人员。进一步提升检测能力，按照大农业架构和综合建设方向，稳步推进农业系统检验检测资源整合，逐步形成与食品安全检验检测相互衔接、并行共享的全国统一的农畜产品质量安全检验检测体系。加强硬件装备配置，建设提升国家和主产区农畜产品质量安全风险评估实验室的评估能力，改善基层单位监管条件。

6. 加强科技支撑能力建设

实施畜产品质量安全科技创新战略，将畜产品质量安全纳入国家重大科学研究重点，开展畜产品质量安全全程控制技术研究，研发快速、精准、便捷的畜产品质量安全监测评估技术、分析方法、标准物质和仪器设备，研究建立畜产品等级规格品质标样和数据库。强化畜产品质量安全科研人才队伍建设，推进省级农产品质量安全专业技术研究机构全覆盖和整建制研究能力提升，推动地方设立畜产品质量安全科技规划项目。鼓励和支持科研院所、大专院校、公司、学会等积极参与推动畜产品质量安全科技进步。

第三节 我国畜产品质量安全科技创新

一、我国畜产品质量安全科技创新发展现状

（一）国家项目

继“十一五”食品安全科技创新被列入国家中长期科技规划公共安全领域优先主题后，“十二五”期间，我国继续启动了“食品安全科技支撑计划（2011—2015）”和国家科技支撑计划项目“现代奶业发展科技工程”等项目。“十二五”食品安全科技支撑计划设置了4个重点项目，包括食品安全高新检测检验技术研究与产品开发、食品安全风险评估关键技术研究、食品安全溯源控制及预警技术研究与推广示范以及食品非法添加物筛查技术和装备研发，主要构建了兽药残留、生物毒素、致病微生物、人兽共患病和重大动物疫病的抗体资源库；研制了一批重要污染物参考标准物质，提出安全限量标准；研发毒理学阈限值技术用于食品添加剂危害识别，建立食品安全国家标准

指标值；开展了海产品中副溶血性弧菌定量微生物风险评估等。“现代奶业发展科技工程”项目重点开展了奶牛群发性疾病防治及原料奶质量控制等关键技术研究，提高生鲜乳质量安全水平。

科技部“973”计划2013年立项资助以中国农业大学沈建忠教授为首席科学家的“畜禽重要病原菌抗生素耐药性形成、传播与控制的基础研究”，另外，还资助了一些研究畜禽产品品质、重要畜禽与水产养殖疾病的发病机理等与质量安全相关的项目。国家“863”计划支持了现代农业技术领域主题项目“农业物联网与食品质量安全控制体系研究”。星火计划共资助了包含各类畜产品生产质量控制、畜产品中兽药残留与致病菌检测、畜产品质量追溯系统、新型畜产品质量安全检测技术等内容的68项畜产品质量安全相关项目/课题。农业部公益性行业（农业）科研专项支持了中国农业科学院苏晓鸥研究员主持的“反刍动物β-激动剂残留规律与关键技术集成与示范”项目和杨曙明研究员主持的“动物养殖中新型未知添加物筛查与确认技术研究与示范”项目。

（二）创新领域

畜产品的质量安全问题从本质上来说属于科技问题，“十二五”期间，我国畜产品质量安全科技创新在学科建设、检测技术、风险评估技术、过程控制技术、产品溯源与真实性识别技术等方面取得很大进展。

1. 学科建设方面

我国畜产品质量安全科学研究体系逐渐健全，理论不断丰富，全国范围内从事农畜产品质量安全研究的专业机构网格化体系基本形成。从国家层面看，中国农业科学院、中国水产科学研究院、中国热带农业科学院相继成立了专业的研究所从事农畜产品质量安全方面的研究工作；从地方层面看，29个省级农产品质量安全研究机构成立，部分地市级农科院也开始组建农产品质量安全研究所（中心），大专院校也相继开设了食品安全或农畜产品质量安全专业，相互配套、相互补充的农产品质量安全研究体系逐渐建立。

随着农畜产品质量安全科学研究体系的构建，农畜产品质量安全学科建设也得到了发展。自2003年起，中国农业科学院已将“农业质量标准与检测”作为院九大学科群之一进行建设，重点开展农畜产品质量安全研究；“十二五”期间，中国农业科学院调整确立了以“学科集群-学科领域-研究方向”为框架的3级学科建设体系，将质量安全与加工作为八大学科集群之一。2010年，农业部按照学科群部署建设了一批农业领域重点实验室，农产品（含畜产品）质量安全作为30个学科群之一，于“十二五”期间，建设了包括综合性实验室和专业性实验室在内的9个部级农产品质量安全重点实验室，以共性技术研发为主，学科群内不同实验室的职责和任务各有侧重。

2. 检测技术方面

截至“十二五”末，我国共研发出500多项残留确证检测技术，其中农药多残留确证检测从最初的不到30种发展到700多种，兽药多残留确证检测可覆盖20大类300余种，建立了主要以农药和兽药残留为主的多项确证检测技术及标准，农畜产品质量安全检测技术水平不断提高。在快速检测方面，我国已经具备制备各种农药、兽药残留、违禁添加物抗体近300种，研发快速检测产品600余种，快检产品的市场占有率从“十五”末期的不到10%上升至目前的80%以上。

3. 风险评估技术方面

在风险评估共性技术方面，我国已经初步确立了剂量-反应评估中基准剂量评估技术，建立了农畜产品中化学污染物累积性膳食暴露评估方法和阶梯式暴露评估方法；开展了农畜产品质量安全风险建模技术研究，已形成国家农畜产品质量安全监测信息平台数据上报系统、分析系统和综合管理系统以及农产品质量安全风险评估系统等。在农畜产品质量安全风险监测方面，我国已经针对农兽药残留等危害因子，开展连续动态立体式风险隐患摸底排查和专项评估，获得风险监测数据23

万余条。

4. 过程控制技术方面

目前，我国农畜产品质量安全过程控制技术研究主要集中在研究污染物的环境过程以及对农业投入品及内源毒素的削减控制技术研究；我国已经形成了农产品产地土壤重金属污染区边界划分的技术方法及水产生产区域划分方法。如2011年，我国参照欧盟法规制定形成了《2011年海水贝类生产区域划型工作要求》。针对农药和兽药等农业投入品，主要依据毒理学数据和残留消除规律制定出最大残留限量标准。我国已对135种兽药做出了禁限规定，其中有兽药残留限量规定的兽药94种，涉及限量值1 548个，允许使用不得检出的兽药9种，禁止使用的兽药32种；建立了兽药残留检测方法标准519项。在毒素的削减控制技术方面，目前已经形成的相关管理规范或标准有《防止黄曲霉毒素污染食品卫生管理办法》等，研制的黄曲霉毒素解毒酶等新技术处于国际先进水平，并在动物饲料生产加工领域得到应用。

5. 产地溯源与真实性识别技术

在信息追溯方面，我国已发布了《农产品产地编码规则》《农产品追溯编码导则》及《热带水果分类和编码》等规范文件，建立了农垦农产品质量追溯系统，覆盖28个省（自治区、直辖市），涵盖谷物、蔬菜、禽肉等主要农产品。在身份识别与溯源技术方面，我国近年来也建立了一系列方法，包括DNA标记法、近红外反射光谱法、稳定同位素法、矿物元素法等，在牛肉产地溯源、有机猪肉溯源与真实性识别及鸡肉溯源技术等方面奠定了技术基础。

（三）国际影响

在国家各类科技项目资助下，我国畜产品质量安全科技创新能力与水平迅速提升，国际影响力逐渐增加。目前，我国在畜产品质量安全领域的论文量排名世界第二位，其中2007—2010年论文量排名世界第七位，2011—2013年上升到世界第二位，之后一直保持在世界第二位。从论文影响力角度看，三个阶段我国的篇均被引频次排名都是第八位，高于韩国和巴西。我国论文的标准引文影响指标（NCI）值为0.76，低于国际平均水平，但高于巴西和韩国。ESI高水平论文量为30篇，全球排名第八位，与论文总量排名第二位相比，尚有较大差距（表8-4）。

表8-4　三个时间段畜产品质量安全领域我国的排名情况

2007—2010年				2011—2013年				2014—2017年			
国家	论文量	总被引频次	篇均被引频次	国家	论文量	总被引频次	篇均被引频次	国家	论文量	总被引频次	篇均被引频次
美国	2 770	64 830	23.40	美国	2 491	33 736	13.54	美国	3 333	13 733	4.12
西班牙	985	22 178	22.52	中国	1 101	10 832	9.84	中国	2 345	6 380	2.72
巴西	879	7 487	8.52	巴西	1 046	5 914	5.65	巴西	1 543	3 038	1.97
意大利	840	16 229	19.32	西班牙	956	11 687	12.22	西班牙	1 172	4 555	3.89
英国	747	22 336	29.90	意大利	763	9 891	12.96	意大利	1 158	4 543	3.92
法国	722	17 279	23.93	德国	671	8 086	12.05	英国	889	5 055	5.69
中国	704	12 097	17.18	英国	599	10 158	16.96	澳大利亚	837	3 590	4.29
德国	684	15 475	22.62	法国	581	8 053	13.86	德国	830	3 184	3.84
加拿大	607	14 704	24.22	加拿大	579	7 989	13.80	韩国	795	1 420	1.79
韩国	569	6 127	10.77	韩国	569	3 735	6.56	加拿大	743	3 099	4.17

从国际合作角度看，我国与美国、澳大利亚、加拿大、英国等主要发达国家，以及巴基斯坦等

发展中国家都开展了密切的合作（表 8-5）。

表 8-5　2007—2017 年我国畜产品质量安全研究合作论文量 Top10 国家

合作国家	合作论文量（篇）
美国	498
澳大利亚	102
加拿大	98
爱尔兰	70
英国	72
韩国	57
日本	54
德国	45
巴基斯坦	38
法国	32

我国畜产品质量安全领域的重要研究机构有中国农业大学、中国农业科学院、南京农业大学、中国科学院、浙江大学、四川农业大学等（表 8-6）；其中，中国农业大学、中国农业科学院、南京农业大学进入全球前十位，分别排名第四、六、九位；各机构的篇均被引频次与国际平均的 9. 25 次/篇相比，中国科学院、浙江大学高于国际平均水平，其他机构都低于国际平均水平。

表 8-6　2007—2017 年我国畜产品质量安全研究合作论文量 Top10 国家

中国机构	论文量（篇）	总被引频次（次）	篇均被引频次（次/篇）	H 值
中国农业大学	459	3 475	7. 57	27
中国农业科学院	404	2 189	5. 42	23
南京农业大学	347	2238	6. 45	23
中国科学院	253	2 978	11. 77	29
浙江大学	239	2 677	11. 20	26
四川农业大学	185	801	4. 33	12
华中农业大学	162	1 121	6. 92	18
西北农林科技大学	206	1 267	6. 15	18
江南大学	124	955	7. 70	16
山东农业大学	76	378	4. 97	10

从专利的角度看，我国畜产品质量安全领域专利量排名世界第一。中国农业科学院和中国农业大学等是国际重要的专利技术开发机构。

二、我国畜产品质量安全科技创新与发达国家之间的差距

与发达国家相比，我国畜产品质量安全整体上还处于“跟跑”向“并跑”迈进的阶段，科技创新能力和水平还有一定差距。一是我国在畜产品质量安全领域的科技投入较低。除了从“十五”开始资助了“食品安全关键技术”和“奶业重大关键技术研究与产业化技术集成范”两个重大专项以外，国家自然科学基金委和科技部“973”“863”计划资助的重大、重点项目总体较少。2005 年以来对于畜产品质量安全方面的研究，国家自然科学基金委资助重点项目仅 2 项，“973”计划

资助项目仅3项，“863”计划现代农业技术领域仅1项。二是畜产品质量安全科技领域较窄。从资助项目看，我国的研究领域主要集中在畜产品有害物检测方面，包括农兽药残留、食品添加剂、违禁添加物、微生物与致病菌的检测，资助了少量畜产品加工与质量安全方面的研究，但在质量安全过程控制、风险评估、预警技术等领域研究力量相对较弱。三是我国畜产品质量安全科技创新基础较为薄弱。例如，我国存在自主开发的检测设备少，关键耗材严重依赖进口；现有的畜产品危害因素本底污染数据、毒理学数据等基础数据缺乏；农兽药面源污染阻断与评价技术缺乏；溯源技术缺乏系统性等问题。四是企业畜产品质量安全创新能力较差。我国畜产品质量安全研究主体主要是科研机构和大学，如中国农业科学院、中国农业大学和南京农业大学等，有一部分企业承担了产业化推广方面的项目，只有少部分企业开展了具有较强创新性的研究工作。

三、我国畜产品质量安全科技创新存在的问题及对策

（一）理论创新

我国在畜产品质量安全领域投入不足，尤其是在基础理论研究方面，导致我国畜产品质量安全理论创新严重不足。我国国家自然科学基金和“973”计划仅资助了少量的基础研究项目，开展了畜产品加工中影响肉品质量的因素、微囊藻毒素在食物网中迁移规律及其对水产品质量安全的影响等基础研究工作，而且质量安全研究通常只是大计划中的一小部分。另外，畜产品质量安全风险评估、危害物迁移转化规律等研究所需的基础数据缺乏，对进一步深入系统开展风险评估与预警研究的支撑不足。因此，迫切需要加强畜产品质量安全方面基础研究的经费支持力度，鼓励科研人员积极探索，系统开展危害因子污染特征、危害形成机制、迁移转化规律、防控机理等方面的基础研究，提高我国畜产品质量安全基础理论创新能力。

（二）技术创新

由于原创性基础理论缺乏，导致我国在畜产品质量安全技术创新上支撑不足，缺少重大技术突破。我国虽然在畜产品质量安全方面的专利申请数量排名世界第一，但是大部分的专利质量较低，技术含量较低，有效专利的维持时间也很短。以检测技术为例，国外畜产品中化学污染物快检技术的目前发展主要体现在三个方面：食品生产加工过程的无损检测技术，高通量、高灵敏度和高特异性技术及生物化学传感器、便携式质谱仪等便携式小型化仪器设备的研发。而我国严重缺乏原创性检测技术，大部分技术创新基于国外进口的仪器平台，大量的速测新技术停留在实验室阶段，没有形成落地的成果。

（三）科技转化

尽管我国畜产品质量安全领域的研究论文排名世界第二、专利量排名世界第一，但是科技成果转化率低，科研成果与产业实践之间衔接不紧密。畜产品质量安全保障和研究中所需的关键设备、关键材料、标准品等大部分依赖进口。而我国研制的大量新技术由于缺乏后续经费和企业的支持，科研成果往往仅停留在发表论文阶段，没有更进一步地进行成果转化应用。并且，研究成果转化成国际标准少，国际标准制定的参与度低。科研体制问题是导致科技转化不足的重要原因，表现为产学研脱节、科研人员考评方式以发表文章为主，技术转化的动力不足。因此，加强科研转化能力的根本在于进一步改革科研体制，切实建立产学研有机结合机制，鼓励科研人员技术发明向生产实际中转化。

（四）市场驱动

畜产品质量安全具有显著的社会公共物品属性，主要依赖于政府的监管和驱动。而饲料、养殖、屠宰、加工等畜产品生产相关的企业对于质量安全的投入有限，市场驱动力不足。近年来，随着“瘦肉精”“苏丹红”“三聚氰胺”等一系列畜产品质量安全事件的发生，政府和社会对畜产品质量安全高度重视，畜产品生产相关的企业对质量安全的认识大幅提高，在质量安全检测和控制上的投入增加，但由于畜产品企业数量多、门槛低、规模小，加之受市场行情波动大、竞争激烈等因素的影响，生产经营企业对畜产品质量安全控制能力仍较为薄弱。

第四节　我国科技创新对畜产品质量安全发展的贡献

一、我国畜产品质量安全科技创新重大成果

据统计，“十二五”期间，我国畜产品质量安全领域相关研究成果获得国家级科技奖励 4 项，其中国家科学技术进步二等奖 2 项，国家技术发明奖 2 项。此外，相关成果获得省部级奖励数十项。表 8-7 列举了“十二五”期间我国畜产品质量安全领域相关国家级科技成果奖励和北京、上海两个重点城市的科技奖励。由于畜产品质量安全在农业领域属于新兴的交叉学科，研究基础相对于遗传、育种、营养等传统学科薄弱，获得国家级科技奖励的数量少，成果的系统性、集成性较差，主要集中在检测技术等个别领域或作为其他学科领域成果的组成部分。

表 8-7 “十二五”期间我国畜产品质量安全领域相关科技成果奖励

年度	获奖等级	项目名称	主要完成人	主要完成单位
国家奖				
2012	国家科学技术进步奖二等奖	优质乳生产的奶牛营养调控与规范化饲养关键技术及应用	王加启、刘建新、卜登攀、高腾云、王文杰、周凌云、杨红建、陈历俊、李胜利、于静	中国农业科学院北京畜牧兽医研究所、浙江大学、河南农业大学、天津市畜牧兽医研究所、中国农业大学、北京三元食品股份有限公司、天津梦得集团有限公司
2013	国家科学技术进步奖二等奖	冷却肉品质控制关键技术及装备创新与应用	周光宏、祝义亮、徐幸莲、彭增起、李春保、徐宝才、张楠、章建浩、高峰、黄明	南京农业大学、江苏雨润肉类产业集团有限公司、江苏省食品集团有限公司
2015	国家技术发明奖二等奖	基于高性能生物识别材料的动物性产品中小分子化合物快速检测技术	沈建忠、江海洋、吴小平、王战辉、温凯、丁双阳	中国农业大学、北京维德维康生物技术有限公司
2016	国家技术发明奖二等奖	动物源食品中主要兽药残留物高效检测关键技术	袁宗辉、彭大鹏、王玉莲、陈冬梅、陶燕飞、潘源虎	华中农业大学
北京市科学技术奖				
2012	一等奖	便携拉曼光谱仪及免疫快检产品研发与乳品安全速测应用	邹明强、齐小花、刘峰、张孝芳、傅英文、郝俊虎、李军、何方洋、万宇平、张程、李勐、陈艳、马寒露	中国检验检疫科学研究院、北京勤邦生物技术有限公司、山西出入境检验检疫局检验检疫技术中心、宁夏出入境检验检疫局检验检疫综合技术中心、辽宁出入境检验检疫局检验检疫技术中心

（续表）

年度	获奖等级	项目名称	主要完成人	主要完成单位
2011	二等奖	食品化学污染物限量标准和检测技术	吴永宁、李敬光、赵云峰、史建波、阴永光、苗虹、尚晓虹、周萍萍、李筱薇、张磊	中国疾病预防控制中心营养与食品安全所、中国科学院生态环境研究中心
2013	二等奖	农药残留安全评价研究	周志强	中国农业大学
2016	二等奖	饲料质量安全关键因子监控新技术研发及应用	苏晓鸥、石波、王培龙、王瑞国、王静、万宇平、班付国、索德成、赵根龙、李兰、程劼、李阳、张维	中国农业科学院农业质量标准与检测技术研究所、中国农业科学院饲料研究所、北京勤邦生物技术有限公司、河南省兽药饲料监察所
2011	三等奖	分类食品中农兽药物残留模块化检测方法建立及样品处理设备研发	储晓刚、张峰、凌云、孙利、周新、杨敏莉	中国检验检疫科学研究院、北京市疾病预防控制中心、中国农业大学、中华人民共和国湖北出入境检验检疫局、湖南省检验检疫科学技术研究院、吉林出入境检验检疫局检验检疫技术中心
上海市科技进步奖				
2016	二等奖	食源性致病菌控制关键技术及应用	刘箐、陈颖、董庆利、王玥、徐宝才、丁甜、姜英辉、方水琴、朱江辉、刘东红	上海理工大学、中国检验检疫科学研究院、上海迪安医学检验所有限公司、浙江大学、国家食品安全风险评估中心、江苏雨润肉食品有限公司、山东出入境检验检疫局检验检疫技术中心
2016	三等奖	针对“非传统食品安全”问题的质量检测技术创新及应用	伊雄海、韩丽、吴斌、徐敦明、赵善贞、丁涛、罗祎	中华人民共和国上海出入境检验检疫局、江苏出入境检验检疫局动植物与食品检测中心、厦门出入境检验检疫局检验检疫技术中心、中国检验检疫科学研究院
2016	三等奖	质量辨识技术在食品污染物风险监测中的集成应用及示范	邓晓军、樊祥、杨惠琴、赵超敏、岳振峰、伊雄海、王敏	中华人民共和国上海出入境检验检疫局、深圳出入境检验检疫局食品检验检疫技术中心
2015	三等奖	食品化妆品检验检疫标准化创新研究与应用实践	李晓虹、王传现、韩超、张小栓、陈树兵、邱德义、张缙	上海出入境检验检疫局
2015	三等奖	涉及食品质量安全的多项关键检测技术研制及其有效应用	李想、郑秋月、于海燕、黄新新、韩丽、熊炜、张舒亚	上海出入境检验检疫局
2015	三等奖	食品安全风险交流“老马识毒”科普系列	马志英	上海徐汇区

（一）饲料及畜产品质量安全检测技术

检测技术畜产品质量安全获奖数量最多、成果最集中的领域，涉及饲料及畜产品中的小分子化合物检测、农畜药残留检测、化学污染物检测等，包括中国农业大学的“基于高性能生物识别材料的动物性产品中小分子化合物快速检测技术”项目（国家技术发明二等奖）、华中农业大学“动物源食品中主要兽药残留物高效检测关键技术”（国家技术发明二等奖）、中国检验检疫科学院等机构“便携拉曼光谱仪及免疫快检产品研发与乳品安全速测应用”（北京市科学技术一等奖）、中国农业科学院等机构“饲料质量安全关键因子监控新技术研发及应用”、上海理工大学等机构的“食源性致病菌控制关键技术及应用”（上海市科技进步二等奖）、上海出入境检验检疫局等机构的“针对‘非传统食品安全’问题的质量检测技术创新及应用”（上海市科技进步三等奖）和“涉及食品质量安全的多项关键检测技术研制及其有效应用”（上海市科技进步三等奖），以及山东省食品药品检验研究院的“食品中化学添加物及药物残留检测技术研究与应用”等。据统计，截至“十二五”末，我国研发出500多项残留确证检测技术，其中兽药多残留确证检测可覆盖20大类300多种。研发快速检测产品600多种，国内快检产品市场占有率从“十五”末期的低于10%提升到现在的80%以上。

（二）风险评估与安全性评价技术

我国在畜产品风险评估与安全性评价技术方面的研究起步较晚，相对不够系统，获得的成果较少，主要是一些省部级的奖励。例如，中国疾病预防控制中心营养与食品安全所等机构“食品化学污染物限量标准和检测技术”（北京市科学技术二等奖）、中国农业大学“农药残留安全评价研究”（北京市科技二等奖）、上海海洋大学的“南美白对虾质量安全控制与风险评估体系的构建及应用”（上海市技术发明三等奖）和“海产品质量安全控制与风险评价体系的构建及应用”（上海市技术发明三等奖）等。在风险评估技术方面，我国初步确立了剂量-反应评估中基准剂量评估技术，开展了风险建模技术研究；在基础风险监测数据方面，我国已对农兽药开展专项评估，获得风险监测数据23万多条，形成多份风险监测与评估报告。

（三）畜产品质量安全过程的控制技术

畜产品质量安全过程控制技术方面的成果主要是作为动物产品加工的部分内容，例如，南京农业大学、江苏雨润肉类产业集团有限公司、江苏省食品集团有限公司研发的“冷却肉品质控制关键技术及装备创新与应用”项目（国家技术进步二等奖），系统开展了冷却肉品质控制关键技术及装备的研发与应用，在冷却肉品质控制关键工艺技术以及关键装备研发等方面取得了重要进展。

二、我国畜产品质量安全科技创新的产业贡献

我国畜产品质量安全科技创新具有社会公益性的属性，其对产业的贡献主要体现在减损增效、保障食品安全、促进产业发展等方面。例如，国家技术发明奖二等奖“基于高性能生物识别材料的动物性产品中小分子化合物快速检测技术”项目，针对兽药、霉菌毒素和非法添加物等三大类危害物，提出了半抗原合理设计理论和技术，为高通量多残留快速检测提供了关键技术和材料，发明了系列核心试剂配方和工艺技术，构建了库容量超过300种的抗体库，研发出快速检测ELISA试剂盒和胶体金试纸条产品60多种，在全国30多个省区市应用，有效保障了食品安全，经济社会效益显著。国家技术发明奖二等奖“动物源性食品中主要兽药残留物高效检测关键技术”项目，发明兽用抗菌药和违禁化合物残留检测核心试剂及产品、多组分残留物痕量衍生及加压溶剂萃取等新技术，解决了兽药残留高效、快速、高通量检测的一系列关键技术问题。项目成果在全国使用面达30%~50%，兽药残留超标率由使用前的5%~10%下降到2%以内，养殖业平均增收159.23亿元。北京市科学技术二等奖“饲料质量安全关键因子监控新技术研发及应用”项目，开发出系列检测

新技术、前处理新材料、速测新产品和参比物质，完善我国饲料质量安全监控标准和技术体系，对饲料中关键因子检测覆盖率从70%提高到90%，在北京奥运会供奥食品安全保障，“输美宠物饲料事件”“三鹿奶粉事件”以及“3·15健美猪事件”中发挥了强有力的支撑作用，促进饲料行业产值增加和节支近10亿元。

三、科技创新支撑畜产品质量安全发展面临的困难与对策

当今世界科技发展日新月异，科技创新已经成为支撑产业发展的主导力量。相对而言，畜产品质量安全科技创新对我国畜产品产业发展的支撑仍显不足，主要存在以下几个方面的困难。一是畜产品质量安全基础研究投入不足。畜产品质量安全属于传统畜牧学与新兴食品安全的交叉学科，既具有畜牧学、食品安全等学科的共性基础，又具有自身独特的方面。目前，关于畜产品质量安全的研究主要集中在检测技术、风险评估等方面，其基础性研究还非常薄弱，特别是对于各种危害物的来源和特征，在动物体内代谢、迁移、转化规律及预防控制理论基础缺乏。二是畜产品质量安全系统性研究不够。畜产品质量安全研究应贯穿“从农田到餐桌”的系统理念，但目前我国畜产品质量安全研究主要分散在不同的科研机构、高等院校和大中型企业，特别是在缺乏国家重大项目支撑的情况下，相关研究工作很难系统性开展。三是畜产品质量安全研究力量分散薄弱。目前真正国家级的专业研究队伍尚未成形，科研力量分散在不同的部门。在农业部门，有中国农业科学院、中国水产科学研究院、中国热带农业科学院等；在质检部门，有中国标准化研究院、中国检验检疫科学研究院等；在卫生部门，有中国疾病预防控制中心；其他部门也有涉及，包括教育、环保、商业、外贸等，总的来说，比较分散。从农业部门来讲，专业的研究队伍仍比较弱小，大量的研究工作主要由农产品质检中心的检测人员承担。四是畜产品质量安全研究成果市场对接困难。由于从事畜产品加工领域的企业大多数规模偏小，对畜产品质量安全的认识仍主要停留在口头上，过分重视眼前短期利益，对质量安全方面的投入不足，对相关领域科技创新成果兴趣不浓，主动进行成果转化的动力不足。

因此，畜产品质量食品安全创新驱动关键在于顶层设计，实现从田间到餐桌的无缝化、系统性设计。强化科技创新和制度创新的结合，发挥技术、品牌、生产方式、商业模式、市场机制等各方面创新的叠加效应。培育畜产品质量安全示范基地和品牌、创新畜产品质量安全市场主体、探索创新驱动和国际接轨的畜产品质量安全保障机制。其次，加强畜产品质量安全基础理论和关键技术研发，制定完善的国内标准以及国际接轨的标准规范，突破畜产品优质、安全、绿色加工关键共性技术，在危害物识别、危害形成机制、防控技术机理等方面取得重要进展。

第五节　我国畜产品质量安全未来发展与科技需求

一、我国畜产品质量安全未来的发展趋势

畜产品质量安全是食品安全的重要组成部分，特别是随着我国经济的发展，人民生活水平的提高，畜产品在我国人民食品消费中的占比越来越高，畜产品质量安全在食品安全中的地位尤为突出。近年来，在各方的共同努力下，我国畜产品质量安全监管成效显著，畜产品质量安全水平处于历史最好时期。但是，由于影响畜产品质量安全的因素多、来源广，除违禁添加物、兽药等人为因素外，还存在二噁英、重金属、环境内分泌干扰物、霉菌毒素、病原菌、过敏源等大量的非人为危害因素。这些来源于环境和天然的危害因素将始终存在，对畜产品质量安全造成长期的威胁，而且具有引起畜产品突发性重大质量安全事件的隐患。并且，畜产品质量安全治理涉及环境、生态、

卫生、养殖、食品加工等多个领域，全面保障我国畜产品质量安全依然任重而道远。

（一）我国畜产品质量安全发展目标预测

我国畜产品质量安全发展目标应该围绕《“健康中国2030”规划纲要》《“十三五”国家食品安全规划》《“十三五”农业科技发展规划》等国家重大战略，加强畜产品安全治理，推动科技创新，使畜产品质量安全水平、畜产品产业发展水平和人民群众满意度明显提升。

（二）我国畜产品质量安全发展重点预测

1. 短期目标（至2020年）

依据《“十三五”农产品质量安全提升规划》和《“十三五”食品科技创新专项规划》等国家重要规划，预计到2020年，畜产品质量安全相关的法律法规、标准和监管体系等进一步完善，过程控制和风险分析等技术支撑能力显著提升，产品溯源和企业诚信机制基本建立，突破一批核心关键技术，基本实现畜产品质量安全标准与国际接轨，形成较为完善的全产业链畜产品质量安全保障体系，初步形成社会共治格局，违法生产经营引起的畜产品安全风险得到有效遏制，畜产品质量安全监控技术水平得到全面提升。

2. 中期目标（至2030年）

根据《“健康中国2030”规划纲要》等国家战略中对食品安全的规划，预计到2030年，建立起与国际标准基本接轨的完善的畜产品安全标准体系，实现畜产品安全风险监测与食源性疾病报告网络实现全覆盖，全面推行标准化、清洁化畜产品生产，完善畜产品市场准入制度，建立畜产品全程追溯协作机制，健全从源头到消费全过程的监管格局，产地环境污染治理见到实效、食源性疾病实现主动预防和控制，食品营养失衡引发的慢性非传染病高发态势得到遏制。

3. 长期目标（至2050年）

根据我国“两个一百年”的奋斗目标，到2050年第二个百年目标已经实现，我国将成为富强民主文明和谐美丽的社会主义现代化强国。与之适应，我国畜产品质量安全将达到国际领先水平，畜产品质量安全保障体系完备，科技创新实力雄厚，在国际畜产品质量安全标准制定中具有充分的话语权。

二、我国畜产品质量安全产业科技需求

畜产品质量安全问题的存在，虽然有体制、机制、管理等多方面原因，但基础研究工作薄弱，科技储备严重不足，科技支撑乏力，也是非常重要的原因。提高畜产品质量安全水平关键要依靠科技创新，优先满足科技创新需求。一是加强专业研究机构建设。建立国家级畜产品质量安全研究机构和平台，构建畜产品质量安全科技创新体系。二是加强学科建设。在大专院校和科研院所普及畜产品质量安全学科专业，开设相关课程，增加硕士、博士等研究生招生规模。三是加强人才队伍建设。整合科研力量，培养和建立一支专业化、高素质的畜产品质量安全研究和技术推广人才队伍，完善畜产品质量安全科研和检测专业职称系列和业绩评价体系。四是加强科研条件建设。加大畜产品质量安全科研和监测投入，打造一个国家级高精尖的畜产品质量安全研究平台，带动全国畜产品质量安全研究和监测体系。五是加强科研立项。立足于畜产品质量安全公益性的特点，围绕国家食品安全重大战略需求，加大对畜产品质量安全方面的科研立项，加强科研经费支持力度。

三、我国畜产品质量安全科技创新重点

（一）我国畜产品质量安全科技创新发展趋势

1. 创新发展目标

畜产品质量安全科技创新的目标包括在农业科技创新的范围之内，但又不同于其他农业学科的创新工作。畜产品品质量安全科技创新的目标主要包括 3 个方面：一是保护公众消费安全。促进公众消费安全与身体健康是食品安全战略的一个基本目标，必须围绕消费安全和消费者的健康开展畜产品及食品质量安全研究。二是保护畜产品生产者利益。积极研究和推广畜产品质量安全控制技术，促进畜牧业标准化和产业化发展，全面提升畜产品的质量和安全水平，提高畜产品附加值，增加农民收入，最大限度地保护农民利益。三是促进国际贸易。面对国外这些年针对畜产品越来越严的技术壁垒，必须大力加强畜产品质量安全的研究，尽快提高我国畜产品及食品的安全水平。

2. 创新发展领域

（1）畜产品质量安全检测技术领域。运用现代物理、化学、生物学、计算科学理论和方法，研究畜产品中营养品质、功能成分以及农兽药、生物毒素、有机污染物、环境激素等分析新理论、新技术，建立畜产品质量与安全检测技术及标准体系。主要包括基于新型功能材料的高效前处理新技术、畜产品品质形成及无损监测技术、智能化畜产品质量分等分级新方法、生物监测及非定向筛查技术等。

（2）畜产品质量安全风险评估领域。开展对化学和生物等污染物的风险评估、控制与预警的食品安全风险评估方法和理论的研究，发展符合我国国情的食品安全风险评估技术方法体系。主要包括畜产品中重要化学污染物的剂量-反应评估理论、暴露评估方法优化与模型、混合污染物联合暴露综合评估风险排序与模型、畜产品累积性暴露评估方法与模型、主要畜产品中危害因素风险评估模式及风险评估信息系统的整合与构建等。

（3）畜产品质量安全过程控制领域。研究污染物在畜产品中的污染途径、成害机制及控制措施，构建畜产品安全、清洁生产理论和典型模式，建立畜产品质量安全过程控制技术体系。主要包括污染物在产地环境中的迁移转化及降解规律，畜业投入品面源污染阻抗、钝化、消减技术，典型污染物生物修复理论和机制，典型污染物与品质指标的相关性研究，畜产品产地污染物阈值及产地安全评价指标体系等。

（4）畜产品质量安全溯源领域。开展畜产品质量安全溯源的理论和方法研究，主要包括矿物元素、同位素技术、生物组学技术的溯源新方法研究，不同生产模式畜产品溯源技术和综合溯源系统的构建等。

（5）畜产品质量安全标准领域。开展畜产品质量安全标准研究和标准物质研究，健全农业标准体系。主要包括农兽药残留限量制定，产地环境污染物限量标准与安全评价分类，畜产品安全与品质评价相关标准物质研制。

（6）畜产品营养组分作用机制及分离基础领域。研究畜产品组分的营养与功能的相关性及其作用机制、组分分离新技术，建立畜产品品质营养功能解析与利用技术体系。主要包括畜产品功能成分影响人体健康的分子营养学机制，畜产品功能成分在人体内的代谢途径、吸收方式与作用机制，功能成分在畜产品中的存在形态、结构及分布，畜产品组分高效分离与重组关键技术，绿色、循环、多组分提取的理论和方法等。

（二）畜产品质量安全优先发展领域

1. 基础研究方面

在基础研究方面，开展畜产品中主要危害因子筛查识别、来源归趋、环境行为、毒理毒性、消长代谢规律和防控机理研究；畜产品质量安全与品质形成规律，全产业链质量安全管控技术理论研究；重要食源性致病菌耐药机制及传播规律研究；畜产品典型污染物及新型未知风险物质危害识别与毒性机制研究；畜产品加工与食品安全的互作关系与调控基础研究；畜产品安全信息传播规律和预警的大数据汇聚融合理论研究等。

2. 应用研究方面

在应用技术方面，强化技术创新能力，突破全产业链质量安全控制及预警等共性关键技术，重点突破生产源头控制、加工过程控制、产品流通控制和市场监管支撑等关键技术，提升国家畜产品检验检测与危害控制能力，构建食品质量保障技术与标准体系。研发农兽药残留、重金属、病原微生物、生物毒素、外源添加物的快速筛查与精准识别技术，建立农兽药残留等贯通全产业链主要危害因子管控技术，研发与农兽药残留限量标准配套的关键检测技术及设备，实现快速检测试剂与装备国产化率全面提升，风险因子筛查实现定向检测和非定向筛查的双突破，基于风险评估的畜产品安全标准科学性得到加强，大数据技术在畜产品安全智能化监管中广泛应用，全产业链畜产品安全风险控制能力进一步加强。

第六节　我国畜产品质量安全科技发展对策措施

一、产业保障措施

（一）推动以需求为导向，产学研相结合的科技创新体系

鼓励院校畜产品质量安全相关企业通过自行建立研发队伍，委托、资助科研院校等形式进行科技攻关和研发活动。加大科研院校在基础研究、前沿技术研究、社会公益研究等领域的支持力度。加快科研院校创新平台建设，丰富科技交流形式，促进科研成果转化，充分发挥企业和研究机构各自资源优势，提高整体科研效率。

（二）加大畜产品质量安全研究领域的科研立项

加大畜产品质量安全基础研究、前沿技术研究、社会公益研究等领域的科研立项，开展跨行业、跨专业协作，重点解决饲料、养殖、屠宰、加工、检测和风险评估等领域重大关键技术问题，优先发展风险分析、快速检测、过程控制、主要污染物残留控制等共性技术。

（三）加强畜产品质量安全领域的国际交流与合作

鼓励科技人员参与国际交流与合作，积极引进污染防治、疫病防控、过程控制、风险监测与预警、风险分析等领域的先进技术，吸收国际畜产品质量安全领域知名专家，参与我国畜产品质量安全专家顾问活动，吸纳全球才智，推动我国畜产品质量安全研究水平的全面提升。一方面，积极参与国际标准制定，实现主要标准与国际接轨，提升畜产品贸易的国际竞争力；另一方面，积极争取成为国际规则、标准制定者，提高我国在畜产品安全领域国际标准制修订中的话语权。

（四）建立和完善多学科复合型人才保障体系

从国家层面加强畜产品质量安全专业人才及与信息学、医学、经济学、管理学等领域复合型人才的培养，制定相关机构人才培养梯队和建设规划，健康建立适应新形势下的畜产品质量安全监测、风险评估、标准管理、兽医、环境治理、食品研发等专业人才队伍，加强执法队伍和企业从业人员专业知识培训，促进全行业人才队伍专业素养和业务能力的全面提升。

二、科技创新措施

一是加强基础研究投入。针对我国对畜产品质量安全相关的基础研究投入少、基础理论创新不足的现状，迫切需要加大资助和投入，提高我国相关基础理论创新能力。二是构建并完善相关基础数据库。WHO 以及美国、欧盟等国家和地区构建了多个食品安全相关的基础数据库与平台，为食品安全事件溯源、食品安全风险评估与预警预测分析提供坚实的数据支撑。我国畜产品安全要从“被动应对”向“主动保障”转变，构建并完善相关基础数据库是首要基础。优先建立食源性致病菌全基因组国家数据库、畜产品相关的化学危害物本底及毒理学数据库等。三是加强关键技术研发。突破一批核心关键技术，建立较为完善的全产业链食品质量安全保障体系，全面提升我国食品质量安全监控技术水平。四是加强风险监测与评估技术应用。基于海量数据开展大规模畜产品质量安全风险监测与评估，研发人源细胞替代动物毒理学测试技术等。五是加强跨学科交叉合作。畜产品质量安全是一门多学科交叉融合的产物，应加强与畜牧、兽医、食品加工、化学、生命科学等学科的交流与合作，促进学科间渗透融汇，提高畜产品质量安全研究水平。

三、体制机制创新对策

（一）改进评估机制，促进合作研究和人才培养

畜产品质量安全是一个跨学科领域，与畜禽饲养、动物疫病防预、畜产品加工与包装、运输与市场流通都密切相关，需要与这些领域加强合作。而目前我国以发表第一或通信作者论文量等为主的评估评价机制不利于科学合作，需要改变以作者排序、以论文量多少为依据的评价机制，设立多维度的评价体系，鼓励跨学科合作研究。

另外，多维度的评价体系还有利于人才培养。目前我国已初步建成以中国农业科学院、中国水产科学研究院、中国热带农业科学院专业的农产品质量安全研究所代表的国家层面，以及 29 个省级农产品质量安全研究机构为代表的地方层面的农产品质量安全研究体系，部分地市级农科院也组建了农产品质量安全研究所（中心），大专院校也相继开设了食品安全或农产品质量安全专业，该研究体系的重要研究领域是畜产品质量安全。但是，面对未来畜产品质量安全领域的巨大科研需求，人才缺口很大，加强畜产品质量安全领域的专业人才培养，进一步加强质量安全专业学科建设。

（二）监管系统要紧跟科技发展步伐

借鉴国外的做法，我国的畜产品质量安全监管体系应紧跟科技发展，建议从三方面进行：①对监管人员加强培训，不断更新知识；②对于新出现的风险与危害，监管机构要与科学家和科研人员合作，及时制定有针对性的监管指南与措施，尽量减少或避免新兴危害物带来的风险；③采用的监管方式与工具要与时俱进，及时采用经验证为性能稳定、准确率高的先进的技术，这样既能提高监管效率，又能促进新兴技术成为标准被广泛采用，促进科技创新。例如，美国 Anastassiades 教授

2003 年开发的 QuEChERS（Quick、Easy、Cheap、Effective、Rugged、Safe），目前已经成为美国农业部的标准方法。

（三）加强畜产品质量安全国家标准建设，使质量标准逐步与国际接轨

制修订产业发展和监管急需的食品基础标准、产品标准、配套检验方法标准、生产经营卫生规范等。密切跟踪国际标准发展更新情况，整合现有资源建立覆盖国际食品法典及有关发达国家食品安全标准、技术法规的数据库，开展国际食品安全标准比较研究。依托现有资源，完善食品安全标准网上公开和查询平台，公布所有食品安全国家标准及其他相关标准。整合建设监测抽检数据库和食品毒理学数据库，提升标准基础研究水平。将形成技术标准作为组织实施相关科研项目的重要目标之一，并作为科研项目重要考核指标，相关成果可以作为专业技术资格评审依据。

（四）加强科普宣传与培训，提高全社会的质量安全理性认识

充分利用“全国食品安全宣传周”等活动，加强畜产品质量安全相关的动物卫生监督与检疫法律法规等知识宣传与培训，开展风险交流、普及科普知识活动，提高民众的畜产品质量安全意识，以便加强监管，促进科技创新。

（苏晓鸥、王瑞国）

主要参考文献

安玉莲，孙世民，夏兆敏 . 2017. 国外畜产品质量控制的措施与启示［J］. 中国农业资源与区划，38（3）：231-236.

金芬，郑床木，钱永忠 . 2017. 我国农产品质量安全科技创新及突破方向［J］. 农产品质量与安全（3）：3-8.

林驭寒，陈安 . 2014. 我国公共安全领域安全生产、食品安全与检验检疫、自然灾害科技创新取得阶段性成果［J］. 科技促进发展（1）：78-88.

倪晓添，谢爱玲 . 2016. 我国食品安全存在的问题与对策——以国外食品安全做法为例［J］. 粮食流通技术（14）：37-38.

吴永宁 . 2015. 我国食品安全科学研究现状及“十三五”发展方向［J］. 农产品质量与安全（6）：3-6.

叶志华 . 2009. 推进农产品质量安全科技创新的战略思考［J］. 农产品质量与安全（6）：7-10.

第九章　养殖业生态环境与科技创新

摘要：本章系统梳理了国内外畜禽废弃物处理发展与科技创新现状，总结了国外畜禽粪污处理科技创新发展的方向及对我国的启示，并在综述“十二五”期间我国畜禽废弃物处理发展和科技创新现状基础上，从科技创新重大成果和成果产业转化两方面概述了我国畜禽废弃物处理和资源化利用科技创新对产业发展的贡献，分析了我国畜禽废弃物处理利用技术与发达国家的差距、存在的主要问题及对策。分析了我国畜牧业绿色可持续发展对畜禽废弃物处理的科技需求，提出以经济、实用技术研发与示范为主，兼顾理论创新和废弃物高值转化等前沿技术探索是我国畜禽废弃物处理与利用技术的发展趋势，是促进我国家畜粪污处理科技发展的对策措施。

第一节　国外家畜粪污处理发展与科技创新

一、国外家畜粪污处理发展现状

（一）世界家畜粪污处理发展概述

发达国家在大规模的集约化养殖发展之初，因畜禽粪便未得到适当的处理而导致严重的环境污染：欧洲发达国家地表水中总磷污染负荷的24%~71%源自农业，美国中部地区河流中37%的总氮和65%的总磷来自畜禽粪便（韩冬梅等，2013）。

美国为了贯彻执行《清洁水行动计划》，由农业部和环保局联合出台了“畜禽养殖废弃物污染防治国家战略”，该战略的核心内容是畜禽粪便综合养分管理计划（CNMP），目的是将畜禽养殖污染防治与粪便养分利用结合起来，解决养殖场的粪污处置、农作物粪肥利用以及农业面源污染问题，恢复和保护全美水源水质。2003 年美国环保局出台法规要求所有可能排放污染物的规模化畜禽养殖场，都必须申请国家污染物排放削减许可（NPDES），而 CNMP 是其获得 NPDES 的必要条件，所有规模化畜禽养殖场必须制订和实施养分管理计划。美国 CNMP 实施十多年来，约 25.7 万个规模养殖场制订并实施了 CNMP 计划，使 84%的畜禽粪便（约 135 万吨粪便氮和 63 万吨粪便磷）通过种养结合进行还田利用，其中约 35%的畜禽粪便在自有农场进行利用、49%的粪便运送至其他农场使用。随着 CNMP 的实施，美国特色的种养结合型畜禽粪便处理利用模式逐渐形成，成功地解决了畜禽粪污的环境污染问题。

德国、法国、荷兰、奥地利等欧盟成员方，选择了集约化家庭农场的发展道路。为了防治畜禽废弃物的环境污染，欧盟出台了一系列政治法规，如共同农业政策（CAP）、良好农业规范（GAP）、《饮用水指令硝酸盐指令农业环境条例》和《欧盟有机农业和有机农产品与有机食品标志法案》等，鼓励通过减少放牧量、减少化肥使用量、推动畜禽粪便有机肥的加工和使用，促进畜禽粪便的资源化利用。20 世纪 90 年代颁布的新环境法对每公顷载畜量、农用畜禽粪便废水限量标准和圈养畜禽的密度进行了详细规定，限制养殖规模的扩大，同时限制大型农场的建设，以保证有充足的土地可以消化利用畜禽粪便，并对遵守规定的养殖户给予一定程度的养殖补贴。欧盟通过强化落实“以地定畜、种养结合”的畜禽养殖污染防治理念，以因地制宜的养殖方式，在一定区域内实现了种养平衡，优化废弃物中营养物质的综合利用技术，结合精细化管理和全程化的管控手段，使畜禽废弃物的环境污染问题得到妥善解决。

日本的畜禽养殖以农户小规模饲养为主，为防治畜禽废弃物的环境污染，先后出台了《水污染防治法》《恶臭污染防治法》和《畜禽废弃物处理和利用法》等7部法规，要求猪舍、牛棚和马厩面积分别为50平方米、200平方米和500平方米以上且在公共用水区域排放污水的畜禽养殖场，需在都道府县知事处申报并建设废弃物处理设施，并制定了畜禽养殖污水排放标准，日本农林水产省对畜禽废弃物环境污染防治给予经济资助：对畜禽废弃物处理利用新技术研发和推广应用进行资助；对养殖场环保处理设施建设费给予50%的国家财政补贴和25%的都道府县补贴；对畜禽养殖场环保设施采取减税和免税（孟祥海等，2014），同时通过专业废弃物集中处理中心的建设和有效运行，以及发酵床养殖技术的开发，促进了畜禽废弃物环境污染的有效防治。

（二）主要发达国家在畜禽粪污处理方面的主要做法

发达国家也曾面临畜禽废弃物的污染防治难题，各国综合考虑各自国情以及畜禽废弃物的特点，研究提出了适合本国畜禽养殖特点的废弃物处理和利用技术，成功地解决了畜禽废弃物的环境污染问题，如美国基于液体粪便农田利用技术及其专用设备的开发，通过种养结合有效防治养殖废弃物的环境污染；欧洲国家借助世界一流的沼气工程技术，成为“能源生态型”畜禽废弃物污染防治的典范；日本和韩国则通过先进的静态、槽式和反应器等好氧发酵技术及其配套设备的开发，对畜禽粪便进行高效肥料化利用。发达国家畜禽废弃物处理利用的总体思路是以资源化利用为主，兼顾污染物源头减量，各国的主要做法如下。

1. 美国

美国走种养结合循环农业发展之路，将猪、牛等动物的粪尿以及冲洗水等混合物贮存起来，在适当季节作为液体肥料应用于大田作物生产，并形成了一套完善的方法，即“畜禽粪便综合养分管理计划”。

美国所有规模化养殖场必须制订和实施畜禽粪便综合养分管理计划。

2. 欧洲

粪水处理也是欧洲猪场最头疼的问题，主要被运送到农田作肥料，实现种植业与养殖业之间的良性循环。欧洲养殖场都要求匹配足够面积的农田，将粪水或沼渣/沼液作为肥料就近还田利用，应用于农作物生产。

（1）丹麦。丹麦大多数农场采取种养结合模式，畜禽粪便及废弃物通过中温（该地冬天最低温度为-18℃）发酵产生沼气发电，沼液沼渣再回到田间的中转池储存，作为天然有机肥料通过施粪机械施入农田。裸露土地施用粪肥，必须12小时内将其犁入土壤中。在有冻土或冰雪覆盖的地方，不得施用粪肥。为防止农场规模过大，对环境造成影响，丹麦法律规定，超过500个畜禽单位时，要进行环境评估，根据评估结果，来决定是否允许其扩大规模。该技术在丹麦很成熟，又是新生绿色能源的一种，越来越被重视（韩冬梅等，2013）。

（2）荷兰。由于荷兰养殖业高度密集，所以严格限制农田粪肥施用量。2002年开始采取畜禽粪便处理协议机制。协议要求产生粪便量过大的农场，必须采用种养结合的模式，或与加工商签订粪便处理协议。荷兰法规规定，喷洒在耕地或草地上的畜禽粪便，必须24小时溶入土壤中，一旦耕地施肥量足够，必须将多余的粪肥运送到粪肥不足的地区。当田地无农作物，或因季节性影响农作物不能吸收营养的时候，不得向田地里施肥。

（3）英国。英国的畜牧业远离大城市，与农业生产紧密结合，为了更好地实现种养平衡，英国限制建设大规模养殖场，对规模化养殖场的动物数量进行严格限定：单个养殖场的最高饲养量为肉牛 1 000头、奶牛 200 头、种猪 100 头、绵羊 1 000只、肥猪 3 000只、蛋鸡 7 000只（韩冬梅等，2013），且养殖场建设前要经过严格的审批。

（4）比利时。比利时 90%以上的粪水都是直接在猪场四周的大型贮存池中厌氧发酵 6~9 个月后，使用施粪机械运送到农田作肥料进行利用，该利用方式操作简单，投资少。

比利时动物生产规模大，大部分粪便除直接还田外，还有过剩，必须出口到其他国家。为了便于运输，粪便固液分离后，固体部分制造成有机复合肥，液体部分通过电极逐步分解 $NH_4 \rightarrow NO_x \rightarrow N_2$，最终将氮肥转化成氮气进入空气，大大减少了废水中的 N 含量，每公顷的沼液还田量扩大到 400 吨，为原粪水还田量的 20 倍。

3. 日本

日本将固体粪便与液体污水分开处理，对畜禽固体粪便进行微生物发酵处理生产各种专用有机肥，并开发出立式堆肥设备、转盘式堆肥设施等多种先进的堆肥装备；对养殖污水采用膜技术等进行深度处理，达标排放。

（三）世界畜禽粪污处理产品贸易现状

畜禽粪污处理产品包括：畜禽粪污资源化产品，是以畜禽粪污为原料所转化而来，如肥料，沼气等；畜禽粪污处理装备，是基于畜禽粪污处理利用目的而开发的专用装备。产品贸易包括国内贸易和国际贸易两种。

世界各国的国内贸易主要为畜禽粪污资源化产品，如有机肥、沼气、沼气发电等，这些产品主要是在国内进行贸易，比如荷兰开发了一套粪肥交易系统，农民可以通过这个系统卖出或买入粪肥处置权，拥有闲置容量的农民，可以将多余的施肥权卖给有需求的农民，实现粪肥的有偿交易，提高畜禽粪便的资源化利用率。

国际贸易，首先是发达国家的粪污处理装备作为商品进入国际贸易市场，向发展中国家输出，如美国液体粪便农田施肥系统装备向加拿大、克罗地亚等国家出口；德国、意大利等欧洲国家的沼气工程技术及其装备向其他国家出口；日本立式堆肥装备等向中国等发展中国家出口等。其次，荷兰和比利时等国家动物生产规模大，大部分粪便除直接还田外，还有过剩，也出口到邻近的其他国家。第三种则是碳排放交易机制，全球碳交易市场已成为世界的主要产品市场之一，由工业化发达国家提供资金和技术，在发展中国家实施具有温室气体减排效果的项目，而项目所产生的温室气体减排量则列入发达国家履行《京都议定书》的承诺；发展中国家畜禽粪污能源化利用产生的可再生能源、沼气发电等，按照国际公认的清洁发展机制（CDM）方法学计算，把替代下来的传统方式产生的温室气体量算为减少了的温室气体排放量，经严格核准和批准后与发达国家交换技术和资金。我国目前存在的碳交易模式主要有清洁发展机制（CDM）和自愿减排机制（VER），自 2002 年 CDM 项目进入中国后，中国的清洁发展势头强劲，且清洁发展机制已成为我国对外碳交易的主要方式。

（四）畜禽粪污处理技术发展对畜牧业发展的贡献

20 世纪 50 年代，集约化养殖在发达国家兴起，不适当的畜禽粪便处理方式导致大量粪污排放，导致严重的环境污染。20 世纪 70 年代，日本养殖业造成的环境污染十分严重，曾用“畜产公害”描述畜禽养殖业的环境污染形势。欧洲畜牧业发达，在整个农业产业发展中占有重要的位置，工业化和现代化养殖使欧洲养殖业得以顺利发展，但随之产生的大量畜禽粪便导致一系列的环境问题，如硝酸盐、磷酸盐、有机物对水资源的污染，氮氧化物、甲烷对空气的污染，磷酸盐、重金属的残留对土壤的污染，传染病毒传播等。美国是畜牧业养殖大国，畜牧业年产值约占农业总产值的48%，但同时畜禽废弃物污染也已成为美国最大的环境保护问题，美国淡水系统中1/3的氮和磷都来自畜禽养殖业，大肠杆菌是美国弗吉尼亚州水体污染的主要成分，美国威斯康星州密尔沃基市的城市供水受到动物粪便原生寄生物的污染，引发了美国近代史上规模最大的突发性腹泻症，受感染者超过40万人。畜禽废弃物的环境污染问题曾经严重制约了发达国家畜牧业的可持续发展，畜禽粪便的有效管理面临前所未有的挑战。

解决畜禽废弃物的环境污染问题关键是科技的推动，发达国家除政策引导和保障外，高度重视畜禽粪污处理技术研究、推广与应用。日本开发了粪便发酵技术、干燥或焚烧技术、化学处理技术、污水深度处理技术、恶臭生物和化学去除技术等，为畜禽粪污的有效处理提供了技术支持，使《废弃物处理与消除法》《防止水污染法》和《恶臭防止法》得到有效贯彻和实施，畜禽废弃物的环境污染问题得到有效防治。

荷兰是世界上出口畜产品最多的国家之一，其高度集约化的畜牧业生产所产生的废弃物使之成为重要的农业污染源。在荷兰政府积极推动下，科研机构加快技术研发，发布实施了《畜禽养殖污染防治可行技术》指南目录，包括清洁生产技术、生产管理技术和废弃物综合利用技术，这些技术均是基于“粪便营养物质综合利用”的系统物质循环理念。首先是通过实用技术控制温室气体排放阈值，如养殖场设置、粪便收集系统建设、通风系统建设采用的技术都是用于减少营养元素以气态形式的排放量，减少氮、碳元素的流失；其次是通过废弃物资源化利用技术，充分利用农业生态循环系统物质流和能量流，如沼气发电技术、沼液微生物生物质提取技术、干粪生物制肥技术等，最大限度实现废弃物综合利用；荷兰科研部门研究重点不仅仅局限于末端的粪污综合利用技术，而是针对禽舍设计、养殖管理、粪污收集、养分提取等全过程的控制技术研究（杨倩，2014）。

美国政府与赠地大学合作开展畜禽粪污处理技术研发和推广，为畜禽养殖场的环境保护提供技术支持。农牧结合是美国解决养殖业的污染的重要手段之一，并研究开发了与之配套的畜禽粪污收集、贮存、施肥利用等关键技术和装备，同时注重加强农业技术推广队伍建设，通过建立以政府为主导，农场、企业和个人等多元化的农业技术推广体系，使得一大批高新技术得到有效示范推广应用，极大地提升了畜牧业发展水平、推进畜牧业的发展。如美国通过教育、科研、推广“三位一体”的农业推广体系，使得美国农业科技成果推广率达80%，农业科技对农业总产值的贡献率达到75%以上（刘志颐等，2014）。

二、国外家畜粪污处理科技创新现状

（一）世界家畜粪污处理科技创新概述

畜禽废弃物的环境污染问题曾经或正在困扰着世界各国，畜禽废弃物的处理和利用一直是畜牧环境领域的研究热点，美国、日本和欧洲等发达国家和地区较早开展养殖废弃物处理和利用技术研究，一直引领该领域的前沿研究，并通过各国特色畜禽废弃物处理与技术模式的推广应用，成功地解决了畜禽废弃物的环境污染问题。美国基于种养结合，提出了畜禽粪便综合养分管理计划（CNMP），并研究开发CNMP实施所需的畜禽废弃物中养分和病原微生物及其他污染物质去除技术、畜禽粪便高效利用技术、畜禽粪便运输和利用技术及其设备动物尸体堆肥处理技术（USDA和USEPA，1999；Kloot等，2004；Oh等，2004；Glanville等，2013），通过CNMP的实施有效解决了畜禽废弃物的环境污染问题；欧洲重视可再生能源的开发，提出了能源生态型畜禽废弃物处理利用模式，围绕畜禽粪便（主要为猪粪和牛粪）与能源作物混合厌氧发酵（Nkoa，2014），通过连续搅拌反应器的物料产气率和有机物负荷等运行参数优化、混合厌氧发酵沼气产生数学模型开发（Lübken 等，2007；Linke 等，2013）、沼渣沼液长期农田利用的重金属累积效应（Arthurson，2009；Nkoa，2014）和沼液浓缩技术（Velthof，2011）研究，有效防治畜禽废弃物的环境污染；日本和韩国则主要通过畜禽固体粪便堆肥技术系统（Fukumoto 等，2015；Kuroda 等，2015）、养殖污水鸟粪石结晶磷回收和人工湿地等净化处理技术系统（Suzuki 等，2006；Sharma 等，2013）开发，为养殖污水达标排放提供了技术支持。

近年来，畜禽废弃物中抗生素残留的环境风险成为新的研究热点，美国、英国、西班牙、丹麦、德国和中国等国家对兽用抗生素的去除技术进行了实验室小试研究（Kolz 等，2005；García-Galán 等，2009；Guo 等，2012；Fernandes 等，2015；Widyasari-Mehta 等，2016），畜禽粪便抗生素残留的生态毒性、环境归趋以及有效去除技术仍是未来研究的重点；厌氧发酵对物料中病原体或其他传染性物质的无害化也将受到关注；利用粪便和粪便堆肥通过热解生产生物原油或催化气化转化富氢合成气技术是养殖废弃物处理前沿技术（Jeong 等，2015），目前该数据尚处于实验阶段但有很好的发展前景。

（二）主要发达国家畜禽粪污处理科技创新成果的推广应用

畜牧业发展的动力有市场的拉动，也有政策的引导，但关键是科技的推动。高度重视畜牧科技的研究、扩散与推广工作是发达国家加强畜牧产业发展的核心环节和主要经验。近年来，国外发达国家通过科研机构和推广部门有机结合，相互配合，形成了农业技术研发、推广网络，使得一大批高新技术得到有效示范和推广应用，大大提升了畜牧业发展水平。

美国通过以赠地大学为依托，农业科研、教学和推广“三位一体”的农业推广体系，采取试验示范、电话咨询、技术培训、社区活动等形式对农民实施 CNMP 及其相关技术进行指导；由有资质人员帮助养殖场编制 CNMP，并确保养殖场有一人经过 CNMP 培训，从而有效推动了 CNMP 的顺利实施。

荷兰通过国家财政资金支持，开展技术创新实验、应用技术研发和技术示范工程等项目，鼓励高校和企业科研机构开展中试工程建设，重点开展畜舍绿色建设技术、温室气体减量化技术、沼液微生物有机质提取技术、沼气发电技术等创新性技术研发，以及技术示范工程和技术比选工程建设（杨倩，2014）。

在日本农林水产省相关畜禽粪污处理利用科研项目的支持下，根据日本畜禽养殖场的技术需求，研究开发出畜禽养殖场粪便好氧堆肥、粪水厌氧发酵沼气工程、发酵床养猪等技术；日本畜产环境整备机构负责畜禽粪污处理利用相关技术的推广应用，通过畜禽粪污处理利用设施建设的政府补贴，促进了畜禽废弃物处理利用技术的应用及其装备的产业化，极大地提升了畜禽养殖场粪污处理利用设施的配套水平。

（三）世界畜禽粪污处理科技创新发展的方向

世界畜禽粪污处理科技创新的发展方向主要是兽用抗生素残留新型污染物的去除、粪便和污水增值转化技术研发。

1. 粪便和污水增值转化技术研究

欧美等国开始探索粪便和污水增值转化技术。利用畜禽粪便中的生物质，通过热解气化、热裂解、热解液化等热化学转化技术，将畜禽粪便转换成可燃气、生物炭、液体燃料等高品质能源产品。以微藻净化养殖污水，净化污水产生的大量藻体可用于提取与开发油脂、藻胆蛋白、藻多糖等高附加值产品，且以微藻为原料的新一代生物燃料，可减少对土地、水源等的消耗，具有广泛的应用前景。畜禽粪便和污水增值转化技术为养殖废弃物的新能源升值利用奠定了基础。

2. 粪污中兽用抗生素残留的环境风险及去除技术

畜禽养殖过程中，兽用抗生素除了用于动物感染性疾病治疗外，因具有提高饲料转化率和预防疾病的功能而被用作饲料添加剂，兽用抗生素的使用量大。据估算，2013 年我国抗生素总使用量约为 16.2 万吨，其中 52%为兽用抗生素，然而兽用抗生素在畜禽体内并不能被完全吸收利用，30%~90%药物以原形或初级代谢产物的形式随动物粪便和污水排出体外。当畜禽粪便作为肥料利用进入土壤、并通过地表径流或淋溶进入地表或地下水体，即使环境暴露的浓度很低，也能对农业生态系统产生生态毒理效应、影响微生物生态、导致耐药菌和抗性基因的出现和积累，耐药菌和抗性基因最终通过食物链影响畜禽甚至人类健康，因此，兽用抗生素的环境风险相关研究日益受到世界各国的高度重视。

三、国外畜禽粪污处理科技创新经验及对我国的启示

我国畜禽粪污处理利用科研起步较晚，养殖业的环境保护工作基础薄弱，同发达国家的管理水平相比差距较大。从发达国家畜禽粪污科技创新的经验中可以得出一些有益的启示。

1. 强调应用技术研究及其集成创新

畜禽粪污的环境污染防治，需要基础应用技术的支撑，由于畜禽粪污处理涉及多个环节，需要将各环节技术进行优化组合才能实现最佳的应用效果。当前，我国畜牧业发展正处于生产方式和产业结构的转型阶段，借鉴国外畜牧业发展经验，遵循减量化、无害化和资源化的原则，根据我国畜禽养殖规模化、自然资源禀赋等实际，研究明确适合我国畜禽养殖特点的粪污无害化处理和资源化利用模式，针对各种模式在粪便收集、处理和利用环节的技术需要，开发单项关键应用技术及其配套装备，在此基础上集成畜禽粪污处理利用优化技术工艺，通过集成创新，有效解决我国畜禽粪污的环境污染问题，推动畜禽养殖业的可持续发展。

2. 重视基础前沿研究及其原始创新

科技创新包括基础研究、应用研究、开发研究、科技成果产业化等环节，基础研究是科技创新的基础和源泉。发达国家原始创新主要来源于基础研究。没有基础研究，就没有高水平的技术创新，更谈不上科技成果产业化。发达国家鸟粪石结晶成粒、专用微生物等基础研究为养殖污水中鸟粪石结晶法回收磷、发酵床养猪等应用技术开发奠定了基础。我国是世界畜牧业大国，目前畜禽粪污的环境问题突出，在应用技术研发的同时，应重视粪污处理的基础研究，为畜禽粪污处理新技术的开发做好储备，提升我国畜禽粪污处理领域的科技水平和世界影响。

第二节　我国畜禽粪污处理发展概况

一、我国畜禽粪污处理发展现状

随着我国畜牧业持续快速发展，畜禽养殖总量增加和规模养殖比重提高，畜禽废弃物的产生量逐渐增多且相对集中，环境污染问题日益突出，畜禽粪污的环境污染问题引起了全社会的广泛关注。针对畜禽废弃物污染防治的技术需求，我国先后研究开发出固体粪便塔式好氧发酵、静态通气堆肥、条垛式堆肥以及深槽好氧发酵技术和设备，牛场粪便垫料回用、畜禽粪便基质利用等技术；沼液灌溉技术及设备、养殖污水人工湿地处理、厌氧+好氧+氧化塘组合处理、厌氧+高级氧化处理、厌氧+氧化塘处理、膜生物处理等技术，并探索出“牛-沼-草”“猪-沼-果”“猪-沼-大田作物”等种养结合处理模式，为畜禽养殖场废弃污染的有效防治提供了支持，至 2015 年，全国畜禽

废弃物的综合利用率达到60%。

尽管近年来各地涌现出多种针对不同畜种、不同养殖规模的粪污处理模式，形式多样，但真正大面积推广的经济高效的处理模式不多。一方面原因是技术模式不成熟、不完备，另一方面原因是经济上不可行，不仅固定资产投入大，而且运行成本昂贵，让一些养殖场户望而却步（农业部，2015）。我国畜禽粪污处理水平有待进一步提升。

二、我国畜禽粪污处理与发达国家的差距

尽管随着产业发展和科技进步，畜禽废弃物的综合利用水平逐步提升，仍有相当比例的畜禽废弃物未得到有效处理和利用，环境污染问题依然突出。据行业统计，2014 年规模畜禽养殖化学需氧量和氨氮排放量分别为 1 049万吨和 58 万吨，占当年全国总排放量的 45%和 25%，占农业源排污总量的 95%和 76%，全国共有 24 个省份的畜禽养殖场（小区）和养殖专业户化学需氧量排放量占到本省农业源排放总量的 90%以上。与发达国家相比，我国畜禽粪污处理的差距主要表现如下。

1. 畜禽养殖全过程管理控制不到位

我国畜禽养殖污染防治思路仍是延续工业源和生活源治理思路，重点开展污染末端治理，对于前端生产投入品的源头减排和养殖过程管控环节重视不够，不仅造成饲料资源的浪费，而且在一定程度上加重了末端处理的压力。美国高度重视污染物的饲料源头减排，将其列为综合养分管理计划的重要组成部分，而我国对饲料源头减排技术在养殖生产中的应用甚少；另外，我国畜禽养殖污染控制的主体是水体污染物，忽略了对于大气、土壤中污染物的控制，致使畜禽废弃物管理过程，尤其是堆肥过程的臭气纠纷和相关投诉增多，使畜禽养殖场面临更大的环保压力。

2. 粪污处理技术及模式的选择存在盲目性

由于我国绝大部分畜禽养殖场并未配备粪污处理专业人员，因而养殖场在进行粪污处理技术及模式选择时存在一定的盲目性，不能针对养殖场的实际情况，综合考虑粪便收集、处理和利用等相关环节，选择最佳的粪污处理技术模式及其配套技术，致使养殖场粪污处理设施的投资成本高，但运行效果不理想，甚至不得不重复投资，给养殖场带来很大的经济负担。

3. 小规模养殖对粪污处理的重视不够

通过持续推进标准化规模养殖，我国畜禽养殖的规模化水平不断提升，2014 年生猪年出栏 500 头以上规模养殖比重达到 42%，蛋鸡年存栏 2 000只以上规模养殖比重达到 69%，奶牛年存栏 100 头以上规模养殖比重达到 45%，但是小规模养殖仍占有较大的比重。小规模养殖场（户）单独进行粪污处理极不经济，养殖户也无力承担其投资和运行费用，但是大量的小规模养殖畜禽粪污不进行有效处理，尤其是养殖密集区，其环境污染问题仍然突出。尽管小规模养殖场的粪污集中处理模式被广泛接受，但是其投资渠道和运行机制有待进一步探讨。

三、我国畜禽粪污处理存在的主要问题及对策

我国畜禽粪污处理存在的主要问题及对策如下。

1. 畜禽粪污处理设施投入不足

畜禽养殖业的经济效益不高，大部分畜禽养殖场的废弃物处理设施建设资金和运行成本主要由养殖企业自行承担，由于养殖场的经济承受能力有限，导致废弃物处理设施建设不足，废弃物处理能力与粪污产量不匹配，养殖场的环保处理设施不能确保对全量畜禽粪污进行有效处理，抑或是为了节省运行成本，人为缩短粪污处理设施的运行时间，导致部分废弃物在未经处理或未经过有效处理而排放，给生态环境平衡带来了严重的威胁。建议各级政府拓宽对畜禽粪污处理设施的资金支持渠道，对养殖场粪污处理设施的建设和运行给予适当的资助。

2. 畜牧业规划与布局不合理

畜禽养殖废弃物的主要成分为有机物，其中含有较高的氮、磷营养元素，是植物生长所需的主要养分，通过种养结合发展循环农业是国外普遍采用的畜禽粪污处理方法。但是我国畜牧业在各省市地区发展并不平衡，相对集中于传统的畜牧业大省及东部沿海发达地区，尤其在东部沿海发达地区，由于区域内人口密集，畜牧产品需求量大，使畜牧业得到规模化发展，而这种饲养密度导致这些地区畜牧业生产废弃物排量逐年增加，粪污中氮、磷等养分无法就地农田利用，难以通过种养结合解决畜禽粪污的环境污染问题。建议借助现阶段农业转方式、调结构，合理调整畜禽养殖业的区域布局，探索多种形式的农牧结合发展模式，逐步实现畜禽粪污就地就近资源化利用。

3. 粪污处理工艺与装备不配套

畜禽粪污的有效处理，粪污管理的收集、贮存、处理和利用等多个环节，只有将各个环节作为一个整体进行综合考虑，才能实现最为理想的处理效果。而在实际生产中，不少畜禽养殖场对粪污处理相关技术进行选择时，并不能将各个环节相衔接进行系统分析，致使粪污处理工艺及其装备的选择不配套，虽然投入了粪污处理设施建设和运行成本，畜禽粪污的环境污染问题并未得到有效解决。

第三节　我国家畜粪污处理科技创新

一、我国畜禽粪污处理科技创新发展现状

在国家和各省相关科技项目的支持下，研究和突破了一批畜禽粪污处理关键技术，并逐渐研究形成了适合我国畜禽养殖特点的粪污处理利用技术模式，为养殖废弃物污染防治提供了技术支撑。

（一）国家项目

“十二五”期间国家科技支撑计划、公益性行业（农业）专项和水体污染控制与治理科技重大专项等国家计划均设立了相关的科研项目，具体如下。

1. “十二五”国家科技支撑计划项目

- 畜牧养殖业重要领域节能减排技术集成与示范
- 循环农业科技工程
- 低值和废弃农业生物质高效生物炼制与综合利用
- 生物质低能耗固体成型燃料装备研发与应用

2. 公益性行业（农业）专项

- 主要畜禽低碳养殖及节能减排关键技术研究与示范
- 南方地区草食家畜养殖环境及废弃物利用技术研究与示范
- 典型流域主要农业源污染物入湖负荷及防控技术研究与示范
- 集约化农区种养结合生产技术集成与工程示范

3. “十二五”水体污染控制与治理科技重大专项

- 养殖业污染防治相关项目

（二）创新领域（我国畜禽粪污处理科技创新取得的成就）

我国畜牧业持续快速发展，对满足城乡居民畜产品消费需求、促进农民增收做出了重要贡献，但是随着畜禽养殖总量增加和规模养殖发展，畜禽废弃物的产生量逐渐增多且相对集中，环境污染问题日益突出。在国家科技支撑计划、公益性行业（农业）专项等相关科技项目的支持下，我国

研究开发出了固体粪便堆肥处理、畜禽粪便沼气发酵、养殖污水膜生物反应器处理和人工湿地等单项技术，并针对不同规模、不同地域畜禽养殖场的废弃物污染防治需要，研究提出了种养结合、三改两分再利用、达标排放以及集中处理等4种畜禽废弃物处理与利用技术模式。

种养结合模式：养殖场固体粪便经过堆肥处理利用，液体粪便进行厌氧发酵、氧化塘等处理，将有机肥、沼渣沼液或肥水应用于大田作物、蔬菜、果树、茶园、林木等农作物生产。典型案例：北京奶牛中心、天津嘉立荷奶牛场。

三改两分再利用模式：改机械刮粪板清粪、实现粪尿分离，改饮水器降低饮水漏水、控制用水，改明沟排污为管道输送、减少过程污染；雨污分离、减少污水总量，固液分离、降低污染物浓度，污水进行生物处理和消毒后场内回用，实现养殖场零排放。典型案例：广东温氏食品集团股份有限公司。

达标排放模式：养殖场采用干清粪方式，养殖场污水通过厌氧、好氧等工艺处理后，出水水质达到国家排放标准要求，固体粪便通过堆肥等处理利用。典型案例：江苏昆山向阳乳业有限公司。

集中处理模式：在养殖密集区，建设固体粪便有机肥处理中心和（或）液体粪水沼气工程处理中心，对周边小规模养殖场（户）的粪便或污水进行收集和集中处理。典型案例：河北京安生物能源科技股份有限公司。

尽管我国畜禽废弃物处理利用相关研究起步较晚，但以上单项关键技术以及畜禽废弃物处理与利用技术模式为畜禽养殖场废弃污染的有效防治提供了支持，至2015年，全国畜禽废弃物的综合利用率达到60%。

二、我国畜禽粪污处理科技创新与发达国家之间的差距

我国关于养殖废弃物处理利用的研究起步较晚，但在固体粪便堆肥处理、畜禽粪便沼气发酵、养殖污水膜生物反应器处理和人工湿地等单项技术方面取得了很好的研究进展，但在畜禽粪污处理科技创新方面与发达国家相比仍有一定的差距，主要表现如下。

1. 粪污处理装备水平有待提高

粪污处理技术往往需要通过工程装备化以实现产业应用，目前我国畜禽粪污处理技术研究较多，但对配套装备研发投入很少，多数是沿用行业的设备（如城市污水处理、化工、制药等行业），因而应用中有一定的缺陷，性能不稳定，效率偏低，有些关键部件质量未过关，造成维修率高、使用寿命短，致使一些技术在实际生产中的应用效果并不理想。例如，我国沼气工程的专用设备与装备水平和发达国家有比较大的差距，我国畜禽场已建的沼气工程因配套设施不完善、可靠性差，致使沼气工程能维持全年稳定运行的不多（特别是冬季），设备故障率和维修率也比较高；而发达国家的沼气工程装备已实现设计标准化、产品系列化、生产工业化，如带切割装置的高固形物的进料泵、低速混合搅拌器、增温保温设施、生物脱硫装置等配套设备已形成专用、系列化产品，制造工业水平较高，产品性能稳定，为沼气工程高效运行提供了装备保障（颜丽等，2012）。

2. 粪污处理自动化程度有待提升

我国畜禽养殖场极少配备专业的粪污处理技术人员，且随着我国劳动力成本的提高，粪污处理自动化运行是未来的发展方向。目前我国畜禽场的粪污处理设施运行的整体自动化程度不高，设备操作和工程运行管理以手动为主。例如，我国沼气工程的自动化程度较低，沼气工程运营过程中一些较重要数据不能适时记录和统计，导致沼气工程运行不够方便快捷，甚至造成劳动力、原料等资源浪费；德国沼气工程自动化程度较高，从原料收集、分类、进料、高温消毒、发酵、产气、脱硫提纯、发电上网、出料、沼渣沼液贮存、运输等全过程均实现机械化、远程在线监测与自动调控。

3. 原始创新技术研究有待加强

我国每年有7 000多项农业科技成果问世，但转化为现实生产力的仅占40%左右，主要原因是缺乏自主创新的突破性成果和关键技术（万宝瑞，2013）。由于我国畜禽粪污处理技术研究起步较晚，鉴于畜禽废弃物污染防治的迫切需要，一直以来畜禽粪污处理相关研究以应用技术为主，自主创新的突破性关键技术研究相对不足。畜禽粪污处理不仅需要高新技术的引领，还需要基础应用技术的支撑。围绕我国畜禽粪污处理的关键环节、技术，依托资金、人才投入，组织科技攻关，力争取得一批突破性的重大科研成果，提升畜禽粪污处理的科技引领和支撑能力（刘志颐和张弦，2014）。

三、我国畜禽粪污处理科技创新存在的问题及对策

（一）技术创新

科技创新是生产力发展的决定力量，推进农业现代化的根本出路在科技，粪污处理科技创新是畜禽废弃物污染有效防治的必然选择。但是我国畜禽粪污科技创新仍面临一定的问题。

1. 粪污处理科研投入总量不足

政府对粪污处理的科研投入偏低；财政基本支出严重不足，保障不了农业科研人员研究和机构运转费用支出，科研人员花费的精力“创收大于创新”，使一些高层次人才稳不住、留不下；项目稳定性支持比例过低，科研人员忙于“揽活”。建议国家稳步提高粪污处理科技投入的比重，财政投入保证在职人员的工资待遇，全额保障农业科研机构正常运转费用，并提高粪污处理科技稳定投入的经费比例（万宝瑞，2013）。

2. 粪污处理“协同创新”平台缺乏

目前我国农业科研实行以课题制为主的管理方式，导致科研资源和力量分散，难以形成跨专业、综合性的协同创新团队与平台，导致科研效率偏低。建议加强国家农业废弃物循环利用科技创新联盟建设，围绕畜禽废弃物环境污染重大问题组建一批联合攻关协作组，集聚全国农业科技优势资源，探索建立国家需求导向、项目任务带动、平台资源共享、机制创新推动的高效协同创新机制。完善现代农业产业技术体系和农业部重点实验室体系建设，探索新型科技资源组合模式，大力推进科技力量整合和资源共享，巩固强化联合协作的新格局（农业部科技教育司，2015）。

3. 粪污处理科研队伍流失、拔尖人才严重缺乏

农业科技创新的关键在于要有一支高素质的人才队伍，由于粪污处理科研的研究条件差、待遇低，人才流失较为严重；随着农业科技发展，学术拔尖人才和学科带头人更显得缺乏，阻碍了农业科技创新。建议加强人才培养和引进，吸引一批具有世界前沿水平的高级农业专家，建立人才激励机制，着力培养粪污处理科研创新领军人物和稳定的人才队伍。

（二）科技转化

与国外牧业发达国家相比，我国现有的科技成果转化率较低，许多科技成果没有得到有效推广利用，目前我国农业科技成果转化率只有40%左右，远低于世界发达国家（万宝瑞，2013），主要原因如下。

1. 科研、教育与推广的结合不紧密

我国长期以来农业科研、教育与推广之间缺乏紧密联系，科研和教学工作也严重脱离农业生产实践，农业科研与推广相脱节，降低了科技成果转化率和科技对农业发展的贡献率。应建立农业科研、教学、推广三部门间的协调机制，对农业科研和推广项目进行统筹协调，促进农业科技成果的

转化速度。

2. 农业科技推广和服务体系建设投入不足

目前我国农业科技推广的资金投入情况与其需求相比有较大差距，导致农业推广服务组织推行农业科技缺乏基本物质条件和技术手段支撑，创新乏力，后劲不足，更直接影响科技成果转化速度。建议加大对公益性推广服务的支持，建立稳定的财政投入渠道，通过财政、税收等政策引导社会资金的投入，探索建立多元化投入体系。

3. 农技推广体制僵化

建议推动基层农技推广体系改革，进一步拓展基层农技推广机构服务职能，推动基层农技推广体系由“建机构、强队伍、补经费”向“强能力、建机制、提效能”转变，推进基层农技推广体系与新型农业经营体系紧密衔接，把工作的重点放在新型经营主体上，促进公益性推广机构与经营性服务机构相结合、公益性推广队伍与新型经营主体相结合、公益性推广与经营性服务相结合（宁启文，2016）。

（三）市场驱动

据分析，我国农业科研投资强度为0.77%，远低于全国科研投资强度1.7%的水平；政府农业科研投资强度为0.65%，根据联合国粮农组织（FAO）研究表明，当一个国家农业科研投资占农业产值比重大于2%时，该国农业科技才会出现原始创新（万宝瑞，2013）。建议加大公共财政对粪污处理科研投入的同时，制定鼓励私人及企业投资粪污处理科技的政策，大力吸引民间资本与外资进入粪污处理技术创新领域，并充分发挥税收与金融对粪污处理科研的大力支持。同时积极拓宽筹资途径和渠道，吸引社会力量加大对农业推广项目的物质和资金投入，促进科技成果的转化和应用。

第四节　我国科技创新对畜禽粪污处理发展的贡献

一、我国家畜粪污处理科技创新重大成果

近十年，我国畜禽粪污处理相关科技成果获得国家科技进步二等奖5项，各技术成果的科技创新具体如下。

1. “有机肥作用机制和产业化关键技术研究与推广”获2015年国家科技进步二等奖

该项目成果开展有机肥料养分循环与转化及其对土壤性质影响、有机（类）肥料产业发展关键技术研究，建立了$^{13}C^{15}N$双标记有机肥技术，揭示了有机肥C、N养分在土壤中的转化特征、首次揭示了有机培肥土壤的主要机理是通过改善土壤微生物区系和稳定土壤有机质结构来实现、首次建立了高含水量新鲜畜禽粪便生物脱水技术工艺、研发出适合于不同有机物料的堆肥菌剂和条垛式高效堆肥-连续添加氨基酸工艺及配套设备，使堆肥腐熟时间大大缩短，建立了腐熟度快速和精确检测方法、创新了有机肥推广机制。

2. “农业废弃物成型燃料清洁生产技术与整套装备”获2013年国家科技进步二等奖

该项目成果首次全面系统地进行了农业废弃物的干燥、粉碎、成型特性和机理的研究；研发出多个具有国内领先水平的成熟高效、可单独使用的农业废弃物干燥设备、粉碎设备和成型设备等关键设备；在国内首次研究设计出一体化、自动化、能源化预处理工艺及整套设备；研究建立了高效合理的大规模生物质成型燃料产业清洁发展模式及规范的生产体系；进行了成型燃料清洁生产分析，从能源消耗和环境排放出发，建立了成型燃料的生命周期能源消耗、环境排放分析模型；建立

了成型燃料生产厂原料最佳收集模式，清洁生产模式、推广及产品应用模式。

3. “畜禽粪便沼气处理清洁发展机制方法学和技术开发与应用”获2012年国家科技进步二等奖

该项目成果建立了全球第一个被联合国批准的核算户用沼气减排贡献的方法学，在200多万个农村CDM沼气户应用，并成为国际通用方法。首次创建了“大型养殖场畜禽粪便沼气处理CDM工艺”，突破了高含沙、难搅拌、冬季产气低、稳定性差等关键技术；集成创建了三种规模粪便沼气CDM技术模式并成功示范。年减少温室气体732万吨二氧化碳当量（CO_2e）、减排污染物COD 187万吨，并支持了《中国应对气候变化白皮书》等政策制定。该成果还被推广到越南、印度、孟加拉国等国家。

4. “有机固体废弃物资源化与能源化综合利用系列技术及应用”获2011年国家科技进步二等奖

本项目成果建立了“基于降解差异性的有机固体废弃物转化利用模式”，发现了热解燃烧过程抑制二噁英生成的新机制，发明了重金属原位钝化技术，研发了生活垃圾自动化组合分选、污泥深度脱水技术及物料快速分解技术，解决了“前端”预处理和“后端”二次污染控制问题；研发了生物肥、生物气、生物电系列技术，开发了热解制气、热解燃烧、气化发电等技术，形成了具有自主知识产权的生物转化和热转化组合技术与成套装备及高值化绿色产品。为30多个国内外地区和城市编制了生活垃圾处理方案设计报告，已建成7座大型垃圾处理厂，总处理量约4 400吨/日，经济效益累计3亿元；开发了医疗垃圾热解焚烧炉与城市家居固废热解燃烧锅炉，经济效益超过6亿元；开发的家禽粪便和城市污泥生物肥、生物气技术，已在全国11个省份推广应用，并在古巴、坦桑尼亚等国应用，累计处理量超过4 550万吨，推广生物有机肥672万亩，减少化肥用量320万吨，减少N、P、COD等面源污染380万吨，经济效益约21亿元。

5. “畜禽养殖废弃物生态循环利用与污染减控综合技术”获2009年国家科技进步二等奖

该项目成果发明了畜禽养殖废弃物保氮除臭适度发酵与功能有机肥技术，研制了系列堆肥发酵复合菌剂和生防促生多功能微生物添加剂，开发了堆肥“保氮除臭适度发酵”技术，发明了多功能生物有机肥技术，实现了工程化应用，堆肥周期仅为10~12天，氮素损失率降至10%以内，有机肥附加值提高50%以上，突破了资源化堆肥周期长、养分损失大和品质功效差等技术瓶颈；发明了畜禽养殖废水碳源碱度自平衡的碳氮磷同步处理技术，揭示了厌氧-SBR工艺氮磷转化与碳源/碱度耦联机制及生物脱氮效能衰变机理，创新开发了高氮高浓度废水“厌氧-加原水-间歇曝气”Anarwia处理工艺和微动力双循环碳氮磷同步处理工艺，废水COD、NH_4^+-N、TP去除率分别达93%、95%、90%以上，攻克了畜禽养殖废水处理工艺效率低、稳定性差、运行费用高的技术难题。

创建了畜禽养殖废弃物资源高效循环利用和区域污染减控的生态技术体系，发明了生态强化脱氮技术和厌氧产沼与生态化处理一体化技术，集成创建了“固液分离、畜粪适度发酵——功能有机肥生产、废水厌氧产沼/碳氮磷同步处理、农业多级综合利用”畜禽养殖废弃物资源循环利用与污染减控的生态技术体系，并得到广泛应用，实现了废弃物生态循环利用和区域消纳，解决了畜禽养殖废弃物面源污染削减难、循环利用效率低、产业化效益差等问题。项目成果已在全国115个畜禽养殖废弃物资源化与废水处理系统中成功应用，为规模化畜禽养殖区域面源污染治理和实现我国节能减排目标提供了技术支撑。

二、我国畜禽粪污处理科技成果的产业转化

中央财政从2001年开始设立了“农业科技成果转化资金”专项计划，以加快农业科技成果转

化应用，提高农业的科技含量和农业技术创新能力，增强农业的竞争力。一批畜禽粪污处理相关技术在《国家农业科技成果转化资金项目》支持下得到了熟化、产业化示范和推广，2006—2013 年农业科技成果转化资金支持畜禽粪污处理相关技术转化项目 50 余项，其中固液分离相关技术转化 2 项、液体粪污处理相关技术成果转化 11 项、粪污肥料化利用相关技术成果转化 18 项、发酵床养殖技术成果转化 3 项、其他综合技术成果转化 19 项。

1. 固液分离相关技术成果转化项目

- 牛粪固液分离技术与废弃物综合利用
- 畜禽粪便高效脱水关键技术及装备中试

2. 液体粪污处理相关技术成果转化项目

- 畜禽养殖污水膜生物反应器深度处理及资源化利用技术的中试
- 畜禽类粪便污水处理装置
- 规模化养殖场废水处理及资源化利用技术中试与示范
- 户用改进型水压式沼气池生产技术中试
- 固态两相厌氧消化关键技术与装备成果转化
- 厚料层及一体式覆膜槽干法沼气技术与装备示范
- 大中型农村废弃物沼气综合开发配套技术示范推广
- 以沼气为纽带的农业生态模式推广示范
- 沼渣液环保生物有机肥料产业化示范
- 沼液养殖微藻及其高附加值产品开发的中试研究与示范
- 寒区高效沼气发酵技术示范

3. 粪污肥料化利用相关技术成果转化项目

- 农业废弃物的生物降解及肥料化利用技术中试与转化
- 农业废弃物堆肥产品深加工与产业化示范
- 畜禽粪便无害化发酵生产高效有机肥技术转化
- 寒区畜禽粪便发酵剂及多功能生物有机肥料生产应用示范
- 畜禽粪便的微生物无害化处理与生态有机肥生产技术及产业化
- 年产 5 万吨 CM 四维生态有机肥的成果转化研究与示范
- 羊厩肥密闭式生物发酵装置技术集成示范与应用
- 高分解秸秆、畜禽粪便 HXM 复合微生物原菌种及系列生物有机肥中试与示范
- 规模化养猪场物质循环及菌渣堆肥发酵生产的工艺控制技术及应用畜禽粪便生产商品有机肥料成套工艺装备产业化
- 寒区畜禽粪便生物处理与生物有机肥关键技术应用与示范
- 生物质腐殖酸有机水溶肥乌金绿生产及示范推广
- 畜禽粪便快腐发酵制肥工艺及成套设备中试与示范
- 利用水葫芦发酵生产生物有机肥料高科技产业化
- 利用规模化兔场粪便资源进行果蔬专用有机无机复混合肥料生产与应用
- 畜禽粪便肥料化利用技术集成与示范
- 环保型生物有机肥转化示范
- 优质鸡粪有机肥工业化生产的中试

4. 发酵床养殖技术成果转化项目

- 基于发酵床养殖的畜禽粪便资源化生态利用技术中试与示范推广

- 无害化养猪微生物发酵床工程化技术研究与应用示范
- 节约环保型发酵床养殖技术的推广应用

5. 其他综合技术成果转化项目

- 农村畜禽粪便资源化关键技术中试与示范
- 生猪标准化健康养殖与粪污资源化利用技术中试
- 规模猪场粪尿综合处理技术示范
- 养殖废弃物资源化、能源化综合利用沼气工程成套装置中试与示范
- 农业废弃物高效循环利用模式与产业化示范
- 利用农业有机废弃物发酵进行大棚 CO_2 技术集成与示范
- 农业有机废弃物资源转化利用的虫菌复合技术示范研究
- 城郊养殖种植一体化农业污染控源减排集成技术中试与示范
- 农林废弃物热解转化生物质营养液示范推广
- 农业有机废弃物资源化利用研究及应用
- 大型奶牛场粪污综合处理技术试验示范
- 集约化猪场粪污无害化处理与资源化利用
- 畜禽粪便生化处理生产生态型育苗和栽培基质产业化示范
- 农业废弃物替代园林绿化基质的产业化技术与示范
- 寒区蚯蚓高效处理畜禽粪便生产高值化有机肥示范
- 农业废弃物高效综合循环利用
- 畜禽粪污高效处理利用技术应用示范
- 以沼气为纽带的农业循环经济模式构建及示范
- 区域废弃资源优化利用及奶牛高效养殖技术集成与示范

三、我国家畜粪污处理科技创新的产业贡献

2013 年以来，《畜禽规模养殖污染防治条例》和新《中华人民共和国环境保护法》相继颁布实施，使畜禽养殖场面临前所未有的环保压力，其后《水污染防治行动计划》和《土壤污染防治行动计划》对畜禽废弃物的污染防治工作提出了明确的任务和时间要求，畜禽废弃物污染防治已成为决定养殖场生存和制约畜牧业可持续发展的关键。2015 年，奶牛存栏 1 507.2万头，家禽存栏 58.67 亿只，出栏生猪 7.0825 亿头、羊 2.9472 亿头、家禽 119.872 亿只、牛 5 003.4万头。在当前严峻的环保形势下，粪污处理科技为我国畜禽养殖稳步增长提供了强有力的技术支撑。

四、科技创新支撑畜禽粪污处理发展面临的困难与对策

尽管我国畜禽粪污处理领域取得了技术突破，但总体来看，粪污处理整体科技创新能力仍然比较薄弱，主要表现在以下几个方面。

1. 技术集成体系尚未建立

粪污处理技术的应用涉及不同领域、不同学科间的相互融合和衔接，包含多项技术的相互配合和相互作用，增加了技术创新的复杂程度和协调难度，必须通过跨行业、跨学科的技术集成创新才能解决其中的关键技术问题，亟待建立技术集成体系和综合性的技术研发攻关机制；设立科技创新专项资金，重点支持粪污处理技术应用示范和产业化等。

2. 技术成果的推广转移机制尚未建立

许多科研单位、企业通过攻关和自主研发，开发出了具有重要价值的技术成果，但由于没有建

立起市场化的技术交易、转移和扩散平台，难以快速产业化及推广应用。建议建立技术成果转让促进机制和技术咨询服务体系，强化市场化机制的作用、深入研究技术拥有者和技术接受者都受益的技术成果转让推广体制，推动科技创新成果在更广泛领域的应用（李越和车璐，2012）。

第五节　我国家畜粪污处理未来发展与科技需求

一、我国家畜粪污处理未来的发展趋势

2016年12月21日，习近平主席在中央财经领导小组第十四次会议上发表重要讲话强调：加快推进畜禽养殖废弃物处理和资源化，以沼气和生物天然气为主要处理方向，以就地就近用于农村能源和农用有机肥为主要使用方向。

（一）我国畜禽粪污处理发展目标预测

贯彻落实创新、协调、绿色、开放、共享的发展理念，坚持源头减量、过程控制、末端利用的治理路径，统筹资源环境承载能力、畜产品供给保障能力和养殖废弃物资源化利用能力，全面推进畜禽养殖废弃物资源化利用，加快畜牧业转型升级和绿色发展，促进畜牧业可持续发展。

（二）我国畜禽粪污处理发展重点预测

1. 短期目标（至2020年）

国务院《关于加快推进畜禽养殖废弃物资源化利用的意见》要求：到2020年，建立科学规范、权责清晰、约束有力的畜禽养殖废弃物资源化利用制度，构建种养循环发展机制，全国畜禽粪污综合利用率达到75%以上，规模养殖场粪污处理设施装备配套率达到95%以上，大型规模养殖场粪污处理设施装备配套率提前一年达到100%。畜牧大县、国家现代农业示范区、农业可持续发展试验示范区和现代农业产业园率先实现上述目标。

2. 中期目标（至2030年）

构建适合我国国情的畜禽废弃物无害化处理和资源化利用技术体系，建立技术成果的推广转移机制，全国畜禽粪污综合利用率达到95%以上。到2030年，畜禽粪便资源得到高效利用、畜禽废弃物污染得到有效防治、畜牧业与生态环境协调发展新格局基本确立。

3. 长期目标（至2050年）

畜牧业与生态环境长期协调发展：以提供畜禽废弃物环境污染问题系统性技术解决方案、带动环保高新技术产业发展为目标，催生一批畜禽粪污治理的专业机构和畜禽粪污治理专用装备企业，发展对外技术和劳务输出。

二、我国畜禽粪污处理科技需求

随着环保要求提高、环保监管力度加大，畜禽粪污处理对应用技术的需求更加迫切且对技术要求更高，主要表现在以下几个方面。

- 与我国粪污处理模式配套的关键技术和设备
- 提升传统粪污处理技术效率的关键设备
- 粪污处理的自动化监控和智能化管理技术系统

三、我国畜禽粪污处理科技创新重点

基于畜禽废弃物污染防治的需要，我国研究开发了固液分离、堆肥、厌氧发酵、SBR、人工湿

地等多种单项技术，为畜禽废弃物的处理和利用提供了技术支持。但是我国畜禽废弃物综合利用率仍需进一步提高，随着我国环保法规的日趋严格以及人们环保意识的不断增强，对畜禽废弃物污染防治提出更高的要求，亟须加强畜禽废弃物处理与利用技术研发，着力解决制约畜禽产业发展的重大环境问题、提升我国畜禽废弃物污染防治技术水平。以实用技术研发为主，兼顾前沿技术探索是我国畜禽废弃物处理与利用技术的发展趋势。

1. 技术模式配套技术和设备研发

由于畜禽废弃物的产生量及其污染物浓度与畜禽养殖过程和废弃物管理的诸多环节有关，必须将畜禽生产和废弃物管理全过程作为整体进行综合分析，研究开发与畜禽废弃物处理利用模式相配套的新技术和装备，提高畜禽废弃物处理与利用效果。

2. 传统技术升级

虽然固体粪便堆肥、粪水沼气发酵等技术在生产中被广泛接受，但是应用效果并不都能尽如人意，需要通过配套装备及其控制系统的研发，提高传统技术的运行效率，使其在生产中发挥更大的作用。

3. 前瞻性技术研究

我国畜禽养殖废弃物处理技术研究起步相对较晚，不论是实用技术和前沿技术研究方面，与发达国家都有一定的差距，需要开展畜禽粪便热解液化、养殖污水微藻生物转化、液体粪便养分提取等前瞻性技术研究，为畜禽废弃物的高值化利用做好技术储备，当前我国相关研究与世界基本同步。

（一）我国畜禽粪污处理科技创新发展趋势

1. 创新发展目标

以引领国际前沿研究和畜禽粪污处理的产业发展需求为目标，通过环境工程、生物、信息、新材料等多学科的交叉融合和衔接，创新畜禽粪污处理基础研究的理论，突破一批具有自主知识产权的创新成果和关键技术、工艺和装备，为畜禽废弃物污染防治及其废弃资源的高效利用提供理论和技术支撑。

2. 创新发展领域

围绕落实资源循环理念、加快推进农业现代化、大力推进农业供给侧结构性改革，致力于促进节本增效、绿色发展，提升自主创新能力和转化应用水平。在创新方向上，从注重数量为主，向数量质量效益并重转变；从注重农业种养为主，向种养加、资源环境等全过程全要素转变（宁启文，2016）。

（二）畜禽粪污处理优先发展领域

1. 基础研究方面

基于现代生物技术、纳米技术、化学技术等先进技术，根据畜禽粪污的理化特性，通过多学科交叉研究，突破畜禽粪污高值化利用、养殖污水高效净化处理的基础理论，为畜禽粪便和污水的升值循环利用奠定基础。

2. 应用研究方面

考虑到畜禽废弃物的特性和畜牧产业发展的技术需求，畜禽废弃物处理与资源利用技术将以可产业化且能持续运行的实用技术研发为主。实用技术研发将以畜禽废弃物的肥料化、能源化、基质化和垫料化等资源化利用技术为重点，同时统筹考虑畜禽废弃物中重金属、抗生素以及病原微生物的去除技术研究。

第六节　我国家畜粪污处理科技发展对策措施

一、产业保障措施

科技创新是一个从研发到产业化的完整过程，其中创新资源的投入、创新产权的形成和市场利润的获取及占有等是关键环节，企业是实现科技和经济紧密结合的重要力量。建立产学研协同创新机制，强化养殖企业和环保企业在粪污处理科技创新中的主体地位，发挥大型企业创新骨干作用，激发中小企业创新活力，推进粪污处理应用型技术研发机构市场化、企业化改革，建设国家创新体系，确保畜禽粪污处理科技的发展。

二、科技创新措施

1. 加强部门间的横向协调、中央与地方的纵向统筹

在国家科技计划管理体制改革的背景下，加强职能部门、行业部门之间的沟通，建立形成新时期与部门协同创新的新机制、新政策、新举措。加强中央与地方创新发展需求衔接，加强在科技创新政策、资源方面的统筹，充分调动和发挥地方各级政府推动科技创新工作的积极性和创造性，大力支持基层科技创新，激发基层创新活力。

2. 加大畜禽粪污处理科技创新的资金投入力度

加大公共财政对畜禽粪污处理科技创新的资金投入力度，在重大工程、重大专项、重点研发计划等部署中，充分发挥财政资金的杠杆作用，通过“绿色技术银行”等方式的带动，引导地方政府增加粪污处理科技创新投入，推动建成中央财政、地方财政和社会资本之间各有侧重、分工合作的多元投入新格局。

3. 加强畜禽粪污处理推广体系建设

落实相关法律法规，建立以政府推广机构为主导，社会力量广泛参与的“自下而上”的新型粪污处理技术推广体系。深化粪污处理技术推广体系建设和运行机制改革和创新，进一步发挥推广体系对畜禽粪污环境污染有效防治、促进畜牧业可持续发展的技术支撑作用。

三、体制机制创新对策

推进农业科研体制机制改革。通过学科群建设、技术创新联盟、完善激励扶持政策、搭建开放共享研究平台、构建全产业链应用技术研究协作机制。

建立健全产学研合作创新机制。夯实产学研各方利益合理分配的制度保障，加强利益分配制度建设，为产学研合作创新提供公共服务平台，保证科研人员的合理利益追求；强化产学研合作创新的分类指导，在产学研合作创新过程中，加强对不同创新类别实行分类指导和管理，坚持以基础公益为主全面发展；构建促进产学研结合的长效机制。建立严格的知识产权保护制度，强化对产学研合作行为的规范和约束；积极发挥政府职能的作用，通过政策制度的引导向产学研长期合作倾斜。同时，要注重通过完善的法律建设来促进农业科研、人才培养、政策资源与农业实践之间的长期互动和整合，进而提高农业科技创新的效率（张玺，2015）。

健全农业科技创新竞争有序的市场机制。优化市场配置机制，强化市场机制在农业科技资源配置中的决定性作用，有效配置创新驱动发展中的创新要素资源，积极推动农业科研机构、农业企业与其他社会组织有效整合；建立完善的市场交易制度，市场需求的变化引导着农业科技创新的方向定位，促进创新成果的顺利交易；完善市场竞争机制，打破垄断、促进竞争，进一步规范化农业科

技创新市场，推动农业科技创新驱动发展（张玺，2015）。

（董红敏、陶秀萍）

主要参考文献

韩冬梅，金书秦，沈贵银，等.2013. 畜禽养殖污染防治的国际经验与借鉴［J］. 世界农业（409）：8-12.

李越，车璐.2012. 科技创新支撑资源循环利用产业发展［J］. 中国科技投资，48-50.

刘志颐，张弦.2014. 国外现代畜牧业发展趋势及启示［J］. 中国饲料（20）：36-39，42.

孟祥海，张俊飚，李鹏，等.2014. 畜牧业环境污染形势与环境治理政策综述［J］. 生态与农村环境学报，30（1）：1-8.

宁启文.2016-11-28. 深入学习贯彻习近平总书记重要讲话精神加快农业科技创新 推进农业现代化［N］. 农民日报（1）.

万宝瑞.2013. 当前农业科技创新面临的问题与建议［J］. 湖南农业科学，下半月：1-5.

颜丽，邓良伟，任颜笑. 德国沼气产业发展对我国的借鉴. http://www.sxhn.cn/artical-show.asp?articleid=2848.

杨倩.2014. 国外畜禽养殖污染治理经验（荷兰篇）［J］. 中国环境报，7（4）.

张玺.2015. 推进农业科技创新驱动发展存在的问题及对策［J］. 安徽农业科学，43（27）：285-287.

张晓岚，吕文魁，杨倩，等.2014. 荷兰畜禽养殖污染防治监管经验及启发［J］. 环境保护，42（15）：71-73.

ARTHURSON V. 2009. Closing the Global Energy and Nutrient Cycles through Application of Biogas Residue to Agricultural Land-Potential Benefits and Drawbacks［J］. Energies，2：226-242.

FERNANDES J P，Almeida C M R，Pereira A C，et al. 2015. Microbial community dynamics associated with veterinary antibiotics removal in constructed wetlands microcosms［J］. Bioresource Technology，182：26-33.

FUKUMOTO Y，Suzuki K，Waki M，et al. 2015. Mitigation Option of Greenhouse Gas Emissions from Livestock Manure Composting［J］. Japan Agricultural Research Quarterly，49（4）：307-312.

GARCÍA-GALÁN M J，Díaz-Cruz M S，Barcelò D. 2009. Combining chemical analysis and ecotoxicity to determine environmental exposure and to assess risk from sulfonamides［J］. Trends in Analytical Chemistry，28（6）：804-819.

GLANVILLE T D，Ahn H K，Richard T L，et al. 2013. Effect of envelope material on biosecurity during emergency bovine mortality composting［J］. Bioresource Technology，130：543-551.

GUO R X，Chen J Q. 2012. Phytoplankton toxicity of the antibiotic chlortetracycline and its UV light degradation products［J］. Chemosphere 87：1254-1259.

JEONG Y W，Choi S K，Choi Y S，et al. 2015. Production of biocrude-oil from swine manure by fast pyrolysis and analysis of its characteristics［J］. Renewable Energy，79：14-19.

KLOOT R W，Rickman J D，Evans W M. 2004. Predicting the time required for CNMP development for swine farms using statistical methods and real data［J］. Transactions of the ASAE，47（3）：865-870.

KOLZ A C，Moorman T B，Ong S K，et al. 2005. Degradation and metabolite production of tylosin in anaerobic and aerobic swine-manure lagoons［J］. Water Environment Research，77（1）：49-56.

KURODA K，Waki M，Yasuda T，et al. 2015. Nakasaki K. Utilization of Bacillus sp. strain TAT105 as a biological additive to reduce ammonia emissions during composting of swine feces［J］. Bioscience，Biotechnology，and Biochemistry，79（10）：1702-1711.

LÜBKEN M，Wichern M，SchlattmannM，et al. 2007. Modelling the energy balance of an anaerobic digester fed with cattle manure and renewable energy crops［J］. Water Research，41：4085-4096.

LINKE B，Muha I，Wittum G，et al. 2013. Mesophilic anaerobic co-digestion of cow manure and biogas crops in full scale German biogas plants：A model for calculating the effect of hydraulic retention time and VS crop proportion in the mixture on methane yield from digester and from digestate storage at different temperatures［J］. Bioresource Technology, 130: 689-695.

NKRO R. 2014. Agricultural benefits and environmental risks of soil fertilization with anaerobic digestates: a review [J]. Agronomy for Sustainable Development, 34: 473-492.

OH I H, Lee J, Burns R T. 2004. Development and evaluation of a multi-hose slurry applicator for rice paddy fields [J]. Applied Engineering in Agriculture, 20 (1): 101-106.

SHARMA P K, Takashi I, Kato K, et al. 2013. Seasonal efficiency of a hybrid sub-surface flow constructed wetland system in treating milking parlor wastewater at northern Hokkaido [J]. Ecological Engineering, 53: 257-266.

SUZUKI K, Tanaka Y, Kuroda K, et al. 2006. The technology of phosphorous removal and recovery from swine wastewater by struvite crystallization reaction [J]. Japan Agricultural Research Quarterly, 40 (4): 341-349.

USDA and USEPA. 1999. Unified national strategy for animal feeding operations. Washington, D. C.: USDA and U. S. Environmental Protection Agency [J]. Available at: www. epa. gov/npdes/pubs/finafost. pdf. Accessed 13 February 2004.

WIDYASARI-MEHTA A, Suwito H R K A, Kreuzig R. 2016. Laboratory testing on the removal of the veterinary antibiotic doxycycline during long-term liquid pig manure and digestate storage [J]. Chemosphere, 149: 154-160.

第十章　我国生猪产业发展与科技创新

摘要：我国是世界上最大的猪肉生产和消费国。生猪产业的发展对推进现代畜牧业、保障食品安全和促进国民经济健康发展具有重要的意义。目前，国外生猪产业已逐渐走向规模化、自动化、专业化，并将科技创新、食品安全、生态安全及动物福利的创新理论指导于生产，在生产中应用先进的育种技术、生产工艺以及粪污处理工艺等。而我国生猪产业既有先进的规模化猪场，也存在相对落后的传统模式猪场，正处于转型升级的快速发展阶段。在国家一系列重大科技项目的支持下，我国生猪产业在基础研究与产业应用方面不断创新。新技术的应用、新品种/系的培育、添加剂、疫苗等的开发应用，促使我国养猪产业快速发展。但是我们仍与发达国家在发展水平、生产效率、质量安全以及环境控制等方面存在差距。根据我国社会经济发展和居民生活水平的要求，以及生猪产业正处于由数量扩张型向质量效益型转变的关键时期面临深刻的供给侧结构性改革的现状，在体制、科研、财政等各项保障措施的保证下，未来科技创新发展将围绕生猪种质资源、饲料营养、安全养殖、疫病防控、质量安全等生产要素，研究创造新技术、新产品，使生猪产业在节本、高效、智能、绿色的指导下更好、更快地发展。

第一节　国外生猪产业发展与科技创新

一、国外生猪产业发展现状

（一）国外生猪产业生产现状

近十年，全球主要猪肉生产国猪肉产量稳步增加，生猪存栏量基本维持平衡。目前，全世界猪肉产量在1.1亿吨左右，生猪存栏量维持在8亿头左右，生猪出栏量维持在11亿头左右（表10-1）。与50年前相比，2016年世界猪肉产量约提高4倍，而存栏量和出栏量只提高了1倍左右。除中国外，世界上生猪主产区在欧盟（27国）和美国，2016年欧盟存栏量占世界的比重为18.95%，美国占比为8.78%。

目前，国外养猪发达国家生产已达到相对较高的水平。近二十年母猪产仔数以每年0.1~0.3头的速度提升，2016年，养猪发达国家每头母猪年提供断奶仔猪数（PSY）普遍超过25头。其中，丹麦最高，达到了31.26头，其次为荷兰，达到了29.52头。其他生产效率方面，目前养猪发达国家达100kg体重日龄已普遍低于160天，全群料重比低于3.0，保育和育肥阶段死亡率低于5%。

（二）国外生猪产业养殖模式

世界养猪业有力的发展与规模化生产方式和现代母猪生产力的提高密切相关。目前国外生猪产

表 10-1　2012—2017 年主要猪肉生产国猪肉产量、生猪存栏量和出栏量

	2012 年	2013 年	2014 年	2015 年	2016 年	2017 年
猪肉产量（千吨）						
中国	53 427	54 930	56 710	54 870	51 850	53 750
欧洲	22 526	22 359	22 540	23 290	23 350	23 350
巴西	3 330	3 335	3 400	3 519	3 710	3 825
俄罗斯	2 175	2 400	2 510	2 615	2 770	2 900
越南	2 307	2 349	2 425	2 475	2 525	2 575
加拿大	1 844	1 822	1 805	1 899	1 975	1 980
菲律宾	1 310	1 340	1 353	1 370	1 440	1 500
墨西哥	1 239	1 284	1 290	1 323	1 385	1 448
日本	1 297	1 309	1 264	1 254	1 275	1 265
韩国	1 086	1 252	1 200	1 217	1 232	1 263
其他	5 778	5 923	5 701	5 423	5 382	5 416
美国	10 554	10 525	10 368	11 121	11 307	11 739
合计	106 873	108 828	110 566	110 376	108 201	111 011
存栏量（千头）						
中国	468 627	475 922	474 113	465 830	451 130	420 300
欧洲	149 809	146 982	146 172	148 341	148 724	147 900
巴西	38 336	38 577	38 844	39 395	39 422	38 900
俄罗斯	17 258	18 816	19 081	19 405	21 267	22 300
加拿大	12 625	12 610	12 940	13 150	13 240	13 410
墨西哥	9 276	9 510	9 775	9 700	9 917	10 702
韩国	8 171	9 916	9 912	10 090	10 187	10 600
日本	9 735	9 685	9 537	9 440	9 313	9 150
乌克兰	7 373	7 577	7 922	7 492	7 231	7 100
白俄罗斯	3 989	4 243	3 267	2 925	3 205	3 300
其他	2 285	2 138	2 098	2 308	2 272	
美国	66 259	66 224	64 775	67 776	68 919	69 925
合计	793 743	802 200	798 436	795 852	784 827	753 587
出栏量（千头）						
中国	707 427	720 971	729 927	696 600	620 000	672 500
欧洲	257 600	257 000	261 750	265 800	264 000	264 000
俄罗斯	34 500	36 000	37 000	39 760	41 031	42 316
巴西	37 700	37 900	38 470	39 050	40 000	40 750
加拿大	28 347	27 376	27 078	28 623	29 100	29 400
墨西哥	17 150	17 800	17 600	18 000	19 200	19 360
韩国	16 340	16 953	16 812	17 600	18 011	18 400
日本	17 250	17 350	17 050	16 500	16 700	16 500
乌克兰	8 538	9 465	9 527	9 624	10 200	10 000
白俄罗斯	5 775	5 325	4 850	5 200	5 350	5 450
其他	4 581	4 737	5 022	4 921	5 028	nr
美国	116 655	115 135	114 856	121 411	123 503	125 595
合计	1 251 863	1 266 012	1 279 942	1 263 089	1 192 123	1 244 271

资料来源：USDA-FAS，其中，2017 年数据为预测值

业发展的整体趋势是，生猪养殖场数逐年减少，生产规模逐渐扩大，养殖模式逐渐走向规模化、自动化、专业化。例如，美国1992年有猪场25万个，到2012年下降到7万个左右，同时每个猪场猪的饲养量增加3倍多；丹麦2003年有猪场11 110个，2013年减少到3 861个，丹麦2015年饲养存栏1 000头以下的猪场生产量只占到总产量的5.6%，存栏5 000头以上的占41.8%（表10-2）。而随着规模化的扩大，越来越多的猪场采用全自动环控和饲喂系统，极大地降低了人力成本，同时也提高了生产性能。

表10-2 丹麦不同规模猪场占猪场数及生产量的比例

存栏猪	占所有猪场比例（%）		占所有猪的比例（%）		母猪	占所有猪场比例（%）		占所有猪的比例（%）	
年份	2008	2015	2008	2015		2008	2015	2008	2015
1~49	12.5	14.13	0.1	0.04	1~4	11.4	10.78	0.1	0.03
50~499	17.6	11.93	1.8	0.84	5~49	12.2	7.26	0.5	0.19
500~999	11.2	7.94	3.7	1.74	50~99	4.8	1.82	1.0	0.22
1 000~1 999	19.8	15.11	13.2	6.60	100~199	12.0	6.14	4.9	1.62
2 000~4 999	27.1	28.78	39.5	27.34	200~399	22.8	18.63	18.9	10.27
5 000~	11.7	24.54	41.8	63.43	400~	36.7	55.42	74.6	87.67
总计	100	100	100	100	总计	100	100	100	100

资料来源：StatBank Denmark

专业化是国外生猪产业模式的另一大特点。目前，国外进行母猪、保育猪、生长育肥猪一条龙生产的企业数量逐步减少，专业育种、育肥、母猪及仔猪饲养场占了主流。以美国为例，1992年美国生猪一条龙生产企业占54%，到2009年已降到24%。最新数据显示，目前在丹麦屠宰的猪，62%来源于专业的育肥场。2003年丹麦专业母猪场饲养了31%的母猪；2013年增加到45%；2012—2013年一体化的猪场由1 394个降到1 216个。

（三）国外生猪产业贸易现状

近十年，国际生猪产业贸易基本稳定。当前主要的出口国集中在欧洲和北美洲，另外南美洲的巴西在国际猪肉贸易中占有一席之地。猪肉的主要进口国分布范围比较广，在欧洲、亚洲以及美洲的部分国家和地区，猪肉的进口量都比较大。世界上最大的猪肉出口国为加拿大，而最大的猪肉进口国为美国。主要猪肉消费国家目前年进口量约为600万吨，出口量约为780万吨（表10-3）。

表10-3 2012—2017年主要猪肉进出口国猪肉进出口量

	2012年	2013年	2014年	2015年	2016年	2017年
总进口量（千吨）						
墨西哥	31	10	14	42	20	25
白俄罗斯	1	3	5	8	12	15
中国	52.2	58.3	56.4	77.8	162	180
俄罗斯	340	86	8	2	5	6
加拿大	2	1	3	6	5	5
乌克兰	225	231	22	22	3	5
欧洲	2	1	1	3	3	3
韩国	11	2	2	2	2	2

（续表）

	2012 年	2013 年	2014 年	2015 年	2016 年	2017 年
日本	1	1	1	1	1	1
巴西	1	1	0	1	0	0
美国	5 656	4 948	4 947	5 740	5 800	5 880
世界	6 322	5 342	5 059	5 905	6 013	6 122
出口量（千吨）						
加拿大	5 676	4 784	4 960	5 776	5 850	5 900
中国	1 643	1 684	1 750	1 696	1 500	1 500
欧洲	741	569	567	435	400	400
白俄罗斯	103	52	0	1	5	5
乌克兰	1	0	1	1	10	5
巴西	2	4	3	4	2	2
俄罗斯	0	0	0	2	3	2
日本	0	0	0	0	0	0
韩国	0	0	0	0	0	0
墨西哥	0	0	0	0	0	0
美国	56	34	19	41	36	36
世界	8 222	7 127	7 300	7 956	7 806	7 850

资料来源：USDA-FAS，其中，2017 年数据为预测值，中国数据根据海关数据进行了修正

二、国外生猪产业科技创新现状

（一）国外生猪产业的理论创新

近十年，国外生猪产业理论方面创新主要体现在以下几个方面。

1. 以科技变革带动产业发展

目前，在国外，生猪产业已完全不是劳动密集型产业，而是高科技行业。作为一个技术含量较高的行业，国外生猪产业目前已大大加强技术研发，突破了多种关键核心技术如全基因组选择，净能营养配比体系建立等，和产业共性技术如猪舍智能控制及饲喂技术，主要传染病的净化技术等。科技变革极大地推动了产业的发展，据推算，近十年，由于科技水平提高使养猪生产效率提高30%以上。

2. 食品安全与生态安全植根于养猪生产中

在国外养猪生产中，食品安全已被提到重要日程 。有机绿色猪肉在国外平均每年都在以 25%的速度不断增长，人们对于有机畜牧产品的消费也在日益增长。提倡绿色食品、限制抗生素的使用、加强食品中药物残留检测目前已贯穿于整个养猪生产中。国外第一个限制使用抗生素的国家是瑞典，其于 1986 年已全面禁止在畜禽饲料中使用抗生素。之后英国（1993）、丹麦（1995）、欧盟（1997）等也陆续禁止使用如阿伏霉素、泰乐菌素、螺旋霉素、杆菌肽和维吉尼亚霉素等饲料用抗生素。2006 年欧盟全面禁止促生长抗生素的使用；美国计划从 2014 年起，用 3 年时间禁止在牲畜饲料中使用预防性抗生素。

3. 动物福利理念逐渐深入养殖过程

随着欧洲动物福利法规的提出与实施，国外生产者也逐渐意识到，要养好猪，就要提供合适、高品质的饲料。而且要给猪提供合适的生存环境，做好生物安全，维持猪群健康。动物福利的理念

也逐步深入整个养殖过程。从1822年英国颁布世界上最早的动物保护法《马丁法案》开始，美国及欧盟各国在生产中逐渐形成了较为健全的动物福利法律体系。美国现行的法规为《动物福利法》。欧盟的法规较多，各国有各国立法，目前通用的是2009年发布、2013年实施的《动物福利新法规》。欧美动物福利立法促进了其生态系统的平衡及持续发展。

（二）国外生猪产业的技术创新

在技术上，国外生猪产业目前从种猪选育到饲养管理再到环境污染控制等方面都有创新。

（1）在种猪选育方面，国外在积累了多年常规BLUP遗传评估数据的基础上，迅速适应高通量分子手段，开展了全基因组选择技术，使选种的准确率大大提高。目前，国外几大育种公司如海波尔、PIC、托佩克、NUCLUS、丹育等均已开始应用全基因组选择技术。PIC测算，其应用全基因组选择后，针对不同性状选择的准确性提高了20%～50%，而商品猪的利润每头每年提高8元左右。

（2）在饲养管理方面，国外优化了小单元多点式饲养、早期断奶、全进全出、分性别饲养等生产工艺。设计出更科学的猪舍，在自动化生产及周批次生产管理方面也取得了很大的进展。而针对母猪越来越高产的问题，国外也对高产母猪饲养技术进行了重点研发，开发出了高产母猪营养需求、饲料配方、饲养模式等一系列配套技术。

（3）目前国外研究开发了多种粪污处理工艺，如固液分离、沼气厌氧发酵法、人工湿地法、多级生物氧化塘处理法及自然堆肥法等，同时结合猪场的总体规划设计、营养和生物技术等，减轻和控制规模化猪场造成的污染。国外粪污的资源化利用技术也一直走在前列。发达国家目前主要是采取畜牧业和大农业高度结合的方式，以充足的土地消化解决畜禽污染，在实用技术上不断向独立处理、复合回收、循环共生、远程控制的现代综合利用（处理）技术等方向发展。

（三）国外生猪科技创新成果的推广应用

1. 育种新技术推广应用

目前，几乎国际上所有大的育种企业如PIC、Hypor、TOPIGS、丹育等都开展了全基因组选择方面的工作。据丹育2015年数据，其在全群体中应用全基因组选择可以比常规育种效率提高10%～25%，目前正致力于将全基因组选择数据应用到杂交群体的研究。PIC已开发了大规模的基因组评估及选择技术，并已经在育种公司进行了应用。据PIC 2016年测算，应用基因组选择，每头商品猪可使第2年的额外效益增加8.8元，第5年效益增加到30.9元。

2. 饲养管理新技术推广应用

目前，自动测定系统、母猪电子饲喂系统、育肥自动分栏系统、猪舍环境控制系统、自动供料系统、供水系统及粪污处理系统等在国外猪场中已经大规模应用，这些设备是在机械化、电子化基础上的智能化，它们可以根据猪在不同生长或生产期对环境、饮食等的需求不同，设定参数，进行自动化饲喂、调控，方便管理，以帮助猪场实现标准化生产并消除饲料、设施利用、人工、死亡等浪费。此外猪批次化生产模式利用了全进全出的生产方式，将生产阶段或日龄在同一批次的猪只圈养在一起，又同一批次转群或出栏，可使养猪的生物安全风险降到最低，可大幅改善猪场的生产效率、提升猪场的经济效益，近几年在国外得到了极大的重视与应用。

3. 环境污染控制技术推广应用

猪场废弃物无害化处理和资源化利用是国际研究热点。粪便处理在关注粪便发酵过程气体污染物的排放和控制，特别是臭气、挥发性有机物的排放特征和控制技术的同时，深入探讨粪便热化学转化新技术，将粪便生物质转化为液体生物原油、生物炭或富氢气体等增值利用技术。猪场污水处理利用方面在进一步研究氮磷回收技术基础上，发达国家在微滤、超滤、纳滤和反渗透等膜技术进行养分浓缩方面开展了大量研究与应用。

（四）国外生猪科技创新发展方向

1. 基因组与传统技术结合进行精准育种

根据美国、丹麦等养猪发达国家及联合国粮农组织（FAO）预测，未来进行全球商品化生产的猪品种都将通过分子育种技术进行选育。随着组学技术及基因组操作技术的发展，结合分子、个体及群体数据建立猪育种的大数据平台，进行全基因组选择理论与实践创新，对猪进行定向改造，使其向人们预期的方向发展是生猪科技创新发展的一大方向。

2. 营养代谢调控机理及抗生素替代研究促进营养素高效利用

在禁止使用抗生素的大趋势下，国外对营养代谢调控机理及抗生素替代科技创新的需求越来越大。分析营养物质的数量和比例在不同生理阶段和环境下对畜禽体内代谢规律的影响，揭示猪营养代谢的调节机制，综合生物技术、酶制剂以及微生态制剂技术进行营养素的高效利用是生猪科技创新发展的另一大方向。

3. 以食品安全为导向，开展全产业链疫病防控科技创新

在全球动物源性食品安全压力越来越大的形势下，开展猪肉生产全产业链疫病防控科技创新越来越重要。综合疫病净化根除关键技术、动物疫病疫情监测预警新型技术、从养殖到屠宰全链条风险追溯及控制管理技术进行猪肉全产业链疫病防控科技创新成为生猪科技创新发展的一大方向。

三、国外生猪科技创新的经验及对我国的启示

国外生猪科技创新的发展，使其生猪生产持续发展、价格相对稳定，政府适时从项目或政策进行产业引导，而我国如果想做到这样，除从内部转变生产方式、提高生产水平、加强疫病防控外，还必须借鉴欧美国家的经验与做法，进行长远规划和顶层设计，建立具有中国特色的法规和制度性的适时调控与长效保护机制。

1. 要建立生猪产业准入制度，推进规模化、产业化、专业化生产与经营

目前我国虽然有严格的环保法规，生猪养殖进入仍然相当容易，造成养猪场（户）高度分散，小规模饲养占主导。在市场规律的作用下，这种随意进出的小规模饲养成为生产波动不已的基础，也加大了政府保护与调控的难度。要在转变中国畜牧业生产方式的进程中，建立生猪产业准入制度，设置准入门槛。从业者必须具备一定的资质条件，作为适应市场化环境的微观经营主体，以确保政府的保护和支持政策以及宏观调控的可操作性、准确性和有效性。

2. 政府引导，整合资源

在育种的发展阶段，国外普遍采用了政府主导，由科研大学、企业共同实施的联合育种体系，起步阶段由政府投入为主，随着企业的不断壮大，逐步过渡到行业协会、企业为主；在一些新技术的研发如分子技术、基因组选择，政府会设立项目进行先期引导。目前饲料营养方面的研究则主要由企业自主设立。政府通过立法、制度引导行业变革，如设立福利养殖项目，粪污处理方面通过立法、制度，并给予项目支持。例如，美国制定了严格的《净水法案》，及时处理工业化养殖中所造成的各项污染，要求规模化养殖场要有全面的废料处理计划及存储设施。欧盟的农场以家庭农场为主，欧盟制定严格的标准帮助农户实施保护农场环境和食品安全的措施。

3. 加强科技支撑服务平台的建设

科技是第一生产力，生猪产业的良性发展需要强有力的科技支撑。针对我国自主创新和科技成果转化能力不足，以及生猪种业的现状，需要加强科技支撑服务平台的建设，强化生猪种业基础性

公益性研究。加强生猪种业基础性和公益性研究的持续、稳定投入。全面了解我国生猪品种资源，强化种业前沿性技术研究，支持利用现代育种技术与常规技术相结合，开展种质创新，为生猪种业应用研究提供科技支撑。建议在国家科技计划中设立种业基础研究专项基金，为培育重大突破性优良品种提供前提条件。

第二节　我国生猪产业发展概况

一、我国生猪产业发展现状

（一）我国生猪产业重大意义

我国是世界上最大的猪肉生产和消费国，我国猪的养殖量和猪肉产量目前均已超过世界的50%。在我国，猪为六畜之首，改革开放以来，生猪产业发展对增加农民收入，满足城乡居民畜产品需求方面做出了巨大贡献。一方面，养猪业占整个畜牧业产值的43.3%，2016年估计产值1.35万亿元，是农村经济的重要支柱产业和农民增收的重要途径，意义重大；另一方面，作为畜牧行业第一大产业，生猪产业的发展对推行现代畜牧业、保障食品安全及促进国民经济健康发展也具有极其重要的意义。

（二）我国生猪产业生产现状

目前，在我国生猪产业生产中使用的品种超过70多个。既有与国际接轨的先进猪场，也存在非常落后的传统模式猪场。根据2017年发布的国家统计年报数据显示，2016年，我国年末母猪存栏到3 669万头，生猪年末存栏43 504万头，出栏68 502万头，猪肉产量5 299万吨。与逐步增长的肉类产量对应，我国生猪产业生产水平也在逐步提高。2016年，我国生猪出栏率达到151.8%，规模场每头能繁母猪平均产仔窝数为2.11窝，每头能繁母猪能提供的育肥猪头数为16头左右，生猪产业正处于向规模化、现代化转型升级的快速发展阶段。

（三）我国生猪产业发展成就

1. 生产水平逐渐提高，规模化程度逐渐升高

“十二五”期间，我国母猪年提供商品猪数从14.4头提高到16.5头，提高了约14.6%。2015年，我国年出栏500头以上猪场出栏比例占44%（图10-1）。预计2020年达到52%。

2. 生猪产业科技含量逐年增加

随着我国养猪企业规模化程度越来越高，越来越多的新技术与理念也被引入国内。养猪企业自动化生产与智能化、信息化管理设备系统应用越来越普遍，科技水平逐步提高。

3. 猪肉质量不断提升

近年来，猪肉消费在数量基本满足需求的前提下，市场对优质肉和高档特色品牌肉的需求急剧增长，形成新的消费亮点；猪肉生产从提高产量向提高质量，并且生产健康、安全、优质美味的猪肉产品转变。

二、我国生猪产业与发达国家的差距

1. 生产水平与效率方面

尽管与改革开放时相比，我国养猪业的生产效率有了显著提升，但与发达国家相比，仍存在不

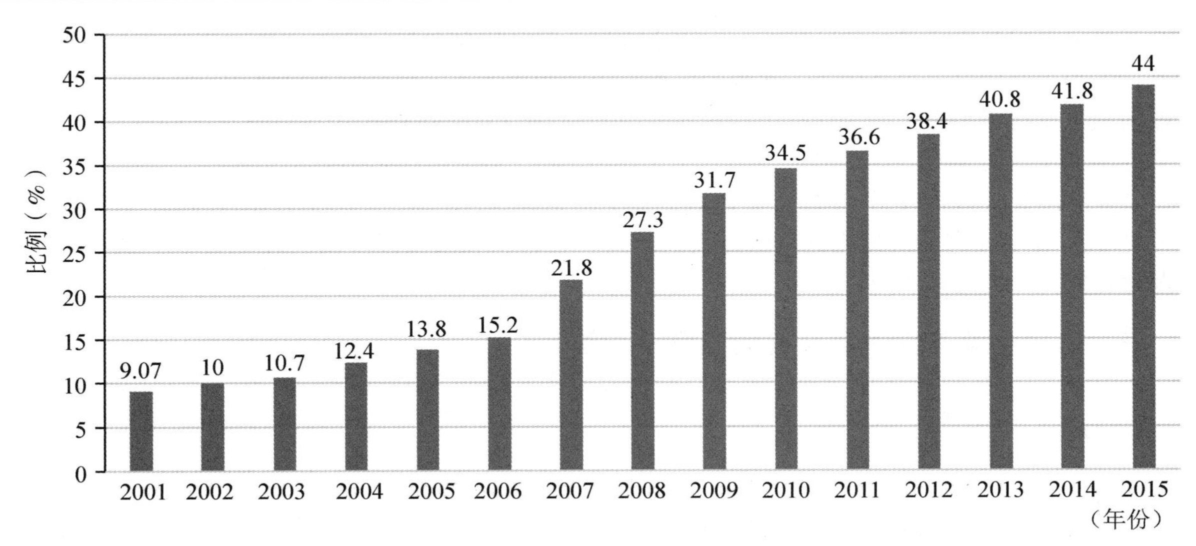

图 10-1　我国规模化猪场出栏比例

小差距。我国平均每头母猪每年生产猪肉不到 1 000千克，美国超过 1 800千克，荷兰、丹麦近 2 400千克，我国养猪生产效率仅为美国的 55%，为荷兰、丹麦的 42%。2016 年每头母猪提供的商品猪为 16. 52 头（规模场为 20. 1 头），全程死亡率超过 20%。远低于养猪发达国家母猪年提供 25 头以上的水平（丹麦超过 28 头，图 10-2）。

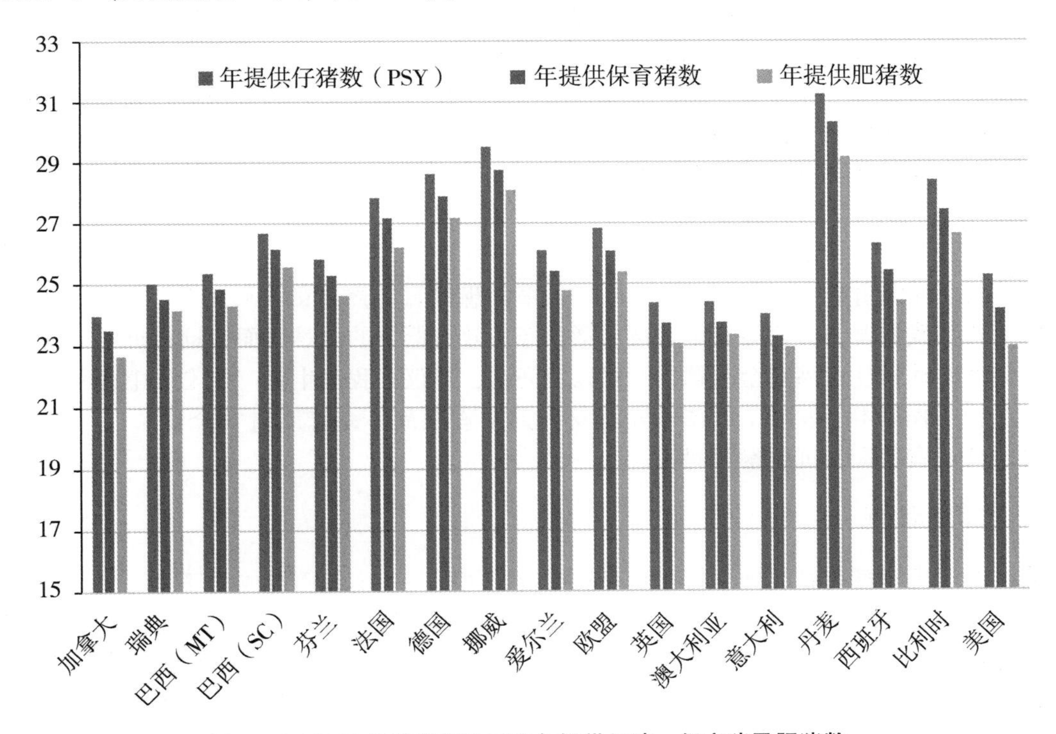

图 10-2　2015 年养猪发达国家年提供仔猪、保育猪及肥猪数

2. *疫病防控方面*

近年来，我国养猪业的规模也不断扩大，饲养量增加，密度加大，进出口贸易频繁。国内疫病总体呈多发趋势，传统疫病非典型化、多病原混合感染及继发感染已经成为困扰养猪生产发展，影响生产力水平提高的基本障碍。目前，我国很多猪场疫病净化设施设备不完善，相关管理制度不健全，日常净化经费投入少，导致一些垂直传播性疫病频繁发生，既影响了种猪的正常生产，也给养猪业的稳定发展带来较大威胁，解决猪病问题成为养猪企业最大的难题。

3. 粪污处理方面

农业部测算，我国年产猪粪便量超过 6 亿吨，综合利用率不足一半。每年生猪病死淘汰量 6 000万头，专业无害化处理比例很低。我国的粪便无害与资源化以及商品化处置率不到 29%。粪污及死畜资源化处理和利用与发达国家相比有巨大差距。

三、我国生猪产业发展存在的问题及对策

（一）生产水平

我国生猪产业发展中，在生产方面存在组织化程度低，小规模一条龙生产，生产工艺落后等问题。组织化程度和人员素质低和小规模一条龙生产是我国许多猪场疫病控制困难、生产水平低的主要原因。建议以后发展规模化养猪，采用公司+农户或家庭农场模式采取合适的生产工艺和模式，建议小规模一体化猪场逐步改为专业母猪场或保育育肥场，由传统的按周生产改为按批生产，改造养殖设施，引入福利养殖理念，为猪提供良好的生活条件。

（二）生产效率

造成我国生产效率低的主要原因是猪群健康水平差、疫病复杂，从业人员素质过低，管理水平低下，环境控制技术等不够先进，管理水平跟不上去，导致母猪产仔低，死亡率高。针对以上问题，我们应从国家层面加强疫病净化，实施疫病净化工程，加强疫苗和兽药的研发和市场管理，加强对从业人员的专业化培训，提高管理水平，提高畜禽品种质量，改善繁殖性能，加强环境控制技术和养殖技术研究，并提高饲养管理水平。

（三）质量安全

我国畜牧业面临着老病仍在、新病不断、人畜共患病日趋严重的严峻形势，呈现出高发病率、高死亡率、药物残留普遍、食品安全常被质疑，经济效益低下的困难局面。饲料抗生素问题已成为我国目前最大的动物性食品安全问题。针对以上问题，建议在我国生猪产业发展中多利用分子生物学技术、生物工程技术、发酵工程技术等研发畜禽生物制品，完善质量安全立法，限制抗生素使用，解决畜禽疫病和饲料抗生素等问题。

（四）环境控制

当前，由于我国畜禽养殖排泄物和废弃物的资源化利用程度低而造成的环境污染问题已成为影响我国生态环境安全的重要原因之一。针对环境污染治理的问题，一方面我们应该以循环经济为理念，以节能减排为途径，将环境工程、生态工程、生物技术与农业工程技术有机融合，重构养殖业发展和废弃物综合利用模式，促使畜禽养殖业由传统养殖方式向生态养殖方式转变，促进生态农业发展；另一方面，我们应建立饲料资源高效利用大数据平台，实施实时饲料配方技术，减少甲烷、二氧化碳等温室气体的排放，降低畜禽排泄物中氮、磷和重金属的含量，是减轻畜牧业环境污染的有效技术途径之一。

第三节　我国生猪产业科技创新

一、我国生猪产业科技创新发展现状

（一）国家项目

科技项目是科技创新发展的原动力，长期以来，国家各部委高度重视生猪产业科技发展，“十二五”期间，推出了多项覆盖全国优秀生猪科技团队的国家级科技项目，涵盖育种、营养、兽医、健康养殖等多种领域。根据国家科技部资料统计，“十二五”期间，与生猪产业相关项目有，“973”课题4项，“863”课题5项，国家科技支撑计划课题8项，公益性行业（农业）科技专项6项，共投入科技经费3.6亿元，占所有畜牧兽医领域科技经费的15%左右，充分体现了生猪作为我国畜牧业的第一大产业地位（表10-4）。

表10-4　“十二五”期间生猪产业国家级科技项目

项目类别	项 目 名 称	起止年限	经费（千万元）
“973”计划	猪繁殖力的生理学及相关遗传调控机理	2014—2018年	12.00
	猪肌纤维发育与肌内脂肪沉积的机制与营养调控	2012—2016年	
	猪利用氮营养素的机制及营养调控	2013—2017年	
	猪繁殖与呼吸综合征病毒与宿主相互作用调控病毒复制及宿主免疫应答的机制	2014—2018年	
“863”计划	鸡、猪生长、肉质和抗病等优异性状基因挖掘	2011—2015年	5.90
	基于高密度SNP芯片的牛、猪基因组选择技术研究	2011—2015年	
	猪分子细胞工程育种技术创新与优势性状新品系	2011—2015年	
	中国地方猪种优异特色性状的功能基因组学研究	2013—2017年	
	猪经济性状的功能基因组学研究	2013—2017年	
国家科技支撑计划	优良种猪高效利用关键工程化技术集成与示范	2014—2016年	7.00
	优质猪新品种（系）选育与关键技术研究及示范	2011—2015年	
	猪牛繁殖障碍控制及生殖激素制剂开发	2011—2015年	
	藏猪品种改良及高效养殖技术集成	2012—2016年	
	生猪健康养殖模式构建与示范	2012—2016年	
	猪肉安全生产技术集成与示范	2014—2018年	
	优质抗逆地方猪种质资源培育与创新利用	2015—2019年	
	猪优质肉种质资源保护、分子基础挖掘与创新利用	2015—2019年	
公益性行业（农业）科技专项	猪流行性乙型脑炎防控技术研究与示范	2008—2010年	11.70
	猪链球菌病生物灾害防控技术研究与示范	2008—2010年	
	非洲猪瘟等重要外来动物疫病综合防控技术研究	2009—2013年	
	猪、鸡主要疫病综合免疫技术研究与示范	2011—2015年	
	猪乙型脑炎诊断试剂盒和高效疫苗创制与产业化	2012—2016年	
	猪链球菌病防控技术研究与示范	2013—2017年	
	副猪嗜血杆菌病和猪传染性胸膜肺炎防治技术研究与示范	2013—2017年	

（二）创新领域（我国生猪产业科技创新取得的成就）

近现代世界历史表明，科技创新是现代化的发动机，是一个国家的进步和发展最重要的因素之一。重大原始性科技创新及其引发的技术革命和进步成为产业革命的源头，科技创新能力强盛的国家在世界经济的发展中发挥着主导作用。“十二五”期间，我国对于生猪产业的科技投入增长迅猛，促使我国生猪产业科技创新成果如雨后春笋般不断涌现。

基础研究方面，利用高通量测序技术从基因组水平揭示了藏猪高原环境适应性的分子机理；揭示出中国南方猪和北方猪适应不同温度环境的分子机制；利用我国地方猪种资源，透彻解析了耳面积、毛色、抗腹泻等一批特色性状的分子机制。从分子营养角度，揭示了精氨酸、亮氨酸等功能性氨基酸在猪肠道高效利用的规律；克隆了几百个具有高比活、耐高温、嗜酸、抗蛋白酶等特性的饲料用酶新基因；发现了大豆抗原蛋白引起的过敏反应是仔猪断奶综合征的主要原因。从动物医学研究方面，揭示了猪蓝耳病（PRRSV）、猪瘟等重要传染病毒对宿主的侵袭机制及调控机理。这些高水平研究相继发表在国际顶尖学术期刊《Nature Genetics》《PloS Genetics》《Bioresource Technology》《Journal of Virology》等。

产业应用方面，利用现代育种技术，成功培育出了4个猪新品种和3个猪配套系，为我国地方品种资源的开发利用提供了示范，同时也为我国的种业安全奠定了坚实基础。饲用抗菌肽已获得了第一个针对饲料有害微生物的高效、广谱抗菌肽及基因，技术达到国际领先水平；抗生素替代技术和产品如天然抗菌药物、免疫增强剂和低聚糖（寡糖）等产品的研究开发方面，整体达到国际先进水平。植酸酶的研发技术国际领先，产品占据国内市场90%以上，且相关技术和产品已向美国等发达国家输出。自主研发的系列猪新型添加剂、预混料、全价料的投产，为我国生猪产业带来了巨大经济效益和社会效益。我国自主研制成功的“猪腹泻三联活疫苗”“猪蓝耳病疫苗”“猪圆环病毒”等一系列科技成果正式投产，颠覆了国外猪疫苗的垄断地位，技术达国际先进水平。

据统计，自2011年至2015年，与生猪产业有关的科技创新成果共获得国家技术发明奖二等奖3项、国家科技进步奖二等奖5项，为我国生猪产业的迅猛发展提供了强有力的科技支撑。

（三）国际影响

从全球格局来看，我国生猪产业科技创新日益进步，科技水平、养殖技术、设施水平、环境控制技术飞跃发展，与发达国家之间的差距日益缩小。“十二五”期间，我国利用二花脸猪等地方猪种资源，发现了猪大肠杆菌F4ac受体基因关键突变，为解决仔猪腹泻这个世界范围内的生产难题提供了科学依据，受到了国际社会的高度关注和认可；基于比较发育遗传学和比较转录组学策略，创建DigiCGA等高通量基因资源挖掘技术体系，其论文被权威专著《The Genetics of the Pig》多次引用。以节粮、高产、优质、抗病种猪培育的基础理论和技术创新为重点，建成了较为完备的种猪育种体系，育成了一批国产化新品种和配套系，增强了我国猪品种的国际竞争力。克隆了180多个具有高比活、耐高温、嗜酸、抗蛋白酶等特性的饲料用酶新基因，在GenBank数据库饲料用酶基因中占了注册数量的28.9%，酶制剂技术甚至向美国企业进行了技术转让，在国际酶基因资源的激烈争夺上占据了制高点。我国创制的疫苗已经有60多种，每年的产能超过10亿剂，已成为世界上最大的疫苗生产国。2015年大陆出口疫苗金额共计1 031.87万美元，主要出口到东南亚国家，已经成为世界范围内有较大影响的猪疫苗生产国。2014年，美国国家科学委员会的报告显示，中国正在成为新的科技创新大国。虽然我国生猪产业当前应用的大部分先进技术均源自发达国家，但我国拥有世界上最丰富的猪种资源，国家对生猪产业的科技投入也越来越大，达世界先进水平的科技成果也越来越多，美国、法国、丹麦、德国等养猪科技发达国家纷纷与我国科研机构建立共享合作平台，我国的猪产业科技创新正在对世界产生更多的影响，并且正在通往成为生猪产业科技创新大国的路上。

二、我国生猪产业科技创新与发达国家之间的差距

世界养猪强国对于生猪产业的科技创新已经拥有了上百年的历史，而我国的生猪产业的科技应用仅有几十年的时间，国内生猪育种、营养、饲养、疫病防控等主要科技应用均源自国外技术，我国仍然处于科技跟踪应用阶段，科技创新水平与国外差距明显。

在育种方面，新技术使用明显落后于发达国家。加拿大 1985 年开始使用 BLUP（最佳线性无偏预测）育种技术，而我国直到 1998 年左右才开始使用。2001 年 Meuwissen 等提出了全基因组选择（GS）育种新技术，2010 年美国、加拿大、丹麦等国际养猪强国率先使用这项新技术，我国 2013 年年底一些重要龙头企业如温氏集团等才开始研究。由于我国养猪整体规模远超其他国家，所以种猪性能测定规模也最大。然而，发达国家种猪育种深度远高于我国，如丹麦的育种目标性状多达 8 个，并且每 4 年调整一次。而我国育种目标性状只有 3 个，且多年没有调整。丹麦、加拿大等发达国家性状测定标准统一，且执行力强，我国虽然也制定了性状测定标准，但猪场间测定准确程度参差不齐，育种准确性远低于发达国家。因此，育种技术和育种进展的巨大差距，是我国每年需要进口种猪的一个重要原因。

在饲料营养方面，1944 年，美国 NRC 公布了第一版《猪营养需要》，我国现在的很多饲料配比仍然在参考美国 NRC 发布的猪营养需要表（2012 年）。我国自 1990 年开始研究中国猪营养需要，并于 2014 年发布了第 25 版《中国饲料成分及营养价值表》。然而，针对中国猪的营养需要在 2004 年公布，10 多年仍然没有修订，已经不能适用于当前中国猪种，与国外的差距明显。从以上各方面可知，我国虽然从养猪科技众多方面与发达国家还有不小的差距，但随着我国科技的迅猛突破，我国养猪业科技创新不断涌现，与发达国家的差距在不断缩小，在不远的将来，我国生猪产业科技必将迎头赶上。

在饲养设备方面，全自动饲喂系统是国外猪场节约人工、节省饲料最重要的手段之一，在发达国家几乎所有的规模猪场均已普及使用，但在我国才处于刚刚起步阶段，大多数猪场还是采用落后的半自动干料模式。目前，虽然国内也有一些知名生产厂家如北京京鹏环球科技股份有限公司等进行畜牧设备的生产，但多数设备都是仿制国外类似设备，且核心控制部件仍然需要进口。我国已经启动了自动化养猪设备的科技研发，2015 年年底已经完成各项技术装配，预计 2016 年实现生产线投产。

疫病防控方面，随着我国养猪规模的日益扩大，疫病防控已成为困扰生猪产业持续良性发展的主要问题。据推算，我国由于疫病导致猪只死亡带来的经济损失高达上百亿元，不仅严重影响我国现代生猪产业的持续良性发展。相比国外发达国家的猪病净化技术，我国生猪养殖疫病防控仍在使用国外几十年前的技术，大量使用消毒剂、疫苗、抗生素等，致使我国兽药的使用量一直居世界首位，据中国科学院广州地球化学研究所统计，2013 年中国抗生素总使用量为 16.2 万吨，使用量约是英国的 160 倍，其中兽用比例为 52%。使用抗生素治疗动物疾病虽然药效快，但是有药物残留，可致动物畸形、突变、产生抗药性、环境污染等突出问题。相比我国大量使用药物进行疫病防控，欧美发达国家在猪病防控中多采用病原净化技术以消除传染病的危害。20 世纪 60—70 年代，美国、欧洲就已经开始推行 SPF 技术，进行猪群疫病净化。丹麦 1971 年开始实施 SPF 工作，现已基本消灭了多种危害生猪健康的传染性疾病，如口蹄疫、典型非洲猪瘟、猪水泡病、伪狂犬病、喘气病、病毒性脑炎、脊髓灰质炎、结核病和旋毛虫病等，保证了猪群健康。我国虽然也引进并使用了 SPF 技术，但 SPF 猪主要应用在科研方面，2003 年国内规模猪场才开始使用这种技术，相比发达

国家至少落后30年。

三、我国生猪产业科技创新存在的问题

（一）理论创新

理论创新是一切创新之源，是人类文明进步的动力，是科技进步的先导，是建设创新型国家的根本动力和源泉。美国科学界对于美国始终立足于世界前沿，归功于永远保持活跃的基础研究理论创新。只有理论创新才能指引技术发展方向，才能引领世界行业、产业发展潮流。我国生猪产业科技仍然停留于追赶世界前沿科技的路上，逐渐缩小与发达国家的技术水平差距，但理论创新引领未来世界生猪产业发展方向方面还比较欠缺。比如猪育种理论创新方面，从BLUP到全基因组选择育种理论，我国仍然在跟踪国外的育种理论体系开展工作；猪营养调控理论创新方面，我国偏重于应用和产品，一些基础理论、基础研究深入不够，也大部分处于跟踪状态，如随着生产水平的提高，高产母猪的纤维营养、饲料配制的净能体系、剩余采食量等；在动物疫病防控方面，生物安全、免疫及疾病净化同样学习发达国家，高质量、高水平疫苗的研制也是落后于发达国家。

（二）技术创新

改革开放以来，我国养猪业取得了长足进步，养猪生产水平不断提高，年度生猪存栏数、出栏量和猪肉总产量多年稳居世界第一位。在生猪产业的蓬勃发展过程中，持续的技术创新和应用起到了关键推动作用。改革开放以后，我国借鉴引进猪种的选育技术，结合国内养猪生产实际和市场需求，创新了中国特色猪种选育技术，培育了一大批猪新品种和配套系。在BLUP育种技术基础上，开展了全国种猪遗传评估和联合育种，遴选100家国家种猪核心育种场，形成区域性遗传评估体系，全基因组选择技术的开展研究，为我国育种技术创新持续进步奠定了良好基础。猪营养技术创新是发展饲料工业和工厂化养猪的基础，1983年我国制定了第一个猪饲养标准，1985年制定了中国瘦肉型猪饲养标准。至今，颁布了一系列饲养、饲料行业标准和国家标准。建成了我国饲料原料数据库，为我国饲料精准配比技术提供了关键营养参数。但存在的问题也很明显，中国猪营养需要各项参数滞后严重、新型生物饲料标准缺乏等一系列突出问题制约了饲料行业的快速发展。全自动饲喂技术的创新发展，使我国拥有了全自动饲喂设备创制能力，打破了国外设备的技术垄断。总而言之，通过这些年我的技术创新，大大缩小了我国生猪产业与发达国家之间的差距，甚至一些龙头企业的部分技术创新已经处于世界先进水平。总体来说，我国生猪产业技术创新数量虽然较多，但技术水平比起国外同领域尚有一定差距，很多技术模仿痕迹突出、创新程度低，应用效果差。

（三）科技转化

随着我国生猪产业科技创新的不断进步，获得了大量的先进科技成果。我们有很多的基因研究水平位列世界前沿，并且培育了大量的猪新品种和配套系，我国在无抗饲料原料、生物饲料方面获得了大量先进技术，我国发明专利授权量连续5年居世界首位，然而我国科技成果转化率却远低于发达国家水平。我国的众多科研机构虽然也设立了成果转化机构，但仍然存在科技转化机制不明确，转化经济效益分配不合理，缺乏专门的科技成果转化推广团队等一系列问题。另外，我国大规模猪场数量偏少，大部分属于中小规模企业，科技人员缺乏，技术应用不足，成果引入资金匮乏，这些问题导致了我国的科技成果转化率远远不及国外发达国家水平。

（四）市场驱动

中国生猪产业发展已经出现多次周期性波动，称为“猪周期”。2014—2015年，由于猪企亏损

严重，我国约有500万家500头规模以下猪场关闭。导致猪企亏损的重要原因就是养猪成本居高不下，据统计，美国的生猪养殖成本只有我国的1/3左右。这种情况固然由美国饲料原料价格远低于中国所致，但美国养猪业的科技创新和应用也是美国养猪成本低的重要原因。根据美国农业部2012年的报告显示，从2007年至2012年6年间美国猪场数量减少了29%，而规模化集约化程度却不断上升，目前80%以上的美国生猪由规模化猪场提供。生产性能更优秀的种猪、低廉的饲料价格、全自动精准饲喂系统、严格的生物安全体系、先进的猪场生产工艺、日益提高的规模化程度等一系列技术创新和应用，保障了美国养猪产业的成本低于其他国家。而我国农业部数据显示，中国目前还有55%的生猪由年出栏500头以下的养殖户来提供，人工粗放饲料喂养模式仍然大量使用，养殖设施落后、管理粗放，技术创新和应用的不足，导致我国很多猪场成本居高不下，成为我国500多万养殖户被淘汰的主要原因。

第四节　我国科技创新对生猪产业发展的贡献

一、我国生猪科技创新重大成果

（一）育种繁殖

国产化优良品种选育和配套系培育是保障我国猪种业安全的核心工作，也是对我国众多优良猪种质资源开发利用的重要形式。“十二五”以来，随着BLUP育种技术及分子标记辅助选择技术的不断创新和应用，许多科研机构和企业合作，采用先进的育种技术，系统进行了猪新品种选育和配套系培育，其中有晋汾白猪、湘村黑猪、苏淮猪、苏姜猪4个新品种以及川藏黑猪、江泉白猪、温氏WS501 3个配套系通过了国家畜禽品种资源委员会的品种审定。另外，随着全基因组选择育种新技术的出现，2013年开始，国内相继有一些猪育种龙头企业开展应用，这标志着我国的种猪育种进入了全基因组选择新时代。因此，随着我国育种技术创新及育种应用，我国自主培育的猪新品种及配套系将极大地促进种猪国产化的进程，为我国尽快从养猪大国向养猪强国的转变提供坚实的品种基础。

（二）营养养殖

“十二五”以来，我国生猪产业发展迅猛。然而，随着养殖规模越来越大，目前养猪业粪便造成的环境污染已经成为畜牧业主要的污染源。我国畜牧业从以量取胜转化到了以质取胜的时期，技术创新成为首要解决办法，无抗饲料、生物饲料等新型饲料成为行业发展的热点。“十二五”期间，我国饲用赖氨酸、维生素、酶制剂等均形成了一定的生产能力和产量。我国饲用维生素原料总生产能力约22万吨，占全球市场需求量的1/5，告别了饲用维生素长期依赖进口的历史，已成为国际市场重要的维生素供应商；主要的饲用氨基酸大部分可以自主生产，其中苏氨酸已实现了产业化生产，整体生产技术水平达到国际先进水平；酶制剂生产与应用已经起步，植酸酶已经实现了基因工程菌株高效生产；我国微生态制剂基本实现了产业化生产，年产量约为10 000吨；国内有许多科研院校和饲料企业从事生物饲料研发和产业化工作，有的科研院所在生物饲料领域拥有雄厚的科研实力，在国际上具有一定影响力，部分研究处于国际领先水平，并已积累了一大批具有市场前景的重大科技成果，部分科研成果已进入中试和实现了产业化。

（三）加工控制

1998年1月1日，国务院颁布实施了《生猪屠宰管理条例》，规范生猪屠宰行为，提高生猪产品质量，保障人民吃肉安全，取得了明显成效。2013 年国务院决定将商务部的生猪屠宰管理职能移交到农业部。从此，生猪屠宰管理进入了一个新阶段。“十二五”期间，双汇集团收购了美国史密斯菲尔德食品公司，成为全球最大猪肉加工生产企业。引进世界先进技术和管理模式，建立了完善的质量监控体系，先后成功争创高温肉制品、低温肉制品和鲜冻分割猪肉 3 个国际先进技术水平的肉产品加工生产线，引领了我国猪肉深加工的技术创新潮流。根据农业部有关统计数据，2015 年经过全国规模以上生猪定点屠宰企业屠宰量达 2.14 亿头，占当年总出栏量的 30%。深加工猪肉 990 万吨，占全国猪肉总产量的 18%。我国低温肉制品已经占到西式肉制品总量的 65%，低温肉制品加工技术与工艺与国际水平的差距逐渐缩小，非热杀菌技术、栅栏保鲜技术等部分技术已经达到国际先进水平，猪肉调理制品和发酵制品加工技术也取得较大进步。我国生鲜猪肉消费结构呈现了从热鲜肉到冷鲜肉的结构转变，北京、上海等一线城市冷鲜肉消费约占 40%，其他大城市约占 20%，在龙头企业技术带动和政策支持下，我国猪肉深加工行业整体水平迈上了一个新台阶。

（四）产品质量安全

猪肉食品安全是从养殖场到餐桌的一个系统控制工程，质量追溯体系被认为是解决这个问题的良好技术手段，通过追溯体系，沿着产销供应链上溯或下行，可获得养殖、屠宰、加工、物流等各单元的质量控制等信息。“十二五”期间，针对瘦肉精开展了纳米标记、表面增强和类特异性识别机理等基础研究，研制了拉曼光谱、上转换发光等快速检测装备以及检测试剂 10 多种，通过技术创新与集成，研制出模块化、集成式的移动检测技术。利用新检测技术，农业部多次实施生猪屠宰专项整治行动，2014 年全国生猪瘦肉精检测合格率 99.7%，达历史最高水平。通过技术创新，我国通过综合采用 RFID、激光灼刻、溯源电子秤、手持交易终端等物联网感知技术，实现了肉品来源可追溯、去向可查证、责任可追究，形成了猪肉产品质量安全追溯技术体系，如北京市“放心肉”质量追溯体系、上海市猪肉信息安全追溯系统等。据农业部统计，通过这些新技术的创新和应用，2015 年我国畜产品检测合格率达到 99.4%，真正实现了猪肉产品的质量安全，确保了“菜篮子”工程的顺利进行。

（五）环境控制

猪场环境控制是养猪产业健康发展的瓶颈制约因素，2013 年农业部制定了《全国畜禽养殖污染防治“十二五”规划》，养猪场的环境污染控制成为重中之重。在“十二五”期间，我国猪场粪污处理加大技术创新，从干湿分离技术、粪污厌氧处理工艺、粪污制沼技术等方面开展研究。2014 年，畜禽粪污生态处理成套技术研发及产业化应用获得环境保护科学技术二等奖，标志着我国畜禽粪污处理技术已达到国际先进水平。到 2015 年年底，我国共有 6.1 万规模化养殖场（小区）建成废弃物处理和资源化利用设施。畜禽粪污处理和资源化利用工作初见成效，综合利用率从 2012 年的 50%提高到 2015 年的近 60%。2015 年畜禽养殖化学需氧量、氨氮排放量比 2010 年分别降低 132 万吨和 10 万吨，降幅达 11.5%和 15.4%，超额完成“十二五”减排目标，为我国生猪产业健康、生态、可持续发展提供了技术保障。

二、我国生猪科技创新的产业转化

（一）技术集成

通过多年的技术创新和技术集成，我国“十二五”期间，分别从生猪品种培育、饲料营养、基因技术、疫病防控等方面创制了多项技术集成，如“荣昌猪品种资源保护与开发利用”“仔猪健康养殖营养饲料调控技术及应用”“仔猪断奶前腹泻抗病基因育种技术的创建及应用”“猪产肉性状相关重要基因发掘、分子标记开发及其育种应用”“重要动物病毒病防控关键技术研究与应用”，这些技术成果均已转化至多家龙头企业广泛引用，并获得多项国家科技进步奖和技术发明奖。

（二）示范基地

生猪产业示范基地建设可为科技创新的实际应用提供展示平台，从育种角度来看，以温氏集团、牧原集团为代表的育种龙头企业，组建了大规模的育种基地，院士专家工作站、国家生猪种业工程技术研究中心等示范基地；从饲料营养角度，生物饲料开发国家工程研究中心等为我国饲料营养技术创新、生物饲料研发等提供了良好的示范基地；从畜产品加工角度，我国知名猪肉产品加工企业双汇、雨润、金锣成为了我国畜产品加工新技术示范基地。这些基地的建成，对我国生猪产业的技术创新和应用产生了巨大的社会效应，成为我国生猪产业蓬勃发展的技术创新国际展示平台。

（三）商业转化

生猪产业的技术创新只有通过商业转化才能实现其经济价值，纵观我国几十年的生猪产业发展，与技术成果转化密不可分。“十二五”以来，我国培育的温氏 WS501 配套系、湘村黑猪等新品种或配套系均已成功完成了商业转化，这些年我国自主培育的猪品种的市场占有量随着商业转化的日益增加，其所占比例已增加至 15%左右。而饲料生产技术的商业转化直接使我国当前的饲料生产量居世界第一位。我国生猪产业科技创新转化最为成功的猪疫苗生产技术，使得我国实现了疫苗生产的自给自足。科技是第一生产力，当科技成功实现可商业转化，其生产力的巨大作用才能得到实现，科技转化也当之无愧是我国生猪产业的结构转型和发展壮大的第一推动力。

（四）标准规范

经过国家标准网查询，“十二五”期间发布了与生猪产业相关的 8 项国家标准：《猪常温精液生产与保存技术规范》（GB/T 25172—2010）、《畜禽饲料有效性与安全性评价、全收粪法测定猪配合饲料表观消化能技术规程》（GB/T 26438—2010）、《鉴别猪繁殖与呼吸综合征病毒高致病性与经典毒株复合 RT-PCR 方法》（GB/T 27517—2011）、《猪流感病毒核酸 RT-PCR 检测方法》（GB/T 27521—2011）、《畜禽遗传资源调查技术规范第 2 部分：猪》（GB/T 27534. 2—2011）、《猪流感 HI 抗体检测方法》（GB/T 27535—2011）、《猪流感病毒分离与鉴定方法》（GB/T 27536—2011）、《液相色谱—串联质谱法测定猪可食性组织中阿维拉霉素残留量的测定》（GB 29686—2013）。7 项行业标准：《生猪屠宰加工场（厂）动物卫生条件》（NY/T 2076—2011）、《种公猪站建设技术规范》（NY/T 2077—2011）、《标准化养猪小区项目建设规范》（NY/T 2078—2011）等。

三、我国生猪科技创新的产业贡献

（一）健康养殖

生猪健康养殖是以提高生猪及产品安全为目的，通过技术集成，加强猪群的生产环境控制、提高猪群健康水平、优化饲粮配制技术等，在保障生猪的优质、高产、高效生产的同时，提高人居安全水平，加强生态文明建设。“十二五”以来，我国生猪育种技术的飞速发展，为市场提供更优良的种猪，使得我国生猪整体抗病力和抗逆性不断提高；无抗饲料和生物饲料的研发，保障了生猪猪肉产品的质量安全；疫苗技术的不断进步，减少了猪肉中的各种药物残留。这些科技创新保障了我国生猪产业的健康养殖水平日益提高。

（二）高效养殖

“十二五”以来，随着我国生猪育种、营养、智能化饲喂、环境控制等一系列科技创新成果的应用，我国生猪养殖逐渐向规模化、专业化方向发展。科技含量低、养殖效率差的中小规模猪场逐渐被产业淘汰，据农业部统计，2011—2015 年，全国共淘汰年出栏 500 头以下规模猪场 500 多万个，年出栏 500 头以上规模化猪场比例从 2011 年的 28%提高到 2015 年的 45%。在生猪养殖规模化发展的趋势下，猪场的专业化发展也必然会越来越深入。依据生猪的成长周期实行专业分工，不同养殖环节实行独立经营，更专业、更精细、更科学，饲养的专业化不但极大地提高了养殖的生产效率，同时也有利于疫病的防控。而且相比于自繁自养猪场，专业的育肥在饲料、人工及生产成本等方面效率更高，成本消耗更低。在规模化进入相对成熟的阶段之后，专业化饲养模式将会更加凸显。我国生猪饲养工艺从周批次逐渐向三周批次、四周批次模式进行技术转变，大大提升了猪场生产效率；高效母猪饲料和仔猪饲料的高投入研发，使我国母猪和仔猪饲料达到世界先进水平，母猪和仔猪的健康水平得到保障，2015 年我国母猪的平均 PSY（每头母猪每年所能提供的断奶仔猪头数）达到 17 头，虽然与国外相比还有很大差距，但相比 2011 年的 13 头提升了 4 头左右，养殖效率提升幅度明显。

四、科技创新支撑生猪产业发展面临的困难与对策

“十二五”以来，随着生猪产业的不断发展，规模化养猪水平日益提高，生猪产业已经从过去的粗放经营转型为了高科技企业。然而，相比养猪强国，我国对生猪产业的经费支持仍然较低，且经费往往比较分散，很难集中起来完成一项国际领先水平的科技成果。我国拥有世界上最大的生猪产业，然而产业内的技术人才数量远低于发达国家水平，先进的生产技术很难快速的应用到产业中去。并且，虽然我国生猪产业科技创新发展很快，科研机构也获得了大量的国际先进技术成果，但由于科研人员不擅长科技转化，导致大量的先进科技成果闲置，不能很好地转化为生产力。因此，为促进科技创新对生猪产业发展的支撑力度，还需做好以下 3 个方面的工作。

1. 加大生猪产业科研经费投入，提高政策扶持力度

生猪产业是我国畜牧业的第一大产业，据农业部统计，2015 年，我国畜牧业总产值 2. 98 万亿元，其中生猪产值 1. 2 万亿元，占畜牧业产值的 40%。然而，针对生猪产业的科研经费仅占畜牧业经费的 15%左右，经费投入严重不足。急需从国家层面建立稳定的生猪产业科技发展长效机制，提高政策扶持力度。从多渠道增加生猪产业的投入，发挥国家级项目的引导作用，广泛吸引社会资本走入，建立生猪产业长效稳定投入机制。长期稳定支持基础理论创新研究，尤其是加强种猪育种研究经费投入，研发更高效的育种理论才能实现“弯道超车”，提高我国国产化猪种的市场占有率，保障生猪种业安全，增加国际竞争力。

2. 创新生猪科技人才机制，积极鼓励科技创新

正是由于发达国家生猪产业科学家提出了先进育种理论，创新了育种技术，才造就了美国和欧洲引领世界生猪产业发展方向的世界局面。因此，要实现重大科技理论创新、技术创新，必须要有高端科技创新人才，甚至是诺奖级人才，才能引领我国生猪产业的颠覆性发展。打破我国现有政策，创新人才引进、培养机制，如中国科学院“百人计划”、中组部“千人计划”等，打造高端科技创新团队，大幅度提升顶尖科技创新人才待遇。创新人才评价体系，颠覆性科技创新成果的出现不会是一朝一夕，摒弃短视评价制度，为重大科技创新的出现建立政策保障。高度重视生猪产业科技教育，注重本土创新人才的培养，全面增强引进人才和引进项目相结合，积极协调高端人才与国家生猪产业技术体系等国家级组织的密切关系，为生猪产业的实际需求进行针对性科技创新。

3. 创新科技与经济结合体制，加强科技成果转化

改革科研项目评价体系，立足于市场，以市场需求为导向开展技术创新工作，强化以龙头企业为主的技术创新体系的建立。通过国家立项、研究机构和企业共同开展技术创新，从猪种质资源利用、育种体系、饲料资源开发、养殖工艺体系、猪场生物安全体系、加工流通体系、环境保护体系等方面，结合我国实际情况，进行中国特色技术创新。加强科研人员的科技成果转化意识，积极鼓励科研人员走向市场，给予相应政策支持，完善利益分配制度；改革科技成果鉴定验收办法，积极避免重鉴定轻推广的问题；加强科技成果转化的中试基地建设，建立健全科技成果转化资助体制，加大科技成果转化力度，推进科技创新与经济的紧密结合，形成科技创新的市场驱动力。

第五节　我国生猪产业未来发展与科技需求

一、我国生猪产业未来发展趋势

（一）我国生猪产业发展目标预测

生产规模保持稳中略增，猪肉需求基本自给；生产方式发生根本性转变，规模养殖的比例稳步提高，规模场成为产业的主体；猪场的设施化、自动化、自能化和管理水平转型升级，动物福利不断改善；生产水平、技术水平、综合生产能力和劳动生产效率显著提升；规模企业屠宰和加工的比例不断提高，产品的安全性和品质明显改善；粪污资源化利用，形成种养结合、农牧循环的可持续发展新格局。

（二）我国生猪产业发展重点预测

1. 短期目标（至 2020 年）

出栏商品猪 7 亿头，猪肉产量 5 760万吨，年出栏 500 头以上规模养殖的比重达 52%，出栏率 160%，母猪年提供的上市商品猪数量达到 19 头，劳动生产效率达 1 000头/人，育肥猪的饲料转化效率 2. 7：1，规模企业屠宰量占比 75%，粪污综合利用率达 75%以上。

2. 中期目标（至 2030 年）

出栏商品猪 7. 1 亿头，猪肉产量 5 840万吨，年出栏 500 头以上规模养殖的比重达 62%，出栏率 175%，母猪年提供的上市商品猪数量达到 25 头，劳动生产效率达 1 500头/人，育肥猪的饲料转化效率 2. 65：1，规模企业屠宰量占比 80%，粪污综合利用率达 85%以上。

3. 长期目标（至 2050 年）

出栏商品猪 7. 2 亿头，猪肉产量 6 000万吨，年出栏 500 头以上规模养殖的比重达 70%，出栏率 180%，母猪年提供的上市商品猪数量达到 30 头，劳动生产效率达 2 000头/人，育肥猪的饲料转化效率 2. 6：1，规模企业屠宰量占比 85%，粪污综合利用率达 95%以上。

二、我国生猪产业发展的科技需求

当前，随着我国社会经济发展和居民生活水平的提高，我国生猪产业正处于由数量扩张型向质量效益型转变的关键时期，面临深刻的供给侧结构性改革需求，围绕生猪种质资源、饲料营养、安全养殖、疫病防控、质量安全等生产要素，对生猪科技在节本、高效、智能、绿色等方面提出了更高的要求。

（一）种质资源

1. 优质、特色猪新品种（系）培育与高效繁育技术

优良猪品种是养猪业发展最关键的因素，其对养猪业贡献率达50%以上。作为养猪业发展的物质基础，种业已发展成为独立的战略性、基础性产业，事关国家农业战略安全和畜牧业可持续发展。利用我国丰富的猪品种资源，运用精准、高效的现代育种技术，培育优质、特色猪新品种（系），把握核心种业制高点与自主权，是提高养猪业生产效益、提升国际竞争力的必然选择。

充分利用现有的遗传资源，以100家国家核心育种场为主体，区域种公猪站为纽带、全国猪遗传评估中心为中枢，形成基础母猪群总存栏达10万头国家生猪核心育种群，继续深入实施和扎实推进全国生猪遗传改良计划，开展规范的种猪性能场内、中心测定和良种登记，建立起适合我国生产实际的外种猪遗传评估评价体系，采用常规育种、分子育种和基因组育种等技术开展联合育种，同步推进企业集团育种，不断提高种猪生产性能，加快种猪遗传改良进程，培育出具有自主知识产权的“华系”杜洛克、长白猪和大白猪种猪品牌，提升核心种源自给率和市场竞争力，实现我国由养猪大国向种业大国的跨越和转变。

2. 优良种质资源精细评价与创新利用技术

我国猪品种资源丰富，据2012年版《中国畜禽遗传资源志》（国家畜禽遗传资源委员会，2012）统计，我国现有猪品种122个，其中地方猪品种98个，引进品种6个，培育品种18个。优良种质资源创新与利用是当前国际种猪业竞争焦点。系统开展优良种质资源精细评价与创新利用研究，实现育种新材料的重大突破，将资源优势转变为现实产业优势，提高产业国际竞争力，是当前我国生猪产业迫切需要解决的问题。

（二）饲料效率

1. 饲料资源的开发利用

开展非常规饲料原料（菜籽饼、酒糟及其他副产物）、营养促进素（酶制剂、微生物制剂、抗菌肽、低聚糖等）的发酵工程、酶工程、微生物工程、基因工程和提取技术的研究，同时开展新型饲料资源的营养价值评定、有效性评价、安全性评价、质量标准制定、营养价值数据库建立与更新方面的研究。评定与明确基于不同来源的饲料原料营养价值，制定相关标准，是实现生猪日粮精准安全供给的基础，也是提高饲料效率的前提条件。

2. 营养需要与营养调控

开展不同品种和不同生长阶段在正常和应激条件下的养分需要量，提出相关饲养标准，开展生产性能、猪肉品质（感官品质、口感、风味）、高效利用与减排（N、P、重金属、抗生素）、抗病与健康（特异性疾病、霉菌毒素、氧化应激、免疫应激）等方面的营养调控研究。

3. 饲料配制与生产

在饲料配制中开展营养源优化、营养参数优化和功能饲料研发，在饲料加工方面开展粉碎、膨化、微波、制粒、喷涂等技术和工艺的研究，在储运中开展防霉、抗氧化和防污染方面研究。

（三）产品品质

1. 无抗猪肉安全生产技术

在全球饲料禁用抗生素趋势日益凸显的条件下，积极探索饲用抗生素的有效替代技术，安全生产无抗猪肉已成为我国生猪产业关注的焦点。

2. 改善胴体品质的饲料营养与安全保障技术

通过饲料营养改善胴体品质，改善肉品风味，使得猪肉更加满足人们对健康及风味的要求，积极应对供给侧结构性改革需求。

（四）生猪健康

1. 生猪设施化精细化健康养殖技术

当前，我国生猪生产设施设备水平不断提高，为我国规模化、集约化养殖发展提供了良好的硬件保障。但是我国目前的养猪业仍然是劳动密集型产业，设施化、自动化整体水平不高，生产劳动效率不高。依靠先进的设施设备，提升养猪生产的装备水平，提供良好的、可控的生产环境，应对不断上升的人力成本，实现生猪养殖规模化效益，是养猪业发展的必然趋势。主要技术需求包括：①智能化养殖设备；②智能化、设施化养殖生产工艺；③基于“物联网+”的智慧生猪养殖。

2. 疫病防控

开展安全、高效疫苗、免疫技术规范、免疫监测、重大疫病净化等方面的研究，进行免疫防控；开展速诊断技术、重大疫病流行病学调查、猪病预测预报、细菌耐药性分子流行病学调查与检测等方面的研究，进行疫病监测；开展安全、高效动物专用抗生素产品、非抗生素免疫增强剂、用药规范研究，进行疫病治疗；加强药品研发，获得一批具有自主知识产权的新兽药产品；开展兽药检验、检测新技术的研发，建立全国兽药检验技术信息数据管理平台，加强兽药检验机构检测能力建设。

（五）质量安全

猪肉食品质量安全问题是影响生猪产业能否可持续发展的重要方面，保证产品质量安全已成为我国生猪产业发展的重点任务，但是目前生猪产品质量安全检测及控制技术研究不够。主要技术需求包括：①猪肉产品中主要危害因子筛查识别、来源归趋、环境行为、毒理毒性、消长代谢规律和防控机理；②猪肉产品质量安全与品质形成规律探索，全产业链质量安全管控技术；③基于大数据的数据模型及监测预警体系。

三、我国生猪产业科技创新重点

（一）我国生猪产业科技创新发展趋势

1. 创新发展目标

贯彻创新、协调、绿色、开放、共享的发展理念，促进种植业、养殖业和屠宰加工业三大产业协调发展。实行“转变方式、提质增效，优化布局、绿色发展，龙头带动、融合发展，消费引领、政策支持”农业供给侧改革，推动产业体系、生产体系、经营体系的优化，实现“稳供给、提素质、增效益、保安全、促生态”的创新驱动发展目标。

到2025年，生猪科技创新能力总体上达到发达国家水平，原始创新在国际上占有一席之地，颠覆性技术取得重大突破，在重大基础理论、前沿核心技术等方面取得一批达到世界先进水平的成果，迈入并行、领跑为主的新阶段。育成一批具有自主知识产权、特色突出的猪新品种（配套系）；研制一系列主要疫病诊断方法或诊断试剂、疫苗、兽药，形成成熟的疫病综合防控技术规范；研制一批新型安全、高效、专用饲料产品，形成营养精细调控技术体系；研发系列智能化、自动化养殖设施设备；构建较为成熟的产品质量与安全监测和保障技术体系。科技进步贡献率达到

60%以上。

2. 创新发展领域

（1）高效遗传良种技术。大力推动外种猪和地方品种猪核心育种场建设，完善性能测定与种猪遗传评估制度，采用常规育种、分子育种和基因组育种等技术手段进行种猪选育，不断提高种猪生产性能，加快种猪遗传改良进程，培育出具有自主知识产权的“华系”杜洛克、长白猪和大白猪种猪品牌。开展地方猪特色优势性状和基因的发掘、本品种选育和新品种（系）的培育。依托现有生猪遗传改良体系及精液配送网络，推进公猪站标准化建设，提高优秀公猪利用率，加快生猪遗传改良进程。

（2）饲料营养高效利用和饲料安全技术。开展非常规饲料原料、营养促进素研究，开展新型饲料资源的营养价值评定、有效性评价、安全性评价、质量标准制定、营养价值数据库建立与更新方面的研究。开展不同品种和不同生长阶段在正常和应激条件下的养分需要量，提出相关饲养标准，开展生产性能、猪肉品质、高效利用与减排、抗病与健康等方面的营养调控研究。

（3）标准化规模养殖技术。以“畜禽良种化、养殖设施化、生产规范化、防疫制度化、废污无害化、粪便资源化、监管常态化”为主要内容，深入开展生猪标准化规模养殖创建活动。开展全环控、低耗能、环保型的高标准圈舍研究，开展自动（智能）精确饲喂技术、水处理技术、精液冷冻保存技术的研究，开展自动（智能化）饲喂设备、精液冷冻保存设备、数字化管理系统软件等设施设备的研发，开展猪舍智能化多参数综合控制技术、节能减排环境调控技术、自动化清粪及处理技术等方面的舍内环境控制技术研究，全面提升规模化猪场智能化、自动化、信息化、精细化和管理技术水平。

（4）疫病防控技术。开展疫病传染源控制、传播途径控制的相关研究，提高猪场的生物安全性；开展安全、高效疫苗、免疫技术规范、免疫监测、重大疫病的净化技术为主要内容的免疫防控研究；开展速诊断技术、重大疫病流行病学调查与猪病预测预报、细菌耐药性分子流行病学调查与检测技术为主要内容的疫病监控研究；开展安全、高效动物专用抗生素产品、非抗生素免疫增强剂、用药规范为主要内容的疫病治疗技术研究。确保养殖和产品的安全。

（5）猪肉制品和副产物精深加工技术。开展以自动化无应激屠宰，胴体冷却、分割加工，冷鲜肉及生鲜预调理肉品加工、保鲜等为主要内容的初加工技术研究；开展以肉制品腌制、嫩化、乳化工艺，肉制品发酵、质构调整和重组工艺，低温肉制品巴氏热加工及冷链保鲜，传统肉制品技术工程化设计和栅栏因子调控等为主要内容的精深加工技术；开展以生物酶解无废弃高效转化技术和现代膜分离、微波及凝絮技术，猪副产物综合提取联产等为主要内容的副产物加工技术研究；开展产品安全溯源，微生物预报与栅栏控制，HACCP、GMP 和 SSOP 综合控制等为主要内容的冷链物流技术研究。

（6）产品质量追溯技术。完善投入品生产、养殖、屠宰等各环节无缝对接的质量安全监管制度和信息平台，建立猪肉质量安全管理体系和可追溯体系，推进生猪大数据库信息平台，以动物电子检疫证网络管理系统、兽药产品追溯系统、生猪屠宰统计监测系统、动物及动物产品追溯系统为重点，构建从养殖到屠宰全链条信息化管理体系，初步形成“来源可追溯、去向可跟踪”的监管网络。

（7）粪污处理和资源化利用技术。开展产排污系数、猪场污水深度净化处理技术、沼渣沼液营养成分与重金属快速检测技术、猪场恶臭气体处理技术、废弃物生物质能源开发和多级利用技术、种养结合粪污循环利用技术等为主要内容的粪污无害化处理和利用技术研究，通过源头减量、过程控制、末端利用的治理路径，开创种养循环和绿色发展的新局面。

（二）我国生猪产业科技创新优先发展领域

1. 基础研究方面

（1）生猪重要经济性状遗传解析。主要内容：繁殖、肉质、生长、抗逆等重要性状形成的功能基因组学研究及基因网络构建，剖析遗传与环境互作效应在性状形成过程中的作用机制，杂种优势形成的遗传机理及分子调控机制。

（2）现代精准高效的猪育种新技术研发。主要内容：基于生物信息学的计算机辅助育种技术研究；中低密度的分子标记早期辅助选择育种新技术研究；基于大数据（高密度芯片或高通量测序技术）的全基因组选择育种新技术研究；构建转基因技术、全基因组选择、基因组编辑等新兴的技术方法与常规技术组装集成的高效精准分子育种技术体系。

（3）生猪重大疫病致病与免疫机理。主要内容：生猪重大疫病及新发疫病重大动物疫病的病原学与病原生态学、病原变异与毒力改变机制、病原持续性感染机制、病原与宿主的协同演化及防控机制、共感染的致病与免疫机制以及病原功能基因组学与蛋白质组学研究。

（4）生猪重要病原生物耐药性形成机制与控制方法。主要内容：生猪重要病原生物耐药性特征、形成机制、环境影响与控制方法。

（5）种猪营养与健康。主要内容：种猪精细营养需求研究；日粮及功能性营养物质对种猪性能调控机理研究；改善种猪性能水平的营养调控技术研究。

（6）基于不同来源的饲料原料营养价值评定。主要内容：评定与明确基于不同来源的饲料原料营养价值，制定相关标准。

（7）生猪养殖环境对性能水平的影响。主要内容：生猪健康环境、健康水平的指标体系与评价方法研究；研究生猪—健康环境—设施装备互作机理，研究不同生产模式下生猪环境适应性及其与健康和行为表达的基本规律，解析其表征与精准调控的基本原理以及多尺度、多元逆境调控技术方法。

2. 应用研究方面

（1）优质、特色猪新品种（系）培育与高效繁育。主要内容：以优良地方品种为基础的优质瘦肉猪新品种（系）选育；以外来品种为基础的高效、适应性广的高繁瘦肉猪新品种（系）选育；优质、特色猪新品种（系）高效繁育技术研究。

（2）现代生猪设施智能化高效清洁养殖技术及模式研发。主要内容：生猪智能化、自动化养殖设施设备研制；适应不同区域特点的现代生猪设施智能化养殖模式与参数研究；基于“物联网+”的智慧生猪养殖。

（3）主要疫病及新发传染病综合防治技术。主要内容：主要疫病及新发传染病快速诊断技术研发；新型高效安全疫苗、兽药研制；重要疫病净化与根除技术研发。

（4）生猪精细营养调控与精确饲喂技术。主要内容：不同阶段、品种猪只生长发育营养需求研究；提高饲料利用率的新型日粮配方；新型高效、安全饲料产品研发；母—子一体化均衡营养调控技术；母仔猪生产系统管理关键技术；现代电子饲喂技术应用。

（5）生猪养殖环境监测与改善技术。主要内容：区域环境对养殖废弃物消化能力研究；废弃物中氮、磷及臭气减量控制技术研究；新型清洁生产工艺研究；废弃物无害化、资源化利用技术和配套设施（设备）的研制与开发。

（6）猪肉产品品质改善技术。主要内容：无抗猪肉安全生产技术；改善胴体品质的饲料营养与安全保障技术。

（7）猪肉产品质量与安全保证技术。主要内容：猪肉产品质量检测与安全评估技术；猪病原菌耐药监测，猪肉产品药物残留检测技术；猪肉产品质量安全与品质形成规律探索，全产业链质量安全管控技术；基于大数据的数据模型及监测预警体系。

第六节　我国生猪产业科技发展对策措施

一、产业保障措施

（一）加强组织领导

各级政府统筹考虑资源、环境和消费等因素，优化完善区域生猪生产发展规划和屠宰布局，强化政策支持。加强财政、国土、环保、农业等部门协调配合，共同破解生猪生产发展中的新情况和新问题。

（二）加强政策扶持

健全绿色发展为导向的生猪生产发展政策支持体系，从财政投入、养殖用地、保险等方面支持产业发展，连续实施已有国家财政支持政策，强化落实全国生猪产业发展规划，积极推动生猪产业区域布局调整，大力支持生猪品牌创建和养殖废弃物无害化处理和资源化利用。

（三）加强科技支持

坚持生猪领域科技的公共性、基础性和社会性定位，大力支持高校、科研院所等公益性研究机构对生猪产业基础性的技术问题进行研究与开发，持续稳定长期支持产业发展中的重大科技问题研究；完善稳定支持和竞争性支持相协调的机制。优化创新财政投入机制，加大财政投入，带动社会资金投入，制定金融贷款优惠政策，鼓励企业加大投入开展科技创新；完善多元化、多渠道、多层次的科技投入体系。

（四）加强猪病防控

加大生猪疫病防控力度，切实落实免疫、消毒、监测、检疫、无害化处理等措施。进一步加强口蹄疫、流行性腹泻、非洲猪瘟等重大疫病的防控。加强种猪场疫病净化，从源头控制疫病风险。严格动物防疫监管，强化种猪场动物防疫条件审查和引种检疫审批，落实种猪调出实验室检测和调入隔离观察制度，严防疫病传入传出。

（五）加强质量监管

完善投入品生产、养殖、屠宰等各环节无缝对接的质量安全监管制度和信息平台，加强执法监管，加快建立猪肉质量安全管理体系和可追溯体系，推进生猪大数据库信息平台，构建从养殖到屠宰全链条信息化管理体系，形成“来源可追溯、去向可跟踪”的监管网络。

二、科技创新措施

（一）改革财政科技资金管理制度

实施财政科技投入供给侧结构性改革，实现技术、人才、资本等生产要素的高效组合，加大对市场不能有效配置资源如资源保护、基础研究等的基础性、公益性、共性关键技术研究的支持力度。

改革科技部门管理职能，逐步建立依托专业机构管理科技计划项目制度。完善财政科技资金股权投资、贷款贴息、风险补偿等市场化手段支持技术创新机制。增强科技计划项目承担单位的自主权。

完善成果转化激励机制，下放科技成果使用、处置和收益权。将财政资金支持形成的科技成果使用、处置和收益权，下放给符合条件的项目承担单位，允许科研机构协议确定科技成果交易、作价入股的价格，提高科研人员成果转化收益比例。创新政府采购机制，逐步推行科技应用示范项目与政府采购相结合的模式。

（二）构建高效的科研体系

制定科研机构创新绩效分类评价办法，定期对科研机构组织第三方评价，评价结果作为财政支持的重要依据。推行科研机构绩效拨款试点，逐步建立以绩效为导向的财政支持制度。完善全国科研设施与仪器开放共享管理体系。建立以用为主、用户参与的评估监督体系，健全科研设施与仪器向社会服务的数量、质量与利益补偿、后续支持相结合的奖惩机制。

（三）加快建设各类高水平创新载体和新型科研机构

支持承担国家工程实验室、国家重点实验室、国家工程（技术）研究中心、国家企业技术中心、国家制造业创新中心等国家级重大创新载体分支机构建设任务。

集中优势资源、整合各类力量，建设世界高水平重点学科。对科研院所的科研条件平台和基础研究予以相对稳定的科研经费支持。

（四）实施关系全局和长远的重大创新项目

组织基础性、前沿性、关键核心技术重大科技计划专项，共同探索科技投入和科技计划管理新机制，按规定予以足额经费支持。

（五）强化知识产权保护

完善专利、品种、商标等知识产权政策法规体系，健全侵权行为追究刑事责任机制和程序、调整损害赔偿标准、建立举证责任合理划分和惩罚性赔偿制度。支持专利申请与维护。建设申请、预警、鉴定、维权援助、纠纷调解、行政执法、仲裁、司法诉讼一体化的知识产权维权制度，逐步建立知识产权综合执法体系、多元化国际化纠纷解决体系和专业化市场化服务体系。支持建设知识产权维权援助制度。

三、体制机制创新对策

1. 创新产业科技计划组织管理

按照中央关于深化科技计划改革的新要求，强化顶层设计，统筹科技资源，改革完善生猪产业科技计划管理方式，建立目标明确和绩效导向的管理制度，形成职责规范、科学高效的组织管理机制。坚持公开透明，加强项目实施过程的信息公开，主动接受社会监督。建设完善专业机构，加强对专业机构的监督、评价和动态调整，确保其按照委托协议要求和相关规定进行项目管理工作。完善科研信用管理制度，建立覆盖项目决策、管理、实施主体的逐级考核问责机制和责任倒查制度。

2. 建设区域性现代产业科技创新中心

以区域共性关键技术研究为基础，以产业化为目标，以体制机制创新为动力，以科研单位、大学或龙头企业为承建主体，集聚科技、产业、金融、人才等要素，建设一批区域性现代产业科技创新中心。集聚一批全国一流领军人才和研发团队，吸引一批国内外知名企业总部和研发中心，打造一批区域现代产业科技创新高地，实现创新链与产业链深度融合，促进科技研发、成果转化、产业孵化、金融支持、国际交流等协同发展。

3. 加强人才队伍建设，充分调动科技人员创新积极性

加强生猪产业科技创新人才队伍建设，健全科技创新人才评价机制，加大对创新人才和创新团队的稳定支持力度。实行以增加知识价值为导向的分配政策，落实成果转化奖励等激励措施，使科研人员收入与其创造的科学价值、经济价值、社会价值紧密联系。

4. 国家加强科研投入力度，提供相应政策保障

建立生猪产业科技投入的长效机制，不断提高各级财政对生猪产业科技投入强度和比重，加大国家各类科技计划对生猪产业的倾斜支持力度。进一步加大对生猪产业基础研究和前沿研究的稳定支持力度。进一步优化财政投入结构，给予生猪产业领域科研工作者、主要研发团队、重点实验室、国家示范科技园区等稳定支持。加强科技与金融结合，支持发展生猪产业科技创新基金，引导和促进银行业、证券业、保险业及创业投资等各类社会资本积极参与生猪产业科技创新事业。继续加大生猪产业科技创新相关政策的扶持力度，加强体制机制创新，有效整合养猪产业化组织，充分利用信息技术，打造全新、便捷、高效的技术推广网络，支持企业自身形成较强的研发能力，促进资源优化配置以及产业链协同发展。

（王立贤、梅书棋、张龙超、王立刚、彭先文、刘欣、侯新华）

主要参考文献

敖子强，桂双林，付嘉琦 . 2016. “畜地平衡”模式在规模养猪废水处理中的应用研究进展［J］. 中国畜牧杂志，4：55-58.
陈代文 . 2015. 从动物营养学发展趋势看饲料科技创新思路［J］. 饲料工业，36（6）：1-5.
陈加齐，魏晓娟，朱增勇 . 2017. 近年来全球畜产品消费趋势分析及未来展望［J］. 农业展望，1：70-76.
褚衍章，朱增勇 . 2016. 中国猪肉消费“十二五”回顾及“十三五”展望［J］. 农业展望，5：81-85.
单朝兰，宁喜凤，李苏建 . 2016. 基于物联网技术的生猪养殖场质量安全溯源管理系统的设计［J］. 制造业自动化，11：124-128.
丁能水 . 2015. 主效基因及其育种应用［J］. 国外畜牧学（猪与禽），4：31-34.
国家生猪产业技术体系 . 2016. 中国现代农业产业可持续发展战略研究生猪分册［M］. 北京：中国农业出版社.
国家生猪产业技术体系产业经济研究室 . 2016. 2016 年世界生猪市场发展回顾［R］. 广州.
国务院 . 2016. 国家创新驱动发展战略纲要.
国务院 . 2016. “十三五”国家科技创新规划.
国务院 . 2017. 国家人口发展规划（2016—2030 年）.
黄路生 . 2015. 中国种猪遗传改良的成就、挑战和建议［J］. 北方牧业（21）：20.
黄伟忠 . 2014. 丹麦生猪产业发展与质量安全监管［J］. 中国畜牧业，16：55-58.
蒋宗勇，陈代文，徐子伟 . 2015. 提高母猪繁殖性能的关键营养技术研究与应用［J］. 中国畜牧杂志，12：44-49.
蒋宗勇 . 2013. 近五年我国猪营养研究进展［J］. 当代畜牧，1：70-72.
李华志 . 2014. 生猪饲养环境的福利问题与安全猪肉生产的对策分析［J］. 当代畜牧，26：23-24.
李育林，帅起义，曹胜波 . 2016. 协同创新力促我国生猪产业转型升级［J］. 养殖与饲料，10：1-5.
刘英，王烨，江琦 . 2015. 冷鲜猪肉品质控制关键技术［J］. 农产品加工，1：37-39.

刘增金，乔娟，张莉侠 . 2016. 猪肉可追溯体系质量安全效应研究——基于生猪屠宰加工企业的视角［J］. 中国农业大学学报，10：127-134.

罗创国，陈永刚，李珊倩 . 2016. 现代猪育种新技术［J］. 畜牧兽医杂志，5：38-41.

潘韵致，王大力，白春艳 . 2016. 基于猪剩余采食量的分化选择与遗传进展［J］. 中国兽医学报，5：875-879.

漆海霞，张铁民，罗锡文，等 . 2015. 现代化生猪养殖环境测控技术现状与发展趋势［J］. 家畜生态学报，4：1-5.

邱士可，周文宗 . 2009. 畜禽养殖粪污资源化利用现状与趋势［J］. 创新科技（12）：26-27.

王浩，龙定彪，曾雅琼 . 2016. 福利化养猪技术及其应用［J］. 猪业科学，8：40-43.

王璜，苏师怡 . 2016. 欧美日食品安全可追溯体系对中国的启示［J］. 山西农业大学学报（社会科学版），12：875-881.

王立贤 . 2010. 国外猪育种技术的发展与猪的遗传改良［C］. 饲料与畜牧编辑部.

王立贤 . 2014. 猪遗传育种的发展变化与我国育种偏差的纠正［J］. 今日养猪业，4：49-52.

王恬 . 2016. 乳仔猪营养生理及其营养调控［J］. 国外畜牧学（猪与禽），4：6-10.

夏俊花，Benny van Haandel. 2016. 基因组学及其对未来猪育种的影响［J］. 国外畜牧学（猪与禽），2：26-28.

肖星星 . 2015. 美国、欧盟动物福利立法的发展及借鉴［J］. 世界农业，436（8）：97-101.

杨红杰，彭华，王林云 . 2014. 我国猪肉消费趋势展望地方猪种发展前景［J］. 中国畜牧杂志，16：6-10.

姚民仆 . 2015. 全球养猪业的现状和趋势［J］. 中国猪业，7：17-21.

殷成文，宫桂芬 . 2016. 2016 年中国猪业发展报告［R］. 北京：中国畜牧业协会.

张乃锋 . 2016. 环保饲料配制技术应用与研究进展［J］. 猪业科学，5：34-35.

张万明，陶璇，顾以韧 . 2014. 生猪生产中抗生素一些替代品的研究进展［J］. 养猪，6：21-24.

张霞，刘晓研，苗义良 . 2017. 基因编辑技术在猪现代育种和动物模型构建中应用的研究进展［J］. 中国细胞生物学学报，5：659-667.

张哲，张豪，陈赞谋 . 2015. 种猪育种性能测定校正公式研究［J］. 中国畜牧杂志，16：49-54.

张正帆，郭春华，彭忠利 . 2015. 益生菌在养猪业中的应用进展［J］. 西南民族大学学报（自然科学版），2：160-165.

中国科学技术协会 . 2016. 2014—2015 畜牧学学科发展报告［M］. 北京：中国科学技术出版社.

Zhang，et al. 2015. Comprehensive evaluation of antibiotics emission and fate in the river basins of China：source analysis，multimedia modeling，and linkage to bacterial resistance［J］. Environmental Science & Technology，49（11）：6772-6782.

第十一章　我国奶牛产业发展与科技创新

摘要：“一杯牛奶强壮一个民族”，奶牛产业是我国农业发展进入新阶段后增长最快、对农业产业结构调整作用最大、最富有朝气的重要产业之一，也是推动一二三产业协调发展，改善居民膳食结构的重要战略产业。奶业的发展状况和科技水平，既是我国现代农业发展的重要标志，也是我国人民生活水平高低的重要指标。改革开放以来，我国奶业发展取得了巨大成就，生产能力、生产方式、质量安全和法规制度建设等方面都取得了重要进展。我国奶牛存栏稳定在1 400万头以上，生鲜牛奶产量稳定在3 500万吨以上，居世界第三位。奶牛平均单产达到7.3吨，比2008年增加了2.5吨。规模化养殖水平不断提高，奶产品质量安全水平大幅提升，牛奶品质不断提高，现代奶业建设进入新阶段。然而，我国奶业既面临着前所未有的发展机遇，也面临着一系列更加突出的挑战，如优质饲草料供应压力、奶牛养殖效率偏低、牛奶质量不高、奶产品质量安全风险、环境污染等，这些问题的存在，不仅影响了奶业的可持续发展，还影响了人民的生活和健康。

实践证明，科技创新是奶业发展的源泉，是解决奶业问题的智库，是加快奶业发展方式转变的主要推动力。我国奶牛产业正处于由传统养殖业向现代养殖业过渡的转型时期。我国奶业在发展过程中，不仅受到资源、资金等要素投入的制约，而且受科技水平有限的束缚。目前我国奶业科技贡献率不到50%，远低于欧美等国70%~80%的水平。当前我国国情决定了土地、饲料、水、人口和环境等资源不可能无限利用，所以发展奶牛产业的重要支撑力量就是科技创新。

第一节　国外奶牛产业发展与科技创新

我国奶业要借鉴全球其他奶业发达国家的产业成功经验、奶业科技理论与技术，消化吸收后，提升我国奶业科技的自主创新能力。

一、国外奶牛产业发展现状

过去20多年，世界奶业快速发展，产量从1990年的4.8亿吨增加到2015年的7.2亿吨。2015年全球奶牛存栏数28 247.9万头，存栏最多的国家和地区包括：印度、欧盟、巴西、中国、美国，分别占17%、8%、8%、5%、3%。2015年全球牛奶产量67 437万吨，占奶类总产量的82.5%。其中，亚洲占29%，欧盟占24%，北美中美占18%，大洋洲占5%。全球牛奶产量最高的国家依次是美国、印度、中国、巴西和德国。2015年全球奶牛平均单产2 387千克，其中美国10 157千克、加拿大9 387千克、韩国9 304千克、欧盟7 018千克、澳大利亚5 647千克。总体而言，世界奶业大国主要位于北美洲、南美洲、欧盟和大洋洲，这些地区奶业科技基础扎实、实力雄厚，在发展现代奶业过程中有不同的特征和模式，各具特色。

1. 北美大规模工业化模式

它指以美国和加拿大为代表的奶业经济发展模式。这些国家或地区土地资源丰富、资金和技术实力雄厚，但劳动力资源紧缺，因此走向了土地、资本和技术密集、以机械作业为主的集约化大农场发展道路，其特点如下。

（1）养殖规模化程度高。美国54%以上畜牧生产集中在5%的大农场或企业手中，特别是适合工业化管理的奶业。例如，美国奶牛场从1965年的约110万个减至2008年的6.7万个，其中规模在100头以上的奶牛场占全国奶牛场总数的23.2%，但饲养了全国75%的奶牛。

（2）区域集中度高。美国奶产量前五位和前十位的州奶产量总和分别占全国总产量的55%和72%以上，比重分别比1935年提高50%和30%。

（3）综合生产能力强。依靠日益先进的育种、营养、卫生、机械设施技术和管理等，美国奶牛单产能力不断提升。现在美国奶牛平均单产达10.1吨，而且单产仍然呈上升趋势，因此，尽管奶牛饲养规模以达到939.2万头，总产奶量反而不断提高。

2. 欧盟适度规模经营模式

它指德国、法国、荷兰等西欧国家的畜牧业经济发展模式。其特点是土地和劳动力资源相对稀缺，资本和技术实力雄厚，因此选择了资本和技术密集、以机械作业为主的集约化家庭农场的发展道路，其特点如下。

（1）适度规模化。其养殖呈现出以家庭农场为主的适度规模化和集约化趋势。据2008年欧洲统计署数据，在奶产量最大的德国，奶牛存栏量50头以下的家庭农场占95%以上，其中10~19头规模的家庭农场饲养量达40%，平均饲养奶牛仅为10头，但户均奶产量却从1955年的15吨提高至2005年的250吨。

（2）产业协作紧密、高效。欧洲各国养殖业在长期发展中形成了各种高度发达的合作组织，包括农民联合会、农业合作社及农会或农业协会等，覆盖了大部分生产者，是小规模养殖户能保持持续发展的重要原因。以发展规模和水平突出的奶业合作社为例，欧盟主要奶业生产国90%以上的奶农都是各类奶业合作社的成员。

（3）产量稳定，自给为主。其主要奶牛的饲养规模在20世纪70—80年代达到最高水平后逐步缩小，但由于奶牛单产的提高，总产量仍维持了较为稳定的水平，基本实现欧盟内部的自给。

3. 南美和大洋洲现代草原牧场模式

它指澳大利亚、新西兰、阿根廷和巴西等国的养殖业发展模式。这些国家人口较少，草场资源丰富，养殖方式以天然草地或人工草场上围栏放牧为主，其特点如下。

（1）资源、生产和生态协调发展从粗放型放牧到大力发展人工草场，牛奶生产成本在全球最低。澳大利亚和新西兰均拥有国土面积一半以上的天然草地，早期主要以大规模粗放型放牧为主，但之后两国意识到过度放牧对草原生态的破坏，也直接影响畜牧业的可持续发展。因此逐渐一方面控制载畜量，保证牧场的适度规模，并加强草地管理，推行划区轮牧等；另一方面大力发展人工草场和改造现有草原。如澳大利亚在中雨、多雨地区建立高产、优质人工草地，已达3 000万公顷。

（2）乳制品加工业集约化程度较高与奶农与乳企利益相互依存。新西兰乳制品加工企业主要有四家：恒天然合作集团、Westland合作乳品公司、Tatua和Open Country乳酪公司。几乎所有的奶农豆浆原料奶提供给他们的合作制乳品加工公司。奶农根据其提供的原料奶和在此基础上加工厂制成的乳制品的预期收益，领取相应奶款。

（3）出口带动畜牧业快速发展。这些国家人口较少、资源丰富，奶产品产量很大，且出口占比较大，这也是其奶业快速发展的主要引擎。

二、国外奶牛产业科技创新现状

奶业发达国家生产的牛奶质量普遍较高，除了与其丰富的土地和饲料资源优势相关外，基础研究积累、成果转化应用和先进饲养管理技术起到了决定作用。

1. 奶牛产业科技创新持续发展

科学的营养调控和现代饲养管理技术是推动奶牛养殖业生产向安全、优质、高效和环保发展的动力。奶牛养殖业是饲料转化效率最高、资源利用最节约的畜牧业。饲料是奶牛生产的物质基础，占牛奶生产成本的70%以上，而营养调控技术是提高饲料利用效率，改善牛奶品质，降低奶牛养殖成本，减少养殖对环境污染的关键。因此，美国、英国、澳大利亚、以色列等奶业发达国家十分重视奶牛营养研究与饲料高效利用技术开发。美国的《奶牛营养需要》每5年更新一版，到2001年已经出版了第7版，目前正在组织专家修订第8版，这部书集成了大量新的科研成果，详细列出了经产母牛、初产母牛和犊牛的营养需要量，同时包括根据动物营养需要用计算机模型设计的饲料配制系统，是世界奶牛养殖者的重要参考工具书，为世界奶业的发展做出了很大的贡献。近年来，国际上在新型饲料资源开发、奶牛瘤胃发酵调控、泌乳调控、奶牛保健及减少养殖污染等领域取得了最新进展，并开发了新型饲料添加剂产品和奶牛阶段饲养精细饲养管理技术，为提质增效发挥重要作用。

2. 奶牛育种与饲养新技术提高单产水平

奶业发达国家中奶业的快速发展主要得益于奶牛单产的提高。1950年以来，美国奶牛存栏总量不断减少，而单产奶量却不断增加，从2003年到2016年，美国奶牛场数量下降了40.6%，但是产奶总量却增长了25%。因此，总产奶量持续增加，这与发展过程中不断追求科技进步密不可分。良种繁育技术和营养管理技术的不断发展和应用大大提高了奶牛单产产量。近年来，奶牛新的繁育技术不断出现，比如全基因组选择、人工授精技术、胚胎移植技术、MOET核心群育种体系、基因克隆与编辑技术。通过整合全国资源优势和奶牛育种组织公司，及时转化新繁育技术，建立育种信息化数据库和平台，形成了发达的服务体系。饲养管理新技术，比如优质饲草资源开发利用技术、瘤胃发酵优化技术、阴阳离子平衡技术、营养状况检测技术、全混合日粮配制技术，不断更新和发展，对于特殊阶段或条件下奶牛实行特殊营养策略，不断提高规模化和信息化程度。技术的不断创新和应用，驱动了奶牛单产的不断提高，美国奶牛单产由1997年7.65吨增长到了2016年的10.33吨。因此，奶牛单产的提高依赖于育种与饲养新技术的创新与应用。

3. 牛奶品质生成的代谢网络与调控成为研究前沿

乳腺细胞分离培养、微生物分子生态学等技术的应用与发展，促进了国际上乳成分前体物在消化道、肝脏和乳腺组织中的生成与利用规律的研究。乳成分合成相关功能基因组（第一基因组）和消化道微生物基因组（第二基因组）及其两个基因组的相互关系已经成为国际奶业研究热点。乳成分前体物生成和利用的神经内分泌调节网络机制研究刚刚起步，对各种激素和中间代谢产物的信号转导途径、关键调控因子及其相互作用模式仍有待研究。

4. 牛奶质量安全技术开发与风险评估日趋成熟

全球食品质量安全检测方法正面临着新的技术革命，尤其是近10年，在红外光谱、酶联免疫、生物芯片等仪器、生物技术领域取得的巨大进展，为现代检测技术发展注入了强大动力。国际上牛奶质量安全评价更加关注危害因子的时空分布和多个危害因子叠加效应的评价，不同地区和不同季节的危害因子种类不同，因此，国际上更加关注危害因子时空分布的动态评价。对食品安全评价与预警的研究已经成为全世界的重大任务。2011年美国颁布了最新一版的“优质乳条例”《Grade “A” Pasteurized Milk Ordinance》(PMO)，已经是第39版。这是一套饲料-原料奶-加工-市场全过程的安全生产规程，正是因为长期坚持，使美国的优质乳比例达到了98%以上，由牛奶引起的食源性疾病从1938年的25%下降到目前的小于1%。建立危害因子预警体系和安全生产规程已经成为全球各国防控食品质量安全事件的主要途径。

三、国外奶牛产业科技创新经验

1. 科技研发和推广投入大

在发达国家的奶牛产业中，科技进步贡献率在70%以上，而科技进步主要因为政府对于农业科技研发和推广应用投入不断加大。在美国、加拿大、英国、澳大利亚等农业发达国家中，政府财政支农支出占农业GDP比重超过25%；日本、以色列等国农业财政支出则更高，财政支农占农业GDP的45%~95%。这些国家通过大量的政府投入，使农业科技水平和应用程度不断提高，从而促进了养殖业不断发展。

2. 依赖科技进步支撑

优质高产良种的培育和推广、人工授精等繁殖技术的成熟、配方饲料和动物疫苗的广泛应用、养殖产品加工设备提升等，都促进了发达国家养殖产品单产能力的提高和扩繁速度的加快，降低了饲料消耗和动物病死率，从而使养殖业综合生产能力显著提高。养殖业企业的规模化发展，不仅促使本身科技水平不断提高，而且使其将科技元素融入各生产要素中，以商品的形式提供给广大养殖户，使养殖户只需通过简明的操作规程等就能获得新科技的应用，从而实现科技的迅速推广和整个产业科技水平的快速提高；加上众多市场化、专业化的技术服务公司的科技支持，更保证了不同规模生产者之间只存在规模效益的不同、而在养殖产品的生产效率和质量上没有太大区别。

3. 创新和推广优良品种

一是重视种用动物的质量监管。除了相应的法律法规外，还有相应的品种协会，从而能不断改善其生产性能，并从源头上保证养殖产品的质量和卫生安全。如美国的奶牛生产性能遗传评估是由美国农业部下属的家畜遗传改良实验室承担。二是大力推广现代繁殖技术，以最大限度地利用好优秀良种的遗传优势。三是政策扶持。美国、加拿大、欧洲等在开展奶牛生产性能测定和育种计划的初期，都由国家支持免费为奶农进行产奶性能测定和体型外貌评定；直到20世纪70年代奶牛群遗传改良计划体系建设基本完善后，才逐步过渡到商业化运作模式。四是完善的育种、制种体系，保障了优秀良种的培育和快速扩繁。五是种业的产业化运作，欧美等国育种组织和育种公司不仅使良种的遗传改良围绕产业化的需求进行，而且通过产业化运作推动养殖种业的发展。

4. 扩大饲料牧草资源种植

美国等国家通过大力发展本国的饲料牧草种植，保证了养殖发展所需的饲料供应。例如美国不断加大玉米等饲料粮食作物种植面积，2007年比1980年提高20%，占当年农作物种植面积的32%，是人用粮种植面积的1.8倍；玉米和大豆产量都是世界第一位，分别占世界总产量的42%和33%。养殖发达国家均根据本国特点开发和利用饲料资源。如加拿大、欧洲国家采用小麦、大麦、高粱等作为主要能量饲料原料。同时，养殖业发达国家均以大力种植牧草作物和建设人工草场来发展草食家畜业。例如，美国牧草种植面积维持在2 500万公顷以上，近二十年干草产量维持在1.4亿吨/年，青贮作物产量达1亿吨以上。

5. 完善环境保护制度及技术

一是制定污染防治法规及标准，对饲养规模、场地选择、养殖业污染的排放量及污染处理系统、设施和措施等都做出具体要求。二是走农牧结合路线，美国的大部分大型农场从种植制度安排到生产、销售等都十分重视农牧的紧密联系，并由养殖业规模决定种植业结构的调整，两者在饲草、饲料、粪肥上形成相互协调的关系。三是大力开发减轻污染的技术。包括：①通过培育优良品种、开发科学配料、使用酶制剂等综合手段降低粪便中的氮污染。②运用沼气技术等生物净化方式，实现对粪便和污水的污染消除。③粪便的资源化再利用。

6. 健全动物疫病防控体系

在兽医管理体制方面，实行以兽医官制度为核心的官方兽医制度，官方兽医垂直管理，保证管理的权威和效率。在防治体系和防治机制方面，一是建立完善的官方兽医实验室和诊断标准体系，协助国家兽医行政机构诊断并扑灭动物传染病；二是建立完善的国家动物疫病监控认证体系，通过制订和实施科学合理的监控计划，使许多长期危害动物和人类健康的疫病得到控制；三是建立高效的动物疫病应急反应体系；四是建立完备的赔偿制度，为处理紧急疫情、实施疫病扑灭计划提供了根本保障。在兽医法规方面，建立起具有系统性、可操作性、科学性、强制性、时效性及透明性的防疫机制。在国家层面，通过长期有计划的消灭和控制行动，已经在全国范围内对大多数奶牛重要疾病如口蹄疫、结核和布病等实现了净化，有力地支持了奶业快速、健康发展。在奶牛场层面，集约化养殖场生物安全措施的严格贯彻执行，使奶牛疾病发病率保持较低水平。

7. 配套机械设施的现代化和智能化

奶牛养殖中，机械化挤奶成套设备的应用比重日益扩大，挤奶装备的技术与需求趋势正向着多元化、全程自动化、智能化、信息化、福利化等技术方向发展。在国外一些发达国家，全自动的挤奶机器人已经普及应用，这种设备不仅能实现挤奶、清洗、分流、贮藏过程的全天候无人值守作业，并可完成在线计量统计、检测牛奶品质和乳房炎；通过 TMR 饲喂机器人实现了针对个体奶牛的按需求、按时段的自动精确饲喂；通过牛舍自动清洁机器人、基于物联网的环境智能调控系统的应用，为奶牛提供了福利化的生活与生产环境；通过全面的社会化分工服务体系与先进的牧场管理系统，结合监测传感器，实现了对牛场管理的智能化管理决策等。

第二节　我国奶牛产业发展概况

改革开放以来，我国奶业发展取得了巨大成就，生产能力、生产方式、质量安全和法规制度建设等方面都取得了重要进展。我国奶牛存栏稳定在 1 400万头以上，生鲜牛奶产量稳定在 3 500万吨以上，居世界第三位。规模化养殖水平不断提高，奶牛平均单产达到 6 吨，比 2008 年增加了 1.2 吨。奶产品质量安全水平大幅提升，牛奶品质不断提高，现代奶业建设进入新阶段。

一、我国奶牛产业重大意义

奶业是现代农业和食品工业的重要组成部分，对于改善居民膳食结构、增强国民体质、增加农牧民收入具有重要意义。

1. 健康中国、强壮民族不可或缺的产业

一杯牛奶强壮一个民族，小康社会不能没有牛奶。婴幼儿配方乳粉是重要的母乳替代品。世界卫生组织把人均乳制品消费量作为衡量一个国家人民生活水平的重要指标之一。发展奶业是增强国民体质，尤其是改善青少年营养与健康的重要选择，也是建设健康中国的必要前提和重要标志。

2. 食品安全的代表性产业

奶业产业链条长，乳品质量安全保障是一项复杂的系统性工程，也是检验国家食品法规标准、质量监管、企业诚信等体系的试金石。乳品质量安全水平很大程度上反映了我国食品质量安全的整体状况，备受消费者关注，是反映消费者信心的晴雨表。

3. 农业现代化的标志性产业

奶牛养殖业是世界公认的节粮、经济、高效型畜牧业，也是技术、资本密集型产业，奶业发展需要现代的物质装备、现代的经营理念、现代的信息技术、现代的生产经营体系为支撑。农业发达国家的奶业现代化水平通常都较高。目前，我国奶业的现代化已具雏形，有望在农业中率先实现现代化，引领农业现代化发展。

4. 一二三产业协调发展的战略产业

乳制品工业是我国改革开放以来增长最快的产业之一，也是推动一二三产业协调发展的重要支柱产业。发展乳制品工业对于改善城乡居民膳食结构，提高国民身体素质，丰富城乡市场，提高人民生活水平，优化农村产业结构，增加农民收入，促进社会主义新农村建设具有很大推动作用；对于带动畜牧业和食品机械、包装、现代物流等相关产业发展也具有重要意义。

二、我国奶牛产业生产现状

2008年以来，各地区各部门认真贯彻落实党中央国务院部署，以保障乳品质量安全为核心，全面开展乳品质量安全监督执法和专项整治，加快转变奶牛养殖生产方式，推动乳品加工优化升级，奶业素质大幅提升，现代奶业建设取得显著成绩。

1. 奶业生产能力迈上新台阶

2016年年末奶牛存栏量约1 430万头，比2015年存栏量减少了5%。全年生鲜牛奶产量为3 602万吨，比2015年产量减少了4.1%。2015年，我国生鲜乳和乳制品产量分别达到3 870.3万吨和2 782.5万吨，总体规模仅次于印度和美国，居世界第三位。乳品市场种类丰富、供应充足，人均奶类消费量折合生鲜乳达到36.1千克，比2008年增加5.9千克。奶业已成为现代农业和食品工业中最具活力、增长最快的产业之一（图11-1）。

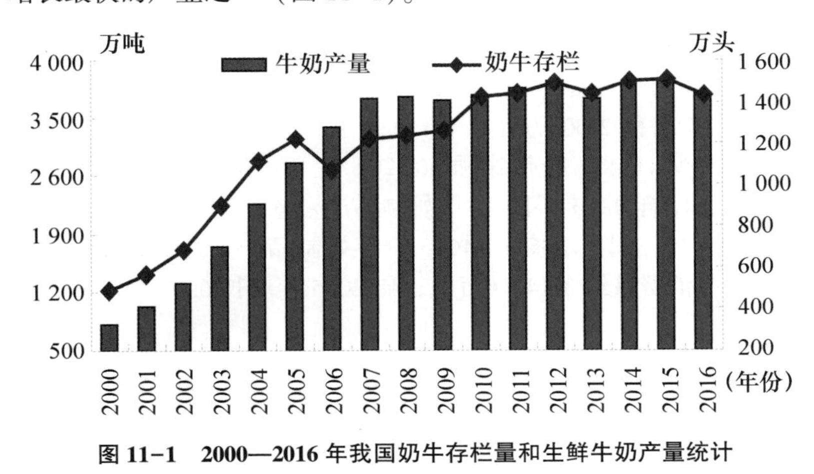

图11-1　2000—2016年我国奶牛存栏量和生鲜牛奶产量统计

资料来源：国家统计局

2. 乳品质量安全水平大幅提升

奶业全产业链质量安全监管体系日趋完善，监管力度不断加强。生鲜乳抽检覆盖所有奶站和运输车，乳制品实行出厂批批检验制度。2008年以来累计抽检生鲜乳15.1万批次，清理整顿奶站11 893个，奶站基础设施、卫生、检测等条件显著改善。2015年，生鲜乳中的乳蛋白、乳脂肪抽检平均值分别为3.14克/100克、3.69克/100克，均高于《生乳》国家标准，规模牧场指标达到发达国家水平；违禁添加物抽检合格率连续7年保持100%。乳制品抽检合格率99.5%，婴幼儿配方乳粉抽检合格率97.2%。

3. 奶牛养殖方式加快转变

大力发展奶牛标准化规模养殖，实施振兴奶业苜蓿发展行动，推行奶牛遗传改良计划，奶牛养殖规模化、标准化、机械化、组织化水平显著提高。奶牛养殖方式加快转变，家庭散养基本退出，小区基本转型为牧场，进一步向标准化规模养殖方向发展。2015年，100头以上奶牛规模养殖比例达到48.3%，比2008年提高28.8个百分点。机械化挤奶率达到95%，提高44个百分点，规模牧场全部实现机械化挤奶。泌乳奶牛年均单产达到6吨，提高1.2吨。规模牧场全混合日粮饲养技术（TMR）普及率达到70%。奶农专业合作组织超过1.5万个，是2008年的7倍多（图11-2）。

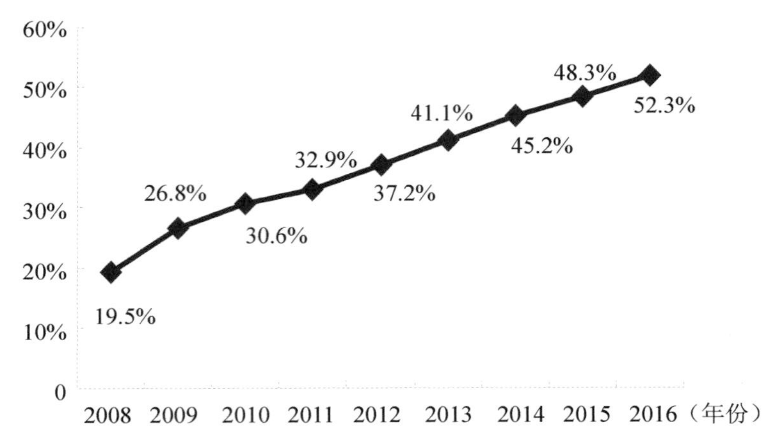

图11-2　2008—2016年我国奶牛养殖存栏100头以上规模比重统计

资料来源：农业农村部

4. 乳制品加工加快转型

产业结构逐步优化，婴幼儿配方乳粉企业兼并重组，淘汰了一批布局不合理、奶源无保障、技术落后的产能，乳制品企业加工装备、加工技术和管理运营已接近或达到世界先进水平。2015年，规模以上乳制品企业（年销售额2 000万元以上）638家，比2008年减少177家，婴幼儿配方乳粉企业104家，比2011年减少41家。奶业20强（D20）企业产量和销售额占全国50%以上，2家企业进入世界乳业20强。2016年1—11月，我国奶制品产量累计为2 729.3万吨，同比增长7.48%；其中液态奶产量2 498.9万吨，同比增长8.14%。全年奶制品产量约2 949.5万吨，比2015年增长6%（图11-3）。奶制品净消费量约3 142.0万吨，比2015年增长6.9%。

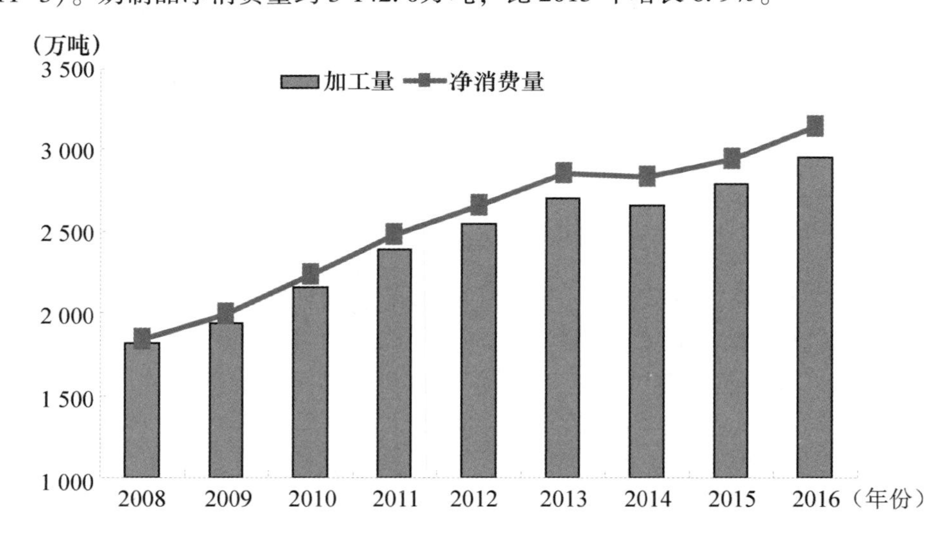

图11-3　2008—2016年我国奶制品加工量和净消费量

资料来源：国家统计局、国家海关总署

5. 奶业法规和政策体系日趋完善

2008年以来，国务院及有关部门先后颁布实施了《乳品质量安全监督管理条例》《奶业整顿和振兴规划纲要》《关于进一步加强婴幼儿配方乳粉质量安全工作的意见》《乳制品工业产业政策》《推动婴幼儿配方乳粉企业兼并重组工作方案》《婴幼儿配方乳粉产品配方注册管理办法》等20余项法规和规章制度，公布了《生乳》国家标准等66项乳品质量安全标准，出台了促进奶牛标准化规模养殖、振兴奶业苜蓿发展行动、奶牛政策性保险、乳品企业技术改造、婴幼儿配方乳粉质量安全追溯等重大政策，初步构建起覆盖全产业链的政策法规体系。

三、我国奶牛产业发展成就

我们奶牛产业发展取得了明显的成效，主要体现在：散养加快退出，小区快速转型，规模养殖比重逐步提高；配制优质草料，配套先进设施，实施精细管理，生鲜奶及奶制品质量明显提升；乳品加工量和奶制品消费量持续增长；产业素质明显提升。

1. 奶牛养殖业快速发展，成为畜牧业中增长最快的产业

2008年，我国奶牛存栏达到1 330万头，比1978年的47.5万头增长了27倍，年递增率为11.7%；牛奶总产量持续上升，2008年达到3 651万吨，已成为世界第三大产奶国，牛奶总产量比1978年的97.1万吨增长了36.6倍，年递增率为12.9%；成母牛单产水平为4 800千克，比1978年的3 000千克提高了60%；奶类人均占有量迅速增加，2008年为30千克，比1978年的10.1千克增长了2倍。

2. 乳品加工业发展迅速，成为食品工业中发展最快的产业

乳品企业经济总量增长，规模不断扩大，资本结构逐步多元化，装备工艺水平和自主创新能力逐步提高，乳制品产量持续增长，产品结构逐步优化。2008年我国乳制品产量合计1 811万吨；其中干乳制品产量为285.3万吨，为1978年的61.4倍，年递增率为14.7%；液态奶产量为1 525.2万吨，比2000年的134.1万吨增长了10.4倍，年递增率为35.5%。乳品企业在增加乳制品产量的同时，加强自主创新能力，不断开发新产品，丰富产品品种，优化产品结构。

3. 乳制品质量安全水平大幅提升

各级食品药品监管部门通过对乳制品企业实现全覆盖抽检和对婴幼儿配方乳粉实行“月月抽检，月月公布”制度，全方位监管乳制品质量安全。乳制品监督抽检合格率持续保持较高水平。2015年，总局抽检乳制品9 350批次，合格率为99.53%；抽检婴幼儿配方乳粉3 397批次，符合食品安全国家标准的样品占98.9%。2016年上半年，总局抽检乳制品14 249批次，合格率为99.7%；抽检婴幼儿配方乳粉1 274批次，符合食品安全国家标准的样品占99.4%。

4. 乳品消费持续上升，成为畜产品消费中增长最快的产品

牛奶供给充足，城乡居民奶类消费热情被激发，乳品消费逐步从卖方市场转变为买方市场，奶类消费成为畜产品中增长最快的产品。当前，不同年龄、不同职业、不同文化程度和不同收入的消费者对奶类均有消费，奶类已经成为城乡居民的普惠食品，科学饮奶意识已经形成。城镇居民奶粉消费所占比重由1992年的33.82%下降至目前的不足14%，液态奶特别是酸奶消费所占比重增幅较大，由1992年的4.16%提高到近15%，同时对于营养价值较高的干酪产品消费也有所增加。农村居民目前虽然仍以奶粉消费为主，但奶粉消费所占比重已呈现下降趋势。

四、我国奶牛产业发展存在的问题

自2008年9月以来，受婴幼儿奶粉事件、国际金融危机和进口奶粉冲击等因素的叠加影响，我国奶业遭受到前所未有的毁灭性打击，奶业持续下滑，形势一度十分严峻。行业形象受到损害，

消费信心严重受挫，乳品消费萎缩；生鲜乳价格持续下行，奶牛养殖严重亏损，倒奶杀牛现象大量发生，许多散养户到了举步维艰的境地，退出奶牛养殖领域；乳制品企业产品积压，资金周转困难。

1. 竞争力不强

与奶业发达国家相比，我国奶牛单产水平、资源利用效率和劳动生产率仍有一定差距。泌乳奶牛年均单产比欧美国家低30%；饲料转化率1.2，比欧美国家低0.2左右；规模牧场人均饲养奶牛40头，只有欧美国家的一半。农牧结合不紧密，奶牛养殖污染越发凸显。产业一体化程度较低，养殖与加工脱节，缺乏稳定的利益联结机制，产业周期性波动大。国产乳制品竞争力不强，品牌缺乏影响力。

尽管我国养殖业整体生产能力能到达发达国家水平，但是整体生产效率则远低于发达国家。我国每头奶牛年产奶量只有发达国家的1/3。与原料奶总量和奶牛存栏量持续增长趋势截然不同的是，中国奶牛的平均单产水平呈现一种在波动中持续走低的现象。成年母牛的年平均单产为3 500千克/头，远低于世界平均单产5 500千克/头，不足美国、以色列等奶业发达国家平均单产的一半。造成中国奶牛平均单产水平下降的主要原因是，20多年来快速增加的奶牛存栏量中，绝大多数新增奶牛是由农户个体分散养殖的，养殖规模小，奶牛品种差，管理水平低。北京、上海、天津等大城市郊区成母牛群平均单产水平能达到7 000千克左右，但奶牛群数量较少。我国存栏奶牛中真正属于优良品种的中国荷斯坦奶牛只有187万头，其余全部是改良奶牛。所以，从奶牛单产水平的角度来讲，过去20多年来中国原料奶的快速增长，仅仅是一种粗放的量的增长，并不是一种质的提高。

2. 资源日益短缺

由于需求增加、养殖业高速发展、资源消耗过大等导致作为养殖业赖以发展的品种资源、水资源、草原资源和饲料资源等日益短缺，严重限制了养殖业可持续发展。长期以来，由于单纯追求动物产品数量增长，对动物遗传资源保护的重要性认识不足，致使动物品种骤减。据预测，2030年全国至少需要消耗动物性蛋白1 460万吨，即至少需要从饲料中提供7 350万吨饲用蛋白质，并要求其中至少含有51万吨赖氨酸。而当前我国饲料资源严重短缺，能量饲料供应极其脆弱，蛋白质饲料自给率不足50%，每年需从国外进口近3 000万吨大豆、100万吨鱼粉等大宗原料。因此，在发展养殖业同时，必须大力提高资源利用效率，发展资源循环利用技术，开拓新的资源，从而实现我国养殖业可持续发展。

3. 养殖业发展造成环境污染和生态失衡

养殖业特别是畜牧业产生大量粪便，对环境造成严重影响，是养殖业可持续发展面临一个重大问题。根调查，一头奶牛年产粪9 000千克，尿2 100千克，可想而知畜禽所产生的粪便数量之大。由于缺乏相应的环保措施和废物处理系统，粪便未经处理直接大批量的露天堆放，造成对家畜和环境的污染。另外，畜禽粪便发酵后产生大量的CO_2、NH_3、H_2S、CH_4等有害气体，这些气体不但会导致动物产生应激反应，降低畜产品产量和质量，而且排放到大气中后会危害人类健康，加剧空气污染，引起地球温室效应。这些环境和生态问题主要是我国养殖业发展片面追求数量发展，忽略环境保护和生态保护造成的，长此以往，必将严重影响我国养殖业长远发展，因此必须实现养殖业可持续发展，注重环境、生态、资源等协调发展，增强我国养殖业可持续发展能力。

4. 消费信心不足

消费者对国产乳制品，尤其是婴幼儿配方乳粉还缺乏信心。同时，国外婴幼儿配方乳粉价格明显低于国内婴幼儿配方乳粉价格。近年来，消费者到境外购买、邮购、代购婴幼儿配方乳粉增多，乳制品消费外溢，国外品牌市场占有率增加。2015 年进口婴幼儿配方乳粉 17.6 万吨，是 2008 年的 4.8 倍。受此影响，国产乳制品消费增速放缓。“十二五”期间乳制品产量年均增长 5.2%，较“十一五”下降 5.3 个百分点。

5. 进口影响加剧

我国奶业国际关联度较高，受国际奶业发展的影响越来越大。产量增长，市场供给充足，生鲜奶价格继续低位运行。2016 年全球奶类总产量约 8.26 亿吨，比 2015 年增长 1.0%。全球奶类产量增加，市场供给充足。受此影响，生鲜奶价格继续下降。2016 年全球生鲜奶价格平均为 27.7 美元/100 千克（折合人民币 1.84 元/千克），比 2015 年下降 5.8%。与国际相比，国内生鲜奶价格仍然较高，国内外价格有较大差异，拉动了进口量的增加。

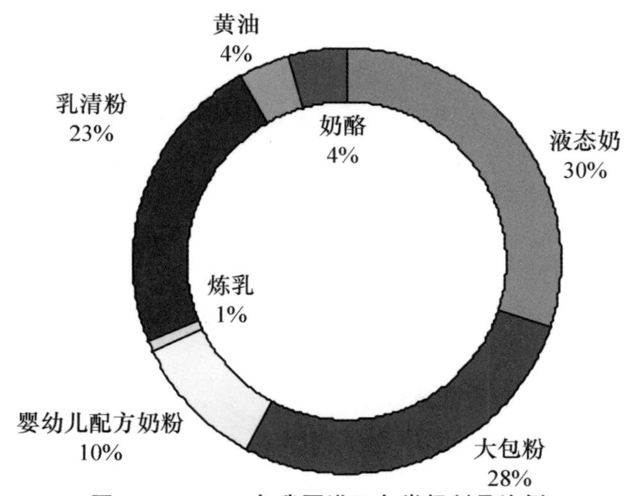

图 11-4　2016 年我国进口各类奶制品比例

资料来源：国家海关总署

2016 年，全年进口奶制品 217.7 万吨，同比增长 12.6%。在 217.7 万吨进口奶制品中，有液态奶（含酸奶）65.51 万吨、大包奶粉 60.42 万吨、婴幼儿配方奶粉 22.14 万吨、炼乳 2 万吨、奶酪 9.72 万吨、黄油 8.19 万吨和乳清粉 49.72 万吨。就液态奶（不含酸奶）而言，有 53.34 万吨从德国、新西兰、法国、澳大利亚进口，占进口总量的 84.1%。就大包奶粉而言，有 55.99 万吨进口于新西兰、澳大利亚、美国、法国，占进口总量的 92.6%。其中，从新西兰进口 50.36 万吨，占进口总量的 83.3%图（11-4）。

第三节　我国奶牛产业科技创新

科技创新是奶业发展的源泉，是加快奶业发展方式转变的主要推动力。奶业取得的耀眼成绩，离不开科技创新的贡献。我国自 2008 年起实施奶牛生产性能测定，积累了大量的数据，通过这些信息科学地指导奶牛饲养管理，充分发挥了奶牛遗传潜力。通过大力发展全混合日粮和全株玉米青贮等技术，提高了奶牛营养水平和牛奶质量。从未来发展看，要保障乳品供给、提高乳品质量安全水平、促进奶农增收、增强产业竞争力和实现可持续发展，都必须通过科技创新不断提高奶业科技贡献率，实现创新驱动、内生增长，将奶业发展建立在优化产业结构、节约资源、保护生态环境、注重经济效益的基础上。

一、我国奶牛产业科技创新发展现状

1. 国家级项目

“十二五”以来，在奶牛产业中多项国家级项目被立项实施，包括国家“973 计划”“ 863 计划”、国家科技支撑计划、国家自然科学基金、公益性行业（农业）科研专项、现代农业产业技术体系等项目，领域涵盖奶牛营养、奶牛生产、牛奶品质、奶产品质量安全、环境控制等（表 11-1）。

表 11-1　奶牛产业科技创新领域部分国家级项目

序号	课 题 名 称	负责人	起止时间	类别	来源
1	牛奶重要营养品质形成与调控机理研究	王加启	2011—2015 年	973 计划	科技部
2	泌乳奶牛及繁殖母猪精细饲养技术	熊本海	2012—2015 年	863 计划	科技部
3	奶牛营养调控与粗饲料高效利用关键技术研究	卜登攀	2012—2016 年	国家科技支撑计划	科技部
4	反刍动物低排放饲料配制关键技术研发与产业化示范	赵广永	2011—2015 年	国家科技支撑计划	科技部
5	基于组学方法研究瘤胃中秸秆代谢相关微生物的生态结构和功能	王加启	2013—2017 年	国家自然科学基金（国际合作）	国家自然科学基金委
6	奶牛瘤胃尿素分解优势菌群及其代谢尿素的分子机理	王加启	2015—2019 年	国家自然科学基金（重点项目）	国家自然科学基金委
7	生鲜乳质量安全评价技术及生产规程研究与示范	王加启	2014—2018 年	公益性行业科研专项	农业部
8	国家奶牛产业技术体系	李胜利	2007 年至今	现代农业产业技术体系	农业部

2. 国家级科技奖励

国家级科技奖励既是对奶业科技创新性的检验，也是对科技成果转化的检验，具有重要的评价意义。“十二五”以来，我国奶业取得了 3 项国家科技进步二等奖，包括优质乳生产的奶牛营养调控与规范化饲养关键技术及应用、奶牛饲料高效利用及精准饲养技术创建与应用、中国荷斯坦牛基因组选择分子育种技术体系的建立与应用（表 11-2）。

表 11-2　奶牛产业主要国家级奖励

奖 励 名 称	类别	主要人员	第 一 单 位	获奖年份
优质乳生产的奶牛营养调控与规范化饲养关键技术及应用	国家科技进步二等奖	王加启等	中国农业科学院北京畜牧兽医研究所	2012
奶牛饲料高效利用及精准饲养技术创建与应用	国家科技进步二等奖	李胜利等	中国农业大学	2014
中国荷斯坦牛基因组选择分子育种技术体系的建立与应用	国家科技进步二等奖	张勤等	中国农业大学	2016

3. 重点创新领域

（1）奶牛育种和繁殖。遗传育种技术是影响奶牛产业生产效率的首要因素，其贡献率达到 40%。奶牛良种繁殖体系建设是奶业基础性和长期性工作，重点开展了品种登记、奶牛生产性能测定、体形外貌鉴定、后裔测定、种牛遗传评估，提出了中国奶牛性能指数（CPI）公式，首次实现了全国种公牛联合遗传评定。构建了荷斯坦公牛和母牛的参考群体全基因组测定数据库，基因组遗传评定的准确性可达 60%～75%。建立中国荷斯坦奶牛奶牛超数排卵和胚胎移植核心群育种体系，培育了一批高质量的种公牛和种母牛。采用 B 型超声波检测仪和直肠卵巢触诊法监控卵泡的发育情况，适时授精等技术，突破分离精液受精率低、性控胚胎生产过程中普遍存在受精率低和胚胎发育差等技术难点。体外受精、胚胎生产、胚胎性别鉴定、精子分离和性控胚胎生产技术等方面接近世界先进水平。

（2）牛奶重要营养品质形成与调控机理。牛奶品质偏低是长期制约我国奶业发展的重大产业难题。乳脂肪和乳蛋白是构成牛奶营养品质的主要物质基础，既涉及质量安全与消费者的健康，又决定着牛奶的经济价值与核心竞争力。

揭示了我国饲料资源与生产环境下乳脂肪与乳蛋白偏低的营养学基础。对我国中小规模奶牛养殖户实践调研和试验研究发现，以秸秆粗饲料饲喂奶牛，导致牛奶品质显著降低，突出表现为乳蛋白率下降。揭示其机理是瘤胃微生物发酵受到抑制，丙酸产量减少，降低了瘤胃微生物蛋白质的合成效率，导致肠道内限制性氨基酸的流量显著下降，乳腺摄取氨基酸效率降低，改变了进入乳腺的限制性氨基酸赖氨酸和蛋氨酸对参与乳蛋白合成的信号分子转录和翻译后调节，酪蛋白合成信号调控通路下调，乳蛋白合成量减少，最终导致乳蛋白率降低，系统性揭示了我国特色饲料资源下牛奶品质低的营养生理机理。长期使用高精料易导致奶牛机体健康水平下降，牛奶品质降低，突出表现为乳脂率降低。从营养生理学角度分析主要原因是日粮 NDF 含量偏低，瘤胃产生的乳脂前体物乙酸的产量降低，同时降低了进入十二指肠的 18C 长链脂肪酸尤其是硬脂酸的流量，总体上使乳脂前体物供应不足；抑制了脂肪酸从头合成关键酶基因的表达，上调了长链脂肪酸利用关键转录因子 PPARG、PPARGC1A 基因的表达，抑制了脂肪酸从头合成关键转录因子 SREBF1、SCAP 的基因表达进而使进入乳腺的 18C 脂肪酸主要通过 PPARG 和 SREBP1 通路影响乳脂肪合成，降低乳脂率，揭示了高精料日粮影响乳脂肪从头合成和从血液摄取的代谢机理。

构建了关键营养素调控乳脂肪与乳蛋白合成调控的关键物质代谢通路和基因网络。开发实现了从饲料主要养分物质到乳蛋白及乳脂肪的预测，乳脂率和乳蛋白率的“测奶配料”误差率分别在 2. 5%和 5. 9%以内。揭示了肝脏与乳腺之间转录组的差异，绘制了肝脏和乳腺组织之间转录组信息传递网络，发现肝脏具有旺盛的代谢活动，而乳腺具有更强的蛋白质合成、信号通信及增殖能力。筛选获得了对乳成分前体物具有明显调控作用的生物活性物质，建立了以稳定瘤胃和提高瘤胃乳成分前体生成量为核心提高乳脂肪和乳蛋白合成的营养调控方法。

（3）奶产品质量安全风险评估。以牛奶质量安全监管对检测技术的通量、灵敏度和准确度需求为核心，通过液质联用同步检测抗菌药物多残留和霉菌毒素提高了检测通量，通过聚合酶链式反应的信号放大策略提高了霉菌毒素的检测灵敏度，通过系统研究样品储存条件对抗生素、β-内酰胺酶等测定结果的影响以提高监测结果的准确度。围绕生物毒素等因子开展风险评估，发现生鲜乳中黄曲霉毒素的含量在逐年下降，远低于我国甚至欧盟的限量，同时发现多种霉菌毒素共存后会增加细胞毒性，为我国乃至国际上后期食品安全标准的限量提供科学依据。

（4）奶牛养殖环境控制。饲料氨基酸平衡技术和日粮低氮生产技术，可使奶牛氮的排放量减少 20%~25%。集成粪尿沼气发酵技术参数，研制发酵菌种，研制低温发酵技术，提高沼气的发酵效率和利用率，减少对土壤和水环境环境的污染。研发新技术-吸附剂对二氧化碳和氨的吸收，研制除臭酶制剂和微生物制剂。热应激发生时抑制奶牛采食量，导致产奶量和牛奶品质降低。通过长期实际监测，制定了基于温湿度指数、直肠温度和呼吸频率参数的奶牛热应激评价技术，并以农业行业标准的形式被广泛应用，为诊断和防控奶牛热应激提供了重要科学依据（《奶牛热应激评价技术规范》，NYT 2363—2013）；热应激导致奶牛机体物质代谢通路如碳水化合物、氨基酸和脂类代谢发生变化，同时通过诱导奶牛中枢神经系统影响采食量和牛奶品质，中枢抑制性神经递质如 γ-氨基丁酸可有效缓解奶牛热应激，提高干物质采食量、乳产量和改善乳品质，揭示了热应激诱导牛奶品质降低的代谢和神经内分泌机理。

4. 科技创新力量

奶业作为农业朝阳产业，国家对奶业科技的经费投入力度很大，“十五”“十一五”“十二五”和“十三五”期间均有国家重大或重点项目支持。在奶牛营养与牛奶质量领域，中国农业科学院北京畜牧兽医研究所已经成为核心科研力量，先后组织全国奶业优势科研单位承担了“十一五”国家科技支撑计划“奶业发展重大关键技术研究与示范”“十二五”国家科技支撑计划“奶牛规模化健康饲养关键技术研究与集成示范”、973 计划“牛奶重要营养品质形成与调控机理研究”、公益性行业（农业）科研专项“生鲜乳质量安全评价技术及生产规程研究与示范”、农业部奶产品质量安全风险评估重大专项等国家级项目，组建了由浙江大学、中国农业大学、南京农业大学、内蒙古农业大学、东北农业大学、吉林大学、中国科学院微生物研究所、西南大学、河南农业大学、扬州大学、内蒙古自治区农牧业科学院、各级农业部农产品质量安全风险评估实验室和质检中心组成的全国奶业科学协作网路。

同时牵头成立了国家奶业科技创新联盟，由 11 家中央科研单位、23 家省部地市级科研单位、18 家高等院校和 23 家乳品相关企业共 75 家单位组成，成为我国奶牛营养和牛奶质量领域产学研一体化，促进科技成果转化，提供产业依托的重要力量。依托“国家奶业国际联合研究中心”，组织召开了五届“奶牛营养与牛奶质量”国际研讨会，来自美国、加拿大、新西兰、澳大利亚、爱尔兰、德国、阿根廷和巴西等国家的 80 余位国际知名专家做了精彩的专题报告，国内奶业同行 2 500余人参加了研讨会，研讨会为世界各国奶业同行、专家搭建了奶业科学知识共享和信息交流的国际化平台，促进了奶业基础研究国际科技合作，加快我国奶业科学国际化步伐。

国家奶牛产业技术体系是 2007 年经相关部门批准成立，包括六个功能研究室（繁殖与育种研究室、营养与饲料研究室、疾病控制研究室、环境控制与乳品安全研究室、乳品加工研究室、产业经济研究室）和 24 个综合试验站。主要目标是整合国家和地方大专院校、科研单位、奶牛养殖者、协会和农民合作组织的各种优势资源，以产业为主线、产品为单元，紧紧围绕制约我国奶业发展的重大技术瓶颈，以奶业生产急需的技术为突破口，提升我国奶业科技创新能力，加快奶业技术示范与推广，为我国奶业的可持续稳定发展提供技术支撑。各省市依托农业产业技术体系，相继成立了各省市的奶牛产业技术体系，在奶业新技术示范、推广和应用中发挥着重要作用。

二、我国奶牛产业科技创新面临机遇与挑战

当前我国牛奶品质信誉缺失，奶牛健康状况令人担忧，奶业生产方式亟待转变，奶业科技创新与技术推广工作面临巨大的机遇和挑战。

1. 奶牛产业科技创新面临机遇

（1）提高牛奶品质需要科技创新与技术推广。牛奶品质与安全已经成为制约我国奶业持续健康发展的首要问题。我国生鲜乳中乳脂肪和乳蛋白含量普遍偏低的状况，一方面严重削弱了我国乳制品在国内外市场的竞争力，难以抵御进口冲击；另一方面又导致国内生鲜乳卖不出去，经常发生乳品加工企业拒收、奶农倒奶和诱发生鲜乳掺假等现象。经过十年的快速扩张后，牛奶营养品质低下已经成为我国奶业健康持续发展面临的严峻挑战。因此，需要依靠科技创新与技术推广，提高牛奶品质。

（2）促进奶牛健康养殖需要科技创新与技术推广。由于我国奶牛基础理论研究薄弱、养殖技术及管理水平较低、盲目追求短期效益等原因，奶牛健康养殖的理念尚未得到全面普及和应用。需要依靠科技创新与技术推广，促进我国奶牛健康养殖，只有这样才能实现安全、优质生鲜乳生产，降低奶牛饲养过程中的污染排放，满足“资源节约”和“环境友好”型现代奶业的需求。

（3）规范奶业生产需要科技创新与技术推广。近年来我国牛奶质量安全事件时有发生，不仅对奶业造成严重冲击，而且在全国范围内造成极大的负面影响。标准化是现代农业的典型特征，实施标准化则是建设现代奶业的重要途径。国际经验表明，集成现代食品安全管理理念和先进科学技术，建立和实施良好农业规范认证体系是规范奶业生产、从源头保障牛奶安全的重要手段。目前我国生鲜乳生产全过程的质量安全技术保障和检测体系仍需要继续完善。因此，需要依靠科技创新与技术推广，研究以良好农业规范为基础的生鲜乳安全保障技术，才能带动奶业升级，促进国家实现保障奶业持续健康发展的战略目标。

2. 奶牛产业科技创新面临挑战

我国奶牛产业在科技创新各个领域尽管取得了一些进展，但也存在理论研究基础薄弱、研究技术方法单一，研究内容缺乏整体性、系统性和前瞻性等问题。

（1）理论研究基础薄弱。日粮营养物质在瘤胃代谢和肠道吸收规律，以及营养素对乳脂肪、乳蛋白及活性成分含量的影响方面开展了许多研究，有关瘤胃上皮发育以及功能的营养、内分泌调节研究已引起国外学者关注，但对乳成分前体物在肠道的吸收及转运机制缺乏深入研究。在乳腺内乳成分前体物的摄取与利用上发现，乳腺合成乳脂肪和乳蛋白质时在底物利用上存在互作效应，但研究缺乏对其影响机理的深入研究。针对瘤胃酸中毒的发生及代谢异常产物 LPS 等对山羊乳成分含量影响进行了研究，但是 LPS 等代谢异常产物对乳成分前体物生成、吸收和利用究竟有何影响，其调节机理尚未开展深入研究。针对第二基因组，在瘤胃微生物上主要进行了多样性分析、文库构建和细菌分离等，但在与乳成分前体物生成相关的功能基因的筛选鉴定方面尚无系统深入研究。针对第一基因组，主要围绕乳腺发育与奶山羊泌乳差异表达基因筛选开展了研究，但对牛奶营养品质形成的生物学基础研究甚少，还处于表观研究水平；同时，有关两个基因组的互作方面的研究尚属空白。

（2）技术创新仍需完善。牛奶质量安全是奶业的核心生命力，我国生鲜乳质量安全风险评估评价技术与生产规程的研究刚刚起步，缺乏从优质原料奶质量控制，优质低碳加工工艺，到优质奶产品开发的一体化技术，导致国产奶品质碎片化，核心竞争力偏低。但是与产业需求相比，生鲜乳质量安全风险评估评价技术与生产规程研究的系统性十分薄弱，尤其是在筛查检测新方法、预警新技术、生产新规程等方面，差距很大，急需迎头赶上。应对生鲜乳质量安全事件，大多是“事后被动检测”，疲于应对，主要原因是单纯的依赖于检测，没有建立评价预警体系，缺少涵盖全过程的安全生产规程，因此，需要建立生鲜乳质量安全数据库，构建生鲜乳质量安全预警技术体系，基于危害因子关键控制点和防控技术，针对霉菌毒素、兽药、重金属、微生物等残留污染，建立生鲜乳安全生产规程，尽快建立我国自主特色的评价技术与生产规程。

（3）科技转化有限。我国奶业转型升级成功与否很大程度取决于科研创新，最关键在于产业与科研能否实现无缝对接，响应奶业领域的供给侧改革，将奶业的科技需求反馈给科研部门，而研究的创新性成果也应尽早的指导实践。现实情况却是科技成果不能很好地转到奶业生产中。其实，产学研衔接不畅的原因在于我国在科技与产业之间的第三方服务机构并未形成，缺乏沟通桥梁，很难将奶业发展的需求与科技的发展紧密联系起来，导致科研的实践性意义不大，与奶业的实际需求偏差较大。

第四节　我国科技创新对奶牛产业发展的贡献

针对现代奶业的重点研究方向，加强原始创新和集成创新，在奶牛育种、繁殖、营养调控、牧草生产、重大疫病防治、乳制品深加工技术与设备 6 个方面实现了一系列重大关键技术的突破，显著提高了现代奶业的科技创新能力，据测算，科技对现代奶业的贡献率约为 50%。

一、我国奶牛科技创新重大成果与应用

1. 中国荷斯坦牛基因组选择分子育种技术体系的建立与应用

通过育种实现群体遗传改良是提高奶业生产水平和效率的关键。我国已在以基因组选择为核心的分子育种方向取得重要进展。

（1）创建了具有自主知识产权的中国荷斯坦牛基因组选择技术平台，提升了我国奶牛遗传评

估的整体技术水平。构建了我国唯一的奶牛基因组选择参考群，该群体由6 000头母牛和400头验证公牛组成，对每头牛测定了高密度SNP标记基因型和产奶、健康、体形、繁殖等34个性状的表型；研发了TA-BLUP、BayesTCπ等基因组育种值预测新方法以及利用低密度芯片进行基因组育种值预测的优化策略；开发了对海量基因组数据快速处理和基因组育种值计算平台。

（2）发掘了一批奶牛重要经济性状功能基因，为提高基因组选择准确性提供了重要基因信息。率先在我国奶牛群体中利用高密度SNP标记进行了产奶、健康、体型和繁殖性状的大规模全基因组关联分析，并利用多种组学技术发掘了71个与这些性状显著关联的候选基因，首次在国际上报道了PTK2、EEF1D、UGDH、GPIHBP1、PDE9A、HAL、SAA2等影响产奶性状的重要功能基因，并证实了DGAT1和GHR基因对中国荷斯坦牛产奶性状具有显著遗传效应。

（3）研发了奶牛遗传缺陷和亲子关系的分子鉴定技术，建立了我国荷斯坦种公牛遗传缺陷及亲子关系监控体系。研发了CVM、BLAD、DUMPS、CTLN、BS 5种奶牛主要遗传缺陷的基因诊断技术和利用微卫星或SNP标记进行亲子关系的鉴定技术，完善了奶牛分子育种技术，填补了国内空白。

（4）创建了中国荷斯坦牛基因组选择分子育种技术体系，成为我国荷斯坦青年公牛遗传评估的唯一方法。根据我国奶牛育种的实际情况，首次提出中国荷斯坦牛综合遗传评估的基因组性能指数（GCPI），研发了以基因组选择为核心的综合性分子育种方案，并在全国实施。成果“中国荷斯坦牛基因组选择分子育种技术体系的建立与应用”获得了2016年度国家科学技术进步奖二等奖。

2. 优质乳生产的奶牛营养调控与规范化饲养技术及应用

针对牛奶质量偏低、优质乳生产不足的重大产业难题，围绕提高和改善牛奶中乳脂肪和乳蛋白含量与组成的关键技术开展了系统研究，取得三大技术创新与突破。

（1）探明了我国奶牛饲料资源和养殖实际，研究揭示了我国奶牛生产中乳脂肪和乳蛋白偏低的内在机理，开发了粗饲料利用优化组合、蛋白质饲料高效利用等奶牛营养调控关键技术，使得生鲜乳的乳脂肪和乳蛋白含量分别达到3.5%和3.1%以上。

（2）系统研究揭示了奶牛合成活性脂肪酸和活性乳蛋白的调控机理，建立了提高生鲜乳中共轭亚油酸（CLA）、免疫球蛋白和乳铁蛋白含量的调控技术，实现了CLA乳制品和活性蛋白乳制品的产业化生产。

（3）研发了提高奶牛围产期、泌乳高峰期、热应激期牛奶品质的系列营养调控技术和专用饲料产品，建立了以《良好农业规范奶牛控制点与符合性规范》为核心，优质乳生产全过程控制的奶牛规范化饲养技术体系。核心技术已作为全国奶牛科技入户示范工程和中国奶业协会的主推技术得到应用，提升了奶牛养殖水平和从业人员素质，提高了牛奶品质和饲料转化效率，增加了养殖户收益。

该项成果由中国农业科学院北京畜牧兽医研究所作为第一单位完成，获得2012年国家科技进步奖二等奖。

3. 中国奶产品质量安全研究

中国农业科学院北京畜牧兽医研究所经过长期研究积累，连续两年出版了《中国奶产品质量安全研究报告（2015年度）》和《中国奶产品质量安全研究报告（2016年度）》。结果显示如下。

（1）我国生鲜乳中不存在人为添加三聚氰胺等违禁添加物的现象。自“婴幼儿奶粉事件”以来，我国狠抓生鲜乳质量安全监管工作，取得巨大成效，完全遏制住了违禁添加等违法行为，效果持续稳定。

（2）风险评估结果表明，生鲜乳中黄曲霉毒素M1的风险评估值与国际先进水平相比没有显著差异，也没有超出限量标准的状况。兽药残留全部符合国家安全限量标准，体细胞数逐年显著下降，奶牛健康状况得到显著改善。

（3）进口液态奶存在过热加工风险，建议加强对进口液态奶的风险评估。风险评估结果表明国产与进口液态奶相比，黄曲霉毒素M1、兽药残留和重金属铅等主要风险因子没有显著差异，均符合我国国家安全限量标准。但是，进口液态奶的保质期和上架期均显著长于国产液态奶，进口UHT灭菌奶的糠氨酸含量显著高于国产UHT灭菌奶。进口液态奶存在过度加热和添加复原乳的风险。

4. 功能性系列乳制品的研究与开发

通过建立模型分离出系列新型功能性益生菌，包括植物乳杆菌ST-Ⅲ、干酪乳杆菌LC2W和干酪乳杆菌BD-Ⅱ，菌株保藏于中国微生物菌种保藏管理委员会普通微生物保藏中心，编号分别为：CGMCC No. 0847、CGMCC No. 0828和CGMCC No. 0849。经过试验证明：植物乳杆菌ST-Ⅲ和干酪乳杆菌BD-Ⅱ菌株具有辅助降血脂功能，LC2W菌株对高血压动物具有降低血压作用，这些菌株均获得发明专利，“干酪乳杆菌Bd-Ⅱ菌株及其在降低血脂方面的应用”获美国发明专利授权（US7270994B2），“干酪乳杆菌LC2W菌株及其在抗高血压方面的应用”获欧洲发明专利授权（EP1642963B1），“干酪乳杆菌胞外多糖及其粗品、制备方法和应用”获发明专利授权（ZL200510028970. 3），“一种干酪乳杆菌胞外多糖的单一多糖及其制备方法和应用”获发明专利授权（ZL200710041382. 2）。功能型益生菌菌株经过高密度培养、冷冻干燥等工艺均产业化形成产品，并且“植物乳杆菌ST-Ⅲ菌粉”获2009年上海市重点新产品，“健能心康活性干酪乳杆菌LC2W菌粉”获2008年上海市重点新产品。研究成果“功能性益生乳酸菌高效筛选及应用关键技术”获2009年国家科技进步二等奖，“功能性益生乳酸菌选育及其应用关键技术”获2009年上海市技术发明二等奖。

二、我国奶牛科技创新的行业贡献

科技创新是奶业发展的动力，近年来来随着奶牛科技新成果的不断出现，推动了整个行业大发展水平。例如，开发的提高乳脂率和乳蛋白率的奶牛营养调控关键技术，已经作为全国奶牛科技入户示范工程和中国奶业协会的主推技术得到应用，提升了奶牛养殖水平和从业人员素质，提高了牛奶品质和饲料转化效率，增加了养殖户收益。开发的富含CLA牛奶、干酪、具有保健、减肥等功效的奶粉、婴儿配方奶粉等一系列功能型产品，极大地丰富了我国的乳品市场，满足了广大人民群众对高品质乳制品的需求。

1. 营养技术升级推动奶牛健康养殖

以提高我国中小规模奶牛养殖户青贮饲料应用水平和促进全混合日粮饲喂技术的推广为目标，研究了裹包青贮生产技术和裹包全混合日粮贮存技术与饲喂技术，集成了裹包技术体系并建立了裹包青贮和裹包全混合日粮配送推广应用模式，为我国农村奶牛养殖户提供了一项实用技术。本项目自主研制了适合于青贮饲料和全混合日粮打捆和裹包的小型国产机械，其生产效率为40~50包/小时，已获得机械鉴定和推广许可证书，已推广使用千余台。研究筛选出了最佳的裹包膜种类和适宜的原料水分含量。本项目将全混合日粮技术和裹包技术进行集成，生产出了裹包全混合日粮，可以安全贮存较长时间而不影响其营养物质含量和品质。裹包全混合日粮饲喂技术可以提高各泌乳阶段奶牛干物质采食量、产奶量，提高日粮粗蛋白和粗脂肪的表观消化率，明显改善奶牛体况。经济、社会和生态效益显著，平均每年能为社会增加1 941. 6万元，显著增加奶牛养殖户的收益；同时该成果技术有利于提高地方饲料资源以及饲料营养物质的有效利用，从而减少浪费和降低环境污染。

2. 牛奶形成机理研究助推牛奶品质提升

围绕乳蛋白和乳脂肪两个重要牛奶品质特征，同时研究前体物的生成与利用的正面通路和代谢异常产物生成与代谢的负面影响，提出了“健康瘤胃—健康奶牛—优质牛奶”的新学术思路和技术途径，为解决我国奶牛乳蛋白和乳脂肪偏低这一重大难题提供了理论和技术支撑。

在揭示粗饲料的质量和精料水平影响乳脂率和乳蛋白率的营养生理基础的基础上，研究提出了以稳定瘤胃和提高瘤胃乳成分前体生成量为核心提高乳脂肪和乳蛋白合成的营养调控方法，建立了“饲料资源优化-健康瘤胃-健康奶牛-优质牛奶”的研究思路和技术途径，主要通过测奶配料、日粮能氮平衡和同步释放、日粮碳水化合物平衡、补充限制性氨基酸、饲用微生物、瘤胃 pH 值缓冲剂等方法，在示范基地进行推广应用，整体上可使牛奶中乳脂率和乳蛋白率分别达到 3.5%和 3.1%以上（图 11-5）。

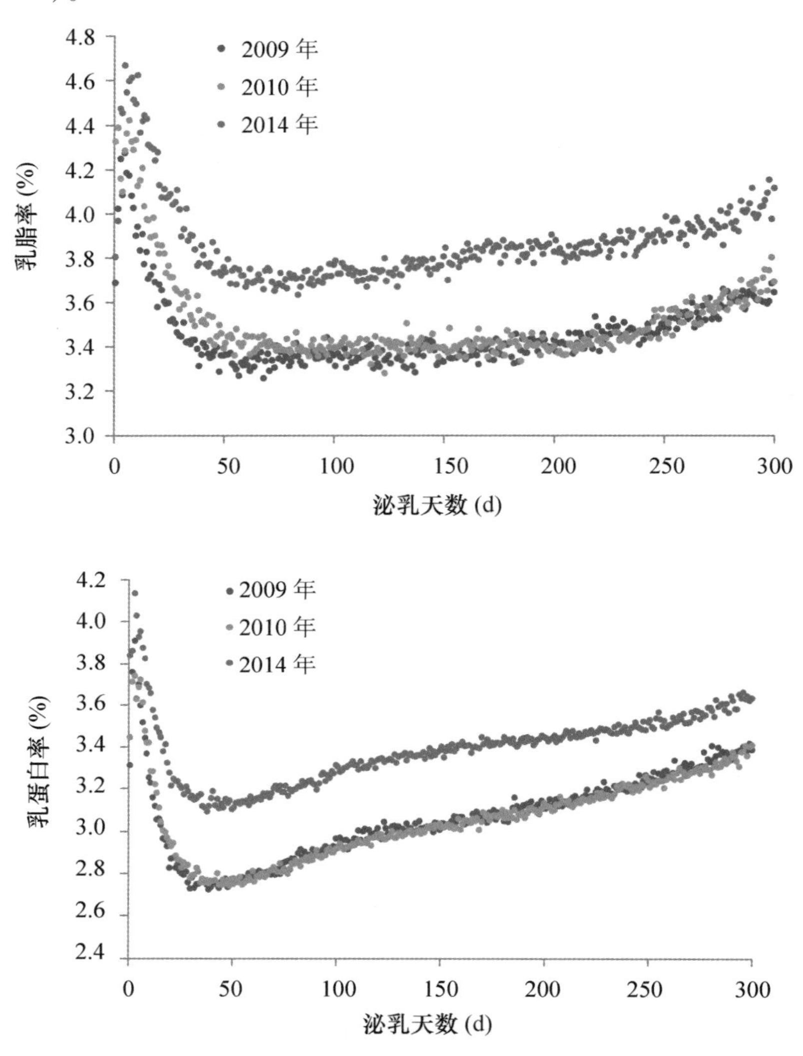

图 11-5　牛奶形成机理成果助推牛奶品质提升

3. 优质乳标准化关键技术保障优质奶产品

国家奶业科技创新联盟，以协同创新、资源集成为主线，实施优质乳工程。研究开发了优质乳标准化关键技术，包括奶产品质量安全风险评估及全程控制关键技术、奶产品品质功能评价关键技术、优质乳产业化开发技术体系及推广，建立了优质奶评价核心技术，构建了优质乳标准化体系，解决消费者盲目迷信进口奶和市场鱼目混珠的难题；建立健康养殖-原料奶质量安全控制-加工工艺优化-优质奶产品评价-市场消费的优质乳工程技术体系，成为整个农业供给侧结构性改革的突破口。截至2017年9月10日，优质乳工程已经在全国19家种、养、加一体化的乳品企业实施，遍布全国11个省份。9家乳品企业通过优质乳工程项目验收，10家乳品企业正在实施优质乳工程项目。

现代牧业（集团）有限公司是我国第一家实践优质乳工程的企业，是优质乳从理论到生产的率先推动者。研究表明，现代牧业优质UHT和巴氏奶中乳果糖、糠氨酸、β-乳球蛋白完全满足优质乳的规范要求。现代牧业开展优质乳工程示范的奶产品，乳果糖、糠氨酸和β-乳球蛋白数值变异很小，品质一致性高，反映出优质乳工程实施后，原料奶质量安全管控严格，加工工艺得到精准控制，奶产品品质不但达到国际上优质奶的前列水平，更可贵的是持续保持稳定。在乳品加工工艺方面，首先删除预巴杀和闪蒸两道工序。每加工1吨UHT灭菌奶节约用电约18.67元，节约用水约0.35元，节约用气约28.58元，节约耗冷0.95元，共计节约48.55元，大大降低了加工成本。每加工1吨UHT灭菌奶减少排放CO_2 37千克，SO_2 1.9千克，为节能减排、低碳环保做出了贡献。

2015年4月，新希望乳业控股有限公司旗下的昆明雪兰牛奶有限责任公司开始实施优质乳工程巴氏杀菌奶项目，2016年9月通过验收。之后，新希望乳业控股有限公司发挥集团控股优势，建立了适用于整个集团的可复制技术创新模块，陆续在控股的各个企业实施优质乳工程，创建了模块化产业模式，取得显著成效。由于生鲜奶质量大幅度提高，新希望雪兰公司在优质乳工程实践中果断砍掉了传统工艺中闪蒸工艺，减少闪蒸机蒸汽耗用500千克/小时，闪蒸冰水耗用250千卡/小时，每小时节约电费43.2元、蒸汽费168元、冰水费83元，合计294.2元/小时。巴杀温度由原来的85℃降低为80℃，每吨产品节约热量17.5千瓦·时，节约13.1元。减少一次清洗，降低费用264.05元，减少污水排放3吨。

4. 热应激对奶牛营养代谢的影响及其缓解技术的研究

热应激已成为危害畜牧业的重要因素，对奶牛养殖业带来了巨大损失。本项目系统调查分析了我国奶牛热应激的基本现状，重点以奶牛“瘤胃-机体-乳腺“为主线，通过揭示瘤胃发酵功能、乳腺和奶牛机体代谢的变化，开展了缓解热应激的营养代谢调控技术和环境控制技术研究并进行集成与推广应用。在理论上，本项目分析了我国奶牛热应激发生的规律以及热应激影响奶牛生产性能的规律，揭示了热应激奶牛产奶量下降的机制。在技术上，建立了奶牛热应激评价与饲养管理技术，以及以日粮饱和脂肪酸、阴阳离子盐和小肠淀粉脂肪适宜比例等为核心的缓解奶牛热应激的营养调控技术和《牧场缓解热应激自动控制系统》软件为核心的环境控制技术，集成营养调控和环境控制技术，提出了缓解奶牛热应激的综合控制技术，使高温高湿地区奶牛日产奶损失减少，原料奶生产成本降低，对于指导奶牛生产和提高奶牛养殖效益具有重要意义。整套技术进行了推广应用，可以显著降低热应激反应，产奶量损失减少，死淘率降低，经济效益显著，已在上海、北京、江苏、天津、河北等地13个大中型奶牛场的推广应用，平均可提高产奶量2.0千克/天、降低死淘率2.7%、减少夏季兽药费112.7元/头；平均每年为社会增加5 936.2万元。成果整体处于国际先进水平，本项目的推广应用，有利于显著提高热应激状态下奶牛的单产水平，提高生产效率，增加奶农收入。

第五节　我国奶牛产业未来发展与科技需求

奶业是现代农业和食品工业的重要组成部分，对于改善居民膳食结构、增强国民体质、增加农牧民收入具有重要意义。2016年12月，农业部、国家发展和改革委员会、工业和信息化部、商务部、国家食品药品监督管理总局联合印发《全国奶业发展规划（2016-2020年）》，坚持立足当前、着眼长远、综合施策、标本兼治，坚持创新、协调、绿色、开放、共享的“五大新发展理念”，强调奶业发展的战略地位，提出“四个突出”的发展原则，确定具体的发展目标和主要任务。2018年5月，农业农村部出台《农业农村部办公厅关于开展畜禽养殖标准化示范创建活动的通知》（农办牧〔2018〕27号），大力推进质量兴牧、绿色兴牧，全面提升畜牧业质量效益竞争力，创建生产高效、环境友好、产品安全、管理先进的畜禽养殖标准化示范场，加快推进畜牧业现代化。2018年6月，国务院办公厅印发《国务院办公厅关于推进奶业振兴保障乳品质量安全的意见》（国办发〔2018〕43号），强化科技创新，推动管理制度改革，推进节本增效，提高奶业综合生产能力。因地制宜，合理布局，种养结合，草畜配套，促进养殖废弃物资源化利用，推动奶业生产与生态协同发展。

一、我国奶牛产业未来发展趋势

1. 发展目标

到2020年，奶业现代化建设取得明显进展，现代奶业质量监管体系、产业体系、生产体系、经营体系、支持保障体系更加健全。奶业供给侧结构性改革取得实质性成效，产业结构和产品结构进一步优化，供给和消费需求更加契合，消费信心显著增强。奶业综合生产能力、质量安全水平、产业竞争力、可持续发展能力迈上新台阶，整体进入世界先进行列。到2025年，奶业实现全面振兴，基本实现现代化，奶源基地、产品加工、乳品质量和产业竞争力整体水平进入世界先进行列（表11-3）。

表11-3　奶业发展目标

主要指标		2020年
保障供给能力	奶类产量（万吨）	4 100
	奶源自给率（%）	≥70
	乳制品产量（万吨）	3550
质量安全水平	生鲜乳抽检合格率（%）	≥99
	乳制品监督抽检合格率（%）	≥99
	婴幼儿配方乳粉监督抽检合格率（%）	≥99
产业素质	100头以上规模养殖比重（%）	≥70
	机械化挤奶率（%）	≥99
	泌乳奶牛年均单产（吨）	7.5
	优质苜蓿产量（万吨）	540
	粪便综合利用率（%）	75
	婴幼儿配方乳粉行业收入超过50亿元的大型企业集团数量（家）	3~5
	婴幼儿配方乳粉行业前10家国产品牌企业的行业集中度（%）	80

2. 加强优质奶源基地建设

（1）优化区域布局。根据市场需求、资源环境、消费习惯和现有产业基础等因素，巩固发展东北和内蒙古产区、华北产区，稳步提高西部产区，积极开辟南方产区，稳定大城市周边产区。重点提升奶畜品种质量，加强优质饲草料生产，推进标准化规模养殖，加快养殖小区牧场化改造和家庭牧场发展；合理布局加工企业，依法依规淘汰落后产能，优化调整乳制品结构，大力发展液态奶，加快奶酪等干乳制品生产发展，促进奶源基地建设和乳制品加工协调发展。

（2）发展奶牛标准化规模养殖。坚持良种良法配套、设施工艺结合，提质增效并重、生产生态协调，建立健全标准化生产体系。支持养殖场改扩建、小区牧场化改造和家庭牧场发展，重点建设标准化圈舍、粪污处理、防疫、挤奶设施及饲草料基地等，支持企业自有自控奶源基地建设，引导适度规模养殖。开展奶牛养殖标准化示范创建，创建300家标准化示范场，引领带动生产技术水平提高。加大牧场物联网技术、智能化技术及设施设备的应用，提升奶业生产机械化、信息化、智能化水平。

（3）加强良种繁育及推广。深入实施《中国奶牛群体遗传改良计划（2008—2020年）》，健全奶牛生产性能测定、种牛遗传评定和种公牛后裔测定体系，开展中国荷斯坦牛品种登记，推广优秀种公牛冷冻精液，增强自主培育种公牛能力。创新育种模式，支持建立奶牛育种联盟，探索市场化运营机制。加强高产奶牛核心群建设，推进青年公牛全基因组选择工作，提高种源质量和供种效率。提高种用奶牛进口技术要求，推动引进国外优质奶牛和奶山羊，支持引进国外优秀奶牛胚胎。加强奶水牛、奶山羊等种质资源的开发利用。建立全国奶牛育种大数据和遗传评估平台，完善种牛质量评价制度，构建现代奶牛遗传改良技术体系和组织管理体系。支持奶牛育种联盟发展，联合开展青年公牛后裔测定。加大良种推广力度，提升良种化水平，提高奶牛单产量。

（4）促进优质饲草料生产。继续实施振兴奶业苜蓿发展行动，新增和改造优质苜蓿种植基地600万亩，开展土地整理、灌溉、机耕道及排水等设施建设，配置和扩容储草棚、堆储场、农机库、加工车间等设施，配备检验检测设备，提升国产优质苜蓿生产供给能力。在“镰刀弯”地区和黄淮海玉米主产区，扩大粮改饲试点，推进全株玉米等优质饲草料种植和养殖紧密结合，扶持培育以龙头企业和农民合作社为主的新型农业经营主体，提升优质饲草料产业化水平。发展青贮玉米、燕麦草等优质饲草料产业，推进饲草料品种专业化、生产规模化、销售市场化，全面提升种植收益、奶牛生产效率和养殖效益。提升苜蓿草产品质量，力争到2020年优质苜蓿自给率达到80%。

3. 完善乳制品加工和流通体系

（1）优化乳制品产品结构。打造资源配置合理、技术水平先进、产品结构优化、具备国际竞争力的现代乳制品加工业。优化乳制品产品结构，因地制宜发展常温奶、巴氏杀菌乳、酸奶等液态奶产品，适度发展干酪、乳清粉等产品，增加功能型乳粉、风味型乳粉生产。鼓励使用生鲜乳生产灭菌乳、发酵乳和调制乳等乳制品。修订完善《乳制品工业产业政策》，严格奶源基地、加工布局、技术装备、环境控制、质量安全等方面的要求。完善冷链储运硬件设施设备，严管冷链流程，确保终端乳制品的安全与品质。

（2）建立现代乳制品流通体系。发展智慧物流配送，鼓励建设乳制品配送信息化平台，支持整合末端配送网点，降低配送成本。促进乳品企业、流通企业和电商企业对接融合，推动线上线下互动发展，促进乳制品流通便捷化。鼓励开拓“互联网+”、体验消费等新型乳制品营销模式，减少流通成本，提高企业效益。支持低温乳制品冷链储运设施建设，制定和实施低温乳制品储运规范，确保产品安全与品质。

（3）加强产业一体化。培育壮大奶农专业合作组织，推进奶牛养殖存量整合，支持有条件的养殖场（户）建设加工厂，提高抵御市场风险能力。支持乳品企业自建、收购养殖场，提高自有奶源比例，促进养殖加工一体化发展。建立由县级及以上地方人民政府引导，乳品企业、奶农和行业协会参与的生鲜乳价格协商机制，乳品企业与奶农双方应签订长期稳定的购销合同，形成稳固的购销关系。开展生鲜乳质量第三方检测试点，建立公平合理的生鲜乳购销秩序。规范生鲜乳购销行为，依法查处和公布不履行生鲜乳购销合同以及凭借购销关系强推强卖兽药、饲料和养殖设备等行为。

4. 强化乳品质量安全监管

（1）健全法规标准体系。研究完善乳品质量安全法规，健全生鲜乳生产、收购、运输和乳制品加工、销售等管理制度。修订提高生鲜乳、灭菌乳、巴氏杀菌乳等乳品国家标准，严格安全卫生要求，建立生鲜乳质量分级体系，引导优质优价。制定液态乳加工工艺标准，规范加工行为。制定发布复原乳检测方法等食品安全国家标准。监督指导企业按标依规生产。

（2）加强乳品生产全程管控。落实乳品企业质量安全第一责任，建立健全养殖、加工、流通等全过程乳品质量安全追溯体系。加强源头管理，严格奶牛养殖环节饲料、兽药等投入品使用和监管。引导奶牛养殖散户将生鲜乳交售到合法的生鲜乳收购站。任何单位和个人不得擅自加工生鲜乳对外销售。实施乳品质量安全监测计划，严厉打击非法收购生鲜乳行为以及各类违法添加行为。对生鲜乳收购站、运输车、乳品企业实行精准化、全时段管理，依法取缔不合格生产经营主体。健全乳品质量安全风险评估制度，及时发现并消除风险隐患。

（3）加大婴幼儿配方乳粉监管力度。严格执行婴幼儿配方乳粉相关法律法规和标准，强化婴幼儿配方乳粉产品配方注册管理。婴幼儿配方乳粉生产企业应当实施良好生产规范、危害分析和关键控制点体系等食品安全质量管理制度，建立食品安全自查制度和问题报告制度。按照“双随机、一公开”要求，持续开展食品安全生产规范体系检查，对检查发现的问题要从严处理。严厉打击非法添加非食用物质、超范围超限量使用食品添加剂、涂改标签标识以及在标签中标注虚假、夸大的内容等违法行为。严禁进口大包装婴幼儿配方乳粉到境内分装。大力提倡和鼓励使用生鲜乳生产婴幼儿配方乳粉，支持乳品企业建设自有自控的婴幼儿配方乳粉奶源基地，进一步提高婴幼儿配方乳粉品质。

5. 加强粪污资源化利用和疫病防控

（1）推进奶牛粪污综合利用。坚持“源头减量、过程控制、末端利用”基本思路，推进种养结合农牧循环发展。因地制宜推广种养结合、深度处理、发酵床养殖和集中处理等粪污处理模式。根据环境承载能力，合理确定奶牛养殖规模，配套建设饲草料种植基地，促进粪污还田利用。支持规模养殖场建设干清粪等粪污处理设施，提高粪污处理配套设施比例。支持在奶牛养殖密集区建设粪污集中处理中心或有机肥加工厂，推进奶牛粪污储存、收运、处理、综合利用全产业链发展。集约化、设施化、智能化、自动化水平高，使用节水、节料、节能养殖工艺，采用自动化环境控制设备。畜禽粪污资源化利用技术与设施先进、运转正常，能够按照减量化、无害化、资源化的原则，实现种养结合农牧循环发展。

（2）加强奶牛疫病防控。加快实施国家中长期动物疫病防治规划，加大防控工作力度，切实落实各项防控措施。按照国家口蹄疫和布病防治计划、奶牛结核病防治指导意见要求，全面推进口蹄疫防控和布病结核病监测净化工作，统筹抓好奶牛乳房炎等常见病防控。加强奶牛场综合防疫管理，健全卫生消毒制度，不断提高生物安全水平。采取科学的畜禽疫病综合防控措施，防疫制度健全，防疫设施先进，重大动物疫病、主要人畜共患病两年内无临床病例和病原学阳性。严格遵守饲料、饲料添加剂和兽药等投入品使用有关规定，严格执行兽用处方药制度和休药期制度，坚决杜绝使用违禁药物，产品质量安全，可追溯。

二、我国奶牛产业发展的保障措施

1. 加强组织领导

建立奶业工作部际联席会议制度，加强部门协调配合，畅通信息沟通渠道，形成推动奶业发展的合力。落实《乳品质量安全监督管理条例》，强化属地管理责任。建立乳品质量安全事件应急处置预案，提升有效防范和处置重大乳品质量安全事故能力。奶业主产省（市、区）应当根据资源状况、消费能力等制定本地区奶业发展规划，促进区域奶业协调发展。

2. 完善法规标准体系

根据《食品安全法》的规定，修订《乳品质量安全监督管理条例》，明确部门职责，完善生产加工、质量监管、消费引导等规定。修订《生乳》国家标准，进一步严格卫生要求，建立生乳分级标准体系引导优质优价。修订灭菌乳等液态奶产品标准，对原料使用作出更加严格的规定。制定发布复原乳检测方法食品安全国家标准，为复原乳监管提供依据。制定液态奶加工工艺标准，提升乳品质量安全水平。

3. 加大政策扶持和市场调控力度

整合优化现有资金项目，加大政策扶持力度，重点支持乳品质量安全监管和可追溯体系建设、优质奶源基地建设、高产优质饲草料种植、婴幼儿配方乳粉企业兼并重组等。加大奶业金融支持力度，鼓励社会资本投资建设现代奶业，支持奶业企业上市直接融资。加强奶业生产市场信息监测，及时发布预警信息，探索开展生鲜乳目标价格保险试点。充分发挥行业协会组织作用，引导各类经营主体自觉维护和规范市场竞争秩序。加强乳制品国际贸易监测，依法启动贸易救济调查，保护国内产业发展。

4. 统筹利用国内国际两个市场两种资源

顺应奶业国际化的大趋势，坚持“引进来”和“走出去”相结合，促进资本、资源、技术等优势互补，提升奶业国际竞争力。学习借鉴国际先进的技术和管理经验，加强与奶业发达国家在奶牛养殖、乳品加工、牧草种植加工和质量管控等方面的交流和合作，提升奶业生产水平。坚持国内供给为主、进口调剂为辅，满足乳品多元化消费需求。

5. 强化科技支撑与服务

依托畜牧兽医技术推广部门、科研院所和大专院校，围绕种、料、病、管等关键环节开展集中攻关研究，着力破解制约奶业发展的技术难题。推进建立以企业为主体、科研院所为支撑、产学研结合的奶业科技创新体系。推动加工领域的重大科技攻关，科学设定风险指标，开展乳制品关键共性技术研究、集成与示范。开展奶业竞争力提升科技行动，推动奶业科技创新，在奶畜养殖、乳制品加工和质量检测等方面，提高先进工艺、先进技术和智能装备应用水平。加强乳制品新产品研发，满足消费多元化需求。完善奶业社会化服务体系，加大技术推广和人才培训力度，提升从业者素质，提高生产经营管理水平。

三、我国奶牛产业发展的科技需求

1. 保障乳品供给必须依靠科技创新

保障乳品有效供给是奶业发展的首要任务。从需求看，目前，我国人均奶类消费量只有 32.4 千克，不到全球平均水平的 1/3。随着我国经济发展和城镇化加快，群众对奶类消费将呈刚性增长。据专家预测，如果每人每天奶类蛋白质的摄入量从目前的 1.5 克增加到推荐的 15 克，全国奶类需求量将增加十倍，保障乳品有效供给的任务十分艰巨。从生产看，我国奶牛单产水平只有 7 吨，过去牛奶总产量的增加主要依靠奶牛数量的增长。受资源和环境双重约束，这种靠增加奶牛饲养头数来提高牛奶总产量的路子已难以为继，必须转变奶业发展方式。从国际经验看，许多奶业发达国家都走过了一条从扩大养殖规模转向提高单产水平的道路。比如美国，从 1997 年到 2010 年，牛奶产量从 7 080万吨增加到 8 746万吨，增长了 23.5%，但奶牛存栏从 925 万头下降到 912 万头，减少了 1.4%。这是可资借鉴的重要经验，我们必须更加重视科技投入，不断加强科技创新和技术进步，持续提升奶牛生产水平。

2. 提高乳品质量安全必须依靠科技创新

乳品质量安全是奶业发展的生命线，群众关心、社会关注。提高乳品质量安全水平，根本途径是提高奶牛科学养殖水平和牛奶标准化生产水平，这必须依靠科技提供技术支撑。从奶牛养殖看，许多规模牧场的牛奶乳蛋白高于3.0%，细菌数和体细胞数分别低于20万和30万，都是因为采用了标准化的科学养殖，良种和良法相配套，应用了全混合日粮、生产性能测定等关键技术。从监管实践看，只有强化科技创新，不断完善和提高标准，明确有毒有害物质的限量标准，才能实现有标可依，有规可循。同时，也只有依靠科技创新，改善检测设备和方法，研发对各种违禁添加物的快速检测产品，才能对残留进行有效控制。从乳品加工看，只有加强设备和工艺创新，降低加工对牛奶营养价值、附加功能和口感风味的影响或破坏，才能为消费者提供营养丰富、味道鲜美的牛奶。

3. 提高生产效率必须依靠科技创新

奶业是带动农民增收的朝阳产业。促进奶农增收，除稳定和提高生鲜乳价格外，关键要加快技术进步，集成配套关键技术，加快推广应用。但总体看，目前我国奶业生产效率较低，如奶牛饲料转化率仅为1.0，即每千克饲料干物质转化1千克生鲜乳，发达国家为1.5千克以上。如果能把饲料转化率从1.0提高到1.3，日均生鲜乳产量可增加2千克，一个泌乳期可增收近2 000元。随着我国奶业生产成本增加、疫病防控压力增大和市场不确定性增多，奶农增收面临更大挑战，必须依靠科技创新，不断提高生产效率，向科技要效益。

4. 增强产业竞争力必须依靠科技创新

竞争力是奶业持续健康发展的核心推动力。从国际比较看，美国奶牛单产平均为10吨左右，一头奶牛顶我国两头。新西兰生鲜乳质量较高，平均8吨生鲜乳生产1吨奶粉，而我国需要8.5吨。要增强我国奶业产业竞争力，就必须加强全产业链的科技创新，提高育种、饲养、疫病防治、挤奶、贮运、加工等各环节的科技水平。关键要发挥企业在科技创新中的领军作用，引导企业建立产学研相结合的研发中心，加强新产品和新工艺的研发。比如一些乳品企业，集成创新膜技术，最大限度地保留了牛奶原有风味。乳品企业有了差异化产品，就可避免因产品单一、销售方式雷同引发的无序竞争。

5. 实现奶业可持续发展必须依靠科技创新

可持续是奶业健康发展的重要保障。据统计，全球甲烷排放量的37%来自牛和其他反刍动物。一个千头奶牛场，每天排放粪污量近40吨，处理不好，容易污染环境。从世界奶业发展经验看，各国都在不断加强科技创新，通过节能减排和综合治理，实现了资源综合利用和生态环境保护。比如，美国从1944年到2007年，牛奶总产量增加了3 000多万吨，但奶牛数量、饲料用量、土地用量、粪污排放量和碳排放量，只有原来的21%、23%、10%、24%和37%。又如，丹麦、德国等强化沼气工程关键技术研究，通过粪污发酵产生沼气，实现了粪污无害化处理和资源化利用。因此，实现奶业可持续发展，要不断加强重大和关键技术创新，加大政策扶持，减少粪污排放和提高资源综合利用水平。

第六节　我国奶牛产业科技创新重点

奶业发展千头万绪，产业链长，涉及面广。因此，研究奶业的关键是抓住核心要素。目前，我国奶业面临的最大难题是奶产品消费信心不振，可见，奶业的核心问题是奶产品生产质量和效率问题，而不是其他问题。奶产品质量赢得消费信心了，其产品价格能够被更多消费者接受，我国奶业的其他问题就可以逐步解决了。加强科技创新是转变奶业发展方式和建设现代奶业的重要手段，也是一项长期任务，必须做好打基础、管长远的各项工作。当前和今后一个时期，要牢牢把握奶业科技创新的重点任务，集中力量，实现突破。

一、我国奶牛产业科技创新发展趋势

1. 科技创新发展思路

以“引领学科、支撑产业、跻身前沿”为使命，以国家科技体制改革和实施创新驱动发展战略为契机，围绕奶牛提质增效和奶产品优质安全这一国家重大需求，打通奶业生产和加工整个产业链，加强关键科学问题的凝练，强化人才队伍、基地、项目三位一体，建立国际奶业科技交流平台，为奶业健康持续发展发挥国家智库作用。

研究贯彻“健康瘤胃、健康奶牛和优质牛奶”的学术思想，应用现代营养学和系统生物学等前沿科学的理论和方法，以饲料营养通过奶牛机体向畜产品（生鲜乳）转化为重点研究内容，实现现有饲料资源合理利用、奶牛健康饲养和生鲜乳质量安全水平提升的目标。

争取用5~10年，解决奶产品的两个难题，一是质量安全风险评估技术体系的研究与应用，着重解决风险防控与风险交流难题，让消费者放心消费；二是优质乳标识技术体系的研究与应用，着重解决奶产品品质提升与分级标识难题，让消费者快乐消费。

2. 科技创新发展领域

（1）奶牛遗传改良与繁殖技术研究。以实施奶牛遗传改良计划为抓手，重点通过集成创新后裔测定和基因组选择等关键技术，广泛利用国内外遗传资源，加快培育和选育优秀种公牛。开展优质冻精、性别控制等核心技术攻关，加快高产奶牛核心群建设。强化奶牛生产性能测定，加强测定数据在生产上的应用，实现“测奶配方养牛”。

（2）奶牛健康养殖技术集成与创新。研究奶牛饲料资源高效利用与饲养工艺，揭示奶牛对重要营养素利用效率的调控机制，研发以瘤胃调控剂为主保障“健康瘤胃、健康奶牛”的关键饲养技术。研究围产期、泌乳高峰期和热应激时期奶牛特殊时期的精细饲养技术。研究奶牛对氮的需求规律，建立日粮氮高效利用技术、低碳氮减排的日粮碳氮同步释放技术。要加强粪污处理的技术研发和应用，强化粪污治理等核心技术研发，实现粪污无害化和资源化利用。

（3）优质粗饲料生产与制作关键技术研究。根据不同区域和种植条件，加快培育或筛选一批高产、优质、抗逆性强的苜蓿良种。加强苜蓿种植与加工关键技术应用，完善生产技术规程，实现苜蓿生产标准化。大力发展粮改饲，围绕饲草料种、收、贮、用各环节开展技术研究和集成配套，重点开展全株玉米青贮专用添加剂开发与应用，全株玉米青贮加工贮藏质量控制技术集成与应用。

（4）牛奶品质形成机理与调控研究。以乳成分前体物的生成与利用为核心，重点解析其生成效率、组成模式、转运途径、分配与重分配、交互作用对乳脂肪和乳蛋白合成效率的影响，重点开展乳成分前体物的生成效率及其组成模式，乳成分前体物的分配与转运利用，代谢异常产物对乳成分前体物生成与利用效率的负向调节机理，奶牛特殊泌乳生理阶段对乳成分前体物高效生成与利用的调控机制。

（5）奶产品质量安全监测关键技术研究。开发应用生物传感、生物芯片、高通量测序等新一代检测方法，建立不同生鲜乳和奶制品的全组分图谱。研究生物毒素等危害因子转移、转化特性，及其在机体内发挥作用和相关代谢机理。挖掘奶产品活性因子营养功能，验证其生物学或医学作用，探讨其活性影响因素、相关代谢通路和关键生物学过程，形成一整套优质乳评价技术规范，构建优质乳标准化体系。

（6）奶产品品质功能评价关键技术。结合活性标识物与多风险因子共存健康危害评价成果，研究建立优质奶评价核心技术。基于细胞等体外模型及动物体内模型开展奶产品功能评价形成一整套优质乳评价技术规范，构建优质乳标准化体系。将风险评估及过程控制技术、品质功能评价技术和低碳加工工艺技术进行组装集成，形成优质乳工程技术体系。

二、我国奶牛产业科技创新重点方向

1. 奶牛重要乳成分高效合成的营养生理机制及其调控

以乳成分前体物的生成与利用为核心，重点解析其生成效率、组成模式、转运途径、分配与重分配、交互作用对乳脂肪和乳蛋白合成效率的影响，以奶牛瘤胃、肝脏和乳腺三个生物反应器为靶点，从宏观（整体、器官和组织水平）和微观（细胞和分子）水平，重点开展如下研究。

（1）乳成分前体物的生成效率及其组成模式。研究在瘤胃与肠道内消化道内饲料碳素、氮素转化为乳成分前体物的效率；不同质量粗饲料与瘤胃微生物群落演变、活性基因组和代谢产物的互作关系；不同类型精饲料及瘤胃发酵产物在肠道消化的特性，形成乳成分前体物的效率及其组成模式，对肠道消化吸收功能的影响；阐明瘤胃微生物第一基因组和奶牛第二基因组与乳成分前体物生成与利用效率之间的互作关系。

（2）乳成分前体物的分配与转运利用。研究乳成分前体物在肝脏的转化与营养重分配机理；乳成分前体物进入乳腺细胞的转运途径、效率及其调节机制；乳成分前体物组成模式与肝脏及乳腺功能的互作关系；揭示乳成分前体物高效利用的信号通路及调控网络。

（3）代谢异常产物对乳成分前体物生成与利用效率的负向调节机理。系统解析异常代谢产物和瘤胃上皮功能之间的互作机制，揭示瘤胃酸中毒发生的微生物生态学机制与瘤胃上皮屏障的分子机理，阐明代谢异常产物对肝脏代谢中营养重分配的机制，以及代谢异常产物与乳腺合成功能互作对奶牛高效合成乳成分影响的途径。

（4）奶牛特殊泌乳生理阶段对乳成分前体物高效生成与利用的调控机制。研究围产期奶牛乳成分生成利用效率及其生理调节机理，探索营养素的代谢程序化作用途径及机制；研究热应激条件下乳成分前体物的生成与利用特征，阐明热应激诱导的泌乳营养代谢途径改变及其代谢调控网络，揭示乳成分合成对热应激响应的生理及代谢途径变化机制。

2. 生鲜乳质量安全评价技术

（1）生鲜乳危害因子筛查检测技术开发。针对生鲜乳中的危害因子黄曲霉毒素 M1、玉米赤霉烯醇，获得霉菌毒素的适配体。设计选择性好、灵敏度高的便携式传感器用于生鲜乳中黄曲霉毒素 M1、赭曲霉毒素 A、玉米赤霉烯酮、伏马毒素 B1 4 种霉菌毒素的快速现场检测。基于免疫学技术和阵列芯片技术，针对 15 种磺胺类兽药和 6 种喹诺酮类兽药。制备高特异性危害因子抗体，开发危害因子通量检测抗体阵列芯片。开展生鲜乳危害因子多残留检测技术研究，建立生鲜乳中黄曲霉毒素 M1、赭曲霉毒素 A、玉米赤霉烯酮和玉米赤霉烯醇等常见霉菌毒素，38 种兽药残留，21 种农药残留，铅、铬、砷和有机汞等重金属多组分检测方法。

（2）生鲜乳危害因子评价技术研究。评估不同地区、不同季节生鲜乳霉菌毒素和重金属关键危害因子水平，构建时空分布图谱。利用细胞模型，评价生鲜乳中霉菌毒素互作、重金属互作、霉菌毒素与重金属互作效应，构建互作效应图谱。针对加工工艺对生鲜乳中危害因子进行评价，为风险防控提供依据。模拟巴氏杀菌和超高温瞬时灭菌条件，研究热加工工艺对生鲜乳中霉菌毒素稳定性的影响及其转化机制。

（3）生鲜乳质量特征评价技术研究。质运用组学等方法分析不同奶畜乳蛋白和乳脂肪组成特点，构建生鲜乳特征指纹图谱，开展质量特征、质量稳定性评价和真实性识别研究。获得表征奶牛、山羊、水牛和牦牛乳中乳蛋白、酪蛋白以及乳脂肪球蛋白，代谢物图谱。泌乳期、饲料和季节对奶牛乳质量特征影响的研究；贮存和加热对奶牛乳质量特征和稳定性影响的研究。

（4）生鲜乳质量安全预警技术体系构建。利用数据清洗和筛选系统，对近 5 年监测的生鲜乳质量安全数据进行分析，建立包括生鲜乳中霉菌毒素残留数据库、兽药残留数据库、重金属残留数据库、违禁添加物图谱库以及生乳质量特征与组分图谱库。利用休哈特控制图分析理论，建立基于时间序列和回归分析的危害因子预警模型，提出风险控制措施。开发生鲜乳中危害因子风险预警方法，开发生鲜乳中危害因子风险预警软件，建立生鲜乳中危害因子风险预警系统，建立生鲜乳中危害因子风险交流信息平台。

（5）生鲜乳安全生产规程建立。针对生鲜乳中霉菌毒素、兽药、重金属、微生物等主要危害因子，对饲料、水、兽药等投入品以及饲养管理、运输、储存等环节进行调研，采集饲料、水、生鲜乳等样品并检测，通过系统分析，确定生鲜乳中不同危害因子来源的关键点，建立生鲜乳安全生产规程，建立生鲜乳中霉菌毒素控制技术规程、生鲜乳中重金属控制技术规程、生鲜乳中微生物控制技术规程、生鲜乳中兽药控制技术规程。

3. 优质奶产品关键生物指标及其评价技术

（1）奶产品中关键生物活性指标的筛选与确定。基于蛋白组、代谢组、食品组学的高通量分析方法，对奶产品中的营养活性成分进行筛查，用大数据方法研究奶产品中活性功能物质、小分子物质的特征，确定特异性关键指标，作为优质原料奶和奶产品的营养功能标志物。

（2）优质原料奶分级方法及其生产技术规范的研究。提出我国原料奶的分级办法，明确优质原料奶的标准。通过优化饲料结构，应用生物组学的理论与方法，研究调控奶牛重要乳成分合成效率的营养生理机制及其调控机理，提出增加饲料转化率和提高主要乳成分的生产技术规范。

（3）奶产品营养功能评价及其工艺优化。研究不同热加工工艺条件下奶产品热敏感指标的变化规律，找出变化规律稳定的热敏感指标作为评价奶产品加热程度的标志物，针对不同热加工工艺对标志物的含量设定限值，结合营养功能因子的热变化规律，制定优质乳生产工艺标准，建立优质乳标识。

（4）奶产品中重要营养功能因子特征鉴定及其营养功能解析。基于蛋白组、代谢组、脂质组学的高通量分析方法，对生鲜乳、巴氏杀菌乳、UHT 灭菌乳中营养功能因子进行筛查比较，用大数据方法研究奶产品中营养功能因子的热稳定性，明确热敏感的关键营养功能因子，作为优质奶产品的营养功能因子标志物；针对生鲜乳中含量较高的活性蛋白，研究其在不同热加工条件下的结构变化。

（5）优质奶产品品质分级及其生产技术规范。提出我国原料奶的分级办法，明确优质原料奶的标准；对于优质加工工艺：在微生物符合要求的前提下，以热加工产物糠氨酸为标识物，对加工工艺进行分级，明确优质奶产品的热加工工艺，最大程度降低营养功能因子损失；对于以优质原料奶经优质加工工艺生产出的优质奶产品进行优质乳的标识。

三、我国奶牛产业科技创新路线图

为推动我国奶牛产业科技水平实现跨越式发展，引领和保障奶业的健康快速发展，围绕的国家和行业需求，提出了关键科学问题，制定了重点科研任务，研究提出了到 2020 年的时间路线图（图 11-6）。

四、我国奶牛产业科技创新发展的保障措施

1. 稳定奶业科技投入

建立财政稳定投入机制，加大政府对奶业科研的投入力度，鼓励企业、私人投资，逐步形成国家投入占主体，地方、企业、社会多元化投入的格局。优化政府科研投入结构，有效提高奶业科技机构和科技人员的创新活力。鼓励科研人员深入基层和生产第一线从事科研推广活动，鼓励科研机

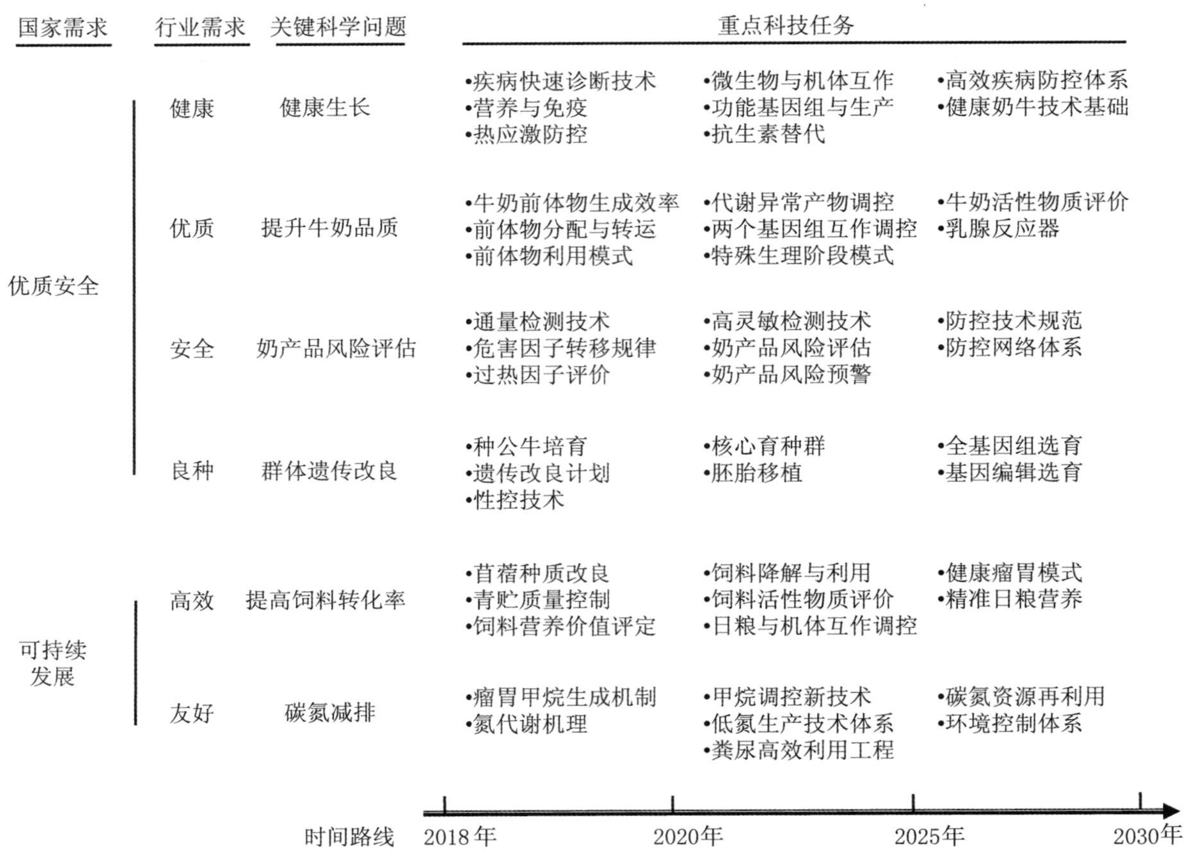

国家需求	行业需求	关键科学问题	重点科技任务		
优质安全	健康	健康生长	•疾病快速诊断技术 •营养与免疫 •热应激防控	•微生物与机体互作 •功能基因组与生产 •抗生素替代	•高效疾病防控体系 •健康奶牛技术基础
	优质	提升牛奶品质	•牛奶前体物生成效率 •前体物分配与转运 •前体物利用模式	•代谢异常产物调控 •两个基因组互作调控 •特殊生理阶段模式	•牛奶活性物质评价 •乳腺反应器
	安全	奶产品风险评估	•通量检测技术 •危害因子转移规律 •过热因子评价	•高灵敏检测技术 •奶产品风险评估 •奶产品风险预警	•防控技术规范 •防控网络体系
	良种	群体遗传改良	•种公牛培育 •遗传改良计划 •性控技术	•核心育种群 •胚胎移植	•全基因组选育 •基因编辑选育
可持续发展	高效	提高饲料转化率	•苜蓿种质改良 •青贮质量控制 •饲料营养价值评定	•饲料降解与利用 •饲料活性物质评价 •日粮与机体互作调控	•健康瘤胃模式 •精准日粮营养
	友好	碳氮减排	•瘤胃甲烷生成机制 •氮代谢机理	•甲烷调控新技术 •低氮生产技术体系 •粪尿高效利用工程	•碳氮资源再利用 •环境控制体系
		时间路线	2018年	2020年	2025年 → 2030年

图 11-6　奶牛产业科技创新发展路线图

构之间、科研机构与企业之间开展联合攻关。

2. 大力开展奶业科技协同创新

依托国家奶业科技创新联盟，组织全国性科研院所、大学、企业开展区域性、全国性和国际化不同层次的协同创新。加强动物营养、食品科学、分子生物学、组学、分析化学、遗传育种、动物医学、生理生化等多学科的融合，开展不同学科间的协同创新。由于现代农业科学研究具有交叉融合的特性。一项大的、有突破性的创新需要多学科、多专业的交叉融合，因此，不同专业领域的人协同工作对创新的成败具有决定性作用。尤其在一些农业重大战略性研究领域，综合化、集成化的重要性更为明显。

3. 拓展奶业科技国际交流与合作

要立足于自主创新，全方位利用全球奶业科技创新资源，增强创新的互补性，提高创新起点，缩短创新周期。依托“国家奶业国际联合研究中心”，调整技术引进的传统路径，更多地吸收国外有益的经验，吸引更多的高水平人才，引进资金和先进的技术、设备、设施。响应国家“一带一路”重大战略及丝绸之路经济带建设等总体部署，加快实施全球奶业战略布局，全力推进奶业科技“走出去”，在国际科技创新资源全球整合和有效配置中“抢占有利地形”，拓展自身发展空间，提高全国奶业自主创新能力和国际竞争力。

4. 大力推进创新团队建设

构建国家高层次奶业科研人才培养基地，加快构建、科学培养科技创新人才和团队。培养和造就一支年龄结构和职称梯队合理，学科配置齐全，由奶业领军人才领导的，以博士和归国中青年科技人员为主体，具有较强科研创新能力和科技攻关能力、实践经验丰富、敢于拼搏、勇于奉献的优秀研发人才团队，为奶业科技创新提供人才保障。

5. 加快科技成果转化

依托畜牧兽医技术推广部门、科研院所和大专院校，围绕种、料、病、管等关键环节开展集中攻关研究，着力破解制约奶业发展的技术难题。推进建立以企业为主体、科研院所为支撑、产学研结合的奶业科技创新体系。推动奶业加工领域的重大科技攻关，开展乳制品关键共性技术研究、集成与示范。加强社会化服务体系建设，强化从业人员培训，提高奶业生产技术水平。

（王加启、赵圣国）

主要参考文献

陈伟生 . 2017. 畜禽养殖业“十三五”规划战略研究报告［M］. 北京：中国农业出版社 .

国家自然科学基金委员会，中国科学院 . 2012. 未来 10 年中国学科发展战略：农业科学［M］. 北京：科学出版社 .

科技部农村与社会发展司/中国农村技术开发中心 . 2006. 中国奶业科技发展战略［M］. 北京：中国农业出版社 .

李胜利 . 2016. 2015 世界奶业发展报告［M］. 北京：中国农业大学出版社 .

郑楠，李松励，王加启 . 2017. 中国奶产品质量安全研究报告（2016 年度）［M］. 北京：中国农业科学技术出版社 .

中国科学院农业领域战略研究组 . 2009. 中国至 2050 年农业科技发展路线图［M］. 北京：科学出版社 .

中国农业科学院科技发展战略研究组 . 2017. “跨越 2030” 农业科技学科发展战略［M］. 北京：中国农业科学技术出版社 .

中国养殖业可持续发展战略研究项目组 . 2013. 中国养殖业可持续发展战略研究（畜禽养殖卷）［M］. 北京：中国农业出版社 .

中国养殖业可持续发展战略研究项目组 . 2013. 中国养殖业可持续发展战略研究（综合卷）［M］. 北京：中国农业出版社 .

第十二章　我国肉牛产业发展与科技创新

摘要： 本章节在总结国外肉牛产业生产、贸易、科技创新现状以及养殖模式、特点的基础上，重点分析了我国肉牛产业、科技创新发展现状及贡献，并比较了我国肉牛产业、科技创新同发达国家的差距，提出了我国肉牛产业发展存在的关键问题及解决对策；同时，针对我国肉牛产业发展现状及问题，指出了我国肉牛产业发展未来科技需求及重点领域和发展方向，并从产业保障、科技创新、体制机制创新三大方面来保障我国肉牛产业科技健康持续发展。

第一节　国外肉牛产业发展与科技创新

一、国外肉牛产业发展现状

（一）国外肉牛产业生产现状

1. 全球牛存栏量及牛肉生产整体情况

随着人们生活水平的不断提高，全球牛肉消费量快速增长，据联合国粮农组织统计，2014 年全球牛总存栏量达到了 16.69 亿头（包括水牛），其中屠宰 3.26 亿头，生产牛肉 6 840万吨，主要分布在北美洲的美国、加拿大；南美洲的巴西、阿根廷；欧洲的德国、法国、英国和意大利；大洋洲的澳大利亚；非洲的南非；亚洲的中国、印度等国家（图 12-1，深色区域代表这个地区或国家在 2005—2014 年间，年平均产肉量超过 54.47 万吨）。

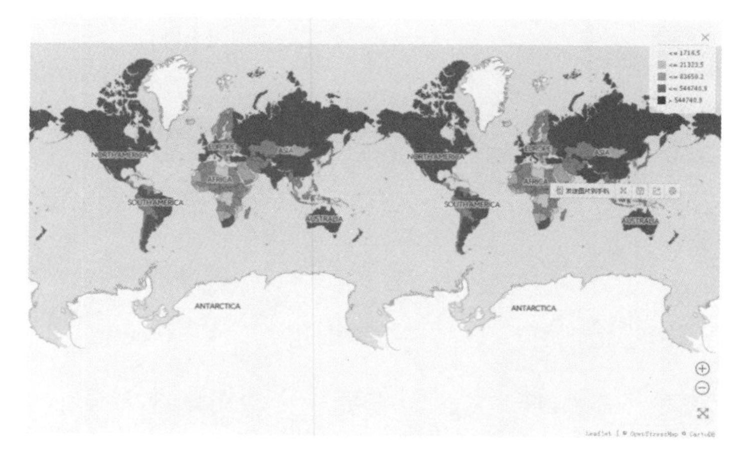

图 12-1　全球牛肉生产量基本情况分布图

资料来源：FAO，统计数据不包括水牛

2005—2014 年，全球牛存栏量及牛肉产量均是美洲第一，分别占 35.4%和 48.8%；亚洲第二，分别占 33.6%和 20.8%；非洲牛存栏量尽管位于世界第三，但由于宗教信仰的原因，其产肉量却排在全球第五，占 8.6%；欧洲位于第四，分别占 8.7%和 17.2%；大洋洲第五，分别占 2.7%和 4.6%（图 12-2）。

全球各大洲牛存栏量（2015—2014 年）

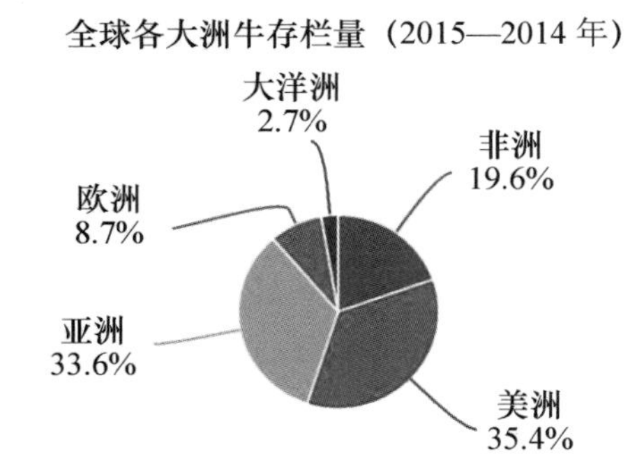

全球各大洲牛肉产量（2015—2014 年）

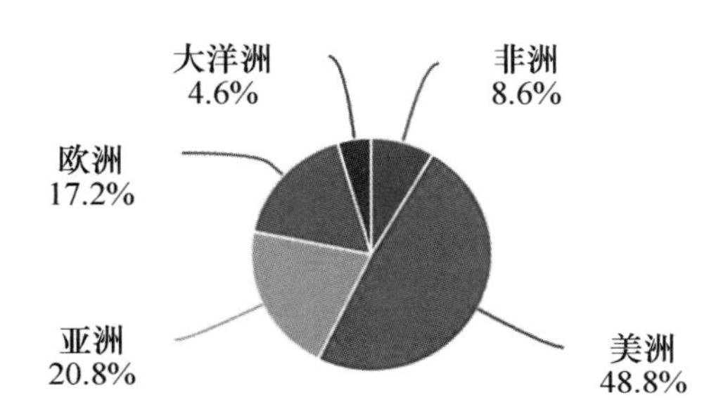

图 12-2　全球各大洲牛存栏量及牛肉生产量所占比例

资料来源：FAO，统计数据不包括水牛

2. 世界主要牛肉生产大国基本情况

从 20 世纪 80 年代以来，全球牛总存栏量呈上升趋势（图 12-3）。近 10 年，加拿大、美国牛存栏量呈较快的下降趋势，加拿大 2014 年比 2005 年牛存栏量下降 18.12%。而巴基斯坦成为全球牛存栏量上升最快的国家，2014 年存栏 7 429.60万头，比 2005 年增长了 47.07%，其次是中国和澳大利亚，分别增长 3.99%和 3.26%。世界上牛存栏最多的国家是印度，2014 年达到 29 700.00万头，占世界牛存栏数的 17.79%，巴西、中国和美国位分别位居第二、第三和第四（图 12-4，表 12-1）。

尽管美国牛存栏量仅占世界的 5%左右，但美国是畜牧业生产的超级大国，其牛肉产量在世界上的排名一直都位于第一。2005—2014 年，美国牛肉产量基本稳定在 1 200万吨左右，增长幅度 2.3%；巴西、中国和澳大利亚位居第二、第三和第六，分别增长了 13.16%、21.14%和 19.63%；巴基斯坦和南非牛肉产量分别提高了 68.73%、41.94%；而欧盟、加拿大和阿根廷牛肉产量明显下降（表 12-2）。

（二）国外肉牛产业贸易现状

2006—2016 年，全球牛肉的贸易总量和进出口量呈缓慢上升趋势，发达国家牛肉消费量降低与发展中国家牛肉消费量增加同期出现，市场供需关系基本平衡，进而产生目前全球牛肉进出口量持平的格局（图 12-5）。2016 年，世界牛肉贸易总量 1 713.70万吨，其中进口量 771.10 万吨，出口量 942.60 万吨，与 2015 年贸易总量 1 719.70万吨基本持平（表 12-3）。

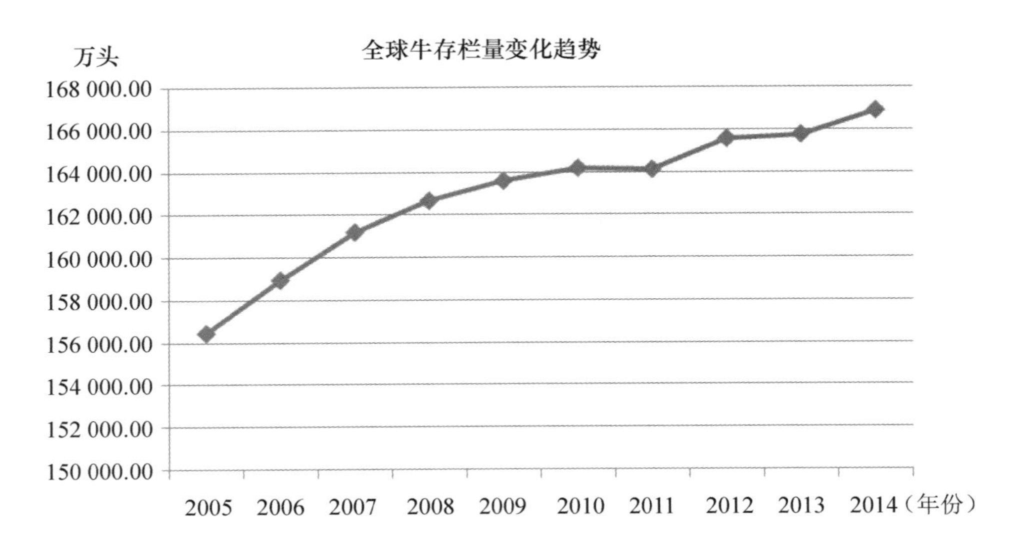

图 12-3　全球牛存栏量变化趋势图

资料来源：FAO，统计数据包括水牛

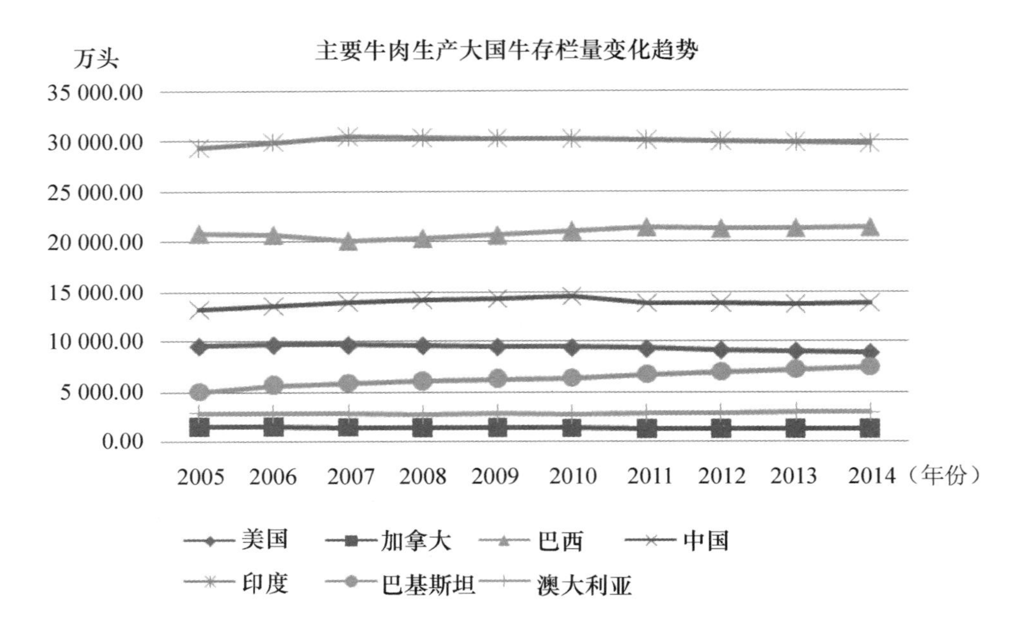

图 12-4　主要牛肉生产大国牛存量变化趋势

资料来源：FAO，统计数据包括水牛

全球主要牛肉进口国家和地区为美国、俄罗斯、日本和欧盟（表 12-4）。美国一直是世界牛肉进口大国，2016 年美国牛肉进口量为 136. 80 万吨，占全球牛肉总进口量的 17. 7%。2006—2016 年，美国牛肉进口量基本维持在 120 万吨左右，增幅比例不大；俄罗斯和欧盟牛肉进口大幅下落，降幅比例分别高达 44. 83%和 48. 54%。而中国、中国香港、智利、韩国、日本成为世界上牛肉进口增幅较大的国家，其中中国及中国香港呈现井喷式增加。2012 年，中国牛肉年进口量不足 10 万吨，2016 年进口量 81. 2 万吨，是 2012 年的 8. 2 倍。随着“中澳、中加自贸易协定的签订”“美国

表 12-1 世界主要牛肉生产大国牛存栏量

（单位：万头）

地区	国家	2005 年	2006 年	2007 年	2008 年	2009 年	2010 年	2011 年	2012 年	2013 年	2014 年	增长
全世界	合计	156 460.84	158 958.11	161 203.69	162 672.71	163 597.44	164 191.23	164 122.99	165 571.09	165 767.52	166 899.03	6.67%
北美洲	美国	9 543.80	9 670.15	9 657.30	9 603.45	9 452.10	9 388.12	9 268.24	9 116.02	9 009.52	8 852.60	-7.24%
	加拿大	1 492.50	1 465.50	1 415.50	1 389.50	1 318.00	1 301.30	1 215.50	1 224.50	1 230.50	1 222.00	-18.12%
南美洲	阿根廷	5 703.35	5 829.36	5 872.21	5 758.31	5 446.39	4 894.97	4 797.27	4 986.59	5 099.64	5 164.65	-9.45%
	巴西	20 833.03	20 704.31	20 088.40	20 345.34	20 644.31	21 072.56	21 409.34	21 254.10	21 309.66	21 368.56	2.57%
亚洲	中国	13 219.09	13 576.02	13 957.86	14 140.32	14 282.32	14 503.36	13 828.19	13 746.43	13 689.82	13 745.99	3.99%
	印度	29 358.00	29 896.20	30 441.50	30 345.90	30 250.80	30 156.00	30 061.80	29 960.62	29 840.00	29 700.00	1.16%
	巴基斯坦	5 051.80	5 689.38	5 882.00	6 083.20	6 291.20	6 369.80	6 729.20	6 959.50	7 185.40	7 429.60	47.07%
欧洲	法国	1 931.03	1 953.47	1 974.03	2 004.69	1 999.32	1 980.42	1 955.52	1 985.56	1 900.56	1 909.58	-1.11%
	德国	1 319.58	1 303.45	1 274.79	1 268.66	1 296.97	1 281.37	1 256.72	1 248.24	1 259.25	1 274.87	-3.39%
	俄罗斯	2 300.50	2 148.83	2 153.06	2 156.04	2 105.08	2 068.19	1 997.66	2 011.76	1 993.64	1 957.06	-14.93%
	英国	1 077.02	1 057.90	1 030.40	1 010.70	1 002.50	1 011.20	993.30	990.00	984.40	983.70	-8.66%
	意大利	651.40	646.00	634.80	659.01	652.30	646.81	618.69	644.03	624.93	612.54	-5.97%
大洋洲	澳大利亚	2 818.30	2 839.34	2 803.66	2 732.10	2 790.68	2 673.30	2 850.62	2 841.84	2 929.08	2 910.30	3.26%
非洲	南非	1 379.00	1 353.20	1 391.14	1 386.54	1 376.12	1 373.10	1 368.83	1 388.79	1 386.12	1 391.53	0.91%

资料来源：FAO，统计数据包括水牛

表 12-2 世界主要牛肉生产大国牛肉生产量

（单位：万吨）

地区	国家	2005 年	2006 年	2007 年	2008 年	2009 年	2010 年	2011 年	2012 年	2013 年	2014 年	增长
全世界	合计	6 224.47	6 406.80	6 569.08	6 583.89	6 593.79	6 666.15	6 626.49	6 689.93	6 799.47	6 840.51	9.90%
北美洲	美国	1 119.60	1 186.28	1 197.94	1 216.30	1 189.11	1 204.58	1 192.11	1 181.06	1 171.94	1 145.33	2.30%
	加拿大	146.45	132.72	127.86	128.81	125.19	127.23	114.10	105.99	105.57	109.88	-24.97%
南美洲	阿根廷	313.08	303.36	322.37	313.19	337.85	263.02	249.90	259.58	282.16	267.40	-14.59%
	巴西	859.20	902.00	930.30	902.40	893.50	911.50	903.00	930.70	967.50	972.30	13.16%
亚洲	中国	570.21	578.79	615.31	614.71	636.95	655.42	649.06	663.78	674.74	690.76	21.14%
	印度	234.15	238.41	242.85	244.57	246.41	253.88	254.41	254.90	257.66	257.21	9.85%
	巴基斯坦	100.40	130.00	134.40	138.80	143.70	148.50	153.60	158.70	164.70	169.40	68.73%
欧洲	法国	151.69	147.31	153.18	150.29	151.58	153.03	156.65	149.69	140.04	141.09	-6.99%
	德国	116.69	119.32	118.57	119.94	118.96	120.50	117.04	114.63	111.65	114.26	-2.08%
	俄罗斯	179.35	170.49	168.96	176.87	174.06	172.73	162.55	164.15	163.33	165.41	-7.77%
	英国	76.20	84.73	88.20	86.20	83.30	90.80	93.60	88.50	84.70	87.70	15.09%
	意大利	110.81	111.03	112.26	105.93	105.50	107.53	101.10	98.17	85.40	70.94	-35.98%
大洋洲	澳大利亚	216.20	207.71	222.63	213.19	212.40	211.02	212.83	212.88	231.78	258.63	19.63%
非洲	南非	70.50	80.38	80.50	78.31	77.13	84.75	82.86	84.39	95.31	100.07	41.94%

资料来源：FAO，统计数据包括水牛肉

与中国有关恢复进口美国牛肉的谈判”的执行，中国牛肉进口或将超越日本成为世界上仅次于美国的第二大牛肉进口国，成为全球牛肉消费需求增长最快的市场之一。

全球主要的牛肉出口国家为印度、巴西、澳大利亚和美国（表 12-5）。从 1999 年到 2004 年间，澳大利亚和美国一直是世界上牛肉出口大国；2006—2016 年，巴西和印度成为世界牛肉出口大国。2006 年，巴西出口量高达 208.4 万吨，一跃成为世界第一大牛肉出口国。继巴西之后，印度牛肉出口增势强劲，2014 年出口量高达 208.2 万吨，成为近 3 年第一大牛肉出口国。2016 年，印度牛肉出口量为 176.40 万吨，占全球牛肉总出口量的 18.7%，巴西 169.8 万吨，占全球 18.0%，澳大利亚 148.0 万吨，占全球 15.7%，美国 115.7 万吨，占全球 12.3%。从 2016 年美国进出口量来看，美国国内牛肉消费量很大，进口量仍大于出口量。

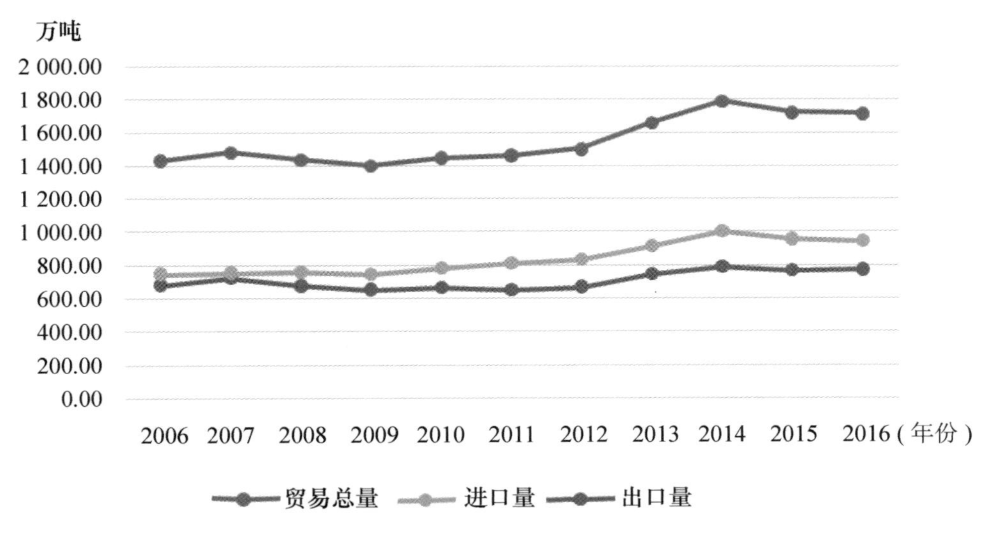

图 12-5　2006—2016 年全球牛肉进出口及贸易总量趋势分析

资料来源：USDA

（三）国外肉牛产业养殖模式及共同特点

因历史条件、地理、经济贸易环境的不同，各国肉牛业出现不尽相同的发展模式和趋势。在欧洲和日本等国形成了以家庭农场为主的适度规模养殖模式；在澳大利亚、新西兰和巴西等国形成了草地畜牧业模式；在美国、加拿大等形成了适度规模母牛养殖和大规模集约化育肥模式，促进了肉牛生产和自然保护和谐发展。但综观美国、欧盟等发达国家肉牛业发展，其共同特点就是具有完整的肉牛生产体系，实现了肉牛业规模化、集约化、机械化、自动化生产和专业化经营。主要体现在以下四个方面。

1. 肉牛品种多元化发展

肉牛品种的多元化是欧美发达国家肉牛业生产的重要基础。美国有 100 多个肉牛品种，澳大利亚有 40 多个，英国有 30 多个，主导的肉牛品种也有 10 多个（王峰，2013）。按其来源可以分为三类：第一类是英国品种，如安格斯、海福特、红安格斯和短角牛；第二类是以婆罗门为基础培育的品种，如婆罗安格斯、肉牛王、婆罗门牛、圣格鲁迪牛；第三类是欧洲大陆品种，如夏洛莱、西门塔尔、利木赞、德国黄牛、缅因安茹牛、契安尼娜牛。当然各国也会针对每个品种的生产性能特点及其适应性，在不同的地区选择不同的品种。例如，在美国南部地区多为安格斯牛、海福特牛与婆罗门牛杂交，而中东部地区则主要以安格斯和海福特杂交为主。

表 12-3　全世界牛肉进出口贸易总量

（单位：万吨）

	2006 年	2007 年	2008 年	2009 年	2010 年	2011 年	2012 年	2013 年	2014 年	2015 年	2016 年	增长
贸易总量	1 433.90	1 479.80	1 439.10	1 401.90	1 447.60	1 463.80	1 500.70	1 656.90	1 788.10	1 719.70	1 713.70	19.51%
进口量	683.60	722.70	677.50	655.00	664.10	652.30	668.30	744.70	788.90	766.10	771.10	12.80%
出口量	750.30	757.10	761.60	746.90	783.50	811.50	832.40	912.20	999.20	953.60	942.60	25.63%

资料来源：USDA

表 12-4　世界主要牛肉进口大国牛肉进口情况

（单位：万吨）

国家（地区）	2006 年	2007 年	2008 年	2009 年	2010 年	2011 年	2012 年	2013 年	2014 年	2015 年	2016 年	增长
全世界	683.60	722.70	677.50	655.00	664.10	652.30	668.30	744.70	788.90	766.10	771.10	12.80%
美国	139.90	138.40	115.10	119.10	104.20	93.30	106.90	102.00	133.70	152.90	136.80	-2.22%
俄罗斯	93.90	103.00	122.80	105.30	107.50	106.50	107.00	102.30	93.20	62.10	51.80	-44.83%
日本	67.80	68.60	65.90	69.70	72.10	74.50	74.60	76.00	73.90	70.70	71.90	6.05%
欧盟	71.70	64.20	46.60	49.80	43.70	36.70	35.00	37.60	37.20	36.30	36.90	-48.54%
韩国	29.80	30.80	29.50	31.50	36.60	43.10	37.50	37.50	39.20	41.40	51.30	72.15%
中国香港	8.90	9.00	11.80	14.50	15.40	15.20	24.10	47.30	64.60	33.90	45.30	408.99%
埃及	31.30	36.10	16.60	18.00	26.00	21.70	23.00	19.50	27.00	36.00	34.00	8.63%
加拿大	18.00	24.20	23.00	24.70	24.30	28.20	28.50	29.50	28.40	28.00	25.40	41.11%
中国	—	—	—	—	—	—	9.90	41.20	41.70	66.30	81.20	720.20%
智利	12.40	15.10	12.90	14.50	19.00	18.00	18.70	21.00	21.00	21.30	26.90	116.94%
马来西亚	—	—	13.90	15.20	15.30	16.70	18.50	19.40	20.50	23.70	21.80	56.83%

资料来源：USDA，—表示无数据

表 12-5　世界主要牛肉出口大国牛肉出口情况

（单位：万吨）

国家（地区）	2006 年	2007 年	2008 年	2009 年	2010 年	2011 年	2012 年	2013 年	2014 年	2015 年	2016 年	增长
全世界	750. 30	757. 10	61. 60	746. 90	783. 50	811. 50	832. 40	912. 20	999. 20	953. 60	942. 60	25. 63%
巴西	208. 40	218. 90	180. 10	159. 60	155. 80	134. 00	139. 40	184. 90	190. 90	170. 50	169. 80	-18. 52%
澳大利亚	143. 00	140. 00	140. 70	136. 40	136. 80	141. 00	138. 00	159. 30	185. 10	185. 40	148. 00	3. 50%
印度	68. 10	67. 80	67. 20	60. 90	91. 70	129. 40	168. 00	176. 50	208. 20	180. 60	176. 40	159. 03%
美国	51. 90	65. 00	90. 50	87. 80	104. 30	126. 30	112. 40	117. 40	116. 70	102. 80	115. 70	122. 93%
新西兰	53. 00	49. 60	53. 30	51. 40	53. 00	50. 30	52. 10	52. 90	57. 90	63. 90	58. 70	10. 75%
加拿大	47. 70	45. 70	49. 40	48. 00	52. 30	42. 60	39. 50	33. 20	37. 80	39. 00	44. 10	-7. 55%
乌拉圭	46. 00	38. 50	36. 10	37. 60	34. 70	32. 00	36. 50	34. 00	35. 00	37. 30	42. 20	-8. 26%
阿根廷	55. 20	53. 40	39. 60	62. 10	27. 70	21. 30	17. 00	18. 60	19. 70	18. 60	21. 60	-60. 87%
巴拉圭	24. 00	20. 60	23. 30	25. 40	29. 60	20. 70	24. 00	32. 60	38. 90	38. 10	38. 90	62. 08%
欧盟	21. 80	14. 00	20. 40	14. 80	33. 80	44. 90	31. 00	24. 40	30. 10	30. 30	34. 50	58. 26%
墨西哥	—	—	4. 20	5. 10	10. 30	14. 80	20. 00	16. 60	19. 40	22. 80	25. 80	150. 49%

资料来源：USDA，—表示无数据

2. 注重品种选育，提高单产水平

世界上肉牛业发达的国家十分注重品种的选育和改良。每个品种都有自己的品种协会，实行良种登记，通过不断调整育种目标，利用现代信息技术、性能测定、遗传评估等技术提高育种水平。如美国，2005 年牛肉产量为 1 119.60万吨，存栏量 9 543.80万头，而 2016 年肉牛存栏量在减少 350 万头的情况下，牛肉产量比 2015 年多 30 万吨。加拿大自 1975 年以来，肉牛屠宰胴体重平均每年增加 3.2 千克。同时，发达国家非常重视肉牛品种间杂交优势利用，广泛采用二元轮回杂交、“终端”公牛杂交、轮回杂交与“终端”公牛杂交相结合三种杂交方法；美国和加拿大的牛肉生产总量中 90%以上来自杂交牛。

3. 以家庭牧场为单元，适度规模化经营

以家庭牧场为单元的养殖模式是草地畜牧业发达国家持续稳定发展的主要生产模式。澳大利亚拥有家庭农牧场 18 多万个；美国则拥有 19 200个家庭牧场，且生产规模以中小规模为主，100 头以下的小型牧场约占 90%，所以低成本粗放型小牧场和适度规模集约化牧场成为美国肉牛养殖业的主力军（王峰，2013）。加拿大 77%的牧场为中小型牧场，饲养规模小于 122 头，平均饲养规模为 45 头。英国也以小型家庭式农场为主，每个牧场的肉牛数量和规模有限，但生产效率极高。荷兰家庭牧场经营中没有超大型饲养规模的牧场，大规模牧场也只有 70 多头，占 30%以上，饲养 30 头以下的小规模户占 18%。

4. 充分利用自然资源，农牧有机结合

国外肉牛业发达的国家往往具有丰富的资源优势，有发达的种植业和广阔的草原，为肉牛产业发展提供了得天独厚的基础。另外，由于粮食价格低、产量大，国外育肥牛饲料大量使用专业性饲料，如美国玉米 120 美元/吨，加拿大大麦 110 美元/吨，80%的粮食用于生产饲料。同时，为了生产优质粗饲料，英国用 59%的耕地栽培苜蓿、黑麦草和三叶草，美国用 20%的耕地，法国 9.5%的耕地种植人工牧草。耕地十分紧缺的日本，1983 年用于栽培饲料作物的面积仍然达到 18.6%。

二、国外肉牛产业科技创新现状

科学技术是推动肉牛产业快速发展的原动力。当前，新理论、新技术不断发展，多学科交叉、多领域融合，形成了以生物技术为核心、以信息技术、自动化技术为主要内容的工程技术体系，肉牛产业进入日新月异的快速发展时期。以生物技术为基础，诞生了全基因组选择、基因组编辑、体细胞克隆、干细胞等繁育新技术，极大地提高了育种和扩繁效率。以信息技术为基础，诞生了基因组最佳线性无偏估测（GBLUP）等遗传评估技术，实现了表型数据的自动收集、海量数据的远距离集中和实时管理，建立了多性状、大数据的遗传评估方法，极大地提高了选种的准确性。此外，超声波、无线射频、自动化等技术的发展也给肉牛重要经济性状——背膘厚、眼肌面积、肌内脂肪含量的活体测定和饲料转化率、生长曲线的个体测定成为现实，这些突破性技术极大地推动了肉牛业的跨越式发展。

（一）完成牛全基因组测序

2009 年，在美国农业研究局和贝勒医学院的领导下，来自澳大利亚联邦科学与工业研究组织、新西兰农业研究协会等 25 个国家的 300 多位科学家组成的国际研究团队，历经 6 年完成了以海福特牛为样品的牛基因组 de novo 测序，并比较了海福特牛与荷斯坦牛、安格斯牛、利木辛牛、挪威红牛和婆罗门牛等 19 种地理及生物学上完全不同的 497 头牛 DNA 差别进行了研究。另外，水牛基因组计划研究也取得重要进展，2013 年，意大利和美国科学家公布了河流型水牛基因组序列；2014 年，孟加拉国 LalTeer 畜牧科技公司联合深圳华大基因研究院完成了水牛基因组图谱绘制。这项研究成果，使科学家改善动物健康和疾病控制、提高牛肉和奶制品营养价值的能力大幅提升。2014 年 7 月 14 日，澳大利亚维多利亚州环境和初级产业部，生物学家本·海耶斯领导的一个研究小组，在《自然·遗传学》杂志网络版发表了千牛计划的一期成果，获得了四个品种 234 头牛的全基因组数据。这些“调查对象”所具有的遗传多样性，可以帮助畜牧业更好、更直接地选择健康的牛。千牛基因组计划的实施旨在为加速优良品种选育提供数据支持。“千头公牛基因组测序计划”旨在提升牛的健康，以更好地帮助奶牛和肉牛产业。

（二）种牛遗传评估及全基因组选择技术的研发与应用

20 世纪 60 年代，美国动物育种科学家 Henderson 提出了基于混合模型方程组（Mixed model equation，MME）的 BLUP 方法进行育种值估计，该方法的提出大幅度提高了育种值估计的准确性和育种效率，将动物育种理论和实践带入了一个崭新的发展阶段（Cunnungham 和 Henderson 1968）。随着动物基因组测序的完成和高通量基因分型技术的快速发展，VanRaden 于 2008 年提出 GBLUP 方法，该方法利用基于标记信息构建遗传关系矩阵（G 阵），用 G 阵替换掉 A 阵代入混合模型方程组中进行求解，进而估计出个体的基因组育种值（VanRaden，2008）。在此基础上，2009 年，Legarra 提出了一步法（single-step or one-step）（Legarra et al. 2009），进一步提高了基因组育种值估计准确度。

2001 年，Meuwissen 等首次提出全基因组选择（Genomic Selection，GS），通过检测覆盖全基因组的分子标记，利用基因组水平的遗传信息对个体进行遗传评估，以期获得更高的育种值估计准确度。随着高通量测序技术的出现，尤其是 2006 年 Illumina 公司推出了牛 50 K 低密度 SNP 芯片以及 Shaffer（2006）对基因组选择在奶牛育种中应用的经济学评估，使得基因组选择逐步成为牛育种领域的重要技术手段而备受关注。到 2009 年 Illumina 高密度芯片（777，962 SNP）问世，世界多个国家宣布正式在奶牛育种中实施全基因组选择技术。2014 年，美国安格斯协会正式开始使用 G-BLUP 方法对种公牛进行评估。传统选择方法到基因组选择的策略变化如图 12-6所示。

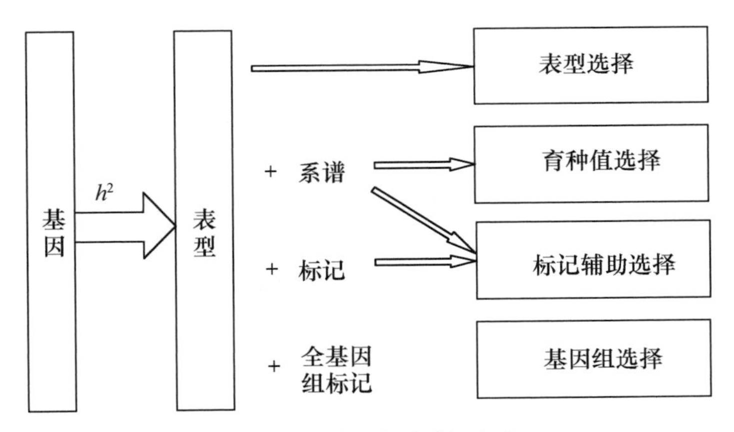

图 12-6　动物育种选择方法

（三）CRISPR/Cas 基因编辑技术问世

CRISPR/Cas 技术是继“锌指核酸内切酶（ZFN）”“类转录激活因子效应物核酸酶（TALEN）”之后出现的第三代“基因组定点编辑技术”。它通过使用一段序列特异性向导 RNA 分子（sequence-specific guide RNA）引导核酸内切酶到靶点处，从而完成基因组的编辑。与前两代技术相比，其成本低、制作简便、快捷高效的优点，这也使它迅速成为科研、医疗等领域的有效工具。2016 年，在美国爱荷华州的一个农场内，创业公司 Recombinetics 的科学家们利用基因编辑工具对两头犊牛的基因进行了编辑，将控制长角的 smidgen 基因片段换成了安格斯肉牛的基因片段，而后者是没有角的，使它们不长出牛角，便于饲养管理。

（四）牛肉加工与品质控制技术逐步呈现国际化发展

美国、新西兰、巴西等国利用脉冲场技术、干法成熟、超长成熟时间（60 天以上）及多种气调包装方式提高牛肉品质；澳大利亚、美国等注重智能分级与机械人分割等低耗高效精准分级分割技术的开发。中国、日本、韩国等进口牛肉市场需求产品质量特征与等级结构已得到美国、澳大利亚等牛肉出口国家高度关注，进口国牛肉产品特异化分级分割技术在牛肉出口国肉牛屠宰加工业引用范围扩大，牛肉出口市场拓展与竞争力提升将促进牛肉进出口国家间牛肉分级标准与分割技术融合，呈现国际化发展。阿根廷、德国、意大利等国家利用荧光光谱、拉曼光谱、近红外光谱等进行牛肉品质预测和掺假肉鉴定。韩国、法国、比利时等国注重牛肉中脂肪酸、牛肉消化后营养成分比例等营养品质的评测。屠宰厂中沙门氏菌、大肠杆菌 O157、沙门氏菌的持续监控和溯源分析依然是众多国家关注的重点。牛肉制品方面，多注重腌制液中天然抑菌物质的添加对牛肉调理制品品质、货架期和有害物含量的影响研究。对牛肉牛副产物的利用主要集中在牛可食副产物食品的开发、可食副产物中兽药监控、活性成分的制备以及饲料方面的应用。此外，消费者意愿及感官评测贯穿于整个牛肉品质控制、分级分割、制品加工及副产物利用领域。

（五）研究发明了一系列控制牛疫病的新疫苗和新方法及装置

2016 年，美国农业部新授权牛用疫苗 4 个：牛鼻内接种预防其肠道感染的冠状病毒修饰活疫苗的许可；牛鼻气管炎改良活病毒疫苗；牛鼻气管炎-副流感 3-呼吸道合胞病毒改良活病毒疫苗；牛支原体灭活苗。授权牛疫苗佐剂相关专利 13 项：牛溶血性曼氏杆菌弱毒疫苗研制；重组低毒力牛 1 型疱疹病毒疫苗载体；表达牛呼吸道合胞体病毒，牛副流感病毒 3 型嵌合蛋白的重组人/牛副流感病毒及其应用；基于牛 1 型乳头瘤病毒蛋白质纳米颗粒疫苗及牛腹泻性病毒组合佐剂制剂等。

2004 年 10 月，日本九州大学开发出可快速检测出疯牛病的新装置。它像手机一样大小，检测前不用特别准备，使用起来极为方便。2004 年 12 月，德国慕尼黑大学的汉斯·克雷奇马尔教授发明了一种能治疗疯牛病等由普里昂蛋白引起脑疾的新方法，它可以有效延长患此类病症动物的生命。2005 年 7 月，哥廷根大学动物医学研究所贝尔特拉姆·布雷尼希研究小组，开发出一种在活牛身上检测疯牛病的方法。2005 年 3 月，德国保罗·埃尔利希研究所利用一种新方法，促使实验鼠体内产生正常普里昂蛋白的抗体，为研制疯牛病疫苗带来了希望。

（六）设施与环境控制得到重视

在牛舍环境控制方面，墨西哥学者主要通过生命周期研究环境因子对肉牛生产的影响，认为犊牛饲喂期间提高其繁殖性能对于肉牛生产过程中的节能减排具有重要意义；关于牛舍通风，国外学者对畜舍自然通风与机械通风的理论机制进行进一步探究，围绕节流方程、压力系数、动力平衡模型、通风率等对自然通风畜舍进行设计，旨在突破自然通风的局限性；同时，借助计算流体力学方法对舍内气流场进行 CFD 数值模拟，从而对畜舍横向通风、上置置换通风及小型运输车的机械通风系统进行优化，并提出改进意见，为肉牛舍内环境质量改善提供参考。在废弃物处理与利用方面，在畜牧业发达国家，畜牧生产仍主要实行“全面养分管理计划”（CNMP），好氧堆肥和厌氧发酵依旧是处理与利用牛粪的主要技术手段。在好氧堆肥方面，条垛堆肥较堆存更利于降低耐药菌的产生，提高施肥安全性；在厌氧发酵方面，加拿大有学者对PDAD（好寒性干式厌氧发酵）过程中微生物与有机物的动态变化做了相关研究，巴西学者对微生物群落和甲烷产生量的季节性变化进行了探究。

三、国外肉牛科技创新的经验及对我国的启示

1. 资源创新利用、缩短育种水平差距

我国54个黄牛品种的资源材料保存量居世界前列，但牛种资源不但一直未得到充分的研究、开发和利用，反而越保越少，1种已经灭绝（荡脚牛）、1种濒临灭绝（樟木牛）、5种濒危（独龙牛、阿沛甲咂牛、三江牛、阿勒泰白头牛、舟山牛），2种牦牛濒危（斯布牦牛、帕里牦牛）。引进国外牛种是中华人民共和国成立后我国肉牛育种的绝对主流，至今没有走出引种-退化-再引种的恶性循环，虽也支持黄牛品种选育，但与“引种”的支持力度相比，几乎可以忽略，目前70%的公牛站采精公牛来自国外，肉牛种业仍被国外掌控。而我国对畜牧行业之间不平衡的支持政策，导致肉牛研究资源（人才、设备、设施、场地）严重流失，其中之一是育种技术体系研究基础非常薄弱，总体水平比美、加、日、法、德、澳等国落后30~50年。主要在自主专用、兼用肉牛品种、种质提高、后裔测定、商品品质的研究和技术研发等方面差距极大。发达国家在种质资源、品种选育与提高的研发上分工明确，相互衔接。我国从事肉牛育种的科研、教学、种质企业不超过150家（从事种牛和精液营销的50家左右），由于没有良好的育种体系做支撑都表现得不尽如人意。发达国家在肉牛育种数据平台、技术体系建设方面也值得我们借鉴和学习。

2. 加快饲养管理与营养调控技术研究进展

发达国家肉牛饲养管理和营养调控的研究和技术研发已达到标准化、精准化水平，其成功的做法是不但对肉牛饲料原料资源了如指掌，而且有基于自身研究成果的饲料营养价值评价系统和在此之上支撑产业发展的肉牛饲养标准。而我国没有针对肉牛饲料原料进行资源普查，在饲养管理方面处于由耕牛饲养向肉牛饲养过渡、以总结改进农民饲养经验为主的阶段，在饲料调制上处于模仿奶牛、或者“有啥喂啥”“琢磨着喂”的水平，在饲料营养价值评价和饲养标准研究上没有形成“人、材（饲料、牛种）、需（产业）”的联动系统，沿用国外模型或估算大部分参数，落后先进国家30~40年。原因一是我国肉牛产业是在分散的千家万户养母牛基础上建立的；二是我国在政策、产业、科研等政策上缺乏针对肉牛这个独特产业给予战略性的长期重视和指导；三是对饲养管理技术、饲料营养价值参数和饲养标准研究缺乏长期、连续的政策和经费支持。

3. 加大肉牛疫病防治技术研究原始创新能力，完善产业医疗服务体系

发达国家有完备的肉牛兽医医疗科研和技术支撑体系，在科研上具有庞大、精干的研究队伍、先进的研究设施与设备、高影响力的原创性学术论文，在产业上技术研发与普及据点按需布局且层次分明、疫病预防能力强、用药少、治愈率高、信息共享面广。我国肉牛产业几乎没有原创性自主预防能力、缺乏栏舍旁快速诊治技术，更没有针对我国肉牛疾病的先驱性技术研发与储备，目前“兽医”系统的主要工作之一是上报疫情和扑杀，因而产业上处于“平时不设防、有病缺兽医”“病重乱用药”“治不好就卖肉”的混乱状态。我国达到发达国家的肉牛兽医医疗体系的研发水平需要40年以上，重要原因之一是发达国家在肉牛疫病发生规律研究、防治技术的研发、普及与服务方面有立法保障和长期稳定的投入机制，有长期积累的过程，而我国的研究主要依靠多变的短期项目支持，科技人员跟着“钱”走，缺乏系统性长期积累。

4. 宰后处理与肉品品质安全控制技术亟待加强

美国1927年实现了胴体分级和肉块流通分级、1996年推出分割肉分级标准。美、加、德、日、澳等发达国家均实现了分割标准化，近10年基本普及了从牧场到餐桌的全程追溯系统，再加

上几十年来积累的肉质与卫生控制技术系统，保障着产业链的健康发展和肉品安全。我国自“九五”以来在加工处理、牛肉分级等方面也研发了一些技术和标准，但大多原则性较强，可操作性较差，全程追溯也仅停留在不完整的片段演示和概念展示阶段，牛肉加工与品质控制的研究人才短缺、力量薄弱。这与我国该领域研究起步晚、没有稳定、长期的投入有直接关系。

5. 肉牛设施与环境控制技术研究有待提升

发达国家的肉牛场设计实用、简单，但牛只非常舒适，投资适度、效率高，并且使用简易设施，投入堆肥、生物发酵等适用技术高效处理牛场粪污，追求环境与经济效益的统一。我国“五星”级和“草棚”级的牛舍并存，前者“人看着舒服，牛住着难受”、后者“夏不避暑、冬不御寒”的情况较为常见，而粪污处理虽多沿用传统堆肥技术，但由于养殖过于分散以及在粪便污染防治监管方面缺乏健全的法规体系，牛场的选址及建设、粪便的储存与土地使用缺乏严格细致的规定，农牧结合脱节，致使肉牛养殖较集中的地区，牛粪随意排放堆积现象普遍，既不能统一处理形成经济循环，又不能就地还田，还严重污染环境。原因一是我国对因地制宜的牛场设施与环境研究缺乏长期投入，技术和人才准备不足；二是尚没有把肉牛场环境治理纳入议事日程。

6. 肉牛产业经济技术研发水平低，肉牛技术服务网络不健全

我国极度缺乏肉牛产业经济（包括生产、流通、供求关系）领域的研究和人才队伍，没有形成基本信息与数据的采集、发布、利用、管理系统，肉牛产业经济的研发缺乏系统、客观、及时的数据基础。

发达国家高度重视技术扩散与推广，通过立法建立层次分明的推广、服务、信息反馈网络、科研与推广联动提高生产力。而我国由于缺乏对技术推广系统的足够重视以及立法保障和完整的运转机制，导致推广机构的力量和规模不但渺小无力，还效率低下，在科研与农户（场）之间形成了有形无实的断层。例如，人工授精技术已十分成熟且可普及推广，但因推广队伍不稳且水平参差不齐，导致受胎率低、繁殖疾病发病率高于先进国家。胚胎移植技术在发达国家作为常规技术在育种中发挥着重要作用，而在我国却盘踞在大学和科研院所，难以在生产上广泛应用。

第二节　我国肉牛产业发展概况

一、我国肉牛产业发展现状

（一）我国肉牛产业生产现状分析

“十二五”时期，是我国畜牧业发展的战略机遇期和关键转型期。随着国家强农惠农力度持续加大，畜牧业发展的政策环境得到进一步优化，我国肉牛产业的发展得到重视，中央财政投入逐年增加。包括肉牛标准化规模养殖场（小区）建设项目、肉牛基础母牛扩群增量政策、肉牛良种补贴、秸秆养牛项目等。同时，各地区也陆续加大政策扶持力度推进当地肉牛产业战略转型，在一系列扶持政策的引导下，我国肉牛业的发展取得了明显成效，生产体系逐步完善，科技支撑能力逐渐加强，龙头企业带动作用日益凸显，牛肉年产量逐渐增加，并位于世界前列。

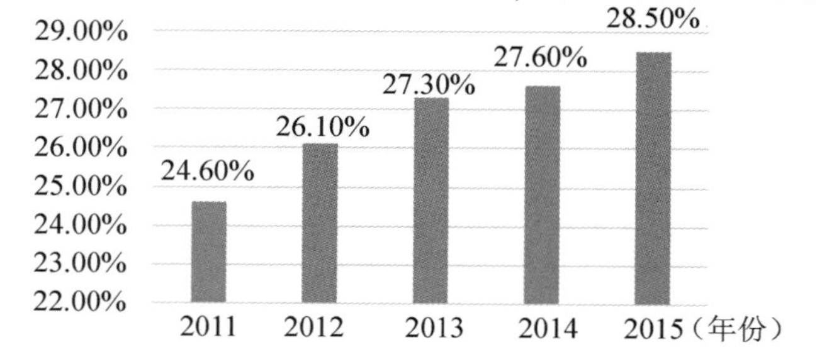

图 12-7　肉牛出栏为 50 头以上规模养殖场占全部出栏总数比例

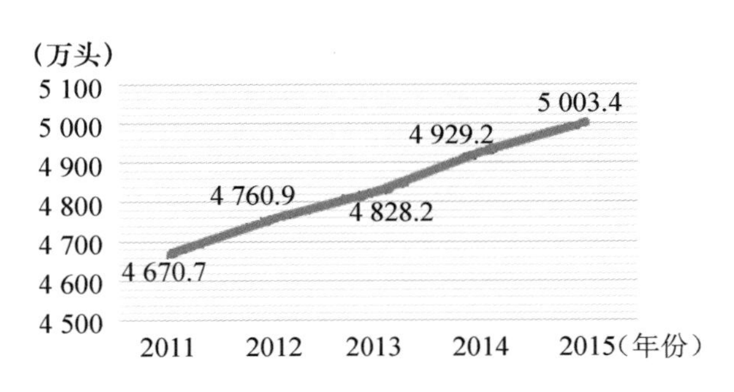

图 12-8　2011—2015 年我国肉牛年出栏量

注：统计数据来源中国畜牧业统计年鉴

1. 我国牛存栏量及牛肉产量现状分析

我国牛存栏量虽有波动，但总体呈缓慢上升趋势。据统计“十二五”（2011—2015 年）期间，整体规模化水平和出栏量均有所提升，2015 年年出栏 50 头以上的肉牛养场占 28.5%，比 2011 年提高 3%（图 12-7）。全国肉牛年出栏量则由 2011 年的 4 670.7万头增加到 2015 年 5 003.4万头，增长 6.64%，年均增长 1.33%（图 12-8）。

我国牛肉产量也呈稳中有升的趋势，2015 年我国牛肉产量为 700 万吨，较 2014 年的 689

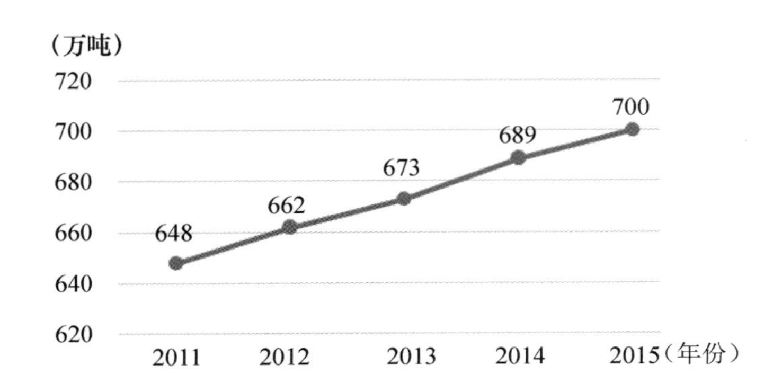

图 12-9　2011—2015 年我国牛肉产量走势图

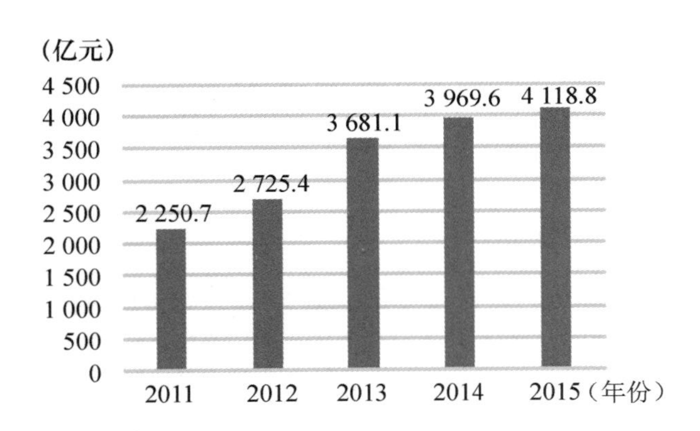

图 12-10　2011—2015 年我国生鲜牛肉市场规模

万吨增加 11 万吨，同比增长 1.6%，稳居世界第三牛肉生产大国，仅次于美国（1 107.8 万吨）和巴西（972.3 万吨）（图 12-9），全国牛肉生产总值约 4 118.8亿元，比 2011 年增加 83%（图 12-10）。

2. 牛肉供需及价格走势

随着我国人口、居民收入增加以及城镇化步伐的加快，我国牛肉消费由原来的少数民族性、区域性、季节性消费逐渐转型为全民性、全国性和全年性消费。2015 年，我国牛肉消费量 747 万吨，

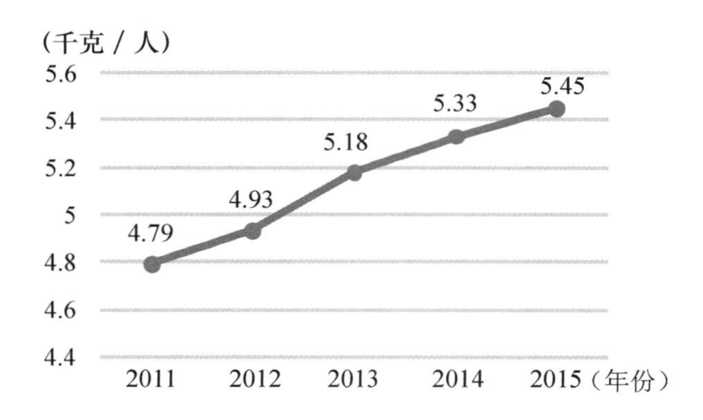

图 12-11　2011—2015 年我国人均牛肉消费趋势

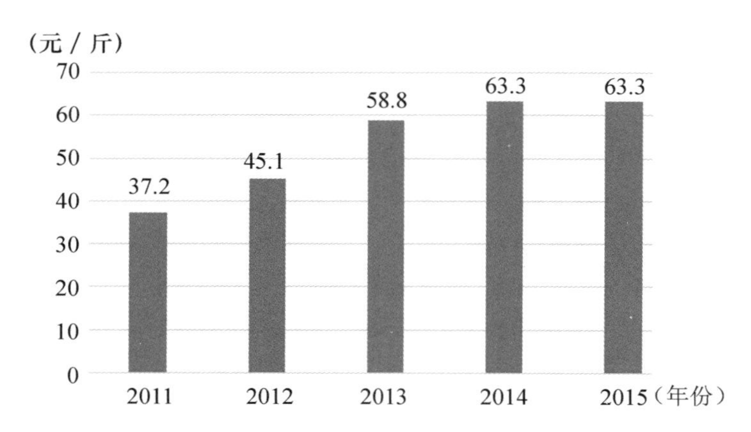

图 12-12　2011—2015 年我国生鲜牛肉平均价格趋势图

资料来源：中国农业信息网

仅次于美国、巴西和欧盟，全国人均牛肉消费量达到 5.45 千克，比 2011 年增长 13.78%（图 12-11）。国内牛肉供不应求，价格高位运行，2015 年全国平均牛肉价格为 63.30 元/千克，较 2011 年上涨 70.16%（图 12-12）。

（二）我国牛肉进出口贸易情况

近年来，在经济全球化的形势下，我国与越来越多的国家签订双边的自由贸易协定或建立自由贸易区。目前，我国在建自贸区 19 个，涉及 32 个国家和地区，其中已签署自贸协定 14 个，涉及 22 个国家和地区（数据来源：国家商务部）。随着这些自由贸易协定或自由贸易的建立，我国牛肉进口呈现井喷式上升。2011 年，我国牛肉年进口量仅仅 2 万吨，到 2013 年进口量却高达 41.2 万吨，是 2011 年的 20.6 倍；2016 年进口量 81.2 万吨，是 2011 年的 40.6 倍（图 12-13，资料来源：美国农业部）。进口量较多的主要是天津、辽宁、上海和北京等发达省市。相对牛肉进口量快速增长的局面，我国牛肉出口量却微乎其微，并呈缓慢下降的趋势；2011 年出口牛肉 2.03 万吨，到 2016 年仅 0.37 万吨。我国牛肉进口量逐年增加，而出口量逐年减少，客观反映了国内市场的强劲需求，同时我国也由原来的净出口国逐渐变成净进口国。

2011—2016 年，我国牛肉进出口总额呈快速增加趋势。2016 年，我国牛肉进出口贸易总额 21.09 亿美元，与 2015 年基本持平，但比 2011 年增加 90.0%（图 12-14）。

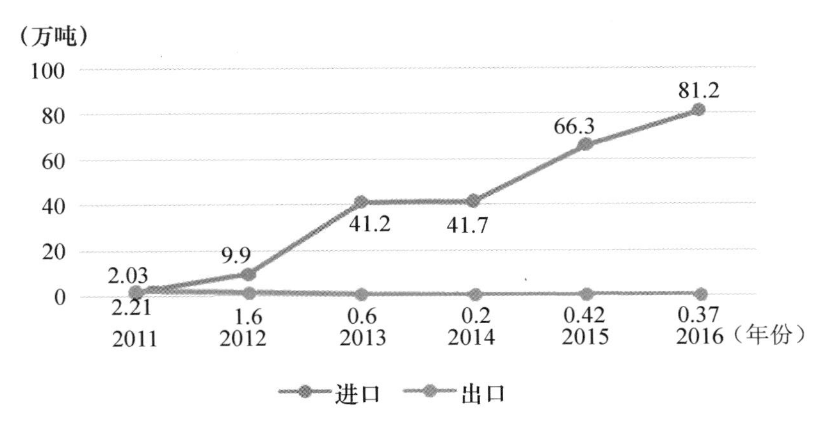

图 12-13　2011—2016 我国肉牛进出口趋势图

资料来源：美国农业部，国家商务部

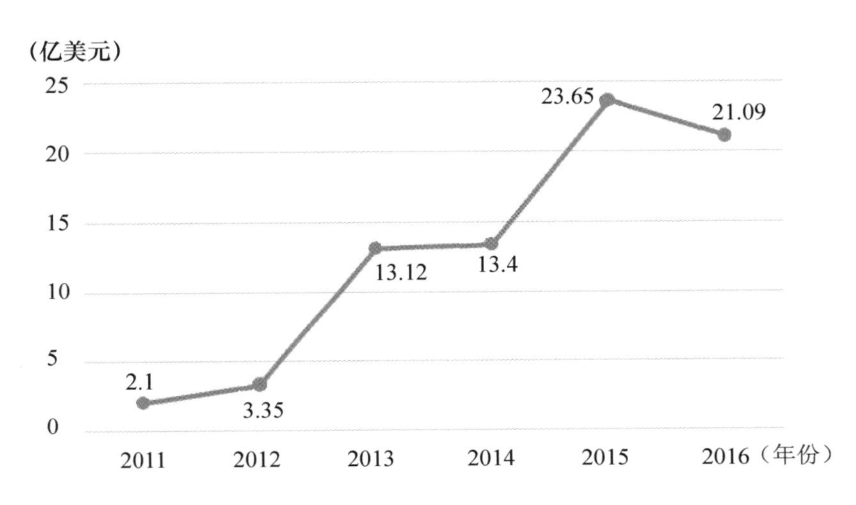

图 12-14　2011—2016 我国肉牛进出口贸易总额变化趋势图

资料来源：中国海关综合信息网

（三）我国肉牛产业发展成就

1. 制定了系列养牛业健康发展的政策

“十二五”期间，我国牛肉产量以年均 1.4%的速度增长，产量增速放缓，供需缺口加大。为此，国家出台了一系列推动牛业健康发展的政策措施，例如①种畜良种补贴。②标准化规模养殖场（小区）建设，大力推行种养结合的产业发展模式，促进种养牛业副产品资源化利用，支持专业合作社发展。通过建立政策扶持、市场导向、企业带动、广大农户参与的产业组织合作模式。③基础母牛扩群增量，加强传统母牛养殖优势区标准化规模养殖体系建设，逐步提高基础母牛存栏量。④草原生态保护补助奖励。⑤国家动物防疫补助等。据统计，2014 年我国能繁母牛存栏数较上年增加 1.9%，扭转了 2009 年以来持续下滑的趋势。

2. 肉牛良种工程

“十二五”期间，国内母牛饲养量下滑趋势变缓，分散饲养规模减少，适度和大规模母牛场有增加趋势，但牛源短缺仍是我国肉牛业的突出问题。《全国肉牛遗传改良计划（2011—2025 年）实施方案》得到进一步推进，筛选出了21家肉牛核心育种场。国家肉牛遗传评估中心的建设基本完成，并正式使用，肉牛育种数据的传输网络得到进一步完善。“肉牛全基因组分子育种技术体系的建立与应用”通过了中国农学会的成果评价，初步应用于我国肉牛西门塔尔牛的选择。国内联合育种趋势明显，几家大型的进口母牛场正在筹划联合选择方案，全国15家公牛站组成肉牛后裔测定联盟。国家畜禽品种资源委员会鉴定审定了南方肉牛新品种—云岭牛，有望进一步促进南方的肉牛改良工作。初步完成了肉牛育种数据的传输网络建设，扩大了肉牛育种数据库。

3. 肉牛饲草料资源高效利用工程

2015年中央1号文件指出：加快发展草牧业，支持青贮玉米和苜蓿等饲草料种植，开展粮改饲和种养结合模式试点；开展秸秆资源化利用；加快实施南方草地开发利用等工程。农业部下发了《关于促进草食畜牧业加快发展的指导意见》（农牧发〔2015〕7号）：大力推进秸秆的综合利用。国务院办公厅下发了《关于加快转变农业发展方式的意见》（国办发〔2015〕59号）指出：鼓励发展种养结合循环农业；积极发展草食畜牧业。农业部下发的《全国节粮型畜牧业发展规划（2011—2020）》（农办牧〔2011〕52号）、《关于促进草食畜牧业加快发展的指导意见》（农牧发〔2015〕7号）等，都对发展以肉牛为主的草食牲畜做出了战略部署。在不以牺牲粮食为代价的前提下，促进新型城镇化、新型工业化和农业现代化“三化”协调发展，积极推动南方草山草坡开发利用，推广种植多年生高产饲草，利用冬闲田种植饲草。加强秸秆饲料化利用研究，加大秸秆养牛示范项目支持力度，改善秸秆收贮设备设施条件，推广青贮、氨化微贮等处理技术，提高秸秆饲用量和饲用效率。

4. 肉牛及牛肉产品质量安全保障工程

我国正在努力推进肉牛质量安全追溯系统建设。目标是建立统一规则的肉牛身份标识，全国及区域牛肉质量安全追溯信息数据库，制定肉牛质量安全追溯信息国家标准，强化违禁添加物监督检测，严厉打击肉牛饲料兽药中的非法违禁添加行为。

5. 建立多元化肉牛业融资渠道

大力倡导社会资本的引入，运用财政贴息及补助等方式，引导和鼓励商业银行、保险公司等各类金融机构增加对肉牛业的信贷支持，破解规模化养殖场（小区）融资贷款难等难题。重点支持龙头企业建标准化生产基地，支持农民专业合作社和规模养殖场户搞好良种引进、水电道路改造、圈舍改扩建、粪污处理设施建设等，加快形成一批设施先进、管理规范、运行高效、具有示范带动作用的标准化规模养殖场。例如，“十二五”期间，中国民生银行与内蒙古通辽市政府就肉牛产业签署战略合作协议，投放将近200亿元支持内蒙古地区肉牛产业发展，其中一部分优先支持通辽地区的肉牛产业发展。

二、我国肉牛产业与发达国家的差距

1. 肉牛饲养工艺

肉牛产业是美国最大的农业产业之一。美国农业部（USDA）统计数据显示，超过1/3的农场是肉牛养殖场，超过100万人从事肉牛养殖。从牛场数量与规模来看，美国肉牛养殖以家庭养殖、中小规模为主，养殖场数量总体呈下降趋势，500头以上规模的场数持续增加。从肉牛养殖的优势来看，美国土地资源丰富、劳动力紧缺，因此只能发展以规模化、机械化、设备化为主要特征的养殖模式，肉牛生产多采用围栏育肥与舍饲相结合的形式。冬季舍饲主要目的是保护牛只，避免发生冷应激。以爱荷华州为例，该地区肉牛51%采用设置凉棚的围栏育肥方式，27%采用无遮阳措施的围栏育肥方式，19%采用厚垫料饲养，4%采用漏缝地板饲养。

2. 牛肉产品多元化开发

随着消费者需求的变化，肉牛生产者利用杂交技术和高端生物技术对优质肉牛品种进行培育，使肉牛品种向大型化、优质化方向发展，牛肉产品得到多元化开发。如英、意、德、法等国家对少含或不含脂肪的牛肉，即瘦肉率高的牛肉需求较大；日本、韩国及东南亚国家对脂肪较多的牛肉需求较大；美国、巴西、加拿大等美洲国家对含有适度脂肪的高档牛肉需求较大。从肉牛产业发展趋势来看，原来饲养体型小、早熟、易肥育肉牛品种的国家已转向饲养大型肉牛品种，如夏洛莱、利木赞、皮埃蒙特等品种。这些品种都属于瘦肉型品种，具有增重快、优质肉比例大、饲料回报率高等特点，其牛肉产品也深受世界各国消费者的喜爱。我国拥有丰富的牛种资源，但缺少专门的肉牛品种。为了改善肉牛生长速度慢、育肥期较长、肉质较差的现状，提高优质牛肉的产量，改善肉质，我国在改良地方良种牛和引进国外优质肉牛品种方面已做了大量工作，也取得了一些成绩，但肉牛产业发展仍然存在一些问题。

3. 肉牛屠宰加工

目前国际牛肉生产的趋势是，在市场经济大潮的推动下，消费者对牛肉质量的要求进入优质化时代，养殖者也越来越注重优质切块率及其产量，肉牛品种的培育在以生长育肥速度、肌肉度为主线的同时，肉质性状也格外受到重视。提高牛肉质量的关键环节是屠宰工艺，肉牛的屠宰加工必须严格按照标准在现代化的工厂中执行。美国、丹麦、英国等国家的牛肉主要是以冷鲜肉的形式销售，并建立了 GMP 和 HACCP 全程质量控制技术体系，必要的冷藏设备使牛肉在销售过程中确保了其色鲜、肉嫩和味美的品质，牛肉生产过程以更细的胴体分割为手段，进而从市场获取更高价值。我国肉牛屠宰分割技术与发达国家相比，在加工处理、牛肉分级等方面也研发了一些技术和标准，但大多原则性较强，可操作性较差，全程追溯也仅停留在不完整的片段演示和概念展示阶段，牛肉加工与品质控制的研究人才短缺、力量薄弱，这与我国该领域研究起步晚、没有稳定、长期的投入有直接关系。

三、我国肉牛产业发展存在的问题及对策

我国肉牛产业目前存在的主要问题是：良种体系不健全、养殖数量及生产水平低、资源浪费严重；肉牛标准化规模养殖体系不健全。近年来我国肉牛存栏量和牛肉产量开始下滑，牛肉供不应求，我国肉牛业发展总体呈短缺态势，牛肉注水、走私进口等问题显现。

（一）生产水平

现阶段，我国处于基础性地位的肉牛养殖模式是自繁自育模式，占国内养牛数量的八成以上，但该养殖模式培育犊牛需要花费较长的时间，增加了饲养母牛与培育架子牛的生产成本。虽然目前在肉牛生产的主产区形成了以“千家万户分散饲养为主，以中小规模育肥场集中育肥为辅”的肉牛饲养模式，这在一定时期内促进了我国肉牛产业的发展，但由于小农经济意识对我国肉牛产业向专业化、规范化、商品化方向发展的束缚严重，产业化组织程度较低，以盈利为前提的组织形式很难形成“风险共担，利益共享”的稳定经营机制，肉牛的生产、加工、经营常处于无序状态，这在一定程度上制约了我国肉牛产业的发展，再者，养殖户虽然已经改变了饲养肉牛的目的，但饲养方式没有发生根本性的变化，养殖户基本上还是延续着传统的饲喂方法，对肉牛的科学饲养与管理、品种改良、短期快速育肥、疫病防治等科学知识普遍缺乏了解，且养殖技术滞后，精粗饲料搭配不合理，有的甚至不喂精饲料，粗饲料也不经过加工处理。这样，一方面造成肉牛消化系统疾病的频发，肉牛生长发育缓慢，另一方面造成粗饲料利用率低以及资源的浪费。养牛农户对肉牛的体重、产肉量和牛肉等级评定等相关知识更是知之甚少，因而在出售过程中经济利益往往受到一定的

影响。

对策：利用我国地方品种黄牛耐粗饲、抗逆性强、肉骨比高、肌纤维细、脂肪沉积好等自身优点，选择初生体重大、体型结构好、后躯载肉多；肥育效果好、产肉性能高、市场销路好、经济效益高的杂交后代，采用配套的生物高新技术，实施肉牛良种工程。建设肉牛改良中心和品种肉牛原种场、基因库，进行自有品种功能基因挖掘，肉牛新型分子标记的开发应用，积极开展遗传改良和杂交优势利用工作，通过产学研结合和生物技术育种，转基因技术肉牛新品种（品系）创建，推广肉牛杂交改良，提高肉牛自主繁育、良种供应及种质资源保护和开发能力，尽快培育具有我国自主知识产权的优质高产肉牛新品系并推广应用，提高养牛业生产水平，彻底改变我国肉牛种质和高档牛肉依靠进口的局面。科学的饲养管理技术是肉牛高效育肥生产的基础。营养均衡的日粮配制是肉牛高效育肥生产的前提。发达国家肉牛饲养管理和营养调控的研究以及技术研发已达到标准化、精准化水平，不但对肉牛饲料原料资源了如指掌，而且有基于自身研究成果的饲料营养价值评价系统和支撑产业发展的肉牛饲养标准。肉牛育肥是一项综合技术工程，包括草料加工生产、日粮配制、饲养管理、扩群繁育、肉牛肥育等技术的配套实施，是肉牛产业持续健康发展的重要技术措施。

（二）生产效率

近年来我国肉牛产业正面临前所未有的危机。全国范围内牛源紧缺现象严重，弑母杀青导致基础母牛群数量急剧减少，肉牛整体存栏量、出栏量继续下降，而且市场交易不规范及食品安全监管力度薄弱。由于行业整体不景气，企业纷纷降低收购价格，更导致饲养户补栏积极性降至谷底，整个产业形成恶性循环，基础母牛数量明显减少，养牛小区开始荒废，肉牛养殖环节出现严重萎缩迹象，加之传统的生产模式、单一的经济产出使肉牛产业效益急剧下降，直接造成一些地区肉牛饲养量的下降。发达国家的肉牛养殖场设计简朴、实用、不华丽，投资适度，牛只非常舒适，生产效率高，并且使用简易设施投入堆肥、生物发酵等适用技术高效处理牛场粪污，高度重视技术扩散与推广，有层次分明的推广、服务、信息反馈网络和科研与推广联动以提高生产力，追求环境与经济效益的统一。目前我国肉牛生产中，肉牛养殖多沿用传统的役牛饲养管理模式，仍以千家万户分散饲养为主，生产方式落后，产业化形式松散，缺乏科学的饲养管理技术。科研机构的数量和研发能力，推广机构的力量和规模小，效率低，在科研与农户（场）之间形成了有形无实的断层。

对策：我国肉牛业是改革开放以后迅速发展起来的新兴产业，由于消费需求增长较快，肉牛生产出现了明显的产不足需的状况。当前，我国肉牛饲养方式已由放牧向全舍饲和舍牧结合的规模化养殖方向发展，肉牛生产已具备产业化雏形。在扩大内需的宏观形势下，肉牛产业应当成为我国农业经济一个新的增长点。肉牛养殖的当务之急是从转变肉牛产业发展方式的高度出发，应以“优质、高效、安全和可持续发展”为目标，加大技术投资，依靠科技进步和机制创新，形成专业化生产、一体化经营、社会化服务、企业化管理，加快养牛业专业化、系列化、市场化和社会化进程，向品种良种化、生产集约化、过程无害化和产品优质化方向。迈进，推进肉牛产业向专业化、规模化、集约化方向发展，全面提升肉牛生产效益，让肉牛产业实现突破式发展。大力倡导社会资本的引入，运用财政贴息及补助等方式，引导和鼓励商业银行、保险公司等各类金融机构增加对肉牛业的信贷支持，破解规模化养殖场（小区）融资贷款难等难题。重点支持龙头企业建标准化生产基地，支持农民专业合作社和规模养殖场户搞好良种引进、水电道路改造、圈舍改扩建、粪污处理设施建设等，加快形成一批设施先进、管理规范、运行高效、具有示范带动作用的标准化规模养殖场。

（三）质量安全

1. 存在的问题

牛肉质量安全问题是一个综合问题，不仅仅局限于微生物污染、化学物质残留及物理危害，还包括如营养、食品质量、标签及安全教育等问题。目前影响我国牛肉质量安全的主要因素，大致可分为兽药残留、违禁药物、重金属等有毒有害物质超标、动物疫病的流行、人为掺杂使假等。

2. 提高我国牛肉质量安全对策

（1）建立牛肉质量安全保证体系。实施牛肉生产全程质量控制，通过引入牛肉质量安全保证体系作为整体质量管理计划的一部分，建立牛肉生产过程、质检过程、流通过程信息网络化，使消费者及经销商更加充分了解和识别每一块牛肉的质量安全的情况。建立肉牛业综合性防疫体系，拥有较完备动物疫病控制、防治监督、动物疫情监测体系及动物防疫屏障体系。加快牛肉流通的市场信息、收购和销售网络建设，力争尽快构建布局优化合理、功能配套完善、管理科学规范的牛肉市场流通体系，实现优质优价。

（2）加快牛肉质量安全检验监测体系建设。我国肉牛产品质量检测工作起步较晚，检测技术不高，设备落后，检测机构缺乏具有专业技术优势的拔尖人才，对于美国、欧盟等发达国家用作技术壁垒的部分检测项目尚没有能力开展，与日益发展的国际肉牛产业相比，检测技术的研究和应用仍相当滞后。当前要充分利用WTO规则，根据我国的实际情况和已有的工作基础，以农业行政主管部门为主导，加强对肉牛质量检验检测体系建设的统筹规划和领导，加大投入，从检测机构布局、仪器配置、人员素质等方面，完善肉牛产品质量检测体系、饲草饲料质量检测体系、饲养环境监测体系、兽药和疫病检测体系、畜牧兽医器械质量检测体系建设。根据科学可靠的检测数据，对有毒有害物质、微生物、疫病建立危害预测模型，严格控制有潜在危险的饲料添加剂、兽药及其他有毒有害物质等的使用。按照农业部《全国农产品质量安全检验检测体系建设规划》的要求，分部、省、地（县）三个层次进行建设。尽快健全和完善牛肉质量安全标准、检测检验、质量认证及执法监督体系，以加快与国际标准接轨的步伐，全面提高牛肉质量安全水平。

（3）逐步实施牛肉市场准入和认证制度。逐步实施牛肉食品安全市场准入制度，保证牛肉的质量安全。严把市场销售关，只有具备规定条件的牛肉才允许销售，让有毒有害牛肉远离餐桌。积极推进肉牛品种、饲料、产品质量认证进程，产品实行可溯源管理，完善标签管理制度，一旦发现问题牛肉，追溯来源，堵住漏洞，为消费者提供质量安全保障的牛肉。

第三节 我国肉牛产业科技创新及贡献

一、我国肉牛产业科技创新发展现状

（一）国家项目支持情况

“十二五”期间，在农业部肉牛牦牛产业技术体系、科技部科技支撑计划、高技术发展计划（863计划）以及转基因重大专项等项目的支持下，重点开展了优质肉牛的新品种培育，肉牛育种技术研究，肉牛繁殖生物技术、肉牛功能基因组学、肉牛转基因育种、牛病综合防治、肉牛健康养殖等肉牛产业相关技术的研究，取得了一系列成绩。

（二）取得重大成果以及行业转化

中华人民共和国成立以来，经过数十年的发展，我国肉牛产业科技水平整体上得到了很大的提高。在肉牛遗传育种方面，BLUP等现代种牛评估方法得到了发展和应用，生产性能测定和后裔测定有序开展，2012年农业部颁布的《全国肉牛遗传改良计划（2011—2025）实施方案》对未来肉牛育种的开展指明了方向。同时，利用杂交育种培育了夏南牛、辽育白牛、延黄牛、云岭牛等专门化的肉牛品种。在肉牛繁殖技术方面，人工授精技术和胚胎移植技术在肉牛上已经实现了广泛的使用，性别控制技术、体外受精技术、克隆技术等也得到了发展并获得了一些育种新材料。在肉牛饲料营养方面，开展了肉牛的能量、蛋白质、矿物质和维生素营养需要测定，开发了多种适合肉牛的粗饲料、谷物饲料、蛋白质饲料及其加工工艺。

1. 育种繁殖

（1）常规育种从量变的积累逐步实现质变的突破。截至“十一五”末，我国培育了一批肉用（乳肉兼用）新品种，包括新疆褐牛（1983）、草原红牛（1985）、中国西门塔尔牛（2002）、蜀宣花牛（2011）、三河牛等5个兼用品种以及夏南牛（2007）、延黄牛（2008）、辽育白牛（2009）3个专门化肉牛品种。在这些品种培育过程中，整合了性能测定、育种值估计、人工授精和胚胎移植等一系列科技成果，同时利用杂交育种创新形成了适合我国的新品种，对我国肉牛业生产起到了重要的推动作用。“十二五”期间，肉牛育种再次结出硕果，培育出了云岭牛（2014）专门化肉牛品种。

（2）基因组技术的发展推动肉牛育种技术和功能基因组研究飞跃。随着分子标记高通量检测技术等现代技术的发展，肉牛育种正朝着常规选育方法与生物信息学和计算机信息技术相结合的方向发展，一些技术不断成熟并融入常规育种技术，通过组装集成使常规育种技术的效果进一步提高。在“十二五”期间，中国农业科学院北京畜牧兽医研究所牛遗传育种团队构建国内第一个肉牛全基因组选择资源群体，并以此群体为基础开展了肉牛全基因组选择和功能基因组研究。创建了肉牛全基因组选择选择技术平台，提出了全基因组关联分析的新方法，建立了肉牛全基因组选择分子育种技术体系；并根据我国肉牛育种实际情况，首次提出肉用西门塔尔牛综合遗传评估的基因组肉牛选择指数（GCBI），并对全国大部分公牛站的肉用西门塔尔牛青年公牛实施基因组育种值的估计，取得显著成效。

（3）利用生物技术手段获得了一批新育种材料。在国家转基因重大专项“高产优质转基因肉牛新品种培育”等项目的资助下，通过转基因技术和体细胞核移植技术创制了一批具有自主知识产权的肉牛育种材料。包括转fat-1基因鲁西黄牛、和牛，ω-6与ω-3之比显著降低；MSTN-/-+转PEPCK基因鲁西黄牛，提高了肉牛的产肉率和肌内脂肪含量；得到了转FABP4基因秦川牛育种新材料。这些育种新材料为培育高产优质肉牛新品种提供了重要素材。

（4）高效繁育工程技术研究和技术体系建立。目前，在肉牛繁殖技术领域家畜体内胚胎（IVD）和体外胚胎生产技术（IVP）等常规胚胎生物技术以及性别控制、同期排卵-定时输精技术、基因编辑等新兴繁殖和细胞育种技术，正在肉牛繁育进程中发挥着日益重要的作用。在广大科技人员的共同努力下，我国在上述技术领域也取得了一系列的研究成果。采用牛性控精液生产IVP胚胎方面，性控精液体外受精卵裂率、囊胚率分别达70%和20%左右，与国际水平（卵裂率85%、囊胚率30%）存在一定的差距。另外与欧美等发达国家相比，我国肉牛繁育技术仍存在肉牛超排效率较低、IVP胚胎生产效率低且谱系不明确、OPU技术研究和应用不够、体细胞克隆和基因编辑技术研究不够深入、相关技术推广人才匮乏等问题有待进一步提高和加强。

（5）肉牛联合育种技术体系建立与主要群体改良方案制订。为推进牛群遗传改良进程，提高肉牛生产水平和经济效益，促进肉牛业持续健康发展，农业部组织制订了《全国肉牛遗传改良计划（2011—2025年）》。经过近五年的实施与推进，筛选出了21家肉牛核心育种场，国家肉牛遗传评估中心的建设基本完成并正式使用，开发了《国家肉牛遗传评估管理信息平台系统V1.0》等系列软件；并依托该平台建立了比较完善的牛只登记制度，做到电子档案与纸质档案并存，记录完整，为我国肉牛选种选育提供数据支撑；同时针对肉用西门塔尔牛的新品种培育，制定了数量化育种目标，明确了不同群体的选择指数，提出了适宜规模化企业运作的肉牛主导品种选育提高方案和多品种联合遗传评估方案。

2. 营养养殖

针对我国肉牛产业的饲料资源短缺、营养调控技术相对落后等问题，“十二五”期间国家肉牛牦牛产业技术体系的专家做了大量研发工作，就饲料资源开发与高效利用技术、营养调控与肉牛差异化育肥技术、肉牛牦牛高效饲养及饲料安全生产技术开展深入研究，取得了系列研究成果，推动了我国肉牛产业发展。

（1）营养调控与肉牛差异化育肥技术。针对提高单头产肉量和提高肉质品质是提高养牛收益的两个关键点问题，研发了以市场为导向的肉牛高档肥育技术、高附加值西餐红肉生产技术、普通育肥等肉质产异化产业技术。在肉牛高档育肥技术中，研发出可因地制宜使用本地饲草料资源进行阶段育肥，打破了亚洲一些养牛先进国家生产雪花牛肉必须使用稻草的神话技术，生产出的大理石纹和牛肉品质能和日本和牛肉相媲美；利用高附加值西餐红肉生产加工技术育肥肉牛，生产出精肉产量高、脂肪含量适中、嫩度好、口感和风味与雪花牛肉相近的西餐红肉，显著提高了育肥牛的经济效益。建设并完善了不同阶段、不同品种、不同生产目的肉牛饲料配方库；完善了良种肉用母牛舍饲技术规范、半放牧西门塔尔杂交母牛饲养管理规程。

（2）饲料资源开发与高效利用技术。为缓解饲料资源紧缺，发挥节粮型畜牧业优势，开展了非粮饲料资源的开发与高效利用研究，建立了包含500多个饲料原料的肉牛和牦牛主要产区粗饲料营养价值数据库。开发了青贮、混贮、裹包发酵、秸秆气爆等非粮饲料资源的加工技术，提高了柠条、香蕉茎叶、甘蔗梢、大豆秸秆、油菜秸秆、玉米秸秆、稻草等低质粗饲料的利用效率。确定了棉粕、菜籽粕和木薯渣等含抗营养因子的饲料原料对肉牛育肥性能和健康状况的影响。大力推广因地制宜的非粮饲料的配方化饲喂、有针对性的舔砖生产与饲喂搭配，注重饲料投入品的安全和产品质量技术的研发与利用，从而从整体上提高饲料资源的利用率。

（3）肉牛牦牛高效饲养及饲料安全生产技术。随着种草养牛的政策实施和产业发展需求，不断加强对全株玉米青贮、秸秆黄贮、非粮饲料资源的营养价值评定和风险危害因子的测定，建立了基于近红外分析模型的快速测定技术。针对区域性低成本饲料资源的加工贮藏处理问题，研发了制粒、汽爆、混合贮藏、酒糟混菌发酵和低温干燥技术等，并筛选和优化青贮添加剂。初步建立了基于近红外模型的单个样品多个指标的快速检测技术，以及对甘蔗、全株青贮玉米有效营养物质产出量的评价体系，测定了高寒地区冷暖季牧草的营养价值，建立了饲草饲料的营养价值及安全性评价数据库。

3. 加工与产品质量控制

（1）差异化牛肉生鲜调理产品的开发及品质、安全控制技术。针对消费者牛肉消费情特点及消费偏好等，进行了差异化牛肉产品的开发，完成了“芝士夹心牛肉派”“差异化重组调理牛排”两种新产品的研发。新型剔骨吊挂排酸技术替代传统胴体吊挂排酸可在保持传统工艺诸多优点的同时降低能耗并提升肉品质。利用添加琥珀酸盐维持牛肉色泽稳定性；并开发一种含氧气量较低的气调包装技术，保证了肉色并延长了冷却牛肉货架期。

（2）不同类型牛肉差异化嫩化及深加工利用技术。基于组织蛋白酶对于肌原纤维蛋白和肌内结缔组织的降解作用，以动物源组织提取物（牛胰脏的粗提酶液）为载体，形成一套可行的牛肉差异化嫩化工艺。水牛肉的嫩化工艺为：嫩化剂浓度3%，添加量为肉重的3倍，于4℃条件上浸泡0.5h。牦牛肉的嫩化工艺为：嫩化剂浓度为2%，添加量为肉重的1倍，于4℃下腌制0.5h。应用该嫩化工艺嫩化的水牛肉、牦牛肉嫩度明显提高，牛肉剪切力值下降30%。利用牛肉分割过程中产生的剔骨碎肉末、边角料等为原料，采用牛肉重组技术，开发具有优良质构、风味和口感的牛肉末重组制品：重组酱牛肉和重组牦牛肉丸及重组水牛肉丸，提高了牛肉末产品的附加值。

（3）胴体精细增值分割技术规程的制定。对不同类型牛肉分级分割差异化评价分析，实现了牛肉的精细分割增值技术，肉牛牦牛胴体品质特征与脂肪沉积预测模型与判定技术，涮烤牛肉热剔骨生产加工技术研究。通过54块前后躯精细分割肉消费者嗜好性评价，本地黄牛胸腹肋部、前后躯与108份前后躯部位精细分割肉品质测定以及新开发的11块肉块与传统分割肉块形态、肉质对比分析，提出了颈排肉、胸骨肉排，胸肉、胸肋肉、米龙、霖肉精细分割肉块烹饪加工方法，研发形成本地黄牛胴体精细增值分割技术规程，通过测试，通过胴体精细分割可提升胴体加工增值3 500元/头以上。

（4）肉牛全程质量安全追溯平台的建设。针对在食品安全肉牛养殖环节质量安全追溯存在的问题，结合肉牛养殖特点，基于RFID（无线射频，radio frequency identification）技术改进设计构建肉牛质量安全追溯信息系统。该系统解决了肉牛养殖质量安全追溯过程中关键信息的编码问题，具有成本低，扩展性强的特点，为肉牛养殖质量安全追溯体系的构建提供了平台支撑。研发基于物联网的牛肉生产加工全过程质量溯源及一站式供销服务系统，开发从肉牛品种选育、繁育、饲养管理、运输、屠宰和牛肉加工、销售等一整套食品安全一站式监管系统和数据库系统，实现了牛肉产品在线销售和肉牛从出生（进场）到屠宰、牛肉产品流通运输及销售各环节全程信息可追溯，加强了对牛肉产品生产过程中各环节的有效监管，实现了牛肉产品一站式在线供销服务，方便了消费者，显著地提高了牛肉产品的质量安全水平。

4. 设施与环境控制

（1）肉牛场建筑规划与牛舍建筑方案的确立。在牛舍环境控制方面，主要针对南方夏季与北方冬季牛舍环境进行控制。改进设计了适用于中原地区规模化饲养的开放式牛舍、适用于北方规模化饲养的钟楼式牛舍及配套环境控制方案。提出适于中原地区的牦牛育肥舍建筑方案以及便于机械清粪、机械喂料的育肥牛舍及繁殖母牛舍建筑方案。南方牛舍降温技术获得突破，成功开发了肉牛舍夏季喷雾-接力送风降温技术。该技术对于肉牛舍夏季降温效果明显，牛舍改造技术不复杂，运行成本可控，可适用于大多数肉牛舍的夏季防暑降温，该技术已在江西、广西示范推广。

（2）完善肉牛养殖场废弃物处理设施建设，形成肉牛养殖的生态循环模式。在环境保护方面，主要集中在规模化肉牛场粪污收集与处理问题，牛粪的能源化、肥料化利用以及堆肥发酵技术对牛粪中抗生素抗性基因的消减研究等仍为研究热点，优化肉牛粪污肥料化处理与还田技术，促进畜牧业绿色健康发展。同时建立了北方肉牛生产“四位一体”的立体循环养殖模式。采用粪尿分离设计，尿液排到尿沟里，真正实施了干清粪的生产工艺。充分体现了空气、土壤、水体及生物的生态效应，其中利用尿液生产沼气排放至鱼塘进行养鱼；牛粪经晾晒发酵后，夏季作为有机肥用于种植玉米及饲草，冬季用晾晒干牛粪作为燃料煤取暖；利用牛粪在林下养殖蚯蚓，可消化牛粪1 500吨/年，蚯蚓可作为养鱼的饵料，蚯蚓产生有机肥再用于还田，该模式已在吉林四平市推广。

5. 疾病防治

（1）病原微生物和寄生虫检测技术。建立了牛巴贝斯虫和泰勒虫新型鉴别诊断技术以及区分牛支原体自然感染与疫苗免疫的抗体亲合力鉴别技术；完善了牛巴氏杆菌A型、B型和F型分型鉴定PCR方法及溶血曼氏杆菌PCR鉴定方法；完善了可用于疫苗免疫效力评价和未免疫牛场疫病诊断的牛源多杀性巴氏杆菌抗体检测技术各种临床前研究和临床样本评价。制定牛巴氏杆菌病诊断标准1个，制定并发布了2项地方标准“牛支原体肺炎检测技术”（标准号：DB42/T-1024-2014；发布日期：2014-09-12；实施日期：2014-11-01）和“牛支原体体外药物敏感性分析”（标准号：

DB42/T-1110-2015）。

（2）牛呼吸疾病综合征综合防控技术研究与集成示范。牛呼吸疾病综合征是严重影响肉牛牦牛产业发展的重大综合性疾病，临床上由多种病原体协同致病。2016 年在治疗该病的药物、疫苗和诊断技术等方面又取得显著突破。研制成功治疗畜禽呼吸道疾病纯中药制剂“板黄口服液”，取得农业部颁发的新兽药注册证书［证号：（2016）新兽药证字 14 号］，并成功实现产业化转化。制定并发布了国家标准牛结核诊断—体外检测 r 干扰素法（GB/T 32945—2016）。鉴定了 2 个牛支原体新型诊断靶标，开展了牛多杀性巴氏杆菌 A 型抗体检测试剂盒的临床试验，建立了牛多杀性巴氏杆菌 A 型灭活疫苗效力检验家兔模型。

（3）疫苗、新兽药研发与免疫效力评价技术。利用反向遗传技术改造，成功获得了高滴度和抗原谱广（有效防控 2009 年 A 型武汉流行毒株和 2013 年 A 型广东茂名流行毒株）的疫苗毒株，而且该毒株对猪和牛的致病性大幅度减弱。同时进一步将该毒株与 O/MYA98/BY2010 和 Asia1/JSL/ZK/06 疫苗毒株，形成了能够一针有效防控三种口蹄疫的疫苗，获得了农业部颁发的《口蹄疫 O 型、亚洲 I 型和 A 型三价灭活疫苗（O/MYA98/BY2010/Asia1/JSL/ZK/06/Re-A/WH/09）》新兽药注册证书。

完成了 10 批牛支原体活疫苗的中试产品生产和检验，确定了工艺规程与质量标准，产品成功转让给企业，转让合同金额为 1 500万元；完成了牛传染性鼻气管炎 tk/gG 双基因缺失疫苗的环境释放试验，申报了转基因安全生产性试验；产品成功转让给企业，转让合同金额为 1 500万元；完成了用于牛多杀性巴氏杆菌 A 型灭活疫苗效力检验的家兔实验动物模型的建立和评价。

研制了 1 种具有抗病毒、抗菌活性的生物纳米材料，研制了伊维菌素和青蒿琥酯纳米新制剂 2 个，并开展了技术的应用验证研究；研制的兽用纳米药物载体及新制剂获得 3 项国家发明专利。青蒿琥酯纳米乳和伊维菌素纳米乳用于肉牛临床疾病防治取得了良好效果，在甘肃景泰、张掖，宁夏中卫，山东济南等肉牛养殖场进行大面积推广应用，临床应用牛体内线虫病、血液原虫病及体外外寄生虫病防治超过 10 万头，较传统制剂相比，具有显著降低药物治疗成本、降低体内药物残留、减少药物注射刺激性等突出优点，尤其在成本核算方面，可减少临床治疗支出 30%以上。

二、我国肉牛产业科技创新存在的问题及对策

（一）理论创新

中华人民共和国成立后经过数十年的积累，肉牛产业科技创新方面培养了一批优秀人才，积累了一定的理论知识。然而，受多方面因素制约，基础研究数据积累缺乏，资金支持不稳定，进而制约了肉牛产业科技创新的能力。政府已经充分认识到这个问题并着手投入稳定的经费进行支持。农业部分别于 2011 年和 2012 年分别印发了《全国肉牛遗传改良计划（2011—2025 年）》及其实施方案，对我国未来 15 年的肉牛遗传改良工作做了前瞻性的部署并配套了一系列的政策。2017 年，农业部印发了《农业部关于启动农业基础性长期性科技工作的通知》，启动了包括肉牛在内的多个物种的育种群和生产群数据监测，饲料原料养分和饲料转化率，肉牛主要疫病等基础数据的全国性、长期性的监测工作，该项工作的积累，将对我国肉牛行业乃至整个农业行业的科技理论创新带来巨大的推动作用。

（二）技术创新

我国产业生产模式发展落后，产业政策导向不稳定，科研经费来源单一导致科研立项的导向性过强。这些因素导致了肉牛产业科技创新能力较差，基本上还是处于跟踪仿效模式。在个别领域虽

有创新点，但影响力有限，尚不具备研发对产业具有开创性和革命性的成果。全产业链的健康发展是产业技术创新的重要前提。

（三）科技转化

我国目前的肉牛产业科技创新主要依赖于科研院所和高校。在以往的研发工作中，研发机构根据肉牛产业的共性问题以及各自当地特色性问题取得了一定的成果，对肉牛生产起到了一定的促进作用。然而，我国幅员辽阔，不同地域的自然条件和生产模式存在差别，适用的技术也有差别。目前仍缺乏集成全产业链的综合产业技术集成示范，以寻找适应不同地区的完整技术体系。

（四）市场驱动

目前肉牛整体行业的饲养方式还相对粗放，生产模式主要是以散户小规模的母牛养殖，以及犊牛、架子牛的集中育肥。全国大规模的母牛繁育群体饲养还相对较少。繁育母牛群体主要集中在粗饲料资源相对丰富的地区，对产业技术的需求迫切性不足。尤其是在育种方面，我国之前一直是“重引进，轻培育”，从事育种的企业极少，在市场经济的驱动下都追求见效快的引种改良，造成市场虽然对良种具有迫切需求，但是无法传导到育种环节。因此，在现有存在一定市场驱动力条件下，还需要国家为其驱动添加润滑油，通过出台相应的政策体系和配套资金（如《全国肉牛遗传改良计划（2011—2025 年）》及其实施方案）等，推动我国整个肉牛产业科技创新的良性发展。

总体来讲，受到资源有限、生产模式、产业政策、科研经费等因素的制约，我国肉牛产业科技创新仍需强化，整体发展水平亟待提高。

第四节　我国肉牛产业未来发展与科技需求

一、我国肉牛产业未来发展趋势

（一）我国肉牛产业发展目标预测

1. 我国肉牛产业发展总体目标

我国肉牛业发展总体战略目标是依据未来的市场需求，以现有牛品种为基础，以高产、优质、高效、生态、安全为原则，紧紧围绕提高肉牛良种生产能力、质量水平，建立符合中国肉牛生产实际的良繁体系，培育、推广、利用肉牛优良品种，加快养殖模式和管理体制的转变，形成与市场相适应的运营模式，提高科技的研发与应用水平，协调肉牛生产与科技、资源环境、社会的和谐发展。具体发展目标包括①肉牛养殖类型由数量增长型向质量效益型转变；②养殖方式由传统农户散养向适度规模化、小区化、专业化方向转变；③产品满足由单一数量型向优质安全与数量并重的方向转变，协调高档与普通同步发展，提高肉牛产业链的质量安全管理能力；④科技促进饲料转化率和肉牛生产能力；⑤调整合理产业结构，包括生产加工结构、基础母牛与育肥肉牛群体结构，产品档次结构等，确保肉牛产业可持续发展。

2. 肉牛遗传改良目标

良种是肉牛业发展的先决条件和物质基础。为完善肉牛良种繁育体系，加快牛群遗传改良进程，提高肉牛生产水平和经济效益，依据《全国肉牛遗传改良计划（2011—2025 年）》有序推进肉牛遗传改良。根据不同牛种的遗传改良现状和今后发展趋势，有选择、有重点地实施部分主要进口品种和国内品种的遗传改良工作，制订具体的遗传改良计划，重点加强核心育种场建设、生产性能测定、品种登记、新品种培育、人工授精体系等方面的工作。

（1）制定国家肉牛核心育种场遴选标准，采用企业自愿、省级畜牧兽医行政主管部门审核推荐的方式，选择50个国家肉牛核心育种场。2020年前分批完成50个国家肉牛核心育种场的评估遴选，选出核心育种群1.5万头，配套相关育种设施设备，建立育种场和种公牛站的育种联结机制。

（2）制定实施肉牛种牛生产性能测定标准和管理规程，开展以育种场为主的场内生产性能测定。到2025年累计测定数量达到10万头以上。通过性能测定和个体选择，每年选出优秀种公牛200头以上。

（3）制订肉牛后裔测定技术规程和实施方案，开展肉牛核心育种场遗传评估，建立持续的场间遗传联系。制订肉牛遗传评估方案，国家肉牛遗传评估中心对各地上报的性能测定数据进行评估，依据评估结果选留优良种牛。每年对400头经过计划选配所产生的，且生产性能测定结果优秀的青年公牛进行后裔测定，每年选出200头验证公牛。

（4）依托国家肉牛良种补贴项目，加快普及肉牛人工授精技术，将优良种牛精液迅速推广应用到生产中；核心育种场通过扩繁不断地将良种牛推广至生产中，从而带动商品牛生产水平的提升。在牦牛主产区，利用牦牛种公牛补贴项目，推广使用优秀种公牛，提高牦牛的良种化水平。到2025年，基本普及肉牛人工授精技术，建设布局合理、设施齐全、管理规范、服务到位的肉牛人工授精技术服务站点。

3. 全国肉牛生产目标

全国肉牛生产总体目标包括全国肉牛生产总体保持稳定发展，规模化、标准化、产业化和组织化程度大幅提高，综合生产能力显著增强，牛肉生产基本满足市场需求。其中分阶段发展目标如下：

（1）短期目标（至2020年）。到2020年，牛肉产量达786万吨。全国肉牛出栏率达到55%以上；肉牛年出栏50头以上规模养殖比例达到40%以上。

（2）中期目标（至2030年）。到2030年，牛肉产量达924万吨。全国肉牛出栏率达到65%以上；肉牛年出栏50头以上规模养殖比例达到47%以上。

（3）长期目标（至2050年）。到2050年，牛肉产量达1062万吨。全国肉牛出栏率达到75%以上；肉牛年出栏50头以上规模养殖比例达到61%以上。

（二）我国肉牛产业发展重点预测

1. 建立良种繁育体系，加强宏观调控

重视优良品种资源的保护，重视品种资源引进、进行严格本品种选育，提高种群生产性能。加大政府调控力度，制定短期、长期目标，引导肉牛品种向合理方向改良。促进肉牛繁育体系形成，开发促进保护的良性循环。

2. 促进产业转型

随着牛肉价格的不断升高，肉牛资源的缺乏，牧区的草场资源丰富、养殖成本较低、消费群体较为稳定的优势将使牧区肉牛产业进一步壮大。农区肉牛产业长距离异地育肥模式逐渐退出，肉牛散养户组成合作组织开展自繁自育和屠宰加工，并与大型超市、酒店饭馆直接对接的新模式将会在农区逐渐兴起。南方的丰富的草山草坡和秸秆资源及各具特色的地方肉牛品种资源，使“北牧南移”成为现实，发展南方草地养牛业具有巨大潜力和发展空间，“北牧南移”将成为我国肉牛产业发展的新增长点。因此，要在充分利用国外牛肉资源的基础上，加大产业的“转方式、调结构”力度，使国内的肉牛产业走上良性发展的轨道上来。

3. 建立肉牛营养需求及饲料营养价值及饲料安群评定体系

广泛开展肉牛营养与饲料方面的研究工作，建立肉牛营养需要标准及饲料营养价值参数数据库和使用标准，加大简单有效饲养技术的推广力度。

4. 建立兽医卫生防疫体系

加强肉牛疫病检测和检疫防疫体系建设，实施动物防疫体系建设规划，强化动物疫病防控。加强兽药质量和兽药残留监控，强化动物卫生执法监督。推进兽医管理体制改革，健全基层畜牧兽医技术推广机构。推进肉牛溯源体系建设。

5. 建立市场信息系统

充分发挥信息技术对肉牛生产、经营管理的作用。依靠科技进步，提高育种制种水平，加快质量标准体系建设，调整国内农业体系支持政策。

6. 以高档牛肉市场为发展重点

高档牛肉，主要是指通过选育优良肉牛品种，同时辅以绿色无污染的饲养手段和标准化屠宰程序，所获取的高品质绿色牛肉，具有品质突出、营养丰富、质量全程可控等优点。高档牛肉价格高、利润丰厚，需求量逐年增加，国内产能不足的现状决定了今后我国肉牛产业发展的一个重点是依托现有资源，培育高档肉牛品种，缩短育肥周期，提高牛肉品质和加工工艺，并实现质量全程可控可追溯。

二、我国肉牛产业发展的科技需求

（一）种质资源

我国肉牛种质资源丰富，但利用不够，据研究表明，我国目前保存有大量的黄牛品种资源，但这些牛种资源一直都未得到充分的研究、开发和利用，只是被动地保种，长此下来，这些丰富的资源反而越保越少。目前我国黄牛品种资源损失严重，由于育种技术尚不发达，育种体系尚不完善，主流思想是引进国外牛种。目前相关部门虽然也支持黄牛品种选育，但远远不及“引种”的支持力度。

积极开展种质资源调查，利用本品种选育工作，根据各个牛种的遗传改良现状和今后发展趋势，有选择、有重点地实施部分主要进口品种和国内品种的遗传改良工作，制订具体的遗传改良计划，重点加强核心育种场、生产性能测定、主要疫病监测净化、品种登记、新品种培育、人工授精体系等方面的建设。加大宣传力度，为地方黄牛品种资源保护与开发创造良好条件。肉牛主产区应根据各地方黄牛品种的具体情况，制订相应的保种选育方案并加以积极实施。同时对地方黄牛种质资源保护和利用的综合技术进行研究，做到以保为主，保育结合，以育促保。在保持种质资源特性的前提下，根据主要经济性状进行选育把潜在的商业优势充分挖掘出来并加以选育和提高。

（二）饲料效率

从多方面入手保障肉牛生产可持续发展的饲料供应，除了粮食资源的有效供给外，还要大力发展非粮资源。我国人口众多，耕地面积有限，粮食安全问题较为凸显，对肉牛产业发展所需的精料供给有限，精料补充料供应紧张。我国饼、粕类和玉米等蛋白饲料相对缺乏，因此，肉牛养殖业不能走“以粮食为主要饲料”的发展之路，应大力开拓非粮食资源。利用当地的饲草饲料资源养殖架子牛和空怀母牛是降低养殖成本、发展节粮型肉牛产业的基本途径。在饲草资源丰富的地区扶持肉牛养殖场（小区）建设饲料氨化、青贮相关设施，推广人工种草和天然草地改良技术，因地制宜地发展人工种草。重点做好：①加大科技投入，提高我国草地载畜量；

②扩大青贮玉米和专用玉米种植面积；③扩大豆粕资源替代品的开发；④提高肉牛精饲料商品化比例等工作。

（三）牛肉品质

消费需求方面，随着居民人均收入水平的提高，牛肉需求量将有较大幅度的增长，特别是对中高档牛肉的需求将快速增加。进出口方面，牛肉进口量将继续增长。未来一段时期我国肉牛进口量仍将继续增加。因此，牛肉供求不平衡格局依然持续，价格将继续保持高位。加强肉牛良种培育和扩繁力度，加快良种繁育体系的建设是提高我国肉牛养殖业整体质量和数量的必要条件。自20世纪70年代以来，我国引入了许多肉牛品种，在各地开展了杂交改良本地黄牛的研究与应用，引进了西门塔尔牛、利木赞牛、夏洛莱牛、海福特牛、安格斯牛等，育成了三河牛、中国草原红牛、新疆褐牛等新品种，使我国肉牛数量和质量得以迅速发展，取得了明显成效，实施品牌战略，提高肉品质量。我国地方品种肉牛具有肉质好、风味美的优点，深受广大消费者喜爱，但目前普遍存在生产性能低、品种退化、国际知名度不高的问题。因此，应在做好保种工作的同时，继续引进国外优良品种，加快杂交改良进程，培育出自己的品牌品种。

（四）肉牛健康

提高肉牛饲养管理水平，促进优质肉品生产，从牛场的设计到牛群的饲养管理都要严格按照科学的方式进行。根据肉牛的生长特点和营养需要推广肉牛全混合日粮技术。有针对性地对肉牛进行分阶段育肥，将育肥周期限制在一定范围内从而提高肉质嫩度，进一步改善肉质风味。加强肉牛饲养圈舍环境的监测，做好免疫工作，根据肉牛的不同发育时期及时接种相应的疫苗，有效降低疾病因素带来的经济损失。

（五）质量安全

提升牛肉质量安全的关键是改善和规范肉牛屠宰加工工艺。目前，我国肉牛屠宰加工市场比较混乱，甚至存在小作坊式的屠宰和加工，无法保证牛肉质量。随着我国经济的快速发展，相继出现了一批现代化的肉类加工企业，引进了德国、荷兰等国的肉牛屠宰加工设备，但受市场行情及效益的影响，这些现代化设备的利用率较低。因此，推广现代化肉牛屠宰加工工艺，建立、完善和全面推进适合我国国情的牛肉质量标准分级体系，应用现代化的加工技术，综合开发牛肉不同部位，研制新的牛肉产品，提高牛肉产品的品质是非常必要的。建立家畜身份标识和产品可追溯系统，建立家畜可追溯系统旨在跟踪产品在整个生产链中的相关信息。确保信息的可靠性、真实性，并在产品可能带来风险时进行有针对性的迅速防范。建立肉牛生产质量安全追溯体系，能够使不同终端客户根据需求获得牛肉产品的相关信息，实现消费者对牛肉质量安全优质可追溯。真正建立起生产者与消费者面对面的关系，同时也有利于提高我国畜产品生产的现代化水平和在国际市场的竞争力。

三、我国肉牛产业科技创新的重点

（一）我国肉牛产业科技创新发展趋势

根据“高产、优质、高效、生态、安全”的指导方针，建立肉牛产业科技创新的发展战略，进一步针对肉牛种质资源、饲料利用效率、牛肉品质、肉牛健康、质量安全等关键技术领域，强化肉牛产业科技基础研究、前沿技术研发、核心技术创新关键技术集成与示范，推动企业为主体的协同创新与成果转化，加快科技创新平台和创新人才队伍建设，改革产业科技发展与管理模式，推动科技支撑肉牛产业跨越式发展。

加大肉牛产业科技创新和实用先进技术产学研紧密结合；加大肉牛育肥、饲料加工调制、人工种草、草场改良利用、屠宰加工、质量监测与溯源等肉牛生产标准化技术的应用与推广；同时不断强化技术支撑单位的科技创新意识和技术服务意识，根据养殖户和加工企业在生产实际中遇到的问题进行针对性的科技攻关，并将相关技术组装成套，通过科技下乡和科技入户等方式迅速加以推广。

（二）我国肉牛产业科技创新优先发展领域

1. 基础研究方面

开展肉牛畜禽种质资源收集、评价与创新利用，资源分子数据库建设，遗传多样性评估，品种遗传结构、遗传混合、选择进化历史研究，探索品种濒危原因和现状，制定合理保护措施。肉牛经济性状的解析，利用全基因组关联分析和优化关联模型挖掘经济性状相关候选标记，开展基因组，转录组，蛋白组多层次多组学的系统研究。优化和开发肉牛重要经济性状基因组选择方法，多群体多性状基因组选择方法。常规育种、基因组编辑育种和全基因组选择育种相互结合。开展以繁殖周期为基础进而衍生形成的一系列调控技术；以受精生理为基础的配种技术；以精子分离和胚胎性别分化为基础的性别调控技术；以分娩生理为基础的同期分娩技术；以泌乳原理和产后生殖周期为基础衍生的产后发情技术。营养饲料方面，开展非常规饲料转为常规饲料的营养价值基础研究，通过长期多层次、多角度基础研究积累数据。开发不同肉牛品种的饲养标准和营养需求系统评价。同时，开展瘤胃代谢机理和分子营养调控等研究。

2. 应用研究方面

遗传改良方面，积极推进《全国肉牛遗传改良计划（2011—2025 年实施方案）》，扩大育种群体总体数量，规范繁育体系，开展系统遗传改良研究。提高本土品种选育的力度，明确引进品种利用方式和杂交育种路线。繁殖方面，利用人工授精，胚胎移植、性别控制提高动物繁殖速度和生产性能。饲料营养方面，评定区域性非粮食饲料资源的营养价值和风险危害因子，重视杂交牛和地方黄牛的育肥营养的差异，研究不同牛种，不同阶段的营养需求，推进肉牛饲养标准建设。重视低成本饲料资源的开发，研发不同粗饲料的适宜加工方式及粗饲料间的营养组合增效。疾病防控方面，牛传染病疫苗研制，诊断和检测技术开发；寄生虫病防止与药物治疗研发。注重肉牛养殖与环境保护，通过优化日粮配制，研发瘤胃健康调控剂和提高饲养管理，降低氮、磷及甲烷的排放。肉牛饲养设施与环境控制方面，研制在极端天气条件下不同地区和肉牛舍内环境的控制与调节。研制环境自动控制系统，保证畜舍保温通风同时有效降低舍内湿度和污染物浓度。研制粪便清除与利用的相关工艺与设施设备。

第五节　我国肉牛产业科技发展对策措施

一、产业保障措施

1. 加强母牛扩群规划，完善现行政策

母牛是肉牛产业的基础，目前我国仍以农户散养这种小规模圈养为主体，但随着经济水平不断提高，小规模饲养逐渐向中、大规模饲养发展是必然趋势。在这个过程中，肉牛产业急需各关联部门摒弃“运动性、项目性”思维，加强沟通协作，共同设计、研制具有现实性、方向性、全局性、协调性和可操作性兼具的产业基本政策和措施，支撑产业长期、稳定、可持续发展。

我国肉牛养殖业发展特点是必须形成标准规模化养殖模式，以适应农业现代化的发展需求，必须使人们充分认识到规模养殖肉牛的经济效益，调动农牧区人民的养殖积极性和主动性。因此，更应该完善现行扩繁补贴政策，建立复查机制，强化母牛登记制度，杜绝临时购牛骗取国家政策补助。

2. 制定完善饲草饲料系列政策，提高养殖效益

饲草饲料占养殖成本的60%~70%，属于大宗农产品。建议研究出台以下政策：①把饲草饲料运输纳入农产品绿色运输通道。②与国产设备一样，把进口收贮设备纳入农机补贴范围。③完善粮改饲政策的长效机制，扩大实施范围。④建立试点研究基本农田养殖草食家畜的政策和措施，解决粗饲料成本高、秸秆污染环境的问题。⑤提倡种养结合，肥水还田生态化养殖模式。根据牧场周边土地流转情况，自种自制玉米和苜蓿青贮，降低饲料成本。规模化牧场需建粪污处理设备，肥水分离，建立环境友好化畜牧业。⑥非粮饲料原料饲料化。非粮饲料原料来源广泛，资源丰富，价格低廉，可以大大降低养殖成本，解决饲料不足问题。

3. 完善肉牛产业发展的市场信息服务和监管体系

地方政府应加强引导、协助饲草料、养牛、屠宰加工等产业链上的合作社或协会，构建草料生产和销售、活牛及牛肉品质与价格、产量市场信息的平台与网络，借助互联网等先进信息传播手段，全面提升市场信息服务层级。运用大数据、云存储等技术手段，加强对肉牛产业趋势、牛源数量、分布及动态走向、产品供求变化和成本效益的科学分析预测，建立比较完善的产业预警机制，增强政府部门对产业发展决策的科学性、准确性，使养殖场（户）尽早掌握市场动态，化解可能遇到的生产和经营风险。加大对非法牛肉及其制品的查处力度，建设网络商务与诚信平台，曝光非法企业、商户和个人信息，从金融、政策等方面实行严厉的制裁。

4. 完善牛肉精细分割与副产品增值加工

实施牛肉生产全程质量控制，通过引入牛肉质量安全保证体系作为整体质量管理计划的一部分，建立牛肉生产过程、质检过程、流通过程信息网络化，使消费者充分了解和识别每一块牛肉的质量安全的情况。建立肉牛业综合性防疫体系，拥有较完备动物疫病控制、防治监督、动物疫情监测体系及动物防疫屏障体系。加快牛肉流通的市场信息、收购和销售网络建设，力争尽快构建布局优化合理、功能配套完善、管理科学规范的牛肉市场流通体系，实现优质优价。逐步实施牛肉食品安全市场准入制度，将保证牛肉的质量安全。严把市场销售关，具备规定条件的生产经营的牛肉才允许生产销售。积极推进肉牛品种、饲料、产品质量认证进程，产品实行可溯源管理，完善标签管理制度，一旦发现有问题牛肉，追溯来源，堵住漏洞，为消费者提供质量安全的牛肉。同时还应加大打击力度，打击掺杂使假等行为。

5. 加强政策引导，拓宽畜牧业融资渠道

运用财政贴息、补助等方式，引导各类金融机构增加对肉牛产业生产、加工、流通的贷款规模和授信额度，鼓励有条件的地方设立肉牛产业贷款担保基金、担保公司，为养殖加工龙头企业融资提供服务；创新金融担保机制，支持采取联户担保、专业合作社担保等方式，为养殖场户提供信用担保服务。

二、科技创新措施

1. 育种方面创新措施

肉牛选育改良成本大，周期长，难度较大，需要国家和科研单位进一步加大投入，持续支持。我国是一个农业大国，畜牧养殖业占农业生产比重较大，养殖业的发展与粮食等原料储备的冲突正在加剧，大量的畜禽粪便引起严重的氮污染，畜产品安全日趋突出。一方面要育出“吃得少，长

得快”的优良品种，同时还要注重节粮与环保性养殖技术的研发。发酵饲料所需微生物种类众多，资源丰富，而且原料来源广泛，既能减少环境污染，又变废为宝，得到价格低廉、易于生产推广的产品。因此大力推广利用非粮型饲料代替部分常规饲料，既可补充动物所需营养素和功能性成分，又能降低饲料成本，减少环境污染。

逐步加完善和加强生产性能测定、种畜登记、种畜后裔测定及遗传评估等育种工作，定期对地方种公牛站及核心育种场技术员进行技术培训，加强对基础工作的重视程度，实现数据准确测定，及时收集，按时上报。

同时也要研究解决外来遗传资源利用效率低的问题，重点加强肉牛良种繁育体系建设，加大优秀种公牛引进与培育工作的力度，加强种公牛站和品种改良中心建设，提高良种培育与供种能力，增强肉牛产业发展后劲。另外，加强母牛基地建设是提高肉牛存栏量的根本措施，尤其要加强对杂交一代母牛的选留和保护力度，不断巩固改良效果。为了推动我国肉牛主导品种国产化培育的战略目标，目前应以我国现有遗传资源为基础，充分利用现有杂交群体将引进品种国产化，通过全基因组选择技术，精准的表型数据测定技术和智能化数据收集和上传系统，选育出高效高产的中国肉牛主导品种，提高我国肉牛生产和育种群供种能力，打破主要种牛品种依靠进口的局面；健全我国肉牛种公牛站和核心育种场智能上报和数据传输系统以及我国肉牛全基因组选择技术平台，为我国肉牛业的持续稳定健康发展奠定了基础。

鼓励科学家与企业联合育种，整合优势资源，把常规育种、分子育种转变成应用型育种，鼓励科研院所和高等院校科研人员到企业从事商业化育种工作。同时还要完善分配机制，要规范科研单位人才带材料和成果进入企业的价值评估体系，规范科技人才职务发明的使用和所有权归属，明确商业化育种成果可以作为职称评定的重要依据等。

2. *营养方面创新措施*

牛肉品质改善主要是通过育肥将肉牛体内的脂肪沉积下来，形成大理石状花纹，从而提高牛肉的品质。该阶段应该增加肉牛的日粮量，并以谷物为主，同时合理食用催肥素，从而提高日粮的利用率。具体管理措施如下：①能量。肉牛肉质改善阶段主要的因素是能量的供给，包括碳水化合物、脂肪和脂肪酸等。在肉牛的饲料中应以精饲料为主。如高淀粉饲料，从而保证碳水化合物的供应充足，有利于对肉牛能量的调控。肉牛日粮中的碳水化合物在瘤胃中大多会分解为挥发性脂肪酸，而在瘤胃中粗饲料多分解为乙酸，精饲料多分解为丙酸，由于肉牛瘤胃中乙酸、丙酸和丁酸等的比例会对能量的转化产生重要影响。因此可以通过改变粗精饲料的比例来调节肉牛能量的利用率。②其他营养成分，此时期在适量添加能量日粮的补充外，也要添加适当蛋白质、无机盐、维生素等营养物质，日粮中矿物质的含量可以适当降低。以维持正常的生长发育为基准，但是还是要确保蛋白质的含量不少于11%。

在肉牛的不同生长发育阶段，除为肉牛提供充足合理的营养元素配比外，也可以通过在日粮中添加调控剂进行辅助，这些调控剂包括瘤胃缓冲剂和瘤胃素，主要管理以下两个方面：①瘤胃缓冲剂。此种缓冲剂可以用于肉牛的肠道等组织，调节肉牛的体内pH值，加快有消化纤维能力的微生物生长，并提高新陈代谢能力，有助于可溶性成分顺利经过瘤胃，还可以降低细菌的降解。在日常的饲喂中，可以在日粮中添加碳酸氢钠，提高瘤胃中碱的储存。②瘤胃素。肉牛的改善阶段会导致瘤胃膨胀，从而减低日粮的转化率，还会引起新陈代谢的紊乱，不利于肉牛的生长发育。为了避免以上不良影响的发生，可以在肉牛的饲料中添加一定计量的瘤胃素来确保肉牛健康的生长发育。另外饲料中瘤胃素的添加也可以提高挥发性脂肪酸（VFA）的产量。因此，根据经验在肉牛日粮中加入40毫克/千克的瘤胃素可以保证日增重量达到10%左右，日粮的转化率也会提高9%左右。

3. 管理方面创新措施

规模化牧场引进“牧场智能化管理平台”，实现牧场管理的“互联网+”，从饲养、繁殖、兽医信息到健康档案，将每一头牛的日常都记录在案。从而大大提高了牧场的管理效率和生产效率，为生产考核提供依据，更重要的是为消费者提供了更有质量、可追溯的产品。为每一头牛配备电子耳标，实现数据实时更新实时上传，建立牧场服务管理大数据信息平台，实现牧场数字化、系统化管理，促进牧场管理优化，整体运营水平的综合提升。

三、体制机制创新对策

当前，科学技术与创新研究在各个行业中的地位越来越重要。针对我国肉牛产业科技发展而言，我国肉牛产业发展体制机制中的诸多问题制约其发展。如在肉牛产业中长期目标明确的情况下，如何制定适合我国市场经济体制的“养和销”肉牛生产体制；同时加大科研成果转化，避免与市场脱轨的现象。制定适合我国的肉牛体制机制政策，满足市场需求，加大肉牛业科技创新人才的培养，最终建立适应社会主义市场经济体制和科技自身发展的肉牛体制机制。如政府继续实行“繁母牛扩繁”补贴政策，在一定程度上会带动各地方政府出台相应补贴政策，提高了区域性的母牛留栏数量。肉牛育种是保障我国畜牧业发展的战略性产业和基础性产业，属于公共财政政策支持的范畴，加大肉牛育种科技支持是我国未来较长一段时间我国农业科技的重点发展领域，也是财政支持政策的重点方向。

1. 强化公共财政支持的主导地位

树立良种繁育和资源保护及开发工作的公益性理念，强化政府公益性职能，将其作为一项长期性、社会性事业来抓，加大投入力度，加强种用动物生产的基础设施建设；加强宣传，提高全社会对动物遗传资源保护与利用工作重要性的认识；加强政府职能部门在畜禽育种过程中的监督、协调作用，规范种畜禽市场，落实育种补贴，充分调动育种参与者的积极性；加强政府宏观调控作用，严格种用动物生产经营许可、进出口管理，避免重复引进，防止珍稀品种资源流失；加强种用动物执法队伍建设，提高执法手段；增加执法技术支撑基础设施投入，对种用动物质量监测工作如生产性能测定等给予经费补贴。

2. 增加肉牛育种科技创新投入，形成多元化的科技创新资金投入体系

肉牛育种是一项高投入、高技术、高产出的行业，但也是周期长、市场风险大的产业。单靠企业商业化运作很难保证育种工作的专业性和持续性。政府应该增加科技投入，调整投入结构，同时形成多元化的投入体系，促进肉牛育种科技成果的快速转化，并推动肉牛育种科学研究面向产业创新需求，形成科技发展与产业发展共同进步的局面。只有依靠持续的研发资金投入和不断创新的育种技术，才能保证品种优良的生产性能和较强的市场竞争力。因此，科技管理部门要有计划的设置科技计划项目，引导育种企业加大资金投入力度，提高肉牛育种技术水平，不断创造肉牛育种的新成果。

3. 创新肉牛育种科技创新体制，引导建立肉牛育种产学研新模式

长期以来，我国肉牛育种在科研单位、大学、企业之间，存在“人才隔离”“经费隔离”“成果隔离”等多方面问题。研究与应用脱节的根本问题是科研体制造成了“育种与科技人员的利益无关”。因此，采用政策引导，建立肉牛育种的产、学、研结合体制非常必要。

4. 坚持国外引进与自主培育相结合的育种方针

继续加强肉牛良种选育，统筹利用好引进品种、培育新品种和地方品种资源。强化主要畜禽品种资源的保护，发挥市场机制作用，以开发促保护。加大国家相关产业补贴政策，加大补贴力度和覆盖面，促进我国肉牛良种化进程。加大畜禽资源保种场、保护区的支持力度，重点保护濒临灭绝

或濒危的品种。

5. 培育拥有核心竞争力的种业企业

我国是世界上畜禽遗传资源最丰富的国家，因此也是最有可能造就具有自主创新能力和国际竞争能力的现代化农业企业的产业。国家应该根据各畜种的特点，重点扶持一批畜禽种业企业。如牛、猪等大型的品种，则需要全国统筹，统一登记、记录生产数据，提高选种的效率。重点扶持一批种业龙头企业，构建育种创新联盟，明确育种科研分工和企业的主体地位，共同建立和推进商业化育种体系。同时鼓励企业兼并重组，整合资源，培育有较强国际竞争力的“育繁推一体化”种畜禽企业。制定优惠政策，鼓励和引导真正有经济实力、具有一定技术创新能力、能够实现产学研结合的企业，给予其长期支持，使其逐步成为培育我国自主品种的主要阵地和相关高新技术自主创新的主体。

6. 创新人才机制，加强种业科技创新人才的培养力度

人才是种业发展最重要的因素。目前大量的高端育种人才都集中在科研院所、大专院校，应建立科研人员的有效流动机制，支持从事商业化育种的科研单位或人员进入种子企业开展商业化育种，要发挥市场机制作用，鼓励科技资源合理流动以促使这些优秀的育种人才真正流入企业，直接为企业服务。尽快制定我国肉牛育种人才长远发展规划，大力培养遗传育种、市场营销、企业管理、国际贸易等方面的人才队伍，努力改变我国肉牛育种人才知识结构单一的现状，建设高质量的种业人才培养基地。加强高等院校和科研机构种业相关学科、重点实验室、工程研究中心以及实习基地建设，加快培养既掌握现代育种理论和技术，又具有丰富育种经验的年轻育种人才，打造种业研发前沿团队，为肉牛育种发展提供人才和科技支撑。

（高雪、李俊雅、刘继军、孙宝忠、高会江、张路培、陈燕、徐凌洋、朱波）

主要参考文献

澳大利亚 2013 年肉牛产业发展报告［EB/OL］. http：//www. beefsys. com/detail. jsp？ lanm2 = 0102&lanm = 01&wenzid = 4855.

国家肉牛牦牛产业技术体系 . 2016. 中国现代农业产业可持续发展战略研究——肉牛牦牛分册［M］. 北京：中国农业出版社.

国家肉牛牦牛产业技术体系 . 2011 年度肉牛牦牛产业技术发展报告［EB/OL］. http：//www. beefsys. com/detail. jsp？ lanm2 = 0103&lanm = 01&wenzid = 2051.

国家肉牛牦牛产业技术体系 . 2012 年度肉牛牦牛产业技术发展报告［EB/OL］. http：//www. beefsys. com/detail. jsp？ lanm2 = 0103&lanm = 01&wenzid = 3401.

国家肉牛牦牛产业技术体系 . 2013 年度肉牛牦牛产业技术发展报告［EB/OL］. http：//www. beefsys. com/detail. jsp？ lanm2 = 0103&lanm = 01&wenzid = 4534.

国家肉牛牦牛产业技术体系 . 2014 年度肉牛牦牛产业技术发展报告［EB/OL］. http：//www. beefsys. com/detail. jsp？ lanm2 = 0103&lanm = 01&wenzid = 5300.

国家肉牛牦牛产业技术体系 . 2015 年度肉牛牦牛产业技术发展报告［EB/OL］. http：//www. beefsys. com/detail. jsp？ lanm2 = 0103&lanm = 01&wenzid = 5880.

国家肉牛牦牛产业技术体系 . 2016 年度肉牛牦牛产业技术发展报告［EB/OL］. http：//www. beefsys. com/detail. jsp？ lanm2 = 0102&lanm = 01&wenzid = 4855.

侯鹏霞，马吉锋，于洋 . 2016. 我国肉牛产业发展现状及对策［J］. 畜牧与饲料科学，37（9）：108-110.

桑国俊 . 2012. 世界肉牛产业发展概况［J］. 畜牧与兽医杂志，31（3）：36-39.

王峰，胡明，成立新，等 . 2013. 赴美国肉牛规模化生产技术考察团考察报告（一）——探求美国肉牛产业发

展之道［J］. 畜牧与饲料科学，34（9）：62-65.
岳宏，张越杰 . 2011. 中国肉牛产业可持续发展资源利用分析［J］. 中国畜牧杂志，47（12）：4-7.
昝林森，梅楚刚，王洪程 . 2015. 我国肉牛产业经济发展形势及对策建议［J］. 西北农林科技大学学报（社会科学版），15（6）：48-52.
昝林森，赵春平，刘扬，等 . 2009. 中国肉牛产业现状、热点透析与发展趋势及对策［J］. 中国农业科技导报，11（5）：1-5.
张越杰 . 2014. 2013 年中国肉牛产业现状及发展趋势分析［J］. 中国畜牧杂志 . 50（4）：17-20.
郑禧 . 2017. 肉牛产业现状与发展对策［J］. 中国畜禽种业，1：5.
中国养殖业可持续发展战略研究项目组 . 2013. 中国养殖业可持续发展战略研究：综合卷［M］. 北京：中国农业出版社.
Aguilar，I.，I. Misztal，D. L. Johnson，et al. 2010. Hot topic：a unified approach to utilize phenotypic，full pedigree，and genomic information for genetic evaluation of Holstein final score. Journal of Dairy Science，93：743-752.
Christensen，O. F.，M. S. Lund. 2010. Genomic prediction when some animals are not genotyped［J］. Genetics Selection Evolution，42：2.
Cunnungham，E. P.，C. R. Henderson. 1968. An interactive procedure for estimating fixed effects and variance components in mixed model situations［J］. Biometrics，24：13-25.
Elsik CG Tellam RL，Worley KC，Gibbs RA，et al. 2009. The genome sequence of taurine cattle：a window to ruminant biology and evolution［J］. Science. 324（5926）：522-8.
Fernando，R. L.，J. C. Dekkers and D. J. Garrick. 2014. A class of Bayesian methods to combine large numbers of genotyped and non-genotyped animals for whole-genome analyses［J］. Genetics Selection Evolution，46：50.
Legarra，A.，I. Aguilar and I. Misztal. 2009. A relationship matrix including full pedigree and genomic information［J］. Journal of Dairy Science，92：4656-4663.
Liu，Z.，M. E. Goddard，F. Reinhardt and R. Reents. 2014. A single-step genomic model with direct estimation of marker effects［J］. Journal of Dairy Science，97：5833-5850.
Meuwissen，T. H.，B. J. Hayes and M. E. Goddard. 2001. Prediction of total genetic value using genome-wide dense marker maps［J］. Genetics，157：1819-1829.
Misztal，I.，A. Legarra and I. Aguilar. 2009. Computing procedures for genetic evaluation including phenotypic，full pedigree，and genomic information［J］. Journal of Dairy Science，92：4648-4655.
VanRaden，P. M. 2008. Efficient methods to compute genomic predictions［J］. Journal of Dairy Science，91：4414-4423.

第十三章　我国水牛产业发展与科技创新

摘要：由于历史的原因和认识上的局限，在畜牧业内部结构的畜种问题上，长期存在重视黄牛和荷斯坦奶牛，轻视水牛的倾向。水牛在由役用向肉用和奶用转变的过程中，经历了非常大的曲折，从国家的层面上一直没有给以像黄牛一样的重视。作为中国南方的主要大型经济动物，水牛在长期的自然驯化过程中，形成了其独特的适应当地湿热气候、耐粗饲的能力和抗病力，是中国南方10亿亩草山草坡、丰富的农作物副产品、冬闲田种植饲草料主要的饲养对象，这些资源可支撑5 000万头水牛饲养量，这一宝贵而丰富的资源尚未得到合理配置。

在对中国奶业发展的规划上，因对发展奶水牛业的认识、政策导向、资金投入与中国奶业发展规律、国际奶水牛业发展趋势理解程度不同，现代奶业布局中南方奶业产区有效政策落实的力度明显薄弱。部分省区也未能从南方优势资源的角度（畜种资源优势、饲草料资源优势和农副产品综合利用优势、水热资源与农作物种植的时空配置优势、极高的复种指数和轮作优势、庞大的消费人口、雄厚的购买力和市场拉动力）以及北方奶业发展的瓶颈（有效土地面积的限制、有限的作物生长时间瓶颈、较低的降水量和较高的土壤蒸发量导致的水资源限制、生态环境的压力、规模化生产的限制）中审视和反思南方发展以奶水牛业为核心的草食家畜的优势，没有充分认识到发展基于当地资源优势，引导农民立足于自身技术水平和认知水平，开发和创新奶水牛业这一崭新产业，并作为走向富裕、解决“三农”问题的重要渠道。

如何让水牛在新的经济环境下和保持自然生态环境的双重目标中发挥更大的效用，为奶业作为现代畜牧业发展的战略重点，实质性构建以奶水牛为主的南方奶业产区，在大力发展奶用水牛的同时，推动公水牛犊肉用的发展，为农民增收和提高乳制品市场竞争力，在目前的新常态形势下，是需要从战略角度，探讨其在新常态下产业发展方向和发展模式的时候了。

第一节　国外水牛产业发展与科技创新

一、国外水牛产业发展现状

国际水牛联合会（IBF）于2001 年在委内瑞拉召开第6 届世界水牛大会（WBC），大会一致认同新千年水牛发展趋势应该由以前“役用为主，乳肉为辅”转向“乳用为主，肉役为辅”的生产方向；2003 年在印度召开的第四届亚洲水牛大会以“水牛在人类食品供应及农村就业中的作用”为主题；2004 年在菲律宾首都马尼拉举行的第七届世界水牛大会上，以“水牛相关企业在不断变化的贸易规则和消费需求下的发展机遇”为题进行了深入的讨论。世界水牛大会迄今已经开了11届，由此说明，水牛正受到世界上更多国家的关注和重视。目前，水牛奶业较发达的印度、巴基斯坦继续努力提高水牛产奶量，同时，许多以役用为主的国家如中国、菲律宾、缅甸、泰国等正努力将水牛转为乳用或肉用。不但发展中国家大力发展水牛业，一些发达国家也在努力开发利用水牛，如意大利、保加利亚、苏联等，甚至一些原来没有水牛的国家如英国、美国、以色列、澳大利亚、委内瑞拉、哥伦比亚等也引进水牛用于产奶。可见，世界水牛奶业得到了迅速的发展。

1. 产量稳定增长

据FAO统计，1970年以来，世界及主要国家水牛及水牛产奶量稳定增长。2014年世界水牛存栏量达到19 446.4万头，水牛奶总产量10 776.4万吨，其中亚洲为世界水牛主要生产地区，存栏量达到18 879.3万头，水牛奶总产量10 463.8万吨，分别占世界的97.08%和97.10%。1970—2014年，世界水牛数量增长了81.30%，而水牛奶产量增长幅度达到370.47%，其中亚洲水牛及水牛奶分别增长了80.71%和449.99%。印度和巴基斯坦仍是世界上最主要的水牛奶生产地区，产奶量占世界水牛奶产量的92.53%，其中印度已成为欧盟以外最大的奶源基地，2014年奶类总产量达到14 631.35万吨。意大利是增长最快的国家，水牛存栏量和产奶量分别从4.9万头和3.8万吨增长到36.94万头和19.45万吨（表13-1）。

表13-1　1970—2014年世界及主要国家水牛存栏及产奶量统计表　（万头、万吨）

年度		世界	亚洲	印度	巴基斯坦	菲律宾	意大利	中国
1970	存栏	10 726.3	10 447.4	5 611.8	934.5	443.2	4.9	1 571.3
	产奶量	1 959.4	1 851.7	1 144.0	516.8	1.3	3.8	101.0
1980	存栏	12 149.4	11 808.5	6 607.0	1 154.7	287.0	8.9	1 844.0
	产奶量	2 752.5	2 618.0	1 735.8	638.3	1.7	6.7	139.0
1990	存栏	14 818.4	14 330.2	8 057.0	1 737.3	276.5	11.2	2 142.2
	产奶量	4 407.6	4 276.2	2 905.7	1 066.2	0.5	4.3	190.0
2000	存栏	16 411.4	15 939.4	9 383.1	2 266.9	302.4	18.2	2 259.6
	产奶量	6 650.0	6 432.5	4 342.8	1 691.0	—	13.5	265.0
2010	存栏	18 818.5	18 278.5	10 737.5	2 941.3	327.0	36.5	2 360.2
	产奶量	9 218.4	8 934.5	6 235.0	2 227.9	—	17.7	305.0
2014	存栏	19 446.4	18 879.3	11 000.0	3 455.3	284.4	36.9	2 334.8
	产奶量	10 776.4	10 463.8	7 471.0	2 500.1	—	19.5	310.0

资料来源：FAO

2. 良繁体系完善

印度现有33个育种场（其中摩拉水牛测定中心13个），从原来单一的摩拉水牛品种发展到几乎涵盖所有的印度水牛品种，种公牛冻精站49个，其中有38个获得ISO认证，建成了全国性的水牛育种管理数据库，现有21 700头种公牛，其中3 000头种公牛进行了后裔测定，600~1 000头摩拉公牛和150~200头其他品种的公牛用于精液生产和育种改良。巴基斯坦主要对尼里-拉菲和昆迪（Kundi）两大水牛品种开展选育工作，设立了国家水牛研究和推广机构，建有国家尼里-拉菲水牛原种场和种公牛冻精生产中心，将各养殖户（场）组织起来建立各地区的育种协会，培育出的尼里-拉菲水牛经常在国际比赛中获得头奖。意大利从20世纪80年代后期至90年代初开始实行水牛育种登记制度，一般良种水牛纯繁场只有1%的公牛才有可能被评为优秀公牛，现已注册水牛种公牛站20个，每站平均饲养种公牛约14头。菲律宾1996年开始先后从保加利亚购回3 000多头摩拉水牛，除600多头留在国家水牛基因库外，其余的分到全国各地的农村奶业合作社饲养，每年生产500头遗传价值较高的种公牛。为了加快水牛的遗传改良进程，菲律宾水牛中心在总部建立了胚胎生物实验室，并于2000年在印度Maharastra设立实验室，年产河流型水牛胚胎4 000枚，将胚胎冷冻保存后运回菲律宾进行移植，目前已育成几十头具有优秀遗传性状的摩拉水牛。

3. 生产性能提高

目前意大利地中海水牛年均产奶量为2 200~4 000千克/头（270天），乳脂8.0%，蛋白质含量为4.2%~4.6%。印度摩拉水牛年均产奶量为1 894千克/头（305天），乳脂7.2%，贾法拉巴迪水牛年均产奶量为1 800~2 700千克/头（305天），乳脂达8.5%。巴基斯坦的昆迪（Kundi）水牛年均产奶量为2 000千克/头（320天），乳脂7.0%，蛋白含量为4.6%，尼里-拉菲水牛平均产奶量1 925千克（282天）。巴基斯坦尼里-拉菲水牛最优秀母牛最高泌乳量达5 337千克（408天）和4 300千克（285天），印度摩拉水牛4 000千克（305天），意大利地中海型水牛5 962千克（270天）。因此，只要加强水牛的选育和饲养，水牛奶单产将会有更大的突破，以改变人们认为水牛属于低产奶畜的传统观念。

4. 研发机构健全

印度农业研究理事会（ICAR）是全国性的农业科研协调机构，隶属于联邦政府农业部研究和教育局。印度在ICAR下设“中央水牛研究所”“国家奶业研究中心”和“国家动物遗传资源局”等科研机构，主要参与印度水牛的育种管理、后裔测定和遗传改良等工作，印度绝大部分邦和县也都建立了水牛科研推广机构。意大利现有国家水牛育种协会、国家水牛精液质量监测中心等组织或机构，主要负责水牛育种登记、良种水牛冻精质量监测及推广等，种牛的后裔测定是由国家育种协会批准，并给予约占总支出30%的经费补助，同时，意大利农业研究与农业经济委员会下设的生物和畜牧部（CRA-DPA）CRA-PCM研究中心也开展水牛的科学研究工作。菲律宾成立了水牛中心，专门负责全国水牛的开发利用工作，有13个分支机构组成全国性机构。

5. 发展模式成熟

除著名的印度“阿南德模式”外，一些国家也取得了较好的发展模式。巴基斯坦将各养殖户组织起来建立各地区水牛育种协会等较完善的服务体系和合作组织，建立了生产、收购、加工、营销，服务一体化的水牛奶业体系，水牛生产以农村家庭生产、农村小规模牛场和农村中等规模牛场为主，80%的水牛鲜奶来自农村生产。意大利主要是以大型农场为主体进行水牛饲养，一般饲养规模在300~500头，水牛奶酪加工厂依托水牛养殖场，每个加工厂收购方圆20~25千米范围的农户和农场的水牛奶，用来加工奶酪或农场主自办奶酪加工厂，目前全国有500多家奶酪加工厂，通过奶酪加工带动水牛奶业的发展。菲律宾共有奶业合作社76个，分布在全国13个地区，做得最好的是Nueva Ecija省，有奶业合作社36个，平均日产2 700~3 000升水牛奶，供应大马尼拉市场。

6. 产业发展趋势

2013年5月，第十届世界水牛大会暨第七届亚洲水牛大会在泰国普吉岛举行，大会主题为“绿色生产应对全球变暖”；2015年4月，第八届亚洲水牛大会在土耳其伊斯坦布尔举办，会议的主题是“全球经济环境下的可持续发展”；2016年11月，第十一届世界水牛大会在哥伦比亚卡塔赫纳举行，大会主题为“从热带到世界”。因此，未来水牛产业发展除进一步开发水牛生产性能外，发展重点应坚持“生态、循环、增效”的理念，实现农业立体生态循环发展。

二、国外水牛产业科技创新现状

目前国外水牛产业采用的关键技术还是来源于奶牛产业，尤其是现代育种技术已在意大利、印度等国普遍应用，主要是从扩繁种群数量和推进水牛遗传进展的角度出发，参照奶牛的发展模式，重点研发水牛繁育相关的生物技术，即精液生产和人工授精、胚胎生产与移植、精液性控技术和分子育种技术，成效显著。

意大利：现有国家水牛育种协会、国家水牛精液质量监测中心等组织机构，主要负责水牛育种登记、良种水牛冻精质量监测及推广等；种牛的后裔测定是由国家育种协会批准，并给予一定的补助经费。意大利地中海水牛属于河流型水牛，至2012年年底水牛存栏量达34.9万头，比1999年17万头增长了105.3%（FAO，2013），其中注册水牛约40 000多头，年平均产奶量为2 200~2 600千克/头（产奶时间为270天），乳脂率为8.5%~10%，蛋白质含量为4.50%~5%。水牛的饲养主要以大的农场为主体，饲养规模大多在500~1 000头的规模，挤奶牛占存栏规模的45%左右。目前意大利注册水牛种公牛站 20 个，每站平均饲养种公牛约 14 头。一般育成公牛在 12~15 月龄，其母亲产奶量在 3 000千克以上、体型外貌符合品种标准、生长发育良好的优秀个体，集中在意大利水牛育种协会的隔离场进行疫病检测，测定的时间为 5 个月，经过隔离检测，达到标准的优秀育成公牛，才能送到良种水牛冷冻精液制作中心进行采精生产，开展后裔测定，一般良种水牛纯繁场只有 1%的公牛才有可能被评为优秀公牛。这种模式有效地集中全国力量，相互协调，形成了意大利水牛遗传改良网络，最大限度地促进了其产业的快速发展，这也是当前意大利水牛遗传育种处于世界领先水平的一个重要保障，同时也为其他水牛养殖大国树立了很好的榜样。

印度：由印度中央水牛研究所牵头的“Network project on buffalo improvement”项目，主要对公牛进行后裔测定，该项目自 1993 年实施以来，从最初的 6 个摩拉水牛品种后裔测定中心，发展到目前的 33 个育种场（其中摩拉水牛测定中心 13 个），从单一的摩拉品种发展到几乎涵盖所有的印度水牛品种，49 个冻精公牛站，其中有 38 个冻精站获得 ISO 认证，建成了全国性的水牛育种管理数据库，现印度水牛已注册的有 12 个品种（Borghese，2013）。目前，印度有 21 700头种公牛，其中有 3 000头种公牛进行了后裔测定，有 600~1 000 头摩拉公牛和 150~200 头其他品种的公牛经选择后用于精液生产和育种改良，这种模式有效地促进了印度水牛的遗传改良及其产业的发展。但还远远达不到要求，据估算，印度每年需要 5 000~6 000 头公牛用于精液生产才能满足人工授精普及率达到 20%的需求。

三、国外水牛产业发展和科技创新的经验及对我国的启示

从世界范围看，不论是发达国家还是发展中国家，奶水牛业也是可以培育成为一个大的产业。

1. 印度——推行“白色革命”，成为世界产奶大国

发展中国家最成功的是印度。印度是世界上饲养水牛最多的国家，现存栏牛 2.83 亿头，其中水牛 1.1 亿头，占全世界水牛总数的50%以上，平均每户奶农有 1.2 头奶牛，其中成年母牛（奶水牛）5 100万头。在印度农村由于合适的工作机会很少，使得养牛产奶成为许多农户不错的选择。由于资本密集度低、经营周期短，加之收入稳定，使养牛产奶成为贫困农户以及耕地较少的农户的首选，对那些无耕地的农户更是如此。

从 1970 年开始，印度政府将奶业当作一个关系国计民生的支柱产业来培育，制定一系列的优惠政策支持奶业发展，在资金和技术等方面给予大力支持，对牛奶的加工和销售实行免税，并利用国际组织援助的机会，发起了著名的“洪流行动”，扶持、推广世界上最好的发展中国家发展水牛最好的奶牛生产合作社即“阿南德模式”，把分散的奶农有效地组织起来，建立了“村牛奶合作社—地区联合会—总联合会”的组织形式，以乳品加工厂为核心，形成产前、产中、产后配套服务的产加销一体化体系，从乳品加工的利润中，提留 40%用于扩大再生产，其余 60%返还给生产者，一部分作为奶农股份和交售奶量的红利，另一部分用于补贴各种免费和优惠的社会化服务，这极大地调动了奶农、企业发展奶水牛的积极性，从而使印度的奶水牛产业得到了快速持续的发展。经过短短的 30 年，印度一跃而成为世界第一奶业生产大国。全国产奶量从 1970 年的 2 722万吨增长到 1999 年的 7 400万吨，2007 年水牛奶总产量 5 696万吨，占世界水牛奶产量的 66.7%，占世界奶类总产量的 8%。

印度与我国相毗邻，同属发展中国家，印度能做到的事，中国也应能做到。

2. 意大利——优质特色水牛奶酪占领市场的典范

在整个欧盟国家中对荷斯坦牛实行奶产量限制，而水牛奶则无任何限制。发达国家意大利用十年的时间，水牛数量从 1992 年的 8.3 万头增加到 2007 年的 23.1 万头，增长了 178%；水牛奶产量由从 1992 年的 5.17 万吨增加到 2007 年的 20 万吨，增长了 287%。其中，国家登记注册的水牛农场（户）为 287 个，登记注册的水牛 3.7 万头，占产奶水牛的 27.8%。经过多年的选育全国水牛

年均产奶量达 2 175千克，比 20 世纪 30 年代 1 200千克 提高近一倍，乳脂率 8.37%、蛋白质 4.80%，其中年产奶量达到 3 000千克以上水牛占 13.3%，4 000千克以上的水牛 3 000～5 000 头，优秀个体达到 5 900千克，成为世界优秀乳用水牛品种。

意大利农场主根据水牛奶的干物质高、乳脂肪高、乳蛋白质的高理化特性，研制出市场竞争力极强的优质特色意大利水牛系列奶酪，如鲜奶酪、发酵奶酪、混合奶酪等，而且奶酪产出率是水牛育种的主要指标之一。意大利 Mozzarella 奶酪生产历史 300 余年，目前水牛奶全部用于加工水牛奶酪，是典型的意大利食品如比萨的重要组成部分。Mozzarella 奶酪分为三种，即完全用水牛奶生产的 Mozzarella、水牛奶和黄牛奶生产的混合型 Mozzarella 和完全用黄牛奶生产的 Mozzarella。完全用水牛奶生产的 Mozzarella 是世界上最好的奶酪之一，在欧盟获得“Mozzarella di Bufala Campana”原产地保护，即在原产地（拉齐奥和坎帕尼亚）放牧饲养的水牛产出的水牛奶，运用已在这些地区采用了几个世纪的特有的手工加工技术生产的水牛奶酪，才能称为“Mozzarella di Bufala Campana”，其余两种不能称为原产地保护的 Mozzarella。Mozzarella 奶酪的产出率是荷斯坦牛奶的 2.5 倍，市场价是荷斯坦牛奶奶酪的 3 倍以上，出厂价为 12～15 欧元。

3. 水牛乳肉兼用是今后很长时间的发展方向

2002 年，世界平均水牛奶畜单产由 1994 年的 1 213 千克/头提高到 1 438 千克/头。印度摩拉水牛平均产奶量达 1 900千克，优秀群体 2 346千克；巴基斯坦的尼里/拉菲水牛平均产奶量 1 925千克（282 天）；意大利最优秀水牛群平均产奶量 3 608千克（281 天），乳脂 8.8%、蛋白质 4.4%；保加利亚水牛平均产奶量 2 083千克，乳脂率 7.49%。因此，只要加强杂交水牛的培育和饲养，水牛奶单产将会有更大的突破，改变人们认为水牛属于低产奶畜的传统观念。

国际水牛联合会（IBF）组织的世界水牛大会迄今已经开了 11 届，由此说明，水牛正受到世界上更多国家的关注和重视。目前，水牛奶业较发达的印度、巴基斯坦继续努力提高水牛产奶量，同时，许多以役用为主的国家如中国、菲律宾、缅甸、泰国等正努力将水牛转为乳用或肉用。不但发展中国家大力发展水牛业，一些发达国家也在努力开发利用水牛，如意大利等，甚至一些原来没有水牛的国家如英国、美国、以色列、澳大利亚、委内瑞拉、哥伦比亚等也引进水牛用于产奶。可见，世界水牛奶业得到了迅速的发展。

第二节　我国水牛产业发展概况

一、我国水牛产业发展现状

（一）我国水牛产业重大意义

1. 发展南方现代农业，提高农业综合生产能力的重大战略举措

发展现代农业，必须按照高产、优质、高效、生态、安全的要求，加快转变农业发展方式，推进农业科技进步和创新，加强农业物质技术装备，健全农业产业体系，提高土地产出率、资源利用率、劳动生产率，增强农业抗风险能力、国际竞争能力、可持续发展能力。

现代农业的主体是畜牧业，发达国家的畜牧业在农业中的比重一般均超过 60%，畜牧业中的主导产业是奶业，奶业是世界公认的节粮、经济、高效产业，占现代农业总产值的 20%以上，牛奶业和它的嫡亲产业——肉牛业两项产值占农业总产值的 40%以上。因此，奶业的发达程度已经成为现代化农业的重要标志。

我国畜牧业经过了近三十年的高速发展，肉、蛋的生产已名列世界第一，然而现代农业产业结

构尚未建立，农业现代化水平仍然很低，其根本原因之一在于奶业的极端落后。我国种植业比例过大，畜牧业只占农业总产值30%左右。

我国水牛属沼泽型，传统以役用为主，长期以来对我国农业生产作出了不可替代的作用。但随着我国农业机械化水平的提高，水牛作为役畜的利用价值直线下降。国内外的实践证明，用河流型水牛改良沼泽型水牛，充分开发乳用性能和经济潜力，既是近半个世纪以来国际水牛业的发展方向，也是我国水牛继续发展的最佳出路。

广西壮族自治区（以下简称广西）、云南、湖北等地已选育出接近纯种的优质奶水牛，杂交一代年产奶量达到1 200~1 500千克，杂交二代达到1 800千克，杂交三代达到2 200千克，乳中干物质高、蛋白质高、脂肪高。以杂交二代母牛产奶量计算，年可产出蛋白质76千克，相当于亩产500千克2亩多的玉米产量的蛋白质。同时，发展奶业必须要奶牛饲养业和乳品加工业同步发展，协调发展，同时饲料生产、良种培育、奶牛饲养、牛奶收购、冷链贮运等各产业必须同步推进，奶业的上游和下游都有丰富的产业群。因此，奶水牛产业链之长，产业关联度之高，是农业产业结构内其他产业所难以比拟的，奶水牛产业将是一、二、三产业共同发展的联动产业。

因此，大力发展南方水牛奶产业，并做大做强，使逐步退出农业生产历史舞台的水牛这一丰富的存量资源转化为经济优势，是调整农业结构，推进南方现代农业发展，提高农业综合生产能力，特别是保障食物供给、促进农业增效、农民增收的重大战略举措。

2. 加快南方地区农村经济结构战略性调整的具体行动

全国现有水牛2 236万头（能繁母牛886万头），是全球水牛存栏量第三，然而一直以来由于没有得到科学合理的开发利用，水牛应有的价值没有充分体现出来。如何将这批丰富的存量资源转化为经济优势，让卸下犁耙的南方水牛再次负起增加农民收入、振兴农村经济、强壮中华民族的重任，是摆在当前和今后一段时期的重要课题之一。因此，做大做强南方水牛奶产业不仅可以盘活南方现有的奶水牛存量资源，实现“以空间换时间、以存量换增量、以资源换产业”发展战略思路，促进南方畜牧业增效，农民增收。

近几年来广西、云南、湖北等地水牛奶产业开发实践证明，农村发展奶水牛，将农民家中现有的水牛由役用转为乳肉兼用的商品牛，投资少、技术容易掌握，经济效益显著，是未来一段时期内快速增加农民现金收入的重要途径。但随着我国农业机械化水平的提高，水牛饲养数量的增加，水牛作为役畜的利用价值直线下降。以广西为例，1980年每头役牛负担耕地面积为14.49亩，到2002年每头役牛仅负担7.55亩耕地的劳作，年使用时间不足2个月。但是从积极的角度看，如果我们往其中注入科技含量，进行品种改良，深挖其产奶潜能，则又是一笔潜力巨大的难得资源。如果全国能繁母水牛泌乳期产奶量达到1.5吨，总产奶量可达1 200万吨，如果每头产奶量达到2吨，总量可达到1 600万吨，按干物质含量折算成荷斯坦奶，分别是1 698万吨和2 272万吨，可使农民增加240亿~360亿元收入，通过加工增值，总产值应在1 200亿~1 600亿元，真正成为南方农村经济的支柱产业。

3. 全国范围内奶产业重新布局的需要

从全国奶业区域布局上看，我国奶业分布北重南轻的特点鲜明。2015年，我国乳牛存栏1 470万头，达到历史最高水平，其中北方地区占90%，南方地区占10%，牛奶总产量3 725万吨中北方地区占88%，南方地区只占12%，而我国人口中，北方占42.5%，南方则占57.50%。我国南北方奶业区域布局严重失衡，北方生态环境、资源存量制约了奶牛生产规模的扩大，“北奶南运”不是解决南方乳品消费市场的根本办法，从奶业战略安全以及构建和谐高效奶业生产、消费体系的角度出发，从科学、技术、区域创新的战略需要，从构建新的奶源基地都必须大力发展以奶水牛为主的南方奶业。

（二）我国水牛产业生产现状

1. 品种资源丰富

目前我国共有水牛品种28个，其中地方品种26个，引进品种2个。地方品种（不包括上海水牛和台湾水牛）为海子水牛、盱眙山区水牛、信丰山地水牛、鄱阳湖水牛、峡江水牛、江汉水牛、恩施山地水牛、信阳水牛、陕南水牛、德昌水牛、宜宾水牛、涪陵水牛、贵州水牛、贵州白水牛、兴隆水牛、东流水牛、福安水牛、富钟水牛、西林水牛、盐津水牛、滇东南水牛、德宏水牛、槟榔江水牛、温州水牛、滨湖水牛、江淮水牛等，引进品种为摩拉水牛、尼里-拉菲水牛。2015年2月，广西华胥公司从澳大利亚引进了地中海水牛59头（公牛10头，母牛49头），加上湖北省畜禽育种中心从澳大利亚引进了45头原种地中海水牛母牛活体，我国也成为世界唯一拥有三大乳用河流型水牛的国家。

2. 改良进度加快

2006年国家开始实施奶牛良种补贴项目，广西、云南作为全国首批奶水牛良种补贴项目试点区，共20个县实施奶水牛良种补贴20万头，提供项目冻精的种公牛站3家，供精种公牛79头。2008年后继续扩大实施范围，2010年扩大到广西、云南、安徽、福建、河南、湖北、广东、海南、贵州等9省（区），补贴数量达到43万头，全国有资质提供水牛冻精的种公牛站共6家，分别是广西畜禽品种改良站、云南恒翔家畜良种科技有限公司、大理白族自治州家畜繁育指导站、武汉兴牧生物科技有限公司、湖南光大牧业科技有限公司、贵州省家畜冷冻精液站，供精种公牛130头。2015年继续在广西、云南、安徽、福建、河南、湖南、湖北、贵州8省（区）补贴52万头奶水牛，供精种公牛站7个，分别为广西畜禽品种改良站、云南恒翔家畜良种科技有限公司、大理白族自治州家畜繁育指导站、安徽天达畜牧有限公司、江西天添畜禽育种有限公司、武汉兴牧生物科技有限公司、湖南光大牧业科技有限公司，供精种公牛160头，其中摩拉水牛82头，尼里-拉菲水牛69头，槟榔江水牛9头。2013—2015年全国每年补贴52万头，累计已补贴配种本地母水牛156万头，按配种受胎率50%计，累计繁殖成活杂交水牛至少70万头，按12月龄的杂交水牛售价比同龄本地水牛高1 000元计，累计新增产值达到7亿元。

3. 规模养殖渐显

2014年，广西奶水牛存栏6.82万头（能繁母牛3.77万头），基本形成了以南宁市、钦北防（钦州、北海、防城港三市）、玉林市、来宾市四大水牛奶主产区，主产区奶水牛存栏6.71万头，占广西奶水牛存栏总数的96.36%，存栏50头以上的规模养殖场（小区）56个，共有存栏牛23 735头，占广西存栏总数的34.08%。云南全省存栏奶水牛43 178头，规模养殖主要集中在潞西市、盈江县、梁河县、陇川县、腾冲县、广南县和巍山县等地，50头以上的奶水牛规模养殖场共51个9 134头（能繁母牛5 987头），其中50~100头以上的规模养殖场22个1 583头，100~199头规模场9个1 183头，200~499头规模场17个4 745头；500~999头规模场3个1 886头。广东杂交奶水牛养殖户共793户6 032头，其中100头以上的有3户650头，20~99头31户1 681头，1~19头759户3 701头。福建的挤奶水牛主要集中在漳州市，挤奶杂种水牛7 573头，但以农户分散饲养为主，多数规模在1~5头，最大的饲养户饲养71头奶水牛。此外，湖北、贵州、浙江等地也有小规模杂交水牛挤奶。

4. 加工特色突出

广西、云南的水牛奶加工业发展迅速，具有一定的基础。广西主要有广西皇氏甲天下乳业股份有限责任公司、广西灵山百强水牛奶乳业有限公司和广西壮牛水牛乳业有限责任公司3家专业从事水牛奶加工，2006年8月广西皇氏甲天下乳业股份有限公司“纯鲜水牛奶”产品通过出口检验开始出口香港，2010 年 1 月广西皇氏甲天下乳业股份有限责任公司在深圳证券交易所正式挂牌上市，成为在国内上市的第 4 家乳制品加工企业。云南省主要有腾冲艾艾乳业、大理来思尔乳业、芒市祥祥乳业、文山谷多公司 4 家企业从事水牛奶加工，开发出乳饼、乳扇及发酵型奶酪等民族特色产品。此外，民间传统水牛乳制品在广东、浙江、福建沿海地区已有 100 多年的历史，如奶饼、姜汁奶、酸皮奶、奶豆腐、炸牛奶、炼乳等，但多属于小规模、作坊式生产。

5. 科技成果显著

2000 年以来，我国在水牛种质资源、纯繁选育、杂交改良、冷冻精液生产、繁殖技术、饲养管理、乳品加工、牧草新品种选育研究以及水牛奶业综合开发等方面获得了多项科技成果及重大科研突破，选育出的优良杂交水牛群体平均产奶量达到 2 200千克，有些成果填补了我国水牛研究中的空白，部分研究领域达到国际先进水平，如水牛良种扩繁技术上取得 10 项重大突破，建立了一套高效的水牛胚胎体外生产和胚胎移植技术体系，获得世界首例亚种间克隆水牛、首例冷冻胚胎克隆水牛等标志性成果，水牛 XY 精子分离技术已在广西中试推广，母犊率 89. 03%，性控冻精人工授精配种情期受胎率 41. 99%。

二、我国水牛产业发展机遇与面临挑战

（一）发展优势

1. 优良的生物特性

水牛是一种古老而又尚未得到开发的特殊生态畜种，培育程度较低，最适宜的生长环境是热带、亚热带地区，具有耐高温高湿、耐粗饲、性温驯、易饲养、疾病少、使用年限长（10~15 年）等优良的生物学特性，对稻草粗纤维的消化率为 79. 8%，比黄牛高 15. 6%，更适宜在南方高温高湿的环境中饲养。

2. 巨大的生产潜力

我国本地水牛产奶量为 700~800 千克，漳州本地水牛年产奶量达到 799. 5 千克，优秀个体超过 1 000千克；温州本地水牛年产奶量达到 896. 5 千克（280 天），优秀个体超过 1 200千克，乳脂率 9. 5%~10. 5%。杂交一代水牛年平均产奶量为 1 200千克，杂交二代 1 500~1 800 千克，优秀个体可达到 3 000千克；2 岁育肥杂交公牛体重 400 千克，屠宰率 50%以上。因此，只要把我国本地水牛改良成为杂交一代或二代乳肉兼用型水牛，在不增加饲养量的基础上，可为市场提供更多的乳肉产品。

3. 丰富的饲草资源

北方草原生态形势发生新变化，草原畜牧业发展进入到主要依靠人工饲草的新状态。而我国南方天然草山近 10 亿亩，每可提供 3 000 亿~25 000 亿千克的青草，如加强管理，通过培育、改良和补播，产草量还可大幅度提高。同时南方地区光水热条件优越，农作物和经济作物种植广泛，品种繁多，每年产下的秸秆 3 万吨以上，但利用率仅 25%~30%。据估算，南方的草山和秸秆可支撑 5 000万头牛的饲养量。

4. 高值的加工特色

水牛奶总干物质达到 18%~21%，蛋白质在 4%~6%，脂肪为 6%~8%，酪蛋白含量高，富含脂肪及生物保护因子，乳化特性好，特别适合加工优质的奶酪等乳制品。意大利 100 千克水牛奶可产 25 千克 Mozzarella 奶酪以及 5 千克 Riccota 乳清奶酪，是荷斯坦牛奶的 2 倍（初级奶酪）；1 千克水牛奶酪 20 欧元，是荷斯坦奶酪的 3~5 倍。

5. 本土的养殖优势

发展奶水牛，对农民而言，奶水牛投资少，生产成本低，条件要求简单，饲养技术容易掌握，能充分利用现有的资源包括牛、饲料、人力资源。近几年广西的实践证明：平均一头单产 1 200千克的奶水牛可获利 2 000~4 000 元，是快速增加农民现金收入的重要手段。

（二）发展劣势

1. 资金投入不足，发展基础薄弱

社会各界对水牛奶业还欠缺系统和全面的认识，业界以及各级政府部门对奶水牛生物学特征、产业发展的独特规律性和重要性、长期性、艰巨性的认识不到位，有的甚至机械地将其与荷斯坦奶业作简单的产奶量比对，得出消极结论，导致各方的关注和投入都不到位。虽然决策层对发展水牛奶业的认识有所提高，但还没有真正到位，直接导致缺乏长远规划指导，产业发展大多停留在口头上，缺少具体措施和行动，扶持政策不连贯，缺少长期、稳定的政策支持。

2. 优质种源不足，良繁体系滞后

截至 2013 年，我国河流型良种水牛繁育基地主要集中在广西和云南，但我国未有从事河流型良种水牛选育的大型企业或育种协会。广西水牛研究所水牛种畜场存栏摩拉水牛 321 头，尼里-拉菲水牛 296 头；广西畜禽品种改良站存栏种公牛 105 头，其中采精公牛 72 头，年产冻精 80 万支。云南省内种牛主要集中在云南省冻精站和大理白族自治州家畜繁育站，存栏种牛 51 头，年产冻精 28 万支，云南省腾冲县巴富乐槟榔江水牛良种繁育场饲养槟榔江水牛 623 头。这些种源面对全国 800 多万头母牛显得杯水车薪。

3. 役用价值降低，资源逐年减少

农机化的普及降低了水牛的役用价值，以广西为例，1980 年每头役牛负担耕地面积为 14.49 亩，到 2002 年每头役牛仅负担 7.55 亩耕地的劳作，年使用时间不足 2 个月，加上近两年牛肉涨价，不少本地母牛被当作肉牛出售，母牛资源呈下降趋势。此外，不少农民把杂交犊牛当作肉牛出售，造成大量杂交母牛流失，导致杂交母水牛数量难以大幅度提高甚至下降。

4. 周期长、见效慢，投资大、筹资难

水牛生产养殖周期长，一头公水牛犊饲养到可配种一般要 3 年时间，而一头母水牛犊饲养到可产奶至少要 4 年以上，造成投入资金回收周期长。目前购买一头成年母水牛一般要 2 万元，1 岁的良种公水牛要 1 万多元，将一头小母水牛饲养到成年母水牛最低成本也得 0.8 万元以上，仅靠农民自身积攒资金发展壮大奶水牛养殖业相当困难。

5. 规模小牛分散，标准化水平低

水牛历来是家庭饲养，分散在千家万户中，如广西饲养 10 头以上规模的仅 229 户，占全区奶水牛饲养户数的 1.5%，“规模小，牛分散，产量低”明显。相对荷斯坦奶牛而言，挤奶水牛数量少，规模化生产程度低，优势区域尚未形成，标准化生产水平低，产奶水牛生产性能未能完全发挥。

（三）发展机遇

1. 国家政策支持有力

2015 年中央一号文件指出：当前我国经济发展进入新常态，农业受生产成本快速攀升和大宗农产品价格普遍高于国际市场的“双重挤压”，还面临农业资源短缺，开发过度、污染加重等资源环境硬约束的挑战，需要破解如何在城镇化深入发展背景下加快新农村建设步伐、实现城乡共同繁荣难题。面对这些复杂严峻形势，中央提出我国农业必须尽快从主要追求产量和依赖资源消耗的粗放经营转到数量质量效益并重、注重提高竞争力、注重农业科技创新、注重可持续的集约发展上来，走产出高效、产品安全、资源节约、环境友好的现代农业发展道路。并要求深入推进农业结构调整，加快发展草牧业，支持青贮玉米和苜蓿等饲草料种植，开展粮改饲和种养结合模式试点，大力发展草食畜牧业，促进粮食、经济作物、饲草料三元种植结构协调发展和种植养殖有机循环发展。

2. 奶业新常态下的机遇

回顾2014年，我国牛奶总产量增长，乳品消费市场疲软，乳制品加工出现负增长，乳制品进口依存度加大，生鲜乳价格下降，卖奶难、倒奶、杀牛等现象在我国多省市频频传出，大批小养殖场特别是散户将要退出中国奶牛养殖的历史舞台。由此看来，我国奶业将长期面临国际廉价乳制品的竞争，综合目前的发展形势，转型升级就是解决当前困难的最好方法。大力开发差异化的奶类动物资源是转型方式之一，在我国南方发展耐热的奶牛品种，可借鉴印度和巴基斯坦的经验，大力开发和利用丰富的水牛资源，把更多的水牛改良成奶水牛或乳肉兼用水牛，可有效改变消费和供给的不平衡。

3. 高端产品市场需求空间大

奶酪和功能性发酵乳为推动全球乳品市场增长因素的主导产品。如奶酪消费最多的国家希腊和丹麦，人均年消费奶酪30千克和28千克，欧美国家约为20千克，2010年，中国人均奶酪消费量仅30克。根据相关数据分析，中国每年奶酪需求量估计为5 000~8 000吨，但由于生产奶酪的企业很少，奶酪产量仅1 800吨。另外，中国的乳制品企业很多，市场上的奶酪形成了“洋品牌”领跑中国市场的格局，近几年我国奶酪进口量年均递增30%左右，其中以奶水牛原料制作的意大利品牌奶酪独占鳌头，而中国奶酪加工企业市场份额仅占12.7%。

4. 国际合作的前景

2015年4月，广西水牛研究所与意大利农业研究委员会动物生产与遗传改良研究中心签订《中意水牛联合研究中心科技合作备忘录》，成立中意水牛联合研究中心，搭建合作研究平台，利用双方的科研团队和硬件设施构建一个科技运营网络，孕育并完成相关水牛科技及相关领域的合作项目，重点内容是：水牛遗传繁育研究；水牛繁殖生物技术研究；水牛营养与饲料开发技术研究；水牛奶质量安全控制技术和乳制品开发研究。

（四）面临挑战

1. 思想认识还没有真正到位，缺少长期稳定的政策支持

社会各界对水牛奶业还欠缺系统和全面的认识，业界以及各级政府部门对奶水牛生物学特征、产业发展的独特规律性和重要性、长期性、艰巨性的认识不到位，有的甚至机械地将其与荷斯坦奶业作简单的产奶量比对，得出消极结论，导致各方的关注和投入都不到位。虽然决策层对发展水牛奶业的认识有所提高，但还没有真正到位，直接导致缺乏长远规划指导，产业发展大多停留在口头上，缺少具体措施和行动，扶持政策不连贯，缺少长期、稳定的政策支持。

2. 企业与农民利益联结机制不成熟，制约农民积极性的发挥

多数企业虽然建立有自己的养殖基地，但原料奶生产仍满足不了加工的需要，大部分原料奶还要从农民手中收购。而奶农组织化程度低，加工企业没有形成利益一致的水牛奶加工企业联盟，加工企业和奶水牛养殖户没有形成良性的产业战略合作机制，农民与企业利益分配不均的两张皮的矛盾，严重制约奶水牛产业的发展。

3. 产业技术支撑体系建设薄弱，科技贡献率有待提高

主要表现在科研基础设施和队伍有待加强提高，技术推广服务体系不稳定，基层技术队伍水平

不高；水牛科技投入少，从事水牛科研和技术推广领域的队伍不足，新成果少，技术推广经费不足；大型乳品加工企业的参与程度不高，没有发挥龙头带动作用。

4. 养殖用地紧张，环保约束压力加剧

畜牧业发展的制约因素发生新变化，规模化养殖进入到用地和环保双重制约日益趋紧的新状态。过去很多土地属农村集体所有，现正逐步将土地确权给农户，用地将更难，养殖空间越来越小，有的地方政府甚至出台一些限养禁养的措施；同时环保约束将越来越严，环保法和规模养殖场污染防治条例均有明确严格的要求，而水牛粪便的排泄量较多，粪、尿等排泄物、畜禽尸体可能造成水、空气、土壤等资源的污染。

5. 大宗畜产品价格倒挂，价格和成本双重挤压

2014 年以来，国内外畜产品价格比发生新变化，畜产品市场进入一个价格倒挂、差距不断拉大、进口产品冲击不断加剧的新状态，许多畜产品包括猪肉、牛肉、羊肉及牛奶等，国内外的价格倒挂现象非常严重；价格上涨的空间受到限制，尤其受到国外进口产品价格的打压，成本会不断地提高，双向挤压将导致生产效益下降。2015 年 1 月，农业部奶业管理办公室和国家奶牛产业技术体系共同组织的 2014 年度奶业发展座谈会上，国家奶牛产业技术体系首席科学家李胜利教授指出，国际经济滞涨背景下的奶业，卖奶难的症结首先是世界大宗产品的价格下降，导致国际奶业整体形势供大于求；其次世界奶业在波动中走高；而后新西兰奶牛存栏量的逐年增加，导致的奶价下降 50%以上。

第三节　我国水牛产业科技创新

一、我国水牛产业科技创新发展现状

（一）国家项目

2005 年《全国奶业“十一五”发展规划和 2020 年远景目标规划》第一次把奶水牛业的发展列入国家发展规划中，在区域布局中把全国划为五大奶业片区，明确把南方奶业产区确定为奶水牛发展类型。此后，广西水牛奶业的发展得到了国家重视，陆续得到科技部、农业部等部门的重视，“十一五”国家科技支撑计划《奶业发展重大关键技术研究与示范》项目把《奶水牛杂交改良技术研究与南方优质饲草生产体系的建立》课题列入其中，“十二五”国家科技支撑计划“乳制品综合加工技术与质量安全控制体系”项目也把水牛乳作为特色乳列入“特色乳资源研究开发与产业化示范”课题，国家国际科技合作项目、国家自然科学基金以及 863、948 等也陆续下达有关水牛的科研项目和课题，主要在广西实施，但作为南方地区数量巨大的畜种，与其他畜种相比，支持力度仍显不足。

（二）创新领域

1. 超数排卵和同期发情

（1）超数排卵和同期发情。常用于水牛超排的促性腺激素有 PMSG（孕马血清促性腺激素）和 FSH（促卵泡素）。PMSG 和 FSH 用于水牛超排处理的反应已有很多试验研究，几乎所有的实验结果都表明 FSH（总剂量为 30~50 毫克）的超排效果优于 PMSG（总剂量为 2 000~3 000 国际单位），每次超排获得有效胚胎的数量是 2.09 : 0.56。

国内对水牛同期发情技术的应用做了一些研究，已发展了多种同期发情方法用于诱导水牛的发

情和排卵，如孕酮法、两次 $PGF_{2\alpha}$法等。研究表明通常有优势卵泡和黄体存在时处理成功率较高，在繁殖季节同期发情的效果较好，在发情季节，结合使用孕酮可提高受胎率。蒋如明等（2003）应用孕酮阴道栓结合氯前列烯醇（CIDR＋PGc）诱导本地母水牛同期发情，同期发情率高达85.13%，单独应用氯前列烯醇（PGc）或孕酮阴道栓（CIDR），同期发情率也分别达到64.18%、73.01%。而和占星等（2005）运用国产氯前列烯醇处理云南水牛的胚胎移植试验时，供、受体的同期发情率均较低，只有43.33%。

（2）水牛胚胎体外生产研究。近二十年来，水牛体外胚胎生产取得了较大的进步，但生产效率仍然较低，国内所报道的水牛卵母细胞的成熟率、卵裂率和囊胚率分别为51.7%～80%、52.7%～60%和18.5%～28.8%。

关于水牛活体采卵——胚胎体外生产目前主要在广西水牛研究所开展，黄右军等（2004）经活体采卵平均每头次获可用卵母细胞（3.18±2.89）枚，采集的可用卵母细胞以MC和SOF两种系统培养。受精分裂率和囊胚率分别为45.2%、30.6%和70.8%、18.8%。黄芬香等（2009）比较了不同季节的活采效果，发现季节之间卵母细胞可用率和受精卵分裂率没有差异，但秋冬季的囊胚率（27.09%）则明显高于春季的20.95%和夏季的20.45%。

水牛的成熟培养系统一般为含10% FBS的TCM199液中添加促性腺激素FSH、LH、类固醇激素E2、表皮生长因子（EGF）和硫醇类化合物β-巯基乙醇。水牛体外受精液中多添加肝素和咖啡因，而王启胜等（2001）在受精液和早期胚胎培养液中添加输卵管上皮细胞+颗粒细胞或牛磺酸，囊胚率分别为28.1%和20%，均极显著高于对照组。水牛受精卵的体外囊胚发育率在多数实验中都只达15%～30%，在培养水牛胚胎时除了少数研究使用化学成分明确的培养基外，大多数仍采用含有血清和体细胞的复杂培养液，并发现饲养层细胞有助于促进胚胎越过8～16细胞期阻滞。在胚胎培养液中加入IGF-1、胰岛素、重组BSA、EGF和ITS可提高囊胚发育率。

（3）水牛胚胎移植。与黄牛相比，水牛的胚胎移植受胎率较低。水牛体外生产的鲜胚移植受胎率最初仅有6%～13%，但亦有个别试验受胎率达到33.7%～66.7%。胚移受孕水牛3个月内流产比较严重，流产率有时达到40%～50%。黄右军等（2002）由2头经超数排卵处理的母水牛，授精后第5天非手术回收3枚囊胚，说明受精卵在体外发育速度比在体内发育慢，推测试管水牛胚胎移植的适宜时间，应是受体母牛站立发情后第4～6天。黄右军等（2004）在受体母牛发情后第4～6天进行胚胎移植，结果鲜胚受胎率：第4天为48.1%，第5天为28.0%，第6天为31.3%，平均为36.2%，说明在此段时间移植6～8天的体外胚胎（囊胚）是适宜的。以每头次2枚体外胚胎（鲜胚或冻胚）移植受体母牛，鲜胚移植受胎率为36.2%，产下21头试管水牛；冻胚移植受胎率为20.0%，产下3头冻胚试管水牛水牛。

（4）性别控制。自2004年开始，广西大学专家将水牛的精子分离后进行人工授精，产下母水牛的成功率94%，公水牛的成功率是91%。卢克焕等（2006）使用流式细胞分类仪分离X、Y精子，准确率达到90%以上，分离的精子用于体外受精，生产的胚胎移植后产下经XY精子性别控制的雌雄水牛双犊。

关于胚胎的早期性别鉴定，武建中等（2006）报道通过连续多重PCR方法扩增公牛特有的Sry基因以及公母水牛共有的水牛1.715卫星DNA序列，能够有效地对水牛早期胚胎进行性别鉴定。

（5）水牛体细胞核移植及转基因研究。水牛的体细胞核移植研究开始较晚，石德顺等（2005）报道了首例水牛体细胞克隆牛犊的诞生。核移植操作复杂，影响因素多，针对水牛体细胞核移植的供体细胞类型、供体细胞处理方法开展了大量的研究，这些研究都表明采用颗粒细胞（囊胚率为9.8%～22.5%）和胎儿成纤维细胞（囊胚率为8.7%～31.45%）的核移植效率好于耳成纤维细胞（囊胚率为7.0%～10.9%）；采用细胞处理可提高核移植效率，最佳处理方法为阿菲迪霉素和血清饥饿联合处理（囊胚率为21.3%~31.45%），其效果要好于单独的血清饥饿法（囊胚率为7.6%~10.6%）和接触抑制法（囊胚率为8.7%~9.5%）。

陆凤花（2005）探讨了电融合参数对水牛体细胞核移植效果的影响，最适宜的电融合参数为100伏/毫米，15微秒，3次电脉冲；将一头22岁摩拉公牛耳皮肤成纤维细胞的胚胎移植后，妊娠到第215天。石德顺等（2007）采用阿菲迪霉素和血清饥饿联合处理可有效将体细胞同步于G0/G1期，核移植重构胚的囊胚率为21.3%~22.2%；将42枚胚胎移植入21头受体，4头妊娠，产出并存活世界第一头克隆水牛犊。

杨炳壮等（2012）报道：2008年1月和2月，在广西水牛研究所分别诞生了世界首例亚种间（国外河流型水牛×本地沼泽型水牛）克隆水牛和世界首例冷冻胚胎克隆水牛。这一系列的重大成果，为开展水牛转基因克隆、开启水牛生物工厂和生物制药的新时代奠定了坚实的实验基础。

董克家等（2003）构建人FSHβ乳腺定位表达载体Plx-in-FSHβ，通过精子载体法，获得一头转基因水牛犊，并通过T—A克隆和测序分析检测了人FSHβ cDNA整合情况。韦精卫等（2008）以含neo和GFP基因双标记的水牛、黄牛胎儿成纤维细胞进行牛转基因体细胞核移植，所构建的重组胚，2-细胞阶段观察不到GFP的表达，4-细胞以后GFP的表达逐渐增强，在囊胚的内细胞团和滋养层细胞均可检测到GFP的表达，将黄牛同种转基因克隆囊胚进行移植，获得1例妊娠；并且异种核移植重组胚中可检测到GFP表达，GFP可作为异种核移植胚胎来源的一种新标记，为下一步的转基因克隆水牛生产奠定基础。

李婷等（2015）报道：2010年12月19日世界首例转基因克隆水牛在广西大学科研基地诞生，转基因克隆水牛为雄性双犊，一头体重为20.5千克，正常存活；另外一头体重14千克，不幸死亡。在紫外灯照射下，转基因克隆水牛头部和四肢明显表达绿色荧光蛋白标记基因。转基因克隆是目前生物技术领域的前沿高新技术，它是在体细胞克隆的基础上集成基因工程等多项技术发展起来的一项多学科交叉的新技术。

2. 营养饲养

（1）水牛营养需要。徐如海（2001）通过呼吸测热得出泌乳期水牛的畜体绝食产热量为320.06千焦/($W^{0.75}$·天)，热增耗238.96千焦/($W^{0.75}$·天)；文秋燕等（2003）利用间接测热法测定了正常状态下，泌乳水牛站立时的整体产热量，当日粮能量16.39兆焦/千克，粗蛋白质15.03%时，泌乳水牛畜体产热量为559.05千焦/($W^{0.75}$·天)；赵峰（2007）研究报道12~16月龄生长水牛的日粮总能消化率为69.34%，消化能代谢率为82.52%，总能代谢率为57.15%，后备母水牛平均每日甲烷能为8.965千焦；邹彩霞（2010）建立了通过泌乳水牛乳蛋白、乳脂肪、乳糖及乳总固形物含量预测水牛乳能值的回归方程。尽管过去二十年来世界各国在水牛营养需要研究方面取得了较大进步，但相对其他畜种来说，水牛营养需要仍需世界各国加大投入，共同合作，以获得较为系统的水牛饲养标准。

（2）水牛饲料资源开发。水牛耐粗饲，能广泛利用各种常见饲料、农作物秸秆资源及其他工农业副产品，常见农作物副产品包括稻草、玉米秸秆、甘蔗渣、甘蔗叶、木薯渣等。沈赞明等研究结果表明，稻草基础日粮加入羟甲基尿素和硫酸铵显著提高水牛瘤胃微生物纤维素酶活性。关意寅等利用瘤胃尼龙袋法测定在不补饲和补饲糖蜜-尿素舔砖2种情况下，稻草、甘蔗叶、玉米秸秆3种秸秆营养成分在水牛瘤胃中停留48小时后的降解率。结果表明：补饲糖蜜-尿素舔砖可使稻草、甘蔗叶、玉米秸的干物质降解率比不补饲时分别提高10.3%、9.8%、9.2%，差异显著（$P<0.05$）；中性洗涤纤维降解率分别提高11.2%、9.9%、8.6%，差异显著（$P<0.05$）；粗蛋白质降解率差异不明显（$P>0.05$），但有提高趋向。说明补饲糖蜜-尿素舔砖能提高秸秆的瘤胃降解率，具有较好的实用价值。唐振华等研究结果表明，青贮甘蔗尾和青贮玉米秸秆单独饲喂对生长水牛平均干物质采食量影响不显著，青贮玉米秸秆平均日增重较青贮甘蔗尾高，但差异不显著。组合饲喂时生长水牛平均干物质采食量、平均日增重比二者单独饲喂高。尽管如此，在水牛饲料资源开发方面，尤其是本地大宗秸秆资源开发利用以及高效利用方面仍有待深入研究。

（3）水牛营养代谢与调控。近年来，国内在水牛营养代谢调控方面做了许多研究，尤其是水牛瘤胃微生态系统的研究越来越多。刘园园等试验表明，通过 PCR-DGGE 技术可以较好地分析水牛瘤胃产甲烷菌的多样性。杨承剑等采用 16s RNA 基因克隆文库法分析德昌水牛瘤胃产甲烷菌区系组成，结果表明德昌水牛瘤胃产甲烷菌以 Methanobrevibacter 产甲烷菌为优势菌群。杨承剑等利用 16SrRNA 基因克隆库技术分析广西富钟水牛瘤胃产甲烷菌组成及多样性，结果亦显示富钟水牛瘤胃产甲烷菌以 Methanobacteriales 为优势菌群。2012 年，广西水牛研究所实验室利用高通量测序技术对南方 7 类水牛（含 5 种沼泽型和 2 种河流型水牛）的瘤胃微生物进行了多样性分析，这将为水牛瘤胃微生态环境状况的了解、饲料资源的开发与利用及水牛耐粗饲等各种生理功能的探讨奠定良好的理论基础。此外，广西水牛研究所在瘤胃微生物与脂肪酸代谢调控、甲烷调控以及环境因子的互作等方面也在积极开展相关研究。

3. 水牛乳基础研究

水牛与荷斯坦牛在分类学上属于不同的属，前者为水牛属 Bubalus arnee，后为牛属 Bos primigenius，二者在生理特性上具有较大差异。水牛乳中乳蛋白的含量约为荷斯坦牛乳的 1.5 倍，水牛酪蛋白胶粒径小于荷斯坦，胶束之间能形成网络状（李子超等，2012）。水牛乳中脂肪含量为 73.4 克/千克，高于荷斯坦的 41.3 克/千克牛乳，脂肪球粒径显著大于荷斯坦奶牛（5 VS 3.5 微米）（Menard 等，2010），水牛与荷斯坦牛的嗜乳脂蛋白基因上存在差异，其中 217，258 和 371 等位点差异会导致氨基酸的改变（Bhattacharya 等，2004）。通过双向电泳以及 iTRAQ 技术，研究者还发现水牛与牛属牛、山羊、马、骆驼、牦牛、人乳中的乳清蛋白以及乳脂球膜的蛋白质组均存在显著差异，鉴定得到的差异蛋白可用于不同物种间乳的掺假识别（Katharina 等，2012；Yang 等，2013；Yang 等，2015）。广西水牛研究所与浙江大学通过双向电泳技术发现常乳期，水牛乳品种间存在 20 多个差异蛋白（Li 等，2016），且通过 HPLC 技术发现水牛乳酪蛋白存在多态性（Lin 等，2013；任大喜等，2014）。进一步采用 iTRAQ（同位素相对标记与绝对定量）技术研究了不同品种水牛乳清蛋白组，共鉴定到 611 个来自不同水牛品种的乳清蛋白，发现地中海水牛与摩拉或者地中海水牛与尼里拉菲存在显著差异。

4. 水牛制品开发

广西水牛研究所从生鲜水牛乳、水牛乳制品（干酪、酸奶）、饲料和牛乳房周围中，筛选出多菌株高黏附性、抑菌、抗氧化等高活性益乳酸菌。在乳制品加工方面，广西水牛研究所研发了发酵水牛乳、水牛乳奶酪等产品，所率先在国内集成了 8 种水牛乳干酪和 1 种活性乳酸菌乳清饮料的系列干酪综合加工技术，水牛乳快速成熟技术可使硬质干酪成熟时间缩短 3~9 个月以上，软质干酪成熟时间缩短 1~2 个月以上；所研发的活性乳酸菌乳清饮料的生产技术，充分利用了大量副产物乳清，有效解决了乳清排放造成的环境污染问题；建立了水牛乳的干酪生产线，并进行了水牛乳干酪的规模化生产。

5. 产品质量安全

2011 年，暨南大学采用毛细管区带电泳（CZE）分离水牛奶中的酪蛋白，并对水牛奶中的酪蛋白进行了定量的分析，为水牛乳中是否掺杂其他牛乳提供了很好的监测手段。2013 年，北京化工大学采用 PCR-RFLP 的方法有效地对牛奶、水牛奶和牦牛奶进行鉴别，并且能对水牛奶和牦牛奶中掺杂牛奶进行检测，其掺假检测限至少能达到 5%。广西壮族自治区水牛研究所在该领域建立了水牛乳理化指标基础数据库，开展了水牛乳主要微生物及农、兽药残留分析与风险控制研究，建立了水牛原料乳掺假及农、兽残检测方法。同时，广西水牛研究所起草的广西食品安全地方标准《生水牛乳》（DBS45/011—2014）、《巴氏杀菌水牛乳》（DBS45/012—2014）、《水牛乳及其制品中掺入牛属乳的定性检测 PCR 法》（DBS45/023—2014）、《灭菌水牛乳》（DBS 45/037—2017）等，对于水牛乳产品市场的规范，以及奶水牛产业的安全、健康发展具有积极的推动意义。

（三）国际影响

近年来，广西水牛研究所与世界各大水牛主产国家建立了稳定而密切的友好合作关系，科研水平不断提升，在水牛国际交流网络中广泛参与各项公共事务，充分展现了作为水牛大国的积极性和主动性，并且得到了世界同行的支持和肯定。其中杨炳壮和梁贤威两位研究员再次当选为国际水牛联合会和亚洲水牛协会的常务理事，大大提高了我国在水牛国际科技组织中的影响力，有效推动了中国水牛科学更加全面地融入全球化进程。

为了更好地抓住科技全球化带来的机遇，充分利用全球科技资源加速提高本所的自主创新能力，五年来紧密围绕培育和发展国际水牛科技联合研究平台，瞄准前沿技术、关键技术和有利于提升所科技核心竞争力的战略技术制高点，在水牛遗传繁育、水牛营养与饲料科学、水牛乳制品研发三个重点领域分别与意大利、英国、美国建立了长期稳定的联合研究合作机制，有效发挥了国际科技合作在解决关键技术瓶颈、填补国内空白、缩小差距、实现跨越式发展等任务中的重要作用，并为占领前沿技术制高点、建设创新型研究院所、促进产业发展提供了有力支撑。

基于科技创新和经济全球化程度的不断加深，国际科技合作形式正呈现出新的发展趋势。广西在合作模式的探索中也从参加国际学术会议、相互考察、交流，境外技术培训等传统方式，向联合研究、合办基地、组织国际会议、参与国际事务等多样化、高层次发展，实现了从单纯的学术交流向实质性共同研发的转变。为此，2012 年荣获科技部水牛国际科技合作基地，并以项目合作为抓手，以国合基地为载体，以人才培养为核心，形成了项目-基地-人才相结合的国际科技合作模式，有效地推动了水牛科技领域的双边、多边务实合作向更高水平、更宽领域拓展，构建了多主体共同参与、多渠道全面推进、多形式相互促进的国际科技合作新格局，2015 年 10 月成功建立了中意水牛联合研究中心。

“十二五”期间，我国水牛相关产业共获得成果 12 项，专利 98 项，标准 14 项。其中广西水牛研究所用短短 15 年的时间，取得了 10 项世界第一，将中国的水牛繁殖生物技术推向世界前列：世界最大的试管水牛群；世界首例完全体外化冻胚试管水牛；世界首例试管水牛双犊；世界首例利用人工授精—胚胎移植技术生产不同品种的水牛双犊；世界首例利用活体采卵—胚胎体外生产—胚胎移植技术由沼泽型水牛产下河流型水牛；世界首例成年体细胞克隆水牛；世界首例利用 XY 精子性别控制生产的雌性水牛双犊；世界首例亚种间克隆水牛；世界首例冷冻胚胎克隆水牛；世界首例胚胎分割—性别控制试管水牛。

二、我国水牛产业科技创新与发达国家之间的差距

遗传改良工作缺乏持续性：长期以来，引进河流型乳用水牛种群繁殖以保种为主，部分育种工作只能间断开展，没有长期、系统的开展提高乳用性能的选育，加上从事奶水牛遗传育种工作的专业技术人员少，缺乏专项经费长期支持，种畜场、科研院校和技术推广部门相互协作不够，尚未形成系统规范的育种管理体制。

种牛选育水平有待提高：品种登记、生产性能测定、种公牛后裔测定、遗传评估等现代奶牛育种工作还没有系统开展，种牛遗传品质优劣难以准确鉴定，种公牛和种子母牛选育水平有待提高。

种群遗传进展缓慢：由于河流型良种群体长期处于保种纯繁状态，虽然群体产奶性能仍保持原

产地同品种水牛生产水平，但超过3 000千克的高产牛占群体比重小，现存栏摩拉水牛、尼里/拉菲水牛产奶性能距原产地高水平的种畜场仍有一定差距。目前印度的摩拉水牛平均305天产奶量为2 050千克，而种用摩拉水牛最高单产达4 000千克（305天），巴基斯坦尼里/拉菲水牛4 300千克（285天），意大利地中海水牛5 962千克（270天）。

水牛饲养体系仍未完善：尽管我国在水牛营养需要研究方面取得了较大进步，但相对其他畜种来说，水牛营养需要研究仍需加大力度，如不同泌乳阶段和生产状况的泌乳水牛营养需要的建立，生长母牛尽早达到性成熟的营养需要，犊牛代乳料的开发，各种饲料添加剂以及生长促进剂的使用，瘤胃微生态的变化以及减少甲烷排放等研究领域。

水牛乳产品市场竞争力不足：与国外相比，我国在研究水牛乳营养组分特性，功能性成分以及营养强化乳研发方面有一定的差距，需加强传统水牛乳制品工艺挖掘与产业化攻关，水牛乳功能因子挖掘与功能研发，进一步开发具有水牛乳品牌特色的产品，提高水牛乳业的品牌价值和经济效益。

第四节　我国科技创新对水牛产业发展的贡献

一、我国水牛科技创新重大成果

（一）繁殖育种

（1）摩拉水牛种牛。该标准依据1957年从印度引种以来有关摩拉水牛的各项实际记录，以及国内外有关公开发表的文献，在此基础上进行综合分析、归纳，参考历史资料，尽量借用国内成熟做法，贴近其他奶牛标准，着力体现河流型水牛品种特征、乳用特征。该标准规定摩拉水牛种牛的品种特征、产奶性能、繁殖性能的基本要求，适用于摩拉水牛种牛的品种鉴别和育种。

（2）尼里-拉菲水牛种牛。该标准主要依据是1974年从巴基斯坦引种以来有关尼里-拉菲水牛的各项实际记录，以及有关公开发表的文献，在此基础上进行综合分析、归纳，参考历史资料，尽量借用国内成熟做法，贴近其他奶牛标准，着力体现河流型水牛品种特征、乳用特征。标准规定尼里-拉菲水牛种牛的品种特征、产奶性能、繁殖性能的基本要求，适用于尼里-拉菲水牛种牛的品种鉴别和育种。

（3）水牛XY精子分离性别控制技术研究及应用。通过开展分离水牛精子性别控制的研究，在国际上首次鉴定了河流型水牛X和Y精子DNA含量的差异，并通过一系列的关键技术研究，建立了分离水牛XY精子一整套技术体系。研究成果属原始创新，填补了国内外多项空白，获得三项国家授权发明专利，拥有分离水牛XY精子自主知识产权。该成果获2011年广西科技进步一等奖。

（4）摩拉水牛种质保存。通过引进印度优秀摩拉水牛冻精，与近亲退化的摩拉母牛进行人工授精，生产新血统良种牛供南方各省改良当地水牛，提高杂交改良效果。该项目是国内首次引良种水牛冻精，也是1958年以来首次引进优秀摩拉水牛血缘，共得到新血统种牛7个父系67头，其中公牛40头。

（5）意大利地中海水牛冻精引进及其杂交选育的研究。建立了地中海水牛冻精-活体采卵体外胚胎生产技术体系，共生产含地中海血缘系统的胚胎265枚，生产试管水牛30头，怀孕待产16头。利用冻精生产意大利地中海杂交水牛45头，怀孕待产38头。完成了地中海杂交后代水牛前期的部分生产性能的测定，初步证明了地中海杂交改良的效果，说明地中海水牛可适应广西的气候条件。

（6）水牛的胚胎生物技术。1993年产下国内第一头“试管”杂交水牛犊后，先后产下世界首例双胞胎试管水牛（2001），世界首例完全体外化冻胚移植试管水牛（2002），世界首例应用活体采卵技术生产河流型水牛（2004），世界首例经分离XY精子性别控制的试管水牛雌性双犊（2006），世界首例沼泽型体细胞克隆水牛（2008），世界首例河流型体细胞克隆水牛（2008）。

（7）水牛体细胞克隆和干细胞建系关键技术与机理的研究。初步探明了水牛卵母细胞成熟机理、体细胞重编程的机理、核质互作关系及克隆效率的影响因素，建立了一套高效的水牛体细胞克隆技术体系，先后获得世界首批体细胞克隆水牛6头；弄清了水牛干细胞自我更新和多能性维持的分子机理，建立了水牛ES和EG细胞的分离培养，以及iPSC的技术平台，在国际上首次成功获得了水牛ES、EG和iPS细胞系，并证明它们具有所有干细胞的生物学特征。此外，首次成功培养获得了来自水牛精原细胞的精子细胞。

（8）高产奶水牛体外胚胎生产关键技术研究与示范应用。该项目集成水牛活体采卵、体外受精、胚胎冷冻和胚胎移植等现代胚胎生物技术，形成一套稳定、高效、实用的具有自主知识产权的“水牛体外胚胎生产和胚胎移植”技术体系，在国内首次进行良种水牛胚胎体外生产与胚胎移植研究与应用，各项技术指标达到世界先进水平。

（9）水牛胚胎体外生产与胚胎移植技术研究。利用屠宰场卵巢生产胚胎，卵母细胞体外成熟率、受精分裂率和受精卵体外培养至囊胚的比例，分别达71.6%、52.8%和52.1%；双鲜胚移植受胎率36.65%，冻胚为20%。产下试管水牛22头，成活率100%。水牛体外胚胎生产技术达到国际先进水平；获得国际上最大的试管水牛群和国际首例完全体外化冻胚试管水牛，处于国际领先水平。

（10）水牛克隆与转基因研究。2005年12月获得世界首例克隆水牛，获得水牛核移植的技术专利，随后研发了转基因克隆水牛平台，获得高质量的转基因克隆水牛胚胎。

（11）牛体外受精技术与水牛体细胞克隆技术。“牛体外受精技术与水牛体细胞克隆技术”，研究成功世界首例完全体外化胚胎试管牛，并培育出全国最大的试管牛群。2005年3月世界首例成年水牛体细胞克隆牛犊在广西大学顺产成活，10月初又成功培育出首例成年黄牛体细胞克隆牛犊。

（二）营养养殖

（1）水牛常用饲料营养价值评定和能量与蛋白质需要研究及其应用。该项目系统研究了不同生长阶段水牛的绝食代谢以及水牛能量、蛋白质代谢规律，分析测定了生长阶段、泌乳阶段奶水牛的能量、蛋白质需要量，制定了水牛能量蛋白质需要量参数；并通过分析南方地区饲草的化学成分及营养成分，制定了水牛常用饲草的营养价值表；根据已获得的营养需要参数及饲草营养价值表配制了适合水牛生长、泌乳的饲粮配方，并在广西奶水牛养殖基地开展了不同层次的推广应用试验。

（2）泌乳水牛能量营养需要量及日粮能量利用率的研究。在国内首次系统地研究泌乳水牛能量需要量及日粮能量的利用率，在国内首次得出水牛奶原奶中乳成分与乳中热量（MJ/kg）之间的一系列回归关系。

（3）泌乳水牛钙磷营养代谢及其需要量研究。国内首次研究了日粮中不同钙、磷水平对泌乳水牛生产奶性能、营养物质消化率和血液生化指标的影响，以及泌乳水牛的钙、磷维持需要量和产奶需要量。通过饲养试验和消化代谢试验，获得了中等产奶量状态下泌乳水牛饲粮较适宜的钙、磷水平。

（4）乳肉兼用水牛不同生长阶段绝食代谢的研究。采用改进气体采集的传统开路式呼吸面罩法及母牛集尿法，分别对12月龄、18月龄、24月龄母水牛在绝食状态下畜体产热量、气体交换量、内源尿氮排出量及氮代谢进行了研究，取得如下成果：①绝食代谢产热量与活重直线回归关系。②乳肉兼用生长母水牛代谢体重。③试验水牛平均每天排出内源尿氮量、内源尿氮与代谢体重（$W^{0.75}$）关系。④试验水牛蛋白分解产热。⑤乳肉兼用生长母水牛绝食状态下畜体产热量。⑥乳肉兼用生长母水牛维持净能需要量。

（5）后备母水牛能量、蛋白质营养需要量及其代谢规律的研究。①国内首次系统测定了包括绝食代谢产热、内源尿氮在内的后备母水牛的能量、蛋白需要量及其代谢全过程。②国内首次通过实验手段获得后备母水牛每增重 1 千克所需要的净能和粗蛋白，并推导出后备母水牛净能需要量公式、粗蛋白质需要量公式和可消化蛋白质需要量公式。

（6）6—11 月龄水牛能量、蛋白质营养需要量及其代谢规律的研究。应用改良的开路式牛用呼吸面罩和注射器进行气体采集，研究了中立温度下 6—11 月龄水牛的畜体产热量（HP）和绝食产热量（FHP）以及能量代谢规律；应用集尿袋收集尿液方法，研究内源尿氮排出量及氮代谢情况，探讨了 6—11 月龄水牛的维持净能、总能和蛋白质的需要量；采用活体营养检测技术和干物质采食量来评价营养状况。

（7）水牛奶共轭亚油酸的测定及其应用研究。在国内首次通过营养途径（添加花生油、半胱胺）调控水牛乳脂共轭亚油酸含量。研究成果发现，水牛奶中乳脂肪含量、乳蛋白含量、乳总固形物含量，以及 C18：1，t-11、C18：1，c-9、C18：2、C18：3、共轭亚油酸和 EPA 等脂肪酸含量皆高于荷斯坦奶牛、西门塔尔牛、娟姗牛。日粮中添喂半胱胺或花生油可提高泌乳水牛生产性能，提高了水牛奶中功能性脂肪酸尤其是共轭亚油酸的含量，提高水牛奶营养水平，提升了水牛奶的附加值。

（三）加工控制

（1）水牛乳及其制品中掺入其他奶源的 PCR 检测方法。该标准利用 PCR 方法，建立了一种快速、准确、灵敏的水牛奶掺假检测技术，旨在为监管单位、企业和个人提供一种快速有效的掺假鉴别的标准方法，以打击非法的掺假行为，维护水牛乳市场的良好秩序，促进奶水牛产业的健康、稳定发展。

（2）巴士杀菌水牛乳。该标准是在 DB 45/T 390—2007《巴氏杀菌水牛乳》的基础上，针对该标准在执行过程中存在的一些主要问题，结合多年来对原料乳和产品的检测结果以及消费者的反馈意见，进行了修订。在修订过程中，参考了 GB 19645—2010《食品安全国家标准巴氏杀菌乳》和中国乳制品工业行业规范 RHB 702—2012《巴氏杀菌水牛乳、灭菌乳水牛乳和调制水牛乳》的指标组成，并按 GB/T 1. 1—2009 的格式编写。

（3）一种水牛乳活性菌乳清乳饮料及其制备方法。该发明的目的是提供一种水牛乳活性菌乳清饮料的制备方法，方法工艺简单，乳清全部利用，设备投入少，成本低，无污染，经济效益和社会效益显著，是乳清综合利用的一条新途径。该发明的突出优点为：产品富含活性乳清蛋白和活性乳酸菌；减少添加剂的使用；避免环境污染；能耗少，经济效益显著。

（4）一种水牛乳盐渍型成熟干酪的制备方法。该发明的目的是提供一种水牛乳盐渍型成熟干酪的制备方法，能够克服现有技术的硬质、特硬质干酪因成熟周期长，前期投入成本高等缺陷，减少成熟过程中的重量损失，降低成熟过程易发生微生物污染和产生不良风味等风险。该发明专利具有以下特点：①简单易行、可操作性强，外源酶利用率高，安全无毒，无苦味；②缩短成熟时间、降低生产成本、提高产品出品率；③降低成熟过程中微生物污染风险，无不良发酵风味。

（5）生水牛乳。该标准是 DB45/T 38—2002《水牛奶》的基础上，针对该标准在执行过程中存在的一些突出问题，结合多年来对各地生产的水牛乳检测结果，进行了修订。在修订过程中，参考了 GB 19301—2010《食品安全国家标准生乳》的指标组成，并按 GB/T 1. 1—2009 的格式编写。

（6）超高温水牛奶生产技术研究。利用水牛奶特有的理化性质，采用净化分离技术对原料奶进行处理，经过高压均质，采用意大利瑞达 UHT 瞬间灭菌技术，有效地保持水牛奶的营养和品质。该项目研制开发的“超高温水牛奶”属国内首创的特种奶类产品，无同类产品进行竞争对比，产品上市后一直处于供不应求，市场前景非常广阔。

（7）纯鲜水牛奶加工技术示范。采用（116±2）℃温度杀菌，有效地控制细菌含量，最佳地保持牛奶的营养和产品保质期；采用净化分离技术对原料奶进行处理，有效去除杂质、不良成分，有利于产品风味稳定性及提高产品质量；采用高压均质技术，很好地解决水牛奶生产过程容易出现脂肪上浮的技术问题，有效保证品质稳定性。

（8）水牛奶特色奶酪关键技术研究及开发示范。该项目针对中国水牛乳制品加工技术落后、产品品种单一、附加值不高的问题，以水牛乳为原料，率先在国内研究开发了调味型、酸凝型和搅拌型 3 种水牛乳新鲜软质干酪，制定了产品的质量标准，并进行产品的试产试销。所研究开发的 3 种水牛乳干酪填补了国内同类型水牛乳干酪的空白，技术上达到国内同类产品的先进水平。

（9）食品安全地方标准　酸水牛乳。该标准在制定过程中，参考了 GB 19302—2010《食品安全国家标准　发酵乳》和中国乳制品工业行业规范 RHB 703—2012《发酵水牛乳》的指标组成，并按 GB/T 1.1—2009 的格式编写。

（10）水牛乳加工技术研究与产品开发——水牛乳发酵干酪系列产品研究与开发示范。以水牛乳为原料，通过添加豆乳、利用外源酶促熟技术、霉菌促熟技术以及烟熏技术，形成新型水牛乳发酵成熟的干酪加工技术，从而降低干酪加工成本、缩短产品成熟时间、改善产品风味，开发出水牛乳豆乳混合干酪、水牛乳霉菌成熟干酪、水牛乳烟熏干酪 3 种发酵成熟干酪。

二、我国水牛科技创新的行业贡献

1. 摩拉水牛种牛和尼里-拉菲水牛种牛繁育和推广应用

我国于 1957 年和 1974 年分别引进摩拉和尼里/拉菲水牛用于改良我国本地水牛，并保持了这两个外来水牛品种的遗传性状和生产性能与生产水平，并在南方广西、广东、云南等数个省开展了广泛的杂交选育工作。在开展摩拉和尼里-拉菲水牛多所选育工作基础上，通过广泛调研和收集摩拉、尼里-拉菲水牛的体重、体尺和生产性能记录资料，根据统计分析结果，分别制定《摩拉水牛种牛》和《尼里-拉菲水牛种牛》两个国家标准，标准规定了摩拉水牛种牛和尼里/拉菲水牛种牛的规范性引用文件、术语和定义、品种特征、产奶性能、繁殖性能的基本要求，适用于种牛的品种鉴别和育种。

以两个水牛种牛国家标准为基础，通过补充和完善原有种牛档案，以种用水牛养殖流程为主要对象，针对水牛繁育、饲料、饲养、防疫、设备、环境等环节，研究水牛的饲养、繁育种的数字化智能管理系统，包括：智能预警、决策支持、牛群管理、产奶管理、DHI 分析、兽医保健、饲料配方与营养、物资管理等进行系谱管理、跟踪和分析计算，建立主要水牛个体、群体及生存环境的信息采集及监控管理系统，实现对个体系谱的跟踪，建立奶水牛育种繁育管理决策系统，选用良种公牛冻精以人工授精纯种繁育为主，并利用同期发情、超数排卵、活体采卵、克隆、胚胎移植等技术手段对重点高产牛群进行辅助育种，加快育种进程。

2011—2015 年，共繁殖培育合格种牛（6 月龄）628 头，其中摩拉水牛 300 头（公牛 158 头、母牛 142 头），尼里-拉菲水牛 328 头（公牛 165 头、母牛 163 头）。2015 年底，广西水牛研究所存栏摩拉水牛母牛 199 头，尼里-拉菲水牛 173 头，摩拉水牛 305 天实际泌乳量 2 240.0千克，最高产 3 667.0千克，尼里-拉菲水牛 305 天实际泌乳量 2 627.7千克，最高产 3 498千克。

2. 性别控制技术应用获得成功

2001 年 11 月广西大学正式启动水牛性控冻精项目的研究，2004 年 1 月成功测定出水牛 X 精子和 Y 精子的 DNA 含量差异为 3.6%，12 月成功分离出水牛 X 精子和 Y 精子，性别准确率达 90%，2006 年 2 月成功产下世界首例分离 XY 精子性别控制试管水牛双犊，至 2007 年 11 月共产下 33 头性控水牛，性别准确率为 88.04%；2009 年水牛性别控制冻精在广西畜禽品种改良站投入批量生产，至 2010 年年底共生产出 100 285支；至 2011 年 3 月，广西用 X 冻精人工授精示范推广，已产下 2 006头水牛犊，母犊率 89.03%，性控冻精人工授精配种情期受胎率 41.99%。全球范围内，开展水牛精液性控技术的国家还有意大利，地中海水牛性控冻精人工授精配种情期受胎率为 32.3%~45.5%，与我国的研究成果相当。

3. 国内首次引进意大利地中海水牛

2007 年，广西通过引进意大利地中海水牛冻胚和冻精，与我国现有的摩拉水牛和尼里-拉菲水牛开展杂交组合研究，培育新品系（新类群），组建良种水牛核心种群，胚胎移植繁育地中海水牛 67 头；利用人工授精配种生产河流型杂交牛犊 140 头，生产地中海-本地杂交水牛 42 头。初步结果表明，地中海水牛引进后完全可以在广西的环境气候条件下正常繁育，生长发育良好，杂交改良后显著提高本地水牛的生产性能，可作为杂交改良的父本，为奶水牛产业的发展提供又一优秀种源。2011 年 8 月，广西华胥水牛繁育有限公司从意大利引进地中海水牛冻精 2.6 万支，2015 年又从澳大利亚引进地中海水牛 59 头（其中公牛 10 头），现群体已发展到 152 头（采精种公牛 10 头）。

据不完全统计，2011—2013 年，广西在灵山县、合浦县、北流市等水牛养殖地县市，应用地中海水牛冻精改良本地水牛头，人工授精配种母牛 4 573头，受胎或生产地杂水牛 1 655头。

4. 水牛分子育种技术有新进展

“十二五”开始，广西新建了水牛分子学科团队和研究平台，利用前沿技术开展了水牛功能基因组学和转基因技术研究，初步建立了一套高效的多位点基因打靶技术，大规模挖掘水牛功能性的优良基因，设计并合成了全世界第一款 200K 的沼泽型水牛 SNP 芯片；初步建立了集中国内外多个水牛品种的基因组资源库；进一步提高水牛生产性能以及提升水牛传统育种速度做了前瞻性的铺垫。

开展水牛基因组学和转基因技术研究，建立了一套高效、稳定的微量 RNA 样本制备技术，成功克隆了 6 个功能基因序列，并建立了一套适合挖掘水牛生产性能基因突变及其表达分析的技术，为一步分析水牛生产性能基因的多态性、基因的功能和关联分析奠定了基础，这对今后建立水牛分子标记辅助选择育种技术具有重要的作用；通过成功构建 2 对 TALENs 真核表达载体和 1 个 Fat-1 多位点基因打靶慢病毒载体，初步建立了一套慢病毒介导的多位点基因打靶技术，为解决打靶效率低，实现外源基因稳定表达奠定了基础，对建立水牛慢病毒转基因技术研究具有重要意义。

5. 水牛转基因克隆取得突破性进展

广西利用构建的携带人 18kDa-bFGF 为的真核转基因载体，转染水牛皮肤成纤维细胞，稳定表达筛选后，获得了转基因阳性细胞 90%以上的细胞集落，再通过体细胞克隆技术成功构建水牛转基因克隆胚胎。将 17 枚冷冻的转基因克隆胚胎解冻复苏后，移植给 12 头同期发情处理的受体水牛，有 3 头受胎（妊娠率 25.0%），并有 1 头妊娠期满，于 2014 年 8 月 25 日产下一头体重达到 63.7 千克的健康母犊，经检测，确定基因组上已经整合有外源基因，采样的耳皮肤成纤维细胞和外周血细胞均表达报告基因 EGFP。

6. 完善了水牛体外胚胎生产和胚胎移植技术体系

通过深入开展水牛胚胎发育机制、性别控制和转基因克隆等研究，水牛胚胎生产技术进入了国际先进行列，累计生产试管水牛 300 多头，为世界最大的试管水牛群体，成功培育世界首例河流型转基因克隆母犊成为水牛遗传繁育尖端研究中的又一亮点。

在水牛活体采卵、体外受精、胚胎冷冻和胚胎移植等生物技术的研究，完善了水牛体外胚胎生产技术，其中分裂率达到 60%，囊胚率 30%以上，提高了胚胎生产效率与胚胎质量。每年总计生产各类良种水牛胚胎 3 000枚以上，为水牛胚胎生物技术及产业化应用提供技术保障。

7. 构建了水牛饲料营养成分数据库，获得常用水牛粗饲料的搭配比例

对水牛常用青绿饲料、工业副产品、农业副产品、青贮饲料 4 类 20 种粗饲料进行营养价值评定，共 23 项指标参与评定，从蛋白质、碳水化合物两方面揭示水牛常用粗饲料的营养特性，构建了水牛饲料营养成分数据库；模拟瘤胃体外发酵试验，获得了玉米秸秆、苞叶及芯、啤酒渣的体外瘤胃消化代谢参数，分析了甜玉米秸秆（苞叶及芯）、啤酒渣营养特性和营养价值；获得麦芽啤酒渣、发酵木薯渣、玉米秸秆作为水牛粗饲料的搭配及用量比例。

8. 水牛乳系列干酪综合生产技术集成及开发示范

广西首次在国内系统研究了水牛乳的理化特性，建立了水牛乳基础数据库，为水牛乳加工技术的研究提供了可靠的理论依据。在此基础上，建立了酒精阳性法检测水牛原料乳的品质和水牛乳掺假鉴伪方法，修订了广西食品安全地方标准《生水牛乳》，为规范市场秩序提供技术保障。

（1）酸凝乳型部分脱脂水牛乳软质干酪、搅拌型部分脱脂水牛乳软质干酪、调味型全脂水牛乳干酪、普通型水牛乳硬质干酪、盐渍型水牛乳硬质干酪、水牛乳豆乳混合干酪、水牛乳霉菌成熟干酪、水牛乳烟熏干酪 8 种水牛乳干酪以及 1 种活性乳酸菌乳清饮项目研发的水牛乳硬质干酪快速成熟技术。

（2）研发的活性乳酸菌乳清饮料的生产技术，无须对乳清进行杀菌处理，既充分利用了干酪生产中产生的大量副产物乳清，又有效解决了乳清排放造成的环境污染问题，属国内首创，该技术工艺简单、设备投入少、能耗低、经济效益显著。所生产的产品乳酸菌活菌数≥2.0×10^{6}CFU/毫升，营养丰富，风味独特，口感细腻，市场反映良好。

（3）建立了日处理 2 吨水牛乳的干酪生产线 1 条，近 3 年，共生产各种水牛乳干酪 32 吨，已销售 22 吨，生产销售水牛乳活性菌乳清饮料 10.43 万瓶，总新增销售额 1 680.66万元，新增利润 413.30 万元，新增税收 244.20 万元，节支总额 78.65 万元。

9. 全国奶水牛品种资源调查

根据中国奶协《关于开展三河牛等奶畜品种资源调查工作的通知》（中奶协发［2016］25 号）要求，组织有关专家经过讨论，决定以广西、云南省、湖北省为重点区域，以点带面的方式在南方具有代表性的省区开展摩拉水牛、尼里拉菲水牛品种资源调查，同时成立了调研专项工作组，制定了《中国摩拉、尼里拉菲水牛品种资源利用情况调查工作方案》，统一技术标准，并明确人员分工和时间要求，于 2016 年 11 月底完成了品种资源调查工作。

杂交水牛资源基本情况：经三省初步统计，现有饲养杂交水牛的养殖场（户）共 41 449户，存栏杂交水牛 174 403头，泌乳杂交水牛 37 246头。其中：广西 28 182户、101 518头、22 449头，云南 12 717户、34 366头、14 497头，湖北 550 户、38 519头、300 头。

杂交水牛规模养殖场基本情况：三省共对 182 个奶水牛规模养殖场进行了调查，共存栏杂交奶水牛 13 131头，年产奶量约 6 007吨，平均单产 1.0~1.8 吨不等。

奶水牛品种登记基本情况：三省共完成调查了 77 头摩拉水牛、62 头尼里-拉菲水牛种公牛以及 953 头摩拉水牛、551 头尼里-拉菲水牛母牛，合计共 139 头种公牛、1 504 头母牛。

三、科技创新支撑水牛发展面临的困难与对策

（一）面临的困难

1. 对发展奶水牛业认识不足

尽管近年来社会各界对水牛开发有了一定的认识，但由于历史上对水牛开发认识比较滞后，而且国家原来也没有把奶水牛业作为一个产业来对待，导致对奶水牛业发展的重视不够，各地政府及各级领导对发展奶水牛业的重要性及发展前景认识不足，对奶水牛业发展的独特规律性、长期性和艰巨性的认识还有待进一步深化。此外，由于对水牛奶营养价值的认识不足，导致水牛奶收购价长期低迷，特别是近年饲料价格上涨而水牛奶价未能随之上涨，也没有实行保价收购，挫伤了农民饲养奶水牛的积极性。

2. 缺乏长远规划的宏观指导

目前我国还没有认真研究制定全国奶水牛业发展的专项科学规划，业务部门、科研、学术工作者对该产业的发展战略虽有一定的研究和思考，但没有转化为实际发展的规划，更没有形成由国家认可的权威性的规划。一些市、县虽有发展规划，但大多简单粗略，缺乏科学依据，不具备可操作性。

3. 资金投入严重不足，制约规模发展

从广西看，近年来国家和自治区人民政府虽然在政策和资金上给予了一定的扶持，但与培育一个产业的要求来看，仍然显得苍白无力。首先是资金支持力度不大。从2002—2007年，广西投入科研、生产的资金4 000万元，每年平均不足700万元，而且大部分要用于科研和基础设施，只有2007年的1 000万元才真正投入到水牛奶产业上，这对于一个全新的产业来说，只是杯水车薪。其次，政策支持力度也不强。目前有关部门及一些重点地区在扶持奶水牛业发展上虽制定了一些政策，但远远不够，而且一些政策在执行过程中落实不到位或在新形势、新情况下有待进一步完善。

（二）建议和对策

1. 政策建议

加快编制国家水牛产业发展规划。国家制定全国奶业发展规划的基础上，进一步提高发展水牛产业认识，加快制定全国水牛产业发展规划，进一步提高和明确南方水牛奶业发展的战略地位，重点实施中国水牛遗传改良计划，在目前各种鼓励发展奶业政策上适当向水牛奶业倾斜，引导水牛奶业步入发展快车道，5~10年时间形成南方水牛奶业产业带。

在研发投入方面，围绕水牛产业当前面临的重大科学问题，加大对科研项目、科研平台、科研基地等方面的人员与经费投入，以解决产业所需的问题。

在知识产权方面，鼓励科技人员掌握关键技术，积极参与制定国际标准，推动以我为主形成技术标准，在科技成果转化中做出突出贡献人员依法给予报酬。

在人才培养方面，健全高效能人才培养机制，鼓励高校、科研院所和企业的联合培养，推行社会化人才培养模式，以水牛产业需求为导向，按需培养，讲究实效。

在科技方面，强调发挥财政资金对激励自主创新的引导作用，陆续设立了一系列有关水牛的计划、项目或基金。如基础性农业行业专项、国家科技计划、行业产业体系等。

在成果转化方面，国家应制定一系列的成果转化相关的政策法规，鼓励和支持产学研相结合，积极推进科技成果转化，并给予相应的优惠政策保障。

2. 保障措施

（1）提高发展水牛产业重要性的认识。要充分认识到我国水牛资源丰富，发展水牛产业优势明显，潜力巨大，是我国特色畜牧业的重要组成部分，是盘活资源，调整农村和农业经济结构、增加农民收入和贫困地区脱贫致富的一个重要产业。因此，必须提高对发展水牛业重要性、必要性、可行性的认识，特别是要提高领导者、决策者的认识。

（2）加强发展水牛产业的组织领导与协调。发展水牛产业是一项具有长期性、连续性和艰巨性的系统工程。各有关单位和部门要积极争取广泛的支持，确保工作开展的连续性。国家农业部成立中国水牛产业开发工作领导小组和专家小组，组织、指导与协调全国水牛育种及其品种改良计划的制订和实施。

（3）依靠科技创新提升水牛产业水平。在水牛产业发展工作中，应加大相关科学研究和推广的投入力度。针对当前水牛产业中存在的问题，组织开展攻关研究，及时将研究成果推广应用。要大力推广先进实用的饲养管理技术，提高水牛种质整体生产水平。

（4）加强国际交流与合作。依靠国际先进的科技力量强化我国河流型水牛群体遗传改良实施效果，积极开展广泛的国际育种技术合作和交流，借鉴国外有益的种畜禽经营管理模式，比较差距，消化吸收可用之处，建设中国良种水牛良繁体系。

（5）加大水牛产业的资金支持。我国水牛产业尚处于起步阶段，是一个见效慢、投资周期较长的农业产业，在科学研究、产业启动、产品研发和技术推广等方面都需大量投入。因此，政府必须长期采取强有力的保护和扶持政策，计划、财政、土地、工商、税务等部门必须协调配合、全力支持，确保扶持政策落实到位。

第五节　我国水牛产业未来发展与科技需求

一、我国水牛产业未来发展趋势

2003年7月初，受国务院“国家中长期科技发展规划”小组委托，中国科学院组织张新时院士等8位专家组成“中国大力发展奶水牛问题”考察组，对广西奶水牛产业发展情况作了详细考察，并向国务院提交“中国高速发展奶水牛业的建议”专题报告。报告的主要观点如下。

（1）让牛奶也强壮中华民族，让卸下犁耕的水牛再肩负起强壮民族的重任。

（2）世界最大的乳品市场形成于极低起点的奶水牛业。

（3）优势：高质量的第二生产力（水牛奶及其制品）与低成本的第一生产力资源（饲草）。

（4）我国奶业格局的战略调整，构建热带、亚热带奶水牛区。

（5）以奶水牛业驱动我国南亚热带、热带新农业模式和与产业链。

（6）优越的条件、广阔的前景——不可错过的高速发展的机遇。

（7）建议：列入规划纲要，纳入农民增收计划、扶贫计划，建立示范基地县，给予政策、资金、技术的重点扶持。

二、未来南方水牛产业发展模式构想

（一）构建生态友好、资源循环的发展模式

根据“生产高效、产品安全、资源节约、环境友好”的十六字方针，水牛产业的发展应立足水牛规模化清洁养殖和南方大宗农作物的资源化利用，坚持“生态、循环、增效”的理念，以规

模化养殖为基础，以大宗农作物种植为载体，以牛粪有机肥及秸秆饲料为纽带，将规模化养殖与大宗农作物生产紧密有机结合起来，形成“大宗农作物种植—秸秆饲料—水牛规模化养殖—牛粪有机肥生产—大宗农作物种植”农业立体生态循环发展模式，粪污、秸秆等废弃物转化为可利用资源，实现“种养有机结合、生态友好、资源循环”的多赢目标。

（二）构建跨省联合、协作有力的良繁体系

以广西、云南、湖北现有种源基地为基础，组织有关南方地区育种、繁殖方面的专家组建“南方水牛育种协会”，摩拉水牛、尼里-拉菲水牛、地中海水牛的槟榔江水牛为主要品种，根据目前实际情况制订不同的育种方案，利用以现代生物繁殖技术结合常规繁殖技术，快速扩大种群规模，适时组建核心育种场、纯繁场、种公牛站，鼓励有条件的单位和企业参与良繁体系建设。同时制订并实施《南方乳肉兼用水牛遗传改良计划》，主要内容：初步建立奶水牛个体生产性能测定体系；初步建立奶水牛品种登记体系；初步建立种牛遗传评定和公牛后裔测定体系；建立健全优秀种公牛冷冻精液推广体系。

（三）构建区域集中、示范有效的品改体系

除品改基础较好的地区外，其他南方各省可选择牛源相对集中、交通便捷的区域，重点建设和完善乡、村两级配种站（点），配备液氮罐、液氮运输车、配种器材等设备；强化乡、村两级基层配种人员的技术培训，重点培养本地配种员，组建一支扎根本土的品改队伍，集中有限优良冻精开展品种改良；争取配套资金对配种员和产下杂交犊牛的户主进行奖励，提高配种员工作重要性，鼓励户主留养杂交犊牛，扩大改良的示范效应。

（四）构建母犊留养、公牛育肥的培育体系

杂交犊牛流失特别是母犊的流失直接影响水牛奶业发展的基础。在杂交改良示范区要鼓励企业、养殖场或养殖大户收购断奶犊牛，鼓励大中型企业建设专业的杂交犊牛培育场，尽可能的保障本区域内的杂交犊牛不流失，公犊可进行育肥，重点是要把母犊培育成为奶水牛，并形成一定的规模，争取在下一个五年计划夯实水牛奶业发展的基础。

（五）构建规模养殖、标准统一的奶牛体系

依托乳品加工企业和品改基地，大力推广家庭牧场和规模示范场两种模式，家庭牧场以50头规模起步，规模示范场以300头规模起步，按照“畜禽良种化、养殖设施化、生产规范化、防疫制度化、粪污无害化”的标准化示范建设以及生态友好、资源循环的发展模式的要求制定统一的建设、生产和管理标准，推进养殖场（户）标准化改造，形成独具南方特色的奶水牛生产体系。

（六）构建品种多样、均衡供应的饲料体系

除天然草山草坡管理和利用外，一是南方水牛产业的饲料来源就更注重秸秆饲料资源和农副产品，要大力开发大宗优质农作物秸秆饲料化资源的应用，特别是区域性特色大宗饲料资源的开发利用；二是加快粮食、经济作物、饲草料三元种植结构调整，加强优质饲草品种（豆科、禾本科）选育与推广，建立多品种化的当家牧草；三是加强不同资源类型饲料加工贮存技术的推广应用，延长饲料贮存期达到均衡供应的目的；四是利用生物制剂提高粗饲料利用率。

（七）构建特色高值、国际竞争的产品体系

以水牛乳品加工企业为核心，联合有关研究机构，提高企业自主研发和创新能力，引进先进加

工技术和工艺、设备，以参与国际化竞争为目标，突出水牛乳特色开发出系列水牛高值化产品，避免与黄牛乳制品同质化竞争，实施水牛奶品牌战略，重点应在高附加值水牛乳制品研制与开发，传统特色水牛乳制品工艺挖掘、整理及产业化开发，原料奶质量标准制定及快速检测技术体系建立，乳制品全程质量控制技术体系的研究和制定，等等。

（八）构建肉用突出、品质争先的肉牛体系

依托品种改良示范区，建设不同规模的杂交水牛育肥场，大量收购产下的杂交水牛公犊，充分开发当地饲料资源，利用杂交公犊牛生长迅速、肉质鲜嫩的特点，开展不同生长阶段肉用杂交水牛饲养关键技术以及提高杂交水牛肉质关键技术的研究与示范应用，提高育肥效果，生产出高蛋白低胆固醇的优质水牛肉，并摸索出不同区域的育肥模式。

（九）构建优势互补、重点突出的支撑体系

建立跨区域合作机制，以科研合作的形式，建立跨省区、跨学科、跨单位的合作研发与应用示范科技团队，把国内有关科研院所、大学、技术推广以及企业等有关水牛开发方面的科技人才、基础设施组合起来，形成南方水牛乳肉开发的基础技术力量，根据产业的发展重点在水牛良种选育、繁殖新技术、营养饲养、饲料开发、乳品加工、疫病防控等方面给予技术支撑。同时适当引进意大利等水牛奶业比较发达国家的水牛开发专家，联合开展水牛产业关键性技术研发等方面工作。

（十）构建内外联动、协同创新的国合体系

充分利用全球科技资源，以“优势互补、互惠互利、求实高效、共同发展”为原则，在水牛科技领域深入推进跨区域、跨国界的联合研究工作。通过“项目-人才-基地”的国际合作模式，汇集并培养具有国际视野的水牛科学究团队，培育中意水牛联合研究中心、中—英—新水牛营养调控联合研究平台、中—美水牛乳制品联合研发基地等重大项目，并将优势技术辐射东南亚，推动中国——东盟农业合作向更深层次和更广泛的领域发展。最终构建一个全方位、多层次、宽领域的协同创新水牛国际科技合作机制，并为我国建立和平共与发展的战略性多边合作关系做出积极贡献。

三、我国水牛产业科技创新重点

“十三五”期间，初步构建良种水牛良繁体系和科技支撑体系，建设专业化服务的杂交改良队伍，突出示范性的规模化奶水牛场和家庭牧场，侧重发展肉用水牛产业，完善配套的乳肉加工、牧草种植、粪污处理工业，建设技术集成示范规模养殖场。

1. 奶水牛良种选育关键技术研究及应用

• 水牛遗传评估及性能测定技术研发与集成：开展奶水牛性能测定研究云平台搭建，完善品种登记体系，实施青年种公牛后裔测定，建立奶水牛遗传评估技术方法。

• 水牛遗传育种关键技术的集成示范与成果转化：通过开展奶水牛基因组测序、重测序以及重要经济性状的遗传解析等研究，建立奶水牛基因组学育种方法，结合常规育种的优势，集成奶水牛遗传育种关键技术体系，并进行成果示范与转化。

• 水牛种质资源创新与利用：利用现有的摩拉、尼里和地中海水牛种源，开展奶水牛的杂交改良和纯种扩繁，结合奶水牛性能测定，组建奶水牛育种群，为选育优质奶水牛奠定基础。

• 育种核心群建设：应用先进的水牛育种技术体系，结合育种目标，进行优质奶水牛的选育研究，组建育种核心群。

2. 奶水牛良种快速扩繁关键技术研究及应用

• 分子生物技术在高产奶水牛选育的应用：重点开展单基因性状辅助选育（SNP）技术和全基因组辅助选育（GWAS）技术在高产奶水牛选育的应用。

• 奶水牛胚胎生产与胚胎移植关键技术提高与应用：开展水牛卵母细胞体外成熟和胚胎体外生产效率提升的关键技术研究，进行提高水牛体细胞克隆效率的关键技术研究，利用体细胞克隆和活体采卵-体外受精技术批量生产良种水牛的技术集成与示范，以及胚胎冷冻与胚胎移植新技术的研发与应用。

• 奶水牛性别控制技术关键技术研究与应用：进行提高奶水牛性别控制冻精生产效率的关键技术研究，快速高效进行早期胚胎性别预鉴定技术的研究与应用，以及体外生产胚胎性别调控技术的研发与应用。

• 奶水牛良种繁育和杂交改良体系建设：基于活体采卵-体外受精技术进行奶水牛良种快速繁育的体系建设，基于体细胞克隆技术培育均一遗传背景良种群体的体系建设，开展多品种杂交水牛体系的建立。

• 提高水牛繁殖率综合技术应用示范：推广奶水牛同期发情和适时输精新技术的应用，以及奶水牛发情检测和人工授精新技术的研发和应用，重点研究解决水牛繁殖障碍生理。

3. 奶水牛标准化饲养关键生产技术示范应用

• 水牛瘤胃发酵和营养调控关键技术研究与应用：通过瘤胃发酵剂和营养调控手段保持瘤胃正常功能，为水牛健康养殖提供技术支撑。

• 提高水牛产奶性能关键技术应用示范：粗饲料的稳定供给对奶水牛生产性能的影响；不同能量蛋白水平的长期稳定供应对奶水牛生产性能的影响；粗纤维摄入量对奶水牛瘤胃内环境及生产性能的影响；TMR 技术在奶水牛生产中的应用示范；机器挤奶技术对奶水牛生产性能影响的研究。

• 奶水牛标准化生产技术体系研究与示范应用：高产优质奶水牛犊牛培育操作规程的研究及制定；高产优质后备奶水牛培育操作规程的研究及制定；高效奶水牛饲养管理规程的研制与示范。

• 节能减排技术在奶水牛集约化养殖的应用：研究规模化养殖过程中水牛所产生的粪便、污水以及异臭味对周边环境的影响，寻找减少甚至消除规模化养殖水牛所带来的环境污染问题的有效技术措施。

• 养殖新技术集成示范与成果转化：各种添加剂、预混料对奶水牛生产性能及乳品质影响的研究及示范。

• 奶水牛高效养殖模式的研究及示范：通过集成牧草种植、精粗饲料调配、青粗饲料的贮藏加工、高效饲养管理等易推广应用的常规技术，研究出一套高效养殖模式进行推广示范。简单实用才容易推广产生效益。

4. 新型水牛乳制品研制及乳品质量安全控制关键技术研究及应用

• 水牛乳功能因子与新型功能水牛乳制品研究开发：利用蛋白质，微生物筛选等技术从水牛乳或者相关产品中挖掘功能性成分，提高水牛乳制品品质及营养价值。

• 传统特色水牛乳制品工艺挖掘、整理及产业化开发示范：挖掘、整理、评估民间传统水牛乳制品制备工艺，引入现代食品加工技术，在充分保留传统食品特点的基础上，对生产工艺进行改进，提高产品产量、质量与安全性，实现产品标准化、规模化生产，研发出安全、便于贮运和销售的商业化产品，以实现产品的升级换代。

• 原料水牛乳微生物安全控制技术及乳制品微生物风险预测模型：通过分子生物学技术明确生水牛乳及巴氏杀菌处理的水牛乳制品货架期及腐败期间的主要微生物危害，研究一套生乳微生物控制技术，并建立生乳中危害微生物对乳制品质量与安全的风险预测模型。

• 乳制品全程质量控制技术体系的研究和制定：对水牛乳及其乳制品产、贮存、运输、产品加工和销售等环节中潜在的危害进行跟踪分析与风险评估，建立基础数据库，研究制订（或探索）水牛乳质量检测新方法，集成一套水牛乳及其产品质量控制的技术方法和措施。

5. 优质饲草品种选育及农副产品高效开发利用

• 秸秆等粗饲料资源加工利用的技术研究与示范：研究以秸秆为主体的日粮配制工艺以及质量快速评价方法等；以秸秆为主体的低精料日粮的配合工艺及其营养基础参数等的研究。

• 大宗优质农副产品饲料化关键技术研究与应用：着重研究广西大宗优质农副产品在水牛养殖中的饲喂措施，形成秸秆型产品质量标准。

• 优质饲草品种（豆科、禾本科）选育与推广：针对广西的地理环境因素选育与推广当家的优质饲草品种（豆科、禾本科）。

• 牧草高产栽培技术开发与推广：针对广西的地理环境因素开发与推广当家的优质牧草高产栽培技术。

• 研究利用生物制剂开发新的饲料资源：着重开展秸秆生物技术调制与加工技术、秸秆青贮技术与工艺、秸秆成型饲料（草捆、草块、草颗粒）调制配方与工艺等。

6. 杂交水牛肉用关键技术研究及应用

• 不同生长阶段肉用杂交水牛饲养关键技术研究与示范应用：研究包括肉用杂交水牛饲养阶段的合理划分；研究各营养素对不同生长阶段肉用杂交水牛骨骼、肌肉以及增重的影响；根据各阶段的生长特点配置精料、制订饲养计划等。

• 提高杂交水牛肉质关键技术研究与示范应用：研究目标营养素水平对水牛肌肉中蛋白质和脂肪的沉积以及氨基酸和脂肪酸组成等营养品质和风味的影响，以及对食用品质及加工特性的影响；探讨适合水牛的肉质评定方法；同时探讨活体评价水牛肉品质的可行性。

7. 水牛主要疾病综合防控技术研究及应用

• 重大疫病检疫流行病学调查、病原特性研究、监测技术及防疫技术和预警系统建立。

• 人畜共患传染病的检测、防控及净化技术。

• 食源性病原微生物检测及防治技术。

• 食品安全为目标的寄生虫病的检测及高效防治技术。

• 危害水牛健康其他相关主要疾病的检测及防控技术研究。

第六节　我国水牛产业科技发展对策措施

一、产业保障措施

（一）提高认识

各级领导者、决策者要充分认识到南方发展水牛乳肉产业优势明显，潜力巨大，是南方特色畜牧业的重要组成部分，是调整农村和农业经济结构、增加农民收入和贫困地区脱贫致富的一个重要产业。同时也要看到要充分认识到南方水牛乳肉产业尚处起步阶段，而这个产业是一个投资周期较长的农业产业，是一项较为复杂的系统工程，在产业启动、产品研发和技术推广等方面都需大量投入。因此，政府必须长期采取强有力的保护和扶持政策，没有政府的高度重视和扶持，水牛产业就不可能有大的发展。

（二）政策支持

南方水牛乳肉产业的发展对南方畜牧业具有战略性意义，将促进南方农业结构战略调整和畜牧业转型升级，水牛奶业有潜力发展成为我国奶业的第二支柱，同时水牛乳肉产业将成为南方农民增收和扶贫的重要途径。建议国家把南方水牛乳肉产业作为南方畜牧业新的增长极，制定中长期发展规划，给予政策、资金、技术上的重点扶持，通过5~10年的产业培育，努力建设以布局区域化、养殖规模化、生产标准化、经营产业化、服务社会化为基本特征的现代水牛业生产体系，实现南方水牛乳肉产业化。

（三）加快制定国家奶水牛发展规划，明确发展重点

奶水牛业相对于荷斯坦奶牛业发展起步晚、基础差，为防止无序发展，切实加强政府对水牛奶产业发展的宏观指导，要加快编制国家奶水牛业中长期发展规划编制，明确发展方向和重点，做到有的放矢，防止盲目冒进。

二、科技创新措施

（一）加强基础性研究

水牛是一个开发程度较低的畜种，就世界范围而言，其相关研究的深入程度和广度远不及其他畜种，因而缺乏借鉴和学习的可能，这就要求我们必须更加积极地开展支撑奶水牛业发展的基础性单项技术自主开发和攻关，并通过组装集成形成相应的技术体系，其领域涵盖奶水牛的遗传育种、良种工程、繁殖技术与改良、牛疫病防治、营养需求与配方、饲草种植与饲料生产、饲养管理，以及奶、肉及其制品的研制与发、产品质量、卫生安全、市场开拓、产品销售，等等。

（二）加强关键技术攻关

鼓励开展具有自主知识产权的研究，实行多学科、多领域的联合攻关，打破过去只注意单项技术研究的传统，把重点转向推动技术的组装集成和产业化，力求取得重大的突破；加强良种水牛活体采卵、超数排卵以及性别控制等关键技术的攻关，进一步提高胚胎生产效率、质量以及胚胎移植的受胎率，完善和提高水牛胚胎生产和胚胎移植技术体系；建立MOET与联合育种体系，加快水牛遗传进展，提高奶水牛繁殖力和生产性能；开展奶牛疫病防治技术攻关，全面提高对奶牛疫病的预防、诊断和控制技术水平。通过技术攻关和创新，形成支撑奶水牛业优质、高效和持续发展的技术体系。

（三）加强高附加值乳制品的研制和开发

引进、消化和吸收国外先进技术和设备，加强具有自主知识产权乳制品的研究和开发，挖掘和发展民间水牛乳制品，生产出高附加值的特色水牛乳制品，满足不同层次消费群体的需要，提高市场竞争力。

三、体制机制创新对策

根据中共中央、国务院《关于深化体制机制改革加快实施创新驱动发展战略的若干意见》，南方水牛乳肉产业要创新产业发展体系，构建以企业为主导、产学研合作的产业技术创新战略联盟，强化科技同经济对接、创新成果同产业对接、创新项目同现实生产力对接、研发人员创新劳动同其

利益收入对接，实现人才、资本、技术、知识自由流动，企业、科研院所、高等学校协同创新，增强科技进步对经济发展的贡献度，为水牛乳肉产业可持续发展提供有力保障。

（黄锋、梁贤威、尚江化、邓廷贤、杨承剑、李玲、诸葛莹、陈明棠）

主要参考文献

何新天 . 2010. 新形势下的奶水牛业发展［J］. 中国牧业通讯（10）：10-12.

李子超，王丽娜，李昀锴，等 . 2012. 3 种乳源酪蛋白粒径及胶束结构的差异性［J］. 食品科学，58（33）：58-61.

刘成果 . 2013. 中国奶业史（专史卷）［M］. 北京：中国农业出版社.

任大喜，陈有亮，刘建新，等 . 2014. 焦磷酸测序法分析中国荷斯坦牛、娟姗牛及水牛的乳蛋白基因多态性［J］. 食品质量安全检测学报，5（10）：1-7.

杨炳壮，等 . 2001. CURRENT SITUATION AND T RENDS FOR DEVELOPMENT OF BUFFALO INDUSTRY IN CHINA［J］. 6th World Buffalo Congress：Contributed Papers，5：88-92.

杨炳壮，等 . 2003. 中国水牛改良进展及水牛奶业发展［A］. 第四届亚洲水牛大会论文集［C］. 156-161.

杨炳壮 . 2011. 全球水牛业发展现状与我国奶水牛业的发展趋势［J］. 广西农学报，26（2）：40-48.

章纯熙 . 2000. 中国水牛科学［M］. 南宁：广西科学技术出版社 .

Bhattacharya TK，Misra SS，Sheikh FD，et al. 2004. Variability of milk fat globule membrane protein gene between cattle and riverinebuffalo［J］. DNA Sequence，15：326-331.

Katharina H，Paula M O' Connor，Thom H，et al. 2012. Comparison of the principal proteins in bovine，caprine，buffalo，equine and camelmilk［J］. Journal of Dairy Research，79：185-191.

Li SS，Li L，Zeng QK，et al. 2016. Separation and quantification of milk casein from different buffalo breeds［J］. Journal of Dairy Research，83（9）：317-325.

Lin B，Ren DX，Li L，et al. 2013. Effects of kappa-casein variants on buffalo milk protein processing properties and Mozzarella cheesequality［J］. Journal of Food，Agriculture & Environment，11（3&4）：549-555.

Menard O，Ahmad S，Rousseau F，et al. 2010. Buffalo vs. cow milk fat globules：Size distribution，zeta-potential，compositions in total fatty acids and in polar lipids from the milk fat globule membrane［J］. Food Chemistry，120：544-551.

Yang YX，Bu DP，Zhao XW，et al. 2013. Proteomic Analysis of Cow，Yak，Buffalo，Goat and Camel Milk Whey Proteins：Quantitative Differential Expression Patterns［J］. Journal of proteome research，12（4）：1660-1667.

Yang YX，Zheng N，Zhao XW et al. 2015. Proteomic characterization and comparison of mammalian milk fat globule proteomes by iTRAQ analysis［J］. Journal of Proteomics，116：34-43.

第十四章　我国牦牛产业发展与科技创新

摘要：中国是牦牛的主产国，牦牛主要分布于青海、西藏、四川、甘肃、新疆、云南六省(自治区)。牦牛由于对高海拔地带严寒、缺氧、缺草等自然条件的良好适应能力而成为高寒牧区最基本的生产生活资料，可提供肉、奶、毛、绒、皮革、役力、燃料等，在高寒牧区具有不可替代的生态、社会和经济地位。由于特殊的自然环境和生态条件，牦牛以自然放牧为主，与其他牛种相比，牦牛生产性能低、牦牛科学饲养管理水平低、牦牛产品转化率低、牦牛技术转化力低，尤其是牦牛养殖中饲草料短缺、基础设施薄弱。近年来，随着科学技术的发展和科技投入的不断加大，青藏高原牦牛养殖方式正在发生变化，一是科技进步推动科学养牛的作用越来越明显，对牦牛进行科学选种选配、错峰出栏、半舍饲育肥已成为增加牦牛经济效益的重要方式；二是传统的牧养方式正在被改变，高寒牧区青贮技术、牦牛适时出栏技术、牦牛有效补饲技术等正在被推广应用；三是科技创新在牦牛产业发展中发挥越来越重要的作用，牦牛基因测序、现代繁育技术、高效牧养技术在不断研发与应用，传统选育技术与现代分子育种技术有机结合，促进牦牛产业科技支撑。科技创新促进牦牛产业转化应用与提质增效。

第一节　国外牦牛产业发展与科技创新

牦牛分布于高原及其毗邻地区，是唯一能够充分利用高原牧草资源进行动物性生产的牛种，是高原特有的畜种资源和宝贵的基因库。由于牦牛特有的生物学属性，致使其在高寒草地生态系统中占有主导地位，它的活动直接影响高寒草地生态系统的平衡与稳定。在该生态系统中，牦牛是能流和物流的重要环节（将牧草转化为畜产品），同时将粪便归还草地，作为草地的有机肥；再者，它也可以通过采食、踩踏等活动影响牧草的生物量、生长势、种群密度、盖度等。认识牦牛的分布及其生产现状，对研究高寒草地、维护和治理高原地区的生态环境，提高草地和牦牛的生产力，具有指导意义。

牦牛的分布是在历史的因素、现在的生态条件及人类活动等复杂因素的综合作用下长期演化而成。从牦牛分布的气候区域看，主要分布在高海拔、低气压、冷季长、暖季短、严重缺氧、饲草短缺、生态环境极其恶劣的高寒高山草原；从它分布的地区来看，是以中国的青藏高原为中心，围绕喜马拉雅山、帕米尔、昆仑山、天山、阿尔泰山等几大山脉向内向外延伸；从分布的国家来看，主要分布在我国的青藏高原、蒙古人民共和国的西南部、吉尔吉斯的阿尔泰山区、阿富汗和巴基斯坦的东北部、印度的北部，以及尼泊尔、不丹、锡金、孟加拉国和俄罗斯等国和地区。另外，美国、加拿大、英国从国外引进牦牛品种在公园内进行饲养和繁殖。

一、国外牦牛产业发展现状

牦牛产业的发展涉及天然草原建设、饲草料种植与加工、牦牛繁育与育肥、牦牛产品加工等各生产环节，同时与科技支撑体系、金融体系密切相关，而生产组织方式、市场组织、农牧民组织以及牦牛产品龙头企业的发展对牦牛产业发展起到了组织化的支撑作用。因此，牦牛产业的发展是一项涉及广泛的系统工程。

（一）国外牦牛产业生产现状

世界各国牦牛产业的发展现状并不理想。全世界每年牦牛出栏仅约100万头，平均每5 500人供养一头出栏牦牛，生产率较低，同时蕴含着较大的生产潜力。各国牦牛生产主要存在以下问题：一是牦牛品种原始，生长缓慢，繁殖成活率、出栏率低，饲养管理粗放，养殖环节经济效益不高。二是牦牛放牧和未经育肥屠宰仍是牦牛肉的主要生产与供给模式。三是牦牛加工业科技含量低，实用、先进的成熟技术推广应用不广泛，缺乏产业化、规模化的带动和牵引。

在兴都库什-喜马拉雅地区，适合于家畜放牧的广阔草原占据了陆地总面积的50%以上，该地区具有几百年的放牧社会。即使今天，还有超过一半的人口直接或间接的依赖游牧或半游牧状态的牧业生产系统为生。由于大部分牧场分布于高海拔地区，人们将高寒牧场与牦牛饲养很好的相结合。近些年，包括定居、游牧和半游牧的牦牛传统放牧系统面临多方面的挑战，如气候变化、人口增加、社会经济改革和发生地喜马拉雅地区的全球化。

印度的锡金喜马拉雅地区是34个世界重要的生物多样性热点地区之一，位于东部尼泊尔、中国西藏地区和不丹之间。该地区大约60%的土地海拔高于3 000米，拥有多个民族，每个民族具有各自的牧场管理系统。牦牛夏季在高山草地采食，冬季到多层温带和亚高山森林。由于不规律的放牧所导致的森林退化，尤其在印度和尼泊尔交界处，变成了一个严重问题。近年来，在喜马拉雅山脉附近，绵羊和牦牛的养殖数量以及牧场面积都有明显的下降。有些游牧民族采用独特的放牧形式，他们冬季搬到高海拔的森林，春季返回较低的高山地区。少数地区具有较高的养殖密度，导致了牦牛和绵羊与野生草食动物的放牧竞争促成的生境破碎化和过度放牧草场。在锡金地区的轮牧需要政策调控、多领域保护措施和跨区域合作。

在巴基斯坦，牦牛主要生活在喀喇昆仑山脉帕米尔高原海拔3 500~4 500米的吉尔吉特-巴尔蒂斯坦和吉德拉尔地区。在吉尔吉特-巴尔蒂斯坦地区，牦牛和其杂交品种的数量在35 000~40 000头。牦牛常因温顺和较高的产奶、产肉量而被选种。在多数的乡村农牧生活系统中，牦牛被当作役用家畜，如耕地、打谷和制陶以及肉、乳等产品的生产。在当地高海拔寒冷的沙漠地区，牦牛肉、奶油、牛皮和牛绒也是具有较价值的产品。牦牛与奶牛的杂交后代犏牛广泛分布于吉尔吉特-巴尔蒂斯坦地区，它们具有更好的生产性能，并能更好地适应恶劣的气候和食物短缺的条件。

吉尔吉特-巴尔蒂斯坦七个地区中的六个地区，牦牛在文化和生活动中占有重要位置。该地区的牧民由多个季节性迁移放牧的民族组成，季节性迁移是巴基斯坦地区的主要放牧措施以便于得到持续的牧草供给。据不完全统计，2.5万头牦牛生活该地区。由于缺少贸易机会，牦牛的奶、奶油、奶酪、酸奶、肉是主要由家庭内自给自足。在巴基斯坦的喀喇昆仑山脉帕米尔高原，当地人们自己设计，由牦牛和山羊毛手工制成的沙玛地毯具有文化自豪感。牦牛之旅是对游客最有吸引力的项目。

畜牧业是尼泊尔重要的经济来源，在乡下有80%的家庭饲养家畜。据估计约有6.9万牦牛和犏牛在尼泊尔的28个行政区。在当地，牦牛皮被制成包、袋子和其他物品，牦牛毛被做成绳子和毛毯，牦牛排是非常受游客欢迎的食物，牦牛奶可以制成奶酪、奶油等产品在市场上销售。

牦牛与当地品种牛杂交产生犏牛。犏牛比牦牛的生产性能好，并且可以适应较低的海拔高度，耐粗饲。牦牛与犏牛在海拔3 300~4 800米的草场采食。夏季在高海拔地区的高山草甸放牧，冬季在低海拔的亚高山草场放牧。由于牦牛和犏牛是生物多样性保护和高山地区人们生活水平提高的重要畜种，尼泊尔政府为养殖牦牛和犏牛的牧户提供品种改良、草场管理、道路建设、饮水供给、技术培训等服务。

尽管牦牛和犏牛的饲养是喜马拉雅地区家庭收入的主要来源和手段，牧民渐渐地不愿继续饲殖，主要是因为限制放牧，没有充足的牧草和较少的经济获利。结果，他们由职业牧民变为从事旅游业和运输业生意。因此，由牧民参与的以提高牧草数量和质量的牧场管理程序是非常重要的。这些政策涉及生产力的增加、当人生活的改善和生物多样性的保护，利益相关者参与所有的价值链过程。在尼泊尔一些问题应该被重视：①气候变化导致的动物采食和牧场管理问题；②牦牛小群饲养导致的近亲繁殖问题；③动物的健康问题。尼泊尔主要面临的挑战与机遇是，牧场管理下生物的多样性的保护和人们生活水平的提高。

在不丹，牦牛生活在海拔 3 000~5 000 米的原寒地区，主要生产方式也是季节性迁移放牧。近年来，在可以种植作物和经营其他生计的地区，饲养牦牛的牧民家庭急速下降。牧民对牦牛的饲养长期沿袭传统的饲养方式，饲养规模小，牲畜混群放牧管理，畜群结构极不合理，牦牛养殖方式落后状况没有改变；母牛挤奶过度，牛犊生长缓慢，形成恶性循环；放牧强度过大、生态问题突出，饲草饲料储备意识差，抗御自然灾害的能力弱；饲养、繁殖等领域的一些先进实用技术无法配套应用。

通过对各个国家牦牛生现状的了解，牦牛生产是产业的核心生产环节，重点内容有牦牛本品种选育、标准化养殖、产品质量安全体系建设等。其中，牦牛良种是现代牦牛产业发展的基础。发展牦牛良种化必须立足于牦牛品种、草原资源、畜牧科技发展状况以及农牧民科学素质等地方资源优势，因地制宜地确定牦牛良种化发展的主攻方向。目前，世界各国的牦牛繁育没有形成科学、有效的产业发展体系，犊牛繁殖成活率低、犊牛生长发育不良等问题一直存在。另外，牦牛产业的发展需要区域化布局和专业化生产。但是，牦牛生产仍基本处于粗放经营阶段，牦牛养殖基本上是牛、马、羊混牧饲养。

（二）国外牦牛产业养殖模式

目前，世界各国牦牛的养殖管理仍然以传统的放牧形式为主，这主要是由气候条件、地理位置、文化传统等决定的。在牦牛放牧区，牧民们一般采用游牧形式：夏秋季节，牧民们一般在海拔较高的草场放牧，在冬春季节，在海拔较低的草场放牧。但是，在有些国家，随着经济、文化的发展，牧民思想观念的变化以及国家政策的扶持，大多数牧民已经定居放牧。在尼泊尔、蒙古、巴基斯坦等国家的有些地区也采取定居放牧，尤其在山谷地区，牧民们已经聚集成牧民村。在尼泊尔，由于干酪加工厂的兴办，使牧民的思想观念发生了巨大变化，牧民们已不再像以前那样愿意在偏远孤寂的夏季牧场过游牧生活。

在大多数国家的牦牛产区，终年放牧、靠天养畜的饲养方式和极度粗放的经营管理，使牦牛始终处于“夏饱、秋肥、冬瘦、春乏”的恶性循环之中。夏秋牧草生长旺盛，营养过剩，造成营养物质的浪费；冬春牧草枯萎，营养供应不足，导致营养不良，这种供需的矛盾严重影响了生态效益。同时，长期的营养失控，使牦牛育肥慢，饲喂周期长，周转慢，商品率低，尤其是遇到周期性的雪灾，由于没有贮备饲料，导致大量的牦牛死亡，造成严重的经济损失。

过度对牦牛产品的所取也是影响牦牛生产的一个重要因素。牧民们为了得到更多的奶，进行掠夺式挤奶，导致牦牛的营养经常处于匮乏状态，这种情况不利于母牦牛复壮、抓膘，同时也影响母畜的发情受配率、受胎率和产犊成活率。更重要的是，这种挤奶方式，严重阻碍了犊牛的生长发育：生长减慢，断奶重、日增重等经济指标明显偏低，这些负效应最终导致牦牛死亡率高、总增重率低、出栏率低等一系列不良后果，形成严重的恶性循环。

另外，牦牛产业是以草原为主要载体的生产体系，发展牦牛产业需要构建和完善要素完备的饲草料生产体系。一般来讲，饲草料生产体系包含天然草原建设、人工饲草种植和饲草料加工。由于鼠虫害严重破坏和对退化草地缺乏科学管理，特别是放牧强度和放牧制度不合理，而最终导致草地严重退化。其突出表现为草地初级生产力下降，优良牧草减少，毒杂草比例增加，使牧草品质逐年变劣，伴随而来的是牦牛个体变小，体重下降，畜产品减少，出栏率、商品率低，能量转化效率下降等一系列问题，严重影响着牦牛业生产的发展和经济效益的提高。

（三）国外牦牛产业贸易现状

牦牛产品是典型的绿色保健食品，营养价值较高。随着消费者生活水平和生活质量的日益提高，对肉、乳等动物食品的风味、营养、种类等要求更丰富。牦牛长期生存于天然的高海拔地区，处于边远草场和大山深处的半野生状态，牦牛的畜产品不能定位于简单的畜产品。但目前牦牛产品的价值没有得到充分的体现，牦牛产品的价格与其他畜产品无异，世界各国牦牛产业的经济效益却未充分体现出来，牦牛业经济效益低下，牦牛业经济发展缓慢。

牦牛可以生产各式各样的畜产品，如可对牦牛皮、毛、肉、乳、骨进行开发。牦牛肉质生长期较长，牦牛肉制品的结构和品质与普通牛肉有很大不同，具有天然、绿色、稀有的优良品质；富含肌红蛋白，低脂肪，肉味香郁，钙、锌、超氧化歧化酶、粗红细胞、血红素等成分的含量都高于普通牛肉。牦牛乳作为高原无污染的纯天然绿色半野味食品，营养价值高。乳的部分制品酥油，一直为民族地区人民生活的必需品，而至今其产量仍然有限，中国每年仍需进口近万吨酥油。牦牛绒细软，保暖性能好。牦牛皮是制革的上等原料，牦牛骨髓是牦牛全身营养价值最高的部位，含优质蛋白质、磷质、骨胶原和软骨素等，对提高人体钙质、抗衰老、美容与增强免疫能力有极好的营养作用。

在阿富汗帕米尔地区，几乎100%的家庭都饲养着家畜，包括奶牛、牦牛、绵羊、山羊、驴和马。干旱、寒冷和高海拔的帕米尔高原巴达赫尚的高山牧场为牦牛的生产提供了适宜的环境。对于帕米尔地区牧民的生活改善，多用途的牦牛产业具有广阔的市场潜力和经济价值。当地传统的牦牛生产系统非常落后，并且不能适应牧区的增长需要和市场对牦牛产品的要求。由于地理位置相对隔离、基础设施缺乏限制了推广服务到达牧户，时常缺少草料、疫病暴发给帕米尔地区的牧民带来了很大的经济损失。对牧民为说，另一个大问题是对于动物产品价值信息的缺乏，因此，在交易中他们不能处于正确的位置与商人议价，常常导致他们为了当下的家庭需要而被迫牺牲你们的长远利益。

旅游业的发展和高科技加工制作技术，也可以为牦牛制品带来巨大的市场空间。牦牛作为因产量的有限性，深加工程度不高。牦牛产品的生产、加工及其销售，在世界范围内除了个别国家、个别产品被加工外，没有形成大规模的工业化生产。如牦牛毛、牦牛绒在中国的青海省被加工成牛绒衫，产品很受消费者欢迎；尼泊尔是世界上最早建立干酪加工厂的国家，年产量可达到104吨，用牦牛奶制作的干酪质量比用黄牛奶、水牛奶制作的好。牦牛产品不能被大规模生产，还有一个主要原因是销售渠道窄、牦牛产区偏僻遥远、没有认识到牦牛产品的巨大潜力。在广大的牦牛产区，牦牛产品主要被牧民们手工简单加工用于自己消费，即使销售，也只是简单的物物交换或者是传统的销售渠道。牧民们还没有把这些产品推向市场而且获取较大的利润，这主要是因为生产者没有能力做广告而且开发出更有价值的产品，更重要的是牧民们缺少产品加工技术。

在牦牛屠宰加工方面，目前基本没有吊宰和分割排酸牛肉，牧民采用传统的屠宰工艺，无法做到排净牦牛血，加上没有分割体系，且缺乏排酸工艺，致使牦牛肉色黑暗，肉质粗硬，即使是经过育肥的优质牦牛，也不能体现牦牛肉的价值。此外，还要建立牦牛肉市场机制。要从培育牦牛肉的市场机制入手，根据市场需求分析结果，在牦牛饲养、繁殖、屠宰、销售等环节，努力突出牦牛肉的优质、安全、健康、风味独特等内在特质，在牛肉生产的标准化、规范化和批量化方面下功夫，争取尽快做出品牌。

市场体系建设是牦牛产业贸易的关键环节，产品交易、品牌建立、价值实现均依靠市场来完成，成熟的市场体系才能真正带动产业成熟发展。牦牛产品工业大多只限于小规模的传统手工制作。技术落后、设备简陋、品种单一、产量低、数量少，远远不能满足市场发展的需要。虽有一些中小型肉制品加工厂开始建立起来，但大多数处于起步阶段，采用传统的加工方式，存在着低水平、低效益、低产量，加工、工艺技术人员缺乏，科技含量低等问题，因此，牦牛食品和加工制品有待振兴发展，加快牦牛资源的综合利用和深度开发，振兴牦牛经济势在必行。目前，牦牛产业一方面营销型的龙头企业少，使初级产品市场小，规模化带动强的产地市场更是严重缺少；牧民商品经济意识淡薄，惜售思想严重，未能在产销环节间建立起有效链接，牦牛产业仍未形成产业化、一体化、集团化发展的经营格局。

二、国外牦牛产业科技创新现状

（一）国外牦牛产业的理论创新

近年来，世界各国有大量关于牦牛生产性能与其DNA信息之间关联的报道。来自DNA的信息可以用于牦牛育种的选择过程，但是需要清晰的系谱和准确的生产性能指标，还要控制过度交配。在绝大多数牦牛产区，这些信息都是难于获得的。因此，目前对牦牛繁育起主要作用的依据仍然是传统的生产方式，如引入野牦牛血液对发挥杂种优势和培育多产牦牛品种起着重要作用，利用杂种优势培育更加多产的新品种牦牛。

对于牦牛产品的加工，各国因文化背景和历史传承的差异存在不同的牦牛产品加工艺。产品加工牦牛产业中增值最为显著的产业板块。该板块分为牦牛初级产品加工和牦牛生化加工两部分：初级产品加工以肉、乳、毛绒为原料，生产分类肉制品、乳制品、干酪素和纺织品；生化加工依靠牦牛的生物学特性，应用现代生化技术和生物工程技术手段从骨、血、胸腺、大脑、胎盘等器官及组织中提取、分离、纯化小分子肽、酪蛋白磷酸肽、胸腺肽、血红蛋白、脑水解蛋白等生化制品，形成产业增值效益，该板块是牦牛产业的链条顶端，是产业价值最大化的体现，也是产业的带动核心。

（二）国外牦牛产业的技术创新

近年来，很多关于应用DNA信息对牦牛的研究得到报道。通过这些的DNA信息对牦牛种属相关性、基因渗入、牛种起源、迁移驯化和适应性进行研究。但是，对于牦牛产业化而言，能够真正应用于牦牛产业化的技术依然是牦牛品种培育方面的技术。

1. 牦牛的本品种选育

必须有明确的选育目标，对其进行有计划、有目的的选择和培育。选与育并重。牦牛因其生存条件恶劣，终年放牧，如果只选而不重视培育就不会使选择这一技术措施收到明显的效果。在选择中明确选择目标。普及良种，提高个体生产性能。牦牛品种的更新换代和养殖新技术推广普及，是提高牦牛群体品质的主要手段，通过加强牦牛良种繁育体系建设，在确定改良杂交方向的前提下，不同区域进行不同方式的良种推广与普及。提高改良牛生产效能，确保牦牛业生产持续稳定发展。

2. 与其他牛种杂交可以提高牦牛的产肉和产奶性能

引入荷斯坦、西门塔尔、夏洛莱等品种的精液与当地牦牛杂交，在种内进行目的各异的种间杂交组合，改良其遗传组成，稳定其最佳的性状遗传组合来达到提高个体和整体生产水平的目的。杂种犏牛的生产性能虽然好于牦牛，从生产性能上看，产肉量高于牦牛50%～70%，产奶量提高3～5

倍，役用性能、抗病力、生活力均大大超过其双亲的能力。但是与其他牛种相比其产量并不是很高。而且其高原适应性也不及牦牛，与牦牛相比它们需要补饲和加强管理。

（三）国外牦牛科技创新成果的推广应用

目前，国外牦牛科技成果的推广还主要体现在牦牛的品种培育和牦牛繁殖技术的应用。

（1）牦牛与普通牛种及瘤牛进行杂交。牦牛与普通牛种及瘤牛进行杂交，其雄性不育，而母牦牛能正常生育。目前在尼泊尔、印度、蒙古、巴基斯坦、阿富汗、不丹、锡金等牦牛饲养国，均用当地牛种或引进牛种进行不同程度的杂交，以选育出具有不同生产性能的杂交品种。尼泊尔是繁育牦牛及进行种间杂交历史悠久的国家。尼泊尔由于繁育着牦牛、普通牛及瘤牛，因此长期以来存在两个种或三个种的正、反种间杂交，所以在不同地区有含不同牛种基因的各种杂交牛种。在尼泊尔有些地区，也应用瘤牛同牦牛进行杂交，其后代的产奶量及活重均比牦牛高。蒙古的牦牛生产近年也有较大的发展，在牦牛产区（杭爱山脉、阿尔泰山脉及周围地区），采用公牦牛同普通母牛、普通牛，种公牛同母牦牛杂交的方式进行种间杂交，利用其后代（犏牛，蒙古又称海纳牛）进行乳肉生产，犏牛乳是杭爱山区小型乳品加工厂的主要原料乳来源。近年来，牦牛和普通牛的种间杂交，已成为蒙古国与俄罗斯及前苏联几个加盟共和国合作在蒙古国进行的研究项目。另外，在喜马拉雅山周围的许多区域，特别是印度、尼泊尔、阿富汗、巴基斯坦牦牛自交现象越来越普遍，这已经导致这些国家牦牛的生产性能、繁殖性能以及对环境的适应能力、抗病能力等明显下降。尼泊尔、阿富汗、印度以及巴基斯坦均报道了他们国家由于牦牛的自交越来越普遍而导致种公牛的严重退化。

（2）牦牛与野牦牛之间的种内杂交。青海省大通种牛场的牦公牛站是国内唯一的一个以野牦公牛、半血野牦公牛为主的牦公牛站。据多年测定，人工授精产生的1/2野血牦牛体重较同龄家牦牛提高15%~20%以上，越冬死亡率下降4%~6%。

（3）牦牛的诱导发情、胚胎移植及体外授精技术。牦牛胚胎移植相关的一些基础研究工作机构相当薄弱，基本处于起步阶段。牦牛的同期发情分别用不同的制剂处理母牦牛，效果十分显著。牛的胚胎移植已广泛应用于家畜改良、引种、肉牛双胎生产、品种资源保存及生物工程等方面。近年来，国际上先后在奶牛、水牛、绵羊、山羊、猪等的体外授精获得成功，并得到了牛、羊试管后代，而牦牛体外授精技术刚刚起步。

另外，在印度的锡金喜马拉雅地区，还采用遥感工具的多学科研究用来估计牦牛的放牧行为。

（四）国外牦牛科技创新发展方向

为了使牦牛充分有效地利用其他家畜难以利用的高山草原，发挥其特有的优良特性，改变其原始落后面貌，在坚持环境保护与牦牛发展相协调的前提下，必须以市场为导向，以科技为动力，根据牦牛的分布现状和畜牧业发展的总体布局，充分利用现有资源优势，重点建立优质牦牛繁育基地提高肉、乳生产性能，缩短饲养周期，在此基础上巩固完善畜产品加工龙头企业，开发加工牦牛系列产品，把资源优势转化为经济优势。通过对牦牛的选育改良，控制发展数量，强化基础设施，提高生产性能，鼓励企业参与，实行产业开发，争创名优品牌，满足国际外市场对牦牛产品的需求，提高牧区牧民生产、生活质量。

国外牦牛科技创新的一个重要方向就是牦牛产品的充分开发与利用。应加强牦牛产品的生产、加工以及销售，挖掘牦牛产品的潜力，以提高牧民的生活水平，并为社会提供牦牛产品。建立标准化生产模式，按照绿色食品要求，生产品牌产品，参与国际国内竞争。一是牦牛肉开发。目前牦牛肉类开发加工已具有一定规模，主要开发产品是鲜冻胴体、剔骨分割包装肉、精制卷装肉及少量熟食品；加工方法由初级加工向加工层次高、附加值高方向发展，突出牦牛肉绿色、无污染的特点，创立具有广阔市场前景的名牌产品，积极参与国内国际市场竞争。为使牦牛肉的价值得到真正体现，应采取科学手段，提高产品本身的附加值。二是牦牛乳开发。目前主要对牦牛乳加工企业进行必要的扶持，对现有的加工生产线进行改造、改进，进一步提高乳品加工企业的生产能力，提高乳制品的产品质量，为牦牛乳走市场打下良好的基础。三是皮革及毛绒加工。主要以皮夹克、马靴、民族皮件牛绒衫等为主。四是牦牛血资源生化产品开发。超氧化物歧化酶（SOD）等生物产品，通过专家鉴定，其技术、质量达到国内先进水平，除此之外，牦牛脑垂体、骨髓及脏器等均具有较大的开发价值。今后主要开发牦牛红细胞超氧化物歧化酶、牛血清白蛋白、胆红素等。

加大牦牛商品的力度，以农村产业结构和小城镇建设为契机，稳定牦牛产品的数量，提高质量，减少直接饲养牦牛的人数和户数，扩大产品销售市场和渠道，增加产前和产后服务从业人口，从而使牦牛产品由自给型向商品型转变。

广开融资渠道，加大对牦牛产业化的投资，要充分利用民间资本、项目奖金、集资、上市等多种形式筹集资金。加快良繁体系，饲草饲料体系和疫病防制体系建设，为产业化发展奠定基础。培育龙头企业发展牦牛加工企业，加快产品开发，注重市场培育，创建品牌产品，制定牦牛新产品营销战略，构建营销网络，不断提高牦牛产品的市场占用率。

国家有关部门应当建立牦牛、特别是有关野牦牛的保护法规，以加强野牦牛的保护和管理。世界营养学家应尽快制定符合牦牛产区营养需要的牦牛饲养标准及补饲制度，完善牦牛的饲养管理。草地放牧学家及草地生态学家努力改善草畜平衡，提高草地生产力，维持“草—土—畜”的平衡与稳定，以便提高草地的经济效益和生态效益。

制定出不同等级草地的载畜率，应用围栏、补饲、建畜舍等技术，建立科学化、规范化的牦牛放牧及管理制度，建立国际性的牦牛良种繁育基地，采用人工授精技术，给世界饲养牦牛的国家提供优良种公畜的冷冻精液，避免各国牦牛的自交，同时也应建立国际性的牦牛基因库，以加强牦牛基因多样性的保护和管理。

三、国外牦牛科技创新的经验及对我国的启示

通过对世界各牦牛生产国的牦牛生产、养殖、贸易、科技和成果现状的归纳和分析，主要启示如下。

（1）开展草畜基地建设。抓好牧草种籽生产基地建设，扩大割草基地面积，改善天然草原质量，大力发展草产业；抓好牦牛选育原种场建设，既确保牦牛原种优良品质，又为开展杂交改良提供种源；抓好牦牛乳、肉生产基地建设，严格实行以草定畜、划区轮牧，开展暖棚养畜，建设健康养殖小区，减少牲畜冬春掉膘及死亡损失，增加出栏率和商品率。

（2）加大饲料基地建设投入，改善牦牛饲养条件。建设人工刈割饲料地，为了使牦牛安全度过冬春枯草季节，冬春季要给生产牦牛进行补饲青干草。因为种植的牧草营养价值高、用工少、产量高，饲喂储存方便，是高寒牧区解决冬春缺草的主要渠道，有条件的地方，要尽量在夏季选择种植青燕麦、豌豆、披碱草、早熟禾等优良牧草。

（3）技术集成配套。借鉴国内外牦牛研究已取得的成果，将种草、配饲、本品种选育、杂交改良、越冬育肥、安全生产等成熟技术进行组装配套，建立牦牛专业化高效养殖配套技术规范，开展技术集成与示范，提高科学技术在畜牧业生产中的贡献率。积极引导牧民从传统的生产方式向科学化、规范化、专业化、规模化、生态型饲养方式转变，严格实行以草定畜、划区轮牧，在牲畜出栏前一段时间和冬春季节开展舍饲、半舍饲。解决配饲问题，加大优质牧草人工或半人工种植力度，应用加工贮备足量的青干草、青贮饲料等；拓宽饲草饲料来源，加工利用草种基地收贮的牧草

和半农半牧区农作物秸秆；生产应用牦牛犊代乳饲料、牦牛泌乳饲料、牦牛育肥饲料、牦牛冬春补饲饲料。通过科学饲养，缩短饲养周期，实现牲畜数量减少，个体生产性能提高，经济效益增加。

（4）加强牦牛的本品种选育和保种工作。牦牛的本品种选育和保种工作是提高牦牛生产性能的基本途径，特别是在促进高寒草地畜牧业可持续发展和良种工程建设中，应积极开展加强牦牛选种选配工作，将传统的家畜育种方法与现代育种技术相结合，以利于牦牛品种资源的保存和开发利用。

（5）积极开展牦牛种内不同品种或类群间杂交。家养牦牛源于野牦牛，在自然界野牦牛通过生存斗争繁衍后代，如今野牦牛依然是生活力强，抗病力、繁殖力、转化天然牧草能力以及生生发育的最强者，它们的内在种质必然代表着自然生态条件下最适应的特色物种。因此，在牦牛选育改良过程中：一是应用野牦牛或含野血牦牛对本品种进行改良，二是引进优质的地方品种进行改良。

（6）转变生产方式。结合牧区新农村建设，促进牧民向集镇、城镇集中。引导牧民在自愿的前提下对草场、牲畜进行有序、合理流转，促进草场向联户、大户流转，鼓励养殖大户租赁、承包无畜、少畜户的草场，扩大生产规模；探索牧户以草场、牲畜等生产资料与企业紧密联系的机制，充分发挥各生产要素的作用；在条件具备的地方建立专合组织，提高牧民生产经营的组织化程度。

（7）加快推进牦牛产业化经营，培育龙头企业。坚持以市场为导向，以基地为依托，以提高产品附加值和企业效益为目的，以建立公平互利互惠的利益关系为纽带培植龙头企业，延长产业链。在龙头企业连基地、基地带牧户的牦牛产业化模式中，龙头企业是牵动产业链运转的关键环节。一个龙头企业，既是一个生产中心、加工中心，又是一个信息中心、服务中心、科研中心，可对农牧民实施全方位的带动。加大对牦牛业龙头企业扶持力度，扶持做大有基础、有优势、有特色、有市场的产业和产品，形成有规模、有质量的生产基地。协调好牧民、龙头企业和各经济组织的利益关系，建立利益共享、风险共担的利益共同体，形成良好的运行机制。

（8）构建牦牛产业化社会化服务体系。完善牦牛社会化服务体系，是促进牦牛养殖业发展的保障。形成生产、加工、销售的有机结合，使其较好地调动各个服务环节的积极性，促进畜牧产业化的发展。建设的主要内容有：建立牦牛良种繁育体系，逐步培育专用型的牦牛品系和经济杂交利用体系；建立牦牛技术推广体系，逐步指导牧户科学养殖牦牛；建立饲料生产供应体系，逐步改变牦牛纯放牧的饲养方式，提高牦牛生产能力；完善疫病防治体制，逐步建立牦牛无规定疫病防治区，提高牦牛生产食品安全；加快市场信息流通服务体系，提高牦牛生产绿色商品率；推进畜牧业风险保障体系建设，构建牦牛产业化的稳定发展环境和优惠政策。建立牦牛特色品牌产品，通过牦牛产品的商品效能。

（9）加强对牧民的宣传培训。引导牧民转变经营理念，掌握现代先进实用的科学养殖技术，尽快提高适应现代畜牧业规模经营需要的能力。通过培训、示范，提高从业人员素质，通过职业培训，现场指导科技园区、示范户，提高牦牛生产业的科技含量，提高作业人员的科技素质、经营素质。

第二节　我国牦牛产业发展概况

一、我国牦牛产业发展现状

（一）我国牦牛产业重大意义

在我国，牦牛主要分布于藏族聚居的青藏高原地区的青海省、西藏自治区、四川省、甘肃省、云南省和新疆维吾尔自治区。在这片约占全国可利用草原总面积33%的最大的草地畜牧业生产基地上，牧养着约1 400多万头牦牛，占世界牦牛总数的95%以上。

1. 发展我国的牦牛产业具有重要的生态学意义

分布于青藏高原的高寒草地，以其鲜明的特色在我国及世界的草地畜牧业领域和草地生态系统中占有极其重要的地位。我国牦牛产业的发展基础是高寒草地，因此发展牦牛产业首要任务是保护和开发生态极其脆弱的高寒草地。

习近平总书记指出："我们既要绿水青山，也要金山银山。宁要绿水青山，不要金山银山，而且绿水青山就是金山银山。"高寒草地因其独特的地理位置和生态类型，具有重要的生态功能。牦牛作为青藏地区主体畜种和世界屋脊的景观牛种，有其独特的生物学特性，对高寒牧区生态环境适应性很强，本身也是青藏地区生物多样性的重要组成部分。

2. 发展我国的牦牛产业对畜牧业的重要意义

畜牧业的发展离不开优良的品种，而品种的培育则依靠丰富的遗传资源即所谓的基因资源。畜牧业要发展，良种必须先行，没有健全的畜禽良种繁育体系，就不可能有畜牧业的可持续发展。

放眼我国畜牧业，其他畜种的主导品种基本为外来品种。没有品种自主权使我国畜牧业的发展在很大程度上受制于西方国家。我国青藏地区含有丰富的牦牛遗传资源，发展牦牛产业，我国具有先天优势。因此，大力发展牦牛产业，利用我国丰富的牦牛遗传资源培育高产优质的牦牛新品种，可以使世界牦牛的生产由中国主导，同时也可以提高我国青藏地区的畜牧业发展水平，进而提高我国畜牧业的总体发展。

3. 发展我国的牦牛产业具有重要的社会学及经济学意义

牦牛是藏区人民不可替代的生产、生活资料。以牦牛为主的畜牧业对藏区人民的经济发展起着支撑性的作用，因此其在维系藏区社会和谐稳定发展中的作用不言而喻。牦牛可产肉产奶，可骑可驮，可耕可驾，同藏族人民的生产、生活、文化、宗教有着极密切的关系，被誉为"高原之舟"。

牦牛还跟藏族的宗教及文化有重要关系。在藏族文化中，牦牛在丧葬习俗、祭祀及盟誓等重大宗教文化及政治活动中起着重要的作用。因此大力发展牦牛产业不但对藏族的经济发展水平及社会稳定起着重要的作用，而且在藏族的精神文化生活中也发挥了一定的作用。

在少数民族地区名、优、新、特产品展览会上，牦牛肉和奶很受港澳商的青睐。牦牛绒纤维细，保暖性好，是特种高级毛纺原料，经加工可生产精梳牛绒，精纺面料、粗纺面料、牛绒衫等产品；而且牦牛骨髓壮骨粉和牦牛SOD等牦牛产品，展示了良好的开发前景。牦牛产业的持续发展对提高藏族等少数民族的生活水平，牧业增产，牧民增收具有重要的作用。

综上，发展我国牦牛产业不但可以促进藏区整体的经济发展水平，而且还可以促进我国的整体畜牧业发展水平，并且还兼顾生态文明建设和藏区精神文明的建设与发展，可谓意义重大。

（二）我国牦牛产业生产现状

据《中国畜禽遗传资源志——牛志》（国家畜禽遗传资源委员会，2011），中国牦牛有12个地方品种和1个培育品种。12个地方品种分别是九龙牦牛、麦洼牦牛、木里牦牛、西藏高山牦牛、娘亚牦牛、帕里牦牛、斯布牦牛、甘南牦牛、天祝白牦牛、青海高原牦牛、中甸牦牛、巴州牦牛。1个培育品种是大通牦牛。2015年金川牦牛列入国家畜禽遗传资源名录。昌台牦牛、类乌齐牦牛、环湖牦牛及雪多牦牛2017年被列入国家畜禽遗传资源名录。其中主要支撑生产的有大通牦牛、高原牦牛、麦洼牦牛、甘南牦牛。"十二五"期间，我国牦牛产业总体保持稳中有进的发展态势。2015年牦牛存栏量1 246.85万头，牦牛屠宰量约300万头，牦牛胴体重平均为123.0千克/头，胴体产量约为40万吨，牛肉产量接近30万吨。

（三）我国牦牛产业发展成就

1. 遗传育种与繁殖领域

在牦牛遗传学的研究上，2012 年中国科学家完成了家牦牛基因组的测序工作，构建了牦牛基因组数据库。该数据库和分析平台的建立能为牦牛基因功能和比较基因组学研究提供坚实的基础。此外，通过整合家养牦牛和野生牦牛群体基因组数据，该数据库还将在牦牛重要农艺性状基因挖掘以及分子育种改良研究中发挥巨大的作用。线粒体 DNA 是研究群体遗传学的理想工具，目前中国科学院兰州畜牧与兽药研究所已完成了对主要牦牛品种（大通牦牛、甘南牦牛、青海高原牦牛、无角牦牛）及野牦牛 mtDNA 的测序工作。在牦牛高原适应的分子遗传机理的研究中，通过对牦牛和其低海拔的近缘物种黄牛的四个组织的比较转录组分析，从转录调控水平和基因表达水平对牦牛适应高原极端环境的分子机制做了深入的阐释。在牦牛育种及种业领域，大通牦牛种牛供不应求，并确认了多肋牦牛新资源。初步建立了由甘南牦牛核心群、扩繁群、商品生产群组成的牦牛三级繁育技术体系。并且，中国农业科学院兰州畜牧与兽药研究所正在开展无角牦牛新品种的培育工作，通过全基因组关联分析手段鉴定了牦牛无角位点。

2. 饲料营养领域

牦牛开始由传统放牧转变到围栏补饲至适时出栏的饲养方式。牦牛放牧补饲、营养舔砖补饲、错峰出栏补饲、早期断奶、舍饲育肥、一年一犊等技术在青藏高原部分区域示范推广，并初步取得成效，促进了牦牛养殖模式改变和养殖效益的提高。牦牛基础营养研究和应用技术结合，在牧区重点对牦牛放牧和舍饲采食行为学差异进行了研究，并通过营养调控启动牦牛“僵牛”后期补偿生长。

3. 疾病控制领域

在牦牛疾病防控方面，系统开展了牦牛传染性鼻气管炎、流产衣原体、牦牛结核及牦牛布氏杆菌病血清流行病学调查。

4. 加工与品质控制领域

在牦牛肉加工方面，完成了牦牛肉电刺激结合冷热剔骨成熟改质技术研究，开展牦牛主要分割肉适宜加工特性评价，建立了牦牛肉产量等级的预测和调控模型，确立了相关建模方法及模型应用领域。

二、我国牦牛产业与发达国家的差距

与国外发达国家肉牛产业相比，中国牦牛产业标准化集约化程度低。牦牛全产业链企业缺乏，现有的牦牛肉、乳加工企业龙头带动效应不明显。现代肉牛繁育技术、营养调控技术、疫病防控技术、产品加工技术在牦牛产业中不断应用，但还处于试验阶段或研发阶段，与肉牛产业相比，技术作用还未完全显现，牦牛整体产业发展水平还相对滞后。

三、我国牦牛产业发展存在的问题及对策

（一）生产水平

“十二五”期间，牦牛的总体生产水平无论是屠宰数量及总的胴体产量上均呈现稳中有进的良好态势，但养殖规模小、产业化程度低，重数量、轻质量，生产方式落后，牛群结构不合理。目前牦牛的生产主要以牧民家庭为单位，养殖呈现规模小且分散，牦牛产品供应产品主要以鲜肉为主，鲜有深加工产品；绒毛、奶等的产品的开发也严重不足，整个牦牛产业链不完善。牦牛的生产方式

较落后，放牧和未经育肥屠宰仍是牦牛肉的主要生产与供给模式。此外，牛群结构不合理也是当前牦牛生产中影响生产水平的因素。牛群中以老弱病残牛居多，能繁母牛少，出栏屠宰的牛多为老龄牛，商品质量差，且出栏率低，商品可加工性差等直接造成牦牛生产水平低下。

针对以上问题，可建立牦牛养殖合作社及养殖小区，统一制订合理的饲养管理计划及防疫计划。牦牛养殖合作社及小区有计划地引入优良品种，对其所管辖养殖户的牛群进行繁种更新，且有计划地在牧民间进行牦牛的交叉选配，防止近亲繁殖造成牦牛生产性能的退化。其次，有计划地进行选育淘汰，将生长性能差的牛淘汰进行育肥管理。合作社对牛群结构进行排查，合理调整牛群结构。提高牛群中繁殖母牛比例，在合作社范围内建立母牛-犊牛生产体系。合理确定牛群中基础母牛、后备牛及种公牛的比例，最大限度地提高适龄繁殖母牛比例和繁殖成活率，提高牛群生产力水平。

产业化发展道路将是牦牛业发展的必由之路。牦牛业发展至今其产业化格局仍未形成，生产、加工、销售各成一体且规模和水平相对较低。因此，合作社还应寻求牦牛产品加工公司，或者合作创办牦牛产品深加工公司。尽快建立牦牛系列产品的生产加工流水线，在深加工，精加工上做文章，提高牦牛产品的经济效益。开拓牦牛产品的国内国际市场，带动牦牛产品的商品生产，完善利益分配机制，以利益为驱动，建立合理的合作体系，推动牦牛产业化进程。

（二）生产效率

目前，牦牛养殖业总体上以放牧为主，其体重随牧草供应状况呈现出夏壮、秋肥、冬瘦、春乏的生长规律。平均出栏年龄偏大，且未经育肥直接屠宰等众多因素造成牦牛产业生产效率低下。对此，因适当转变生产方式，具体措施概述如下：①提前出栏，发展 1.5~2.5 岁牦牛为主的牦牛肉生产模式。具有三点优势：一是充分利用牦牛早期生长发育速度快的优势；二是节省单位体重饲草料消耗；三是保证了牦牛肉的品质及可加工性。②适当生产 6 月龄小牛犊肉，丰富牦牛肉的生产模式。③采用放牧加补饲，错峰育肥上市。

（三）质量安全

在牦牛产品质量安全检测及控制技术研发方面，主要集中于牦牛肉和牦牛奶两方面，牦牛绒质量标准方面的研究比较少。因此，应在不断开展牦牛肉制品、奶制品的质量安全检测技术和控制技术研发的基础上，加强其他牦牛产品的质量检测及控制技术研发，确保牦牛产品的质量。在牦牛产品的国标制定方面，传统的牦牛肉产品、牦牛奶制品的国标较少且检测指标相对较落后。因此，应根据牦牛系列产品的不断推出，跟踪检测技术的发展，制定更符合产业及社会发展的质量标准的国标。

（四）环境控制

牦牛的生产主要以放牧的方式进行，因此环境方面主要需要考虑的是草场的载畜量及草场的生态恢复能力两个方面。目前部分牦牛产区生产经营方式粗放，盲目追求牦牛数量，导致天然牧场的载畜量超负荷，造成了草场生态环境的巨大压力，加之牦牛产区草地类型属于高寒草甸草原，其生态本身就较脆弱，枯草期较长，过度放牧造成许多草场有一定程度的荒漠化。因此，发展牦牛产业兼顾生态建设的具体措施如下：①以草地生态系统承载能力为前提，资源开发及其增值和保护与实现可持续利用相协调的原则，正确处理好生态保护与畜牧业经济发展的关系，统筹兼顾草地利用与保护、近期利益与长期持续效益的关系，通过调整畜牧业生产结构，提高畜牧业经济效益。②依法保护生态环境。通过广泛深入地宣传《中华人民共和国草原法》《中华人民共和国环境保护法》

《中华人民共和国土地管理法》等法律法规，不断提高广大牧民群众的法制观念，逐步形成全社会自觉地保护资源、保护草地生态环境的意识。③优化结构，调整生产经营模式。要摒弃头数畜牧业，优化畜种畜群结构，要在提高母畜比例、繁活率、出栏率和商品率上下功夫，大力发展季节畜牧业。④实施好禁牧和休牧育草工程，促进草地畜牧业可持续发展。通过禁牧、休牧育草项目工程，遏制草地退化趋势，确保草地永续利用。⑤拓宽融资渠道，建立稳定的生态建设投资机制。保护和建设草地生态环境是一个缓慢渐进的过程，也是一项长期而艰巨的社会系统工程。应采取多渠道筹集资金的原则，建立多元化投资体系。

第三节　我国牦牛产业科技创新

一、我国牦牛产业科技创新发展现状

（一）国家项目

“十二五”期间，国家高度重视牦牛产业发展，牦牛产业科技项目大幅提升，立项实施了一批国家科技项目，包括国家公益性行业专项、国家科技支撑计划、国家自然科学基金、现代农业（肉牛牦牛）产业技术体系等。青藏高原社区畜牧业项目由十一世班禅提议，2012 年由农业部、财政部列入国家公益性（农业）行业科研专项（2012 年 1 月至 2016 年 12 月）。项目以青藏高原草地畜牧业为研究对象，力求破解青藏高原草地生态保护与牧民增收的瓶颈问题。围绕青藏高原天然草地保护与合理利用、饲养增产增效、草畜高效转化、特色有机畜产品生产、特色生态畜牧业技术集成示范五个方面开展了系统研究和示范。项目融文化、科技、社会、经济、环境为一体的示范区实验，通过 5 年研究和示范取得了显著成效。2012 年科技部启动了国家科技支撑计划“重点牧区生产生态生活保障技术集成与示范”（2012 年 1 月至 2016 年 12 月），项目覆盖西藏、青海、四川、甘肃等牦牛主产区，项目的实施形成了一批科技含量高、可推广性强的单项技术、综合集成创新技术和创新性模式，探索建立了牧区生产-生态-生活保障技术体系优化模式，为牧区经济发展、生态环境保护和和谐社会提供技术支撑和保证。现代农业（肉牛牦牛）产业技术体系设置了有关牦牛产业的 4 个岗位、6 个综合试验站，技术推广与科技示范覆盖青海、西藏、四川、甘肃等 4 省区牦牛产区。国家自然科学基金委员会资助了一系列有关牦牛科学研究的项目，开展牦牛学科基础与应用基础研究，在牦牛科学基础理论与技术上取得了创新性突破。

（二）创新领域

1. 牦牛基因组测序获得新成果

2012 年兰州大学、深圳华大基因研究院、昆明动物研究所以及美韩等处的研究人员在 *Nature Genetics* 发表了题为 *The yak genome and adaptation to life at high altitude* 的文章，完成了已驯化牦牛基因组的测序图谱工作，揭示了关于高海拔动物的相关遗传适应性。2015 年 12 月 *Nature Communications* 发表了兰州大学生命科学学院、草地农业生态系统国家重点实验室完成的牦牛驯化成果。该研究通过获取野生和家养牦牛的群体基因组数据，构建了包含 1 400万个位点的全基因组群体遗传变异图谱。在此基础上，详细解析了野生牦牛和家养牦牛的遗传变异，以及人工选择作用在家养牦牛基因组上留下的印记，发现家养牦牛基因组中大约有 200 个基因受到了显著的驯化选择，这些基因主要与温顺行为和经济性状等相关。通过重建牦牛驯化的群体动态和群体分化历史，发现牦牛驯化始于 7300 年前，并检测到驯化牦牛数量在 3600 年前增长了 6 倍。牦牛驯化及其驯化种群的大规

模增长与通过人类群体遗传学数据推算的青藏高原史前人群两次大规模增长时间相吻合。

2. 牦牛良种繁育体系建设迈入新阶段

围绕组织落实全国畜禽遗传改良计划、畜种良种补贴、种畜禽质量安全监督检验等项目，推进牦牛遗传改良、良种繁育与技术推广，牦牛生产性能提高显著，良种覆盖率进一步提高。育种成本持续降低，种公牛存栏数、自主培育种公牛能力进一步提高，基础母牛繁育能力和整体生产性能不断提高，选择强度不断加强。实施良种补贴和科技成果转化项目是持续提高牦牛生产性能的重要举措。2015 年牦牛补贴资金 13 940万元，项目在四川、西藏、甘肃、青海、新疆 5 个省（自治区）执行，补贴活体牦牛种公牛 19 700头，每头补贴 2 000元。全国畜牧总站在南京和北京举办 2 期全国牛冷冻精液生产技术培训班，一方面要求大通牦牛种公牛站加强内部质量控制、严把冻精质量关；另一方面提高牦牛冷冻精液技术人员技能。2015 年牦牛采精种公牛 72 头，后备种公牛 20 头。

3. 牦牛高效生产关键技术综合配套取得新成效

在开展牦牛选育和改良过程中，调整畜群结构、改革放牧制度、实施营养平衡调控和供给技术，组装集成牦牛适时出栏、补饲育肥、暖棚养殖等繁育综合配套技术，显著增加牦牛养殖效能。集成创新了一批牦牛科学养殖技术，包括牦牛一年一产技术、牦牛生态高效牧养技术、牦牛营养调控技术、牦牛适时出栏技术、牦牛产品加工技术等一系列技术。通过实施牦牛科学养殖技术，推广先进的管理经验和实用配套技术，极大地提高了牦牛选育场的生产效率，有效地提高了牦牛养殖场、合作社、养殖大户牦牛的出栏率和生产性能。

4. 标准化建设取得新进展

"十二五"期间，在原有《麦洼牦牛》国家标准，《大通牦牛》《天祝白牦牛》农业行业标准（"十一五"制定）的基础上，制定了《牦牛生产性能测定技术规范》（NY/T 2766—2015），规定了牦牛生产性能测定的内容和方法。制定了《甘南牦牛》（NY/T 2829—2015）农业行业标准，规定了甘南牦牛的品种来源、体型外貌、生产性能、性能测定及等级评定。

（三）国际影响

牦牛广泛分布于青藏高原及其毗邻地区，是高寒牧区特有的牛种资源。中国是牦牛主产国，主要分布于青海、西藏、四川、甘肃、新疆、云南等六省区。牦牛由于对高海拔地带严寒、缺氧、缺草等恶劣自然条件的良好适应能力而成为高寒牧区最基本的生产生活资料，可提供肉、奶、毛、绒、皮革、役力、燃料等，在高寒牧区具有不可替代的生态、社会、经济地位。2005 年，具有自主知识产权的大通牦牛新品种培育成功。培育品种大通牦牛是以我国独特遗传资源为基础依靠自己独创的技术培育的具有完全自主知识产权的肉用型牦牛新品种，填补了世界上牦牛人工培育品种的空白，确定了中国在世界牦牛研究领域的国际地位，为家畜育种提供了科学依据和成功经验，为我国牦牛的改良提供制种和供种来源和基地。大通牦牛由于其稳定的遗传性，较高的产肉性能，特别是突出的抗逆性和对高山高寒草场的利用能力，深受牦牛饲养地区的欢迎，对推动全国牦牛品种改良有很重要的意义。

2014 年 8 月由中国农业科学院兰州畜牧与兽药研究所主办，主题为"牦牛产业可持续发展"的第五届国际牦牛大会在甘肃兰州召开。来自中国、德国、美国、印度、尼泊尔、巴基斯坦、瑞士、不丹、吉尔吉斯斯坦、塔吉克斯坦 10 个国家的 200 多位专家学者和企业家参加了此次会议。牦牛基因组测序的完成和良种繁育体系建设以及国际会议的举办，奠定了中国牦牛产业科技创新的领先地位。

二、我国牦牛产业科技创新与发达国家之间的差距

与国外肉牛产业相比，牦牛产业发展基础薄弱，转型升级任务艰巨，牦牛产业科技创新发展正处于发展轨迹的攻坚期或上升期。牦牛良种化水平不高，良种普及率还需进一步加强。牦牛生产性能低，科学饲养管理水平有待提高。高效牧养技术、繁育技术、畜产品加工技术、疫病防治技术等缺乏综合配套，牦牛养殖新技术推广缓慢，更缺乏系统性、规模化的生产实用技术。同时，牦牛产业发展中可操作性强的成果不多，技术类成果中试规模小，成熟度低。

三、我国牦牛产业科技创新存在的问题及对策

（一）理论创新

存在问题：牦牛产业发展科技理论创新不强。自 2005 年中国成功培育具有自主知识产权的大通牦牛新品种及 2012 年牦牛基因组测序完成以后，牦牛基础理论研究不断深入，但与国内外肉牛、奶牛产业发展相比较其产业科技理论创新薄弱。牦牛育种、繁殖、营养、疫病防控、产品加工等各个环节，仍以传统模式为主，在技术上进行了系列组装、集成与创新，但没有重大或关键性的理论创新成果。

对策：加大科技投入和产业扶持力度，强化牦牛产业基础理论研究。调整优化传统牦牛产业发展模式，加强现代生物技术在牦牛科学养殖中的应用，传统与现代、基础理论与技术集成相结合，不断在牦牛产业发展基础理论中取得创新性突破。

（二）技术创新

存在问题：牦牛科学养殖技术原始创新能力低。牦牛相关研究如牦牛新品种培育、繁育技术、杂交改良技术、规模化饲养技术明显滞后。牦牛业研究中缺少高新技术，没有起到科技先行之目的，影响了牦牛产业化的发展。

对策：在牦牛产业技术集成创新、引进创新的基础上，加大牦牛科技原始创新能力建设。加强牦牛科学基础研究与应用基础研究并重，提升牦牛产业技术创新能力，并将创新技术应用于牦牛生产实践，提升牦牛产业技术发展水平。

（三）科技转化

存在的问题：牦牛科技成果转化率低。牦牛科研成果转化中存在农业推广技术部门、转化成果技术内容与牦牛产业和市场经济发展要求不相适应的问题，使牦牛科研成果与牦牛生产供给脱节、不连续。

对策：在牦牛科技成果转化过程中，应注重创新成果和实用成果的有机结合，更注重解决牦牛生产实际问题，从而提高科技创新与成果转化的效率。

（四）市场驱动

存在的问题：牦牛产业市场驱动的深度和广度不够。牦牛存栏量大、出栏率低，加上牦牛生产有明显的季节性，产能供大于求，市场拉动效果不明显。

对策：调整科技创新思路，优化牦牛养殖模式与生产能力，提质增效、节本降耗，强化牦牛产业供给侧结构性改革，通过市场机制倒逼牦牛产业结构调整，促进牦牛科技创新，驱动牦牛产业大发展。

第四节　我国科技创新对牦牛产业发展的贡献

一、我国牦牛科技创新重大成果

（一）育种繁殖

1. 第一个牦牛培育品种——大通牦牛

大通牦牛是中国农业科学院兰州畜牧与兽药研究所和青海省大通种牛场利用我国特有野牦牛遗传资源作父本，青海省大通种牛场家牦牛作母本，经过农业部4个五年计划重点项目连续20年资助而培育成的牦牛新品种。2004年12月通过国家畜禽品种委员会的审定，2005年3月农业部批准颁发了新品种证书。它是我国乃至世界上第一个人工培育的肉用型牦牛新品种。

大通牦牛的培育密切结合青藏高原高寒牧区自然与社会经济环境实际，及早确定新品种主选性状及主要育种指标，在系统研究家牦牛、野牦牛的遗传繁殖、生理生化、行为生态等特点的基础上，通过有计划的捕获、驯化野牦牛，探索解决牦牛精液采集、冷冻精液研制及大面积人工授精等技术难点，探索在家牦牛群体中导入野牦牛遗传基因提高牦牛生产性能，实施新品种培育的理论与技术，建立育种核心群，强度选择，利用适度近交、闭锁繁育、选育提高、推广验证等主要阶段，培育生产性能高，特别是产肉性能、繁殖性能、抗逆性远优于家牦牛的肉用型牦牛新品种。并创立配套的育种技术和完整的繁育体系，使其成为青藏高原牦牛产区及毗邻地区可广泛推广应用的新品种和新技术。

2. 牦牛基因组测序

经过长期的自然选择，牦牛已经获得了能够适应高原环境的解剖学和生理学性状，如心肺发达、没有肺动脉高压、觅食能力强和能量代谢高等特性。2012年，科研人员采用全基因组鸟枪法策略，进行双末端测序组装，构建出牦牛全基因组序列图谱，得到的基因组大小约为2.66Gb。结合测序组装结果、基因预测模型以及序列同源信息，预测出22 282个蛋白编码基因，同时在牦牛基因组中检测出220万个SNP位点。

与其他物种进行基因家族比较分析，发现有362个基因家族是牦牛与普通牛之间共有而在人和犬中不存在，另有100个基因家族是牦牛所特有。与低海拔生活的黄牛基因组比较分析，发现3个与牦牛高海拔低氧环境相适应的基因发生了适应性进化，这些变化有助于牦牛调整自身状况，以应对低氧或缺氧的情况；另有5个发生了适应性进化的基因有助于牦牛从高原稀少的食物中充分获取能量。同时，还发现了一些与嗅觉、防御和免疫相关的基因也发生了重要选择性变异。这些新发现对高海拔地区动物的遗传适应性做出了很好的阐释。

这项研究不仅揭示了高海拔地区动物重要生理性状背后的遗传特征，也将有助于进一步揭示人类所出现的各种高原不适症，促进对缺氧相关疾病的认识、预防和治疗。此外，还将有助于提高高海拔地区重要经济动物的产奶、产肉等生产性能。

（二）营养养殖

我国在牦牛养殖及营养需要等方面的研究取得了一定的科技创新成果，主要包括：四川省草业科学研究在牦牛养殖方面取得的科研成果有《冷季补饲提高母犏牛产奶性能研究》1988年获得四川省农牧厅科技进步二等奖；《改良牦牛四季泌乳技术》1988年获得四川省人民政府科技进步三等奖；《牦牛高寒草地暖季育肥技术开发示范》1992年获得四川省人民政府科技进步三等奖；《牦牛与牧草新技术推广》1994年获得四川省人民政府星火科技进步三等奖；《高寒牧区暖棚养畜及配套技术推广》于1999年获得四川省人民政府科技进步三等奖；《牦牛适时出栏技术研究》于2006年获得四川省人民政府科技进步三等奖。由中国农业科学院兰州畜牧与兽药研究所、青海省畜牧兽医科学院、中国科学院西北高原生物研究所、青海省三角城种羊场和青海省海北藏族自治州畜牧兽医科学研究所支持完成的《青藏高原草畜高效生产配套技术研究》项目主要开展了牦牛优化配置及高效生产配套技术等的研究，并于2003年获得甘肃省科技进步二等奖。由四川农业大学、西南民族大学、青海省大通种牛场、四川省畜科饲料有限公司、宜宾市畜牧科技推广中心、古蔺县动物疫病预防控制中心、洪雅县动物疫病预防控制中心、九龙县畜牧站主持完成的《牛高效健康养殖关键技术研究与集成推广》于2016年获得2014—2016年度全国农牧渔业丰收奖一等奖。西藏自治区农牧科学院畜牧兽医研究所在牦牛养殖技术研究方面取得的科技成果有《牦牛半人工舍饲综合技术研究与示范》2010年获西藏自治区科技进步三等奖；《西藏牦牛生产性能改良技术研究》分别于2010年西藏自治区科技进步二等奖、2011年中华农业科技奖三等奖。青海省畜牧兽医科学院在牦牛营养研究方面取得的成果有《生长期牦牛氮代谢技术研究》1996年获得农业部科技进步三等奖，并于1998年以《高寒草场放牧家畜补氮技术研究》获得国家科技进步三等奖。

（三）加工控制

甘肃农业大学在牦牛加工控制技术研究过程中，获得了一系列科技创新成果，包括《冷却分割牦牛肉排酸嫩化及保鲜关键技术研究应用》2010年获得甘南藏族自治州科技进步三等奖；《肃南牦牛肉的食用加工品质及排酸嫩化研究》2010年获得甘肃省张掖市科技进步二等奖；《祁连山区农牧交错带牦牛藏羊及马鹿肉保鲜嫩化及加工技术的研究》2009年获得甘肃省科技进步二等奖。

甘肃省干酪素工程技术研究中心和甘肃农业大学在盐酸干酪素、凝乳酶干酪素、鲜奶干酪素和曲拉干酪素等产品加工控制研究中取得一系列科研成果，分别为《微生物凝乳酶与乳酸菌发酵剂制备关键技术及其应用研究》2012年获甘肃省科技进步一等奖；《酸水解酪蛋白生产技术研究》2012获得甘肃省临夏州科学技术进步二等奖；《干酪加工及乳清综合利用关键技术研究及产业化》2011年获中华农业科技二等奖；《微生物凝乳酶生产关键技术开发与应用》2011年获甘肃省农牧渔业丰收一等奖；《青藏高原牦牛乳深加工技术研究与产品开发》2010年获国家科学技术进步二等奖；《青藏高原牦牛曲拉酪蛋白系列深加工产品工艺技术研发及应用》2009年获中华全国工商业联合会科技进步一等奖；《酪朊酸钙［钠］和黄油粉系列乳制品深加工关键技术研究及产业化应用》2009年获甘肃省科技进步三等奖；《牦牛乳及曲拉精制速溶酪蛋白酸钙工艺技术开发及应用》2008年获甘肃省临夏州科技进步二等奖；《黄油粉关键生产工艺技术开发与应用》2008年获甘肃省临夏州科技进步二等奖；《青藏高原牦牛曲拉干酪素深加工产品研发及技术应用》2007年获得甘肃省科技进步一等奖。

（四）产品质量安全

标准化在畜牧业生产中适用范围越来越广，为实现牦牛业生产与国内外大市场接轨，适应市场经济的要求，推动畜牧业标准化进程，强化畜牧业基础地位，提高畜产品质量，实现牧业增效，牧民增收，依托科技，面向市场，协调并指导畜牧业生产，青海省畜牧兽医总站于2004年研究制定了《青海肉牛生产综合标准》，并于2005年通过对牦牛繁殖技术、选育技术、生产性能测定技术、杂交利用技术、饲养管理技术以及牦牛肉质量等的调查研究，制定了《青海牦牛生产技术规范》和《牦牛肉的质量标准》。

为了保证牦牛肉、乳等产品的质量安全，生产企业均已通过了HACCP认证、ISO 9001认证、

ISO 14001 认证、ISO 22000 认证、犹太清洁 HALAL/KOSHER 认证、OU-D 认证、GMP 认证、中国有机产品认证和美国有机食品认证及欧盟有机牧场认证，获英国皇家认证委员会颁发 UKAS 国际质量最高认证证书。

1. 甲烷排放

甲烷是与全球气候变化密切相关的温室气体，对全球气候变暖的影响作用占到所有影响气候变暖因素作用的 15%～20%，其增温潜势是二氧化碳的 25 倍。反刍动物瘤胃内生成的甲烷通过嗳气排入大气，有 6%～15%的饲料能量以甲烷的形式被损耗（Blaxter，1962；Johnson 等，1995）。据估计 2010 年全球农业源甲烷排放总量为 4.6 $GtCO_2$ eq/yr，其中反刍家畜产生的甲烷总量约为 2 $GtCO_2$ eq/yr（Tubiello 等，2013），且以每年 0.95%的速率递增（FAOSTAT，2013）。

体外 SF6 示踪技术研究发现，牦牛不同放牧季甲烷的释放量显著低于黄牛（Ding 等，2010），说明牦牛在常年放牧采食、摄入粗纤维含量较高的情况下，通过特殊的甲烷菌减少 CH^4 排放，提高能量利用效率（Ding 等，TROP，2012）。牦牛的这一特性不仅减少体内甲烷的生成，提高了其生产性能，而且对控制温室效应具有一定作用。

2. 畜禽粪便无害化处理

牦牛作为青藏高原牧区最主要的经济种畜，造成的生态影响要远远高于其他放牧畜种，牦牛粪便在天然放牧草地具有重要的生态学意义，尤其是对养分进入系统进行再循环的作用不可低估。近年来我国畜禽养殖业规模化、集约化发展迅速，牧区人口的增加和市场经济的发展，畜禽粪便产生量逐年增加，畜禽粪便无害化处理已成为影响养殖业发展的重要因素，目前畜禽粪便无害化处理的方法主要包括饲料化、肥料化、能源化等。但在有效利用牦牛粪便的同时，应对放牧草地给予适当的营养素补给。长期、大量地将牦牛粪便移出草地生态系统，可能造成粪便中的营养元素回不到系统进行再循环，从而增加草原生态系统物质循环紊乱的生态风险。

3. 草畜平衡

20 世纪末，以草畜承包为主的家庭联产承包责任制在牧区实行，极大地调动了农牧民发展畜牧业生产的积极性，数量型畜牧业和“牲畜数量代表财富”的观念仍然存在，牲畜数量的增加给草地资源带来了极大的负面影响，导致草场退化严重，牦牛生产性能下降，死亡率升高，严重制约着牦牛业的发展。积极推进牦牛良种化进程，将牦牛品种改良与畜群结构调整相结合，加大对老弱病残畜及非生产畜的淘汰力度，结合放牧补饲、短期育肥等多种育肥方式，提高出栏率，降低草原载畜量，对退化严重的草场以户为单位进行分区封育，同时采用补播牧草等技术手段恢复草原植被。对草场进行以草定畜，加强监管力度，实现草与畜的良性循环。

二、我国牦牛科技创新的行业转化

（一）技术集成

1. 牦牛良种繁育技术集成

按照优中选优、选种选配的原则，组建牦牛选育核心群，应用本品种选育、杂交改良技术，结合分子标记辅助选择、功能基因挖掘等分子生物学技术手段，促进优良基因聚合。在选育核心群之外，选取专业养殖合作社、规模养殖户及良种繁育场，开展选种选配，种牛置换，大面积推广优良种牛，加大选择压和淘汰力度，全面提高牦牛生产性能，同时结合牦牛生产实际，在半农半牧区和农区饲草料资源丰富地区组建商品生产群，以增加经济效益为主，开展经济杂交生产商品牛，实施短期育肥或放牧补饲育肥，适时出栏。目前，该技术体系已成为牦牛主产区科技含量高、经济效益显著、牧民得到实惠多、发展潜力大的畜牧实用技术。

2. 牦牛健康养殖技术集成

针对青藏高原牧区牧草生长的季节特性，以牦牛营养平衡供给、放牧补饲、强度育肥、适时出栏、饲草料加工调制、防疫保健为主要内容，以提质增效为主要目的，建立生态友好型牦牛健康养殖技术体系，大幅调整畜群结构，优化生产模式，结合季节性补饲和营养综合调控，产生了良好的经济效益、社会效益和生态效益。

（二）示范基地

依托种畜场、科技示范园区、专业养殖合作社和养殖户，建立优良种畜繁育示范基地，以制种供种为目的，种畜推广为契机，全面推广牦牛良种化。运用健康养殖、适时出栏、营养平衡供给、饲草料加工调制等技术，集成示范增产增收、生态良好、可持续发展的牦牛高效养殖管理模式，转变落后饲养管理观念，推进牧区经济、社会发展。

（三）商业转化

通过“酸水解酪蛋白生产技术研究”“干酪加工及乳清综合利用关键技术研究及产业化”“青藏高原牦牛曲拉酪蛋白系列深加工产品工艺技术研发及应用”“青藏高原牦牛曲拉酪蛋白系列深加工产品工艺技术研发及应用”等科技成果的获得，已从最基础的工业级干酪素发展为集食用级干酪素、高纯干酪素、精制盐酸干酪素、胶用干酪素、乳酸干酪素、凝乳酶干酪素等干酪素系列，开发并生产出二代酪朊酸盐系列及三代酪蛋白磷酸肽系列产品，并已丰富至生物科技产品及乳副产品领域。相继投资建成了2 000吨干酪素精深加工生产线，总投资6 488万元。项目集成应用8项专利成果，年利用“曲拉”3 000吨，使周边地区的各类奶渣变废为宝，年可实现销售收入7 997万元，出口创汇630万美元，实现利润763万元。

通过“利用牦牛肉、藏系羊肉生产传统佳肴技术中试”“牦牛、藏羊蹄加工新工艺中试”等转化资金项目的实施，相继开发出30多种系列产品，每年可增加产值2 000万元，实现利税100多万元，增加就业岗位180个，带动当地4 000户农牧民增收800多万元。

（四）标准规范

目前，我国已形成的与牦牛及其产品有关的国家标准、农业行业标准、贸易行业标准、乳制品工业行业规范、轻工业行业标准、企业标准和出入境检验检疫行业标准等各类标准16项，其中牦牛品种标准4项，分别是GB/T 24865—2010《麦洼牦牛》；NY 1659—2008《天祝白牦牛》；NY 1658—2008《大通牦牛》；NY/T 2829—2015《甘南牦牛》。牦牛生产规范1项，是NY/T 2766—2015《牦牛生产性能测定技术规范》。相关牦牛肉、乳标准6项，分别是中华人民共和国国内贸易行业标准SB/T 10399—2005《牦牛肉》；GB/T 25734—2010《牦牛肉干》；中国乳制品工业行业规范RHB 801—2012《生牦牛乳》；RHB 802—2012《巴氏杀菌牦牛乳、灭菌牦牛乳和调制牦牛乳》；RHB 803—2012《发酵牦牛乳》；RHB 804—2012《牦牛乳粉》。牦牛干酪素及其添加剂标准5项，分别是中华人民共和国轻工业行业标准《食品添加剂 酪蛋白酸钠》QB/T 3800—1999；《食品添加剂　酪蛋白酸钠》GB 10797—1989；云南省食品安全企业标准《干酪素（酪蛋白）》Q/KW 0001S —2013；甘肃华羚酪蛋白股份有限公司企业标准《干酪素》Q/HL0001S—2014；《硬质干酪》QB/T 3776—1999。检测方法2项，是中华人民共和国出入境检验检疫行业标准《出口食品中牦牛源性成分的检测方法　实时荧光PCR法》SN/T 4397—2015；《硬质干酪检验方法》QB/T 3777—1999。

三、我国牦牛科技创新的行业贡献

（一）健康养殖

青藏高原因其海拔高，气温较低，四季不明显，暖季较短而冷季时间较长，可达7个月，暖季牧草生长旺盛，数量充足，而冷季期间牧草枯萎，数量奇缺，放牧牦牛往往暖季生长良好，进入冷季后就开始减重。近年研究发现，青藏高原高寒草地放牧家畜的数量已大大超过草地的承载能力，草地生态系统存在着严重的草畜失衡。牦牛在暖季积累的能量有一半以上在冷季被消耗，Long等（2005）报道放牧牦牛冷季体重的损失可达暖季增重的80%~120%。冷季放牧牦牛体况瘦弱，如遇大风雪等恶劣天气，极易造成牦牛死亡。对牦牛采取合理的补饲可提高其生产性能，缩短牦牛生产周期，还可减轻青藏高原草场放牧压力，缓解青藏高原草畜平衡及草场退化等问题，对牦牛产业健康良性发展具有重要意义。

传统饲养方式中，牦牛补饲大多集中在生长牦牛及怀孕母牦牛。补饲所用的补饲料有营养添砖、精饲料、青干草，氨化秸秆等。冷季（11月至次年5月）牧草短缺，导致牦牛体重的季节变化大，产奶量和繁殖率低。冷季对牦牛进行补饲能有效减少牦牛的体重损失，跳出牦牛养殖“夏壮、秋肥、冬瘦、春乏”的恶性循环，提高牦牛生产性能，增加经济效益。暖季牧场虽然牧草丰盛，但实际并不能满足生长牦牛完全发挥其生长潜能，仍需要对生长牦牛进行补饲。对生长牦牛暖季采取合适的补饲能有效挖掘牦牛的生长潜力，缩短牦牛生产周期，提前出栏，提高经济效益。因此探寻暖季牦牛补饲的适宜饲粮配比及补饲方法，有效提高牦牛的生产效率，缩短肉用牦牛及其种间杂交牛的饲养期，提高牦牛肉产量。

（二）高效养殖

错峰出栏技术是在牦牛冷季舍饲育肥饲养技术的基础上逐渐完善凝练形成的，主要目的是转变传统的牦牛生产方式，使其适应现代集约化规模化养殖，缓解草原超载过牧，减少牦牛掉膘死亡，缩短饲养周期，保障鲜牦牛肉季节稳定均衡供给，增加农牧民收入。由于牦牛生活区牧草供应在一年四季中很不平衡。暖季水热条件好，牧草产草量和质量达到高峰，而进入冷季后，则水冻草枯，牧草营养价值降低，且数量减少，很难满足牦牛生长需要。传统饲养管理模式下，牦牛终年放牧饲养，随着牧草的枯荣交替，经历着“夏壮、秋肥、冬瘦、春乏”的循环。长期以来，大部分牦牛产区都是在牦牛经过几年的累积生长后，在冷季到来之前将其集中出栏屠宰出售，原因一是牦牛体重已达到了一年当中的最大值，二是可减轻冷季草场载畜压力。但是，这种集中出栏方式也存在不少弊端：一是给屠宰加工企业造成很大的生产压力，而在接下来长达九个月的时间里，屠宰加工企业无原料来源，不能均衡生产；二是牦牛肉市场供应不平衡，每年2月至5月市场上只有黄牛肉，基本无牦牛肉出售，6月至11月份以本地屠宰的牦牛，犏牛肉为主，12月至翌年1月以冷冻牦牛肉为主；三是养殖户都集中在枯草期到来之前使牦牛出栏，造成短时间内市场上牦牛肉供大于求，出售价格相对较低。

错峰出栏采用舍饲技术，进行牦牛短期育肥，经济效益明显。实践证明，牦牛错峰出栏技术在避免牦牛冷季掉膘失重的同时能显著提高牦牛生产性能，提高饲草料利用率，提高牦牛养殖效益，实现牦牛肉的全年均衡供给，稳定市场价格，可以获得较高的经济效益和生态效益。

（三）优质安全产品

甘肃农业大学在牦牛肉深加工研究过程中形成了一系列形成新产品，包括：《白牦牛肉精深加工技术研究》2003年获得甘肃省食品工业优秀新产品奖、《闹格尔白牦牛肉系列软罐头》2004年获得甘肃省食品工业优秀新产品奖。依托甘肃华羚乳品集团的甘肃省干酪素工程技术研究中心与甘肃农业大学在酪蛋白系列产品、黄油粉、无水奶油、脱脂奶粉、全脂奶粉等产品研发过程中，形成了一系列优质安全产品，分别是《牦牛曲拉盐酸干酪素》2005年获甘肃省优秀新产品新技术奖；《酪蛋白磷酸肽》2005年获甘肃省优秀新产品新技术奖；《酪朊酸钙、酪朊酸钠》2005年获甘肃省优秀新产品新技术奖；《鲜奶级酸性酪蛋白》2008年获新疆维吾尔自治区优秀新产品三等奖。

青海省畜牧兽医科学院研制的《牛羊营养舔块》于2002年获得国家重点新产品。青海可可西里食品有限公司生产的“可可西里”牌藏牦牛肉系列产品2005年9月荣获首届青海高原特色农畜产品展览会“名牌农畜加工产品”奖，2005年10月荣获北京第三届中国国际农产品交易会“畅销产品奖”，2010年10月荣获第八届中国国际农产品交易会“金奖”，“可可西里”牌藏式风干牦牛肉在2012年9月第十届中国国际农产品交易会荣获“金奖”。

四、科技创新支撑牦牛发展面临的困难与对策

（一）面临的困难

1. 草畜不平衡，草原退化严重

自20世纪80年代以来，牧区实行了以草畜承包为主的家庭联产承包责任制，极大地调动了牧民发展畜牧业生产的积极性，但数量型畜牧业模式和“牲畜数量代表财富”的观念仍然存在，未考虑牲畜数量的增加给草地资源带来的负面影响。草场退化，导致牦牛经常处于饥饿或半饥饿状态，致使牦牛生产性能下降，尤其是繁殖率降低明显，死亡率升高，严重制约着牦牛业的发展。

2. 畜群结构不合理，养殖技术单一，出栏率低

畜群结构不合理，适龄母畜比例较低，一般在40%左右，有些地方甚至不到30%。造成这种现象的主要原因是惜售观念较强，在后备牛及非生产畜的留存上缺乏科学、合理规划，留群牛数量过大，压缩了适龄母牛的比例。饲养技术单一，单纯依靠放牧育肥，延长了生产周期，出栏的牦牛主要是老弱病残等淘汰牛，牛只不但膘情差，产肉率也较低。

3. 科学养畜观念淡薄，品种退化严重

牦牛产区靠传统经验养殖比较普遍，不少牧民思想观念依然陈旧，一直沿袭传统的畜群管理模式，追求牲畜数量，科学养畜意识淡薄。认为祖祖辈辈在牦牛养殖方面积累了很多的经验，不愿接受先进的科学技术和管理方法，使不少科研成果难以应用到实际，比如：有牧民认为牦牛就是大草原上固有的天然物种，自古以来都是靠吃草繁衍的，不需要饲喂饲料。然而青藏高原枯草期长达9个月，在这期间牧草比较匮乏，而且牧草营养低下，一般情况下牦牛在枯草期只能勉强维持生命，如果遇到牧草长势不好的年份就很难维持。长期营养不良，世代累积，最终导致牦牛品种退化。同时，由于不注重适配种牛更换，近亲繁殖严重。在选留后备畜时缺乏科学指导，不注重品质，造成牦牛品质退化。

（二）对策

1. 降低草原载畜量，发展生态牦牛业

积极推进牦牛良种化进程，将牦牛品种改良与畜群结构调整相结合，加大对老弱病残畜及非生产畜的淘汰力度，结合放牧补饲、短期育肥等多种育肥方式，提高出栏率，降低草原载畜量，对退化严重的草场以户为单位进行分区封育，同时采用补播牧草等技术手段恢复草原植被。对草场进行以草定畜，加强监管力度，实现草与畜的良性循环。

2. 转变饲养管理观念，科学养畜

加强科普宣传及饲养管理科技知识培训，切实提高牧民科学养畜水平，转变落后的饲养管理观念，引导牧民引进优良种牛进行畜群改良，同时增加科研投入，积极开展牦牛本品种选育及杂交改良，遏制牦牛品种退化，增加农牧民收入。

第五节　我国牦牛产业未来发展与科技需求

一、我国牦牛产业未来发展趋势

（一）我国牦牛产业发展目标预测

牦牛产业是我国青藏高原地区经济的主要支柱产业，牦牛产业的发展水平，直接影响到我国高原草地畜牧业经济的发展，并对青藏高原地区经济的发展、社会的稳定和进步以及保持草原生态平衡具有重要的作用。在今后牦牛产业化发展的进程中，要注重牦牛产业特殊的自然规律与科学原则相结合，品种保护与开发利用并重，依靠科技，保护资源，扩繁提高，突出特色，发展产业，增产增效。逐步形成以“绿色食品”品牌为主题的产业链，利用牦牛特色畜种资源的产业政策发展产业化，促进牦牛产业向高产、优质、高效、安全和生态的产业化方向发展。

（二）我国牦牛产业发展重点预测

1. 短期目标（至 2020 年）

到 2020 年，牦牛产业发展取得初步成效，经济和生态效益明显。牦牛地方品种资源保护得到重视，良种推广力度逐步加大，结构更加优化，养殖综合生产能力稳步提升，疫病防控体系得到加强，牦牛肉乳产品质量安全水平不断提高，青藏高原生态系统功能得到逐步的恢复。

2. 中期目标（至 2030 年）

到 2030 年，牦牛产业形成健康持续发展的良好态势。牦牛养殖业科技含量大幅度提高，本品种选育取得较大进展，产区良种覆盖率大幅度提升，牦牛生产性能显著提高，疫病防控体系和养殖污染防治体系趋于完善，养殖规模化、专业化和产业化进程明显加快，科技成果转化力度大幅度提高，开发出满足市场需要的特色的牦牛肉乳产品，实现农牧民增收。

3. 长期目标（至 2050 年）

到 2050 年，牦牛产业形成可持续发展的良好局面，科技成为牦牛养殖业发展的最主要推动力。牦牛综合生产能力和饲料转化率显著提高，乳肉产品产量稳步提高，保障供需平衡，标准化养殖技术得到大幅度推广，牦牛肉乳产品质量安全体系和疫病防控体系基本完善，重大疫病与人兽共患病基本消灭，牦牛产区草原生态环境得到有效改善，养殖科技创新体系和推广体系基本完善，牦牛产业达到高产、优质、高效、安全和生态的要求，实现农牧民稳步增收。

二、我国牦牛产业发展的科技需求

（一）种质资源

1. 育种关键技术的开发与应用

由于产区自然生态条件恶劣，生产基础设施薄弱，目前牦牛遗传育种的主要手段仍然是牦牛本品种选育和杂交改良。现代分子生物学技术和基因组学的迅速发展，使畜禽重要经济性状基因定位、标记辅助选择和基因诊断研究成为动物遗传育种领域的研究热点。目前牦牛基因组测序和SNP芯片开发的工作已经完成，这些数据和技术将对牦牛遗传育种研究带来革命性的变化，牦牛全基因组关联分析、全基因组选择等育种新方法的研究能高效地鉴定与重要经济性状相关的数量性状位点（QTL），开发与应用分子遗传标记，建立牦牛现代分子育种技术平台，通过早期选种缩短世代间隔、降低近交率、提高育种效率。此外，一些现代生物技术（基因组编辑技术、胚胎工程技术等）的研究与应用，可针对牦牛基因组的任意位点进行精确的修饰，实现将大量的优良基因型快速转移，可加快育种进展。

2. 我国牦牛品种优异基因资源发掘及其功能研究

我国牦牛品种具有多方面的优良性能，其中肉品质性状、耐粗饲性状、无角性状、多肋性状、毛色性状等是最具有特色的经济性状，也是我国畜牧业持续发展的坚实基础和潜在优势。通过分子生物学方法对地方牦牛品种优异基因资源发掘研究，分离和克隆重要经济性状的主效基因，培养牦牛成纤维细胞、骨骼肌卫星细胞等细胞系，在细胞水平解析主效基因的功能和调控机制，获得具有自主知识产权的功能性新基因，为我国牦牛的遗传改良奠定分子生物学基础，推动牦牛分子育种的应用研究。

3. 推动牦牛联合育种技术的形成与发展

目前，我国牦牛育种研究力量过于分散，研究内容处于无序竞争和简单重复的状态，科研资源得不到优化配置，难以形成突破性的重大成果。因此建立一个学科完整、人才水平较高的牦牛育种研究体系，制订适合不同生态区域的牦牛培育目标和选育标准，开展不同地域育种群和育种单位的优化和联合，形成从事育种研究工作全国协作网，为大规模开展牦牛育种研究提供一流的技术平台。

（二）饲料效率

目前，牦牛养殖基本上以传统的放牧饲养方式为主，由于牧区气候寒冷，牧草枯黄期长达7~8个月，导致牦牛生长缓慢，出栏率低，肉品质差。因此，研究牦牛的营养需要和探索新的饲养方式显得尤为重要。

1. 牦牛饲养标准的制订

牦牛采食习性、消化代谢规律有别于其他家畜，要实现牦牛的科学饲养，必须制定符合牦牛的营养需要量标准，包括能量、蛋白质、矿物质、维生素等营养物质的需要量，并建立配套的饲料成分表。参考其他放牧家畜草地采食量测定方法，制定牦牛不同草地类型中采食量的测定方法和饲养规程，实现牦牛饲养的标准化。

2. 牦牛胃肠道发育的营养调控技术研究

胃肠道是机体消化吸收营养物质的重要部位，反刍动物幼龄时胃肠道的发育程度决定了其成年后的消化能力和采食量。通过补饲添加剂促进胃肠道的生长及发育，并结合牦牛瘤胃微生物宏基因组学研究，用现代营养学技术揭示营养素在牦牛体内代谢和调控的分子机理，建立牦牛分子营养学的理论体系。

3. 饲料资源营养价值评定

应充分利用牦牛产区饲料资源，如青稞、蚕豆、豌豆、小黑麦等，研究制定出一套当地饲料资源的营养和安全评价规程，研发饲料中有毒有害物质、禁用和限用药品的检测技术，建立青藏高原当地饲料安全评价与监控体系。

（三）产品品质

1. 现代屠宰和深加工技术的研发

牦牛肉类加工企业应更多地采用现代屠宰理念和工艺技术，实施活牛宰前管理，致昏、栅栏减菌、嫩化、冷却排酸、冷链物流、在线检测以及安全追溯等整套技术集成与提升，开发相应系统和设备，让牦牛加工产业走向规模化。

2. 牦牛副产品的精深加工技术的研发

牦牛可以开发的副产品很多，如牦牛肉、骨、髓、脏器、头、蹄、血液等。迫切需要研究利用烹饪工艺和现代食品加工技术，开发适合中西式餐饮、零售业市场需求的牦牛肉及其副产物的成品、半成品，同时要着重开发牦牛骨骼和血液中有效活性成分分离和提取技术，建立生产示范基地。

3. 建立健全牦牛肉类加工行业标准体系

牦牛肉的组织结构、风味成分、脂肪酸、氨基酸含量与一般牛肉不同，常作为特殊的肉品来对待。目前没有专门的牦牛肉质标准，只能参照西方肉牛的分级标准对牦牛肉进行评价，这完全不能体现牦牛肉的真实价值。因此迫切需要加强研究适合于我国牦牛的胴体分割标准，建立加工原料、加工过程、终产品等质量安全控制标准体系，这样不仅可以规范生产，提高产品质量，而且可以使牦牛肉国内外贸易有据可依。

4. 牦牛肉嫩化技术的研发

牦牛肉的嫩度均较差，如何改善牦牛肉的嫩度和适口性成为一个亟须解决的问题。肉的成熟是最基本的嫩化技术，但是成熟的环境条件、成熟时间与企业的经济利益有直接关系。因此，开发其他牦牛肉嫩化技术与成熟的符合技术，缩短成熟时间，是牦牛肉嫩化工艺中主要解决的问题。同时外源蛋白酶（木瓜蛋白酶）的添加，对牦牛肉的嫩化具有显著的作用，但是这些外源物质又会影响肉的风味和颜色，因此研发新型的对牦牛肉嫩度有提高，且不影响其他性状的外源添加物也是该领域新的研究方向。

（四）牦牛健康

1. 加强疾病病原体分子生物学和基因工程疫苗研究

由于青藏高原地理环境恶劣，交通不便等因素影响，有关牦牛疾病病原生物学和分子特征的资料很少，极大制约了牦牛疾病的科学防控。因此，利用分子生物学方法，绘制病原体基因组图谱，分离出大部分动物病毒的结构蛋白、非结构蛋白及其中间产物，明确部分致病基因和蛋白质的生物学功能，在分子水平上阐明部分病原体在宿主细胞内复制的全过程及其致病和免疫的机理，开展牦牛传染病病原基因工程疫苗的研究，为牦牛疫病防控奠定理论基础。

2. 牦牛用药物的研发

随着消费者对食品安全认识的提高，安全、高效、低毒和动物专用化学药物将更多地应用在养殖业上。为了抢占市场，必须加强技术创新，研制开发出一批牦牛抗病毒、抗菌和抗寄生虫的天然药物、化学合成药物、抗生素和生物药品，创制新兽药。

3. 加强牦牛疫病监测预警系统

应用免疫学、分子生物学等手段，开发轻简化的疾病快速检测试剂盒，方便基层病害防控人员使用，建立牦牛疫病血清学和病原学检测体系，做到重大疫病早发现、早预警。同时建立风险评估机制，对牦牛疫病进行风险评估，依据评估结果开展科学有效的风险管理，有的放矢地预防牦牛疫病的流行与传播。

（五）质量安全

1. 牦牛肉病原微生物的检测及干预技术的研发

联合大学和研究机构针对屠宰企业的牦牛胴体表面微生物污染摸底调查，建立影响人类健康微生物的数据库和生长模型，开发适合牦牛的胴体微生物干预技术。通过高通量测序技术，解析冷却牦牛肉贮藏期间微生物多样性，鉴定特定腐败菌，可为预测牦牛肉的保质期提供理论依据。

2. 牦牛肉包装技术研发

随着时代的进步和人们对“优质、安全、绿色”理念的追求，传统肉类食品保鲜技术已不能满足人们的饮食需求，新型肉制品保鲜技术已成为研究热点，牦牛肉保鲜技术研究相对落后，其品质不能得到良好的维持，已严重制约了牦牛产业的发展。鲜肉包装可使鲜肉处于良好的卫生条件之下，避免重量损失，并保证鲜肉的颜色纯正。因此研发牦牛肉的包装技术是牦牛产业中一个亟须解决的问题。

三、我国牦牛产业科技创新重点

（一）我国牦牛产业科技创新发展趋势

1. 创新发展目标

通过科技创新力量，建立健全良种繁育，实现牦牛综合生产能力的大幅度提升，形成规模化和产业化的牦牛养殖业，有效防控和消灭危害牦牛产业的重大疾病和人畜共患病，完善牦牛肉乳产品安全标准体系和饲料质量安全监管体系，实现牦牛产业的可持续发展，为国民经济提供新的增长点（图 14-1）。

2. 创新发展领域

遗传育种领域：牦牛地方品种改良的分子生物学基础，牦牛地方品种起源与比较基因组学，牦牛基因组学和功能基因组学，牦牛杂交优势的分子生物学基础，牦牛转基因和基因组编辑技术，牦牛生殖生物学研究，牦牛分子标记辅助育种技术，牦牛重要经济性状基因诊断技术，牦牛本品种选育关键技术，牦牛繁殖生物技术，牦牛遗传资源保护利用技术。

营养饲料领域：牦牛营养物质的消化吸收机制，主要营养素在牦牛体内的分配沉积调控机制，营养素与牦牛瘤胃微生物的互作机理，牦牛肉乳品质的营养调控机理，牦牛胃肠道微生物生长调控技术，新型饲料资源与原料开发，饲草料营养价值评定技术，饲草料质量安全检测技术，新型饲料添加剂的开发，饲料生物技术。

疫病防治领域：牦牛疫病分子病原学与分子流行病学，牦牛疫病病原体的致病机理与免疫机理，病原体基因组学和蛋白质组学研究，人畜共患病病原分离和检测技术，病原与宿主的相互作用机制，牦牛重大疫病预警系统，牦牛常规新型疫苗研制，新型基因工程重组疫苗研制，新型疫苗冻干保护剂的研制，牦牛新兽药的创制，兽药残留检测技术，牦牛疾病高灵敏度分子诊断试剂盒，牦牛疫病防治技术规程的优化。

畜产品加工和质量安全领域：牦牛肉品质形成机理与生理生化基础，动物性食品不同功能因子分子结构与生物学功能，牦牛肉加工过程中有害因子形成和控制，牦牛肉产品与人类健康的关系研究，牦牛肉风味物质分子结构及对味觉的影响，冷杀菌技术的优化，冷鲜牦牛肉气调包装技术，副产品分离技术的升级优化，冷鲜牦牛肉主要致腐和致病微生物的鉴定及控制，牦牛肉发酵特异性菌株和防腐剂的研发。

（二）我国牦牛产业科技创新优先发展领域

1. 基础研究方面

（1）牦牛基因组及演化的分子机制。牦牛比较基因组学，牦牛染色体三维构象解析，牦牛低氧适应性演化机制，高原动物相似性状的趋同演化机制。

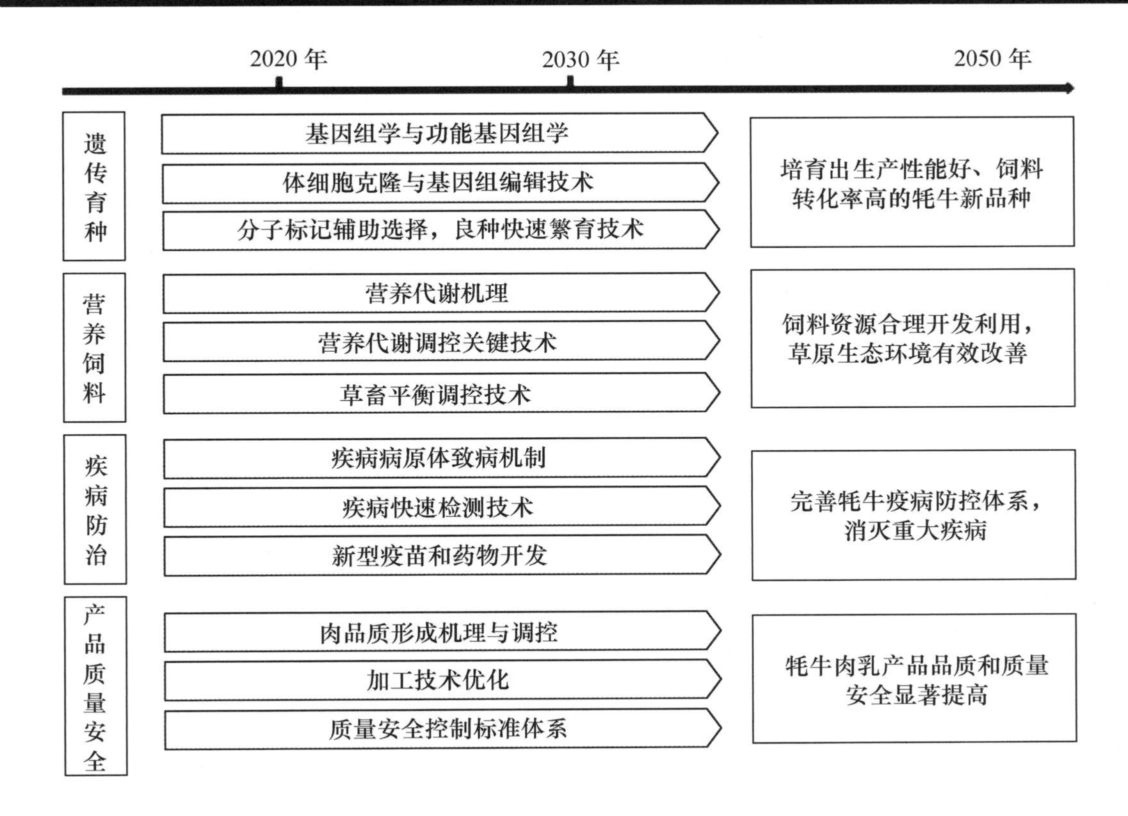

图 14-1　我国牦牛产业科技创新发展趋势图

（2）牦牛重要经济性状的遗传机制解析及功能基因组学研究。牦牛重要经济性状的数量性状位点（QTL）的检测与定位，重要经济性状的表观遗传调控机制，主效基因功能分析和表达调控机制研究，牦牛杂交优势利用的分子生物学基础与杂交优势预测的技术研究。

（3）牦牛体细胞克隆与基因组编辑技术。高产优秀个体的体细胞克隆技术，基因组编辑技术改良牦牛经济性状。

（4）牦牛营养代谢机理研究。小分子营养物质的消化吸收机理，饲料养分代谢利用的分子机理，营养与环境的互作机理。

（5）牦牛疾病病原体致病机制研究。牦牛疫病感染和致病及传播机制，病原体基因组学和蛋白质组学，重要病毒性、细菌性传染病免疫机制，反向遗传与病毒改造技术，人畜共患病病原分离、检测技术。

（6）牦牛肉品质形成机理与调控的生理生化基础研究。结缔组织对牦牛肉品质的影响规律及调控机理和机制，牦牛肉品肌原纤维硬度控制机理，宰后处理技术的生理生化基础，肉品质形成的遗传调控，牦牛肉加工工艺与条件对品质的影响及变化规律，民族传统牦牛肉制品风味形成的规律以及调控机理。

（7）牦牛肉加工过程中有害因子形成和控制的理论基础。牦牛肉加工过程中化学有害物生成、衍化、迁移、残留的规律，牦牛肉加工和储藏过程中重要腐败和致病微生物的鉴定及控制。

（8）牦牛肉产品与人类健康的关系研究。牦牛肉制品胆固醇消化、吸收及代谢调控机制，牦牛肉制品对人类免疫系统的影响，牦牛肉制品摄食与现代疾病的关系。

2. 应用研究方面

（1）牦牛育种关键技术研究。准确的生产性能测定技术，遗传评定新技术，牦牛联合育种技术，数量性状位点（QTL）的检测与定位及标记辅助育种技术，分子标记和功能基因的大规模检测技术及诊断试剂盒研制与开发，多性状标记辅助选择的技术体系建立，全基因组选择方法的建立，分子育种与常规育种结合的育种技术。

（2）牦牛良种快速繁育技术。卵母细胞冷冻保存技术，胚胎体外生产技术，胚胎切割和冷冻保存技术，高效胚胎移植技术。

（3）现代营养代谢调控关键技术研究。胃肠道酶系发育的营养调控，瘤胃有益微生物生长的调节机制，环境应激的营养调控技术，肉品质的营养改进技术。

（4）饲料资源添加剂的开发和安全保障技术。牦牛产区饲料资源的营养和安全评价，饲料蛋白高效利用技术，高效环保型饲料添加剂研制和饲料高效加工与应用技术，利用生物技术开发蛋白质饲料技术，天然抗菌、抗病毒添加剂的研制，用酶制剂的研究与开发，违禁药物和添加剂检测技术。

（5）草畜平衡调控技术。草地合理利用的指标体系建立，冷季饲料供应及营养平衡技术，牦牛舍饲和半舍饲养殖技术。

（6）牦牛疫病疫苗的研制。流行毒株的分离鉴定，建立疫苗株，基因工程重组疫苗、基因缺失疫苗、核酸疫苗、多联疫苗、多价疫苗的研制，新型冻干保护剂的研制。

（7）牦牛疾病药物的研发。微生态制剂、特异性抗病毒制剂、广谱抗病毒制剂、杀菌消毒剂的研制，中兽药的有效单体研究，药物体内残留规律研究。

（8）牦牛肉加工过程中关键加工技术的开发。符合动物福利管理的宰杀技术，胴体冷却工艺优化，牦牛肉分级技术优化，牦牛肉嫩化技术，优化牦牛冷却肉保鲜和加工关键技术，牦牛肉发酵特异性菌株发酵剂的筛选与研发，传统牦牛肉制品的科学加工工艺，牦牛副产品生物活性成分的提取、分离关键技术。

（9）牦牛肉产品加工质量安全控制标准体系研究。牦牛肉中化学残留、致病或腐败微生物快速检测技术，牦牛肉全程冷链物流安全控制技术，产业链质量安全控制如微生物预报技术，食品安全管理体系和食用品质保证关键控制点（PACCP）体系的建立。

第六节　我国牦牛产业科技发展对策措施

牦牛产业是高寒牧区现代畜牧业发展的主导产业，也是最具优势的传统产业之一。加快牦牛产业科技发展，是优化农业产业结构、保障市场供给的现实需要，也是培育高寒牧区新的经济增长点、促进牧业增效和农牧民增收的客观要求。

一、产业保障措施

（一）明确牦牛育种及生产方向

研究制定《中国牦牛遗传改良计划和品种区域布局规划》，进一步加大牦牛地方品种保护与利用，发挥品种优势，推进遗传改良，不断选育提高。支持开展新品种（系）培育工作，重点培育繁殖效率高、生长速度快、适应性强和产肉性能好的牦牛新品种（系）；在地方品种的非核心区，适度引进产肉性能好的品种，通过科学杂交利用提高地方品种牦牛生产性能，大幅增加牦牛出栏。在高寒牧区逐步形成主导品种突出、区域特色明显、生产定位明晰的牦牛产业发展布局。

（二）完善种源体系建设

切实落实《全国牛羊肉生产发展规划》中明确的支持种牛场建设政策，在牦牛主产区域每年扶持建设1~2家生产规模大、种畜质量高的种牛场。同时，大力支持地方品种核心群母牛扩群建设，力争用5年时间，使优质种公牦牛的供种能力由目前的6万头（只），增加到10万头（只）以上。

（三）因地制宜大力发展母畜生产

突出牧民在发展牦牛生产中的主体地位，加大项目资金扶持力度，引导千家万户开展母牦牛扩繁，实现母畜快速增长。藏区要结合“安居增畜”工程，加大种植业结构调整力度，加强苜蓿营养，推广两年三产技术，使能繁母牛年均增长达到10%以上；藏区农牧结合部以发展规模化养殖场（小区）和合作社为重点，推广高频繁殖、经济杂交生产，不断扩大繁育规模，使能繁母牛年均增长保持在5%以上。

（四）建设天然草原，保护生态环境

天然草地是牦牛生产的最主要食物来源，天然草地的产出是牦牛产业的发展基础。针对目前甘南草地超载过牧所导致的天然草地退化，需要以公共投入进行治理，以自然恢复为主，辅助人工干预手段。重点改善土壤营养供给，并根据甘草草地植物演替规律实施一系列的治理措施，协同数字化监测管理，在恢复生态系统平衡的前提下，达到天然草此产量的最大化和质量的最优化，从而提高牦牛养殖的产出，为农牧民增收效益。

（五）提升牦牛养殖业机械化装备水平

在国家农机购置补贴的基础上，鼓励各地出台畜牧业机械购置地方财政再补贴政策，提高牦牛养殖业饲草收储、粉碎、秸秆颗粒加工制作等机械的补贴比例，调动农牧民购机积极性。加强新型实用牦牛生产机械设备研发推广工作，积极争取扩大国家农机购置补贴范围。在牦牛规模养殖场（小区）大力推广自动化补饲饲喂设施、智能化环境控制设备，使牦牛产业生产机械化装备水平明显提高。

（六）建设疫病防控体系

按照“预防为主，防控结合”的方针，全面加强动物防疫基础设施建设，构筑符合牦牛生产实际的现代动物防疫体系。主要建设工程为：按照动物防疫基础设施建设规划，建成比较完备的动物防疫体系六大系统，即重大动物疫情预警与指挥系统、动物疫病预防控制系统、动物检疫与监督管理系统、兽药质量检测与残留监控系统、重大动物疫病防疫物资保障系统和动物防疫技术支撑系统。实施中根据牦牛生产中疾病发生种类及特点，对牦牛的传染性疾病、内外寄生虫病及口蹄疫等疫病进行重点防治。对每个养殖户/场建立牦牛户口，常年开展免疫工作，由动物防疫员实施。动物防疫监督所经常开展抗体监测，抽查免疫情况，确保免疫密度和免疫效果。运用新技术新设备来提高检疫质量。首先，更新化验室设备，使化验室具备检测肉品中各类不良物质、各种疫病的定量、定性功能。其次，改进检疫操作手段，配备先进的现场快速诊断工具及无害化处理设备，实现检疫检测手段的现代化和科学化。

（七）建设畜产品质量安全体系

健全完善牦牛肉奶产品质量安全全程监管制度，加强饲料、兽药等投入品执法监管，对规模牦牛养殖场（小区）实行备案制度，强化养殖档案管理。加快无公害、绿色和有机畜产品的认证认定，进一步加强检疫监管，严格实施产地检疫和屠宰检疫。切实落实牦牛规模养殖三盯责任（人

盯人、人盯场、人盯牦牛），确保牦牛养殖及其产品质量安全；由牦牛养殖区环保部门牵头制定牦牛粪便面源污染治理办法，实现标准化规模养殖场全部达标排放或零排放。

（八）建立产业链服务体系

加强牦牛养殖实用技术的示范、推广、普及工作，切实形成牦牛科技面向生产的社会化服务。组织一批精干力量，从事牦牛科技服务、科技培训和科技推广工作。积极开展牦牛“科技入户”和“科技富民”等行动。大力抓好畜产品质量安全管理工作，在加强标准化建设、完善质量监管手段、组织标准化生产等方面实现突破，按照高原特色，无公害、绿色环保、有机产品的要求组织生产，以质取胜。由规模较大的牦牛养殖及肉奶加工等龙头企业牵头成立产业服务公司，整合资源，打造涵盖“种公牛繁育、饲料生产、牦牛饲养、兽药供应、技术服务、食品加工”各环节的三大生态畜牧经济产业链，确保牦牛产业经济发展持续健康发展。

（九）强化农牧民培训

农牧民是农牧业生产经营的主体。本着“区别对待、因势利导、循序渐进”的原则，以提高农牧民牦牛养殖技能，增强农牧民市场意识为目标，与特色牦牛产业开发、稳定和增加收入相结合，整合各方面力量，加大对新型农牧民的培训力度，使农牧民素质不断得到提高，促进牦牛养殖水平和产业化发展。

二、科技创新措施

（一）强化科技支撑

坚持产学研相结合，依托国家肉牛、牦牛产业技术体系和国家科技计划，组织相关科研院所和大专院校的科研力量，开展联合集中攻关，开展以分子育种和生物技术为重点的良种选育研究、以地方牦牛品种资源为基础的杂交优势利用研究、以提高饲料转化率为核心的动物营养技术研究、以非粮资源为重点的饲草资源利用研究等，加强人畜共患疫病防控技术、安全高效疫苗及诊断试剂研发，加快提高牦牛产业科技创新水平。

（二）整合科技资源，搭建科研平台

要积极争取上级部门支持，增加牦牛科研项目和研究经费，扩大项目和技术储备，以支持对传统牦牛养殖及加工产业的技术改造。针对长远发展和生产急需，组织科研院所和高校力量，进行科研攻关，突破一批关键技术，形成一批集成成果。组织广大科技人员，通过科技入户、科普大集、科技入股、科技承包、科普讲座等形式，提高技术推广的效率。要在优势牧区，围绕优势品种，建设和完善以示范场、示范小区和示范户为主体的牦牛科技示范体系，加快科技成果的转化。

（三）加速牦牛产业科技成果转化

按照优化牦牛养殖地区县一级、规范乡一级、强化村一级的原则，加大投资力度，积极引进各类业务新人员，加强业务干部的专业培训力度。进一步完善县、乡、村（社）三级牦牛养殖服务网络，着力建设职能明确、体系完善的机构网络和布局合理、规模适度的服务网络。确保牦牛养殖业向现代化迈进的各种服务需求。充分发挥牦牛养殖技术推广服务队伍和牦牛专业协会的作用，加快先进实用技术的推广普及，加大已有技术的组装配套和示范推广力度，促进单项技术推广向综合配套技术推广转变。进一步实施牦牛养殖科技入户示范工程，重点推广优良牦牛繁育技术、牦牛养

殖规模生产技术、牦牛繁育与规范化饲养技术、优质牦牛产技术、饲草料青贮及秸秆利用技术、配合饲料生产应用技术、退牧还草舍饲养畜技术、疫病防治技术、草原灾害防治技术等先进适用技术，重点做好畜牧业综合配套技术的推广工作。

（四）树立科技创新的持续开发意识

当今处于知识经济时代，企业生产的网络化、信息化和国际化，信息传播交流速度快，这种情况使一个企业的技术创新很难长期存在，特别是其他企业可以利用科技创新成果的外部经济效应，进行相应的模仿，或是进一步创新，致使企业因技术创新带来的收益期缩短，收益量减少，比较优势丧失。这在客观上要求企业不断进行创新，不断获取比较优势。科技创新具有连续性，是一种不间断的活动，而且技术的生命周期变得越短，企业很难使一种科技创新成果长时间享有和使用，这就要求牦牛生产与加工企业不断进行科技创新，并在不断的科技创新中获取收益，这样牦牛养殖与加工企业才能在竞争中立于不败之地。

（五）促进合作交流，实现牦牛科技资源优势集成

搭建牦牛产业科技基础条件、科技资源及科技合作交流的平台，建立与之相适应的共建共享机制及服务体系，最大限度地发挥现有各类科技资源的效益。实行“走出去、请进来”的战略，在全力推进自主创新的基础上，切实做好引进消化吸收和再创新的文章，充分利用对外开放的有利条件，扩大和深化科技交流与合作，积极吸收和借鉴国内外先进科技成果，在更高起点上推进自主创新。通过对外合作、与国家大院大所合作、政府间科技合作项目，参与国家重大项目、全球性与区域性的双边或多边大型国际研究计划，引进技术、智力及消化吸收和再创新工作，逐步缩小我国与发达国家畜牧的科技差距，提高畜牧业科技的整体水平和综合实力，抢占牦牛科技制高点，加快我国由畜牧业大国向畜牧强国转变的步伐。

三、体制机制创新对策

（一）加强组织领导，营造牦牛产业发展的良好环境

要善于把握当前畜牧科技发展的历史机遇，进一步加强和改善对科技工作的领导，强化党政一把手抓第一生产力的意识，强化抓科技就是抓经济、抓创新就是抓发展的观念。牦牛产区要在省里畜牧业发展规划的基础上，制定本地区牦牛产业发展规划，并采取切实有效的政策措施，扎扎实实推进科技工作。要充分发挥宏观协调和管理职能，组织和集成社会创新资源，统筹规划、组织实施重大科技攻关与推广项目，促进科技创新要素和其他社会生产要素的有机结合。要制定系统的促进自主创新的政策措施，包括支持企业成为技术创新主体的政策，促进对引进技术消化、吸收和再创新的政策，加速高新技术产业化的政策，加强科研推广人才队伍建设的政策等，营造畜牧科技发展的良好环境。

（二）完善财政金融等扶持政策

继续实施良种补贴、饲草料生产和养殖机械购置补贴等各项扶持政策。根据牦牛冻精市场价格情况，适时研究并适当提高补贴标准。结合“菜篮子”生产扶持等项目，加大对牦牛生产大县支持力度，特别是加强对基础母牦牛饲养的支持。金融机构要根据牦牛生产特点，创新金融产品和服务方式，合理确定贷款规模、利率和期限，简化贷款流程，提高服务效率，加强对牦牛产业的信贷支持。探索建立牦牛养殖保险制度，降低养殖风险。在严格耕地保护制度的同时，切实落实养殖业

用地政策，安排荒山、荒地等用于牦牛养殖场和饲草基地建设。积极发挥公共财政资金的引导作用，吸引社会资本投资养殖和屠宰加工业，建立多元化投融资机制，为牦牛产业持续健康发展注入活力。

（三）加快体制创新，增强牦牛产业发展活力

要通过落实国家产业政策，维护市场秩序，合理配置基本生产要素，提高牦牛产业的发展质量。畜牧业科技管理部门要认真研究社会主义市场经济的发展规律，积极转变政府职能，切实改变工作方式，向牦牛养殖和加工企业提供高效率的公共服务，为企业营造良好的创新环境。要大力运用市场、财政、金融、法制和文化等各种手段支持企业成为技术创新的主体，成为先进科技成果的主要应用者，技术创新的主要投入者和创新人才的主要吸纳者，新技术的主要创造者和知识产权的主要拥有者，以及高新技术产业化的引领者和先进管理模式的开拓者。加快现有畜牧业技术推广机构的改革，发挥其在畜牧业技术推广中的主渠道作用。加强牧区基层科技推广组织。强化以县域为单位的高效畜牧业技术推广体系，提高先进技术的进场入户率，提高科技成果的转化率和科技进步贡献率，增强牦牛产业的国际竞争力。积极培育和壮大新的畜牧业科技推广模式，大力推动畜牧业科研院所和大专院校从事技术开发和技术服务，积极发展各种类型的牦牛专业技术协会和农牧民合作经济组织，充分发挥这些机构在牦牛科技推广中的主导作用。采取鼓励措施和政策，促进牦牛科技成果技术市场的形成，并对从事牦牛科技技术转化和开展技术服务的企业或组织实行政策倾斜，促进牦牛科技成果的快速转化，逐步建立起以政府为主导，牦牛科技工作者、牧民专业技术协会和合作组织、企业等社会各界广泛参与的新型牦牛科技推广体系。

（阎萍、郭宪）

主要参考文献

郭宪，胡俊杰，阎萍 . 2018. 牦牛科学养殖与疾病防治［M］. 北京：中国农业出版社.

郭宪，阎萍，梁春年，等 . 2009. 中国牦牛业发展现状及对策分析［J］. 中国牛业科学，35（2）：55-57.

国家畜禽遗传资源委员会 . 2011. 中国畜禽遗传资源志・牛志［M］. 北京：中国农业出版社.

阎萍，郭宪 . 2013. 牦牛实用生产技术百问百答［M］. 北京：中国农业出版社.

阎萍，陆仲璘，何晓林 . 2006. 大通牦牛新品种简介［J］. 中国畜禽种业，2（5）：49-51.

张容昶，胡江 . 2002. 牦牛生产技术［M］. 北京：金盾出版社.

张容昶 . 1989. 中国的牦牛［M］. 兰州：甘肃科学技术出版社.

《中国牦牛学》编写委员会 . 1989. 中国牦牛学［M］. 成都：四川科学技术出版社.

Ding XZ，Long RJ，Kreuzer M，et al. 2010. Methane emissions from yak steers grazing or kept indoors and fed diets with varying forage：concentrate ratio during the cold season on the Qinghai-Tibetan Plateau［J］. Anim Feed Sci Technol，162：91-98.

Ding，XZ，Zhang Q，Huang XD，et al 2012. Reducing methane emissions and the methanogen population in the rumen of Tibetan sheep by dietary supplementation with coconut oil［J］. Trop Anim Health Prod. 44，1541-1545.

Qiu Q，Zhang G J，Ma T，et al. 2012. The yak genome and adaptation to life at highaltitude［J］. Nat. Genet，44：946-949.

第十五章　我国肉羊产业发展与科技创新

摘要：肉羊生产是一个科学系统的工程，养殖技术是肉羊生产的根本，而科技创新则是推动产业提升的原动力。本章从肉羊品种、养殖特点和国际贸易等方面概括了国内外肉羊产业发展的现状，同时分析了科技创新在肉羊产业变迁中的革新与贡献，也指出了我国与肉羊养殖发达国家在产业发展和科技创新方面的差距。当前，我国肉羊产业正处于转型升级的关键阶段，供给侧结构性改革、乡村振兴战略和精准扶贫等都对肉羊生产提出了新的要求和标准。在未来的肉羊产业发展中，要充分利用已有的资源优势和成熟技术，在肉羊良种繁育、饲料营养、疫病防控、设施环境、养殖模式和产品加工等各环节中进行科技创新，既要借鉴国际先进养殖科技，又要符合我国资源环境特点，通过政府、科技人员和企业的通力合作，共同开辟出一条具有新时代中国特色的肉羊养殖科技创新之路。

第一节　国外肉羊产业发展与科技创新

一、国外肉羊产业发展现状

（一）国外肉羊产业生产现状

20世纪80年代以来，由于羊肉与羊毛的价格差异，导致世界养羊格局发生重大变化，生产者越来越关注肉羊产业，尤其从饲养量、品种培育和科学研究方面，都有了很大的提高。在澳大利亚、新西兰、美国和英国等国家，肉羊养殖主要以家庭牧场和放牧为主，由于草场资源丰富，机械化程度高，因此生产成本相对较低。国外的肉羊生产主要以羔羊肉为主，标准化程度较高，国际市场竞争力较强。在品种培育方面，养羊发达国家拥有系统的群体遗传改良计划，注重生产性能测定和遗传评估等基础工作，因此也培育出像杜泊羊、无角陶赛特羊、澳洲白羊、萨福克羊和特克赛尔羊等一批世界上著名的肉羊品种。

（二）国外肉羊产业养殖模式

不同国家肉羊养殖的特点各有不同，比如澳大利亚和新西兰属于粗放型养羊，美国养羊业则表现出资金雄厚和技术密集的特点，而德国、英国、荷兰等地，养羊较为精细。但总的来讲，国外的养殖模式以家庭农场和放牧为主，在此基础上，体现规模优势和规模效益，主要表现在以下四个方面：一是肉羊单元养殖饲养量大。在澳大利亚和新西兰等地的家庭牧场，肉羊饲养量在5 000只左右的比比皆是，丝毫不亚于中国的肉羊舍饲养殖数量。二是农场规模不断增加。这主要表现在小型农场的数量有所减少，更多的家庭牧场都进行升级改造，以期获得在适度规模下的最大养殖效益。三是单产水平高。由于品种、资源、成本等因素，国外养羊单产水平较高。以2014年部分国家绵羊胴体重为例，叙利亚和黑山羊平均胴体重可达33千克/只，美国羊平均胴体重可达30.3千克/只，澳大利亚和南非的数据也都接近30千克/只。世界平均水平是16.4千克/只，而中国的绵羊平均胴体重仅为16.1千克/只（中国畜牧业统计，2016）。四是生产效率高。这主要表现在国外机械化程度较高，以澳大利亚和新西兰为例，他们拥有先进的生产管理技术和现代化机械设备，对劳动力的需求大大降低。2001年，澳大利亚人均饲养的羊数就可达270头。

此外，专业化的农民合作组织也在国外肉羊产业养殖中发挥重要的作用，合作组织把分散的农场主联合起来，为生产者在养殖、销售、加工、服务和信贷等方面提供帮助，使养羊生产的产、供、销有机结合，大大提高了生产者抵御市场风险的能力，并保证生产者的最大利益。

（三）国外肉羊产业贸易现状

随着肉羊关注度上升和消费需求增大，国际肉羊贸易非常活跃。无论是绵羊肉还是山羊肉，澳大利亚都是当之无愧的出口大国。2013年，澳大利亚出口羊肉接近45万吨，出口贸易金额达到23.9亿美元。羊肉出口量较大的国家还有新西兰、英国和爱尔兰等。中国是世界最大的绵羊肉进口国，进口量接近世界绵羊肉进口量的1/4。美国和中东地区是进口山羊肉最多的国家（中国畜牧业统计，2015）。

二、国外肉羊产业科技创新现状

（一）国外肉羊产业的理论创新

1. 绿色养羊创新模式

随着人们对环保认知度的提高，肉羊产业也逐渐趋于绿色。绿色养羊具有较大的经济效益、环境效益和社会效益，同时可以提高羊肉产品的质量安全系数。在养羊发达国家，生产者非常注重对肉羊生产环境标准的控制，比如对养殖用水和土壤环境的各项指标都有一定的适用范围。此外，对肉羊生产中的投入品如饲料添加剂、抗生素等都有严格的规定，对养殖过程也有标准的生产技术规程。

2. 科技养羊创新模式

“靠天养羊”到“靠人养羊”，再到“科技养羊”，体现了劳动创造和技术对肉羊生产的重要性。许多国家，尤其是养羊发达国家，更看重科技在养羊生产中发挥的重要作用。无论是在育种、繁殖、营养、疫病，还是设施、环境和管理中，科技的创新和进步都加快了肉羊产业发展的步伐。

3. 遗传改良创新模式

良种已成为制约一个国家畜禽产业发展的重要因素。优秀的肉羊品种是促进肉羊产业持续健康发展的基础和前提。目前，许多国家都通过宏观政策和科技手段，对现有的肉羊群体进行改良，包括对本品种的选育与提高，以及利用不同国家、不同地域间的优良特色品种进行新品种的培育和杂交改良等。

4. 扶贫养羊创新模式

与其他畜禽相比，养羊具有成本低、繁殖快、易舍饲、效益高等特点，养殖管理相对粗放，是农民脱贫致富的理想选择之一。在发展中国家，比如中国、非洲等地，已经大面积开展肉羊产业的精准扶贫，在国家相关政策扶持下，通过对贫困地区农民进行种羊输送、场地建设、技术培训等方式带动养羊，帮助这些贫困地区的生产者增加收入。

（二）国外肉羊产业的技术创新

1. 遗传育种技术

遗传育种是畜禽产业中的重要环节，通过遗传育种技术，可以加速肉羊遗传改良的进程，使畜禽的生产性能发挥到极致，同时还可以培育出优良的肉用新品种。近五年中，肉羊的遗传育种技术已经从传统的表型选择、家系选择、最佳线性无偏估计（BLUP 育种技术）发展到分子遗传育种，乃至当下最热的以挖掘肉羊经济性状功能基因为主的基因组学育种技术和全基因组选择育种技术。致力于肉羊育种的科学家正在用最先进的遗传育种理论和仪器设备，根据羊的基因组信息，开展现代化育种，从而帮助养羊生产者进行经济、快速和高效育种。

2. 繁殖技术

繁殖技术对提高肉羊产业的养殖效益至关重要。成熟的繁殖技术可以提高母羊的繁殖效率，增加产羔数，提高存活率，大大增加养羊收入，起到事半功倍的效果。目前国际上应用比较普遍的繁殖技术主要有母羊繁殖生理技术，包括如何促进母羊常年发情、避免繁殖障碍、同期发情技术、人工授精技术、胚胎移植技术、性别控制技术等。繁殖技术通常与遗传育种结合在一起，形成综合的良种繁育技术体系。

3. 饲料营养技术

饲料营养的优化可以更好地促进肉羊的遗传育种与繁殖，对处于不同阶段的肉羊，根据生理特点进行特定的营养需要配比和饲料调制，可以更好地发挥肉羊的生产性能。对种用羊、公羊、母羊进行区分，对羔羊、青年羊、后备羊、处于妊娠期不同阶段的母羊、产前产后的母羊、哺乳羊等进行区分，进行精细化的饲料调配和营养强化，已是国际上具有一定规模的舍饲羊场的普遍做法。

4. 新品种培育技术

借助上述遗传育种、繁殖和饲料营养等技术，各国科学家都在开展优秀肉羊品种的选育和培育研究。对于如何提高肉羊的生长发育、产肉性能、繁殖性能、抗逆抗病等不同生产方向的性状指标，进行有针对性的肉羊品种培育。比如澳大利亚经过十多年的研究，培育出生长发育快、产肉性能好、抗病性强的澳洲白肉羊品种，已经输送到许多国家。中国的内蒙古自治区、甘肃等地区，已经成功地运用澳洲白肉羊进行杂交改良并取得显著成效。同时，澳洲白肉羊对地区扶贫和肉羊改良方面也发挥了积极的作用。

5. 设施设备创新

科学、实用和智能的养羊设施设备是实现高效养羊的基础。随着肉羊产业发展和技术创新脚步的加快，一批养羊设施设备也应运而生。标准化羊舍规划与设计、自动饲喂投放系统、全自动称重分栏设备、B 超声波测定系统、CT 扫描设备已经在现代化肉羊生产和研究中发挥了重要的作用。设施设备的创新可以促进技术创新，可以大大降低劳动力成本，节省时间成本，提高生产效率。

6. 相关标准制定

肉羊现行的国际标准少，有些标准是空白，有的已经滞后。各国的科学家已经重视并解决相关标准制定问题。目前，在种羊分级、生产性能测定、营养需要、肉品分级等方面的标准都在积极的制定中，制定相关肉羊的国家标准、农业行业标准、地方标准和团体标准等，可以使肉羊的生产、饲养、屠宰、加工和销售等有据可依，并可以实现技术和评价的统一，实现标准化生产，从而实现优质优价，提高肉羊产业的整体生产效率。

（三）国外肉羊科技创新成果的推广应用

1. 良种登记

养羊发达国家很早就实行优良肉羊品种的注册和登记，通过良种登记，可以对品种资源进行有效保护和高效利用。目前，澳大利亚、新西兰和英国等多个国家都制定了品种注册登记办法，并在国内大面积推广。在一些大型的农场开展品种登记尤其是种羊登记已经是最基本的要求。一些世界知名的肉羊品种还专门成立了品种协会，积极促进良种登记，并建立信息平台共享，以此提升品种及农场的种源竞争力。

2. 生产性能测定

生产性能测定是选择与育种的基础。通过对种羊及后裔的生产性能测定和数据的收集，可以对整个群体进行遗传评估，从而加速羊群的改良进程，提高羊群的质量。澳大利亚是较早开展生产性能测定的国家，无论是大型羊场，还是中小规模的牧场，都开展生产性能测定工作，尤其是核心群种羊的性能测定。通过生产性能测定，规范种羊的系谱，开展遗传评估，生产优质的种羊和商品羊。

3. 基因组育种

随着绵羊和山羊基因组学序列信息的破译，利用基因组学手段挖掘和验证肉用绵羊经济性状功能基因的研究已成为未来基因组育种的基础。目前，新西兰已根据相关科研成果定制中高密度的羊芯片进行全基因组选择和育种。该技术已经在奶牛、生猪和家禽上推广，并取得良好成效。利用定制芯片开展肉羊选育也已经在全球范围内开展，我国目前也处于肉羊育种芯片的研发阶段。

(四) 国外肉羊科技创新发展方向

1. 专门化肉用羊新品种培育

基于不同肉羊品种的优良特性和优势基因，利用传统育种方法和先进的科技手段，培育国际通用的在某一肉用经济性状上具有特色的专门化肉羊新品种，已成为国际肉羊科技创新的趋势。目前较为关注的是产肉性能高、生长速度快、抗逆抗病性好和多胎等指标，通过科技手段使不同品种的肉羊优势基因聚合和固定，从而培育专门化肉羊新品种。这些品种将在不同国家的群体遗传改良中起到积极的作用，同时对发展中国家的帮困扶贫具有重大的意义。

2. 同品种联合育种和全基因组选择育种

养羊发达国家历来非常重视育种工作，目前的肉羊育种已经由传统表型选择选种过渡到先进的分子育种和基因组育种。对于不同地区的相同品种，可以成立品种协会或者育种联盟，通过数据的共享实现同品种肉羊的联合育种。基于目前在奶牛和生猪中开展全基因组选择育种的经验和成功案例，肉羊也将很快步入全基因组选择育种的行列。通过对肉羊的基因型分析和基因组育种值的估算，解析与生产目标关注的表型数据之间的相关性，从而挖掘与重要经济性状相关的分子标记和功能基因，最终达到通过这些基因开展大群体选种育种的目标。

三、国外肉羊科技创新的经验及对我国的启示

1. 肉羊生产以高端肉为主

养羊发达国家的羊肉生产同时体现在生产水平和生产结构上。除了利用科技手段提高肉用羊的个体生产水平外，还十分注重肥羔肉的生产，比如英国，全国 38 个绵羊品种均为肉用品种，其中 95%的羊肉都是肥羔生产。其他一些国家如美国的羔羊肉占羊肉总产量的 94%，新西兰占 80%，法国占 75%，澳大利亚占 70%，也都是以肥羔生产为主。肥羔生产具有成本低，出栏快，售价高等特点，产品可以充分体现优质优价，具有很强的国际竞争力，可以极大地提高生产者的养殖效益。我国的羊肉标准化生产程度较低，其中高端肉比例不足 5%，大部分依赖进口。可以借鉴国外肥羔生产的选育和技术体系，开展国内肉羊肥羔生产。

2. 物联网信息平台建设

澳大利亚、新西兰等国十分注重良种登记、生产性能测定、遗传评估和追溯体系等基础性工作，并由此建立肉羊物联网信息系统。澳大利亚在 15 年前就已经使用羊电子耳标并开展羊肉制品溯源体系。目前，自动化称重和分栏系统逐渐在国内推广，一些中大规模的羊场也已经与全国畜牧总站、中国畜牧业协会羊业分会，以及国家现代农业肉羊产业技术体系等建立了数据实时传输及评

估工作。在我国，种羊登记和生产性能测定工作基础比较薄弱，遗传评估工作也刚刚起步。可以借鉴国外的肉羊物联网建设和评估选育，开展我国肉羊的遗传评估，加速遗传改良进程。

3. 羊肉制品优质优价

在国外，牛羊肉制品都根据供体来源、肉品外观、肉品质量和加工方式等进行严格的分级，从而实现产品优质优价，具有很强的国际竞争力。这些国家制定了一系列的羊肉分级标准和羊肉加工工艺技术规范，而这些在我国很多都是空白。建议积极开展肉羊产业相关标准的制定和修订，包括品种标准、种羊标准、肉品标准、加工及屠宰的操作规程等，通过一系列标准规范我国羊肉市场，通过有序竞争，实现商品的优质优价。

第二节　我国肉羊产业发展

一、我国肉羊产业发展现状

（一）我国肉羊产业重大意义

肉羊产业历来是我国传统畜牧业的重要组成部分，经过历史变迁和畜牧业产业结构调整，肉羊产业仍然发挥积极的作用，并对现代畜牧业的发展和壮大具有重大意义。

1. 我国畜牧业的基础产业

我国劳动人民自古就有驯羊养羊的习惯，羊也一度成为一个民族的图腾和信仰，在一些重大的社会活动和宗教活动中，羊是重要的祭祀品。随着社会的发展与进步，羊逐渐成为人类生产生活的重要生产资料，而养羊也逐渐成为一个产业。作为肉羊产业，与猪、牛、禽等产业同样重要，都是畜牧业基础产业，事关国民畜产品的有效供给大局，必不可少。

2. 维护边疆和谐稳定的重要产业

在我国新疆维吾尔自治区、宁夏回族自治区等地，居民的生活来源主要依靠养羊，其肉类消费也主要以羊肉为主，因此，保证肉羊产业持续健康地发展，保证养羊的效益，保证羊肉充足稳定的供给，对于解决民族地区剩余劳动力，稳定民收入，平抑羊肉价格，乃至维护民族和谐、边疆稳定，都有着至关重要的意义。

3. 实施乡村振兴战略和精准扶贫的适宜产业

养羊尤其是养殖肉羊，已成为许多贫困地区农牧民脱贫致富的有效途径之一。养羊与其他家畜相比，具有成本低、繁殖快、疫病少、见效快等特点，将养羊作为扶贫项目，可以增加农牧民收入，并且可以长期发展，逐步致富。在我国内蒙古和甘肃等地区，通过肉羊养殖实现精准扶贫，不仅可以带动相关饲草料种植，实现种养结合，而且对提高农牧民生活水平和改善贫困人群的生活质量都具有巨大的促进作用。同时，养羊产业的兴旺也是乡村振兴战略的重要内容。

（二）我国肉羊产业生产现状

我国羊品种资源丰富，第二次全国畜禽遗传资源调查结果数据显示，目前我国有绵羊品种资源71个，山羊品种资源68个，这些资源中既有地方品种，也有引进品种和培育品种。近几年来，我国又相继培育一批新的肉羊品种。我国是养羊大国，饲养量和羊肉产量都居世界首位，2016年，我国羊肉生产继续稳步增长，其中，羊年末存栏3.01亿只，同比减少3.2%；出栏3.07亿只，同比增加4.1%；羊肉产量459.4万吨，同比增加4.2%，占全国肉类总产量的5.4%。我国羊的规模化程度也在逐年提高，散户呈现出完全退出或者增加规模的趋势，羊的饲养规模也不再以单纯的饲养量作为标准，而是更加强调适度规模和最佳盈亏点。羊的生产方向继续以肉羊生产为主，养殖方式以舍饲、半舍饲为主，羊肉产区主要集中在内蒙古、新疆、山东、河北和四川等地。我国肉羊育种以本土的优势品种为主，同时也引进国外的优良品种，目前常用的肉羊品种有杜泊羊、澳洲白羊、萨福克羊、无角陶赛特、德国肉用美丽奴羊等引进品种；小尾寒羊、湖羊、蒙古羊、乌珠穆沁羊、哈萨克羊、多浪羊、藏羊等地方品种；以及巴美肉羊、简州大耳羊、昭乌达肉羊、南江黄羊、鲁西黑头羊、乾华肉用美丽奴羊等培育品种。

（三）我国肉羊产业发展成就

1. 完成《中国畜禽遗传资源质 羊志》的编写

品种资源是生物多样性的重要组成部分，也是衡量国家综合实力的重要指标之一。在全国第一次羊遗传资源调查的基础上，在中央和地方财政资金的支持下，经过全国畜牧系统各级政府、科研院所、企业和民众的通力配合，于2011年完成《中国畜禽遗传资源质 羊志》的编写。此次调查发现和鉴定了一批地方羊品种资源，最终有71个绵羊品种资源和68个山羊品种资源列入志书。通过品种资源调查，建立了畜禽遗传资源保护体系，健全了畜禽遗传资源相关法律法规，极大地促进了国家的畜禽遗传资源保护工作。

2. 制定《全国肉羊遗传改良计划》（2015—2025年）

2015年农业部印发《全国肉羊遗传改良计划》（2015—2025年），这是继生猪、奶牛、肉鸡、蛋鸡和肉牛之后又一个重要的畜禽遗传改良计划。该计划回顾了我国肉羊的发展历程，分析了肉羊业发展现状和存在问题，并指出了未来十年内肉羊遗传改良的方向，提出了肉羊产业建设的具体目标。该计划实施近三年，已经按照既定目标遴选出6家国家肉羊核心育种场，为我国肉羊自主制种和育种做出了示范和推广。按照计划目标，到2025年要遴选出100家肉羊核心育种场。

3. 培育出具有自主知识产权的肉羊新品种

利用不断革新的分子育种技术，结合传统育种技术，我国肉羊科学家已经培育出巴美肉羊、简州大耳羊、鲁西黑头羊等多个具有我国自主知识产权的肉羊品种。这些品种都是利用国际上优秀的肉羊遗传资源，结合我国具有地方优势特色的品种，开展经济杂交，经过长期的选育培育而成。新品种肉羊在生产性能、抗逆性和肉质风味上都具有一定的优势，不仅丰富了我国肉羊遗传资源，同时也增加了农民收入，为精准扶贫提供了新的思路和途径。

二、我国肉羊产业与发达国家的差距

（一）生产水平较低

我国羊肉总体生产能力有限，单产水平低，缺乏高端羊肉。我国是养羊大国，但不是养羊强国，更不是育种强国。虽然我国羊饲养量和羊肉产量都位居世界第一，但现有的羊肉产量远远不能满足消费需求，每年还要依靠一部分羊肉进口。经过多年的品种改良，我国羊平均胴体重增幅不大，仍然维持在16千克上下，与世界平均水平持平，而叙利亚、黑山等地的羊平均胴体重接近40千克，美国、英国的绵羊胴体重在30千克左右，澳大利亚和新西兰等国也在27千克。（中国畜牧业统计，2016），这些数据意味着我们的养羊效率不足强国的1/2甚至更低，单产水平差距非常大。此外，我国羔羊肉生产比重较低，不足5%，而美国、澳大利亚等国，其羔羊肉生产的比重在90%以上。目前我国尚未有全国知名的羊肉品牌，像苏尼特羊、滩羊等一些地方驰名的羊肉品牌，因分级标准、产量和宣传等因素，也缺乏国际竞争力。

（二）养殖效益较低

在我国，影响肉羊养殖效益的两个主要因素是成本与规模。由于劳动力、饲料原料价格逐年上涨以及草场资源、养殖方式受限的影响，养羊成本越来越高，一旦受到疫病、流通环节以及市场波动的影响，养羊效益就急剧下降甚至亏损。另外，虽然散户在不断升级或者退出，但我国肉羊的规模化程度相对较低，2016 年，年出栏 1 000只以上的羊场比重仅为 6. 9%。在养羊发达国家，尤其南非、澳大利亚和新西兰等地，由于草场资源丰富，农场的规模化和机械化程度都较高，在饲料和人力方面的成本大大降低，这使他们的羊肉无论在品质或价格方面，在国际市场上都非常有竞争力。

（三）农民组织化程度低

在养羊发达国家，农民合作组织在产业中发挥着重要作用，通过利益联结机制，将分散的农场主联合起来，在肉羊养殖、管理、销售、屠宰、加工和保险等方面提供服务，增加农民抵御市场风险的能力，增加农民的话语权，极大地提高了养羊生产者的利益。在我国，政府虽然积极鼓励和引导农民成立专业合作社，但由于起步晚，经验少，许多合作组织还不能有效发挥作用，农民组织化程度较低，还需进一步完善和壮大。

（四）科技成果转化率低

在我国高校和科研院所，由于评价机制不完善，科研工作者更关注养羊理论基础研究和实验室工作，而对养羊生产关注较少，两者结合不够紧密，尤其涉及育种研究的工作，相关科研成果在企业生产中的转化率较低。国外的育种研究以商业化模式居多，通过企业自发自主育种，联合大学和研究院所，共同开展遗传改良和新品种培育，科技成果转化率较高。在养羊发达国家，畜牧业协会、肉类协会和各个品种的协会也对推动肉羊科技的发展具有积极的作用。

三、我国肉羊产业发展趋势

（一）肉羊产业将呈现出稳中有升的发展势头

在未来的五到十年内，肉羊产业将在稳定当前的生产下继续保持较快的增长。从政策角度看，国家发改委于 2013 年 9 月 25 日发布的《全国牛羊肉生产发展规划（2013—2020 年）》中明确指出要提高肉羊的生产能力，缓解当前部分地区羊肉供应偏紧甚至供不应求的局面，并预计到 2015 年和 2020 年，我国的羊肉产量将分别达到 445 万吨和 518 万吨。按此目标发展，2012—2020 年的羊肉年平均增长率将达到3. 25%，既高于2008—2016 年 2. 12%的年均增长率，更高于当前 2. 2%的世界羊肉产量增速水平。“十三五”期间，国家还将延续现代农业产业技术体系等项目，同时启动重点研发项目，以科技促生产，提高肉羊的数量和品质。从市场角度看，随着人们对消费理念和肉食结构的改变，羊肉消费不再局限于牧区和时令性消费，而是逐渐变为一年四季的全民消费，同时，伴随羊肉长时间价格高位运行的情况，必然刺激更多的资本、技术及人才进入养羊行业，从而促进肉羊产业发展。

（二）肉羊养殖规模化程度会进一步提高

近几年我国肉羊养殖规模化程度明显提高，2016 年，年出栏 30 只以上的羊饲养规模比重达 62. 7%，年出栏 100 只以上的羊饲养规模比重达 37. 9%，已经接近《全国牛羊肉生产发展规划

（2013—2020年）》中年出栏100只以上羊饲养规模比重达45%的目标要求。在未来三至五年中，肉羊养殖规模化程度还会进一步提高。通过政府引导和资金扶持，各生产区将结合自己区域特点和生产方式，适度扩大养殖规模，以此稳定肉羊生产。

（三）科技创新与育种工作面临重大突破

一是我国的绵羊、山羊品种资源非常丰富，尤其一些地方优良品种资源，具有繁殖性能高、抗逆性强、肉品质好等引进品种的不可比拟的经济性状。必须要加强我国地方良种资源的保护和利用，品种培育要以提高个体生产性能和产品品质为主，坚持地方品种与引进品种的本品种持续选育和专门化新品种培育并举的育种方针。二是我国肉羊品种培育已取得阶段性成果，通过国家畜禽遗传资源委员会品种审定的巴美肉羊、南江黄羊、简州大耳羊和昭乌达羊等肉羊品种对我国部分地区的肉羊改良和发展起到了很好的示范和推广作用。未来的几年中，国家还将继续多角度地支持培育具有我国自主知识产权的肉羊新品种，并形成杂交配套组合进行产业化开发，促使优良地方品种和新培育品种成为国内肉羊生产的主导品种，实现主要引进品种的本地化和国产化。三是已经颁布实施的《全国肉羊遗传改良计划（2015—2025）》，将对统一业界认识、凝聚各方资源，完善我国肉羊良种繁育体系，合理有序地开发地方羊种资源，推进群体遗传改良等工作起到非常重要的作用。四是近年来常规技术与生物育种技术的结合，催生了动物遗传育种新方法和新技术，给肉羊遗传育种研发增加了新的技术平台，这必然会促进肉羊遗传育种与繁殖新技术的研发和应用。

（四）羊的产业化经营程度将会大幅提高

目前我国肉羊生产龙头企业和屠宰加工企业规模普遍较小，生产设备、技术创新、质量认证等都无法与国际接轨，产业化经营程度很低。今后一段时间内，随着肉羊规模化程度和肉羊生产能力的提高，将加速建设和完善肉羊产业链，推行羊肉优质优价、培育高端羊肉品牌、增强市场竞争力，推动肉羊生产和屠宰加工业向规模化、标准化、品牌化方向发展。不断发展壮大农民合作社组织，提高肉羊规模养殖和产业化经营程度，通过提升产、加、销一体化程度，促进肉羊养殖、屠宰加工、流通等各环节协调发展，实现产业化经营和养殖户增收。

（五）羊肉的供需矛盾还将持续

尽管从政策、资金、科技等方面大力发展肉羊养殖，但快速增长的羊肉消费需求和生产制约因素仍将对肉羊生产造成较大压力，并使羊肉价格持续上涨。一是我国羊肉需求增长较快。2015年，我国人均羊肉消费量3.2千克，其中内蒙古、新疆等主要产区的人均消费量达30千克以上，远超世界人均羊肉消费水平。2013年，我国羊肉进口量为25.9万吨，而出口量仅为1.5万吨。今后一段时间，随着居民消费观念变化和生活水平提高，羊肉消费量还将继续增长。二是部分地区羊肉供不应求。从统计数字看，我国羊肉消费供求基本平衡，但在一些牧区，羊肉是必需消费品，人均羊肉消费量达到全国平均水平的8~10倍以上，羊肉缺口很大。三是生产制约因素。生产方式转变过程中矛盾突出，主要表现在牧区环境压力大，而农区养殖用地少，制约了肉羊的迅速发展。尤其是能繁母羊存栏量的减少，严重制约了肉羊生产能力，对供应造成巨大压力。

四、我国肉羊产业发展趋势

（一）加强良种繁育体系建设

按照全国牛羊肉发展规划和全国肉羊遗传改良计划的要求，将优先发展和重点支持羊遗传改良的一些基础性工作，在全国范围内统一规划和布局国家级肉羊核心育种场、资源场、繁育场、种公羊站和人工授精站，强化各级组织领导，分级投入，推进羊生产性能测定、种羊登记、遗传评估和人工授精技术推广等育种工作进一步规范化，同时建立健全我国肉羊良种繁育体系。继续实施种公羊补贴，调动农户饲养良种的积极性。既要注重引入国外优良品种，也要加强我国地方种质资源的保护和利用，打破传统资源均衡分配的局限，重点遴选一批大型肉羊核心育种场作为主体承担和引领育种任务，加大建设具有我国自主知识产权的肉羊育种体系。

（二）调整种养结构，促进生产方式转变

在牧区要合理利用草场资源，既要响应国家的禁牧、休牧和轮牧制度，也要改良天然草场和种植人工牧草，在生态合理承载的范围内以草定量，防止过度放牧。在农区和半农半牧区，要结合当地环境建立饲草料生产基地，调整种养结构，从种植单一化逐渐向多元化转变，保证肉羊的饲草料供应和营养全面性。要加大对秸秆类饲料作物的开发和利用，保证肉羊在特殊季节的饲料全价营养。

（三）加大羊业科技创新投入

以提高肉羊个体生产性能为核心，在传统育种的基础上，依靠科技创新和技术进步，提高肉羊的生产性能、繁育性能和良种培育能力。加大对现代农业肉羊产业技术体系项目的投资范围和力度，提倡产学研紧密结合，既要有创新性的科技成果，更要推广一批肉羊生产实用的饲养技术和养殖模式等，提高科学生产力的转化率。要注重科研投入的连续性，确保科研转化效率和生产效率。

（四）加大对核心育种场的扶持与补贴

核心育种群是我国肉羊行业的核心竞争力，要不断加大对核心育种场的建设和补贴，确保良种种群的稳定性和持续性。要从核心育种场的设施建设、良种引进和饲养管理等多方面进行扶持。除种公羊补贴外，对核心群的能繁母羊也要实行补贴制度，增加核心群的稳定性。鼓励核心育种场依托各优势教学科研单位，联合开展肉羊遗传育种与繁殖新技术的研发和应用。同时，要建立政府主导的商业化育种机制，遵循市场导向、资源整合、集群推进、联合协作的原则，创新育种机制，集中优势力量，打造一个结构科学、运转高效、协作紧密的国家肉羊种业创新与产业化体系。

（五）大力发展羊肉加工业

要从资金和科技方面积极扶持羊生产龙头企业，大力发展羊产品加工屠宰和流通企业，建立和完善产业链，提高肉羊产业化经营程度。具体包括：建立区域性加工屠宰企业，加工工艺屠宰标准体系建设，加工关键技术研发，质量认证体系国际化，产品分级及有机认证，品牌及宣传包装建设等。通过大力发展羊肉加工业和培育终端市场，增强肉羊行业发展的生产后劲，增加肉羊生产供应能力。

第三节　我国肉羊产业科技创新

一、我国肉羊产业科技创新发展现状

（一）国家项目

为了促进肉羊产业科技创新，国家专门设立了“国家现代产业肉羊产业技术体系”项目，通

过产学研三方结合，对遗传育种、营养、繁殖、疫病、产品加工等多个领域开展创新研究。此外，国家和地方自然科学基金项目、973和863等项目也都支持肉羊产业的基础理论研究和科技创新。“十三五”期间，国家启动重点研发项目，从健康养殖和遗传育种等方面推动肉羊产业可持续发展和科技创新。此外，中国农业科学院开展的肉羊提质增效项目，也已经取得良好成效，其典型经验已引起世界粮农组织（FAO）的关注。

（二）创新领域

1. 肉羊遗传育种领域

（1）肉羊新品种培育。我国养羊历史悠久，拥有丰富的羊品种资源，尤其是一些具有地方特色的绵、山羊品种，具有良好的抗逆性和肉质风味，但在生长速度和产肉性能方面与国外优良肉羊品种有很大的差距。为了取长补短，科技工作者利用国外优良肉用绵山羊品种和我国优良地方品种资源培育出巴美肉羊、南江黄羊、简州大耳羊、昭乌达羊等肉羊新品种，同时也依托国家现代农业肉羊产业技术体系，开展不同地区肉羊杂交组合的筛选工作，其中，天府肉羊、湖北乌羊、安徽白山羊新类群都有了一定的种群规模，并建立了以企业为主体的“育繁推一体化”的育种模式。在肉羊配套系选育研究方面，中国农业科学院北京畜牧兽医研究所开展了以小尾寒羊为母本、杜泊羊为第一父本、澳洲白为第二父本的三元杂交配套系选育和生产，并结合分子标记辅助选择方法，培育高产高繁并且肉质好的、适应多元化市场需求的优质肉羊品种。

（2）肉羊育种技术创新。开展产羔数多的基因聚合育种技术的研发，构建了基于基因聚合理论的肉羊配套系选择方法；以引进资源和地方资源为基础，以核心群选育和快繁技术为依托，利用分子标记和性能测定、BLUP选种及胚胎移植等现代生物学手段，通过对肉羊的选育和高效利用核心技术进行研究与示范，培育具有我国自主产权的肉羊配套系。采用Taqman探针法对14 034只绵羊进行了多羔主效基因FecB分型，对部分繁殖调控基因进行了标记辅助选择研究。在肉羊遗传评估技术及软件研发方面，研制了内蒙古自治区种羊遗传评估中心和肉羊纯种登记系统，其中肉羊遗传评估软件V1.0获得软件著作权登记证书（2015SR129721）。

现代繁殖生物技术在肉羊育种中发挥着越来越重要的作用。在肉羊良种繁育过程中，广泛应用同期发情、腹腔镜输精、胚胎移植和体细胞克隆等现代生物技术，取得了良好的效果。体细胞核移植技术和转基因技术已用于种公羊的生产，并取得了良好的社会和经济效益。

（3）绵、山羊重要经济性状机理研究。开展了绵、山羊基因组遗传图谱构建工作。完成了绵羊生长和肉用性状全基因组关联分析，完成了我国63个绵羊品种体型外貌特征、肉用性状、繁殖性状等13个肉用相关性状全基因组遗传评价研究，完成绵羊全基因组DNA甲基化分析研究，从全基因组水平揭示了中国绵羊的起源、驯化过程、自然与人工选择历程，发现了控制绵羊骨骼发育、脂肪沉积、体型大小、繁殖、毛囊发育和毛色等重要性状基因，解析了不同气候条件下绵羊生长发育的表观遗传机制。完成了我国42个绵羊品种200个个体的全基因组重测序研究，研究结果支持绵羊是双起源动物，一个起源于欧洲，另一个起源于中东地区；定制了Illumina绵羊600k高密度SNP芯片，完成了全基因组SNP基因型判定。筛选出若干与绵羊或山羊产羔数和季节性发情相关的基因和分子标记，揭示了常年发情和季节性发情绵羊不同季节激素水平的差异。应用多物种miRNA芯片揭示了绵羊卵巢组织miRNA表达特征；开展了Piwi家族成员对绵羊繁殖性能的影响研究。

2. 肉羊营养与饲料技术领域

（1）肉羊营养需要标准。我国目前正在全方位展开肉用绵羊营养需要量的研究，营养素种类的范围超过国外同类研究，比如增加了NDF、ADF的最佳需要量研究，同时也展开了代谢能和可代谢蛋白质估测模型的研究，将为我国的肉用羊标准制定提供依据。主要分析的品种为引进的杜泊羊和本地羊，如小尾寒羊、蒙古羊、阿尔泰羊、湖羊等的后代。目前已完成具有代表性的6种肉用羊育肥期维持和生长所需要的代谢能、净能和净蛋白质需要量参数，这些参数都将是我国肉羊饲养标准的重要组成部分。目前已经基本完成羔羊、生长育肥羊、妊娠母羊和泌乳母羊的营养需要量参数研究，并进入了生产实际验证阶段，将对我国的肉羊产业产生重大影响。对肉羊甲烷排放的试验研究表明，我国肉羊甲烷排放量为18克，甲烷产量与日粮的营养素组成有关，合理地配制肉羊饲料可以使甲烷产量明显减少，甲烷还与肉羊体重、进食量、生长速度和高度相关。系统研究了天然植物和微生态制剂对肉羊瘤胃微生物的影响以及甲烷排放的调控，结果表明地衣芽孢杆菌、乳酸杆菌和酵母菌能够减少肉羊甲烷的排放。开展了绵羊瘤胃细菌多样性研究，从微观层面进一步阐明饲料营养代谢和微生物群落的关系。

（2）饲料资源开发。我国饲料资源丰富，合理开发利用既能够节约饲料资源，又能够节省饲养成本，研究的重点主要集中在草/木本植物（如大叶枸、沙棘等）、农副产物（如番茄渣、木薯渣、白酒糟、蚕豆皮、花生壳、蚕沙等），通过不同的处理方式（如青贮、微生物发酵等）方式，能够极大改善其可利用营养素含量，从而提高饲料利用效率，从总体来看，我国饲料资源的开发仍具有很大的潜力。木本植物饲料成为研究热点，木本植物含有大量的抗营养因子如单宁、木质素等，用发酵技术、脱毒技术减少抗营养因子，使之扩大饲料来源。对灌木类饲料资源，如柠条锦鸡儿、胡枝子、沙打旺等营养价值进行评定，结果表明利用生物发酵技术可以提高其饲用价值。对低质饲料加工方法的研究，比如颗粒化技术，微生物分解技术等用于低质粗饲料，可以有效提高其营养价值，增加饲料原料来源。

（3）饲料添加剂。饲料添加剂的研究也是肉羊营养研究的重点，国内饲料添加剂的研发从数量和种类上较国外研究更为丰富，主要效果包括能够提高肉羊生产性能、提高饲料效率、调控瘤胃发酵、提高抗应激和抗药力以及改善肉品质，研究对象按类别分主要包括微生态制剂、寡糖、单宁、聚乙二聚、过瘤胃胆碱、2-溴乙烷磺酸钠、多糖、多酚、抗生素等，近年来天然植物提取物（包括黄酮类、苷类等）和植物精油（包括大蒜油、肉桂油等）作为热点饲料添加剂被广泛研究。

（4）放牧羊的营养需要与补饲技术。根据肉羊的生理阶段和牧区草场产草量情况，研发了肉羊精料补充料，结合早期断奶技术提高产肉效率，加快周转。牧区补饲技术是该研究的热点。

3. 肉羊疾病防治技术领域

肉羊产业传染病防控问题依然十分突出，羊支原体肺炎、羊痘、羊口蹄疫、羊口疮、绵羊肺腺瘤、羊布病、羊脑包虫病及羊营养代谢病（羊脱毛、尿结石等）是严重危害我国肉羊产业发展的疾病，尤其是人畜共患羊传染病（如布病）有反弹迹象，严重危害农牧民身体健康。羊寄生虫病在我国也十分普遍，其中危害较为严重的寄生虫病包括吸虫病、绦虫病、胃肠道线虫病、肺线虫病、梨形虫病、硬蜱、螨病等，羊寄生虫的疫苗研制相对滞后。

（1）国内针对绵羊传染病病原和抗体诊断方法及兽药研制方面取得了重要进展。已成功建立了用于小反刍兽疫（PPRV）核酸检测的一步多重PCR方法、用于PPRV抗原检测的夹心ELISA方法、用于PPRV抗体检测的竞争ELISA方法，建立了基于F基因、N基因的小反刍兽疫病毒Taq-man实时定量检测方法。哈尔滨兽医研究所与澳大利亚墨尔本大学合作开发了山羊关节炎脑核酸疫苗。肉羊产业技术体系相关专家及团队获得了《绵羊支原体肺炎间接ELISA抗体检测试剂盒》新兽药证书；口蹄疫O-A-Asia1型三价灭活疫苗获得国家三类新兽药证书，《山羊传染性胸膜肺炎灭活疫苗（M1601株）》和山羊传染性胸膜肺炎血凝诊断试剂的新兽药注册申报材料已通过复审。建立了基于bcsp31、Omp2基因的羊布鲁氏菌核酸分子检测方法，初步建立了羊氏杆菌病亚类抗体（IgG/IgM）定量检测的ELISA方法；建立了羊布鲁氏菌病血清抗体定性检测的阻断ELISA方法。

建立了羊口疮 LAMP 诊断方法、羊口疮抗体检测间接 ELISA 方法；研制出了伊维菌素缓释颗粒药物。建立了羊痘血清抗体检测的 ELISA 方法；成功制备针对羊口疮病毒 B2L 蛋白的单克隆抗体，为羊口疮病毒诊断技术的开发和相关基础性研究准备了材料；开展了羊痘病毒的 Taqman 实时定量核酸分子检测方法及试剂盒的研制，所建方法可检测的最低拷贝数为 3. 93×101copies/毫升，其敏感性比常规 PCR 要高 10 倍。完成了“山羊接触传染性胸膜肺炎诊断方法”“无乳支原体 PCR 检测方法”和“口蹄疫诊断技术”国标的制（修）订工作。利用抗 P32 蛋白的驼源 VHH 单域抗体、B2L 蛋白单抗改进了羊痘、羊口疮血清抗体检测 ELISA 方法的特异性和敏感性，并申获相关技术专利。应用 PCR 方法和基因分型技术开展了肉羊消化道寄生虫、血液无浆体、梨形虫感染及羊体硬蜱种类及其携带无浆体、梨形虫情况的调查及虫种鉴定。建立了肉羊泰勒虫与无浆体双重 PCR 检测方法、附红细胞体巢式 PCR 检测方法，并进行了初步应用。

（2）流行病学调查。在全国范围内开展了肉羊重要疾病（口蹄疫、小反刍兽、布病、蓝舌病、梅迪维斯纳、山羊关节炎脑炎、支原体肺炎、肝包虫病、弓形虫、无浆体等）的流行病学调查工作，获得了一些重要的流行病学资讯；进行了新疆边境地区羊血清流行病学调查，掌握了该区域羊传染病的状况；完成河南、山西、贵州、云南部分地区羊梨形虫病流行情况调查和河南羊硬蜱种类及其携带无浆体情况调查以及我国部分地区羊无浆体病的调查。

（3）重要羊病防治技术研究方面取得了较大的进展。制定了《规模场肉羊疫病综合防控技术规范》《育肥场肉羊疫病综合防控技术规范》《肉用山羊疾病综合防控技术规程》《牧区半舍饲肉羊疫病综合防控技术规范》和《北方牧区羊布鲁氏菌病防控技术规范》。开展了羊场布鲁氏菌病感染的监测和净化技术示范、羊口疮免疫防控技术示范。开展了羊结石症、球虫感染的病因及防制技术研究，并应用中成药进行预防性研究。开展了地克珠利对泌乳母羊及羔羊球虫病防治效果的试验研究，取得了预期的结果。进一步补充和完善了肉羊疫病远程辅助诊断系统，为广大养羊户（场）提供了远程辅助性诊断服务平台。开展了羊场布病免疫、监测与净化防控模式的研究。

4. *肉羊屠宰与羊肉加工技术领域*

目前，国内肉羊屠宰及羊肉加工技术研发主要表现在以下几方面。

开展了肉羊宰前日粮调配、运输、禁食、待宰静养、电刺激、击晕及吊挂方式和宰后排酸调控羊肉品质的研究，建立了高档羊肉生产技术，提高了生鲜羊肉品质。

开展了冷鲜羊肉加工技术，突破了肉羊宰后减损分级关键技术和装置，起草了《肉羊屠宰加工技术规范》，研发了标准化羊胴体分割分级、近红外光谱无损检测、冷鲜羊肉初始菌数控制、汁液流失和色泽控制、货架期延长等羊肉保鲜加工技术。开展了蛋白质磷酸化对羊肉滴水损失的影响及 μ-calpain 磷酸化调控羊肉嫩度影响的研究。初步建立了屠宰中羊肉品质 HACCP 技术体系框架和冷鲜羊肉生产 HACCP 技术体系框架。开展了不同品种的羊肉加工特性研究，初步建立了羊肉加工适宜性评价标准和评价方法。

开展了重组肉制品和复合肉制品等新型肉制品研究。通过低温分离、真空浓缩、喷雾干燥、质构重组等技术提高了血浆蛋白粉的提取率，建立了羊肌原纤维蛋白中肌球蛋白与羊血浆白蛋白热诱导凝胶形成模型。突破了羊骨素、羊血、羊尾油等产品的综合应用技术与核心装备，集成氧化羊骨油强化羊骨素调味料风味新技术。开展了功能性脂肪酸形成与脂肪酸沉积调控风味机理研究，确证了调控羊脂肪沉积的部分关键基因，阐明了葡萄籽原花青（GSPE）对肉羊脂肪细胞增殖、脂肪酸合成、脂肪代谢相关酶基因表达的影响，开发了添加油脂以提高日粮能量利用效率和 CLA 合成能力的新方法。

开展了传统羊肉制品标准化加工技术研究，研发了低温高湿变频解冻调控蛋白质氧化技术，开发了冷冻羊肉低温高湿变频解冻装置。根据中红外—热风组合干燥羊肉干水分迁移规律研发了风干羊肉中红外—热风组合干燥技术，提升了风干羊肉工程化加工水平，实现了风干羊肉“由里及表”快速风干。起草了体系标准《风干羊肉加工技术规范》和农业行业标准《风干肉加工技术规范》。

开展了肉羊宰后损耗控制机理、装备和杂环胺等危害物的控制技术等研究，形成了冰温调控糖酵解进程、延缓羊肉宰后成熟技术及羊肉冰温保鲜库，建立并推广了体系标准《冷鲜羊肉加工技术规范》。进一步开发了脉动真空腌制等新型腌制技术，有效提高了羊肉腌制效率和腌制效果。

（三）国际影响

目前我国肉羊依然在数量方面保持国际影响力。一是品种资源，我国有 140 个羊品种资源，是世界上品种资源最丰富的国家。二是养殖规模，无论是单体数量，还是出栏数量，都排在世界前列，存栏量在 5 万只左右的养殖场如山东临清润林牧业有限公司、江苏乾宝牧业有限公司等，出栏量在 20 万只以上的养殖场如内蒙古青青草原牧业股份有限公司等。三是肉羊国际贸易，我国是绵羊肉进口数量和进口金额最多的国家。目前，我国的肉羊产业正处在数量型向质量型转型升级的过渡阶段，也是肉羊产业全面科技创新和提质增效的关键时期。今后，数量、质量和产品竞争力齐头并进，才是提升国际影响力的最终目标。

二、我国肉羊产业科技创新与发达国家之间的差距

1. 我国专门化肉羊品种少，现有品种利用率低

我国是养羊大国，羊存栏量、出栏量和羊肉产量均居世界第一位，但不是养羊强国，羊的良种化率仅为 38%。种业是现代肉羊产业发展的基础，遗传改良是提高肉羊产业竞争力的重要途径。国产肉用专门化品种数量少、性能不高，核心种源依赖进口的局面未从根本上扭转，而国内目前现有的肉羊品种既没有加强选育也没有被优化利用。我国拥有丰富的羊种质资源，但是资源的挖掘利用和创新能力不够，我国优质高产肉用绵羊育种工作刚刚起步，主要是通过引入品种和本地品种杂交进行杂交育种，选育的技术方法不够先进，另外，我国肉羊绵羊育种研究力量比较分散，在品种的高产优质抗逆等性状的协调改良方面差距大，未开展过联合育种。近年来从事种用绵羊生产的企业虽然增多，但多以炒种为主，系统开展育种工作的企业较少。良种繁育体系不健全，良种繁育水平与世界先进水平差距很大。总之，目前我国仍然没有一个在国际肉羊市场上被广泛认可的优质肉羊品种。

由于我国畜禽育种工作落后于世界畜禽育种强国很多年，只有采取效率更高的育种技术才能在短时间内赶上发达国家的育种水平。全基因组育种技术的出现，使得我国畜禽良种的国产化育种工作从理论到实践成为可能。面对国际化背景，我国动物种业科技创新机遇与危机并存，与国际经济运行规则接轨是大势所趋。加强动物种业投入，强化种业的科技支撑能力，培育具有国际竞争力的育种企业和品种品牌，是保障种业安全的重要举措。

2. 羊营养需要量和饲料营养价值参数缺乏，健康培育技术和饲料配制技术滞后

饲草料投入占肉羊养殖投入的 70% 以上，饲料的利用率直接影响着肉羊的养殖效益和羊肉的品质。我国不同生长阶段肉羊的营养需要量及饲喂标准不完善甚至空缺，与国外同领域研究水平差距很大，广大饲养户就地取材，随心所欲，不仅造成饲料浪费，严重养殖成本提高，而且营养不均衡，严重影响饲喂效果，料肉比高，养殖效益低下。总之，在下述研究领域我国与世界发达国家存在差距：羔羊及青年羊瘤胃微生物群体感应机制及其量化技术、蛋白质和能量利用效率评价技术、不同生长阶段营养素需要量参数，羊饲养标准的制定；反刍动物饲料营养数据库的建立；羔羊及青年羊育肥饲料配方和加工工艺，羔羊早期断奶和饲喂技术、羔羊直线育肥技术、青年羊育肥技术。

3. 羊疫病的分子机理研究较为缺乏

从国内文献统计结果看，寄生虫病仍然是困扰我国肉羊产业发展的主要疾病；布病则是最重要的人畜共患病之一。但发表的文章内容仅限于病例报道、血清流行病学调查、综述及某个疾病的防治效果观察等，未涉及发病的分子机理等基础研究。

4. 传统的肉羊屠宰及羊肉加工技术较为薄弱

我国传统的肉羊屠宰及羊肉加工技术较为薄弱，主要表现在：肉羊宰前和宰后管理技术缺乏，肉羊宰后损耗高、货架期短、分割分级率低、羊肉品质劣变严重，羊肉品质评价及冷链物流系统不完善，风干羊肉工业化程度低，羊骨、羊血等产品的综合利用率低，羊肉产品的质量安全问题突出等。

三、我国肉羊产业科技创新存在的问题及对策

（一）对创新认识不足

创新是推动科技发展的不竭动力，在畜牧业科学研究中举足轻重。但目前大家对创新认识不充分，认为创新仅仅是科研院所和高效的基础理论研究，只与科学家相关。实际上，创新无处不在，无论是理论创新，还是技术创新，都分为重大创新和一般创新。重大创新的难度极高，一般都是颠覆性的理论或者技术。而当前科技创新大多数都属于一般创新，也是我们今后在科技创新中的常态。因此，要从根本上认识养羊产业中的技术创新，不仅仅是科学家的专利，而与每一个责任主体都息息相关。人人都有创新的可能性，甚至是一个普通的饲养员，只要能对现有的事物、工具和方法进行改进并取得好的效果，就属于创新。

（二）统筹管理机制不完善

养羊科研分布在全国各类农业科研机构、高校和一些推广部门等行政事业单位。面向的职能部门较为分散，除了农业部、科技部之外，还涉及林业部、财政部、教育部、环境保护部等众多职能部门，并且这些职能部门自上而下还有相对应的各级机构。多部门管理难免造成分工不明确和管理不顺畅。在大型项目设计上，也势必造成重大科学问题和资源平台的重复与浪费，降低科研效率，减少科研成果。此外，财务部门经费设计与拨付无法全面兼顾各个行业，养羊科研项目很难按照国家财政预算执行，用时无钱或者突击花钱的现象非常普遍。此外，国家对农业科研的投入偏低，而养羊产业又是畜牧业中的弱势产业，财政支出严重不足，无法保障科研人员在经费和时间上从容面对基础研究。据相关调查，科研人员在争项目和搞创收方面投入了大量的精力，造成“创新大于创收”的尴尬境地。政府部门应逐步提高农业科研投入，同时要保障农业科研人员的工资待遇，经费有保障，科研人员才会安心研究，才能谈得上创新。

（三）技术创新缺乏协同机制

由于受科研管理机制和评价体系标准的制约，我国养羊科研的主体主要在高校和科研院所中以课题组的形式存在，很多课题组规模不大，有的甚至只有一两个成员，分散的力量既不利于资源整合，也不利于产生重大科研成果。此外，在一些团队中，由于人才梯队不合理，研究任务的压力主要落在课题负责人和少数业务骨干肩上。这样造成人才的单打独斗，无法体现团队合作精神。应充分整合人才队伍和科研资源，加强合作，打造综合性的协同创新技术团队，提高科研工作效率。

（四）缺乏创新人才队伍

一直以来，农业受重视程度较低，农业科技人员数量偏少，创新性人才更是匮乏。这主要是由

于农业科研投入少、农业科技人才收入低等因素造成的。人才的缺乏，尤其是创新人才的缺乏，导致科研进程缓慢，很难受到重视。

（五）企业创新能力不足

创新的最终目标是服务于企业和终端生产，将技术成果高效地转化成生产力。由于产学研长期脱节和院企间技术协同创新不足，一直以来，企业在创新的参与度较低甚至为零，造成科研院所闭门创新，企业处于传统发展的局面。无论是制造业，还是农业，或者其他行业，凡是国际知名企业，几乎都是靠企业的自主技术创新胜出或者传承。在我国，技术创新目前主要依托政府对科研院所和高校的资助，但由于经费和管理机制的限制，创新的源动力不足，创新的持续性也无法保证。未来的产业发展应与国际接轨，将企业作为创新的主体，与科研院所协同组建创新人才队伍，从生产中凝练科学问题，持续地从经营利润中拿出一定的比例用于技术创新，逐渐形成“生产支持创新，创新促进生产”的良性循环。归根结底，企业自主创新是企业发展和壮大的核心竞争力，只有激发企业自主创新的积极性，提高企业自主创新的能力，才能更好地促进肉羊产业的发展。

第四节　我国科技创新对肉羊产业发展的贡献

一、我国肉羊科技创新重大成果

（一）育种繁殖

羊育种繁殖科技创新主要体现在基础理论研究和新品种培育两个方面。2012 年，中国科学院与华大基因等单位完成山羊的基因组测序工作。2014 年又自主完成绵羊全基因组测序工作，并通过与其他哺乳动物的基因组序列的比较，构建出绵羊、山羊、牛及其他物种的系统发育树，解释了绵羊特殊消化系统及绵羊独特脂肪代谢过程的分子机制，并对相关基因进行准确定位。上述研究发表在著名期刊《科学》（Science）和《自然》（Nature）杂志上，极大地提升了中国在羊科技领域的国际学术地位。同时，绵羊高繁殖率基因 Booroola、羊美臀基因 Calipagy 等与羊经济性状有关的功能基因被分离和克隆，44 个主效基因已应用于商业化检测。在绵羊上，利用组学手段开展了全基因组关联分析、拷贝数变异等研究，发现了一批与绵羊肉用性状相关的位点和候选基因，部分已得到验证，并将用于生产实践中。

（二）营养养殖

随着人类生活水平的提高和饮食结构的变化，羊肉的营养价值逐渐得到消费者认可，通过不同烹饪方式加工的羊肉迅速走向餐厅和普通百姓的生活，尤其对高端羊肉的需求每年都在递增。无论从食品安全，还是营养与保健，都促进了肉羊的营养养殖。通过科技创新，饲料资源得到有效挖掘和开发，营养价值评定、分阶段营养标准、羔羊营养调控及快速育肥等饲草料优化技术在肉羊新品种培育、经济杂交及高效繁殖中发挥了重要的作用，极大地促进了肉羊产业高效安全、持续健康的发展。此外，非蛋白氮、糊化玉米加缓释剂，以及干扰素等新型饲料的推广，在降低生产成本、提高饲料利用率的同时，还为开发高效环保型的绿色饲料奠定了基础。肉羊重大病毒病和细菌病防控、肉羊寄生虫及支原体病防治、肉羊中兽医药保健调理都强有力地推动了肉羊绿色健康养殖的创新发展。例如内蒙古巴彦淖尔市的富川养殖园区，利用公司自产的各阶段颗粒料（妊娠期、攒羊下奶精、攒羊催奶精、羔羊精补料）等及各种饲料添加剂，实行肉羊生态养殖，形成了树在圈中长、羊在树下养的良好饲养环境，很好地示范了肉羊绿色健康养殖模式。

（三）加工控制

肉羊产品加工技术是采用肉羊品种改良和舍饲肉羊养殖新技术提供的羊肉，进行多项成果、多个学科集成配套的现代化加工技术，目前开发的肉羊产品除了羊肉产品之外，还有羊骨酶解多肽营养饮料、快餐羊杂割产品、鱼羊鲜、五香羊肉、羊肝辣酱等几十种羊肉系列制品。羊肉产品加工工艺及工艺参数的完善，使羊肉酱制品的出品率达到70%以上，提高了产品的附加值和市场竞争力。此外，羊肉的生鲜肉分割保鲜包装技术采用MAP高氧气调保鲜包装技术及HACCP等全程质量控制技术对生鲜肉品进行分割，使生鲜羊肉包装产品的感官品质、卫生安全及货架保鲜期显著提高，通过对分割、包装等环节的质量控制，消除了目前超市销售平台模式可能引发的厌氧致病菌带来的安全隐患。羊肉保鲜及解冻、羊肉加工适宜性评价、羊肉分级分割减损等环节都具备完备的食品安全管控体系，ISO 9001、ISO 14001、ISO 22000三项国际标准化管理体系的认证和羊肉产品有机认证、无公害农产品产地认证、无公害农产品的认证，有效地保证了羊肉加工过程的安全控制。

（四）产品质量安全和环境控制

先进科学的加工制作流程辅以严格的产品质量管理体系和羊肉质量安全检测鉴别、质量安全溯源和风险评估等制度确保了羊肉产品质量关。越来越多的企业建立了从养殖到屠宰加工各环节产品可追溯体系和完善的质量检测机构，建立了一整套完善的质量检测制度。微流体芯片技术和固相萃取产品、ESM系列显色培养基、大肠杆菌显色培养基、金黄色葡萄球菌显色培养等一系列检测技术和检测产品，广泛应用于羊肉微生物检测和卫生检验检疫，极大地提高了肉羊产品质量的可信任度。肉羊产业化是依靠良种及杂交繁育体系建立起来的集约化、工厂化肉羊育肥生产体系，饲养密度相对较高，而羊场环境、废弃物综合利用和病死畜无害化处理是保证规模化羊场健康发展的关键，由此开展的有机羊粪生产研究、不同地区不同生产模式羊舍设计等科技创新，极大地解决了羊舍的环境控制问题。

（五）标准与规范

十年来，通过科技创新制定了一系列农业行业标准和相关技术规范。在品种方面，制定了南江黄羊、湘东黑山羊、阿勒泰羊和无角陶赛特种羊标准。在操作技术规程方面，制定了绵羊胚胎移植技术规程、南江黄羊饲养技术规程、南江黄羊繁育技术规程、羊胚胎移植技术规程、绵羊多胎主效基因FecB分子检测技术规程、牛羊胚胎质量检测技术规程、绵羊剪毛技术规程、细羊毛分级技术条件及打包技术规程、山羊抓绒技术规程、种羊遗传评估技术规范、绵山羊生产性能测定技术规范和牧区牛羊棚圈建设技术规范等。在疫病防控方面，制定了羊干酪性淋巴结炎诊断技术、螨病（痒螨/疥螨）诊断技术、丝状支原体山羊亚种检测方法和牛羊胃肠道线虫检查技术。同时，也对细毛羊鉴定项目、符号、术语进行了规范，对种羊场建设以及肉品检测与分割技术也进行了标准的制定。

二、我国肉羊科技创新的行业转化

（一）技术集成

肉羊产业化必须坚持以市场为导向，以科技为先导的指导思想，不断推进农科教结合、技工贸结合。通过实施良种产业化开发计划、丰收计划、星火计划等，把试验、示范、培训、应用、推广、服务融为一体用以提高肉羊生产的整体水平，推动养羊业经济增长方式的转变。各类生物技术、自动化性能测定技术、以计算机技术为代表的信息技术等各类创新技术越来越广泛深入地应用于一些肉羊企业中。在肉羊繁育与产业化发展中，胚胎移植、冷冻精液、基因组学、MAP 高氧气调保鲜包装等技术利用广泛。肉羊性能测定和遗传评估也正如火如荼地进行中。

（二）示范基地

在农业部大力推进全国肉羊标准化示范场建设的背景下，近年来涌现出一批集试验、饲养管理、培训、推广等为一体的示范基地，例如，天津奥群牧业将新品种培育、生产性能测定、产品展示拍卖、技能培训等融为一体，充分展示了其饲养管理的精细和现代化机器的应用。中天羊业将杜泊、南非肉用美利奴、东弗里升，和国内的高繁殖力的湖羊、小尾寒羊，运用常规育种与分子育种相结合的现代肉羊育种技术，开展中天肉羊新品种（系）选育，新品种肉羊繁殖率达 190%，平均日增重 350 克，屠宰率可达 52%。同时开展了湖羊新品系的选育工作（快长系和高繁系），利用 PCR-RLFP 和 SNP 高通量分型技术，对高繁殖力湖羊新品种核心群开展分子标记辅助选择。目前已选育出高繁殖力湖羊新品系核心群产羔率达 300%，FecB 基因纯合子个体占群体 97.5%，羔羊初生重 3.13 千克；快长湖羊新品系 1 世代母羊头胎产羔率 196.7%，FecB 基因纯合子个体占群体 79.3%，羔羊初生重 3.59 千克。同时开展规模化羊场疫病综合防控技术研究，对部分疫苗进行抗体效价监测，制订了规范的羊场疫苗免疫方案。这些企业超规格做到了示范场的畜禽良种化、养殖设施化、生产规范化、防疫制度化和粪污无害化的要求，真正起到了示范场的示范带头作用。

（三）商业转化

近年来，一些有实力、市场营销网络健全的企业将肉羊新品种、新品系推向市场，引导企业建立新品种（品系）示范网络，完善肉羊市场营销、技术推广、信息服务体系，加强售后技术服务，延伸产业链条。例如，小尾羊牧业依托当地优势资源，充分发挥牧场养殖、食品生产、餐饮连锁、市场销售的全产业链经营优势，发展为集种植、养殖、加工、旅游观光、羊文化传播、餐饮文化、现代营销为一体的产业化内循环体系，对羊产品进行全品项开发，加快了打造中国第一羊的步伐，成功地实现了羊产业的商业转化。

（四）标准规范

通过科技创新，打造了一批肉羊标准化生产企业，通过标准化建设和标准化养殖，在羊舍设计、环境控制、良种繁育、饲料营养、屠宰加工、动物福利和疫病防控等方面全方位进行标准化生产，同时建立一批标准技术规范，在全国不同地区进行示范和推广。巴彦淖尔草原宏宝的提质增效模式、天津奥群牧业物联网信息平台、山东润林牧业都印证了科技创新的贡献。

三、我国肉羊科技创新的行业贡献

（一）健康养殖

健康养殖以保护动物健康、生产安全营养的畜产品为目的，最终实现畜牧业无公害生产。健康养殖的动物产品质量安全可靠、无公害，对人类健康没有危害，对环境的影响较小，具有较高的经济效益。现阶段我国肉羊的生产模式正在逐渐由传统的粗放散养向集约化、规模化、标准化、产业化高效饲养方式转变，在一定程度上解决了产品供给与消费需求、养殖用地与耕地保护、粪便污染与生态环境之间的矛盾。此外，适度规模化、合理集约化生产工艺将有助于提高动物生存福利、提高肉羊生产性能，最大限度发挥肉羊个体的饲养价值。目前，国家正大力推进养羊小区建设和新农村建设，促进农牧山区养羊经营方式转变，摒弃以掠夺自然资源、牺牲生态环境为代价，单纯以追求经济增长为目标的传统养殖模式，逐步实现肉羊健康养殖的可持续发展。科技部于 2016 年启动的国家重点研发项目也专门设置了健康养殖专项，在遗传育种、营养饲料、疫病防控等领域予以资助，促进畜禽健康养殖发展。

（二）高效养殖

基因组育种研究与应用、精细化饲养管理技术、肉羊经济杂交技术、高频高效繁殖技术、秸秆加工利用技术等现代化科学技术，已经逐渐渗透在肉羊产业中，通过这些技术，扩大了良种比例，提高了生产性能，缩短了饲养周期，提升了繁殖效率，降低了饲养成本，增加了养殖收益，结合新型饲料的开发和农副产品的利用，探索出了一条“以养定种”的新型种养模式，不但体现了高效养殖，同时吻合国家粮改饲政策，并极大地促进了种植业的发展。

（三）优质安全产品

现代养羊业的最终趋势，必然要求创立区域品牌，建立行业标准和生产规范，以程序化生产模式和严格规范的内控体系保证产品的质量和产品的标准，从而占领高端市场。结合区域特点，发挥专业优势，逐步推广有机认证和国家地理标识认证，优质优价，实施品牌战略。

四、科技创新支撑肉羊产业发展面临的困难与对策

（一）面临的困难

1. 产学研脱节

养羊企业（场）技术力量薄弱是肉羊产业发展的一大瓶颈。大多数养羊企业都将主要精力投入到低端产品的市场竞争中，或者仅以活羊交易和畜产品简单加工为目的进行企业的生存及维持。而以理论基础研究为主的科研院所，虽然在羊业方面取得了很多包括国家奖、发明专利、标准及实用技术等科研成果，但真正转化到企业中的并不多，造成了科研成果企业用不了，而企业需要的科研成果又解决不了的尴尬局面。专家科技成果在畜牧业生产实际中转化不多，甚至一些科研课题根本不符合本地区生产实际。归根结底是企业和科研院所没能形成合力，缺乏合作。

2. 实用技术掌握不扎实

从业者的经营观念、文化素质、专业技术相对比较落后，因而直接制约着养羊业集约化、专业化、规模化、产业化的高效生产技术的推广与应用，如良种繁育技术、营养平衡与饲料调制技术、环境控制技术、疫病监测与防控技术、高效饲养管理技术等在生产中应用较少，科技含量不高。

3. 选种选育意识淡薄

一是部分优良品种核心种源依赖进口。二是联合育种机制缺乏，育种企业上下游联合与横向联合的育种机制不健全，育种素材难交流，资源共享难实现。三是种业市场监管基础薄弱，种畜禽生产经营执法队伍不健全，执法手段单一，质量评价和执法监管滞后。

（二）对策

1. 加强院企合作与协同创新

成立畜牧业行业协会或者由政府相关机构组织协调养殖企业（场）和科研院携手合作，真正意义上解决养殖企业（场）生产经营中存在的技术难题，建议相关科研项目向推广类方向倾斜，

使科研院所的科技成果顺利在生产实际中转化。

2. 开展行业准入制与专业技能培训

对从事养羊行业的人员设立基本的从业标准，同时加强对专业技术人员和养殖户在肉羊标准化生产方面的综合技术培训，尤其是一些能够切实解决养殖户的一些实用技术，通过提高技术人员对养羊产业的服务能力和服务水平，从而提升科学养羊、现代养羊的理念。

3. 加强选种育种意识，提升育种创新能力

一是坚持地方品种原始创新和引进品种消化吸收再创新相结合，逐渐形成自主品牌，提升畜禽种业的核心竞争力。引导国外优良品种有序引进，提高引种质量。二是坚持市场导向，突出企业主体地位。加强政策扶持，发挥财政资金的引导作用，通过金融、保险、土地等政策多渠道支持，调动养殖企业（场）的积极性。加强科技支撑，积极应用分子育种等先进技术和前沿技术，降低育种成本，提高育种效率。三是完善种业市场监管机制，建立处罚机制。

第五节　我国肉羊产业未来发展与科技需求

我国肉羊产业的发展将长期保持稳中有升的强劲态势，通过科技进步与创新，肉羊生产基本趋于稳定，呈现出较强的规模化、标准化和产业化。肉羊良种化程度、饲料资源利用水平、饲养管理技术水平和疫病防控能力都显著提高，肉羊的总体生产水平和单产能力显著增强，羊肉生产基本满足市场需求。

一、我国肉羊产业发展目标预测

1. 短期目标（至 2020 年）

未来三年内，在产业扶贫和一体化企业推动下，肉羊生产稳定发展，存栏量保持相对稳定，出栏量显著增加，规模化、标准化、产业化和组织化程度进一步提高，肉羊总体生产能力和单产水平显著增强，羊肉供不应求的局面将有所缓解。此外，绿色肉羊生产将全面启动，无抗饲料、健康养殖、污染防治将开启羊肉质量安全新篇章。

2. 中期目标（至 2030 年）

肉羊生产呈上升趋势，肉羊产业的生产结构和区域将进一步优化，适度规模化羊场将成为生产主体，生产性能测定成为常态，区域性遗传评估开始发挥作用，种源建设取得明显成效，国家级肉羊核心育种场达到 100 家以上，生产性能测定中心达 4~5 家，种质创新能力明显增强，逐渐改变核心种源依靠进口的局面。

肉羊生产以适度规模的舍饲生产为主，规模化羊场全部实行标准化建设和标准化养殖，屠宰加工以及终端销售能力增强，羊肉全产业链生产模式比重达到 15%左右。

3. 长期目标（至 2050 年）

肉羊生产性能和综合水平不断提高，部分主推品种在遗传改良中发挥主要作用。肉羊主要品种遗传评估和基因组选择广泛应用。适合不同地区不同生产方式不同生产方向的肉羊新品种（品系）的培育工作及成果达到高峰。羊肉生产基本供需平衡，羊肉进口量和出口量相对持平。高端肉比重逐渐增加，整个羊肉生产在肉类结构中的比重提高 8%左右。

二、我国肉羊产业发展与科技需求

1. 建立健全肉羊良种繁育体系

种业是畜牧业综合竞争力的基础，也是保证肉羊产业持续健康发展的原动力。肉羊产业将以

《全国肉羊遗传改良计划2015—2025》为指导，优先发展和重点支持肉羊遗传改良基础性工作，在全国范围内统一规划和布局国家级肉羊核心育种场、资源场、繁育场、种公羊站和人工授精站，同时建立国家级肉羊评估中心和区域性生产性能测定中心。强化各级组织领导，分级投入，推进肉羊遗传改良工作规范化，建立健全我国肉羊良种繁育体系。继续实施种公羊补贴，调动农户饲养良种的积极性。既要注重引入国外优良品种，也要加强我国地方种质资源的保护和利用，打破传统资源均衡分配的局限，重点遴选一批大型种羊育种企业作为主体承担育种任务，大力推进我国自主知识产权的肉羊新品种培育。

2. 调整种养结构，促进生产方式转变

由于羊的生活习性和养殖习惯，我国肉羊的规模化程度一直偏低。尤其在牧区和半农半牧区，分散养殖的比重依然很高。未来一段时间内，仍要着手改变肉羊养殖方式，在牧区，要合理利用草场资源，既要响应国家的禁牧、休牧和轮牧制度，也要改良天然草场和种植人工牧草并行，在生态合理承载的范围内以草定量，防止过牧。在农区和半农半牧区，要结合当地环境建立饲草料生产基地，调整种养结构，从种植单一化逐渐向多元化转变，保证肉羊的饲草料供应和营养全面性。要加大对秸秆类饲料作物和新型饲料的开发和利用，保证肉羊在特殊季节的饲料全价营养。

3. 加大羊业科技理论创新

（1）遗传育种技术研究与应用。以提高肉羊个体生产性能为核心，在传统育种的基础上，依靠科技创新和技术进步，提高肉羊的生产性能、繁育性能和良种培育能力。要利用基因组学和生物信息学等技术手段，继续开展绵羊主要肉用经济性状功能基因的挖掘、验证和应用，建立以持续表型测定、多组学联合分析和全基因组选择技术为依托的肉羊育种新技术体系，开展我国肉羊自主育种的技术方案，加快肉羊重要经济性状功能基因的解析与评估，实现精准育种，加快我国肉羊遗传改良进程。主要研究内容有：生产性能测定技术规范、肉用性状功能基因选择方法、全基因组选择技术、遗传评估与新品种选育关键技术、地方优良品种资源评价与保护利用等。要培育出一批实用的可转化的成果，包括新技术、新方法、专利、标准和新品种等。

（2）饲料高效利用研究与开发。饲料成本过高、饲料利用率低是畜牧业养殖效益偏低的主要因素，开展饲料资源评价、农副产品综合利用以及新型饲料的研制和开发，有利于提高饲料资源的转化效率，推动饲料及肉羊养殖产业双重提质增效，同时，在普遍提倡健康养殖的条件下，新型饲料产品可以确保肉羊及其产品的健康与安全。

（3）主要疫病防控技术与健康养殖。肉羊疾病的发生、流行与传播对肉羊的健康养殖危害极大，并且给肉羊养殖业造成巨大的经济损失。疫苗的缺失、羊群免疫防控工作不到位、疾病发生机制不清、病原变异种类繁多、快速诊断技术体系不完善、新发及疑难疫病疫苗空白等是造成肉羊疫病的主要因素。为有效降低肉羊疫病，贯彻和落实《国家中长期动物疫病防治规划（2012—2020年）》，在前两个五年计划的研究基础上，继续加大对肉羊主要疫病的防控关键技术研究。主要研究内容包括布氏杆菌疫病、羊痘、小反刍兽疫、羊快疫等疾病的控制技术研发与应用，重要疾病免疫及防控技术研究，新发疫病发生机制与疫苗研发技术以及核心群疾病净化技术研究等。

（4）高效安全养殖技术集成与示范。“十一五”和“十二五”期间，我国在肉羊养殖方面开展了大量的基础研究，包括遗传育种、饲料营养、疫病防控、设施环境、养殖模式等，形成了多套技术和方法，发明了相关专利，制定了系列标准，培育了新的品种，取得了多项成果。“十三五”期间，肉羊养殖将处于转型升级的关键阶段，以提高肉羊良种率、生产水平和国际竞争力为目标，对前期的各项技术和成果进行集成、应用、示范和推广，开启肉羊提质增效的养殖新时代。具体研究内容包括：全基因组选择技术与精准育种、肉羊分阶段饲喂与营养调控、新型饲料研发与推广、动物福利与粪污处理、养殖环境控制技术与参数优化、肉羊主要疫病防控技术研究、羊肉屠宰加工技术与分级标准研究、肉羊绿色生产与可追溯体系的建立等。

4. 加大全产业链肉羊生产的比重

要从资金和科技两方面积极扶持肉羊生产龙头企业，尤其是对全产业链肉羊企业的扶持和培育。要大力发展羊肉产品的屠宰、加工和流通，提高肉羊产业化经营程度，建立和完善肉羊全产业链。具体内容包括：建立区域性加工屠宰企业，加工工艺屠宰标准体系建设，加工关键技术研发，质量认证体系国际化，产品分级及有机认证，品牌及宣传包装建设等。通过大力发展羊肉加工业和培育终端市场，增加肉羊全产业链生产的比重，增强肉羊行业发展的生产后劲，提高肉羊生产供应能力等。

（张莉、狄冉）

主要参考文献

贾敬敦，等 . 2015. 中国畜禽种业科技创新发展报告［M］. 北京：中国农业科学技术出版社.

农业部畜牧业司，全国畜牧总站，全国畜牧业标准化技术委员会 . 2012. 畜牧业行业标准汇编（第 1 卷）［M］. 北京：中国农业出版社.

农业部畜牧业司，全国畜牧总站 . 2015. 中国畜牧业统计［M］. 北京：中国农业出版社.

农业部畜牧业司，全国畜牧总站 . 2016. 中国畜牧业统计［M］. 北京：中国农业出版社.

第十六章　我国绒毛羊产业发展与科技创新

摘要：中国是绒毛羊产业大国，不是强国，但正在缩小与发达国家的差距，向绒毛羊产业强国迈进。我国草原生态环境逐渐向好，绒毛羊良种基本实现国产化，常规技术日臻完善，科技创新并跑或领跑世界，产业标准化、精准化、集约化、自动化、智能化、网络化、可视化、安全化的格局逐步形成，产业转型升级和供给侧结构调整进展顺利，产业融合发展势头猛进，凸显了良好的经济、生态和社会效益。但是，差距大、问题多、不足之处明显是严酷的现实，国际化良种培育滞后，原创性理论和颠覆性技术的创新与应用缓慢，企业的自主创新能力弱，产业形势不容乐观。所以，本章旨在剖析我国绒毛羊产业发展和科技创新的现状、趋势、优势、成就、问题、卡脖子瓶颈及差距，熟谙自己，认清形势，找准对策，在借鉴发达国家成功经验、启示、成果、策略及发展趋势的基础上，密切契合我国绒毛羊产业的实际情况和特色，明晰发展方向和目标，制订缜密研发计划，笃定决绝，砥砺前行，加快我国绒毛羊产业的振兴步伐，尽早实现我国绒毛羊产业科技强、企业强、产业强的国际化格局。

第一节　国外绒毛羊产业发展与科技创新

一、国外绒毛羊产业发展现状

（一）国外绒毛羊产业生产现状

澳大利亚羊毛发展公司（AWI）统计数据显示，2006 年至今，澳大利亚成年羊屠宰量增长 37%，羔羊屠宰量增长 14%，致使澳大利亚细毛羊数量逐年减少至 7 160万只。据澳大利亚羊毛检验局（AWTA）检测数据显示，19. 5 微米以细的羊毛产量占总产量 35. 60%，19. 6~21. 5 微米细羊毛产量占总产量 47. 00%；另外，澳大利亚将细毛羊品种的选育方向分为三个层次，毛肉收入比分别为 60%∶40%、50%∶50%、40%∶60%的不同品种。

澳大利亚、新西兰、南非和印度产毛量减少，仅有阿根廷和乌拉圭预期羊毛产量增长。在羊毛产量下降的同时，质量也发生了较大的变化，据 AWTA 公布的检测数据，2006 年至今，澳大利亚 19. 5 微米以细的羊毛产量增加了 25 万吨，特别是 17. 5 微米以细的羊毛增长明显，近 10 年增加了 60%，而 19. 5 微米以粗的羊毛产量减少了 15 万吨，跌幅 45%，20. 6~24. 5 微米的粗支羊毛减少了 60%。因此，细羊毛迅速向超细化方向发展。

（二）国外绒毛羊产业养殖模式

1. 澳大利亚细毛羊产业养殖模式

养羊业是澳大利亚农业中最重要的经济部门之一，在其国民生产总值和出口换汇方面都占有重要地位。澳大利亚有农场 18 万个，拥有土地 5 亿公顷，占国土面积的 2/3，农牧场面积平均为 3 000公顷；羊毛是澳大利亚养羊业的主导产品，而且 97%的羊毛用于出口，主要出口到中国、日本、韩国、法国、德国、意大利等。从 19 世纪至今，澳大利亚一直是世界上最大的细羊毛生产国和羊毛原料供应地，其细毛羊产业养殖模式主要为：多雨带农场主季节性轮牧模式；多雨带农场主生态放牧模式；小麦绵羊地带农场主季节性轮牧模式；小麦绵羊地带农场主生态牧场模式；放牧带农场主季节性轮牧模式；放牧带农场主生态牧场模式。

2. 新西兰绒毛羊产业养殖模式

新西兰是世界上草地畜牧业最发达的国家，农场以家庭农场为主，全国现有牧场 5.4 万个，占地 900 多万公顷。新西兰是世界上主要羊毛生产国和出口国之一，基本形成了以生产半细毛羊和毛肉兼用细毛羊的牧场经营格局，羊毛出口额仅次于澳大利亚，位居世界第二，其细毛羊和半细毛羊产业养殖模式主要为：高山牧场家庭农场季节轮牧模式；小山牧场家庭农场季节轮牧模式；低地牧场家庭农场生态牧场模式。

（三）国外绒毛羊产业贸易现状

从羊毛出口国的出口流向看，中国、意大利、印度、德国、土耳其等国是羊毛出口的主要目的国家。中国仍然是世界最大的羊毛进口国，其次为意大利、美国、印度。但是，中国进口澳毛的市场份额有所下降，而印度和东南亚国家的进口份额迅速上升。越南的羊毛加工能力得到了巨大的提升，其进口澳大利亚的羊毛量也不断上升，澳大利亚羊毛对中国的过度依赖也得到了缓解。

我国羊毛进口来源主要为澳大利亚和新西兰，澳大利亚是中国进口羊毛最多的国家，其次是新西兰。此外，我国还从英国、南非和乌拉圭等国进口少量羊毛。我国羊毛的进出口省份主要集中在江浙沿海以及其他毛纺工业比较发达的地区，江苏省羊毛贸易最为发达。长期以来国内羊毛市场消费主要依靠外贸、内销、行业制服。国内毛纺企业对原毛的需求也在减少，特别是用于精纺服装面料的细支、超细支羊毛的需求量日渐萎缩。

因此，世界绒毛羊产业贸易现状主要为：世界羊毛生产区域和产量发生较大变化，中国赶超澳大利亚成为世界第一大羊毛生产国，羊毛生产品种和区域结构有所调整；世界羊毛贸易以原毛为主，贸易区域出现变化，中国羊毛持续贸易逆差，主要进口原毛和出口羊毛条；中国原毛贸易逆差扩大是由于国内供应不足和外贸竞争力强促进大量进口，而缺乏竞争力且依赖世界市场造成出口减少；从进口而言，中国对主要来源国羊毛的支出显著富有弹性，对主要来源国原毛、洗净毛进口缺乏价格弹性，但羊毛条的进口显著富有价格弹性，中国羊毛进口受到多方面因素影响且不同品种间存在一定差异；从出口而言，仅羊毛条出口具有比较优势和竞争力，但与其他国家出口相似度相对较高，各方面因素均有所促进羊毛条竞争力形成，羊毛条出口主要受中国纺织业和经济发展、贸易自由化安排、价格和距离的影响；未来中国羊毛进口规模继续增加，但增幅有所放缓，中澳自贸区建立后，羊毛进口贸易将向澳大利亚集中，羊毛出口将向非主要目的地分散，若澳大利亚羊毛大量进口对国内羊毛产业造成损害，中国采取贸易救济措施的可能性不大。

二、国外绒毛羊产业科技创新现状

（一）国外绒毛羊产业的理论创新

1. 创建了山羊基因芯片

由法国、中国、马来西亚、荷兰等国家 17 个研究机构共同完成的山羊 52kSNP 芯片，通过此芯片可以检测 10 个山羊品种 52 295个 SNP 位点，此芯片的开发能够在未来几年通过使用分子标记技术加速山羊基因组研究。

2. 完善了绵羊参考基因组

由中国参与组装的绵羊参考基因组更新到3.2版本，鉴定出219个绵羊性状的789个QTL，44个主效基因应用于商业化检测。

3. 完成了绵羊基因组学和转录组学，组装完成了绵羊参考基因组序列

由中国科学院昆明动物研究所、澳大利亚联邦科工组织、西北农林科技大学、深圳华大基因研究院等26个研究机构，合作完成的绵羊基因组学和转录组学研究成果在《Science》杂志上在线发表。本研究利用比较基因组学和转录组学方法，组装完成2.61 Gb的绵羊参考基因组序列，并对绵羊基因组进行分析，鉴定出一系列反刍动物特有的基因家族扩张事件和基因结构变异及基因表达的组织特异性变化，并报道了反刍动物独特的消化系统和脂类代谢相关联的绵羊特异基因的进化历程。

4. 创建了CRISPR/Cas9技术

基因编辑指通过精确识别靶细胞DNA片段中靶点的核苷酸序列，利用核酸内切酶蛋白对DNA靶点序列进行切割，从而完成对靶细胞DNA目的基因片段的精确编辑。CRISPR/Cas9技术是天然存在的核酸酶技术，2015年被《Science》评为年度十大科技突破之首，2016年又有新的突破，具体为天普大学的研究者们成功使用CRISPR基因编辑工具将整个HIV病毒从病人被感染的免疫细胞中去除，这对治疗AIDS和其他逆转录病毒有着不可估量的重大影响；研究者们首次实现了通过使用基因编辑工具CRISPR/Cas9，制造出新的蛋白质；中国科学家计划利用CRISPR/Cas9技术将修饰后的细胞注入人体进行人类临床试验，这将是世界上首个在人类机体中进行的CRISPR试验；美国研究小组使用CRISPR/Cas9技术，成功修复了镰状细胞病患者造血干细胞中的致病突变基因，向治疗该病迈出关键一步；全球首个CRISPR技术的人体应用已在中国启动；多伦多大学和马萨诸塞大学的科学家们首次发现CRISPR/Cas9的“关闭开关”。

（二）国外绒毛羊产业的技术创新

1. 常规繁育技术创新

国外以联合育种技术、开放式核心群技术、BLUP遗传评估技术、AI技术、MOET技术、杂交优势利用技术为代表的常规繁育技术体系日臻完善。

2. 全产业链常规技术与新型技术集成创新

集成创新自动机械化性能指标测定和智能化分析技术体系、全基因组选择技术体系、基因编辑技术体系、高效高频繁殖技术体系、自动机械化环境控制、智能化分析和精准规模化饲养管理技术体系、疫病免疫和净化及保健技术体系、绒毛产品质量安全监测和溯源技术体系、绒毛用羊福利技术体系、废弃物资源化利用技术体系、绒毛原料收储和连锁拍卖技术体系、绒毛精品和奢侈品品牌创建技术和电商技术体系。

（三）国外绒毛羊科技创新成果的推广应用

完善国家主导下的育种、品种资源保护、开发和推广利用体系；加强饲草料资源开发和高效利用机制；改革兽医管理体制，强化动物疫病防治；推广普及绒毛羊科技创新成果生产技术，加强绒毛羊产业技术创新；建立绒毛羊产品质量安全监测体系；建立完善的绒毛羊福利体系。

（四）国外绒毛羊科技创新发展方向

建立完善的绒毛用羊产业标准化、精准化、集约化、自动化、智能化、网络化、可视化、安全化格局；建立完善的绒毛用羊产业连锁拍卖中心，推行拍卖制度；实施绒毛精品和奢侈品品牌战

略；大力实施绒毛羊产业科技创新战略。

三、国外绒毛羊科技创新的经验及对我国的启示

（一）国外绒毛羊科技创新的经验

1. 重视畜牧科学研究，科研与生产密切结合

20 世纪后期，特别是 90 年代以来，在养羊业发达的国家，如澳大利亚、新西兰、英国、美国、阿根廷和乌拉圭等国，非常重视畜牧科学研究，科研与生产紧密结合，基本上实现了品种良种化，天然草场改良化、围栏化，主要生产过程机械化，并且普遍使用牧羊犬作为牧场主人管理畜群的帮手，因此，劳动生产率和经济效益都比较高。据美国农业部 1996 年对美国 50 年来畜牧生产中各种科学技术所起作用的总结，品种的作用居各项技术之首，遗传育种相对贡献率为 40%，营养饲料为 20%，疾病防治为 15%，繁殖与行为为 10%，环境与设备为 10%，其他为 5%。因此，对草场的建设、培育、管理及合理利用给予高度的重视。新西兰地处南半球，近些年，由于南极臭氧层的破坏，紫外线辐射增强，梅西大学的专家学者们目前正在研究在紫外线辐射增强后各个牧草品种的反应，以及培育更适宜的品种及品种组合，并采取各种有效的对策，确保该国草地生产力的持续发展。

2. 重视草场改良和草地建设

在人工草地建设和管理方面，新西兰政府和牧场都非常重视对草场改良的投入和人工草地建设。由政府根据不同地区、不同条件设计方案，国家投资毁林烧荒，消灭杂草，建设围栏，建设人畜用水设施、牧道、草棚、机械库、剪毛棚等，然后出售给个人经营。牧场对人工草地的建设，一次性投入约 1 200新元/公顷，建成后可连续使用 8 年。新西兰牧场的特点表现在一个家庭或一个人是运作的中心，丈夫、妻子和孩子以合伙人形式共同劳作，共同占有财产，因而形成了由个人决定如何支配自己的土地，以发展自主经营模式。人工草场播种的牧草主要是黑麦草和三叶草。黑麦草又分 3 个品种，有春季生长旺盛的品种，有秋季生长占优势的品种，三叶草内又分白三叶草和红三叶草，白三叶草也有分别在春季生长占优势的和秋季生长占优势的草种。牧草草种播种量一般为 30. 50 千克/公顷，其中黑麦草为 22. 00 千克/公顷，三叶草为 8. 50 千克/公顷。在黑麦草中，3 个品种播种量的比例是 10：7：5，三叶草草种播种量的比例为 3：3：2. 5，其中 2. 50 千克/公顷为红三叶草种。新西兰农场反映，红三叶草是育肥羔羊最理想的牧草之一。新西兰的草场都用围栏围了起来，围栏有铁丝网围栏、电围栏和生物围栏 3 种。全国围栏的总长度在 80. 50 万千米以上，围栏面积占全国草场面积的 90%以上。为了确保围栏完好性，投入 50 新元/公顷作为围栏的维修费。在新西兰草地畜牧业的生产成本中，草地建设占 40%，劳动工资支出占 26%~28%。新西兰草地生产系统的基本原则是“以栏管畜，以畜管草，以草定畜，草畜平衡”。

3. 实行划区轮牧

划区轮牧是合理利用人工草场的重要措施。在新西兰，每个轮牧分区的大小，根据地形、草生情况、畜牧场的经营方针等因素决定，从数公顷到数十公顷，大小不等。轮牧周期在不同地区长短不一，在温暖地区和温暖季节采取短期轮牧，在寒冷地区或寒冷季节，则采取长期放牧。短周期轮牧时，春季为 10~15 天，夏季为 20~30 天，冬季为 35~40 天。长周期轮牧时，春、夏、秋、冬季分别为 21~30 天、35~40 天，60~70 天和 80 天以上。在确定轮牧周期的天数之前，要测定草场牧草的产量，然后根据羊场生产力计算并确定应放牧的羊只数量和轮牧周期的天数。根据新西兰多年的研究和实践，牧草的高度长到 5~8 厘米时最有利于绵羊的放牧采食。当牧草高度高于 10 厘米，此时则把牛放进围栏分区中，让牛将 10 厘米以上高度的牧草吃掉，这种用牛、羊混合放牧来调节

牧草高度和草生状况，使牧草高度始终处于利于绵羊采食的状态。在围栏分区中，在水源较好的地区，分点设置自动饮水池，供羊终年在草场上饮用；在水源缺乏地区，采用挖地蓄水，解决羊饮水问题。在新西兰，羊终年在草场上放牧，自由采食，然而气候和草场条件较差的地区，在冬季给羊群补给青干草或青贮料，但时间很短。

4. 发挥生产合作社组织的作用

在养羊业发达国家，随着电子商务技术的广泛应用，网络销售羊毛、种羊等产品已得到广泛的认可和接受。如在澳大利亚，畜牧业产业一体化经营是采用合作社形式。澳大利亚的绵羊合作社已开展了通过电脑网络拍卖绵羊，农民在计算机上报价和签订合同，收购商在远程电脑中询价和下订单，合作社利用网络为农民提供期货全期保值、远程拍卖等业务，并由电子结算系统进行结算。

（二）国外绒毛羊科技创新对我国的启示

1. 重视绒毛羊育种工作，提高良种化程度

我国地域辽阔，养羊生态环境复杂，长江以北的寒冷地区以饲养绒毛羊为主，长江以南多为山区，地形复杂，多饲养地方山羊品种。根据各地区生态条件和生产潜力，搞好绒毛羊品种区域规划，发展优质绒毛羊品种。全国绒毛羊整体水平不高，主要原因是我国绒毛羊良种化程度较低。应借鉴澳大利亚的成功经验，加强绒毛羊系统选育工作，在不同地区培育适应性强、产毛量高、品质优的绒毛羊新品种，建立良种扩繁体系，全面提高我国绒毛羊生产性能。

2. 加强草场建设，建成巩固的饲草基地

要改变靠天养羊的传统生产方式，积极改造与合理利用天然草场，提高产量、计划放牧。有计划的利用撂荒地、农歇地，建设稳产高产的人工草场，实行分区轮牧或刈割饲喂。在农区和半农牧区，要充分利用各种农作物秸秆，适时收集，采用物理、化学和生物学的方法，进行粉碎、氨化、发酵等加工处理，提高利用率和消化率。

3. 发展适度养殖规模，逐步推广集约化绒毛羊生产

积极创造条件，建成一批适度规模的专业绒毛羊生产基地或养殖小区。根据我国目前不同生态区域生产体制，集中成片发展以农牧民家庭经营为主，适度饲养规模在几百只到数千只绒毛羊生产大户和专业联户。逐步实现品种良种化、产品规格化、草场改良化、生产机械化、饲养标准化、管理科学化和经营专业化。加强对生产基地的资金投入和科技投入，发挥本地优势，逐步实现集约化、产业化的现代绒毛羊生产。

4. 改善饲养管理，提高劳动生产率

科学的饲养管理是保证绒毛羊正常生长、配种繁殖和产品生产的基础。因此，必须逐步改善饲养管理条件，实行科学绒毛羊养殖。在建立巩固的草料生产基地的基础上，积极发展配合饲料工业，按照营养需要进行标准化饲养。同时，要加强棚舍建设，根据我国不同生态区气候条件，因地制宜修建羊舍，大力推广塑料暖棚养羊技术。

5. 加强绒毛羊科学研究，建立完善的科技推广服务体系

科学研究必须面向生产、面向未来。紧密围绕绒毛羊生产中的技术重点和难点，开展科学研究和技术攻关。与此同时，要广泛采用现代化绒毛羊养殖技术和科研成果，尤其要加大科研成果转化力度，不断提高绒毛羊养殖生产的科技含量、经济效益、社会效益及生态效益。

6. 完善绒毛羊生产组织和协会，促进绒毛羊产业健康可持续发展

建立类似澳大利亚羊毛生产者联合会和羊绒生产者协会，组织分散的绒毛羊养殖户实施统一配种改良、精细管理、防疫、标识、穿衣、机械剪毛、分级整理、规格打包、储存、品牌上市流通等“十统一”的现代绒毛羊标准化规模养殖及产业化绿色发展体系，使我国绒毛羊产业健康可持续

发展。

7. 建立和完善政府财政支持体系

为了稳定我国绒毛羊产业健康可持续发展，增强抵御市场风险的能力，保护农牧民养羊的积极性，建议政府建立稳定的财政支持体系，借鉴澳大利亚的做法，实施羊毛羊绒最低保护价政策或给予羊毛羊绒生产者部分财政补贴，以稳定我国优质绒毛羊产业可持续发展。

第二节　我国绒毛羊产业发展概况

一、我国绒毛羊产业发展现状

（一）我国绒毛羊产业重大意义

1. 提高绒毛羊生产，推动绒毛羊生产科学发展的需要

我国绒毛羊生产走的一直是传统的粗放式经营发展道路。然而，生态环境恶化背景下资源稀缺严重，只是增加绒毛用羊生产要素的投入是不合实际的，应该将重点放在提高单产和生产效率方面。

2. 促进制定绒毛羊毛生产的长远规划，合理规划绒毛羊养殖区域的需要

我国绒毛羊生产的宏观环境有所恶化，国内羊肉价格居高不下，绒毛价格低迷，而我国从澳大利亚、新西兰等国羊毛进口量依然较为庞大，我国毛纺织工业对国际市场的依存度依然较高。目前部分地区已经出现了细毛羊生产萎缩现象，绒毛产业发展形势不容乐观。因此，制定绒毛羊毛生产的长远规划，合理规划绒毛羊养殖区域十分需要。

3. 完善绒毛羊生产的科学研究，丰富绒毛羊生产布局科学演变的需要

目前缺乏针对绒毛羊生产比较优势与区域布局的科学研究，并且以往对农畜产品生产布局演变的研究主要集中于不同地区比较优势指标的测算，而忽略了空间效应，导致对农畜产品生产区域格局演变成因研究的解释力受到削弱。通过基于新空间经济学理论，运用省域层面的数据，采用理论与实证、定性与定量、比较与规划分析的方法，深入研究绒毛羊生产布局的变化过程，揭示绒毛羊生产布局影响因素，规划绒毛羊生产布局优化方向。

4. 绒毛羊产业是促进牧区繁荣和边疆稳定的需要

绒毛羊主产区与我国10多个少数民族集中居住区高度重叠，毛、绒、肉、奶、皮等产品不仅是少数民族的主要生活资料，也是少数民族生产经营的重要对象。因此，绒毛羊产业是我国少数民族牧民赖以生存和发展的物质基础，对提高农牧民收入、繁荣民族地区经济、实现各民族共同富裕和保证边疆地区的长治久安具有重要的经济和政治意义。

5. 绒毛羊产业是维护国家生态安全的需要

草原是陆地农业重要的生态系统之一，对维护国家生态安全具有重要作用。我国草地总量居世界第二位，同时也是世界上草地退化最严重的国家之一，90%的可利用草原出现了不同程度的退化。绒毛羊产业的可持续健康发展，必须从追求数量向追求质量方向转变，依靠科技进步，控制成本，实行标准化生产，采取放牧与舍饲相结合的养殖方式降低对草场的压力，通过科学利用草原和牧草种植，实现以草定畜。

6. 绒毛羊产业是毛纺产业安全发展的基本需要

绒毛羊产业的发展方向决定于国民经济的需要和各地原有羊品种的特点、自然条件和饲养管理条件。因此，绒毛羊产业的可持续科学发展是我国毛纺产业战略发展的基本需要。

7. 绒毛羊产业是建设现代畜牧业的需要

美国、澳大利亚、新西兰等发达国家主要依靠种草养畜大力发展畜牧业，草地面积占农用耕地面积的50%~60%，而我国草食畜牧业占农林牧渔业产值比重在30%以上，但与发达国家相比，还有很大差距。绒毛羊产业是我国草地畜牧业的主要产业，只有实现绒毛羊产业的可持续科学发展，集成优质、高产、高效的草原生态畜牧业产业生产技术，提高绒毛羊产业的生产水平，才能有效推动现代畜牧业的快速发展，实现我国畜牧业的现代化。

（二）我国绒毛羊产业生产现状

1. 生产性能低，优良品种持续改良不足

我国拥有发展绒毛羊产业的丰富遗传资源，加强了地方品种选育和新品种培育，“十二五”期间培育出了苏博美利奴羊、高山美利奴羊、澎波半细毛羊、晋岚绒山羊等优秀的绒毛羊品种，但与国外相比，我国整体持续选育和改良力度不够，良种化程度还较低。在绒毛羊养殖方面，品种参差不齐，毛绒质量不能满足我国市场需求。由于缺乏政策引导和组织措施，养殖户在引种和改良方面存在盲目性，使优良品种资源受到冲击，导致品种退化、毛绒质量下降等问题。

2. 养殖管理方式落后、饲养方式粗放、养殖技术水平较低

我国绒毛羊主产区的大部分农牧户仍然采用较为传统的方式进行绒毛羊养殖。目前在未禁牧地区，农牧民普遍采用完全放牧模式，大部分农牧户的年龄偏大，放牧主要凭经验；季节性禁牧地区往往采用放牧加舍饲的模式，放牧期间任由羊只自由采食，不注重补饲均衡营养供给；全年全禁牧地区普遍采用舍饲模式，但农牧户尚不能掌握科学的饲料加工技术，主要根据个人经验决定各种饲草料的饲喂量、搭配比例和饲喂时间。因此，为了适应未来国内外市场对绒毛产品质量的需求，我国绒毛羊应调整养殖结构和生产力方向，以应对国际市场的挑战。

3. 生产的规模化组织化程度较低

我国绒毛羊生产仍以家庭为基本经营单位，小规模分散经营，受家庭资金水平、草场资源以及户主经营能力等多方面因素制约，很难快速实现适度规模，且分散的经营方式降低了生产效率，难以获得生产的规模效益。虽然已经成立了国家绒毛羊产业技术体系和绒毛羊养殖的专业合作社，在合作生产、联合经营等方面发挥了一定作用，但是各地绒毛用羊生产方面的专业合作社数量较少，发展规模较小，且大部分合作社运行规范性欠缺，甚至没有给社员提供过实质性的生产经营服务，少量能发挥功能的合作社经营管理水平还比较低，大多停留在将养殖户生产的绒毛简单分级、统一销售层面上，缺乏适应和开拓市场的能力，合作社内部组织运作也不够完善，仍存在着结构松散、制度不完备、章程执行不严格等问题。

4. 养殖成本增加

受畜牧业无序养殖、超载放牧以及气候变化等问题的影响，我国北方地区的草原及山区生态环境日益恶化，草原退化、沙化、盐碱化以及山区植被破坏等问题较为严重。随着草原禁牧政策或封山禁牧政策的实施和执行，绒毛羊养殖日益面临饲草料不足的问题，放牧用地也受到限制，自然资源和环境约束也越来越大。为了继续从事养殖，农牧户只能增加投入，修建圈舍及相关配套设施，并结合通过人工种植牧草、购买饲草料等方式来确保饲草料供给，这样可能导致农牧户养殖成本增加。

5. 草原生产力低

我国绒毛羊主要依赖天然草原、草山草坡放牧，草原和草山草坡的数量和生产能力影响着绒毛羊养殖业的发展。由于气候、草原生产及管理方式落后等因素的制约，我国草原生产力偏低，单位面积畜产品产量只有世界水平的30%。由于天然草场生产无法满足草食家畜生产的需要，近年来

为维护草原生态，各省区不同程度地采取了禁牧、休牧的措施，以维护草原生态环境，导致草畜矛盾更加突出。

6. 饲草料资源开发利用不足

我国农牧区普遍存在饲草料资源开发利用不足的现象。一方面饲草料资源短缺，特别是在实行禁牧休牧的地区，饲草料资源比较紧张，农牧民养殖成本增加；另一方面我国广大农牧区丰富饲草料资源没有被开发利用。

7. 生产保障体系不健全，抵御风险能力较弱

绒毛羊产业始终面临着市场、自然的双重风险。绒毛羊养殖者多为边疆少数民族地区的低收入群体，抵御市场风险、自然风险的能力差。尤其是遇到干旱、雨雪等自然灾害时，绒毛羊采食不到足够的营养物质，容易造成减产甚至死亡。另外，为保护建设草原生态，许多地区的绒毛羊饲养由自然放牧向围栏轮牧、季节性休牧转变，农牧民的生产性支出加大，生产收益降低，一旦遇到绒毛羊市场不景气，农牧民的生活水平受到冲击。我国绒毛羊生产无论是在养殖环节，还是在产品销售及加工环节，产前、产中和产后保障体系均不健全，难以抵御风险。

8. 质量检测服务体系不完善

我国绒毛羊市场还不健全，质量检测服务体系不完善。绒毛购销中混级收购、压等压价、掺假现象时有发生，绒毛生产者与收购企业在绒毛定级中时常发生质量和价格争议。

9. 政府扶持政策力度不强

我国各级政府针对绒毛羊的扶持政策相对较少，对绒毛羊产业发展的扶持力度较弱。从中央政策层面看，目前对绵羊、山羊实施良种补贴政策，但是800元/只的补贴标准仍远低于优质种公羊的市场价格，对于收入偏低的农牧户而言，无法调动其购买积极性，该政策对整个产业的支持力度明显偏小。从草原生态补助奖励机制实施情况看，某些地方政策的具体办法的实施尚存在一定时滞，甘肃、内蒙古、新疆等地区农牧户已经领取了相关补贴，还有部分地区生态保护政策已经实施，相关补贴政策还尚未实施，农牧户由于缺乏资金扶助及资源限制，被迫缩减养殖规模或转产。从地方政府层面看，有的地区重视畜牧业发展，对绒毛羊产业给予较大的财政支持，但是大部分地区对于绒毛羊产业的扶持很少，有些地方政府热衷于大力扶持经济效益明显的肉羊、肉牛等其他品种养殖，进一步削弱了绒毛羊产业的扶持力度。

10. 受国内外毛纺市场需求变化影响较大

绒毛羊养殖业属上游环节，服务于纺织加工业，纺织业市场的变化必然影响到绒毛羊养殖环节。我国羊绒主要以初加工和外销为主，受国外市场需求变化影响较大，尤其自2008年金融危机以来，羊绒原料需求减少，羊绒价格持续走低，羊绒加工企业和养殖户受到巨大冲击。

（三）我国绒毛羊产业发展成就

1. 绒毛羊产业结构不断完善，绒毛品质稳步提高

“十二五”期间，加强了细毛半细毛改良和新品种培育，培育出了苏博美利奴羊、高山美利奴羊、澎波半细毛羊等细毛半细毛羊新品种，这在提高我国细毛半细毛羊综合品质方面发挥了重大作用。加强了绒山羊本品种选育和新品种培育，培育出了晋岚绒山羊新品种，形成了具有适应性强、耐粗饲、产绒量高、羊绒综合品质优良的绒山羊品种，丰富了绒山羊品种结构，提高了羊绒产量。随着新品种培育及科学技术应用，绒毛羊数量及绒毛产量不断增长，细羊毛及半细羊毛所占的比重也日益提高。至2015年年底，全国羊毛总产量（按原毛计）76.20万吨，山羊绒产量为1.92万吨，山羊绒占世界山羊绒总产量的70%以上，居世界第一（图16-1）。

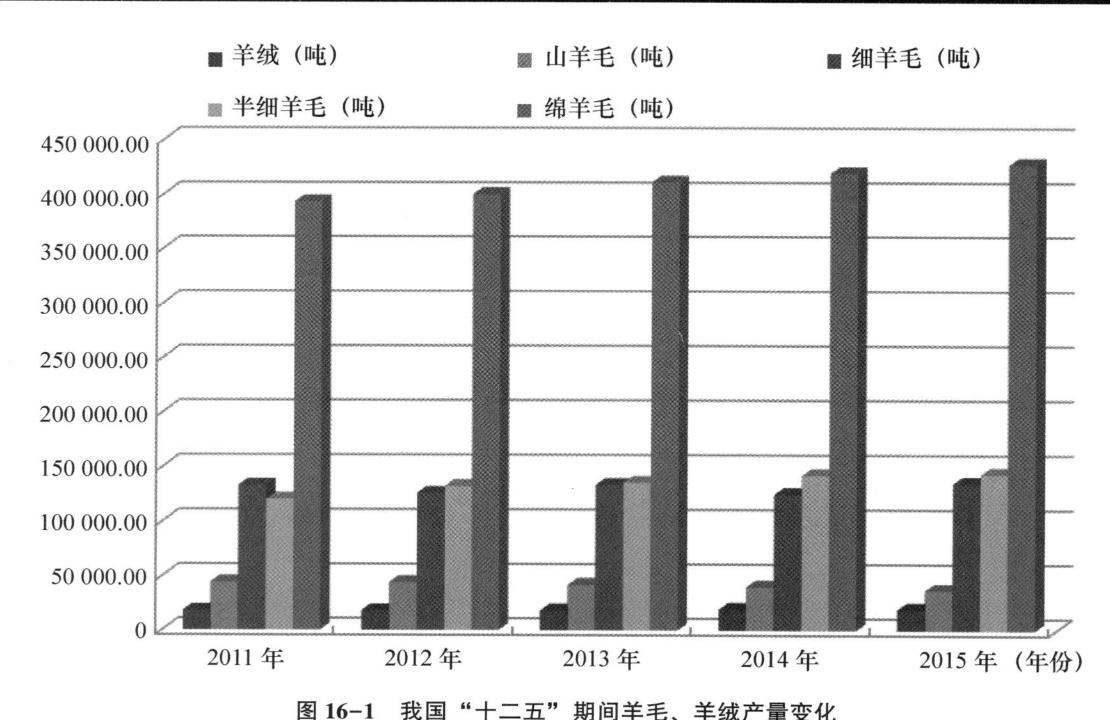

图 16-1　我国“十二五”期间羊毛、羊绒产量变化

资料来源：2011—2013 年《中国畜牧年鉴》、2014—2015 年《中国畜牧兽医年鉴》

2. 绒毛羊养殖业逐步发展壮大，保障了国家毛纺工业的安全

我国绵羊存栏数和羊毛产量显著提高。2011 年我国绵羊和山羊存栏数分别为 13 961. 55万只和 14 274. 24万只，2015 年绵羊和山羊存栏数分别为 16 206. 20万只和 14 893. 40万只，分别增长了 16. 08%和 4. 34%（图 16-2）；2011 年我国羊绒、山羊毛、细羊毛、半细羊毛、绵羊毛产量分别为 17 989. 06吨、44 046. 97吨、132 835. 75吨、120 118. 65吨和 393 072. 20吨，2015 年我国羊绒、山羊毛、细羊毛、半细羊毛、绵羊毛产量分别为 19 247. 00吨、36 956. 00吨、134 954. 00吨、143 371. 00吨和 427 464. 00吨，分别增长了 7. 00%、-16. 10%、1. 59%、19. 36%和 8. 75%，其中山羊毛产量急速下降、而半细羊毛产量增长速度最快（图 16-1）。绒毛羊产业的发展有效地保障了我国羊绒加工企业的原料供给，为羊毛加工企业提供了一定份额的毛纺原料，对平抑羊毛价格、促进毛纺工业可持续健康发展发挥了重要的作用。

3. 绒毛羊产业的发展和科学技术的革新促进了农牧民的增产增收

全国有 10 个绒毛羊产业主产省区，设计 214 个牧业县（旗），面积约 40 000平方千米，是边疆少数民族牧民聚居区，生活着蒙古族、藏族、维吾尔族、回族、柯尔克孜族、塔吉克族、苗族、彝族、纳西族等多个少数民族，这些地区的牧民多以绒毛羊养殖为生产和生活的主要经济来源。绒毛羊产业的发展和科学技术的革新对提高边疆地区少数民族的生活水平，促进各民族农牧民安居乐业，对农牧区发展、畜牧业增效、边疆地区的稳定起到了重要的作用。

4. 绒毛羊产业的发展带动了相关产业发展，增加了社会就业岗位

绒毛是纺织工业的重要原料，绒毛羊养殖上接种植业，下连加工业，既能促进种植业结构的调整，又能延伸到纺织加工业，带动饲料工业、兽药行业、畜牧机械、毛纺及皮革加工等一系列相关产业的发展，实现多环节、多层次、多领域的增值增收。

5. 绒毛羊产业的发展实现了市场化革新，形成了绒毛产销体系

在我国农业和农村经济体制革新中，绒毛羊产业最早从计划经济体制的束缚中解放出来，率先

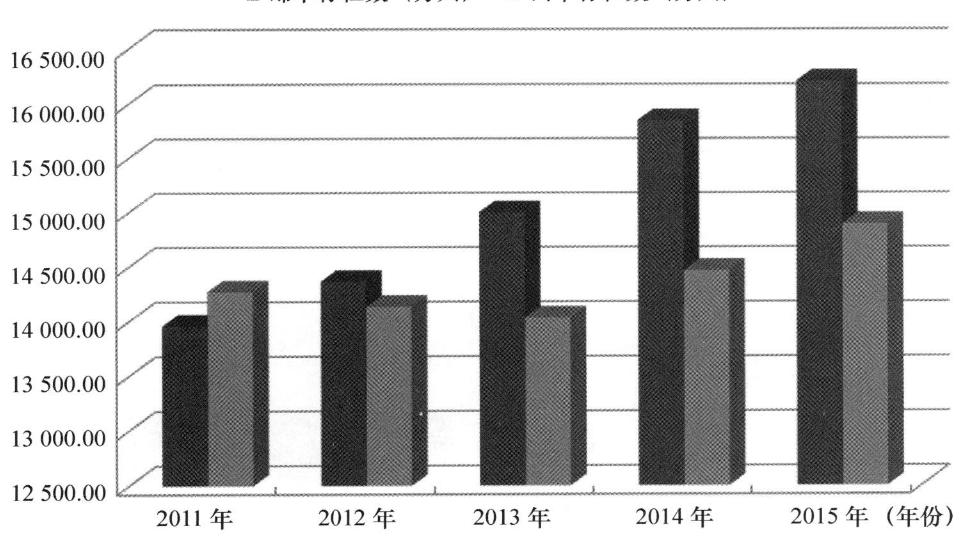

图 16-2　我国“十二五”期间羊存栏数变化

资料来源：2011—2013 年《中国畜牧年鉴》、2014—2015 年《中国畜牧兽医年鉴》

步入市场化轨道，成为农村经济革新和农业产业组织创新的先行者。绒毛羊产业市场化革新为城乡市场化革新积累了可供借鉴的经验，探索出来一条成功发展的路子。

6. 充分利用两个市场两种资源，绒毛羊产品进出口额快速增长

我国已发展为世界上第一大羊毛生产国，也是世界上最大的羊毛加工国和进口国，羊毛需求缺口很大，随着毛纺工业的发展，羊毛进口快速增长。2015 年我国进口羊毛 35.33 万吨，同比 2014 年增长了 6.30%；2015 年我国进口羊毛金额 247 978.60万美元，同比 2014 年增长了 2.20%。2015 年全球羊毛供需偏紧格局将持续，羊毛价格维持高位，全球羊毛生产主要集中在澳大利亚、中国、新西兰和阿根廷、南非等国家。世界羊绒加工技术、设备、企业已由国外向我国转移，中国已经发展成为世界羊绒制品加工中心。中国的羊绒衫在国际市场的竞争力不断增强，出口创汇逐年递增，“世界羊绒看中国”的格局已经形成。

二、我国绒毛羊产业与发达国家的差距

我国绒毛羊产业与发达国家的差距主要在于科技不强、企业不强、产业不强，具体表现在绒毛羊饲养管理方式落后，养殖技术水平较低；部分绒毛羊出现品种退化，影响绒毛产量和质量；绒毛羊生产的规模化、组织化程度较低；绒毛羊养殖成本增加、政府扶持政策力度不强等层面，总体上反映在绒毛羊产业体系、生产体系、经营体系尚未建立健全。

三、我国绒毛羊产业发展存在的问题及对策

（一）生产水平

2015 年，我国绒毛羊生产克服了消费持续低迷、市场波动较大、环保压力增加等一系列困难，在平稳中调整，在调整中优化，总体生产水平保持了平稳发展的良好势头。我国“十二五”期间绒毛羊存栏量波动较大，尤其是山羊存栏量波动较大（图 16-2）；羊毛羊绒产量增长较为缓慢，受绒毛羊存栏数量波动的影响，我国羊毛和羊绒产量均呈现小幅波动增长趋势（图 16-3）；绒毛价格

波动幅度较大，畜产品价格上涨幅度较大，从养殖户收入构成看，畜产品产值所占比例较大，绒毛产值所占比例较低。2015 年，每只改良绵羊产值合计为 431. 91 元，其中羊毛产值所占比例为 10. 16%，畜产品产值比例为 84. 81%；每只山羊产值为 414. 33 元，其中羊绒产值所占比例为 27. 21%，畜产品产值比例为 70. 87%。据 2014 年绒毛羊主产区调研表明，细毛羊、半细毛羊和绒山羊养殖总成本分别为每只 392. 91 元、603. 20 元和 616. 89 元。而养殖纯收益分别为每只 151. 34 元、217. 30 元和 322. 55 元；若将家庭用工计入总成本，2014 年细毛羊、半细毛羊和绒山羊的纯收益分别为每只 77. 76 元、134. 22 元和 226. 29 元。主要对策是实施绒毛羊全产业链绿色发展战略，实现降本、提质、增产、增效。

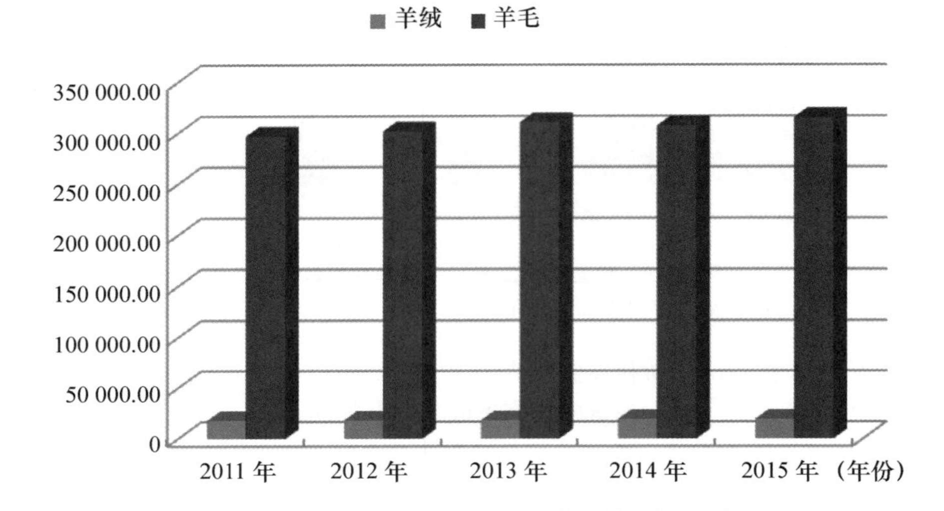

图 16-3　我国“十二五”期间羊绒羊毛产量变化

资料来源：2011—2013 年《中国畜牧年鉴》、2014—2015 年《中国畜牧兽医年鉴》

(二) 生产效率

我国绒毛羊生产效率在世界绒毛羊生产中占据重要地位，受绒毛羊生活习性及世界地貌特征分布影响。我国绒毛羊生产布局呈现出向“老少边穷”地区转移、由南方地区向北方地区进一步集中的变化趋势。绒毛羊生产布局逐渐从自然性布局向经济性布局转变，绒毛羊生产效率的集中程度由高到低的顺序为绒山羊、细毛羊、半细毛羊。我国绒毛用羊生产效率受绒毛和羊肉的比价、线毛生产综合比较优势、非农产业发展水平、城镇化水平、非农就业机会、政府政策扶持力度、运输条件、自然灾害、草原面积等因素制约。针对绒毛羊产业生产效率的制约因素，因地制宜地科学布局产业，加强供给侧结构性改革是关键所在。

(三) 质量安全

导致我国绒毛用羊产业质量安全存在的主要问题是良种化程度低、绒毛用羊生产为粗放型数量型增长，原料市场价格暴涨暴跌、绒毛用羊产量非常不稳定，绒毛用羊产品附加值低，假冒伪劣商品充斥市场。主要对策是加大绒毛用羊品种培育及推广力度、实施绒毛用羊良种补贴，推进养殖方式转变、提高绒毛用羊养殖的生态与经济效益，制定绒毛分级收购指导价、补贴企业对绒毛用羊绒毛进行收储，鼓励加工企业提高产品技术含量、打造世界知名品牌，逐步调减羊绒制品的出口退税政策，对无毛绒出口征收关税。

（四）环境控制

我国绒毛用羊圈舍设计存在的主要问题是绒毛用羊圈舍仍然处于落后状态、规模化养殖企业圈舍比较单一、圈舍设计建筑方面投入较少。对策是加强对圈舍设计与环境控制的认识，加强圈舍周边环境控制、实现可持续发展、实现人畜和谐发展，建立圈舍环境控制责任制和长效机制；完善圈舍设计与环境控制理论、制定切实可行的操作规范；开展圈舍设计与环境控制的典型示范；借助现代农业产业技术体系建设做好绒毛用羊养殖的基础设施完善工作。

第三节　我国绒毛羊产业科技创新

一、我国绒毛羊产业科技创新发展现状

（一）国家项目

“十二五”期间，在国家层面涉及绒毛羊的研究项目有国家现代农业产业技术体系、国家科技支撑计划、国家重点研发计划、国家公益性行业（农业）科研专项、国家转基因新品种培育专项及国家自然基金等共计约35项，经过理论、技术及产业创新，取得了一大批重大创新成果，为绒毛羊产业的发展提供了有力的科技支撑（表16-1）。

表16-1　国家项目名单

项目类别	项目名称	项目期限
国家农业产业技术体系	国家绒毛用羊产业技术体系	2008年至今
国家科技支撑计划	优质肉、毛羊新品种（系）选育与关键技术研究及示范	2011—2015年
国家公益性行业（农业）科研专项	西北地区荒漠草原绒山羊高效生态养殖技术研究与示范	2011—2015年
国家转基因生物新品种培育专项	转基因动物新品种培育	2011—2015年
国家自然科学基金	BMP4基因调控绵羊次级毛囊发育的研究	2011—2013年
国家自然科学基金	孤核受体RORa在褪黑激素促进绒山羊绒毛生长中作用的研究	2012—2015年
国家自然科学基金	绒山羊成纤维细胞内mTORC1调控氨基酸代谢的分子机制	2012—2015年
国家自然科学基金	褪黑素对内蒙古绒山羊皮肤干细胞分化相关基因β-catenin和BMP2/4表达的调控及其机理研究	2012—2015年
国家自然科学基金	绒山羊诱导性多能干细胞研究	2012—2014年
国家自然科学基金	辽宁新品系绒山羊新基因K26和KAP26.1功能和作用机制的研究	2012—2015年
国家自然科学基金	阿尔巴斯绒山羊初级和次级毛囊细胞体外生长模型的建立及次级毛囊发育相关功能基因的筛选	2012—2015年
国家自然科学基金	绒山羊次级毛囊周期性发育相关基因的筛选及功能验证	2012—2012年
国家自然科学基金	IGF-1在绒山羊绒毛生长中的表达变化及作用机制研究	2012—2014年
国家自然科学基金	Agouti基因调控山羊毛色机理研究	2012—2015年
国家自然科学基金	绒山羊次级毛囊周期性生长相关基因的筛选及作用机制研究	2013—2016年
国家自然科学基金	绒山羊生后毛囊周期中let-7基因家族的表达和作用机制研究	2013—2016年
国家自然科学基金	长链非编码RNAs调节羊绒周期性生长的分子机制	2013—2015年

（续表）

项目类别	项目名称	项目期限
国家自然科学基金	西藏班戈绒山羊高海拔环境适应性的遗传分析	2013—2016 年
国家自然科学基金	利用增绒技术促进绒山羊非生绒期长绒的分子调控机理研究	2013—2016 年
国家自然科学基金	山羊绒生长周期差异的比较转录组研究	2013—2016 年
国家自然科学基金	超细型和细型细毛羊皮肤组织中基因的差异表达及其遗传效应研究	2014—2017 年
国家自然科学基金	山羊绒周期发育中 microRNA 的鉴定和功能研究	2014—2017 年
国家自然科学基金	绒山羊次级毛囊周期性发育的 microRNA 调控机理研究	2014—2017 年
国家自然科学基金	褪黑激素促进绒山羊绒毛生长中 Wnt10b 基因表达及其作用机制的研究	2015—2018 年
国家自然科学基金	绒山羊精子上的精卵融合相关蛋白之间相互作用的鉴定	2015—2018 年
国家自然科学基金	绒山羊次级毛囊周期性发育过程关键甲基化基因的表达调控机制研究	2015—2017 年
国家自然科学基金	基于群体基因组学的绒山羊绒性状相关基因及基因互作鉴定	2015—2018 年
国家自然科学基金	褪黑激素影响绒山羊绒毛生长脱落相关基因的筛选及其作用机制研究	2015—2017 年
国家自然科学基金	基于单细胞测序研究非编码 RNA 调控绵羊次级毛囊发生的分子机制	2015—2017 年
国家自然科学基金	绒山羊次级毛囊发生发育相关基因筛选与作用机制研究	2016—2019 年
国家自然科学基金	绒山羊皮肤毛囊嵌合转录本表达模式研究	2016—2019 年
国家自然科学基金	CLOCK：BMAL1 介导的钟基因对绒山羊次级毛囊周期性再生的表观遗传学调控	2016—2019 年
国家自然科学基金	基于定制高密度 SNP 芯片的绒山羊绒用性状主效基因的鉴定及功能分析	2016—2019 年
国家自然科学基金	细毛羊 DKK2 基因敲除及其毛囊排布规律的数学模拟	2016—2019 年

（二）创新领域

1. 理论创新

我国参与创建了山羊基因芯片；负责完善了绵羊参考基因组；负责完成了绵羊基因组学和转录组学，组装完成了绵羊参考基因组序列；参与创建了 CRISPR/Cas9 技术；阐述了人工增绒机理；注释了绒毛羊毛囊形态发生发育及目标性状形成的分子调控机制，筛选、鉴定和验证了绒毛羊相关功能基因，为绒毛羊分子育种奠定了坚实的理论基础。

2. 技术创新

（1）绒毛羊良种实现国产化。中国美利奴羊、苏博美利奴羊、高山美利奴羊和云南半细毛羊、凉山半细毛羊、澎波半细毛羊等品种的成功培育，使我国打破了国外长期垄断细毛羊和半细毛羊良种的局面，增加了我国在国际细羊毛和半细羊毛贸易谈判中的话语权和定价权的砝码，加速满足了我国毛纺工业的需求，实现了细羊毛和半细羊毛良种的国产化。内蒙古绒山羊、辽宁绒山羊、陕北白绒山羊、柴达木绒山羊、晋岚绒山羊等品种的成功选育，更加巩固了我国在绒山羊领域的国际霸主地位。

（2）常规繁育技术体系正在完善。绒毛羊联合开放式核心群育种技术、BLUP 遗传评估技术、AI 技术、MOET 技术、杂种优势利用技术等为代表的常规繁育技术体系正在完善。

（3）新型繁育技术体系创新。绒毛羊全基因组选择技术、基因编辑技术、性控技术、克隆技术及JIVET技术等为代表的新型繁育技术体系创新处在世界领跑水平。

（4）建立了绒毛羊饲养标准技术体系和营养调控技术体系。建立了饲料营养价值评价技术、营养物质需要量调控技术及饲料配方技术，形成了饲料资源数据库、饲养标准和不同生态产区典型饲料配方，创建了人工光照调控增绒技术、功能性氨基酸营养调控技术、低氮日粮开发应用技术及绒毛用羊放牧营养模式，集成了绒毛羊饲养标准技术体系和营养调控技术体系。

（5）创建了绒毛羊疫病诊断、检测及防控技术体系。创建了特异、敏感和快速的小反刍兽疫、羊痘、羊口疮及寄生虫等病原及血清学诊断技术，研制出了小反刍兽疫、羊痘、羊口疮和寄生虫病快速诊断试剂盒及羊传染病新型基因工程疫苗，建立了常见普通病综合防治技术、非传染性因素及其所致羊口腔溃疡综合防治技术、草原有毒杂草引起羊只发生中毒的综合防治技术及微量元素和矿物质缺乏症综合防治技术，集成了绒毛羊疫病诊断、检测及防控技术体系。

（6）构建了绒毛羊环境控制技术体系。构建了绒毛用羊圈舍标准化技术、适宜环境参数及控制方法、天然草原草畜平衡动态评价技术、天然草原草畜平衡优化技术及个体精准管理技术，集成了绒毛羊环境控制技术体系。

（7）建立了绒毛羊全产业链建设技术体系。建立了绒毛羊固定监测体系，形成了全产业链建设技术、毛绒标准产业化生产管理技术、加工技术、质量控制技术、市场流通技术、品牌创建及政策选择机制，构建了产业大数据库，集成了绒毛羊全产业链建设技术体系。

（8）创建了绒毛羊全产业链绿色发展技术集成创新模式。创建了绒毛羊全产业链绿色发展生产模式、技术模式、组织管理模式、经营模式，产生了十分显著的经济、社会和生态效益。

3. 产业创新

国家绒毛用羊产业技术体系的实施，使我国绒毛羊产业结构、产业布局、资源配置、市场优化、技术创新、品牌创建、绿色发展及运行机制等日臻完善，发挥了我国举国体制办大事的优势，缩小了我国绒毛羊产业与国际发达国家之间的差距，在国内外产生了巨大反响。

（三）国际影响

我国是绒毛羊养殖大国，正在向养殖强国迈进，是国际绒毛羊产业发展的晴雨表，国外发达国家的绒毛羊产业均是针对我国的绒毛羊产业制定相应的发展战略和应对措施，所以无论在理论、技术和产业创新上，还是在生产规模、产品质量、市场价格、进出口贸易上，我国绒毛产业的发展均将对国际绒毛羊产业、毛纺工业及皮革工业等相关行业产生巨大影响。

二、我国绒毛羊产业科技创新与发达国家之间的差距

我国绒毛羊产业在新型繁育技术，饲料营养调控技术，疫病诊断、检测及防控技术，毛绒加工技术，产业技术体系建设等领域的重大创新处在世界领跑水平；在新品种培育和常规技术体系完善等领域的创新处在世界并跑水平；在设施设备研发和新技术转化应用等领域的创新处在世界跟跑水平。

三、我国绒毛羊产业科技创新存在的问题及对策

（一）理论与技术创新

1. 问题

世界一流创新平台和人才缺乏，企业水平低，产业弱，自主创新能力差，创新观念淡薄，创新经费投入不足，标准化、精准化、集约化、自动化、智能化、网络化、可视化、安全化技术创新滞

后。国家资本碎片化使用问题突出，经费投入不足和分散使用现象严重，社会资本使用不足。单打独斗局面根深蒂固，联合创新的机制很难形成，创新评价体系落后，创新氛围差。

2. 对策

创建世界一流的创新学科、平台及人才，建设世界一流的创新企业，形成与国际接轨的绒毛羊产业标准化、精准化、集约化、自动化、智能化、网络化、可视化、安全化发展的创新技术、企业及产业。加大国家经费投入，严禁分散使用经费，创新融资渠道，建立社会资本使用激励机制。构建创新联盟，改革现行创新评价体制机制，建设先进的创新评价体制机制，创建创新文化。

（二）科技转化

1. 问题

学会和协会没有发挥应有的职能和作用，科技转化体系和平台不健全，科技转化人才缺乏，技术和产品的市场认可度低、转化率低，科技转化体制机制落后，融资贷款保险难，社会资本使用不足。

2. 对策

改革现行学会和协会的运行机制，充分发挥学会和协会在科技转化中的职责、功能和作用。改革现有科技推广应用机构，建立健全科技转化体系和平台，实施科教兴绒毛羊产业工程，形成多渠道、多形式、多层次的绒毛羊产业教育培训格局，强化农牧民新型创业人才培训战略，建立绒毛全羊产业链科技转化人才网络。无缝对接需求，研发市场需求和认可度高的产品和革命性技术，提高科技转化率。创建先进的科技转化体制机制，创新融资贷款保险渠道，建立社会资本使用激励机制。

（三）市场驱动

1. 问题

国内市场不健全，市场预警机制缺乏，国际化市场模式尚未建立。精品和奢侈品品牌战略及电商模式建设缓慢，全局性、颠覆性和革命性技术缺乏。融资贷款保险难，社会资本使用不足，政府扶持力度较弱。

2. 对策

建立健全国内市场，健全市场预警机制，构建国际化市场模式，加强精品和奢侈品品牌及电商模式建设，加大全局性、颠覆性和革命性技术创新力度，畅通融资贷款保险和社会资本使用渠道，加大政府扶持力度。

第四节　我国科技创新对绒毛羊产业发展的贡献

一、我国绒毛羊科技创新重大成果

（一）育种繁殖

1. 细毛羊

我国细毛羊育种工作开始于20世纪30年代，先后育成了新疆细毛羊、内蒙古细毛羊、敖汉细毛羊、东北细毛羊、甘肃高山细毛羊、山西细毛羊、青海细毛羊等。1985年中国美利奴羊的育成，标志着我国细毛羊业发展到了一个新的阶段，羊毛品质有了很大提高；2002 年新吉细毛羊育成，再次缓解了国内市场对 21 微米以细羊毛的需求；2014 年育成了我国第一个超细型美利奴羊新品种——苏博美利奴羊，2015 年育成了国内外唯一适应海拔 2 400~4 070 米高山寒旱草原生态区和羊毛纤维直径 19. 1~21. 5 微米的毛肉兼用美利奴羊型品种——高山美利奴羊。至此，我国细毛羊经历了从无到有、从有到优和从优到完全国产化的重大创新，已培育细毛羊新品种 17 个，存栏 3 000 多万只。

2. 半细毛羊

我国半细毛羊的育种工作几乎与细毛羊育种同时进行，但是速度和成效远落后于细毛羊，2000 年我国第一个国家级半细毛羊品种——云南半细毛羊育成，之后在国家和地方政府的支持下，澎波半细毛羊和凉山半细毛羊分别于 2009 年和 2008 年育成。另外，青海半细毛羊、东北半细毛羊和内蒙古半细毛羊也分别通过省级鉴定。至此，我国共培育了 3 个国家级半细毛羊品种和 3 个地方半细毛羊品种，存栏 3 000多万只。

3. 绒山羊

我国绒山羊育种工作起步较晚，初期主要以地方品种的选育提高为主，经过近 30 年的品种选育，内蒙古绒山羊、辽宁绒山羊、罕山白绒山羊、河西绒山羊、西藏绒山羊、博格达绒山羊、新疆南疆绒山羊等优秀地方品种的生产性能得到了较大的提高。陕北地区以陕北黑山羊为母本，以辽宁绒山羊为父本，经过 26 年的培育，2003 年育成了绒肉兼用型山羊品种——陕北白绒山羊，这是我国第一个人工培育的绒山羊新品种。2009 年柴达木绒山羊和 2011 年晋岚绒山羊相继育成。至此，国家和地方正式命名的绒山羊品种 10 个，兼用绒山羊品种 20 多个，存栏 5 500多万只。

（二）营养养殖

近年来，国内在草畜平衡、饲草料加工调制、细毛半细毛羊精准化营养调控及饲养管理方面的研究取得了比较好的成果，建立了以代谢能作为评价指标的草畜平衡评价技术体系，构建了细毛半细毛羊精准饲养管理分析模型、精准营养调控及饲养管理技术体系，通过细毛半细毛羊精准饲养管理分析模型计算分析，将经济效益不良的细毛半细毛羊个体淘汰，存栏量减少了 31%。实施放牧细毛半细毛羊冷季暖棚舍饲、推迟产羔时间、母羊妊娠后期补饲等优化途径和对策，细毛半细毛羊平均产毛量提高了 0. 73 千克/只，冷季体重损失减少 14. 90%，羔羊平均初生重增加了 0. 46 千克，牧户的实际总收入提高了一倍。

针对草地利用及绒山羊舍饲养殖技术、绒山羊绒毛生长机理及舍饲半舍饲营养调控技术、禁牧舍饲条件下不同地区饲草料营养供给技术等方面进行了大量研究，取得了较好的成果，大大加快了绒山羊舍饲半舍饲养殖进程，经济效益和社会效益比较明显，绒山羊饲养区的草场退化得到了有效的遏止，生态环境逐步恢复和改善。

（三）加工控制

我国是世界纺织大国，在羊毛、羊绒加工领域的研究也处于世界领先水平，2000 年前后，为了适应我国中粗羊毛加工需要，羊毛拉伸细化、抗菌防缩及表面脱磷整理等技术的研究和产业利用取得了较大的进展。随着超细羊毛产量的不断提高，毛纺加工领域对超细羊毛洗梳染低损伤加工技术、微水非氯型羊毛表面改性技术、超细羊毛的低温低损伤染色技术、羊毛织物自清洁整理技术、羊绒及其混纺短顺毛大衣呢加工技术等的研究与应用力度加大，羊毛、羊绒加工领域不断扩展，织物的亲水性、防紫外线性和自清洁性显著改善，提高了毛绒的利用率。

（四）产品质量安全

Oeko-Tex Standard100 是德国 Hohenstein 研究协会和维也纳—奥地利纺织品研究协会制定生态纺织品技术标准，主要任务是检测纺织品的有害物质及确定其安全性，是目前全球纺织行业公认的权威生态纺织品标准。毛绒产品质量安全指标主要包括禁用偶氮染料、重金属、农药残留量、甲醛、有机锡化合物、阻燃性能、异味和色牢度等。为此，我国也先后制定了 HJ/T 307—2006《环境标志产品技术要求生态纺织品》、GB/T 18885—2009《生态纺织品技术要求》及 SN/T 164—2012《进出口纺织品安全项目检验规范》，对纺织品中禁用偶氮染料、重金属、农药残留量、甲醛、有机锡化合物、阻燃性能、异味和色牢度等安全因子的限量指标和检测方法等逐一进行了规定，为我国毛绒产品质量安全评价及检测提供了技术支撑，保障了毛绒产品安全。

（五）环境控制

我国实施了退耕还林还草、划区轮牧、禁牧休牧及草原保护补贴等政策，草原生态环境逐渐恢复到良性循环的生态系统中，草畜平衡体系逐步建立，草原环境控制得以实现。国内在绒毛用羊环境控制方面的研究主要包括不同季节对绒毛羊行为、生长性能、生理指标、消化功能和产品品质等的影响，高温季节风速对绒毛羊的影响及温湿度与母羊繁殖力的关系，冷应激对绒毛羊热休克蛋白及脂肪代谢相关酶基因表达的影响等。在光照方面，主要研究了通过改变光照条件调节绒毛羊繁殖性能和产毛（绒）性能，取得了较好的成果。构建了绒毛用羊圈舍标准化技术、绒毛用羊适宜生活环境参数及控制方法、天然草原草畜平衡动态评价技术、天然草原草畜平衡优化技术及个体精准管理技术，集成了绒毛用羊环境控制技术体系。

二、我国绒毛羊科技创新的行业转化

（一）技术集成

紧密切合我国绒毛用羊的实际和特色，2008 年国家绒毛用羊产业技术体系和 2015 年中国农业科学院“羊绿色发展技术集成模式研究与示范”等项目启动实施，在建立绒毛羊绿色发展生产模式、组织管理模式及经营模式的基础上，创新集成了绒毛羊品种选育与杂交优势利用，绵羊双胎免疫与“两年三胎”高效繁育，饲草料精细化加工调制和精准化饲养管理，规模养殖场疫病净化控制和综合防控，养殖环境精准调控，羔羊适时断奶及直线育肥，绵羊穿衣、无损机械剪毛、羊毛分级整理及压缩打包，屠宰分割、产品精细化加工、质量安全常态化监控和全程追溯，废弃物资源化利用，互联网+绒毛羊业等全产业链绿色发展技术模式，取得了十分显著的经济、社会和生态效益。

（二）示范基地

2008 年农业部实施现代农业产业技术体系以来，国家绒毛用羊产业技术体系共在全国新疆、内蒙古、甘肃、青海、宁夏、西藏、四川、贵州、河北、山西、辽宁、吉林、江苏 13 个省区设立绒毛用羊综合试验站 21 个，建立示范基地县 105 个，包括细毛羊、半细毛羊、绒山羊、地毯毛羊、羔裘皮羊，示范绒毛羊 2.1 亿只。同时自 2008 年以来，我国绒毛用羊产区的地方政府也基本上建立了相应的地方绒毛羊产业技术体系，补充完善了全国绒毛羊产业技术体系的示范基地。2015 年中国农业科学院实施“羊绿色发展技术集成模式研究与示范”项目，在甘肃、内蒙古等建立了细毛羊示范基地 4 个，示范点 13 个，示范细毛羊 100 余万只。

（三）商业转化

我国绒毛用羊养殖主体是千家万户，规模小，集约化程度低，相关技术商业转化困难较大，主要靠研发单位无偿提供技术服务来推广应用。绒毛羊新品种培育成果，主要用于改良当地绒毛羊生产性能，对当地的绒毛羊产业发展和养殖场（户）的经济收入有很大的提高。绒毛用羊科技创新成果商业转化相对较好的是绒毛加工技术，这些技术直接对接毛纺加工企业，商业化程度较高，效益明显，转化率高。

（四）标准规范

我国绒毛用羊标准化工作开始于20世纪80年代，2000年开始，对以前颁布的部分标准进行了修订和完善，同时补充制定了相关产品标准和生产技术规范等。到目前为止，共制定绒毛用羊品种标准11项、产品标准4项、相关技术规范5项。

三、我国绒毛羊科技创新的行业贡献

（一）健康养殖

1. 牧区与半农半牧区

牧区半牧区绒毛羊养殖模式以放牧和放牧+补饲为主，我国东北草原区、蒙宁甘草原区、新疆草原区、青藏草原区、南方草山草坡区及其农牧混合区的绒毛羊基本都采用放牧养殖。绒毛羊的健康养殖以建立资源节约型、环境友好型的农业生态体系为主，提出了草畜平衡的优化途径和对策，指导草地资源有效管理和合理利用，建立健全草畜平衡、禁牧休牧轮牧、人工种草等草原生态保护制度，为我国草原生态系统的健康发展和草地绒毛羊业生产方式的转型化发展提供可以实施的科学依据。

2. 农区

经过多年的科技创新和技术集成示范的推动，农区绒毛羊养殖逐步向集约化、标准化方向发展，羊舍建设及饲养环境不断优化，饲草料资源加工利用更合理，规模化羊场重大疫病逐步净化和控制，消毒防疫基本规范化制度化，羊场废弃物及羊粪基本实现了资源化利用。

（二）高效养殖

1. 绒毛羊单产水平不断提升

经过绒毛羊品种选育提高与杂交优势利用技术和精准化饲养管理技术的集成创新，我国绒毛羊的平均体重、毛（绒）产量都有了较大的提高，特别是实施优质羊毛标准化生产和光控增绒等技术后，细毛羊平均剪毛量由原来的2.8~3.0千克提高到了4.0千克以上，绒山羊平均产绒量由原来的230克左右提高到400克左右。

2. 繁殖率显著提高

通过绵羊同期发情、超排、双胎免疫、人工授精、“两年三产”等高效繁育技术的集成创新，绒毛羊的年平均繁殖率提高了25%，羔羊初生重提高10%左右，成活率提高15%左右。

3. 饲料转化率及羔羊育肥效果显著提高

通过放牧+补饲、羔羊适时断奶、中医保健调理、直线育肥等技术的集成创新，牧区育肥羔羊平均日增重由原来的130克左右提高到235克以上，农区羔羊育肥日增重由原来的170克提高到265克以上，产肉性能显著提高，饲料转化率改善10%以上。

4. 绒毛羊养殖效益明显提高

通过绒毛羊养殖全程技术集成创新，牧区每只羊年节约饲草料 18 千克、节约用药 2 元，每只羊新增收益 235 元（肉和毛）；农区每只羊全年节约饲草料 20 千克以上，节约用药 3 元以上，每只羊新增收益 199 元。

（三）优质安全产品

1. 羊毛

经过半个世纪的技术集成创新，特别是绵羊穿衣技术的推广应用，使羊毛产量提高的同时品质得到了很大的改善，长度增加、净毛率提高、油汗适中、颜色变浅，最主要的是羊毛主体细度由 20 世纪 80 年代以 21.6~25.0 微米减小到 18.1~21.5 微米，超细毛的比例大幅度提高，羊毛的国际竞争力显著提升，目前中国已赶超澳大利亚成为世界第一大羊毛生产国。

2. 羊绒

山羊绒具有纤细、柔软、保暖等特性，羊绒是十分珍贵的纺织原料，被称为“软黄金”。在几十年畜牧科技创新的支撑下，我国山羊绒的产量和品质均大幅度提高。目前中国羊绒产量约 1.92 万吨，占全球总产量的 70%以上，而且品质也优于其他国家。

3. 毛绒制品

目前我国羊毛羊绒加工量达到 40 万吨以上净毛，约占世界羊毛羊绒加工量的 35%。羊毛羊绒产品种类已经由针织制品发展到梭织制品和圆机一次性成衣；产品结构由粗纺、纯纺延伸到精纺和多元混纺；产品向高支精纺、轻薄型四季服装转变，产品档次稳步提高、产品出口创汇逐年增加，毛绒加工已成为我国优势特色产业。

4. 羊肉

羊肉是绒毛羊不可忽视的重要产品之一，我国绒毛羊占绵、山羊总数的 70%左右，经过长期的技术集成创新，绒毛羊产肉性能不断提升，绒毛羊羊肉产量占我国羊肉总产量的 60%以上。而且我国绒毛羊以放牧或放牧+补饲养殖为主，羊肉质量污染少，品质优良。

四、科技创新支撑绒毛羊发展面临的困难与对策

（一）困难

我国绒毛羊生产性能需要大幅提高，品种选育工作需坚持不懈地进行；绒毛羊的遗传机理尚未研究清楚，新的育种问题有待进一步探索；绒毛羊饲草料供给的不平衡与绒毛全年生长所需营养平衡供给的矛盾，需要启动重大专项开展研究；疫病防控形势比较复杂；毛绒制品质量安全危害处置工作取得了一定进展，但仍处于起步阶段，与发展的形势和监管要求还存在不小的差距，亟须进一步加强。

（二）对策

（1）建立和完善各品种类型的繁育体系。我国羊品种资源类型多样，但由于缺乏专门化的繁育体系，不能开展深度的选育和提高工作，制约因素比较多。通过体系的建立，联合各类型资源的持有者和研究者，集成多种技术手段，逐步完善良种繁育体系建设，加快推进优质良种化进程，对优良品种引进、选育和使用优质冻精改良给予财政扶持。通过生产性能测定、良种登记、后裔测定与遗传评定等技术工作，选育出优秀的种羊；再通过广泛应用各类实用型繁殖生物技术把其优良性状快速地传递给后代，以提高整体质量和数量，达到优质、高效的改良结果，为形成产业化生产格

局提供优质材料。

（2）培育专门化品种。品种在生产实际中具有绝对的主导作用，要形成具有竞争力的产业必须拥有高度专门化品种。我国羊品种资源专用性弱，培育各种类型的生态差异化专门品种，提高绒毛单产和绒毛质量，同时建立配套技术体系，是绒毛羊产业发展的重要保障。

（3）绒毛羊分子标记育种技术及功能基因研究。开展与毛绒品质等重要经济性状相关的功能基因研究，筛选可以用于辅助选择毛绒性状的分子遗传标记，是今后开展绒毛羊基础性研究工作的一个重要方向，可为将来绒毛羊产业化开发奠定坚实的理论基础和完善的技术体系。

（4）创建分子细胞工程育种技术新体系。以 MOET 育种及标记辅助选择（MAS）等分子和细胞育种技术为主导，利用 BLUP 或 GBLUP 等选种手段进行遗传评定，筛选集成应用分子标记、细胞工程、分子数量遗传学与常规育种手段相结合的羊品种优化育种方案，建立育种技术新体系。

（5）构建品种资源评价和鉴定体系。构建动态的资源保护和利用系统，能够使主管部门及时掌握资源状况，制定和采取更加科学高效的措施，真正实现资源保护和利用。

（6）深入开展地方优秀品种资源的保护和开发。在合理保护地方资源的同时，挖掘和开发地方资源的特点，发挥自身品种优势。这些研究基础性强、公益性强，并且非常烦琐，却能够产生巨大的经济和社会效益。

（7）建立健全疫病防控和预警机制，加强疫病调查、免疫、净化和监测检测技术体系的建立。

（8）加快毛绒制品质量安全立法工作，建立健全毛绒制品生产全程质量监控，构建危害评估信息系统。

（9）建立健全绒毛羊全年生长所需营养和饲草料平衡供给系统。

（10）建立健全绒毛羊全产业链绿色发展产业体系、生产体系及经营体系。

第五节　我国绒毛羊产业未来发展与科技需求

一、我国绒毛羊产业未来发展趋势

（一）我国绒毛羊产业发展目标预测

到 2050 年，我国绒毛羊产业科技创新领跑国际，建设国际一流水平的绒毛羊企业，培育国际一流的生态差异化绒毛羊新品种，形成完善的绒毛羊产业体系、生产体系、经营体系，技术成果转化率达到国际先进水平，全面提升绒毛羊产业整体生产效率，满足毛纺工业和羊肉市场需求，实现农牧民致富奔小康，呈现绒毛羊产业绿色健康可持续发展态势，基本实现我国绒毛羊产业科技强、企业强、产业强的国际化格局。力争到 2050 年我国绒毛羊的良种化比例达到国际先进水平，19.0 微米以下的超细型细羊毛产量占总量的 35%，19.1～21.5 微米细羊毛产量占总量的 45%；纯种半细毛产量 7.5 万吨；绒山羊个体平均绒产量达到 400 克，羊绒细度控制在 15.0 微米以下。

（二）我国绒毛羊产业发展重点预测

1. 短期目标（至 2020 年）

日臻完善我国绒毛羊产业常规技术，加大新技术新方法创新力度，提高绒毛羊品种综合品质和良种化比例，合理布局建设绒毛羊优势产业带，加强绒毛羊产业体系、生产体系、经营体系建设，全面提升产业综合效益，形成农牧民脱贫致富和绒毛羊产业健康可持续发展的良好格局。

2. 中期目标（至 2030 年）

强化绒毛羊产业科技创新，创建国际一流绒毛羊企业，加强国际一流的生态差异化绒毛羊新品种培育，建立健全绒毛羊产业体系、生产体系、经营体系，加大技术成果转化力度，全面提升绒毛羊产业整体效率，满足毛纺工业和羊肉市场需求，实现农牧民致富奔小康和绒毛羊产业健康可持续发展。

3. 长期目标（至 2050 年）

绒毛羊产业科技创新领跑国际，建成几个国际一流水平的绒毛羊企业，培育国际一流的生态差异化绒毛羊新品种，绒毛羊产业呈现绿色健康可持续发展态势，技术成果转化率和良种化率达到国际先进水平，力争实现我国绒毛羊产业科技强、企业强、产业强的国际化格局。

二、我国绒毛羊产业发展的科技需求

（一）种质资源

加速新品种培育，解决优秀种质资源匮乏问题；加强地方品种的选育、保护和开发利用；开展经济杂交，提高产业经济效益；完善标准规模化种质资源发展技术体系。

（二）饲料效率

绒毛羊除其消化代谢机理较复杂外，受环境因素干扰会很大程度影响其饲料转化率，还不能通过饲料消耗较准确预测产品产量。舍饲绒毛羊的日粮无论种类搭配还是营养配制都比较合理，而放牧绒毛羊只在冬春枯草季节补饲，饲草料补饲量因地因经济条件而异。目前仅通过饲料科学配制和加工调制提高饲料效率，需要创新最优饲料转化效率技术体系。

（三）绒毛羊产品品质

我国绒毛羊产区主要分布在广大草原牧区，农牧民文化程度普遍偏低，学习和接受能力相对较差，不了解质量与价格的相互关系，质量意识相对较差，急功近利思想比较严重。剪毛工技术不熟练，经验不足，责任心不强，剪毛过程对羊毛损伤大，留茬高，二剪毛严重，使个体产毛量、毛从长度和羊毛的等级都受到影响。分级过程质量控制不稳定，分级结果与客观检验偏差较大，影响羊毛的整体质量和贸易信誉。为了保障绒毛羊产品品质，需要加强对农牧民和个体中间商质量价值观的宣传教育，加强绒毛羊生产与流通环节的管理。建立绒毛羊产业协会，推举文化程度较高、热心绒毛羊产业的能人担任会长，推广统一选种选配、统一机械剪毛、统一分级、打包等标准化技术措施。同时，进一步完善管理体制，使剪毛质量、分级结果与技术人员的利益挂钩，提高其质量意识和责任心。加强剪毛、分级、打包等各关键环节的质量控制，建立健全绒毛羊产品品质控制技术体系、生产体系、经营体系。

（四）绒毛羊健康

影响绒毛羊健康的因素很多，并且贯穿于绒毛羊饲养管理和生产生活的全过程。另外随着产业发展，绒毛羊及其产品的流通区域的扩大，给疫病控制带来了一定的难度。目前我国检疫、监督、监测手段还比较落后，加上绒毛羊分布地域辽阔，许多地方山大沟深，交通十分不便，及时处理疫情能力不强。动物疫病控制的软硬件设施与绒毛羊业生产快速发展的形势不相适应。应加大绒毛羊防疫的经费投入，做到有钱办事。对防疫技术人员进行专题培训，提高疫病监控能力。特别是重大流行性疫情要做到及时准确诊断，集中快速扑杀，防止进一步蔓延形成大面积危害。迫切需求我国绒毛羊产业必须走国际化福利养殖的道路。

（五）质量安全

羊毛羊绒是毛纺工业重要的原料，但也是传播病原微生物及有害植物种子的重要载体，而羊毛羊绒质量安全是养羊业乃至整个畜牧业和毛纺工业健康发展的重要因素，也影响人民群众的身心健康。要坚持绿色发展理念，落实保障绒毛羊产品质量安全的生产规范和标准，加大质量控制技术的推广力度，推进标准化生产。同时加强绒毛羊产品质量安全风险监测、评估和监督抽查，深入排查风险隐患，提高风险防范、监测预警和应急处置能力。推进绒毛羊产品质量安全监管机制，建立监管制度和模式，优化绒毛羊产业质量安全控制技术体系。

三、我国绒毛羊产业科技创新重点

（一）我国绒毛羊产业科技创新发展趋势

1. 创新发展目标

绒毛羊产业科技创新、企业创新、产业创新势在必行，常规技术日臻完善，新技术新方法创新领跑国际，技术成果转化率赶超国际先进水平，建设国际一流的绒毛羊企业，培育国际一流生态差异化绒毛羊新品种，建立健全绒毛羊绿色发展产业体系、生产体系、经营体系，实现我国绒毛羊业科技强、企业强、产业强的国际化格局。

2. 创新发展领域

绒毛羊生态差异化新品种（系）选育，繁育新技术新方法创新，杂交组合优化利用，性能指标自动机械化采集和智能化分析。饲草料精细化加工调制、精准化饲养管理及平衡营养。规模养殖场疫病净化控制和综合防控，福利和中兽医保健调理。设施设备研发，养殖环境精准调控，废弃物资源化利用。羊毛羊绒前处理，产品精细化加工，质量安全常态化监控及全程追溯。互联网+绒毛羊产业绿色发展体系。

3. 我国绒毛羊产业未来科技发展创新路线图

见图 16-4。

（二）我国绒毛羊产业科技创新优先发展领域

1. 基础研究方面

绒毛羊种质资源挖掘、筛选、鉴定及评价，群体系统进化、分类及遗传结构分析，毛囊形态发生发育及目标性状形成的分子调控机制研究，功能基因的挖掘、筛选、鉴定和验证，基因芯片设计。天然草原草畜平衡动态评价体系建设，全放牧人工混播草地培植模型构建。饲料原料代谢能预测模型、饲草料加工调制新原理新方法及分子营养创新。重大疫病分子机理研究。适宜环境参数、自动机械化和智能化设施设备创制。现代化多功能饲养管理系统、全程质量控制与溯源系统、绒毛检测和加工新原理新方法及产业大数据研究。

2. 应用研究方面

生态差异化绒毛羊新品种培育，全基因组选择技术、基因编辑技术、分子设计育种技术、高密度 SNP 芯片设计技术、GBLUP 育种值估测技术、自动机械化性能指标测定和智能化分析等育种技术和腹腔镜人工授精技术、MOET、工厂化克隆技术、性控技术等繁殖技术集成创新，建设联合育种信息网络平台，构建常规育种与分子育种相结合的育种技术体系。全放牧人工混播草地培植技术、精准规模化舍饲营养调控和饲养管理技术研究应用。重大疫病诊断检测技术、诊断试剂盒、活

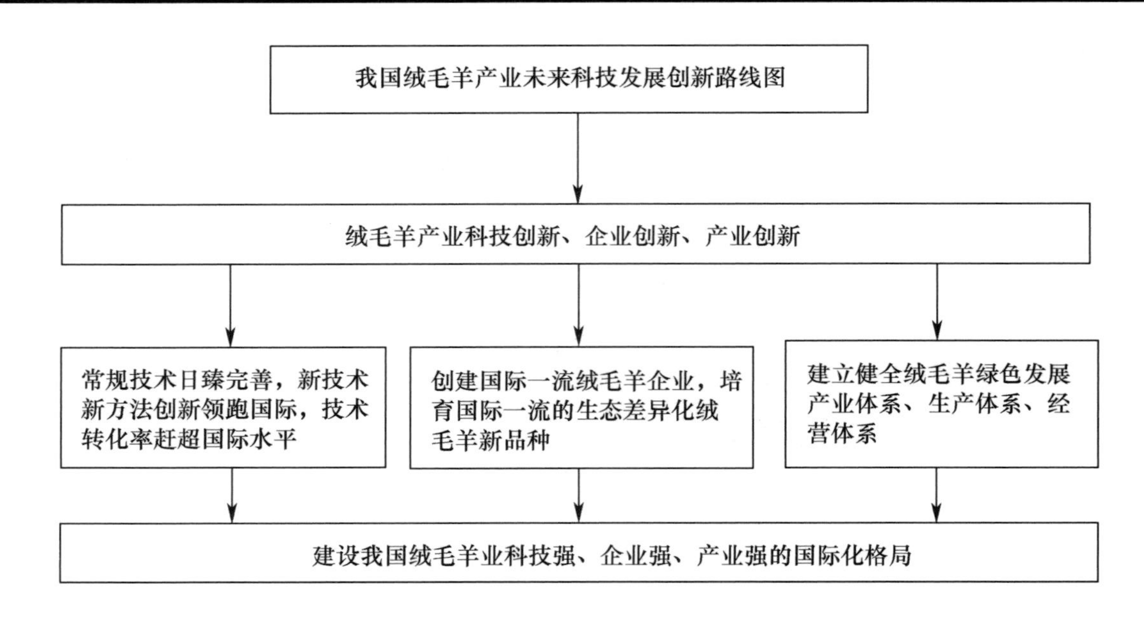

图 16-4　我国绒毛羊产业未来科技发展创新路线图

载体疫苗和亚单位疫苗研制，支原体肺炎免疫相关蛋白的筛选、表达及诊断方法建立，寄生虫病分子鉴别及防治方案制定，福利技术和中兽医保健调理技术创新应用。产品质量安全监测和溯源技术、绒毛原料收储和连锁拍卖技术、绒毛产品加工技术，绒毛精品和奢侈品品牌创建及电商技术集成创新。羊粪有机肥制备工艺及养殖污染源头减量技术研究应用，创建绒毛羊产业国际化模式。

第六节　我国绒毛羊产业科技发展对策措施

一、产业保障措施

制定绒毛羊产业有关法律法规，完善绒毛羊产业补贴政策，建立健全绒毛原料收储、优质优价、拍卖及期货保护政策，强化种羊和商品羊交易、转运、屠宰等规范配套政策，建设绒毛羊产业组织管理制度，加强专业合作社发展政策，强化依法制种政策，创建有计划引种、进口及公示制度，建立绒毛羊产业大数据制度。形成绒毛羊产业“创新、协调、绿色、开放、共享”发展的保障措施。

二、科技创新措施

实施科教兴绒毛羊产业工程，形成多渠道、多形式、多层次的绒毛羊产业教育培训格局，强化农牧民新型创业人才培训战略，形成绒毛全羊产业链人才网络。形成以政府为主导、企业为主体的产、学、研、用、政相结合的科技创新格局，建立以专利制度促进科技创新的知识产权保护法律，科技计划的出台应建立在实地地调查研究与集思广益的基础上，科技评审应坚持评估的规范性和程序的公正性，推行实施促进自主创新的政府采购，出台鼓励科研单位设立创新知识库的国家政策，完善科技转移机制和健全知识产权交易制度及平台。形成绒毛羊产业标准化、精准化、集约化、自动化、智能化、网络化、可视化、安全化发展的科技创新措施。

三、体制机制创新对策

创建绒毛羊全产业链利益合理分配体制，改革基层畜牧兽医管理服务体制，加强能够充分发挥行业组织职能的体制机制建设，优化国家绒毛羊产业技术体系运行机制，建设绒毛进出口信息预警机制，完善绒毛市场流通机制，实施绒毛羊福利机制，建立绒毛羊产业科技创新联盟和品种协会组织管理机制，形成"高产、优质、高效、生态、安全"的新型绒毛羊产业发展的体制机制创新对策。

（杨博辉、刘建斌、郭婷婷、牛春娥、袁超、郭健、张剑搏、陈来运）

主要参考文献

安小军.2014. 促进牧区细毛羊产业发展的措施［J］. 畜牧兽医杂志，33（2）：55-57.

宝音娜，李金泉，金凤.2011. 青海细毛羊业发展现状与未来展望［J］. 当代畜牧（2）：22-23.

陈海燕，肖海峰.2013. 我国绒毛用羊产业发展研究［J］. 经济理论与实践，346（4）：91-92.

陈扣扣.2009. 甘肃高山细毛羊肉毛兼用品系微卫星标记与生产性状相关性研究［D］. 兰州：甘肃农业大学.

陈契.2005. 中国细毛羊业质量战略研究［D］. 北京：首都经济贸易大学.

陈巧妙.2015. 湖羊健康养殖技术的控制因素［J］. 浙江畜牧兽医，3：28-29.

陈甜.2015. 中国绒毛羊生产比较优势与区域布局研究［D］. 北京：中国农业大学.

陈玉芬，郑文新，高维明，等.2006. 细毛羊业具有良好的发展前景［J］. 中国草食动物，26（4）：49-50.

程浩.2017. 畜产品安全控制与溯源技术研究的探讨［J］. 现代农业科技，13：169-170.

楚晓，叶得明，陈秉谱.2005. 中国羊毛生产现状与市场分析［J］. 甘肃农业大学学报，40（5）：708-712.

丁彩玲，俞建勇，张瑞云.2016. 超细羊毛的低温低损伤染色性能［J］. 纺织学报，6：72-75.

丁彩玲.2016. 超细羊毛洗梳染低损伤加工技术及其机理研究［D］. 上海：东华大学.

丁丽娜，肖海峰.2012. 我国羊绒产业发展战略研究——基于我国羊绒产品需求现状分析［J］. 价格理论与实践，7：86-88.

丁丽娜，肖海峰.2013. 中国农牧户绒毛用羊养殖效益及其影响因素实证研究［J］. 农业生产展望（12）：49-55.

董谦，李秉龙.2014. 中国羊肉产品品牌发展现状与主要影响因素分析［A］. 中国畜牧业协会、贵州省遵义市人民政府. 第十一届中国羊业发展大会论文集［C］. 1-7.

樊宏霞，薛强.2010. 内蒙古养羊业的现状、问题及对策［J］. 内蒙古农业大学学报（社会科学版），12（6）：95-97.

高雅琴，杨志强.2007. 我国与澳大利亚羊毛质量管理差距分析［J］. 农业质量标准，S1：69-72.

郭爱莹，曹步春，王占川.2014. 做大做强鄂尔多斯细毛羊产业的思考［J］. 畜牧与饲料科学，35（6）：70-72.

郭健，李文辉，杨博辉，等.2011. 甘肃高山细毛羊的育成和发展［M］. 北京：中国农业科学技术出版社.

郭健.2014. 优质羊毛生产技术［M］. 兰州：甘肃科学技术出版社.

郭婷婷.2012. EGF、KGF在不同细度甘肃高山细毛羊皮肤中的表达规律［J］. 黑龙江畜牧兽医，21：33-34.

郭婷婷.2013. 细毛羊毛囊干细胞分离培养方法比较研究［J］. 中国畜牧兽医，7：148-152.

国家畜禽遗传资源委员会.2011. 中国畜禽遗传资源志·羊志［M］. 北京：中国农业出版社.

哈尼克孜·吐拉甫，吴伟伟，徐新明，等.2017. 肉羊高效养殖技术在生产中的应用［J］. 吉林畜牧兽医，5：55-56.

哈尼克孜·吐拉甫，吴伟伟，徐新明.2016. 新疆细毛羊业的现状与发展［J］. 吉林畜牧兽医，（12）：50-52.

侯钰荣，李学森，任玉平，等.2014. 新疆细毛羊饲养户家畜生产结构优化与经济效益分析［J］. 新疆农业科学，51（3）：532-539.
黄高明 . 2005. 肉品安全监控体系建设的探索［J］. 中国动物检疫，22（2）：16，22.
金江龙，李德允，李星奎，等 . 1988. 东北半细毛羊的选育［J］. 延边农学院学报（2）：37-40.
李维红 . 2011. 毛皮动物毛纤维超微结构图谱［M］. 北京：中国农业科学技术出版社.
梁春年，牛春娥，王宏博，等 . 2006. 世界羊毛生产贸易现状及我国相关对策研究［J］. 家畜生态学报，27（3）：1-4.
蔺建芬 . 2005. 羊绒及其混纺短顺毛大衣呢加工技术的研究与应用［D］. 天津：天津工业大学.
刘士义，郭建兰，贾改芳，等 . 2007. 白绒山羊高效生态养殖要点［J］. 中国畜禽种业，11：79-80.
刘志军 . 2015. 辽宁绒山羊高效利用关键技术［J］. 畜牧兽医科技信息，2：67-68.
雒林通 . 2009. 甘肃高山细毛羊优质毛品系微卫星标记与经济性状相关性研究［D］. 兰州：甘肃农业大学.
马海燕，郝庆升 . 2012. 浅谈绒毛用羊市场风险与风险管理［J］. 当代生态农业（1-2）：91-94.
马章全，陈小强，马欣荣 . 2013. 国内外绒毛用羊产业发展的特点与趋势［J］. 家畜生态学报，34（7）：85-88.
马章全，于福清，元冬 . 2013. 关于我国半细毛羊产业的发展问题［J］. 中国羊业进展，32-34.
马志愤 . 2008. 草畜平衡和家畜生产体系优化模型建立与实例分析［D］. 兰州：甘肃农业大学.
木乃尔什，王同军，马庆，等 . 2013. 凉山半细毛羊高效养殖技术的推广应用［A］. 中国畜牧业协会 . 2013 中国羊业进展［C］. 中国畜牧业协会，148-151.
牛春娥 . 2011. 绵羊毛质量控制技术［M］. 北京：中国农业科学技术出版社.
秦有，马艳菲，林鹏超 . 2010. 国外细毛羊产业发展的经验和启示［J］. 中国畜牧通讯，7：46-47.
荣威恒，田春英，王峰 . 2010. 内蒙古细毛羊产业状况和发展前景探析［J］. 甘肃畜牧兽医，31（6-7）：86-89.
石岩，何军 . 2015. 新疆细毛羊养殖专业合作社发展现状与对策［J］. 畜牧与兽医，47（5）：132-135.
孙亮 . 2009. 肃南细毛羊生产体系评价与精准管理模式研究［D］. 兰州：甘肃农业大学.
孙致陆，肖海峰 . 2014. 中国绒毛羊产业经济研究（第二辑）［M］. 北京：中国农业出版社.
孙致陆 . 2014. 中国绒毛用羊产业经济研究（第二辑）［M］. 北京：中国农业出版社.
谭晓山，李冰，赵永聚 . 2015. 我国绵、山羊育种工作现状与发展前景［J］. 中国畜牧杂志，51（6）：15-19.
田春英，王峰，荣威恒 . 2005. 内蒙古细毛羊产业可持续发展对策探讨［J］. 畜牧与饲草科学（4）：48-50.
田可川 . 2013. 中国养殖业可持续发展战略研究——畜禽养殖卷（专题四）——毛绒生产可持续发展战略研究［M］. 北京：中国农业出版社.
田可川 . 2014. 绒毛用羊生产学［M］. 北京：中国农业出版社.
王贝贝 . 2016. 中国绒毛用羊产业经济研究（第五辑）［M］. 北京：中国农业出版社.
王德新 . 2015. 进出口纺织品安全项目检验规范的研究与标准修订［D］. 长春：长春工业大学.
王海兄，马国柱 . 2016. 祁连县藏羊高效养殖示范户技术推广项目调查报告［J］. 黑龙江畜牧兽医，20：101-103.
王佳慧 . 2016. 纺织品中 16 种多环芳烃及 16 种含氯苯酚类物质的检测方法研究［D］. 长春：吉林大学.
王晶，肖海峰 . 2016. 中国细毛羊规模养殖场经济效益及其影响因素分析［J］. 农业生产展望（11）：62-67.
王丽娜，顾国达 . 2004. 新西兰的羊毛生产与贸易［J］. 世界农业，298（2）：27-28.
王丽萍 . 2010. 甘肃高山细毛羊 KRT-IF 基因克隆、生物信息学分析及其遗传效应研究［D］. 兰州：甘肃农业大学.
王同军，马庆，等 . 2013. 凉山半细毛羊高效养殖技术的推广应用［A］. 中国畜牧业协会 . 2013 中国羊业进展［C］. 中国畜牧业协会，148-151.
王为，李浩，张相鹏 . 2011. 吉林省细毛羊产业发展对策的探讨［J］. 吉林畜牧兽医，32（11）：1-2.
王晓春 . 2016. 提高北方地区绒毛用羊生产水平的措施［J］. 中国草食动物，26（6）：49-50.
王兆丹 . 2010. 羊肉产品追溯系统的构建［D］. 北京：中国农业科学院农产品加工研究所.
文・木克代丝 . 2013. 我国细毛羊产业出路何在［J］. 中国纤检，32-33.

吴秀霞，史丽敏，郭明峰 . 2017. 超细羊毛的结构性能及其织物的植物染料染色性 [J]. 毛纺科技，2：12-16.
吴瑜瑜 . 2013. 甘肃超细毛羊胎儿发育中后期毛囊形态发生中 Wnt10b、β-catenin 及 FGF18 基因表达研究 [D]. 兰州：甘肃农业大学.
吴瑜瑜 . 2013. 中国超细毛羊（甘肃型）胎儿皮肤毛囊发育及其形态结构 [J]. 中国农业科学，9：1923-1931.
夏新山 . 2007. 我国细毛羊产业现状及发展对策 [J]. 中国畜牧杂志，43（13）：62-63.
肖海峰 . 2014. 中国绒毛羊产业经济研究（第一辑）[M]. 北京：中国农业出版社.
肖海峰 . 2014. 中国绒毛用羊产业经济研究（第三辑）[M]. 北京：中国农业出版社.
肖海峰 . 2015. 中国绒毛用羊产业经济研究（第四辑）[M]. 北京：中国农业出版社.
徐章婕 . 2015. 羊毛织物自清洁整理功效的研究 [D]. 上海：东华大学.
杨博，吴建平，杨联，等 . 2012. 牧区绵羊精准管理技术体系建立与草畜平衡研究 [J]. 草地学报，3：589-596.
杨博 . 2012. 祁连山牧区草畜平衡评价与绵羊精准管理技术体系研究 [D]. 兰州：甘肃农业大学动物科学技术学院.
杨博辉 . 2017. 论高山美利奴羊新品种的价值和意义 [J]. 甘肃畜牧兽医，47（4）：55-57.
杨德智，史丽宏，陆军 . 2014. 舍饲绒山羊健康养殖技术 [J]. 中国畜牧兽医文摘，30（3）：50，73.
杨杜录 . 2013. 甘肃省细羊毛产业发展概况、存在问题及对策 [J]. 甘肃畜牧兽医，3：19-21.
杨红远，洪琼花 . 2011. 国内外半细毛羊现状及前景分析 [J]. 云南畜牧兽医，2：29-32.
杨建青 . 2009. 国际羊毛市场状况与中国细毛羊发展分析 [J]. 农业贸易展望，2：1-4.
杨敏 . 2013. HIF-1α 基因 G901A 多态性与高海拔低氧适应的相关性 [J]. 华北农学报，6：111-114.
杨敏 . 2014. 中国细毛羊群体遗传多样性分析 [D]. 甘肃农业大学.
殷秀梅 . 2015. 蛋白酶法羊毛快速防缩工艺及机制研究 [D]. 天津：天津工业大学.
尹贻金 . 2012. 中国羊毛价格预警机制研究 [D]. 长春：吉林农业大学.
于国庆，姜树德，杨亮，等 . 2010. 国外细毛羊产业发展的主要经验与启示 [J]. 现代农业科技，14：353-355.
余刚 . 2006. 绒山羊育种原理与方法研究进展 [J]. 中国畜禽种业，7：45-47.
俞鑫 . 2010. 聚六亚甲基双胍用于羊毛织物抗菌防缩功能整理的研究 [D]. 上海：东华大学.
袁燕 . 2016. 湖羊健康养殖与管理技术探讨 [J]. 新疆畜牧业，1：56-58.
岳耀敬 . 2014. 高山美利奴羊新品种种质特性初步研究 [J]. 中国畜牧杂志，21：16-19.
岳耀敬 . 2015. 绵羊毛纤维直径和高原低氧适应的转录组差异表达分析 [D]. 兰州：甘肃农业大学.
曾正祥 . 2016. 云南半细毛羊产业化开发存在问题与对策分析 [J]. 中国畜牧兽医文摘，32（8）：39.
战英杰 . 2011. 中国羊毛生产和外贸格局及其影响因素分析 [D]. 北京：中国农业科学院.
张剑搏 . 2018. 不同动物模型对高山美利奴羊早期生长性状遗传参数估计的比较 [J]. 中国农业科学，51（6）：1202-1212.
张瑞强 . 2013. 中国羊肉产业国际竞争力现状评价、影响因素与政策建议 [D]. 呼和浩特：内蒙古大学.
张淑洁 . 2003. 拉伸细化羊毛纤维的性能及其产品开发 [D]. 天津：天津工业大学.
张艳华，田可川，张廷虎，等 . 2010. 羊毛供求趋势及我国毛用羊产业发展的思考 [J]. 中国畜牧杂志，46（16）：27-29.
赵奇才 . 2016. 微水非氯型羊毛表面改性研究 [D]. 杭州：浙江理工大学.
赵有璋 . 2013. 中国养羊学 [M]. 北京：中国农业出版社.
中国养殖业可持续发展战略研究项目组 . 2013. 中国养殖业可持续发展战略研究（畜禽养殖卷）[M]. 北京：中国农业出版社.
中国畜牧兽医年鉴编辑委员会 . 2014. 中国畜牧兽医年鉴 [M]. 北京：中国农业出版社.
中国畜牧兽医年鉴编辑委员会 . 2015. 中国畜牧兽医年鉴 [M]. 北京：中国农业出版社.
中国畜牧兽医年鉴编辑委员会 . 2016. 中国畜牧兽医年鉴 [M]. 北京：中国农业出版社.
中国畜牧业年鉴编辑委员会 . 2011. 中国畜牧业年鉴 [M]. 北京：中国农业出版社.

中国畜牧业年鉴编辑委员会．2012. 中国畜牧业年鉴［M］. 北京：中国农业出版社.
中国畜牧业年鉴编辑委员会．2013. 中国畜牧业年鉴［M］. 北京：中国农业出版社.
周向阳，肖海峰．2011. 我国羊毛价格变动特征及影响因素分析［J］. 价格理论与实践，11：23-26.
周应恒，耿献辉．2002. 信息可追踪系统在食品质量安全保障中的应用［J］. 农业现代化研究，23（6）：451-454.
朱守芹，王春昕，张明新．2013. 北方绒毛用羊养殖场的规划与建设［J］. 家畜生态学报，34（1）：70-72.
朱五星．2005. 回顾历史进程展望保种开发——考力代羊纳入国家级保护的建立［J］. 中国草食动物，25（2）：55-57.
Han JL. 2015. Molecular characterization of two candidate genes associated with coat color in Tibetan sheep（Ovis arise）［J］. Journal of Integrative Agriculture，7：1390-1397.
Han JL. 2016. High gene flows promote close genetic relationship among fine-wool sheep populations in China［J］. Journal of Integrative Agriculture，4：862-871.
Yang M. 2014. Polymorphism of the Keratin 31 gene in different Gansu Alpine fine-wool sheep strains by high resolution melting curve analysis［J］. Journal of Animal and Veterinary Advances，10：263-272.
Yang M. 2014. The limitation of high-resolution melting curve analysis for genotyping of SSR for sheep［J］. Genetics and Molecular Research，13（2）：2645-2653.
Yue YJ. 2011. Simultaneous identification of FecB and FecXG mutations in Chinese sheep using high resolution melting analysis［J］. Journal of Animal and Veterinary Advances，2：164-168.
Yue YJ. 2012. Sex Determination in Ovine Embryos Using Amelogenin（AMEL）Gene by High Resolution Melting Curve Analysis［J］. Journal of Animal and Veterinary Advances，16：2948-2952.
Yue YJ. 2015. De novo assembly and characterization of skin transcriptome using RNAseq in sheep［J］. Genetics and Molecular Research，14（1）：1371-1384.
Yue YJ. Exploring Differentially Expressed Genes and Natural Antisense Transcripts in Sheep（Ovis aries）Skin with Different Wool Fiber Diameters by Digital Gene Expression Profiling［J］. Plos one.

第十七章　我国鹿产业发展与科技创新

摘要：我国是全球鹿养殖大国之一，养殖历史悠久，特别是近几十年发展迅速，已初具规模。鹿养殖属于地方特色养殖业，在主养区占有非常重要的地位，对于调整农村产业结构，增加农民收入发挥着重要作用，在部分地区已成为农村建设和农业发展的支柱产业。

我国鹿养殖业的发展也面临着严峻的考验和挑战。与国外差距较大，养殖规模小，产业科技含量低，产品类型单一、质量参差不齐、法规政策的制约、发达国家养鹿业的冲击等，导致了我国鹿养殖业发展中的一些主要矛盾和实际问题日益突出。因此，如何及时调整策略，采取措施解决鹿养殖业发展中存在的问题，是我国养鹿业当前面临的重要课题。"十三五"是我国鹿养殖业发展的关键时期，在"创新、创业"的大环境下，政策对产业的约束和束缚正在变小，只有不断加大科技创新力度，优化完整产业发展支撑体系，逐步完善产业技术标准，不断改变养殖环境，推广科学饲养的概念，挖掘产品市场潜力，培育核心竞争力产品，通过创新驱动、项目带动、投资拉动等多种手段和方式才能更好地应对国外市场的冲击，不断壮大和发展我国的鹿养殖业。

第一节　国外鹿产业发展与科技创新

一、国外鹿产业发展现状

（一）国外鹿产业生产现状

目前世界鹿类动物的饲养量近700万只，鹿类动物主要包括驯鹿、赤鹿、梅花鹿、马鹿、黇鹿等。新西兰的驯养量占世界驯养的第一位，约40%。新西兰、中国、俄罗斯3个国家的鹿茸和鹿肉生产量占市场的75%。新西兰、北欧、北美洲等国家或地区主要生产驯鹿、黇鹿、赤鹿等鹿类动物的肉；鹿茸生产则主要集中在新西兰、中国等国家，主要包括梅花鹿、马鹿、赤鹿等鹿茸。

（二）国外鹿产业养殖模式

1. 游牧式

该模式从北欧国家北边冻土地带经俄罗斯北部，一直延伸到阿拉斯加。这一带有丰富的驯鹿资源，已被利用几百年，为当地人们重要的生活来源。

2. 圈养式

这是带有普遍性的一种养鹿方式。有人把鹿叫作"半家养半野生动物"，意即，鹿是现代野生动物驯养中最成功的一种，在圈养下放置了若干代。但圈养鹿为高消耗、高成本的饲养模式。

3. 围栏轮牧式

新西兰、加拿大、美国、英国、澳大利亚等国采用的方法，这些发达国家城市化发展水平高，畜牧业比重大于种植业。其放牧方法是：用铁丝网把牧场围起来，划分成若干格区，将鹿放入几个格区，当这几个格区内的草大部分被采食后，用越野车将鹿群赶入另一些格区轮牧，不影响放养。

有的选择一座山围起来放养鹿。牧场有水源，长茸期和冬季补饲。只在收茸期雇工帮助生产，平时不用人工管理，委托给当地的有关机构进行驱车巡视，发现问题后告之鹿场主前来解决。这样的形式看似简单，但是对决定鹿茸产品的成本起关键作用，既体现了多快好省的原则又符合鹿生存需要，较好地模拟了环境，实现了良性循环。

（三）国外鹿产业贸易现状

鹿肉和鹿茸是养鹿业的产品，其中鹿茸是主产品。目前最具竞争力的产茸销售国是新西兰、加拿大、俄罗斯。

新西兰年产鲜茸400吨以上，是目前产茸最多的国家，而且平均售价要高出国产鹿茸30%。加拿大产鹿茸以“粗、短、嫩”而闻名，每年有60吨左右的鲜茸出口，售价与国产优质天山马茸相似。俄罗斯鹿茸价格最高，所产马茸支体较大，下段骨化轻、含血好，鲜茸年产量约90吨。北美、韩国、澳大利亚等也产鹿茸，但产量较小。英国、德国等欧盟国家也产鹿茸，由于动物保护和动物福利等因素，禁止取茸及进口鹿茸，多数以肉用为目的。目前韩国是鹿茸最大进口国，其中进口的新西兰鹿茸最多，其次是俄罗斯。韩国约消费国际鹿茸市场85%的鹿茸。

在鹿肉方面，新西兰产量和价格呈逐年上升的趋势。德国是鹿肉最大进口国，且是新西兰鹿肉的最大贸易和消费市场，占国际鹿肉消费量的50%。澳大利亚也出口鹿肉，但产量较少，年均16吨左右。

二、国外鹿产业科技创新现状

新西兰等国家在鹿的饲养、繁育等方面都取得了重要的成果。通过引进种鹿，改进了本地鹿的品种，鹿茸、鹿肉产量有了很大的增加。尤其在鹿茸的药用机理方面，新西兰确定了鹿茸所含的各种有益成分，并证明鹿茸加工品有抗癌、抗衰老、增强免疫功能和记忆力、加速运动员体能恢复和手术恢复等功效。国外重视鹿产品的精深加工和研究，根据鹿产品市场开发的需要，对鹿产品进行了针对性研究，开发出了胶囊、鹿茸酒、鹿茸饮料等各种深加工产品。另外对鹿的初级产品也有严格的加工工艺和统一标准，加工的标准以保证产品的质量安全为前提，对厂房、设备、人员卫生等都有严格的要求，进一步增加了产品的附加值。在今后一段时间，鹿产品的精深加工将仍是研究发展的重点。

三、国外鹿科技创新的经验及对我国的启示

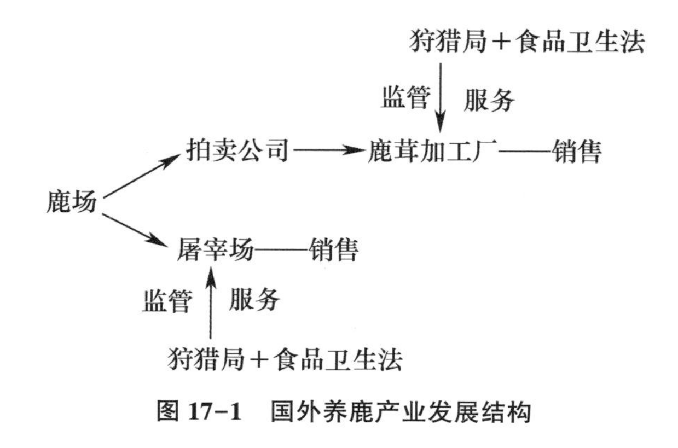

图17-1　国外养鹿产业发展结构

（一）界定合理的产业发展结构和产业走向

国外根据鹿业发展情况，已把驯养鹿作为家畜，不再当作野生动物，并成立了相关协会。政府及时在鹿的试验、管理、产品加工、质量检验等方面制定了一系列的法律法规，用来规范整个产业的发展。鹿场、拍卖公司、加工厂、屠宰场、狩猎局等各司其职。政府成了专门的管理机构来监督鹿业生产的各个环节，并协调鹿产品出口的问题，对鹿产业的发展实行鼓励和保护措施，促进和带动了产业的快速发展。

（二）改变传统养殖生产模式

规模化、产业化养殖实行工厂化科学管理，技术水平高，制定严格的行业标准，无论是养殖、加工、拍卖等都进行严格的标准化管理。产品制作销售科学、先进，适应市场需求，吸引顾客。行业协会作用大，真正起到了桥梁的作用，一方面向政府建议、交涉和沟通，另一方面也保护经营者的利益，为鹿业的发展、壮大起到了重要的保障和推动作用。

第二节　我国鹿产业发展概况

一、我国鹿产业发展现状

（一）我国发展鹿产业的重大意义

鹿产业是我国典型的特色农业（特色养殖业），中国也是世界上重要的茸鹿养殖国家，养鹿历史悠久，中华人民共和国成立后，我国养鹿业发展迅速，在一段历史时期养鹿收益相当可观，极大地促进了农村经济发展和农民增收，在主要养殖区域已成为当地的支柱产业，与传统农业相比，在调整农业结构，促进区域经济发展，实现农民增收方面优势明显。

2015 年中央一号文件提出“增加农民收入，必须延长农业产业链，提高农业附加值。立足资源优势，以市场需求为导向，大力发展特色种养业”，一号文件为推进特色种养业发展指明了方向，鹿产业的发展也将按照延长产业链，提高附加值这一方向，深化科技创新，推动产业走上高精尖规模化产业集群发展之路。2014 年《食品药品监管总局关于养殖梅花鹿及其产品作为保健食品原料有关规定的通知》中允许养殖梅花鹿及其产品作为保健食品原料使用，为鹿产品进军保健食品领域解开了政策束缚，为鹿产业的发展带来了新的经济增长点，产业规模将持续壮大，产品线将呈现多元化发展趋势，预计到 2020 年，鹿产业总产值达到千亿元。

（二）我国鹿产业生产现状

目前人工驯养且已经具有产业规模的主要是梅花鹿和马鹿。经过多年连续的选育，我国已经培育出了产茸性能高且各具特点的茸鹿品种（品系）。目前，全国已经通过国家品种审定的共有 9 个品种和 1 个品系。在我国，大大小小的养鹿场几乎分布全国，但重点区域仍然是东北四省区（辽、吉、黑、蒙）和新疆等北方地区。最新数据显示，我国鹿存栏量 162 万只，行业年销售收入约 260 亿元，其中梅花鹿约为 133 万只，马鹿约为 19 万只，其他品种约 10 万只，全国鲜鹿茸年产量约 400 吨。其中吉林省存栏量 65.4 万只，是全国养鹿第一大省，养鹿产业已形成完整的产业链体系，从业人员涉及养殖户、饲料企业及饲料销售商、收购商、加工商、经销商，初步估计，截至 2014 年，全国鹿产业从业人员达 120 万人。

二、我国鹿产业与发达国家的差距

（1）目前仍推行“公司+农户”或者个体承包户的模式，规模小，没有形成产业化养殖，不利于产业的发展、资源的有效利用和兽医防治。

（2）没有系统规划养鹿业的发展。对养鹿业如何发展没有进行系统的研究与规划，重要的基础理论和瓶颈问题没有得到解决，鹿产业科技发展滞后，产品缺乏竞争力。

（3）政策支持力度小。相关法律法规不够完善，目前尚无明确的法律法规支持发展驯养动物养殖业。因此鹿业发展过程中无法可依，市场低迷极易出现产业濒临灭绝的危险局面。

三、我国鹿产业发展存在的问题及对策

（一）生产水平

我国在人工驯养茸鹿方面具有地理和资源的天然优势，近年来随着科学技术的发展，茸鹿养殖水平也有了显著提高，选育出了一系列茸鹿品种和品系，但产业化程度低，特别是我国鹿产品加工行业发展缓慢，目前我国鹿产品的加工状况总体来说仍处于以初级产品加工为主的阶段，缺少深加工产品，加工业落后的瓶颈效应严重制约着鹿产业的发展，尤其对鹿养殖业的制约作用更大。

（二）生产效率

人工驯养技术和人工授精技术比较成熟，且得到了大范围的推广应用，我国养鹿业的生产效率和生产性能总体水平较高。但由于产业化程度低，饲养方式、饲养成本等各不相同，不同区域鹿群的生产效率和生产性能存在较大的差异，老弱病残等低产劣质鹿群仍广泛存在。

（三）质量安全

由于缺乏必要的行业标准和法制措施，我国养鹿业的生产质量和产品质量还存在相当的安全隐患。首先由于缺乏监管措施，市场上还存在制假、售假等现象。其次研发、生产与市场脱节，不管是鹿产业的发展还是鹿产品的开发，对科研的投入都是一件非常重要的事情，而对于我国目前的鹿产业而言，普遍存在的问题是技术水平不高，研发投入不足，研发与市场脱节，最基本的鹿茸有效成分分析仍不能定论，所以提供给消费者服用的深加工产品不仅开发不够，宣传上尚显科学依据不足。

（四）环境控制

养鹿业目前面临两大环境，其一是社会政策环境。目前我国尚未明确规定鹿是野生动物还是可驯养动物。我国颁布的《野生动物保护法》中未区分野生鹿和驯养鹿，统一将其列为国家一级或二级保护动物。各地的行业协会也没有具体的行业规范可用于指导。目前人工饲养的鹿作为野生动物来管理，饲养者需要交纳多项费用，大大增加了鹿饲养者的经济负担。全国茸鹿产业基本处于行业主管缺失的状态，产业自发和无序的发展，无统一战略规划，缺少调控机制，存在一定的盲目性。在国际竞争中，很难与新西兰这样机构完善、战略明确的对手较量，在遭遇贸易壁垒等问题时，也很难组织起有效统一的应对。

其二是养殖环境。目前我国养鹿业多是家庭作坊式的饲养模式，普遍缺乏市场竞争力和科技含量、信息来源不灵活。另外就是技术理念薄弱，缺乏系统的技术服务体系，饲养过程、管理都不够科学，没有形成规范的技术体系，导致鹿的死亡率偏高，大大增加了饲养成本。所以必须推广普及

科学养殖的概念，运用科学的手段来引导，利用科学的方法来管理，制定合理的饲养方式，建立合理的营销体系，建立规模化、品牌化的龙头鹿养殖企业。加大科研方面的投资力度、发挥我国的行业优势，积极开发相关产品。在鹿产业研究中加强利用分子生物学等现代科学技术，开拓思路，拓宽我国鹿产业的发展空间。

针对上述问题，应采取如下对策：

1. 加强政策引导和行业管理

针对无行业主管部门的问题，国家应该明确行业主管部门，加强鹿产业的管理，制定有利于鹿产业发展的相关政策，组织制定鹿产品的有关标准。政府部门从管理和服务职能上讲，应与企业相互协调，共同促进鹿产业发展。

近五年，吉林省等主产区地方政府和相关学者一直致力于推动产业政策松绑，并取得了切实的效果，目前养殖梅花鹿及其产品作为保健食品原料使用，为鹿产品进军保健食品领域解开了政策束缚。

2. 提高科技创新能力

针对优良种源基地落后、品种质量不高、品种性能差、无肉用鹿品种等技术问题，进一步加大鹿业研究。针对饲养、繁育技术问题，构建完善的技术服务体系和队伍。针对饲养成本过高的现状，加强降低饲养成本的研究。近年来，国家层面、省部市等层面均有对鹿科学研究的支持，实施了科技支撑计划等一批重大科技项目，推动了鹿科技创新能力的提升。自 2013 年以来，国家实施了“农业科技创新工程”为鹿产业发展提供了机遇。

3. 加大产品研发力度

长期以来我国主要是以原初产品消费和市场贸易为主。近年来，产品精深加工虽然有了很大的进步，但覆盖面不广，数量也很有限，原初产品仍然在市场上占据主导地位。为了进一步增加产品的附加值，加工企业今后应加大科研投入，不断开发各种深加工产品，进行有效成分的提纯、分离，制成高效浓缩产品。随着鹿茸被允许进入保健食品领域，鹿产品深加工研究与开发应从“药用”和“保健食用”两个角度开展，使鹿产品生产逐步走向产业化。

4. 培育优势核心企业

发挥重点加工企业的支撑和引领作用，通过强强联合、兼并重组，加快培育一批具有一定规模、比较优势突出、掌握核心技术的鹿产业加工企业。鼓励加工企业大力发展精深加工，延伸产业链，提高附加值，推动传统加工企业转型升级。

第三节　我国鹿产业科技创新

一、我国鹿产业科技创新发展现状

（一）国家项目

据不完全统计，在“十二五”期间，涉及鹿类研究的国家自然科学基金约有 50 项，资助经费近 2 000万元。项目主要集中于鹿茸分子生物学方面，其次是含鹿成分（鹿茸、鹿鞭等）的药理研究。其他科技部、农业部资助项目 40 余项，项目总投资 1 亿余元，涉及成果转化、科技支撑、973 以及物种资源保护等各方面。科研项目的实施和完成对我国养鹿业的发展具有重要的作用和意义。依靠科技创新和进步，我国养鹿产业科技支撑体系正在形成，产出了一批具有自主知识产权的成果，大量的新技术也得到了普及和推广，直接推动了养鹿业的发展。

近年来，全国特别是东北和新疆等地的养鹿业发展迅速，鹿业相关的科学研究也得到了国家一些重大科技计划的专项支持。支持计划涵盖了国家自然科学基金、863 计划、973 计划、国家科技支撑计划、农业科技成果转化项目、科技部基础条件平台等专项，产出了一批重大的科研成果，为我国鹿产业快速发展提供了技术支撑。

（二）创新领域

我国养鹿产业经过多年的努力，产业科技支撑正在逐步形成，在鹿品种资源保护与利用、茸鹿新品种培育、产业关键技术研究等方面不断取得突破，科技创新的引领和支撑作用日益显著（表 17-1）。

表 17-1　鹿产业科技创新国家项目表

科技计划	项目名称
国家自然科学基金项目	鉴别和分离刺激哺乳动物器官鹿茸再生小分子物质的研究
	利用独特的细胞共培养体系分离刺激哺乳动物器官鹿茸完全再生物质的研究
	探寻刺激鹿茸血管和神经完全再生物质的研究
863 计划	动植物生物反应器（家蚕生物反应器产业化体系与产品开发）
973 计划	特种动物产品高效培育与加工的基础研究
	哺乳动物器官鹿茸完全再生相关信使生物分子的鉴别及功能分析
国家科技支撑计划	反刍、水产及特种动物配合饲料生产技术集成与产业化示范——茸鹿配合饲料生产技术集成与产业化示范
	名优动物药梅花鹿产业发展关键技术研究与养殖基地建设
	草食类特种动物资源高值加工技术集成与产品
农业科技成果转化	梅花鹿优质高效繁育技术应用与推广
科技部基础条件平台	家养动物种质资源共享平台

1. 品种选育方面

在梅花鹿和马鹿育种基础理论诸方面，如群体与数量遗传学、杂交优势利用、优化育种等方面取得极大的进展。在育种技术和方法上，对鲜茸的茸重性状遗传参数进行估测，揭示出茸重性状属高遗传力和高重复力，从而使依据育种值进行早选成为可能。利用闭锁繁育技术培育出了双阳、长白山、西丰梅花鹿和清原马鹿等优良品种（品系）。开展了 28 次杂交试验，筛选出的梅花鹿×马鹿杂交和东北马鹿×天山马鹿杂交两种组合的杂种优势效果最佳。此外，对育种核心群进行了深入研究，制定了种公鹿的茸重标准、种鹿选择的评定体系，核心群公母鹿的最佳年龄组合和适宜比例、估测种群的改良速度，使建立育种核心群更加规范化、标准化。

2. 高效养殖技术

我国人工驯养梅花鹿和马鹿的技术比较成熟，茸鹿的驯化放养技术改变了我国传统养殖习惯，而人工授精技术的发展，保证了优良鹿种的大量繁殖，还克服了不同鹿种之间体型、发情期和择偶差异的困难，便于杂交。精液冷冻技术，可长期保存优良种公鹿的精液，便于运输，克服了时间差异、地域限制和种公鹿的寿命限制，提高了种公鹿的利用率和种用年限。鹿同期发情技术，可使母鹿集中发情，便于人工授精技术的应用，也是胚胎移植技术的基础。胚胎移植技术，对鹿类这种单胚动物作用显著，可以扩大优良母鹿的种用价值，加强母鹿对育种进展的影响。梅花鹿营养需要及其饲料营养价值评定，提出了可直接应用于养鹿生产的适宜饲粮营养水平、营养需要量、日粮结构及饲喂方式；评定了豆类、饼粕类、谷物类、糠麸类、树叶类、牧草类、秸秆类等鹿常用饲料营养价值表；研制出了梅花鹿、马鹿不同生理时期的专用预混料，可明显提高茸鹿的生产性能和成品鹿茸的优质率、有效地降低成年鹿和仔鹿的死亡率，节省精饲料和蛋白质类饲料的效果显著。

3. 鹿产品开发

依靠科技进步与创新，鹿产品开发获得自主知识产权新产品数量逐年增加。对梅花鹿茸及六种副产品化学成分分析初步探明了鹿茸的功效性成分。活性鹿茸加工新技术、应用微波能和远红外线加工鹿茸技术等先进加工方法和设备的引入，改善了传统加工工艺的缺陷，提升了加工效率，开发了以水炸茸、冻干茸、鲜鹿茸为原料的一系列产品。鹿副产品的开发，梅花鹿心、鞭系列营养保健品研制，丰富了鹿产品的种类，目前已批准的含有鹿成分的药品有471种，保健食品220种，涉及的功能达11种。

（三）国际影响

我国养鹿历史悠久，目前是世界上的鹿业生产大国之一，也是将鹿产品用于医药保健事业最早的国家。我国养鹿业发展迅速，在梅花鹿营养研究、鹿茸生长调控等很多研究领域都处于前列，在梅花鹿品种方面选育出了质优、产茸量高的新品种并受到了国际重视。但由于产业化程度不高、技术水平低、产品缺乏竞争力等问题，我国鹿产业的发展受到了国外养鹿业的冲击，面临严峻的挑战。

我国在梅花鹿鹿茸生理机制及鹿茸干细胞研究方面处于国际领先地位，在生茸机制及人工诱发母鹿生茸与公鹿当年生二次规格茸技术研究、梅花鹿生茸机理、生物反应器、鹿茸再生及其相关干细胞的研究方面不断深入，采用组织学、细胞学、分子生物学等现代生物技术的原理和方法，对鹿茸再生的形态和组织学过程，鹿茸再生与典型割处再生的比较研究，鹿茸再生所依赖的干细胞定位及鹿茸干细胞与包裹其皮肤间相互作用等方面进行了深入的研究，发现了鹿茸中的神经分布类型是由血管平滑肌细胞表达的NGF的位置所确定的；发现鹿茸神经再生的途径是由血管平滑肌细胞表达的NGF而确定的。由角柄骨膜中分离出鹿茸再生的干细胞，首次将骨膜干细胞分化成软骨、脂肪和神经细胞；探索了鹿茸生物反应器，以及从鹿茸再生干细胞中分离刺激血管及神经再生的小分子物质，展现了很好的应用前景。

二、我国鹿产业科技创新与发达国家之间的差距

1. 产业技术标准有待加强

我国鹿产品标准的覆盖面和等级还有待于进一步研究和加强。目前陈旧的标准无法及时修订，缺少符合市场需求的新标准，也缺乏有效的产品检测体系，因此产品质量难以保证，也没有统一的出口标准，导致国际销售渠道不畅通。

2. 在鹿产品药用机理研究的基础上开展的深加工研究亟须进一步加强

目前我国药用鹿产品药理作用不清、鹿副产品的保健功能不明与开发利用滞后，鹿茸深加工不够，很难在高端产业占有一定的市场。且目前鹿产业领域研究条件较差，基础药理研究和应用开发研究相互脱节，无法开展高新技术研究，产品缺乏科技含量，在国际市场上严重缺乏竞争力。

三、我国鹿产业科技创新存在的问题及对策

不管是鹿产业的发展还是鹿产品的开发，对科研的投入都是一件非常重要的事情，而对于我国目前的鹿产业而言，普遍存在的问题是技术水平不高，研发投入不足，研发与市场脱节，最基本的鹿茸有效成分分析仍不能定论，所以提供给消费者服用的深加工产品不仅开发不够，宣传上尚显科

学依据不足。

鹿产品基础研究和应用开发研究、生产与市场相互脱节，或研发经费不足，或学科配置不合理，科研群体的交叉、综合技术水平低，致使鹿产品应用开发领域充满急功近利的躁动情绪，产品科技含量低；或一有新成果报道，也不考虑知识产权和市场容量，一哄而上纷纷仿冒，形成低水平重复；或者无限夸大实用功效和产出利润的“炒科技”“炒概念”，损害了专业户获利，败坏了自身形象。大多数专业户只满足于卖鹿茸、卖仔鹿，以低效益维持眼前利益的现状，而无联合起来以股份合作形式投入长期研发，生产高科技含量、高附加值、高经济效益的新产品的愿望。种种原因致使我国鹿及其产品少有国内外市场认同的知名品牌，也无有关方面组织协调使产、学、研、科、工（农）、贸一体化，建立良性循环的产业链。

鹿产品应用开发研究以鹿茸为最。而其他鹿产品应用开发研究不论是广度还是深度，都远远逊于鹿茸，大多尚未经过现代医药开发过程，缺乏系统研究，不论是古方还是现代制剂多为复方，单味鹿产品功效的科学结论很难确定，直接影响着鹿产品在医药、保健领域的应用。梅花鹿和马鹿产品与其他大中型鹿种产品的比较研究及獐、狍、麂等小型鹿类的研究都较薄弱，不利鹿科动物资源的整体开发。

鹿产品的中药新药开发，需要经过严格的生药学、生物化学、剂型研究、工艺研究、质量标准、药理学、毒理学、药效学、药代动力学、临床医学、统计学等现代医药开发过程，而其生产必须达到 GMP 标准，这需要很多的风险投资和很长的申办周期。而鹿产品的保健食品（功能性食品）开发，需经过毒理学和功能性（现国家药监局已确定保健食品的 22 种功能，每种产品最多只能标示 2 种功能。如果申报新功能尚需自己提出检测试验方法）检测，这亦需要比较多的风险投资和较长的申办周期，其生产必须达到国家规定的食品工业生产条件要求，甚至药品生产的 GMP 达标要求。鹿产品的预包装食品开发在很多地方被有关部门定位为“特殊膳食”范畴，可以标示特殊“营养素”含量和适宜人群，其申办周期亦较长，生产亦需要具备国家要求的食品工业的基础生产条件和卫生条件、严格的产品质量标准、规范的工艺流程、合格的包装标志等，难度很大。鹿原料美容化妆品的申报生产亦面临前述问题。

针对鹿产业发展过程中出现的问题，首先要改变养殖观念，实行科学管理，从基础做起改变养殖环境。其次要加大科技投入和支持力度，加强鹿产业基础理论研究，重视鹿产业的应用开发研究，大力宣传推广重大科技成果。开展新产品的研发，拓展国际市场，提高市场竞争力。最后要加强产业的监管力度。制定各项技术标准，向生产企业和养殖户提供产前、产中、产后服务，进行新技术的推广应用，从而规范整个行业，促进行业健康发展。

第四节　我国科技创新对鹿产业发展的贡献

一、我国鹿产业科技创新重大成果

我国养鹿产业经过多年的努力，产业科技支撑体系正在逐步形成，随着科学技术的发展，产业科技含量逐步提高，对我国养鹿业的贡献越来越突出，广大科技人员已经在驯化饲养、品种改良、营养饲料、疾病防治、技术推广、产品加工等方面取得了诸多的研究成果，为我国的鹿产业发展提供了技术支撑。

（一）育种繁殖

茸鹿育种工作是养鹿业的重中之重，它可以提高茸鹿的产量和质量，不断提高茸鹿品质，增加良种数量，降低饲料成本，使鹿场获得更高的经济效益。几十年来，我国茸鹿育种工作取得了丰硕的成果。目前已经培育出的鹿品种已达10种，分别为（表17-2）：

表17-2　茸鹿新品种

品种	分布地区	成年公鹿体型	成年母鹿体型	特征
双阳梅花鹿	吉林省长春市双阳区	体重130千克，体高101~111厘米，体长103~113厘米	体重68~81千克，体高88~94厘米，体长94~100厘米	鹿茸枝条大，质地肥嫩，含血足，适应性强的特点，可进行纯繁或杂交改良，具有很高的育种价值
西丰梅花鹿	辽宁省西丰县境内	体重110~130千克，体高98~108厘米，体长102~109厘米	体重65~81千克，体高81~91厘米，体长87~95厘米	具有高产优质、早熟和遗传性状稳定的特点，种用价值很高
四平梅花鹿	吉林省四平地区	体重约141千克，体高（105±3）厘米	体重约80千克，体高（89±2）厘米	可进行纯繁或与其他鹿种进行品种间改良，杂种优势明显，育种价值较高
敖东梅花鹿	吉林省敦化地区	体重约126千克，体高（104±5）厘米	体重约71千克，体高（91±3）厘米	品种鹿为人工选育的品种，有一定的育种价值
兴凯湖梅花鹿	黑龙江省密山地区	体重约130千克，体高110厘米	体重约86千克，体高97厘米	茸型短粗、上冲，眉枝短小，与其他梅花鹿品种进行杂交，可表现出明显的杂种优势
东丰梅花鹿	吉林省东丰县	体重约128千克，体高106厘米	体重约75千克，体高87厘米	母鹿繁殖成活率86.5%，与其他梅花鹿品种进行杂交，可表现出明显的杂种优势
塔河马鹿	新疆的南疆博斯腾湖沿岸、孔雀河和塔里木河流域	体重200~280千克，体高116~138厘米	体重120~160千克，体高108~125厘米	体型小、饲养成本低、产茸性能好
清原马鹿	辽宁省抚顺地区	体重约320千克，体高约145厘米	体重约240千克，体高约125厘米	茸型主干粗长上冲，嘴头肥大
长白山梅花鹿品系	吉林省通化地区	体重约126千克，体高（105±10）厘米	体重约81千克，体高（87±8）厘米	茸粗长，嘴头大，眉枝较长

（二）营养养殖

我国多年来对成年梅花鹿公鹿能量代谢与能量需要、梅花鹿瘤胃消化代谢参数、梅花鹿饲粮中适宜营养水平及营养需要量、鹿饲料营养价值评定等已经进行了较系统的研究，取得了明显进展和显著的实践应用效果。中国农业科学院特产研究所通过对梅花鹿、马鹿营养代谢、茸角发生发育机制、营养需要、高效饲料配制技术、常发性传染病综合免疫程序及鹿茸加工新技术等研究，得出了不同种类饲料、不同饲养条件下梅花鹿瘤胃消化特点、瘤胃内主要代谢参数的动态变化规律以及梅花鹿生茸期能量代谢规律；得出了茸角发生发育机制与类胰岛素生长因子I号（IGF-I）、营养的相互关系；提出了可直接应用于养鹿生产的适宜饲粮营养水平、营养需要量、日粮结构及饲喂方式；评定了豆类、饼粕类、谷物类、糠麸类、树叶类、牧草类、秸秆类等鹿常用饲料营养价值表；研制出了梅花鹿、马鹿不同生理时期的专用预混料。

该项研究采用了饲养试验、消化试验、代谢试验和呼吸测热等综合研究方法，首次系统地提出了不同年龄梅花鹿公鹿生茸期、休闲期和梅花鹿母鹿妊娠期、泌乳期及仔鹿育成期饲粮适宜能量浓度、蛋白质水平及其需要量；测定了成年梅花鹿公鹿饥饿代谢产热量、维持代谢能需要量、食入代谢能用于沉积的效率、维持代谢能的效率及食入代谢能、食入粗蛋白质和体沉积能、体沉积蛋白分别用于生长鹿茸的效率等重要的营养参数。筛选出不同年龄、不同性别和不同生物学时期的优化饲粮配方，在梅花鹿饲养营养价值评定上首次采用尼龙袋法，测定出了78种鹿常用饲料的干物质、蛋白质和有机物质在瘤胃内的降解率，编制出110余种饲料的营养价值表。该研究成果已在吉林省32各国营鹿场约6 700头梅花鹿中进行中试推广。推广结果表明，2~3岁和4岁以上梅花鹿的干茸单产平均提高约20克和105克；母鹿繁殖成活率平均提高17.0%；精饲料平均节省25.2%，获得了明显的经济效益和社会效益。为梅花鹿的标准化、科学化饲养提供了理论依据，推动了梅花鹿养殖业的发展。

（三）加工控制

鹿产品加工已经形成了较完善的技术体系。利用现代仪器设备和方法，对鹿茸、心、鞭、筋、茸血、鹿全血、皮、骨、胎、肉等产品进行了较系统的化学成分、药理作用、精细加工及营养保健功能的研究。研制开发了以水炸茸、冻干茸、鲜鹿茸为原料的一系列产品。鹿副产品的开发种类繁多。目前已批准的含有鹿成分的药品有471种，保健食品220种，涉及的功能达11种。其中比较有代表性的加工技术如下。

1. 活性鹿茸加工新技术

采用现代分子干燥技术理论，结合鹿茸的组织结构特点，应用冷冻干燥技术，使鹿茸内的水分速冻成冰直接升华，除去茸内水分制成活性茸。新工艺同传统的沸水煮炸和远红外烘干鹿茸方法相比较缩短周期15~20天，节省能耗68%，减少破损率97%，节省人力75%，增加干茸重3.4%~4.2%。茸型完整，茸头饱满，含血充足，茸内活性物质不破坏，AST等酶活力提高2.5~250倍。为鹿茸加工技术标准化、自动化提供了科学依据。

2. 微波和远红外线加工鹿茸技术

该技术的出现，标志着电子技术已经进入鹿产品的加工领域，同时开始取代落后的传统工艺，该项技术加工的鹿茸，感官质量好色鲜头饱，带血茸含血充足、均匀，杜绝了臭茸；破损率由3%降到0.5%以下，干燥率提高2.0%~4.3%，茸内氨基酸的总含量较旧法提高8.36%，缩短加工时间50%，节省能源50%。

3. 梅花鹿心、鞭系列营养保健品

采用超细微、超微滤及生物技术相结合的最佳生产工艺，以色谱学、光谱学方法监控产品质量在国内外首次研制生产精制鹿茸血酒、鹿筋骨酒、鹿鞭精、鹿心制品等七种新产品。探明了生物效应、营养保健成分、理化常数、卫生学指标、紫外和红外光谱及高效液相色谱特征。研究出产品真伪鉴别的独特方法。该项成果为鹿产品深加工打开了新局面，开创了先例和示范。可为消费者提供服用和携带方便、保健效果明显的梅花鹿系列新产品。为养鹿企业繁荣发展，开辟了新途径。该项研究成果为合理地开发和应用鹿茸及鹿的副产品提供可行的理论依据，也为进一步检测鹿茸及鹿的副产物中的有效生物活性成分奠定了基础。

（四）产品质量安全

建立了科学的鹿茸产品质量检测标准，基于mtDNA的茸鹿系列产品检测技术，测定了我国4个梅花鹿，2个马鹿品种个体的线粒体全基因组序列，分析了线粒体基因结构。改进了传统抗凝血DNA提取方法，建立了一种环保、快速、成本低廉DNA提取方法。建立了梅花鹿、马鹿、赤鹿、驯鹿、塔里木马鹿、水鹿单重PCR检测方法；建立了2套Multiplex PCR检测方法，从鹿科动物和常见家养动物两个方面对各类鹿产品进行检测。探索了 DNA 条形码在梅花鹿品种评估的可行性和有效性。研制的鹿源性、马鹿、驯鹿、塔里木马鹿、水鹿、鹿产品的 PCR 检测等试剂盒在吉林、黑龙江、辽宁等省区示范推广。

（五）环境控制

随着国家保护环境政策的实施，绿色养殖理念也在深入养鹿业的产业发展，对鹿养殖场要进行合理规划、污染物要得到及时安全的处理，可以将粪便处理为肥料再次应用，对粪便中的氮要做好相应处理，一定要严格控制抗生素类药物的使用，严禁超标，对粪便一定要处理妥当。对鹿饲料上的合理搭配要符合行业内的标准，大力开发环保型饲料、绿色饲料、生物饲料，在鹿的生长发育中要注意其营养的吸收以免出现抗营养现象，鼓励和提倡建设生态型养鹿场或辅助于旅游业的养鹿场，兼顾养鹿和环境保护。

二、我国鹿产业科技创新的产业转化

（一）技术集成

多年来，我国在梅花鹿养殖业和鹿茸产品加工业大力开展科技创新，针对梅花鹿产业发展中的关键技术，紧密围绕饲料营养、疫病的检测和防控、繁殖和育种以及鹿茸等产品的药效学和精深加工等制约梅花产业发展的瓶颈问题进行了较为系统的研究，形成了完善的梅花鹿产业链，为我国梅花鹿产业的健康、稳定发展提供了根本保障。通过“吉林省梅花鹿遗传改良及扩繁关键技术示范推广”“名优动物药梅花鹿产业发展关键技术研究”“梅花鹿精细化营养需求量及饲料加工关键技术研究”等关键技术的集成示范，建立了“圈养—放牧—补饲”饲养模式及梅花鹿高效低碳饲养配套技术体系；建立梅花鹿鹿茸、鹿筋、鹿角脱盘和鹿骨的有效成分及相应的提取、分离工艺，研制开发了 29 种梅花鹿相关产品；极大地促进了养鹿业的快速发展。

（二）示范基地

以国家级和省级“梅花鹿优质高效养殖专家大院”和社会主义新农村建设科技示范等星火项目为平台，通过良种梅花鹿的评定和扩繁、制定饲养标准及构建重大疫病防控体系，建立梅花鹿良种繁育中心及健康养殖示范区，进行梅花鹿高效养殖技术集成示范和推广。建立了梅花鹿营养调控及重大疾病监测体系，使繁殖成活率提高 5%以上。编制了梅花鹿育种及生产信息管理系统。分别在双阳、东丰、西丰、靖宇等 6 个乡镇，建立了 10 个梅花鹿高效养殖技术示范区。在项目区开展大面积示范推广，主要推广模式为“科研单位+协会+企业+基地+养殖户”，使梅花鹿良种普及率提高了 30%，茸鹿群体产茸性能提高 19%以上，使梅花鹿养殖特色产业在社会主义新农村建设中发挥出更大作用。

（三）标准规范

中华人民共和国建立后我国养鹿业发展很快，养鹿技术有了明显进步，制定养鹿业相关标准的条件已经成熟。从 1986 年开始，相关部门先后发布、修订了《中国梅花鹿种鹿》（GB/T 6935—2010）、《东北马鹿种鹿》（GB/T 6936—2010）、《中国梅花鹿和东北马鹿的饲养管理技术规程》（NY/T 31—1986）、《鹿茸加工方法和品质评定》（NY 27—1986）、《养鹿业名词术语》（NY 28—1986）、《出口鹿茸检验规程》（SN 0037—1992）和《鹿副产品》（NY 317—1997）。这些标准中既有鹿的种质标准，又有鹿的饲养管理和产品加工技术规程，还有鹿茸和副产品的品质评定标准，由此，我国的养鹿业在产前、产中、产后的全过程已经形成标准化的基本框架，对养鹿业的发展起到了促进作用。

三、我国鹿产业科技创新的产业贡献

（一）健康养殖

健康养殖是保障我国养鹿业持续稳定发展的重要条件，生产安全可靠的鹿产品及建立快速简单的检疫检验技术体系是保障养鹿业经济效益的必要措施。多年来我国的鹿业科研工作者在鹿的主要疫病防治方面做了大量工作，针对梅花鹿的四种主要传染病分别研究建立了快速检测法，并制定了相关的技术操作规程。针对梅花鹿的血尿病流行病学、临床及血液学、血清学、细菌分离、病理解剖及病理组织学检测等做了一系列研究工作。从发病鹿体内分离得到病原体——钩端螺旋体，并提出防治措施。开展了对鹿只神经性疫病（狂犬病）、鹿坏死杆菌病病原分离鉴定及免疫原筛选研究并研制出相应的疫苗，解决了我国养鹿业几十年来无法通过疫苗免疫预防和控制坏死杆菌病的重大难题，而且在奶牛、绵羊等养殖业上也具有广阔的应用前景。

（二）高效养殖

随着我国养鹿业的快速发展，如何在保证产品质量的前提下，降低成本，提高养殖效率一直是影响产业发展的核心问题，中华人民共和国成立以来，我国的科研人员也一直在这个问题上不懈努力，不断产出的科研成果也一直在改变着我国的传统养殖方式。

1. 驯化放养技术的推广革新了我国传统饲养方式

在20世纪60年代以前，我国养鹿业一直使用栏圈式饲养方式，由于当时的生产资料严重缺乏，致使栏圈式养鹿存在生产成本高、污染环境、耗费人力等问题，极大地阻碍了鹿产品生产出口创汇。在此背景下，中国农业科学院特产研究所组织科研人员开展了茸鹿驯化放养技术研究，利用鹿只具有多食性、群性、可塑性的生物学特性，克服其惊恐、逃逸不近人的野性，以固定的口令、信号与食物引诱相结合，建立听呼唤适于放牧的条件反射，使人、鹿亲和。通过对鹿的人工哺乳驯化、混群驯化、母鹿带仔鹿驯化、牧犬训练等关键技术环节的攻关，形成一套完整的野生驯化技术体系，通过放牧使鹿运动充分，采食饲料种类多，比圈养鹿提前两个多月吃到青饲料，这对鹿的健康与茸的质量起到了保证作用。驯化鹿较圈养鹿体质坚实，疾病少，换毛早，增重快。通过对鹿的驯化放牧技术研究，变圈养为放牧饲养，不仅减少了饲料的种植、收割、运输等成本，还可以提高饲养人员工作效率，解决了关键性技术问题。虽然随着社会经济的发展和饲养规模的改变，我国的主流饲养方式又回归了圈养式，但对鹿驯化技术的使用加快了野生鹿向人类需要方向进化的速度，是养鹿业在饲养方式上的一场重大变革。该项成果也于1978年获得全国科学大会重大科技成果奖。

2. 鹿人工授精技术研究

人工授精技术的推广应用，是近百年家畜繁殖方法的重大进步，是加速家畜遗传改良的一项最有成效的技术。中国农业科学院特产研究所于1960—1964年用假阴道的方法先后对6只梅花鹿采精，并给9只母马鹿输精，获得3只杂种仔鹿，此项研究先于国外8年，又对马鹿、梅花鹿进行电采精和精液冻存，并获得成功。人工授精可以用少数优良种公鹿的精液，给大量的母鹿输精，是加速低产鹿群的改造，提高鹿茸产量、质量，育成高产鹿群的有效技术措施，也是实现马鹿和梅花鹿杂交，培育茸肉兼用鹿的重要途径。

3. 茸鹿高效养殖增值技术

采用消化试验、饲养试验和瘤胃瘘管鹿对比饲养试验等研究方法，初步探讨了经产马鹿妊娠准备期、妊娠后期及梅花鹿生茸期氮的消化代谢规律；确定了马鹿妊娠期、泌乳期日粮适宜的粗蛋白质水平及成年梅花鹿适宜日粮钙水平和日粮精粗比；研究并确定了草原放牧马鹿生茸期适宜精料补饲技术，成年梅花鹿生茸期钙适宜供给量及日粮中非蛋白氮的适宜添加量。

（三）优质安全产品

生产安全优质的产品一直是我国养鹿业的最终目标，随着我国养鹿业快速发展，在一段时间内，曾经出现由于茸的质量达不到进口国的标准而缺乏与新西兰、俄罗斯的竞争力的情况，出口量有下降的趋势。主要原因是我国养鹿业生产规范化和标准化水平很低，一些鹿场特别是个体户利用鹿茸走俏机会，有意延长鹿茸生产时间，致使骨化程度加大，质量不佳，有的鹿场不重视加工，使本来质量上乘的鲜茸加工后含血量不足或出现臭茸，导致外销价格较低。为了改善这种不利局面，从 1986 年开始，相关部门先后发布、修订了《鹿茸加工方法和品质评定》（NY 27—1986）、《养鹿业名词术语》（NY 28—1986）、《出口鹿茸检验规程》（SN 0037—1992）和《鹿副产品》（NY 317—1997）。这些产品加工技术规程，还有鹿茸和副产品的品质评定标准，形成保障鹿产品安全的标准化基本框架，对养鹿业的发展起到了促进作用。

四、科技创新支撑鹿产业发展面临的困难与对策

我国鹿产业科技创新面临投入不足的问题，严重影响了我国鹿产业的发展。要振兴我国鹿业，首先，必须加大对鹿业科研创新的投入，大力进行鹿与鹿产品的开发研究，采取基础科学、应用科学、技术开发全面发展的方针，以科技升级推动鹿业升级。其次，要改善鹿产业科技创新的基础科研条件，大力推广高新技术在鹿产业中的应用，提高鹿产品附加值。最后，加大培育鹿科学专门专业人才的力度，支撑产业科技发展。

（一）鹿产品开发的市场竞争力不足

任何一个产业的发展都是依靠其过硬的产品来占领市场的。养鹿业发展水平的最终体现是鹿产品生产、加工、流通能力的综合反映。在国际鹿产品竞争日益激烈的形势下，要想加快养鹿业的发展，必须在提高鹿产品的国际竞争力上下功夫，只有增强鹿产品国际竞争力，才能不断扩大鹿产品的国内外市场，增加养鹿业的经济效益，发挥资源成本低的优势，进行有效的规模化、产业化生产经营，提高养鹿业的技术水平。

目前，世界鹿茸市场主要在韩国、日本和东南亚国家，中国养鹿以生产鹿茸为主，其次是鹿鞭、鹿心、鹿血等其他副产品。由于我国养鹿业产业化程度不高，产品质量不够规范，造成了鹿产品质量有巨大差异，从而削弱了鹿产品在国内外市场上的竞争力。有相当数量的鹿茸不符合标准，加上 20 世纪 90 年代初的掺假鹿茸，对我国鹿茸的声誉造成了极大的损害。国际产品竞争的关键是质量竞争，因此，实现养鹿业和鹿产品的规范化、标准化，是养鹿业可持续发展必须解决的实际问题。

此外，我国在鹿茸及鹿产品深加工方面还处于初级阶段，只是以茸片等初加工产品的形式上市，至于鹿肉、鹿皮和鹿副产品的开发利用尚未充分进行。养鹿业应走出只能单一生产鹿茸的误区，在茸产品的深加工、精加工上下功夫，加大技术开发力度和生产规模，注入科技含量，提高其附加值，满足市场需求，只有这样才能提高市场竞争力和经济效益。

（二）饲养管理的科学技术水平不高

养殖业的效益主要体现在规模单元和投入产出比上面。科学的饲养管理是降低养殖成本、提高经济效益的关键环节。目前，中国养鹿多是家庭作坊式的饲养模式，普遍缺乏市场竞争意识和科技意识，信息获取不灵。在国家政策开放后，出现国有鹿场向个人承包转轨势头，但个人承包带来的直接后果就是过于重于眼前利益，缺乏长远发展目标，造成后劲不足。另一个因素就是中国养鹿技术力量薄弱，缺乏系统的技术服务体系，一个产业的良好发展靠的就是完善的产业链，如产品销售、技术培训、技术咨询、产品信息交流、售后服务等方面的配套服务。养鹿业只有遵循上述规律，才能使养鹿业在市场经济大潮中破浪前进。而目前全国养鹿业销售渠道鱼龙混杂，专业养鹿科学研究人员缺乏且经费匮乏，妨碍养鹿技术向纵深发展。向农民普及养鹿知识不够，影响个人养鹿积极性，使其处于自行摸索阶段。所以，必须加强科研投入、技术推广，使养鹿业科学化、正规化。

疫病防控不力也是一个主要的制约因素。据不完全统计，驯养鹿传染病大多是畜禽共患病，如炭疽、结核、布鲁氏菌病等。普通病约有 30 种，以营养性疾病、消化道病、外科病和产科病较多见；寄生虫病有 20 多种。但目前个体养殖户普遍缺乏兽医知识，对于科学饲料配比及常见疾病的防治了解不够，使鹿的死亡率居高不下，直接带来饲养成本的提高。只要坚持执行严格的检疫防疫、卫生消毒和免疫预防等有效措施，鹿的传染病是可以控制的。

（三）科研投入不足

鹿业的发展及鹿产品的研发同样需要科研的投入。要振兴我国鹿业，首先必须加大对鹿业科研的投入，大力进行鹿与鹿产品的开发研究，采取基础科学、应用科学、技术开发全面协同发展的方针，以科技升级推动鹿业升级。多年来，我国在梅花鹿和马鹿选育种与遗传性状上的研究取得了很多成果，培育成了种质优、产茸量高与产品质量好的梅花鹿品种，受到了国际重视，出口潜力很大。但目前中国的养鹿现状与家庭式传统饲养模式使其推广普及面临重重困难，一方面呼吁品种改良，另一方面在无意识地造成品种退化。此外，由于对全球化经济与市场经济认识的不足，加上政府对特种动物养殖业规范与系统研究的不足，导致良种鹿出口不畅、药用鹿产品的药理作用不清、鹿副产品的保健功能不明与开发利用滞后以及鹿茸产品制作技术落后与深加工不够、鹿肉价格过高等，使我国鹿产品在国际市场上缺乏竞争力，而国内消费者又“望而不及”。其主要原因是目前在鹿业科研方面表现急功近利，重视应用而忽略了理论研究，致使一些鹿产品药理作用不清，很难在高端产业中占有一定的市场空间，结果每年的相关科研立项难、经费少，最终导致研究条件跟不上，形成恶性循环。所以，应尽快建立全国养鹿业“中心实验室”和“中心试验基地”，除生产中急需的一般性技术外，大力开展高新科技研究。研究重点是胚胎移植技术、生物工程技术、鹿茸及其副产品的深加工技术，深入开展鹿主、副产品药理作用研究，加快研制开发以鹿产品为原料的保健品、保健食品和深加工系列产品；加强马鹿品种、品系和茸肉兼用型鹿的选育，这些是今后一段时间内必须重点发展的方向。

（四）重要科技问题尚未解决

在产业发展中，一些重大的科技问题仍没有解决或尚未开展研究，严重制约了实现高效益产业的发展进程。例如，在茸鹿营养研究中，主要矿物元素和维生素的代谢规律及其对鹿茸生长、胎儿发育等的影响，营养、内分泌、鹿茸生长三者间的相关关系，日粮营养物质在体内再分配规律，梅花鹿、马鹿的饲养标准或营养需要标准，适合营养需要标准的各生物学时期的优化典型饲粮配方等技术问题。此外，还有在鹿育种研究中，茸鹿遗传资源的优化合理利用，现代生物技术在茸鹿育种中的应用，高效育种、杂种优势利用等技术问题。

第五节　我国鹿产业未来发展与科技需求

一、我国鹿产业未来发展趋势

（一）我国鹿产业发展目标预测

在对养鹿产业发展总体规划的基础上，合理布局重点发展区域，提升群体品质、优化品种产业结构，重视鹿茸和副产品生产的同时，大幅提高鹿肉生产所占的比重。加大加快科技研发和支撑力度，提高产业生产效率，实施规范标准化生产。在鼓励养殖企业提高鹿产品生产数量和保障质量的同时，鼓励医药、保健和食品企业将鹿产品开发的重点放在精深加工领域，以创新品牌的战略带动鹿产业后续产业链的拉伸。在产业发展中，面对市场竞争，抓住机遇，政策扶持，努力提升鹿产品的国际市场竞争力，积极开拓国内市场和挖掘市场潜力。在未来 10~20 年的发展中，使我国鹿类动物人工养殖数量规模总体达到并保持在 180 万只左右，以形成相对稳定的特色产业。

（二）我国鹿产业发展重点预测

1. 短期目标（至 2020 年）

到 2020 年，通过政策扶持、优化结构、降低成本、提高生产效率等措施，使目前鹿产业养殖规模降低的趋势得到遏制，并力争在数量上有所增加，产业生产效率明显提高，产值实现突破，并突破引领未来发展的关键技术，培育一批创新能力强、具有核心竞争力的骨干企业。

2. 中期目标（至 2030 年）

到 2030 年，使我国鹿类动物人工养殖规模总体达到稳定，建立起具备较强自主创新能力和可持续发展能力、产学研用紧密结合的鹿产业体系，形成相对稳定的优势特色养殖产业，实现鹿业大国向鹿业强国的战略转变。

3. 长期目标（至 2050 年）

建立与国际自由贸易接轨，又与国内市场机制相适应的大型鹿产品进出口、营销市场体系，形成机制优化、市场畅通的产业与消费终端衔接的贸易体。扶持大量规模化养殖场、产品深加工的医药、保健、食品企业，鼓励实施产学研结合，形成科、企有效集合的生产到产品到市场的产业生产体。通过从鹿茸、肉等初级产品直接生产到深加工产品形成，再到最终消费产品的附加值叠加，使鹿产业年产值达到千亿元以上。

二、我国鹿产业发展的科技需求

（一）种质资源

茸鹿资源的调查、保护和利用，遗传多样性和生态多样性研究以及转基因技术、胚胎移植、性别控制等现代生物技术在鹿育种中的研究与应用等问题一直没有得到完全解决，有些甚至还没完全展开研究。另外我国目前梅花鹿的良种繁育和品种改良处于混乱无序状态，育种目标不明确，良种繁育体系建设仍有待完善。

（二）饲料效率

鹿的饲养标准和营养需要量，饲料利用率等还需要进一步展开研究。另外，鹿的营养和饲料效率对鹿茸生长发育，对鹿肉品质的研究也需要进行深入研究。

（三）鹿产品品质与质量安全

鹿产品药理作用、血清学研究、药效物质基础研究等仍需要进行长期系统的研究。利用现代生物学技术和加工技术对鹿产品进行加工，品质提升，新产品研发等也需要进行进一步研究。由于目前市场产品质量不够规范，管理混乱，有必要建立一系列的产品质量标准，规范产品质量，提高市场竞争力。

（四）鹿健康

目前鹿疫病防控不力也是影响鹿生产的一个重要因素，特别是结核、布鲁氏菌病等人兽共患传染病。鹿疫病的早期诊断、鉴别技术以及防制措施仍是鹿产业研究的重点和难点，有必要进行长期系统的研究。

三、我国鹿产业科技创新重点

1. 创新发展目标

加大科学技术的支撑作用，以科技促进产业生产水平和产品科技含量的提升。完善科技体系建设，加大科研创新投入。建立产、学、研相结合的产业研发、示范推广和成果转化模式，加快科技成果转化。在鹿资源保护、品种选育、药理机理等研究方面不断取得突破，大力推广高新技术，形成一批具有自主知识产权的新产品、新技术，保障我国鹿产业的健康发展。

2. 创新发展领域

针对我国鹿产业科技创新存在的问题，进一步理顺体制，加大科研投入，推动科研创新，积极开展相关研究，争取在鹿产业关键技术研究等方面取得突破。今后鹿疫病防控检测技术、鹿产业质量标准体系建设、鹿产品的应用开发研究和综合利用以及现代生物技术在鹿产业中的应用等将是今后科技创新的重点和研究领域的难点。

第六节　我国鹿产业科技发展对策措施

一、产业保障措施

（一）建立产业追溯体系

随着社会生活水平的提高，人们越来越关注产品的品质及质量安全，随着国内外食品溯源体系与其相关技术的不断成熟以及“绿色”贸易壁垒的不断出现，建立鹿产业追溯体系更具有深远的意义。首先，追溯体系的建立有利于发现鹿产品生产中的质量问题所在：在鹿的养殖过程中或者鹿茸产品生产过程中安全问题会永远存在，但一个高效的可追溯系统能够把问题的范围准确追溯到供应链一个具体点，比如某一个地区、鹿场、加工工厂、饲料提供商甚至特定的人员，而无须在整个环节中寻找问题的源头，这样不仅可以提高寻找问题源的效率，并且可减轻与问题无关的环节受到的负面影响；其次，追溯体系的建立有利于重建名贵中药材——鹿茸的消费信心，便于鹿保健食品的推广。随着对中医药认知度的不断提高，中药材的消费也逐渐由数量型转化为质量型，伴随着市场上假冒伪劣鹿茸产品的一次次曝光，消费者的信心一次次受到打击，这对鹿产业的可持续健康发展极为不利。建立鹿产业追溯信息系统，可以对鹿产品生产全过程进行监督，甚至消费者也可参与到监督中来，从而确保鹿产品安全，重建患者的消费信心；第三，追溯体系的建立有利于我国鹿茸产品走向世界：2004 年 4 月 30 日欧盟出台的《传统药品法案》，规定到 2011 年 4 月后，中药销售将受到严格的管理。鹿茸产品可追溯系统的建立是在出口贸易中提高国际竞争能力的有效手段。所以，建立行之有效的鹿茸产品可追溯系统和相关标准体系势在必行。第四，追溯体系的建立有利于鹿的养殖、鹿茸产品的生产和销售流通环节的管理：由于该追溯系统涵盖了鹿的养殖、鹿茸产品加工和销售环节领域，从某种角度看，产品可追溯就是结合产品实际管理流程的基于数据记录信息跟踪追溯体系。这种全程的信息跟踪，除满足产品安全管理的要求，还必然会对产品生产的科学管理、提高生产效率与经济效益提供帮助，有利于鹿茸产品可追溯系统的应用推广。

（二）建立中介服务体系

鹿产业是由养殖（公司、场、户）、加工（鹿产品专业加工企业、制药企业、食品企业）、终端消费市场（国内外市场）直接组成和受政治、社会经济、文化、其他相关行业等因素间接影响而构成的一个较复杂的系统，其各个环节都可以看作产业链条的一部分。

对鹿养殖生产者来说，其生产的鹿产品绝大部分不能自用而要进入下一产业链，而且鹿产业活动还有着自身的特殊性。因此，鹿养殖产业发展除受到自身投入产出关系是否合理的制约以外，还依赖于整个行业中产品加工等后续产业链条的拉伸、市场交易体系的健全高效，以及种源、技术、市场等中介服务体系的配套建设。我国多年来在鹿产业和中介服务体系上可以说是空白，为此我国应加快该类服务体系的建设。

（三）建立监督保障体系

随着自由贸易化发展，大量国外鹿产品涌入，以及不法企业和商贩利益的驱动，导致鹿产品市场混乱局面日益严重，甚至大有假冒伪劣产品摧毁鹿产业的趋势，然而，我国目前有关鹿产品技术监督和质量保障的法律法规还很欠缺或执行力度远远不够，在技术监督和质量保障体系上，我国应该研制出生产绿色安全鹿茸、鹿肉、相关医药保健品等产品系列技术标准，实现产品的标准化生产，建立产品安全保障体系；建立从鹿资源、生产到产品、产品销售等产业链条中的标记标识、追踪的统一方法、制度和体系，实现规范化生产与经营，并与网络平台系统相协调，同时建立严格的质量监督保障体系；建立完善的产品生产标准体系，实现走向市场产品的标准化；规范现有鹿产品生产厂家对鹿产品初、深加工的生产；建立相应的公益性的质量监督保证体系，加快制定相应的质量标准，依法加强对市场的整治和监管力度。

（四）建立信息服务体系

建立正确的信息传播渠道和合理的产业服务体系，传播正确的信息和进行完善的服务对保证鹿产业健康发展至关重要。目前鹿产业信息传播的渠道主要是：行业会议、报纸杂志、当地政府发布、业内互相传播以及网络信息等几种形式。由于我国鹿养殖区域分布广、区域分布不均、生产企业分散、区域市场差异明显等，使信息传播阻滞、偏误，因此只有加强市场信息的沟通与交流，才能及时掌握国内国际市场发展动态，共同享有市场优势和规避市场风险。在信息支撑和服务体系上，我国应形成全国养鹿产业的生产、市场、销售的数据信息统计体系，保障生产与市场信息畅通，并构建完善而更新速度快的网络平台系统；建立市场价格走势报告参评体系；增加国际市场竞争能力的同时，注重拓宽国内市场，在生产丰富多样的适宜国人消费产品类型同时加大各类媒体宣传力度；通过信息服务，实现国人把鹿产品作为药物消费转向健康食品消费的理念与行动上的根本转变，沉稳应对国际鹿产品进入中国市场，引导国人正确消费；通过构建完善的、能够引领、掌控全国，而不是仅仅局限在某一区域的，促进养鹿生产与市场贸易健康发展的委员会、协会或机构，实现服务体系的完善。

二、科技创新措施

针对优良种源基地落后、品种质量不高、品种性能差、无肉用鹿品种等技术问题，进一步加大鹿业研究。针对饲养、繁育技术问题，构建完善的技术服务体系和队伍。针对饲养成本过高的现状，加强降低饲养成本的研究。建立品牌意识，实行产品标识，标明产地、原料种类，防止鱼目混珠，并对鹿产品实行地域保护。

针对鹿产品附加值低、产业链条不完善和桎梏产业链条延伸的政策等问题，加大产品和市场开发力度和宣传力度。加大科技投入力度，并进行相关的基础研究。

首先，实行科学管理，提高鹿场的科学管理水平，建立适合中国自己的鹿业生产、营销体系、饲养方式；以市场需求为导向，提高鹿茸生产质量、开发鹿茸深加工系列产品，促进科学技术转变为生产力；建设龙头企业，实行规模化经营，走品牌加规模经营的路子，以科学的经营模式来增加我国鹿产业的竞争力。

其次，加大科技支持力度，增加科技力量和资金投入，充分发挥我国在鹿的营养和疫病防治，鹿茸及鹿产品加工以及药理、药化，茸鹿育种等方面先进成果和科技的优势，重点扶持因资金原因而不能被深入研究的领域或一直不能产业化生产的科技成果的转化；制定和完善鹿业标准化，逐步形成以技术标准为主体的种质、饲料、饲养、防疫、产品收获加工、产品质量监测、包装贮运、营销及售后服务等系列标准化体系。

最后，重视鹿产品的应用开发研究与综合利用。特别是随着鹿产品有效成分的不断阐明及其分离提取、鉴定检测与临床应用等方面不断进步，生物技术与生物工程的蓬勃发展将更有力地推动鹿产品的深度开发，使其向更新、更广阔的方向发展。在进行鹿产品的综合整体应用开发研究和弘扬祖国传统医学优势的同时，着眼于鹿产品的生化制药和生物技术制药的这一重要新兴门类。加大鹿群品质改良，力争在鹿产品生产上有大幅度地提高。利用现代繁育技术，搞茸鹿的同期发情、人工输精、胚胎移植技术，快速形成优质种鹿基地并带动鹿产业发展。

三、体制机制创新对策

（一）加强政策引导和行业管理

畜牧业中诸多畜禽都有相应的扶持政策，但鹿类的养殖没有扶持政策，针对鹿业一直没有政策性保护的问题，国家应该在产业低谷时予以经济补偿性支持。

针对无行业主管部门的问题，国家应该明确行业主管部门，加强鹿产业的管理，制定有利于鹿产业发展的相关政策。组织制定鹿产品的有关标准。实现各级行业协会对鹿产业“产前、产中和产后”服务，协调政府部门和养鹿场（户）的关系，为鹿业企业制定各项技术标准（种质、饲养、卫生、生物安全、产品质量和参考免疫程序等），向企业提供产前、产中、产后服务，特别是推进饲养和加工新技术，从而解决养鹿业生产技术落后的局面，同时对企业起到一个自律的作用，最终将规范整个行业，促进行业健康发展。政府部门从管理和服务的职能上讲，应相互加以协调，共同促进鹿产业发展。

由于特种经济动物的特点，在动物活体及其产品的行政管理上应该与野生动物有所区别；在商业经营上也不应该硬性按照野生动物法规执行。

在世界贸易新形势下，中国农业受到的冲击最大，低价的西方农副产品进入中国，大农业的转型势在必行，特产养殖业和种植业是我们的优势，政府部门应在政策上号召和指导农民发挥自己的优势，优先发展养鹿等特种产业，提升世贸形势下的挑战。

（二）制定财政税收扶持政策

我国养殖业是农业结构战略性调整的重点，是增加农民收入、繁荣农村经济的重要支柱产业。中央提出，要大力发展畜牧业、水产养殖业等劳动密集型产业，推动农业整体素质和市场竞争力的提高。然而，鹿养殖业是弱质产业、鹿养殖生产主体的农民是弱势群体，依靠养殖业自身力量，推动养殖业发展，十分有限。因此，借鉴国外支持养殖业发展的经验，加大国家和地方财政对养殖业的支持力度，发挥财政对鹿养殖业发展的导向、膨化吸附作用，推动鹿养殖业持续健康快速发展，十分必要。

（司方方、焉石）

主要参考文献

向仲怀，杨福合，等 . 2113. 中国养殖业可持续发展战略研究（特种养殖卷）[M]. 中国农业出版社 .

杨福合 . 2016. “十二五”鹿科学研究进展 [M]. 北京：中国农业科学技术出版社 .

郑策，刘彦，李春，等 . 2010. 中国鹿业品牌战略构想 [J]. 特种经济动植物，7：7-9.

郑策，施安国，杨福合 . 2016. 茸鹿饲养业展望 [J]. 中国畜牧兽医学报，2（7）：1-2.

郑策 . 2015. 中国鹿茸国际竞争形势与前景分析 [J]. 特产研究（37）1：765.

第十八章　我国蛋鸡产业发展与科技创新

摘要：中国的鸡蛋产量已连续30年位居世界第一，2016年鸡蛋产量占全球的36.3%。产量的提高伴随着产业化水平的不断提高，这些都来自源源不断的科技创新。在国家科技项目的支持下，蛋鸡产业在新品种培育、饲料原料开发及配方优化、重大疾病防控、饲养模式及设施设备改进等方面开展了深入的科技创新，并取得一系列丰硕成果。“十二五”期间，相关专利年申请数累计达1 744项，至2016年累计达2 685项，专利内容涉及制种、养殖、设备、饲料营养、免疫和产品包装等蛋鸡产业的各个环节。尤其“十二五”以来，自主培育的国产蛋鸡品种不断产生，国产化程度已接近50%，改变了高产蛋鸡品种完全依赖于进口的被动局面；蛋鸡的规模化程度越来越高，养殖场数量逐渐减少，规模化养殖场和纵向一体化式大型养殖企业比重不断增加，标准化生产模式得到快速推广；先进的机械化、自动化设备得到广泛应用，养殖环境不断向好发展，生产效率不断提高。未来蛋鸡业的发展要继续依靠技术和体制创新，持续开展国产化品种培育，加速蛋鸡良种化进程；加大蛋鸡高产、优质、高效饲养综合配套技术研发，重点是规模化和一体化高效养殖技术；加快研发疫病快速诊断技术与新疫苗、新药剂；加强鸡蛋保鲜与深加工技术的研发应用。同时加大从业人员的技术培训，使科技创新成果得到广泛应用，使蛋鸡产业发展再上新台阶，使中国从鸡蛋生产大国走向强国。

第一节　国外蛋鸡产业发展与科技创新

一、国外蛋鸡产业发展现状

（一）国外蛋鸡产业生产现状

随着经济和生活水平的不断提高，世界对畜禽产品的需求在不断增加，鸡蛋是日常饮食中重要的优质蛋白资源，对鸡蛋需求量的增加，促进了世界蛋鸡业的快速发展。据FAO统计，2006年全球鸡蛋产量为5 795万吨，2016年增长到7 389万吨，全球近十年的鸡蛋产量年平均增长率为2.55%。世界蛋鸡存栏量由2006年的59.2亿只增长至2016年的76.7亿只，平均增长率达2.95%。亚洲是世界鸡蛋的主要产区，根据FAO统计，2015—2016年亚洲鸡蛋产量占全球的61.9%，其次是美洲和欧洲，分别占19.5%和13.6%，这三个区域的鸡蛋产量占到全球的95%。中国的鸡蛋产量位居世界第一，2016年鸡蛋产量为2 683万吨，占全球的36.3%。美国、印度和墨西哥依次位居世界第二、第三和第四，日本位居第五。2016年，中国、美国和印度鸡蛋产量占世界总产量的50%。

美国是世界上仅次于中国的第二大鸡蛋生产国，2016年鸡蛋产量603.8万吨，大约占世界产量的8.2%。生产规模总体上保持稳定，2016年全国蛋鸡存栏量3.65亿只。在配套技术保证下，美国鸡蛋生产水平逐步提高，且形成了优势密集养殖区域，主要分布在爱荷华州、俄亥俄州、宾夕法尼亚州、印第安纳州和得克萨斯州。进入21世纪以后，美国75%蛋鸡养殖场的饲养规模在10万~100万只，规模效益日显突出。近年来，美国畜禽养殖场的数量在不断减少，但养殖规模呈越来越大的趋势。2016年美国175家企业生产了全美99%的鸡蛋，60家公司蛋鸡存栏量超过100万只，占整个美国的90%，17家公司超过500万只，平均每家蛋鸡公司饲养150万只。

自1982年以来，欧盟的鸡蛋年产量保持在600万~700万吨水平，主要生产国为法国、西班牙、德国、意大利、荷兰、英国和波兰等，主产国产量变动很小。印度2016年蛋鸡存栏量4.05亿只，鸡蛋产量456.10万吨。墨西哥2016年蛋鸡存栏量2.03亿只，鸡蛋存量272万吨。日本1993年以来的鸡蛋产量相对平稳，保持在年产250吨左右的水平，2016年鸡蛋产量256.2万吨，蛋鸡存栏量1.35亿只。日本1993年以来的鸡蛋产量相对平稳，保持在年产250万吨左右的水平，2016年鸡蛋产量256.2万吨，蛋鸡存栏量1.35亿只。日本蛋鸡自1954年开始就实行一体化经营，以养殖为主体，同时发展饲料加工、雏鸡销售和鸡蛋加工等，延伸了产业链条，提升了自身发展能力。世界蛋鸡生产总的趋势是鸡蛋产量保持平稳增加，主产区从发达国家逐步向发展中国家转移，同时，蛋鸡业的规模化、一体化发展模式日趋成熟，占比不断提高。

（二）国外蛋鸡产业养殖模式

福利养殖是发达国家的发展趋势，尤其欧洲近几年发展迅速。据USDA报道，美国目前仍以传统笼养模式为主，2017年放养模式占比16%，2016年是12%，2010年是4%，2026年放养模式将达到75%。据报道，2016年美国蛋鸡86%笼养，14%福利养殖，其中9%福利大笼，5%放养。美国蛋鸡主要采用集约化笼养、一体化经营模式。

欧盟有一个1999/74的指令，从2012年1月1日开始，欧盟区开始禁止采用传统笼养方式，推行福利养殖，2017年1月24日成立“EU platform on animal welfare”进一步推动欧盟动物福利进程。德国执行最为严格，也是最早全面实行的，其他一些国家因养殖者意愿等问题，在之后的几年内也已全部实行。瑞士对本国的养鸡户要求更为严格，除了禁止使用传统鸡舍外，还要求每个养鸡户最多只能养18 000只母鸡。荷兰是欧盟鸡蛋主要生产国之一，经济和科技的发展水平较高，以机械作业为主的资本密集、技术密集型的家庭独立农场是荷兰鸡蛋产业的主要生产主体，且以兼业型农场为主，通过种养结合的方式实现资源的循环利用。截至2017年，欧盟总共1.86亿只蛋鸡，53.2%为福利大笼饲养，26.5%为舍内散养，15.3%为放养，5.1%有机放养，传统笼养为0%。因此，欧美从2009年到2017年蛋鸡的养殖模式发生了重要的变化。2009年传统鸡舍饲养方式占74.4%，到了2014年，58%是经过变革的新型鸡舍，2017年全部取消了传统笼养。

（三）国外蛋鸡产业贸易现状

据《2017年度中国禽业发展报告》，2016年世界禽蛋出口量和出口额分别为318.70万吨，贸易额43.80亿美元，同比分别减少6.00%和16.30%。从2016年禽蛋出口来看，荷兰仍然是最重要的出口国，以鸡蛋为主的禽蛋出口量继续大幅增长，达到73.50万吨，美国和德国出口量也在继续增长，达15万吨以上。从2016年禽蛋进口来看，德国进口量远超其他国家和地区，为43.90万吨，其次是荷兰的24.40万吨和中国香港的14.80万吨，排位前10的国家和地区的进口量占世界进口总量的58.20%。另据FAO统计，印度2016年进口额为8.91万美元，进口量为34吨；出口额375.34万美元，出口量为26 425吨。日本2016年进口额为29.34万美元，进口量为2 934吨；出口额83.37万美元，出口量为3 285吨。

二、国外蛋鸡产业科技创新现状

（一）国外蛋鸡产业的理论创新

蛋鸡产业相关的理论是基于畜牧业基础理论，育种、营养等相关理论基本成熟，近些年主要在养殖和经营模式方面有一些创新，如一体化经营、生态养殖等。近些年，与食品安全有关的“无抗饲养”备受瞩目，全球家禽生产已经开启无抗养殖之旅，蛋鸡也不例外。随着经济的高度国际化，“动物福利”也呈现出全球性问题，尤其蛋鸡笼养问题受到更多的关注，新的理论指导下随之而来的是新的饲养模式如“现代立体散养”等的出现。同时动物福利和食品安全也开始产生矛盾，最近发生在欧洲的鸡蛋污染事件就是一个典型事例。在这种形势下，必将对理论及其指导下的实践进行纠正。

（二）国外蛋鸡产业的技术创新

欧美发达国家注重科技对产业发展的支撑，品种对产业发展的贡献超过 50%，蛋鸡分子育种已经进入快速发展阶段，正在由传统的“表型选择”向大数据时代“全基因组选择”发展，包括蛋鸡重要性状的全基因组选择，还有重要疾病如马立克氏病的分子标记挖掘和应用，以期对蛋鸡的性能进行全面提升。随着生物技术的发展，诸多新技术，如宏基因组、基因编辑技术等的研发也悄然开始。饲料营养方面，目前饲料资源开发利用和抗生素替代技术是家禽包括蛋鸡营养研究应用的热点。

（三）国外蛋鸡科技创新成果的推广应用

国际上大的蛋鸡育种公司已悄悄将分子标记应用于蛋鸡育种，如马立克氏病的早期辅助选择。一体化、自动化设备极大地减少了养殖过程中对人工的需求。福利养殖模式已从理论探讨、民间和政府呼吁，发展到在欧洲已大量应用。一些典型蛋鸡品种如白来航被用作动物模型，研究病毒的毒株变异以及疫苗的开发，对家禽产业起到举足轻重的作用。各种酶制剂、益生素广泛应用于蛋鸡饲料业，有效提高了饲料利用率，减少甚至取消了抗生素的使用。

（四）国外蛋鸡科技创新发展方向

应用新技术、开发利用新型饲料资源，提高纤维性饲料利用效率，实行精准营养等将是蛋鸡饲料营养未来 5~10 年的研究重点。在环境控制方面，抑制氨气、PM、灰尘、气载细菌的产生，开发阶段性清除舍内粪便的实用方法，改善舍内热量的整体分布，评估蛋鸡对不同光照制度的行为和生产反应等是需要加强的研究领域。品种方面，延长产蛋期降低蛋鸡周期成本，从分子水平培育具有疾病抗性的品种，是国外蛋鸡育种创新方向。

三、国外蛋鸡科技创新的经验及对我国的启示

发达国家如欧美和日本，在养殖业科技创新方面最突出的特点是紧密结合实际需要，农业或畜牧业相关的大学或研究机构设有专门的实用技术研究所或研究室，顶尖专家带领着团队，专门从事实用技术研究。这些专业研究人员中，有相当多的饲养管理技术专家，其研究内容看似学术性并不强，如环境控制中的通风、温湿度和光照制度管理等，但研究目标明确，就是要解决生产中存在的问题，正是对生产中这些细节管理的持续深入研究，才能够研究出不同条件下使用的精准通风等设备，不断提高生产效率，降低产品安全隐患。理论研究与实践脱节现象严重是当前我国家禽科研的一大软肋。由于受评价体系的影响，多侧重于基础研究，热衷于分子水平的研究，把发表论文作为唯一目标。重理论、好前沿、轻实践的科研倾向，必将限制科技创新对产业发展的带动作用。在营养与饲料、禽产品安全、福利与行为等领域的研究与国外仍有较大差距。未来我国蛋鸡产业转型升级不仅需要基因组学研究，更需要生产技术的提升。科研成果需要转化为生产力，要能解决生产实际问题。

第二节　我国蛋鸡产业发展概况

一、我国蛋鸡产业发展现状

（一）我国蛋鸡产业的重大意义

三十多年来，中国鸡蛋产量一直是世界第一，以占世界21%的人口，生产和消费世界38%的鸡蛋，蛋鸡产业是我国农业的重要组成部分之一，鸡蛋是我国城乡居民重要的“菜篮子”产品，蛋鸡产业的发展与升级，对于满足国内日益增长的对畜产品的消费需求具有重大的现实意义；我国有丰富的地方鸡品种资源，肉、蛋品质优良，蛋鸡产业的发展可以带动地方鸡的开发利用，保护鸡的遗传多样性；养殖业发展产生的大量养殖废弃物没有得到有效处理和利用，成为农村环境治理的一大难题，发展蛋鸡产业，转变蛋鸡生产方式，推进养殖废弃物资源化利用，可以有效促进农业可持续发展。

（二）我国蛋鸡产业生产现状

我国禽蛋业在经历快速发展期后，现已进入加速转型和升级阶段。目前，我国禽蛋业发展的宏观环境发生了较大变化，促使我国禽蛋业发展呈现出新的特征。

首先，规模化和标准化推进速度加快。在我国禽蛋业发展过程中，产业集聚、政策扶持和经济效益驱动促使蛋鸡养殖场数量逐渐减少、散户逐步退出、规模化养殖场比重不断增加，纵向一体化式大型蛋禽养殖企业发展迅速，标准化生产模式得到快速推广，特别是现代化机械设备替代人力以及综合性新技术的应用成为发展方向。

其次，市场导向作用不断加强。改革开放以来，我国禽蛋业发展在经历了以解决家庭收入为目标的“富民工程”和满足居民动物性蛋白需求目标的“菜篮子工程”之后，目前已经过渡到以生产安全蛋品的“食品工程”阶段，禽蛋业发展受市场需求导向的作用愈加明显。

我国蛋品供需接近平衡。我国蛋品消费主要以居民家庭鲜蛋消费为主。目前，城乡居民对禽蛋消费的收入弹性系数持续下降，增加禽蛋市场需求的动力主要来自人口增长和城镇化的推进。在此背景下，我国禽蛋供需之间接近平衡。

鸡蛋市场体系不断完善。中国蛋禽养殖业正处由零散生产向规模化、标准化生产的关键期，但市场价格信息的缺少和养殖户宏观判断能力的不足使生产规模并不稳定。近年来，禽蛋价格大幅波动，对禽蛋生产、贸易、加工等环节的正常经营造成较大的影响，影响着行业稳定经营。2013年11月大连商交所推出鸡蛋期货，鸡蛋期货上市，形成市场集中权威的远期价格并为经营者提供避险工具，有助于稳定生产，有助于进一步完善鸡蛋价格体系，健全鸡蛋价格形成机制，有助于推广行业标准，促进规范行业发展；有助于促进蛋鸡规模化养殖，增强行业抗风险能力。

（三）我国蛋鸡产业发展成就

改革开放以来，我国蛋鸡产业快速发展，标准化、规模化、集约化程度逐步提高，产量不断增加，质量不断提升，产值不断扩大，为繁荣我国农村经济、增加农民收入和满足城乡居民食物营养需求做出了巨大贡献。“十二五”以来，蛋鸡产业发展在保障我国禽蛋有效供给、产品质量安全和生态环境建设等方面，取得了显著成就，总体保持了持续稳定发展的势头，具体表现在以下方面。

1. 综合生产能力稳步提升

“十二五”以来，我国蛋鸡产业综合生产能力继续不断增强，充分满足了我国城乡居民对禽蛋及制品的消费需求。2006 年以来，我国禽蛋产量呈现逐年递增的趋势，年均增长率约为 2.78%，其中 2006 年鸡蛋产量为 2 093万吨，2016 年禽蛋产量达到 3 236万吨，占世界总量的 40%，其中鸡蛋产量约为 2 684万吨，连续 30 年位居世界第一。

2. 鸡蛋产业素质持续增强

“十二五”以来，我国禽蛋产业链逐步完善，禽蛋产业素质持续增强。我国蛋鸡产业良种繁育体系不断完善，特别是自国家畜禽良种工程项目实施以来，加速了蛋禽良种推广体系建设，祖代、父母代蛋禽育种的市场集中度提升；蛋禽养殖主体不断分化，以中小规模养殖场户和千家万户散养为特征的“小规模、大群体”正逐步向以养殖企业（场）和养殖小区（养殖专业村）为特征的“大规模、小群体”过渡；商品代蛋禽养殖的技术水平和生产效率不断提高，禽蛋质量安全水平不断提升；禽蛋市场体系不断完善，特别是自 2013 年 11 月大连商品交易所推出我国鸡蛋期货以来，完善了我国畜禽产品的现货交易和期货交易市场体系。

3. 生态建设成效逐步显现

长期以来，我国畜禽养殖业以追求数量为主，养殖模式呈现“高投入、高消耗、高排放”特征，养殖方式粗放、资源利用率不高的问题日益突出，特别是养殖造成的面源污染已成为影响我国生态环境建设的重要因素。“十二五”以来，我国蛋鸡产业继续注重养殖方式调整与污染防治。干湿分离、雨污分离、干粪池、沼气池、污液储存池的建设、有氧和无氧堆肥技术的应用、大罐发酵技术的推广，极大地降低了蛋禽废弃物污染对生态环境的破坏，特别是近年来积极推广的蛋禽粪便肥料化资源利用技术，有效地将养殖业和种植业紧密结合，为破解我国畜禽养殖业废弃物处置和环境污染、推进畜禽粪便资源化与市场化利用提供了借鉴与示范作用。

4. 拉动增收效应不断增强

“十二五”以来，我国蛋禽养殖主体增收效应明显，同时有效带动了相关产业的增产增效。以蛋鸡业为例，我国蛋鸡业从业人员超过 1 000万人，包括孵化、雏鸡、鸡蛋、蛋品加工、淘汰鸡在内的蛋鸡业年产值突破 1 500亿元。同时，蛋鸡产业的发展促进了上游饲料、兽药和疫苗、设备制造业等相关产业的快速发展，增加了社会从业人员的就业渠道和就业机会，间接带动相关产业的产值达到 3 500亿元以上。

5. 带动示范作用日渐凸显

“十二五”以来，我国的蛋禽养殖的标准化、规模化程度继续不断提高，目前已经成为我国畜禽产业中规模化程度最高的产业之一，在加快我国规模化畜禽养殖中发挥着重要的引领性作用。同时，由于我国蛋鸡产业在规模化推进过程中，面临的畜禽产业共性的问题和新难题较多，其间所形成的缓解多种压力、破解综合难题的思路与模式，为其他畜禽产业的发展提供了借鉴作用。

二、我国蛋鸡产业与发达国家的差距

经过蛋鸡产业数十年来的发展，我国的产蛋鸡存栏和鸡蛋产量已经稳居世界第一位，但在一些方面仍与美国、巴西和欧盟等发达国家或地区存在差距。最直接的体现就是主要生产品种还有相当部分来源于进口。尽管国产蛋鸡市场近年占有率有较大增长，但有些自主培育的蛋鸡品种在生产性能的某些方面与国外优秀高产品种还有一定差距，部分品种繁育推广数量有待进一步提高。另外我国蛋产品的国际市场竞争力不足。据联合国粮农组织（FAO）的统计数据，2016 年中国蛋类产量高达 2 999万吨，而蛋类出口仅 10.22 万吨，仅为总产量的 0.38%。自 2002 年以来，由于实行新的检疫标准，欧盟各国以氯霉素残留量超标为由全面禁止进口中国的动物源性食品，其他国家也紧随其后，我国鸡蛋出口面临较高的绿色壁垒，使得中国蛋品出口市场存在多重困难，也导致了中国蛋品出口市场的份额逐渐变小（莫少颖，2010）。此外，规模化和标准化程度还需继续提高。美国拥有60家存栏在100万只以上的蛋鸡企业，生产了全美鸡蛋的87%，超过500万只蛋鸡存栏的公司有17家。在中国超过100万只蛋鸡的养殖场近几年在逐年增加，到目前为止仍然屈指可数。国内较大品牌的鸡蛋生产企业北京德青源、四川圣迪乐村、湖北神丹、大连韩伟和正大集团等都声名显赫，存栏数都超过100万只，超过500万只的蛋鸡企业少之又少。

三、我国蛋鸡产业发展存在的问题及对策

（一）生产水平

我国蛋鸡产业生产水平的问题主要体现在育种水平低。我国蛋鸡育种虽然取得了一定的成绩，但与发达国家还存在一定的差距，主要体现在蛋鸡育种公司规模小，育种技术、人才和资金投入不足，育种目标不够长远；地方品种缺乏系统选育，生产性能较低，部分品种退化明显；疫病净化技术力量与投入不足；部分育种企业场内生产性能测定条件难以满足育种工作的需要。解决这些问题可以通过实施蛋鸡遗传改良计划，在国家政策和资金方面加大对蛋鸡育种的支持，促进育种企业积极引进人才、应用新技术、投入资金到蛋鸡育种工作之中。

（二）生产效率

中国的蛋鸡生产标准化水平在各个地区发展不平衡，中小规模养殖户盲目追求扩大生产规模，忽视对相应硬件设备和管理规范的提升；机械化程度还不够高，现有的蛋鸡专用机械产品较少；信息化水平处于发展阶段，信息化平台建设不够系统化，专业的信息服务人员缺乏。解决这些问题需要加强蛋鸡养殖场基础设施建设，强化专业技术服务指导，提高蛋鸡养殖标准化、规模化、机械化和信息化水平。

（三）质量安全

随着农业部对质量安全监管力度不断加强，质量安全问题逐步得到控制，但由于蛋鸡养殖场疫病风险较高，免疫不当、滥用抗病毒药物、抗生素、使用违禁药物和不注意休药期等现象仍然存在，对产品的食品安全造成了一定的隐患。可追溯系统建设不健全，目前仅在少数大型蛋鸡养殖企业实施。需要进一步加强蛋鸡药物添加的安全监管，加强鸡蛋可追溯系统的建设。

（四）环境控制

随着养殖规模的不断扩大，养殖所产生的粪污等废弃物也越来越多，对生态环境带来很大的压力。据统计，一个万只蛋鸡的养殖场每天产生的粪污可达1吨（陈琼，2013）。部分中小规模养殖场对病死鸡的无害化处理重视不够，直接对周边居民的生命健康造成一定的威胁。政府需要继续参与综合治理，引导企业加大养殖废弃物处理设施的建设力度。

第三节 我国蛋鸡产业科技创新

一、我国蛋鸡产业科技创新发展现状

（一）国家项目

国家对于农业科技投入的增加，蛋鸡有关的项目也得到稳定增长，带动和促进了蛋鸡科技的创

新发展。“十二五”以来，与蛋鸡相关的国家自然基金项目累积立项480余项、国家重点基础研究发展计划（973计划）4项、国家重点新产品计划4项、教育部科学技术研究重点项目3项、农村领域科技计划9项、农业科技成果转化资金项目8项，国家星火计划139项、国家火炬计划3项，国家现代农业产业技术体系建设项目持续稳定支持蛋鸡产业的研发，这些项目涉及资源保护与开发利用、分子标记育种与抗病育种、生长发育与繁殖机理、营养代谢、养殖设备以及蛋品加工等诸多方面，为我国蛋鸡产业科技创新提供了强大的基础保障。

（二）创新领域

1. 良种培育

优良品种从源头上保证产业的良性发展。我国品种资源优势显著，拥有107个鸡地方品种，大部分为蛋肉兼用，早期引进来航鸡、洛岛红鸡和矮小黄鸡等5个品种，2017年，中国农业科学院北京牧医所又从加拿大新引进4个蛋鸡纯系，为良种培育提供了丰富的遗传资源。以国外引进和国内培育商业配套系相结合的方式推广新品种。“十二五”以来，我国蛋鸡产业发展迅速，育种成果显著，2011—2017年，我国新通过审定10个蛋鸡配套系，包括京粉2号、农大5号、大午金凤、栗园油鸡、苏禽绿壳蛋鸡、凤达1号和豫粉1号土种蛋鸡等。绿壳蛋蛋壳颜色分子遗传基因的揭示以及该基因在选育中的应用也标志着我国蛋鸡分子育种工作从理论到技术应用均达到了较高水平。

2. 疾病控制

疫病是对养殖业的最严峻考验。通过近十年的探索与发展，我国在家禽生物安全预防措施、免疫程序、疫苗生产等方面的研究取得了长足的进步。在国家蛋鸡产业技术体系引领下，针对我国蛋鸡疾病呈现病原体快速变异、多种病原混合感染和免疫抑制性疾病多发的特点，基于PCR、荧光定量PCR、LAMP、ELISA等分子技术的蛋鸡主要传染性疾病快速诊断技术已经建立起来，如鉴定H5亚型禽流感病毒变异株的多重RT-PCR方法、基于TaqMan探针的区分鸡新城疫病毒强弱毒株感染的实时定量RT-PCR方法；通过系统开展禽流感病毒、新城疫病毒、传染性支气管炎病毒等病原的分子流行病学研究，进而分析病原变异和免疫失败的原因、了解疾病的流行状况，阐明了病原体遗传进化的分子基础，并制定出相应的净化措施；研制出灭活疫苗、弱毒活疫苗、活病毒载体疫苗、DNA疫苗和亚单位疫苗等多种类型疫苗，采用反向遗传技术研制出基因VII型新城疫疫苗。过去危害严重的新城疫、马立克氏病等疾病均得到了有效控制，鸡白痢、禽白血病等垂直传播疾病亦取得了良好的净化效果。

3. 饲料营养

近年来，在蛋鸡的饲养标准研究、营养价值评价技术研究、无公害饲料添加剂研究、鸡蛋品质调控技术研究、饲料毒素及有害化学成分消减技术研究、饲料抗营养因子钝化技术研究等多方面都取得了显著成绩，预混技术、植酸酶技术、微生态制剂、理想氨基酸模式等多项具有国际先进水平的技术已经成功应用于实际生产，为稳定蛋鸡产业发展和改善鸡蛋品质发挥了重要作用。此外，蛋鸡营养需求参数与饲料营养价值数据库不断完善；同时完善了我国种鸡新品种和不同养殖条件下的营养需求参数。

4. 养殖设备与环境控制

在蛋鸡标准化养殖设施设备方面，通过鸡场建设标准、工程防疫要求、环境净化技术、气温骤降应激、鸡舍光源颜色、间歇光照制度、鸡舍清粪方式、鸡粪处理利用、种鸡本交笼具、蛋鸡散养栖架、适度规模布局等方面的较系统研究，制定了相关行业标准，如标准化养殖场—蛋鸡（NY/T 2664—2014），有效推动了蛋鸡养殖标准化进程。同时移动互联网和智能控制技术，推动了我国蛋鸡养殖智能化、标准化和低碳化的发展。在原有基础上，湿帘通风降温设备、自动光照控制设备、热风炉和换热器等环境控制设备的工艺设计及制造技术进一步精细化，产品得到广泛推广和应用。这些经过技术创新的设备能有效改善禽舍内环境，提高蛋鸡的生产性能。鸡粪中添加微生物制剂等处理技术能够有效减少氨气等毒害气体的产生和释放，病死鸡等生产废弃物的无害化处理，降低环境污染。

5. 专利产出

专利作为知识产权领域的一项重要指标，与技术进步和自主创新能力密切相关。蛋鸡相关专利至2000年，累积仅47项，“十一五”新申请专利累积283项，“十二五”专利年申请数量呈线性增加累积达1 744项，至2016年累积申请专利2 685项，专利内容涉及制种方法、养殖方法、养殖设备、饲料营养、用药免疫和产品包装等蛋鸡产业的各个环节。短短二十年，蛋鸡相关专利数量急剧增长，这一增长与国家“实施创新驱动发展战略”密切相关（图18-1）。

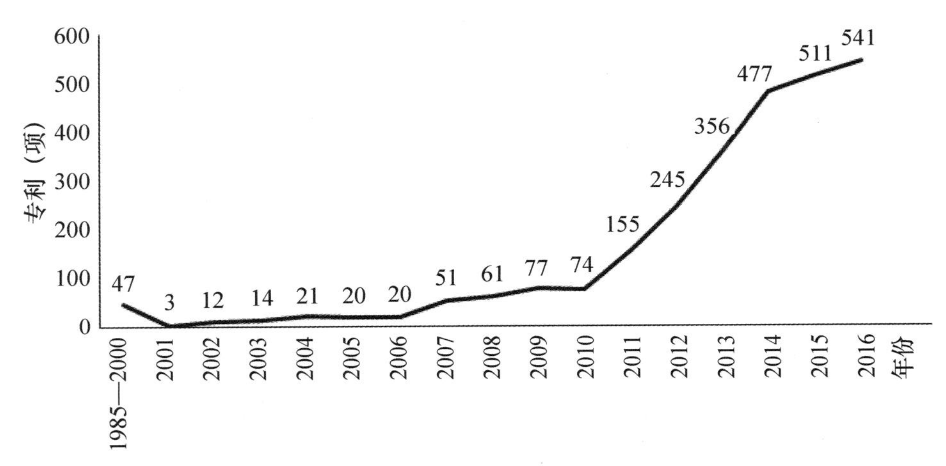

图18-1　我国蛋鸡相关专利申请数

（三）国际影响

中国现代家禽业起步于20世纪70年代后期，经过不断学习、借鉴与发展，取得了巨大进步，成功跻身世界家禽生产大国之列。2008年，以吴常信院士和杨宁教授为首的申办团队，在国内相关单位和部门的大力支持下，于澳大利亚布里斯班为中国赢得第25届世界家禽大会举办权；2016年9月5—9日，第25届世界家禽大会（WPC2016）在北京成功举行，72个国家和地区的4 210位注册代表参会。大会以“家禽产品的质量与安全满足人类需要”为主题，邀请65位全球知名专家和学者、253位青年科技工作者作口头交流，展出墙报600多篇，内容涉及家禽遗传与育种、营养与饲料、疾病防控、福利与健康、禽舍环境控制等，全面反映了当前家禽科研与生产的最新进展和热点问题。中国丰富的鸡遗传资源在世界也是独一无二的，丰富的创新技术研究素材在国际上有较大的影响力；近年来中国本土高产蛋鸡配套系的不断发展，打破了国际家禽品种垄断组织过去牢固的地位，在2015—2016年因禽流感封关情况下，蛋鸡扩繁未受任何影响，充分显示出中国蛋鸡种业在国际上的地位；近年来蛋鸡方面科技创新论文的发表在国际上也产生了越来越深远的影响。

二、我国蛋鸡产业科技创新与发达国家之间的差距

1. 育种技术

虽然我国的蛋鸡育种已经取得了一定的成绩，但与发达国家之间还存在着一定的差距。一是我国蛋鸡育种一定程度上仍然依赖进口品种，在重大疾病来临的时候，引种受到明显制约；二是蛋鸡育种企业少，有些企业规模小，硬件条件不足，生产性能测定技术水平不高，资金、技术和人才上投入相对缺乏，育种与配套技术研发能力相对薄弱；三是蛋鸡育种仍以传统手段为主，标记辅助选择、全基因组选择以及转基因育种等生物技术在蛋鸡选育实际工作中作用水平有待进一步提高。

2. 资源保护

品种资源是实现品种遗传改良的物质基础，而高生产性能品种的推广也为品种资源保护带来巨大冲击。目前我国家禽品种资源保护以活体保种为主，耗费巨大人力财力。精液冷冻保存是实现畜禽资源保护以及场区联合育种的重要技术。自20世纪40年代以来，家禽精液冷冻保存技术已被广泛研究，是禽类种质资源长期保存的有效手段。但受禽类精子头小尾长等形态特征以及种间差异的限制，禽类精液冷冻保存技术远落后于哺乳动物。目前，法国、美国、西班牙和荷兰在禽类精液冷冻保存技术方面领跑全球，并建立家禽遗传资源体外储存基因库。国内包括中国农业科学院北京畜牧兽医研究所、湖南农业大学和甘肃农业大学在内的多家科研单位或高校目前也在积极探索鸡精液冷冻的关键核心技术。从精子的采集和稀释，到保护剂的选择以及冷冻程序的设定，再到精子的复融与输精等一系列步骤仍有待持续探索和优化。

3. 饲养管理水平

我国蛋鸡养殖区域发展均衡性差，蛋鸡产业集约化程度低，存在着管理水平落后、技术创新能力薄弱、养殖设备落后陈旧、养殖行为不够规范、饲料利用效率低和环境污染严重等一系列问题。发达国家以中大型蛋鸡养殖企业为主，采用自动化、机械化养殖设备，并在此基础上实现了自动化到智能化的转变，饲养管理水平高。

4. 蛋品加工

目前，美国、日本、加拿大、意大利、澳大利亚和德国等发达国家已经形成比较完善的蛋产品加工体系，实现了蛋品检测、分级、加工、包装和存储环节的智能化，美国鸡蛋加工比例在30%左右，而日本鸡蛋加工比例达50%。国内中小企业仍以人工分拣为主，且国内市场主要以消费鲜蛋为主，但随着蛋制品深加工科技水平的不断提高，经过初级加工或深加工的半成品、再制品、精制品及其他以禽蛋为主要原料的新产品不断涌现，我国蛋制品消费将会逐步增加。

三、我国蛋鸡产业科技创新存在的问题及对策

（一）理论创新

我国蛋鸡产业创新紧跟世界潮流，应用世界先进理论技术开展相关研究，并取得了一定的成果，但目前我国自主创新能力相对薄弱，前瞻性、突破性理论较少。且限于我国科研大环境，项目与经费支持不足导致部分科研工作持久性差，考核机制导致科研工作者着力于小心求证，鲜于大胆创新。要解决这些问题，需要强化农业科研院所和高校的创新主体地位，构建农业基础和应用基础研究体系，解决我国蛋鸡产业发展中方向性、全局性和关键性重大科技问题，进一步完善蛋鸡生产理论、优化蛋鸡育种策略。

（二）技术创新

在技术创新上存在着投入不足、人才匮乏和投资不合理等问题，此外农业科研机构和高校与企业之间的实质性联系不足，导致总体上产学研仍处于脱钩状态，限制了新技术的开发和利用。国家应加大农业技术创新的投入，并依托国家蛋鸡产业技术体系、农业科研院所和蛋鸡生产企业构建产学研紧密结合的农业技术创新体系，发挥企业作为技术创新的主体作用，加强蛋鸡生产企业对高新创新技术的吸收和应用能力。

（三）科技转化

农业科学技术推广应用的程度决定农业生产力发展的水平。资料显示我国农业科技成果转化率不足40%，远低于发达国家的80%水平。农业科技成果产出的主体一类是农业科研院所和高等院校，另一类是企业，在促进农业科技转化过程中，前者动力不足，后者能力不够。可以依托农业科研院所、高校和生产企业，促进机械工程技术、良种化技术、数字化技术等在蛋鸡生产、加工上的应用，提高农业生产表转化、自动化水平；农业科技推广服务机构侧重区域性关键技术中试、新品种示范、推广服务以及科技培训与转化等工作，构建蛋鸡养殖技术推广服务体系，提高生产企业养殖技术水平。

（四）市场驱动

受市场价值规律的影响，蛋价呈现显著的周期性变化，蛋鸡存栏量依赖市场调节，行情较好时，养殖企业纷纷增加存栏量，导致鸡蛋供过于求，蛋价下跌，企业亏损甚至倒闭，然后逐渐进入鸡蛋供小于求的状态，价格开始上涨，进入下一个市场周期。此外我国蛋鸡销售渠道单一，产品质量良莠不齐，知名品牌仍然偏少，品牌效应不足，也难以提高企业的市场竞争能力。政府可适当加强宏观调控和引导，有效控制市场规模；完善市场法规和市场管理条例，法制化、规范化蛋鸡产业；创新思维，多元化蛋鸡产品，树立蛋鸡品牌效应；引导发展“互联网+蛋鸡”等电子商务新型经营模式。

第四节　我国科技创新对蛋鸡产业发展的贡献

一、我国蛋鸡科技创新重大成果

（一）育种繁殖

我国的蛋鸡饲养量和鸡蛋消费量居世界首位，种业是蛋鸡产业综合生产能力发展的基础。为提升种业科技创新水平，农业部组织制订了《全国蛋鸡遗传改良计划（2012—2020年）》，强化企业育种主体地位，提高蛋鸡育种能力，健全蛋鸡良种繁育体系。“十二五”期间实施以来，我国蛋鸡育种工作坚持以市场为导向，以企业为主体，推进产学研相结合，鼓励和引导企业以地方品种资源为素材，运用现代育种手段，打造自主品牌，把优良的地方遗传资源转化为现实的生产力。除了对原有的京红1号 和农大3号等配套系进行持续选育外，还培育了一批生产性能优越、市场广泛认可的新配套系，包括4个高产蛋鸡配套系和7个优质蛋鸡配套系（表18-1），满足了市场对畜产品多样化、优质化和特色化的需求。“农大3号”小型蛋鸡配套系培育与应用获2016年国家科技进步二等奖。部分分子育种技术也得到了应用：与鸡蛋鱼腥味相关的分子标记被挖掘出来，利用这一分子标记进行选择，可高效剔除携带突变位点的个体，避免鱼腥味鸡蛋的出现；利用全基因组关联分析等方法，揭示出多个与绿壳鸡蛋形成有关的分子标记位点，利用这些标记加快了绿壳蛋鸡配套系的选育。“栗园油鸡”创新性利用了矮小 dw 基因的节粮特性和北京油鸡优良肉质，不仅商品代母鸡产蛋量高、蛋品质优良，而且商品代公鸡具有良好肉品质，具有良好的育肥性能，是国内少有的高产、优质蛋肉兼用型配套系。此外，快慢羽基因分子标记技术的应用，进一步简化了雌雄自别蛋鸡配套系的培育。

表 18-1　2011—2016 年我国新培育蛋鸡配套系

名称	培育单位	类型	年份
大午粉 1 号	河北大午农牧集团种禽有限公司、中国农业大学	高产蛋鸡	2013
京粉 2 号	北京市华都峪口禽业有限责任公司	高产蛋鸡	2013
苏禽绿壳	江苏省家禽科学研究所、扬州翔龙禽业发展有限公司	优质蛋鸡	2013
粤禽皇 5 号	广东粤禽种业有限公司、广东粤禽育种有限公司、广东省家禽科学研究所	优质蛋鸡	2014
新杨黑羽	上海家禽育种有限公司、上海市农业科学院、国家家禽工程技术研究中心	优质蛋鸡	2015
豫粉 1 号	河南农业大学、河南三高农牧股份有限公司	优质蛋鸡	2015
农大 5 号	北京中农榜样蛋鸡育种有限责任公司、中国农业大学	高产蛋鸡	2015
大午金凤	河北大午农牧集团种禽有限公司、中国农业大学	高产蛋鸡	2015
京白 1 号	北京市华都峪口禽业有限责任公司	高产蛋鸡	2016
栗园油鸡	中国农业科学院北京畜牧兽医研究所、北京百年栗园生态农业有限公司、北京百年栗园油鸡繁育有限公司	优质蛋鸡	2016
凤达 1 号	荣达禽业股份有限公司、安徽农业大学	优质蛋鸡	2016
欣华 2 号	湖北欣华生态畜禽开发有限公司、华中农业大学	优质蛋鸡	2016

（二）饲料营养与养殖

饲料营养是影响蛋鸡生产性能的重要因素。蛋鸡饲料的精准生产，即饲料原料及产品质量检测标准及检测规范的集成、饲料原料关键养分动态数据库适用型营养标准的建立、精准高效减排饲料配方的设计、饲料加工工艺集成和精准饲料的在线实时控制、精准高效减排饲料产品生产与养殖技术的集成和精准高效减排饲料生产质量追溯分析，为蛋鸡优良生产性能的发挥起到了保证作用。各个科研院所或蛋鸡育种企业都为其培育的蛋鸡配套系研究制定了父母代和商品代蛋鸡的多种营养需要量，并制定了专用饲养标准。

（三）加工控制

加工是蛋鸡可持续发展的重要支撑环节。随着蛋鸡产业集中化程度的不断提高，鸡蛋的加工显得越来越重要，相关技术的研发也在不断发展。近些年，通过现代蛋鸡产业技术体系，在禽蛋清洁除菌方面，包括不同表面活性剂的复配对鲜蛋表面脏污清洗效果和杀菌效果，建立了鲜蛋清洁消毒剂残留检测的方法；研发了鸡蛋涂膜保险技术及涂膜保鲜剂；通过对蛋壳膜综合利用及产品研发，建立了以水为分离介质的壳膜高效环保分离技术，避免了二次污染；创立了二次反映、CMC 絮凝等独特的工艺方法，形成了鸡蛋壳制备丙酸钙的成套工艺技术；建立了可溶性鸡蛋壳膜蛋白“二次提取法”工艺。

（四）产品质量安全

鸡蛋的质量安全问题越来越被广大消费者重视。鸡蛋产品的优劣，首要的是质量安全。近几年，鸡蛋标签及相应的质量追溯系统不断建立起来，基于安卓系统设计的智能手机鸡蛋质量追溯系统，可以方便用户快速识别鸡蛋的二维条码标签，获取产地、饲养环境、饲料和保健记录等信息，提供了一种新的追溯手段。

鸡蛋沙门氏菌感染是生产者和消费者非常关心的安全问题。蛋鸡的沙门菌净化有助于保障蛋鸡健康和蛋品安全，近年研发了多种检测方法，包括免疫磁珠、多重 PCR、环介导等温扩增反应、鸡白痢沙门氏菌特异性 PCR、ELISA 等快速、准确、简便的高通量检测技术。鸡蛋中的要去残留也备受消费者关注。近年来蛋鸡的“无抗”饲养技术在不断研究之中，如各种“益生素”和“抗菌肽”类的产品。

（五）环境控制

近些年，蛋鸡养殖机械化、自动化程度在不断增加，加之密闭式建筑模式及材料的改进，鸡舍温度、湿度的控制现对较易。随着对健康养殖与环境重视的不断加强，研发了一系列环境消毒和控制技术方法与体系，如开发了微酸性电解水养殖环境净化消毒技术，微酸性电解水沙门氏菌净化技术；完善了蛋鸡舍的鸡粪自动高效收集技术，构建了不同清粪方式的效能评价体系；形成了自动化封闭式鸡场环境控制参数及评价标准和场频蛋鸡饲养技术规程；提出了基于湿球温度的湿帘降温系统控制新方法；开发了湿帘分级调控自动控制系统；优化了全封闭鸡舍夏季和冬季消毒试验。

二、我国蛋鸡科技创新的产业转化

（一）技术集成

在现代农业产业技术体系的引领下，蛋鸡体系不断将新品种、营养与饲料、疫病控制、蛋鸡养殖与环境控制及蛋品加工等领域取得的成果集成，制定了各种生产技术规范，如新培育蛋鸡配套系的标准和饲养技术规程，集成了品种性能、营养需要量、防疫消毒技术、饲养管理技术等，规范了养殖过程和性能标准；蛋鸡标准化养殖场建设和生产管理技术规范，优化了标准化鸡舍建设方案，例如 0.5 万~1 万只栖架养殖鸡舍，3 万~5 万只 4 层叠层笼养鸡舍，10 万只及以上 8 层叠层笼养鸡舍，由此集成了规模化养鸡环境控制关键技术创新及其设备研发与应用成果。

（二）示范基地

政府和产业体系联手积极推进实施蛋鸡遗传改良计划计划，遴选出核心育种场 5 个，良种扩繁基地 10 个。此外，通过产业技术体系，辐射涵盖蛋鸡主产区几十个蛋鸡养殖企业，作为蛋鸡良种繁育、营养饲料新技术、疫病防控新技术及环境控制技术的示范基地，开展创新技术的应用。在技术集成、成果转化鸡示范过程中，同时培养了一批企业创新人才，逐渐成为企业发展的中坚力量。

（三）商业转化

1. 良种推广

农业部在 2016 年发布的《农业部关于促进现代畜禽种业发展的意见》中充分肯定我国畜禽种业发展取得了长足进步，尤其自 2012 年《全国蛋鸡遗传改良计划（2012—2020 年）》实施以来，我国蛋鸡种业的发展取得了积极成效 2014 年全国蛋鸡遗传改良计划遴选了第一批国家蛋鸡核心育种场和国家蛋鸡良种扩繁推广基地的遴选工作，有 5 家企业通过国家蛋鸡核心育种场评审，10 家企业通过国家蛋鸡良种扩繁推广基地评审，并经农业部批准公布。2016 年启动了第二批国家蛋鸡核心育种场和国家蛋鸡良种扩繁推广基地的遴选工作，共有 6 家企业通过国家蛋鸡良种扩繁推广基地评审。

全国蛋鸡遗传改良计划实施以来，主要通过举办技术培训班的形式进行技术推广，仅2016年就培训国家蛋鸡核心育种场、国家蛋鸡良种扩繁推广基地技术人员120余人。培训班通过诠释国家蛋鸡核心育种场和蛋鸡良种扩繁推广基地定位与作用、国内外育种现状与发展形势、蛋鸡育种核心技术与应用、畜禽遗传评估与育种技术、数据采集与分析、蛋鸡垂直传播疾病的净化等技术，国家蛋鸡核心育种场和国家蛋鸡良种扩繁推广基地的代表作了经验交流，分享了蛋鸡育种成果和生产管理经验。通过举办培训班，达到了宣传改良计划、传授育种技术、提高管理水平、交流育种经验、共同发展提高的目的。

2. 专利技术转化

近些年，蛋鸡相关专利技术申请数量呈显著增长，为蛋鸡产业的高速发展提供了有力的技术支撑。

依靠高校、科研机构和企业研发部门的科研创新，我国已建成较为完备的农业技术服务体系，在蛋鸡产业方面，从自主品种、品系和配套系的培育，到蛋鸡场舍的建设、生产工艺流程、种蛋管理与孵化、疫苗开发和蛋品储存与加工等各个环节都得到相关专利技术的支撑。

以峪口禽业为代表的中国蛋鸡企业也在逐步加入科技创新行列，并取得一系列成果。峪口作为中国最大的蛋鸡育种公司，技术创新已成为该企业的核心工作，先后成立了研究院、设立科技奖励等鼓励和支持技术人员立项创新研发，在产学研一体化方面独辟蹊径，积极利用国家蛋鸡产业技术体系的综合实验站优势，探索出覆盖育种全链条的多学科合作模式。在科研项目的支持下，“峪口禽业”开发出四个具有自主知识产权的品种，即京红1号、京粉1号、京粉2号和京白1号。目前，这些配套系已推广到全国31个省市自治区，2009年以来已累计推广40亿只，市场占有率达50%以上。依靠技术上的突破，使配套系的生产潜力得到充分发挥，全程成活率高，育雏育成阶段98%，产蛋阶段97%，比国外平均指标高出2个百分点；产蛋多，72周龄饲养日产蛋19千克；耗料少，产蛋期料蛋比2.0：1；蛋品和蛋壳颜色纯正，蛋重和蛋壳色泽均匀。

科研院所的品种创新工作也如火如荼，以中国农业科学院为例，在2016年8月正式发布《鼓励科研人员创新 促进科技成果转化的实施办法》，大力实施创新驱动发展战略，促进科技与经济结合，充分调动全院科研人员创新热情，规范科技成果转化行为，推动科技成果快速转化应用。截至目前，中国农业科学院蛋鸡领域相关优秀成果，包括栗园油鸡配套系、鸡传染性法氏囊病活疫苗、H5高致病性禽流感防控用系列疫苗等，均获得了有效的市场推广和良好的社会经济效益。

3. 饲料营养配方

饲料是蛋鸡养殖的重要生产要素。近年来，我国饲料产业不断整合和提升，逐步向高质量和高安全的方向发展。蛋鸡饲料与营养的相关研究也更注重面向攻关关键技术，因此获得的重要进展得到了有效的转化和应用，包括饲料营养和蛋品质调控、饲料产品质量安全、蛋鸡健康养殖营养调控以及添加剂研发等。中国农业科学院北京畜牧兽医研究所研发的A50技术，作为一种集成综合营养技术，以苜草素、益生菌等安全添加剂增强蛋鸡内源抗病能力，延长产蛋高峰期，确保全程无抗养殖，有望从根本上解决只通过控制停药期来解决抗生素的问题。目前A50技术已作为核心技术正式用于相关企业的生产中。针对饲料霉菌毒素污染危害饲料食品安全、陈化粮食积压难以实现安全高效转化等技术需求，筛选高效降解黄曲霉毒素、玉米赤霉烯酮和单端孢霉烯族毒素的枯草芽孢杆菌，创制了世界唯一的微生态型霉菌毒素降解剂，实现规模化生产，并在圣迪乐、华都峪口、铁骑力士和温氏集团等大型企业产业化应用。在我国蛋鸡品种逐步实现国产化的形势下，基于我国现代蛋鸡主推品种如京红、京粉系列等蛋鸡品种和一些特色蛋鸡品种不同生长阶段的营养调控及饲喂技术的研发，在最大限度发挥生产潜能的同时，有效控制饲料成本。已在相关饲料生产企业和养殖企业应用。

4. 养殖工艺

我国蛋鸡养殖行业小规模低水平的生产模式曾占较大的比重。近年来，产业积极落实蛋鸡标准化养殖支撑技术集成与示范工作。针对我过 7 个地区分别集成蛋鸡标准化规模养殖支撑技术模式 10 种，从生物安全角度，建立生物安全工程体系模式，推动产业转型升级。我国蛋鸡规模化养殖比重从 2007 年的 47.8%提高到 2016 年的 72.5%。相关设施设备能实现环境精准控制，生产过程部分自动化，生产技术水平与国际接轨。在养殖方式方面，我国的蛋鸡养殖长期以笼养为主，4 层叠层笼养适用 3 万~5 万只鸡舍，8 层叠层笼养鸡舍适用 10 万只及以上鸡舍。完善了蛋鸡舍的鸡粪自动高效收集技术，构建了不同清粪方式的效能评价体系。自主开发了蛋鸡栖架立体散养系统，较适合于我国 0.5 万~2 万只养殖规模的养殖主体应用。近年来开发的三层大笼饲养的本交笼饲养模式，提高了蛋种鸡的福利化水平，且减少了人工授精劳动强度，降低了生产成本。这种蛋种鸡饲养方式更有利于蛋鸡饲养管理的机械化、标准化和现代化管理。目前蛋种鸡本交笼已在华裕等企业得到应用。

（四）标准规范

除养殖业共性标准规范陆续发布实施以外，蛋鸡生产性能测定技术规范（NY/T 2123—2012）于 2012 年开始实施，本标准规定了蛋鸡生产性能测定的基本条件、受测品种的要求、种蛋取样、测定数量和重复数、测定项目、测定和统计方法、饲养管理条件、饲料要求、记录档案、检验报告等要求。本标准适用于对蛋鸡品种、配套系父母代、配套系商品代的检验。这些技术标准和规范对于引领蛋鸡产业向着科学、健康的方向发展起着重要作用。

三、我国蛋鸡科技创新的产业贡献

“十一五”以来，科技创新给蛋鸡产业发展带来了日新月异的变化。主要体现在养殖模式的变革、生产效率的提升和产品质量安全的基本保证。

（一）健康养殖

随着农村人们生活的改善，养殖模式随之不断发展升级，传统养殖方式不符合环保、人和动物健康乃至动物福利的要求，亟待通过规模化、标准化、智能化和科学化来实现行业的转型提档。健康养殖的核心是给动物提供良好的、有利于动物快速生长的立体生态条件和营养丰富均衡的饲料，以便于生产出安全、优质的畜禽产品。

为推动蛋鸡产业实现健康养殖，蛋鸡体系自“十一五”开始，围绕我国蛋鸡产业存在的问题，即健康水平低，饲料利用效率低、环境污染严重、产品安全问题突出，从种源疾病净化，营养精准调控，疾病预防与安全用药，环境参数优化，养殖设施设备智能化以及废弃物的无害化处理和综合开发利用等方面进行了开展了一系列创新技术研发和系统集成，使蛋鸡产业及早从整体上实现了健康养殖。由于养殖环境的改善，蛋鸡的健康有了基本保障，恶性传染病发病频率大大下降，随之鸡蛋产品的安全也基本得到保证；由于粪污处理方式的改变，使得养殖生产环境对周围环境产生的污染和危害不断降低，使生产变得可持续，环境变得更和谐。

（二）高效养殖

现代蛋鸡生产依靠采用综合科技成果，使蛋鸡生产效率和生产水平均得到不断提高。高效养殖的支柱主要有以下几方面的创新成果。

1. 良种繁育体系

现代蛋鸡生产使用的是高产、优质、高效和专门化的优良品种。优良品种通过合理、配套的良种繁育体系、按照曾祖代、祖代、父母代的层次，将优良品种扩散到商品代。近年来，我国利用从国外引进的高产蛋鸡品种素材先后育成的“京红 1 号”“京粉 1 号”等一系列配套系，以及利用优良地方资源培育的“栗园油鸡”和“苏禽绿壳”蛋鸡等，使我国蛋鸡的自主育种迈上了一个重要台阶，在近几年继续得到迅猛发展。其中高产蛋鸡品种生产性能与国际知名品种接近，优质蛋鸡品种又满足我国市场特有的多样化需求。目前我国蛋鸡祖代已向少数厂家集中，现已从之前的 30 多个祖代场减少到 2017 年的 15 家。全国拥有 1 500余个父母代场，良种供应能力不断提高。建立的两家部级家禽质检中心，有力保障了蛋鸡品种的质量监测和性能测定。

2. 饲料工业体系

近年来在饲料加工工艺和设备，饲料营养与蛋品质调控、饲料产品安全质量检测、蛋鸡健康养殖营养调控，以及添加剂研发方面获得的创新科研进展，保障了蛋鸡行业饲料的发展。尤其是我国由于多元化产品需求，蛋鸡养殖品种多，针对不同种类和不同生理状态下的蛋鸡营养需要的研究，形成较为完善的主要品种饲养标准，并制定饲养配方，充分发挥了各个品种的生产潜能例如京系列的商品代蛋鸡现已成为我国商品代蛋鸡市场占有率较大的品种之一，通过研究确定了“京红 1 号”父母代和商品代蛋鸡的多种营养需要量，为建立规范的饲养标准奠定基础。

3. 禽病防治体系

现代蛋鸡业的高度集约化生产模式，为传染病的传播提供了有利条件。在疾病净化、隔离消毒、预防免疫等防防控方面取得的一系列创新成果，为蛋鸡的健康发展保驾护航。鸡白痢沙门氏菌和禽白血病等垂直传播疾病严重危害动物健康，降低生产水平。近年来，通过研究病原的特异性识别抗原、感染机制、病原在蛋鸡体内分布规律和抗体产生规律，制订了有效的疫病监测方案和防控措施，建立了更稳定和更准确的检测方法，研发相应的检测试剂盒，组织开展净化技术推广示范和培训。北京市华都峪口家禽育种有限公司等 2 个种鸡场成为首批“禽白血病净化示范场”。此外，在其他疫病如禽流感、新城疫、传染性法氏囊病、传染性支气管炎等疫苗相继研发，对新近流行的滑液囊支原体也进行持续跟踪。在优化免疫程序，实施蛋鸡科学免疫减负的倡导下和相关研究成果的支撑下，大幅减少了蛋鸡场疫苗使用量，降低防疫成本，减少了免疫应激，提高种鸡和商品蛋鸡的生产性能。规模化鸡场生物安全评价体系的研究，也为从管理角度提升疫病防控水平提供了基础。

4. 畜牧工程设施

蛋鸡养殖是我国较早进行标准化和规模化生产的畜禽养殖行业。在自动化、标准化、配套化的环境控制设备研究方面取得的发展和提高对蛋鸡生产效率提升起到重要作用。在蛋鸡舍建筑与环境控制研究方面，形成了标准化蛋鸡舍建设方案，对新建蛋鸡舍场址选择、配套设施设备选择等方面指导。前瞻性的研发了新型立体蛋鸡栖架养殖系统，服务于蛋鸡福利养殖的发展趋势。优化和集成了蛋鸡舍叠层笼养技术装备，实现 10 万只以上的大型蛋鸡舍养殖规模。研制的新型环境参数检测设备，并利用智能化技术对鸡舍的各种环境参数（温度、湿度、噪声、光照、有害气体）进行实时监控，以便鸡舍能保持在恒定的人工环境。针对绿色农业的发展要求，在蛋鸡舍粪污处理方面的已开发鸡舍传送带清粪技术装备、鸡粪风干及好氧发酵资源化利用装备已推广使用。

第五节　我国蛋鸡产业未来发展与科技需求

一、我国蛋鸡产业未来发展趋势

（一）我国蛋鸡产业发展目标预测

我国禽蛋产业仍然以鸡蛋为主，禽蛋的发展主要取决于鸡蛋的生产与消费。据《中国农业发展望报告（2015—2024）》预测，未来10年，中国禽蛋生产将继续保持世界领先地位，产量稳步增加，增速有所放缓，禽蛋消费稳步增长，价格波动上涨，进出口贸易基本稳定；成本波动、政策变化、科技创新进程、风险规避手段等不确定性依旧存在。

过去30年，中国禽蛋生产得到了较快发展，产量年均增长率达5.9%。目前，中国是全球第一大禽蛋生产国，占世界禽蛋产量的40%。根据FAO统计，2016年全国禽蛋产量2 683.0万吨，同比增长6.6%，为近5年较高增速。未来10年，我国禽蛋生产增速将放缓，出口基本稳定，2026年产量将达到3 302万吨，年均增长率为0.6%；同时，人均消费量年均增长0.6%，届时将达到3 291万吨；出口量稳定在10万吨左右。

未来10年，受益于蛋鸡集约化、规模化发展，中国鸡蛋产量将继续保持世界领先地位。但受环境保护、市场发展等因素制约，小规模养殖户加速退出，蛋鸡养殖规模结构进一步调整优化，禽蛋产量增速将放缓。预计2015年，禽蛋产量同比增长0.9%，到2024年达3 210.6万吨，展望期内年均增速1.0%，相比过去10年年均增速略有放缓。

随着人口不断增长、居民收入水平提高以及城镇化步伐加快，禽蛋消费将继续保持稳步增长。2015年禽蛋总消费为2 906.5万吨，同比增长0.9%，2024年为3 195.8万吨，展望期内年均增速1.0%。其中，禽蛋加工消费515.7万吨，年均增速1.5%，显著高于总消费增速。人均消费量缓慢增长，城乡差距依旧明显。展望期内，城乡居民人均禽蛋消费量年均增长0.7%，增长缓慢，到2024年达到17.1千克/人；其中城镇居民年人均禽蛋消费量达到19.7千克，农村居民人均禽蛋消费量达到12.5千克，城乡间差距依旧明显。

禽蛋贸易继续保持顺差格局。出口量10万吨左右，出口市场仍以周边国家和地区为主。

（二）我国蛋鸡产业发展重点预测

据国际粮油组织预测，未来30年鸡蛋产量将达到1亿吨，中国是全球鸡蛋十大生产国之一，产量占36%，占据了蛋鸡产业很重要的位置。

1. 短期目标（至2020年）

加快良种推广，国家蛋鸡核心育种场和国家蛋鸡良种扩繁推广基地规模达30家以上。扩大1万~10万只中等规模养殖场比例，适度提升10万只以上大规模养殖场数量。加大功能性鸡蛋产品研发和市场投放力度，适度推广有机鸡蛋产品生产。

2. 中期目标（至2030年）

基本实现蛋鸡全行业标准化健康养殖，初步实现环境友好型行业发展，精细化鸡蛋产品线，满足不同消费水平人群的需要。

3. 长期目标（至2050年）

全面实现蛋鸡养殖自动化、数字化，蛋鸡分子育种成为主要手段，功能化鸡蛋制品成为消费主体。

二、我国蛋鸡产业发展的科技需求

（一）种质资源

据了解，目前国内进口蛋鸡品种仍然是主导品种，尤其是大规模养殖场饲养的品种仍然以进口品种居多；国内自主培育品种农大3号矮小型蛋鸡，京红、京粉系列、京白939等品种的饲养量大约占到50%。我国高产蛋鸡品种长期进口的局面仍将继续，我国庞大的蛋鸡产业仍然在一定程度上受控于国外的蛋鸡育种公司。近几年，欧美各国疫情的不断出现增加了依赖引种的风险性，美国和德国因为疫情封关后一些主要引进品种受到限制，使我国蛋鸡产业的源头受阻，给我国蛋鸡业的正常运转造成了较大影响。国外品种的大量引入，既浪费了大量外汇，同时存在生物安全风险，又未能充分利用国内鸡种资源，因而我国蛋鸡品种的自主创新能力亟待提高。

（二）饲料资源

目前资源条件的限制已成为制约蛋鸡产业发展的瓶颈之一。我国粮食和饲料原料资源严重不足，缺口较大，对大豆、骨粉、优质牧草等对进口依赖较重。豆粕、玉米等进口一直呈增长态势。在全球粮食供应紧张状态下，立足国内种植业，生产蛋鸡饲料，是保证蛋鸡产业安全的有效办法。可选择国内供给有余的作物品种，研发新型国产蛋鸡饲料，以及与国产新型饲料相配套的标准化蛋鸡养殖方式，提高饲料利用效率，规避饲料进口风险。

（三）产品品质

鸡蛋品质包括外在和内在品质。外在品质包括蛋壳质量、蛋形指数等。因蛋壳外观、磕破过程、蛋品安全等影响消费者的购买意愿，且蛋壳还影响种蛋的孵化，故需得到足够重视。鸡蛋内在品质包括物理和加工品质和化学品质。外在品质需要攻克的科技问题是进一步提高产蛋量，降低料蛋比；进一步改善蛋壳品质，减少运输损失；研究肉斑、血斑发生机理，降低鸡蛋的血斑、肉斑比例；研发更加方便、经济和安全有效的鸡蛋保鲜技术；研发营养功能性鸡蛋产品，如富含Ω-3多不饱和脂肪酸、富硒等鸡蛋。

（四）蛋鸡健康

蛋鸡健康是维持蛋鸡高产的基本前提，当今养殖生产中，集约化笼养的蛋鸡会遇到各种应激。其中，高产带来的机体高强度消化吸收、转运营养素尤其是脂质，容易使鸡体产生营养代谢病；蛋鸡健康需要维持较高的抗体滴度和适当的免疫应答水平；另外，蛋鸡生产周期较长，经历的环境变化等应激较多，使鸡只往往处于亚健康状态。在为蛋鸡配制饲料时，需要满足其机体健康的营养调控需求。

（五）质量安全

我国消费者食用的鲜蛋大多没有经过消毒、分级、检验、保鲜处理。蛋壳表面常常携带禽粪、血污、变质饲料等污物以及大量微生物，不仅缩短鲜蛋的货架期，而且会传播禽流感病毒等人兽共患病病原体。兽药、药物饲料添加剂的使用和环境中的农药、重金属等在饲料和水中的蓄积，也给鸡蛋质量安全带来了一定的隐患。要保证鸡蛋的安全性，应对蛋鸡饲养的全过程实施控制，包括饲养环境控制、饲料和饮用水的安全性控制、鸡群健康控制、正确的兽医防疫、合理使用兽药、鸡蛋的收集储藏运输等环节。

可以参考国外经验，以科学性、实用性和配套性为目标，完善各类相关标准，加强我国鸡蛋安全保障体系建设，提高预警和防范能力，尽快建立和实施“国家鸡蛋质量安全保障计划”。

（六）废弃物排放治理

环境条件的限制是制约蛋鸡产业发展的严重瓶颈问题。和其他畜种一样，蛋鸡养殖污染目前还没有得到妥善处理，而国家对生态环境保护越来越重视，这使蛋鸡产业发展面临环保压力越来越大。蛋鸡养殖生产过程伴随着固、气、液体形式废弃物的排放，当养殖过程中有害物质排放不断增加，环境自净能力又难以为继时，不可避免地会引起生态环境恶化。现状的存在要求我们在在本领域继续开展科技创新，研究能将鸡粪制作沼气的有效方法；降低利用鸡粪生产有机肥的成本；研究开发新的鸡粪利用方法。

三、我国蛋鸡产业科技创新重点

（一）我国蛋鸡产业科技创新发展趋势

1. 创新发展目标

到 2020 年，培育 8~10 个具有重大应用前景的蛋鸡新品种，实现国产品种商品代市场占有率超过 50%；提高引进品种的质量和利用效率；进一步健全良种扩繁推广体系；提升蛋鸡种业发展水平和核心竞争力，形成机制灵活、竞争有序的现代蛋鸡种业新格局。

2. 创新发展领域

根据国家蛋鸡产业技术体系的发展规划，我国蛋鸡业的发展，首先是要继续开展蛋鸡品种的培育，加速蛋鸡良种化进程；加大蛋鸡高产、优质、高效饲养综合配套技术研发和推广力度，重点研究蛋鸡产业规模一体化工厂化条件下的高效养殖技术；加强蛋鸡重要疫病的防治，加快研制和推广疫病快速诊断技术与新疫苗、新药剂；加强鸡蛋保鲜与深加工技术的研发应用。

（二）我国蛋鸡产业科技创新优先发展领域

蛋鸡育种仍然是蛋鸡科技创新的优先领域。与肉鸡和其他畜种相比，我国蛋鸡育种已经有了长足的进步，但离国际水平尚有一定差距。加之国际上蛋鸡育种已经在向延长产蛋期至 80 周龄乃至 100 周龄努力，我国若想赶超世界先进水平，必须走科技创新之路。

常规育种方法在相当时期内必然存在，同时先进的分子育种技术也必然会迅速发展。全基因组选择可以不经生产性能测定对个体进行选育，极大地提高选育的速度和准确性，对于低遗传力、微效多基因决定的产蛋等复杂和限性性状有较高的检测准确率。目前全基因组选择已经在美国、英国、新西兰、荷兰等国奶牛业中得到广泛应用，并且取得了巨大成效。制约全基因组选择在家禽育种方面应用的最大因素在于全基因组标记的检测成本过高，随着 SNP 芯片技术不断成熟，成本将会逐步降低。我国自主研发的蛋鸡 55K SNP 芯片即将面世，该芯片筛选了国内外高度选育商用鸡种的特征位点，包括与产蛋量、料蛋比、蛋壳质量、抗病力和繁殖等性状功能基因显著关联的位点，具有多品种通用性，未来将对该芯片进行不断的完善和验证，使芯片位点信息广谱性和有效性不断提高。

蛋鸡产业需要重点解决的另一个问题是提高产蛋后期蛋壳质量，降低鸡蛋肉斑率和血斑率。

这就需要从理论上对影响鸡蛋蛋壳质量和血斑、肉斑率的因素进行研究，从而进一步研究解决方案。

对于地方鸡种而言，在维持鸡蛋品质的前提下，提高种公鸡和种母鸡的繁殖力，增加商品母鸡的产蛋量，净化种鸡群的垂直传播疾病，则是地方型蛋鸡育种的重中之重。平衡解决产量和品质的矛盾，需要在理论和时间上开展深入科技创新。

重大传染病的防治仍然是蛋鸡发展需要关注的课题。重点在继续开展养殖模式创新，不断改进鸡舍的环境控制条件，保证提供健康的养殖环境；研发新的饲料配方，提高鸡群的抗病力，减少鸡群用药，减少免疫次数；研发高效疫苗，最大限度减少烈性传染病的发生；研发有效无公害预防制剂，保障食品安全。

第六节　我国蛋鸡产业科技发展对策措施

一、产业保障措施

1. 培育国产品种，建立良种繁育体系，保护地方鸡种资源

30 年来，我国利用国外引进的高产蛋鸡育种素材和我国地方品种资源，先后育成了北京白鸡、农大 3 号、京红 1 号及新杨白绿壳等蛋鸡品种或配套系，部分品种的生产性能已达到或接近国外同类品种的水平，为进一步选育奠定了良好基础。

在北京和扬州分别建立了家禽品质监督检测检验中心，承担全国种禽的监督与检测及生产性能测定等任务，为提升我国种禽质量水平提供了有力支撑。

我国现有地方鸡种 107 个，是世界上地方鸡种资源最丰富的国家。盲目引种的时代已经结束，目前正是我国家禽自主育种的战略机遇期，育种如逆水行舟，需以政府为引导，以企业为主体，加之科研单位协调创新。

2. 产区分化、区域化、本地化继续深化

全国的商品蛋鸡养殖格局不断变化，传统主产区养殖量不断减少的同时，规模有所提高，非传统主产区总量和规模都大幅度提高。未来明显的产销区界限将不断弱化，传统主产区、非主产区都将以本地化为主，将形成以京津冀、长三角、珠三角三大主销区为核心的养殖布局。

3. 金融与产业的紧密结合

蛋鸡保险为蛋鸡养殖保驾护航，设备融资租赁为行业提供资金保障，也将在蛋鸡产业链的各个部分进行推广，进而充分发挥保险对行业发展的“助推器”和“稳定器”的作用。

4. 使食品安全检测成为常态

目前，超市、连锁店、社区店等流通渠道均需产品检测证明，甚至需要签署无限连带责任的确认书。各大机关单位、大型的公司团餐也均需提供产品检测证明。鸡蛋流通环节的检测将愈加严格。

5. 积极发展“互联网+鸡蛋产业链”

各公司“互联网+”联模式风起云涌，着力打造更完善的鸡蛋营销平台。互联网已经在行业内遍地开花，未来也将对行业的整个格局产生极大的影响。

二、科技创新措施

一是实施“良种工程”，加速蛋鸡良种化进程。二是加大蛋鸡高产、优质、高效饲养综合配套技术推广，重点推广蛋鸡产业规模化、工厂化高效养殖技术。三是加强蛋鸡疫病防治，加快

研制和推广疫病快速诊断技术与新疫苗、新药剂，为蛋鸡产业产业化发展提供强大支持。四是加强鸡蛋保鲜与深加工技术的研究与开发应用，重点研发鸡蛋保鲜、长距离运输和深加工新技术，大力提高鸡蛋加工品的卫生质量。五是探索新型蛋鸡饲料，规避饲料进口风险，相关政府部门选择中国供给有余的作物品种，研发新型国产蛋鸡饲料，以及与国产新型饲料相配套的标准化蛋鸡养殖方式。

三、体制机制创新对策

自改革开放以来，中国蛋鸡产业发展在经历了以解决家庭收入为目标的“富民工程”和满足居民动物性蛋白需求目标的“菜篮子工程”之后，目前已经过渡到以生产安全蛋品的“食品工程”阶段，蛋鸡产业发展受市场需求导向的作用愈加明显。

加快推进家禽业生态养殖进程，在限养区范围发展养殖业应远离人口稠密区和环境敏感区，坚持农牧结合、种养平衡的原则，严格控制单位耕地面积的蛋鸡养殖量。

加快推进畜牧业供给侧结构性改革，降低蛋鸡生产成本。加强蛋鸡产业新型生产经营主体的培育工作，创新学习教育方式，将专业技能培训办到场房车间，培养高素质的职业养殖者和经营者。

将过去重点作用在需求侧的政策措施调整到供给侧上来。强化生态保护和环境治理方面的政策措施，加大粪污综合治理和资源化利用等方面的投入；强化蛋鸡良种、科研推广、疫病防治、检验检测能力建设、信息化监测预警、灾害防控、政策性保险等补短板而又不产生明显贸易扭曲作用影响的政策措施。将扶持政策措施向新型生产经营主体倾斜，完善支持方式和补助标准，明确政策导向，提高政策效益。

《全国蛋鸡遗传改良计划（2012—2020）》确立了“以企业育种为主体、科研院所提供技术支撑”的育种机制。未来企业可以建立与政府、科研院所、高等院校、行业相关企业等常态化的交流机制，共享政策信息、育种资源，提升育种技术、加快育种进程。

（陈继兰、孙研研）

主要参考文献

陈萌山 . 2017. 以科技创新引领现代农业发展［J］. 黑龙江粮食（4）：30-31.
陈琼，王济民 . 2013. 我国肉鸡生产现状与存在的问题分析［J］. 中国食物与营养，19（7）：27-31.
国家畜禽遗传资源委员会 . 2011. 中国畜禽遗传资源志（家禽志）［M］. 北京：中国农业出版社.
李秉龙，王可山 . 2007. 畜产食品质量安全的消费者行为分析［J］. 中国食物与营养（1）：12-15.
李新一 . 2016. 畜牧业供给侧结构性改革分析［J］. 中国畜牧杂志，52（14）：39-44.
刘会珍 . 2005. 鸡蛋涂膜保鲜工艺的试验研究［D］. 北京：中国农业大学 .
马进勇 . 2008. 中国蛋鸡业可持续发展的思考［J］. 中国禽业导刊（2）：26.
王忠强 . 2016. 我国蛋鸡业生产情况及未来发展格局［J］. 北方牧业（13）：8-10.
辛宏伟 . 2016. 国际蛋鸡业发展趋势［J］. 兽医导刊（19）：20-21.
姚军虎 . 2014. 蛋鸡精准饲料生产关键技术［J］. 中国家禽，36（9）：38-39.
姚允聪，刘军萍，寇文杰 . 2009. 北京都市型现代农业科技支撑与产业发展研究［M］. 北京：中国农业出版社.
翟金良 . 2015. 中国农业科技成果转化的特点、存在的问题与发展对策［J］. 中国科学院院刊，30（3）：378-385.
张莉 . 2016. 中国禽业发展趋势及 2016 行情解析［J］. 北方牧业（13）：20.
《中国家畜》编辑部 . 2016. 第 25 届世界家禽大会：中国与世界的深度对话［J］. 中国家禽，38（19）：75-80.
朱宁，秦富 . 2016. 蛋鸡产业发展的国际趋势及中国展望［J］. 中国家禽，38（20）：1-5.

第十九章　我国肉鸡产业发展与科技创新

摘要：改革开放以来，经过40多年的持续发展，我国已经成为世界第三大肉鸡生产和消费国，肉鸡也已经成为我国第二大肉类生产和消费品，当前的肉鸡产业已经是我国畜牧业的重要组成部分。一方面，肉鸡产业是我国农业领域实现产业化经营最早、产业化发展程度最高的产业，凭借着肉鸡产业化经营的带动，肉鸡产业已成为农业和农村经济中的支柱产业。根据中国畜牧业协会统计数据，当前我国肉鸡饲养农户和企业涉及人口接近3 000万人，整个产业链涉及人口接近7 000万人，肉鸡产业在缓解农村劳动力就业压力、促进农民增收、推动农业产业化进程等方面发挥着不可替代的重要作用；另一方面，在当前我国畜产品，尤其是肉类产品供需紧平衡的状况下，肉鸡产业的发展，凭借肉鸡生产饲料报酬率高、生产周期短、生产成本和销售价格相对较低的优势，为改善城乡居民膳食结构、提供动物蛋白等做出了巨大贡献。可以说，我国的肉鸡产业发展到今天，已经不再是40年前畜牧业发展中一项不起眼的、可有可无的辅助产业，而是与国计民生高度相关、不可或缺的产业。

受城乡居民收入水平提高、城镇化继续推进的拉动，未来城乡居民对肉类产品的需求仍将持续增长。与此同时，面对饲料粮资源短缺日趋明显的状况，我国肉类产品的供给将面临巨大压力。在畜禽产品供求关系日益紧张的大背景下，由于相对于其他肉类产品具有较高的饲料报酬率、较快的生长速度，以及较低的销售价格，肉鸡产品将在缓解我国肉类产品供需压力方面发挥越来越重要的作用。因此，实现我国肉鸡产业的可持续发展，无论从生产角度还是消费角度，都具有非常重要的战略意义。

第一节　国外肉鸡产业发展与科技创新

一、国外肉鸡产业发展现状

（一）国外肉鸡产业生产现状

肉鸡生产是世界畜牧生产的重要组成部分，也是畜牧生产中发展最快的行业之一。目前，全球肉鸡出栏约658亿只。2016年全球鸡肉产量占肉类总产量的32.5%。据FAO统计，1961年以来，世界肉鸡的生产量增长了10.9倍，年均递增5.0%。南美洲和亚洲肉鸡生产的发展速度尤其迅速，年均递增分别达到8.3%和6.5%。美国是全球鸡肉生产量最高的国家，中国是近年来世界上鸡肉生产发展最快的国家，从1978年到2011年的33年间，产量增长了10.3倍，年均递增8.1%。

从鸡肉市场的份额比较，现在排在世界前三位的是美国、巴西和中国，美国占约20%的比例，中国和巴西分别在13%左右。美国曾经在历史上占有世界产量的比重近35%，呈下降的趋势，中国和巴西均呈增长趋势。新兴经济体国家印度、俄罗斯、泰国和墨西哥肉鸡生产增长最为强劲（图19-1）。

在主要肉类生产中，鸡肉生产增长远高于牛、猪肉生产的增长。从2006年的29.59%上升到

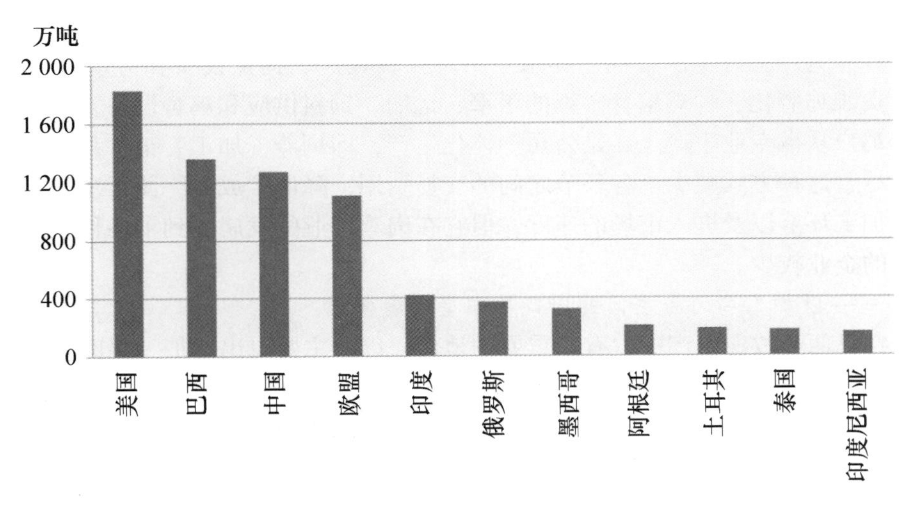

图 19-1　2016 年主要生产国和地区肉鸡产量

资料来源：Livestock and Poultry，Market and Trade，Foreign Agricultural Service/USDAOct. 2016

2016 年的 34.68%，牛肉和猪肉生产所占比重在持续下降（图 19-2）。

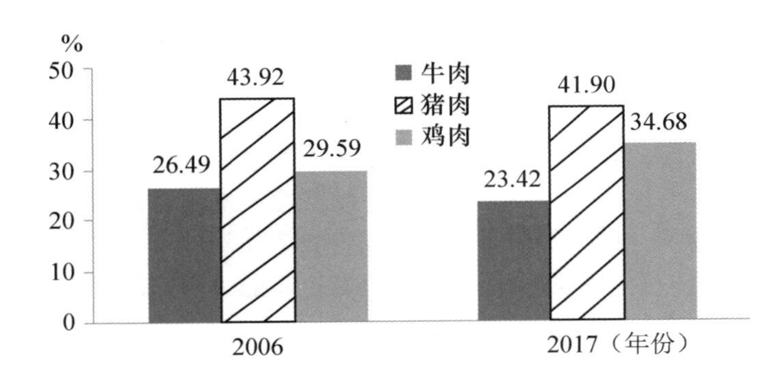

图 19-2　主要肉类生产量所占份额

发展中国家年人均肉鸡产品消费量相比发达国家较低。目前，美国、巴西年人均肉鸡产品消费量超过 45 千克；美国人均肉鸡消费量 1990 年超过猪肉，达到每年 31 千克/人，2003 年超过牛肉，达到每年 43 千克/人。我国香港肉鸡产品年人均消费也达到 40 千克左右，我国台湾为 25~28 千克，而中国大陆地区肉鸡产品年人均消费量不到 10 千克，2010 年为 9.3 千克，与世界发达国家水平相比差距较大，这在一定程度表明中国大陆肉鸡产品市场具有较大的发展潜力。

（二）国外肉鸡产业养殖模式

1. 美国模式—以屠宰加工业或大型流通业为主导、产加销整合的纵向一体化经营模式

美国是世界现代肉鸡业的发源地，也是当今世界肉鸡业领先的国家，其发展所走过的道路具有一定的代表性、趋势性，对国家发展肉鸡业具有借鉴意义。美国的肉鸡生产联合企业都具有相当完备的产业链条，形成了集原种场—祖代场—父母代场—商品代场—集约化养殖基地—养殖户—工厂化屠宰—产品加工—分割包装—经销商—消费者有机统一的产业生态链，建立起庞大的符合互补型肉鸡业的一体化经营生态系统。

20 世纪 80 年代后，美国肉鸡的生产规模越来越大，企业数量逐渐减少，尤其肉鸡一体化的发

展使美国肉鸡的生产为少数大企业所垄断。美国肉鸡产业化经营主要有两种形式：一是合同一体化经营。即公司和养鸡户签订生产合同，养殖户负责投资建厂、提供设备和劳动力以及从事经营管理，公司则负责雏鸡孵化、种鸡培育、鸡的屠宰、运输、饲料供应和鸡舍设备安装以及提供技术服务等，带动养鸡户从事专业生产。二是公司一体化生产，即饲养、加工、销售都归公司，公司实行一体化经营。尽管这种方式减少了各环节之间的交易费用，降低了成本，便于统一管理，并可加快出栏肉鸡投入加工环节以及进入市场的速度，但它在肉鸡产业的发展受到了各种条件的限制，采用这种组织形式的企业较少。

2. 巴西模式—以加工鸡肉为主体的出口导向型发展模式

肉鸡产业在巴西畜牧业生产中占有较重要的地位。巴西主要以出口加工鸡肉为主，出口市场遍及世界120个国家，鸡肉主要销往俄罗斯、欧盟、日本、中国等国家。巴西的肉鸡产业发展迅速，首先得益于地大物博的地理优势和资源优势。这些优势使巴西的种植业发展迅速，进而带动了饲料业的迅猛发展，从而使肉鸡生产成本较低，在国际市场具有很大的比较优势。巴西鸡肉首先经过肉鸡加工厂加工后再进行内销或出口。在肉鸡加工业的带动下，巴西成长为优质禽肉分割肉和机械化去骨鸡肉方面最具优势和竞争力的出口国。“科研+推广”的复合体系使巴西在肉鸡业发展中处于优势地位。另外，政府和农民合作组织（多种形式的合作社）在推动巴西肉鸡产业的快速、健康发展中也都发挥了积极作用。

3. 欧盟肉鸡产业发展模式——以共同农业政策为基准，各成员方根据自身特点发展的产业化模式

由于欧盟各国的农业发展经历以及发展水平相近，在规模化发展的过程中逐渐形成了肉鸡产业一体化的经营模式。在西班牙，农业合作社组织遍布于农业生产、加工及销售的各个领域。合作社的主要工作任务是：扩大经营规模，减少中间环节，增强竞争能力；在融资方面互助合作，争取政府支持；发展农产品精深加工，提高附加值；不断完善农产品深加工、卫生防疫、技术培训等农业社会化服务。欧盟制定了统一的肉鸡质量标准，欧盟对进口的鸡肉产品也实施严格的标准，有效地保护了欧盟各成员方的肉鸡产业。

（三）国外肉鸡产业贸易现状

鸡肉的进出口特别是出口占到世界肉类出口的近1/3。巴西和美国是鸡肉出口量较多的国家，两国肉鸡出口量之和接近世界的60%。

2017年全球鸡肉出口量达到1 107.9万吨，出口增长明显放缓。巴西、美国、欧盟和泰国成为出口大国，分别为400万吨、309.1万吨、125万吨和77万吨。鸡肉进口量达到905万吨，与同期全球鸡肉出口增长放缓相对应，鸡肉进口增长与出口保持同步，进口增长明显放缓。乌克兰、土耳其、阿根廷和泰国出口增长最快，增长率分别达到27%、22%、17%、12%。巴西仍是出口增长最高的国家，增长2.85%。其次为美国，达到2.55%。

鸡肉进口增长最快的国家和地区为古巴、阿拉伯联合酋长国和中国香港，同年中国肉鸡进口增长较快，增长率达到了4.65%。进口肉鸡最多的国家仍为日本、墨西哥和沙特阿拉伯。亚洲仍然是肉鸡进口最多的地区，约占全球肉鸡贸易量的39.39%。

二、国外肉鸡产业科技创新现状

（一）国外肉鸡产业的理论创新

近半个世纪以来，家禽科学研究一直致力于生产效率的提高，带来了家禽生长性能的巨大变

化。例如，快大型肉仔鸡42日龄体重由540克提高到2.8千克，料重比由2.35到1.70以下。同时，肉仔鸡不仅在生长性能方面得以明显改善，而且体型结构也发生了显著变化，产肉性能更加突出，这种变化85%~90%应归功于遗传育种，10%~15%归功于营养和饲养管理的改进。

现代肉鸡育种始于20世纪20年代美国东北部的德尔马瓦半岛（Delmarva Peninsula）。19世纪后期发明的自闭产蛋箱解决了母鸡个体产蛋性能测定问题；20世纪前期发现的几个孟德尔性状对21世纪家禽育种业产生了重要的影响，包括用于性别鉴定的性连锁基因、用于肉鸡母系的矮小基因、显性白羽基因和肉鸡的白皮肤和黄皮肤基因。在过去20年左右的时间内，电子标签技术（Bar Code Technology）被用于家禽生产性能数据的采集，提高了工作的效率和准确性。20世纪50—60年代遗传学原理在鸡育种上的应用迅速提高了蛋鸡、肉鸡、火鸡和鸭的生产性能和生产效率。运算功能日益强大的计算机和日益复杂的数学算法的使用使列入育种规划的性状的数量不断增多。禽类血型标记的应用发现了B21单倍型，该标记对马立克氏病有抗性，已在商用品系选育中得到应用。20世纪80年代，基因克隆和限制行片段长度多态（RFLP）技术成为分子遗传学的主流。标志性进展是，在家禽育种中应用的主要基因性连锁矮小基因（Dwarf）首次在分子水平上获得解释，即该基因是由于生长因子（GH）受体的突变造成的。2004年，第一版红色原鸡全基因组测序结果公布。紧接着对肉鸡、蛋鸡和丝羽乌骨鸡的全基因组重测序揭示出了280万个SNP位点，使鸡的全基因组选择成为可能。同时，一个世纪前发现的很多孟德尔性状的分子基础得到破译，如对鸡冠型、皮肤颜色等孟德尔遗传性状形成相关的致因突变的揭示等。相关技术也被用于研究鸡品种的遗传多样性并对鸡品种的进化和驯化提供了理论依据（Tixier-boichard等，2012）。

在20世纪50—60年代，家禽营养主要开展了维生素和矿物质需求以及饲料营养成分含量方面的研究，其中维生素D的发现为肉鸡生产带来了革命性的改变。正是由于该维生素的发现，使鸡在冬季（少光照）成活率、产蛋率、孵化率和产肉量低的问题得以解决。特别是肉鸡生产摆脱了季节性的制约，降低了生产成本、提高了生产效率。硒的发现在动物营养研究中同样重要。60—70年代，开展了饲料中的氨基酸含量测定研究，同时，日粮中的氨基酸需求量得以确定。70—80年代，蛋白能量比和营养素能量比是家禽日粮配制的基础，营养素利用率研究进一步得到完善。在尝试了各种快速营养成分测定技术，近红外技术仍然是最实用的。在鉴定饲料中霉菌毒素的同时，确定了日粮中毒素含量的中毒上限。生长促进剂和抗球虫药作为饲料添加剂也得到了广泛研究。80—90年代，家禽营养的发展主要包括以下方面：利用计算机优化最低成本的饲料配方；饲料原料中的抗营养因子含量对生产性能的影响及技术应对措施；饲料中添加酶制剂的作用效果；理想蛋白质的概念和可消化营养素配方；饲料营养的消化和吸收等。90年代至今，营养学与其他学科的联系更加紧密。过去十年中，家禽营养的研究焦点已不再是动物本身，而转向食品安全和人类健康，人们在努力减少饲料添加剂和药物的用量，强化可追溯性，寻找抗生素替代物。现今及未来一段时间内，家禽营养仍将以提高生产效率为主，同时还要着手考虑食品安全、环境保护和动物福利的因素，包括环境保护，新陈代谢和生理应激因子，营养对家禽产品性能和质量的影响，家禽免疫及肠道健康等科学问题。

（二）国外肉鸡产业的技术创新

1. 遗传资源与育种

近30年，世界各国通过组织国家区域性种质资源调查、设立动物遗传资源保护委员会、建立全球动物遗传数据库等方式开展了一系列的资源保护工作。国际上从20世纪80年代开始建立基因信息数据库，目前已形成由DNA碱基序列数据库、氨基酸序列数据库和基因图谱数据库等组成的基因信息处理系统，并实现网络化。欧美大型家禽育种公司以不断发展的数量遗传学理论和丰富的基因信息数据库为基础，应用精确育种值评估和新型检测技术设备开展肉鸡育种工作。世界大型商业育种公司运用育种中心数据库和育种辅助软件、生产数据统计分析系统、大客户管理系统、综合经济效益分析系统和生产成本统计系统、生产和销售计划系统等全面完善商业育种中的技术服务体系。近些年，基因组选择技术和功能基因组研究成果已经被育种公司应用于白羽肉鸡配套品系的选育上。随着芯片技术、重测序成本的大幅度降低，以及更多可靠的统计方法的发展，作为新一代育种技术的全基因组选择以其具有的巨大优势必将在未来肉鸡商业育种中得到广泛的应用。基因组编辑可对生物本身基因进行定向改造，能够高效、准确地按照人类意志修改基因组，在农业动物育种上有巨大的应用潜力。

2. 营养与饲料

以高效生产优质、安全肉鸡产品为核心，开展营养素需要量、资源利用及新型添加剂研发。国际上提出了蛋氨酸是肉鸡强抗氧化剂的新概念，以及定义营养需要量的二次曲线（BLQ）模型和说明边际生产力递减理论的饱和系数（SK）模型。有关营养代谢的研究集中在养分代谢过程与分子机制，内分泌在养分代谢中的整体调控作用及信号传导途径、母体效应和代谢程序化等方面。脂肪酸、缬氨酸、异亮氨酸、精氨酸以及有机锌的营养需要研究取得重要进展。有关第四、第五限制性氨基酸（缬氨酸和异亮氨酸）需要量的报道受到关注（Dozier，2011）。综合开发食品、酿酒、生物能等行业副产品、下脚料和废弃液等，增值转化为可利用饲料资源。压榨芸苔、干啤酒糟、蚕豆等饲料资源开发研究显著增多，新型饲料蛋白资源开发仍属热点领域。通过营养调控技术改善肠道微生物区系、增强免疫功能，研发提高肉仔鸡免疫力、替代抗生素的添加剂仍是研究热点，主要集中在益生菌、有机酸、酵母源成分、寡糖 FOS（果寡糖）和 MOS（甘露寡糖）。

3. 疫病控制

目前，国际上对肉鸡疫病的病原学与致病机理研究主要集中在病毒毒株毒力增强或抗原性演化的基础、病毒复制与宿主基因应答、宿主天然免疫在抗病毒感染过程中的作用、病毒逃逸宿主免疫防御系统机制以及新型毒株构象依赖性中和位点的变化情况四个方面，研究和开发新发传染病疫苗、活载体重组疫苗（如禽肺病毒病已有商品疫苗出售），并配以高效生物反应器生产工艺进行细胞或细菌培养来生产疫苗，大大提高了生产效率。主要疫病如禽流感、鸡新城疫和传染性法氏囊病等超强毒株和（或）变异株的出现，仍然是严重危害肉鸡业的重要因素。国际上，多种疫病疫苗免疫控制获得重要进展。利用新城疫活苗和灭活苗多次进行强化免疫可有效预防新城疫的发生。通过不同种类传染性支气管炎病毒毒株的 S1 基因间的基因重组来制备重组病毒是未来 IB 疫苗研究的重点和方向（Hodgson，2004）。而传染性法氏囊病传统致弱疫苗和利用反向遗传技术重组疫苗也取得突破性进展（Qin，2010），国外已有利用痘病毒和杆状病毒作载体表达鸡传染性法氏囊病病毒 VP2 蛋白的研究，表达产物既可用作诊断抗原，又可用作免疫原（Zhou，2010）。

4. 生产与环境控制

国际上针对规模化肉鸡养殖中出现的环境应激、免疫应激等的研究发现，热应激改变 HSP70 等热休克蛋白的表达，造成骨骼肌线粒体氧化系统受损，对肉鸡免疫系统造成影响；热应激降低肉鸡肠道消化酶的活性，从而降低日粮的消化率。全球肉鸡产量的 80%来自舍饲方式，在欧洲等发达国家占 92%~95%（Robins 等，2011）。节能减排及养殖废弃物处理技术是肉鸡科研重要的研究方向，主要研究热点包括产前饲料高效减排配制技术（Ali 等，2011；Esmaeilipour 等，2011；Angel 等，2011）（营养平衡、安全高效饲料添加剂使用）、产中科学养殖技术（公母分饲、阶段饲养和时序饲喂、垫料类型优选和处理技术等）（Ritz 等，2011；Miles 等，2011）和产后废弃物优化处置技术（物化处理、生物发酵和热力学转换等）（Cook 等，2011）。欧洲对肉鸡福利养殖最为重视，2012 年 1 月 1 日开始全面禁止传统鸡笼养殖。在欧盟对动物福利法规的持续推进下，除了对家禽环境空气质量要求日益严格外，同时对提高畜禽养殖福利（Prieto 等，2012）和饲养密度对肉鸡生长的影响（Buijs 等，2012）等进行相关研究。美国、巴西和中国三个肉鸡主产国的研究在关注生产效益的同时，也开始了动物福利的相关研究工作。

5. 肉鸡加工

鸡肉安全与品质控制的基础理论、高新技术的应用及新产品开发是目前国际上的研究热点。基础研究主要集中在宰前管理、屠宰工艺和包装方式等对鸡肉品质、安全和货架期等的影响。源头饲喂及宰前处理对鸡肉的影响，异质鸡肉特性及应用，加工工艺及高新技术对鸡肉制品影响（Zhou 等，2010），鸡肉中兽药、激素、重金属等的代谢及残留规律，致病微生物的污染途径、传播规律等方面是基础理论研究的重点领域。应用技术研究主要集中在电刺激嫩化技术、微生物控制技术、节水节能技术、致病菌快速检测技术和安全溯源技术等几个方面，进一步改善鸡肉品质和综合保鲜、减低能耗、提高生产效率和食品安全性。技术应用主要围绕鸡肉无损检测、有害物质的快速检测、预测体系及相关试剂盒的研发，如利用可视/近红外光谱等技术预测保水性、感官特性及β-胡萝卜素等营养素含量（Yavari 等，2011；Nurjuliana 等，2011），利用生物芯片、激光诱导击穿光谱等技术快速检测或预测鸡肉及其制品中的致病菌、兽药、激素等有毒有害物（Yibar 等，2011）。高新技术对鸡肉加工品质和安全特性的影响，如超高压、辐照和纳米等高新技术对鸡肉凝胶特性、产品货架期、营养风味和致病菌数量的影响；新型分子生物学技术在鸡肉致病菌检测、分型、溯源和菌群结构分析等方面的应用。

（三）国外肉鸡科技创新成果的推广应用

1. 遗传资源与育种

基因芯片技术在育种实践中的应用越来越广泛，基因组选择对加快遗传进展起到了积极的促进作用，常规统计学，标记辅助选择等方法继续发挥基础性作用，重要经济性状遗传基础研究仍是热点。统计计算方法在肉鸡育种上得到了深入研究和应用。提出一种基于实验数据的时间函数作为描述生长进展的正弦函数（Darmani Kuhi 等，2017）；采用熵值分析法对染色体数据进行分析（Graczyk 等，2017）；采用两种方法分析肉鸡品系的高密度 SNP 数据以检测已实施选择的基因组区域特征（Stainton 等，2017）；基于信息学理论中的数据压缩概念，使用 gzip 软件估计标准化的压缩距离（NCD），并构建关系矩阵（CRM）（Hudson 等，2017）；提出一种预测杂种表现的基因组育种值估计的可靠性预测方程（Vandenplas 等，2017）；对肉鸡饲料转化率的基因组预测准确性进行了估计（Liu 等，2017）；进行了包含非加性遗传效应的全基因组关联分析（Li 等，2017）；比较了基于连锁分析（LA）和连锁不平衡（LD）的两种不同基因组相关矩阵（GRM）在育种值估计和模型准确性方面的表现（Ilska 等，2017）。此外，表型测定技术，以及基因组学方法在重要经济性状的遗传基础研究上也得到了广泛应用。

2. 营养与饲料

植物提取物、多糖、寡糖、益生菌、酶制剂等的研发，仍是国际热点。日粮中添加睡茄提取物，可缓解肉鸡炎症性肠病，提高绒毛宽度（Mirakzeh 等，2017）；添加葡萄籽提取物能增加还原型谷胱甘肽含量降低鸡肉组织中丙二醛含量（Faraha 等，2017）。在益生菌方面，日粮中添加植物乳杆菌可增加肠道绒毛高度（Vineeth 等，2017）；添加植物乳杆菌、嗜酸乳杆菌、芽孢杆菌制剂等能改善肉鸡的肠道微生物组成（Foltz 等，2017；Li 等，2017；Park 等，2017）。在酶制剂方面，单品种酶的应用研究主要集中在木聚糖酶（Lee 等，2017）、植酸酶（Truong 等，2017）和蛋白酶（Vieira 等，2017）的在肉鸡中的应用效果及其机理。而复合酶的应用研究主要关注植酸酶与 NSP 降解酶（Ha 等，2017）等的配合使用，以及复合碳水化合物酶（Rios 等，2017）及其与蛋白酶

（Toghyani 等，2017）的配合使用对肉鸡的生长和饲料原料的利用等的效果。

矿物质元素营养方面，添加适宜水平的锌和锰可提高注射脂多糖肉鸡的抗氧化和免疫功能（Perez 等，2017；Zhu 等，2017）；添加纳米硒可缓解肉鸡肺动脉高血压综合征的发生 ；有机硒、铬和锌的添加可降低 HSP-70 mRNA 的表达；吡啶甲酸铬和纳米铬均可改善生长后期热应激肉鸡的生长和体液免疫功能 。另外，高水平非植酸磷可对后期肉鸡的磷利用产生不利影响。α 和 γ 生育酚分别参与肝脏脂质体和胆固醇代谢，以及机体的炎症与免疫功能的调节（Korosec 等，2017）。合成的和天然的维生素 E 均能提高环磷酰胺诱导的免疫抑制肉鸡抗氧化功能（Cheng 等，2017）。添加 α-硫辛酸可减少氨气毒性，改善机体抗氧化系统及异生物质代谢能力，恢复肉鸡生产性能（Lu 等，2017）。

3. 生产与环境

研究探讨环境因子，包括温度、湿度、光照和有害气体等，从生理生化和基因表达水平影响肉鸡健康的机制。通过日粮补充酶处理的青蒿，缓解热应激导致的肉鸡肠道炎症反应，提高肠道黏膜屏障功能（Song 等，2017；Wan 等，2017）；添加抗菌肽减轻肠道损伤，保持肠道正常结构，吸收功能和黏膜免疫功能，有效缓解热应激对肉鸡的不良反应（Hu 等，2017）。规模化商品代肉鸡舍内选择暖白光 LED 灯更节能，并能提高肉鸡的免疫功能（Sharideh 和 Zaghari 等，2017）；每天 23 小时蓝光和绿光条件下可以提高肉鸡的生长性能和福利，减轻压力和恐惧反应（Mohamed 等，2017）；日粮添加 300 毫克/千克 α 硫辛酸，可以通过维持抗氧化系统、异生素代谢和代谢通路，提高抗氧化能力，缓解氨气毒性应激（Lu 等，2017；Lu 等，2017）。鸡舍环境监测主要集中于氨气、甲烷等有害气体（Pereira 等，2017；Soliman 等，2017；Williams 等，2017）。

2017 年国外在废弃物处理和节能减排的研究主要集中在以下四方面：对肉鸡养殖臭气和排泄物中重金属的风险评估（Pereira 等，2017；Ro 等，2017；Islam 等，2017）；饲料减排技术，运用氨基酸平衡原理减少饲料粗蛋白质水平（Belloir 等，2017）、应用饲料添加剂如植酸酶（Pirgozliev 等，2017）、益生菌（Reis 等，2017）、吸附型矿物添加剂和有机微量元素（Cheng 等，2017；Kumar 等，2017）等，通过提高养分利用率，减少使用量从而达到减排效果；养殖过程减排技术，利用新型除臭措施（Ro 等，2017）、垫料除臭剂（磷酸盐、喷洒酶制剂和脱硫石膏）等，通过抑制排泄物中氨氮分解菌或脲酶活力，增加鸡粪氮、硫的固载量，减少氨气和硫化氢等臭气的排放；养殖末端废弃物处理技术，通过堆肥及其优化技术，鸡粪与污水的循环处理利用技术（Li 等，2017），粪污与其他工业废弃物生产生物柴油和沼气等，从而减少废弃物的排放。

4. 疾病防控

据 OIE 报道，2017 年世界各地已经有 58 个国家和地区的家禽或野鸟发生了 H5 亚型禽流感疫情，覆盖 17 个国家或地区，病毒类型主要为 H5Ny（N1、N2、N3、N5、N6、N8 和 N9）等。H7 亚型禽流感主要出现了 H7N9、H7N3 和 H7N1 亚型，H7Ny 疫情涉及（N3、N6 和 N9），共计 9 起涉及 5 个国家，其中 H7N9 亚型流感对中国造成了巨大影响，美国也发现了 H7N9 亚型流感，而阿尔及利亚发现了 H7N1 亚型禽流感，墨西哥发现了 H7N3 亚型禽流感。

通过突变分析研究发现 H7HA 获得人型受体特异性是由于三个氨基酸的突变，赋予了类似于 2009 年人 H1 大流行病毒特异性的人型受体的特异性开关，并促进了对人气管上皮细胞的结合（Vries 等，2017）；通过研究野鸟分离的 H7 病毒致病潜力，发现 H7 型 LPAIV 能够在未经事先适应的情况下感染和导致哺乳动物致病，从而造成潜在的公共健康风险（Zanin 等，2017）。沙门氏菌、空肠弯曲菌、李斯特菌等仍是引起人类细菌性腹泻的主要病原（Manuel 等，2016；PALMEIRA 等，2016；Khoshbakht R 等，2016），鸡肉制品是食源性细菌病病原的重要存储器。抗生素耐药性（AMR）已经成为世界性的健康问题。减少、甚至不用抗生素，降低药物残留、降低细菌耐药性，已成为世界肉鸡细菌病防控和研究的主要趋势。

目前除了应用广泛的 ELISA 和各种 PCR 等方法以外，许多新技术例如微阵列和生物传感器等纷纷尝试用于诊断病毒性疾病，主要发展趋势是以高通量、快速、高特异性为主要方向。由于疫苗免疫是防控禽病最有效的手段，不论是新发传染病还是“旧病新发”，方向都是研发安全稳定的新型疫苗和安全高效新型佐剂技术。

5. 鸡肉加工

世界鸡肉加工业不断采用新理念和新技术，更加注重安全控制。研究发现，类 PSE 鸡胸肉具有 29 种差异表达的蛋白质（Xing 等，2017）；木质化鸡胸肉的糖酵解酶、盐溶蛋白含量含量显著降低（Cai 等，2017）；自由水含量升高（Tasoniero 等，2017），表层部分蛋白粒径增大（Soglia 等，2017）。肌原纤维凝胶特性有差异（Glorieux 等，2017）；超高压条件下热处理能显著改善鸡肉肉糜的保水性和质构特性（Zheng 等，2017）。鸡汤中主要的滋味呈味是氯化物、IMP 和一些寡肽类等滋味物质，主要的气味物质是醛类、醇类和呋喃类（Kong 等，2017；Qi 等，2017）。此外，对物理和化学处理如何改善鸡肉品质也进行了研究，如电击晕频率及电流波形处理、近红外光谱可用于鸡肉品质快速分级、食盐添加量、低压高频、结合高压低频处理、激光光谱技术，傅里叶变换红外光谱结合拉曼光谱，以及质子转移反应质谱等。

（四）国外肉鸡科技创新发展方向

近年来，围绕肉鸡养殖中健康、安全、环保等主题，国内外从品种遗传稳定性、种鸡健康与雏鸡质量、无抗饲养、环境控制、生产工艺等方面均取得显著的研究进展。

国际肉鸡育种更加注重可持续发展、资源保存和合理利用、多性状平衡育种、关注肉鸡福利性状和生态环境保护问题。近些年，基因组选择技术和功能基因组研究成果已经被育种公司应用于白羽肉鸡配套品系的选育上。随着芯片技术、重测序成本的大幅度降低，以及更多可靠的统计方法的发展，作为新一代育种技术的全基因组选择以其具有的巨大优势必将在未来肉鸡商业育种中得到广泛的应用。研究者们通过建立国际合作团队，正在考虑完善鸡的参考基因组序列。此外，研究者希望通过各个鸡品种和群体的基因组重测序，来重新评估各遗传资源间的联系，建立一个鸡的泛基因组参考序列，为今后合理保护和利用鸡的遗传资源提供参考，这必将进一步推动鸡的基因组学研究。

从生产源头提高质量和养殖效率是研究热点之一。种鸡日粮中单独或联合添加氨基酸、维生素、微量元素和脂肪酸等均可提高种鸡的繁殖性能、子代雏鸡的健康水平（Amen，2011；Adebukola，2014；宫永胜，2017）。

减少抗生素使用和降低粪污中氮磷排放是世界范围内关注的焦点。较多研究集中在抗生素替代物方面，发现植物精油、酸化剂、益生菌等均具有提高生产性能的效果（Khattak 等，2014；胡希怡等，2016）；通过使用酶制剂、氨基酸平衡技术、除臭剂等方法可降低肉鸡氮、磷以及粪臭气体的排放（Hernandez 等，2013；刘文斐等，2015）；养殖末端废弃物处理技术，通过堆肥及其优化技术，鸡粪与污水的循环处理利用技术（Li 等，2017），粪污与其他工业废弃物生产生物柴油和沼气等，从而减少废弃物的排放。

近年来，设备升级和新型生产工艺不断推出。欧美等国家实现了鸡舍环境控制的全自动设备机械化、智能化、可视化和网络化，在不同养殖密度下，鸡舍环境参数稳定，鸡群生产性能优异（Alimuddi 等，2012；Ghazal 等，2017）。肉鸡笼养可以显著提高生产效率和经济效益。免疫减负是肉鸡养殖的新理念和新技术（Mayers 等，2017）；沙门氏菌、空肠弯曲菌、李斯特菌等仍是引起人类细菌性腹泻的主要病原（Manuel 等，2017），减少甚至不用抗生素，降低药物残留、降低细菌耐药性，已成为世界肉鸡细菌病防控和研究的主要趋势。

三、国外肉鸡科技创新的经验及对我国的启示

加大基础研究力度，提升源头创新能力。预判领域未来发展趋势，布局基础研究任务。利用多组学分析技术，深入挖掘和评价地方鸡品种资源，解析鉴定重要育种价值的功能基因，创新育种大数据集成分析方法；突破肉鸡精准动物营养前沿技术基础理论，建立饲料资源高效利用大数据平台；阐明禽流感等重大疫病病原与宿主相互作用组学特征，突破致病机理与免疫机制研究的瓶颈。

拓展技术创新途径，掌握全球科技前沿竞争先机。汲取和借鉴生命科学、信息科学、人工智能等领域的技术手段、创新思路，拓展肉鸡领域的前沿技术的研发途径。深入开发基因编辑技术；自主研发基因组选择（genomic selection）基因芯片，制订基因组选择育种方案；研究消化道微生物组学、兽用微生物组学在营养生理、免疫机制方面的交互作用；开展重要病原的“3D 基因组”研究，获得病原的遗传变异及流行规律和趋势。

增加规模化、标准化养殖比重。通过政策扶持和引导，加大规模化和标准化养殖场建设，以提升产业整体水平，缩小与肉鸡生产大国的差距。加大标准化养殖的政策扶持，对肉鸡规模化养殖提供贷款贴息，对肉鸡深加工企业实行税收优惠，对畜禽粪便有机肥的加工和使用补贴等政策的支持，将加快产业整体提升，保障产品安全。创制类型多样的特色产品和设备，满足供给需求和经济发展。充分利用我国丰富的地方品种资源或特色资源，开发优质型、功能型、专一型、抗逆型等不同类型的特色肉鸡品种，拓展国内外市场，保持我国肉鸡种业特色。

第二节　我国肉鸡产业发展概况

一、我国肉鸡产业发展现状

（一）我国肉鸡产业重大意义

肉鸡在保障粮食安全方面发挥重要作用。在畜地矛盾和人粮矛盾十分突出、耕地资源硬约束条件下，走“节粮型”畜牧业发展道路，尤其是大力发展白羽肉鸡产业，是破解矛盾的有效途径。肉鸡有着料肉比低、生长速度快、生产效率高等显著优势，且适合工业化标准化生产。白羽肉鸡料肉比为 1.7：1 以下，而生猪料肉比为 3.0：1。换言之，同样生产 1 千克肉，肉鸡比生猪可节省 43% 的粮食。以 2016 年为例，我国猪肉产量为 5 299万吨，如果将其中的 20%转变为鸡肉生产，可节省粮食 1 378万吨。如果把节约下来的粮食折算成耕地，按我国玉米平均亩产 500 千克计算，可节约耕地 2 755万亩，可以大幅减少我国玉米的进口，同时对保障我国粮食安全、节约耕地资源具有重要意义。

肉鸡是坚持绿色发展的重要产业。在畜禽养殖中，肉鸡，尤其白羽肉鸡对环境的负面影响最小。据国外碳足迹专家研究，在集约化动物饲养体系中，按照生产每千克肉排放的二氧化碳当量的温室气体计算，生产 1 千克牛肉产生二氧化碳当量的温室气体为 14.8 千克，生产 1 千克猪肉为 3.8 千克，生产 1 千克鸡肉只有 1.1 千克。同样，如果将我国猪肉产量的 20%转变为鸡肉替代，那么每年可减少近 3 000万吨的二氧化碳当量温室气体排放。此外，肉鸡是节水畜种，根据联合国粮农组织公布的畜禽饮用水指标进行核算，家禽用水量仅占主要养殖畜禽总用水量的 14%左右，其中肉鸡用水量更低，远少于其他畜禽用水量。同时，肉鸡产业还能提供大量优质有机肥，为发展有机农业提供必要条件，进而形成资源再利用的循环经济体系，且由于肉鸡养殖消耗水量极少，鸡粪作为

最佳的有机肥极易处理和利用，是种养结合综合利用的典范。

肉鸡是农业结构调整的着力点。肉鸡，尤其白羽肉鸡是匹配消费者肉类需求结构变化的重点产业。随着我国城乡居民收入的不断提高，消费需求也逐渐从“吃饱”“吃好”向“吃得营养”“吃得健康”转变，肉鸡特别是白羽肉鸡正好能够满足这一需求。《“健康中国2030”规划纲要》提出，要在2030年实现“超重、肥胖人口增长速度明显放缓”的目标。目前我国肥胖人口规模已高达3.25亿人，这与不科学的肉类消费结构密切相关。目前我国肉类消费结构为猪肉占64%、禽肉占21%、牛羊肉及其他占15%，肉类消费仍然以“红肉”为主。从营养学角度看，作为白肉的鸡肉，具有蛋白质含量高、脂肪低、热能低和胆固醇低的营养优势，是健康的动物蛋白来源。鼓励鸡肉消费，相应降低猪牛羊等红肉消费，更有益于提高国民身体素质和健康，减少国民肥胖、超重人口比例。同时，鸡肉是性价比最高的动物蛋白来源，其中白羽肉鸡的单位重量价格最低、蛋白质含量最高。鼓励城乡居民，特别是低收入人群，增加鸡肉消费改善饮食结构切实可行。对于保障低收入人群的优质蛋白质摄入与身体素质健康有着重要的现实意义，是普通百姓消费得起的肉类食品，是重要的民生产品，这也是白羽肉鸡成为世界第一大肉类的主要原因。

（二）我国肉鸡产业生产现状

我国是世界第三大鸡肉生产和消费国，2016年肉鸡年出栏量约80亿只，鸡肉产量1 400万吨，肉鸡产业是畜牧业中良种率、规模化率最高的产业，对我国畜牧业的贡献份额接近20%。当前我国肉鸡饲养农户和企业涉及人口接近3 000万人，整个产业链上涉及人口接近7 000万人，肉鸡产业在缓解农村劳动力就业压力、促进农民增收、推动农业产业化进程等方面发挥着不可替代的重要作用。肉鸡产业发展到今天，已经不再是40年前畜牧业发展中一项不起眼的可有可无的辅助产业，而是与国计民生高度相关、不可或缺的产业。

1. 生产规模

经过几十年的发展，我国肉鸡产业已经从简单的养殖户合同饲养发展到现在集种鸡繁育、饲料生产、商品鸡饲养、屠宰加工、冷冻冷藏、物流配送和批发零售等环节为一体的一条龙生产经营，涌现出一批经营规模较大的肉鸡种业和加工企业。

快大白羽肉鸡的企业，从国外引入祖代雏鸡并逐级繁殖父母代种鸡和商品代，生产规模较大，目前祖代企业约15家，父母代种鸡的养殖企业19家。2014—2016年三年祖代鸡引种量分别为118万套、72万套和64万套，2016年父母代种鸡存栏约4 400万套。国内的大型企业包括北京大发正大有限公司、北京家禽育种有限公司、北京大风家禽育种有限公司、山东益生种畜禽有限公司等。我国黄羽肉鸡祖代的养殖企业共27家，其祖代存栏量占全国总存栏量的83.54%。父母代种鸡的养殖企业约30家。2016年祖代种鸡存栏量约为100万套，父母代种鸡平均存栏量约1 000万套。

2. 肉鸡养殖集约化水平

随着肉鸡产业持续快速发展，特别是在农业部畜禽养殖标准化示范创建活动的推动下，我国肉鸡养殖规模化程度显著提高。2000—2011年我国肉鸡规模化养殖出栏数量占肉鸡总出栏数量的比重呈现比较稳定的上升趋势，从50.07%上升到86.09%。同时，规模肉鸡场数量和平均饲养规模也都在不断增加，规模养殖场数量从2000年的35.63万个增加到2012年的52.05万个，平均饲养规模从2000年的0.88万只增加到2011年的1.39万只。

从2000—2013年规模养殖场户的发展变化情况来看，2000年出栏2 000~9 999只的小规模场肉鸡场户数占肉鸡规模养殖场总户数的86.26%，出栏10 000~49 999只的中规模场户数占12.63%，出栏5万只以上的大规模场户数占1.12%，其出栏肉鸡占全国规模养殖场总出栏数的比例分别为54.24%、28.80%和18.96%。到2013年，出栏肉鸡2 000~9 999只的小规模肉鸡场占肉鸡规模养殖场总户数的58.54%，出栏肉鸡1万~5万只的中规模占29.40%，出栏肉鸡5万只以上的大规模场户数占5.86%，其出栏肉鸡占全国规模养殖场总出栏数的比例分别为16.00%、34.58%和49.42%。占肉鸡规模养殖场总数和总出栏数的比例提高幅度最大的是5万只的大规模饲养场户数，场户数和出栏量分别增长了6.06倍和5.51倍；其次是10 000~49 999只的中规模饲养场，场户数和出栏量分别增长了2.21倍和2.00倍；中大型规模的肉鸡饲养已经成为我国肉鸡规模饲养的主要模式。

3. 肉鸡业的内部结构

品种结构。我国鸡肉产品主要来源于白羽肉鸡、黄羽肉鸡（肉用地方鸡品种及含有地方鸡血缘的肉用培育品种和配套系）、淘汰蛋鸡和肉杂鸡（快大型白羽肉鸡与高产商品代蛋鸡杂交后代，也称“817”肉鸡）。我国肉鸡产品结构特色明显。白羽肉鸡饲养数量多，在肉鸡业中占主导地位，产品主要满足快餐业和普通鸡肉消费需求；黄羽肉鸡的比重不断扩大，是中国肉鸡业的特色，产品通过活鸡上市形式主要满足传统高端鸡肉消费需求；淘汰蛋鸡和肉杂鸡以其低廉的价格和适中的肉品质受到众多北方中小型肉鸡加工企业的欢迎，产品主要满足传统中低端肉鸡加工市场需求。

根据国家肉鸡产业技术体系调研结果，2010年优质肉鸡、白羽肉鸡和肉杂鸡的存栏数量分别为167 312万只、160 893万只、15 091万只，各品种占肉鸡总存栏数量的比例分别为48.74%、46.87%、4.40%；出栏数量分别为347 797万只、669 731万只和57 700万只，各品种占肉鸡总出栏数量的比例分别为32.35%、62.29%和5.37%。

市场结构。禽流感等疫情以及消费者持续关注的食品安全问题对我国的肉鸡产品的市场结构产生了较大的影响。自2004年起，我国以白羽肉鸡为主的肉鸡产品出口由冷冻产品向熟制品方向转变。随着国内越来越多的大中城市取消和限制活鸡销售市场，黄羽肉鸡产品屠宰加工后上市成为未来的发展方向。饲料原料、劳动力成本等的不断上升，客观上推动了肉杂鸡市场的不断蔓延和扩大，肉杂鸡产品开始向白条鸡、西装鸡甚至分割产品市场渗透，肉杂鸡品种的规范问题引起政府和行业的重视。

产业结构。肉鸡的生产结构向更加严密的组织系统转变。公司自养商品肉鸡的比重在快速增加；同时，非合同生产厂家逐渐减少。肉鸡饲养是饲料—养殖—屠宰加工产业链中最薄弱的一环，改善养殖环境、强化粪污等废弃物处理是肉鸡业健康可持续发展的重要内容。促进加工业发展，是形成肉鸡业内部结构合理化和拉长产业链条的重要途径，并可提高产品的附加值，加大鸡肉产品转化增值的力度。

消费结构。我国居民消费鸡肉中，生鲜产品占81%，熟制加工品占19%，说明初加工比重较大，深加工比重较小。我国鸡肉产品结构不合理，主要表现为整鸡产品多，分割产品少；初加工产品多，精加工产品少；高温制品多，低温制品少；餐桌食品多，旅游休闲制品少；低科技含量产品多，高科技含量产品少，绝大部分鸡肉产品仅以初级加工品或原料肉的形式进入市场。在食品业发达的欧美国家，80%鸡肉为加工制品，其中30%以上是深加工产品，世界鸡肉平均深加工成都高达20%，而我国仅有15%鸡肉为加工制品，深加工制品只占5.8%（汤晓艳，2013）。

（三）我国肉鸡产业发展成就

肉鸡产业的快速发展，带来了巨大的经济和社会效益，不仅促进了农民增收，推动了我国肉类加工业的发展和农业产业化的进程，而且在一定程度上也缓解了农村剩余劳动力的就业压力。另外，肉鸡产业的发展在改善我国人民的膳食结构、提高人民的身体素质以及提升我国农业尤其是畜牧业生产结构等方面也做出了巨大贡献。

畜牧业发展水平是衡量一个国家农业发展水平的重要指标，世界畜牧业发达国家畜牧业产值占农业产值的比重一般大于50%。随着农业和畜牧业结构的调整以及产业化的发展，肉鸡在畜牧业和农业中的地位不断提高。20世纪90年代初，鸡肉产值不足200亿元，到2010年，鸡肉产值超过1 700亿元（表19-1）。鸡肉产值占牧业总产值的比重基本上都保持在7%以上，个别年份还超过了10%；占农业总产值的比重基本都在2%以上，个别年份还达到了3%以上。

表19-1　1991—2010年我国肉鸡产业在畜牧业和农业的地位

年份	产值（亿元）			肉鸡产值所占比重（%）	
	肉鸡	畜牧业	农林牧渔	占畜牧业	占农林牧渔业
1991	166	2 159	8 157	7.67	2.03
1995	494	6 045	20 341	8.17	2.43
2000	581	7 393	24 916	7.86	2.33
2001	434	7 963	26 180	5.45	1.66
2002	620	8 455	27 391	7.33	2.26
2003	938	9 539	29 692	9.83	3.16
2004	1 077	12 174	36 239	8.85	2.97
2005	1 174	13 311	39 451	8.82	2.98
2006	1 248	12 084	40 811	10.33	3.06
2007	1 536	16 125	48 893	9.52	3.14
2008	1 670	20 584	58 002	8.11	2.88
2009	1 698	19 468	60 361	8.72	2.81
2010	1 749	20 826	69 320	8.40	2.52

资料来源：根据FAOSTAT数据库和《中国统计年鉴》（历年）相关数据计算

二、我国肉鸡产业与发达国家的差距

目前我国肉鸡品种自给率约50%，以地方品种为主要血缘的黄羽肉鸡是我国自主培育品种，年上市40亿只左右；快大型白羽肉鸡育种工作还没有获得突破性进展。国内黄羽肉鸡新品种（配套系）虽多，但育种群体略小，主导品种偏少。

国际上对双低菜粕、转基因豆粕、糟粕等新饲料资源和非常规饲料资源、抗生素替代产品进行了大量研究。同时一些可能对环境造成污染或对健康造成危害的饲料添加剂，如有机砷、激素制剂等越来越受到质疑，环保安全饲料添加剂的研制和应用受到广泛重视。我国在生物饲料添加剂研制开发与应用技术基础研究、一些违禁药物如激素制剂、三聚氰胺、催眠药物等在畜产品中残留检测技术研究方面还很薄弱。

目前我国使用的大多数疫苗还是采用老毒株、传统方法制备，成本高，生产效率低，疫苗不能及时抵御变异株的攻击，免疫效果差。最终导致疫苗免疫剂量不断加大、使用毒力不断增强，造成恶性循环，加快了变异毒株、超强毒株的出现。目前我国大多数诊断试剂盒主要依赖进口，自主研发的很少，且检测结果不稳定，使疾病的快速、准确诊断及疫情监测受到限制。同时由于进口试剂盒价格昂贵，使生产成本增加。

发达国家尤其是欧洲国家十分重视动物福利，肉鸡以可控环境的规模化养殖为主导，采用地面厚垫料平养方式。目前国内在肉鸡废弃物处理方面，主要集中于处理技术方法的研究，尚未对肉鸡粪处理过程中的氨气排放和减排问题给予关注，饲料源头的废弃物减排技术研究也很有限。

发达国家主要采用逆流式热水或热水喷射式浸烫方式进行脱羽和消毒，可减少鸡体表面5%的细菌（艾玉琴，2001），而我国仍有不少企业采用传统的热水浸泡方式；发达国家采用自动脱骨机对鸡肉进行剔骨，我国仍采用人工分割与剔骨。我国缺少对肉鸡屠宰设备的技术研究以及针对屠宰设备的统一标准。美国等肉鸡生产和食品加工大国相比，我国的肉鸡加工业除屠宰场劳动力成本较低以外，其他各项成本（从饲料与雏鸡价格到活鸡生产成本）均高于美国（刘登勇，2005）。我国对鸡肉产品深加工技术的研究较少，各种新技术在肉鸡产品加工中的应用程度很低。

三、我国肉鸡产业发展存在的问题及对策

（一）存在问题

饲养管理水平低，标准化程度不高。我国肉鸡养殖基地主要在农村，饲养基本条件、饲养管理技术和人员素质与发达国家相比差距较大。饲养设施方面，由于缺乏合理而又规范化建筑的鸡舍，缺乏良好的保温、降温系统，以及机械通风设施等，威胁到鸡群健康，造成较高的发病率。很大一部分农户生产技术和经营理念环节比较薄弱，例如，部分农户对所用药物不了解，存在乱用药的现象，加大了治疗成本，降低了治疗效果，农户平均每只鸡的防疫治疗费用甚至比企业标准化养殖的防疫治疗费用高出50%；部分农户由于用农副产品如玉米、糠麸作为肉鸡的饲粮，没有考虑肉鸡的全面营养需要，使饲料转化率低，生产成本高，饲养效益低，饲养周期长。

防疫措施不到位，动物疫病威胁依然存在。高致病性禽流感仍是肉鸡生产的主要威胁，特别是H1N1病毒的变异，很可能对我国肉鸡产业造成更大损失，目前白血病又在某些地区暴发，需要引起高度关注；另外，我国肉禽业受沙门氏菌、大肠杆菌、新城疫等诸多疫病困扰，而且我国养鸡行业几乎每两年新增一种疾病。而农村肉鸡养殖户普遍存在管理水平不高、专业知识不强、经验不足的问题，在疫苗的选择、使用、冷藏等方面往往不加注意，造成免疫失败，或者导致治疗不及时，加重了疫病的流行。肉鸡企业派出的技术员又因为养殖户多且分散的原因，技术跟踪服务不及时，针对养殖过程中突发性的、传染性强的疫病处置水平低，对养殖区域内疫情疫病年度检测的连续性、系统性比较薄弱。建议开展双低菜粕、副产品糟渣、转基因生物饲料等新饲料和非常规饲料资源的饲用价值研究及其利用新技术开发，开展转基因生物饲料等的安全评价，采用高新技术研发肉鸡优质、安全、高效饲料添加剂，系统研究饲料源氮、磷、砷和臭气的减量化排放技术；集成开发优质、安全、高效肉鸡饲料配合技术。

产品价格波动，生产成本不断攀升。雏鸡、活鸡和鸡肉价格频繁波动，特别是雏鸡价格波动幅度过大，对养鸡业形成很大负面影响。豆粕价格居高不下，玉米价格再创新高，饲料价格上涨，以及石油涨价和自然灾害影响引起运输成本增加，加上工人工资提高，引发肉鸡生产成本全面上扬，加大了养殖风险，挫伤了养殖积极性。根据世界粮农组织2008年的分析数据，中国是肉鸡饲料生产成本最高的国家，比阿根廷高出67%，比美国高40%多。我国活鸡生产成本仅次于欧洲，位于世界第二，高出阿根廷85.7%，比美国高20%以上。

产品质量不高，药残超标现象时有发生。肉鸡生产源头不规范，药物残留超标或含违禁药物成为当前我国鸡肉出口受阻的关键问题之一。由于肉鸡饲养周期短、密度大、发病率高，疫病种类多，在饲养过程中不得不使用大量抗生素预防疾病，这导致我国肉鸡产品药残事件时有发生，不仅影响了我国肉鸡产品的出口，也造成国内消费者对肉鸡食品质量安全的担忧。政府部门对兽药生产、经营企业的管理监督不力是造成这一问题的主要原因。我国现有2 000多家兽药生产企业，良莠不齐，而美国仅有1 000多家，且均达到GMP标准。

（二）主要对策

转变方式，科学发展。转变养殖观念，调整养殖模式，在坚持适度规模的基础上，大幅度提高

标准化养殖水平，努力实现管理模式统一、饲料喂养统一、环境控制统一、疫病防控统一的四统一标准，积极推行健康养殖方式，全面推进肉鸡产业的健康持续发展。

优化布局，稳定发展。大力调整、优化产业结构和布局，突出支持主产区和优势区发展，稳定非主产区生产能力，加强良种培育、饲料生产和疫病防治体系建设，立足当前、着眼长远、突出区域、科学规划、统筹安排、分步实施，保障肉鸡产业持续稳定发展。

强化质量，安全发展。加强肉鸡产业综合生产能力建设和各养殖环节质量控制，强化质量意识，转变发展方式，坚持数量质量并重发展，实现肉鸡生产发展与资源环境、社会需求以及农民增收之间的动态平衡，促进肉鸡养殖向健康养殖的方向发展。

创新科技，持续发展。依靠科技创新和技术进步，缓解肉鸡产业发展的资源约束，不断提高良种化水平、饲料资源利用水平、养殖管理技术水平和疫病防控水平，通过科技创新，推进养殖业增长方式转变，提升养殖业竞争能力，建立现代肉鸡产品产业供应链，实现肉鸡产业又好又快、可持续发展。

第三节　我国肉鸡产业科技创新

一、我国肉鸡产业科技创新发展现状

（一）肉鸡科技项目立项情况

根据肉鸡产业技术体系建立的“肉鸡产业全国省以上立项科技项目数据库”入库数据分析显示（表19-2和表19-3），2010—2017年全国国家级立项项目共434项，平均每年54项；省级项目共574项，平均每年72项。国家级应用基础类项目国家自然基金委项目立项为主，其中又以疫病机理领域的立项较多；示范推广项目以省级科技推广项目为主，标准化养殖推广类项目占较大比例；综合研究类主要由各省级地方家禽创新团队的设立。肉鸡产业国家项目整体偏少，资金资助力度低。

表19-2　2010—2017年肉鸡产业国家级项目汇总表

项目内容	2010年	2011年	2012年	2013年	2014年	2015年	2016年	2017年	合计
遗传育种类	5	2	7	5					19
疾病防治类	1	2	8	19	7	5		11	53
营养与饲料类	2	8	6	3	1				20
环境控制类	8	2	1	3	1				15
加工与经济类	3								3
综合性研究	4	10	2	1	3				20
其他基础研究		8	13	23	30	59	42	43	218
示范推广类		36	4	9	22	3	7		81
平台建设类		4					1		4
总计	23	72	41	63	64	67	50	54	434

表19-3　2010—2017年肉鸡产业省级项目汇总表

项目内容	2010年	2011年	2012年	2013年	2014年	2015年	2016年	2017年	合计
遗传育种类	4	4	8	4	4	3		4	31
疾病防治类	2	2	12	3	6	7		6	38
营养与饲料类	2	4	5	3	1			1	16
环境控制类	6	2	6	4	1			1	20

（续表）

项目内容	2010年	2011年	2012年	2013年	2014年	2015年	2016年	2017年	合计
加工与经济类									
综合性研究	3	2	3	1	3	2		1	15
其他基础研究	1	6	7	25	30	32	46	56	203
示范推广类		76	10	34	70	17	19	17	243
平台建设类		2	2	3	1				8
总计	18	98	53	77	116	61	65	86	574

（二）创新成果

我国肉鸡产业科技创新覆盖整个产业链，在遗传育种、营养饲养、疫病防控和加工各领域均有新成就。据统计，2010年以来，肉鸡产业相关的国家奖有7项，分别是“肉鸡健康养殖的营养调控与饲料高效利用技术（2011）、重要动物病毒病防控关键技术研究与应用（2012）、传染性法氏囊病的防控新技术构建及其应用（2013）、饲料用酶技术体系创新及重点产品创制（2014）、大恒肉鸡培育与育种技术体系建立及应用（2014）、节粮优质抗病黄羽肉鸡新品种培育与应用（2016）”。同时，肉鸡产业获得省部级一等奖多项，如“黄羽肉鸡营养需要与肉质改良营养技术研究、低脂肉鸡种质资源创制及脂肪生长发育分子遗传学研究、新城疫弱毒耐热毒株的选育及疫苗研究与应用、禽流感（H5+H9）二价灭活疫苗（H5N1 Re-1+H9N2 Re-2株）”等。这些成果在基础研发、技术体系建立、推广示范方面均取得显著成效，提升了我国肉鸡产业的科技水平，增强了竞争力。

（三）国际影响

我国是肉鸡养殖大国，在肉鸡领域的基础研发和品种培育方面具有中国特色。

在基础研究方面，我国科技论文的数量位居世界前列。据中国科学院文献中心的检索（2014年），在鸡遗传育种领域，我国基础研究的发文量位居第一，其中中国农业大学最多125篇，中国农业科学院北京畜牧兽医研究所排名第七。我国科学家鉴定了鸡矮小dw基因、矮小致死Cp、绿壳基因、凤头等关键功能基因，部分已经应用于育种工作。中国农业大学发现鸡7号染色体一段7.4 Mb序列反转引起MNR2同源结构域蛋白基因异位表达形成鸡玫瑰冠（Imsland等，2012），此外该团队还发现鸡PDSS2基因一个顺式元件突变导致鸡丝羽表型的出现（Feng等，2014）、鸡27号染色体上的一个基因组结构变异导致HOXB8基因表达异常并最终导致鸡胡须表型的形成（Guo等，2016）。中国农业科学院北京畜牧兽医研究所发现了FSHR是调控脂类代谢的新的功能基因（Cui等，2012）。

在品种培育方面，我国自主培育的黄羽肉鸡品种年出栏40多亿只，占到50%的市场，是中国的特色品种，有效化解了国际跨国育种公司对中国品种的控制。在黄羽肉鸡中使用的节粮矮小型配套系育种技术，由中国农业科学院北京畜牧研究所创建，有效提高了地方品种血缘为主的父母代种鸡繁殖性能，同时降低了饲料消耗，在30%的国家品种中应用了该技术，社会效益和经济效益巨大。此外，我国自主制定了在黄羽肉鸡饲养标准和营养参数，研制了黄羽肉鸡的特色加工产品，均具有较高的国际影响力。

二、我国肉鸡产业科技创新与发达国家之间的差距

1. 遗传育种与资源

我国肉鸡遗传资源非常丰富，但对资源的特征特性及形成机制研究相对不足，评价方法不够系统深入。缺乏规范化、标准化的数据库来对现有遗传资源状况进行描述，各种统计资料中的数据参差不齐，不同品种资源之间的生理、生化指标缺乏可比性。国外对鸡的重要经济性状形成的遗传机理进行了深入、系统的研究，挖掘出一些影响重要经济性状的功能基因和标记，有多种基因标记已经在育种公司中应用，加快了育种进程。

在常规育种技术和方法方面，欧美大型家禽育种公司以不断发展的数量遗传学理论为基础，利用以混合模型为基础的遗传评估技术，有效地分析大量个体记录，在遗传选择方法上更加精确，选择进展更加显著，如 BLUP 育种值估计已广泛应用于肉鸡育种中。与国外肉鸡育种和选择的一些关键技术比较，我国还有相当一部分黄羽肉鸡育种公司还停留在质量性状的选择，所采用的技术以简单的个体选择为主，运用数量遗传学进行选择的数量性状也仅限生长、体尺和产蛋等性状，除了少数有一定规模的育种公司对母系采用有系谱记录的方法进行产蛋性状的家系选择外，一般都是采用无系谱记录的群体繁殖，只针对目标性状进行个体选择。

2. 动物营养与饲料

国外肉鸡的饲养标准比较系统完善，美国国家研究委员会（NRC）制定的《家禽营养需要》(*Poultry Nutrition Requirement*）是世界上影响最大的家禽需要量标准，自 1944 年第一版问世以来，已更新到了第九版。我国肉鸡饲养标准大多参考美国 NRC 等数据资源，自 1986 年第一版公布以来只在 2003 年更新了一次。现行肉鸡饲养标准中微量养分的营养需要量参数仍以生长和饲料转化率为主要依据，没有考虑产品品质、免疫抗病力等指标。

我国肉鸡饲料原料成分及营养价值数据库中，饲料的化学成分数据基本上是通过实验室分析测定，而饲料的生物学效价数据如能量消化率、氨基酸代谢率数据主要来自《中国饲料数据库》在 20 世纪末对国内开展的以 Sibbald“TME”法测定的饲料能量和氨基酸消化率数据（占 80%），其他数据参考了国外数据（20%），饲料原料中矿物质元素和维生素的生物学效价数据尚缺（熊本海，2008）。但是，由于我国幅员辽阔，不同地域来源、不同加工方式所获得的同名不同质的饲料原料非常复杂，且新的同名饲料的类型不断出现，导致已经发布的饲料营养价值的数据的普适性受到了挑战，即不能动态反映现用饲料营养价值的真实情况。

国际上对双低菜粕、转基因豆粕、糟粕等新饲料资源和非常规饲料资源、抗生素替代产品进行了大量研究。同时一些可能对环境造成污染或对健康造成危害的饲料添加剂，如有机砷、激素制剂等越来越受到质疑，环保安全饲料添加剂的研制和应用受到广泛重视。我国在生物饲料添加剂研制开发与应用技术基础研究、一些违禁药物如激素制剂、三聚氰胺、催眠药物等在畜产品中残留检测技术研究方面还很薄弱。

3. 疾病控制

我国对病原致病机理、感染机制、抗原变异规律、耐药机理等方面研究水平较低，严重制约了疾病预防、诊断及治疗新方法和新成果的研发。应利用分子生物学手段，对一些重要疾病（禽流感、新城疫、鸡传染性法氏囊病、鸡传染性支气管炎病等）进行分子病原学与分子流行病学研究，开展病原微生物的基因结构功能分析、遗传变异规律分析、多病源混合感染及免疫干扰机理研究、耐药机理研究、病原与宿主细胞间相互作用等的研究，从分子水平上认识病毒及感染机制，为疾病预防与控制提供基础理论依据。

目前我国使用的大多数疫苗还是采用老毒株、传统方法制备，成本高，生产效率低，疫苗不能

及时抵御变异株的攻击，免疫效果差。最终导致疫苗免疫剂量不断加大、使用毒力不断增强，造成恶性循环，加快了变异毒株、超强毒株的出现。为此，在传统疫苗的研究上，应侧重于代表主要流行趋势的疫苗毒株的筛选、疫苗的保护剂、稀释剂、佐剂、免疫增强剂的研究，以降低疫苗的毒力，增加其单位体积的抗原含量和免疫原性，并延长疫苗的保存期，从而增强疫苗的免疫效果，降低生产成本。在新型疫苗的研究上，加快基因工程毒株的构建（如利用反向遗传技术构建毒力低、免疫原性好、针对性强的疫苗株）、基因工程亚单位疫苗、基因缺失或突变疫苗、活载体疫苗和核酸疫苗等的研究。

目前我国大多数诊断试剂盒主要依赖进口，自主研发的很少，且检测结果不稳定，使疾病的快速、准确诊断及疫情监测受到限制。同时由于进口试剂盒价格昂贵，使生产成本增加。应加强诊断方法和诊断试剂的研制。利用分子生物学技术，针对禽流感、新城疫、传染性法氏囊病、传染性支气管炎病等几种主要疾病，研发准确、快速诊断抗原及抗体试剂盒，用于病原和抗体监测。

4. 生产与环境

发达国家尤其是欧洲国家十分重视动物福利，肉鸡以可控环境的规模化养殖为主导，采用地面厚垫料平养方式。欧美国家开展了饲养密度、饮水器、垫料以及栖架等使用对肉鸡生产影响（Jones 等，2005）的研究，近年来又开始关注垫料对肉鸡舍内氨气浓度的影响及其减排措施研究（Wheeler 等，2008）。我国肉鸡饲养模式多元化，散养和笼养、小型专业户和大型养殖场并存。应结合国情、不同经济社会条件的实际及各地的气候特点，研究适合于工厂化规模养殖、中小规模、公司加农户等不同养殖模式标准化肉鸡生产技术模式，因地制宜地设计能源节约型的肉鸡舍结构，并形成标准化设计；将营养与饲料、环境控制技术、监测技术等综合利用，实现生态养殖。

国外研究表明，畜禽生产力水平的15%~20%取决于环境。发达国家提出的纵向通风技术为鸡舍通风换气提供了有效措施，针对肉鸡的高温热应激而研究开发的栖架降温、细雾蒸发降温以及肉鸡的体表喷淋降温（Tao 和 Xin，2003）等不同技术系统为肉鸡在高温条件下的正常生产提供了技术支持。近年来发达国家开始关注肉鸡舍内的粉尘和臭气浓度及其相关减排技术的研究，对肉鸡舍内氨气排放的定量测定方法及其排放量、粉尘浓度以及病原微生物浓度进行测定，并对肉鸡舍内氨气和粉尘的减排技术进行了研究。我国对鸡舍的纵向通风系统应用（李保明等，1992）和湿帘降温系统，以及鸡舍进气的过滤净化和鸡舍排出污浊空气的生物质挡尘墙进行了研究。但对肉鸡舍环境质量控制技术的研究不系统，肉鸡舍内氨气和粉尘的定量测定技术和减排技术研究尚属空白。

国外对肉鸡废弃物处理技术进行了大量的研究，形成了鸡粪垫料混合物的条垛堆肥、静态通气堆肥、箱式堆肥以及大型槽式翻堆等不同的堆肥方法，对肉鸡废弃物的农田利用技术以及沼气工程技术系统进行了研究。在饲料源头的废弃物减排技术（Angel，2008）研究方面取得了较好的进展；并对堆肥过程中的氨气排放通量、堆肥过程中氨气排放的影响因子以及氨气减排技术进行了研究。目前国内在肉鸡废弃物处理方面，主要集中于处理技术方法的研究，尚未对肉鸡粪处理过程中的氨气排放和减排问题给予关注，饲料源头的废弃物减排技术研究也很有限。应以减量化、无害化和资源化为原则（王新某，2001），研究提出适合不同规模肉鸡场的粪便堆肥技术和粪便处理技术模式，开展肉鸡养殖废弃物处理过程中有害气体及其减排技术研究，以及饲料源头的废弃物减排技术研究。

5. 产品加工

国外对肉鸡的基础研究比较系统，畜产品研究和禽类研究发展平衡。我国肉品科学研究主要集中在畜肉，有关鸡肉品质、风味形成等基础缺乏系统研究。应加强鸡肉基础理论研究，为肉鸡深加工提供技术支撑。

目前，发达国家主要采用逆流式热水或热水喷射式浸烫方式进行脱羽和消毒，可减少鸡体表面

55%的细菌（艾玉琴，2001），而我国仍有不少企业采用传统的热水浸泡方式；发达国家采用自动脱骨机对鸡肉进行剔骨，我国仍采用人工分割与剔骨。我国缺少对肉鸡屠宰设备的技术研究以及针对屠宰设备的统一标准。应不断提高自动化程度和卫生标准，在产品的加工与保鲜、卫生与检疫等方面不断进行技术改进。

与美国等肉鸡生产和食品加工大国相比，我国的肉鸡加工业除屠宰场劳动力成本较低以外，其他各项成本（从饲料与雏鸡价格到活鸡生产成本）均高于美国（刘登勇，2005）。我国对鸡肉产品深加工技术的研究较少，各种新技术在肉鸡产品加工中的应用程度很低。鸡肉产品结构中，整鸡加工产品多，分割鸡加工产品少；高温制品多，低温制品少；初加工产品多，精、深加工产品少。应提高深加工率，实现鸡肉产品增值。此外，还应加强对“冷鲜鸡肉”等的加工和储运技术研究。

此外，发达国家开发了大量商品化的试剂盒和自动化系统，用于检测微生物污染。我国自主研发的快速检测致病菌的试剂盒较少。我国对高新技术的研究开发较少，缺乏具有自主知识产权的无损检测技术。我国的农兽药残留等检测技术落后，仪器设备研究开发能力不足，导致有些兽药的检测方法没有统一标准，使产品的出口受到很大影响。应研究和应用先进的保鲜技术以及促进肉鸡产品加工发展的配套技术。

欧盟从 2005 年开始在食品行业建立起追溯制度，并强制执行。日本 2002 年将可追溯系统推广到肉鸡行业。目前，我国没有明确的法律规定肉鸡的生产加工过程中实行质量安全追溯体系，追溯体系的研究还在基础阶段。HACCP 体系在欧盟的食品工业和美国的禽肉产业中是强制实施的，我国的《畜禽屠宰 HACCP 应用规范》作为推荐标准，在实施力度上与发达国家有很大差距。应建立健全肉鸡加工的标准体系，加强鸡肉生产过程控制技术研究，建立肉鸡生产过程中信息采集、贮存、转换标准或规范和具有消费者信任度的国家级的产品质量可追溯网络平台，逐步建立产品质量安全可追溯体系。

三、我国肉鸡产业科技创新存在的问题及对策

（一）理论创新

肉鸡产业科技创新中有关育种原理、营养调控、品质调控等基础研究，与国际研究水平保持并跑，部分研究如禽流感病原特性处于国际领先水平。相关领域我国的发表文章的数量在世界前十名之内。但我国在原创性理论和方法方面仍存在不足，比如重要经济性状致因突变挖掘、杂交优势理论的创新仍没有新的进展；我国文章数量虽然较多，但篇均引用率较低。应加大基础研究的支持力度，加强原始创新能力，并在人才引进、绩效管理等方面配套政策。

（二）技术创新

肉鸡产业的主要技术研发与国际水平处于跟跑程度。比如在育种应用的全基因组选择技术、基因编辑技术、在营养领域使用的酶制剂技术、鸡肉保鲜技术、智能环境控制技术、疾病净化和诊断技术等，均是在国际领域在有一定的研发基础上，我国通过引进、消化吸收后建立自主的技术体系。我国目前研发了肉鸡、蛋鸡高密度基因芯片，在建立适用与国产品种的基因组育种技术体系，在生产性能测定方面，先进的测定设备和方法还依赖国外。应针对技术研发现状，建设一批国家及省部级重点实验室和工程技术中心，从不同层面不同角度增强科技创新能力。

（三）科技转化

近年来我国肉鸡产业科技成果增长较快，在国家肉鸡产业技术体系、种业联盟、产业联盟的带

动下，产学研结合越来越紧密，成果转化效率逐步提升。良种覆盖率已达到90%以上，酶制剂、疫苗等生物制品能快速转化。但技术转让和成果转化效率仍有较大空间，比如在家禽育种领域，我国的专利数量为60项（2014年），数量最多，但中国的专利申请以高校和科研所为主，而欧美和日本以企业为主，说明我国专利的应用程度仍需提高。应对策略上，要引导企业与科研院所、高等院校深化合作，引导科技创新要素向企业聚集；搭建成果托管、交易平台，促进科技成果转化。

（四）市场驱动

我国鸡肉消费将呈刚性需求，我国大陆地区年人均鸡肉消费不足10千克，而美国超过40千克。安全、无残留、性价比高的快速型品种的鸡肉产品、风味优良的地方品种的鸡肉产品在未来均具有较大的需求空间。建议相关部门尽快做好全国肉鸡产业发展规划，加强对肉鸡产业发展的顶层设计，完善产业发展的政策体系，促进白羽肉鸡产业健康发展。引导企业建立新品种示范网络，完善市场营销、技术推广、加强品质监控，推动产业市场化运行。

第四节　我国科技创新对肉鸡产业发展的贡献

一、我国肉鸡科技创新重大成果

（一）育种繁殖——肉鸡核心种群构建和新品种培育

颁布和实施了《全国肉鸡遗传改良计划（2014—2025）》。该计划是以提高肉鸡种业科技创新水平，加快遗传改良进程、完善国家良种繁育体系为目标的一项长期性、公益性的系统工程。以国家肉鸡产业技术体系为主要成员参与了计划的编制、论证，并起草和制定了《全国肉鸡遗传改良技术配套管理办理》，已部分遴选了全国肉鸡育种核心场和扩繁场。

开展了外貌、肉质、胴体品质、抗病和繁殖等重要经济性状的遗传基础和分子改良技术研究，筛选鉴定出与肌内脂肪含量等相关的主效基因50余个，其中在矮小型、快慢羽性状的分子标记已应用于育种中；在资源保护和品种培育方面，收集保存有大围山微型鸡、瓢鸡、惠阳胡须鸡等14个鸡种活体及DNA样品，组织出版了《中国畜禽遗传资源志·家禽志》；开展各具特色的肉鸡专门化品系世代选育，育成大恒699、五星黄鸡、潭牛鸡、天露黄鸡等14个肉鸡新配套系；推动和指导企业开展快大型白羽肉鸡育种，白羽肉鸡新品种培育取得阶段性突破，已形成中试新品种。

良种市场占有率高，提高了我国肉鸡种业的科技水平和核心竞争力。建立了肉鸡良种产业化示范体系。累计饲养白羽肉鸡祖代鸡260万套，其种源及影响力覆盖全国白羽肉鸡总产量约33%。黄羽肉鸡累计推广110亿只以上，约占全国黄羽肉鸡总产量的38%。“大恒肉鸡培育与育种技术体系建立及应用”成果获2014年国家科技进步二等奖；“节粮优质抗病黄羽肉鸡新品种培育与应用”成果获2016年国家科技进步二等奖。

（二）营养养殖——健康精准营养调控及生理与分子机制研究

针对我国肉鸡免疫应激、肠道吸收等精准营养及调控机理研究不深入、饲料转化效率不高等问题，制定集约化生产优质肉鸡饲养标准1套，“黄羽肉鸡营养需要与肉质改良营养技术研究”获广东省科技进步一等奖。

创立了高效的基因资源挖掘技术体系，在国际酶基因资源的激烈争夺上占据制高点。克隆到具有高比活、耐高温、嗜酸、抗蛋白酶等特性的饲料用酶新基因百余个；酶的构效机理和高效表达机制研究取得突破，构建了高效的酶分子改良和表达技术体系，解决了酶难以满足饲料高温制粒要求，易被胃酸和消化道蛋白酶降解，以及产业化生产成本高等瓶颈问题。国际上首次获得了集高比活性、耐高温、嗜酸、抗蛋白酶为一体的综合性能优越、全面满足养殖业需求的酶蛋白，并构建了高效表达技术体系，居国际领先，“饲用酶技术体系创新及重点产品创制”获2014年国家科技进步二等奖。发现了磷、锌和铁等在肉鸡小肠中的吸收规律及其机制，集成了肉鸡免疫抗病的饲料营养调控技术，“肉鸡健康养殖的营养调控与饲料高效利用技术”获2011年国家科技进步二等奖。

科技成果示范推广经济社会效益突出。形成了免疫调控新产品“嘉禽宝”系列5%预混料，改善肉鸡生长速度2%和存活率30%。复合酶制剂推广应用于国内包括福建圣农发展、山东益生、山东布恩等1 200余个饲料厂和10 000多家养殖场，销售额达到7 500万元，饲养肉鸡20亿只。

（三）疫病防控——禽重要传染病流行毒株新疫苗创制与防控关键技术应用

2013年突发的H7N9亚型流感病毒感染人事件，给肉鸡产业造成前所未有的重创，时至今日，事件给肉鸡养殖企业造成的巨大损失仍未全面恢复。中国农业科学院哈尔滨研究所等单位专家深入开展病原研究，研究确定了H7N9流感病毒目前并未有使家禽发病的直接危害家禽的能力，但该病毒侵入人体后可获得对哺乳动物的致病力与水平传播能力增强的关键突变，揭示了H7N9病毒存在较大人间大流行的风险。研究成果发表在美国SCIENCE杂志。

疫苗免疫是预防禽流感的主动措施、关键环节和最后防线。禽流感H5系列疫苗于2004年我国H5N1高致病性禽流感集中暴发后开始应用，之后H5疫苗种毒随着流行病毒的变异及时进行了种毒更新，多年来在我国禽流感防控中发挥了重要作用。2013年我国出现人感染H7N9流感病毒后，考虑到我国的禽流感病毒呈现高致病性H5亚型与高、低致病性H7N9流感病毒共存的局面，重组禽流感病毒（H5+H7）二价灭活疫苗2017年6月通过农业部新兽药评审（农业部公告第2541号）。2017年7月农业部发文（农医发〔2017〕24号）要求全国范围内所有家禽用H5+H7二价灭活疫苗替代原来的重组禽流感病毒H5二价或三价灭活疫苗实施免疫，为我国禽流感防控起到至关重要的作用。

此外，通过病毒分离结合高通量分子生物学鉴定技术，发现了传染性支气管炎和传染性法氏囊病新流行毒株，创建了2种病毒体外致弱技术体系；突破技术瓶颈，创制了针对流行毒株的3种新疫苗；创立了传染性法氏囊病和传染性支气管炎2套综合防控新策略。

“重要动物病毒病防控关键技术研究与应用”2012年获国家科技进步一等奖；“传染性法氏囊病的防控新技术构建及其应用”2013年获得国家技术发明二等奖。

二、我国肉鸡科技创新的行业转化

（一）技术集成

规模化、标准化生产是肉鸡产业发展的方向。“肉鸡标准化规模养殖”体现了现代肉鸡养殖的技术集成应用。首先是培育品种的标准化，提高均匀度，适于屠宰加工；其次是集成了肉鸡养殖减排综合技术，开发出复合芽孢杆菌制剂等饲用减排产品，有效降低了舍内氨气浓度20%，减少舍内空气中大肠杆菌50%；酶的构效机理和高效表达机制研究取得突破，构建了高效的酶分子改良和表达技术体系，获得性能优越的养殖业需求的酶蛋白；同时，酶制剂应用和低蛋白日粮配制技术明显提高饲料利用效率，减少氮磷等排放；实现了节能减排、合理用药、全程控制的示范带动作用。在疫病防控方面，集成消毒、免疫程序优化、种鸡疾病净化技术，综合提高防控能力。在加工技术集成方面，建立了一种基于近红外光谱技术快速判定类 PSE 鸡胸肉的方法，并调研了典型异质肉在屠宰生产线上的发生情况，发现冷季类 PSE 肉发生率为 11.94%，木质化鸡胸肉的发生率为 18.33%；建立了挥发性盐基氮（TVB-N）的半微量定氮法检测和一整套肌苷酸及其代谢产物的液相色谱检测方法，确立了色谱条件，通过肌苷酸的代谢规律来评定鸡肉新鲜度。

在示范方面，节能减排、减少用药等技术累计示范肉鸡养殖规模 35 亿只以上；饲用酶和功能性饲料添加剂，推广应用规模达到 40 余亿只鸡。经初步估计，共节约成本 4 500万元，增加收益 14.6 亿元，社会效益显著。举办培训会 27 次，现场培训 40 次，培训技术人员和养殖专业户近 5 500人次。据农业部统计，2013 年全国年出栏 5 万只以上规模化养殖比重达到 42.30%，比 2008 年提高了 16.6%。

（二）示范基地

积极推进并加大投入，建设综合肉鸡养殖、饲料加工等综合生产经营体系的肉鸡生产基地，不仅有利于肉鸡产业的发展，还能够带动了当地农村经济的快速发展，对科研和企业合作，促进科技成果的转化，将起到积极的推动作用。

在肉鸡产业技术体系的组织下，建立了由功能研究室或综合试验站—种鸡生产企业（基地）—养殖户组成的肉鸡良种产业化示范体系。建立了 32 个肉鸡良种繁育与生产示范基地，对优秀的肉鸡配套系进行示范应用，并以综合试验站、示范基地以及合作企业为原点，向周边及全国直接辐射，通过体系平台推广的良种可实现社会上市商品肉鸡约 40 亿只/年，占全国肉鸡年出栏总量的 40%左右。同时，围绕肉鸡新品种推广开展健康养殖等技术培训，累计培训相关从业人员 1.5 万人次以上。

（三）商业转化

一些地方品种转化为商业品种。开发利用惠阳胡须鸡、丝羽乌骨鸡、清远麻鸡等地方鸡种培育出岭南黄鸡 3 号、新兴竹丝鸡 3 号、新兴麻鸡 4 号等新品种，突破了我国地方鸡种为保护而保种的困境，实现了“保以致用，以用促保”的地方鸡种质资源可持续保护的良性循环。

复合酶制剂、减排产品等新型饲料添加剂产品得到了很好的商业转化。饲用酶制剂成果授权专利 56 项，成果技术和专利不仅向国内 20 多家优势酶制剂企业转让，还向美国企业 2 次转让技术。获得直接效益 5.5 亿元。

研发的禽流感 H5 亚型系列疫苗占市场 100%，在全国推广各类疫苗累计应用 430 亿羽份以上；传染性法氏囊、传染性支气管等疫苗在多个生物公司转化，在全国 21 个省区推广应用 28 亿羽份。

（四）标准规范

通过对全国标准化规模养殖专题调研，农业部制定了《肉鸡标准化示范场验收评分标准》（2010 年 3 月制定，2011 年 2 月修订），在全国范围内遴选出典型示范场 196 个；开展“肉鸡规模养殖界定标准”调研，通过实地调查和数据综合分析，发现年出栏 5 万只以上的养殖场户，提供了超过 60%的肉鸡产量，是我国肉鸡生产的主体，养殖方式趋向专业化，机械化和标准化程度更高，初步确定“年出栏 5 万只以上”作为肉鸡规模化界定的起点边界。

制定与育种、生产配套的国家和行业标准 5 项制定了《黄羽肉鸡产品质量分级》《鸡饲养标准》《黄羽肉鸡饲养规程》等 5 项标准，填补了黄羽肉鸡行业产品质量评定的空白；确定了种鸡和商品鸡的营养需要量和饲养管理技术参数，提高了饲料资源利用和生产效率。

此外，与肉鸡生产相关的标准共39项。包括：国家标准12项，如《鸡蛋蛋清中溶菌酶的测定分光光度法（GB/T 25879—2010）》《藏鸡（GB/T 24702—2009）》；行业标准10项，如《黄羽肉鸡饲养管理技术规程（NY/T 1871—2010）》；地方标准17项，如《J亚群禽白血病病毒LAMP检测规程（DB44/T 1411—2014）》。这些重要的标准为规范生产技术要素，促进行业转型升级提供技术标准支撑。

三、我国肉鸡科技创新的产业贡献

我国农业科技进步贡献率为56%，是驱动现代农业发展的根本动力。“十二五”期间，我国现代农业建设加快推进，粮食生产实现历史性“十二连增”、农民增收实现“十二连快”，农业科技做出了重要贡献。2008年开始农业部建立了现代农业产业技术体系，聚集了全国农业科技的主要力量，建设近十年，坚持以产业需求为导向，聚焦农产品、聚合产业链、聚集科技资源，成效显著、贡献巨大，已成为支撑现代农业发展的重要科技力量，为现代农业发展提供新动能。

（一）健康养殖

饲养标准和营养调控技术研发取得重大突破，制定集约化生产优质肉鸡饲养标准；构建了高效的酶分子改良和表达技术体系，获得性能优越的养殖业需的酶蛋白；发现了磷、锌和铁等在肉鸡小肠中的吸收规律及其机制，集成了肉鸡免疫抗病的饲料营养调控技术。建立了系列病毒和细菌诊断方法，获得相关国家发明专利14项。研制了鸡传染性法氏囊病病毒抗体ELISA检测试剂盒。建立了检测禽肺病毒抗体的ELISA方法，与IDEXX公司aMPV抗体检测试剂盒的总符合率达到95.73%；建立了检测大肠杆菌、禽巴氏杆菌等抗体检测ELISA方法。建立了空肠弯曲杆菌、产气荚膜梭菌、沙门氏菌和大肠杆菌O157的多重荧光PCR检测方法和空肠弯曲杆菌、结肠弯曲杆菌和弯曲杆菌属细菌的多重PCR检测方法。禽流感等疫苗研发获得新兽药证书，“重组禽流感病毒（H5N1亚型）灭活疫苗（细胞源，Re-5株）”“禽流感灭活疫苗（H5N2，D7株）”“重组禽流感病毒H5亚型二价灭活疫苗（细胞源，Re-6株+Re-4株）”“ND+IB+AIV（H9）三联灭活疫苗”“鸡新城疫活疫苗（V4/HB92克隆株）”获得新兽药证书；禽流感疫苗种毒更新通过新兽药评审并发布公告（11项以上）。疫病综合防控技术示范效果显著，H7N9传播机制研究发表在《SCIENCE》。

（二）高效养殖

已重点构建新品系育种核心群40个以上，鉴定多个与肉质等性状相关的DNA标记；建立肤色等性状的轻简化分子辅助选择技术。培育的国产品种占到国内优质肉鸡市场的50%以上；推动和指导企业白羽肉鸡新品种培育并取得阶段性突破；初步建立了研究单位-育种企业-种鸡基地-商品养殖的良种产业化示范体系。《全国肉鸡遗传改良计划（2014—2025）》由农业部发布。

目前白羽肉鸡产业应逐步将平养模式升级为多层立体养殖模式，对节约土地、水源、劳力以及控制环境污染等都将带来积极影响和巨大贡献。肉鸡笼养成套工艺技术建设成本为60元/只鸡位，较全套国外设备工艺节省100元/只鸡位，投资2.5~3年收回成本。与平养相比，料肉比改善0.03~0.05，每只鸡增加利润0.2~0.5元；集成了肉鸡养殖减排综合技术，能够明显减排饲用抗生素、减排重金属砷92%和减少氨气排放量20%。病死鸡和鸡粪集中处理、种养结合的无害化处理及资源化利用的多种技术模式示范，已取得显著效果，对生态环境的改善和废弃物资源化利用起到明显的作用，促进肉鸡产业沿着安全、环保方向可持续发展。

（三）优质安全产品

新品种方面，培育京星黄鸡、金陵黄鸡等新品种的配套亲本携带 dw 基因，父母代种鸡节约饲料 12%~15%，肉质评分提高 2.7 分，商品鸡成活率提高 2.8~2.9 个百分点。新品种在推广地区的同类型产品中市场占有率达 30%~36%。育成的大恒 699 肉鸡配套系，集成了地方鸡种的外观和肉质风味，大幅度提高了生产效率。累计生产商品肉鸡 3.7 亿只。

肉鸡养殖节能减排综合、改善肠道健康等新产品，包括“缓解应激的添加剂组合功能预混料、提高鸡肉肌苷酸含量的功能性复合预混料一种新型高效活性铬添加剂、一种新型高效活性锰添加剂、大丰酶、益长素、禽宝、怡安素、雏康等饲料新产品；“复合芽孢杆菌制剂、包膜丁酸钠、载铜硅酸盐”等，这些产品能够明显减排饲用抗生素、减排重金属砷 92%和减少氨气排放量 20%。促进了肉鸡养殖业沿着安全、环保方向可持续发展。饲料新产品推广，可大幅提高饲料利用率，节约粮食 5 000万吨。

四、科技创新支撑肉鸡产业发展面临的困难与对策

长期以来，我国肉鸡产业在科研单位、大学、企业之间，存在“人才隔离、经费隔离、成果隔离”等多方面问题。研究与应用脱节的根本问题是科研体制造成了“生产效率与科技人员的利益无关”。虽然近几年产业技术体系、产业联盟的实施促进了产学研的结合，但创新建立产学研结合体制仍有较大发展空间。

国际化是现代肉鸡产业发展的基本趋势。发展现代肉鸡产业要适应经济全球化新形势，以更加主动的姿态，更加宽广的视野，利用好两个市场、两种资源，在开放中竞争，在竞争中发展，促进我国由种业大国向种业强国、由养殖大国向养殖强国转变。要提升企业“走出去”水平，支持有实力的企业在国外建立研发中心，鼓励企业在境外申请知识产权保护，支持有品种权和专利技术的企业开拓国外种禽、养殖、加工市场。要加强国际交流与产业安全管理，积极参与种业、加工业相关国际规则和标准制定，推进国家间、区域间的合作。强化种业安全监管，规范种业科研对外交流合作行为，做到开放有度、监管有效、安全可控。

第五节　我国肉鸡产业未来发展与科技需求

一、我国肉鸡产业未来发展趋势

（一）我国肉鸡产业发展目标预测

未来 10~15 年，肉鸡产业的生产结构和区域布局进一步优化，综合生产能力显著增强，规模化、标准化、产业化程度进一步提高，肉鸡产业继续向资源节约型、技术密集型和环境友好型转变，肉鸡产品有效供给和质量安全得到保障。

鸡肉产品有效供给得到保障。未来五年，肉鸡产量预计达到 1 400万吨，鸡肉出口量达到 21 万吨，消费水平在各方正确引导下。质量安全水平进一步提升。饲料产品质量合格率达到 95%以上，违禁添加物检出率控制在 0.1%以下。

肉鸡产业素质明显提高。未来五年，全国肉鸡规模养殖比重提高 10~15 个百分点，规模化养殖场（小区）粪污无害化处理设施覆盖面达到 50%以上。良种繁育体系进一步健全完善，良种化水平明显提高。畜组织化水平进一步提高，农民专业合作组织的经营规模和带动能力不断扩大和

增强。

科技支撑能力显著增强。未来五年，先进适用技术转化应用率大幅提高，科技创新与服务体系得到完善，科技进步贡献率提高到57%以上；在品种培育、饲草料资源开发利用、标准化养殖、废弃物综合处理利用、重大疫病防控、机械化生产等重大关键技术领域取得实质性进展。

（二）我国肉鸡产业发展重点预测

以中国特色社会主义理论为指导，深入贯彻落实科学发展观，按照“高产、优质、高效、生态、安全”的要求，以肉鸡产业发展方式（养殖方式、经营方式、组织方式、服务方式和调控方式）转变为核心，以科技创新、制度创新、体制和机制创新为动力，稳步增加数量，调整优化结构，加速提高质量，加快建立健全现代肉鸡产业体系（良种繁育体系、优质饲料兽药生产体系、健康高效养殖体系、安全防疫体系、现代物流加工体系），提高肉鸡产业综合生产能力，推动肉鸡产业可持续发展。

1. 短期目标（至2020年）

鸡肉产品有效供给得到保障。到2020年，肉鸡产量预计达到1 400万吨，肉鸡出口量达到21万吨，消费水平在各方正确引导下。质量安全水平进一步提升。饲料产品质量合格率达到95%以上，违禁添加物检出率控制在0.1%以下。

肉鸡产业素质明显提高。到2020年，全国肉鸡规模养殖比重提高10~15个百分点，规模化养殖场（小区）粪污无害化处理设施覆盖面达到50%以上。良种繁育体系进一步健全完善，良种化水平明显提高。畜组织化水平进一步提高，农民专业合作组织的经营规模和带动能力不断扩大和增强。

科技支撑能力显著增强。到2020年，先进适用技术转化应用率大幅提高，科技创新与服务体系得到完善，科技进步贡献率提高到56%以上；在品种培育、饲草料资源开发利用、标准化养殖、废弃物综合处理利用、重大疫病防控、机械化生产等重大关键技术领域取得实质性进展。

2. 中期目标（至2030年）

未来10~15年，肉鸡产业的生产结构和区域布局进一步优化，综合生产能力显著增强，规模化、标准化、产业化程度进一步提高，肉鸡产业继续向资源节约型、技术密集型和环境友好型转变，肉鸡产品有效供给和质量安全得到保障。

3. 长期目标（至2050年）

未来30~35年，肉鸡产业的生产结构和区域布局得到全面优化，综合生产能力满足人民生活水平的需求，规模化、标准化、产业化程度最大程度上提高，而且肉鸡产业转变为资源节约型、技术密集型和环境友好型产业，肉鸡产品能够有效供给且质量安全得到保障，肉鸡产业素质显著提高。

二、我国肉鸡产业发展的科技需求

（一）种质资源

加强和完善肉鸡良种繁育体系。按照“保种打基础、育种上水平、供种提质量、引种强监管”的要求，进一步加强对肉鸡遗传资源的保护力度，以龙头企业为实施主体，建立省级地方品种资源库，进一步加强地方品种保护和选育开发利用力度；完善肉鸡育种机制，增强自主育种和良种供给能力，逐步改变畜禽良种长期依赖进口的局面。组织实施肉鸡品种的遗传改良计划，加大肉鸡良种等工程建设力度，加快健全完善肉鸡良种繁育体系，积极培育具有国际竞争力的核心种业企业，建设现代肉鸡种业。

（二）饲料效率

开展绿色无抗养殖。近年来开发的绿色添加剂如益生素、寡糖、酶制剂、酸化剂、卵黄抗体、寡肽、抗菌肽、免疫增强剂、甜菜碱、有机微量元素等添加剂产品在饲料中的应用，大大提高了饲料报酬，提高了饲养效果；不仅节约了磷资源，而且大大减少了畜禽粪便造成的环境污染，改善了畜禽产品品质。在现代肉鸡饲料的研究中，更加重视如何根据不同动物品种、不同性别和年龄来设计日粮，使养分供需达到精确平衡，从而充分提高动物对饲料的利用效率，在保证最大生产效率的同时减少氮、磷的排放，降低畜牧生产对环境污染的问题。

（三）鸡肉品质

坚持走精深加工和品牌化之路。除传统的肉禽加工产品需进一步提高质量和扩大市场份额外，还要加大科技投入和肉鸡加工产品研发力度，在有地方特色的鸡肉加工制品、冷藏鸡肉制品、高附加值鸡肉制品等方面加大开发力度，加强鸡肉产品的精深加工步伐，改进加工工艺，改善生产设施和质量检测条件，提高加工产品的卫生质量，进一步延伸产业链条，充分发挥产后加工增值效应，增强产品市场竞争力。同时要树立品牌意识，实施品牌带动战略。扶持鼓励开发优质特色肉鸡产品品牌，开辟绿色通道，提高其市场知名度，增强市场竞争力。

（四）肉鸡健康

高度重视疫情和疫病防控，完善疫病防制体系。加强养殖场建立健全防疫制度，提高养殖场生物安全条件，规范养殖行为，提高养殖水平。完善防疫体系建设，加大执法力度，加强防治药物、疫苗、诊断试剂等产品的研发，制定科学的免疫程序，合理用药。清理整顿各种饲料添加剂厂、兽药厂，采取严格的市场准入制度。不断提高禽病诊断水平，建立快速、灵敏和简便的诊断方法，降低疾病发生率。加强县、乡两级动物疫病检测和化验基础设施建设，配备一些必要的化验仪器设备，充实技术力量，提高动物疫病检测诊断能力和水平。倡导适度规模化、标准化饲养；实施区域化管理，建设无疫区和生物安全隔离区；强化宣传培训，提高防治技术水平。

（五）质量安全

加快推进肉鸡标准化生产体系建设。进一步完善标准化规模养殖相关标准和规范，建立龙头企业和标准化肉鸡养殖示范基地生产有记录、信息可查询、流向可跟踪、责任可追究、质量有保障的产品可追溯体系。国内肉鸡业的发展应该借鉴世界先进经验，依靠设备自动化养鸡，以标准化鸡舍为核心，在整个肉鸡产业中，实现“人管理设备，设备养鸡，鸡养人”的理念。因地制宜发展开发适销对路的优质肉鸡产品，同时提高标准化水平，规范养殖、生产和加工，开拓市场，在饲料生产、雏鸡孵化、种鸡饲养、肉鸡饲养、屠宰、价格、冷储、运输和销售等各个环节实现标准化、规范化，加强对鸡肉产品的安全监控，形成从田间到餐桌的链式质量跟踪管理模式，提高鸡肉产品的整体水平。

三、我国肉鸡产业科技创新重点

（一）我国肉鸡产业科技创新发展趋势

1. 创新发展目标

针对我国肉鸡养殖业面临的“种源依赖进口、养殖效率低下、疫病问题突出、环境污染严重、设施设备落后”等瓶颈问题，以“高效、安全、环保”为目标，实施肉鸡产业科技创新。以培育国产良种为源头，在饲料资源高效利用、重大疫病的有效控制、养殖设施机械智能、废弃物污染零排放等环节配套实施，实现我国养殖业“良种化、规模化、自动化、信息化”，整体提升核心竞争力，为养殖业转型升级提供技术支撑。

2. 创新发展领域

肉鸡国产良种支撑技术研究与应用。以《全国肉鸡遗传改良计划 2014—2025》为指导，切实推进肉鸡国产自主品种培育与持续改良，培育满足市场多元化需求的黄羽肉鸡、白羽肉鸡等新品种（配套系），依靠技术集成创新和组装配套，提升良种的供应能力和质量，推动产业升级。

饲料高效利用与抗生素替代技术和产品研发。开展对饲料资源，尤其是非常规饲料资源的高效利用以及农副产品饲料化利用技术研究，有利于提高饲料资源转化效率，推动饲料产业提质增效，加快家禽业转型升级。同时，在饲用抗生素限用或禁用的条件下，寻求替代抗生素技术和产品、保障肠道健康成为重大技术需求。

肉鸡禽流感等重要及新发疫病防控与净化技术。贯彻和落实《国家中长期动物疫病防治规划（2012—2020 年）》，开展禽流感等重要疫病的疫苗、诊断、净化技术研究与应用，开展新发疫病诊断与防控技术研究，形成综合有效的防控策略，提高防控效果，对推进肉鸡标准化规模养殖和产业提质增效具有重要意义。

（二）我国肉鸡产业科技创新优先发展领域

1. 基础研究方面

基因组学到表型组学研究。表型是一个综合性的概念，与基因型高通量测定不匹配的是表型测定技术和理念至今仍未取得重要突破。随着人们对模式生物、植物相关表型认识的不断深入，采用化繁为简的思路，将复杂性状进行生物学分解测定有助于对遗传机理的探究。超声波、无线射频、自动化等技术的发展也给畜禽重要经济性状如背膘厚、眼肌面积、肌内脂肪含量等的活体测定和饲料转化率等个体测定成为现实。测序技术的突飞猛进也带动了系统遗传学的快速发展，厘清从静态的基因组、动态的转录组和蛋白组，到稳态的代谢组整个遗传调控过程，有助于挖掘从基因到表型的因果关系。肉鸡领域也不例外，开展鸡肉肉质风味物质、免疫抗性、饲料利用效率的表型组学研究，是未来应优先发展的领域。

饲料用酶技术研究，增效减排引领未来。饲料用酶可显著提高饲料利用效率、降低氮磷等有机物排放及减少用药，从养殖源头上解决上述问题。20 世纪 90 年代，欧美国家将饲料用酶推入中国市场，但其特殊的性能要求及高昂的成本等问题极大限制了其普及应用。建立完整的酶基础研究和产品开发自主技术体系，系统地解决饲料用酶性能、成本、知识产权和可持续研发等产业化应用的瓶颈问题，打破了国际大公司的垄断，并使我国饲料用酶迅速发展成为具有国际竞争力、效益显著的新兴产业。

2. 应用研究方面

肉鸡规模化养殖改善环境节制用药综合技术。规模化、集约化肉鸡养殖过程中存在对改善环境重视不够、过度依赖药物和疫苗的现象，造成肉鸡应激严重、疾病难以防治、生产性能下降等问题。加快复合微生态制剂、芽孢杆菌复合制剂等节能减排产品的研发以及在改善鸡舍环境中的应用。结合饲养密度、饲养模式、禽舍环境参数等因素对肉鸡免疫性能的影响研究结果，进一步开展微生态制剂、植物精油、姜黄素和抗菌肽等抗生素代替物对肉鸡免疫和生长的影响研究，开发了集约化白羽肉鸡生产节制用药技术，降低了肉鸡发病率和用药成本。

3. 改善屠宰技术，提高动物福利

近年来，在肉鸡加工行业，屠宰过程中的福利问题受到越来越多的国家和世界组织的关注。这一方面是人类尊重动物、善待动物，提高动物福利水平的直接反映；另一方面也是实现标准化屠宰加工、改善产品品质的有效途径，更是与国际接轨，使鸡肉及其制品顺利进入国际市场的现实考虑。

第六节　我国肉鸡产业科技发展对策措施

一、产业保障措施

1. 国家和地方政府应从国计民生的高度给予肉鸡产业发展以应有的重视

肉鸡产业持续上升是一个世界性的发展趋势，在牛羊肉价格上涨不可逆转的形势下，大力发展肉鸡产业，既符合世界畜牧业发展规律，也符合我国国情，是解决牛羊肉价格上涨的最佳替代产业。应充分认识肉鸡产业发展对于转变农业发展方式，调整农业和农村经济结构，增加农民收入，保障重要农产品供给的重大意义。在国家层面上，要大力提高肉鸡产业的战略地位，应给予肉鸡产业与猪、牛、羊等产业同样的重视。建议国家将肉鸡产业上升到战略产业的高度，尽快制定全国肉鸡业发展规划，对肉鸡业实行倾斜政策，加大财政和金融支持力度。

2. 进一步加大对肉鸡规模化、标准化养殖的推进力度

倡导健康养殖模式，注重动物福利，将禽舍为核心的标准化、规模化改造作为加快肉鸡产业发展方式转变的重中之重。国家和地方政府应继续推进肉鸡养殖的规模化和标准化建设步伐，从奖励补助、信贷政策等方面向养殖小区和养殖场倾斜，规范养殖小区建设和生产标准。突出抓好养殖小区的肉鸡良种、饲料供给、疾病防疫、养殖技术和环保设施等方面的建设。肉鸡养殖户和企业要充分借鉴世界先进经验，加大养殖设施设备投入，树立“人管设备，设备养禽，肉鸡养人”的理念，尽快实现肉鸡养殖方式的转变。

3. 鼓励和支持我国肉鸡种业发展

要站在战略高度，将肉鸡种业发展纳入社会经济发展计划，加大政策和公共支持力度，在用地、融资、税费等政策上给予倾斜与支持。鼓励企业自主开展国际上著名育种企业的收购和兼并。通过育种素材和技术的引进，提高我国肉鸡（特别是白羽肉鸡）育种的起点水平。重点扶持对我国肉鸡种业发展有重大影响的育种（资源）场，培育市场占有率高的肉鸡新品种（配套系）；同时，通过科技项目的实施，提高现代育种技术和疾病控制基础设施等方面的总体水平。保障种鸡质量监督、监测体系建设的资金投入；鼓励与引导各种社会力量通过兴办各级制种企业、良种推广服务站的形式，逐步形成肉种鸡生产经营多元投资机制与市场运行体系，加快优良肉鸡新品种的推广和科技成果转化。

4. 构筑严格的肉鸡产品质量标准体系

提供安全的肉鸡产品是肉鸡产业健康持续发展的必然要求。应按照全程监管的原则，突出制度建设和设施建设，变被动、随机、随意监管为主动化、制度化和法制化监管。在完善肉鸡产品和饲料产品质量安全卫生标准的基础上，建立饲料、饲料添加剂及兽药等投入品和肉鸡产品质量监测及监管体系，提高肉鸡产品质量安全水平。建立肉鸡业投入品的禁用、限用制度，教育和指导养殖户科学用料、用药。推行肉鸡产品质量可追溯制度，建立肉鸡信息档案，实现肉鸡产品从养殖到餐桌全程的链式质量跟踪管理，严把市场准入关。

5. 加大对肉鸡消费正面宣传，增加消费者对鸡肉产品的一般常识，拉动国内肉鸡产品消费需求

舆论宣传已经成为影响人们消费观念的重要渠道。加大对鸡肉营养价值的宣传，普及人民对鸡肉高蛋白质、低脂肪、低热量、低胆固醇的“一高三低”营养特点的认知，普及人民对于肉鸡良好的生长特性来源于遗传性能的改进、饲料营养和饲养环境改进的认知。客观全面地报道宣传突发禽类疫病的影响，不回避，但也不夸大，引导民众用正确的态度认识和消费鸡肉产品。

6. 大力发展肉鸡加工业

大力发展肉鸡加工业，对于提高肉鸡产品附加值，提高肉鸡产业综合实力具有重要意义。应积极扶持和促进肉鸡产品加工龙头企业发展，带动肉鸡产品加工业全面进步。加强对肉鸡产品加工质量安全的监控，完善相关标准体系，提高加工产品质量。加快肉鸡产品加工关键技术的研究开发，推动肉鸡产品加工企业进行技术改造。积极开展肉鸡产品精深加工和废弃物综合利用。

7. 建立疫病风险防范机制

建立疾病预警预报系统和控制计划，根据禽流感和新城疫流行病学监测数据，确立禽流感和新城疫在中国的精确分布，动态监测病毒的存在和变化特征，从而可以预测禽流感和新城疫暴发以及发生后的可能发展过程，实现对重大疫情的早期预警预报。应逐步构建以政府扑杀补助、政策性保险和生产发展基金相结合的风险防范机制，提高肉鸡业应对疾病风险和市场风险的能力。应大幅度提高政府对肉鸡疫病扑杀的补偿，实施肉鸡产业政策性保险，积极探索建立肉鸡发展风险基金的有效途径。

二、科技创新措施

强化肉鸡产业科技支撑。科技是产业发展的重要支撑。要把科技推广应用放在重要位置，积极推动管理创新、品牌创新、技术创新以及机制创新，促进和推动肉鸡产业可持续发展。全面推进现代肉鸡产业技术体系建设，引导各省（区、市）因地制宜建立健全地方现代肉鸡产业技术体系，加快形成农科教、产学研紧密结合的科技创新体系。健全技术推广服务机构，加快肉鸡产业先进适用技术的推广应用。围绕养殖过程的关键环节，实施选育和推广优质、高效品种、饲料资源产业化开发与安全高效利用、健康养殖过程控制、养殖废弃物减排与资源化利用、质量安全控制、疫病防控、养殖设施设备开发推广和应用以及产品精深加工技术等重大科技项目的研发和推广，力争突破一系列重大技术瓶颈，为现代肉鸡产业发展提供强有力的科技支撑。

三、体制机制创新对策

平台示范区建设。以国家科研基地建设发展改革的有关文件为指导，聚焦国家战略需求，按照系统设计、规范运行、能力提升的原则，以国家实验室、国家重点实验室为引领，建设完善畜牧业科学与工程类科研基地；以国家工程研究中心、国家工程技术研究中心为引领，建设完善畜牧业技术创新与成果转化类科研基地；以国家科技基础条件平台、野外科学观测试验站为引领，建设完善畜牧业科技基础支撑与条件保障类科研基地，形成功能完备、相互衔接的科研创新基地体系，充分集聚一流人才，为发展战略的有效实施提供基础支撑。

以国家农高区建设发展改革的有关文件为指导，聚焦产业与区域发展需求，按照整体规划、重点布局、辐射引领的原则，与发展战略紧密结合，充分利用县域创新、双创推进、互联网经济等的良好环境，培育具有国际竞争力的畜牧业高新技术企业，建设各具特色的国家畜牧业高新技术产业示范区，形成带动性强、特色鲜明的畜牧业高新技术产业集群，由点到面发挥辐射带动效应，提升劳动生产率、资源利用率，为畜牧业科技创新与产业对接提供高效平台。

成果激励转化。以《促进科技成果转化法》等知识产权相关法律为纲，规范科技成果的基本归属和转化应用，进一步强化对科技创新成果的保护，进一步推动科技创新成果的产业化应用，尊重市场规律，遵循自愿、互利、公平、诚实信用的原则，鼓励研究开发机构、高等院校采取转让、许可或者作价投资等方式，向企业或者其他组织转移科技成果。

鼓励相关管理部门，建立有利于促进科技成果转化的绩效考核评价体系，将科技成果转化情况作为对相关单位及人员评价、科研资金支持的重要内容和依据之一，并加大资金支持。激励企业与科研院校联合开展关键技术研发，积极推进成果的高效转化与应用，并通过技术与产品的产业化带来的经济效益进一步促进新技术、新产品的开发，实现良性循环。

（赵桂苹）

主要参考文献

艾玉琴 . 2001. 肉鸡加工处理技术的研究与开发［J］. 中国禽业导刊，4：24.

艾玉琴 . 2001. 世界肉鸡加工技术的进步与展望［J］. 保鲜与加工，1（4）：27-28.

宫永胜，吴立波，吕文发 . 2017. 复合饲料添加剂对种公鸡繁殖性能的影响［J］. 吉林农业大学学报，39（6）：723-726.

胡希怡，张倩，UERLINGS J. 2016. 包被苯甲酸对肉鸡腿部健康和垫料理化性质的影响［J］. 动物营养学报，28（9）：2823-2824.

李保明 . 2002. 设施养殖工程技术发展的现状与趋势［J］. 中国家禽，24（14）：5-8.

刘登勇，周光宏，徐幸莲 . 2005. 我国肉鸡加工业的现状及发展趋势［J］. 食品科学，26（11）：266-269.

刘文斐，占秀安 . 2015. 3 种饲用除臭剂对肉鸡生长性能和肠道菌群及排泄物氨逸失的影响［J］. 中国畜牧杂志，51（17）：49-53.

汤晓艳 . 2013. 我国肉鸡加工产业现状及发展对策［J］. 中国家禽，35（24）：2-6.

熊本海，庞之洪，罗清尧 . 2008. 中国饲料成分及营养价值表（第 19 版）［J］. 中国饲料，21：36-41.

ADEBUKOLA A，BUKOLA M，ADEBISI O. 2014. Effect of Vitamin E or Selenium on Blood Profile and Oxidative Stability of Turkey Meat. Journal of Animal Production Advances，4（7）：1.

ALI MN，MOUSTAFA K，SHABAAN M. 2011. Effect of Using Cuminum Cyminum L，Citric Acid and Sodium Sulphate for Improving The Utilization of Low Protein Low Energy Broiler Diets［J］. International Journal of Poultry Science，10（7）：514-522.

AMEN MHM，ALDARAJI HJ. 2011. Effect of Dietary Supplementation with Different Level of Zinc on Sperm Egg Penetration and Fertility Traits of Broiler Breeder Chicken. Pakistan Journal of Nutrition，10（11）：1083-1088.

ANGEL CR，SAYLOR W，VIEIRA SL. 2011. Effects of A Monocomponent Protease on Performance and Protein Utilization in 7- To 22-Day-Old Broiler Chickens［J］. Poultry Science，（90）：2281-2286.

BELLOIR P，MÉDA B，LAMBERT W，et al. 2017. Reducing the CP content in broiler feeds：impact on animal performance，meat quality and nitrogen utilization. Animal，11（11）：1881-1889.

BUIJS S，POUCKE EV，DONGEN SV，et al. 2012. The influence of stocking density on broiler chicken bone quality and fluctuating asymmetry. Poultry Science，91（8）：1759.

CAI BL，LI ZH，NIE QH，et al. 2017. LncRNA-Six1 Encodes a Micropeptide to Activate Six1 in Cis and Is Involved in Cell Proliferation and Muscle Growth，8：230.

CHENG C，SUN W. 1995. Effects of additive hydrogen on kinetics mechanisms of CuBr lasers. Optics Communications，117（3）：357-366.

CHENG K，SONG ZH，ZHENG XC，et al. 2017. Effects of dietary vitamin E type on the growth performance and antioxidant capacity in cyclophosphamide immunosuppressed broilers. Poultry Science，96（5）：1159-1166.

COOK KL, ROTH, ROCK, et al. 2011. Evaluation of Nitrogen Retention and Microbial Populations on Poultry Litter Treated with Chemical, Biological or Adsorbent Amendments [J]. Journal of Environmental Management, 92 (7): 1760-1766.

Cui H, Zhao G, Liu R, et al. 2012. FSH stimulates lipid biosynthesis in chicken adipose tissue by upregulating the expression of its receptor FSHR [S]. Journal of Lipid Research, 53 (5): 909-917.

DAILEY HA, DAILEY TA, Gerdes S, et al. 2017. Prokaryotic Heme Biosynthesis: Multiple Pathways to a Common Essential Product. Microbiology & Molecular Biology Reviews Mmbr, 81 (1): e00048-16.

DARMANI KH, SHABANPOUR A, MOHIT A, et al. 2017. A sinusoidal function and the Nelder-Mead simplex algorithm applied to growth data from broiler chickens. Poultry Science, 11: 7.

DE VRIES RP, PENG W, GRANT OC, et al. 2017. Three mutations switch H7N9 influenza to human-type receptor specificity. PLoS Pathogen. 13 (6): e1006390.

DOZIER III WA, CORZO A, KIDD MT. 2011. Determination of The Fourth and Fifth Limiting Amino Acids in Broilers Fed on Diets Containing Maize, Soybean Meal and Poultry By-Product Meal from 28 to 42 D of Age [J]. British Poultry Science, 52 (2): 238-244.

ESMAEILIPOUR O, SHIVAZAD M, MORAVEJ H. 2011. Effects of Xylanase and Citric Acid on The Performance, Nutrient Retention, and Characteristics of Gastrointestinal Tract of Broilers Fed Low-Phosphorus Wheat-Based Diets [J]. Poultry Science, (90): 1975-1982.

FARAH A, MONTEIRO M, DONANGELO CM, et al. 2008. Chlorogenic acids from green coffee extract are highly bioavailable in humans. Journal of Nutrition, 138 (12): 2309.

FENG C, GAO Yu, DORSHORST B, et al. 2014. A cis-regulatory mutation of PDSS2 causes silky-feather in chickens. PLoS Genetics, 10 (8): e1004576.

FOLTZ C, NAPOLITANO A, KHAN R, et al. 2017. TRIM21 is critical for survival of Toxoplasma gondii infection and localises to GBP-positive parasite vacuoles. Scientific Reports, 7: 1.

GHAZAL A. 2014. Bioinformatics studies on the mechanisms of gene regulation in vertebrates. Acta Universitatis Agriculturae Sueciae, 82, 60.

GLORIEUX S, STEEN L, PAELINCK H, et al. 2017. Isothermal gelation behavior of myofibrillar proteins from white and red chicken meat at different temperatures. Poultry Science, 96 (10): 3785-3795.

GRACZYK M, REYER H, WIMMERS K, et al. 2017. Detection of the important chromosomal regions determining production traits in meat-type chicken using entropy analysis. British Poultry Science, 58 (4): 358-365.

GUO Y, GU X, SHENG Z, et al. 2016. A Complex Structural Variation on Chromosome 27 Leads to the Ectopic Expression of HOXB8 and the Muffs and Beard Phenotype in Chickens. PLoS Genetics, 12 (6): e1006071.

HERNANDEZ FCR, NEAL JA, ALDEA US. 2013. Thermal characterization of poultry for the development of a comprehensive device to monitor safe and proper cooking. Journal of Food Process Engineering, 36 (2): 160-172.

HODGSON T, CASAIS R, DOVE B, et al. 2004. Recombinant Infectious Bronchitis Coronavirus Beaudette with The Spike Protein Gene of The Pathogenic M41 Strain Remains Attenuated But Induces Protective Immunity [J]. Journal of Virology, 78 (24): 13804-13811.

HU Y, HE Y, WANG Y, et al. 2017. Serovar diversity and antimicrobial resistance of non-typhoidal Salmonella enterica recovered from retail chicken carcasses for sale in different regions of China. Food Control, 81: 46-54.

HUDSON NJ, HAWKEN RJ, OKIMOTO R, et al. 2017. Data compression can discriminate broilers by selection line, detect haplotypes, and estimate genetic potential for complex phenotypes. Poultry Science, 96 (9): 3031-3038.

ILSKA JJ, MEUWISSEN THE, KRANIS A, et al. 2017. Use and optimization of different sources of information for genomic prediction. Genetics Selection Evolution, 49 (1): 90.

IMSLAND F, FENG C, BOIJE H, et al. 2012. The Rose-comb mutation in chickens constitutes a structural rearrangement causing both altered comb morphology and defective sperm motility. PLoS Genetics, 8 (6): e1002775.

ISLAM KMS, SCHWEIGERT FJ. 2017. Lutein Specific Relationships among Some Spectrophotometric and Colorimetric

Parameters of Chicken Egg Yolk. Journal of Poultry Science, 54: 4.
JONES TA, DONNELLY CA, STAMP DM. 2005. Environmental and management factors affecting the welfare of chickens on commercial farms in the United Kingdom and Denmark stocked at five densities. Poultry Science, 84 (8): 1155-1165.
KHATTAK F, RONCHI A, CASTELLI P, et al. 2014. Effects of natural blend of essential oil on growth performance, blood biochemistry, cecal morphology, and carcass quality of broiler chickens. Poultry Science, 93 (1): 132-137.
KHOSHBAKHT R, TABATABAEI M, HOSEINZADEH S, et al. 2016. Prevalence and antibiotic resistance profile of thermophilic Campylobacter spp. of slaughtered cattle and sheep in Shiraz, Iran. Veterinary Research Forum, 7 (3): 241-246.
KONG Y, YANG X, QI D, et al. 2017. Comparison of non-volatile umami components in chicken soup and chicken enzymatic hydrolysate. Food Research International, 102: 559.
KOROSEC T, TOMAZIN U, HORVAT S, et al. 2017. The diverse effects of alpha- and gamma-tocopherol on chicken liver transcriptome. Poultry Science, 96 (3): 667-680.
KUMAR NS, MURUGAN K, ZHANG W. 2008. Additive interaction of Helicoverpa armigera Nucleopolyhedrovirus and Azadirachtin. Biocontrol, 53 (6): 869-880.
LEE D, XU MJ, CHIU KC, et al. 2017. Folate cycle enzyme MTHFD1L confers metabolic advantages in hepatocellular carcinoma. Journal of Clinical Investigation, 127 (5): 1856.
LI H, DUAN M, GU J, et al. 2017. Effects of bamboo charcoal on antibiotic resistance genes during chicken manure composting. Ecotoxicology & Environmental Safety, 140: 1-6.
LI L, LIAO S, LI W, et al. 2018. Fingerprint of Exhaust Gases and Database of Microbial Diversity During Silkworm Excrement Composting. Compost Science & Utilization, 26 (9): 1-12.
LI Y, HAWKEN R, SAPP R, et al. 2017. Evaluation of non-additive genetic variation in feed-related traits of broiler chickens. Poultry Science, 96 (3): 754-763.
LI Z, WANG WW, LV ZP, et al. 2017. Effects of Lactobacillus acidophilus on gut microbiota composition in broilers challenged with Clostridium perfringens. PloS One, 12.
LIU T, LUO C, WANG J, et al. 2017. Assessment of the genomic prediction accuracy for feed efficiency traits in meat-type chickens. PLoS One, 12 (3): e0173620.
LU M, BAI J, XU B, et al. 2017. Effect of alpha-lipoic acid on relieving ammonia stress and hepatic proteomic analyses of broilers. Poultry Science, 96 (1): 88-97.
LU SY, LU Y, JIN M, et al. 2017. Design and fabrication of highly sensitive and stable biochip for glucose biosensing. Applied Surface Science, 422.
LU SY, WANG CY, JIN Y, et al. 2017. The osteogenesis-promoting effects of alpha-lipoic acid against glucocorticoid-induced osteoporosis through the NOX4, NF-kappaB, JNK and PI3K/AKT pathways. Scientific Reports, 7 (1): 3331.
MANUEL AR, HERNANDO-AMADO S, BLANCO P, et al. 2016. Multidrug Efflux Pumps at the Crossroad between Antibiotic Resistance and Bacterial Virulence. Frontiers in Microbiology, 7 (7).
MAYERS J, MANSFIELD KL, BROWN IH. 2017. The role of vaccination in risk mitigation and control of Newcastle disease in poultry. Vaccine, 35 (44): 5974.
MILES DM, ROWE DE, CATHCART TC, et al. 2011. Litter Ammonia Generation: Moisture Content and Organic Versus Inorganic Bedding Materials [J]. Poultry Science, 90 (6): 1162-1169.
MIRAKZEHI MT, HOSSEINI SJ, SALEH H. 2017. The effects of hydroalcoholic extracts of Withania somnifera root, Withania coagulans fruit and 1, 25-dihydroxycholecalciferol on immune response and small intestinal morphology of broiler chickens. Journal of Applied Animal Research, 45 (1): 591-597.
MOE RO, BOHLIN J, FLØ A, et al. 2017. Hot chicks, cold feet. Physiology & Behavior, 179: 42.
MOHAMED M, KARL M, GUL S, et al. 2017. Additional file 4: of The impact of early thromboelastography directed

therapy in trauma resuscitation. Scandinavian Journal of Trauma, Resuscitation and Emergency Medicine, 25: 99.

NURJULIANA M, MAN YBC, HASHIM DM, et al. 2011. AKS Mohamed. Rapid identification of pork for halal authentication using the electronic nose and gas chromatography mass spectrometer with headspace analyzer. Meat Science, 88 (4): 638-644.

PALMEIRA A, SANTOS LRD, BORSOI A, et al. 2016. Serovars and antimicrobial resistance of Salmonella spp. isolated from turkey and broiler carcasses in southern brazil between 2004 and 2006. Revista Do Instituto De Medicina Tropical De São Paulo, 58: e19.

PARK Y, PACITTO A, BAYLISS T, et al. 2017. Essential but Not Vulnerable: Indazole Sulfonamides Targeting Inosine Monophosphate Dehydrogenase as Potential Leads against Mycobacterium tuberculosis. ACS Infectious Diseases, 3 (1): 18-33.

PEREIRA D, PINHEIRO RS, HELDT LFS, et al. 2017. Rosemary as natural antioxidant to prevent oxidation in chicken burgers. Food Science and Technology, 37: AHEAD.

PEREIRA GM, TEINILÄ K, CUSTÓDIO D, et al. 2017. Airborne particles in the Brazilian city of São Paulo: One-year investigation for the chemical composition and source apportionment. Atmospheric Chemistry & Physics, 1-36.

PEREZ V, SHANMUGASUNDARAM R, SIFRI M, et al. 2017. Effects of hydroxychloride and sulfate form of zinc and manganese supplementation on superoxide dismutase activity and immune responses post lipopolysaccharide challenge in poultry fed marginally lower doses of zinc and manganese. Poultry Science, 12 (10): e0185255.

PIRGOZLIEV VR, WHITING IM, MIRZA MW, et al. 2018. Nutrient availability of different batches of wheat distiller's dried grains with solubles for turkeys. Journal of Clinical Gastroenterology, 72 (1): 1.

PRIETO R, SÁNCHEZ-GARCÍA C, ALONSO M, et al. 2012. Do pairing systems improve welfare of captive Red-Legged partridges (Alectoris rufa) in laying cages? Poultry Science, 91: 1751-1758.

QI J, LI X, ZHANG W, et al. 2017. Influence of stewing time on the texture, ultrastructure and in vitro digestibility of meat from the yellow-feathered chicken breed. Animal Science Journal, 89: 2.

QIN LT, QI XL, GAO YL, et al. 2010. VP5-Deficient Mutant Virus Induced Protection Against Challenge with Very Virulent Infectious Bursal Disease Virus of Chickens [J]. Vaccine, 28 (21): 3735-3740.

REIS SA, CONCEICÃO LL, ROSA DD, et al. 2016. Mechanisms responsible for the hypocholesterolaemic effect of regular consumption of probiotics. Nutrition Research Reviews, 30: 1.

RIOS HV, VIEIRA SL, STEFANELLO C, et al. 2017. Energy and nutrient utilisation of maize-soy diet supplemented with a xylanase-β-glucanase complex from Talaromyces versatilis. Animal Feed Science and Technology, 232: 80-90.

RITZ CW, TASISTRO AS, KISSEL DE. 2011. Evaluation of Surface-Applied Char on The Reduction of Ammonia Volatilization from Broiler Litter [J]. The Journal of Applied Poultry Research, (20): 240-245.

RO KS, SZOGI AA, JR PAM. 2018. A simple mathematical method to estimate ammonia emission from in-house windrowing of poultry litter. Journal of Environmental Science & Health Part A, 53 (6): 1.

ROBINS A, PHILLIPS CJC. 2011. International Approaches To The Welfare Of Meat Chickens [J]. World´s Poultry Science, 67 (2): 351-369.

SHARIDEH H, ZAGHARI AM. 2017. Effect of light emitting diodes with different color temperatures on immune responses and growth performance of male broiler. Annals of Animal Science, 17 (2): 545-553.

SOGLIA D, SACCHI P, SARTORE S, et al. 2017. Distinguishing industrial meat from that of indigenous chickens with molecular markers. Poultry Science, 96, 8.

SOLIMAN AM, SAAD AM, AHMED AM, et al. 2018. Occurrence of Salmonella genomic island 1 (SGI1) in two African Proteus mirabilis strains isolated from diseased chicken flocks. Infection Genetics & Evolution, 62: 8-10.

SONG HY, JIANG CH, YANG JR, et al. 2009. The change of intestinal mucosa barrier in chronic severe hepatitis B patients and clinical intervention. Zhonghua gan zang bing za zhi, 17 (10): 754-758.

STAINTON JJ, CHARLESWORTH B, HALEY CS, et al. 2017. Use of high-density SNP data to identify patterns of diversity and signatures of selection in broiler chickens. Journal of Animal Breeding and Genetics, 134 (2): 87-97.

TAO X, XIN H. 2003. Temperature-Humidity-Velocity Index for Market- size Broilers. American Society of Agricultural Engineers, 16: 50.

TASONIERO G, BERTRAM HC, YOUNG JF, et al. 2017. Relationship between hardness and myowater properties in Wooden Breast affected chicken meat: A nuclear magnetic resonance study. LWT - Food Science and Technology, 86.

TIXIER-BOICHARD M, LEENSTRA F, FLOCK DK, et al. 2012. A Century of Poultry Genetics. World's Poultry Science Journal, 68: 307-321.

TOGHYANI M, TOHIDI M, GHEISARI AA, et al. 2010. Performance, immunity, serum biochemical and hematological parameters in broiler chicks fed dietary thyme as alternative for an antibiotic growth promoter. African Journal of Biotechnology, 9 (9): 6819-6825.

TRUONG DT, TETT A, PASOLLI E, et al. 2017. Microbial strain-level population structure and genetic diversity from metagenomes. Genome Research, 27 (4): 626.

VANDENPLAS J, WINDIG JJ, CALUS MPL. 2017. Prediction of the reliability of genomic breeding values for crossbred performance. Genetics Selection Evolution, 49 (1): 43.

VIEIRA PC, AL EAE. 2012. ChemInform Abstract: Evaluation of Synthetic Acridones and 4-Quinolinones as Potent Inhibitors of Cathepsins L and V. Cheminform, 43: 50.

VINEETHA PG, TOMAR S, SAXENA VK, et al. 2017. Effect of laboratory-isolated Lactobacillus plantarum LGFCP4 from gastrointestinal tract of guinea fowl on growth performance, carcass traits, intestinal histomorphometry and gastrointestinal microflora population in broiler chicken. Journal of Animal Physiology and Animal Nutrition, 101 (5): e362-e370.

WAN J, LI Y, CHEN D, et al. 2016. Recombinant plectasin elicits similar improvements in the performance and intestinal mucosa growth and activity in weaned pigs as an antibiotic. Animal Feed Science & Technology, 211: 216-226.

WHEELER EF, CASEY KD, GATES RS, et al. 2008. Ammonia emissions from USA broiler chicken barns managed with new bedding, built-up litter, or acid-treated litter. Livestock Environment Viii, 31: 4.

WILLIAMS IS, FARNELL MB, TABLER GT, et al. 2017. Evaluation of a sprinkler cooling system on inhalable dust and ammonia concentrations in broiler chicken production. Journal of Occupational & Environmental Hygiene, 14 (1): 40-48.

XING Z, WANG S, TRAN EJ. 2017. Characterization of the mammalian DEAD-box protein DDX5 reveals functional conservation with S. cerevisiae ortholog Dbp2 in transcriptional control and glucose metabolism. Rna-a Publication of the Rna Society, 23 (7): 1125.

YAVARI F, FARD HR, PASHAYI K, et al. 2011. A Zamiri. Enhanced Thermal Conductivity in a Nanostructured Phase Change Composite due to Low Concentration Graphene Additives. The Journal of Physical Chemistry C, 115 (17): 8753-8758.

YIBAR A, CETINKAYA F, SOYUTEMIZ GE. 2011. ELISA screening and liquid chromatography-tandem mass spectrometry confirmation of chloramphenicol residues in chicken muscle, and the validation of a confirmatory method by liquid chromatography-tandem mass spectrometry. Poultry Science, 90 (11): 2619-2626.

ZANIN ML, KOCER Z, POULSON R, et al. 2017. Potential for Low-Pathogenic Avian H7 Influenza A Viruses To Replicate and Cause Disease in a Mammalian Model. Journal of virology, 91 (3): e01934-16.

ZHENG H, WANG M, ZHAO C, et al. 2017. Characterization of the deubiquitination activity and substrate specificity of the chicken ubiquitin-specific protease 1/USP associated factor 1 complex. PloS One, 12 (11): e0186535.

ZHOU GH, XU XL, LIU Y. 2010. Preservation Technologies for Fresh Meat-A Review [J]. Meat Science, 86 (1): 119-128.

ZHU YW, LIAO XD, LU L, et al. 2017. Maternal dietary zinc supplementation enhances the epigenetic-activated antioxidant ability of chick embryos from maternal normal and high temperatures. Oncotarget, 8 (12): 19814-19824.

第二十章　我国水禽产业发展与科技创新

摘要：水禽生产是我国家禽生产的重要组成部分，也是颇具我国民族特色的产业。我国水禽品种资源丰富、饲养历史悠久。水禽产品因其口味独特，营养价值高，具有广泛的消费群体，深受消费者的青睐。近年来，我国水禽产业得到迅猛发展，水禽规模化养殖和产业化经营日趋明显，我国已一跃成为世界上最大的水禽生产和消费大国。我国水禽在遗传育种、疾病防控、饲料营养、养殖模式、产品加工等方面取得创新性进展，培育出北京鸭新品种、天府肉鹅配套系、国绍Ⅰ号蛋鸭配套系等国家审定品种，制定并颁布了国家农业行业标准《肉鸭饲养标准》，研制出鸭传染性浆膜炎灭活疫苗、鸭病毒性肝炎弱毒疫苗、鸭呼肠孤病毒病疫苗等多种重要疫病疫苗，开发出许多符合市场需求的新型水禽食品，涌现出一批名牌产品，为我国水禽产业的发展发挥了重要作用。与此同时，我国水禽产业在良种繁育体系、饲养管理体系、疫病防控体系、产品加工体系、产品质量安全体系等方面，与发达国家相比，还存在较大的差距。通过借鉴国外水禽科技创新的经验，把握机遇，科学合理保护和利用我国水禽种质资源优势，大力支持和组建全国性水禽育种协作攻关体系，不断开拓创新，力争使水禽品种自主化；同时，加大政府对水禽产业发展的扶持，积极开发水禽健康养殖新模式，加强产业联盟建设和产品质量安全体系建设，积极开拓国际市场，推广一致认可的高效产品标识，有效推动我国水禽生产向规模化、产业化、现代化方向发展，提升水禽产业竞争力。

第一节　国外水禽产业发展与科技创新

一、国外水禽产业发展现状

（一）国外水禽产业生产现状

近些年，全球水禽产量总体呈逐渐上升的趋势。2005—2010 年，全球水禽总饲养量从 335 705 万只上升到 389 580万只、增长 16.66%，鹅肉产量也从 211 万吨上升到 254 万吨、增长 20.60%。全球五大洲鸭和鹅的总饲养量表现为亚洲>欧洲>美洲>非洲>大洋洲。据中国畜牧业协会与世界粮农组织（FAO）提供的数据分析显示，2017 年世界肉鸭出栏量约 46.8 亿只，亚洲约占 84%，欧洲约占 12%，美洲与非洲约占 4%。2017 年中国肉鸭出栏量为 34.73 亿只，约占世界总出栏量的 74.2%。全世界肉鸭出栏量排名前 10 位的国家是中国、越南、缅甸、法国、泰国、马来西亚、孟加拉国、印度尼西亚、韩国和埃及。2017 年世界肉鹅出栏量维持在 6.2 亿只左右，其中亚洲占 95.1%、欧洲占 2.8%、美洲与非洲占 2.1%。根据 FAO 数据推算，中国依然是世界上肉鹅出栏量最多的国家，占世界出栏量的 93.2% ，其次是埃及和匈牙利。

发达国家水禽产业规模总量很少，不是畜禽产业的主体，但产业技术水平极高，英国、法国、美国、以色列是水禽产业最发达的国家。发达国家水禽产业的技术现状与发展趋势主要体现在品种优良化，饲养高效安全化，产品加工自动、卫生、精深和多元化方面。

（二）国外水禽产业养殖模式

传统笼养在欧盟被禁止后，动物福利问题在欧洲被广泛关注。由于提高动物福利会增加13%~15%的生产成本，零售商将福利作为高溢价标签已成为一种趋势。此外，近年来美国、新西兰、加拿大等相继出台了动物福利方面的规定，在北美地区，食品加工商、超市和餐饮系统都被迫要求家禽（蛋）供应商采用消费者认可的符合动物福利的养殖模式进行生产。2015 年年底至 2016 年年初，美国和加拿大的餐馆、杂货店、分销商纷纷声明将在未来 10 年只采用从非笼养模式生产的禽蛋，要求超过 1.5 亿只蛋鸡采用新模式进行饲养。对于水禽产业来说，动物福利问题同样值得关注。

（三）国外水禽产业贸易现状

随着水禽产品质量竞争力的提升，水禽在国际市场上的舞台越来越大，除种禽、鸭鹅肉一直保持较大进出口量以外，近年来鸭鹅肥肝、肥肝酱、鸭绒、鹅绒贸易量也在逐年攀升，国际贸易呈现多量化和多样化的特点。进口方面，据 FAO 数据估算，2017 年主要进口国鸭肉及鸭肝进口总量为 29.2 万吨，鹅肉及相关产品进口总量 6.5 万吨，进口活鸭 4 900万只左右；中国是世界鸭肉进口量最大的国家，进口量为 4 万吨以上，其次是德国、沙特阿拉伯、法国、英国、捷克、丹麦、俄罗斯、西班牙、比利时和日本；鹅肉进口量最大的 10 个国家为德国、中国、法国、俄罗斯、捷克、奥地利、贝林、丹麦、斯洛伐克、意大利；活鸭进口量最大的 10 个国家依次为波兰、新加坡、荷兰、美国、德国、西班牙、埃及、埃塞俄比亚、白俄罗斯、保加利亚。出口方面，据 FAO 数据估算，主要进口国在 2017 年同时出口的鸭肉及鸭肝出口总量为 37.4 万吨，鹅肉及相关产品出口总量 6.5 万吨，出口活鸭 2 900万只左右；中国是世界鸭肉出口量最大的国家，出口量为 10 万吨左右，其次是匈牙利、法国、荷兰、德国、波兰、保加利亚、韩国、美国和英国；鹅肉出口量最大的 10 个国家为波兰、匈牙利、中国、德国、荷兰、阿尔及利亚、法国、马来西亚、奥地利、南非；活鸭出口量最大的 10 个国家依次为捷克、马来西亚、法国、匈牙利、加拿大、荷兰、德国、毛里求斯、美国、比利时。在出口的水禽产品中，种鸭出口能够获得高额的垄断利润，如我国山东永惠公司引进的美国枫叶公司 1 日龄祖代雏鸭，价格高达 135 美元/只；英国樱桃谷公司的祖代鸭雏价格高达 500 元/只，并占我国一些祖代鸭场 50%股份。

二、国外水禽产业科技创新现状

（一）国外水禽产业的理论创新

近些年，与食品安全有关的“无抗饲养”备受瞩目，全球家禽生产已经开启无抗养殖之旅，水禽产业不例外。同时，动物福利问题在欧美被广泛关注，尤其笼养问题受到更多的关注，对于水禽产业来说，动物福利问题同样值得关注。

（二）国外水禽产业的技术创新

在国际上，水禽产业最发达的国家是英、法、美和以色列，其次为匈牙利、波兰、乌克兰和俄罗斯，我国、印度和东南亚各国属第三梯队。国外水禽产业技术创新主要表现在如下几个方面。

1. 饲料与营养

“精准营养是未来家禽业生产的关键”，荷兰瓦赫宁根大学 Leo den Hartog 博士强调：“最新研究成果证实了早期营养对于确保家禽健康、生长后期家禽生产性能的发挥以及产品质量非常重要。

1日龄雏鸭会出现各种表观遗传效应，可以通过营养干预进行调节。精准的饲料营养手段，如饲料评价和动物生长模型，可以实现饲料的经济价值最大化，减少废弃物的排放。

2. 舍饲系统与环境控制

美国爱荷华大学在报告中指出，基于环境控制的角度，需要加强以下领域研究：抑制氨气、PM、灰尘、气载细菌的产生；开发阶段性清除舍内粪便的实用方法；改善舍内热量的整体分布；评估对不同光照制度的行为和生产反应；探索可替代的饲养系统，以降低暴露于垫料表面区域灰尘和氨气的产生。

3. 无抗养殖

鉴于食品安全及可持续发展要求，全球家禽生产已经开启无抗养殖之旅。但禁用促生长抗生素是一把“双刃剑”，因为其除了改善消费者的接受度和降低抗生素耐药率外，还会导致动物生产性能下降，死亡率提高，尤其是幼龄动物。因此，自欧盟全面禁止食品动物饲料使用促生长抗生素以来，如何解决动物健康、寻找抗生素替代品，一直是研究热点和难点。欧盟多年的实践或许可以借鉴，如2015年荷兰在动物生产中抗生素的使用比2009年减少了58%，但对动物生产基本没影响。2016年9月5日西班牙农业与食品技术研究所Joaquim Brufau博士在“欧盟家禽生产模式下的无抗饲养最新进展”的大会报告中，围绕当前抗生素耐药性与动物生产的关系、禁用促生长抗生素及其对预混药物饲料使用的影响、农场水平无抗生产的实现、可替代抗生素的功能型物质开发等进行了介绍，并提出具体措施：改善动物管理或福利条件；调整饲喂方案和饲料组成，实施精准饲喂；使用促生长抗生素的可替代产品，如使用饲料添加剂将有助力于抑制饲料和饮水中有害微生物的生长繁殖，有利于保证肠道健康。

（三）国外水禽科技创新成果的推广应用

国际方面，畜禽遗传资源保护与利用技术、基因定位与功能鉴定、提高家禽的生产性能与抗病性能一直是遗传育种领域的重要课题。发达国家的育种技术研发新品种培育研究已经从大学、科研单位转向企业。同时，随着生物技术的发展，宏基因组、基因编辑技术等开始应用于家禽业。由于家禽具有独特的发育模式和生殖系统，被视为一种动物模型。全基因组或转录测序分析和新开发的基因组编辑技术给了科学家探索深层次生物现象的机会。

（四）国外水禽科技创新发展方向

应用新的育种技术、基因工程疫苗、新型自动化和精准养殖设备、动物福利、环境保护和食品安全等将是未来水禽业的发展方向。由常规育种向“全基因组选择”、饲料资源开发利用、肠道微生物营养调控、抗生素替代技术等均是需要加强的研究领域。

三、国外水禽科技创新的经验及对我国的启示

欧盟水禽养殖农场85%都加入了水禽生产者联合会，形成一个声音，推广取得共识的各项安全计划，共同解决水禽产业发展面对的各种难题和挑战。我国水禽产业在发展过程中可以借鉴国外经验，以水禽产业体系为依托，形成水禽生产者的合作组织，协同解决水禽产业发展面对的主要问题，确立水禽安全养殖标准，推广一致认可的高效产品标识。

种源是一个产业发展的源头和基础，是市场竞争的最重要一环。英国樱桃谷农场有限公司和法国克里莫集团不仅为本国水禽养殖奠定了育种基础，也占据了国际水禽种鸭市场，树立了科技先进、品质优良的形象。我国要提高水禽产业竞争力，从源头上要依靠国产种质资源形成竞争力，要鼓励企业不断开拓创新，形成品牌，形成规模，开发出低耗粮、高抗病力、高养殖效率、高经济效

益的水禽品种，占据国内水禽市场绝对份额，并不断开拓国际市场。我国人口规模巨大，国内市场容量巨大，鼓励水禽产业集中，形成具有全球规模优势的水禽企业完全是有可能的，而且也非常适应国内水禽产业迈向稳定发展道路的需要。

第二节　我国水禽产业发展概况

一、我国水禽产业重大意义

我国是世界第一大水禽生产大国，无论是存栏量还是肉产量均稳居世界第一。2015 年肉鸭出栏量占世界总出栏量的 68.4%，肉鹅出栏量占世界出栏量的 90%以上。随着我国经济的快速发展，人民生活质量和消费水平的不断提升，水禽类产品的消费需求量将越来越大。据统计，2015 年，我国水禽总产值高达 1 500多亿元，已经占家禽业总产值的 30%以上，水禽产业已经成为我国畜牧业发展的重要组成部分。水禽产业的快速发展对调整农村产业结构、合理开发利用资源、改善人类膳食结构、提高人民生活水平、加快转移农村剩余劳动力、促进加工业和运输业的发展以及促进农业增效和农民增收发挥了重要作用。目前，我国水禽产业化已进入较为成熟的发展阶段，产量稳定、质量稳步提升、深加工处理能力有所提高，逐步从家庭小规模养殖向产业化规模养殖转变，为我国农业经济特别是畜牧业经济的发展起到了积极的推动作用。

二、我国水禽产业生产现状

我国是世界最大的水禽生产和养殖大国，“十一五”以来，我国水禽产业得到快速发展，水禽规模化养殖和产业化经营日趋明显，水禽产业已经成为我国推动农村经济发展和农民增收的重要支柱产业。目前，我国水禽产业发展呈现如下态势和特点。

第一，水禽养殖区域化多元化发展格局日趋明显。近年来，我国水禽产业发展逐渐由资源优势转变为技术优势和资本优势，水禽养殖区域逐步呈现出由南向北、由东向西发展的态势，水禽养殖多元化区域化发展趋势明显。我国目前的水禽产业集中在华东、华南和西南部分地区。我国山东、江苏、广东、四川、湖南、湖北、浙江、广西、江西、重庆、福建、河南、河北、安徽 14 个省市年肉鸭出栏量、蛋鸭存栏量占全国总量的 90%以上。广东、江苏、四川、安徽、山东、江西、重庆、辽宁、吉林、黑龙江 10 个省市是我国肉鹅的主要产区，其出栏量占全国总出栏量的 90%以上。以鹅肥肝生产为中心，形成东部沿海经济发达城市周边的朗德鹅养殖带和东北豁眼鹅养殖带。以水禽肉、蛋、羽绒加工企业为中心的“长三角”区域型养殖区也在不断发展。

第二，养殖模式标准化水平逐渐提高，食品安全意识日趋增强。“十二五”期间，随着经济发展和人民生活水平提高，人们对水禽产品的需求日益增长，水禽业一直在不断发展壮大。传统的逐水而居、圈舍放养模式因受到资源和水源环境污染的制约以及洁净蛋需求增长等因素的影响，已很难适应产业和市场发展的需要，促使我国水禽业发展呈现出新的特征。在养殖模式上，“十二五”期间优化了水禽的网上养殖技术、全旱养技术、发酵床养殖技术及蛋鸭笼养技术，网上养鸭提高了鸭的成活率、降低了饲料消耗，不但可显著提高肉鸭的增重率、出栏率和饲料转化率，还可降低鸭的发病率，改善了养殖环境卫生，降低成本和饲养劳动强度，提高工作效率，达到环保养殖的目的。食品安全是水禽产业健康可持续发展的保证，从根本上保证水禽食品安全是一项从生产源头到消费餐桌的社会化、系统化的工程，是整个水禽产业所面临的严峻挑战。目前已经过渡到以生产安全产品为主的“食品工程”阶段，水禽业发展受市场需求导向的作用愈加明显。

第三，水禽业内部结构逐步得到完善和优化。“十二五”期间也迎来了水禽业内部结构完善和优化的重要时机，一些产业链短、产品结构单一的小企业被重组或被淘汰，而一些产业链较长且产品多元化的大中型企业，则通过完善和优化产业链条以及调整产品结构、引进先进设备等措施渡过难关。因此，促进全产业链经营的战略转变，形成一条龙的全产业链模式，并在每个环节中逐个优化，实现深度开发与广度开发结合，不断完善、整合、延伸与拓展产业链，挖掘新的经济增长点。

第四，水禽产业逐步实现从农户零星分散饲养到企业化、规模化集中饲养的转变。水禽产业的发展离不开国家的宏观调控和政策支持，“十二五”期间中央文件提出了《金融支持农业规模化生产和集约化经营的指导意见》，重点满足农业产业化龙头企业和农业社会化服务组织等涉农大客户需求。政府从制度保障、补贴政策、资金支持等方面为水禽业保驾护航。政府对养殖业的大力支持和正确引导也为水禽产业发展创造了良好的政策环境。积极推进家禽业转型升级，加快活禽交易市场改造升级，使得水禽养殖日益呈现专业化、规模化、标准化的发展趋势，可以更有效地规避风险和参与市场竞争。

三、我国水禽产业发展成就

1. 生产能力稳步提升

“十二五”期间，中国水禽产业发展迅速，除 2013 年受禽流感影响外，水禽存栏量和出栏量均是逐年递增，水禽年出栏量的增长速度为平均每年 5%~8%。目前中国已成为世界最大的水禽生产国，依据联合国粮食及农业组织（FAO）提供的数据推算，2017 年世界肉鸭出栏量约 46.8 亿只，中国肉鸭出栏量为 34.73 亿只，约占世界总出栏量的 74.2%。2017 年世界肉鹅出栏量在 6.2 亿只左右，中国肉鹅出栏量占世界出栏量的 93.2%以上。

2. 水禽产业技术研究进展持续增强

产业技术创新不断增强，技术推广服务水平逐渐提高，有力推动了水禽产业的发展。在国家水禽产业技术体系的推动下，北京鸭新品种培育与养殖、鸭传染性浆膜炎灭活疫苗、鸭脂肪代谢机理和调控、鹅源草酸青霉产果胶酶工艺及应用、优质咸鸭蛋加工、肉鸭健康饲养等水禽育种、水禽疫病防治、水禽营养等方面的技术研发进展顺利，其研究成果在生产中得到了广泛推广和应用。

3. 生态建设成效逐步显现

传统的水禽饲养方式依水而养对环境污染大，不利于水禽疾病防控和水禽产品质量安全控制，特别是养殖造成的面源污染已成为影响我国生态环境建设的重要因素。“十二五”期间，肉鸭生物床饲养技术、网上饲养技术、生物床—网上结合饲养技术，蛋鸭网上饲养、生物床饲养、笼养技术在我国水禽主要产区得到快速推广，极大地缓解了水禽养殖产业对环境产生的污染，特别是降低了对水源的污染，生态效益显著。在政府政策鼓励和市场调控下，肉鸭和蛋鸭养殖经营方式迅速向集约化发展，呈现出“公司+基地+农户”的经营管理模式，促进了肉鸭、蛋鸭养殖业也向标准化、环保化方向发展。肉鹅的养殖方式同样也出现了新变化，较大规模的农牧结合养鹅方式迅速发展，种草养鹅、林地种草养鹅、全室内网上养殖等饲养方式目前成为我国养鹅的主体。水禽饲养方式的转型升级，有效推动了我国水禽产业向绿色、安全、高效的方向发展，为实现水禽业可持续健康发展提供了有力的支撑。

4. 水禽产品销售模式不断增强

随着网络技术的发展，水禽产品的销售模式也不断呈现多元化。水禽产品的营销方式网络化、信息化，电子信息网络的应用实现了水禽产品网上交易、直接配送，使生产加工厂家与消费者直接对接，减少了产品营销的中间环节，降低了交易成本，使产品卖得更远、更好。探索线上线下一体化模式，开展“互联网+”水禽养殖加工销售，推广网络平台已成为水禽企业发展的新趋势。

第三节　我国水禽产业科技创新

一、我国水禽产业科技创新发展现状

（一）国家项目

国家对于农业科技投入的增加，水禽有关的项目也得到稳定增长，带动和促进了水禽科技的创新发展。“十二五”以来，与水禽相关的国家自然基金项目累积立项 100 余项，同时，诸如国家重点基础研究发展计划（973 计划）、国家重点新产品计划、农村领域科技计划、农业科技成果转化、国家星火计划、国家火炬计划等国家主要项目也均涉及水禽品种选育、资源保护与开发利用、分子标记育种与抗病育种、分子生物学和基础研究、养殖模式、养殖技术和产业化等方面相关研究内容，为我国水禽产业科技创新提供了强大的基础保障。

（二）我国水禽科技创新取得的成就

1. 遗传育种

随着新技术的发展，数量遗传学广泛应用于对优良品质水禽育种的选择中。随着生物科学技术突飞猛进的发展，使大批成熟的更为先进的生物学以及遗传学技术如基因工程、基因图谱技术等在动物育种中得到广泛应用。借助于这些技术，科学家能够更好地理解特定的目的基因，特别是为发掘用于水禽育种的基因提供了便利。

“十二五”期间，先后建立了水禽主要经济性状的准确测定和遗传评估方法、超声波活体快速测定肉鸭胸肉厚度的技术、生化遗传标记和分子遗传标记辅助选育技术，优化了鹅人工授精工艺，筛选了水禽肌肉发育、脂类代谢、抗逆和繁殖等重要经济性状的主效基因和遗传标记，首次将剩余饲料采食量（RFI）用于肉鸭育种，显著提高了育种效率。

2. 疫病防控

随着水禽规模化养殖业的不断增加，尤其是近年来出现了新的烈性传染病情况，在此形势下，水禽疫病防控研究就显得尤为重要。通过多年的探索与发展，我国水禽在生物安全预防措施、免疫程序、疫苗生产等方面的研究取得了长足的进步。阐明了坦布苏病毒病、鸭病毒性肝炎、呼肠孤病毒病、鸭传染性浆膜炎、鹅副黏病毒病、小鹅瘟等主要水禽疫病的病原变异情况，获得了大量基础数据；研制出鸭传染性浆膜炎灭活疫苗、鸭病毒性肝炎弱毒疫苗、鸭呼肠孤病毒病单价或多价疫苗、鸭坦布苏病毒灭活疫苗、鸭出血性卵巢炎疫苗以及鹅细小病毒病基因工程疫苗，并制定出蛋鸭、肉鸭、不同区域肉鹅疫病的综合防控技术。这些研究成果为水禽疫病防控提供了技术支撑。

3. 饲料营养

当前家禽营养研究的热点主要是饲料资源开发利用、肠道微生物营养调控、抗生素替代技术等。“十二五”期间，建立并完善了水禽饲料代谢能和氨基酸利用率评定的生物学方法，制定了水禽营养研究饲养试验技术规范，出台了农业行业标准《肉鸭饲养标准》；提出了小型蛋鸭产蛋期营养需要量参数 1 套，制定了《蛋鸭饲养标准》（草案）；确定了肉蛋兼用型麻鸭临武鸭主要营养素需要量参数 28 个，制定了《临武鸭饲养标准》；提出了大、中、小型肉籽鹅主要营养需要量参数，确定了鹅 10 种维生素和 5 种微量元素需要量；评定了 60 余种饲料原料对蛋鸭的饲用价值及 70 多种饲料原料和牧草对肉鹅的饲用价值；研制出鸭、鹅饲粮中应用的配套技术；研发了利用生物活性物质、酶制剂和益生菌等改善肉、蛋品质及抗热应激的饲料优化配制技术。

4. 养殖模式

传统的水禽养殖方式逐年改进，落后的散养方式逐步被新型养殖模式所替代。在目前的水禽养殖方式中，蛋鸭笼养、肉鸭网床养殖及自动供水供料和清粪的养殖方式已逐步推广，其中大棚圈养占68.87%、网上平养占16.98%、发酵床饲养占5.66%，落后的散养方式已减少至8.49%。肉鸭网上饲养技术、生物床饲养技术、生物床—网上结合饲养技术、“网床+地面+网床”三段式肉鹅养殖模式研究取得系列成果，生物垫料配方、动力翻耙技术、垫料安全性、垫料使用期限、饲养密度等研究获得多项专利，已经在我国水禽主产区得到快速推广，极大地缓解了水禽养殖产业对环境产生的污染，特别是降低了对水源的污染，显著提高了鸭健康水平、成活率，降低了死淘率。

5. 产品加工

“十二五”期间，水禽产业在加工技术方面也取得了较大的突破，优化了板鸭、酱鸭、盐水鸭、风鸭、风鹅等鸭鹅肉食品的低温杀菌技术，风鹅、风鸭的低盐腌制及控温风干技术，鸭鹅肉分割冷链产品减菌保鲜技术等新技术，显著提高了产品质量；同时，解决了咸鸭蛋在加工过程中产生“蛋黄黑圈”问题，大大提高了咸鸭蛋的品质和商品价值。

（三）国际影响

中国水禽产业发展历史悠久，是农业经济和畜牧业经济的重要组成部分。水禽产业从内部细分，可以分为肉鸭、蛋鸭、鹅3类，三大类产品既具有生产条件要求、市场供求、经营方式方面的共性，也具有相对独立的个性。改革开放以来，中国水禽产业经济乘势而上，迅猛发展，鸭、鹅饲养量为世界之最，其中鸭占世界饲养量的70%左右、鹅占90%左右。在配套系选育方面，Z型北京鸭瘦肉型配套系成功转让给两家农业产业化国家重点龙头企业，并持续开展联合育种工作，标志着肉鸭育种成果的产业化正在成为现实，打破了肉种鸭长期被国外垄断的现象；草原鸭、江南白鹅配套系、天府肉鹅配套系、国绍I号蛋鸭配套系培育成功并通过国家遗传资源委员会审定。在水禽分子育种及分子生物学研究方面，鸭、鹅全基因测序均为我国完成，极大地彰显了我国在水禽分子方面的国际影响力。同时，近年来水禽方面科技创新论文的发表在国际上也产生了越来越深远的影响。

二、我国水禽产业科技创新与发达国家之间的差距

1. 良种繁育

我国出口水禽产品主要以价格低廉的肉食加工产品为主，利润空间较低，而其他国家向我国出口的产品主要以具有高额利润水禽品种为主，我国水禽良种繁育体系不健全，选育繁育手段落后，而传统肉鸭、肉鹅品种因饲料利用率、繁殖率相对较低而不能满足产业化、规模化经营的需要，以致企业盲目依赖国外品种，使以樱桃谷鸭、克里莫鸭为代表的外来品种垄断了我国水禽种苗市场及生产，给国内水禽育种繁殖造成了障碍和压力，也造成了严重的产业利润流失。

2. 饲养管理

我国水禽养殖区域发展均衡性差，水禽产业集约化程度低，小规模分散饲养、大棚圈养仍然是我国水禽养殖的重要养殖方式和重要组成部分，存在着管理水平落后、技术创新能力薄弱、养殖设备落后陈旧、养殖行为不够规范、饲料利用效率低和环境污染严重等一系列问题，与发达国家先进的笼养、网箱养殖，设施化、工厂化、标准化养殖相比，还有较大的差距。

3. 疫病防控

疫病防控体系不健全，疫病始终是水禽产业发展的严重威胁。随着水禽产业从农户分散饲养向规模化集中养殖的转型，饲养场的布局和场内养殖密度都大幅度增加，加之养殖场的隔离封闭不

严，防疫程序执行不力，以致禽流感、副黏病毒病、鸭病毒性肝炎、鸭瘟、呼肠孤病毒病等时有发生并流行，新的水禽病也不断出现，严重威胁水禽产业健康发展。发达国家水禽饲养方式先进，故水禽发病率较低、出栏率能达到98%以上、食品安全性高。

4. 产品加工

消费者对参与国际贸易的水禽产品的要求越来越高，形式逐渐多样化，如颇受欧洲人喜爱的鹅肝酱和产品附加值较高的鸭绒、鹅绒近年来贸易量逐渐攀升。当前，我国水禽产品加工中，初级的屠宰加工比重大，深加工比重低；加工企业较多，规模普遍较小；屠宰加工工艺、技术和设备相对滞后；加工产品雷同，带动力弱。产品附加值不高，市场开拓能力不强，遏制了产业化发展速度，不足以与水禽产品深度加工的国家抗衡，应积极创新思维，研制新工艺、新产品，与国际接轨，促进深加工，开拓国际市场，增加外贸出口量和贸易产值，提升水禽产业国际竞争力。

5. 产品质量安全

我国畜禽产品质量安全国家标准存在陈旧老化、总体技术水平低、体系结构不合理等一系列问题，已严重影响了国家标准的市场适应性，尤其是我国水禽产品相关标准缺乏、标准体系不健全、标准不配套，影响水禽产品质量安全，与我国标准不配套的检验检测方法更是制约了水禽产品质量安全的评价。目前，世界各发达国家和地区，如美国、加拿大、欧盟、日本等均已建立了较为完善的国家食品质量安全监督管理体系，从而保证了政府监管有力、国民能享受到安全卫生的食品供应。例如在法律依据方面，美国肉禽蛋制品的质量管理与卫生检验方面的法律依据有：《食品质量保护法》《联邦肉类检验法》《禽肉制品检验法》《蛋制品检验法》。我国在法律依据方面统一遵循《中华人民共和国食品安全法》，尚未建立完善、统一、有序的水禽产品检验检测体系。

三、我国水禽产业科技创新存在的问题及对策

（一）理论创新

1. 水禽产业发展与产业政策研究

水禽产业是我国重要的农业支柱产业之一。目前由于对水禽产业发展的规模、布局、市场、技术研发与应用、产业化经营等方面的基本信息和情况不甚清楚，导致有关部门在确定不同区域水禽产业的发展重点、科学规划水禽产业规模和布局、促进水禽生产技术研发、推动水禽产业化经营等方面的决策依据不足、倾斜支持不够。因此，需要开展水禽产业生产布局及规模、市场形势、生产技术推广效益、产业发展政策、产业发展规划等研究。

2. 水禽产业基础数据平台建设

我国水禽产业相关数据和信息不健全，产业部门对水禽总体规模和布局把握不清，妨碍政府宏观决策和市场调控，因此应加强水禽产业技术数据平台的建设，主要包括水禽产业经济、产业技术、产业标准、种质资源、饲料原料营养价值、饲料添加剂、饲料生产企业、疫病病原与流行、生物制品种类与生产企业、食品加工产品与企业、我国水禽产业研发人员、我国水禽研发的主要仪器设备、国外水禽产业技术研发机构等数据库，形成基础性和系统性的数据和信息，为有效开展产业发展技术研发选择和生产经营决策提供依据。

（二）技术创新

1. 遗传资源保护

我国水禽品种资源调查及品种特性评估不足，缺乏系统性；部分水禽资源的保存现状不理想，

品种资源混杂日趋严重；品种分析评价数据与信息缺乏；品种资源动态监测体系建设不到位，导致对地方品种优良特性的挖掘、利用严重不足。因此，针对目前存在的问题，我国水禽遗传资源保护技术应在地方遗传资源主要经济性状评估、遗传资源保护和鉴别、水禽遗传结构动态检测、水禽杂种优势预测等技术方面有所突破和创新，充分挖掘其潜在的应用价值，为品种资源有效保护和合理开发利用保驾护航。

2. 育种技术

我国水禽育种技术研究起步晚，常规育种技术在水禽育种中尚存在较大的应用潜力，需要开展更深入的研究，以克服其选择准确率低、周期长、进展慢和投入大的缺点。水禽分子标记辅助育种技术尚处于起步阶段，是未来水禽育种技术的重要发展方向。因此，我国水禽育种工作亟待建立常规育种技术与分子标记辅助育种技术有机结合的新型实用遗传改良技术体系，以加快育种的步伐。

3. 饲料研发

非常规饲料原料是在我国水禽配合饲料中大量使用的饲料资源。但是，水禽非常规饲料原料的营养价值资料缺乏，能量和养分利用率未进行系统评价；非常规饲料原料多数含有抗营养因子或有毒有害物质，其含量、分布、对水禽健康及产品品质的影响等尚不清楚，限制了利用；非常规饲料加工、去毒减毒技术、配合饲料技术等有待深入研究。因此，科学评价、使用非常规饲料资源是我国水禽产业和饲料工业急需解决的重大问题。

4. 产品加工

针对我国种蛋、蛋品加工产生大量的蛋壳、无精蛋、死精蛋、死胚蛋等安全性问题与废弃物污染环境问题，以及大量淘汰种鸭、蛋鸭的肉品品质问题，进行新技术研发，以提高种鸭、蛋鸭生产的经济效益，降低环境污染，提高公共安全和社会稳定，促进鸭业的可持续发展。

（三）科技转化

近年来，随着农业领域对研发重视程度日渐加深，我国农业科技取得了举世瞩目的成果，但仍存在农业科技成果转化率低下、农业科技贡献率不高等边缘问题，近几年，我国每年通过评估的农业科技成果约 8 000项，但成功有效转化的成果仅占40%左右，远低于发达国家的70%~85%的水平。在我国水禽产业发展过程中，应调整水禽科研项目立项方向，强化科研项目分类管理和考核，同时加快水禽科技成果转化体系建设，完善基层农技推广服务体系建设，支持农技推广人员与家庭农场、农民合作社、龙头企业开展技术合作，加强试验示范、人才培养、培训推广等职能，加大农业科技成果转化、人才培养和宣传力度等工作，加快推进水禽产业科技转化效率。

（四）市场驱动

受市场价值规律的影响，水禽产品呈现显著的周期性变化，以2016年为例，鹅苗价格最低为10元/只，最高可达到80元/只；鲜鸭蛋价格最低时6元/千克，最高为12元/千克。大多数中小企业产品单一、产业链较短，缺乏市场定价权和谈判能力，应对市场波动风险的能力有限，最终导致利润大幅减少，甚至破产和被淘汰。同时，我国水禽业发展面临巨大的环保压力，地方政府对农户的养鸭棚舍、养鸭场采取强拆，在此背景下，小规模散养农户迅速退出行业，集中养殖区和规模化养殖企业迅速壮大，呈现出水禽养殖密度和产业集中度越来越高、空间集聚状况日益明显。

第四节 我国科技创新对水禽产业发展的贡献

一、我国水禽科技创新重大成果

（一）遗传育种

优良品种是现代畜牧业发展重要支撑和物质基础。“十二五”期间，我国水禽遗传育种取得了突破性的成果：“北京鸭新品种培育与养殖技术研究应用”成果荣获国家科技进步二等奖，该成果培育的瘦肉型北京鸭新品种在生长速度、饲料转化效率、胸肉率、肉质性状等指标上比国外品种具有更强的市场竞争力和发展潜力，这一拥有自主知识产权的成果对于逐渐打破外来品种对我国肉鸭市场的垄断具有里程碑意义；另外，天府肉鹅配套系、国绍I号蛋鸭配套系培育成功并通过国家遗传资源委员会审定；江南白鹅和青农灰鹅配套系已通过农业部家禽品质监督检测中心性能测定；先后选育出大型白羽半番鸭亲本专门化品系、绍兴鸭高产系、绍兴鸭青壳系、缙云麻鸭早熟系、荆江蛋鸭白壳系和高饲料转化系、肉鹅高繁殖率品系等专门化品系44个，为产业发展提供优良品种保障。

（二）营养与饲料

我国水禽近年来在营养与饲料研究方面也取得了一些重要成果。首先，在营养需求方面，首次制定并颁布了农业行业标准《肉鸭饲养标准》（NY/T 2122—2012），该标准的颁布实施，改写了我国水禽饲料标准长期缺乏的历史，它是我国第一部科学性与实用性兼备的中国鸭饲料标准，对我国肉鸭饲养、饲料科学和高效利用具有重要的指导意义，极大促进了我国肉鸭产业的发展。另外，也制定了《蛋鸭饲养标准》（草案）和《临武鸭饲养标准》，确定了鹅10种维生素和5种微量元素需要量。其次，在饲料资源利用方面，评定了60余种饲料原料对蛋鸭的饲用价值及70多种饲料原料和牧草对肉鹅的饲用价值。这些成果的应用，实现了营养的精准供给和高效利用，取得了养殖降本减排的显著成效。

（三）产品加工

随着肉品、蛋品加工技术研究的不断深入，产品加工逐渐向精、深、多元化的趋势发展，开发了许多符合市场需求的新型水禽食品，如香糟风鹅与风鸭、老鸭香精、鸭肉和鹅肉调味酱、功能性鸭肉与鹅肉发酵香肠、肉脯、肉干、肉丸、方腿、多味鹅肝糕、鹅骨和鹅皮胶原蛋白及其多肽等系列产品，涌现出一批名牌产品如北京烤鸭、南京盐水鸭、四川樟茶鸭、南安板鸭、武汉精武鸭脖、白市释板鸭、扬州风鹅、福建卤鸭、浙江平湖糟蛋等，丰富了产品类型，改善了产品结构，提高了产品附加值，繁荣了水禽肉、蛋产品市场，对带动我国水禽产业发展发挥了巨大作用。

（四）产品质量安全

在抗生素替代品的研究方面，葡萄糖氧化酶作为抗生素和球虫抑制药的替代物添加在家禽饲料中，不仅可以改善家禽生产性能，而且能够减轻霉菌毒素等对家禽免疫系统的损伤。葡萄糖氧化酶将成为第三代饲料酶制剂的代表。

（五）环境控制

近年来，随着对水禽的健康养殖与环境重视程度的不断提高，通过改善水禽的养殖方式来实现水禽的健康养殖，减少水禽养殖业对环境产生的污染，创新了肉鸭舍卷帘通风和管道通风系统，大力发展推广肉鸭的网上饲养、肉鸭的生物发酵床养殖，建立了蛋鸭规模笼养、网上养殖、全网床圈养技术和鹅集约化生产、反季节光照繁殖技术等。针对南方地区“禽-鱼”混养的生产模式中水体细菌污染对水禽健康和生产性能的影响，进行了相关研究，并在此基础上建立了通过环境控制提高水禽生产性能的新技术。

二、我国水禽科技创新及成果转化

（一）技术集成

水禽技术创新能力的不断增强和养殖企业的不断壮大，有效促进了技术集成和推广应用，特别饲养技术方面，制定了“肉鸭饲养”的国家标准和肉鸭健康养殖技术，完善了肉鸭网上养殖、全旱养、发酵床养殖及蛋鸭笼养等技术，优化设计出相应的标准化肉鸭、蛋鸭舍建设方案，由此集成了规模化养鸭环境控制关键技术创新及其设备研发与应用成果。另外，研制出鹅反季节光照控制技术，完善了“稻—草—鹅”生态养殖和种鹅节水养殖技术，开发了枯草芽孢杆菌无害化处理鹅粪及污水新技术，并在鹅生产中得到了广泛应用，有效地提高了种鹅的生产性能和雏鹅质量，有效降低环境污染。通过集成内、外环境控制技术，有效促进水禽产业向规模化、高效化、安全化方向发展。

（二）示范基地

在政府宏观调控和政策扶持下，以及水禽产业技术体系的实施推动下，水禽业转型升级明显加快，使水禽养殖日益呈现专业化、规模化、标准化的发展趋势，涌现出几十个实力雄厚、生产规模大、辐射带动能力强的国家级农业产业化龙头企业示范基地，如山东六和集团、河南华英集团、常州立华鹅业公司、内蒙古塞飞亚集团，涵盖了水禽主产区，形成了“公司+基地+养殖户”的经营模式，有效地解决了养殖业的劳动成本上升和养殖环境控制问题，并且有效规避风险和有效参与市场竞争，有力地拉动了周边地区的养鸭数量增长及水禽产业的发展。

（三）商业转化

1. 良种推广

优良品种是畜牧业赖以生产的物质基础和重要保障，对畜牧业贡献率为45%~60%。我国自主选育的Z型北京鸭瘦肉型配套系成功转让给两家农业产业化国家重点龙头企业，并建了“产、学、研”联合育种模式，标志着肉鸭育种成果的产业化正在成为现实，促进了北京鸭育种、养殖技术进步，累计推广新品种肉鸭4.75亿只，节料166.7万吨，价值41.1亿元，经济效益显著，打破了国外企业垄断我国肉鸭主要品种市场的局面。首个国家遗传资源委员会审定的鹅配套系——天府肉鹅配套系，已推广到西南、华南、华中、东南及西北各省、市、自治区，深受市场喜爱，并取得了显著的经济效益和社会效益。通过国家新品种（配套系）审定的高产抗逆青壳蛋鸭配套系“国绍Ⅰ号”在浙江、江苏、江西、武汉、广东、福建、四川、山东、河南等十几个省份得到了广泛应用，经济社会效益显著。选育的番鸭新品系已进入温氏集团旗下在广东、福建、浙江等地分公司饲养推广。

2. 专利技术转化

近些年，水禽在新品种选育、生态健康养殖新技术等方面的相关专利技术申请数量呈显著增长趋势，为水禽业的健康高速发展提供了有力的技术支撑。

我国水禽产业服务体系在国家水禽产业体系等国家项目的扶持下，依靠各科研机构、高校等的科技创新已日趋完善，从新品系、配套系的培育研发，到养殖场的建设、种蛋管理与孵化、蛋品储存与加工、疫苗的研发等多个环节均有相关的专利技术支撑。

以我国著名的大型肉鸭品种北京鸭为例，中国农业科学院北京畜牧兽医研究所培育了 23 个特点鲜明的北京鸭专门化品系，建立了品系资源库，育成了极具市场竞争力的 Z 型北京鸭［农（10）新品种证第 4 号］和南口 1 号北京鸭［农（10）新品种证第 3 号］2 个新品种，均获国家新品种证书。与发达国家培育的北京鸭比较，瘦肉型北京鸭新品种的生长速度、饲料效率、胸肉率、肉质性状等指标具有更强的市场竞争力和发展潜力。

（四）标准规范

标准规范是一个产业发展的规范导向。我国水禽产业发展起步晚，标准规范相当紧缺。“肉鸭饲养标准”是我国第一部兼具科学性和实用性的中国鸭饲养标准，它于 2012 年 5 月 1 日起开始实施。该标准的颁布实施对我国肉鸭饲养、饲料科学和高效利用具有重要的指导意义。该标准一经颁布就已在全国多家大型饲料企业得到广泛应用，如“新希望六和集团 ”“广东海大集团 ”“ 广东江门德宝集团”“四川铁骑力士”“内蒙古塞飞亚”均利用该饲养标准，仅 2012 年生产肉鸭、蛋鸭配合饲料量就已超过 800 万吨，取得显著的经济效益。另外，有许多关于水禽品种、饲料、健康养殖、产品质量安全控制等方面的国家或地方标准也相继出台，如绍兴鸭品种标准、鹅肥肝生产技术规范、蛋鸭饲料标准、林（果）地种养生态养殖肉鹅技术规范等。这些标准的应用，有效促进我国水禽产业向规模化、标准化、规范化方向发展。

三、我国水禽科技创新的行业贡献

近些年，随着畜禽养殖行业的不断发展升级，传统的水禽养殖方式如在池塘边圈养或在自然水域放养，由于基础设施简陋，饲养环境差，已产生了越来越多的问题。第一，鸭活动的水域可能受到不同程度的工业用水污染；另外鸭的活动也会严重污染周边的水域。第二，鸭粪便不能进行资源化、无害化的处理，对环境造成污染。这类传统的养鸭方式已经落后于市场发展的需求，亟待通过规模化、标准化、智能化和科学化来实现行业的转型提档。

（一）健康养殖

为保障健康养殖在水禽产业中的发展，水禽产业需要围绕基础设施简陋、饲养环境差、污染严重、产品质量安全等目前存在的问题，从饲养环境、营养控制、疾病的预防与用药安全、养殖设施的智能化集约化及废弃物的无害化处理与综合开发利用等方面着手，进行创新技术的研发和系统集成，从整体上实现水禽的健康养殖。目前在肉鸭、蛋鸭等水禽的健康养殖方面已取得了初步的成效。肉鸭生物床饲养技术、网上饲养技术、生物床—网上结合饲养技术，蛋鸭网上饲养技术、生物床饲养技术、笼养技术在我国水禽主要产区得到快速推广，极大地缓解了水禽养殖产业对环境产生的污染，特别是降低了对水源的污染，使用效果极显著，极大地促进了我国鸭饲养方式的转变。

（二）高效养殖

现代水禽生产采用科学技术的综合成果，使肉鸭的生长性能、蛋鸭的产蛋量、鹅的饲养水平、生产效率等均有提高。水禽业高效养殖的支柱主要是以下几方面的创新成果。

1. 良种繁育体系建立

近年来，我国利用优良水禽遗传资源先后育成草原鸭、Z 型北京鸭、南口 1 号、国绍 1 号、天府肉鹅等新品种（配套系），使我国水禽自主育种迈上了一个重要台阶，建成多个水禽祖代场和父母代场，良种供应能力不断提高。同时，建立了不同品种良种繁育体系，显著地提高了我国水禽产业技术力量。

2. 养殖模式创新

我国水禽传统养殖模式存在诸多弊端，未来水禽养殖向生态环保、资源节约方向发展是必然趋势。肉鸭网上平养、蛋鸭笼养、水禽旱养、稻鸭共生模式、肉鹅林地草地循环养殖等新型生态、环保养殖方式日益普遍，有效促进了我国水禽产业的发展。

3. 饲养标准建立

研究获得了不同生理阶段肉鸭、种鸭的能量、蛋白质、钙磷、多种氨基酸与维生素等的需要量数据，制定了我国第一部科学性与实用性兼备的“肉鸭饲养标准”，标志着肉鸭养殖业缺乏饲养标准的局面已成为历史。研究提出小型蛋鸭产蛋期营养需要量参数 1 套，制定了《蛋鸭饲养标准》（草案），完成了肉蛋兼用型麻鸭临武鸭各生长阶段营养需要量评定，确定主要营养素需要量参数 28 个，制定了《临武鸭饲养标准》。测定了 7 种非常规饲料中抗营养因子和有毒有害物质含量并研制出其在鸭、鹅饲粮中应用的配套技术；研发了利用生物活性物质、酶制剂和益生菌等改善肉、蛋品质及抗热应激的饲料优化配制技术，实现了营养的精准供给和高效利用，取得了养殖降本减排的显著成效。

4. 疫病防控体系建立

鸭甲肝病毒基因 3 型弱毒疫苗、坦布苏病毒弱毒疫苗和小鹅瘟灭活疫苗研发取得了显著进展，在我国水禽主产区开展的流行病学研究阐明了 2011—2015 年坦布苏病毒病、鸭病毒性肝炎、呼肠孤病毒病、鸭传染性浆膜炎、鹅副黏病毒病、小鹅瘟等主要水禽疫病的病原变异情况，获得了大量基础数据，为水禽疫病防控提供了技术支撑，对控制药物残留、保障食品安全具有重要意义。

（三）优质安全产品

民以食为天，食品质量安全无小事。水禽产品作为我国居民肉食品主要来源之一，其丰富的营养、独特的价值深受消费者青睐，市场前景广阔。但随着水禽产业的快速发展，产业链的延伸，质量安全控制难度加大，质量安全事件时有发生。现代水禽产品与其他农产品一样，产业链很长，涉及生产投入品、养殖、加工、包装储运、销售直到餐桌等一系列环节，它们环环相扣，任一环节出现问题，都会牵一发而动全身，造成食品安全危机，危害百姓的生命健康，影响产业的可持续发展。

1. 加强水禽产品源头控制

水禽养殖过程中的各种添加物、排泄物通过各种循环最终都会作用到人类自身，只有在养殖过程中抓好源头控制才能最终保障水禽食品质量安全和人体自身健康。

2. 推行水禽适度规模标准化养殖加工模式

水禽养殖加工行业的组织化程度低、标准化生产难度大是影响我国水禽产品质量安全水平和产业可持续发展的重要原因之一。因此，要积极推行水禽适度规模标准化养殖，加大水禽加工和流通企业的标准化集约化集团化建设步伐，加强专属养殖原料基地建设，加强产业链整体设计预防。

3. 建立水禽食品原料生产与产品质量安全体系

从水禽产品的养殖过程、屠宰加工过程、储藏运输过程、消费过程等各个环节考虑，充分发挥政府职能部门的监督管理作用，制定科学合理的水禽食品质量安全控制体系。

4. 实施从农场到餐桌全程监管

第一，要强化水禽产地安全管理；第二，强化生产过程管理，加强投入品监管；第三，强化标识追溯；第四，强化市场准入管理；第五，强化检测监督；第六，强化信息披露，加强宣传。

5. 加强饲养环境控制

第一，改善水禽的生长环境，注意圈舍的卫生消毒，减少疫病发生，从而减少药物使用量。第二，加强对养殖投入品的监测和管理。饲料、兽药等养殖投入品的质量好坏直接影响到水禽产品质量的好坏，所以在养殖过程中一定要加强对这些投入品的监测和管理，确保产品质量和安全。第三，规范疫病防治程序，做到预防为主，防治结合，防止药品滥用。第四，做好水禽产品出栏前的安全检疫工作，确保水禽食品原料质量。第五，加强对水禽产品生产加工过程的管理，减少微生物污染和不必要的添加剂使用。

四、科技创新支撑水禽发展面临的困难与对策

（一）品种结构方面

我国传统的板鸭、卤鸭、咸水鸭类食品以地方麻鸭为原料，而现以英系北京鸭为原料。但后者生长期太短，肌肉含水率高、肌间脂肪含量低，不能满足消费者对肉品质的需求。研究解决肉鸭生长速度较快与肉品质较低的矛盾是我们的任务，特别应该研究解决我国大型肉鸭品种被国外育种公司垄断，阻碍我国肉鸭产业进一步发展的问题。因此，需要加大力度开展具有自主知识产权的大型优质肉鸭育种和新品种推广工作。

（二）资源化利用/环保方面

我国的肉鸭、蛋鸭、肉鹅养殖业仍然存在养殖环境与水禽需求的矛盾、排泄物资源化利用、环境保护等问题，需要加强排泄物的资源化利用研究与示范，大力发展规模化、标准化饲养技术。

（三）饲料利用方面

有关肉鸭、蛋鸭、肉鹅营养与饲料营养价值的数据相对较少，我国水禽的饲料利用率仍然较低，因此，应加强对饲料原料营养价值进行系统评价，以及不同种类和不同生理状态下的水禽各品种的营养需要进行科学研究，形成完善的饲养标准，并制定相应的饲料配方。

（四）疫病防控方面

我国的水禽生物安全与疫病防控技术不能满足产业发展的需要，在重大疫病防控方面仍然存在“依靠疫苗”的误区，特别是新发疫病常常给水禽养殖造成较大危害，并引发食品安全问题。因此，应加强水禽养殖的生物安全研究与技术示范。

第五节　我国水禽产业未来发展与科技需求

一、我国水禽产业未来发展趋势

（一）我国水禽产业发展目标预测

按照“十三五”规划对畜牧业发展的要求，到2020年我国畜牧业规模化率要达到50%以上，这将会进一步推进我国水禽产业化大发展，为我国水禽产业实现结构性调整带来新的发展契机。为此，我国水禽产业应更新传统理念，实施科学布局和设计、夯实水禽健康养殖的基础，营造一个洁

净、优美、和谐的水禽生态环境。同时积极开展产业技术创新和技术升级改造，提升我国水禽产业综合生产能力与国际竞争力。我国未来水禽产业化的发展方向是：依靠我国水禽产业已形成的产业链优势，积极寻求解决不利于水禽产业化发展的产业效益问题、市场波动问题、环境污染问题、食品安全问题等一系列影响产业稳定发展的重大问题；遵循市场发展的需求，发展适合我国国情的水禽产业化发展路径；充分发挥政府在市场竞争中对产业发展进行宏观控制和扶持的功能，促进我国水禽产业健康、稳定、可持续发展。

（二）我国水禽产业发展重点预测

1. 短期目标（至 2020 年）

培育肉鸭品种 2~3 个，肉鸭国产化率达到 30%以上；建立水禽新型生产经营模式，延长产业链、跻身于精深加工和产品出口，使产品加工深度化、产品种类多样化、品牌化。探索线上线下一体化模式，开展“互联网+”水禽养殖加工销售。

2. 中期目标（至 2030 年）

国家级水禽育种核心育种场 25 个以上，国家水禽良种扩繁推广基地 50 个以上，单个企业年推广商品代肉鸭 500 万只以上，推广商品鹅 50 万只，商品代蛋鸭 100 万只。水禽主要品种饲料转化率提升 10%以上，鹅繁殖性能提升 15%以上，各品种商品代综合经济效益提高 15%以上。

3. 长期目标（至 2050 年）

基本实现水禽养殖自动化、数字化、智能化，水禽分子育种成为主要手段，建立现代肉鸭商业化育种体系，肉鸭国产化率达到 70%以上，培育出了一批具有国际竞争力的蛋鸭、肉鸭、鹅等标志性品种，满足主要水禽品种自给，并且具备出口的能力。

二、我国水禽产业发展的科技需求

（一）种质资源

中国具有丰富的鸭鹅品种资源，但长期以来存在外来品种独大的格局。一些地方品种生产水平低，如繁殖率低、耗料多、早期生长慢等而被淘汰、遗弃；杂交乱配严重，种质资源中不少优异特性逐渐退化，甚至使一些优良的品种濒临灭绝。科学合理保护和利用地方水禽种质资源，急需在基础设施、技术力量和保护研究等方面加大经费投入。加强地方性优质品种的培育，选育多元化与专门化品系，提高水禽产业养殖效益。同时，水禽良种繁育也应以消费市场多元化的需求为导向，与变动的市场需求形成匹配，提高生产与消费的契合度，以满足消费者对地方名、特、优水禽产品的需求。

（二）饲料效率

中国在过去 10 年积累了大量鸭营养与饲料科学研究方面的数据，但我国水禽的饲料利用率仍然较低，在育种、饲养技术方面存在较大的提升空间。应用新技术、开发新型饲料资源、提高纤维性饲料利用率、精准营养等将是水禽饲料营养未来 5~10 年的研究重点。

（三）产品品质

我国水禽产品消费具有多元化特点，并且随着经济发展和人民生活水平不断提高，人们对水禽产品的质量安全更加关注。水禽企业更加注重产品质量，通过精深加工生产冷鲜肉、半成品肉、冷冻肉、熟肉制品等方便食品和休闲食品，提高企业品牌的影响力和经济效益。由于加工业起步晚，工艺技术与设备相对落后，大部分以传统手工作坊式生产，加工规模小，产品结构不合理，深加工和综合利用不够，缺乏统一的产品标准等不能适应现代消费和出口需要。需大力推进水禽制品业的发展，提倡以市场为导向，以加工企业为龙头，以商品生产基地为基础，依靠养殖加工技术创新，生产风味独特、营养价值高、受市场欢迎的水禽产品，以适应消费需求多样化的市场发展趋势。

（四）水禽健康

随着我国水禽规模化养殖的发展和饲养密度不断增加，在生产过程中，诸多因素导致我国水禽养殖的生产效益较低，其中疫病的侵袭是最为重要的原因，水禽疫病逐年增多，流行情况日趋复杂。水禽传染性疾病不断产生新的变异，一旦疫病暴发，扩散速度较快。鸭病毒性肝炎、传染性浆膜炎是过去长期严重危害我国水禽养殖业健康发展的重要疾病，老病未除，新病不断，又出现了新的病原或其病原出现了新的血清型如 H5/H9 亚型禽流感、鸭黄病毒病、大肠杆菌病、副黏病毒病、出血性卵巢炎、小鹅瘟、呼肠孤病毒病、鹅支原体病以及番鸭细小病毒病。虽然新的疾病不断出现，但缺乏相应的疫苗和快速诊断技术，严重危害水禽业的快速发展。这些新出现病毒在我国水禽中的感染状态及其在水禽疾病发生中的作用有待开展系统研究。

（五）质量安全

随着水禽产业的快速发展，产业链的延伸，质量安全控制难度加大。据国家水禽产业技术体系质量检测岗位抽样调查，我国水禽制品、蛋品总体质量较好，但是仍存在诸多问题，水禽产业质量安全现状不容忽视。许多疫病如禽流感等可能通过肉、蛋、羽毛等产品引起人畜共患传染病的发生，成为水禽产业质量安全问题。水禽产业滥用药物问题包括使用不合格药物、药残留超标。微生物超标在水禽生产、储运、销售等诸多环节容易发生。饲养过程由于水禽接触的水源、土壤等重金属超标，通过代谢蓄积会引起肉、蛋产品的重金属超标。另外，水禽制品加工过程中，由于加工工艺不科学和生产机械金属混入等因素，导致重金属超标。水禽质量安全问题涉及水禽饲料供应、养殖、加工、流通和销售各个环节，其质量安全管理是一项系统工程，需从全产业链的角度实施从“源头到餐桌”的全程管理，控制影响水禽产业质量各环节的因素，确保其质量安全。

三、我国水禽产业科技创新重点

（一）我国水禽产业科技创新发展趋势

1. 创新发展目标

实施水禽遗传改良计划，通过十年努力，建设完善具有国际竞争力的肉鸭商业化育种体系，初步构建蛋鸭、肉鸭商业育种体系，健全良种扩繁推广体系，优化各育种企业的产能供应，促进各育种企业种禽平稳供给。推动水禽生产方式迅速转向集约化和标准化，养殖规模逐步趋向稳定化，产品加工深度化、产品种类多样化、品牌化。发展以节本增效、提质增效为内涵的绿色健康养殖技术。

2. 创新发展领域

坚持技术研发的需求导向，加强地方性优质品种的培育，以满足消费者对地方名、特、优水禽产品的需求，实施精准饲喂，提质增效，发展优质、高效的水禽养殖、加工产业；营养与饲料研究方面，从追求料肉比转向追求成本收益率，发展优质、高效的水禽养殖、加工产业；疫病防控与养殖技术结合，改善动物生长发育、生产的环境条件，降低疾病发生率；强化屠宰、贮藏及深加工环节的技术进步，重视水禽产品多样化研发。倡导和引导水禽企业树立品牌观念、增强品牌意识，通过完善水禽产品质量体系，不断创造新的水禽产品品牌，用品牌带动水禽产业发展；加快推进水禽产业供给侧结构性改革，通过经营模式转换全产业链布局，使水禽产品质量得到有效控制，发展迈向新台阶。

（二）我国水禽产业科技创新优先发展领域

1. 基础研究方面

畜禽遗传资源保护与利用技术、基因定位与功能鉴定、提高家禽的生产性能与抗病性能一直是遗传育种领域的重要课题。发达国家的育种技术研发、新品种培育研究已经从大学、科研单位转向企业，但家禽育种技术进展缓慢，由常规育种向“全基因组选择”遇到了无适宜性状可选的“障碍”。基因组学、转录组学和蛋白组学是研究热点，但有理论与实际应用价值的成果却不多见。从动物育种应用角度出发，开发一些多组学多标记联合使用的方法更具有应用价值。

2. 应用研究方面

自动化性状测定，包括肉鸭饲料消耗、体重等，蛋鸭蛋重、饲料消耗、产蛋量、生理指标、羽色等性状，对这些育种性状的自动记录将是未来一段时间内的重要工作。研发具有自主知识产权、安全性好、免疫力强、应用成本低的疫苗，形成工厂化、产业化生产等配套技术。开发高效、健康、绿色养殖技术，促进了我国肉鸭饲养方式的转变。

第六节　我国水禽产业科技发展对策措施

一、产业保障措施

（一）建立健全水禽良种繁育体系

利用现有的水禽优质种质资源，建立并完善我国的水禽良种繁育体系，系统地鉴定和评价我国水禽品种遗传资源，完善产业信息。开展水禽繁育科研工作，加快水禽新品种（系）的选育，从种质着手，重点提高父母代的繁殖率和商品代的肉质。以地方品种为主，充分利用各品种的特点，有针对性地引进优秀外血，根据市场需求，有计划有目的培育出优质水禽新品种和有自主产权的杂交配套系，并进行商品化水禽生产。同时要建立水禽品种资源保护场，加强地方性良种保护和新品种选育力度，使水禽品种进行良性循环，保证良种的供应。

（二）注重政策导向，加强产业化经营

政府强有效的宏观调控和正确的政策扶持，是促使水禽产业稳定持续发展的重要动力。政府应加大水禽产业发展的引导和扶持力度，积极组建行业信息发布平台，准确引导水禽产业健康稳定发展，为产业发展创造了良好的政策环境，并逐步建立、完善政府的水禽产业支持保障体系。生产合作社、“龙头企业+基地+养殖户”等多元化经营模式，为未来的产业发展奠定了良好的基础。整合水禽养殖业，建立标准化、集约化、规模化的现代养殖基地，促进标准化示范场建设，引导水禽产业向标准化、环保化和安全化方向发展。发展有较强实力和辐射带动力大的产业化经营龙头企业，不断推进水禽业的规模化、产业化进程。

（三）构建水禽遗传资源数据库，科学布局产业结构

针对我国水禽产业相关数据和信息不全，以致产业部门对水禽总体规模和布局把握不清，妨碍

政府宏观决策与市场调控的问题，应尽快进行水禽产业发展数量规模、产业技术供求和技术服务的数据调查和信息收集，建立水禽产业发展的数据库。一方面，围绕水禽产业发展，进行生产规模、生产成本及效益、产品加工与流通、市场价格与供求、消费趋势倾向等方面的典型实地调查和统计抽样调查，形成基础性、系统性的数据和资料；另一方面，进行产业发展的动态监测和信息收集，丰富和完善中国水禽网，通过水禽产业发展的生产调查、市场调查，及时收集、整理、发布产业发展的市场信息、技术信息和政策信息等，完善产业信息。

（四）制定行业标准和规范，保证产业发展有章可循

产品质量安全是水禽产业的生命线，是产业健康、可持续发展的保证。应开展行业自律的相关法律法规的制定研究，建立健全水禽产业质量标准和控制体系，加强产品质量安全管理，对产业链从原料、养殖、饲料、加工、包装、运输、流通、销售全过程进行质量监督，将水禽产品质量安全追溯到生产链的每一个环节。加强水禽产品的安全保障体系的建立与完善，真正建立从产地到餐桌、从生产到消费、从研发到市场等各环节的产品质量追踪体系和技术研发与服务体系，并制定一系列产业规范和行业标准，确保水禽产品质量安全。根据水禽产品质量安全要求，建立统一的水禽产业安全标准和产品质量安全标准，形成完整、有效、统一的质量安全控制和监督体系；同时，加深与国际机构的合作交流，制定行业标准和规范，进一步完善我国水禽产业产品质量安全控制和监督体制，提高国内质量控制水平，与国际化水平接轨，保证我国水禽产业有章可循，有据可依，最终大力提升水禽产业竞争力。

二、科技创新措施

（一）建立水禽安全生产技术体系

为了接轨国际水禽生产技术和产品质量标准，提升产品质量和档次，增强国际市场竞争能力，应尽快建立适合国情的水禽安全生产技术体系。建立国内水禽产品的检疫标准，并与国际标准接轨，稳定、完善水禽疫病防控体系，积极创新机制，加强技术培训，提高人员素质。实行以免疫为主的综合防治措施，提高疫病防控水平，最大限度地减少病害损失。加强对水禽绿色饲料添加剂和免疫增强类饲料添加剂及无公害饲料、水禽重大疫病高效疫苗及水禽免疫程序、规模养殖水禽环境控制技术、绿色水禽屠宰加工及储运技术等方面的监控，突出抓好疫病监控、水禽及其产品检疫、兽药残留监测，促进水禽及其产品卫生质量提高。加快水禽养殖场的污染治理和废弃物利用开发，探索农牧结合、渔牧结合等多种途径，建立水禽生态养殖模式，严格按照防疫要求，加快无公害、绿色和有机水禽产品基地建设，减少对环境的污染，从而有效地推进高效、生态、安全水禽产业的快速健康发展。

（二）引导产业发展的技术进步与更新

水禽产业的发展离不开强有力的科技投入的支撑和保证。国家水禽产业技术体系的成立为水禽产业的技术创新和科技进步提供了保障，是水禽产业发展的有力技术依托，促进了水禽产业的健康、持续、高效发展。大力支持水禽自有品种育种及良种繁育，鼓励科研单位与企业加强技术攻关协作，全面提高水禽产业保种技术水平，支持地方建立水禽保种场、育种场及良种繁育场，保证水禽地方性良种得到保护。已通过国家品种审定的北京鸭、四川白鹅、青壳绍兴鸭等地方优良水禽品种的推广使用，进一步刺激了全国水禽产业的发展。严格进行疫病防疫技术研发，各级畜牧兽医部门应对辖区水禽养殖户（场）免费提供禽病防治疫苗，指派专业技术人员进行疫病防治督导，定

期对水禽养殖户（场）进行抽查，检查其疫病防疫设施条件、免疫程序和措施。政府还应对水禽产业参与者进行技术培训，为农户提供知识和技术服务，促进先进技术的推广和应用，加强产业参与者对先进技术的了解和掌握，提升劳动力投入使用效率，依靠科技进步全面提升产业竞争力。

（三）加快科技创新，拉长水禽产品深加工产业链

水禽产品深加工是刺激水禽产品消费增长的重要措施，也是水禽产业化经营的核心，是产业链中至关重要的一环。水禽产品深加工技术的研究不仅有利于延伸水禽产业链，而且有望打破水禽产品区域化消费格局，加快水禽产业化进程。水禽产品深加工是刺激消费增长的重要措施，也是水禽产业化经营的核心，是产业链中至关重要的一环。除传统的水禽加工产品应进一步提高质量和扩大市场份额外，要进一步加强水禽产品的精深加工。不断改进加工工艺，充分利用新技术、新工艺，大力开发“名、特、优”产品，满足消费者对高档或特色水禽产品的需要，不断增加花色品种，提高产品的档次，增强产品市场竞争力，提高产品附加值，进而拉动水禽产业的发展。水禽产业链逐渐延伸、拓展，并走向整合，由单一的生产养殖业向产前生产资料制备、良种培育及种苗孵化、产品加工、物流运输等产业延伸，多层次提高了产品附加值，促使水禽产业向规模化、专业化、一体化经营方向发展。

三、体制机制创新对策

政府宏观调控，政策扶持，引导产业标准化、产业化发展。我国水禽产业化的发展离不开政府的宏观调控和支持。政府应把握水禽产业发展的宏观方向，从制度保障、补贴政策、信用体系、环境评估等方面，尽快拿出切实可行的具体措施，为产业发展护航。第一，相关部门宜出台专门针对水禽产业发展的政策与扶持计划，因地制宜地探讨适宜水禽产业的养殖补贴与扶持措施。第二，政府提供公共信息平台和信息流通及市场流通场所，为产业发展提供顺畅、便利的经营性信息服务，实现有效生产及效用最大化。第三，鼓励社会各种力量以创新的方式，解决产业发展中的用地、融资、养殖风险保障、养殖补贴、产业链调整等产业发展的问题，并为这些社会资本的介入提供完整的产权、法律法规等方面的制度保证。第四，建立全国性的价格、市场规模预测与决策体系，提前预警、规避突发性的产业波动。第五，严格实行有关食品安全管理规定，建立从上至下畅通的安全检验和监督机制，制定行业性的市场应急管理预案，应对市场突发事件，确保产业健康发展。第六，制定发布行业性生产标准、达标规范、污染排放标准及食品安全标准等行业性权威管理规范，强制实施行业性的达标生产，提升行业竞争优势，实现产业优胜劣汰。

（郑嫩珠、卢立志、辛清武、缪中纬、朱志明、曾涛、章琳俐、李丽）

主要参考文献

陈宽维，黄种彬 . 2007. 中国地方水禽资源保护与利用策略［J］. 中国禽业导刊，24（8）：12.
顾小雪，刘洋，马苏，等 . 2015. 我国水禽疫病的流行情况及防控对策［J］. 中国家禽，37（16）：1-5.
侯水生 . 2017. 2016 年水禽产业现状、技术研究进展及展望［J］. 中国畜牧杂志，53（6）：143-147.
侯水生 . 2014. 国家水禽产业技术体系取得的重要成果及应用［J］. 水禽世界，4：6-9.
侯水生 . 2011. 我国水禽产业技术的发展战略［J］. 水禽世界，6：7-13.
吉文林 . 2010. 我国水禽保种现状及前景分析［J］. 中国家禽，32（11）：6-10.
卢立志，王德前 . 2016. 我国水禽业的技术创新与未来产业化格局［J］. 水禽世界，5：4-8.
孙泽才，陈新华，黄凤娇，等 . 2015. 我国水禽产品市场基本特征分析［J］. 南方农业，9（9）：103-105.

王宝维，韩海娜 . 2013. 我国水禽产品加工现状与发展趋势［J］. 第五届（2013）中国水禽行业发展大会会刊，39-44.
王宝维 . 2013. 我国水禽产业发展的现状、问题与对策［J］. 猪业观察，2：14-17.
王桂朝，李新 . 2012. 新品种新技术推动水禽产业转型升级［J］. 中国家禽，34（5）：32-38.
王桂朝 . 2013. 技术研发推动水禽产业升级［J］. 中国家禽，35（1）：37-41.
王雅鹏，刘雪芬，何朝秋 . 2012. 我国水禽产业发展的趋势与政策建议［J］. 华中农业大学学报（社会科学版），5：8-12.
吴胜利，姜涛，章世元，等 . 2014. 水禽非常规饲料研究进展［J］. 饲料博览，4：27-30.
吴瑛，王雅鹏 . 2013. 我国水禽产业化的发展历程、趋势与对策研究［J］. 华中农业大学学报（社会科学版），3：89-94.
张大丙 . 2012. 当前鸭病流行现状及防控对策［J］. 中国家禽，34（7）：38-40.
张辉玲，郑业鲁，黄修杰，等 . 2012. 2011 年广东水禽产业发展现状分析［J］. 广东农业科学，7：15-17，20.
《中国家禽》编辑部 . 2016. 第 25 届世界家禽大会：中国与世界的深度对话［J］. 中国家禽，38（19）：75-80.
朱云芬，王晓峰 . 2012. 水禽营养需要与饲料营养价值评定技术［J］. 中国家禽，34（14）：44-50.

第二十一章　我国毛皮动物产业发展与科技创新

摘要：毛皮动物产业作为高附加值的特色产业，具有“地域特色鲜明、比较优势突出、成本低、易饲养、周期短、效益高”等特点，且发展迅猛、前景广阔，呈现出“小产业，大市场”的态势，已成为我国新兴朝阳产业和部分地区优势支柱产业，在促进我国农村增收就业和经济发展中起到了非常重要的作用。

目前，我国已成为世界第一的养殖、加工及消费国。但与国外发达国家相比，在养殖管理、繁殖育种、疾病防治、饲料加工等方面都停留在比较原始落后、传统粗放的状态，养殖环节皮张产品量大质差，加工环节在国际产业分工中始终处于低端位置。“十三五”时期是我国毛皮动物产业转型升级的关键时期，科技创新是突破资源和技术对我国毛皮动物产业双重制约的最重大、最关键、最根本的措施，未来需加快科技创新、体制创新和机制创新，重点开展优良品种选育、高效精准养殖关键技术、适度规模化生产设备与配套技术、重大疾病防控与生物制品研制、动物福利标准体系及废弃物处理综合技术等领域的深入科学研究和系统综合高效技术的推广应用，增强毛皮动物产业关键技术的原始创新能力和重点企业的集成创新能力，加强科技示范、推广服务，形成产学研结合紧密的科技协同创新格局，为产业发展注入强劲动力，全面推动毛皮动物产业实现科学化、现代化的健康可持续发展。

第一节　国外毛皮动物产业发展与科技创新

一、国外毛皮动物产业发展现状

（一）国外毛皮动物产业生产现状

毛皮动物业是指人工饲养貂、狐、貉等经济动物获取其毛皮，经过加工产出裘皮服装、服饰及制品等消费品，再由市场销售给终端消费者的产业。毛皮动物产业在国外已有近 200 年的发展史，主要集中在丹麦、芬兰、美国、挪威和荷兰等国家。

丹麦的毛皮饲养业开始于 1928 年，开始是引入银狐，但在 20 世纪 30 年代末至 40 年代初期，许多农民开始养殖水貂，使水貂的数量开始增加。从 60 年代末开始，水貂皮生产急剧上升。目前约有 1 762家水貂养殖场，年产水貂皮 1 450万张，是丹麦农业的第三大出口产品，90%的水貂皮通过拍卖会出售，成为世界水貂养殖大国之一。

在美国，水貂养殖已有近 150 年的历史，是养殖水貂历史最长、养殖技术比较先进的国家，有养殖场 280 余家，年产水貂皮约 300 万张。近些年，为了提高生产效率、集中资源、规范养殖，大养殖场兼并了一些小养殖场，虽然养殖数量逐渐降低，但提高了毛皮质量。美国农业部报告的貂皮年度生产统计显示，水貂养殖在农业产业链中发挥重要作用。使一些受寒冷气候条件限制，不宜从事其他农业生产的高纬度地区的人们有新的生产渠道，经济收入得以保证。1999—2002 年，在北美地区毛皮产业共创造了 50. 25 亿美元的产值。同时，每年可消化掉 20 万吨其他动物副产品用以饲喂毛皮动物，既解决了废弃物的处理问题，降低了毛皮动物的饲养成本，又带动了其他相关产业的发展。

芬兰于1916年引进银狐开始了人工养殖，1924年开始养殖蓝狐，1930年后发展水貂生产。目前成为世界狐饲养大国之一，约有1 600家毛皮动物养殖场，其中养狐约850家，年产狐皮170万张；养貂500家，年产貂皮160万张；养貉250家，年产貉皮12.5万张。芬兰政府对毛皮动物饲养业十分重视，采取各项优惠政策鼓励农民发展毛皮动物养殖，在各方面给予大力支持，并通过宏观调控来平衡产销关系，使芬兰成为世界毛皮生产大国之一。

（二）国外毛皮动物产业养殖模式

1. 协会管理模式

国外先进国家如芬兰、丹麦等都有自己的毛皮养殖协会，通过它们对全国养殖场进行行业管理。

芬兰毛皮动物养殖者协会创立于1928年。现在，它已是一个拥有7个地方毛皮动物协会的中央组织。各地毛皮动物养殖场的场主，都是该地方协会的会员。协会除了为会员提供技术咨询、兽医和贸易服务，举办良种和毛皮展览，实行动物保险，开展试验研究外，还建立了饲料加工销售体系、生产资料供应体系、疫病防治体系、研究推广和人才培育体系、产品销售体系共5个体系支持产业发展。

1930年，丹麦毛皮养殖协会（DFBA）成立，1937年该协会成为丹麦拥有4个区域毛皮养殖协会的全国协会，协会下设种貂繁育场、饲料加工厂、养殖设备加工厂、裘皮拍卖行、研发中心，为养殖场会员提供养殖、卫生防疫、市场等方面的信息咨询服务，在协会的不断努力下丹麦毛皮动物饲养业迅猛发展。

2. 合作社养殖模式

国外毛皮动物饲养业实行在行业协会领导下的合作社制度，即从事毛皮动物养殖的小业主以自愿的形式加入，为合作社提供所生产的毛皮，由合作社统一组织运作市场，然后社员按照提供毛皮的多少来分配净收益。合作社负责为成员提供相关设施及各项配套服务，作为社员的业主只需支付相关服务的成本费用，主要负责毛皮动物的养殖。种兽由农业部指定的种兽场提供；饲料由专门的饲料加工厂统一配制加工，送货上门；棚舍、笼箱、养殖设备、取皮设备等用品由专门的养殖设备加工厂制作。棚舍结构简单适用，自动化饮水，机械化喂食，半机械化取皮。一个种兽2 000只规模的水貂养殖场，繁殖后种群可达10 000只，除农场主外，雇用1名工人管理，在繁忙季节雇用2~3名钟点工即可。计算机管理系统可完成貂群的饲养管理、繁殖育种、卫生防疫、产品销售、技术信息的获取。取皮设备非常先进，由载尸车、半自动剥皮机、全自动刮油机、转鼓、转笼、锯末干燥机、翻皮机、皮张拉长机、电热吹风干燥机等构成，可提高皮张尺码，保证加工质量。

这种合作社制度使养殖场综合实力显著提高，机械化喂食、自动化饮水、半机械化取皮，再加上现代化的计算机系统，大大提高了生产效率，一般饲养1万只水貂的貂场只有1~2人，饲养10万只水貂的貂场只有10余人从事日常管理工作。同时由于种兽、饲料、技术、管理、经营模式的统一，保证了各项管理工作的科学化和规范化。因此，毛皮动物的生产水平、产品质量都在较高的水平上且相对稳定。

（三）国外毛皮动物产业贸易现状

目前，丹麦、芬兰等毛皮产业强国产业链已十分成熟（图21-1），原料皮张销售通用的是拍卖会销售模式。为了生产统一的衣服，毛皮服装制造商需要大量的相似毛皮，毛皮交易中心鼓励养殖户按毛皮的等级进行分类，然后通过毛皮中心以拍卖方式出售，毛皮中心首先进行毛皮的取样、大货分级与储存，随后参照统一的毛皮等级划分标准，可以使养殖户的产品卖到最理想的价格，真正体现了公平、公正、公开的交易原则，拍卖后还负责毛皮的包装、运输等，以促进裘皮拍卖顺利进行。每年国际上举行20次国际毛皮拍卖会，拍卖会全年交易额在10亿美元以上，国际裘皮贸易价格随着拍卖会竞价而变化。

目前世界有六大拍卖行，北欧有芬兰裘皮拍卖行、丹麦裘皮拍卖行、奥斯陆毛皮拍卖行；北美有北美毛皮拍卖行、西雅图裘皮拍卖行；俄罗斯有圣彼得堡拍卖行。丹麦的哥本哈根毛皮中心年裘皮拍卖额已居国际上四大拍卖行之首，该国90%的水貂皮都在此拍卖出售，一次拍卖会5天的拍卖收入可达19亿丹麦克朗，每秒平均拍卖2.5万丹麦克朗的皮张。据国际裘皮协会（IFTF）数据显示，2012年全球毛皮零售总额为156亿美元，十年来毛皮行业整体销售额增长了44%，亚洲地区的销售增长了3倍多，成为新兴主力市场，其中中国是最大的买家，中国大陆及中国香港购买了拍卖会约80%的水貂皮。

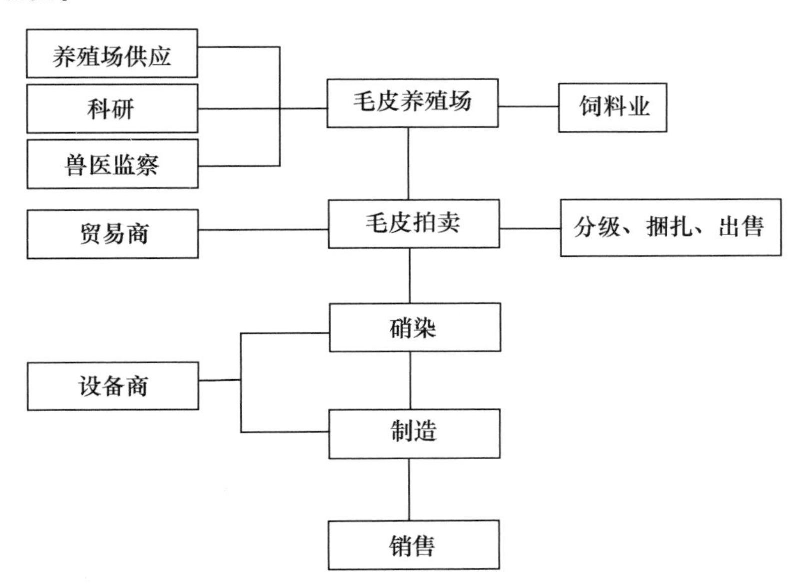

图21-1　国外毛皮产业结构示意图

由上述可以看出，国外毛皮动物产业技术设备先进、管理经验丰富、品牌知名度高，协会管理严格有序，产业化程度高，产业趋于成熟，已基本实现了集约化、标准化养殖，规范化管理，市场化销售。且政府重视、政策扶持，各个产业环节紧密结合，形成了成熟配套的产业体系，为各国经济发展做出了突出贡献。

二、国外毛皮动物产业科技创新现状

（一）芬兰科技创新概况

芬兰是一个矿产资源贫乏、气温偏低，人口稀少的北欧小国，其资源禀赋处于劣势地位，但政府通过加强科技投入，进而实施国家创新体系，使国家竞争实力不断攀升，2003—2005年芬兰在全球竞争力排名中连续3年蝉联第一，被认为是全球最具竞争力的国家之一。

芬兰政府十分重视创新，对研发的投入力度很大，每年的研发投入占GDP比例大约在3.2%，在经济合作与发展组织（OECD）国家中居前列。芬兰统计局发布的数据显示，2017年芬兰政府用于研发费用预算179.7亿欧元，各大高校和芬兰国家技术创新局获得50.6%的投入，充足的资金支持，极大地促进了其科技成果的转化和商品化。

芬兰国家技术研究院（VTT）、芬兰国家技术创新局（Tekes）以及芬兰创新投资基金（Sitra），分别代表了芬兰国家创新体制的三个不同层次。通常情况下，企业从芬兰国家技术研究院购买科研成果，由芬兰国家技术创新局提供部分资金支持，然后三方一起将成果推广到实践中，在这“三驾马车”的密切合作下，科技创新的产、学、研连接十分紧密。

（二）丹麦科技创新概况

丹麦这个北欧小国国土面积仅4.3万平方千米，人口540万人，但其人均国民收入近年来却能跻身世界前10名之列，是一个真正的富国。在“世界经济论坛”组织评选的各国信息技术竞争力排名中，丹麦一直名列前茅，2007年更是名列榜首。

进入21世纪以来，丹麦政府通过多种渠道措施出台一系列规章政策保障企业的创新能力，提出了一套完整明确的创新总体战略，即以企业为其创新实施的行为主体；以风险投资为其创新实现的催化剂；以人才为其创新体系的核心；以长于设计为其创新成果的特色。为了在国际市场上处于领先地位，丹麦大量投资农业科研和新产品的开发，90%以上的农业研究经费源于政府。2005年政府建立先进技术基金为企业技术创新提供财力支持，资助总额高达2亿丹麦克朗，且该资助金额呈逐年递增趋势。

丹麦政府更是将“终身学习”的教育模式作为提高农业生产率的重要手段。丹麦法律规定，农民想要购买30公顷以上的土地必须持有绿色证书，并由此享受政府提供的优惠条件。由于丹麦的农业学校大都采取农民团体创办、政府补助的形式创建，接受培训的农民只需花极少的钱就可以受到教育。

（三）毛皮产业科研创新模式

毛皮动物产业发达国家毛皮协会下设研发中心，并与大专院校、科研单位有机结合，进行育种、营养、设备、疾病防治、市场开发等诸多方面的研发工作，保证毛皮产业能获得实时、有针对性的科技支撑，以保障产业健康、可持续发展。

以丹麦为例，丹麦毛皮动物养殖协会（Danish Fur Breeders Association）始建于1930年，下设哥本哈根毛皮中心（Copenhagen Fur）、哥本哈根研究和咨询中心（Copenhagen Research and Copenhagen Consulting）、哥本哈根诊断实验室（Copenhagen Diagnostics）、哥本哈根毛皮工作室（Copenhagen Studio）、饲料厨房（Feed kitchen）、水貂农场（Mink Farm），各单位在毛皮动物养殖协会的管理下，非常规范有序地开展各项工作。

其中，哥本哈根诊断实验室主要是检测水貂阿留申病。水貂阿留申病可导致母貂空怀率和仔貂死亡率显著增高，公貂的交配能力下降，还会影响水貂发育而使毛皮质量下降。在哥本哈根，每年打皮后对全国所有的种貂进行一次阿留申病检测，农场主采集血样，并把血样寄送到哥本哈根诊断实验室，工作人员通过对流免疫电泳对血样进行检测，该实验室每年检测400万份血样，每只收费3.5丹麦克朗。目前该实验室引进了一台新的阿留申检测机器，采用酶联免疫原理，实现了阿留申病检测的自动化，每天可检测样品3.5万~4万份。对于阿留申检测阳性的水貂，丹麦毛皮动物养殖协会建议农场主对病毒携带貂进行淘汰。

哥本哈根研究和咨询中心主要从事水貂营养需要与平衡、营养相关疾病、新饲料原料开发、动物与环境、动物福利、生产效率等方面的研究；同时还与丹麦奥尔胡斯大学、哥本哈根大学、国家兽医研究所合作，主要在水貂行为、福利、遗传、育种、生产、营养、生理、诊断等方面开展一些合作；给农场主和饲料厨房提供饲养、营养、疾病、育种等方面的咨询。该中心拥有自己的水貂农场，有2个全封闭棚舍，用于平衡试验、代谢试验及饲料适口性试验等。哥本哈根毛皮工作室主要以毛皮为原料，利用毛皮加工新技术，设计引领毛皮服饰新时尚。该工作室还与清华大学美术学院合作成立了清华大学-哥本哈根皮草设计实验室，共同推动毛皮时装业的发展。

三、国外毛皮动物科技创新的经验及对我国的启示

据欧盟成员体2013年创新能力报告显示，丹麦、芬兰都位列成员方内创新领先者第一档次。芬兰、丹麦的创新体系是包含知识创新、技术创新和制度创新的综合体系，“产-学-研”三位一体是科技创新机制的突出特点，在芬兰，与高等院校、研究机构有合作项目的企业约占50%，这个比例大大高于欧洲其他国家，政府通过有机协调，教育、科研、技术、企业等创新主体积极互动，构成了高效运作的创新体系。

通过研究芬兰、丹麦科技创新的发展经验，启示我们，科技创新战略应以促进经济发展为目标，科学确立符合国情的毛皮动物产业技术发展战略，将科技政策有机纳入产业发展规划中。一要建立政府科技投入的稳定增长机制，确保政府财政用于科技经费的增长速度。二要充分发挥政府在研发投入中的引导作用，着力推动产学研要素从“物理集聚”向“化学反应”转变，进一步促进产学研的多层次、多形式结合。三要大力提升毛皮动物养殖、加工企业的科技创新能力，在扶持资金、税收、金融、折旧、人才、外贸进出口等政策上给予大力扶植和便捷服务，鼓励支持企业引进吸收外国先进技术，进行技术研发创新，发挥企业在产学研合作中主体作用。四要依法保护知识产权，为毛皮企业科技开发创造一个安全有序的生态环境。

第二节　我国毛皮动物产业发展概况

一、我国毛皮动物产业发展现状

（一）我国毛皮动物产业重大意义

我国毛皮动物养殖始于1956年，与常规畜牧业生产相比，毛皮动物产业具有“地域特色鲜明、比较优势突出、成本低、易饲养、周期短、效益高”等特点，且可充分利用高寒地区、荒山荒地等资源，多年来一直是部分适宜地区农民增收就业的首选，直接带动了农业结构的调整与优化，为我国农业经济发展做出了突出贡献。据不完全统计估算，我国水貂养殖环节1956年创始至今，共创造产值4 000余亿元，加工环节年产值达600亿元，裘皮服装年出口额约28亿美元，同时带动相关产业如饲料、运输、机械、兽药、加工、商业、外贸以及科研等迅猛发展，显著促进了主产地区经济发展，为农村增收、农民致富，转移农村剩余劳动力，推进社会主义新农村建设起到了重要作用。

（二）我国毛皮动物产业生产现状及成就

“十二五”期间毛皮及其制品市场需求不断扩大，毛皮动物产业发展强劲，国际地位凸显，科技水平和良种繁育进一步提升，产业化进程提速，带动了相关产业迅猛发展，取得了举世瞩目的成就。

1. 国际地位迅猛崛起

我国毛皮动物人工饲养始于1956年，改革开放以后展现出迅猛的发展势头和无限活力，目前

已超过丹麦、芬兰、美国等主要饲养国，成为世界上最大的毛皮动物饲养国、最大的毛皮进口国、最大的毛皮加工国、最大的毛皮消费国和最大的毛皮制品出口国。作为最大的原料皮进口国，中国裘皮原料进口额从2001年的1.72亿美元稳步增长到2014年的12.35亿美元，年均增速约20%；作为最大毛皮服装生产国和出口国，中国的毛皮服装生产和出口约占全球的70%；作为最大的消费国之一，2010—2011年，全球毛皮制品零售总额为150亿美元，其中中国占了总额的1/4。

2. 整体规模迅速扩展

我国具有发展毛皮产业得天独厚的条件，纵观我国毛皮动物养殖历史，在曲折中呈现上涨态势、养殖规模不断扩大（图21-2），尤其在经历2008年世界经济危机之后，毛皮市场逐渐走出了低价的阴霾，产业随经济、市场回温保持高速发展，进入了价格和销量同步持续的增长期。

2009—2013年，我国狐、貉、貂三大毛皮动物饲养量出现了大幅度增长的趋势，年均增速高达20%，同时助推了全国毛皮加工业跨越式大发展，毛皮服装产量从2011年的304万件发展到2014年546.89万件，增长79.9%；规模上企业数从399家增长到547家，增长37.1%；销售收入增长49%，达到864.81亿元；生毛皮进口额度从2011年的4.78亿美金提高到2014年的9.39亿美金，增长幅度96.4%。从以上数据可以看出，五年间我们整个产业服装产量扩大了近80%，销售额也增长了50%。

但从2014年开始，受我国经济发展放缓、国际格局动荡、产业发展过热等因素共同影响，短期内毛皮市场供大于求，国内养殖环节整体进入去库存的压力调整期，皮张价格下降，养殖环节显现缩群态势，截至2016年，国内养殖总量约7 038万只（其中貂3 240万只、狐1 708万只、貉2 090万只），广泛分布于山东、河北、辽宁、黑龙江、吉林、江苏、内蒙古、天津、山西、北京、安徽、宁夏、新疆、陕西14个省市区，面积覆盖约467万平方千米，主产区集中在山东、辽宁、河北、黑龙江与吉林省境内，约占全国养殖总量的95%。

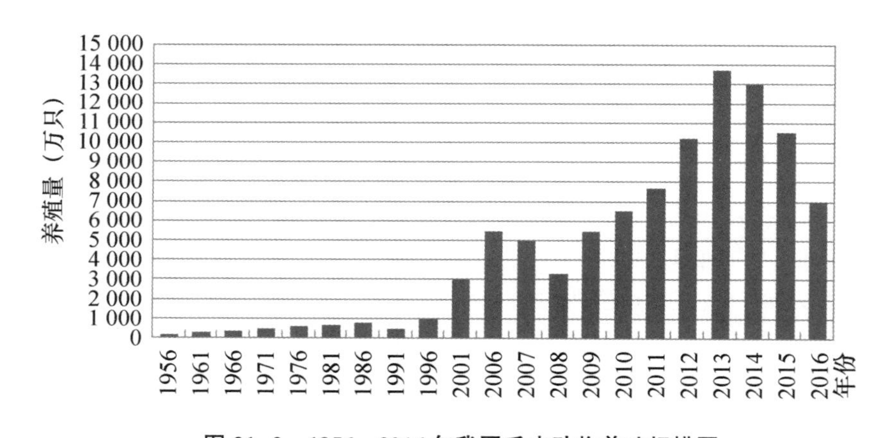

图21-2 1956—2016年我国毛皮动物养殖规模图

3. 规模养殖占比提高

目前我国毛皮动物养殖基本上可以归类为庭院式、场区式、小区式三种类型（表21-1），庭院式养殖一直是最普遍的养殖方式，这种养殖方式投入少，可以有效利用农村家庭自家所属土地和闲置用地，用地问题比较容易解决，准入门槛低、投资小、进出自由，被农户广泛地选择。随着2008—2013年毛皮动物市场行情高涨，社会资本逐渐流向毛皮动物养殖业，种群万只以上的大型规模养殖场逐渐增多，同时许多老养殖户不断扩大再生产，规模养殖比例不断扩大。

表 21-1　我国毛皮动物养殖类型表

养殖类型	概　念	特　点
庭院式	在乡村住户的庭前屋后搭建笼舍养殖，规模较小，也被称作散户养殖	人畜混居、饲养环境差、随意性大，易导致感染疫病，距离规范养殖差距较大。皮张标准化率低，养殖量变动与皮张价格行情呈高度正相关
场区式	在村镇外荒地处独立建场，具有一定规模，多为独资或合作经营，其中也包括一些较有实力和养殖历史较长的以家庭为单位的养殖户	养殖水平高，采用半机械化、规范养殖，易于实现产业化发展，抗市场风险能力强，辐射带动作用大 占地大、投资大，养殖用地的征用难度大，疫病风险大，管理成本高、难度大，适合经济基础雄厚者投资建设
小区式	由政府、村集体或养殖户自己投资，集中规划出一片养殖小区，按照统一标准建筑笼舍设施，以家庭为单位的各养殖户入住	该模式养殖引种、防疫、饲料、销售皮张等生产活动相对一致，经营规范，节约建设和饲养成本，利于饲养管理，但疫病防控要求较高，易产生交叉感染，且由于需流转征用土地建设饲养场区棚舍及附属设施，一次性投入较大，在规划用地上往往需要政府部门给予支持

4. 产业化进程明显提速

近年来，我国毛皮产业发展进程不断加快，毛皮动物产业从养殖、加工到贸易，在国内经过多年的自我积累、市场调整、发展完善，已逐步形成了集“饲料加工—种貂繁育—规模养殖—毛皮加工销售”于一体、具有强大科研和技术推广能力的毛皮产业链，基本形成了养殖在东北、大连湾、山东半岛，皮张交易市场在中原，裘皮加工企业在沿海、消费市场在东北的格局。

5. 科技水平不断提高

我国关于毛皮动物产业的科研体系主要有专业研究所和高等院校，近年来科研机构积极承担毛皮动物养殖及疫病防治的科研项目，开展了貂、狐、貉特种经济动物资源收集、整理、保存、评价和利用的研究，毛皮动物高效养殖、增值技术的研究，毛皮动物传染病致病机制和机理、疫病疫苗和诊断试剂创制及生产工艺研究，均取得了多项研究成果。

中国农业科学院特产研究所作为全国唯一国家级专业从事特种动植物资源保护、开发、利用的综合性科研机构，建有农业部特种经济动物遗传育种与繁殖重点实验室、特种经济动物分子生物学重点实验室（省部共建国家重点实验室培育基地）、吉林省特种经济动物生物制品科技创新中心、吉林省特种经济动物遗传改良科技创新中心、中国农业科学院经济动物疫病研究中心、农业部特种经济动植物及产品质量监督检验测试中心。成功研制出毛皮动物犬瘟热、细小病毒性肠炎、脑炎等疾病的疫苗，有效地控制了威胁毛皮动物健康的几类疾病。近年间承担并完成了“不同生态区优质珍贵毛皮生产关键技术研究”“水貂、蓝狐精准营养研究与饲料高效利用技术”“毛皮动物（水貂、狐、貉）系列疫苗产业化与推广应用”等多项重大项目。2012 年，参加研究的“重要动物病毒病防控关键技术研究与应用”成果获得国家科技进步一等奖。科技水平的提高有效带动我国毛皮动物养殖关键技术、饲料营养、疫病防控水平提升，对我国毛皮动物养殖业的发展给予了强有力的支撑，对增强我国毛皮业的国际竞争力产生了重大作用。

6. 行业协作日益加强

目前，许多农业高校、科研院所和毛皮大型企业都有专门的毛皮动物养殖、疫病防控、生产加工、饲料研发等科研队伍，政府部门和行业协会、学会中也有专门服务毛皮动物的组织，我国毛皮产业产学研结合、省内外结合、上下游结合日趋紧密，中国农学会特产学会、中国皮革协会等组织积极履行社会责任；各地区合作社、协会以及养殖企业、疫苗公司等自发组织各种各样的技术、经验交流活动，整个行业充满生机和活力。

7. 规章制度逐步完善

随着毛皮动物业的逐步完善和发展，近年来国家开始出台《毛皮野生动物（兽类）驯养繁育利用技术管理暂行规定》《水貂、狐狸、貉等毛皮野生动物驯养繁育利用技术暂行规定》《中国毛皮动物繁育利用及管理》《皮革和毛皮市场管理技术规范》《制革、毛皮工业污染防治技术政策》等部门规章、规范性文件，从养殖、加工、贸易全程指引整个产业发展，同时各级各类行业组织和协会亦开始关注、致力于扶持毛皮动物养殖业规范、健康发展。

二、我国毛皮动物产业与发达国家的差距

我国目前已是毛皮动物养殖大国，但并不是强国，虽然养殖数量占有优势，但在优质种源、饲养管理、屠宰取皮、皮张质量、销售模式等方面与丹麦、芬兰等养殖强国存在很大的差距。

饲养方面，我国毛皮动物仍然以散户庭院式养殖为主，饲养环境、饲养设施和饲料条件还是比较落后的，既不符合毛皮动物的生理特点，又很难满足各期的营养需要，导致生产水平低下，群平均育成数大部分在3.5只，甚至2.5只，而国际先进水平在4.5~5.5只。同时，丹麦水貂取皮加工到拍卖几乎全部机械化、自动化作业，我国仍停留在以手工操作为主的原始状态，劳动强度大、工作效率低，生产水平和产品加工质量得不到保证，皮张质量档次相对较低，售价仅是国外同类产品的60%~70%，除个别养殖单位达到了国际先进水平外，绝大多数养殖企业均处于中、下游水平，缺乏竞争力。

贸易方面，国际的毛皮贸易主要以拍卖形式进行，而我国的毛皮交易则处于市场自由交易状态，加工环节低端贴牌为主，没有品牌效应，不适应产业发展的需求。

管理配套方面，丹麦的毛皮动物饲养场在行业协会的统一组织协调下，由饲料加工厂、设备加工厂、地方兽医、科研单位、拍卖行配套服务，秩序井然；而我国没有统一的行业组织配套服务，养殖、饲料、加工和销售各环节相互分离、不配套。

由此可见，丹麦和芬兰、美国之所以成为毛皮动物生产大国和强国，其主要的因素可以归结为以下几点：健康优良的品种资源、适于水貂生活繁衍的冷资源条件、便捷新鲜的饲料供应、丰富的饲养经验、现代化的饲养管理模式、产业发展的协调统一、规范的市场运作、严格的行业管理和行业内部的团结协作精神。我国作为世界上最大的毛皮生产国和成品出口国，市场潜力巨大，学习和借鉴国外的成功经验，对促进我国毛皮动物饲养业的健康发展十分必要。

三、我国毛皮动物产业发展存在的问题及对策

（一）存在问题

1. 产业重视不足，政策支持缺乏

毛皮动物养殖业集多重积极的社会功效于一身，但长期以来处于“副业”生产的地位，在传统畜牧业（如猪、牛、羊）的发展上，国家和省财政对于家畜、家禽都出台了相关鼓励发展的扶持政策，而毛皮动物养殖从发展规划、政策扶持、资金投入到示范引导、推动措施等方面，缺乏系统长远的规划，仅有个别主产区市、县政府对当地毛皮动物养殖提供一定鼓励发展的政策，但幅度有限，难以促进毛皮动物行业的发展。

2. 行业发展无序，价格波动频繁

我国毛皮动物养殖目前仍以庭院式散户为主，各地养殖户处于无序、自由发展状态，产业发展完全是靠市场经济下农民致富的热切心理来助力推动，从众心理严重，这就使我国毛皮动物行业缺乏整体性和约束性。2011年国内毛皮价格大幅攀升达到历史新高，行业出现不计后果的跟风扩栏，

随后两年留种率以20%~30%比例递增，养殖存栏量爆炸式增长最终导致产能过剩、供过于求，毛皮动物养殖业在经历了5年的辉煌时期之后迎来了“寒冷的冬季”。这种无序发展致使价格波动频繁，严重损害了养殖户的切身利益，影响行业的可持续发展。

3. 养殖方式粗放，皮张质量较差

虽然目前毛皮动物养殖正在逐步向规模化、标准化方向发展，但散养规模占整体养殖规模的比例仍然较高，大多数以庭院分散式养殖为主，养殖户需自主选择和购进种兽、饲料原料，集技术员、饲养员和配种员为一身，笼舍和设施较简陋，环境卫生不达标，饲养传统粗放、机械化程度低，缺少科学、系统、规范的饲养技术体系，导致水貂普遍生产性能低下、皮张质量较差，在国际市场上缺乏竞争力，抗风险能力较差。加工环节因国内皮张原料质量不能满足高档化生产需求，国内加工厂所用原皮70%以上选用的仍是丹麦、芬兰、美国生产的皮张，原料价格高且走私现象频发。

4. 销售渠道落后，未与国际接轨

毛皮动物养殖业是一个高度国际化的行业，尤其是在经济全球化的今天，这种国际化趋势尤其突出，国际毛皮市场的波动势必要影响国内的毛皮动物养殖业。目前在皮张贸易方面，国际通行的是毛皮拍卖形式，拍卖有利于养殖户根据市场变化及时调整饲养规模和品种结构，降低交易成本和市场风险，解除专业化、标准化、规模化生产模式的后顾之忧。而我国除规模较大的养殖企业有较稳定的客户、承销渠道外，大多数养殖户以坐等皮货商上门收购为主，不利于形成公平、公正、公开的竞价体系，也延缓了养殖企业对质量重要性的深层次认识，延缓了整个产业升级的步伐。

5. 动物福利壁垒，国际竞争激烈

动物福利方面，我国作为世界裘皮大国是最被关注的国家。2005年2月，国际上曾出现了一系列有关“中国没有动物福利”的夸张报道，国际裘皮协会和世界四大拍卖行联合发起OA™标签，从动物福利角度对我国毛皮产业造成打击和抵制。近年间，国内规模以上养殖企业开始逐步重视动物福利问题，已经在技术、环境、设备管理等方面有了长足进步。但与西方发达国家相比，我国大多数养殖企业不可能超越自己的经济承受能力为动物提供西方发达国家广为遵守推广的福利标准。2014年我国进口水貂皮、狐皮最惠国税率由15%和20%调整到暂定税率10%和15%，均下调了5个百分点，2018年，生狐皮进口关税暂定税率再次下调到10%，未来国内养殖企业将更多的迎接国外优质皮张的冲击，逐步融入激烈的国际竞争之中，动物福利很可能会作为一项继“价格保护”“技术壁垒”之后的“绿色壁垒”，极大地影响我国动物及其产品的贸易，进而直接影响到我国毛皮动物业的可持续发展。

（二）对策建议

1. 提升产业地位，优化管理体制

我国毛皮动物产业集多重积极的社会功效于一身，产业已具相当规模、国际地位凸显，产业发展符合我国国情，应该给予足够的重视。目前，毛皮动物养殖在我国现在是林业局在管、农业部也管，管理主体不明确甚至有时缺失，未来应统一管理重新整合监管机构，把我国毛皮动物产业纳入经济和社会发展的规划、统筹安排，在政策、制度和财政层面给予扶持引导，为产业健康发展创造良好的外部环境。

2. 引导规模养殖，推行标准生产

适度规模养殖、标准化生产是提高区内毛皮产品质量及竞争力，促进现代毛皮产业发展的必由之路。未来应坚持“壮大龙头、适度规模、强化协作”的规模化推进战略，建立包括养殖标准、管理标准和取皮标准等在内的全面系统标准体和示范园区，指导养殖户以质量求发展。最终形成大规模养殖场成为市场的领导者、适度规模养殖场成为市场的中坚力量、小规模养殖场逐步减少的规模化、标准化养殖新格局。

3. 重视动物福利，规避贸易壁垒

逐步推动中国建立完善动物保护体系，制定具有可操作性的动物福利执行标准，先行强化水貂取皮方式立法，逐步建立动物福利认证制度。通过宣传、引导提升毛皮动物养殖户，尤其是庭院式散户的动物福利意识，提升国际形象、营造良好的外部环境，有利于规避贸易壁垒、维护出口稳定。

4. 推进拍卖进程，保障毛皮交易

在条件与时机成熟时引入皮张拍卖的交易机制，使销售方式与国际接轨，是提升我国毛皮产业发展水平的必要途径。通过在养殖环节实施一系列先进生产措施实现皮张标准化、规模化、优质化生产，为建立与国际接轨的拍卖机制夯实基础，随后通过公平、公正、公开的拍卖竞价体系，使养殖户实现利益最大化。有利于引导毛皮养殖企业把质量放在首位，同时有利于养殖户了解市场需求及时调整养殖规模和品种结构，降低交易成本和规避市场风险。

第三节　我国毛皮动物产业科技创新

一、我国毛皮动物产业科技创新发展现状

（一）国家项目

近年来，全国特别是山东、河北、辽宁、吉林、黑龙江等地的毛皮动物产业发展迅速，关于毛皮动物产业相关的科学研究也得到了国家一些重大科技计划的专项支持。支持计划涵盖了国家自然科学基金、863计划、973计划、国家科技支撑计划、农业科技成果转化项目、科技部基础条件平台等专项，产出了一批重大的科研成果，为我国毛皮动物产业快速发展提供了技术支撑（表21-2）。

表21-2　我国毛皮动物产业国家项目表

科研计划	项目名称
国家自然科学基金	EGF对水貂毛囊发育的调节机制研究
973计划	特种动物产品高效培育与加工的基础研究
863计划	新型重大动物疫病疫苗与诊断试剂创制及生产工艺创新
科技支撑计划	动物疫苗关键生产技术研究与开发——动物疫苗耐热保护剂及冻干技术研究与开发
	动物疫苗关键生产技术研究与开发
	猪繁殖与呼吸综合征、水貂犬瘟热和水貂细小病毒性肠炎耐热活疫苗研究与开发
	毛皮动物健康养殖关键技术研究与产业化示范
科技部国家重点新产品计划	毛皮动物犬瘟热活疫苗
	貂、狐预混合饲料
农业科技成果转化项目	狐狸、貉用系列疫苗中试
	水貂细小病毒性肠炎细胞灭活疫苗规模化生产
	狐、貉全价配合饲料及专用预混合饲料中试

（续表）

科研计划	项目名称
科技部星火计划	毛皮动物（貂、獭兔、银狐）健康养殖关键技术应用示范
	水貂、狐狸用系列疫苗产业化技术开发
农业部公益行业科研专项	不同生态区优质珍贵毛皮生产关键技术研究
	宠物疫病快速诊断与疫苗研究与示范
科技部基础条件科研平台	家养动物种质资源共享平台

（二）创新领域

我国关于毛皮动物的科技创新体系主要有专业研究所和高等院校。例如，以中国农业科学院特产研究所为代表的科研机构，多次承担毛皮动物养殖及疫病防治的科研项目，经过几十年的不懈努力，在毛皮动物繁殖及疫病防治等方面均取得了多项研究成果。

1. 品种选育方面

通过对我国毛皮动物种质资源的收集和评价，基本查清我国毛皮动物种质资源的数量和分布状况，收集并创建了世界上最大的毛皮动物种质资源库，建立了特种动物种质资源保存的完整技术体系。选育出吉林白貂、吉林白貉、明华黑水貂、明威银蓝水貂等优秀品种。

2. 高效养殖技术

针对制约我国水貂、蓝狐等毛皮动物养殖业发展中的关键技术难题，紧密围绕毛皮动物的营养需要和饲料的合理配制、主要疫病的检测和防治、规范饲养管理技术、毛皮初加工技术等进行了系统研究，提出了适合我国珍贵毛皮动物（貂、狐）规模化养殖的饲养和管理模式，为我国毛皮动物产业的可持续发展提供科技支撑和技术示范。

3. 疫病防治

分离鉴定貂、狐、貉等毛皮动物病毒，形成了毒种库和基因库，研制了毛皮动物疫苗，获得新兽药注册证书；建立了我国首个特种经济动物疫苗 GMP 生产基地，实现了国内毛皮动物病毒疫苗零的突破。

（三）国际影响

国际上首次发现了高致病性禽流感病毒跨种感染猫科动物虎和犬科动物狐狸，犬瘟热病毒跨种感染大熊猫、猕猴，制定了监测与防控措施，保护了濒危野生动物种质资源安全。国际上首次发现了貂犬瘟热病毒新基因型和毛皮兽阿留申病毒新种，这些研究达到了国际先进研究水平，充分体现了我国在毛皮动物疫病防治领域的国际影响力。

二、我国毛皮动物产业科技创新与发达国家之间的差距

虽然各国毛皮动物优势有所差异、经济发展程度各有不同、产业结构各有特点，但是对于促进毛皮动物经济发展的决定性因素都是一样的，那就是科技水平。科技是第一生产力，直接决定生产力发展水平，科技创新成为促进毛皮动物产业发展的重要催化剂。

创新投入方面，我国政府近年来也在不断加大对科技创新的资金投入，但在毛皮动物领域，与发达国家相比，还存在一定的差距。同时与发达国家相比，我国对毛皮动物产业的投资大多数来源于政府或国有企业，资金渠道较为单一，没有形成完善的投资体系。而发达国家的融资渠道非常多，除了来源于政府和企业外，个人、银行、保险都是其重要来源。

创新机制方面，国外主要以协会、企业为主体，科研机构为辅，产学研联系紧密，毛皮动物科研机构能够及时根据养殖户所需所求调整研发方向，着力解决生产实际中的关键问题，成果转化率、实用性很高，而我国科技部数据显示，我国农业科技进步贡献率虽然从2003年的45.97%提高到了2013年的55.21%，但仍与发达国家差距较大，发达国家一般在70%以上，以色列则超过90%。

与丹麦、芬兰等国外发达国家相比，我国毛皮动物产业科技创新还存在一些薄弱环节和深层次问题，主要表现为：科技基础仍然薄弱，科技创新能力特别是原创能力还有很大差距。毛皮动物种业是养殖业中利润最高的部分，也是养殖业国际竞争最为激烈的领域，目前以芬兰、美国、丹麦为代表的毛皮动物养殖强国已经在育种科技、人才队伍、核心产品、销售网络、资本实力、管理经验等方面取得了明显的优势，培育的毛皮动物品种凭借其优越的生产性能快速推广到世界各地并占据主导地位，对我国毛皮动物种业乃至养殖业健康发展提出严峻挑战。繁殖育种、科学饲养等关键领域核心技术受制于人的局面致使我国毛皮动物养殖量大质低，仍处于全球价值链中低端，科技对产业经济增长的贡献率还不够高。制约创新发展的思想观念和深层次体制机制障碍依然存在，创新体系整体效能不高；高层次领军人才和高技能人才十分缺乏，创新型企业群体亟须发展壮大；激励创新的环境亟待完善，政策措施落实力度需要进一步加强，创新资源开放共享水平有待提高。

三、我国毛皮动物产业科技创新存在的问题及对策

（一）存在问题

1. 体制机制障碍，创新效率不足

在毛皮产业科研机构方面，纵向上依据国家和部门、横向上依据各个行政区域，存在不同层级的科研机构和高等院校，由于隶属不同，缺乏分工协作、统一协调进行科技攻关的联动机制，难以实现科研机构间的横向联合与纵向优化组合，最终导致科研领域低水平重复研究增多，科技资源配置浪费严重。同时，科技管理中存在的条块分割、资源不集中等诸多问题，也使科技管理效率低下，资源配置失衡。此外，现有的科技考评制度，过分强调科研成果的数量及获奖、论文发表等数量考核指标，忽视了科研成果与产业需求的匹配程度和实际应用价值及效果，以致阻碍科技进步。

2. 科研投入较低，行业体系缺失

从毛皮动物养殖业科技投入的整体水平来看，我国对毛皮动物业科技投入仍相对薄弱，据估计，2007年以前我国毛皮动物养殖科研立项经费每年不足100万元，而欧盟在1999年已经投入160万欧元的科研经费用于产业科技研发。近年来我国科研投入水平虽然不断提高，但与国外产业科技投入强度相比投资强度仍明显偏低，国家级实验室与行业创新体系缺失，科研立项没有长效、有力的支持。科研投入不足限制了毛皮动物基础生物学及应用研究进展。

3. 产学研协同不足，科技供需脱节

我国现行科技研发仍为政府主导型，科研选题的立项、技术推广项目的选定受政府目标的限制，而无法根据养殖、加工企业对科技的实际需求采取灵活的应对措施。现阶段科研过于倾向科技成果本身的先进性和学术价值，而忽略了其在实际生产中的适应性、可行性及经济价值，大专院校、科研院所在毛皮动物养殖方面做了很多研究工作，但是能够直接应用于生产，对生产有指导作用的成果却很少。调查结果显示，科研人员发表的论文中，养殖技术类论文占全部文论比例不到1/3，近一半养殖企业反映平时生产中对科技服务的需求较难得到有效满足，这反映出我国毛皮产业科技有效供给和有效需求的严重不协调，供需双方因信息不对称而出现的逆向选择现象最终造成技术的最优交易无法实现，从而导致科技成果转化率较低、产业化水平滞后及科技资源闲置、浪费

严重等深层次问题，无法实现“市场—科研—开发—市场”的良性循环。

4. 技术推广薄弱，成果普及率低

虽然我国毛皮动物业相关科研院所做了很多研究工作，在品种改良、疫病防控、饲料加工、养殖技术等方面取得很多的研究成果，但实用技术的研发进展缓慢，成果转化率相对较低，技术应用与推广体系过于陈旧，随着经济体制向市场化推进，一方面政府主导型的农技推广体系被弱化，另一方面没有形成政府主导的公益性与多元主体参与的市场性有机结合的新型运作机制，以及受分散的经营方式和农民教育水平低的限制，最终造成大量科技成果的无效输出，先进实用技术得不到及时有效的普及应用，小型养殖户普遍反映养殖企业一线技术力量薄弱，滞后于产业结构升级换代的诉求。

5. 激励机制匮乏，企业创新难度大

目前我国尚未形成从公益性角度出发的激励科技创新的机制，也没有形成鼓励企业广泛参与科技创新的激励机制，激励性的税收政策、金融制度和担保风险补偿资金缺乏，使得真正能够进行自主研发和技术创新的毛皮动物企业比例较低，同时，知识产权保护制度尚不完善，科研人员不能获得创新成果收益，从而削弱了其创新积极性，造成科技创新系统动力不足。

（二）对策建议

在经济全球化发展快速推进的背景下，国家之间的竞争将越来越激烈，而当今竞争的核心就是高新技术，尤其是具有原始创新价值的高新技术。只有科技创新才能够在全球化的趋势下保持产业经济的健康快速发展，保持本国产业的相对独立性，也拥有影响他国的主动权和话语权。2012 年 2 月 1 日，中共中央国务院《关于加快推进农业科技创新持续增强农产品供给保障能力的若干意见》（以下简称中央一号文件）正式公开发布。指出实现农业持续稳定发展、长期确保农产品有效供给，根本出路在科技，技术是第一生产力。

我国是毛皮动物养殖大国，但不是强国。究其原因有养殖管理方式的问题，但根本还是科技创新对整个产业的引领和贡献仍然不足。从中国与毛皮产业发达国家科技发展的经验与差距中可以看出，在科技自主创新的原始创新、集成创新与引进技术消化吸收再创新三个方面中，仅侧重于某一方面的快速发展不是提高整体水平的最有效的措施，最好的办法就是三个方面齐头并进，协调发展。

毛皮动物科技原始创新是产业快速发展得以持续的根本源泉，有利于完整知识创新体系与技术创新体系的形成，有利于摆脱在高新技术领域对其他国家的依赖，解决关键技术受制于人的难题，多年来的实践证明，我国毛皮动物产业的蓬勃发展必须借助于科技进步，而真正的核心技术是买不来的，只有通过原始创新掌握关键技术，提升关键产业水平，才能提升中国毛皮产业科技竞争力，从而促进经济持续稳定高速发展。

毛皮动物发达国家的发展经验表明，要大力发展企业集成创新，通过“技术企业化，企业技术化”，形成以“企业为主、政府为辅”的科研发展格局，以可商品化的科技成果为基础，以工业化的规模生产为重点，以市场导向的营销体系为保障，采用现代企业经营管理方式，构建多元化投资机制、动力机制、监督机制和约束机制，全方位进行技术、资金、市场和管理人才的优化组合，将毛皮动物科技成果直接转化为生产力，可以快速创造巨额利润，同时为国家原始创新能力的不断提高奠定良好的经济基础。

目前，我国毛皮动物产业科技自主创新最为薄弱的环节就是企业集成创新，企业难以肩负起自主创新主体的重任。未来需要引导建立以企业为主体、市场为导向、产学研相结合的技术创新体系，大力提倡企业集成创新的能力培养，创造出更多的经济效益，为原始创新能力的提高积蓄经济实力。同时在原始创新层面加大投入力度，针对养殖、加工等环节长期存在的难以解决的关键技术瓶颈，从毛皮动物的品种改良、营养需要、快繁技术、疾病防治，到规范化饲养、动物福利、排泄物利用、皮张加工及皮张质量标准和检测等领域，继续开展深入的科学研究和系统综合高效技术的推广应用，扩大国际合作、加快科技创新团队和领军人才培养，增强毛皮动物产业关键技术的原始创新能力和重点企业的集成创新能力，突破体制机制障碍，形成产学研结合紧密的科技协同创新格局，加强科技示范、推广服务，全面推动毛皮动物产业科技跨越发展，为产业发展注入强劲动力，实现科学化、现代化的可持续发展。

第四节　我国科技创新对毛皮动物产业发展的贡献

一、我国毛皮动物科技创新重大成果

科技进步对毛皮动物饲养业跨越式发展起到引领和推动作用，饲料、疫苗、设备以及增产新技术等科技的研发及在实践中的推广，推动了毛皮动物饲养业的快速发展。

（一）育种繁殖

我国多年来在毛皮动物的品种选育上做了大量的科研工作，其中最具代表性的品种如表 21-3。

1. 明华黑色水貂

它是以美国短毛黑水貂为育种素材，经过风土驯化、连续四个世代的选育和中试试验，毛绒品质保持了美国短毛黑水貂的特征特性，饲养成本却明显降低，适应强、抗病力明显优于育种素材。明华黑色水貂体躯大而长，头稍宽大、呈楔形，嘴略钝，毛色深黑、光泽度强、背腹毛色趋于一致。针毛短、平、齐、细、密，绒毛浓厚、柔软致密，针绒毛比例为 1：（0.88～0.89）。适应性强，遗传性能稳定。皮张售价高出普通品种 50%，深受广大裘皮消费者的认可和好评，被国内毛皮行业推崇为“水貂之冠”。

2. 吉林白貉

我国唯一的彩貉品种，20 世纪 80 年代在哈尔滨、绥化、双鸭山、吉林、前郭等地发现的突变白貉，1982 年引进，建立白貉育种核心群进行品种培育，总结出了繁殖白貉的最佳选配方式及培育白貉的关键技术措施，为中国养貉业培育了一个新的色型也是到目前为止唯一一个彩貉品种——吉林白貉，并于 1990 年经吉林省科学技术委员会鉴定。明确了白貉的饲养标准、方法与普通色型貉养标准、方法完全相同，但白貉皮较普通色型貉皮美观、素雅，其种兽及皮张售价比普通色型貉高 50%～80%。

表 21-3　我国选育的毛皮动物主要品种及主产区

类别	品　种	中心产区
地方品种	乌苏里貉	黑龙江、吉林、辽宁省
	吉林白貉	吉林省吉林市
	吉林白水貂	吉林省吉林市
	金州黑色十字水貂	辽宁省大连市金州区
培育品种	山东黑褐色标准水貂	山东省烟台、威海、潍坊、日照、青岛等地
	东北黑褐色标准水貂	黑龙江省牡丹江、哈尔滨；吉林省吉林、白城；辽宁省大连、丹东、营口
	米黄色水貂	吉林省吉林市昌邑区
	金州黑色标准水貂	辽宁省大连市金州区
	明华黑色水貂	辽宁省大连市金州区

（二）营养养殖

我国对水貂繁殖选种选配、营养体况及发情鉴定标准、水貂集中发情及产乳的主要营养需要量、仔貂生存适宜温度、光照等环境条件与仔貂成活的关系等进行系统研究。研制了水貂专用增乳饲料和不同生理时期绿色安全饲料配方。系统研究了繁殖期母貂和幼龄水貂饲料，使幼貂成活率提高12%；建立了水貂胰蛋白酶消化模型，开展了3种酶制剂在水貂日粮中应用技术研究；确立了蓝狐育成期和冬毛期颗粒饲粮中适宜的蛋白质和能量水平。建立了拥有自主知识产权的水貂养殖场优化布局支持决策系统，系统确立了水貂标准化棚舍设计，制定了大中型水貂养殖场生产管理技术规范，使优质毛皮率在部分饲养场提高了30%以上。

（三）产品加工

加工水平是影响皮张价值很重要的一个因素，同时对皮张进行科学的分类评级，可有效规范交易行为，促进皮张交易市场健康有序发展。目前，我国经过研究已经初步制定并建立了水貂皮初加工操作规程、水貂毛皮质量评价指标体系、毛皮储运技术，规定了水貂皮的分等分级和包装。

（四）产品质量安全

毛皮动物养殖的主要影响因素为病害，毛皮动物疫病的防治直接影响毛皮质量安全，我国多年来在毛皮动物疫病防治方面不断投入科研力量，取得了丰硕的成果。不仅在基础研究领域进行了水貂、狗犬瘟热病毒病原分离鉴定及强毒培育，水貂阿留申病毒株分离培育和抗原制造，水貂肠炎细小病毒分型及高免疫原性毒株选育，水貂阿留申病毒遗传变异分析及其高纯度VP2蛋白基因工程诊断抗原的制备等研究，在应用领域也开发了水貂出血性肺炎二价灭活疫苗（G型DL15株+B型JL08株）、水貂犬瘟热活疫苗（CDV3-CL株）、水貂细小病毒性肠炎灭活疫苗（MEVB株）、狐狸脑炎活疫苗（CAV-2C株）、水貂犬瘟热活疫苗（CDV3株）等高效安全的生物制品。

（五）环境控制

毛皮动物养殖环节属于局部低污染可控性的准环保产业，对环境污染较小且可控，仅表现为生产过程中粪、尿、尸体等废弃物对环境造成的污染，及粪便等分泌物散发不良气味影响养殖区周围空气质量。在小规模分散养殖的条件下并不会对环境造成污染，只有在集中大规模养殖下，若对排泄物处理不当才可能造成局部污染。此时应采取无害化处理技术。①应用营养调控技术优化饲料配方，应用饲料添加剂如中草药、有益微生物或酶类等提高营养物质消化率，或在饲料中添加臭味吸附剂，可有效降低毛皮动物臭味排放；②对粪尿无害化处理，如堆肥、发酵、生产饲料、种植真菌、生产沼气等措施，过多废水回收处理用于灌溉，实现资源进行再利用；③对于尸体、药剂等废弃物进行焚烧，防止疾病传播。

二、我国毛皮动物科技创新的行业转化

（一）技术集成

我国通过“珍贵毛皮动物（貂、狐）高效养殖增殖关键技术”“毛皮动物高效养殖关键技术研究与应用示范”“水貂繁殖成活关键技术”“水貂、蓝狐规模化高效养殖关键技术研究与示范”“水貂主要疫病防控技术研究与推广应用”“重要动物病毒病防控关键技术研究与应用”等科研项目的实施，对毛皮动物的生产关键技术进行了产业化集成，收到了良好效果，例如，开展的狐狸人

工授精技术的研究，该技术的全面应用在短短5年内就使全国养殖场的蓝狐、银狐都具有芬兰优良种狐的基因，毛皮质量大幅度提升。对褪黑激素的研究，在20世纪90年代取得成功，并在全国推广，使水貂和狐冬毛提前4~8周成熟，为毛皮动物饲养节省了大量的饲料和管理成本。

（二）示范基地

通过对毛皮动物水貂繁殖期和幼龄水貂饲料需求的系统研究，使幼貂成活率提高12%，确立了蓝狐育成期和冬毛期颗粒饲饲粮中适宜的蛋白质和能量水平；建立了拥有自主知识产权的水貂养殖场优化布局支持决策系统，系统确立了水貂标准化棚舍设计，筛选了水貂高效杂交组合（配套系），优质毛皮率在部分饲养场提高了30%以上，在吉林、黑龙江、辽宁、山东、河北等省区的22个示范场、349个养殖场进行了示范推广，取得了显著的经济效益和社会效益。

（三）标准规范

我国已制定了北极狐种狐国家标准、乌苏里貉（标准色型）种兽国家标准、毛皮动物（水貂、狐、貉）品种审定标准（试行）、黑色水貂种貂标准、貉生产性能测定技术规范地方标准、貉人工授精技术地方标准和操作规程，制定了大中型水貂养殖场生产管理技术规范，建立了水貂皮初加工操作规程、水貂毛皮质量评价指标体系、毛皮储运技术，规定了水貂皮的分等分级和包装。

三、我国毛皮动物科技创新的行业贡献

（一）健康养殖

由于病害对毛皮动物饲养业而言是致命性的，因此我国在此方面高度重视，也投入了大量的科研力量。例如，开展的全国毛皮动物疫病监测工作，担负起我国毛皮动物疫病的监测、预警和防控任务，同时结合畜牧业生产继续完善我国动物防控体系。建立了各种毛皮动物的地方性防疫程序，开展毛皮动物主要疫病防控技术研究，开展了各种毛皮动物疫病的快速准确诊断技术研究，加速新的高效疫苗和药物的开发，对病原的自然变异、疫病的流行病学和分子流行病学及发病机制进行更深入的研究。生产高质量生物制品提高保护率，以保障我国毛皮动物饲养业安全生产。

（二）高效养殖

随着毛皮动物高效养殖关键技术的示范与推广，我国的毛皮动物产业有了快速的增长，通过对毛皮兽繁殖成活关键技术、生长发育不同时期的饲料配方、主要疫病防控等多方面先进技术的整合应用，促进了我国毛皮动物产业的稳步增长，毛皮动物存栏量快速增加，最高达到约1.4亿只。虽然受到国际经济危机的影响一度低迷，但随着经济复苏，市场需求的扩大，皮张价格再度攀升，养殖量稳步提升，产业重新进入发展阶段。

（三）优质安全产品

我国在毛皮动物疫病防控领域的不断科技创新，保障了我国毛皮动物产业能够持续的生产优质安全产品，特别是在犬瘟热、病毒性肠炎、阿留申病、狐脑炎、狐阴道加德纳施菌病等主要疾病的快速检测和防控免疫方面的众多科研成果，不仅保障了我国毛皮动物产业的快速健康发展，同时也创造了良好的经济效益。

四、科技创新支撑毛皮动物产业发展面临的困难与对策

中华人民共和国成立后，特别是改革开放30多年来，我国毛皮动物养殖业发展取得了显著成

就，科技进步发挥了关键支撑作用。但需要看到，我国的毛皮动物产业在养殖管理、繁殖育种、疾病防治、饲料加工等方面都停留在比较原始落后、传统粗放的状态，且新时期下面临着资源环境约束加强、原有红利逐步消失、国际竞争激烈和动物福利、贸易壁垒的等外部威胁，产业环境日趋严峻、复杂，原本的粗放增长方式已经不能满足可持续发展的需求。

“十三五”时期将是我国毛皮动物产业转型升级的关键时期，伴随产业转型升级衍生出许多新的技术需求，这些有别于传统生产模式的技术节点正上升为限制产业发展的瓶颈。科技进步是突破资源和技术对我国毛皮动物产业双重制约的最重大、最关键、最根本的措施，增加研究与推广投入，加强研究与推广人才队伍建设，强化实用技术研究、应用与推广，通过技术进步和创新成这个决定成败的“胜负手”，形成新的增长动力，是实现我国毛皮动物产业转型升级、提高产业国际竞争力的根本出路。

第五节　我国毛皮动物产业未来发展与科技需求

一、我国毛皮动物产业未来发展趋势

据国际裘皮协会（IFTF）数据显示，2012 年度全球毛皮零售总额为 156 亿美元，与 2011 年相比，增加了 5 亿多美元。2001 年全球毛皮行业的销售额为 109 亿美元，十年来毛皮行业整体销售额增长了 44%，亚洲地区成为新兴主力市场，我国皮草消费市场发展势头更为迅猛，“2013 年哥本哈根皮草高峰论坛”调研报告显示，我国皮草行业的消费市场需求增长极为迅速，增长率为 31%。2008—2011 年仅 3 年间，中国皮草市场的年销量从 124. 53 万件攀升到 136. 01 万件，到 2012 年，全年增长率为 27. 9%，年销量高达 174. 02 万件，这组庞大的数据毋庸置疑地肯定了中国皮草市场未来的发展潜力和社会影响力，表明了中国现已成为全球皮草行业发展最快的市场。

“十二五”期间，国内外毛皮市场风云变幻，2014 年后产业发展过热导致供需失衡，皮张价格经历了过山车般的震荡，毛皮环节下游的加工行业承压前行，显示出增速放缓、发展趋稳的“新常态”，我国毛皮产业在经历多年快速发展、辉煌成就的同时，也首次面临着新时期下复杂的压力与挑战，未来如何与传统不平衡、不协调、不可持续的粗放增长模式告别，通过科技创新实现具有中国特色的毛皮动物产业可持续发展之路将是重要课题。

（一）我国毛皮动物产业发展目标预测

未来需要紧紧抓住我国经济转型和产业升级的重大契机，以科技进步为支撑，以加快适度规模化为根本手段，加快科技创新、体制创新和机制创新，坚持产学研紧密结合，建立健全良种繁育、疾病防控、饲料加工、养殖管理、污染防治五大科技创新体系；扶持龙头企业与重点产业发展，重点推进适度规模化养殖示范园区建设、优质皮张品牌评定、拍卖行建设等，完善毛皮动物养殖业配套服务与保障体系，逐步形成有特色的区域化布局、基地化生产、产业化经营、专业化服务、市场化销售格局，加快推进我国毛皮动物养殖业结构调整和经济发展方式转变，由数量增长型向质量效益型、资源高耗型向资源节约型、环境污染型向环境友好型转变，实现毛皮动物养殖业健康可持续发展。

（二）我国毛皮动物产业发展重点预测

1. 短期目标（至 2020 年）

到 2020 年，貂、狐、貉 3 大品种毛皮动物养殖量达到 1 亿只的年饲养规模，初步实现规模化、

专业化和标准化经营，产品质量有较大幅度提高；完善现有国内10处大型毛皮交易市场机制与功能建设，筹备建设1个国际级裘皮拍卖行（中心）；形成一支高水平的技术研究团队，初步建立起良种繁育、疾病防控、饲料加工、养殖管理、污染防治五大技术体系，建立大型养殖、加工标准化、规模化示范基地3~5个，基础研究和应用基础研究继续深入，先进适用技术应用率显著提高，科技创新与应用体系得到完善。

2. 中期目标（至2030年）

到2030年，貂、狐、貉3大品种毛皮动物养殖量达到2亿只左右的规模，产品质量进一步提升，创立1~5个以区域命名的优质皮张品牌，打造3~6个毛皮动物养殖、加工示范基地，毛皮动物产业规模化、专业化和标准化水平显著提高，产前、产中、产后各环节基本实现一体化发展，步入健康、可持续发展轨道；加工环节扶持、培育大型龙头裘皮加工企业30家，打造1~5个世界知名裘皮服装品牌；销售环节完成国际裘皮拍卖行（中心）建设，逐步推行国内裘皮拍卖制度；科研环节完善五大技术体系，在品种培育、疫病防控和饲料加工等重大关键技术领域取得突破，科技支撑作用显著增强，毛皮动物产业的科技进步贡献率提高到60%左右。

3. 长期目标（至2050年）

到2050年，貂、狐、貉3大品种毛皮动物养殖量达到4亿只左右的规模，毛皮质量居于国际首列，养殖环节实现规模化、现代化、标准化发展；加工环节进一步提高自主研发与品牌打造能力，拥有3~5个世界一线裘皮服装品牌；销售环节实现规范化、国际化的毛皮拍卖模式，打造国际一流裘皮拍卖行（中心）；科研方面培育出国际领先的优质品种，在良种繁育、疾病防控、质量检测、饲料加工、养殖管理五大技术体系上达到世界先进水平，并在关键工艺和技术上实现引领和超越，科技进步贡献率提高到80%左右。

二、我国毛皮动物产业发展的科技需求

走访调研中发现，目前养殖企业（户）对增产技术的需求处于首位，选择优良品种、加强疫病防控，提高成活率及皮张产量仍是养殖户的第一技术需求目标。其次是加强饲养管理、提高皮张产品质量的技术（图21-3）。养殖户对产业具体技术的需求情况，反映出我国毛皮动物养殖业还处于粗放低效的初级阶段，产业化程度还较低，在皮张生产、加工及其销售尚未建立完善体系的条件下，良种、防病和饲料这些最为基础的产业技术对于提高皮张产品的产量及质量、增加农民的收入方面起着重要作用，因此成为当地养殖户需求最多的技术品种。

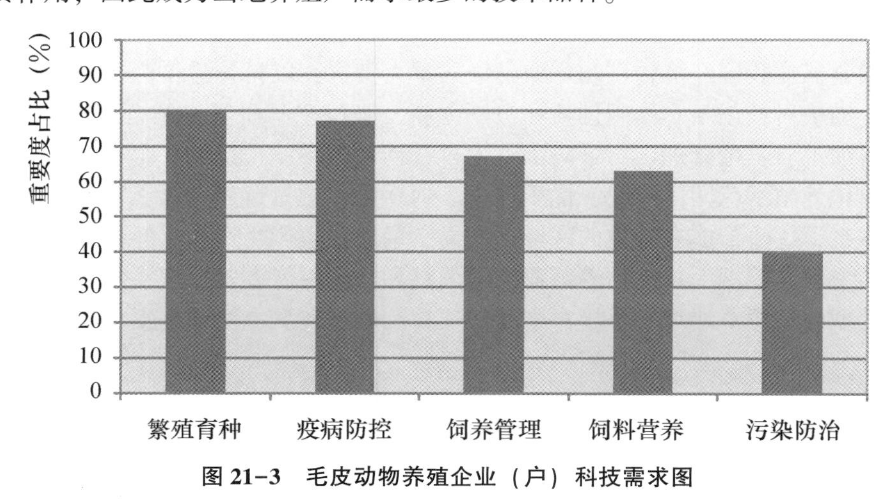

图21-3　毛皮动物养殖企业（户）科技需求图

（一）育种、保种技术需求

优良品种的遗传素质，在影响水貂生产效率的诸多因素中起主导作用，直接影响皮张质量和价格。经历近年产业寒冬，养殖户普遍认识到“毛差一线，钱差一万”的规律，巨大的价格差异使得良种意识渐入人心。由于国外水貂种源品质高、优势明显，养殖企业每年都从国外引种，对其依存度很高，但在实际饲养过程中没有系统科学的水貂育种、保种方案，致使品种退化严重，产业整体上看处于“引种—退化—再引种—再退化”的怪圈，“重复引种”“改而不良”等问题突出，目前产业急需培育生产性能高、适合我国气候饲养、符合我国国情的毛皮动物优质品种，研究适合的选育、选配等方面的保种技术，从而指导养殖企业尽量避免品种退化，摆脱受制于人的局面，促进我国皮张提质升级，这将是科技创新的重要着力点。

（二）疫病防治技术

随着我国水貂养殖量的增加，流行疫病的种类日趋增多，成为当前水貂饲养业发展的一大障碍，也是生产效益低的一个重要因素。毛皮动物流行病学调查结果表明，我国水貂主要传染病仍在继续流行，发病率居高不下，犬瘟热占主导地位，发病率10%～20%，是当前危害水貂饲养业最主要的传染病之一；细小病毒性肠炎呈地方性流行或散发，发病率为10%～15%；水貂阿留申病感染率达40%～50%，毛皮动物疾病防控任务依然十分艰巨。2007—2009年，水貂出血性肺炎在辽宁和山东大范围发生，给饲养企业造成了巨大的经济损失，严重阻碍了产业的健康发展。

我国毛皮动物疫病防控制剂研究起步较晚，但已开始重视毛皮动物疫病防治方面的研究，中国农业科学院特产研究所已成功研制了水貂犬瘟热活疫苗、水貂细小病毒性肠炎疫苗、狐狸脑炎活疫苗等多种疫苗，有效提高了养殖环节保护率。目前仍需及时针对疫病动态，完善我国毛皮动物防疫体系；继续开展毛皮动物主要疫病防控技术研究，不断努力研发新型疫苗和快速诊断技术，提高保护率，保障我国毛皮动物产业可持续健康发展。

（三）高效、标准化饲养管理技术

目前我国毛皮产业发展仍依靠粗放落后的增长方式，养殖方面仍以小规模庭院式散户养殖为主，基础设施简陋、饲养管理粗放、技术水平低下，导致普遍生产性能低下，皮张质量较差。科学的饲养管理可以提高繁殖率和生产效率，通过标准化生产提高毛皮质量，目前有一定规模的养殖户已开始认识到“质大于量”的重要性，普遍对高效、新型养殖技术需求强烈，未来还需加强毛皮动物生产标准化、规模化高效养殖关键技术研究，包括饲养操作规程、生产管理技术规范、水貂皮初加工操作规程、水貂毛皮质量评价指标体系、毛皮储运技术等，提出适合我国珍贵毛皮动物规模化、标准化养殖的饲养和管理模式，为我国毛皮动物产业的可持续发展提供科技支撑。

（四）饲料加工配制技术

我国毛皮动物产业经历了数十年的发展，至今没有形成较成熟的干（鲜）饲料加工体系，相应的毛皮动物配合饲料及其添加剂研究也远远落后于毛皮动物养殖业发展的需要，饲料业的发展要远远落后于我国家畜家禽饲料工业。毛皮动物养殖业发达国家都是由协会的饲料中心按照毛皮动物各生物学不同时期的不同营养需要，设计、筛选出适宜的饲料配方，饲料营养能充分满足毛皮动物的生理需要，使其体形得到充分发育。我国大多数毛皮动物饲养场仍然采用自配鲜饲料，辅以添加剂的调配方式，饲料品种单一、质量不稳定，批次间差别较大，蛋白质、脂肪等含量低，且营养极不平衡，不能满足毛皮动物生长、繁殖及换毛等营养需要，导致毛皮动物体形逐代缩小，背毛粗糙无光，机体免疫力下降，抗病力降低，疾病增多，死亡率增加。因营养性出现的自咬、嗜毛、毛绒空疏、毛峰卷曲等次品率极高，大大削减了毛皮皮张的价值，提高毛皮动物饲料加工配制的科技水平，已成为毛皮动物产业发展至关重要的因素。

（五）环境生态安全技术

毛皮动物养殖业因养殖历史较短，污染防治相关研究相对滞后，相关技术还不过关，大规模生产过程中粪、尿、尸体等废弃物对环境造成一定污染，特别是毛皮动物粪便等分泌物散发强烈不良气味污染，目前国家对环境治理、污染防治愈发重视，毛皮动物养殖申请用地已经开始受限，加工环节已出台专门的《制革、毛皮工业污染防治技术政策》等部门规章、规范性文件，可以预见，未来环境准入门槛将成为毛皮动物产业的必然趋势，需加强营养调控技术降低臭味排放、粪尿无害化处理等污染防治的相关技术研究，提高产业资源利用率，实现长久、健康发展。

三、我国毛皮动物产业科技创新重点

（一）我国毛皮动物产业科技创新发展趋势

1. 创新发展目标

针对毛皮动物领域存在的各类技术问题，加大科研投入力度，将急需的适用技术、共性技术、关键技术纳入重大专项和科技计划中，联合研究与生产优势单位，开展核心技术协同攻关与产业示范，研发凝练品种、快繁技术、营养标准、重大疾病防控、规模化机械化养殖等核心技术 30 项，实现产业关键领域重大进展，建立大型养殖、加工、饲料、生物制品、裘皮贸易示范基地 6~8 个；构建农科教、产学研结合紧密的科技创新体系，从产业核心科技协同创新、技术凝练与集成，产业示范与推广多个层面推动产业科技发展，通过科技创新引领我国毛皮动物产业转型升级、提质增效，实现现代化、科学化、可持续发展。

2. 创新发展领域

根据我国毛皮动物养殖特点和需求，着力在繁殖育种、饲料加工、疫病防控、饲养管理、污染防治、现代设备等方面开展科技创新。

培育一批生产性能良好、品质优良并适合适度规模养殖的优良种源，开发一批适用于适度规模养殖的种用动物繁育先进技术；研究以当地主要饲料资源为原料的饲料配方新技术；开发基于健康养殖、实施严格疫病防控的标准管理制度；开发养殖废弃物无害化、资源化处理的环境治理先进技术；研制和开发一批适用于适度规模养殖的机械、装备设施。

3. 科技创新路线图

结合产业发展面临问题及发展趋势，针对繁殖育种、饲料加工、疫病防控、饲养管理、污染防治五个方面对养殖户目前急需、未来需要及不需要的技术要点进行实地调查，依据企业需求和产业发展趋势绘制毛皮动物业科技创新发展技术路径图，如下图 21-4 所示。可见目前急需的科技缺口主要集中于良种、疫病及饲料等增产实用技术方面，这与我国毛皮动物养殖业仍处于初级发展阶段的现实条件相符合，而未来随着产业向规模化、现代化发展转变，机械化生产、现代化养殖、科学化管理等高质化科技研发及推广将被提上日程，通过科技进步逐步引领产业发展由粗放落后型向集约高效型转变，促进我国毛皮动物养殖业健康、可持续发展。

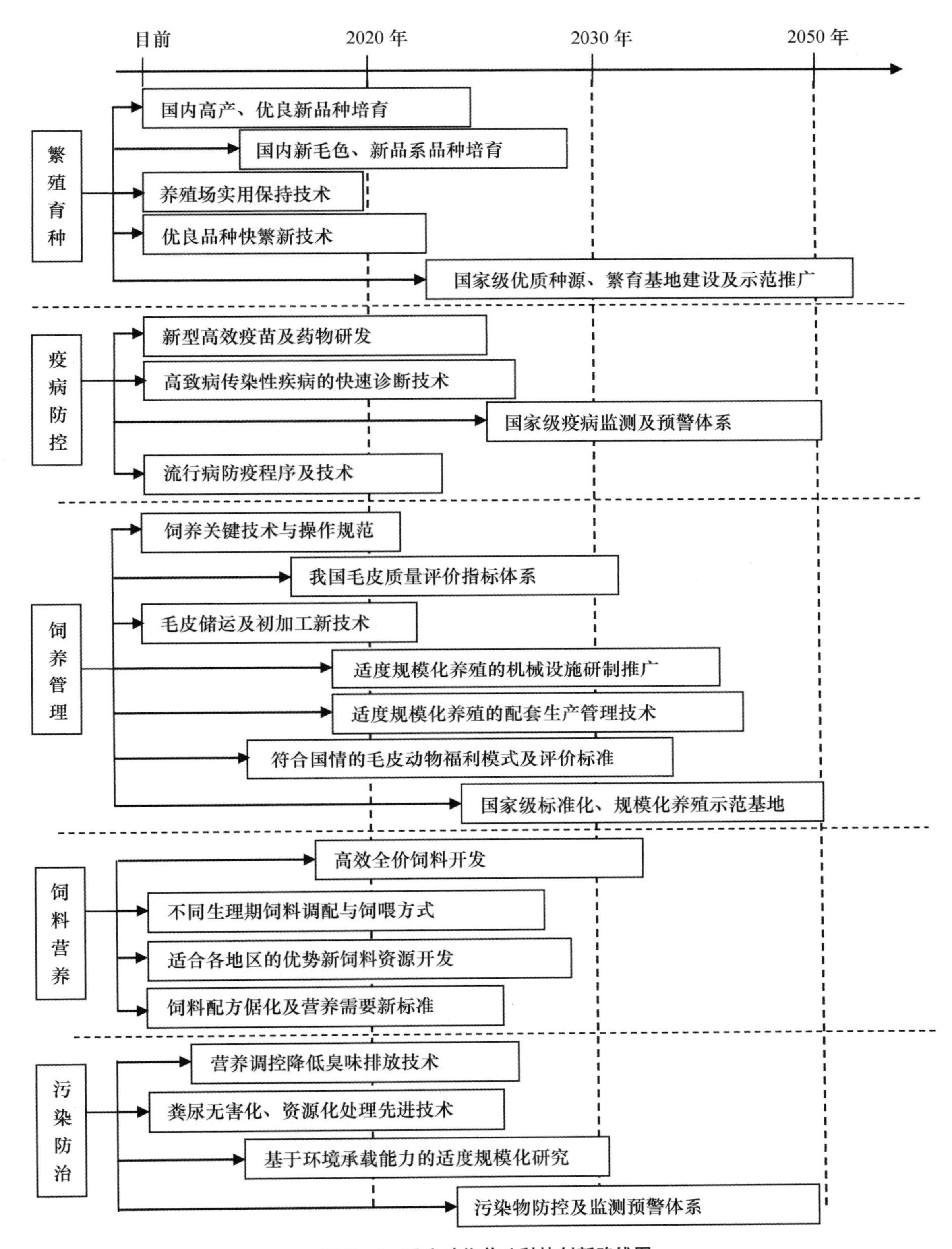

图 21-4　毛皮动物养殖科技创新路线图

（二）我国毛皮动物产业科技创新优先发展领域

1. 资源收集、评价、利用及优良品种选育、扩繁与示范

收集我国优质貂、狐、貉毛色品种资源，培育貂、狐、貉新品系；改良毛皮动物品系，选育营养物质利用率高，污染物排泄量低，毛色突变新色型品系，对环境压力小、生产效能高的环保高产型品系；建立优秀的貂、狐、貉育种核心群，研究狐、貉、貂季节性繁殖的调控机制，研究毛皮动物的繁殖生理特性，解决毛皮动物人工授精技术瓶颈，从分子和细胞水平研究影响动物高繁殖力的因素，建立良种快繁新技术；建立国家级优质种源及繁育示范基地，全面开展优良品种选育、扩繁与示范。

2. 高效精准养殖关键技术与规模化生产设备设施研究与示范

深入研究狐、貉、貂高效生产营养与饲养关键技术，建立营养需要新标准，研制毛皮动物适度规模化、机械化生产的设备设施及配套生产管理技术，并开展示范；针对毛皮动物饲料原料单一，开发新饲料资源，不同养殖集中区域充分开发当地的优势饲料资源，系统进行不同地区毛皮动物常用饲料原料营养成分测定工作，测定毛皮动物不同原料体内消化率，建立毛皮动物可有效利用饲料原料资源数据库，为毛皮动物科学合理配制营养全价日粮提供基础数据；建立毛皮动物貂、狐、貉主要矿物质和维生素营养需求动态模型，探究维生素缺乏与营养代谢病及免疫力低下之间的关联，通过合理配制饲料及均衡各养分之间的比例而达到优化饲料配方，降低饲养成本，提高生产效益的目的。

3. 重大疾病防控和生物制品研制与产业示范

系统开展毛皮动物主要疫病流行病学研究，动物疫病流行与传播成因分析研究，分析疫病流行主要因素；主要疫病重组载体疫苗、核酸疫苗、病毒颗粒疫苗等新型基因工程疫苗及标记疫苗研究；多联和多价疫苗开发和创新；系列诊断试剂盒研制和产业化过程中关键技术（如保存期、稳定性等）；鉴别监测技术研究与应用；净化隔离及防控模式探索；技术集成及疫病综合防治技术体系建立。开展毛皮动物主要疫病病原生态学研究，探讨病原的宿主适应性以及与宿主的协同进化关系，对毛皮动物疫病进行风险评估和预警技术研究。

4. 毛皮动物福利饲养标准制定及废弃物处理综合技术研发与示范

研究影响毛皮动物福利的综合因素，制定毛皮动物福利饲养新标准。针对毛皮动物产业存在的动物福利问题，分析研究影响毛皮动物生理福利、环境福利、心理福利、卫生福利及行为福利的因素，设计符合毛皮动物福利评价的标准体系；建立既符合我国国情又满足动物福利的标准化饲养模式，设计满足动物舒适度的笼舍及养箱；根据动物福利标准制定毛皮动物福利综合评价指标。

研究降低毛皮动物环境污染的主导因子，建立降低污染物排泄新方法。建立毛皮动物养殖业污染物防控体系及综合治理方案，监测特种养殖业排泄物、气体、噪声等污染造成的环境压力；通过营养调控和饲养管理提高动物对营养物质的利用率；通过分子育种技术培育消化率高、生产性能好、排泄量低的优良品种。

第六节　我国毛皮动物产业科技发展对策措施

一、产业保障措施

（一）完善配套服务，加大监管力度

我国毛皮产业发展离不开政府职能部门的扶持，迫切需求创新、高效的体制环境及配套服务。

政府应组织协调相关部门，出台相应的土地、融资、税收优惠政策，在毛皮经济动物养殖相对集中地区建立公共服务平台，对引种、检测、防疫等各方面给予指导；加快配套建设质检、物流、金融等服务体系，在重点养殖区强化金融服务功能，重点缓解种源、饲料、疫苗等方面的资金压力；加大市场监管力度，结合社会主义新农村建设的进程，逐步淘汰传统的庭院式养殖模式，提倡绿色养殖、健康养殖、环保养殖及清洁生产的理念。从养殖到运输到屠宰加工，修订实用的产业标准，并加强实施及监管，切实督导我国毛皮动物业步上新高度。

（二）提高信息服务，建立预警系统

建立以农民及其合作经济组织为主体的社会化服务体系，提高产业信息服务水平，建立毛皮产业信息网站及功能齐全、反应敏捷的产品进出口预警系统，及时为养殖户提供生产和贸易信息，打造毛皮动物养殖、加工和市场上下游产业链之间的沟通渠道与合作平台，为产业生产、加工及销售提供全方位信息、技术服务，积极帮助企业和农户对接市场。

（三）完善政策法规，保障知识产权

完善知识产权政策法规体系，健全侵权行为惩罚性赔偿制度以及追究刑事责任的机制和程序，逐步建立知识产权综合执法体系、多元化国际化纠纷解决体系和专业化市场化服务体系。实施知识产权优势培育工程，建设知识产权托管、评估、交易公共服务平台，培育和引进市场化、规模化、专业化、国际化、品牌化的知识产权服务机构，搭建银企对接融资平台，推进专利权质押贷款、专利保险和专利股权投资工作，加快培育打造一批创新驱动型知识产权优势企业。

二、科技创新措施

（一）依据市场导向，深化协同创新

坚持以市场为导向、企业为主体、政策为引导，推进政产学研用创紧密结合、协同创新。充分发挥政府主导作用，支持毛皮企业与高等院校、科研机构联合建立实验室或研发平台，以市场为导向、以企业为主体，以项目课题为纽带，以优势单位牵头，以强强联合、优势互补为原则，组建产学研相结合的产业技术科技创新联盟，鼓励毛皮动物企业与科研单位进行人才合作与共同培养，深化产学研、上中下游、大中小企业的紧密合作，促进产业链和创新链深度融合；基于市场机制和商业化运作模式，探索建立企业主导、院校协作、多元投资、资源共享、工作协同、成果共享、利益分享的运行和发展机制，多方联合申报项目、共同开发技术和实施成果转化。

（二）扩大国际合作，促进创新开放

完善科技创新开放合作机制，鼓励毛皮动物企业、高等院校、科研院所在科技创新中积极开展国际合作，更多利用全球科技资源，积极拓展国际科技合作渠道，引进国外先进技术、先进经验；加强与国外有关科技发展计划的交流合作，参与组织产业技术创新的重大国际合作项目，与具有创新优势的国家合作建设一批联合研究中心和国际技术转移中心，与国外共设创新基金或合作计划，围绕国家重大需求面向全球引进首席科学家等高层次科技创新人才，在更大范围、更广领域、更高层次积极参与国际科技合作。

（三）加大人才培养，完善评价制度

加快建立多层次的适合产业技术创新实际需要的人才培养体系，特别要注重科技创新领军人

才、产业创新紧缺人才、研发团队、创新型企业家、创新创业服务人才的培养与引进。实施高层次人才开发计划和拔尖人才项目资助，培养一批具有前瞻性和国际眼光的战略科学家群体；形成一支具有原始创新能力的杰出科学家队伍；在重点领域建设一批有基础、有潜力、研究方向明确的高水平创新团队；支持和培养具有发展潜力的中青年科技创新领军人才，培育一批具备国际视野、了解国际科学前沿和国际规则的中青年科研与管理人才。

深化科技评价和奖励制度改革，改变简单以项目、经费、论文数量为导向的人才评价考核方式，建立以科技创新质量、贡献、绩效为导向的分类评价体系，正确评价科技创新成果的科学价值、技术价值、经济价值、社会价值，实施绩效评价，把技术转移和科研成果对经济社会的影响纳入评价指标，将评价结果作为财政科技经费支持的重要依据。提高科研人员成果转化收益比例，激发科研人员研发实用技术、重大成果的热情。

（四）建设示范园区，加强推广服务

现代科技示范区是展示现代技术成果的窗口，是融合现代科技与传统生产的综合体，有利于科技创新成果的产业化和商品化。当前应全面推进毛皮动物养殖、加工、饲料、生物制品、裘皮贸易示范基地和产业科技园区规划建设，并建立起园区与企业、科研院所及农户间的利益联动与合作交流的新机制，发展企业、科研院所、社会化服务为一体的全产业链经营的创新组织模式，从源头上实现科技创新和产业化的良性互动，为毛皮动物产业现代化提供强大的科技支撑。

科技推广是科技转化为生产力的重要环节，是实现农业科技创新成果从潜在生产力向现实生产力转化与变革的核心环节，现行科技推广服务体系已难以保障现代发展需求，未来要着力构建“三位一体”的现代农业科技推广服务体系，即建立起公益性农技推广组织、多元化农技服务组织和社会化创业组织紧密结合的推广服务系统。强力推进科技特派员行动，强化农业科技入户示范工程建设，鼓励基层农技推广机构、科研院所、企业和合作组织等共同协作，尽可能采取以产业、基地、项目为依托的示范、推广、培训、服务一体化培训模式，采取政策倾斜、直接补贴、科技培训、技术指导等多种方式，建立人、财、物直接进村入户的科技推广新机制和新型的“基础+高技术+实用技术+示范推广”的科技推广体系，加大行之有效的先进适用技术推广力度，使得先进实用技术真正服务于养殖户，带动整体科技能力及贡献率的提高。

（五）建设技术市场，促进成果转化

技术市场是促进科技成果转化的主要渠道，也是创新体系的重要组成部分。启动“毛皮动物产业科技大市场”建设，建设交易大厅、信息数据库、网络服务平台，为技术转移、成果转化、专利实施、人才引进提供全方位服务，探索基于“互联网+”的线上与线下相结合的交易模式，加强各类创新资源集成，提供信息发布、公开挂牌、竞价拍卖、咨询辅导等线上线下相结合的专业化服务，推动高校、企业、科研院所科技成果公开交易，发布转化一批符合产业转型升级方向、投资规模与产业带动作用显著的科技成果包，为企业提供跨领域、跨区域、全过程的集成服务，实现科技资源共享化、科技服务集成化、技术交易市场化，打通技术和市场的“最后一公里”。

三、体制机制创新对策

（一）理顺管理体制，深入推进改革

针对我国毛皮动物产业科技管理部门多、管理主体不清晰的现状，最为要紧的是建立一个各部门、各地方协同推进的较为成熟、执行性强的统筹协调机制，推动政府职能从研发管理向创新服务

转变，实行简政放权、放管结合、优化服务改革，强化政府战略规划、政策制定、环境营造、公共服务、监督评估和重大任务实施等职能，重点支持市场不能有效配置资源的基础前沿、社会公益、重大共性关键技术研究等公共科技活动，从基础前沿、重大共性关键技术到应用示范进行全链条创新设计，一体化组织实施。发挥行业主管部门在创新需求凝练、任务组织实施、成果推广应用等方面的作用，增强企业家在国家创新决策体系中的话语权，发挥各类行业协会、基金会、科技社团等在推动科技创新中的作用，形成多元参与、协同高效的创新治理格局。

（二）加大科技投入，建设融资平台

进一步加大科技创新投入，建立科技投入稳定增长机制，实施科技投入供给侧结构性改革，重点支持市场不能有效配置资源的基础性、公益性、共性关键技术、产业亟须的重大技术研究，完善稳定支持和竞争性支持相协调的机制；探索毛皮动物科技投融资平台建设，完善多元化的科技投入体系。促进科技和金融的结合，建立以政府投入为引导、企业投入为主体，金融资本、社会资本广泛进入的多元化、多渠道、多层次科技投入稳定增长机制，利用财政资金的引导和放大作用，撬动更多的金融资本和社会资本投向科技创新，为科技型企业、成长性企业以及高新技术成果转化项目提供融资服务，促进技术与资本的高效融合。

（张旭、焉石）

主 要 参 考 文 献

李光玉，杨福合 . 2006. 我国毛皮动物养殖业现状及发展趋势［J］. 当代畜牧（5）：1-2.

刘彦，张旭，郑策，等 . 2010. 我国毛皮养殖现状与发展对策研究［J］. 中国畜牧杂志（18）：10-13.

彭凤华 . 2012. 吉林省产业发展对策研究［D］. 长春：吉林大学 .

王雅鹏，吕明，等 . 2015. 我国现代农业科技创新体系构建：特征、现实困境与优化路径［J］. 农业现代化研究，36（2）：161-167.

向仲怀，杨福合，等 . 2113. 中国养殖业可持续发展战略研究——特种养殖卷［M］. 中国农业出版社.

张旭，刘彦，苌群红，等 . 2010. 国际毛皮动物养殖业发展模式及启示［J］. 中国林副特产（6）：88-89.

第二十二章　我国蜜蜂产业发展与科技创新

摘要：养蜂业是现代农业的重要组成部分，被人们誉为“农业之翼”，养蜂业除了提供蜂蜜、蜂王浆、蜂花粉、蜂胶、蜂毒、蜂蜡等纯天然保健品，为人类健康服务外，更为重要的是通过蜜蜂为农作物授粉能够大幅度提高作物产量并改善品质，美化生态环境。

我国政府高度重视养蜂业的健康、持续、稳定发展，农业农村部等国家有关部委在“十二五”期间陆续出台了一系列政策文件，对养蜂业发展予以支持，并且，自2008年起将“蜂”纳入国家现代农业产业技术体系予以持续、稳定的支持，极大地促进了我国蜂学科技进步与蜂产业的健康发展。

本章从国外蜜蜂产业发展与科技创新、我国蜜蜂产业发展概况、我国蜜蜂产业科技创新、我国科技创新对蜜蜂产业发展的贡献、我国蜜蜂产业未来发展与科技需求、我国蜜蜂产业科技发展对策措施六个方面全面分析了国内外蜂业科技与产业发展的概况、未来蜂产业以及蜂业科技发展趋势与发展需求、应采取的应对措施与策略等，对我国今后蜂产业发展具有重要的指导意义。

第一节　国外蜜蜂产业发展与科技创新

一、国外蜜蜂产业发展现状

（一）国外蜜蜂产业生产现状

目前，全世界人工饲养蜂群数量为8 000多万群，其中以西方蜜蜂饲养为主，分布于除南极洲之外的六大洲。各大洲养蜂发展极不平衡，欧洲养蜂历史悠久，养蜂现代化程度高，养蜂技术先进，蜂群密度最高，蜂蜜单产却不高；美洲和大洋洲养蜂历史最短，但发展速度快，养蜂机械化、集约化程度高，养蜂效益突出；亚洲与非洲除了极少数国家之外，普遍使用旧法饲养蜜蜂，养蜂技术落后，生产水平与蜂蜜产量均较低。

蜜蜂授粉在养蜂发达国家普遍得到充分重视，政府采取一系列优惠政策鼓励农场和果园租蜂进行作物授粉，蜜蜂授粉已经基本实现产业化。如美国使用蜜蜂授粉的农作物占1/3以上，全美240万群蜂，每年受雇给作物授粉的达到200万群。东欧部分国家为保证蜜蜂授粉，规定在蜜源利用上实行统一分配，动员所有蜂群有计划地转地为农作物授粉，并提供运输报酬。有关资料显示，美国每年蜜蜂授粉经济价值在150亿~200亿美元，比蜂产品效益高140倍，蜂群授粉服务价格逐年递增，2005年已达到每群75美元，成为养蜂者的主要收入来源。

由于蜜源条件与饲养方式的差异，很多国家专业蜂场不生产蜂王浆，蜂蜜是其最主要的产品。蜂蜜在封盖巢房中熟化的时间比较长，天然成熟，浓度比较高，水分含量普遍在17%以下。蜂蜜从蜂箱中取出后，直接进入取蜜车间进行分离，分离的蜂蜜只需要经过简单过滤即可装瓶上市，不需要人工进行浓缩。国外大型养蜂场基本上都有自己的销售网点，自己分装上市。中小规模蜂场所生产的蜂蜜，需要专门的大型分装公司来分装上市。这类公司收购天然成熟蜂蜜的价格很高，要求也很严格，所以国外养蜂生产的蜂蜜质量相对比较好。

巴西蜂胶生产发展迅速，已成为仅次于中国的蜂胶生产大国。巴西蜜蜂产蜂胶量较高，蜂群年采蜂胶量可以达到1 000~1 500克。巴西绿系蜂胶的胶源植物主要是酒神菊树，其蜂胶中黄酮类及多酚含量不足中国蜂胶的1/2，但是其萜烯类与β-香豆酸衍生物含量比较高，特有成分“阿替比林”的含量在43.9毫克/克左右，这是其他蜂胶中所没有的。因而巴西蜂胶有其一定的独特性，市场需求和价格比中国蜂胶高出很多。

很多国家通过立法严格控制从其他国家进口蜜蜂，以杜绝蜜蜂各种传染病的引入与传播，并且实施严格的蜜蜂检疫制度，减少蜜蜂疾病的危害。各国对蜜蜂疾病治疗实施休药期制度，规定在主要流蜜期之前的一段时间停止使用药物，以免污染蜂产品。目前各种蜜蜂疾病在各国均有存在，其中雅氏瓦螨仍是危害各国蜜蜂的主要病害。此外，2006年冬季至2007年春季，北美洲、欧洲及澳大利亚等国，突发CCD病，造成大量工蜂死亡，原因不明。

（二）国外蜜蜂产业养殖模式

由于世界各国历史、自然、发展情况的不同，以致饲养蜜蜂的品种、技术、蜂具等也存在差异，生产方式大致可以分为：发达国家的养蜂业、发展中国家的养蜂业和传统的养蜂业。

1. 发达国家养殖模式

发达国家把养蜂业视为农业发展不可缺少的重要组成部分，冠以养蜂业为“空中农业”和“农业之翼”的美誉。例如，在美国，租用蜜蜂授粉已成为稳产高产的必需手段，现已在100多种农作物上推广应用。发达国家专业养蜂的特点是规模大、机械化程度高、人均饲养量大、人均产值高、集规模化和机械化为一体，以机械化推动规模化养蜂的发展，以规模化带动机械化，两者相辅相成，构成了现代养蜂的模式。发达国家专业蜂场蜂群数量普遍在500群以上，有的甚至拥有数千群。

蜂场对产蜜蜂群普遍实行简化管理，多箱体饲养、浅继箱和深继箱采蜜，并设置多个放蜂点，每个放蜂点饲养几十群到一百多群不等，放蜂点不需要人去看守。

蜂场在一个花期只采一次封盖蜜。当主要蜜源花期结束后，养蜂者只收取各继箱中成熟的封盖蜜脾，拉回取蜜车间分离。采用封闭的不锈钢全自动取蜜系统，保证了蜂蜜的卫生与质量。

此外，笼蜂生产方式在养蜂发达国家十分流行，特别在北美国家，为了减少越冬期间的饲料损耗，北方很多专业蜂场在春季向南方购买笼蜂来补充削弱的越冬蜂群，这种饲养方式往往能够使蜂群蜂蜜单产很高，使养蜂者获得很好的经济效益。

国外规模化的专业蜂场都是向专门从事蜂种培育的育王场进行购买，蜂种供给的集约化也是发达国家养蜂业的一大特点。

蜂机具的机械化、现代化是发达国家养蜂业另一个特点，大型规模化专业蜂场普遍实现运输与取蜜的全面机械化，并且，已普遍使用计算机管理。规模蜂场大多都有专业的运蜂车，可轻易地将蜜蜂转运到蜜源场地，同时很多企业蜂场都建有采蜜车间，安装着割蜜盖机、辐射式分蜜机、蜜泵、压滤机、蜜蜡机、热风机等。贮蜜继箱用吹蜂机脱蜂后，运回采蜜车间进行分离与包装。专业蜂场养蜂及蜂产品生产过程机械化，极大提高了养蜂生产效率，大大减轻了劳动强度，使规模化饲养成为可能。

总之，养蜂发达国家的专业蜂场基本都已实现蜂群饲养方式规模化、蜂种供应集约化及蜂机具的机械化。蜂种集约化和蜂机具机械化使养蜂者规模化饲养成为可能，而大型规模化蜂场又促进了蜂种集约化培育与蜂机具的全面机械化，这也是今后养蜂业发展的必然趋势。

2. 发展中国家养殖模式

发展中国家往往把生产蜂产品作为发展养蜂的第一目的。虽然，众多的蜂群也间接为农作物授粉做出了贡献，但大多不是主动行为。如何变被动为主动，达到产品、授粉双丰收应是发展中国家养蜂业重要的研究课题。发展中国家由于受传统的小农经济思想的束缚，加上经济不发达等因素，往往是单人饲养规模不到百群蜂，以手工劳动为主的模式。这就在一定程度上决定了生产工具的简单落后，劳动强度大，卫生与质量不易保证。

3. 传统的养殖模式

传统的养蜂方式，在非洲或其他不发达地区常见，主要是用黏土、树枝、竹条或者圆木制作饲养蜜蜂的容器，把容器悬挂在树上，房檐下或放在地上，招引分蜂群进入。以后就等待时机采收蜂蜜。有的也加以管理，比如为了防止蜂群飞逃，给蜂王剪翅；在分蜂季节用竹制的蜂王笼将蜂王暂时关闭；将强壮的蜂群一分为二；查看蜂群时向蜂群熏烟；取蜜则采取“毁脾取蜜”的办法，以获取蜂蜜和蜂蜡。

（三）国外蜜蜂产业贸易现状

世界人均蜂蜜年消费量为200克，发达国家人均蜂蜜消费量较高，例如，加拿大和美国人均年消费蜂蜜量分别为700克和558~620克。中国、墨西哥、阿根廷、德国、巴西、加拿大为蜂蜜的主要生产国和出口国，美国、德国、日本、法国、意大利为蜂蜜的主要进口国。其中，美国和德国的进口额占世界蜂蜜进口总值的40%~50%，OECD国家进口额占世界蜂蜜进口总值的85%~95%（图22-1）。

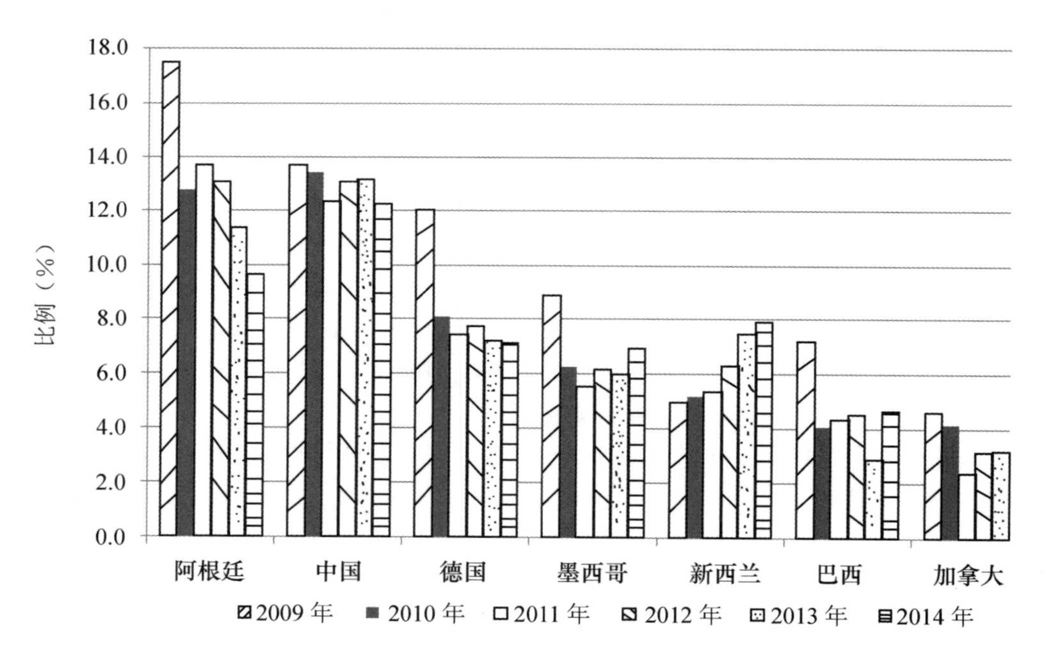

图22-1 主要蜂蜜出口国历年市场份额变化情况

资料来源：联合国商品贸易统计数据库（Comtrade）

从全球范围看，主要出口国的市场集中度在未来3年间变化不大（表22-1），但是出口目的国也有所变化，亚洲和非洲的一些市场，例如，南非、沙特阿拉伯等国的需求量增长迅速。与中国类似，阿根廷、巴西和墨西哥的出口市场集中度也较高，阿根廷蜂蜜50%以上都出口到德国，其次是美国；而巴西蜂蜜出口美国蜂蜜大幅减少，墨西哥则获得了更多的美国市场份额；墨西哥蜂蜜也大量销往德国、英国。结合中国蜂蜜出口市场集中度也可以看出，德国、美国、意大利、英国、日本是世界主要的蜂蜜消费国。

表 22-1　主要蜂蜜出口国市场集中度变化情况

	2012 年	2012 年	2012 年	小计	2013 年	2013 年	2013 年	小计	2014 年	2014 年	2014 年	小计
阿根廷	美国	德国	意大利		美国	德国	日本		美国	德国	日本	
	57%	21%	3%	81%	67%	11%	6%	84%	66%	11%	5%	82%
巴西	美国	德国	英国		美国	英国	德国		美国	德国	加拿大	
	68%	18%	8%	94%	74%	10%	7%	91%	75%	7%	6%	88%
墨西哥	德国	美国	英国		德国	美国	英国		德国	美国	比利时	
	55%	19%	10%	84%	52%	18%	13%	83%	42%	19%	13%	74%

资料来源：UN Comtrade

二、国外蜜蜂产业科技创新现状

（一）国外蜜蜂产业的理论创新

1. 蜜蜂分子生物学研究新进展

蜜蜂分子生物学研究取得了长足的进展，也标志着后基因组时代的到来。继 2006 年西方蜜蜂（Apis mellifera）全基因组测序工作完成后，2015 年东方蜜蜂（Apis cerana）全基因组测序结果发表。蜜蜂全基因组测序结果为深入研究蜜蜂的行为、遗传分化以及起源进化提供新的平台。分子生物学研究从测定生命所有 DNA 序列转向关注这些生物信息与功能的关系上。蜜蜂蛋白质组学、蜜蜂基因功能研究成为研究热点。用比较蛋白质组学方法，解释很多蜜蜂生物学现象，包括蜜蜂不同发育阶段的蛋白质组表达分析，不同级型不同蜂种蜜蜂嗅觉差异的分子机制，蜜蜂卫生行为分子机制，中华蜜蜂囊状幼虫病，微孢子虫病的发生机理等。蜜蜂抗螨基因，性别决定基因的功能研究，化学感受器基因，与卫生行为相关基因，即刻早期基因等在基因克隆、表达特性及功能研究等方面取得一定进展。

2. 蜜蜂生态学研究新进展

农药对蜜蜂及野生授粉昆虫的影响受到了重视。2010 年至今，欧洲、北美每年冬天有三分之一到一半的饲养蜂群死亡，这威胁到蜂产品的生产和作物的授粉，并因此促进了全球大规模蜜蜂健康状况的调查工作，以调查问卷的形式对蜂农进行收集信息。北美、欧洲、中国、加拿大、土耳其、南非和南美等国家和地区已经完成了调查。导致蜜蜂数量下降的原因仍无法确定，但是一些研究提出可能是由于大环境的变化、病虫害的压力和饲养管理技术的相互作用。在欧洲和美国，蜜蜂蜂群崩溃失调病（CCD）导致大量蜂群消失，尽管引起 CCD 的原因还不清楚，但是猜测应该是很多因素共同作用的结果，包括细菌性疾病和蜂螨感染等。另外，农药中毒也是一个主要原因。由于自然栖息地的森林退化，蜜蜂开始更多地在农业区域采集。现代农业又依赖化学药物控制害虫，因此增加了农药对蜜蜂健康的威胁。该领域研究涉及的杀虫剂有吡虫啉、杀真菌剂、杀螨剂和新烟碱类杀虫剂，对蜜蜂的影响涉及对蜜蜂大脑发育、蜂王发育、乙酰胆碱酯酶活性、蜜蜂行为、蜜蜂精子活力、蜂王基因表达、学习记忆、蜜蜂免疫的影响。

授粉蜂的物种多样性和种间关系的研究取得进展。过去 50 年里，农业集约化、机械化、化学化导致蜜蜂和其他授粉昆虫种群数量下降。野生授粉昆虫的多样性和丰富度在很多的农业景观中已经下降。研究发现在全球41个作物生态系统中，水果的坐果率与野生昆虫的访花具有普遍正相关。其中14%的农业系统调查中，发现水果的坐果率随着蜜蜂的访花呈明显增加。研究除了强调蜜蜂的授粉作用外，还对其他野生授粉昆虫多样性给予特别关注。根据历史数据，对美国伊利诺伊州120年来，温带森林下层林群落中，植物和授粉者的相互关系变化进行了评估。研究发现植物和授粉者互作网络结构和功能的退化，以及有50%的蜂种类减少。授粉数量和质量在120年间不断下降。蜜蜂丰富度和多样性的影响因素中，非生物环境和景观异质性是关注度很高的生态因子。非生物因素变化对生物多样性具有显著的影响，年温度范围是主要的影响蜜蜂丰富度和多样性的非生物因素。而授粉蜂的组成受年平均温度、季节性温度变化、年温度范围和年降水量的影响。大片开花农业栖息地，甚至是集约型管理的栖息地，也能明显增加附近半天然栖息地蜂种的丰富度。景观异质性增加将有助于提高蜜蜂丰富度，而大范围的开花农业景观将减小临近景观中的蜜蜂丰富度。时间和空间两个维度的资源异质性，以及农田系统的管理措施均能影响授粉蜂的丰富度。

3. 蜜蜂起源与进化研究新进展

2014年在《自然遗传学》杂志发表的一项研究中，来自瑞典乌普萨拉大学的研究人员，第一次对蜜蜂基因组变异进行了整体分析。对来自世界各地14个种群的140只蜜蜂进行了测序，总深度为634×，从中鉴定了830万个SNP，分析了这些SNP的遗传变异模式。这些数据揭示蜜蜂的进化历史和它长期适应环境的遗传特性，提出蜜蜂最可能起源于亚洲，而不是以前认为的非洲。

4. 在蜜蜂产品研发领域的研究进展

蜜蜂产品的研发注重功能因子的研究，通过蜂王浆、蜂花粉和蜂胶等蜜蜂产品的功能因子提取、分离、分析、检测、功能评价和分离重组，确定蜜蜂产品中对人体有功效的成分，并明确对人机体的作用机理。对蜜蜂产品中功能因子进行分离提纯，或合成蜜蜂产品中某些功能因子，添加到药品或功能食品中。将蜜蜂产品的加工深度提升到一个新的水平。

（二）国外蜜蜂产业的技术创新

近年来国外蜜蜂产业的养蜂生产技术创新主要体现在，将现代科技发展的成就应用于新机具的研发，提高养蜂生产效率。

1. 远红外成像技术应用于蜂群检查

蜂群检查是掌握蜂群现状和动态的操作技术，是制定和调整饲养管理方案的重要依据。养蜂者需要随时掌握蜂群的状态，但蜂群检查是一项耗时耗力且影响蜂群的工作。开箱检查消耗养蜂人大量体力和精力，对蜂群也会产生不利的影响。自2013年开始，随着远红外照相机从军用转为民用以来，养蜂业尝试将远红外照相设备和技术应用于蜂群快速检查。根据蜂群产热的特性，利用远红外技术，可以实现不开箱就能准确判断蜂群群势大小、巢温分布和蜂群在巢内的位置。通过蜂巢温度和温度分布可以判断蜂群正常与否。这项技术的成熟，将会进一步提升蜜蜂规模化饲养技术，提高养蜂生产效率。

2. 自动流蜜蜂箱产蜜技术

近年来，澳大利亚养蜂人Anderson父子发明自动流蜜装置，引起全世界养蜂者的兴趣，影响广泛。自流蜜蜂箱中的蜂蜜能够自动从蜂箱中流出，减少对蜂群的干扰、降低取蜜劳动强度。这种装置现阶段适用于养蜂爱好者和观光蜂场，能够吸引大众对蜜蜂热爱和产生兴趣。通过进一步的改进，有望应用于规模化蜂场的标准配置。

3. 远距离蜂箱监控系统

将现代信息系统、温湿和重量监控技术结合，应用于远距离监控蜂群状态。通过温度和湿度自动监测装置监测蜂箱内的温度和湿度变化，反映蜂群的状态；通过重量自动监测装置监测蜂箱重量的变化，反映蜂蜜产量、群势增长等。再将这些信息通过现代信息网络，远距离传递到计算机或手机上。

为了解蜂箱内蜂蜜产量，需要经常打开蜂箱观察蜂蜜数量，这不仅增加了养蜂人的工作量，降低了养蜂生产效率，而且对蜂群的正常生存活动带来干扰。以色列和新西兰已将该套系统运用于实际生产中，在家里或者旅游路上可以利用手机接收蜂箱监控系统数据，及时掌握蜂群进蜜量、蜂群发育的温湿度等信息。在蜜源条件相对稳定地区，根据往年蜂群发展和产蜜期蜂群内外数据动态模式，可以很好地及时评估蜂群状况，为采取必要的管理措施提供依据。远距离蜂箱监控系统能够为规模化蜜蜂饲养技术提供支持，使养蜂人能够管理更多放蜂点的蜜蜂。

（三）国外蜜蜂科技创新发展方向

国外蜜蜂科技创新的主要方向是各领域的最新科研成果和最新技术发明应用于蜜蜂科技领域，提升蜜蜂科学的理论水平和养蜂生产的效率。

（1）国外蜜蜂科学发展方向。在蜜蜂生物学领域，随着分子生物学的发展，分子生物学的新理论和新技术应用于蜜蜂分子生物学的研究。在西方蜜蜂和东方蜜蜂全基因组测序的基础上，蜜蜂分子生物学在功能基因组学、蛋白质组学、转录组学、代谢组学全面开展深入研究。通过分子生物学的理论和实验技术，在蜜蜂种群遗传学、进化生物学、生态学、发育生物学、行为学等方向开拓新的领域。

（2）国外养蜂技术创新发展方向。养蜂发达的国家，蜜蜂饲养规模化程度很高，商业养蜂在20世纪已达到一人饲养千群以上。21世纪以来，养蜂技术创新发展方向从养蜂机具设备的创新继续深入到提高养蜂生产效率。养蜂机具设备的创新充分借鉴现代科技发展的成果，将社会的进步应用于养蜂生产。预计电子技术系统、信息传递系统、机器人等机械自动化系统、自动监控和调控系统等，越来越多地尝试应用于蜜蜂饲养机具设备和改进蜜蜂饲养管理技术。

蜜蜂产品的贮运加工技术的发展方向，也将紧随着社会科技的进步，改进包装材料和包装技术，利用物联网技术贮运。蜜蜂产品的深度加工将继续挖掘功能因子，通过功能因子的提取、合成，再与相关成分结合开发高档药品和保健品。

三、国外蜜蜂科技创新的经验及对我国的启示

国外关于蜜蜂科技比较重视，无论从基础性研究还是应急性问题研究，都有较为丰富的研究成果。国外对蜜蜂科技研究和应用推广的投入力度也比较大，比如美国，经常会有蜜蜂专项研究经费列入政府财政预算。相比之下，我国对蜜蜂科技发展重视程度不够，无论是科研经费还是科研力量的投入都不足，阻碍了我国蜜蜂产业的现代化发展。借鉴国外蜜蜂科技创新的经验，未来我国蜜蜂科技的发展需要做好以下几点工作，一是重视蜜蜂生物学特性和遗传育种等基础性研发工作，这是开展其他研究领域工作的基础；二是加快应用性较强的技术研发，提高我国养蜂业现代化水平，缩小与国际先进养蜂国家的差距；三是重视蜜蜂授粉对农业经济的重要作用，借鉴国外授粉经验，充分调动和利用人工饲养蜂群为农作物授粉；四是加大科研与推广资金投入和人才培育。

第二节　我国蜜蜂产业发展概况

一、我国蜜蜂产业发展现状

（一）我国蜜蜂产业重大意义

养蜂业是现代农业的重要组成部分，被誉为“农业之翼”，是农业生态平衡不可缺少的链环，

它在国民经济发展中起着独特的作用，是一项利国利民的事业。养蜂业投入少、见效快，是资源节约型和环境友好型产业，在解决“三农”问题上有其独特的优势，尤其是在“精准扶贫”工作中具有显著的效果。随着蜂业科学的发展，尤其是蜜蜂基因组序列草图的完成，蜜蜂作为模式生物也越来越受到全球科学家的重视。

1. 养蜂业是资源节约型产业

与其他养殖业相比，养蜂业具有投入少、见效快、不与农业生产争肥、争水、争劳力、争饲料、争耕地的优势，而且蜜蜂在采集花粉的同时也给植物传花授粉。在经济高速发展的今天，自然资源的枯竭给人类生存提出了严峻挑战，而发展养蜂业符合我国建设资源节约型社会的要求。

2. 养蜂业是环境友好型产业

蜜蜂靠采集花蜜、花粉生存繁衍，客观上起到为植物授粉，促进生态自然平衡发展的作用，这对自然界贡献巨大，是人以及其他生物所无法比拟的。据统计，在人类所利用的 1 330种作物中，有 1 100多种需要蜜蜂授粉。如果没有蜜蜂授粉，这些植物将无法繁衍生息。蜜蜂授粉产生的经济、社会、生态效益巨大。

蜜蜂是自然生态链环中不可或缺的重要组成部分，爱因斯坦曾预言“如果蜜蜂消失了，人类生存的时间就可能只有几年了”。2004 年美国在发表蜜蜂基因组序列的评论中称“如果没有蜜蜂，整个生态系统将会崩溃”。

3. 养蜂业是农业可持续发展的重要保证

近年来，人口和环境已成为限制我国农业发展的重要因素。养蜂业的发展必然会缓解和改善我国日趋遭到严重破坏的生态环境，增加农业可持续发展的后劲。首先，由于现代化、集约化农业的发展，人类大量使用杀虫剂和除草剂，致使野生授粉昆虫锐减。如果没有蜜蜂进行高效的授粉，植物（包括农作物）的授粉总量会受到极大的影响，一些植物资源的数量会逐渐减少，特别是野生植物资源的生存发展必然会受到影响，严重的可以导致物种的灭绝，进而导致整个植物群落和生态体系的改变；其次，我国是一个生态十分脆弱的国家，现在广泛开展的水土保持、防沙治沙、封山育林、退耕还林工程意义深远。在这个重大战略的实施过程中，如果缺少蜜蜂的授粉，显花类植被的繁育就会受到影响，进而直接影响到工程的实施效果。因此养蜂业是改善环境，保护生态平衡，增强农业可持续发展的重要保证。

（二）我国蜜蜂产业生产现状

2013 年我国蜂群数 901 万群（FAO，2013），全国蜂蜜总产量为 45. 03 万吨（国家统计局数据，2013）。2013 年全国蜂王浆总产量约 3 000吨，蜂花粉总产量约 6 000吨，蜂胶毛胶总产量为 300~400 吨，蜂蜡总产量约 8 000吨。全国现有蜂农 30 余万人，蜂产品总产值约 200 亿元，蜂产品产量稳居世界第一位。据中国养蜂学会统计，到 2015 年全国蜂群数量已经达到 1 100万群。

据中国蜂产品协会统计，目前，我国年销售额超过亿元以上的企业已近 30 家，过千万元的企业上百家。截至 2015 年 6 月，不同规模的蜂产品加工经营企业取得国家 QS 认证的已达 1 186家，行业企业获得保健批号的产品有 717 个，获得药字号批准的产品有 57 个，进口蜂产品获得保健批号 16 个。另外蜂业合作社和蜂业基地也发展迅速，据不完全统计，我国现有各类蜂业合作社和蜂业基地上千个。

存在的主要问题是：

（1）蜜蜂授粉增产的意识不强。与美国等发达国家相比，国内对蜜蜂授粉的重要性认识还不足，宣传力度不够，专业性授粉蜂群数量较少，养蜂为农作物授粉增产技术普及率不高。

（2）养蜂业组织化程度低。近年来，部分地方养蜂管理机构逐渐弱化，养蜂行业组织发展还比较滞后，技术推广、维权服务、产销衔接等职能没有充分发挥，养蜂者的合法权益难以保障。

（3）蜂产品的价格低，蜂农为了降低成本不生产成熟封盖蜜，蜂产品质量降低。这样便形成了恶性循环。

（4）养蜂机具落后徘徊不前。我国养蜂机具虽说有些小的改进，但发展速度缓慢，严重制约了养蜂业的机械化、现代化、规模化发展。

（5）少数不法商家对蜂蜜中掺入高果糖浆等添加物牟取暴利，造成消费者对国产蜂蜜质量的担忧。

（6）蜂产品科技含量低，同质化严重，缺乏有创新性、高科技含量的新产品。

（三）我国蜜蜂产业发展成就

1. 蜂王浆优质高效生产和质量安全评价新技术及其应用

（1）主要贡献与创新点。

①该项成果由中国农业科学院蜜蜂研究所牵头完成，通过研究蜂王浆生产蜂群的高效健康管理和饲料补给技术，利用分子辅助标记优选母群和哺育群，创新多王群饲养技术和日龄一致幼虫供给方法，研制成功蜂王浆优质高效生产关键配套技术，提高了生产效率，为推动我国蜂王浆生产模式的变革提供了技术支撑。

②在蜂王浆新鲜度评价领域取得突破，建立了6项新鲜度评价新技术，提出了相关评价指标和阈值，为科学评价蜂王浆新鲜度提供了理论依据和技术手段。

③在系统分析蜂王浆中兽药残留成因的基础上，结合养蜂实际，研究建立了蜂王浆中四环素族、氯霉素、链霉素、磺胺类、氟喹诺酮类等兽药残留的简易检测方法6种，适用于小企业和地方质检部门推广使用；建立了能同时测定蜂王浆中27种主要抗生素类药物的检测方法，可满足生产加工及出口企业快速检测蜂王浆兽药残留的需求。

④将蜂王浆优质高效生产关键配套技术、新鲜度评价技术和兽药残留检测方法有机融合，形成完整的蜂王浆优质高效生产和质量安全评价体系。

该项成果已获中华农业科技奖一等奖，中国农业科学院科学技术成果奖二等奖，北京市科学技术奖三等奖；获授权国家发明专利13项；制定农业行业标准3项；发表SCI论文26篇。

（2）推广应用与社会经济效益。该项成果在蜂王浆主产区和加工企业经推广应用，有效改善了蜂王浆生产和贮存方式，提高了生产效率和产量，全面提升了蜂王浆质量安全水平。成果应用后，年均增创直接经济效益达7 300余万元。此外，成果累计培训质检技术人员500余人次，生产技术人员3万余人次。成果为蜂业健康发展、促进蜂王浆国内外贸易、保障消费安全提供了技术支撑，并通过蜂王浆产业为促进农民增收和农村发展，发挥蜂业的授粉生态效益做出了贡献，经济、社会和生态效益显著。

2. “中蜜一号”蜜蜂配套系

（1）主要贡献与创新点。“中蜜一号”蜜蜂配套系是由中国农业科学院蜜蜂研究所牵头完成，利用意大利蜂、卡尼鄂拉蜂为育种素材，经过20多年不间断培育而成的抗螨、蜂蜜高产型蜜蜂配套系。其突出特点为抗螨效果显著，蜂王产卵能力强，能维持较大群势，采集能力强，产蜜量高。中试推广证明，适合我国大部分地区饲养，能产生较高经济效益。

“中蜜一号”蜜蜂配套系于2015年11月经国家畜禽遗传资源委员会审定通过。这不仅是我国培育成功的第一个蜜蜂配套系，更是我国蜜蜂良种培育史上的一个重大突破，丰富了我国蜜蜂品种资源的结构，也将促进蜜蜂产业格局的优化和完善，改变了我国没有国审蜜蜂配套系的历史，标志着我国优势特色蜜蜂新品种培育取得突破性进展。

“中蜜一号”的突出特点为抗螨效果显著，秋季大蜂螨寄生密度平均为 0.013 2，能杀死 30%以上的成年蜂体上的蜂螨。采集能力强，年平均每群产蜜与本地意蜂相比，提高 59.43%。

（2）推广应用与社会经济效益。截至 2014 年年底，已累计推广“中蜜一号”蜜蜂配套系蜂群 115 万余群，在经济效益计算年限内已为社会创造经济效益 1.56 亿元，平均每年能为社会增加 1 955万元的经济效益。每 1 元研制费用等于 14.32 元社会纯收益。

“中蜜一号”蜜蜂配套系的推广提高了养蜂生产中的良种利用率，减少了化学药物的使用，保证蜂产品不被污染，提高了我国蜂产品的市场竞争力，促进了养蜂业的健康发展。此外，累计培训生产技术人员万余人次。

3. 蜂蜜优质安全生产全程控制与增值加工新技术及推广应用

本项成果由中国农业科学院蜜蜂研究所牵头完成，荣获 2014—2016 年度全国农牧渔业丰收奖一等奖。

该成果建立了影响养蜂效益和产品质量安全的关键控制技术，创新了蜜蜂养殖和蜂蜜加工全产业链关键技术和全程质量安全控制体系；转化形成了《蜂产品质量安全生产控制规范》等一批可广泛推广的技术标准和规范，被农业部纳入蜜蜂健康养殖、农产品标准化生产和质量安全监管计划，并全面推行；创建了养殖大户流动性优质安全养殖模式及关键控制点、养殖专业合作社带蜂农的技术与利益联动模式及关键控制规范、“企业+合作社”或“企业+蜂农”的饲养加工模式及全程控制体系，被广泛采纳和应用；蜂群生产和抗病能力以及质量安全合格率得到大幅提高；该成果在全国大面积推广，产生了巨大的社会经济效益。

4. 蜂胶真实性鉴别技术

本项成果由浙江大学牵头完成。科研人员率先在蜂胶中检测到了 β-葡萄糖苷酶活力，探明了该酶的底物特异性，发现了蜜蜂在采集蜂胶以及蜂巢内传递蜂胶的过程中能将酚苷水解这一特征，建立了以水杨苷为参照的蜂胶中杨树胶的检测方法，攻克了困扰国内外蜂胶行业十多年的真假蜂胶鉴别的技术难题。

该科研团队牵头起草的行业标准《蜂胶中杨树胶的检测方法——反相高效液相色谱法》（GH/T 1081—2012）已经颁布实施，成为国内外蜂胶真伪鉴别的首选方法。同时，为了真正做到蜂胶产品的“去伪存真”，他们建立了以咖啡酸、阿魏酸、异阿魏酸、p-香豆酸、肉桂酸、3，4-二甲氧基肉桂酸、芦丁、杨梅酮、短叶松素、柚皮素、木樨草素、山奈酚、芹菜素、松属素、3-O-乙酸短叶松素、白杨素、CAPE 和高良姜素等 18 种成分定性结合定量的杨树型蜂胶质量评价方法；建立了高效液相色谱方法检测蜂胶中绿原酸、Artepillin C、Drupanin 和 Baccharin 等特征性成分指纹色谱峰的方法，解决了巴西绿蜂胶真实性鉴别及质量控制中添加芦丁或杨树胶等造假鉴别的技术难题。这些技术成果的应用为净化我国蜂胶市场，维护广大养蜂者、蜂产品生产企业和消费者的合法权益起到了决定性的作用，受到业内外各界人士的普遍欢迎和高度评价。

二、我国蜜蜂产业与发达国家的差距

（一）遗传资源研发严重滞后，蜂种品质退化

我国养蜂业良种利用率较低，主要表现为对我国优良的蜂资源的保护和利用不够，对蜜蜂良种利用不科学以及饲养技术不合理。大多蜂农采用自繁的方式培育蜂王，很少引进优良种王，生产上优良蜂种的利用率很低。许多蜂农在引种后常利用 3~5 年甚至更长时间，造成种质严重退化，大大降低了养蜂业的收益。

（二）缺乏蜜蜂科学饲养技术和成熟的蜜蜂人工饲料，蜂机具研发不足，养蜂机械化程度低，蜂箱缺乏标准化

我国地域辽阔，养蜂生态环境不同，缺乏系统的区域化蜜蜂饲养技术体系。蜜蜂饲养规模小、机具研发的不足、养蜂机械化程度低、劳动强度大、养蜂生产方式落后；对蜜蜂的病敌害防治单纯依赖药物，造成蜂产品中的药残超标。蜂农普遍缺乏科学养蜂技术，大多采取师徒传承，片面追求产量，不关注蜜蜂福利。养蜂生产中使用的蜜蜂蛋白质饲料严重不足。

（三）病虫害严重

我国每年因蜜蜂病虫害造成的损失在20%以上。蜂农缺乏科学的用药知识和防治措施，出现病虫害时，各种化学药物一起使用，造成蜂群变弱，蜂产品中药物残留严重超标。在国际贸易中我国蜂产品屡屡因为药物残留而引起贸易摩擦，甚至遭到退货和禁进。另外，针对我国蜜蜂的主要害虫——蜂螨，国内没有有效的药物来控制，只能长期依靠进口的药物，极大地增加了养蜂业的成本。

（四）蜜蜂、熊蜂等优良授粉蜂种利用率低，收益差

长期以来，我国养蜂业主要以蜜蜂生产蜂产品来获得经济效益，忽视了利用蜜蜂为农作物授粉所产生的收益。大多数果农和菜农不了解蜜蜂等授粉昆虫的授粉增产和改善品质作用，采用人工蘸花、喷洒激素等方式来授粉，不仅忽视了蜜蜂授粉带来的经济效益，而且费工耗时，增加了劳动成本，更重要的是人为造成产品中的化学污染。另外，生产中缺乏授粉增产配套技术措施，迫切需要对技术进行集成示范。

（五）蜂产品精深加工技术研究滞后

目前，蜂产品除直接以原料形式进入市场外，制品大多为粗加工、低附加值的产品，技术含量低，生产规模小，工艺落后，利用率低下，缺乏科学的质量控制指标，蜂产品药物资源未充分利用。亟须开发具有确定成分、功效和结构的高技术产品。

（六）质量控制及检测技术落后

与国际先进水平相比，我国缺乏系统的质量控制和评价技术，蜂产品检测手段、检测标准相对落后，迫切需要开发出快速、高效的检测技术与标准，以适应对蜂产品质量控制和检测的需要。

（七）信息化不畅，生产全过程标准化程度低

中国养蜂的传统大部分是师傅带徒弟，以口传身教传授养蜂经验，没有按照规范传授养蜂知识。由于养蜂流动性大，地处偏僻，对信息的接收相对滞后，对标准和规范的推广造成障碍，养蜂生产标准化、规范性差。

（八）蜂业立法滞后

近年来，我国生态环境恶化，农药使用泛滥，造成环境污染严重，蜜蜂中毒死亡事件时有发生。我国在加强立法、保护蜜蜂和蜂农的利益、树立保护蜜蜂的意识、防止滥施农药造成蜜蜂中毒死亡等方面与发达国家相比还有很大的差距。

三、我国蜜蜂产业发展存在的问题及对策

（一）存在的问题

1. 生产水平及生产效率

（1）养蜂规模小，机械化程度及生产效率低。我国的商业养蜂者的养蜂规模通常都比较小，每户一般饲养几十群或100多群，人均饲养蜜蜂在30群左右。为了获取较高的蜂蜜产量，大多数养蜂者所生产的并非是成熟蜜，这种蜂蜜的含水量通常比较高，需要经后续脱水、浓缩、过滤等加工过程后才能上市销售。

我国养蜂场在取蜜、转地、装卸蜂群等方面机械化水平和劳动生产效率比较低。转地蜂场通常在野外风餐露宿，生产及生活条件比较简陋，在蜂群转运过程中大多数需要依靠人力将蜂群搬运上车或从车上卸载到地面，劳动强度很大，效率低。此外，由于受野外条件所限，转地蜂场通常在野外就地采用手动两框式摇蜜机分离蜂蜜。

（2）对蜜蜂授粉的重要性认识不足。我国的养蜂业主要以生产蜂产品为主，以植物和农作物授粉为辅。虽然授粉能大幅提高农作物的质量和产量，但农民主动采用蜜蜂授粉的并不多，多采用化学生长素和化肥、农药等，这样常年的使用对环境造成了极坏影响，因此应大力宣传蜜蜂授粉对生态环境的影响，从而体现出蜂业对植物和牧草资源繁衍、减少农药使用量等改善生态环境方面应有的重要性。要从根本上改变重视蜂产品、轻视蜜蜂授粉的蜂业结构，使蜜蜂授粉产生的经济效益成为我国蜂业的创收主体。

与发达国家相比，我国对于蜜蜂授粉的重要性认识还不够，国家对于蜜蜂产业的发展缺乏顶层设计，相关的政策、措施还不配套，相关部门之间还缺乏必要的协调和统一的行动。

2. 质量安全

在我国的养蜂生产中，由于环境和生产方式等原因，造成蜂产品中的质量安全隐患难以短期内消除。排除掺杂使假的因素，养蜂生产中兽药的不规范使用造成兽药残留超标的现象比较严重，由于养蜂掠夺式的生产方式和基层监管的缺位，养蜂者在生产过程中普遍使用抗生素。

除此之外，蜂产品还存在其他质量安全隐患，如蜂蜜中的肉毒梭菌污染问题，蜂王浆和蜂花粉的过敏源问题，部分品种蜂蜜的生物碱问题，蜂花粉的真菌毒素污染问题，蜂花粉和蜂胶的无机砷污染问题，还有采自转基因玉米和棉花的蜂蜜和蜂花粉质量安全问题，以上质量安全隐患目前在我国还是有潜在的风险因子，但有些已在国外部分地区暴发并成为质量安全事件，并极有可能形成新的质量安全要求。

在蜂产品生产中，开展科学的风险评估是实现蜂产品质量安全科学监管的基础，以蜂产品中的兽药抗生素为例，欧盟禁止在养蜂生产中使用任何抗生素，但是在美国和日本允许使用土霉素，并且制定了限量；而我国由于缺乏风险评估数据，未对任何抗生素在蜂蜜中制定限量值，导致目前在养蜂生产中无药可用。一方面，由于无法引导蜂农合理用药、科学生产，反而在客观上助长了抗生素滥用的情况，阻碍了行业的进步和发展。另一方面，由于缺乏风险评估数据、安全毒理学评价和风险交流，消费者往往一听到蜂产品含有抗生素就立即抵制，给蜂产品消费市场的培育带来极大的威胁。因此为了保护产业健康发展，维护消费者的健康和权益，迫切需要加强我国蜂产品质量安全风险评估的工作。

3. 环境控制

（1）蜜粉源资源的减少对蜜蜂的影响。近几年，由于各地条件的差异和植物自然演替和人为选择等原因，蜜源植物的种类、数量、面积较20世纪中期有很大变动。刺槐、椴树、乌桕、鸭脚

木、柃木、油茶遭受到过度砍伐，荆条、胡枝子遭受破坏，毛水苏因垦荒被毁掉，荞麦和紫云英的播种面积减少，转基因棉种植面积增多。在退耕还林和退牧还草地区，虽然大量栽种果树、药草、饲草，新增了一些蜜源植物，外来植物也增加了我国蜜源植物种类，但蜜源植物总体呈现减少的趋势，对蜜蜂的正常生长产生不利影响。

（2）气候环境的变化对蜜蜂的影响。一是气候环境对蜜源植物的影响。养蜂是一个复杂的生产过程，极易受到各种自然因素、社会因素和人为因素的影响，特别是气候因素的影响最大。气候变暖不仅使我国各地的温度有不同程度的提高，而且各地的降水也将发生明显的变化。这些变化会对我国各地的蜜源植物开花泌蜜及蜂群活动产生不利影响。

二是气候环境对蜜蜂生长发育的影响。蜜蜂属是社会性很强的变温昆虫，以蜂巢为寄存场所，群体生活，其生长发育和气候条件密切相关，极端的气候条件对蜂群发展不利。

（3）生态环境污染对蜜蜂的影响。对蜜蜂生活、生长发育及繁育有影响的所有空间条件，是蜜蜂生存的环境。在长期自然进化过程中，蜜蜂逐渐形成了一系列与环境协调的行为。环境污染是人类活动中将大量的污染物排入环境，影响环境的自净能力，从而降低了生态系统的功能。蜜蜂缺乏免疫系统，对环境污染缺乏抵抗力，对环境变化十分敏感，特别是对化学性农药的敏感性极高。在自然界中，蜜蜂对污染大气、水体中的某些有毒有害成分有较强的敏感性，蜜蜂对毒性较强的氯和氯化氢、氟化物、化学烟雾以及多种农药等均有不同程度的反应。

杀虫剂和除草剂等农药的广泛使用，经常导致蜜蜂集体中毒事件发生，农药中毒主要是在蜜蜂采集果树和蔬菜等人工种植植物的花蜜花粉时发生。另外，由于催化剂和除草剂的应用，驱避蜜蜂采集，或蜜蜂采集后，造成蜂群停止繁殖，破坏蜜蜂正常的生理机能而发生毒害作用。杀虫剂的大量使用，使蜜蜂农药中毒事件日益增多，这在许多国家成为养蜂生产的一个严重问题。

（二）对策

1. 大力推进蜜蜂授粉产业化

今后蜜蜂授粉将作为商品化、专业化的产业，建立健全蜜蜂授粉配套服务体系，这对于提高农作物产量、增加农业效益、促进生态环境可持续发展具有重大意义。

我国蜜蜂授粉增产技术体系建设，主要包括蜜蜂授粉示范基地、蜜蜂授粉技术研究与推广体系建设。首先，在蜜蜂授粉示范基地方面，重点依托国家蜂产业技术体系综合试验站，在全国建立一批蜜蜂授粉示范基地，探索政府蜜蜂授粉补贴政策，加强宣传与普及蜜蜂为农作物授粉增产技术，带动蜜蜂授粉产业的发展；其次，建立蜜蜂授粉技术研究推广中心，支持有关单位开展蜜蜂为农作物授粉增产技术的研究推广；最后，加大宣传力度推广蜜蜂授粉增产技术，鼓励和发展专业化授粉蜂场，逐步提高授粉收入占养蜂总收入的比例，形成一批专业化的授粉蜂场，逐步完善相关的法律、法规及配套措施，确保蜂群的授粉安全，逐步实现蜜蜂授粉产业化和商业化。

2. 培育抗病高产蜂种，提高蜜蜂饲养和病害防治技术，加快现代化养蜂进程

要做好蜂种资源的利用和保护工作，结合不同地区的蜜源、气候特征等生态环境培育区域化良种。同时，重视不同蜂种在维持生态平衡中的地位，充分发挥原种场和种蜂场的作用，重视蜂种的选育，培育出授粉性能优良蜂种。建立现代蜜蜂良种繁育体系，培育抗逆、抗病等高产新品种、新品系，建立良种保护区和推广示范区，有步骤、有计划地引导蜂农利用良种，提高生产用蜂王的质量，加快优良蜂种的推广利用，促进养蜂生产，提高蜂农收入。充分利用国家级和部分省级蜜蜂资源基因库、保种场、保护区功能，促使种蜂场供种能力显著提高。

针对我国蜜蜂饲养的特点，大力推广流动放蜂车、电动摇蜜机、取浆机、转运装卸插车等机械设备，减轻劳动强度；提高蜜蜂饲养技术，实现规模化（人均蜂群饲养量达 100 群以上）、集约化

饲养，实现集中摇蜜，取成熟蜜。

在蜂病防控方面主要是摸清蜜蜂病虫害的主要流行规律、研制低毒高效蜂药、加强疫病防控，能够有效控制危害蜂群健康的蜂螨、孢子虫病、白垩病、中蜂囊状幼虫病、爬蜂综合征等病害。

在蜂产业现代化进程方面，要大力推广标准化、规模化生产新技术、新模式，为我国从传统养蜂业到现代化养蜂业发展提供技术支持，从而提高养蜂业的整体经济效益，探索出具有中国特色的切实可行的蜂产业发展途径。

3. 保障蜂产品质量安全，深化蜂产品加工，促进产业化良性发展

根据我国蜜蜂产业发展实际和产品质量安全管理，修订和完善相关技术标准；加强农业部蜂产品质量监督检验测试中心建设，将各地蜂产品质量检测功能纳入各地综合质检体系，完善质量检测体系运行机制，提高检测能力，及时掌握我国蜂产品质量安全现状。加强检测和评价技术研究，完善蜂产品检测体系和质量评价体系；建立产品追溯制度，推广蜂产品质量安全标准，提高蜂产品质量安全水平。

要加快蜂产品的深加工技术的研发，特别是在蜂王浆、蜂胶和蜂花粉等蜂产品的功能因子开发研究，扩大蜂产品的应用范围，从而提高蜂产品的价值。

蜜蜂产业化发展定位是把养蜂生产、服务体系、加工、销售等环节结合起来，通过市场牵动龙头企业，再带动养蜂生产基地，基地联结蜂农的形式，实现蜂业生产的专业化、蜂产品商品化、服务社会化，体现以企业为龙头，按市场化、集约化生产方式进行蜂业生产加工、销售、经营的发展模式，促进蜂业良性发展，解决生产和市场之间的连接问题，形成规模经济效应，增强抵御市场风险的能力。

第三节　我国蜜蜂产业科技创新

一、我国蜜蜂产业科技创新发展现状

（一）国家项目

1. 国家自然科学基金项目

“十二五”期间，国家自然科学基金委员会在养蜂学领域共资助国家自然科学基金课题 45 项；其中，面上基金项目 20 项，青年基金项目 18 项，地区基金项目 7 项。

这些项目的实施，有力地提升了我国蜂学基础研究与应用基础研究的水平，为我国蜂学基础理论的深化与发展奠定了坚实的基础。

2. 现代农业产业技术体系（2011 年 1 月至 2015 年 12 月），资助金额 1.24 亿元

“十二五”期间，国家蜂产业技术体系共设立 1 名首席科学家、20 名岗位科学家、21 个综合试验站、105 个示范县、团队成员 170 人。

国家蜂产业技术研发中心的依托单位是中国农业科学院蜜蜂研究所，首席科学家是吴杰研究员。

国家蜂产业技术体系紧紧围绕我国蜂产业发展需求，集中精力进行共性技术和关键技术研究、集成和示范；收集、分析蜂产品的产业及其技术发展动态与信息，为政府决策提供咨询，向社会提供信息服务，为用户开展技术示范和技术服务，为蜂产业发展提供全面系统的技术支撑；推进蜂产业的产学研结合，为提升我国蜂产业的创新能力、增强我国蜂业的国际竞争力、为我国蜂业的健康、持续、稳定发展做出了显著贡献。

3. 国家公益性行业（农业）专项——“蜜蜂授粉增产技术集成与示范项目”（2012 年 1 月至 2016 年 12 月），资助金额 1 599万元

该项目由山西省农科院园艺研究所主持，邵有全研究员担任首席专家，全国 10 家科研单位、40 多位专家学者开展跨行业、跨地区科研合作，共同完成传粉昆虫资源收集、传粉蜜蜂选育与蜜蜂高效繁殖、大田果树与设施瓜菜蜜蜂授粉增产技术集成示范等 7 大课题，旨在改变目前人工授粉和使用化学生长素的栽培管理模式，建立高效生物授粉技术体系，降低农民授粉成本，为实现无公害绿色有机瓜果蔬菜生产提供技术支撑，推动我国农作物蜜蜂授粉向专业化、产业化和规模化发展。

4. 948 项目

（1）蜂产品溯源信息管理系统和数据处理方法引进与创新（2010—2011 年），资助金额 50 万元。

主持人：中国农业科学院蜜蜂研究所 吴黎明副研究员。

（2）熊蜂资源保护与利用技术的引进与创新（2011 年 1—12 月），资助金额 40 万元。

主持人：中国农业科学院蜜蜂研究所 安建东副研究员。

（3）蜜蜂蜂螨防治关键技术引进与创新（2012 年 1—12 月），资助金额 44 万元。

主持人：中国农业科学院蜜蜂研究所 徐书法副研究员。

（4）蜜蜂神经生物学研究技术引进及其在蜂王浆高产调控基因发掘上的应用（2014 年 1—12 月），资助金额 60 万元。

主持人：中国农业科学院蜜蜂研究所 李建科教授。

（5）熊蜂主要病虫害研究技术的引进与创新（2015 年 1—12 月），资助金额 70 万元。

主持人：中国农业科学院蜜蜂研究所 李继莲副研究员。

（6）高效养蜂技术体系的引进与示范（2015 年 1—12 月），资助金额 200 万元。

主持人：山东东营蜜蜂研究所 宋心仿研究员；中国农业科学院蜜蜂研究所 刘之光助理研究员。

（二）创新领域

“十二五”期间，我国蜂产业科技创新取得令人瞩目的成绩，仅以国家蜂产业技术体系“十二五”期间所取得的成绩为例。

1. 概况

基本研发成果：蜜蜂中试新品种 6 个；新技术 65 项；新工艺 12 个；新设备 17 项；新产品 47 个。

基地建设情况：试验基地 49 个；示范基地 142 个；中试线 4 条；生产线 5 条。

人才队伍建设：培养国家级人才 2 名；培养省（部）级人才 10 名；培养技术骨干 99 名；培养博士后 12 名、博士 81 名、硕士 310 名；举办培训班 613 次，培训技术人员 4 883名，培训新型经营主体 955 人次，培训农民 150 396人次。

制定标准情况：主持制定国家标准 3 项，行业标准 8 项，地方标准 41 项，企业标准 24 项；参与制定国家标准 2 项，行业标准 2 项，地方标准 2 项。

获得专利情况：获得发明专利 77 件；获得实用新型专利 74 件；获得软件著作权 14 项。

论文论著：发表论文 847 篇，其中国内核心期刊发表 368 篇，在 SCI、SSCI、EI 等刊物上发表 199 篇；论著 63 部。

咨询建议：向政府主管部门提交咨询报告 36 份，其中省部级及以上领导批示 15 份，地方政府

采纳21份；为企业提供咨询报告10份；为生产一线提供技术指导意见（规范）等15种。

获奖成果：获奖26项；其中省部级一等奖3项，二等奖13项，三等奖10项。

成果采用：入选农业部主导品种2个；被企业采纳新工艺19个，新设备7项，新产品16个。

示范推广：蜜蜂中试品种累计推广820.92万群；养殖业新技术累计推广718万群。

2. 科技创新成果简介

（1）蜜蜂优质高效养殖技术研究与示范。

①蜜蜂优质高效养殖技术效果显著。通过提高蜜蜂饲养规模和应用蜜蜂授粉配套技术提高养蜂的规模和效益。形成中蜂和西蜂规模化定地饲养和转地饲养技术模式3套；蜜蜂主要病虫害防控技术1项；蜜蜂免移虫技术规程1项；颁布蜜蜂病害防治技术标准9个；蜜蜂饲养技术标准25个；蜜蜂育种技术标准8个；蜜蜂授粉技术标准7个；研发蜜蜂饲料4个；研制新机具12项。在规模化饲养技术示范基地人均饲养蜜蜂数量，由80群上升到120群以上。辐射带动23个省区养蜂主产区规模效益提高。

本项技术共获省部级科技成果奖10项；其中省部级二等奖5项；省部级三等奖5项。分别是："山西省熊蜂种质资源的调查及其筛选利用"获山西省级科技进步二等奖；"蜜蜂高效养殖及其产品研究与应用"获江西省科技进步二等奖；"蜂王浆高产机理及蜂王浆生化特征的研究"获北京市科技成果二等奖；"高效养蜂综合配套技术研究与示范"获吉林省科技进步二等奖；"黄土高原中蜂关键技术研究与示范"获陕西省科学技术二等奖；"蜜蜂性比及营养杂交生物学特性研究"获江西省自然科学三等奖；"蜜蜂高效利用技术集成研究与示范推广"获重庆市科学技术三等奖；"高效养蜂科技示范"获吉林省科技进步三等奖；"保护地果菜蜜蜂授粉技术推广"获山西省级科技进步三等奖；"中国蜜蜂主要寄生螨种类鉴定及防治技术"获北京市科技成果三等奖。

②抗逆高产优良蜂种的选育与利用取得突破性进展。应用闭锁繁育、近交系等选育技术，培育抗螨蜂种1个，抗白垩病蜂种4个，蜜、浆、胶高产蜂种1个；在28个省开展了中试，累计推广820万群，直接经济效益25.38亿元。其中，"中蜜一号"配套系于2015年通过国家畜禽遗传资源委员会的审定。

本项技术共获省部级科技成果奖6项，其中省部级科技成果二等奖3项；三等奖3项。分别是："蜜浆胶高产蜜蜂良种选育研究"获吉林省科技进步二等奖；"蜂胶高产蜜蜂良种选育研究"获吉林省科技进步二等奖；"甘肃中华蜜蜂种质资源保护"获甘肃省农牧渔业丰收奖二等奖；"高产蜜蜂良种养殖技术示范推广"获全国农牧渔业丰收奖三等奖；"蜜浆胶高产蜜蜂良种选育研究及推广"获农业部农牧渔业丰收三等奖；"中华蜜蜂种质资源调查保护及增产技术研究"获浙江省农业丰收三等奖。

（2）蜂产品质量安全与加工技术研究与示范。建立杨树型蜂胶和酒神菊型蜂胶的多指标质控方法、巢脾中链霉素、二氢链霉素和卡那霉素残留量测定方法、蜂蜜中烟曲霉素残留量测定方法等多种兽药残留检测方法。升级优化蜂产品电子溯源管理软件系统2个；形成蜂产品溯源相关标准2个；建立具有溯源品种识别、真实性鉴别功能的分析与评价技术5项；形成产品加工工艺12项；研发新产品45项；研发新设备11项。以上技术为构建蜂产品质量安全体系提供了技术支撑，为提高我国蜂产品质量安全水平做出了重要贡献。

本项技术共获省部级科技成果奖4项；其中省部级科技成果一等奖1项；二等奖3项。分别是："蜂王浆优质高效生产和质量安全评价新方法研究及应用"荣获2012年度中国农科院科学技术二等奖和北京市科学技术三等奖以及2014—2015年度中华农业科技进步奖一等奖；"以水杨苷为参照的蜂胶与杨树胶鉴别方法"作为蜂胶真实性评价的行业标准在全国实施，解决了困扰我国蜂胶行业十多年的技术难题，对打击假冒伪劣蜂胶产品、净化蜂胶市场起到了决定性的作用；"安全高效蜂产品加工关键技术的研究及产业化示范”获中华农业科技二等奖；“优质蜜蜂种质资源和蜂产品生产加工技术引进、创新与利用”获全国农牧渔业丰收二等奖；“融合检测技术的蜂产品质量安全控制系统研究与应用”获北京市科学技术二等奖。

（三）国际影响

根据不完全统计，“十二五”期间我国蜂业科技人员在 SCI、SSCI、EI 等刊物上发表学术论文 199 篇，其中有 2 篇发表在国际顶级学术期刊上。

1. 熊蜂肠道微生物方面取得突破性进展

由中国农业科学院蜜蜂研究所李继莲博士、中国科学院昆明动物研究所遗传资源与进化国家重点实验室张志刚博士和美国科学院院士 Nancy Moran 等组成的科研团队，在熊蜂肠道微生物方面的研究取得了突破性进展，研究人员揭示了熊蜂肠道微生物组具有两种固定的生态型（Enterotypes），这是继发现人类和大猩猩的肠道微生物存在特定生态型后首次在传粉昆虫熊蜂上发现的，这将为今后深入研究传粉昆虫生物学提供了肠道微生物新视角。相关研究成果于 2015 年 8 月 3 日在线发表在《Current Biology》（5-Year Impact Factor：10. 134）上。

该研究团队对我国 28 种熊蜂的肠道细菌 16SrDNA 的 V6-V8 区采用高通量测序，并结合经典生态学的分析方法进行研究，结果表明熊蜂肠道微生物存在两种保守的生态型（enterotypes）。一种是由 Gilliamella 和 Snodgrassella 菌群组成，这两类菌群在蜜蜂中也存在。另一种生态型主要是由环境性菌群组成，而且含有一些条件致病菌如 Hafnia 和 Serratia。这两种不同生态型在熊蜂肠道微生物中的出现显示出与哺乳动物肠道微生物生态型分化的高度一致，对于熊蜂物种的健康和种群动态具有潜在的影响，为进一步挖掘这些特定肠道共生菌的功能奠定了基础，同时也为我国蜂种资源的多样性保护提供参考。

2. 在西方蜜蜂种群适应性机制和进化研究领域取得重大突破

中国农业科学院蜜蜂研究所蜜蜂资源与遗传育种研究室石巍研究员带领的研究团队，在分子生物学和进化领域的权威期刊《Molecular Biology and Evolution》（牛津大学出版社，5 年累计影响因子：11. 667）上发表在线文章，报道了该团队在我国首次发现的西方蜜蜂新亚种——西域黑蜂（Apismelliferasinisxinyuan），并运用重测序技术，从基因组水平上揭示的西域蜜蜂对温带气候的环境适应性机制研究。

西域黑蜂分布在我国新疆的新源地区，对寒冷的环境具有较强的适应性。该研究发现该群体历史上有限群体大小变化受到地球温度波动的强烈影响，在地球温度较低时群体大小达到峰值。进化分析进一步揭示了蜜蜂适应寒冷环境的遗传机理，鉴定出一系列与蜜蜂抗寒相关的基因，发现脂肪体和抑制细胞生长性的信号通路可能在群体对寒冷环境的适应上起到重要作用。

二、我国蜜蜂产业科技创新与发达国家之间的差距

尽管我国是世界养蜂大国，但与发达国家相比，我国蜜蜂产业科技创新在资源的合理利用、优良蜂种的培育和繁育、符合本国国情的现代化养蜂技术和生产模式、蜂产品的深加工技术、产品的包装、物流管理、养蜂业的整体经济效益、养蜂业的劳动生产率等方面都存在着不小的差距。

（一）蜜蜂资源与育种方面

1. 蜜蜂资源的利用重引进品种、轻本土资源

多年来，蜜蜂资源的利用重点放在引进西方品种，对我国优良的蜂资源的保护和利用不够。如中华蜜蜂，其抵御各种病虫害的能力远高于引进的西方品种。引进西方蜂种后，忽视了对中华蜜蜂

的保护，造成了毁灭性的打击，目前其在平原地区已到了濒临灭绝的地步。

2. 蜜蜂种资源保护、评价、利用技术相对落后

发达国家早已从分子水平上研究种质资源遗传演化规律，并结合计算机技术应用于育种研究。而我国还仅停留于收集保存及简单的常规和分子鉴定评价阶段，并且与育种脱节。在种质资源的系统鉴定评价，保种新技术等方面的研究尤其薄弱，只相当于先进国家20世纪90年代的水平。

3. 蜜蜂特殊的遗传模型价值有待深入挖掘

有别于其他畜禽，蜜蜂是真社会性昆虫、高等昆虫，遗传学评价是以群体为基本单元的，具有特殊的遗传学价值：如性别决定的单倍—二倍性（雌性蜂为二倍体，雄性蜂为单倍体），性别是由性位点决定的，而不是由性染色体决定的等，具有特殊的进化学和群体遗传学价值。我国在该领域还处于起步阶段。

（二）蜜蜂饲养技术与养蜂机械设备方面

根据发达国家蜂业发展的经验，没有养蜂生产运输的机械化就不可能实现饲养蜂群的规模化和现代化。这已是不争的事实和共识，目前欧洲以及北美养蜂发达的国家，养蜂业早已实现了规模化、标准化和机械化。在蜂群运输、脱蜂、取蜜、蜂蜜过滤到产品包装等过程机械化、自动化程度越来越高。而机械化和自动化程度的提高，不仅可以减轻人力成本，还会带来更高的经济效益。

而我国养蜂业的规模化、标准化、机械化水平低，与发达国家相比，在蜂机具设备创新、提高养蜂规模化、机械化、标准化水平方面还有较大差距。

（三）蜜蜂病虫害防治方面

虽然我国对西方蜜蜂病虫害的研究较为深入，在中华蜜蜂病虫害研究方面，国内外对其病虫害防控的系统及病原的深入研究较少，在病虫害防控等方面的知识产权及技术标准相对薄弱，导致近年来该蜂种病虫害发生和流行呈迅速上升趋势；目前中华蜜蜂作为我国重要保护的自然资源，对资源利用及病虫害防控关键技术开展研究已刻不容缓。

（四）蜜蜂授粉方面

我国对蜜蜂授粉的重视程度不足，授粉产业缺乏统一管理，授粉工作还处于一种被动的无序状态，授粉相关的产业链如蜂群出租、授粉蜂箱及配套工具、病虫害防治体系、农药管理部门与种植业者用药规范体系、授粉需求咨询和服务等信息化管理体系等整套产业链还未完全形成。针对特定作物的授粉基础研究薄弱，这些都严重阻碍了我国授粉产业化发展。

（五）蜂产品加工技术方面

蜂产品精深加工技术研究滞后，蜂产品除直接以原料形式进入市场外，制品大多为粗加工、低附加值的保健品，技术含量低，生产规模小、工艺落后，缺乏科学的质量控制指标，蜂产品药物资源未充分利用。

（六）蜂产品质量安全与标准方面

我国目前的蜂产品检测设备、检测手段、检测标准与国际先进水平相比相对落后，迫切需要开发、研究出快速高效的检测技术与标准，以满足对蜂产品质量控制和检测的需要。

三、我国蜜蜂产业科技创新存在的问题及对策

（一）理论创新

1. 蜂业科技人才不足

蜜蜂科学是一门跨学科、跨行业的综合性大学科，包括蜜蜂遗传资源保护与利用、蜜蜂饲养、蜂箱和蜂机具设计制造、蜜蜂产品加工技术与生产、蜜蜂产品质量检测与分析、蜂产品质量安全风险评估、蜜蜂病虫害防治、蜜蜂授粉、蜜蜂产品市场和蜂业经济等领域。蜜蜂科学发展需要基础科学领域涉及生命科学（包括分子生物学、生态学、遗传学、生理学、发育生物学、进化生物学、行为学、形态学、植物学、昆虫学、微生物学等）、农学（包括作物栽培学、园艺学、果树学、畜牧学、兽医学、农业气象学等）、药学（包括药理学、药剂学、药物化学、制药工程学等）、食品学（包括食品工程原理、食品工艺学原理、食品发酵与酿造工艺学、食品包装、功能性食品设计与评价、食品质量与安全等）、工学（农业生物工程、机械工程、食品工程、制药工程等）、经济学、市场学、管理学等。蜜蜂科学的系统深入发展，需要蜂学理论基础扎实和相关科学领域造诣深的人才。很明显，我国蜂业科技人才结构和数量均不能满足蜂业快速发展的需要。

我国博士、硕士等蜂业科技高水平人才的培养，应注意生源宽广的学科基础。根据生源学科背景确定研究方向，为蜂业科技的未来培养蜜蜂产业各领域的高端人才，以加强蜜蜂科学研究的深度和广度。与相关领域的学者合作，拓展和深化蜜蜂科学各领域的创新。

2. SCI导向使我国部分蜂业理论研究偏离行业发展需求

目前在我国对科技工作考评的机制下，迫使蜂业科技工作者被动的追求SCI论文的数量和影响因子。SCI论文的影响因子是由引用数量决定的，这种论文水平的评价体系对蜜蜂科学等相对小的学科领域是非常不利的。我国蜂业的科技工作者在SCI导向的压力下，只能急功近利，在选题上迎合现实的关注点。但现实学术领域的关注点未必是专业领域的关键问题，因此，经常发生课题完成后专业领域的关注点已转移。蜂业发展需要对各领域进行全面系统、深入的研究，全面系统的理论才能指导蜂业技术的进步。

从国家的层面，这一问题迟早会解决，但需要一段时间。国家现代农业产业技术体系应保持初衷，以促进农业产业发展为目标建立的岗位考核体系，能够为我国科技人员的考核评价机制改进起到积极的影响。

（二）技术创新

1. 对蜂业技术创新的激励不足

蜜蜂产业是农业产业的组成部分，在技术创新领域面临着与农业技术创新共性的问题。农业领域的生产者多为数量大、组织性弱、收入较低的农民，按现有的社会创新商业化激励机制，大多数农业技术创新者很难得到回报。客观上农业生产技术的创新具有公益属性，政府和社会团体的支持应成为我国农业创新激励的主渠道。加大对蜂业技术创新的激励仍是我们需要解决的问题。

2. 对技术创新保护力度不足

蜜蜂行业的创新技术一出现，往往很快就被模仿，包括已受国家保护的专利技术。尤其在养蜂机具的革新，争相仿制的现象最为突出。例如，国家蜂产业技术体系岗位科学家曾志将教授多年心血研发的国家专利技术免移虫生产蜂王浆装置，已被多家仿造。在这种氛围环境下，蜂业技术创新的积极性很容易受到挫伤。对蜜蜂行业的技术创新保护，除了寻求法律支持，降低维权成本外，蜜蜂行业组织应加强引导，形成技术创新光荣、剽窃技术成果可耻的风气。

3. 蜜蜂行业发展阶段的限制

从蜜蜂饲养规模的角度，我国蜜蜂行业还处于初级阶段。绝大多数的养蜂生产者用不起养蜂机械，这就限制了养蜂机械的研发。只有养蜂生产实现机械化，才能使蜜蜂行业进入现代化生产阶段。养蜂机械的规格大小与养蜂规模相辅相成，大型养蜂机械设备才能使养蜂产生大效益。提高我国蜜蜂饲养规模化水平，能够促进养蜂机械的研发。在养蜂机械化的推动下，又能够促进蜜蜂饲养技术进一步提升。

（三）科技转化

我国农业科技转化的主渠道是政府的农业推广部门。蜂业在政府的行业管理中归于养殖类，但由于专业的差异太大，大多数畜牧技术人员对养蜂技术根本不了解，畜牧技术推广部门在蜂业科技转化上不能发挥作用。建议各级政府健全省市县蜂业技术推广机构，促进蜂业科技的转化和蜜蜂产业的发展。

国家蜂产业技术体系根据行业的技术需求，确定了技术创新的重点任务，在综合试验站的配合下进行研发示范，通过蜂产业主产区的综合试验站、示范县，将创新技术转化为生产力。

中国养蜂学会是我国蜂业界最大的社会科技团体，能够在蜂业科技研发和科技转化发挥桥梁作用。可以通过中国养蜂学会各专业委员会调研蜜蜂产业各领域的技术需求，发挥学会的专家优势，组织技术协同攻关，为蜂产业解决技术难题，促进蜂业科技成果的转化。

（四）市场驱动

蜜蜂产业的技术创新，市场驱动作用不可低估。我国的蜂产品市场总体处于低端水平，市场上大多数蜜蜂产品技术含量低。现阶段高端蜜蜂产品市场很小，所以生产高品质蜂产品的技术创新动力不足。我国大多数蜂场所掌握的技术，生产不出来高品质蜂蜜，也生产不出来高品质蜂王浆。养蜂技术的创新动力还需要高端蜂产品市场的支持。培育和开拓蜜蜂产品的高端市场，对提升蜜蜂产业的科技水平，促进技术创新非常重要。

第四节　我国科技创新对蜜蜂产业发展的贡献

一、我国蜜蜂科技创新重大成果

国家蜂产业技术体系成为蜜蜂产业科技创新的主力，对我国蜜蜂产业的发展发挥着重要作用。

（一）遗传资源与蜂种培育

我国已建立蜜蜂资源评价技术体系1套，新发现西蜂2个类型，中蜂13个类型，筛选出6种适合我国授粉的本土熊蜂蜂种。蜜蜂资源评价技术体系对我国蜂资源的保护、挖掘与利用具有重要意义。应用该评价技术体系完成评价我国蜜蜂良种资源56 250群。根据评价结果提出蜜蜂品种登记和保护方案，初步建立蜜蜂良种资源保种体系，保存优良蜂资源3 000群。已建立蜜蜂遗传资源核心种质库1个，制定并颁布农业部行业标准2个。“中国蜜蜂种质资源收集、评价、保护与利用”成果获得北京市科学技术奖三等奖。“甘肃中华蜜蜂种质资源保护”获甘肃省农牧渔业丰收奖二等奖。“中华蜜蜂种质资源调查保护及增产技术研究”获浙江省农业丰收奖三等奖。

在蜜蜂良种培育方面取得良好的进展，获省部级科技成果奖6项。应用闭锁繁育、近交系等选育技术，培育抗螨蜂种3个，抗白垩病蜂种2个，蜜、浆、胶高产蜂种5个。“中蜜一号”配套系于2015年通过国家畜禽遗传资源委员会的审定，在28个省开展了中试，累计推广820万群，直接经济效益25.38亿元。"蜜浆胶高产蜜蜂良种选育研究"获吉林省科技进步二等奖；"蜂胶高产蜜蜂良种选育研究"获吉林省科技进步二等奖；"高产蜜蜂良种养殖技术示范推广"获全国农牧渔业丰收奖三等奖；"蜜浆胶高产蜜蜂良种选育研究及推广"获农业部农牧渔业丰收三等奖。"蜜浆胶高产蜜蜂良种选育研究"获吉林省科技进步二等奖；"蜂胶高产蜜蜂良种选育研究"获吉林省科技进步二等奖；"甘肃中华蜜蜂种质资源保护"获甘肃省农牧渔业丰收奖二等奖；"高产蜜蜂良种养殖技术示范推广"获全国农牧渔业丰收奖三等奖；"蜜浆胶高产蜜蜂良种选育研究及推广"获农业部农牧渔业丰收三等奖。

（二）蜜蜂饲养技术

作为国家蜂产业技术体系"十一五"和"十二五"重点任务，蜜蜂规模化饲养技术取得重大进展。完成中华蜜蜂规模化饲养技术、西方蜜蜂规模化定地饲养技术、西方蜜蜂规模化转地饲养技术和西方蜜蜂规模化蜂王浆生产技术各1套。中华蜜蜂规模化饲养技术已被农业部列为2017年度农业主推技术。我国中华蜜蜂饲养在国家蜂产业技术体系的促进下，受到各地中华蜜蜂主产区政府的重视，中华蜜蜂饲养数量从250万群发展到550万群，中华蜜蜂饲养已成为我国蜂业发展的重要推动力。

在国家蜂产业技术体系的带动下，蜜蜂规模化饲养技术水平迅速提升。根据蜜蜂行业的经济学学者李海燕博士的资料，对全国28个省市自治区388户蜂场调研，2008年人均饲养41.15群。在此背景下，国家蜂产业技术体系在综合试验站的规模化蜜蜂饲养示范蜂场，研发集成蜜蜂规模化饲养技术。中华蜜蜂人均饲养由50群提高到120~370群，人均收入由2万~3万元提高到10万~40万元。饲养西方蜜蜂人均饲养蜜蜂由50群提高到200~800群，人均收入由5万~6万元提高到10万~100万元。辐射带动23个省区养蜂主产区规模效益提高。"蜜蜂高效养殖及其产品研究与应用"获江西省科技进步二等奖；"高效养蜂综合配套技术研究与示范"获吉林省科技进步二等奖；"黄土高原中蜂关键技术研究与示范"获陕西省科学技术二等奖；"蜜蜂性比及营养杂交生物学特性研究"获江西省自然科学三等奖；"蜜蜂高效利用技术集成研究与示范推广"获重庆市科学技术三等奖；"高效养蜂科技示范"获吉林省科技进步三等奖。

对蜂王浆生产从理论到技术开展了系统的研究，探明了浆蜂的高产机理，为蜂王浆功能成分的开发利用及质量控制提供了理论和实践基础。"蜂王浆优质高效生产和质量安全评价新方法研究及应用"分别荣获2012年度中国农科院科学技术二等奖，北京市科学技术三等奖，2014—2015年度中华农业科技进步奖一等奖。免移虫蜂王浆生产技术大幅度降低劳动强度，提高生产效率38.9%~83.3%。在免移虫蜂王浆生产技术的基础上，发明免移虫育王新技术，培育蜂王的初生重、卵巢管数都显著高于移虫培育的蜂王，对于蜜蜂育种技术而言是一项革命性的进步。

国家蜂产业技术体系相关岗位科学家团队研究制定了中蜂囊状幼虫病和白垩病综合防控技术方案，发明了中蜂囊状幼虫病和白垩病的快速诊断方法；研制出防治蜜蜂巢虫、白垩病、中蜂囊状幼虫病、孢子虫病、欧洲幼虫腐臭病的5种绿色蜂药，经中试推广后取得良好的防治效果。形成寄生性螨、蜜蜂白垩病、囊状幼虫病综合防控技术各1套；蜜蜂主要病虫害风险评估技术方案1套。"蜜蜂蜂螨风险评估方法研究与应用"项目已于2015年通过安徽省科技厅组织的成果鉴定。"中国蜜蜂主要寄生螨种类鉴定及防治技术"获北京市科技成果三等奖；建立了蜜蜂病虫害监测风险评估预警系统。

（三）加工控制

我国在蜂王浆、蜂胶、蜂花粉、蜂毒等产品功能性组分的研究取得了很大进展，为功能性蜜蜂保健品和药品的研发奠定了科学基础。国家蜂产业技术体系针对蜂胶市场存在的主要问题，寻找真假蜂胶的差异性组分，建立杨树型和酒神菊属型蜂胶多指标质控等方法，解决蜂胶真实性鉴别的技术难题。已建立不同种类、不同产地蜂胶的指纹图谱库1个，发明3种蜂胶真伪的鉴别技术，建立蜂胶真伪鉴别评价标准1个。蜂王浆新鲜度水平决定了蜂王浆的功效，通过蜂王浆贮存过程中产生的降解产物，确立蜂王浆新鲜度指标2个。成功研制“蜂王浆微胶囊”等新产品。

（四）产品质量安全

蜜蜂产品的兽药残留是蜜蜂产品安全的主要问题。国家蜂产业技术在抗生素检测技术方面进行了深入研究，建立巢脾中链霉素、二氢链霉素和卡那霉素残留量测定方法、蜂蜜中烟曲霉素残留量测定方法、氟胺氰菊酯在蜂巢中的代谢规律，提出氟胺氰菊酯使用技术规范。共形成了检测方法技术文本9个，形成蜂群巢脾使用及替换技术模式1套，形成药物使用技术方案3个，建立蜂产品溯源业务流程管理规范1份。升级优化蜜蜂产品电子溯源管理软件系统2个，形成蜂产品溯源相关标准2个，建立具有溯源品种识别、真实性鉴别功能的分析与评价技术5项。形成产品加工工艺12项，研发新产品45项，研发新设备11项。以上技术为构建蜂产品质量安全体系提供了技术支撑，为提高我国蜂产品质量安全水平做出了重要贡献。

（五）蜜蜂授粉

完善了蜜蜂对梨树、桃树、苹果树授粉技术。完成梨树授粉蜂种筛选，明确了蜜蜂入场时间对梨树授粉效果的影响。研究确定苹果授粉树配置与授粉效果的关系，改进了蜜蜂为苹果授粉的技术措施。初步建立油菜蜜蜂授粉技术规程，初步建立蜜蜂为油菜授粉效果评价模型1个，制定了蜜蜂授粉技术规程2项。明确了熊蜂为设施桃树授粉增产的关键因素，筛选出6种易于人工饲养、授粉效率高的优势熊蜂种，掌握人工繁育关键技术，形成熊蜂为设施桃树授粉的技术方案。熊蜂主要寄生虫快速诊断技术1项获得国家发明专利。“山西省熊蜂种质资源的调查及其筛选利用”获山西省级科技进步二等奖；“保护地果菜蜜蜂授粉技术推广”获山西省级科技进步三等奖。将蜜蜂授粉技术应用在设施草莓生产中，草莓蜜蜂授粉产量提高97.1%，一群蜜蜂为300平方米草莓授粉增收1万~2万元。

二、我国蜜蜂科技创新的行业转化

（一）技术集成

国家蜂产业技术体系在农业部的领导下，开展蜜蜂产业调研，寻找影响蜜蜂产业发展的共性问题。根据蜜蜂产业生产实践发现并提出问题，高校、研究机构的岗位科学家，蜂业管理部门和生产单位的综合试验站协作攻关。提出技术方案，并在生产第一线进行试验改进。取得初步成果后，在蜜蜂行业主产区的示范县试行，根据实施过程再继续改进完善。

（二）示范基地

示范基地是国家蜂产业技术体系技术研发的重要基地。示范基地由设在蜂业主产区的综合试验站建设和管理，是体系技术研发的孵化器。国家蜂产业技术体系与养蜂技术有关的技术创新，均在示范基地试验集成，技术相对成熟后也由示范基地向外辐射。“十三五”期间，国家蜂产业技术体系在21个蜂业主产区的省、市、自治区，建立蜜蜂规模化饲养技术示范蜂场201个。对蜜蜂规模化饲养技术的研发和技术转化起到重要作用。

（三）商业转化

蜜蜂产业技术的商业转化不是主流。蜜蜂饲养管理技术属于普及型技术，没有商业转化的空间。在蜂机具研发和蜜蜂产品开发等技术领域可以进行商业转化，但在目前专利技术保护还不完善的环境下，商业转化是有难度的。

（四）标准规范

技术标准和技术规范是技术转化的重要方式，我国对标准和规范建设非常重视。据不完全统计，有关蜜蜂产业的国家标准和行业标准已实施和计划制定238项，包括有关蜜蜂产品质量的标准17项，蜂业名词术语符号等基础标准10项，养蜂环境要求的标准2项，种质资源及繁育技术标准10项，养蜂器械标准2项，饲养管理过程标准57项，产品加技术等方面的标准4项，蜂产品品质分析标准25项，蜂产品安全指标86项。

三、我国蜜蜂科技创新的行业贡献

（一）蜂种资源保护

蜜蜂遗传资源是我国蜂业宝贵的财富，在蜜蜂遗传资源受到破坏威胁的条件下，蜜蜂遗传资源的研究和保护十分紧迫。在国家蜂产业技术体系的努力下，我国蜂种资源保护得到加强。乌鲁木齐综合试验站参与新疆黑蜂保护区的建设，牡丹江综合试验站参与东北黑蜂保护区的建设，吉林综合试验站参与长白山中华蜜蜂保护区的建设，成都综合试验站参与阿坝中蜂保护区的建设，天水综合试验站参与甘肃徽县中华蜜蜂保护区的建设，重庆综合试验站参与金佛山中华蜜蜂保护区的建设，泰安综合试验站在山东促进和帮助地方政府建立3个中华蜜蜂保护区，武汉综合试验站参与并推动神农架中蜂保护区的建立。体系工作促进了中华蜜蜂长白山种群、山东种群、固原种群的恢复和发展，促进了濒临灭绝的东北黑蜂、新疆黑蜂等我国宝贵的特有蜂种资源的恢复和发展。

（二）健康养殖

蜜蜂病害严重影响我国蜂业的生存和发展。国家蜂产业技术体系在“十三五”规划中，已将蜜蜂健康养殖作为重点任务。在国家蜂产业技术体系“十二五”重点任务蜜蜂规模化饲养技术研发工作的基础上，已形成东方蜜蜂和西方蜜蜂的健康养殖的技术方案。通过在相关综合试验站示范蜂场的试验和技术集成，已取得初步的效果。蜜蜂健康养殖技术明显提高蜂群的抗病能力，减少对抗生素等药物的依赖。已建立白垩病、孢子虫病、欧洲幼虫腐臭病的快速诊断技术4个，研制防治制剂3个，能够显著降低养蜂生产中病虫害发生水平。建立了蜜蜂病虫害监测风险评估预警系统，对我国蜜蜂主要病虫害的有效防控具有重要意义。

（三）高效养殖

蜜蜂规模化饲养技术是蜜蜂高效养殖的根本，通过提高蜜蜂饲养规模水平增加养蜂生产效益。蜜蜂规模饲养技术能够解决我国蜂业存在的经济效益差、劳动强度大、机械化程度低、蜂产品品质低、蜜蜂健康度差、从业人员老龄化等问题。这些问题直接影响我国蜂业的生存和发展。适应我国环境特点的蜜蜂规模化饲养技术的发明，对突破我国养蜂生产的瓶颈意义重大。

中华蜜蜂是我国本土的蜜蜂资源，是我国蜂业饲养的主要蜂种之一。中华蜜蜂最大的优势在于特别适应我国环境，适合在生态环境良好的边远山区饲养。中华蜜蜂规模化饲养技术的完善，为贫困山区农民脱贫致富提供一条门路，也获得地方政府高度重视。

（四）优质安全产品

蜂王浆是养蜂生产最主要的产品之一，是高级的保健品。蜂王浆也是我国特色产品，生产量和出口量占世界总产量和总贸易量的90%以上。但蜂王浆产业存在生产效率低、产品品质控制难、新鲜度和安全性评价方法不足等关键技术难题。通过研究蜂王浆生产蜂群的高效健康饲养管理技术和饲料研发，利用分子辅助标记优选母群和哺育群，创新多王群饲养技术和日龄一致幼虫供给方法，研制成功蜂王浆优质高效生产关键配套技术，提高了生产效率，为推动我国蜂王浆生产模式的变革提供了技术支撑。在蜂王浆新鲜度评价领域建立了6项新鲜度评价新技术，提出了相关评价指标和阈值，为科学评价蜂王浆新鲜度提供了理论依据和技术手段。在系统分析蜂王浆中兽药残留成因的基础上，结合养蜂实际，研究建立了蜂王浆中四环素族、氯霉素、链霉素、磺胺类、氟喹诺酮类等兽药残留的简易检测方法6种，建立了能同时测定蜂王浆中27种主要抗生素类药物的检测方法，可满足生产加工及出口企业快速检测蜂王浆兽药残留的需求。这项成果围绕影响蜂王浆产量、品质和生产效率的各环节开展研究，并建立系列蜂王浆新鲜度和安全性评价方法，形成整套的生产和评价技术体系，对我国蜂王浆生产模式的变革和品质、安全性评价技术的创新产生了重要影响，整体技术达到国际先进水平。成果为蜂业健康发展、促进蜂王浆国内外贸易、保障消费安全提供了技术支撑，并通过蜂王浆产业为促进农民增收和农村发展，发挥蜂业的授粉生态效益做出了贡献，经济、社会和生态效益显著。

蜂胶是我国蜂产业新兴的产品，其降脂、降压、降糖的特效功能在市场上颇受青睐。也因此带来蜂胶原料造假的问题，影响蜜蜂产业的健康发展。国家蜂产业技术体系岗位科学家胡福良教授团队，通过研究蜂胶巢内传递化学成分的生物转化，建立以水杨苷和“CCP”为参照的蜂胶中杨树胶的检测方法，解决了蜂胶行业破解蜂胶造假问题的技术难题，为净化蜂产品市场、保障蜂产品食品安全做出了重要贡献。

四、科技创新支撑蜜蜂产业发展面临的困难与对策

（一）遗传资源开发严重滞后，蜂种品质退化

蜜蜂遗传资源是蜂业发展的物质基础，充分利用我国宝贵的蜂种资源首要问题是摸清家底。我国蜂种资源十分丰富，蜜蜂属昆虫我国本土蜂种有5个，尤其是中华蜜蜂，是我国蜜蜂产业最主要蜂种之一。此外还有对农业授粉和环境恢复保护极具价值的熊蜂、壁蜂、无刺蜂等。我国的蜂种遗传资源的研究还需要进一步深入。

我国中华蜜蜂遗传资源经过几代科技工作的努力，已取得相当大的进展。但是迄今为止，仍没有充分的科学依据对中华蜜蜂遗传资源的类型进行合理划分，不能为中华蜜蜂遗传资源的保护和应用提供准确的科学依据。中华蜜蜂遗传资源面临严重威胁。由于养蜂人无序引种，破坏了原有种群的遗传结构，也就是破坏了中华蜜蜂的遗传资源。中华蜜蜂引种和跨生态区转地饲养，使当地蜂群因外来基因的不适应造成抗病力下降，常引起中蜂囊状幼虫病暴发。这种现象在很多地方相当严重，一个蜂群内的工蜂体色呈现混杂（图22-2），必须引起国家相关部门和蜜蜂产业的重视。

在西方蜜蜂饲养中也存在着蜂种混杂严重问题。养蜂人盲目地购买蜂种，无序自发地培育杂交

图 22-2　体色混杂的中蜂

A. 四川阿坝中蜂　B. 吉林长白山中蜂

图中深色圈中的蜜蜂体色偏黑；浅色圈中的蜜蜂体色偏黄

蜂王。由于蜂王和雄蜂在空中交配，不受人的控制，一个蜂场不当引种就会影响一方的养蜂生产。蜜蜂产业需要认真研究，针对我国的国情，制定并严格实施蜂种管理的细则。

（二）蜜蜂饲养技术与设备不完善

我国蜜蜂饲养技术植根于紧缺经济年代，其特点是管理精细，追求单产。付出的代价是规模小，产品的质量差，投入的劳动多，生产效率低，用不起养蜂机械。这种养蜂模式限制了养蜂机具设备的研发和生产，很难形成高端的养蜂机具设备的市场。没有规模化蜜蜂饲养的产业，养蜂机具和设备就不可能发展。近年来，国家蜂产业技术体系在促进蜜蜂规模化饲养技术发展和养蜂机具设备研发方面做出了很大的努力，也取得了很好的效果，为蜜蜂产业的健康发展奠定了基础。随着制造业的升级，信息化和数字化的发展，蜜蜂饲养智能化程度提高，蜜蜂规模化饲养技术还有很大提升空间，蜜蜂规模化饲养的道路任重而道远。

（三）病虫害严重

蜜蜂病虫害严重也是小规模饲养技术固有的问题。规模小，效益差，养蜂人不舍得对生产的投入，想尽办法对蜂群过度索取，严重影响蜜蜂的健康。同时养蜂人缺乏防疫意识，一旦出现传染病，很快暴发流行。养蜂人对病虫害的发生，片面依赖药物，但药物治疗带来的负面影响非常严重。中华蜜蜂跨生态区引种造成抗病力下降，是中蜂囊状幼虫流行暴发的主要原因。根本解决我国蜜蜂养殖存在的病虫害严重问题，出路在于规模化饲养技术的普及和提高，通过规模效益减少对单群蜜蜂的过度索取，推进蜜蜂健康养殖技术，提高蜜蜂的健康水平，加强蜜蜂对病虫害的抵抗力。促进蜂场重视防疫，采取规范的蜂场防疫措施。

（四）熊蜂、蜜蜂等优良蜂种授粉利用率低，收益差

在蜜蜂产业全行业的努力推动下，蜜蜂授粉的作用已引起国家领导人、各级政府和种植者的重视。但充分利用蜜蜂授粉还面临很多问题，主要问题：①仍有人对蜜蜂授粉的价值和作用认识不清，抵制蜜蜂授粉；②大田蜜蜂授粉带有公益性，蜂群授粉范围 2 000~5 000 米，为商业授粉造成困扰；③果蔬种植者对植物激素的依赖，不适应熊蜂和蜜蜂授粉；④熊蜂遗传资源的开发和饲养驯化工作还需要深入展开。

提高熊蜂、蜜蜂等优良蜂种授粉利用率，必须实现熊蜂和蜜蜂授粉商业化。加快制定熊蜂和蜜蜂作为各类作物授粉蜂的技术规范，提高熊蜂和蜜蜂授粉可靠性和增产提质的效果。政府和蜜蜂行业组织加大宣传力度，让种植者充分了解熊蜂和蜜蜂授粉的意义。制定授粉蜂群的保护法规，避免授粉蜂群受农药和环境污染危害。对油菜、荞麦、荔枝、龙眼、柑橘、苹果、梨、桃等大田作物授粉，政府应给予补贴。

（五）蜜蜂产品质量水平及档次不足

紧缺经济的影响仍限制着蜜蜂行业发展。蜜蜂产业追求数量，轻视质量，导致蜜蜂产品价格极低。蜂产品企业将从养蜂生产者收购蜂产品，尽其所能压低价格，甚至不同成熟度的蜂蜜收购无差价，逼迫养蜂生产者牺牲质量来提高产量。无论是蜂蜜、蜂王浆、蜂花粉等，缺少精品，低质和劣质蜜蜂产品充斥市场。现阶段养蜂生产者很少掌握蜜蜂优质产品的生产技术。大多数蜂产品企业拼的是价格，导致我国蜂产品价格在国际市场最低。

影响蜂蜜质量的主要问题在于蜂蜜脱水浓缩，在市场上不能将天然成熟的蜂蜜与脱水浓缩的蜂蜜强制性明显分开，蜂蜜质量是不会提高的。浆蜂在为蜂王浆产量做出突出贡献的同时，也造成了蜂王浆质量和蜂王浆生产效益下降的严重负面影响。蜜蜂产品不是生活的必需品，应该是生活的奢侈品。目前，已有小部分蜜蜂产品企业和蜂业专业合作社开始重视蜜蜂产品的质量，但是提升产品质量和价格，从全行业角度还没有成为蜜蜂行业的主流意识。蜜蜂产品的品质提升和高品质蜜蜂产品市场的成熟，将使蜜蜂产业提升到一个新的高度。

第五节　我国蜜蜂产业未来发展与科技需求

一、我国蜜蜂产业未来发展趋势

（一）我国蜜蜂产业发展目标预测

1. 指导思想

遵循着保证稳定发展的原则，以实事求是和科学发展观为指导思想，以建立可持续、无污染和安全的生产方式和消费方式为内涵，以引导人们走上持续、和谐的发展道路为着眼点。按照立足科学发展、完善体制机制、提高产品质量的要求，以提高蜂业为农业授粉率和保证人民食品安全为主线，深入实施科教兴蜂的主战略，走蜂业的协调和可持续发展之路。要抓住发展机遇、转变生产观念、提高蜂农素质、提升蜂业效益，从各个方面促进蜂业的可持续发展。

2. 总体发展目标

充分利用我国丰富的资源优势，开拓国内国际两个市场，走“公司+联合体+养蜂户”“公司+农户”“协会+合作社+龙头企业+蜂农”等多种组织形式的产业化道路，抓住品种、质量、品牌三个关键，强化组织、技术、服务三项措施，运作好基地、加工和营销三个环节，实现蜂业高效益、广就业、可持续的跨越式发展。蜂产品质量得到大幅度的提升，蜜蜂为农作物授粉率得到较大提高。

在未来，中国蜂业的发展将以东方蜜蜂的数量增长和蜂蜜产量增长为主要亮点，深入进行东方蜜蜂生物学以及饲养管理技术研究，保证数量和产量持续提高，在保证质量的前提下，蜂蜜的产量也将有较大的提高。生产用蜂种类型将不断分化，专一化程度将更高，如单采蜜、单取浆或授粉用等生产用种比例将会增加，高品质蜂王浆生产用蜂种在蜂业生产中所占比例将不断增长，并有逐步取代目前的浆蜂的可能。授粉蜂群数量将不断增加，以授粉为生的专业生产者将成为可能。在饲养管理技术上，强群饲养、取成熟蜜的生产模式将成为主流。在国家稳定的支持下，蜂业科研力量将会增强，科学研究水平不断提高，甚至在某些领域处于国际领先水平。

蜂产品的消费量和从事蜂产品加工的企业将会增加，从业人员不断扩大。蜂产品加工继续向功能性食品和药品两个方向发展，走蜂产品深加工之路；蜂产品开发的主导产品将多样化；优化蜂产品加工企业，加强科研投入，开展精深加工研究，生产优质蜂产品。

（二）我国蜜蜂产业发展重点预测

1. 短期目标（至 2020 年）

在“十二五”的基础上，全国的蜂群总数递增 10%，达到 1 100 万群，蜂产品数量递增 10%，蜂蜜产量达到 45 万~50 万吨，蜂王浆产量达到 4 000~4 500 吨，蜂胶产量达到 450~500 吨；蜂花粉产量达到 6 000~6 500 吨，蜂产品的总产值达到 300 亿~350 亿元人民币，通过蜜蜂为农作物授粉所增加的产值将达到 4 000 亿~5 000 亿元人民币。蜂农数量在“十二五”的基础上保持稳定并略有增加，规模化蜂场数量提高。

人们对蜂业在国民经济中的作用和地位认识程度加深，蜂产品在保健品中的地位提升，销售额增加。蜜蜂授粉比率进一步提高。西部地区养蜂向专业化、规模化和标准化发展。

蜂产品的精深加工程度不断提高，年销售额超过 1 亿元的蜂业企业达到 35~40 家。

2. 中期目标（至 2030 年）

在 2020 年的基础上，全国的蜂群总数递增 10%，数量接近 1 200万群，蜂产品数量递增 10%，蜂蜜产量达到 50 万~55 万吨，蜂王浆产量达到 4 500~5 000 吨，蜂胶产量达到 500~550 吨；蜂花粉产量达到 6 500~7 000 吨，蜂产品的总产值达到 350 亿~400 亿元人民币，通过蜜蜂为农作物授粉所增加的产值将达到 4 400 亿~5 500 亿元人民币。蜂农数量在 2020 年的基础上保持稳定并略有增加。规模化蜂场数量继续增加。人们对蜂业在国民经济中的作用和地位认识程度加深，蜂产品在保健品中的地位提升，销售额增加。初步实现产业化的有偿授粉。西部地区养蜂向专业化、规模化和标准化发展。年销售额超过 1 亿元的蜂业企业达到 40~45 家。

3. 长期目标（至 2050 年）

在 2020 年的基础上，全国的蜂群总数递增 10%，数量接近 1 300万群，蜂产品数量递增 10%，蜂蜜产量达到 55 万~60 万吨，蜂王浆产量达到 5 000~5 500 吨，蜂胶产量达到 550~600 吨；蜂花粉产量达到 7 000~7 700 吨，蜂产品的总产值达到 400 亿~500 亿元人民币，通过蜜蜂为农作物授粉所增加的产值将达到 5 000 亿~6 000 亿元人民币。蜂农数量在 2020 年的基础上保持稳定并略有增加。规模化蜂场数量继续增加。人们对蜂业在国民经济中的作用和地位认识程度加深，蜂产品在保健品中的地位提升，销售额增加。实现产业化的有偿授粉。西部地区养蜂向专业化、规模化和标准化发展。年销售额超过 1 亿元的蜂业企业达到 45~50 家。

二、我国蜜蜂产业发展的科技需求

（一）种质资源

1. 分子育种技术的研究将得到研究者的青睐

蜜蜂后基因组时代为我们描绘出蜜蜂育种新技术的美好前景。在当前和未来的一段时期内，分子标记和功能基因与数量遗传学方法的结合将是蜜蜂分子育种的主要研究目标。目前蜜蜂中已经定位的重要性状座位仍然十分有限，并且短期内也无法了解基因组控制性状表型的机理，显然在绝大多数情况下只能结合常规育种程序，通过与重要生产性状座位连锁的 DNA 标记来评估蜜蜂群体的生产潜力。虽然分子育种技术在生产中的应用还需要很长时间的努力，但随着分子生物技术的更新换代，其在蜜蜂育种工作中的应用前景不容忽视。

分子育种技术在动物遗传育种中已取得巨大的成就，成为现今动物遗传育种研究工作中的热点并得到了初步应用。相比较而言，蜜蜂遗传育种过程中使用分子遗传学技术还只是刚刚起步，但随着研究的不断深入和发展，特别是昆虫遗传学研究的深入，此项技术在蜜蜂上的应用将不断得到发展和完善。

蜜蜂是一种重要的经济昆虫，其经济性状的改良对促进养蜂业的发展具有重要的推动作用。养蜂业是我国古老的经济昆虫产业之一，蜜蜂授粉在现代高效生态农业生产中起到重要的作用，但环境恶化、蜜蜂病敌害以及蜂产品质量安全等问题给养蜂业带来了巨大挑战。在这种情况下，由于分子育种比传统的育种方式具有育种目的明确和缩短育种周期的突出优势，必将得到研究者的青睐。

目前，我国在蜜蜂分子育种技术方面才刚刚起步，应积极发展，努力抓住现在分子技术迅猛发展的机遇，争取早日在蜜蜂数量性状位点的连锁分析、转基因蜜蜂及分子育种技术应用于蜜蜂杂交改良等相关领域取得一定的成绩。

2. 今后蜜蜂育种的研究重点将集中在以下几方面

开展中华蜜蜂多样性及生物学、行为学的研究；开展蜜蜂功能基因组的研究，包括蜜蜂重要功能基因的挖掘、克隆与表达；蜜蜂重要功能基因及重组蛋白的开发与利用。开展比较基因组学的研究，中华蜜蜂优良性状及遗传背景研究；合作开展蜜蜂消失及我国蜜蜂健康状况评价的研究。

开展蜜蜂全基因组芯片表达谱的研究及基于基因组芯片表达谱的蜜蜂重要基因的挖掘。利用蜜蜂全基因组表达谱芯片，发现并阐明与蜜蜂经济性状密切相关的未知基因序列；寻找与蜜蜂抗病、抗逆有关或直接引发疾病的新基因；与蜜蜂社会行为相关重要基因的发现及其分子机理的研究。

开展以蛋白质组学、RNAi 干涉、转基因、基因芯片等学科交叉技术，开展我国蜂种优良性状（产浆、抗螨）的机理研究。在此基础上，要获得一批具有我国自主知识产权的基因，如蜂王浆优质高产基因、蜜蜂抗螨、抗病基因，为培育出适应蜂业绿色生产需要的转基因蜜蜂奠定基础。

（二）饲料效率

1. 随着蜜蜂营养需要研究的深入，蜜蜂饲料配比将更加科学

近年来，有的饲料企业主动使用相关机构研发的饲料配方和工艺生产蜜蜂饲料，较之以往的利用单一饲料原料经简单加工就作为蜜蜂饲料的情况有了很大进步，营养价值也更高。从适口性而言，目前的代用花粉饲料依然无法完全取代自然花粉对蜜蜂的吸引力，对于代花粉饲料的适口性问题还要进一步探索。

2. 蜜蜂饲料的使用会越来越广泛

近几年，养蜂者开始认识到，在蜂群周年不同的生活阶段，蜜蜂需要含有不同营养素及不同比例的蜜蜂饲料，饲喂配合饲料而不是简单的大豆粉加白糖，更有利于蜜蜂的繁殖及健康。可以肯定的是，以全价配合饲料代替目前的单一饲料如脱脂豆粕、玉米蛋白粉、白砂糖等成为必然趋势。

3. 对蜜蜂饲料的质量监管将更加严格

蜜蜂饲料质量不仅关乎蜜蜂的健康，更关乎蜂产品的质量安全。安全的蜜蜂饲料，必须做到在喂蜂时不会对蜜蜂健康造成危害，而且对生产的蜂蜜、蜂王浆、蜂花粉、蜂胶等蜂产品是安全的。

随着农业部“关于加快蜜蜂授粉技术推广促进养蜂业持续健康发展的意见”“养蜂管理办法”等鼓励养蜂的文件以及各地惠及蜂农的政策出台，我国养蜂业必将有大的发展，从而带动蜜蜂饲料业逐步壮大。可以预计，未来的蜜蜂饲料类型会更加丰富，市场上会出现如春繁饲料、王浆生产专用饲料、越冬饲料添加剂、蜂用酶制剂、蜂用微生态制剂等多种饲料类型。

（三）蜂产品品质

1. 蜂产品开发应向功能性食品和药品两个方向发展

目前，我国蜂产品制品多是保健食品，药品很少。今后，针对不同人群、不同生理条件的不同营养与健康需求，如青少年、老年人、孕妇及营养失衡等，进行配方设计，开发出系列蜂产品。尤其是面向老人和儿童的功能食品的研制和药品的研制开发将成为新的发展方向。

在我国将蜂产品（如花粉、蜂胶、蜂王浆、蜂蜜、蜂幼虫等）与其他中草药结合来体现某些专一功能，将成为今后蜂产品发展的一个方向。如降血脂功能，以花粉为主要原料之一，结合有关中草药，可提高花粉的利用和加工程度。

在蜂产品的药物研制方面，抗心血管疾病药物、抗肿瘤药物、病毒性肝炎药物、抗病毒药物（包括抗艾滋病药物）、免疫调节药物、抗风湿药物、延缓衰老药物和补益、营养保健药将成为新药物研制的方向。

2. 蜂产品开发的主导产品将多样化

目前，我国市场上的蜂产品以蜂蜜、蜂王浆、蜂胶居主导地位，随着市场的培育和开发，蜂花粉、蜂蜡、蜂毒、蜂幼虫等及其加工制品将会不断丰富市场。

3. 重视原料质量

以现代的理念代替传统的思想，将科学先进的现代技术和管理全面引进养蜂全过程，生产优质蜂产品，破除重产品数量，轻产品质量的思想，将蜂产品质量与安全放在首要位置，加强质量管理。建立起规模养殖基地、无公害产品生产基地、绿色有机生产基地；建立产供销全过程质量管理体系；建立合理竞争机制。

（四）蜜蜂健康

将从蜜蜂的螨害、病害及蜂产品中农残、药残等病虫害防治技术的薄弱环节入手，建立一套较为完整的蜜蜂健康饲养及病虫害防控体系，最终通过该体系的推广示范，改变我国传统的蜜蜂病虫害防治片面强调药物防治的传统做法，加强对绿色、高效、无毒、低残蜂药的研发力度，有效减少化学药品在蜂群的使用量和使用频率，为蜂产品质量提高、养蜂产业健康发展提供技术保障。

（五）质量安全

1. 建立质量安全溯源制度

蜂业质量监控，就是政府指定农业、卫生防疫、技术监督、质量管理等部门，按照法定标准和要求，对蜂业运行中各环节的质量状况进行检验、监测和控制。具体包括三个部分：一是产前控制，即对蜂种、蜂饲料、蜂药、蜂机具等生产资料的质量进行监控；二是产中控制，即对养蜂和蜂产品生产过程中各阶段的质量进行监控；三是产后控制，即对蜂产品加工过程及最终产品的质量进行监控。蜂产品加工企业根据其生产的产品种类不同，应通过 ISO 9000、ISO 14000、HACCP、QS 和 GMP 等相应的质量管理体系论证。在分层监控的基础上，逐步建立起蜂业质量监控体系。监控体系包括两部分：一是健全并完善蜂业生产过程的监控体系，对蜂产品及各类蜂业标准的实施进行检测，推行生产控制模式，促进蜂产品质量的提高；二是健全并完善蜂业环境监测体系，对涉及蜂产品产前、产中、产后全过程开展监控。将蜂产品的质量控制由过去的“最终产品质量”逐步转向“生产过程安全控制”，逐步建立蜂产品质量安全溯源制度，搞好养蜂户的备案登记，实行“三记录一标记”制度（即向每个养蜂户发放养蜂记录、用药记录、产品流向记录，在交付的原蜜桶上加贴产品标记卡），减少蜂产品人为造成的污染，并对一些过去由于抗生素污染而引起蜂蜜质量安全问题的重点地区实行全方位质量监控。一旦发现问题应立即处理，把问题解决在萌芽状态。同时，建立全国蜂产品安全预警系统。

2. 健全蜂产品质量监控信息系统

蜂产品质量最终是由消费者评定的。因此，沟通消费者与生产者之间的信息联系，就成为蜂产品质量保证体系有效运行的基础。只有通过有效的信息传输网络，消费者对蜂产品评定的信息才能及时反馈给生产者，生产者才能根据消费者的要求和偏好变化，及时改进生产方式，调整产品结构，提高产品质量，并通过优质高价、劣质低价的市场法则，调节生产者与消费者之间的关系。

三、我国蜜蜂产业科技创新重点

（一）我国蜜蜂产业科技创新发展趋势

1. 创新发展目标

（1）针对我国养蜂生产中存在的抗逆蜂种缺乏、过度取蜜和过度取浆造成的蜜蜂营养不良、抗逆力下降及养蜂机械化水平低、病虫害频发、药物滥用导致的养蜂劳动强度大、蜂群群势弱、养蜂效益不高等问题。通过研发蜜蜂营养饲喂技术、蜜蜂病虫害（农药）评价及绿色防控技术，提高蜜蜂的健康水平；通过转地机械和高效率取蜜产浆机械研发，抗逆蜂种选育、高效供种技术研发与示范，提高蜜蜂良种率、繁育效率，及优质蜂产品的生产能力。以养殖、育种、蜂病绿色防控等技术研发示范实现养蜂生产的健康高效。

（2）针对我国长期以来存在着蜂产品质量差、兽药残留严重、假冒伪劣产品充斥市场和深加工技术落后、产品附加值低，以及蜂产品生产链长、危害因子多且成因复杂、品质控制及评价指标缺乏等突出问题，通过研制替代蜂药的蜂用健康营养液，降低蜂产品兽药残留，研建一批蜂产品质量安全监测预警与全程控制技术标准，建立蜂产品真实性分析及溯源技术体系，建立蜂产品中生物活性物质的高效价、高产率和低成本的提取和分离方法，提高蜂产品附加值，研发新方法、新工艺、新产品，拓展蜂产品的应用范围，提升我国蜂产品加工技术水平和市场竞争力。

（3）针对我国现代农业发展中农药大量使用、单一作物连片种植、传粉昆虫数量锐减、农作物对蜜蜂等授粉昆虫需求与日俱增、野生优势传粉蜂工厂化繁育技术不成熟；制种作物如大豆及苜蓿生产中种子产量低、人工授粉制种费时、费工；设施番茄授粉涂抹激素造成激素残留、损伤植物杆茎、病害感染等问题。通过开展熊蜂繁育关键技术研究实现本土熊蜂工厂化饲养，满足不同花期设施作物授粉需求；通过开展蜜蜂授粉关键及配套技术研究，解决大豆、苜蓿、番茄、梨、向日葵等作物授粉中存在的授粉效率低、成本高等问题，实现农作物高效授粉。并将梨、向日葵等作物成熟的授粉技术集成示范，以期降低授粉成本、提高产量和品质，达到农民增收的目的。

（4）主要针对目前蜂产业在生产用种上，重引进品种、轻本土资源，以及在育种技术上仍然采用传统育种方式为主，育种周期长，效率低等问题，拟通过开展蜜蜂基因组学研究，挖掘本土资源，特别是研究最受国际关注、最具特色和国际竞争力的经济性状，如抗逆性、繁殖性能等。同时，通过建立遗传评估体系，加快重要性状主效基因挖掘的速度，提高育种效率，缩短育种时间，形成传统技术和现代分子技术相结合的高效育种技术体系。

2. 创新发展领域

（1）蜜蜂健康高效养殖技术集成与示范。

①蜜蜂高效养殖技术研究与示范。规范蜂场和蜂巢环境要求，创造蜜蜂健康生长发育的良好环境和条件，合理简化操作，研发与我国养蜂规模化发展相适应的养蜂机械，提高养蜂规模化和机械化水平。针对我国不同地区蜜粉源植物、气候的特点研发蜂王浆、成熟蜜高效生产技术和仿生免移

虫育王技术。开展天然蜂粮生产技术的研发，提高蜜蜂营养和健康水平，降低养蜂成本。通过技术研发和示范，技术基本成熟时将蜜蜂健康养殖技术标准化。

②抗逆蜂种选育和高效育王与供种技术研究。应用常规选育技术和分子标记辅助育种技术，挖掘和选育抗逆蜂种。通过对蜂种抗逆特性、生产性状评价，评估抗逆蜂种的经济和生态效益。应用无王哺育技术，微型交尾群组织技术，提高育王效率，降低育王成本，提高育王和供种效率。

③蜜蜂病虫害的绿色防控技术研究与示范。完善蜜蜂主要病虫害的快速诊断及监控技术，建立微孢子虫等主要病虫害免疫诊断技术，为有效防控蜜蜂病虫提供技术支撑。研发蜜蜂病虫害的绿色防控技术，筛选可有效防控蜜蜂病虫害的生物制剂，监控并预测蜜蜂主要病虫害的潜在发病风险。建立病虫害及农药对蜜蜂健康影响的风险评估技术。

（2）蜂产品安全监测预警与质量控制、评价关键技术及新产品开发。

①蜂产品污染物识别和全过程控制技术。建立污染物非定向筛查和复合污染物高通量检测技术；探究蜂产品污染物形成、削减和代谢规律及其机制，研建一批蜂产品质量安全全程控制技术标准，从源头控制危害因子的污染；开展蜂用健康营养液研制及残留代谢规律研究。

②蜂产品安全监测预警与过程控制技术。在蜂产品质量安全数据库基础上，开展原料收购环节蜂产品农兽药残留动态监测方法，蜂产品安全数据分析方法和趋势分析方法研究，并在企业和检测机构进行示范应用；在蜜蜂产品电子溯源信息管理系统基础上，建立“互联网+蜂产品质量安全控制”系统。

③蜂产品真实性分析技术。建立蜂产品真实性分析技术体系，形成系列蜂产品品质、品种分析技术；开展蜂王浆和蜂胶谱效物质基础研究，以及成熟蜜、有毒蜜标志性成分研究。

④生物活性物质高效价、高产率和低成本的提取分离技术。建立蜂产品中生物活性物质的高效价、高产率和低成本的提取和分离方法，建立蜂产品中活性成分的指纹图谱，挖掘活性成分的生物学功能。

⑤高新技术在蜂产品加工中的应用。开展高新技术在蜂产品加工中的应用研究，研发系列新产品。

⑥新资源、新产品的开发利用技术。开展蜂毒等新资源的开发利用研究，研发复合型蜂产品，拓展蜂产品的应用范围。

（3）蜂授粉关键技术研究与示范。

①熊蜂工厂化繁育关键技术研究与应用。蜂群生长发育最佳饲料配方筛选；熊蜂生殖分子调控机制；本土熊蜂工厂化继代繁育退化的分子机制；传粉熊蜂肠道微生物多样性、演化及功能分化；熊蜂主要病原致病机理；设施作物熊蜂授粉配套技术；熊蜂授粉增产机理及农药对熊蜂的影响。

②蜜蜂为作物授粉关键技术研究。

a. 制种类作物蜜蜂授粉技术。小面积棚室授粉机具设计；授粉蜂量配置；微型蜂群授粉技术、蜜蜂授粉诱导技术、不同蜂种采集行为及授粉效果。

b. 设施授粉蜂群管理技术。设施环境因素对蜜蜂采集影响；授粉蜂群管理技术。

c. 设施番茄蜜蜂授粉技术。不同授粉方式比较；不同品种番茄开花生物学及蜜蜂采集偏好性。

d. 蜜蜂授粉安全技术。施药对蜜蜂存活的影响；施药后植物残留量及其对蜜蜂趋避性研究；高中毒农药对蜜蜂飞行觅食的影响；施药后蜜蜂体内解毒酶变化规律。

e. 梨树蜜蜂授粉技术应用与示范。梨树授粉品种快速成花嫁接技术研究，集成梨树蜜蜂授粉技术，建立示范点。

f. 向日葵蜜蜂授粉技术研究与示范。向日葵访花昆虫及动态消长规律；向日葵花粉和花蜜对蜜蜂幼虫的影响；向日葵蜜蜂授粉蜂群配置及管理技术；蜜蜂为向日葵授粉经济贡献评估。集成向日葵蜜蜂授粉技术，建立示范点。

（4）抗逆种质资源挖掘及遗传评估体系的研究。

①蜜蜂基因组学技术。利用现代高通量基因组学技术，开展抗螨、抗低温、高繁殖关键基因及分子通路的深入挖掘，获得相关分子标记，辅助解析蜜蜂群体抗逆机理；为培育抗逆蜂种提供育种素材。

②蜜蜂遗传参数估计技术。针对抗螨、繁殖等主要数量性状遗传力估计，计算亲缘关系和通径系数建立抗逆遗传评估体系方案。

（二）我国蜜蜂产业科技创新优先发展领域

1. 基础研究方面

（1）传粉蜂生物学。针对影响传粉蜂繁育的生物学特性不明确及授粉经济效益评估缺失等问题，开展传粉蜂生殖调控的分子机制及授粉经济价值评估研究。揭示传粉蜂繁殖调控的分子机制；明确熊蜂肠道微生物的种类、多样性及其功能，主要肠道微生物与宿主的协同进化关系；构建蜂类授粉对农作物的经济贡献评估模型。

（2）蜂种质资源与育种。针对我国蜂资源收集尚不系统、评价技术体系还不够完善、优良蜂种有待进一步选育等问题，以熊蜂和蜜蜂为研究对象，开展蜂种质资源保护与评价、重要性状基因挖掘及优良蜂种选育等研究工作。通过资源收集、分类与评价研究，探明我国熊蜂物种多样性特点，建立中国熊蜂种质资源信息数据库。应用基因组重测序技术，揭示蜜蜂资源的群体进化地位，构建进化体系，建立我国特有蜜蜂资源基因组信息库。筛选蜜蜂蜂蜜高产、抗逆、抗螨等性状连锁的分子标记或基因，结合分子标记辅助育种技术，培育抗螨蜂种。

（3）蜜蜂蛋白质组学。针对与蜂王浆产量和品质有关的咽下腺等重要腺体和器官，开展蛋白质组学、转录组学研究，解析蜂王浆产量和品质性状的机理，阐明蜂王浆修饰蛋白质组与生物学功能特征。

（4）蜜蜂病虫害生物学。对微孢子虫、病毒病等病害开展流行病学、发生规律研究，同时针对化学农药对蜜蜂的影响开展研究。

（5）蜂产品加工与功能评价。针对蜂产品中成分复杂、主要功能因子及作用机理不明确等问题，开展蜂产品中活性成分分离鉴定、功能验证等方面的研究，为开发功能因子明确、含量可测、作用机理清楚的第三代功能性蜂产品奠定科学理论基础。

（6）蜂产品质量与风险评估。针对我国蜂产品质量安全问题突出和成因复杂等问题，在建立蜂产品中多种危害因子、品质和真伪鉴别等相应指标的分析方法和标准的基础上，探明主要危害因子成因、污染发生规律、加工和贮存过程中的转化规律，揭示蜂产品主要危害因子危害及互作机制，提出蜂产品生产全过程风险监测方法，为蜂产品质量安全全程控制提供保障；建立风险评估模型，对蜂产品中已知或未知物质进行潜在风险评估并实现预警，提出危害因子控制规程；开展蜂产品品质和功能组分鉴定及其变化规律研究，完善品质评价体系；探讨蜂产品主要品质指标形成和变化过程的分子机理；结合产地和生产过程安全评价及产品溯源体系建设，全面保证和实现蜂产品的质量安全。

2. 应用研究方面

在蜜蜂饲养方面，解决蜂业规模化、现代饲养技术和有机化生产问题，提高蜂业核心竞争力。

在蜜蜂育种方面，主要开展蜜蜂种质资源保护、蜜蜂新品种培育、蜜蜂遗传改良、良种繁育和种蜂质量监测等方面的研究。

在蜜蜂授粉方面，主要开展中国传粉蜂多样性调查和不同蜂传粉生态学的研究，为我国现代农业的安全优质高效生产服务。

在蜜蜂病虫害防治方面，建立蜜蜂病敌害综合防治体系，重点包括蜂螨的综合防治技术，低毒、高效绿色蜂药的研制，环境有毒有害物质对蜜蜂的影响研究和评估，常用杀虫剂对蜜蜂毒性作用研究。

在蜂产品深加工研究方面，建立蜂产品功能因子提取、筛选和功能研究技术平台，实现蜂产品新型加工技术的突破，根据功能因子的筛选结果结合相应的先进加工技术形成功能性蜂产品加工关键技术，提高蜂产品的附加值。

在蜂产品检测、质量安全方面，开展蜂产品检测技术研究，包括蜂产品污染物残留检测技术研究，蜂产品表征和特征检测技术研究，现代分析技术在蜂产品检测领域应用技术研究；开展蜂产品评价技术研究，以蜂产品检测技术为支持，促进对蜂产品品质、安全，以及功能、等级的客观科学评价，为蜂产品标准科学合理制定和实施提供依据，为蜂产品国内外市场规范、正常发展提供技术帮助；开展蜂产品质量安全溯源等相关技术研究；开展蜂产品质量安全相关标准研究，为我国蜂产品质量安全提供保障。

第六节　我国蜜蜂产业科技发展对策措施

一、产业保障措施

（一）转变蜂业生产方式

转变生产方式是我国蜂业实现现代化的必经之路。针对我国目前养蜂产业所存在的小规模、粗放型、低科技含量的发展方式，要坚定不移加快发展方式转变，尽快使蜂产业转型到数量质量与效益并重、注重提高竞争力、注重技术创新和注重可持续的集约发展道路上来。当前和今后一个时期，加快转变蜂产业发展方式要以发展多种形式适度规模经营为核心，以构建现代蜂产业经营体系、生产体系和产业体系为重点，着力转变蜂产业生产方式、经营方式、资源利用方式和管理方式，推动蜂产业发展由数量增长为主转到数量、质量和效益并重上来，由主要依靠物质要素投入转到依靠科技创新驱动和提高劳动者素质上来，由依赖资源消耗和单一蜂产品生产为主转到产品生产、授粉服务和一二三产业融合发展的道路上来，迈向产出高效、产品安全、资源节约、环境友好的现代蜂产业发展道路。具体工作中，一是要鼓励发展适度规模饲养。规模化是养蜂业产业化、标准化、科学化、机械化和高效化的内在要求，也是转变传统养蜂生产方式和促进蜂业转型升级的必然要求。规模化养蜂的根本目的是追求规模效益，表面看是扩大生产规模，实质是引入先进的管理理念、经营模式和现代科技，提高劳动生产率和投入产出率，以此带动养蜂业的发展。二是要鼓励合作社等蜂农自组织发展。目前我国蜂农的组织化程度还比较低，考虑到养蜂户平均饲养规模小、分散作业、流动性强，单个蜂农势单力薄，要积极培育蜂农合作社等蜂农自我服务组织，构造既能发挥蜂农个体的自主生产与决策优势，又能发挥合作社内部各参与主体协同共赢的整体优势，从根本上改变目前业界面临的发展窘境。通过合作社等蜂农自组织带动、提高蜂农抗御风险的能力，克服小规模分散经营交易成本高、获取信息和技术难、市场谈判地位低等弱点，不仅可提高蜂产品质量，打造蜂产品品牌，提高蜂产品的竞争力和增强抵御市场风险的能力，还可化解蜂农买卖难的问题，消除蜂农的后顾之忧，极大地促进蜂农的养殖积极性，以此推进规模化、产业化和标准化经营。三是要鼓励蜂业龙头企业和加工企业发展，推进建立“农户—合作社—龙头企业”的一条龙生产经营模式。产加销一体化经营是推进蜂产业转型升级的关键，要积极构建协会、企业、合作社、基地、蜂农五级管理体系，把蜂农合作社和加工企业连接成为一个利益共同体，形成市场带加工、加工连基地、基地促蜂农的高效产业链，保证产品原料和成品质量。要进一步采用组织化、产业化、标准化、科技化、信息化综合的运行管理机制，加快形成以组织化为基础、标准化为保障、信息化为桥梁、科技化为手段、产业化为导向的完整产业体系，共同促进蜂产品加工业转型升级。要制定优惠政策，扶持龙头企业发展，在税收政策上给予优惠，以利于龙头企业促进自身实力提高，带动农户的发展。

（二）大力发展蜜蜂授粉产业

蜜蜂授粉是一项低成本、高效率、无污染的现代农业高新技术，蜜蜂授粉产业是一个全新的产业，是推进现代蜂业转型发展的重要抓手之一，也是建设资源节约型，环境友好型现代农业的重要组成部分。多年来，蜜蜂授粉已成为许多发达国家蜂业发展的主要目的，这不仅极大地促进了农业的可持续发展，也保障了蜂产业的健康、稳定、可持续发展。与发达国家蜂产业发展相比，我国的蜂产业由于过度依赖蜂产品生产而忽视授粉业发展和产品价值链延伸与附加值开发，影响了蜂产业的健康、稳定和可持续发展，也使蜂产业通过蜜蜂授粉促进农业发展的作用不能有效发挥。坚持发展养蜂生产与推进农作物授粉并举，通过组织蜜蜂有针对性地为设施农业、精品特色农业的农作物授粉，提高农作物产量，改善农产品品质，增加产品的附加值和竞争力，从而创造更大的经济效益。在这方面，要进一步建立健全蜜蜂有偿授粉机制，通过创建专业授粉公司，培育专业授粉蜂群，推广“协会+合作社+农户”“协会+基地+农户”等蜜蜂授粉模式，努力实现蜜蜂授粉产业化，助推设施农业、精品特色农业发展。同时要积极探索大田作物蜜蜂授粉协作机制。蜜蜂授粉不仅对大棚作物作用大，在大田作物中同样也可以大显身手。要结合现代农业建设，配套推广普及蜜蜂授粉技术，可率先选择油菜、水稻、柑橘、梨等蜜蜂授粉增产提质作用显著的农作物品种，建设一批规模化大田作物授粉示范基地；进一步规范农作物花期的农药使用，避免花期喷施农药，保障蜜蜂授粉产业的安全、健康发展。

二、科技创新措施

（一）培育蜜蜂良种

实现规模化、取得高效益，蜜蜂良种是关键，优良蜜蜂品种的育成会给养蜂发展带来根本性的变化。在当前情况下，要借助现代生物技术手段如分子标记辅助选育手段，培育高产、优质和授粉效率高的东、西方蜜蜂优良蜂种，有效提高我国蜂产品的产量、品质及蜜蜂授粉的效果与效率。

我国蜜蜂遗传资源丰富，拥有多个地理亚种、地方品种，丰富的蜜蜂种质资源在维护生物多样性方面发挥了重要作用，应做好蜂种资源的利用和保护工作，结合不同地区的蜜源、气候特征等生态环境培育区域化良种。同时，重视不同蜂种在维持生态平衡中的地位，充分发挥原种场和种蜂场的作用，重视蜂种的选育，培育出授粉性能优良的蜂种。建立现代蜜蜂良种繁育体系，培育抗逆、抗病等高产新品种、新品系。建立良种保护区和推广示范区，有步骤、有计划地引导蜂农利用良种，提高生产用蜂王的质量，加快优良蜂种的推广利用，促进养蜂生产，提高蜂农收入。充分利用国家级和部分省级蜜蜂资源基因库、保种场、保护区功能；促使种蜂场供种能力显著提高。

（二）开展蜂病防控研究

从我国蜜蜂病虫害的主要瓶颈问题入手，密切关注蜂业主产区当年蜜蜂病虫害疫情的发生、流行，并提出综合防控的技术措施；开展蜜蜂寄生螨病、白垩病和中蜂囊幼病的流行病学调查，掌握其病原和流行规律，并在此基础上，改变传统的蜜蜂寄生螨病、白垩病和中蜂囊幼病的防治方法，提出综合防控技术，并进行示范推广；同时开展对蜜蜂寄生螨病、白垩病和中蜂囊幼病的风险评估。在筛选和总结的基础上力争研制出2~3种高效低毒低残留的绿色蜂药，及其配套的综合防治技术，减少化学药品在蜂群的使用量和使用频率，为养蜂业的健康发展、蜂产品质量的提高提供技术保障。

（三）开展授粉技术及其产业化发展研究

从发展角度上讲，蜂产业应该走以蜜蜂授粉为主、获得蜂产品为辅的发展道路。因为蜂产业的最大作用和收益在于通过授粉促进农业的增产和农业生态的可持续发展，单靠获得蜂产品，不能也不可能保障蜂产业的持续稳定和健康发展。要建立完善蜜蜂授粉技术体系，通过开展授粉蜂种调查与筛选，获得重要的农作物最佳传粉蜂种，并且掌握主要蜂种的生物学特性、遗传结构和繁育技术。通过研究野生蜂种人工繁育技术，研究制定油菜、苹果等农作物授粉蜂群管理技术操作规程和不同农作物的特定蜂种传粉技术方案，提高蜂类传粉效率。掌握不同蜂种为温室农作物传粉的生物学特性，同时开展不同作物蜂类传粉的生态学、行为学和生理学等方面研究，解决1~2种重要经济作物蜂传粉效率低下的难题。研究主要病虫害以及农药对传粉蜂类授粉性能的影响，查明主要病虫害的致病机理及对不同宿主熊蜂的危害机制，制定主要病虫害的防治措施；根据授粉蜂对农药的致死和亚致死效应，制定合理的花期药剂施用技术和蜂群规避措施。开展蜂类传粉效果评价体系的研究；从而了解蜜蜂授粉带来的经济效益，建立蜜蜂传粉效果评价体系。

（四）开发适应中国国情的蜜蜂规模化饲养技术

开展西方蜜蜂规模化饲养技术研究与示范，借鉴国外养蜂的先进理念，简化操作、利用机械扩大人均蜜蜂饲养量。根据我国天气、蜜源和蜂群发展的规律，扩大蜜蜂饲养规模、降低劳动强度、提高蜂产品品质。蜜蜂规模化饲养的核心思路是简化饲养管理操作和养蜂机具的研发应用，实现一人多养，提高养蜂效率和降低劳动强度。蜜蜂规模化饲养技术体系内容包括养蜂管理操作简化、蜜蜂良种的选育和应用、蜜蜂病虫害的防控和防疫体系的建立、大型养蜂机具的研发。中华蜜蜂规模化饲养技术的研究包括地方良种选育、简化饲养管理操作、蜂机具研发等方面，提高中蜂饲养规模，降低劳动强度，提高生产效率。通过中华蜜蜂规模化饲养技术研究，扩大中蜂饲养，有利于中蜂种群扩大和中蜂资源保护。

（五）开展蜂业经济及蜂业发展战略研究

蜂业经济从自然半自然的小农经济向商品经济转化，将落后、封闭、保守的旧的蜂业经济体制转换为高效、畅通、可控的市场体系。加强蜂业经济研究，包括国内外蜂产业的发展基本情况、经验教训与发展趋势、蜂产品生产过程中的经济问题、蜂产品流通、价格与市场变化趋势分析、蜂产品的国际竞争力分析、蜂产业的经营与组织模式、管理体制与产业一体化问题研究、蜂产业的发展道路与支持政策研究。此外，还应加强蜂业经济发展的战略问题研究，从全局和战略的高度研究解决涉及产业长远发展的突出问题。

三、体制机制创新对策

（一）完善蜂业政策支撑体系

各级政府部门应从战略高度、发展角度来认识蜂产业，不断加大对蜂产业的政策支持力度。通过建立蜂业发展基金，为蜂产业发展提供强大的财政支撑。通过完善税收优惠政策，鼓励蜂产品加工企业的发展，延伸蜂业的产业链，提高蜂产业的附加值。政府可以出台出口退税与土地优惠政策，并在贷款、项目审批等方面给蜂产业以重点支持。积极实施蜂产业集聚化战略，筹建蜂产品加工园区，不断提高蜂产业的效率和竞争力。建立完善的补贴机制，加速提高我国蜂产业的国际竞争力。在我国财力许可的范围内，建立健全补贴机制是提升我国蜂业国际竞争力的当务之急。部分省市如我国第一大蜂产品生产基地——浙江省实施了蜂产品风险补贴政策，这些措施已经取得了一定的成效。

（二）建立蜂业产业化的经营体制

通过鼓励发展规模饲养、鼓励兴办龙头企业和加工企业、鼓励发展蜂农合作社等手段逐步建立蜂业产业化的经营体制。在信贷资金、技术指导等方面给以优惠政策，以利于扩大规模，达到规模饲养。在税收政策上给予优惠，以利于龙头企业促进自身实力提高，带动农户的发展。克服过去小农户分散经营带来的弊端，促进蜂业产业化经营体制的形成。股份制合作社的优势在于：一是聚集生产要素，合理配置资源；二是扩大经营规模，提高管理水平；三是带动蜂业经济，致富于蜂农。对于股份合作制应在宣传导向上予以支持；在资金、政策上给予扶持。

（三）加强人才培养，为蜂业发展提供人力保障

与其他产业发展一样，蜂产业能否健康稳定和可持续发展，人才和科技是最根本的两个因素。因此，要根据未来产业发展的需要，尽快制定和全面实施蜂业教育与人才发展规划，完善蜂产业高端人才培养和中低端实用人才培训基地建设，为培养适应现代蜂业可持续发展的各类人才创造条件。与此同时，要注重在工作中培养人才，为各级各类人才的脱颖而出创造宽松的环境与条件。博取众长，在推进国内蜂学的学科建设、科研专家的培养过程中，应加强蜂学领域的国际合作与交流。加强蜂农的科普教育及技术培训，提高蜂农对现代蜂业技术的接受、应用和创新能力，为我国蜂业的全面发展提供人力支撑。

（四）修订行业标准

从目前国内蜂产品标准体系看，相关标准与发达国家还有很大差距，检测方法还存在缺失。因此，要尽快修订完善蜂药、重金属、微生物残留检测标准，不断完善真假蜂蜜检测标准，同时要加强与国际标准的接轨。特别是要加强系统地、连续地跟踪、收集、翻译、报道国际对于蜂蜜产品的最新质量要求动态，建立国外蜂蜜产品安全要求动态信息数据库，及时反馈给有关管理部门和生产企业，以便及时做出应对措施，提供质量控制参考，帮助扩大出口。开展国外有关蜂蜜标准制定程序和制定原则的研究。推进我国标准制修订工作程序的完善。加强与国际标准化组织（IS）、欧洲技术标准委员会（EC）、联合国粮农与世界卫生组织（FAO/WHO）共属的食品法典委员会（CAC）建立联系，使中国的蜂产品标准与国际标准体系接轨。

（五）建立健全蜂业法规

我国应加快蜂产品立法，针对当前蜂产品质量安全方面法律法规少的实际，加快立法，尽快形成蜂产品质量安全法律体系。同时，要加快蜂产品质量安全标准体系建设，使之覆盖生产、加工、流通等各领域，对一些主要蜂产品要实行强制性标准。加强法制建设，建立健全蜂业法制、政策。尽快制定和颁布符合新时期、新形势的《中华人民共和国蜂业管理条例》，作为贯彻执行《畜牧法》的实施细则。

（六）建立完善科技服务体系

加快新型蜂药的开发研究与推广，基于抗生素药物对蜂产品造成的危害，加快对低残留、低污染蜂药的研制，积极开展对中草药制剂的开发。通过资格认定和严格监管等措施，确定专业蜂药厂进行蜂药生产和供应，适当进口国外优良蜂药来弥补我国蜂药方面的不足。加强信息技术在蜂业方面的应用，对全国的主要蜜源植物的流蜜期、大小年和具体的流蜜时间和当年的流蜜情况进行预测预报，为蜂农提供准确可靠的蜜源信息，统筹安排，全面指导养蜂生产，避免养蜂生产中的盲目转地行为，减少物耗能耗。利用广播、电视、杂志、报纸、互联网等现代传媒技术，推广养蜂生产新技术和新方法，提高劳动效率；及时为蜂农提供蜂业市场信息，根据市场需求，生产适销对路的产品和提供蜜蜂授粉服务，将有限的蜂业资源配置到最佳位置，尽量避免由于市场变化而造成对蜂业的不良影响，保持整个蜂业的健康稳定发展。组织科技人员对发现蜂业的重大课题进行联合攻关，合理开发配置各种资源，快速繁育蜂业新品种，努力提高良种应用率，促进蜂农增收，蜂业增效。推广适应区域特色的蜂业生产技术，提高蜂产品产量。大力推进新技术、新工艺，提高产品技术含量。建立和完善技术服务体系，加强技术培训和科普宣传，努力促进蜂业科技成果转化为生产力。

（七）建立健全蜂业管理机构

强化蜂产业管理部门职能。近年来，畜牧管理部门积极参与养蜂业法制建设，相继出台了《畜牧法》《养蜂管理办法》等法律和部门规章，奠定了养蜂业的法律基础；同时，参与制定和出台了《养蜂业发展“十二五”规划》，并采取了扶持种蜂场、资源场建设和蜂农应急救灾培训、推动标准化养蜂生产等措施，促进了养蜂业稳定发展，为推进养蜂业的发展做出了积极的贡献。但在蜂产业进出口协调管理方面、蜂产品质量安全监管方面等，与内、外管理部门之间的关系尚未理顺，这些都需要在今后进一步的整合和磨合，使其管理职能得到不断强化。

积极发挥我国养蜂协会的作用，促进蜂农之间的联合以及产、供、销各个环节之间的联合，传播和推广蜂产业科技知识，延长发展农产品加工业和增加农民收入、提高政府管理效率。

（八）建立完善技术监督体系

要建立健全蜂业监测机构，并加强对质检机构的管理，充分发挥蜂业监测机构的监督职能，广泛开展对蜂产品、蜂种、蜂药等质量的监督检查和监督服务。建立健全管理体系，改变蜂产品质量安全管理部门分割的局面，建立权、责统一，权、利分离的管理机构。管理机构要积极争取国家有关部门对我国蜂产品质量安全的重视，给予必要的政策、资金支持；要负责对养蜂产前、产中、产后全过程进行质量管理和监督，及时解决出现的技术和质量问题，并与执法部门结合，严厉打击不法分子。加强对兽药的管理检测，对兽药的使用进行严格管理，严禁使用违禁兽药、假劣兽药、过期兽药。对兽药的使用过程严格监管，做好用药记录，并在蜂产品出售时，向购买者提供完整准确的用药记录，规范蜂产品生产过程，严把兽药使用关。加强对蜂场（户）定期和不定期的监督检查，检查其用药情况，检测动物体内药物残留。

（吴杰、周冰峰、赵芝俊）

主要参考文献

陈玛琳，高芸，赵芝俊．2013. 2012 蜂产品销售市场分析与建议［J］．中国蜂业（12）：36-39.

陈廷珠，杜桃柱，张映升，等．2000. 我国蜜蜂授粉产业化进程中亟待解决的若干问题［J］．中国养蜂，51

（4）：26-27.
高芸，刘剑 . 2012. 世界蜂蜜贸易、消费、产业支持政策形势与走向［J］. 中国蜂业（21）：54-55.
高芸，刘剑 . 2014. 中国蜂蜜贸易研究与 2014 年出口形势预测［J］. 蜜蜂杂志（3）：7-10.
高芸，王顺海，刘文其，等 . 2012. 2012 年河南省春季蜂业生产情况与油菜蜜价格预测［J］. 中国蜂业（15）：34-35.
高芸，赵芝俊 . 2014. 正外部性产业补贴政策模拟方案与效果预测——以养蜂车购置补贴为例［J］. 农业经济问题（3）：96-101.
高芸，赵芝俊 . 2015. 具有保健功能农产品定价策略分析［J］. 中国农学通报，31（20）：76-81.
高芸 . 2012. 北京蜂蜜产品价格调查报告［J］. 中国蜂业（10）：46-47.
高芸 . 2012. 蜂产业贸易研究与趋势预测［J］. 中国蜂业（4）：44-46.
高芸 . 2014. 五个城市的蜂蜜价格调查报告［J］. 蜜蜂杂志（4）：38-39.
毛小报，李文，徐红玳，等 . 2015. 浙江蜂产业转型升级发展思路及政策建议［J］. 浙江农业科学，56（3）：293-296.
孙翠清，赵芝俊，刘剑 . 2010. 我国蜜蜂授粉经济价值测算［J］. 农业经济与科技发展研究，177-187.
吴杰 . 2012. 蜜蜂学［M］. 北京：中国农业出版社.
吴杰 . 2016. 中国现代农业产业可持续发展战略研究蜂业分册［M］. 北京：中国农业出版社 .
吴杰，刁青云 . 养蜂业“十三五”规划战略研究［M］. 北京：中国农业出版社 .
席桂萍，刘凤伟，高芸 . 2012. 2012 年河南省春季蜂业生产情况与洋槐蜜价格预测［J］. 中国蜂业（19）：47-49.
周冰峰 . 2015. 专家与成功养殖者共谈现代高效蜜蜂养殖实战方案［M］. 北京：金盾出版社 .
Antoine Champetier. 2010. The Dynamics of Pollination Markets［M］. University of California，Davis，Agricultural Issues Center.
Boily Monique，Benoit Sarrasin，Christian DeBlois，et al. 2013. Acetylcholinesterase in honey bees（Apis mellifera）exposed to neonicotinoids，atrazine and glyphosate：laboratory and field experiments. Environ SciPollut Res，20：5603-5614.
Bonnafé，E.，Alayrangues，J.，Hotier，L.，et al. 2016. Monoterpenoid-based preparations in beehives affect learning，memory and gene expression in the bee brain［J］. Environmental Toxicology & Chemistry.
Burkle Laura A.，John C. Marlin，Tiffany M. Knight. 2013. Plant-Pollinator Interactions over 120 Years：Loss of Species，Co-Occurrence，and Function［J］. SCIENCE，339：1611-1615.
Carayon Jean-Luc，Nathan Téné，Elsa Bonnafé，et al. 2014. Thymol as an alternative to pesticides：persistence and effects of ApilifeVar on the phototactic behavior of the honeybee Apis mellifera［J］. Environ SciPollut Res，21：4934-4939.
Chahbar Nora，Irene MUÑOZ，Raffaele Dall'Olio，et al. 2013. Population structure of North African honey bees is influenced by both biological and anthropogenic factors［J］. J Insect Conserv，17：385-392.
Chaimanee，V.，Evans，J. D.，Chen，Y.，Jackson，C.，& Pettis，J. S. 2016. Sperm viability and gene expression in honey bee queens（Apis mellifera）following exposure to the neonicotinoid insecticide imidacloprid and the organophosphate acaricidecoumaphos［J］. Journal of Insect Physiology，89，1-8.
Chauzat，M. P.，Bougeard，S.，Hendrikx，P. &Ribière-Chabert，m. 2016. Risk indicators affecting honey bee colony survival in Europe：one year of surveillance［J］. Apidologie，DOI：10. 1007/s13592-016-0440-z.
Collins Anita M.，Jeffery S. PETTIS. 2013. Correlation of queen size and spermathecal contents and effects of miticide exposure during development［J］. Apidologie，44：351-356.
Currie，R. W.，Pernal，S. F. &guzmán-Novoa，E. 2010. Honey bee colony losses in Canada［J］. Journal of Apicultural Research，49（1），104-106.
DE LA RÚA PILAR，RODOLFO JAFFÉ，IRENE MUÑOZ，JOSÉ SERRANO，ROBIN F. A. MORITZ，F. BERNHARD KRAUS. 2013. Conserving genetic diversity in the honeybee：Comments on Harpur et al.［J］. Mo-

lecular Ecology, 22: 3208-3210.

Fang Y, Song F, Zhang L, et al. 2012. Differential antennal proteome comparison of adult honeybee drone, worker and queen (Apis mellifera L.) [J]. Journal of Proteomics, 75: 756-773.

Faria Luiz Roberto Ribeiro, Rodrigo Barbosa GONÇALVES. 2013. Abiotic correlates of bee diversity and composition along eastern Neotropics [J]. Apidologie, 44: 547-562.

Feng M, Song F, Aleku D, et al. 2011. Antennal proteome comparison of sexually mature drone and forager honey bees [J]. Journal of Proteome Research, 10: 3246-3260.

Fisher, K., Gonthier, D. J., Ennis, K. K., & Perfecto, I. 2017. Floral resourceavailability from groundcover promotes bee abundance in coffee agroecosystems [J]. *Ecological Applications A Publication of the Ecological Society of America*.

Garibaldi Lucas A., IngolfSteffan-Dewenter, Rachael Winfree et al. 2013. Wild Pollinators Enhance Fruit Set of Crops Regardless of Honey Bee Abundance [J]. SCIENCE, 339: 1608-1611.

Garrido Paula Melisa, Karina Antunez, Mariana Martin, et al. 2013. Immune-related gene expression in nurse honey bees (Apis mellifera) exposed to synthetic acaricides [J]. Journal of Insect Physiology, 59: 113-119.

Goulson, D., Nicholls, E., Botias, C. &Rotheray, E. l. 2015. Bee declines driven by combined stress from parasites, pesticides, and lack of flowers [J]. Science, 347, 1435.

Haddad, N., Mahmud, B. A., Suleiman, M. O., et al. 2016. Next generation sequencing of Apis melliferasyriaca identifies genes for varroa resistance and beneficial bee keeping traits [J]. Insect science, 23 (4): 579.

Holzschuh Andrea, Carsten F. Dormann, TejaTscharntke, IngolfSteffan-Dewenter. 2013. Mass-flowering crops enhance wild bee abundance [J]. Oecologia, 172: 477-484.

Jiang, S., Robertson, T., Mostajeran, M., et al. 2016. Differential gene expression of two extreme honey bee (Apis mellifera) colonies showing varroa tolerance and susceptibility [J]. Insect Molecular Biology, 25 (3): 272-282.

Johnson REED M., ERIC G. PERCEL. 2013. Effect of a Fungicide and Spray Adjuvant on Queen-Rearing Success in Honey Bees (Hymenoptera: Apidae) [J]. Journal of Economic Entomology, 106 (5): 1952-1957.

Kamakura M. 2011. Royalactin induces queen differentiation in honeybees [J]. Nature, 473: 478-483.

Kaskinova, M. D., &Nikolenko, A. G. 2017. csd, gene of honeybee: genetic structure, functioning, and evolution [J]. Russian Journal of Genetics, 53 (3): 297-301.

Kawecki, T. J., & Ebert, D. 2004. Conceptual issues in local adaptation [J]. Ecol. Lett, 7: 1225-1241.

Koh, I., Lonsdorf, E. V., Williams, N. M., et al. 2016. Modeling the status, trends, and impacts of wild bee abundance in the united states [J]. *Proceedings of the National Academy of Sciences of the United States of America*, 113 (1), 140.

Kucharski R. 2008. Nutritional Control of Reproductive Status in Honeybees via DNA Methylation [J]. Science, 319 (5871): 1827-1830.

Li J, Fang Y, Zhang L, et al. 2011. Honeybee (Apis melliferaligustica) drone embryo proteomes [J]. Journal of Insect Physiology, 57: 372-384.

Lovinella I, Dani FR, Niccolini A, et al. 2011. Differential expression of odorant-binding proteins in the mandibular glands of the honey bee according to caste and age [J]. Journal of Proteome Research, 10: 3439-3449.

Mallinger, R. E., Gibbs, J., &Gratton, C. 2016. Diverse landscapes have a higher abundance and species richness of spring wild bees by providing complementary floral resources over bees' foraging periods [J]. Landscape Ecology, 31 (7): 1-13.

Montero-Castaño, A., Ortiz-Sánchez, F. J., &Vilà, M. 2016. Mass flowering crops in a patchy agricultural landscape can reduce bee abundance in adjacent shrublands [J]. *Agriculture Ecosystems & Environment*, 223: 22-30.

MUÑOZ Irene, Maria Alice PINTO, Pilar DE LA RÚA. 2013. Temporal changes in mitochondrial diversity highlights contrasting population events in Macaronesian honey bees [J]. Apidologie, 44: 295-305.

Nicholls Clara I. , Miguel A. Altieri. 2013. Plant biodiversity enhances bees and other insect pollinators in agroecosystems [J]. Agron. Sustain. Dev. , 33: 257-274.

Ozdil, F. , S. Yatkin and D. Oskay. 2016. The genetic diversity of *Apismellifera* L. in Thrace Region of Turkey [J]. Journal of Biotechnology, 231: S32-S32.

Papanikolaou, A. D. , Kühn, I. , Frenzel, M. , & Schweiger, O. 2017. Landscape heterogeneity enhances stability of wild bee abundance under highly varying temperature, but not under highly varying precipitation [J]. *Landscape E-cology*, 32 (3), 581-593.

Park D, et al. 2015. Uncovering the novel characteristics of Asian honey bee, Apis cerana, by whole genome sequencing [M]. BMC Genomics.

Parker R, Guarna MM, Melathopoulos AP, et al. 2012. Correlation of proteome-wide changes with social immunity behaviors provides insight into resistance to the parasitic mite, Varroa destructor, in the honey bee (Apis mellifera) [J]. Genome Biology, 13: R81.

Pirk, C. W. W. , Human, H. , Crewe, R. M. &vanEngelsdorp, D. 2014. A survey of managed honey bee colony losses in the Republic of South Africa-2009 to 2011 [J]. Journal of Apicultural Research, 53 (1): 35-42.

Potts, S. G. , Biesmeijer, J. C. , Kremen, C. , Neumann, P. , Sch-weiger, O. &Kunin, W. E. 2010b. Global pollinator declines: trends, impacts and drivers [J]. Trends in Ecology & Evolution, 25: 345-53.

Potts, S. G. , Roberts, S. P. M. , Dean, R. , et al. 2010. Declines of man-aged honeybees and beekeepers in Europe [J]. Journal of Apicultural Research, 49: 15-22.

Requier F. , Garcia N. , Andersson G. K. S. , Garibaldi L. A. Garibaldi L. A. 2016. Honey bee colony losses: what's happening in South America [J]. American Bee Journal, 156 (11): 1247-1250.

Rossi Caroline de Almeida, Thaisa Cristina Roat, Daiana Antonia Tavares, et al. 2013. Brain Morphophysiology of Africanized Bee Apis mellifera Exposed to Sublethal Doses of Imidacloprid [J]. Arch Environ ContamToxicol, 65: 234-243.

Schluter, D. 2001. Ecology and the origin of species [J]. Trends Ecol. Evol. , 16: 372-380.

Seitz, N. , Traynor, K. S. , Steinhauer, N. , et al. 2016. A national survey of managed honey bee 2014-2015 annual colony losses in the USA [J]. Journal of Apicultural Research, 54: 292-304.

Shaw, J. A. , Nugent, P. W. , Johnson, J. , et al. 2011. Long-wave infrared imaging for non-invasive beehive population assessment [J]. Opt. Express 19: 399-408.

Simone Finstrom, M. , Li Byarlay, H. , Huang, M. H. , Strand, m. K. , Rueppell, O. &Tarpy, D. R. 2016. Migratory management and environmental conditions a ect lifespan and oxidative stress in honey bees [J]. Scientific Reports, DOI: 10. 1038/srep32023.

Smith, G. W. , Debinski, D. M. , Scavo, N. A. , et al. 2016. Bee abundance and nutritional status in relation to grassland management practices in an agricultural landscape [J]. *Environmental Entomology*, 45 (2): 338.

Sommerlandt, F. M. J. , Rössler, W. , &Spaethe, J. 2016. Impact of light and alarm pheromone on immediate early gene expression in the European honeybee, Apis mellifera [J]. Entomological Science.

Tang, M. , Hardman, C. J. , Ji, Y. , et al. 2015. High-throughput monitoring of wild bee diversity and abundance via mitogenomics [J]. Methods in Ecology & Evolution, 6 (9): 1034-1043.

Thomas, M. O. , & Johanna, S. 2006. Genetic mechanisms and evolutionary significance of natural variation in Arabidopsis [J]. *Nature*, 441: 947-952.

Vidau C, Panek J, Texier C, et al. 2014. Differential proteomic analysis of midguts from Nosemaceranae-infected honeybees reveals manipulation of key host functions [J]. Journal of Invertebrate Pathology, 121: 89-96.

Wallberg, A. , Han, F. , Wellhagen, G. , et al. 2014. A worldwide survey of genome sequence variation provides insight into the evolutionary history of the honeybee Apis mellifera [J]. Nature Genetics, 46 (10): 1081-1088.

Wilson E O. 2006. Genomics: How to make a social insect [J]. Nature, 443 (7114): 919-920.

Zhang Y, Zhang G, Huang X, et al. 2014. Proteomic analysis of Apis cerana and Apis mellifera larvae fed with heterospecific royal jelly and by CSBV challenge [J]. PLoS One, 9: e102663.

Zhao, H., Du, Y., Gao, P., et al. 2016. Antennal transcriptome and differential expression analysis of five chemosensory gene families from the Asian honeybee *Apis ceranacerana*. Plos One, 11 (10): e0165374.

Zhu X., Zhou S., Xu X., et al. 2017. Morphological differentiation in Asian honey bee (*Apis cerana*) populations in the basin and highlands of southwestern China [J]. Journal of Apicultural Research, 56 (3): 203-209.